선박 저항과 추진

선박의 추진동력에 대한 실제적 추정

ANTHONY F. MOLLAND
STEPHEN R. TURNOCK
DOMINIC A. HUDSON

선박 저항과 추진

선박의 추진동력에 대한 실제적 추정

전호환 · 김문찬 · 이인원 옮김

SHIP RESISTANCE AND PROPULSION
Practical Estimation of Ship Propulsive Power

TEXTBOOKS
텍스트북스

Ship Resistance and Propulsion: Practical Estimation of Ship Propulsive Power
by Anthony F. Molland, Stephen R. Turnock, Dominic A. Hudson

ISBN 978-0-521-76052-2

선박 저항과 추진

발행일 2015년 2월 25일
저자 Anthony F. Molland, Stephen R. Turnock, Dominic A. Hudson
역자 전호환, 김문찬, 이인원
발행인 이한성 **발행처** 텍스트북스 **주소** 경기도 파주시 광인사길 121 (문발동 507-9)
전화 031-944-5725 **팩스** 031-944-5735 **웹사이트** www.textbooks.co.kr
등록번호 제406-2011-000132호
ISBN 978-89-93543-51-3 93550
정가 35,000원

▪ 저자 서문

운항 선속의 변화와 연료비 변동을 포함하는 경제적, 사회적, 기술적 요인들에 대응하여 새로운 선종들이 계속 개발되고 있다. 선박 설계에 있어서의 이러한 변화는 선박의 추진동력을 얼마나 신뢰성 있게 예측한는가에 달려 있다. 환경에 대한 우려 및 경제적 전망이 소요동력, 연료 소모 및 운항비용 최소화에 대한 요구를 증대시키고 있다. 국제해사기구(International Maritime Organization: IMO)는 규정 제정 및 운항 지침 개발을 통해 질소산화물(NOx), 황산화물(SOx) 및 이산화탄소(CO_2) 와 같은 배출가스를 저감하려는 해운 분야의 노력을 선도하고 있다.

선박 추진동력의 추정은 선박 설계 및 운항의 기본적인 과정이다. 추진동력을 알게 되면 설치할 추진기관의 크기 및 중량을 알게 되고, 연료 소모 및 운항비용을 추정할 수 있게 된다. 선박의 저항 및 추진을 평가하는 방법은 엄밀한 과학은 되지 않겠지만, 해석, 실험, 계산 및 경험법칙의 조합을 필요로 한다. 이 책은 추진동력을 확립하기 위한 데이터 출처들, 방법 및 기법 들에 대한 최신의 상세한 평가를 제공한다.

선박 저항을 예측하고 프로펠러를 설계하기 위한 상업적 소프트웨어가 많음에도 불구하고, 저자들의 견해로는 엄밀하고 강건한 공학적 설계가 이루어지려면 엔지니어들이 이러한 계산들을 일차적 원칙에 입각하여 수행할 수 있는 능력을 구비해야 한다고 본다. 이는 계산과정을 투명하게 드러냄과 동시에, 최종적인 해답이 어떻게 구해지는지에 대한 더욱 깊은 이해를 가져다준다. 이 책의 목적은 이용자들로 하여금 이 책에 포함된 재료 및 데이터에 기반을 두고 선박 동력을 예측할 수 있도록 선체저항 및 프로펠러 성능에 대한 충분한 양의 발간된 표준 계열 데이터를 포함하는 것이다. 많은 수의 완전한 예제 풀이를 포함하여 데이터 응용 및 동력 추정 방법론을 예증하고 있다. 이들 예제는 화물선, 컨테이너선, 탱커 및 벌크선, 페리, 전투함, 순찰정, 작업정, 활주선 및 요트를 포함한다.

이 책은 전문적인 조선 설계자, 해양공학 엔지니어 및 학부와 대학원 학생들을 포함하는 폭넓은 독자들을 대상으로 한다. 또한 조선해양 분야에 관심을 둔 다른 과학기술 분야의 학생들 및 전문가들에게도 유용할 것이다.

이 책은 17장으로 구성되어 있다. 처음 10개 장은 넓게 보면 저항 분야를 다루는데, 10장은 저항 데이터의 출처 및 유용한 데이터를 제공한다. 11장부터 16장까지는 추진과 프로펠러를 다루는데, 16장에서 프로펠러 데이터 및 가용한 데이터를 제공한다. 17장은 여러 개의 응용 예제 풀이를 포함한다. 기본적인 유체역학에 대한 보다 많은 정보를 필요로 하는 독자들을 위해 부록 A1은 유체 유동의 물리 현상에 대한 배경지식을 제공한다. 부록 A2는 조파저항 공식을 유도하고, 부록 A3와 A4는 표 형식의 저항 및 프로펠러 데이터를 포함한다. 독자들이 데이터 및 정보의 원래 출처와 필요할 때 보다 깊이 있는 연구에 접근할 수 있도록 참고문헌들이 각 장의 말미에 제공된다.

논문집, 학술대회 보고 및 국제수조협회(International Towing Tank Conference: ITTC)의 표준절차들을 빈번하게 참조했다. 이들은 재정리 및 선박 저항과 추진의 발달에 대한 귀중한 자료원으로서 가치 있다. 논문집 및 절차들은 ITTC 웹사이트(www.ittc.info)에서 자유롭게 얻을 수 있다. 이 책에서 참조한 사우스햄튼 대학교 Ship Science Reports는 www.eprints.soton.ac.uk에서 무료로 얻을 수 있다.

저자들은 사우스햄튼 대학교 동료들의 도움과 지원에 감사드린다. 국내 및 국외의 동료들에 대해서도 수년간의 계속적인 지원에 감사드려 마땅하다. 또한 수년간 연구, 프로젝트 및 과제 등으로 이 주제를 더욱 잘 이해할 수 있게 기여한 많은 학부생 및 대학원생 들에게 특별한 감사의 말을 전한다.

이 책의 많은 기본적인 절들은 사우스햄튼 대학교 저항 및 추진 강좌의 강의 노트에 기반을 두고 있다. 그런 맥락에서, 1968년 사우스햄튼에 선박과학 학위과정이 창설된 이래 여러 강의 노트를 모아 준 John Wellicome 박사에게 특별한 감사를 드리고자 한다.

마지막으로 저자들은 가족들의 도움과 지원에 특히 감사드린다.

Anthony F. Molland
Stephen R. Turnock
Dominic A. Hudson

■ 역자 서문

선박의 저항과 추진은 선박의 중요한 성능인 선속 및 추진동력 산정과 밀접한 관련을 맺고 있으며 선박 설계의 출발점인 선형 및 추진기 설계의 기본이 되는 분야이다. 선박의 대형화 및 고속화 추세로 인해 추진동력이 크게 요구됨에 따라 연료 소모량 또한 크게 증가하고 있다. 예를 들어 24~25노트의 속력을 가진 10,000 TEU급 초대형 컨테이너선의 주 기관 일일 연료 소모량(벙커C유)은 300톤 이상이나 된다. 10,000 TEU급 컨테이너선의 저항을 10% 줄인다면 하루 30톤의 연료를 절감할 수 있고, 이를 전 세계 선복량으로 확대하면 천문학적인 숫자가 된다. 또한 지구 온난화의 영향으로 인한 온실가스 배출 규제 및 에너지효율 설계지수(energy efficiency design index: EEDI)가 전 세계적으로 발효된 이래 선박 저항 및 추진 효율 향상은 더 이상 선택의 문제가 아닌 조선 및 해운 업계의 생존 문제로 대두되고 있다.

종래의 선형 개발은 조파저항을 감소시키기 위한 선수부 선형과 형상저항 및 추진효율을 향상시키기 위한 선미부 선형 중심으로 진행되어 왔다. 선속이 증가하면 조파저항이 증가하여 전체 저항 중 조파저항이 상대적으로 중요해진다. 그러나 컴퓨터와 전산유체역학(CFD)의 발전에 힘입어 선형 설계 기술도 크게 발전하여 최근에 건조되는 컨테이너선 등 비교적 고속 선형의 조파저항은 총 저항의 20% 이하 수준으로 크게 떨어지고 있다. 따라서 점성저항을 포함한 마찰저항을 감소시키는 신기술에 대한 연구가 그 필요성에 의해 활발히 진행되고 있다. 또한 추진기의 경우에도 통상적인 스크류 프로펠러보다 고속, 고효율을 추구하는 복합추진기, 추진효율 향상 부가물, 워터젯 등의 신개념 추진장치가 속속 등장하고 있다.

이와 같이 선박 저항 및 추진에 대한 중요성이 지속적으로 증대되는 가운데 새로운 분야의 기술이 접목되어 빠르게 발전하는 현장의 기술 수요에 잘 부응하는 교과서 및 참고 서적은 제한적인 형편이다. 최근 출간된 <Ship Resistance and Propulsion>은 저항 및 추진의 기본 이론 및 최신 연구 동향에 대한 상세한 설명을 제시하고 있을 뿐만 아니라 선형 및 추진기 설계에 필요한 표준 계열 데이터와 다양한 설계 예제를 소개하고 있다. 따라서 이 책은 학부생 및 대학원생, 현장의 선박 설계 엔지니어를 망라하는 포괄적인 독자들의 다양한 요구를 잘 충족할 수 있을 것으로 평가된다. 저자인 Anthony F. Molland 교수와 Stephen R. Turnock 교수 등은 선박 저항, CFD 해석, 고속선 설계 및 추진 분야의 뛰어난 학자들이면서 국제수조협회(ITTC) 활동에서도 두각을 나타내는 등 다방면에서 뚜렷한 업적을 남기고 있다. 역자들과도 ITTC 활동을 함께 하여 친분이 있었는데, 이 책의 번역 작업에 동참하게 된 것을 역자들은 기쁘게 생각한다.

영문 원서를 번역할 때 항상 겪는 어려움 중 하나는 적절한 번역 용어의 선택이다. 특정 전문 분야에서는 동일한 영어 단어가 일반적인 용례와는 다르게 사용되는 경우가 허다하므로 사전에 의존할 수 없는 경우가 많다. 인터넷의 대중화와 국제 교류의 활성화로 원문 용어가 그대로 사용되는 경우가 많지만, 국내 학계의 발전을 위하여 적절한 번역 용어의 사용이 바람직함은 재론의 여지가 없다. 따라서 이 책에서는 <조선용어집>(대한조선학회 편)에 실린 용어를 최대한 사용하였고, 외래어 표기는 한글맞춤법의 외래어 표기법을 따르려 노력했다.

독자들에게 도움이 될 수 있도록 번역에 많은 노력을 기울였지만 오류가 있을 것으로 여겨져 염려스럽고, 독자들에게 송구스럽다. 선박 유체역학 분야의 선배, 동료 및 후학들의 많은 지도와 편달을 바란다.

이 책의 번역 작업에서 교정을 맡아준 대학원생 박성현, 김야긴, 송정환, 정성우, 이성훈 제군들에게 감사드린다. 마지막으로 이 책의 출판에 도움을 아끼지 않으신 텍스트북스 관계자 여러분께 특별한 감사를 드리고 싶다.

전 호 환
김 문 찬
이 인 원
2015년 1월
부산대학교 장전캠퍼스
문창대에서

■ 기호 설명

A 침수표면적, 박선 이론(m^2)

A_0 프로펠러 원판 면적[$\pi D^2/4$]

A_D 프로펠러 전개 면적비 혹은 전개 면적(m^2)

A_E 프로펠러 확장 면적비

A_P 활주선형의 바닥 투영 면적(m^2) 혹은 프로펠러 투영 면적(m^2)

A_T 수면 상부 선체와 상부구조물의 횡단 면적(m^2)

A_X 선체 중앙부 횡단 면적(m^2)

b 쌍동선 개별 동체의 폭(m) 혹은 활주형 선박의 평균 차인 폭(m)

B 단동선 전체 폭(m) 혹은 쌍동선 전체 폭(m)

B_{pa} 차인 상부 평균 폭[$= A_P/L_P$] (m)

B_{px} 차인 상부 최대 폭(m)

B_{WL} 수선 폭(m)

c 단면의 코드 길이(m)

C_A 모형선-실선 상관수정계수

C_B 방형계수

C_{Dair} 공기저항계수[$R_{\mathrm{air}}/0.5\rho_a V^2 A_T$]

C_f 국소 마찰응력계수

C_F 마찰저항계수[$R_F/(0.5\rho V^2 S)$]

C_L 양력계수

C_M 중앙 횡단면 계수[$A_X/(B \times T)$]

C_P 주형계수[$\nabla/(L \times A_X)$] 혹은 압력계수

C_R 잉여저항계수[$R_R/(0.5\rho V^2 S)$]

C_S 침수표면적 계수[$S/\sqrt{\nabla \cdot L}$]

C_T 총 저항계수[$R_T/0.5\rho V^2 S$]

C_W 조파저항계수[$R_W/0.5\rho V^2 S$]

C_{WP}	파형저항계수$[R_{WP}/0.5\rho V^2 S]$
D	프로펠러 직경(m)
D_{air}	공기저항, 수평 방향(활주선) (N)
D_{APP}	부가물 저항(N)
D_F	활주선 마찰저항, 용골에 평행(N)
Demihull	쌍동선 개별 동체
E	파 전면의 에너지
F_H	활주선의 압력중심에 작용하는 정수력(N)
F_P	활주선의 침수 표면에 작용하는 압력 힘(N)
Fr	Froude 수$[V/\sqrt{g \cdot L}]$
Fr_h	수심 기준 Froude 수$[V/\sqrt{g \cdot h}]$
Fr_∇	배수량 기준 Froude 수$[V/\sqrt{g \cdot \nabla^{1/3}}]$
F_x	길이 방향 요트 세일력(N)
F_y	폭 방향 요트 세일력(N)
g	중력가속도(m/s^2)
G	쌍동선 동체 사이 간격(m)
GM	경심 높이(m)
h	수심(m)
H	파고(m)
H_T	트랜섬 잠김 깊이(m)
i_E	수선 입사각의 절반(deg.), 1/2 α_E 참조
J	프로펠러 전진계수(V_a/nD)
k	파수
K_T	프로펠러 추력계수$[T/\rho n^2 D^4]$
K_Q	프로펠러 토크계수$[Q/\rho n^2 D^5]$
L	배의 길이(m)
L_{air}	공기 양력, 연직 상방(활주선) (N)
L_{APP}	부가물 양력(N)
L_{BP}	수선 간 길이(m)
l_c	차인의 침수 길이, 활주선(m)
LCB	길이 방향 부력중심(배 중심으로부터 전방 혹은 후방 거리 대 배 길이 %)
LCG	길이 방향 무게중심(배 중심으로부터 전방 혹은 후방 거리 대 배 길이 %)

L_f	배의 길이(ft)
l_K	용골의 침수 길이, 활주선(m)
l_m	평균 침수 길이, 활주선[= $(l_K + l_c)/2$] (m)
L_{OA}	배의 전체 길이(m)
l_P	트랜섬으로부터 압력중심까지의 거리, 활주선(m)
L_P	수면에 투영된 활주선 차인의 길이(m)
L_{PS}	압력점 사이의 거리(m)
L_{WL}	수선 길이(m)
$L/\nabla^{1/3}$	길이-배수량 비
n	프로펠러 초당 회전수(rps)
N	프로펠러 분당 회전수(rpm) 혹은 활주선 바닥에 작용하는 압력 하중(N)
P	프로펠러 피치(m)
P_{AT}	대기압(N/m^2)
P/D	프로펠러 피치 비
P_D	전달동력(kW)
P_E	유효동력(kW)
P_L	국부 압력(N/m^2)
P_S	운항동력(kW)
P_V	증기압(N/m^2)
Q	프로펠러 토크(Nm)
R_{air}	공기저항(N)
R_{APP}	부가물 저항(N)
Re	Reynolds 수[$\rho VL/\mu$ 혹은 VL/ν]
R_F	마찰저항(N)
R_{Fh}	요트 선체의 마찰저항(N)
R_{Ind}	요트 선체의 유도저항(N)
rps	초당 회전수
rpm	분당 회전수
R_R	잉여저항(N)
R_{Rh}	요트 선체의 잉여저항(N)
R_{RK}	요트 용골의 잉여저항(N)
R_T	선체의 총 저항(N)

R_V	점성저항(N)
R_{VK}	요트 용골의 점성저항(N)
R_{VR}	요트 러더의 점성저항(N)
R_W	조파저항(N)
R_{WP}	파형저항(N)
S	침수표면적(m^2)
S_{APP}	부가물의 침수표면적(m^2)
S_C	요트 카누 선체의 침수표면적(m^2) 혹은 쌍동선 개별 동체 중심선 사이의 간격(m)
sfc	비 연료 소모
S_P	활주선에서의 프로펠러/선체 상호작용(N)
t	추력 감소계수 혹은 단면의 두께(m)
T	흘수(m) 혹은 프로펠러 추력(N) 혹은 파의 주기(sec)
T_C	요트 카누 선체의 흘수(m)
U	속도(m/s)
V	속도(m/s)
V_a	반류속도$[V_S(1-w_T)]$ (m/s)
V_A	상대 풍속 혹은 겉보기 풍속(m/s)
V_K	배의 속도(knots)
$V_K/\sqrt{L_f}$	속장비(knots 및 feet)
V_R	기준속도(m/s)
V_S	배의 속도(m/s)
W	채널 폭(m)
w_T	반류비
Z	프로펠러 날개 수
$(1+k)$	형상계수, 단동선
$(1+\beta k)$	형상계수, 쌍동선
$1/2\ \alpha_E$	수선 입사각의 절반(deg.), i_E 참조
β	점성저항 간섭계수 혹은 부가물 축척계수 혹은 활주선형의 선저경사각(deg.) 혹은 겉보기 풍향각(deg.)
δ	경계층 두께(m)
ε	프로펠러 추력선과 용골 사이의 각도(deg.)

η_D	추진효율[$\eta_0\ \eta_H\ \eta_R$]
η_0	프로펠러 단독 효율[$JK_T/2\pi K_Q$]
η_H	선체 효율[$(1-t)/(1-w_T)$]
η_R	상대회전 효율
η_T	전달효율
γ	표면 장력(N/m) 혹은 파고 감쇠계수 혹은 요트의 침로각(deg.) 혹은 파수
ϕ	횡경사각(deg.) 혹은 수력학적 피치 각(deg.)
λ	풍압변위각(deg.)
μ	동역학적 점성계수(Kg/ms)
ν	동점성계수[μ/ρ] (m^2/s)
ρ	물의 밀도(kg/m^3)
ρ_a	공기의 밀도(kg/m^3)
σ	캐비테이션 수 혹은 소스 강도 혹은 허용 응력(N/m^2)
τ	조파저항 간섭계수(쌍동선 저항/개별 동체 저항) 혹은 활주선의 종경사각(deg.)
τ_c	단위 면적당 추력, 캐비테이션(N/m^2)
τ_R	잉여저항 간섭계수(쌍동선 저항/개별 동체 저항)
τ_W	표면 혹은 벽면 전단응력(N/m^2)
θ	파 각도(deg.)
ζ	파 높이(m)
∇	체적 배수량(m^3)
∇_C	요트 카누 선체의 체적 배수량(m^3)
Δ	질량 배수량($\nabla\rho$) (tonnes) 혹은 무게 배수량($\nabla\rho g$) (N)

단위 환산

1m = 3.28 ft	1 ft = 12 in.
1 in. = 25.4 mm	1 km = 1000 m
1 kg = 2.205 lb	1 tonne = 1000 kg
1 ton = 2240 lb	1 lb = 4.45 N
1 lbs/in.^{2} = 6895 N/m^2	1 bar = 14.7 lbs/in.^{2}
1 mile = 5280 ft	1 nautical mile(Nm) = 6078 ft
1 mile/hr = 1.61 km/hr	1 knot = 1 Nm/hr
$Fr = 0.2974\ V_K/\sqrt{L_f}$	1 knot = 0.5144 m/s
1 HP = 0.7457 kW	1 UK gal = 4.546 litres

■ 약어 설명

ABS	American Bureau of Shipping
AEW	Admiralty Experiment Works(UK)
AFS	Antifouling systems on ships
AHR	Average hull roughness
AP	After perpendicular
ARC	Aeronautical Research Council(UK)
ATTC	American Towing Tank Conference
BDC	Bottom dead centre
BEM	Boundary element method
BEMT	Blade element-momentum theory
BMEP	Brake mean effective pressure
BMT	British Maritime Technology
BN	Beaufort Number
BSRA	British Ship Research Association
BTTP	British Towing Tank Panel
CAD	Computer-aided design
CCD	Charge-coupled device
CFD	Computational fluid dynamics
CG	Centre of gravity
CLR	Centre of lateral resistance
CODAG	Combined diesel and gas
CP	Controllable pitch(propeller)
CSR	Continuous service rating
DES	Detached eddy simulation
DNS	Direct numerical simulation
DNV	Det Norske Veritas
DSYHS	Delft systematic yacht hull series

DTMB	David Taylor Model Basin
EFD	Experimental fluid dynamics
FEA	Finite element analysis
FP	Forward perpendicular, or fixed pitch(propeller)
FRP	Fibre-reinforced plastic
FV	Finite volume
GL	Germanischer Lloyd
GPS	Global Positioning System
HP	Horsepower
HSVA	Hamburg Ship Model Basin
IESS	Institute of Engineers and Shipbuilders in Scotland
IMarE	Institute of Marine Engineers(became IMarEST from 2001)
IMarEST	Institute of Marine Engineering, Science and Technology
IMechE	Institution of Mechanical Engineers
IMO	International Maritime Organisation
INSEAN	Instituto di Architectura Navale(Rome)
ISO	International Standards Organisation
ITTC	International Towing Tank Conference
JASNAOE	Japan Society of Naval Architects and Ocean Engineers
LCG	Longitudinal centre of gravity
LDA	Laser Doppler anemometry
LDV	Laser Doppler velocimetry
LE	Leading edge of foil or fin
LES	Large eddy simulation
LR	Lloyd's Register of Shipping
MAA	Mean apparent amplitude
MARIN	Maritime Research Institute of the Netherlands(formerly NSMB)
MCR	Maximum continuous rating
MEMS	Microelectromechanical systems
NACA	National Advisory Council for Aeronautics(USA)
NECIES	North East Coast Institution of Engineers and Shipbuilders
NPL	National Physical Laboratory(UK)
NSMB	The Netherlands Ship Model Basin(later to become MARIN)
NTUA	National Technical University of Athens

ORC	Offshore Racing Congress
P	Port
PIV	Particle image velocimetry
QPC	Quasi propulsive coefficient
RANS	Reynolds Averaged Navier-Stokes
RB	Round back(section)
RINA	Royal Institution of Naval Architects
ROF	Rise of floor
rpm	Revolutions per minute
rps	Revolutions per second
S	Starboard
SAC	Sectional area curve
SCF	Ship correlation factor
SG	Specific gravity
SNAJ	Society of Naval Architects of Japan(later to become JASNAOE)
SNAK	Society of Naval Architects of Korea
SNAME	Society of Naval Architects and Marine Engineers(USA)
SP	Self-propulsion
SSPA	Statens Skeppsprovingansalt, Göotaborg, Sweden
STG	Schiffbautechnische Gesellschaft, Hamburg
TBT	Tributyltin
TDC	Top dead centre
TDW	Tons deadweight
TE	Trailing edge of foil or fin
TEU	Twenty foot equivalent unit[container]
UTS	Ultimate tensile stress
VCB	Vertical centre of buoyancy
VLCC	Very large crude carrier
VPP	Velocity prediction program
VWS	Versuchsanstalt für Wasserbau und Schiffbau Berlin(Berlin Model Basin)
WUMTIA	Wolfson Unit for Marine Technology and Industrial Aerodynamics, University of Southampton

▪ Figure Acknowledgements

The authors acknowledge with thanks the assistance given by the following companies and publishers in permitting the reproduction of illustrations and tables from their publications:

Figures 8.5, 10.7, 10.9, 10.10, 10.12, 12.24, 14.17, 14.18, 14.19, 14.20, 14.21, 14.22, 14.23, 14.24, 14.30, 15.4, 15.14, 15.15, 15.17, 16.1, 16.2 and Tables A3.13, A3.14, A3.15, A4.3 reprinted courtesy of The Society of Naval Architects and Marine Engineers (SNAME), New York.

Figures 3.28, 3.29, 4.4, 4.5, 4.6, 7.6, 7.10, 7.16, 7.28, 8.4, 10.2, 10.3, 10.4, 10.5, 10.13, 10.14, 10.20, 10.21, 12.26, 14.15, 16.7, 16.8, 16.9, 16.10, 16.15, 16.16, 16.17, 16.19, 16.26 and Tables A3.1, A3.6, A3.24, A3.25, A3.26, A4.4, A4.5 reprinted courtesy of The Royal Institution of Naval Architects (RINA), London.

Figures 10.11, 16.24 and Tables A3.2, A3.3, A3.4, A3.5, A3.12, A3.23, A4.1, A4.2, A4.6 reprinted courtesy of IOS Press BV, Amsterdam.

Figures 4.8, 8.3, 8.12, 8.13, 16.3, 16.4, 16.5, 16.6, 16.13 reprinted courtesy of MARIN, Wageningen.

Figure 10.23 and Tables 10.13, 10.14, 10.15, 10.16, 10.17 reprinted courtesy of The HISWA Symposium Foundation, Amsterdam.

Figures A1.1, A1.7, A1.8 and Sections A1.1–A1.7 reprinted courtesy of Elsevier Ltd., Oxford.

Figure 10.22 reprinted courtesy of The Japan Society of Naval Architects and Ocean Engineers (JASNAOE), Tokyo (formerly The Society of Naval Architects of Japan (SNAJ), Tokyo).

Figure 3.10 reprinted courtesy of WUMTIA, University of Southampton and Dubois Naval Architects Ltd., Lymington.

Figure 7.3 reprinted courtesy of WUMTIA, University of Southampton.

Figure 12.29 reprinted courtesy of The University of Newcastle upon Tyne.

Figures 12.31, 13.9, 15.17 reprinted courtesy of The North East Coast Institution of Engineers and Shipbuilders (NECIES), Newcastle upon Tyne.

Table A3.7 reprinted courtesy of Ship Technology Research, Hamburg.

Table A3.27 reprinted courtesy of STG, Hamburg.

Figure 10.6 reprinted courtesy of BMT Group Ltd., Teddington.

Figure 12.25 reprinted courtesy of The Institution of Mechanical Engineers (IMechE), London.

Figures 16.27, 16.28 and Tables 16.8, 16.9 reprinted courtesy of The Offshore Racing Congress (ORC).

▪ 차례

CHAPTER 17 응용 예제 501

CHAPTER

1

서론

선박 추진동력의 추산은 선박 설계 및 운항 과정에서 기본이 된다. 추진동력을 알아야 주기관의 크기 및 중량을 예상할 수 있고 연료 소모율 및 운항비용 추산도 가능해진다. 동력의 추산은 다양한 동력 문제에 대한 실험기법, 수치해석 방법 및 이론해석을 수반한다. 추진동력 계산은 설치된 주 기관 동력과 설계과정의 선형 사이에 정확한 일치를 결정할 필요에서 비롯된다. 선박의 저항과 추진에 대한 이해는 유체 유동의 거동으로부터 도출된다. 선박 유체역학적인 설계에 내재하는 복잡성은 실질적인 모형 크기에서 비롯되는 축척 효과, 점성 경계층 유동과의 비정상 상호작용, 선박에 의해 발생하는 자유표면 파동, 공간적으로 변화하는 유입유동 조건에서 작동하는 추진기 문제 등 다양한 도전적 과제들에 기인하고 있다.

역사

1860년대 초반까지 선박의 저항에 대해 알려진 것이 거의 없었고, 추진동력에 대해 알려진 사항들은 대개 잘못된 것이었다. 프로펠러 설계도 시행착오 문제에 불과했다. 선박에 장착된 동력도 대체로 틀렸고 어떤 속력을 내기 위해 동력을 추정하는 방법이 필요했다.

1870년 W. Froude는 모형을 사용한 선박 저항 조사기법을 창안하였다. 그는 기하학적으로 유사한 형상을 대응속도, 즉 모형 길이의 제곱근에 비례한 속도에서 서로 비교하면 유사한 파동이 형성됨에 주목하였다. 그는 총 저항을 표면 마찰저항과 주로 조파

(wavemaking)저항인 잉여(residuary)저항으로 나누는 방법을 제안하였다. 상이한 길이와 표면 거칠기를 가진 널빤지의 저항 측정결과로부터 마찰저항에 대한 추정식을 유도하였다[1.1, 1.2]. 배수량 톤당 저항으로 계산되는 비잉여저항(specific residuary resistance)은 대응속도에서 모형선과 실선이 동일해진다. 그의 제안은 처음에는 받아들여지지 않다가 실선 시험들이 수행된 후 호의적인 반응을 얻게 된다. HMS *Greyhound*(100 ft)를 더 큰 선박으로 예인하는 실험을 통해 모형 예측이 상당한 수준으로 실선 계측 결과와 일치함이 알려졌다[1.3]. 모형시험의 정당성이 입증되었고 선박 동력에 대한 실증적 예측의 문이 열리게 되었다. 1877년의 논문에서 Froude는 모형시험 기법을 뒷받침하는 조파저항에 관한 상세한 설명을 제시한다[1.4].

1860년대에 프로펠러 설계는 겉보기 미끄럼속도(apparent slip)에 대한 이해 부족으로 진전을 보지 못하고 있었다. 당시 조선 설계기사들은 반류(wake)를 이해하지 못했다. 초기의 프로펠러 이론들이 발전하여 설계과정을 향상시켰는데, 1865년 Rankine의 모멘텀 이론[1.5], 1878년 Froude의 날개요소 이론[1.6] 및 1889년 Froude의 작동원판(actuator disk) 이론[1.7]이 그것이다. 1910년 Luke[1.8]는 반류에 대한 중요한 세 편의 논문 중 첫 번째를 발간하여 프로펠러 설계과정에서 보다 실질적인 반류 예측이 이루어지게 되었다. 그 당시 캐비테이션 역시 알려지지 않았는데, Reynolds[1.9]를 포함한 몇몇 연구자들이 다양한 방법으로 캐비테이션의 존재를 기술하려 시도했다. Barnaby [1.10]는 캐비테이션을 어느 정도 기술했는데, *Turbinia* 호에서의 Parsons의 경험을 포함한 것이었다. 이 시기의 프로펠러 날개면적은 캐비테이션에 대한 이해 없이 단순히 추력 부하에 기반을 두었다.

1890년대 모형선 저항시험의 기반이 완전히 구축되었다. 특정한 선박이 시험되었는가 하면 계열선에 대한 시험도 수행되었다. 이에 대한 주목할 만한 초기의 기여는 Taylor [1.11, 1.12] 및 곧 이은 Baker[1.13]의 작업이다.

그다음 시기에는 선형 변수의 영향에 대한 연구, 천수 효과 및 Froude 마찰저항 경험식의 정확성에 대한 고찰[1.14] 등 일관된 모형선 저항 연구가 진행되었다. 황천에서의 선박 성능에 대한 관심이 고조되었으며 운동에 대한 파도의 영향, 모형선 및 실선에서의 부가저항 측정[1.15]이 이루어졌다.

1960년대 이후 추진기 형식에 있어 많은 발전이 있었다. 여기에는 tip fin, 후퇴각의 변화, 날개 단면 설계의 변화, 덕트 추가 등 기본적인 선박용 프로펠러를 다양한 방식으로 개선하는 연구가 포함된다. 상반회전(contra-rotating) 프로펠러가 재조명되었고, 사이클로이드 프로펠러가 새로운 적용 대상을 찾게 되었다. 워터젯이 도입되고, 포드 장치가 개발되었다. PBCF(propeller boss cap fin), 전류고정날개(upstream preswirl fins) 및 덕트, 트위스트 러더 및 러더 핀 등 추진효율 향상장치가 제안되고 도입되었다. 물론 이들 기구는 보통 특정한 적용 사례에서 가장 효율적이라는 점에 주목해야 한다.

1980년대 초에 들어와 전산유체역학(CFD)의 잠재적인 미래가 완전히 드러나게 된다. 이는 선체 주위 유동에 대한 모델링, 점성저항의 유도 및 자유수면파 해석을 포함하게 된다. 이로 인해 CFD 결과의 검증을 위해 저항의 물리적 성분에 대한 고정확도의 실험 데이터가 필요하게 되었다. 특히 점성저항 및 조파저항에 대해 1970년대 이전 데이터들이 재조사되고 새로운 검증시험 데이터들도 얻어졌다. 이러한 데이터 수집 활동은 대부분 국제수조협회(International Towing Tank Conference: ITTC)에 의해 수행되었다. CFD를 적용한 선형 개발 및 저항 예측의 전형적인 사례는 [1.16] 및 [1.17]에 주어져 있다.

프로펠러 이론은 설계과정을 개선하기 위해 계속 개발되었다. Rankine, Froude와 Perring의 작업으로부터 시작된 프로펠러 이론은 1944년 Burrill[1.18], 1952년 Lerbs[1.19] 등의 날개요소 모멘텀 이론을 포함하는데, 와도(vorticity)를 날개 표면에 배치하는 양력선 및 양력면 방법을 사용한다. 와류 격자 방법, 경계요소법 및 패널 방법과 그의 프로펠러 적용이 1980년대에 시작되었다. 1990년대 들어 CFD 및 RANS(Reynolds-Averaged Navier–Stokes) 해법이 프로펠러 설계에 적용되기 시작했고, 현재에 와서는 선체와 프로펠러를 결합한 CFD 모델링이 수행되고 있다[1.20].

동력: 전반적인 개념

동력계통에 대한 전반적인 개념은 그림 1.1에 도시된 것처럼 연료를 연소하여 얻은 에너지를 유용한 추력(T)으로 전환, 요구되는 속도(R)에서의 선박 저항(V)에 맞추는 것이다. 추진계통의 총합 효율은 다음 사항에 의존한다.

연료 형식, 성질 및 품질.

연료의 에너지를 유용하게 전달 가능한 동력으로 전환하는 기관의 효율.

동력(보통 회전)을 유용한 추력(T)으로 전환하는 추진기의 효율.

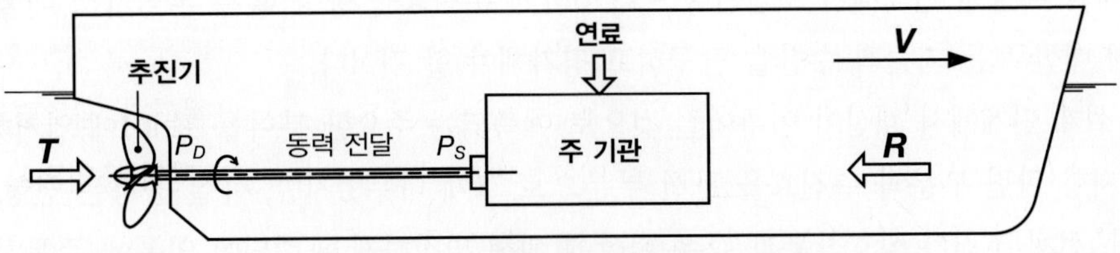

그림 1.1 에너지 변환의 전반적 개념.

다음 장들은 주어진 상황에서 저항(R)과 추력(T)의 예측 방법과 저항의 최소화 및 추력의 최대화를 고려한 선체와 추진기의 성능에 집중된다. 기관의 성질과 성능은 별도로 요약된다.

추진동력의 주요 성분은 선박을 정수(calm water) 중에서 예인하는 데 필요한 유효동력(effective power) $P_E = R \times V$, 추진동력(propulsive power) 혹은 전달동력(delivered power) P_D로 이어지는 추진효율 $P_D = P_E/\eta$이다. 이는 저항과 추진을 구분하는 전통적인 방법이고 각 성분의 평가를 통해 잠재적인 개선을 꾀하는 방법이다.

효율의 향상

총합적인 선박 추진효율의 향상은 경제적 그리고 환경적 요소에 의해 요구되고 있다. 주된 경제적 요인은 선박의 건조 경비, 처분 경비 및 연료비의 총합에 해당한다. 선주가 적절한 기간 내에 투자비를 회수할 수 있도록 이들 요소를 조합하여 설계가 이루어진다. 주요한 환경적 요인은 배기가스, 오염물질, 소음, 방오물질 등의 총량에 해당한다.

선박의 배기가스는 질소산화물(NOx), 황산화물(SOx) 그리고 온실가스인 이산화탄소이다. 질소산화물과 황산화물이 연안 지역에 영향을 미치는 반면, 이산화탄소 배출은 지구 전역의 기후변화에 영향을 미치며 이의 저감을 위해 전 세계적인 노력이 집중되고 있다. 국제해사기구(IMO)는 해사 부문에서의 노력을 조직화하고 있고, 이산화탄소 배출 제어 및 배출권 거래제가 고려되고 있다.

국제 해운 분야의 이산화탄소 배출 저감 노력으로 인해 추진계통 요소 및 선박의 주요 요목이 함께 변화할 가능성이 있다. 연료비는 언제나 추진효율 향상에 대한 경제적인 필요성으로 작용해 왔다. 전체 운항비용에 대한 연료비의 상대적인 중요도는 선박의 크기, 속도 및 교역 형태에 영향을 준다. 경제적·환경적 압박이 합쳐져서 선박 추진동력을 더욱 상세하게 평가하고 적절한 기자재를 선택하도록 요구하는 새로운 환경을 만들어내고 있다. 그러나 배출가스를 저감할 수는 있어도 경제적 효과가 없는 기술적인 변화도 있을 수 있다. 재생에너지를 사용하는 보조동력장치나 발전된 선체 도료 등이 이러한 범주에 들어갈 수 있다. 직접적으로는 경제적 효과가 없을지라도, 미래에 선박에 대한 배출권 거래제가 도입된다는 전제하에 추진효율 향상 혹은 온실가스 배출 저감에 대한 모든 기술적 수단을 탐구하고 평가해야 할 것이다.

설계 단계에서 개선이 이루어질 것으로 예측되는 주요한 분야를 표 1.1에 열거하였다. 저항 관련 부분과 추진효율 관련 부분으로 크게 나누었지만, 사실 양자는 선형, 반류비, 선체-추진기 상호작용과 같은 현상에 의해 밀접하게 관련되어 있음에 주목하라.

표 1.1 잠재적인 저항 저감과 추진효율 향상

저항 (a) 선체저항	주요 요목: 주 선체의 형상 변수, U형 혹은 V형 단면 세부 형상: 구상선수, 와류 발생기 마찰저항: 침수표면적, 표면 거칠기, 코팅
(b) 부가물	빌지킬, 축 브래킷, 러더의 주의 깊은 설계
(c) 공기저항	선루(superstructure)의 곡면 설계 컨테이너의 화물창 적재
추진효율 (d) 프로펠러	주요 제원: *D*, *P*/*D*, 날개면적비, 최적 직경, 회전수 세부 형상: 단면 형상, 날개 끝 핀(fin), 비틀림, 날개 끝 레이크, 스큐 등
(e) 프로펠러-선체 상호작용	주요 효과: 국부적인 선체 형상, U형 혹은 V형 선체 단면 반류, 추력 감소, 선체 효율의 변화 축 브래킷이나 러더와 같은 부가물 설계 세부 형상: 전류 핀 혹은 후류 핀, 상류 덕트, 트위스트 러더

추진효율을 향상시킬 수 있는 잠재적인 영역이 많은 것으로 보인다.

동력의 저감은 운항 선속 감소, 기상에 따른 항로 최적화(weather routing), 최적 트림 운항, 유체역학적으로 효과적인 선체 도료 사용, 선체/프로펠러 세척, 횡동요 안정화와 같은 운항 절차상의 변화 및 개선으로도 달성될 수 있다. 돛, 로터, 연 및 풍력 터빈과 같은 풍력 보조기구, 파력 추진기구 및 태양에너지를 포함하는 보조 추진기구 역시 채용할 수 있다.

이어지는 장에서는 선박 추진의 기본 구성요소 및 선박 초기설계 단계에서 실제로 어떻게 이들이 추산되는지에 대해 서술한다. 초기의 장들은 저항의 근본 원리와 저항 요소의 추정법을 천수 효과, 부착생물(fouling), 황천 해상 조건에서의 영향과 더불어 기술한다. 프로펠러, 덕트 프로펠러, 초월공동(supercavitating) 프로펠러, 표면관통(surface piercing) 프로펠러, 포드 프로펠러 및 워터젯을 포함하는 다양한 추진기의 효율을 다룬다. 다양한 추진기의 설계 방법과 비설계 조건에서 효율을 향상하는 방법에 유의한다. 선체저항과 추진 성능에 관한 데이터베이스가 10장부터 16장까지 포함되어 있다. 17장은 저항과 추진 데이터를 함께 사용하여 총 동력을 예측하는 예제들을 제공한다.

참고문헌은 각 장 말미에 소개되어 있다. 특정한 주제에 관한 더욱 상세한 설명은 참고문헌 및 [1.21]에서 [1.29]에 이르는 더욱 전문적인 교재에서 찾아볼 수 있다.

참고문헌(1장)

1.1 Froude, W. Experiments on the surface-friction experienced by a plane moving through water, *42nd Report of the British Association for the Advancement of Science*, Brighton, 1872.

1.2 Froude, W. Report to the Lords Commissioners of the Admiralty on experiments for the determination of the frictional resistance of water on a surface, under various conditions, performed at Chelston Cross, under the Authority of their Lordships, *44th Report by the British Association for the Advancement of Science*, Belfast, 1874.

1.3 Froude, W. On experiments with HMS *Greyhound*. *Transactions of the Royal Institution of Naval Architects*, Vol. 15, 1874, pp. 36~73.

1.4 Froude, W. Experiments upon the effect produced on the wave-making resistance of ships by length of parallel middle body. *Transactions of the Royal Institution of Naval Architects*, Vol. 18, 1877, pp. 77~97.

1.5 Rankine, W. J. On the mechanical principles of the action of propeller. *Transactions of the Royal Institution of Naval Architects*, Vol. 6, 1865, pp. 13~35.

1.6 Froude, W. On the elementary relation between pitch, slip and propulsive efficiency. *Transactions of the Royal Institution of Naval Architects*, Vol. 19, 1878, pp. 47~65.

1.7 Froude, R.E. On the part played in propulsion by differences in fluid pressure. *Transactions of the Royal Institution of Naval Architects*, Vol. 30, 1889, pp. 390~405.

1.8 Luke, W.J. Experimental investigation on wake and thrust deduction values, *Transactions of the Royal Institution of Naval Architects*, Vol. 52, 1910, pp. 43~57.

1.9 Reynolds, O. The causes of the racing of the engines of screw steamers investigated theoretically and by experiment. *Transactions of the Royal Institution of Naval Architects*, Vol. 14, 1873, pp. 56~67.

1.10 Barnaby, S.W. Some further notes on cavitation, *Transactions of the Royal Institution of Naval Architects*, Vol. 53, 1911, pp. 219~232.

1.11 Taylor, D.W. The influence of midship section shape upon the resistance of ships. *Transactions of the Society of Naval Architects and Marine Engineers*, Vol. 16, 1908.

1.12 Taylor, D.W. *The Speed and Power of Ships*. U. S. Government Printing Office, Washington, DC, 1943.

1.13 Baker, G.S. Methodical experiments with mercantile ship forms. *Transactions of the Royal Institution of Naval Architects*, Vol. 55, 1913, pp. 162~180.

1.14 Stanton, T.E. The law of comparison for surface friction and eddy-making resistance in fluids. *Transactions of the Royal Institution of Naval Architects*, Vol. 54, 1912, pp. 48~57.

1.15 Kent, J.L. The effect of wind and waves on the propulsion of ships. *Transactions of the Royal Institution of Naval Architects*, Vol. 66, 1924, pp. 188~213.

1.16 Valkhof, H.H., Hoekstra, M. and Andersen, J.E. Model tests and CFD in hull form optimization. *Transactions of the Society of Naval Architects and Marine Engineers*, Vol. 106, 1998, pp. 391~412.

1.17 Huan, J.C. and Huang, T.T. Surface ship total resistance prediction based on a nonlinear free surface potential flow solver and a Reynolds-averaged Navier-Stokes viscous correction. *Journal of Ship Research*, Vol. 51, 2007, pp. 47~64.

1.18 Burrill, L.C. Calculation of marine propeller performance characteristics. *Transactions of the North East Coast Institution of Engineers and Shipbuilders*, Vol. 60, 1944.

1.19 Lerbs, H.W. Moderately loaded propellers with a finite number of blades and an arbitrary distribution of circulation. *Transactions of the Society of Naval Architects and Marine Engineers*, Vol. 60, 1952, pp. 73~123.

1.20 Turnock, S.R., Phillips, A.B. and Furlong, M. UPANS simulations of static drift and dynamic manoeuvres of the KVLCC2 tanker, *Proceedings of the SIMMAN International Manoeuvring Workshop*, Copenhagen, April 2008.

1.21 Lewis, E.V.(ed.) *Principles of Naval Architecture*. The Society of Naval Architects and Marine Engineers, New York, 1988.

1.22 Harvald, S.A. *Resistance and Propulsion of Ships*. Wiley Interscience, New York, 1983.

1.23 Breslin, J.P. and Andersen, P. *Hydrodynamics of Ship Propellers*. Cambridge Ocean Technology Series, Cambridge University Press, Cambridge, UK, 1996.

1.24 Carlton, J.S. *Marine Propellers and Propulsion*. 2nd Edition, Butterworth-Heinemann, Oxford, UK, 2007.

1.25 Bose, N. *Marine Powering Prdictions and Propulsors*. The Society of Naval Architects and Marine Engineers, New York, 2008.

1.26 Faltinsen, O.M. *Hydrodynamics of High-Speed Marine Vehicles*. Cambridge University Press, Cambridge, UK, 2005.

1.27 Bertram, V. *Practical Ship Hydrodynamics*. Butterworth-Heinemann, Oxford, UK, 2000.

1.28 Kerwin, J.E. and Hadler, J.B. Principles of Naval Architecture: Propulsion. The Society of Naval Architects and Marine Engineers, New York, 2010.

1.29 Larsson, L. and Raven, H.C. Principles of Naval Architecture: Ship Resistance and Flow. The Society of Naval Architects and Marine Engineers, New York, 2010.

CHAPTER

2

추진동력

2.1 추진동력의 요소

선박 설계과정에서 정해진 속력으로 선박을 추진하는 데 필요한 동력을 추정하는 것이 필요하다. 추산된 동력으로부터 다음 사항들을 추정하는 것이 가능하다.

(a) 설치된 동력의 함수인 기자재 중량.

(b) 예상 연료 소모량 및 연료탱크 용량.

새로운 설계에 대한 동력 추산은 유사 현존선과의 비교 혹은 모형시험으로 얻는다. 두 경우 모두 크기가 다른 선박의 동력 소요조건으로부터 동력 추정과정을 유도하는 것이 필요하다. 즉, 추진동력 추정의 축척관계를 찾을 수 있어야 한다.

동력 문제를 구성하는 각 요소는 다른 방식으로 축척되므로 각 요소를 별도로 추산하고 각각에 올바른 축척법칙(scaling law)을 적용하는 것이 필요하다.

통상적인 동력 방법에서 기본적인 구분 방법은 선박을 움직이는 데 필요한 유효동력과 추진기에 전달되는 전달동력을 구별하는 것이다. 추진기의 효율은 100%보다 작기 때문에 전달동력은 유효동력보다 크다.

선박의 동력을 확립할 때 고려되는 주요 요소는 그림 2.1에 요약된 것처럼 선박 운항에 대한 저항, 프로펠러의 단독 효율(open water efficiency) 및 선체-프로펠러 연관 효율로 구성된다.

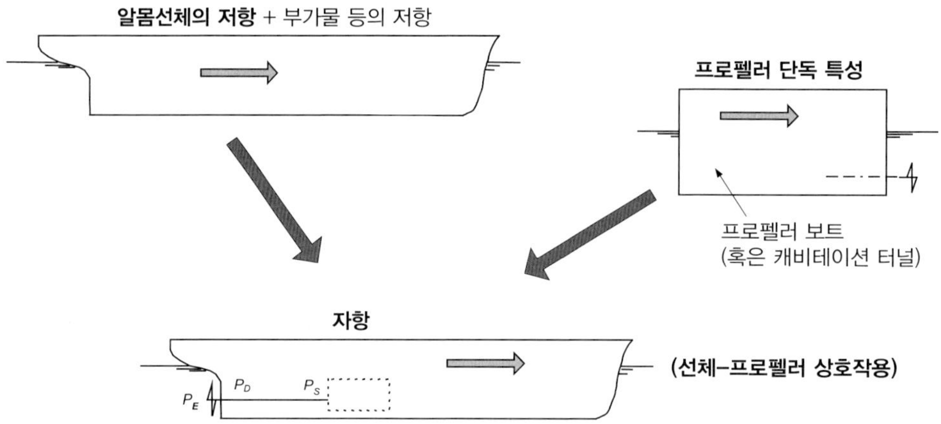

그림 2.1 선박 동력의 구성성분–주요 고려사항.

선박의 동력을 예측하는 방법은 다음 중 하나이다.

(1) 모형시험 결과의 실선 확장.
(2) 표준 계열(선체저항 계열 및 프로펠러 계열) 데이터 사용.
(3) 이론적 방법(예를 들어 저항 성분 및 프로펠러 설계 산식).
(4) (1), (2)의 조합 혹은 (1), (2), (3)의 조합.

2.2 추진계통

동력 추정과정에서 선택한 추진계통의 성능 특성이 추진기의 운항과 총합 효율을 결정하기 때문에 이를 이해하는 것이 필요하다.

어떠한 선박이든 기본적으로 필요한 사항은 그림 2.2에 도시된 것과 같이 선박을 필요한 속도(V)로 추진하기 위해 주 추진기관(주 기관)으로부터 얻는 동력(P)을 효율적으로 추력(T)으로 전환하는 것이다.

주 추진기관에는 다음과 같은 몇 가지 형태가 있다.

디젤 기관
가스 터빈
증기 터빈
전기
(그리고 위의 변형 및 조합)

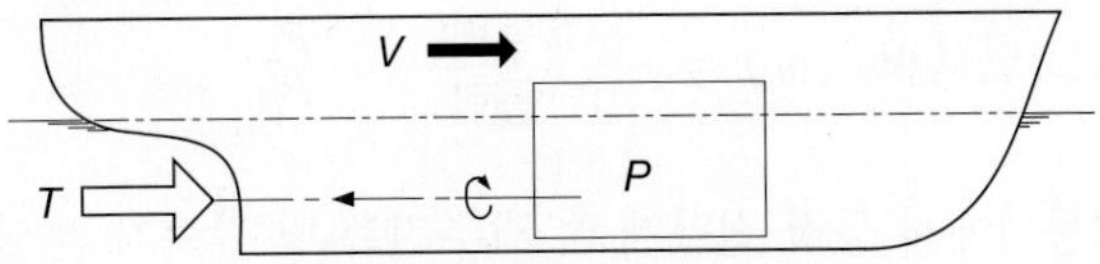

그림 2.2 동력을 추력으로 변환.

그리고 다음과 같은 다양한 형태의 추진기(일반적으로 스크루 프로펠러의 변형)가 동력을 추력으로 전환한다.

프로펠러, 고정 피치(FP)
프로펠러, 가변 피치(CP)
덕트 프로펠러
워터젯
Azimuth 포드 추진기
(그리고 위의 변형)

각 추진기관 및 추진기는 장단점이 있고 적용 범위와 한계가 있는데, 크기, 가격, 효율과 같은 기본적인 속성을 포함한다. 현재는 위 추진계통의 선택사항을 사용하여 선박의 형식과 운항 조건에 맞춰 특정한 기관 및 추진기를 선택한다. 추진기 및 기계계통은 11장 및 13장에 서술되어 있다.

그러므로 특정 선박에 대한 추진계통의 전체적인 평가를 위해 다음 사항이 요구된다.

(1) 선속(V)에서 필요한 추력(T)을 알고 이를 소요동력(P)으로 계산.
(2) 가용한 추진기관의 물리적 성질과 효율에 대한 지식 및 합당한 평가.
(3) 다양한 추진기 및 기관-추진기 배치의 평가.

2.3 정의

(1) 유효동력(P_E) = 선박을 원하는 속도로 예인하는 데 필요한 동력
= 총 저항 × 선속 = $R_T \times V_S$
(2) 추진동력(P_T) = 프로펠러 추력 × 프로펠러 유입 유속
= $T \times V_a$
(3) 전달동력(P_D) = 추진기에 전달해야 하는 동력
(추진기 쪽 추진축 끝단에서의 동력)

$$(4)\quad \text{준추진효율(QPC, } \eta_D) = \frac{\text{유효동력}}{\text{전달동력}} = \frac{P_E}{P_D}$$

전달동력은 총 설치동력에서 동력 전달계 손실(추진축 및 감속기 손실)만큼 줄어든 양이 되고, 여기에 선체 표면조도, 부착생물 및 기상 조건을 고려한 여유동력[1]을 감안해야 한다.

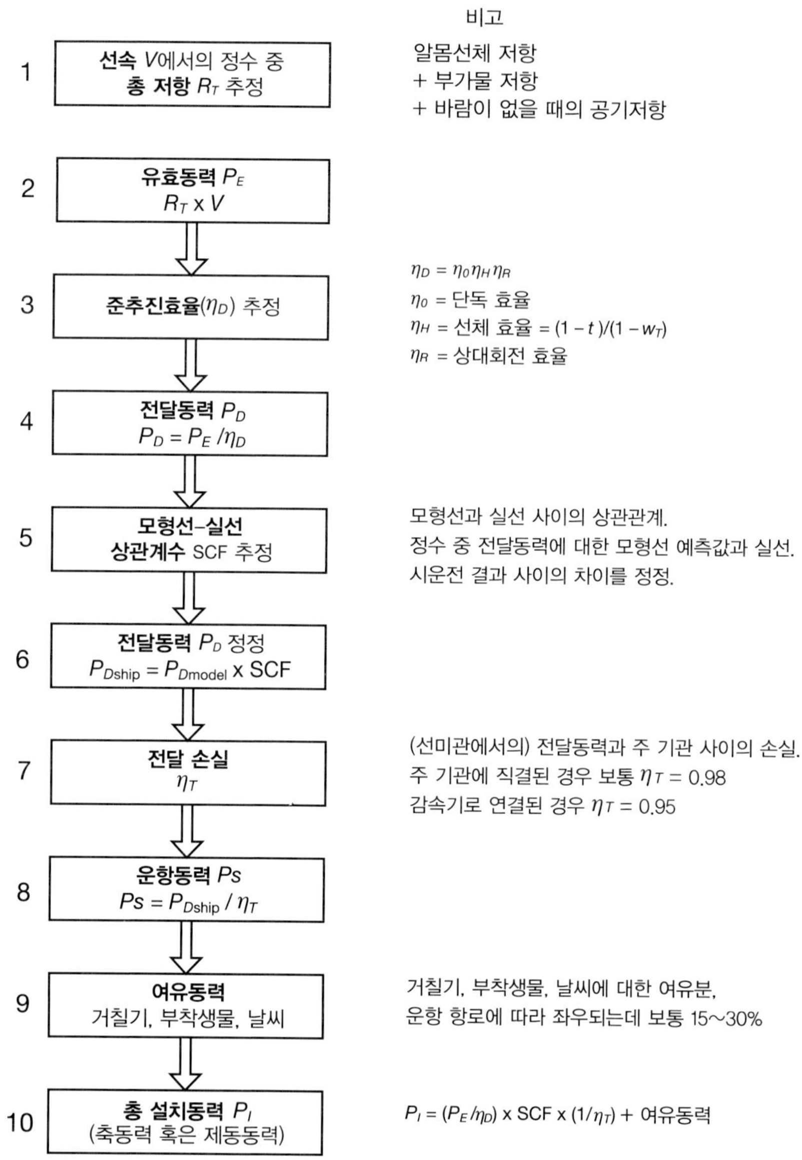

그림 2.3 선박 동력의 구성 성분-주요 고려사항.

---

1 이를 보통 sea margin이라 부른다.

(5) 전달효율(η_T) $= \dfrac{\text{전달동력}}{\text{기관에서 필요한 동력}}$, 그러므로

(6) 설치동력(P_I) $= \dfrac{P_E}{\eta_D} \times \dfrac{1}{\eta_T}$ + 여유동력(거칠기, 부착생물, 날씨)

즉, 동력 문제는 다음의 세 부분으로 구분된다.

(1) 유효동력 추정.
(2) 준추진효율 추정.
(3) 요구되는 여유동력 추정.

유효동력 추정은 다음 성분으로 구성된 선박의 총 저항을 추정하는 것과 연관된다.

1. 알몸선체의 저항.
2. 추진축, 추진축 지지대(shaft bracket), 러더, 핀 안정기, 빌지킬 등 부가물의 저항.
3. 수면 위 상부구조물의 공기저항.

준추진효율(QPC)은 주로 추진기의 효율에 달려 있지만, 추진기와 선체 사이의 상호작용과도 연관이 있다. 추진기의 형태 및 성능 특성은 11장, 12장 및 16장에서 다루고 있다.

부착생물 및 기상 조건에 대한 여유동력은 운항 구역, 예상 해상 상태에 따라 달라지는데, 통상 설치동력의 15~30% 범위 내에서 설정된다. 여유동력은 3장에서 기술된다.

선박 동력 추정의 전반적인 요소는 2.4절에 요약되어 있다.

2.4 선박 동력 추정의 요소들

선박 동력 추정의 다양한 요소들 및 동력 전달 단계를 그림 2.3에 요약하여 도시했다.

정수(calm water) 중 총 저항은 알몸선체 저항과 부가물 저항, 공기저항으로 구성된다. 프로펠러 준추진효율(QPC) η_D는 프로펠러 단독 효율, 선체 효율 및 상대회전 효율로 구성된다. 선체 효율은 $\eta_H = (1-t)/(1-w_T)$로 유도되는데, 여기서 t는 추력 감소계수(thrust deduction factor), w_T는 반류비(wake fraction)이다.

명확성을 위해 모형-실선 상관계수(model-ship correlation allowance)는 총합 전달동력에 적용되는 단일선 상관계수(single-ship correlation factor: SCF)에 포함되어 있다. 현재의 관행으로는 각 저항 추정 요소 및 프로펠러 효율 성분에 더욱 상세한 보정을 할 것을 권고하고 있다. 이는 5장에서 논의하도록 한다.

주 기관과 프로펠러 사이의 전달효율 η_T는 보통 직결형일 때 $\eta_T = 0.98$, 감속기어를

통한 전달일 경우에는 $\eta_T = 0.95$를 사용한다.

그림 2.3의 9번 단계에서의 여유동력은 선체 표면조도, 부착생물, 기상에 의한 저항 및 동력 증가에 해당된다. 적정한 수준의 동력 예비를 설치 목적에 따라 과학적인 방법으로 유도한다. 이 단계는 동력 추정 전 단계에서의 불확실성에 대한 여유를 더하는 개념으로 간주해서는 안 된다.

총 설치동력 P_I는 보통 주 기관의 MCR(maximum continuous rating) 혹은 CSR (continuous service rating)과 관련되는데, 선박 운항사의 관례에 따라 달라질 수 있다.

CHAPTER

3

선체저항 성분

3.1 주 선체저항의 물리적 성분

3.1.1 물리적 성분

선박의 저항 성분과 그의 거동을 이해하는 것은 중요한데, 모형시험 결과로부터 실선의 저항을 확장 예측하는 데 활용되기 때문이다. 실선 저항의 추정치는 뒤이어 필요한 추진 동력을 예측하는데 이용된다.

물 위를 움직이는 선박을 관찰하면 그림 3.1과 같은 두 가지 특징이 나타나는데, 첫째는 선체와 함께 움직이는 파형이고 둘째는 선체의 길이 방향을 따라 발달되어 선체

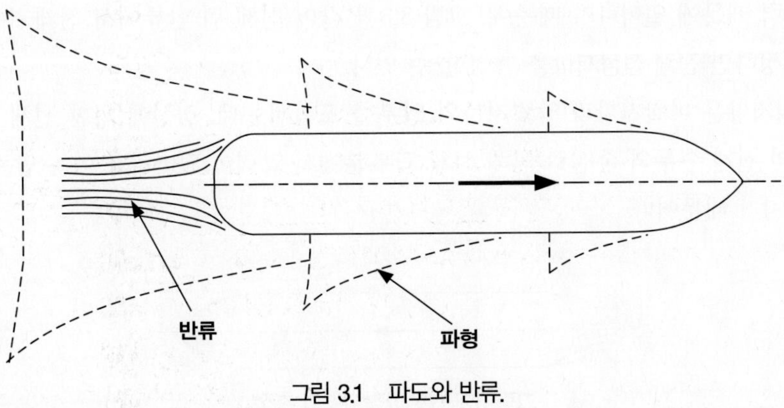

그림 3.1 파도와 반류.

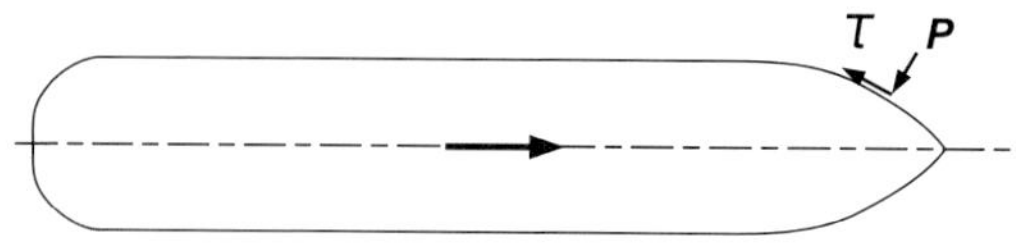

그림 3.2 마찰응력과 압력에 의한 힘.

뒤의 반류(wake)까지 연장되는 난류유동 영역이다.

두 특징 모두 선체로부터 에너지를 흡수, 즉 선체에 작용하는 저항을 구성한다. 저항은 선체 표면에 분포된 압력과 전단력(shear force)으로 선체에 작용한다. 전단응력은 유체의 점성으로부터 생긴다.

이로부터 저항을 물리적으로 다음과 같이 분해할 수 있다.

(1) 마찰저항

그림 3.2와 같이 선체 표면 요소에 평행하게 작용하는 전단응력 τ를 합하면 전체 전단저항 혹은 **마찰저항**을 얻는다.

(2) 압력저항

그림 3.2와 같이 선체 표면 요소에 수직하게 작용하는 압력 P를 합하면 전체 압력저항을 얻는다. 마찰저항은 순전히 점성에 의한 것이지만, **압력저항**은 부분적으로는 선체의 조파(wavemaking)에도 기인한다.

물리적 저항 분해의 다른 대안으로는 **에너지 소산**을 고려한다.

(3) 전체 점성저항

Bernoulli 정리(부록 A1.5 참조)에 따르면 $\frac{P}{g} + \frac{V^2}{2g} + z = H$인데, 점성력이 없는 경우(마찰을 무시하는 경우) 수두 H는 유동의 모든 영역에서 일정하다. 피토 관(Pitot tube)을 사용하면 전체 수두(total head)를 위치에 따라 측정할 수 있다. 전체 수두의 손실은 점성력 때문에 일어나기 때문에, 그림 3.3과 같이 선체 뒤 반류에서 전체 수두의 손실을 측정하면 **전체 점성저항**을 측정할 수 있다.

점성저항은 마찰저항과 압력저항의 일부를 포함하는데, 점성에 의한 선체 주위 유동에서의 전체 수두의 손실로 인해 선체 뒷부분에서 압력이 떨어지고 이는 압력저항으로 이어지기 때문이다.

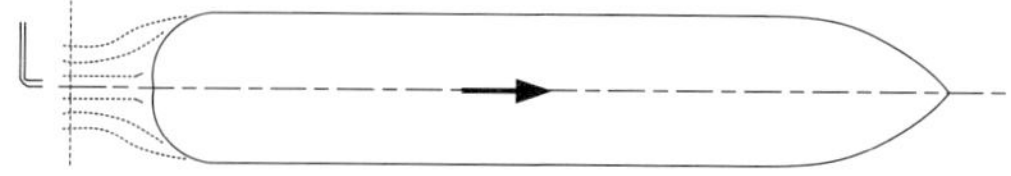

그림 3.3 총 마찰저항의 측정.

(4) 전체 조파저항

선체에 의해 생성된 파형을 측정하여 각 성분파로 분석할 수 있다. 각 성분파를 유지하는 데 필요한 에너지를 추산할 수 있고, 이로부터 **전체 조파저항** 성분을 얻는다.

물리적인 측정 방법에 따라 총 저항을 분해하는 방법이 달라지는데 다음과 같다.

1. 압력저항 + 마찰저항
2. 점성저항 + 나머지
3. 조파저항 + 나머지

이들을 조합하면 다음과 같이 저항을 최종적으로 나눌 수 있다.

$$\text{총 저항} = \text{마찰저항} + \text{점성압력저항} + \text{조파저항}$$

저항의 개별적인 성분을 유도하는 실험적 방법은 7장에 서술되어 있다.

각 저항 성분마다 상이한 축척법칙(scaling law)을 따르기 때문에 각 저항 성분 사이 상호작용이 있는 경우에는 축척 문제가 매우 복잡해짐에 주목해야 한다.

그림 3.4는 선박 저항의 기본적인 유체역학적 요소를 요약하여 나타내고 있다. 작용하는 힘의 방향을 고려할 경우 총 저항은 그림 3.2 및 3.4 윗부분과 같이 표면에 평행한

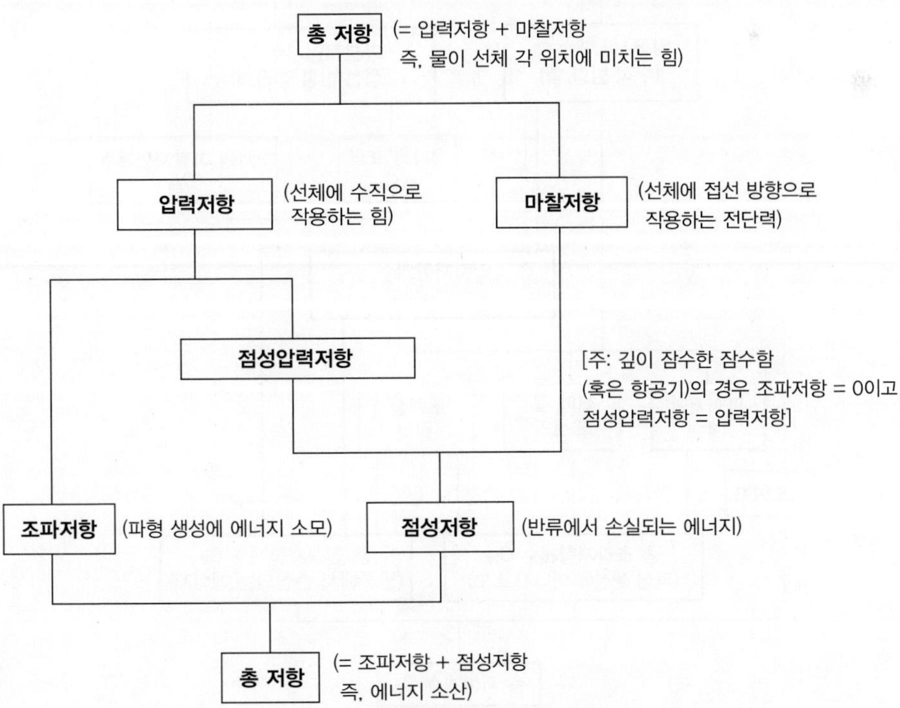

그림 3.4 저항의 기본적인 성분들.

전단력과 표면에 수직한 압력으로 구성된다. 에너지 소산 여부를 고려할 경우 총 저항은 반류에서 소산되는 에너지와 수면파를 발생하기 위해 사용되는 에너지로 구분되며, 이는 그림 3.1 및 3.4 아랫부분으로 표현된다.

그림 3.5는 그 외의 요인—예를 들어 쇄파(wave breaking), 물보라(spray), 트랜섬 및 유도저항(induced resistance) 등—을 포함하는 좀 더 세분화된 저항 분류를 나타내고 있다. 그림 3.5의 마찰저항은 2차원 평판의 저항과 3차원 효과로 구분되어 있다. 이는 4장에서 설명할 평판의 마찰저항 데이터를 이용하여 모형시험 결과를 실선으로 확장하는 방법과 관련되어 있다.

쇄파 및 물보라 현상은 고속선에서 중요할 수 있고, 쌍동선(catamaran)의 경우 특정 속도에서 현저한 쇄파 현상이 발생할 수 있다. 쇄파 및 물보라 현상은 조파저항의 일부지만 실제로는 파도의 에너지 손실이 반류에서 일어나기 때문에 그림 3.5의 점선은 이를 표시하고 있다.

대부분의 고속선에서 사용되는 트랜섬 선미(transom stern)는 압력저항에 포함된

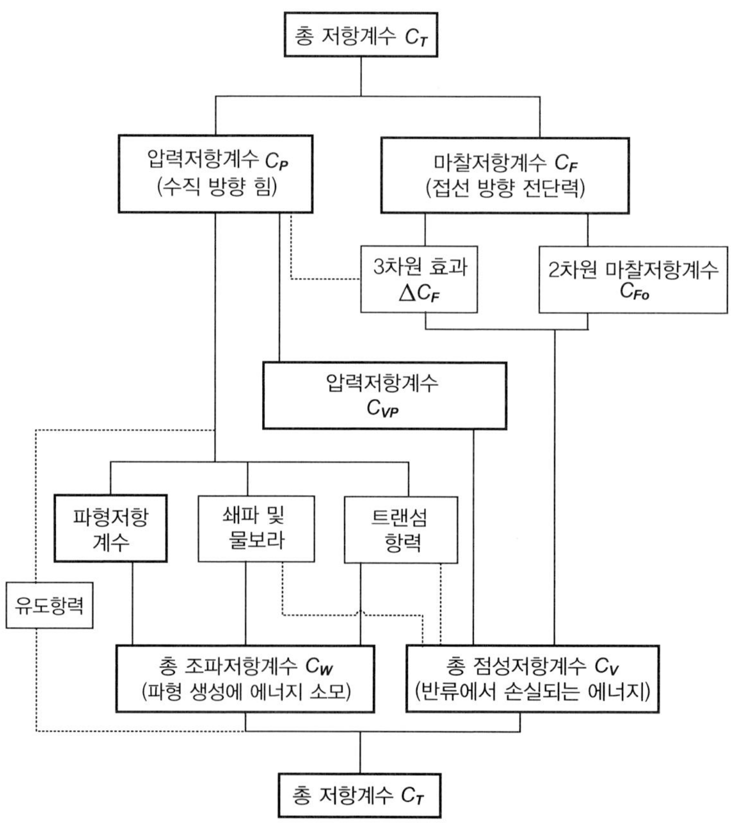

그림 3.5 저항의 세부적인 성분들.

다. 트랜섬 바로 뒤 넓은 면에서 압력이 낮게 유지되는데, 이로 인해 파, 쇄파 그리고 물보라가 멀리 전파되지 못한다. 또한 이 에너지도 후류에서 소산되는데, 그림 3.5의 또 다른 점선이 이를 의미한다.

유도저항은 요트에서 발생하는데, 용골(keel) 혹은 러더의 양력으로부터 생겨난다. 쌍동선에서는 동체 사이의 유동이 비대칭적이어서 각 동체에 작용하는 양력 또는 측면력으로부터 유도저항이 생겨난다. [3.1]에 따르면 쌍동선의 유도저항은 매우 작은 것으로 조사되었다. 쌍동선 및 삼동선같이 여러 개의 동체가 있는 경우 동체 간 조파저항의 상호작용은 선속 및 동체 사이의 거리에 따라 유리하거나 불리해질 수 있다.

Lackenby[3.2]는 선박 저항 성분 및 그 사이의 상호 의존관계에 대해 더욱 유용하고 상세한 고찰을 제공하고 있다. 한편 [3.3] 및 [3.4]에서는 쌍동선 저항 성분에 특별한 주의를 기울이고 있다.

몇몇 고속선종 및 범선(sailing vessel)의 저항 성분이 언급되어 있다.

3.1.1.1 활주선(Planing Craft)

선체에 작용하는 기본적인 힘들을 그림 3.6에 도시했는데, 트림 각(trim angle)이 τ일 때 F_P는 침수표면적에 작용하는 압력 힘이고 F_H는 선체의 압력중심에 작용하는 정수력이고 R_F는 마찰저항이다. 선체 경사각 τ는 저항에 중요한 영향을 미치며, 효율적인 활주 상태에서 τ 값은 작다. 활주속도가 증가하면서 침수표면적 및 쐐기 체적(wedge volume)이 급속히 감소하여 주로 유체동역학적인 양력이 작용, $F_H \ll F_P$가 된다. 부력의 작용을 합리적인 수준으로 유지해야 하는데, 예를 들어 내항성(seakeeping)을 제고하기 위함이다.

저항 성분은 다음과 같이 요약된다.

$$R_T = R_F + R_W + R_I \tag{3.1}$$

여기서 R_I는 압력 힘 F_P가 연직 방향과 기울어져서 작용하기 때문에 유발되는 항력이다. 고속에서는 조파저항 R_W가 작아진다. Savitsky 등[3.5]에 따르면 선체 형상과 물보라막

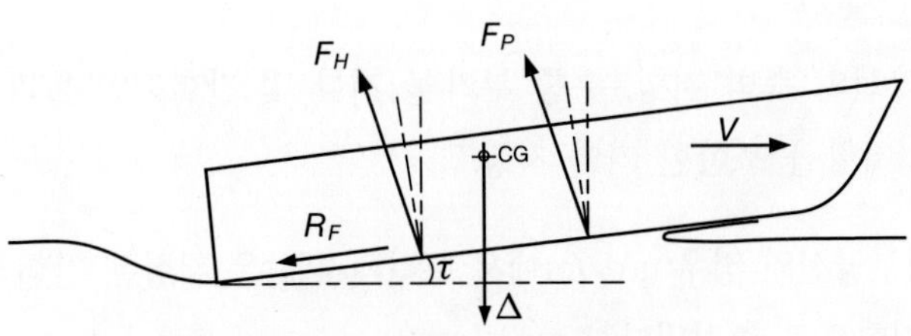

그림 3.6 활주선에 작용하는 힘.

(spray rail) 사용 여부에 따라 물보라(spray)로 인한 저항이 중요해진다. [3.6]과 [3.7]에 활주 현상의 물리법칙이 상세히 서술되어 있다. 10장에 활주선 저항 추정 방법을 기술하였다.

3.1.1.2 범선(Sailing Vessel)

범선은 배수량선(displacement ship) 혹은 준배수량선(semi-displacement ship)과 기본적으로 동일한 저항 성분에 덧붙여 추가 저항 성분이 있다. 기본적인 추가 저항 성분은 선수동요각(yaw anlge)을 갖고 항해할 때 용골 및 타의 양력으로부터 유기되는 유도항력이다. 양력의 생성은 기본적으로 돛에서 생성되는 측면력에 저항하기 위함이다. 어떤 이들은 횡경사(heel)에 의한 저항을 직립 상태 저항에 추가되는 별개 저항으로 간주하기도 한다. 범선에 대한 추가 정보는 [3.8]과 [3.9]에서 얻을 수 있다. 범선 저항 추정 방법을 10장에 개략적으로 나타내었다.

3.1.1.3 공기부양선(Hovercraft) 및 수중익선(Hydrofoil)

공기부양선 및 수중익선은 배수량선 혹은 준배수량선의 저항과 다른 저항 성분을 갖고 있기 때문에 따로 다루어야 한다. 저항 성분의 개괄적인 요약은 다음과 같다.

(1) 공기부양선[해면효과선(surface effect ship) 및 측벽 호버크래프트 포함]

저항 성분은 다음과 같다.

(a) 수면 상부 선체의 공기저항.
(b) 공기가 선속으로 부양 팬으로 흡입됨에 따른 입구 모멘텀 저항.
(c) 선체 경사에 따른 항력.

선체 경사에 의한 항력은 두 가지 물리적 효과로부터의 합력이다. 즉, 1) 쿠션 내의 압력으로 발생되는 파형에 의한 조파저항과, 2) 쿠션 바닥의 공기 틈이 변화하면서 분출유동의 불균일성으로 인한 출구 모멘텀 효과이다. 공기 틈은 보통 선수보다는 선미에서 커지므로 출구 모멘텀은 전방으로 추력을 발생한다.

(d) 해면효과선의 측벽 저항, 수중 부가물 저항 및 간헐적인 물과의 접촉 및 물보라 생성 저항을 포함한 기타 저항.

측벽이 없는 공기부양선의 경우 (a)~(c)에서 고려되지 않은 저항은 간헐적인 물과의 접촉 및 물보라 생성 저항으로 추정된다.

공기부양선에 대해 추산되는 총 동력은 (a)~(d)의 저항 성분을 극복하기 위한 추진동력에 설계된 공기 틈 두께에서 선박의 중량을 지탱하기 위해 필요한 쿠션 내 압력을 유지하는 데 사용되는 부양 팬 동력을 합한 것이다. 공기부양선의 기본적 물리 현상, 설계와 성능 특성은 [3.6], [3.7], [3.10] 및 [3.12]에서 어느 정도 상세히 다루고 있다.

(2) 수중익선

저속에서는 통상적인 준배수량선 및 활주형선과 동일한 저항 성분을 가지며 속도가 증가하면서 선체 중량이 수중익선으로 지탱된다. 선체저항에 더하여 수중익 지지부의 저항이 있다. 이는 수직 지지 스트럿, 환기방지 펜스(antiventilation fence), 방향타와 프로펠러 축과 같은 비양력 요소의 저항과 양력 날개의 저항으로 구성된다. 양력 날개의 저항은 수중익의 형상저항, 양력에 의한 유도저항, 자유수면의 수중익으로 인한 조파저항으로 구성된다. 파의 형성, 유선의 곡률 때문에 자유수면에 근접한 수중익의 양력은 깊이 잠긴 수중익보다 작아진다. 수중익선의 기본적인 물리 현상, 설계와 성능 특성은 [3.6], [3.7] 및 [3.11]에서 어느 정도 상세히 다루고 있다.

3.1.2 선체 주위 유동의 모멘텀 해석

3.1.2.1 기본 고려사항

선체저항은 분명 유동 중에서 일어나는 모멘텀 변화와 연관되어 있다. 모멘텀 변화를 해석하면 에너지 소산 관점의 각 저항 성분의 의미를 정확히 정의할 수 있다.

그림 3.7과 같이 폭이 b, 깊이가 h인 직사각형 단면의 수로 안에 속도 U인 유동 속에 놓인 모형을 고려하자. 평면 A로부터 평면 B에 이르는 '검사체적(control box)'을 흐

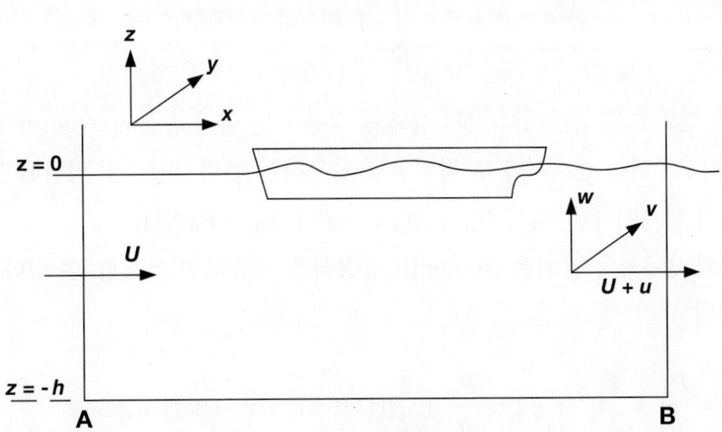

그림 3.7 모멘텀 해석.

르는 유체의 모멘텀 변화량은 검사평면 A, B 및 모형에 작용하는 저항과 관련되어 있다.

자유수면의 높이를 $z = \zeta(x, y)$라 하고, ζ의 크기가 작다고 가정한다. 또한 모형에 의해 균일한 근접유동이 변화하는데, 그 속도 변화량을 교란유속 $q = (u, v, w)$로 놓는다. 유동의 연속조건에 의해 평면 A를 지나는 체적유량은 평면 B를 지나는 체적유량과 같으므로,

$$U \cdot b \cdot h = \int_{-b/2}^{b/2} \int_{-h}^{\zeta_B} (U + u) dz\, dy \tag{3.2}$$

여기서 $\zeta_B = \zeta(x_B, y)$이다. 평면 B를 단위 시간 동안 빠져나가는 모멘텀은

$$M_B = \rho \int_{-b/2}^{b/2} \int_{-h}^{\zeta_B} (U + u)^2 dz\, dy \tag{3.3}$$

평면 A를 단위 시간 동안 빠져나가는 모멘텀은

$$M_A = \rho U^2 \cdot b \cdot h$$

식 (3.2)에서 $U \cdot b \cdot h$를 대입하면

$$M_A = \rho \int_{-b/2}^{b/2} \int_{-h}^{\zeta_B} U(U + u) dz\, dy \tag{3.4}$$

즉, 유체가 검사체적을 통과하면서 모멘텀이 변하는 시간 변화율은 $M_B - M_A$이므로

$$M_B - M_A = \rho \int_{-b/2}^{b/2} \int_{-h}^{\zeta_B} u(U + u) dz\, dy \tag{3.5}$$

이 모멘텀의 변화율은 검사체적 안의 유체에 작용하는 힘과 같은데, 수로 바닥의 마찰저항을 무시한다면 이는 선체저항 R, 평면 A에 작용하는 압력 힘 F_A 및 평면 B에 작용하는 압력 힘 F_B의 합력이다. 따라서 $M_B - M_A = -R + F_A - F_B$이다.

평면 A와 B에서의 압력은 Bernoulli 방정식을 적용하면 유도할 수 있다. 즉, 힘 F_A와 F_B에 대해

$$H = \frac{P_A}{\rho} + \frac{1}{2}U^2 + gz = \frac{P_B}{\rho} + \frac{1}{2}[(U + u)^2 + v^2 + w^2] + gz_B + \frac{\Delta P}{\rho} \tag{3.6}$$

여기서 ΔP는 경계층에서의 압력 손실이고, $\Delta P/\rho$는 그로 인한 수두 손실이다.

대기압을 0으로 놓으면 모형 전방 자유수면 $z = 0$에서 $P_A = 0$이고, 수두는 $H = \frac{1}{2}U^2$으로 일정하다. 따라서

$$P_B = -\rho\left\{gz_B + \frac{\Delta P}{\rho} + \frac{1}{2}\left[2Uu + u^2 + v^2 + w^2\right]\right\} \tag{3.7}$$

상류의 검사평면 A에서

$$F_A = \int_{-b/2}^{b/2}\int_{-h}^{0} P_A dz\,dy = -\rho g \int_{-b/2}^{b/2}\int_{-h}^{0} z\,dz\,dy = \frac{1}{2}\rho\,g \int_{-b/2}^{b/2} h^2 dy = \frac{1}{2}\rho\,gbh^2 \tag{3.8}$$

하류의 검사평면 B에서는 식 (3.7)을 이용하여

$$\begin{aligned}F_B &= \int_{-b/2}^{b/2}\int_{-h}^{\zeta_B} P_B dz\,dy = -\rho \int_{-b/2}^{b/2}\int_{-h}^{\zeta_B}\left\{gz_B + \frac{\Delta P}{\rho} + \frac{1}{2}[2Uu + u^2 + v^2 + w^2]\right\}dz\,dy \\ &= \frac{1}{2}\rho\,g \int_{-b/2}^{b/2}(h^2 - \zeta_B^2)dy - \int_{-b/2}^{b/2}\int_{-h}^{\zeta_B}\Delta P\,dz\,dy - \frac{\rho}{2}\int_{-b/2}^{b/2}\int_{-h}^{\zeta_B}[2Uu + u^2 + v^2 + w^2]dz\,dy\end{aligned} \tag{3.9}$$

저항은 $R = F_A - F_B - (M_B - M_A)$이다.

식 (3.5), (3.8) 및 (3.9)의 항들을 대입하면

$$R = \left\{\frac{1}{2}\rho g \int_{-b/2}^{b/2}\zeta_B^2\,dy + \frac{1}{2}\rho \int_{-b/2}^{b/2}\int_{-h}^{\zeta_B}(v^2 + w^2 - u^2)dz\,dy\right\} + \int_{-b/2}^{b/2}\int_{-h}^{\zeta_B}\Delta P dz\,dy \tag{3.10}$$

이 식에서 첫 두 항은 넓은 의미에서 파형에 의한 저항과 관련지을 수 있다. 비록 교란유속 $q = (u, v, w)$이 주로 수면파의 궤도운동에 기인한 것이지만, 역시 부분적으로는 경계층 내의 점성 전단력에 의해 유발된 것이다. 세 번째 항은 점성저항에 의한 것이다.

파형 측정 분석 및 조파저항 이론의 정식화에서 첫 두 항을 사용하는데, 7장 및 9장에 서술되어 있다.

3.1.2.2 유도저항의 계산

다음 식을 사용하여 가상 속도 성분 u'을 정의할 수 있다.

$$\frac{p_B}{\rho} + \tfrac{1}{2}[(U+u')^2 + v^2 + w^2] + gz_B = \tfrac{1}{2}U^2 \tag{3.11}$$

여기서 u'은 경계층에서 수두 손실이 일어나지 않기 위한 등가 속도 성분이다. 이 방정식을 식 (3.6)과 비교하면 u'은 Δp로부터 계산할 수 있다.

$$\tfrac{1}{2}\rho\,(U+u')^2 = \tfrac{1}{2}\rho\,(U+u)^2 + \Delta p$$

그러면

$$\begin{aligned} R = {} & \frac{1}{2}\rho g \int_{-b/2}^{b/2} \zeta_B^2\,dy + \frac{1}{2}\rho \int_{-b/2}^{b/2}\int_{-h}^{\zeta_B} (v^2 + w^2 - u'^2)\,dz\,dy \\ & + \iint_{\text{wake}} \left\{\Delta p + \frac{1}{2}\rho(u'^2 - u^2)\right\} dz\,dy \end{aligned} \tag{3.12}$$

마지막 항의 피적분 함수 $\{\Delta p + \frac{1}{2}\rho(u'^2 - u^2)\}$는 압력 손실이 존재하는($\Delta p \neq 0$) 반류 영역 내에서만 0이 아니다. 조파저항으로부터 **유도저항**을 분리하기 위해 파의 궤도운동 속도 성분 (u_I, v_I, w_I)를 도입한다. (u, v, w)는 파의 궤도운동 및 유발 속도 성분 둘 다 포함한다. (u_I, v_I, w_I)는 자유수면의 형태를 측정하여 선형 포텐셜 유동 이론을 적용하면 계산할 수 있다.

자유수면의 높이 ζ와 평면 B에서 (u, v, w)를 측정하면 조파저항을 결정할 수 있음을 명심해야 한다. 그러나 자유수면 아래의 유속은 측정하기 어렵기 때문에 측정된 파형 ζ로부터 이러한 속도를 유추하기 위해 선형 포텐셜 유동 이론을 사용하는 것이다. 이 과정은 7장 및 부록 A2에서 다루고 있다. 근래 입자영상유속계(particle image velocimetry: PIV)의 발달로 수면 하 유속의 측정이 가능해졌는데, 7장을 참조하라.

(u_I, v_I, w_I)를 저항에 대한 마지막 공식인 식 (3.12)에 대입하면,

$$R = R_W + R_V + R_I$$

여기서 R_W는 다음과 같은 파형저항(wave pattern resistance)이고,

$$R_W = \frac{1}{2}\rho g \int_{-b/2}^{b/2} \zeta_B^2\,dy + \frac{1}{2}\rho \int_{-b/2}^{b/2}\int_{-h}^{\zeta_B} (v_I^2 + w_I^2 - u_I^2)\,dz\,dy \tag{3.13}$$

R_V는 총 점성저항이고,

$$R_V = \iint_{\text{wake}} \left\{ \Delta p + \frac{1}{2}\rho(u'^2 - u^2) \right\} dz\, dy \tag{3.14}$$

그리고 R_I는 유도저항이다.

$$R_I = \frac{1}{2}\rho \int_{-b/2}^{b/2} \int_{-h}^{\zeta_B} (v^2 - v_I^2 + w^2 - w_I^2 - u'^2 + u_I^2) dz\, dy \tag{3.15}$$

통상적인 선형에 있어 R_I는 작을 것으로 예측된다.

3.1.3 선박 동력에서 사용되는 계수들

현재 두 가지의 저항 데이터 표기법이 사용되고 있다. 하나는 국제수조협회 ITTC(International Towing Tank Conference)의 계수로 항공 분야에서 사용되는 것들이고, 다른 하나는 Froude 계수[3.13]이다.

3.1.3.1 ITTC 계수

저항계수는 다음과 같이 정의된다.

$$C_T = \frac{R_T}{1/2\rho\, SV^2} \tag{3.16}$$

여기서

R_T = 총 저항
S = 선체의 침수표면적
V = 선속
C_T = 총 저항계수 혹은 저항의 각 성분별로
C_F = 마찰저항계수(평판)
C_V = 형상항력을 포함하는 (총) 점성저항계수
C_W = 조파저항계수

선속에 대한 매개변수는 Froude 수로서

$$Fr = \frac{V}{\sqrt{gL}}$$

그리고 선형 매개변수는 침수표면적 계수

$$C_S = \frac{S}{\sqrt{\nabla L}}$$

그리고 세장(slenderness)계수를 포함하는데

$$C_\nabla = \frac{\nabla}{L^3}$$

여기서는 다음과 같다.

$$\nabla = \text{배수 용적},\quad L = \text{배의 길이}$$

3.1.3.2 Froude 계수

설계에서의 기본적인 요구사항은 주어진 배수 중량 Δ에 대해 동력을 최소화하는 것이다. Froude는 '배수톤당 저항(즉, R/Δ)'을 나타내는 저항계수를 선택했다. 무차원수를 나타내기 위해 Ⓚ, Ⓛ, Ⓢ, Ⓜ 그리고 Ⓒ와 같은 원문자를 사용했다.

선속 매개변수는 다음을 포함한다.

$$Ⓚ = \frac{V}{\sqrt{\frac{g\nabla^{1/3}}{4\pi}}} \quad \text{그리고} \quad Ⓛ = \frac{V}{\sqrt{\frac{gL}{4\pi}}} \propto Fr$$

(4π는 파의 전파속도를 고려하여 포함되었다). 선체 매개변수는 침수표면적 계수

$$Ⓢ = \frac{S}{\nabla^{2/3}}$$

세장(slenderness)계수를 포함한다.

$$Ⓜ = \frac{L}{\nabla^{1/3}}$$

(일반적으로 선장 대 배수량 비라 칭한다.) 저항계수는

$$\textcircled{C} = \frac{1000\,R}{\Delta\,\textcircled{K}^2} \tag{3.17}$$

다시 말해 배수톤당 저항 R/Δ(R = 저항, Δ = 배수량 힘이므로 동일한 단위)이다.

여기서 1000은 Ⓒ를 사용하기에 편리한 값으로 나타내기 위해 곱해졌다. C_T나 C_F 등과 마찬가지로 각 저항 성분별로 적절한 첨자를 붙여 $\textcircled{C}_T$, $\textcircled{C}_F$로 나타낸다. R/Δ는 미국의 Taylor도 Taylor 표준 계열을 나타낼 때 사용했다[3.14].

이외의 유용한 관계식에 다음이 있다. 영국 단위계에서는

$$\textcircled{C} = \frac{427.1\,P_E}{\Delta^{2/3}V^3} \tag{3.18}$$

[$P_E = hp(1\ hp = 0.7457$ kW), Δ = tons(1 long ton = 2240 lbs = 1016 kg), V = knots] 이며, 미터법으로는

$$\textcircled{C} = \frac{579.8\,P_E}{\Delta^{2/3}V^3} \tag{3.19}$$

[P_E = kW, Δ = tonnes(1 tonne = 1 metric ton = 1000 kg), V = knots 그리고 1 knot = 0.5144 m/s].

다음 관계식은 ITTC 계수와 Froude 계수 사이의 변환 공식이다.

$$\begin{aligned}
C_s &= S/(\nabla.L)^{1/2}\\
\textcircled{S} &= S/\nabla^{2/3}\\
\textcircled{M} &= L/\nabla^{1/3}\\
C_s &= \textcircled{S}/\textcircled{M}^{1/2}\\
C_T &= (8 \times \pi/1000) \times \textcircled{C}/\textcircled{S}
\end{aligned}$$

고정된 Δ와 V에 대해 최소의 Ⓒ는 식 (3.19)에 따라 최소의 P_E를 의미하지만, Δ가 변하지 않더라도 S가 변할 수 있으므로 식 (3.16)의 C_T는 최소가 되는 것은 아니다.

때문에 다른 형태의 표기법들이 제안되었는데, Lackenby[3.15]와 Telfer[3.16]에 요약되어 있다. Lackenby와 Telfer는 설계 관점에서 볼 때, 선체 형상 후보들의 올바른 순위를 매기기 위해 배수톤당 저항(즉, R/Δ)을 적합한 기준에 따라 도시해야 한다고 주장했다. 이 경우 R/Δ을 성능 기준으로 삼고 배수량과 길이만으로 선박 크기를 특성화하는데, 다음과 같은 성능 표현 방법들이 허용된다.

(1) $\frac{R}{\Delta^{2/3}V^2}$ (예를 들어 Ⓒ) 대 $\frac{V}{\Delta^{1/6}}$ (예를 들어 Ⓚ)

(2) $\frac{RL}{\Delta V^2}$ 대 Fr

(3) $\frac{R}{\Delta}$ 대 $\frac{V}{\Delta^{1/6}}$ 혹은 Fr

모든 경우에서 각 계수를 무차원으로 유지하기 위해 일관된 단위체계가 사용되어야 한다.

마찰저항에 대해 Lackenby는 가장 유용한 선박 크기의 특성변수로 침수표면적을 포함시켜야 하는데, 이 저항 성분을 일차적으로 좌우하는 변수이기 때문이라고 지적했다.

그러면 $C_F = R_F/1/2\ \rho SV^2$ 형태의 계수가 바람직하다. 그 경우 다른 저항 성분도 같은 형태가 될 필요가 있다. 이는 앞에서 서술한 ITTC 표기법인데, 다년간 흔히 사용되어 온 것이다.

원문자 계수를 이해하고 적용할 수 있는 것이 중요한데, 이는 많은 유용한 데이터가 10장에서 논의되는 BSRA 계열 저항시험 결과와 같이 Ⓒ – Fr 형태로 출판되어 왔기 때문이다.

Doust[3.17]는 저항계수 $RL/\Delta V^2$를 자신의 트롤 어선 저항 결과의 회귀 분석에 사용했다. Sabit[3.18]도 BSRA 계열 저항 데이터의 회귀분석에 이 계수를 사용하였다. 이 계수는 다음 공식에 의해 Ⓒ와 연관됨에 주목할 필요가 있다.

$$\frac{RL}{\Delta V^2} = 2.4938 \text{ Ⓒ} \times \left[\frac{L}{\nabla^{1/3}}\right] \tag{3.20}$$

3.1.4 모형선의 저항 측정

3.1.4.1 배수량형 선박

모형선의 저항은 예인수조(towing tank)라고도 불리는 선형시험 수조에서 측정된다. 저항 측정만을 위해 사용된 최초의 수조는 1871년 William Froude에 의해 설립되었다[3.19]. 그림 3.8과 같이 모형선을 예인전차(moving carriage)에 부착하고 수조에서 일정한 속도(V)로 예인하면서 모형선의 저항(R)을 측정한다. 모형선이 예인될 때 원치 않는 트림(trim) 모멘트를 최소화하기 위해 예인력은 프로펠러 축과 일직선 상에서 측정한다. 모형선은 보통 자유롭게 상하동요(heave) 및 종동요(pitch)를 할 수 있도록 하고 예인 시의 침하량(sinkage) 및 트림을 측정한다. ITTC2002[3.20]에 기술된 전형적인 저항 측정 절차를 그림 3.9에 도시하였다. 저항시험 중의 모형선 사진은 그림 3.10에 나타내었다.

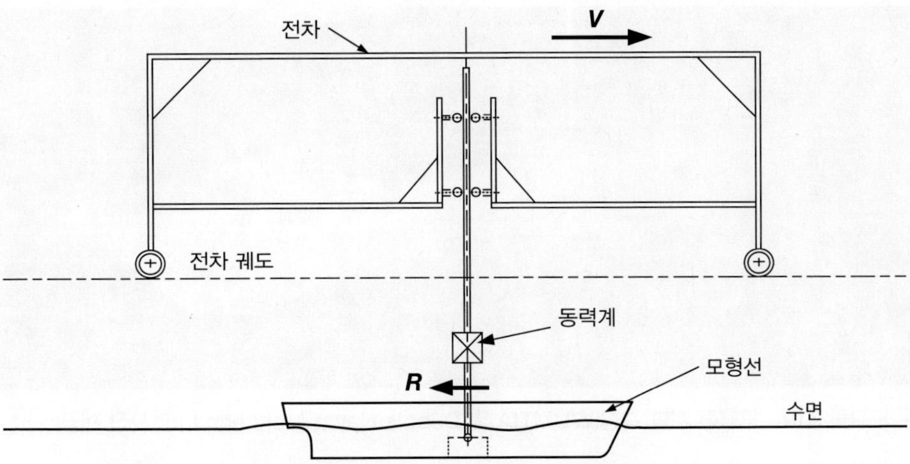

그림 3.8 모형선 예인시험의 개략적인 배치.

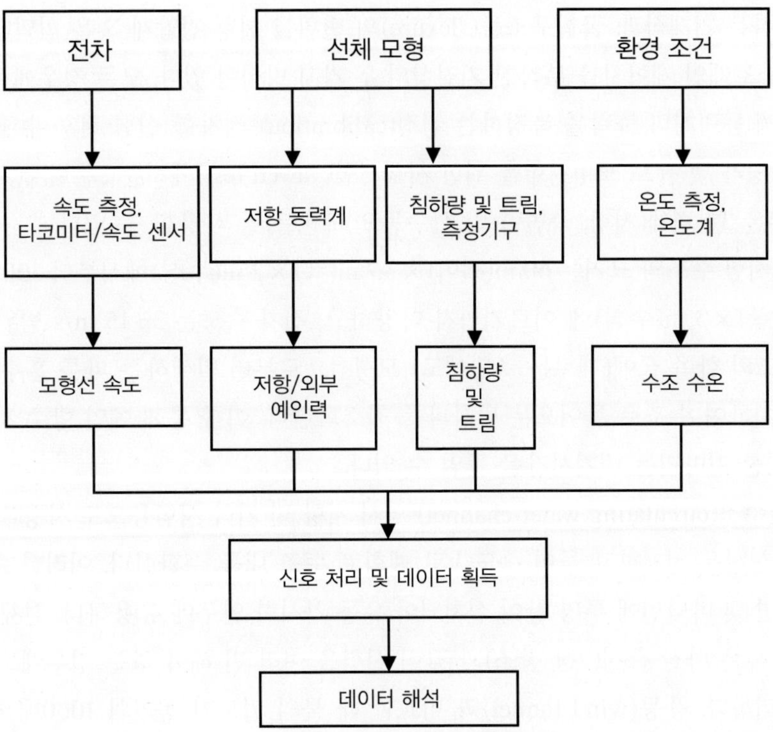

그림 3.9 저항시험의 측정들.

모형선의 속도는 전차 바퀴의 속도(대지속도) 혹은 전차가 알려진 거리를 달리는 데 소요되는 시간(대지속도), 또는 모형선 전방에 부착된 피토 관 혹은 유속계에서 측정된 속도(대수속도)로 결정된다. 예인 시 모형선의 속도가 일정하게 유지되고 수조의 물이 시험 도중 두드러질 정도로 표류하지 않는다면 위 방법 모두가 동일하게 만족스럽다.

그림 3.10 모형선 저항 측정(WUMTIA 및 Dubois Naval Architecs Ltd. 사진 제공).

예인운동에 대한 총 저항(R)은 동력계로 측정한다. 동력계는 스프링 저울과 균형추를 사용하는 기계식과, 굽힘구조물(flexure)의 변위를 선형 전압계 혹은 인덕터로 측정하거나 스트레인 게이지를 부착한 기전식의 두 가지 방식이 있다. 모든 경우에서 정해진 힘에 대해 동력계의 출력을 측정하는 검정(calibration) 절차를 실험 전후 수행한다. 조종 성능 평가 및 요트 모형시험을 위한 사항시험(yawed test)에서는 2분력계(저항과 측면력) 혹은 3분력계(저항, 측면력 및 선수동요 모멘트)를 사용할 수 있다.

모형시험 수조의 크기는 60 m(길이) × 3.7 m(폭) × 2 m(수심)에서부터 300 m(길이) × 12 m(폭) × 3 m(수심)에 이르기까지 다양하고, 전차 속도는 3~15 m/s 범위에 있다. 보통 수조의 한쪽 끝에(때로는 측면에도) 모형선으로부터 발생하는 파를 흡수하는 '해변'을 설치하여 수조로 들어오는 반사파를 최소화한다. 이를 통해 예인 항주 사이 파가 소산되기를 기다리는 대기시간을 줄일 수 있다.

회류수조(circulating water channel) 역시 저항 및 기타 시험용으로 사용된다. 그림 3.8의 모형선은 정지하고 물이 속도 V로 폐회로 수조 내를 순환한다. 이러한 수조들은 종종 측면 및 바닥면에 투명 창이 설치되어 유동 가시화 연구에 유용하다. 선체 표면 압력 측정 혹은 마찰 측정(7장 참조)과 같이 시험을 여러 번 해야 하는 경우에도 회류수조가 유리하다. 풍동(wind tunnel)과 비교할 때 물의 밀도가 공기의 1000배 정도임을 감안하면 회류수조는 물을 순환시키기 위해 대단히 큰 동력이 필요하다.

다년간 모형선은 파라핀 왁스로 제작되어 오다가 현재에는 목재, 고밀도 폼 및 FRP(fibre reinforced plastic)로 재료가 바뀌었다. 모형선은 보통 다축가공기로 제작된다. 각 모형선 재료마다 생산성, 정확도 및 가격에 따라 장단점이 있다. 60 m 수조에서 사용되는 1.6 m 길이로부터 300 m 수조의 9 m 길이에 이르기까지 모형의 크기는 다양하다.

모형선 앞부분의 유동은 층류일 수 있는데, 실선의 경우 유동은 난류이다. 난류유동의 형성을 돕기 위해 난류촉진장치(turbulence stimulator)를 선수부에 설치한다. 난류촉진장치는 사포 띠, 트립 와이어 및 트립 스터드(trip stud) 등의 형태로 모형선의 선수부에서 5% 정도 후방에 위치한다. 전형적인 트립 스터드의 경우 직경 3 mm, 높이 2.5 mm이며 25 mm 간격으로 설치된다. 보다 상세한 사항은 [3.20], [3.21], [3.22], [3.23]을 참조하라. 난류촉진장치 자체 항력에 대한 보정을 보통 실시하는데, [3.24]의 부록 A에 상세한 방법이 기술되어 있다. 흔한 보정 방법은 층류에 의한 저항의 결손을 난류촉진장치 자체 항력이 보충한다고 가정하는 것이다.

실선과 모형선 사이 크기 차이로 인한 축척 효과를 최소화하기 위해 모형선은 수조 측벽 및 바닥면으로부터 받는 방해 효과인 차단 효과(blockage effect)가 눈에 띄게 커지지 않는 한도 내에서 가능한 한 커져야 한다. 일반적인 가정은 모형선의 단면적이 수조 단면적의 0.5% 이상이 되면 안 된다는 것이다. 필요하다면 차단 효과에 의한 속도 수정을 실시해야 한다. Hughes[3.25]와 Scott[3.26, 3.27]은 전형적인 차단 효과 보정 방법을 다루고 있다. Huges의 보정(근사적 보정 형태)은 다음과 같다.

$$\frac{\Delta V}{V} = \frac{m}{1 - m - Fr_h^2} \tag{3.21}$$

여기서 ΔV는 속도 보정량, Fr_h는 수조 깊이에 의한 Froude 수이다.

$$Fr_h = \frac{V}{\sqrt{gh}}$$

또한 h는 수조의 깊이, m은 평균 차단이다.

$$m = \frac{a}{A_T} = \frac{\nabla}{L_M A_T}$$

L_M과 ∇는 모형선의 길이 및 배수량이고, A_T는 수조의 단면적이다.

수조의 수온은 실험 동안 측정하여 저항 데이터에 적절한 보정을 해야 한다. 물의 점성계수는 수온에 따라 달라진다. 그 결과로 Reynolds 수 Re와 마찰저항계수 C_F가 수온에 따라 변하는데, 문헌상의 점성계수 값으로부터 계산되는 방식이다(부록 A1의 표 A1.1 및 A1.2 참조). 표준 절차는 모형선 결과를 15°C(59°F) 기준으로 수정하여 실선 성능을 예측하는데, 즉

$$C_{T(15)} = C_{T(T)} + (C_{F(15)} - C_{F(T)}) \tag{3.22}$$

표준 저항시험에 대한 ITTC의 권장 시험 절차가 ITTC2002[3.20]에 기술되어 있다. 모형선의 정확도 및 저항과 속도 측정 정확도를 포함하는 실험결과의 불확실성 분석도 실시해야 한다. 불확실성 분석의 기초는 [3.28]을 참조하고, 권장 절차는 [3.20]에 서술되어 있다.

다양한 보정(예를 들어 속도 및 온도에 관한)을 한 다음, 모형선 저항시험 결과는 보통 총 저항계수 $C_T(= R/\ \frac{1}{2}\rho SV^2\ )$를 Froude 수 Fr에 대해 나타낸다. 여기서 S는 정지 상태의 침수표면적이다. 모형선 실험결과를 실선으로 확장하는 방법은 4장에 주어져 있다.

3.1.4.2 고속선 및 범선

고속선과 범선은 항해 시 자세의 변화가 일어난다. 이로 인해 통상적인 배수량선 대비 추가적인 문제를 야기하여 추가적인 측정이 요구된다. 필요한 측정은 [3.29]에 정리되어 있다. 보통 속도가 빠르기 때문에 그러한 선박들은 천수 효과가 적용되기도 하는데, 5장 및 6장에 관련 내용이 논의된다. 배수량선형과 비교했을 때 통상적으로 요구되는 사항을 요약하면 다음과 같다.

(i) 준배수량선(Semi-displacement Craft)

고속의 준배수량선은 항주 시 트림(trim)과 침수표면적에 변화가 일어난다. 보통 상하동요(heave) 및 트림을 자유롭게 풀고 시험 시 상하동요/침하량(sinkage) 및 트림을 측정한다. 항주 시의 침수표면적도 측정하는데, 예를 들어 선체 표면 격자를 기준으로 (사진상으로) 선체 파형(wave profile)을 식별하거나 정면도에서 새로운 거스(girth)를 적용하는 방식이다. [3.24]의 부록 B는 이 점을 상세히 다루는데, 물리 현상을 이해하기 위해서는 항주 시 침수표면적을 사용해야 하지만, 실질적인 동력 추산 목적에서는 정지 상태의 침수표면적을 사용하는 것이 만족스럽다는 결론을 내리고 있다. 이 때문에 NPL 계열이나 계열 64와 같은 준배수량선의 표준 계열 시험결과는 정지 상태 침수표면적으로 주어져 있다.

고속의 준배수량선은 트림에 민감하기 때문에 예인 지점 및 방향을 주의 깊게 고려해야 한다. 예인력은 길이 방향 무게중심(LCG)에 위치하고 예상되는 추력선 상에 놓여야 하는데, 그렇지 않을 경우 트림에 오류가 생길 수 있다. 만약 예인력이 추력선 상에 있지 않다면 그림 3.11과 같이 보정 모멘트를 가할 수 있다. 예인점이 추력선으로부터 x_1 만큼 비껴나 있다면 보정 모멘트 $(w \times x_2)$가 $(w \times x_2) = (R \times x_1)$을 만족하도록 보정 모멘트를 가한다. 이 과정은 LCG를 이동시키며, w는 이동 가능한 모형선의 평형추이고 모멘트 팔 길이 x_2는 선속에 따른 저항 R의 변화에 대응하여 변경이 필요하다. 이러한 수정은 추진축이 기울어진 경우에도 적용된다.

(ii) 활주선(Planing Craft)

활주선은 보통 상하동요 및 트림이 자유로운 상태로 항주한다. 선속에 따라 트림이 두드러지게 변화하기 때문에 예인선의 위치와 방향이 중요하다. 반활주선과 마찬가지로 그림 3.11과 같은 보정 모멘트를 가해야 할 수도 있다. (모형이 클 경우) 모형선과 실선의 마찰저항계수 차이를 감안한 마찰 모멘트 보정을 적용하기도 한다. R_{Fm}이 C_{Fm}에 해당하는 모형선의 마찰저항이고 R_{Fs}가 C_{Fs}에 해당하는 실선의 마찰저항이라면, 마찰저항의 작용선이 흘수의 절반 수심에 위치한다고 가정하여 $R_{Fm} - R_{Fs}$를 상쇄하는 모멘트를 사용할 수 있다. 이 수정은 8장의 모형선 자항시험에서의 마찰저항 보정과 유사하다.

선속에 따라 침수표면적이 달라지기 때문에 활주형선에서는 난류촉진장치의 위치 선정에 주의해야 한다. 대안으로는 모형선의 전방에 지주(strut)나 와이어를 수중 설치하는 방법이 있다[3.29].

고속의 모형선 시험에서는 공기저항이 상당하기 때문에 저항 데이터의 수정이 필요할 수 있다. 모형선이 없는 상태에서 예인전차의 실제 공기속도를 측정해야 한다. 어떤 수조들은 상부구조를 포함하여 공기속도 및 적절한 항력계수에 기반한 보정을 실시한다. 공기저항도 트림 모멘트를 야기할 수 있으므로 LCG를 이동하는 방법으로 보정해야 한다.

활주선은 속도에 따라 침수표면적에 상당한 변화가 일어난다. 항주 시의 침수표면적을 정확히 측정하고 마찰저항을 추정하는 것은 데이터 해석 및 실선 확장 과정의 기본이다. 항주 시 침수표면적을 측정하는 방법은 중심선 상 침수표면적의 앞쪽 끝점 위치를 수중 카메라로 관측하거나 모형선 바닥을 투명하게 하여 관측하는 것이다. 다른 대안은 항주 시의 흘수와 트림을 유체정역학(hydrostatic) 정보에 대입하여 해당하는 침수표면적을 얻는 것인데, 정확하지 못한 경향이 있다. 침수표면적 앞쪽 끝단 물보라 및 그 뿌리 부분 때문에 물에 접촉한 부분과 물보라를 구분하기 어렵다.

고속선에서는 통상적인 배수량선보다 부가물 저항이 큰 비중을 차지한다. 부가물

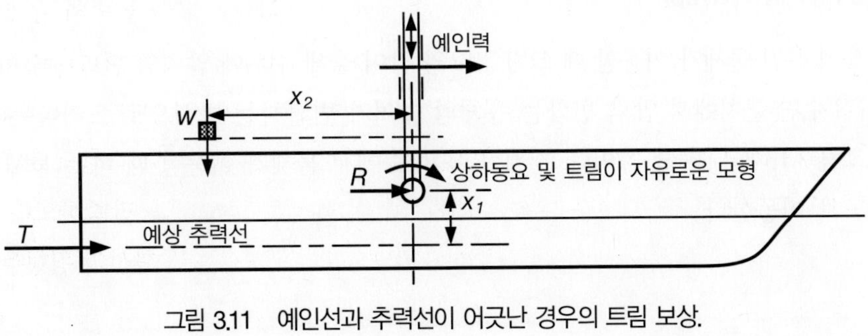

그림 3.11 예인선과 추력선이 어긋난 경우의 트림 보상.

이 없는 선체를 시험할 때는 부가물에 의한 트림 모멘트를 추정하여 LCG를 변경함으로써 이를 보상해야 한다.

구속된 활주선 시험도 수행되어 왔다. 완전구속 시험에서 모델은 상하동요 및 트림이 고정되는가 하면, 부분구속 시험은 트림을 일정한 범위 내에 들어오도록 고정하고 상하동요를 자유롭게 푼 상태에서 수행된다[3.29]. 양력, 항력과 함께 상하동요 및 트림 모멘트를 측정한다. 후처리 과정에서 시험 데이터를 내삽하여 필요한 값을 얻는다.

Renilson[3.30]은 고속선의 유체역학적인 성능 측정에 수반되는 문제에 대한 유용한 정리논문을 제공하고 있다.

(iii) 범선(Sailing Craft)

요트 모형선의 경우 보통 상하동요 및 트림은 자유, 횡경사(heel) 및 선수동요(yaw)는 고정된 반구속 상태로 시험을 수행한다. 저항, 측면력, 상하동요, 트림, 횡동요(roll) 모멘트 및 선수동요 모멘트를 측정할 수 있는 특별한 동력계를 사용한다. 모멘트를 측정하여 측면저항 중심(center of lateral resistance: CLR)을 결정한다. 전형적인 시험 계획은 정해진 속도 범위에서 횡경사와 선수동요각을 변화시키면서 측정을 수행한다. 비대칭성을 확인하기 위해 음의 횡경사와 선수동요각도 포함한다. Claughton 등[3.8]은 전형적인 시험 절차, 동력계 및 모형선의 요구조건을 서술하고 있다.

요트의 경우 예인점의 위치와 작용선이 중요한데, 실선에서 돛을 펼친 경우에는 돛의 작용점이 되기 때문이다. 이로 인해 트림 모멘트, 횡경사 모멘트와 연직 하방의 힘 성분이 생겨난다. 모형선과 예인전차를 연결하는 부속품이 모형선 안에 장착되므로 모형시험 도중에 이러한 모멘트와 힘을 보상해야 할 필요가 있다. 대안적인 방법으로는 돛의 작용점 추정 위치에 예인력을 가하고 모형선은 미리 지정된 선수동요각에 맞추는 방법이 있다. 모형선의 배치가 더욱 복잡해지지만 이 방법이 더 세련된 접근 방법이다[3.8].

3.1.5 가로파(Transverse Wave)의 간섭

3.1.5.1 파(Waves)

유체 속에 잠긴 물체가 이동할 때 그림 3.12와 같이 물체 주위에 압력의 변화가 일어난다.

자유수면 근처에서 압력 변화는 유체의 높이가 변화하는 방식으로 드러나는데, 이것이 그림 3.13에 나타난 파이다. 정지한 유체 중에서 물체가 이동할 때 파는 물체와 같은 속도로 이동한다.

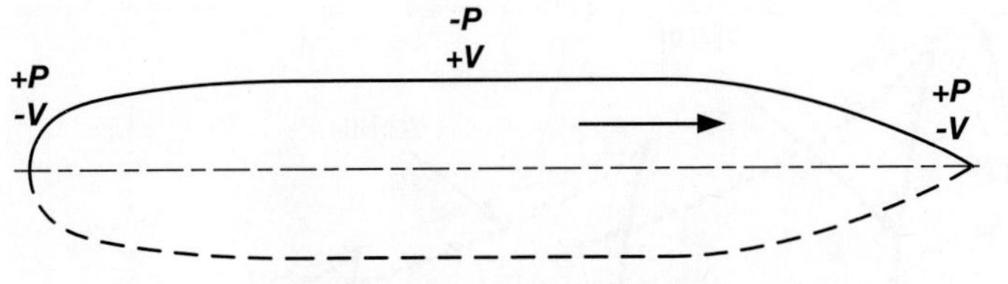

그림 3.12 물체 주위 압력의 변화.

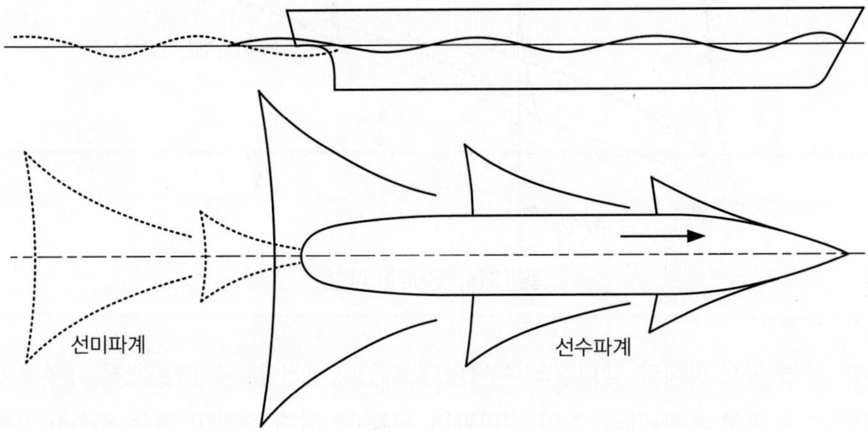

그림 3.13 선박 파계.

3.1.5.2 Kelvin 파형

Kelvin 파는 자유수면에 위치한 압력점이 이동할 때 생성되는 파계(wave system)를 수학적으로 나타낸 것이다(7장 참조). 그림 3.14와 같이 파계는 가로파(transverse wave)와 발산파(divergent wave)로 구성된다. 발산파 정점의 높이는 가로파 정점의 높이보다 서서히 줄어들기 때문에 뒤로 갈수록 발산파가 두드러지게 나타난다. 파계는 부록 A1.8의 중력파 속도 관계에 따라 이동하는데, 그 속도는

$$V = \sqrt{\frac{g\lambda}{2\pi}} \tag{3.23}$$

와 같고, 가로파의 파장은 다음과 같다.

$$\lambda = \frac{2\pi V^2}{g} \tag{3.24}$$

선박의 파계는 주로 선체 주위 압력분포의 최대/최소점들에 의해 결정된다. 선박의 전체 파계는 몇 개의 이동하는 압력점에 의해 생겨나는 것으로 간주할 수 있는데,

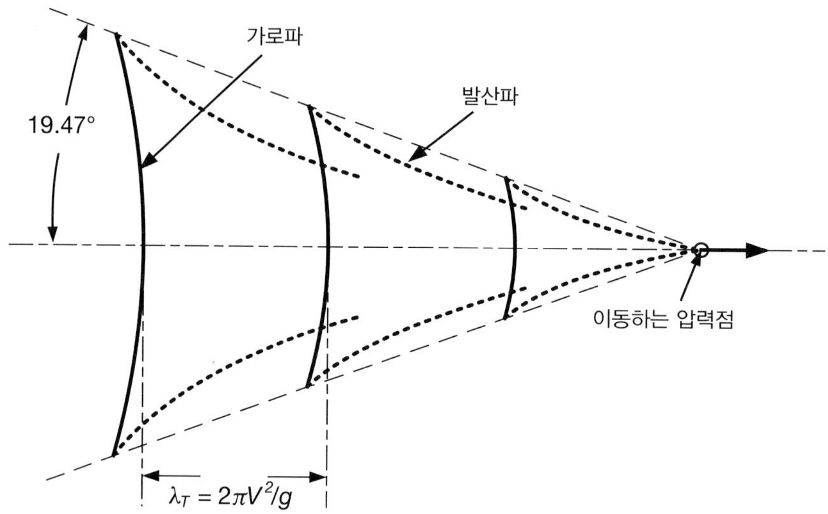

그림 3.14 Kelvin 파형.

Kelvin 파는 실제 파계를 합리적으로 나타내고 있다. Kelvin 파 이론에서 다루지 않은 비선형성 및 점성 효과(예를 들어 선미파의 감쇠)로 인해 선박의 파는 Kelvin 파형을 정확히 따르지는 않는다. 이는 9장에서 논의된다. 앞으로 제시되는 해석결과는 절대적으로 심수(*deep water*)에 대한 것임을 명심해야 한다. 천수(shallow water) 효과로 인해 파형이 현저하게 바뀌는데, 이는 6장에서 다룬다.

3.1.5.3 파계의 간섭

선체 주위 압력의 최대점은 어느 정도 거리를 두고 파계의 파정(crest)을 만들어낸다[최소점은 파저(trough)를 만들어낸다]. 선박의 파계는 그림 3.15와 같이 4개의 성분으로 구성된다.

(1) 시작점에서 압력이 높고 파정으로 시작하는 선수파계.
(2) 선체 앞쪽 어깨와 중앙부 사이 낮은 압력에 의한 앞쪽 어깨파계.
(3) 선미의 높은 압력과 선체 중앙부의 낮은 압력에 의한 뒤쪽 어깨파계.
(4) 선미의 증가하는 압력 구배 및 감소하는 속도에 의한, 파저로 시작하는 선미파계.

성분 (1)과 (4)는 정해진 위치에서 일어나는 데 반하여 성분 (2)와 (3)은 어깨의 형태와 위치에 따라 크기와 위치가 달라진다. 성분 (2)와 (3)은 대개 급경사의 어깨부를 갖는 비대선형과 관련이 있다.

막 형성된 선미파계는 선수파계와 중첩된다. 그림 3.16과 같이 파는 선박의 속도로 앞으로 이동하며, 위상관계는 속도에 따라 바뀐다. 예를 들어 속도가 증가하면 선수파

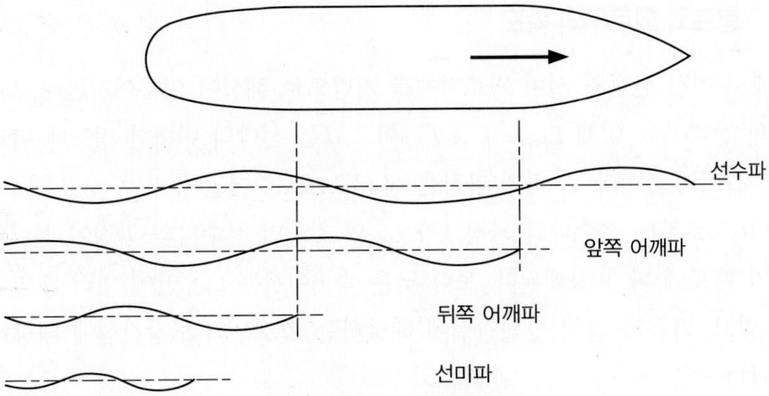

그림 3.15 파계의 성분

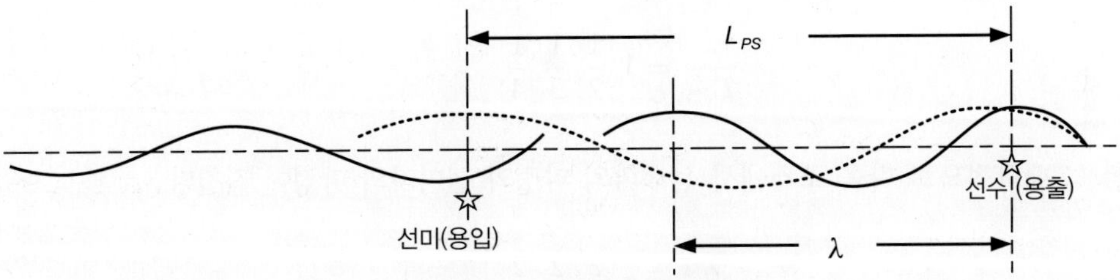

그림 3.16 선수파계와 선미파계

장은 식 (3.24)에 따라 증가하고 선미파를 만나 간섭을 일으킨다.

이러한 파 간섭 효과의 결과로 선박 저항 곡선은 속도 변화에 따라 진동하는 성질을 보이는데, 달리 표현하면 험프(hump)와 할로우(hollow)를 나타낸다(그림 3.17). 험프는 선수파와 선미파의 파정(혹은 파저)끼리 만나 파의 보강간섭이 일어나는 경우이며, 할로우는 파정과 파저가 만나 상쇄간섭이 일어나는 경우이다.

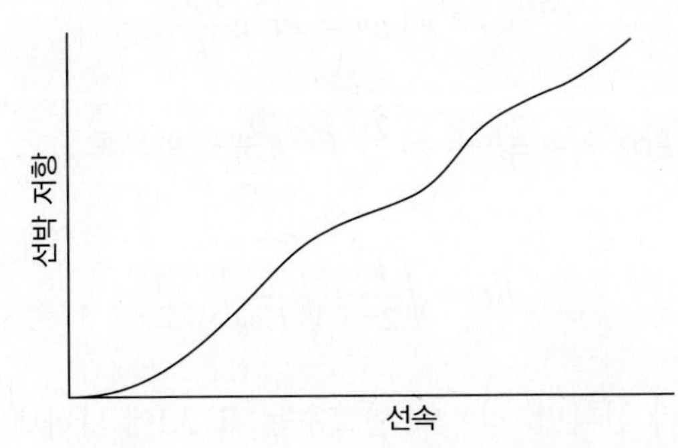

그림 3.17 선박 저항 곡선에서 험프와 할로우.

3.1.5.4 험프와 할로우의 속도

그림 3.16에 주어진 선수와 선미 가로파계를 기반으로 해석이 이루어지는데, L_{PS}는 압력점 사이의 간격이다. 이제 $L_{PS} = k \times L_{BP}$이고, k는 선박의 비대한 정도에 따라 보통 0.80 ~ 0.95 사이의 값이다. 각 파의 파장은 식 (3.24)로 주어진다.

그림 3.16으로부터 선수파의 파장 λ가 L_{PS}와 같으면 선수파의 파정이 선미파의 파저에 놓이기 때문에 파가 상쇄된다. 보다 낮은 속도에서는 L_{PS} 안에 여러 개의 파장이 들어갈 수 있고, 다음과 같이 상쇄간섭에 해당하는 할로우와 보강간섭에 해당하는 험프가 일어난다.

할로우: 대략적으로 다음 조건에서 선수파의 파정과 선미파의 파저가 겹친다.

$$\frac{\lambda}{L_{PS}} = 1, \frac{1}{2}, \frac{1}{3}, \frac{1}{4} \cdots\cdots$$

험프: 대략적으로 다음 조건에서 선수파의 파정과 선미파의 파정이 겹친다.

$$\frac{\lambda}{L_{PS}} = 2, \frac{2}{3}, \frac{2}{5}, \frac{2}{7} \cdots\cdots$$

험프와 할로우 속도는 다음과 같이 선속과 연관된다.

선박의 Froude 수

$$Fr = \frac{V}{\sqrt{g \cdot L_{BP}}}$$

에서

$$V^2 = Fr^2 g L_{BP} = Fr^2 g \frac{L_{PS}}{k}$$

그리고 식 (3.24)에서 파장 $\lambda = \frac{2\pi}{g} V^2 = \frac{2\pi}{g} Fr^2 g \frac{L_{PS}}{k}$ 이므로

$$Fr = \sqrt{\frac{k}{2\pi}} \cdot \sqrt{\frac{\lambda}{L_{PS}}} \tag{3.25}$$

만약 $k = 0.90$이라 한다면, 험프와 할로우는 표 3.1에 나타낸 속도에서 일어난다. 표 3.1의 속도 값은 가로파에만 기초를 둔 것이다. 발산파에 대해서는 속도가 약간 늘어나는 쪽으로 바뀐다.

표 3.1 험프와 할로우 속도

험프				
λ/L_{PS}	2	2/3	2/5	2/7
Fr	0.535	0.309	0.239	0.202
할로우				
λ/L_{PS}	1	1/2	1/3	1/4
Fr	0.378	0.268	0.219	0.189

설계 단계에서 선박의 길이 및 속도를 저항 곡선의 험프를 피하도록 선택하는 것이 바람직하다. 소위 prismatic hump인 Froude 수 0.30과 main hump인 0.50을 회피하는 것이 특히 중요하다. 그렇지 않으면 배수량을 재배치하는 것이 가능하다. 예를 들어 선체 중앙 횡단면 계수(C_M)를 줄이고 주형계수(C_P)를 늘리면 배수량이 끝 쪽으로 이동하는데, 압력점의 위치가 바뀌어 파의 간섭 역시 바뀌게 된다. 더욱이 물가름각(entrance angle)과 단면적 곡선(sectional area curve: SAC)을 주의 깊게 설계하거나 파의 상쇄를 위한 구상선수를 사용함으로써 선수에서의 조파저항을 줄일 수 있다. 이러한 측면들은 14장의 선형 설계에서 살펴보기로 한다.

이 절에서 기술한 파의 특성들은 심수에 대한 것으로, 천수 효과는 6장에서 논한다.

3.1.6 차원해석과 축척

3.1.6.1 차원해석

총 저항을 인식 가능한 성분으로 분리해 내는 물리적인 접근 방법에 덧붙여 차원해석법도 적용할 수 있다[3.31, 3.32]. 물리적 변수 및 그의 차원은 다음과 같다.

선체저항:	R_T	$\frac{ML}{T^2}$	(힘)
선체 속도:	V	$\frac{L}{T}$	(속도)
선체 크기:	L		
유체 밀도:	ρ	$\frac{M}{L^3}$	(질량/단위 체적)
유체의 점성:	μ	$\frac{M}{LT}$	(응력/변형률)
중력가속도:	g	$\frac{M}{T^2}$	(가속도)

차원해석법에 따르면 물리량 사이의 관계는 다음과 같이 표현된다.

$$f(R_T, V, L, \rho, \mu, g, \alpha_i) = 0 \text{ 혹은}$$
$$R_T = f(V, L, \rho, \mu, g, \alpha_i) \tag{3.26}$$

여기서 α_i는 무차원 선형 매개변수이다.

기하학적으로 유사한 모형선을 고려한다면 차원해석법으로 다음을 얻는다.

$$\frac{R_T}{L^2 V^2 \rho} = k\left[\left(\frac{\nu}{VL}\right)^x \cdot \left(\frac{gL}{V^2}\right)^y\right] \tag{3.27}$$

여기서 $\nu = \frac{\mu}{\rho}$이고

$$\frac{R_T}{L^2 V^2 \rho} = k\,[Re^x Fr^y] \tag{3.28}$$

혹은 $C_T = f(Re, Fr)$라 말하는 것과 같은데, 여기서

$$C_T = \frac{R_T}{0.5\rho S V^2} \tag{3.29}$$

이고 S = 선체의 침수표면적인데, 기하학적으로 유사한 선체(상사모형)에 대해서는 $S \propto L^2$이 성립하며 분모의 0.5는 무차원 관계식에 영향을 주지 않는다.

또한 $Re = \frac{VL}{\nu}$는 Reynolds 수, $Fr = \frac{V}{\sqrt{gL}}$은 Froude 수이다.

따라서 두 크기의 선체(모형선과 실선) 사이의 완전한 동역학적 상사를 위해서는 다음의 세 조건이 적용되어야만 한다.

1. 무차원 선형 매개변수 α_i가 동일할 것. 이는 기하학적인 상사성이 요구됨을 의미한다.
2. Reynolds 수가 동일할 것.
3. Froude 수가 일치할 것.

마지막 두 조건은 다음을 의미한다.

$$\frac{V_1 L_1}{\nu_1} = \frac{V_2 L_2}{\nu_2} \quad \text{및} \quad \frac{V_1}{\sqrt{g_1 L_1}} = \frac{V_2}{\sqrt{g_2 L_2}}$$

즉,

$$\frac{L_1\sqrt{g_1L_1}}{\nu_1}=\frac{L_2\sqrt{g_2L_2}}{\nu_2} \quad \text{혹은}$$

$$\frac{g_1L_1^3}{\nu_1}=\frac{g_2L_2^3}{\nu_2} \quad \text{혹은}$$

$$\frac{\nu_1}{\nu_2}=\left[\frac{L_1}{L_2}\right]^{3/2} \tag{3.30}$$

중력가속도가 일정한 경우에 해당한다. 따라서 중력가속도 g 혹은 동점성계수 ν가 크게 변화하지 않으면 완전한 상사는 이루어질 수 없다. 모형선과 실선 사이에 완전한 상사가 불가능하므로 기본적으로 **축척 문제**가 발생한다.

축척 문제는 *Re* 혹은 *Fr* 중 하나를 일정하게 함으로써 어느 정도 단순화할 수 있다. 예를 들어 *Re*가 일정한 경우

$$\frac{V_1L_1}{\nu_1}=\frac{V_2L_2}{\nu_2}$$

인데, 만약 유체가 두 경우 모두 물이면

$$\frac{V_1}{V_2}=\frac{L_2\nu_1}{L_1\nu_2}=\frac{L_2}{L_1}$$

예를 들어 모형선 크기가 실선의 $\frac{L_2}{L_1}=25$라면 $\frac{V_1}{V_2}=25$가 되어 모형선의 속도가 실선의 25배가 되어야 함을 의미하는데, 이는 현실성이 없는 조건이다.

*Fr*가 일정한 경우

$$\frac{V_1}{\sqrt{g_1L_1}}=\frac{V_2}{\sqrt{g_2L_2}}$$

인데, 1/25 모형선에 대해

$$\frac{V_1}{V_2}=\sqrt{\frac{L_1}{L_2}}=\frac{1}{5}$$

이 되어 모형선 속도가 실선의 1/5임을 의미하는데, 이는 실제적으로 가능한 해법이다.

따라서 실제로 모형과 실선 사이의 축척은 *Fr*를 고정한 상태로 이루어진다. 이때(*Fr*가 일정) 다음 관계가 성립한다.

$$\frac{Re_1}{Re_2} = \frac{V_1 L_1}{\nu_1} \cdot \frac{\nu_2}{V_2 L_2} = \frac{\nu_2}{\nu_1} \cdot \frac{L_1^{3/2}}{L_2^{3/2}}$$

즉, 1/25 모형선의 경우 $\frac{Re_1}{Re_2} = \frac{1}{125}$이 되어 실선의 Re가 모형선의 Re보다 훨씬 커진다.

식 (3.28)의 축척 공식 $C_T = k[Re^x \cdot Fr^y]$은 확장하여 다음과 같이 고쳐 쓸 수 있다.

$$C_T = f_1(Re) + f_2(Fr) + f_3(Re \cdot Fr) \tag{3.31}$$

즉, Reynolds 수에 의존하는 부분(넓게 말해 점성저항으로 인식되는), Froude 수에 의존하는 부분(조파저항으로 넓게 인식되는), Re와 Fr 모두에 의존하는 나머지 부분으로 구성된다.

실제로 저항을 물리적으로 분해하는 것은 불가능하고, 각 성분들을 총 저항의 특성으로부터 구분해야 한다. 이를 수행하는 방법은 $f_3(Re \cdot Fr)$이 무시할 정도로 작아서 다음과 같다고 가정하는 것이다.

$$C_T = f_1(Re) + f_2(Fr) \tag{3.32}$$

중력의 영향을 무시한다면 차원해석으로부터 $C_T = f(Re)$을 얻고, 점성 효과를 무시한다면 $C_T = f(Fr)$가 됨에 주목하라. 그러므로 위에서 보인 분해는 불합리하지 않다.

그러나 Re와 Fr는 각각 점성저항 및 조파저항과 넓은 의미에서 관계된 것이지만, 경계층 성장에 의하여 선미파의 성장이 억제되기 때문에 조파저항이 완전히 Re와 무관한 것은 아니다. 점성저항은 선체 주위의 압력분포에 의존하는데, 압력분포는 조파저항에 의존한다. 따라서 점성저항도 Fr에 독립적이지는 않다. 즉, 실제 축척 문제를 위해 가정한 저항의 분해는 물리적 현상과 일치하지는 않는다.

3.1.6.2 Froude의 접근 방법

Froude는 비록 차원해석법을 알지 못했지만 앞으로 언급할 저항의 분해 방법은 기본적으로 그가 1860년대에 제안한 방법이다[3.19, 3.33]. 그는 다음과 같이 가정했다.

총 저항 = 마찰저항 + {조파저항 및 압력형상저항}

또는 총 저항 = 마찰저항 + 잉여저항(residuary resistance)

즉,

$$C_T = C_F + C_R \tag{3.33}$$

마찰저항 C_F은 모형선 혹은 실선과 길이, 침수표면적 그리고 속도가 같은 평판의 저항으로부터 추정한다.

총 저항과 마찰저항 사이의 차이가 잉여저항 C_R이다. Reynolds 수 Re에 의존하는 부분은 따로 결정하고, 모형시험은 모형선과 실선의 Froude 수 Fr가 일치되게 하는 대응속도에서 수행된다. 따라서 조파저항(혹은 잉여저항)에 대한 동적 상사조건이 충족된다. 잉여저항을 고려하면 다음과 같다.

$$R_R = \rho V^2 L^2 f_2\left[\frac{V}{\sqrt{gL}}\right]$$

모형선에서는

$$R_{Rm} = \rho V_m^2 L_m^2 f_2\left[\frac{V_m}{\sqrt{gL_m}}\right]$$

실선에서는

$$R_{Rs} = \rho V_s^2 L_s^2 f_2\left[\frac{V_s}{\sqrt{gL_s}}\right]$$

ρ는 공통, g는 상수이고 f_2는 모형선과 실선에서 같다. 만약 다음 조건이 성립한다면

$$\frac{V_m}{\sqrt{L_m}} = \frac{V_s}{\sqrt{L_s}},\ \text{즉}\ \frac{V_m^2}{V_s^2} = \frac{L_m}{L_s}$$

다음 관계식이 성립한다.

$$\frac{R_{Rm}}{R_{Rs}} = \frac{V_m^2}{V_s^2}\cdot\frac{L_m^2}{L_s^2} = \frac{L_m^3}{L_s^3} = \frac{\Delta_m}{\Delta_s}$$

이것이 Froude 상사법칙이다. 다시 말해 실선과 모형선의 속도가 길이의 제곱근 비율이라면 조파저항에 따른 잉여저항은 배수량에 따라 변화한다.

길이 제곱근 비율의 속도를 대응속도(*corresponding speed*)라 부른다. 계수 형태로는

$$C_T = \frac{R_T}{0.5SV^2} \quad C_F = \frac{R_F}{0.5SV^2} \quad C_R = \frac{R_R}{0.5SV^2}$$

$S \propto L^2$, $V^2 \propto L$이므로 $0.5SV^2 \propto L^3 \propto \Delta$이다.

$$\frac{C_{Rm}}{C_{Rs}} = \frac{R_{Rm}}{\Delta_m} \times \frac{\Delta_s}{R_{Rs}} = \frac{\Delta_m}{\Delta_s} \times \frac{\Delta_s}{\Delta_m} = 1$$

은 $\frac{V}{\sqrt{gL}}$가 일정하면 성립한다. 다시 말해 $\frac{V}{\sqrt{gL}}$가 일정할 때 C_R은 모형선과 실선에서 같고 $C_{Rm} = C_{Rs}$이다.

이제 $C_{Tm} = C_{Fm} + C_{Rm}$, $C_{Ts} = C_{Fs} + C_{Rs}$이고 $C_{Rm} = C_{Rs}$이므로 정리하면

$$C_{Tm} - C_{Ts} = C_{Fm} - C_{Fs}$$

또는

$$C_{Ts} = C_{Tm} - (C_{Fm} - C_{Fs}) \tag{3.34}$$

모형선과 실선에서의 총 저항계수 차이는 마찰저항계수의 차이와 같은데, Reynolds 수 Re에 의존하게 된다. C_{Tm}은 3.1.4절의 모형선 총 저항 측정결과로부터 유도되고, C_{Fm} 및 C_{Fs}는 문헌상의 마찰저항 데이터로부터 계산된다(4.3절 참조). 이들로부터 C_{Ts} 및 실선 저항 R_{Ts}를 추정한다.

이 방법론의 실제 응용은 4장의 모형선-실선 확장에 기술되어 있고, 계산 예제는 17장에 주어져 있다.

3.2 기타 저항 성분

3.2.1 부가물(Appendage) 저항

3.2.1.1 배경

선박의 대표적인 부가물로는 러더(rudder), 안정핀(stabiliser), 보싱(bossing), 축 브래킷(shaft bracket), 빌지킬(bilge keel), 물 흡입구(water inlet scoop) 등이 있으며, 이것들은 선박의 저항을 증가시킨다. 단추진기선(single-screw ship)의 주된 부가물은 러더와 빌지

표 3.2 알몸선체 저항의 백분율로 나타낸 부가물 저항

항목	알몸선체 저항의 백분율
빌지킬	2~3
러더	최대 5(예를 들면 화물선의 경우 2 정도) 하지만 선체저항에 포함될 수 있음
핀 안정기	3
축 및 브래킷, 보싱	6~7
응축기 스쿠프	1

표 3.3 알몸선체 저항의 백분율로 나타낸 선박 유형별 총 부가물 저항

선박 유형	알몸선체 저항의 백분율
단축선	2~5
대형 고속 쌍축선	8~14
소형 고속 쌍축선	최대 25

킬인데, 전체 부가물 저항의 약 2~5%를 차지한다. 쌍추진기선(twin-screw vessels)의 경우 주된 부가물로는 2개의 러더와 축, 축 브래킷 그리고 보싱과 빌지킬 등이 있다. 이것들은 선박의 크기에 따라 전 저항의 8~25%를 차지한다. 부가물의 저항은 상당한 수준으로, 전형적인 크기는 표 3.2에 나타낸 정수 중 저항의 백분율 값과 같다. 전형적인 부가물 저항을 알몸선체 저항에 대한 백분율로 표 3.3에 나타내었다.

3.2.1.2 부가물 저항에 영향을 미치는 요소들

흐름 방향에 따라 잘 정렬된 경우 부가물 저항은 부가물의 침수표면적에 비례하는 표면마찰저항이다. 유선 방향과 잘 정렬되지 않거나 설계가 잘못된 뭉툭한 형상의 부가물인 경우 유동박리 현상으로 인해 저항이 크게 증가할 수 있다. 수면 가까이 있는 부가물의 경우 조파저항도 발생한다. 부가물을 잘 정렬하기 위해서는 각 위치에서의 유동 방향을 알아야 한다. 유동의 방향과 특성을 결정하기 위해 페인트 유선(paint streak), 터프트(tufts), 플래그(flags) 혹은 입자영상유속계(particle image velocimetry: PIV)를 사용하는 모형시험 또는 전산유체역학(computational fluid dynamics: CFD)을 활용한다. 유선 조사는 보통 설계속도에서 이루어지는데, 다른 선속 및 트림 조건에서는 부가물을 가로지르는 흐름 성분이 생겨나 저항 증가로 이어지게 된다.

유체의 흐름 방향과 일치시키는 문제 외에 부가물 저항에 영향을 미치는 다른 특징은 부가물 위치에서의 경계층 두께 및 유속을 들 수 있다. 예를 들어 부가물 위치에서의 유속은 선체 중앙부 빌지에서는 10% 넘게 증가, 선수에서는 10% 정도 감소, 선미에서는 10%보다 더 크게 감소한다.

모형선에서 부가물 저항을 측정하고 이를 실선에 확장할 때 영향을 주는 추가 인자로는 부가물 위를 흐르는 유동의 형태, 부가물 위에서의 박리유동 및 유동 중의 속도 구배 등을 들 수 있다.

3.2.1.3 마찰저항

모형시험에서 부가물은 실선보다 훨씬 작은 Reynolds 수 유동에 노출된다(3.1.6절 참조). 결과적으로 모형선 부가물은 층류유동에서 작동할 수 있는 반면, 실선 부가물은 난류유동에서 작동한다. 그림 3.18과 같이 마찰저항은 난류보다 층류 흐름에서 작아지기 때문에 모형선 부가물 저항을 실선으로 확장할 때는 이 점을 고려해야 한다.

그림 3.19는 층류와 난류의 속도 프로파일을 보이고 있다. 벽면 전단응력(surface shear stress) τ_w는 다음과 같이 정의된다.

$$\tau_w = \mu \left[\frac{\partial u}{\partial y} \right]_{y=0} \tag{3.35}$$

여기서 μ는 유체의 점성계수, $[\frac{\partial u}{\partial y}]_{y=0}$는 표면에서의 속도 구배이다.

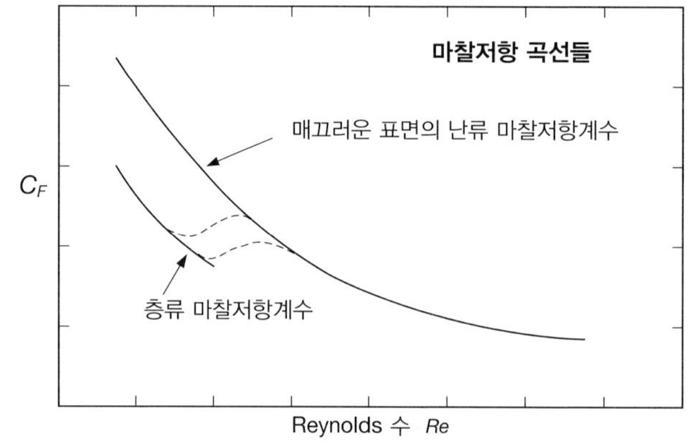

그림 3.18 마찰저항 곡선들.

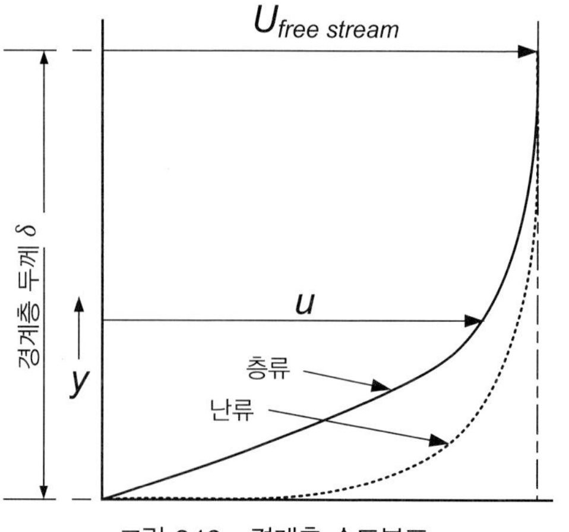

그림 3.19 경계층 속도분포.

국소 마찰응력계수(local skin friction coefficient) C_f는 다음과 같이 정의된다.

$$C_f = \frac{\tau_w}{0.5\rho U^2} \tag{3.36}$$

3.2.1.4 박리저항(Separation Resistance)

그림 3.20에 나타낸 것처럼 박리가 발생한 물체의 저항은 난류에서보다 층류일 때가 더 크다. 이로 인해 부가물 저항을 실선으로 확장할 때 문제가 발생한다.

3.2.1.5 속도 구배의 영향(Velocity Gradient Effects)

크기 비례를 감안했을 때 실선의 경계층 두께는 모형선 경계층 두께의 약 절반이다. 따라서 속도 기울기 효과는 실제 선박(full-scale ship)보다는 모형에서 더 크다.

그림 3.21과 같이 모형선에서 경계층 속에 완전히 잠긴 부가물은 실선에서는 경계층 바깥으로 튀어나올 수 있다. 따라서 모형선에서는 부가물이 난류 경계층 안에 완전히 잠겨 있으나 실선에서는 부가물 위에 층류유동이 존재할 수도 있다. 부가물 위 유동의

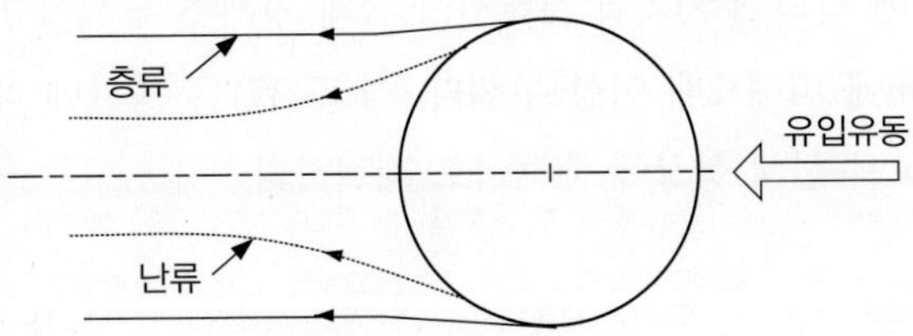

그림 3.20 박리유동.

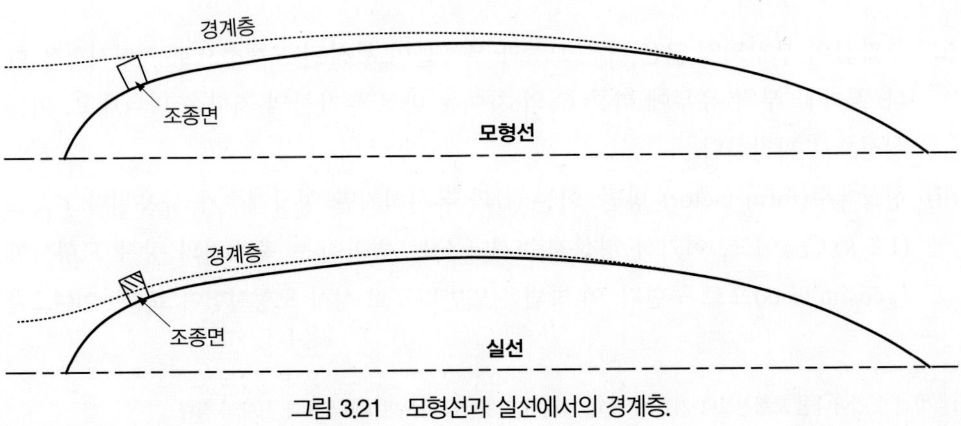

그림 3.21 모형선과 실선에서의 경계층.

박리 여부에 따라 실선의 부가물 저항이 커질 수도 있고 작아질 수도 있다.[1]

이러한 경계층 두께(boundary layer thickness) 차이는 다음 예와 같이 15 knots로 운항하는 100 m 길이의 선박에 대응하는 축척비 1/20인 5 m 길이의 모형시험에 대한 근사계산으로 설명될 수 있다.

그림 3.19에 도시한 난류 경계층 유동에 대한 1/7승 법칙 속도분포(velocity distribution)를 이용하여 경계층 두께 δ를 아래와 같이 근사식으로 나타낼 수 있다.

$$\frac{\delta}{x} = 0.370\ Re^{-1/5} \tag{3.37}$$

여기서 x는 앞 가장자리(leading edge)로부터의 거리이다.

100 m인 선박에 대해서 $Re = VL/\nu = 15 \times 0.5144 \times 100 / 1.19 \times 10^{-6} = 6.48 \times 10^{8}$이 된다. 선미에서의 경계층 두께는 대략 $\delta = x \times 0.370\ Re^{-1/5} = 100 \times 0.370 \times (6.48 \times 10^{8})^{-1/5} = 640$ mm가 된다.

5 m 모형선의 대응속도(corresponding speed)는 $V_M = 15 \times 0.5144 \times 1/\sqrt{20} = 1.73$ m/s이고, 모형선의 Reynolds 수는 $Re = VL/\nu = 1.73 \times 5 / 1.14 \times 10^{-6} = 7.59 \times 10^{6}$이다. 모형선에 대한 경계층 두께는 대략 $\delta = 5 \times 0.370\ (7.59 \times 10^{6})^{-1/5} = 78$ mm가 된다.

기하학적 축척비가 1/20인 모형선에서 축척에 의해 예상되는 경계층의 두께는 32 mm이다. 즉, 그림 3.21에 나타낸 것처럼 모형선의 실제 경계층 두께인 78 mm는 기하학적 상사 두께인 32 mm에 비해 2배 이상 두껍다. 식 (3.37)은 평판에 대해 유효한 식이지만, 일차적인 근사로서 선체 형상에 대해서도 적절하다.

3.2.1.6 부가물 저항 추정

주요한 방법은 다음과 같다.

(i) 부가물이 부착되지 않은 나선 모형과 부가물이 부착된 모형선으로 저항시험을 한다. 부가물 부착 유무에 따른 C_T의 차이는 바로 부가물의 저항을 나타내고, 이를 실선으로 확장한다.

(ii) 형상계수(form factor) 방법. 이는 (i)과 유사하지만 형상계수가 사용된다. $C_{Ds} = (1+k)\,C_{Dm}$이고, 여기서 형상계수 $(1+k)$는 변화하는 축척비의 상사 모형시험(geosim tests)으로 구한다. 이 방법은 일반적으로 상사 모형시험이 그렇듯이(4.2절

1 박리가 일어나면 모형선보다 저항이 크고, 박리가 일어나지 않으면 모형선보다 저항이 작다.

참조) 여러 개의 모형 제작으로 인해 비용과 시간이 많이 소요된다.

(iii) 크고 독립적인 부가물을 고속에서 시험한다. 예를 들면 수조, 회류수조 및 풍동(wind tunnel)에서 큰 모형과 빠른 유속으로 실선의 Reynolds 수에 근접하게 만들 수 있다. 이 방법은 선박의 러더와 조종면(control surfaces)[3.34], 요트의 용골[3.8] 등에 적용된다.

(iv) 이전의 모형선(그리고 제한된 실선)으로부터 유도된 경험식을 사용한다.

3.2.1.7 부가물 저항의 축척법칙

모형선에 부착된 부가물의 저항을 측정할 때 부가물은 각각 자체 크기에 따른 *Re*에서 작동하고, 따라서 실선으로 확장할 때 축척법칙을 따른다. 이와 더불어 앞에서 언급한 유동형태(층류/난류), 유동박리 및 속도 구배 효과로 인해 부가물 축척은 불명확해진다. ITTC는 부가물에 대해 다음의 축척 효과 계수(scale effect factor) β를 사용하도록 제안했다.

$$C_{D\text{ship}} = \beta C_{D\text{model}} \tag{3.38}$$

계수 β는 부가물 형식에 따라 0.5~1.0의 값을 가진다.

부가물 축척법칙에 관한 시험 데이터는 많지 않다. 1940년대 NPL의 Allan[3.35]은 다양한 크기의 모형들을 시험하였다. 1950년대 British Ship Research Association(BSRA)에서 다양한 부가물이 부착된 58 m 선박 *Lucy Ashton*을 제트 추진기를 사용하여 시험하였다. 제트 엔진은 힘 변환기를 통해 선체에 장착되어 추력을 직접 계측함으로써 저항 측정이 이루어졌다. NPL에서 시험된 6개의 geosim 모형시험 결과와 비교한 시험결과는 Lackenby[3.36]가 보고하였다. 이러한 시험결과로부터 β 계수는 모형이 커지면서 그 값이 증가함을 알았고, 궁극적으로 모형의 크기가 실선의 크기와 같으면 β는 1이 된다. *Lucy Ashton* 시험으로부터 얻어진 A-bracket과 노출형 축(open shaft)에 대한 β 값의 요약을 표 3.4에 나타내었다. 이러한 시험결과는 비교적 일관성이 있지만, 일부 시험결과가 이전의 다른 시험결과와 일치하지 않는 것도 있다. *Lucy Ashton*에

표 3.4 Lucy Ashton 호 실선 계측에서 얻어진 A형 브래킷과 노출된 추진축의 β 값

	모형					
선속(knots)	**2.74 m**	**3.66 m**	**4.88 m**	**6.10 m**	**7.32 m**	**9.15 m**
8	0.48	0.52	0.56	0.58	0.61	0.67
12	0.43	0.47	0.52	0.54	0.57	0.61
14.5	0.33	0.37	0.41	–	0.46	0.51

서 얻은 정보와 다른 유사한 시험결과는 결정적인 것이 아니어서 세월을 거치면서 여러 번 재해석되어 왔다.

요약하면 전형적인 수조실험은 부가물이 부착되지 않은 나선으로 저항시험을 수행하고, 부가물이 부착된 모형선 저항시험을 수행한 다음 저항 차이에 대해서는 근사적인 축척법칙을 적용하는 것이다. ITTC β 계수를 사용할 때의 일반적인 관행은 빌지킬과 러더에 대해서는 모형 저항을 전부 채택하고($\beta = 1$), 축과 브래킷은 저항을 1/2로 줄인다($\beta = 0.5$). 예를 들어 유선을 따라 설치된 유선형의 부가물은 마찰저항만을 가진다. 이는 실선 부가물의 경우 마찰저항이 작아짐을 의미하므로(실선 부가물에서는 층류유동이 존재할 가능성이 높아지기 때문에) $\beta = 0.5$를 사용, 모형 저항의 절반을 근사치로 쓰는 것을 의미한다.

3.2.1.8 부가물 저항 데이터

국부 유속(Local Flow Speed)

부가물 저항의 상세한 해석을 수행할 경우 국부적인 유속과 경계층 특성이 요구된다. 선체 주위 유속에 대해서는 ±10% 정도, 경계층 두께에 대해서는 앞에서 언급한 근사 방법이 적용될 수 있다. 프로펠러 부근의 부가물에 대해서는 선속이 아닌 반류속도(wake speed)를 사용하는 것이 적절한데, 반류속도는 $Va = Vs(1 - w_T)$이다(8장 참조). 프로펠러의 하류에 위치한 러더의 경우 Va는 프로펠러로 인해 10～20% 가속되고, 따라서 일차적인 근사치로서 선속 V_S를 사용하는 것이 적절할 수 있다.

(a) 데이터

Hoerner[3.37]는 다음과 같은 다양한 부가물에 저항 데이터를 제공하고 있다.

- 소나돔(sonar domes) 같은 뭉툭한 물체.
- 동체 연결부의 간섭저항을 포함하는 스트럿(strut)과 보싱(bossing).
- 일렬로 설치된 여러 물체의 가로막음 효과.
- 선체 세부 형상: 유입구, 겹친 판재, 판 사이 틈새.
- 돌출부, 유입구.
- 물보라, 자유수면 공기 흡입, 캐비테이션, 수직 혹은 뭉툭한 물체, 수중익.
- 와류 발생기(vortex generator)나 안내 베인(guide vanes)을 이용한 박리 제어.
- 러더와 조종면(control surfaces).

Mandel[3.38]은 부가물 설계에 대한 다양한 유체동역학적 측면을 기술하였다.

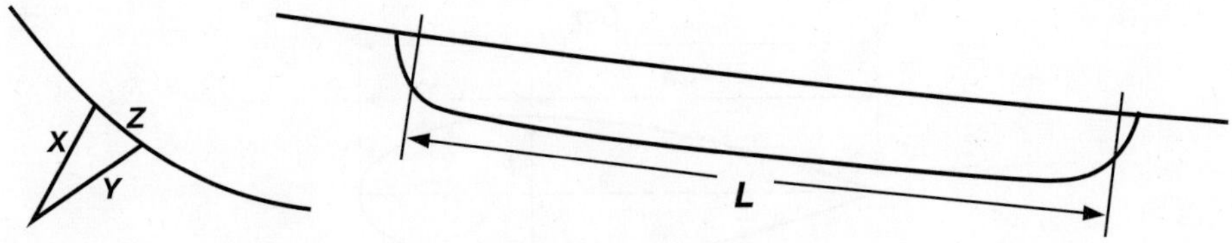

그림 3.22 빌지킬 형상.

다음은 다양한 부가물 저항을 추정하기 위한 간단한 식들을 소개한다.

(b) 빌지킬

저항의 원인은 다음과 같다.

- 침수표면적 증가로 인한 마찰저항.
- 빌지킬과 선체와의 접합부 간섭저항.

ITTC는 전 저항에 $(S + S_{BK})/S$을 곱할 것을 권장한다. 여기서 S는 선체 침수표면적이고, S_{BK}는 빌지킬의 침수표면적이다.

Peck[3.39]에 의한 빌지킬 저항은 다음과 같은데, 각 치수는 그림 3.22를 참조하라.

$$D_B = \frac{1}{2}\rho SV^2 C_F \left[2 - \frac{2Z}{X+Y}\right] \tag{3.39}$$

여기서 S는 빌지킬의 침수표면적, L은 C_F을 계산할 때 사용하는 빌지킬의 평균 길이이다. Z가 크면 간섭저항은 0에 가까워지고, Z가 0일 때(판 빌지킬) 간섭저항은 표면 마찰저항과 같다고 가정한다.

(c) 러더, 축 브래킷, 안정 핀

이들 저항의 원인은 다음과 같다.

- 조종면 혹은 스트럿 항력, D_{CS}
- 러더 혹은 스트럿이 수면을 관통한다면 물보라 저항(spray drag), D_{SP}
- 팜(palm) 저항, D_P
- 부가물과 선체 접합부의 간섭저항, D_{INT}

전 저항은 다음과 같다.

$$D_{AP} = D_{CS} + D_{SP} + D_P + D_{INT} \tag{3.40}$$

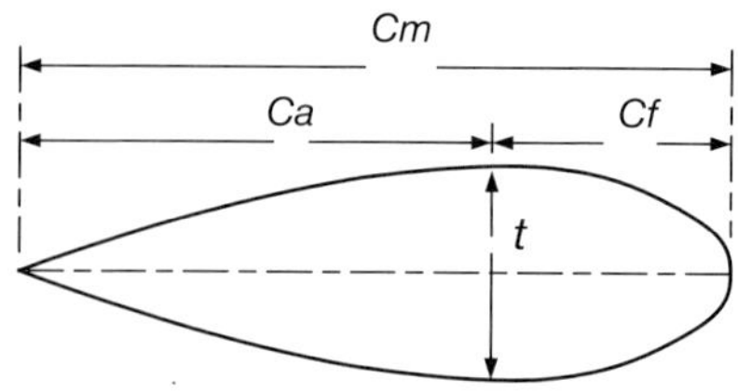

그림 3.23 스트럿 혹은 조종면의 형상.

Peck[3.39]이 제안한 조종면(control surface) 저항 D_{CS}는 다음과 같다.

$$D_{CS} = \frac{1}{2}\rho SV^2 C_F \left[1.25\frac{Cm}{Cf} + \frac{S}{A} + 40\left(\frac{t}{Ca}\right)^3 \right] \times 10^{-1} \tag{3.41}$$

여기서 Cm은 그림 3.23과 같이 $(Cf + Ca)$와 같으며 C_F 계산을 위해 사용되는 평균 코드 길이이고, S는 침수표면적, A는 최대 단면의 전면 투영면적, t는 최대 두께, V는 선속이다.

조종면의 항력은 Hoerner[3.37]에 따르면 2차원 날개 단면의 경우

$$C_D = C_F \left[1 + 2\left(\frac{t}{c}\right) + 60\left(\frac{t}{c}\right)^4 \right] \tag{3.42}$$

여기서 c는 C_F 계산을 위해 사용되는 현 길이(chord length)이다.

모형선 부가물이 층류 혹은 부분적으로 층류에 놓인 경우에 대해 Kirkman 및 Kloetzli[3.40]는 여러 대안적인 수식을 제안하였다.

Hoerner[3.37]의 물보라 저항(spray drag) D_{SP}은

$$D_{SP} = 0.24\tfrac{1}{2}\rho V^2 t_w^2 \tag{3.43}$$

여기서 t_w는 수면에서의 최대 단면 두께이다.

스트럿과 선체 사이의 연결판인 팜(palm)의 저항 D_P는 Hoerner[3.37]에 의하면

$$D_P = 0.75 C_{DPalm} \left(\frac{h_P}{\delta}\right)^{1/3} W h_P \frac{1}{2}\rho V^2 \tag{3.44}$$

여기서 h_p는 선체 표면부터 잰 팜의 높이, W는 팜의 전면 폭, δ는 경계층의 두께, C_{DPalm}은 둥근 모서리를 지닌 직사각형의 경우 0.65, V는 선속이다.

간섭저항 D_{INT}에 대해 Hoerner[3.37]는 다음과 같은 산식을 제시하였다.

$$D_{INT} = \frac{1}{2}\rho V^2 t^2 \left[0.75\frac{t}{c} - \frac{0.0003}{(t/c)^2} \right] \tag{3.45}$$

여기서 t는 선체 연결부에서의 최대 두께, c는 그곳에서의 코드 길이이다.

러더, 핀 안정기 및 지지 스트럿에 적용되는 단면에 적절한 광범위한 저항 데이터를 Molland 및 Turnock[3.34]에서 찾아볼 수 있다. 입사각이 0이고 단면 두께비 t/c가 0.20 ~ 0.25일 때 러더에 대해 실질적으로 통용되는 저항계수는 $C_{D0} = 0.013$[3.34]인데, 저항계수는 양쪽의 침수표면적이 아닌 폭과 코드 길이의 곱인 측면적(profile area) 기준이다. 이를 따를 경우 식 (3.41)과 (3.48)보다 러더 저항이 커지는 경향이 있다.

특별한 경우의 저항 데이터, 예를 들어 밑 부분이 공기와 통하는 단면은 Tulin[3.41]에 주어져 있고, 끝날(trailing edge)이 뭉툭한 경우는 Rutgersson[3.42]에 주어져 있다.

(d) 축계와 보싱

일반적으로 프로펠러 축들은 그림 3.24와 같이 유동에 대해 얼마간 경사져 있는데, 이로 인해 축과 스트럿 브래킷 등에서 양력과 항력이 발생한다. 축 브래킷 스트럿을 세심하게 정렬해야 수직 방향의 교차유동을 피할 수 있다.

저항의 원인은 다음과 같다.

- 축의 저항, D_{SH}
- 원통형 부분의 압력항력, C_{DP}
- 원통형 부분의 마찰저항, C_F
- 원통형 부분 앞단과 끝단의 저항, C_{DE}

Hoerner[3.37]에 따르면 축의 저항은 축의 직경에 의한 Reynolds 수가 $Re < 5 \times 10^5$일 때 다음과 같다.

$$D_{SH} = \tfrac{1}{2}\rho L_{SH} Ds V^2 (1.1 \sin^3\alpha + \pi C_F) \tag{3.46}$$

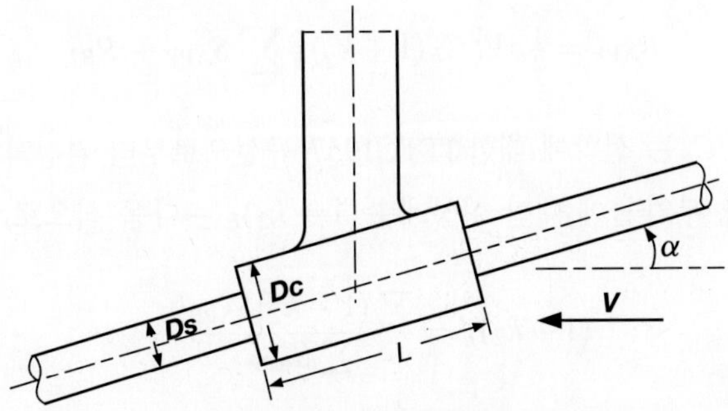

그림 3.24 축 및 브래킷

여기서 L_{SH}는 축과 보싱의 전체 길이, Ds는 축과 보싱의 직경, α는 유동 방향과 축 방향이 이루는 각도(단위 °)이다(그림 3.24 참조).

원통형 부분에 대해 Kirkman 및 Kloetzli[3.40]는 다음 공식을 제안하였다. 압력항력 C_{DP}는 다음과 같다.

$Re < 1 \times 10^5$일 때 $C_{DP} = 1.1 \sin^3\alpha$

$1 \times 10^5 < Re < 5 \times 10^5$이고 $\alpha > \beta$일 때 $C_{DP} = -0.7154 \log_{10} Re + 4.677$

$1 \times 10^5 < Re < 5 \times 10^5$이고 $\alpha < \beta$일 때

$$C_{DP} = (-0.7154 \log_{10} Re + 4.677)\,[\sin^3(1.7883 \log_{10} Re - 7.9415)\,\alpha]$$

$Re > 5 \times 10^5$이고 $0 < \alpha < 40°$일 때 $C_{DP} = 0.60 \sin^3(2.25\,\alpha)$

$Re > 5 \times 10^5$이고 $40° < \alpha < 90°$일 때 $C_{DP} = 0.60$

여기서 $Re = VDc/\nu$, $\beta = -71.54 \log_{10}Re + 447.7$이고, 압력저항 계산에서 사용되는 기준 면적은 원통형의 투영면적인 $(L \times Dc)$이다.

축의 마찰저항 C_F는 다음 식과 같다.

$Re < 5 \times 10^5$일 때 $C_F = 1.327\, Re^{-0.5}$

$$Re > 5 \times 10^5 \text{일 때 } C_F = \frac{1}{(3.461 \log_{10} Re - 5.6)^2} - \frac{1700}{Re} \tag{3.47}$$

여기서 $Re = VLc/\nu$, $Lc = L/\tan\alpha$, $Lc > L$이고, L은 축의 길이, 마찰저항 계산에 사용되는 기준 면적은 원통형 부분의 침수표면적으로 π × 길이 × 직경과 같아진다.

양쪽 끝단의 저항 C_{DE}는 다음과 같다.

모서리가 직각인 경우 $C_{DE} = 0.90 \cos^3\alpha$

모서리가 둥근 경우 $C_{DE} = 0.01 \cos^3\alpha$

Holtrop 및 Mennen[3.43]은 다양한 부가물에 대한 다음의 경험식을 제시하였다.

$$R_{\text{APP}} = \tfrac{1}{2}\rho V_S^2 C_F (1 + k_2)_E \sum S_{\text{APP}} + R_{BT} \tag{3.48}$$

여기서 V_S는 선속, C_F는 선박에 대한 ITTC1957 곡선으로부터 결정되고, S_{APP}는 부가물의 침수표면적이다. 부가물에 대한 형상계수 $(1 + k_2)_E$는 다음 식으로 구해진다.

$$(1 + k_2)_E = \frac{\sum (1 + k_2) S_{\text{APP}}}{\sum S_{\text{APP}}} \tag{3.49}$$

표 3.5 부가물의 형상계수 $(1 + k_2)$

부가물 유형	$(1+k_2)$
스케그 후방의 러더	1.5~2.0
선미 후방의 러더	1.3~1.5
쌍축선 평형 러더(balanced rudder)	2.8
축 브래킷	3.0
스케그	1.5~2.0
스트럿 보싱	3.0
선체 보싱	2.0
추진축	2.0~4.0
안정기 핀	2.8
돔	2.7
빌지킬	1.4

Holtrop이 정의한 부가물 저항계수 $(1 + k_2)$를 표 3.5에 나타내었다. 식 (3.48)에서 R_{BT}는 선수 스러스터(bow thruster)를 고려한 것이며, 다음과 같이 정의된다.

$$R_{BT} = \pi\rho V_S^2 d_T^2 C_{BTO} \tag{3.50}$$

여기서 d_T는 추진기의 직경, 계수 C_{BTO}는 0.003~0.012 영역의 값이다. 추진기가 구상선수의 원통 부분에 놓여 있을 경우 C_{BTO}는 0.003에 가까워진다.

(e) 요약

부가물 유무를 달리한 모형시험 결과가 없을 때는 여기에 서술한 공식이나 데이터를 이용하여 적절한 Reynolds 수에서 부가물의 저항을 추정할 수 있다. 다른 방법으로 초기 동력 추정을 위해 표 3.2와 3.3에 주어진 근사치를 사용할 수 있다. 부가물 저항 추정의 예들을 17장에 수록하였다.

3.2.2 선체와 선루의 공기저항

3.2.2.1 배경

바람이 없는 공기 중에서 운항하는 선박은 수면 위의 선체와 선루(superstructure)에 공기저항을 받는다. 공기저항의 크기는 선루의 크기와 형상 및 선속에 따라 다르다. 다양한 선박 유형에 대한 전형적인 공기저항이 정수 중에서의 물의 선체저항에 대한 비율로 표 3.6에 제시되었다.

수면 위 선체와 선루의 공기저항은 일반적으로 전 저항에 비해 상대적으로 작은

표 3.6 근사적인 공기저항의 사례

유형	L_{BP}(m)	C_B	재화중량 *Dw* (tonnes)	선속 (knots)	운항동력 (kW)	*Fr*	공기저항 (%)
유조선	330	0.84	250,000	15	24,000	0.136	2.0
유조선	174	0.80	41,000	14.5	7300	0.181	3.0
벌크선	290	0.83	170,000	15	15,800	0.145	2.5
벌크선	180	0.80	45,000	14	7200	0.171	3.0
컨테이너선	334	0.64	100,000 (10,000 TEU)	26	62,000	0.234	4.5
컨테이너선	232	0.65	37,000 (3500 TEU)	23.5	29,000	0.253	4.0
쌍동선 페리	80	0.47	승객 650명 자동차 150대	36	23,500	0.661	4.0
여객선	265	0.66	승객 2000명 총 톤수 9000톤	22	32,000	0.222	6.0

표 3.7 전면 면적을 기준으로 한 뭉툭한 물체의 항력계수

항목	C_D
정사각형 판	1.1
2차원 평판	1.9
정육면체	0.9
구	0.5
타원체, 장축 방향 ($Re > 2 \times 10^5$)	0.16

비중을 차지한다. 그러나 대량의 연료를 소모하는 대형 선박에서는 공기저항이라도 줄이는 것이 추구할 만한 가치가 있다. 표에 제시된 공기저항의 비율은 선박이 정지한 공기 중을 항해할 때의 것이고, 어떤 형태로든 맞바람(head wind)을 받을 때는 그 비율이 눈에 띄게 증가한다.

수면 위 선체나 선루의 대한 공기저항은 뭉툭한 물체(bluff body)에 관한 항력으로 다룰 수 있다. $Re > 10^3$일 때 뭉툭한 물체에 대한 전형적인 C_D 값을 표 3.7에 나타내었다.

바람이 불 때 운항하는 경우 선박과 바람의 상대속도는 그림 3.25와 같이 정의된다.

공기저항은

$$R_A = \tfrac{1}{2}\rho_A C_D A_P V_A^2 \tag{3.51}$$

여기서 A_p는 바람의 상대속도에 대해 수직 방향으로 투영된 선박의 면적, V_A는 바람의 상대속도이고, 공기의 밀도 $\rho_A = 1.23\ \mathrm{kg/m^3}$이다(표 A1.1 참조).

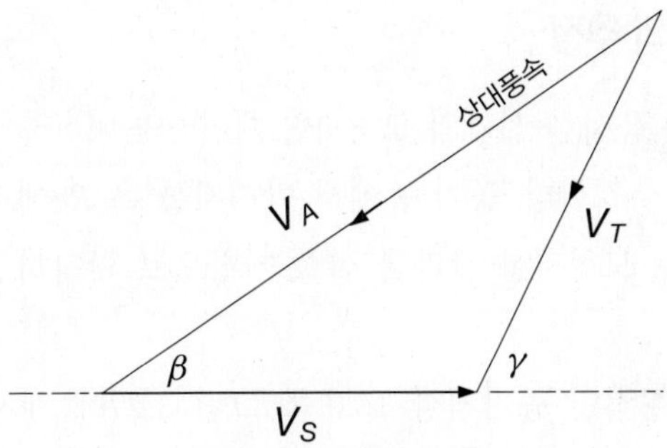

그림 3.25 벡터 도.

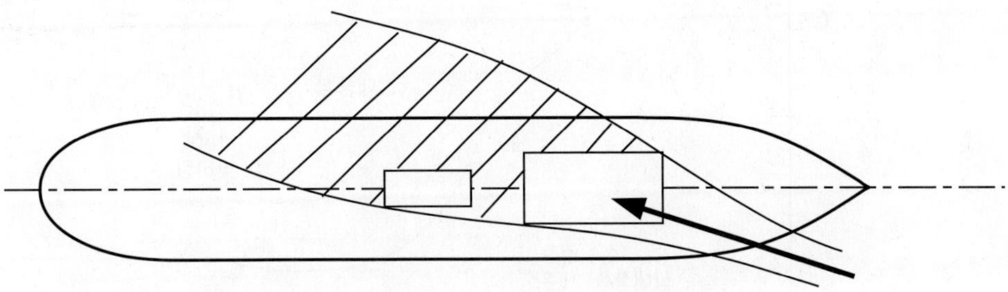

그림 3.26 (a) 선루의 가로막음 효과.

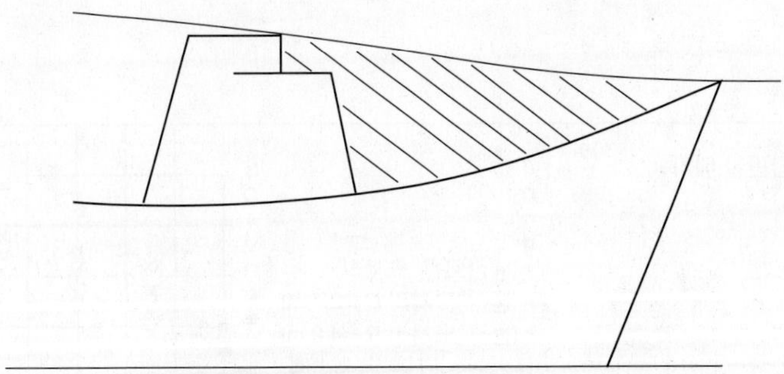

그림 3.26 (b) 현호선(sheerline)의 가로막음 효과.

선루 모델에 대한 풍동시험 결과는 일반적으로 A_T를 사용하여 선수미 방향(x축)의 항력으로 제시됨에 유의하라. A_T는 선루의 전방 횡단 투영면적이다.

3.2.2.2 가로막음 효과(Shielding Effects)

그림 3.26(a)와 같이 하나의 선루 요소 뒤의 반류는 바람으로부터 다른 요소를 가리거나, 그림 3.26(b)처럼 선체 현호선(sheerline)에 의한 반류는 선루를 가릴 수 있다.

3.2.2.3 공기저항의 추정

일반적으로 공기저항은 유사한 선박의 모형시험 데이터와 비교하거나 풍동에서 모형시험을 직접 수행함으로써 추정한다. 공기 중에서 박리저항[2]은 Re에 민감하지 않기 때문에 $C_{Ds} = C_{Dm}$을 기반으로 모형시험 결과를 실선 저항으로 확장하는 것은 일반적으로 받아들일 수 있다.

모형선에 대한 전형적인 공기저항 도표를 그림 3.27에 제시하였다. 다른 갑판실

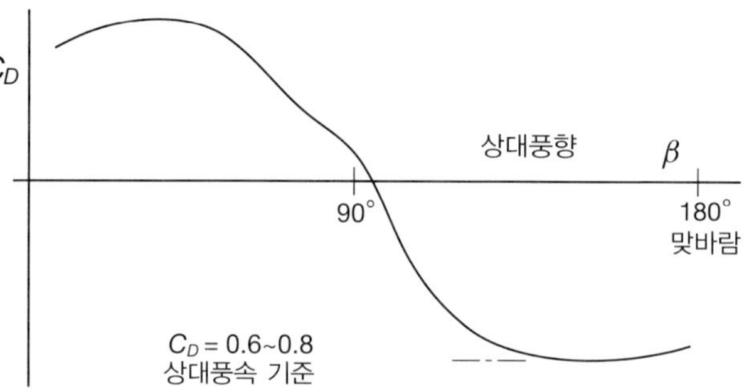

그림 3.27 모형시험의 전형적인 공기저항 데이터.

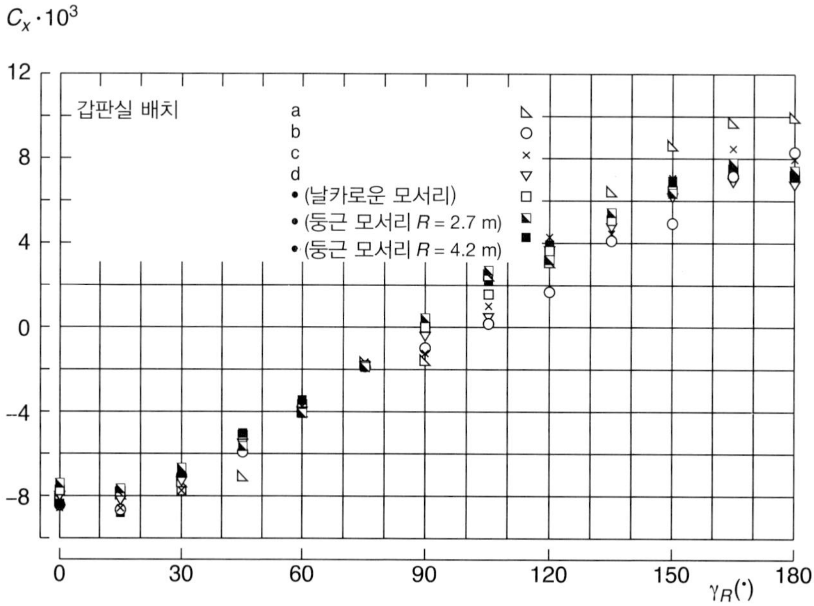

그림 3.28 바람계수 곡선[3.44].

2 뭉툭한 물체 주위의 박리유동이 존재하는 경우의 저항.

(deckhouse) 배치[3.44]에 대한 실제 풍동시험 데이터를 그림 3.28에 나타내었다. 이 경우 C_X는 (A_T/L^2) 함수이다.

바람에 의한 공기저항 데이터는 일반적으로 수면 위 선체에 선루를 더한 전방면적, 즉 횡단면적 A_T 기준으로 나타낸다. 맞바람 가로막음 효과(shielding effect) 때문에 저항계수는 그림 3.27에 나타낸 것처럼 바람 각도 30°에서 최대가 되고 0°에서는 그보다 작아질 수 있다. 항력은 선체 중심선 x축 방향에 작용하는 힘이다.

다른 데이터가 없다면 모형선에 대한 풍동시험 결과는 합리적으로 유선형화된 선루에 대해 $C_D = 0.80$, 주 선체에 대해 $C_D = 0.25$를 제시하고 있다. 사용할 수 있는 데이터가 없을 경우 ITTC에서는 공기저항을 $C_{AA} = 0.001A_T/S$을 사용하여 계산할 것을 권장한다(5장 참조). 여기서 A_T는 수선 위 선체 및 선루의 횡단면적이고, S는 선체의 침수표면적이다. 이 경우 $D_{\text{air}} = C_{\text{AA}} \times 0.5\rho SV^2$이다. 상선에 대한 전형적인 공기저항 값은 Shearer 및 Lynn[3.45], White[3.46], Gould[3.47], Isherwood[3.48], van Berlekom[3.49], Blendermann[3.50], Molland 및 Barbeau[3.51]에서 찾아볼 수 있다.

X축 길이 방향의 Isherwood의 공기저항 데이터[3.48]에 대한 회귀방정식은

$$C_X = A_0 + A_1\left(\frac{2A_L}{L^2}\right) + A_2\left(\frac{2A_T}{B^2}\right) + A_3\left(\frac{L}{B}\right) + A_4\left(\frac{S_P}{L}\right) + A_5\left(\frac{C}{L}\right) + A_6(M) \tag{3.52}$$

여기서

$$C_X = \frac{F_X}{0.5\rho_a A_T V_R^2} \tag{3.53}$$

ρ_a는 공기밀도(부록 A1의 표 A1.1), L은 전체 길이, B는 선폭, A_L은 종단 투영면적, A_T는 횡단 투영면적, S_P는 수선과 마스트나 통풍구 같은 세장체(slender body)를 제외한 종단 투영면적의 둘레 길이, C는 선수로부터 종단 투영면적 도심까지의 거리, M은 측면에서 보이는 마스트 또는 킹 포스트(king posts)와 같이 뚜렷하게 구분되는 형상 집단의 개수이다.

계수 $A_0 - A_6$는 부록 A3의 표 A3.1에 나타내었다. 표에 따르면 180° 맞바람일 때 A_4와 A_6는 0이고, S_P와 M은 계산할 필요가 없다. 예비 추정 시에는 $C/L = 0.5$를 쓸 수 있다.

고속 페리[3.51]의 대표적인 선루에 대한 풍동시험에서 얻은 C_D의 예들을 그림 3.29에 나타내었다. 이 계수들은 단동선 고속 페리에 대해서도 적절하다.

3.2.2.4 CFD 응용

CFD는 선루 주위 유동을 조사하는 데 사용되어 왔다. 대부분의 연구는 작용하는 힘보다는 흐름 특성에 관심을 집중해 왔다. 이러한 연구는 연돌(funnel) 주위 유동의 흡입, 헬리콥터 착함을 위한 전투함 선루 후방 유동, 여객선 상갑판 레저 구역 주위 유동 같은 주제를 조사해 왔다(Reddy 등[3.52], Sezer-Uzol 등[3.53], Wakefield 등[3.54]). Moat 등[3.55, 3.56]은 선체와 선루에 의해 발생하는 유동의 왜곡과 선상에서의 실제 풍속 측정에 미치는 영향을 수치적·실험적으로 조사하였다. 수치적으로 실제 공기저항을 조사한 사례는 거의 없다. 실험적·수치적 유체역학을 포함한 공기 반류에 대한 최근 연구 요약은 ITTC[3.57]에 포함되어 있다.

3.2.2.5 공기저항 저감

상자 형상의 선루를 가진 상선의 선루 항력은 모서리를 둥글게 함으로써 개선할 수 있다. Hoerner[3.37]와 Hucho[3.58]가 지적한 것처럼, 뾰족한 모서리를 둥글게 하는 것은 특히 상자 형상의 뭉툭한 물체에 효과적이다. 그러나 최소 $r/B_S = 0.05$(여기서 r은 모서리 곡면 반경, B_S는 선루의 폭) 정도로 둥글게 해야 저항에 의미 있는 영향을 줄 수 있다. 이 정도 혹은 이 이상의 둥글기를 주었을 때, 직사각형 박스 형상에 대해 15~20% 정도의 항력 감소를 달성할 수 있다. 하지만 이미 상당히 유선형화된 형상은 그러한 항력 감소가 이루어지기 어렵다. 이런 절차는 생산성을 위한 상자 형상의 선루 설계와 상충될 소지가 다분함에 주목해야 한다.

대형 유조선에 대한 선루 항력을 감소시키는 자세한 연구는 [3.59]에 보고되었다.

대형 고속 페리의 선루 항력에 대한 Molland 및 Barbeau[3.51]의 연구는 전단부가 비교적 뭉툭한 경우 항력계수(전면면적 기준) 0.8에서 전단부가 잘 유선형화된 경우 항력계수가 0.5까지 줄어드는 것을 보이고 있다(그림 3.29 참조).

3.2.2.6 바람의 속도 구배 영향

정지한 공기의 저항과 속도 구배가 있는 자연적인 바람에서의 저항을 구분하는 것은 중요하다. 공기저항은 상대적인 공기 속도의 제곱으로 변화하므로 바람 속에서 운항할 때 공기저항이 상당히 증가함은 명백하다. 이 점은 3.2.4절에서 상세히 다룬다. 그림 3.30(a)는 정지한 공기 중을 선박이 V_S의 속도으로 이동하는 경우를 나타낸 것이고, 그림 3.30(b)는 풍속 Vw에 대해 이동하는 경우를 나타낸 것이다.

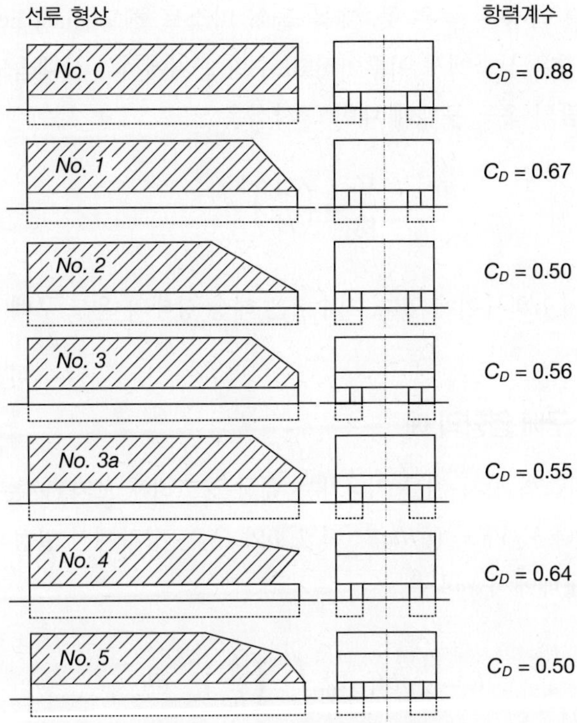

항력계수 C_D는 선루와 선체의 총 횡단면적 기준임

그림 3.29 고속 페리의 선루 항력[3.51].

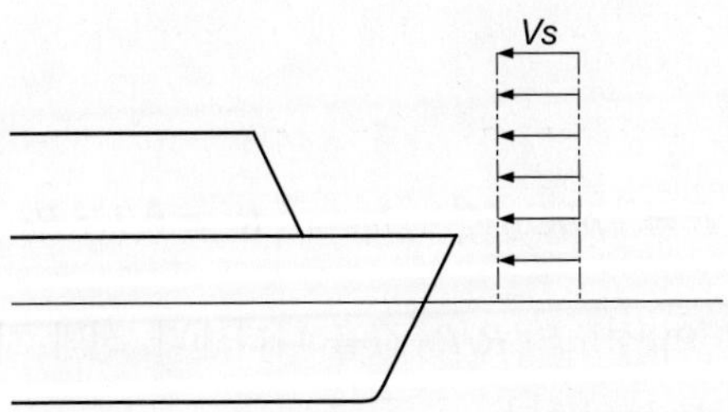

그림 3.30 (a) 정지한 공기 중의 상대속도.

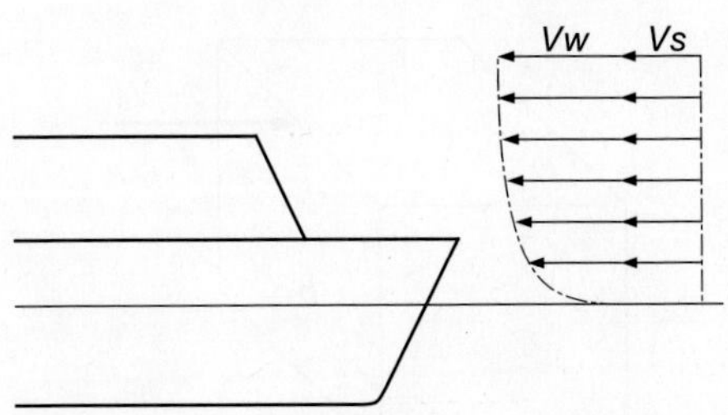

그림 3.30 (b) 맞바람 상태의 상태속도.

보통 상대풍속 측정은 높은 곳, 예를 들어 마스트 헤드(mast head) 혹은 브리지 윙(bridge wing) 같은 장소에서 이루어진다. 수면 근처에서의 상대속도는 훨씬 낮다.

자연 상태 바람의 속도 구배에 대한 근사식은

$$\frac{V}{V_0} = \left(\frac{h}{h_0}\right)^n \tag{3.54}$$

여기서 n은 1/5에서 1/9 사이에 있다. 지수 n은 해상 상태와 온도 구배에 따라 달라진다.

3.2.2.7 속도 구배 영향의 예

그림 3.31처럼 정사각형 상자 위를 지나가는 유동을 고려해 보자. V_0는 상자의 윗변에서 $(h = h_0)$ 측정되었다. $V/V_0 = (h/h_0)^{1/7}$이고, b와 C_D는 상자에서 일정하다고 가정하자.

바람의 속도 구배에서 저항은

$$R = \frac{1}{2}\rho b C_D V_0^2 \int_0^{h_0} \left(\frac{h}{h_0}\right)^{2/7} dh$$

즉,

$$R = \frac{1}{2}\rho b C_D \frac{V_0^2}{h_0^{2/7}} \left[h^{9/7} \cdot \frac{7}{9}\right]_0^{h_0}$$

그리고

$$R = \tfrac{1}{2}\rho b C_D V_0^2 \cdot \tfrac{7}{9} h_0 = \tfrac{7}{9} R_0 = 0.778 R_0 \tag{3.55}$$

모델에 대한 비교 측정은 이 정도의 R/R_0 값을 나타낸다. 선박 시운전 결과에 적용될 공기저항의 수정은 5.4절에서 논의된다.

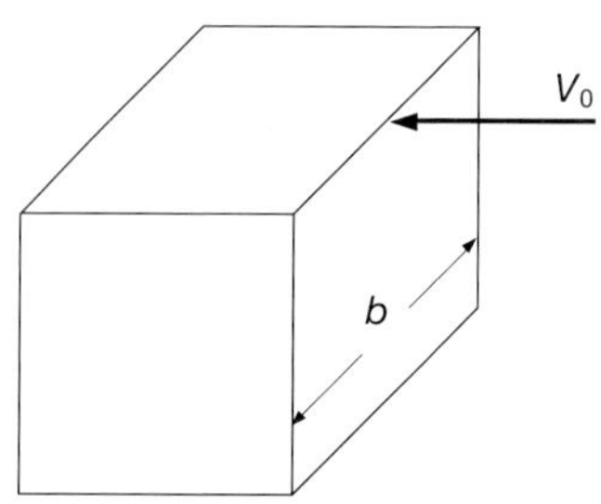

그림 3.31 바람의 속도 구배 효과.

3.2.2.8 그 밖의 바람 영향

1. 선수에 바람이 불 때 선체가 바람 부는 방향으로 돌아가도록 하는 힘과 모멘트가 생성된다. 이는 항로를 유지하기 위해 러더 각이 증가하고 그로 인해 물과의 저항이 약간 증가함을 야기한다. 이러한 힘과 모멘트는 바람에 의해 유발된 힘과 모멘트로 정의되지만, 바람에 의한 직접적인 힘에 비하면 매우 작다(van Berlekom[3.44, 3.49]). 조종성에는 부정적인 영향을 미친다.
2. 바람은 바람 속도의 2~3% 정도 해수면의 표류(surface drift)를 만들어낸다. 이는 선박의 대지속도를 줄이거나 늘릴 수 있다.

3.2.3 거칠기와 부착생물(Fouling)

3.2.3.1 배경

선체 거칠기에 기인한 저항은 각각의 거칠기 요소의 박리저항이다. 난류 경계층은 벽면 근방에 얇은 층류 내부층(laminar sublayer)을 가진다. 이 내부층은 작은 거칠기는 박리되지 않고 돌아 흘러서 표면을 매끄럽게 흘러나갈 수 있다. 내부층 바깥으로 튀어나갈 때만 거칠기는 저항 증가를 일으킨다. *Re*가 증가하면서(이를테면 *V*가 증가하면서) 내부층은 점점 얇아져 결국 거칠기에만 의존하게 되어 마찰저항계수는 더 이상 매끈한 표면에 대한 난류저항 곡선(smooth turbulent line)을 따라가지 않고 대략 일정한 값에 이르게 된다(그림 3.32 참조). 그림 3.33처럼 임계 *Re*부터는 박리저항이 늘어나서 *Re*가 증가함에 따라 감소하는 C_F의 경향이 상쇄된다. 도금한 표면의 경미한 잔물결과 같은 표면의 기복은 박리가 발생하지 않기 때문에 보통은 저항의 증가를 일으키지 않는다는 점을 명심해야 한다.

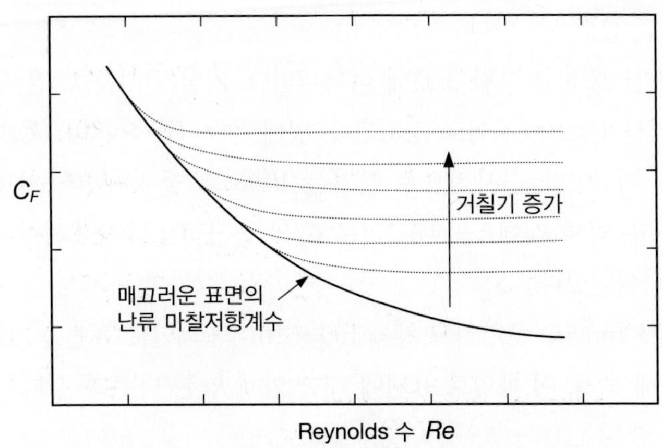

그림 3.32 표면 마찰저항계수에 대한 거칠기 효과

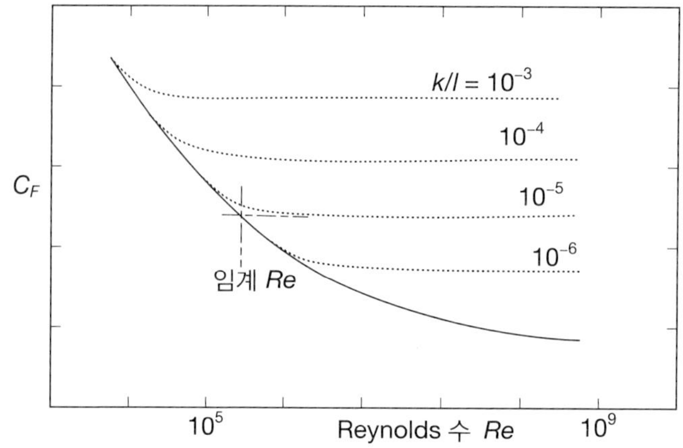

그림 3.33 마찰 곡선 도표의 전형적인 도식.

3.2.3.2 거칠기 밀도

표면상의 거칠기 밀도가 증가하면서 거칠기 '입자(grain)'가 다른 입자의 그림자에 들어갈 때까지 추가저항은 증가할 것이다. 거칠기 밀도가 더욱 증가하면 실제로 저항은 줄어들 수 있다.

3.2.3.3 거칠기 위치

경계층은 선수보다 선미 부근에서 더 두껍고, 수선보다 빌지에서 더 얇다. 거칠기는 경계층이 얇은 곳에서 더 큰 영향을 미친다. 국부적으로 유속이 빠른 곳에서 가장 큰 영향을 미친다. 소형 요트와 모형선의 경우 거칠기는 층류-난류 천이를 앞당길 수 있다. 하지만 보통의 선형에서 천이는 어떠한 경우에도 선수에서 1 m 정도의 가까운 지점에서 일어나기 때문에 이 효과는 중요하지 않다.

전형적인 마찰 도표를 그림 3.33에 나타내었다. 거칠기 기준 k/l은 입자의 크기(혹은 등가 모래 거칠기)/표면 길이로 정의된다. 임계 $Re = (90 \sim 120)/(k_s/x)$이고, x는 앞끝단으로부터의 거리이다. 근사적으로 분자는 100으로 둘 수 있다. 임계 이상의 Re에서 C_F는 일정하고, 임계 Re에서의 매끄러운 C_F와 근사적으로 동일하다. 거칠기 수준의 예를 표 3.8에 나타내었다.

예를 들어 23 knots로 운항하고 $k_s = 100 \times 10^{-6}$의 페인트 표면을 가지는 200 m 선박에 대해 고려해 보자. 이 페인트 표면에 대한 임계 Re는 다음과 같다.

$$Re = \frac{100}{100 \times 10^{-6}/200} = 2.0 \times 10^8 \qquad (3.56)$$

표 3.8 여러 재료의 거칠기

표면 재질	입자 크기, μm (= 10^{-6} m)
판유리	10^{-1}
일반 강판	50
매끄러운 선박 도료	50*
선박 도료 표면의 부착생물	100~150
아연도금강판	150
플라스틱 코팅	250
나무	500
콘크리트	1000
따개비	5000

* 에어리스 스프레이(airless spray)로 잘 도장되었을 때 가능.

23 knots, 200 m 선체에 대한 $Re = VL/\nu = 23 \times 0.5144 \times 200/1.19 \times 10^{-6} = 2.0 \times 10^9$이다.

ITTC1957 마찰저항 곡선을 사용하면 식 (4.15)로부터 $Re = 2.0 \times 10^8$일 때 $C_F = 1.89 \times 10^{-3}$, $Re = 2.0 \times 10^9$일 때 $C_F = 1.41 \times 10^{-3}$이다. 즉, 거칠기에 의해 마찰저항은 대략적으로 $\Delta C_F = 0.48 \times 10^{-3} \approx 34\%$만큼 증가한다. 새로운 선박에 대한 거칠기의 전통적인 보정량은 특히 Schoenherr 마찰 곡선(4.3절 참조)을 기준으로 하면 0.40×10^{-3}이다. 이 예는 현상에 대한 단지 하나의 예로만 간주해야 한다. 이 결과는 선박에 대해 가용한 결과들보다 매우 높은 값이다.

일부 선박의 결과들은 식 (3.57)의 Bowden–Davison 방정식으로 기술되는데, 이는 선박의 추력 측정과의 상관관계로부터 유도되었고 저항 증가량을 낮게 예측한다.

$$\Delta C_F = \left[105\left(\frac{k_S}{L}\right)^{1/3} - 0.64\right] \times 10^{-3} \tag{3.57}$$

이 수식은 원래 1978 성능예측 방법에 사용하기 위해 ITTC가 권장하였다(5장 참조). 거칠기 측정이 불가능하다면 $k_S = 150 \times 10^{-6}$ m를 권장하는데, 이는 신조선의 대략적인 거칠기 수준으로 가정되는 값이다. 식 (3.57)의 Bowden–Davison 방정식은 단지 거칠기 보정치라기보다는 거칠기를 포함하는 상관계수로 사용되기 위해 의도되었기 때문에 선체 표면 거칠기의 증가로 인한 저항 증가를 예측하는 데 사용해서는 안 된다.

k_S는 50 mm 구간에서 측정된 평균 겉보기 진폭(mean apparent amplitude: MAA)이다. 유사한 기준은 평균 선체 거칠기(average hull roughness: AHR)인데, 개별 MAA 값을 조합하여 선체 표면 조건을 정의하는 하나의 매개변수로 만들고자 하는 값이다.

Grigson[3.60]은 k_S뿐만 아니라 거칠기의 형상인 '질감(texture)'도 고려할 필요가 있다고 했다. Candries 및 Atlar[3.61]는 자기마모(self-polishing)와 실리콘 기반 파울 릴리스 코팅(foul release coatings)에 관해 이 점을 논의했는데, 자기마모 코팅이 뾰족한 질감인데 반하여 파울 릴리스 코팅은 완만하게 물결치는 질감이라고 한다.

또한 거칠기에 의한 마찰저항 증가량 ΔC_F는 배가 반드시 '완벽하게 거친(fully rough)' 영역에서 작동하지만은 않기 때문에 Re와 무관하지 않다. 선체의 앞부분은 완벽하게 거친 영역이 될 수 있지만, 뒷부분으로 가면서 경계층 두께가 증가하기 때문에 그렇지 않을 수 있다. Re의 영향을 포함시킨 다음 공식은 Townsin[3.62]에 의해 제안되었다.

$$\Delta C_F = \left\{ 44 \left[\left(\frac{k_S}{L} \right)^{1/3} - 10 Re^{-1/3} \right] + 0.125 \right\} \times 10^{-3} \tag{3.58}$$

보다 최근 들어, 거칠기 측정결과를 구할 수 있다면 이 방정식을 ITTC 성능예측방법(ITTC[3.63])에서 이용해야 한다고 권고되고 있다. 거칠기에 의해서만 ΔC_F을 계산하는 식 (3.57)의 원래의 Bowden-Davison 방정식과 더불어 이용해야 한다는 것이다(5장 참조).

3.2.3.4 운항 상태(Service Condition)

항해 중 강선은 열화되고 부식 또는 벗겨진 페인트로 인해 거칠기가 증가한다. 숏 블라스팅(shot blasting)을 통해 원래 표면 품질을 어느 정도 회복할 수 있다. Townsin 등[3.64]에 따르면 실제 선박에 대한 전형적인 거칠기 값은 초기(신조선) 조건 및 운항 기간 중 다음과 같이 증가한다.

최초 거칠기, 80~120 μm
연간 증가량, 고성능 코팅과 음극 방식법(cathodic protection)의 경우 10 μm
수지 코팅 및 음극 방식법이 없는 경우 75~150 μm
자기마모 페인트의 경우 −3 μm

거칠기 증가에 상응하여 동력은 거칠기 10 μm 증가 시 1% 증가(비교적 매끈한 선체의 경우 80~100 μm)하거나, 비교적 거친 선체(200~300 μm)에서 시작하는 경우에는 거칠기 10 μm 증가 시 약 0.5% 증가한다.

3.2.3.5 선체 부착생물(Hull Fouling)

수초(weeds)와 따개비류(barnacles)의 성장과 같은 선체 부착생물(hull fouling)에 의해 거칠기가 증가한다. (부착생물을 포함한) 전체 거칠기 증가로 인해 일반적으로 매달 C_F가 약 2~4% 증가한다(Aertessen[3.65 ~ 3.69]). 만약 $C_F \approx 60\%$라면 C_T 증가율은 매달 1~2%, 즉 매년 10~30% 정도이다(대략 거칠기 증가가 절반, 부착생물이 절반을 차지한다).

초기의 증가율은 보통 이보다 높지만 나중에는 이보다 느려진다. 부착생물의 성장률은 사용 중인 항구와 연중 계절에 의존한다. 부착생물의 성장은 담수와 연안에서 주로 발생하기 때문에 무역 패턴과 회송시간(turn-around times)도 중요하다. 거칠기의 증가와 총 저항에 대한 부착생물의 전형적인 영향을 그림 3.34에 나타내었다.

도킹과 숏 블라스팅 기간 및 빈도에 대한 법규 및 선급 요구사항은 선체 표면 마감 수준 대 절약된 연료의 경제성에 좌우된다[3.64, 3.70].

거칠기 및 부착생물의 최소화는 중요하다고 볼 수 있다. 상대적으로 높은 연료비를 감안하면 신조일 경우 표면 마감을 좋게 하는 것이, 운항 중에는 선저를 주의 깊게 관리하는 것이 전체 비용을 절약하는 방법이다. Carlton[3.71]이 지적한 것처럼 프로펠러의 표면 마감 및 유지·관리도 중요하다. 따라서 일정한 방출률을 갖는 독성 코팅 및 자기마모 페인트 개발[3.72, 3.73, 3.74]과 같은 페인트 및 방오(antifouling) 기술에 많은 주의를 기울이고 있다.

1960년대 이래 흔히 사용되어 온 방오 도료는 자기마모형 도료로서 유기주석 화합물인 tributyltin(TBT)을 포함하고 있다. 그러한 도료는 방오 측면에서 효과적이었으나, TBT는 해양생물에 유해한 것으로 입증되었다. 결과적으로 국제해사기구(IMO)는 TBT 사용 금지 규제를 도입하였다. 선박 방오시스템 제어를 위한 국제협약이 2008년 9월에 발표되었다. 협약에 의거, 선박의 방오시스템에는 유기주석 화합물 사용이 허용되지 않는다.

주석을 기반으로 한 자기마모형 방오시스템이 금지된 이래 새로운 대안이 조사·개발되고 있다. 이들은 비주석계(tin-free) 자기마모 코팅 및 실리콘 기반 파울 릴리스 코

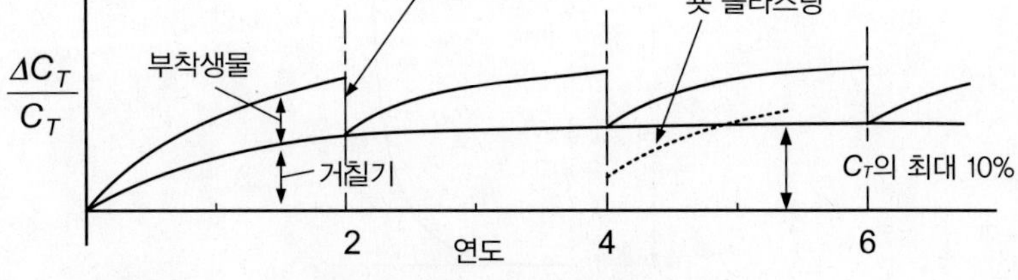

그림 3.34 거칠기와 부착생물의 성장.

팅(foul release coating)을 포함한다(Candries 및 Atlar[3.61]). 자기마모 코팅과 비교할 때 파울 릴리스 코팅에서 2~5%의 마찰저항 저감 효과가 나타난다. 실리콘 기반 파울 릴리스 코팅은 부드럽기 때문에 실제 거칠기를 측정하기 어렵고, 그 때문에 거칠기 수준과 마찰저항 저감 사이의 관계를 일치시키기 어렵다. 또한 전통적인 브러시 청소는 실리콘 기반의 부드러운 표면을 손상시킬 수 있어 브러시가 없는 선체 청소시스템도 개발되고 있다.

Candries 및 Atlar[3.61], Okuno 등[3.74]이 지적했던 것처럼, 슬라임(slime)이 언제나 제거될 수 있는 것은 아니지만 대부분의 부착생물을 방지할 수 있는 가능성에 기술이 도달하고 있다. 점액질의 슬라임은 저항에 큰 영향을 미친다. 예를 들어 Lewthwaite 등[3.75]은 2년간 슬라임에 의해 80% 정도 마찰저항계수가 증가함을 측정하였다.

3.2.3.6 거칠기와 부착생물로 인한 동력/저항 증가량

전체적 정보

저항의 전체적 증가에 사용되는 방법은 기상에 대한 수정 항해 분석기법의 사용, 즉 일정 기간 동안 선박 항해 동력 데이터의 분석을 수반한다. 증가율과 실제 동력(저항)의 증가를 모니터링할 수 있다. Aertssen[3.66], Aertssen 및 Van Sluys[3.68]의 논문이 이 기법을 사용한다. 이러한 해석결과는 가장 유리한 도킹 빈도와 적합한 동력 마진을 추정하는 데 사용할 수 있다.

세부적 정보

거칠기와 부착생물에 의한 국소 마찰응력계수 C_f의 변화에 대한 상세한 정보, 즉 저항 증가는 Lewthwaite 등[3.75]에 의해 설명된 바와 같이 해당 위치의 경계층 속도분포로부터 얻을 수 있다. 이 기법은 특정 방오시스템의 특성을 조사하는 데 사용될 수 있다.

그림 3.35에 도시된 경계층 속도분포는 선체 표면을 관통하는 피토 관 혹은 선체의 유리 패널(panel)을 통해 투영된 레이저 도플러 풍속계(laser doppler anemometer:

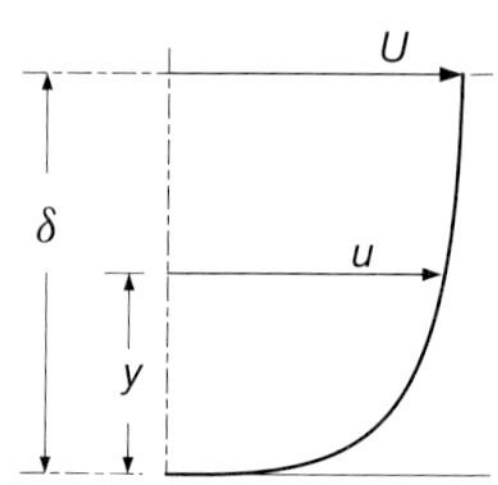

그림 3.35 경계층 속도분포.

LDA)를 통해 측정할 수 있다.

경계층 안쪽 10%는 내부층(*inner layer*)으로 알려져 있고, 속도분포에 대한 대수 관계가 만족된다.

$$\frac{u}{u_\tau} = \frac{1}{k}\ln\left(\frac{yu_\tau}{v}\right) + Br \tag{3.59}$$

여기서 $u_\tau = \sqrt{\frac{\tau_0}{\rho}}$는 벽면 마찰속도(wall friction velocity), k는 von Karman 상수, Br은 거칠기 함수이고

$$\tau_0 = \tfrac{1}{2}\rho C_f U^2 \tag{3.60}$$

$\ln(yU/v)$에 대한 u/u_τ의 플롯에서 직선의 기울기를 얻을 수 있으며, 국소 마찰응력계수 C_f가 $C_f = 2 \times (slope \times k)^2$와 같아짐을 알 수 있다.

경계층 속도분포는 일정 시간 동안 선박에 대해 측정할 수 있고, 따라서 거칠기와 부착생물의 국부 C_f에 대한 영향을 모니터링할 수 있다. 이 기법의 사용 예는 Cutland[3.76], Okuno 등[3.74]과 Aertssen[3.66]을 포함한다.

3.2.3.7 요약

식 (3.57)과 (3.58)은 신조선에 적용할 수 있는 ΔC_F에 대한 근사치를 제공한다(5장 모형선-실선 상관관계 참조).

새로운 코팅의 지속적인 발전으로 인해 운항 상태에서의 거칠기와 부착생물의 추정과 동력 증가는 근사적으로만 계산할 수 있다. 여유동력을 추정하기 위해 거칠기와 부착생물로 인한 동력의 연평균 증가량을 가정할 수 있다. 항해 중 동력과 속도의 모니터링은 수중 청소 혹은 도킹의 빈도를 결정하는 데 사용할 수 있다(13장 참조). 거칠기와 부착생물에 대한 더욱 광범위한 정리는 Carlton[3.71] 및 ITTC2008[3.63]에서 찾아볼 수 있다.

3.2.4 바람과 파도

3.2.4.1 배경

소요동력은 파도의 작용과 바람의 저항 때문에 황천 조건에서 크게 늘어난다. 궁극적으로 슬래밍(slamming) 손상이나 과도한 가속을 피하기 위해 배가 자발적으로 천천히 운항한다.

정기 운항선은 일정한 선속으로 운항하면서 합리적인 항해 기상에서 속도를 유지하기 위해 충분한 동력 마진을 필요로 하는 경향이 있다. 다른 선박은 일반적으로 최대

연속 정격출력(maximum continuous rated power)에서 운항하고, 운항속도는 거친 기상 조건에서 평균 속도 손실을 상쇄할 정도로 높일 필요가 있다.

운항모드가 어떻든 설계 단계에서 특정한 속도에서의 바람과 파도에 의한 소요동력 증가량을 추정하는 것이 필요하다. 이 정보는 주 기관 추진 기계류의 적합한 여유동력을 추정하는 데 이용될 것이다. 이는 또한 Satchwell[3.77]이 언급한 기후 설계가 이루어지도록 하고, 기상 경로 설정(weather routeing)의 구성요소를 형성한다. 기후 설계는 관련 있는 해역에서 이전 수년 동안 측정된 바람 및 파도에 대해 선박을 설계함을 포함한다. 기상 경로 설정은 선박이 진입하려는 해역의 기상 및 파도 예보 이용을 수반한다. 두 시나리오 모두 주어진 기상 조건에서 선박의 예상속도 손실 혹은 동력 증가를 예측할 공통적인 필요성을 가지고 있다.

선속과 동력에 대한 바람과 파도의 영향을 실험적·이론적 방법으로 추정할 수 있다. 보통 바람 성분은 예를 들어 van Berlekom 등[3.44]과 같이 특정 선박 종류에 대한 풍동시험 결과를 사용하여 추정한다(3.2.2절 참조). 파도 성분은 Townsin 및 Kwon[3.78], Townsin 등[3.79], ITTC2008[3.80]과 같이 수조시험 및 이론적 계산결과로 추정할 수 있다. 보통의 대안적 접근 방식은 예를 들면 Aertssen[3.65, 3.66], Aertssen 및 van Sluys[3.68]와 같이 선박 항해 데이터를 분석하는 것이다. 항해 해석은 13장에서 추가로 논의한다. 어떤 방식을 사용하든 궁극적인 목적은 정해진 속도를 유지하기 위한 동력의 증가량 혹은 정해진 동력에서 선속의 손실을 예측하는 것이다.

표 3.9 보퍼트 풍력 단계

보퍼트 풍력 번호 *BN*	설명	속도 범위 knots	속도 범위 m/s	대략적인 파고 (m)
0	고요(calm)	1	0.3	–
1	실바람(light air)	1~3	0.3~1.5	–
2	남실바람(light breeze)	4~6	1.6~3.3	0.7
3	산들바람(gentle breeze)	7~10	3.4~5.4	1.2
4	건들바람(moderate breeze)	11~16	5.5~7.9	2.0
5	흔들바람(fresh breeze)	17~21	8.0~10.7	3.1
6	된바람(strong breeze)	22~27	10.8~13.8	4.0
7	센바람(near gale)	28~33	13.9~17.1	5.5
8	큰바람(gale)	34~40	17.2~20.7	7.1
9	큰센바람(strong gale)	41~47	20.8~24.4	9.1
10	노대바람(storm)	48~55	24.5~28.4	11.3
11	왕바람(violent storm)	56~63	28.5~32.6	13.2
12	싹쓸바람(hurricane)	64 이상	32.7 이상	–

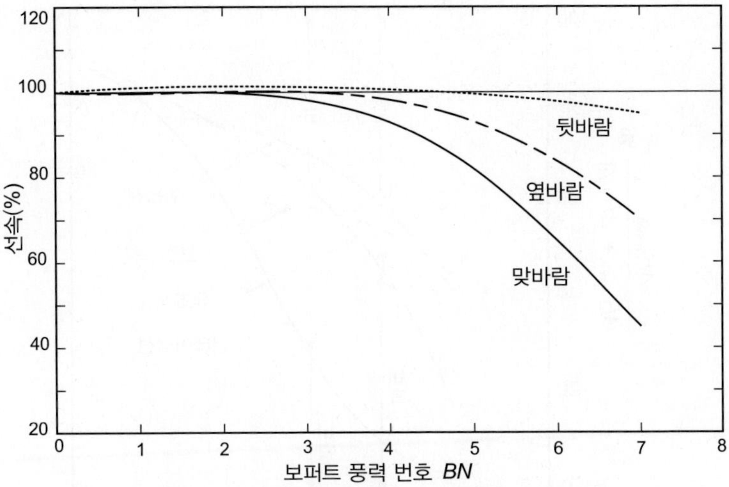

그림 3.36 보퍼트 풍력 번호 증가에 따른 선속 감소.

표 3.10 화물선의 전형적인 선속 감소 데이터, Aertssen[3.65]

보퍼트 풍력 번호 *BN*	ΔP(%)	ΔV(%)	대략적인 파고 (m)
0	0	–	–
1	1	–	–
2	2	–	0.2
3	5	1	0.6
4	15	3	1.5
5	32	6	2.3
6	85	17	4.2
7	200	40	8.2

시운전, 연구, 내항성 조사를 위해 풍속, 파고, 주기, 방향과 같은 해상 조건을 파도 부표(wave buoy)로 측정한다. 실용적인 목적으로는 해상 조건을 보통 보퍼트 풍력 번호(Beaufort number: *BN*)로 정의한다. 풍속의 보퍼트 척도를 대략적인 파고와 함께 표 3.9에 나타내었다.

*BN*에 대한 전형적인 속도 손실 곡선을 그림 3.36에 개략적으로 나타내었다. 선미파(following seas)에서는 속도 손실이 거의 없음을 알 수 있다. 표 3.10은 Aertssen[3.65]에서 발췌한 화물선에 대한 선수파(head sea) 데이터의 예를 나타내고 있다.

선수파를 고려하면, 그림 3.37과 같이 [3.66] 및 [3.67]에서 발췌한 실험적·이론적 추정량으로부터 유도된 *BN*에 대한 바람과 파도의 작용 비율 변화를 보면 *BN* = 4에서는 일정 선속에서 소요동력 증가량의 10~20% 정도가(선체의 비척도와 선종에 따라)

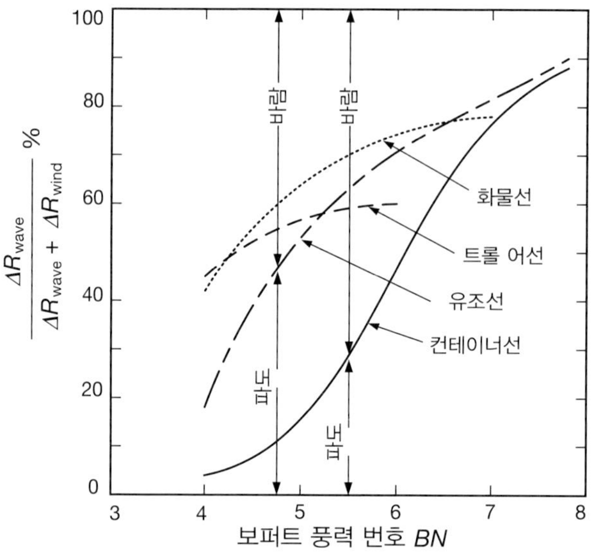

그림 3.37 바람과 파도의 부가저항 비율.

파도의 의한 것인데 비해, BN = 7에서는 80% 정도가 파도의 작용에 의한 것임을 알 수 있다. 파도의 작용 및 파도-바람 비율에 대한 상세한 조사는 Townsin 등[3.79]에 의해 수행되었다.

3.2.4.2 실제 데이터

다음 수식은 특정 해상 조건에서 속도 손실을 계산하는 데 적합하다.

Aertssen 공식[3.78, 3.81]:

$$\frac{\Delta V}{V} \times 100\% = \frac{m}{L_{BP}} + n \tag{3.61}$$

여기서 m과 n은 보퍼트 풍력 번호에 따라 달라지지만 선종, 조건 또는 비척도를 설명해 주지는 못한다. m과 n의 값은 표 3.11에 주어져 있다.

Townsin 및 Kwon 공식[3.78, 3.82] 그리고 Kwon에 의한 갱신된 공식[3.83]: 속도 손실의 백분율은 다음과 같다.

$$\alpha \cdot \mu \frac{\Delta V}{V} 100\% \tag{3.62}$$

여기서 $\Delta V/V$는 식 (3.63), (3.64), (3.65)에 의해 주어진 선수파에서의 속도 손실, α는 표

표 3.11 Aertssen 지수 *m*과 *n*

	선수파(head sea)		선수측면파(bow sea)		횡파(bow sea)		선미파(following sea)	
BN	**m**	***n***	**m**	***n***	**m**	***n***	**m**	***n***
5	900	2	700	2	350	1	100	0
6	1300	6	1000	5	500	3	200	1
7	2100	11	1400	8	700	5	400	2
8	3600	18	2300	12	1000	7	700	3

파도 방향은 선수파(head sea)의 경우 선수에서 30°까지, 선수측면파(bow sea)의 경우 선수에서 30°~60°, 횡파의 경우 선수에서 60°~150°, 선미파의 경우 선수에서 150°~180°이다.

표 3.12 보정계수 α

C_B	조건	보정계수
0.55	상비흘수	$1.7 - 1.4Fr - 7.4(Fr)^2$
0.60	상비흘수	$2.2 - 2.5Fr - 9.7(Fr)^2$
0.65	상비흘수	$2.6 - 3.7Fr - 11.6(Fr)^2$
0.70	상비흘수	$3.1 - 5.3Fr - 12.4(Fr)^2$
0.75	만재흘수 또는 상비흘수	$2.4 - 10.6Fr - 9.5(Fr)^2$
0.80	만재흘수 또는 상비흘수	$2.6 - 13.1Fr - 15.1(Fr)^2$
0.85	만재흘수 또는 상비흘수	$3.1 - 18.7Fr + 28.0(Fr)^2$
0.75	밸러스트 흘수	$2.6 - 12.5Fr - 13.5(Fr)^2$
0.80	밸러스트 흘수	$3.0 - 16.3Fr - 21.6(Fr)^2$
0.85	밸러스트 흘수	$3.4 - 20.9Fr + 31.8.4(Fr)^2$

3.12에 주어진 Froude 수(Fr)와 방형계수(C_B)에 대한 보정계수, μ는 식 (3.66)에 의해 주어진 기상 감소계수(weather reduction factor)이다.

컨테이너선을 제외한 모든 선박의 만재(laden) 흘수의 경우 $C_B = 0.75, 0.80, 0.85$에서 백분율 속도 손실은

$$\frac{\Delta V}{V}100\% = 0.5BN + \frac{BN^{6.5}}{2.7\nabla^{2/3}} \tag{3.63}$$

컨테이너선을 제외한 모든 선박의 밸러스트 흘수의 경우 $C_B = 0.75, 0.80, 0.85$에서 백분율 속도 손실은

$$\frac{\Delta V}{V}100\% = 0.7BN + \frac{BN^{6.5}}{2.7\nabla^{2/3}} \tag{3.64}$$

컨테이너선의 경우 $C_B = 0.55, 0.60, 0.65, 0.70$의 상비 흘수에서 백분율 속도 손실은

표 3.13 Aertssen 공식과 Townsin-Kwon 공식의 비교

보퍼트 풍력 번호 BN	Aertssen $\Delta V/V$(%)	Townsin-Kwon $\Delta V/V$(%)
5	6.1	5.4
6	11.9	9.7
7	20.5	19.4
8	34.4	39.5

$$\frac{\Delta V}{V}100\% = 0.7BN + \frac{BN^{6.5}}{22\nabla^{2/3}} \tag{3.65}$$

여기서 BN은 보퍼트 풍력 번호, ∇는 배수 용적(m^3)이다.

기상 감소계수(weather reduction factor)는

$$2\mu_{\text{bow}} = 1.7 \sim 0.03(BN-4)^2 \qquad 30^\circ \sim 60^\circ \tag{3.66a}$$

$$2\mu_{\text{beam}} = 0.9 \sim 0.06(BN-6)^2 \qquad 60^\circ \sim 150^\circ \tag{3.66b}$$

$$2\mu_{\text{following}} = 0.4 \sim 0.03(BN-8)^2 \qquad 150^\circ \sim 180^\circ \tag{3.66c}$$

표 3.13에 나타낸 것처럼 Aertssen 및 Townsin-Kwon 공식은 합리적인 수준에서 서로 일치하는데, 길이 220 m, $C_B = 0.600$, $\nabla = 36{,}500$ m^3 그리고 $Fr = 0.233$의 컨테이너선에 대해 식 (3.61) 및 (3.65)를 비교한 것이다.

3.2.4.3 동력 증가와 속도 손실의 유도

선체저항 증가가 특정 조건에서 계산 또는 측정되고 변화가 작은 경우 저항 R은 V^2처럼 변화한다고 가정하면 다음과 같아진다.

$$\frac{\Delta V}{V} = \left[1 + \frac{\Delta R}{R}\right]^{1/2} - 1 \tag{3.67}$$

여기서 V는 정수 중 속도, R은 정수 중 저항이다.

변화가 작은 경우 동력과 추력은 합리적으로 보았을 때 일정하게 유지된다. 이와 같은 방정식은 일반적으로 식 (3.63), (3.64), (3.65)와 같은 근사식을 개발하는 데 사용되었다. 저항 증가가 더 커지거나 보다 정확한 해석을 위해 프로펠러 효율의 변화도 고려되어야 한다. 그러한 저항 증가와 함께 정해진 속도에서의 추력 증가가 요구되므로 프로펠러는 분명 설계점을 벗어나 작동하고 있다. 탈설계점(off-design) 프로펠러 작동은 13장에서 설명한다. 프로펠러 효율 변화를 고려하면 van Berlekom[3.49], Townsin 등

[3.79]이 제시한 다음 관계가 유도된다.

$$\frac{\Delta P}{P} = \frac{\Delta R/R}{1 + \Delta\eta_0/\eta_0} - 1 \tag{3.68}$$

여기서 $\Delta\eta_0$는 프로펠러 하중 변화로 인한 프로펠러 효율 η_0의 변화이다.

3.2.4.4 속도 손실에서 동력 증가로의 전환

일정한 동력에서의 속도 손실 ΔV로부터 일정한 속도에서의 동력 증가 ΔP로의 근사적인 전환은 그림 3.38과 같이 동력 P가 V^3으로 변화한다는 가정하에 다음과 같은 식을 얻을 수 있다.

$$V_1 = V_S\left(1 - \frac{\Delta V}{V_S}\right)$$

$$\frac{\text{New } P}{\text{Old } P} = \frac{V_S^3}{V_1^3} = \frac{V_S^3}{V_S^3\left(1 - \frac{\Delta V}{V_S}\right)^3} = \frac{1}{\left(1 - \frac{\Delta V}{V_S}\right)^3}$$

그러면

$$\frac{\Delta P}{P} = \frac{1}{\left(1 - \frac{\Delta V}{V_S}\right)^3} - 1 \tag{3.69}$$

또한

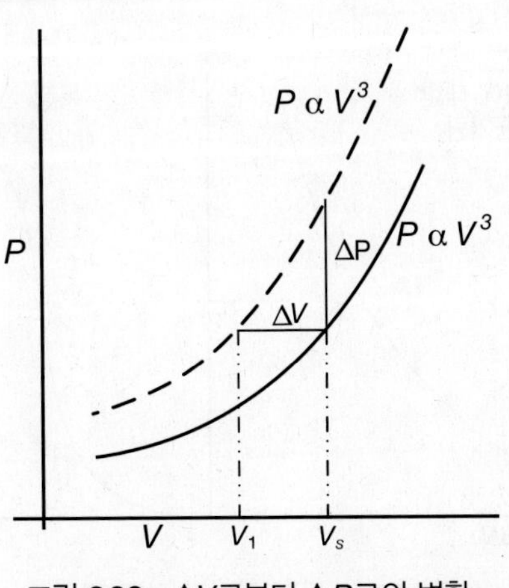

그림 3.38 ΔV로부터 ΔP로의 변환.

$$\frac{\Delta V}{V} = 1 - \sqrt[3]{\frac{1}{1 + \frac{\Delta P}{P}}} \tag{3.70}$$

Townsin 및 Kwon[3.78]은 다음과 같은 근사 변환식을 유도하였다.

$$\frac{\Delta P}{P} = (n+1)\frac{\Delta V}{V} \tag{3.71}$$

여기서 $\Delta P/P$은 식 (3.68)로부터 유도된 것이고, n은 다음과 같은 값을 가진다.

VLCC 만재	$n = 1.91$
VLCC 밸러스트	$n = 2.40$
컨테이너선	$n = 2.16$

식 (3.69) 및 (3.71)을 실제 데이터와 비교해 보면, 식 (3.71)이 높은 *BN*에서 동력 증가를 과소평가한다는 것을 알 수 있다. 실용적인 목적으로는 식 (3.69) 혹은 (3.71) 중 어느 쪽이든 적용 가능하다.

3.2.4.5 평균 동력 증가의 가중 평가

어떤 항로에서의 기상 영향을 올바르게 평가하기 위해서는 동력 증가 및 속도 손실을 그림 3.39와 같이 파도 조건의 발생 빈도(즉, 보퍼트 풍력 번호 *BN* 또는 유의파고 $H_{1/3}$의 발생빈도)와 관련하여 판정해야 한다. 세계 여러 지역에 대한 발생 빈도를 감안한 기상 조건은 [3.84]와 갱신된 버전 [3.85]로부터 얻을 수 있다. 그러면 동력 증가의 가중 평균 =

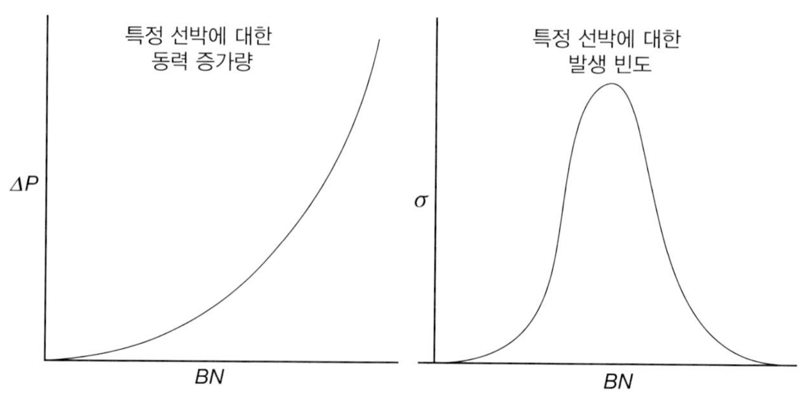

그림 3.39 동력 증가량 하중 평균.

표 3.14 하중 평균 동력

보퍼트 풍력 번호 BN	동력 증가량 ΔP	파도 발생 빈도 σ	$\Delta P \times \sigma$
0	0	0	0
1	1	0.075	0.075
2	2	0.165	0.330
3	5	0.235	1.175
4	15	0.260	3.900
5	32	0.205	6.560
6	85	0.060	5.100
7	200	0	0
		$\Sigma(\Delta P \times \sigma)$	17.14

Σ (동력 증가 × 발생 빈도) = $\Sigma(\Delta P \times \sigma)$가 된다.

Satchwell[3.77]은 기후 설계와 기상 경로 설정(weather routeing)에 이 접근법을 적용하였다. 특정 항로에 대한 선박 운항을 위해 필요한 여유동력을 평가할 때도 이 접근법을 사용해야 한다.

이러한 접근 방식의 수치적 예가 표 3.14에 주어져 있다. 여기서 동력 증가는 표 3.10에서 가져왔지만, 특정 선박에 대해 식 (3.61)~(3.65)를 사용하여 유도될 수도 있다. 특정 해역의 해상 조건은 보통 [3.85]에서 유도된다. 이 특정한 예에서 평균 동력 증가는 17.14%로, 이 해역에서만 운항하는 선박에 대한 적절한 여유동력이다. 여유동력은 3.2.5절에서 추가로 설명한다.

3.2.5 운항 여유동력(Service Power Margins)

3.2.5.1 배경

기본적인 동력 추정은 정수 중에서 매끈한 선체 및 프로펠러로서 필요한 속도로 배를 운항하는 데 필요한 동력을 평가하는 것이다. 운항 도중에 선체는 거칠어지고 해양생물이 부착하여 저항과 소요동력 증가로 이어진다. 또한 선박이 바람 및 파도와 마주치게 되면 저항이 증가한다. 조종과 항로 유지를 위해서도 일부 저항이 증가할 수 있으나 상대적으로 크지 않다. 선박이 제한된 수심에서 운항해야 하는 경우 저항 증가가 발생한다. 그러한 조건에서 정기적으로 운항해야 한다면 저항 증가를 고려해야 한다. 천수에서의 운항 효과는 6장에서 설명한다. 즉, 운항속도를 유지하기 위해 기본적인 정수 중 깨끗한 선체의 동력에 여유동력을 더해 설치되는 총 동력을 예측해야 한다. 여유동력 및 그 추정법은 ITTC[3.86, 3.63]에 정리되어 있다.

3.2.5.2 설계 데이터

거칠기와 부착생물

3.2.3절에서 논의된 것으로, 변화와 방오 코팅의 지속적인 개발 때문에 거칠기와 부착생물에 의한 저항 증가의 정확한 수치는 예측하기 어렵다. 해생생물의 부착 진행속도 또한 선박의 운항 해역, 항구 정박시간, 해역별 수온과 오염물 등의 요인에 아주 많이 좌우된다. 3.2.3절에서 설명한 항해 데이터를 바탕으로, 예를 들어 연간 10%의 마찰저항 증가 또는 약 5%의 총 저항과 동력 증가를 가정할 수 있다. 선체를 격년으로 청소하면 거칠기 및 부착생물에 대한 추정 여유동력은 10%가 될 것이다.

바람과 파도

운항 해역에 따라 바람과 파도로 인한 동력 증가량이 크게 달라진다. 예를 들어 지중해에서만 운항하는 선박의 경우 기상에 대한 여유동력은 10% 정도인 데 비하여, 그 서쪽으로 대서양 횡단을 할 때 선속을 유지하기 위해서는 30% 이상의 여유동력을 가져야 한다. 3.2.4절에 예시한 것처럼, 엄밀한 가중 평균 방법은 예상되는 운항 해역에서의 파랑 조건에 특정 선박의 동력 증가를 적용하는 것이다. 이렇게 하면 보통 10～30%의 동력 증가로 이어진다. 파랑 중에서의 부가저항 추정법은 ITTC[3.80]에 정리되어 있다.

종합

전술한 논의를 바탕으로 대략적인 전체 총 여유동력은 거칠기-부착생물 및 바람-파도 성분의 합계가 될 것이며, 예를 들어 보통 10%에 15%를 더하여 25%에 이르게 된다. 이는 대략적인 초기 추정에 적용된다. 이 수치는 수선 하부 선체와 프로펠러 청소 빈도, 선박의 실제 운항 해역 및 기상 조건에 따라 현저하게 증가 혹은 감소할 수 있다.

3.2.5.3 엔진 가동 마진(Engine Operation Margin)

엔진 가동 마진이란 연료비와 관리비를 합리적으로 유지하는 상태로 가동하기 위해 설정되는 기계적·열역학적 동력 예비량을 말한다. 즉, 엔진은 최대 연속 정격출력(maximum continuous rating: MCR)보다 10% 정도 작은 연속 운항 정격출력(continuous service rating: CSR)으로 운전할 수 있다. 운전자에 따라서는 그보다 더 큰 마진을 채용할 수도 있는데, Woodyard[3.87] 혹은 Molland[3.88]를 참조하라. 운항 시 동력-회전수 관계의 변화를 감안하기 위해 회전수도 얼마간의 마진을 줄 수 있는데, 13장의 프로펠러-엔진 매칭을 참조하라.

참고문헌(3장)

3.1 Couser, P.R., Wellicome, J.F. and Molland, A.F. Experimental measurement of side-force and induced drag on catamaran demihulls. *International Shipbuilding Progress*, Vol. 45(443), 1998, pp. 225~235.

3.2 Lackenby, H. An investigation into the nature and interdependence of the components of ship resistance. *Transactions of the Royal Institution of Naval Architects*, Vol. 107, 1965, pp. 474~501.

3.3 Insel, M. and Molland, A.F. An investigation into the resistance component of high speed displacement catamarans. *Transactions of the Royal Institution of Naval Architects*, Vol. 134, 1992, pp. 1~20.

3.4 Molland, A.F. and Utama, I.K.A.P. Experimental and numerical investigations into the drag characteristics of a pair of ellipsoids in close proximity. *Proceedings of the Institution of Mechanical Engineers. Journal of Engineering for the Maritime Environment*, Vol. 216, Part M, 2002, pp. 107~115.

3.5 Savitsky, D., DeLorme, M.F. and Datla, R. Inclusion of whisker spray drag in performance prediction method for high-speed planing hulls. *Marine Technology*, SNAME, Vol. 44, No .1, 2007, pp. 35~36.

3.6 Clayton, B.R. and Bishop, R.E.D. *Mechanics of Marine Vehicles*. E. and F.N. Spon, London, 1982.

3.7 Faltinsen, O.M. *Hydrodynamics of High-Speed Marine Vehicles*. Cambridge University Press, Cambridge, UK, 2005.

3.8 Claughton, A.R., Wellicome, J.R. and Shenoi, R.A. (eds). *Sailing Yacht Design*. Vol. 1 *Theory*, Vol. 2 *Practice*. The University of Southampton, Southampton, UK, 2006.

3.9 Larsson, L. and Eliasson, R. *Principles of Yacht Design*. 3rd Edition. Adlard Coles Nautical, London, 2007.

3.10 Crewe, P.R. and Eggington, W.J. The hovercraft – a new concept in marine transport. *Transactions of the Royal Institution of Naval Architects*, Vol. 102, 1960, pp. 315~365.

3.11 Crewe, P.R. The hydrofoil boat: its history and future prospects. *Transactions of the Royal Institution of Naval Architects*, Vol. 100, 1958, pp. 329~373.

3.12 Yun, L. and Bliault, A. *Theory and Design of Air Cusion Craft*. Elsevier Butterworth-Heinemann, Oxford, UK, 2005.

3.13 Froude, R.E. On the 'constant' system of notation of results of experiments on models used at the Admiralty Experiment Works, *Transactions of the Royal Institution of Naval Architects*, Vol. 29, 1888, pp. 304~318.

3.14 Taylor, D.W. *The Speed and Power of Ships*. U.S. Government Printing Office, Washington, DC, 1943.

3.15 Lackenby, H. On the presentation of ship resistance data. *Transactions of the Royal Institution of Naval Architects*, Vol. 96, 1954, pp. 471~497.

3.16 Telfer, E.V. The design presentation of ship model resistance data. *Transactions of the North East Coast Institution of Engineers and Shipbuilders*, Vol. 79, 1962~1963, pp. 357~390.

3.17 Doust, D.J. Optimised trawler forms. *Transactions of the North East Coast Institution of Engineers and Shipbuilders*, Vol. 79, 1962~1963, pp. 95~136.

3.18 Sabit, A.S. Regression analysis of the resistance results of the BSRA Series. *International Shipbuilding Progress*, Vol. 18, No. 197, January 1971, pp. 3~17.

3.19 Froude, W. Experiments on the surface-friction experienced by a plane moving through water. 42nd Report of the British Association for the Advancement of Science, Brighton, 1872.

3.20 ITTC. Recommended procedure for the resistance test. Procedure 7.5-0.2-0.2-0.1 Revision 01, 2002.

3.21 ITTC. Recommended procedure for ship models. Procedure 7.5-01-01-01, Revision 01, 2002.

3.22 Hushes, G. and Allan, J.F. Turbulence stimulation on ship models. *Transactions of the Society of Naval Architects and Marine Engineers*, Vol. 59, 1951, pp. 281~314.

3.23 Barnaby, K.C. *Basic Naval Architecture*. Hutchinson, London, 1963.

3.24 Molland, A.F., Wellicome, J.F. and Couser, P.R. Resistance experiments on a systematic series of high speed displacement catamaran forms: Variation of length-displacement ratio and breadth-draught ratio. University of Southampton, Ship Science Report No. 71, 1994.

3.25 Hughes, G. Tank boundary effects on model resistance. *Transactions of the Royal Institution of Naval Architects*, Vol. 103, 1961, pp. 421~440.

3.26 Scott, J.R. A blockage corrector. *Transactions of the Royal Institution of Naval Architects*, Vol. 108, 1966, pp. 153~163.

3.27 Scott, J.R. Blockage correction at sub-critical speeds. *Transactions of the Royal Institution of Naval Architects*, Vol. 118, 1976, pp. 169~179.

3.28 Coleman, H.W. and Steele, W.G. *Experimentation and Uncertainty Analysis for Engineers*. 2nd Edition. Wiley, New York, 1999.

3.29 ITTC. Final report of The Specialist Committee on Model Tests of High Speed Marine Vehicles. *Proceedings of the 22nd International Towing Tank Conference*, Seoul and Shanghai, 1999.

3.30 Renilson, M. Predicting the hydrodynamic performance of very high-speed craft: A note on some of the problems. *Transactions of the Royal Institution of Naval Architects*, Vol. 149, 2007, pp. 15~22.

3.31 Duncan, W.J., Thom, A.S. and Young, A.D. *Mechanics of Fluids*. Edward Arnold, Port Melbourne, Australia, 1974.

3.32 Massey, B.S. and Ward-Smith J. *Mechanics of Fluids*. 8th Edition. Taylor and Francis, London, 2006.

3.33 Froude, W. Report to the Lords Commissioners of the Admiralty on experiments for the determination of the frictional resistance of water on a surface, under various conditions, performed at Chelston Cross, under the Authority of their Lordships. 44th

Report by the British Association for the Advancement of Science, Belfast, 1874.

3.34 Molland, A.F. and Turnock, S.R. *Marine Rudders and Control Surfaces*. Butterworth-Heinemann, Oxford, UK, 2007.

3.35 Allan, J.F. Some results of scale effect experiments on a twin-screw hull series. *Transactions of the Institute of Engineers and Shipbuilders in Scotland*, Vol. 93. 1949/50, pp. 353~381.

3.36 Lackenby, H. BSRA resistance experiments on the Lucy Ashton. Part III. The ship model correlation for the shaft appendage conditions. *Transactions of the Royal Institute of Naval Architects*, Vol. 97, 1955, pp. 109~166.

3.37 Hoerner, S.F. *Fluid-Dynamic Drag*. Published by the Author. Washington. DC, 1965.

3.38 Mandel, P. Some hydrodynamic aspects of appendage design. *Transactions of the Society of Naval Architects and Marine Engineers*. Vol. 61, 1953. pp. 464~515.

3.39 Peck, R.W. The determination of appendage resistance of surface ships. AEW Technical Memorandum, 76020, 1976.

3.40 Kirkman, K.L. and Kloetzli, J.N. Scaling problems of model appendages. *Proceedings of the 19th ATTC*, Ann Arbor, Michigan, 1981.

3.41 Tulin, M.P. Supercavitating flow past foil and struts. *Proceedings of Symposium on Cavitation in Hydrodynamics*. NPL, 1955.

3.42 Rutgersson, O. Propeller-hull interaction problems on high-speed ships: on the influence of cavitation. *Symposium on Small Fast Warships and Security Vessels*. The Royal Institution of Naval Architects, London, 1982.

3.43 Holtrop, J. and Mennen, G.G.J. An approximate power prediction method. *International Shipbuilding Progress*, Vol. 29, No. 335, July 1982, pp. 166~170.

3.44 van Berlekom, W.B., Tragardh, P. and Dellhag, A. Large tankers - wind coefficients and speed loss due to wind and waves. *Transactions of the Royal institution of Naval Architects*, Vol. 117, 1975, pp. 41~58.

3.45 Shearer, K.D.A. and Lynn, W.M. Wind tunnel tests on models of merchant ships. *Transactions of the North East Coast Institution of Engineers and Shipbuilders*, Vol. 76, 1960, pp. 229~266.

3.46 White, G.P. Wind resistance - suggested procedure for correction of ship trial results. NPL TM116, 1966.

3.47 Gould, R.W.F. The Estimation of wind loadings on ship superstructures. *RINA Marine Technology Monograph* 8, 1982.

3.48 Isherwood, R.M. Wind resistance of merchant ships. *Transactions of the Royal Institution of Naval Architects*, Vol. 115, 1973, pp. 327~338.

3.49 van Berlekom, W.B. Wind forces on modern ship forms-effects on performance. *Transactions of the North East Coast Institute of Engineers and Shipbuilders*, Vol. 97, No.4, 1981, pp. 123~134.

3.50 Blendermann, W. Estimation of wind loads on ships in wind with a strong gradient. *Proceedings of the 14th International Conference on Offshore Mechanics and Arctic*

Engineering(OMAE), New York, ASME, Vol. 1-A, 1995, pp. 271~277.

3.51 Molland, A.F. and Barbeau, T.-E. An investigation into the aerodynamic drag on the superstructures of fast catamarans. *Transactions of the Royal Institution of Naval Architects*, Vol. 143, 2003, pp. 31~43.

3.52 Reddy, K.R., Tooletto, R. and Jones, K.R.W. Numerical simulation of ship airwake. *Computers and Fluids*, Vol. 29, 2000.

3.53 Sezer-Uzol, N., Sharma, A. and Long, L.N. Computational fluid dynamics simulations of ship airwake. *Proceedings of the Institution of Mechanical Engineers. Journal of Aerospace Engineering*, Vol. 219, Part G, 2005, pp. 369~392.

3.54 Wakefield, N.H., Newman, S.J. and Wilson, P.A. Helicopter flight around a ship's superstructure. *Proceedings of Institution of Mechanical Engineers. Journal of Aerospace Engineering*, Vol. 216, Part G, 2002, pp. 13~28.

3.55 Moat, I, Yelland, M., Pascal, R.W. and Molland, A.P. Quantifying the air flow distortion over merchant ships. Part I. Validation of a CFD Model. *Journal of Atmospheric and Oceanic Technology*, Vol. 23, 2006, pp. 341~350.

3.56 Moat, I, Yelland, M., Pascal, R.W. and Molland, A.F. Quantifying the air flow distortion over merchant ships. Part II. Application of the model results. *Journal of Atmospheric and Oceanic Technology*, Vol. 23, 2006, pp. 351~360.

3.57 ITTC. Report of Resistance Committee. 25th ITTC, Fukuoka, Japan, 2008.

3.58 Hucho, W.H. (ed.) *Aerodynamics of Road Vehicles*. 4th Edition. Society of Automotive Engineers, Inc., Warrendale, PA, USA, 1998.

3.59 Anonymous. Emissions are a drag. *The Naval Architect*, RINA, London January 2009, pp. 28~31.

3.60 Grigson, C.W.B. The drag coefficients of a range of ship surfaces. *Transactions of the Royal Institution of Naval Architects*, Vol. 123, 1981, pp. 195~208.

3.61 Candries, M. and Atlar, M. On the drag and roughness characteristics of anti-foulings. *Transactions of the Royal Institution of Naval Architects*, Vol. 145, 2003, pp. 107~132.

3.62 Townsin, R.L. The ITTC line-its genesis and correlation allowance. *The Naval Architect*, RINA, London, September 1985, pp. E359~E362.

3.63 ITTC. Report of the Specialist Committee on Powering Performance Prediction, *Proceedings of the 25th International Towing Tank Conference*, Vol. 2, Fukuoka, Japan, 2008.

3.64 Townsin, R.L., Byrne, D., Milne, A. and Svensen, T. Speed, power and roughness - the economics of outer bottom maintenance. *Transactions of the Royal Institution of Naval Architects*, Vol. 122, 1980, pp. 459~483.

3.65 Aertssen, G. Service-performance and seakeeping trials on MV Lukuga. *Trnasactions of the Royal Institution of Naval Architects*, Vol. 105, 1963, pp. 293~335.

3.66 Aertssen, G. Service-performance and seakeeping trials on MV Jordaens. *Transactions of the Royal Institution of Naval Architects*, Vol. 108, 1966, pp. 305~343.

3.67 Aertssen, G., Ferdinande, V. and de Lembre, R. Service-performance and sea-keeping trials on a stern trawler. *Transactions of the North East Coast Institution of Engineers and Shipbuilders*, Vol. 83, 1966~1967, pp. 13~27.

3.68 Aertssen, G. and Van Sluys, M.F. Service-performance and seakeeping trials on a large containership. *Transactions of the Royal Institution of Naval Architects*, Vol. 114, 1972, pp. 429~447.

3.69 Aertssen, G. Service performance and trials at sea. App. V Performance Committee, 12th ITTC, 1969.

3.70 Townsin, R.L., Moss, B., Wynne, J.B. and Whyte, I.M. Monitoring the speed performance of ships. *Transactions of the North East Coast Institution of Engineers and Shipbuilders*, Vol. 91, 1975, pp. 159~178.

3.71 Carlton, J.S. *Marine Propellers and Propulsion*. 2nd Edition. Butterworth-Heinemann, Oxford, UK, 2007.

3.72 Atlar, M., Glover, E.J., Candries, M., Mutton, R. and Anderson, C.D. The effect of foul release coating on propeller performance. *Proceedings of 2nd International Conference on Marine Research for Environmental Sustainability* ENSUS 2002, University of Newcastle upon Tyne, UK, 2002.

3.73 Atlar, M., Glover, E.J., Mutton, R. and Anderson, C.D. Calculation of the effects of new generation coatings on high speed propeller performance. *Proceedings of 2nd International Warship Cathodic Protection Symposium and Equipment Exhibition*. Cranfield University, Shrivenham, UK, 2003.

3.74 Okuno, T., Lewkowicz, A.K. and Nicholson, K. Roughness effects on a slender ship hull. *Second International Symposium on Ship Viscous Resistance*, SSPA, Gothenburg, 1985, pp. 20.1~20.27.

3.75 Lewthwaite, J.C., Molland, A.F. and Thomas, K.W. An investigation into the variation of ship skin frictional resistance with fouling. *Transactions of the Royal Institute of Naval Architects*, Vol. 127, 1985, pp. 269~284.

3.76 Cutland, R.S. Velocity measurements in close proximity to a ship's hull. *Transactions of the North East Coast Institution of Engineers and Shipbuilders*. Vol. 74, 1958, pp. 341~356.

3.77 Satchwell, C.J. Windship technology and its application to motor ships. *Transactions of the Royal Institution of Naval Architects*, Vol. 131, 1989, pp. 105~120.

3.78 Townsin, R.L. and Kwon, Y.J. Approximate formulae for the speed loss due to added resistance in wind and waves. *Transactions of the Royal Institution of Naval Architects*, Vol. 125, 1983, pp. 199~207.

3.79 Townsin, R.L., Kwon, Y.J., Baree, M.S. and Kim, D.Y. Estimating the influence of weather on ship performance. *Transactions of the Royal Institution of Naval Architects*, Vol. 135, 1993, pp. 191~209.

3.80 ITTC. Report of the Seakeeping Committee, *Proceedings of the 25th International Towing Tank Conference*, Vol. 1, Fukuoka, Japan, 2008.

3.81 Aertssen, G. The effect of weather on two classes of container ship in the North

Atlantic. *The Naval Architect*, RINA, London, January 1975, p. 11.

3.82 Kwon, Y.J. Estimating the effect of wind and waves on ship speed and performance. *The Naval Architect*, RINA, London, September 2000.

3.83 Kwon, Y.J. Speed loss due to added resistance in wind and waves. *The Naval Architect*, RINA, London, March 2008, pp. 14~16.

3.84 Hogben, N. and Lumb, F.E. *Ocean Wave Statistics*. Her Majesty's Stationery Office, London,1967.

3.85 Hogben, N., Dacunha, N.M.C. and Oliver, G.F. Global Wave Statistics. Compiled and Edited by British Maritime Technology, Unwin Brothers, Old Woking, UK, 1985.

3.86 ITTC. Report of The Specialist Committee on Powering Performance and Prediction. *Proceedings of the 24th International Towing Tank Conference*, Vol. 2, Edinburgh, UK, 2005.

3.87 Woodyard, D.F. *Pounder's Marine Diesel Engines and Gas Turbines*. 8th Edition. Butterworth-Heinemann, Oxford, UK, 2004.

3.88 Molland, A.F. (ed.) *The Maritime Engineering Reference Book*. Butterworth-Heinemann, Oxford, UK, 2008.

CHAPTER

4

모형선의 실선 확장

4.1 실질적인 축척 방법

모형선 시험결과를 사용하여 선박의 동력을 예측할 때, 저항시험 결과를 모형선으로부터 실선으로 축척(scale) 혹은 확장(extrapolate)해야 한다. 실선 확장 방법은 크게 두 가지가 있다. 하나는 1870년대 Froude가 도입한 방법[4.1~4.3]이고 다른 하나는 1950년대 Hughes[4.4]의 방법인데, 후자는 국제수조협회(ITTC)가 채택하였다.

4.1.1 전통적 접근법: Froude

이 방법의 기초는 3.1.6절에 서술되었고, 다음과 같이 요약된다.

$$C_T = C_F + C_R \tag{4.1}$$

여기서 C_F는 모형선 또는 실선과 길이가 같은 대체 평판(equivalent plate)에 대한 마찰저항계수이고, C_R은 모형시험으로부터 유도되는 잉여저항계수이다.

$$C_R = C_{Tm} - C_{Fm}$$

Froude 수가 같을 때 다음과 같은 Froude 법칙에 의하여,

$$C_{Rs} = C_{Rm}$$

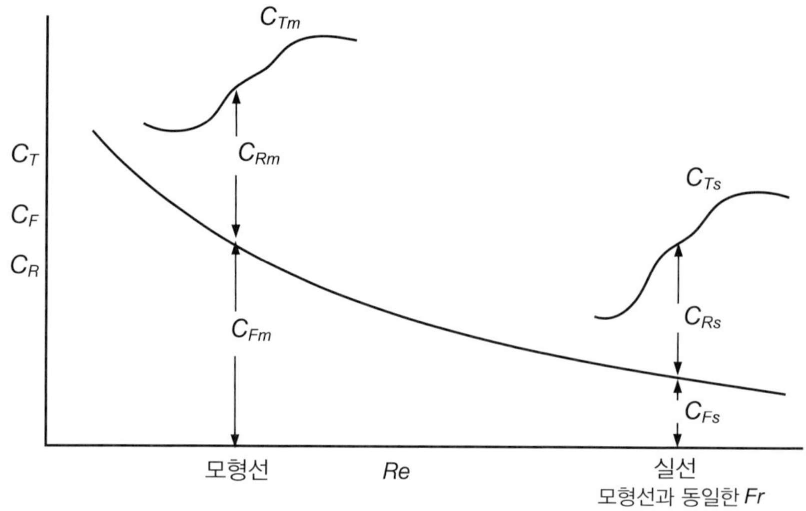

그림 4.1 모형선의 실선 확장: Froude 방법.

그리고

$$C_{Ts} = C_{Fs} + C_{Rs} = C_{Fs} + C_{Rm} = C_{Fs} + [C_{Tm} - C_{Fm}]$$

즉,

$$C_{Ts} = C_{Tm} - (C_{Fm} - C_{Fs}) \tag{4.2}$$

이러한 전통적 접근법을 그림 4.1에 도시했는데, 동일한 Froude 수에 대응하는 모형선과 실선의 Re에서 $C_{Rs} = C_{Rm}$이다. $(C_{Fm} - C_{Fs})$는 모형선 총 저항계수 C_{Tm}에 대한 마찰저항 보정이다. 모형선은 올바르지 않은 Re에서 작동하므로(즉, 그림 4.1과 같이 모형선의 Re가 실선의 Re보다 훨씬 작으므로) 모형선에서의 마찰저항계수는 실선의 마찰저항계수보다 크다. 어떤 선박 설계자들은 아직도 이 방법을 사용하지만, 이 방법은 대형 선박에 대해서는 소요동력을 과대 예측하는 경향이 있다.

Froude 방법에선 그림 4.1이 시사하듯이 C_F 값이 Re의 함수로서 명시적으로 정의된 것이 아님에 주의해야 한다. 이 사항에 대해서는 4.3절에서 더욱 자세히 논의한다.

4.1.2 형상계수 접근법: Hughes

Hughes는 실선 확장과정에서 형상계수(form factor)를 고려할 것을 제안하였다. 이 방법의 기초는 다음과 같이 요약된다.

$$C_T = (1 + k)C_F + C_W \tag{4.3}$$

혹은

$$C_T = C_V + C_W \tag{4.4}$$

여기서

$$C_V = (1 + k)\, C_F$$

그리고 $(1+k)$는 선체 형상에 좌우되는 형상계수이고, C_F는 평판실험 결과에 기초한 마찰저항계수, C_V는 마찰저항과 점성압력저항을 모두 고려한 점성저항계수, C_W는 조파저항계수이다. 이 방법은 그림 4.2에 개략적으로 도시되어 있다.

Froude 법칙에 근거하여

$$C_{Ws} = C_{Wm}$$

그리고

$$C_{Ts} = C_{Tm} - (1 + k)(C_{Fm} - C_{Fs}) \tag{4.5}$$

이는 ITTC에서 권장하고 대부분의 선박 설계자가 채택하는 방법이다. 어떤 고속선 및 요트의 경우에는 형상계수 방법이 사용되지 않을 수 있다.

형상계수 $(1+k)$는 선체 형상에 좌우되는데, Fr가 작아져 조파저항계수 C_W가 0에 가까워져 $(1+k) = C_{Tm}/C_{Fm}$이 되는 저속시험에서 구할 수 있다. 이 방법 및 형상계수를 구하는 다른 방법은 4.4절에서 설명한다.

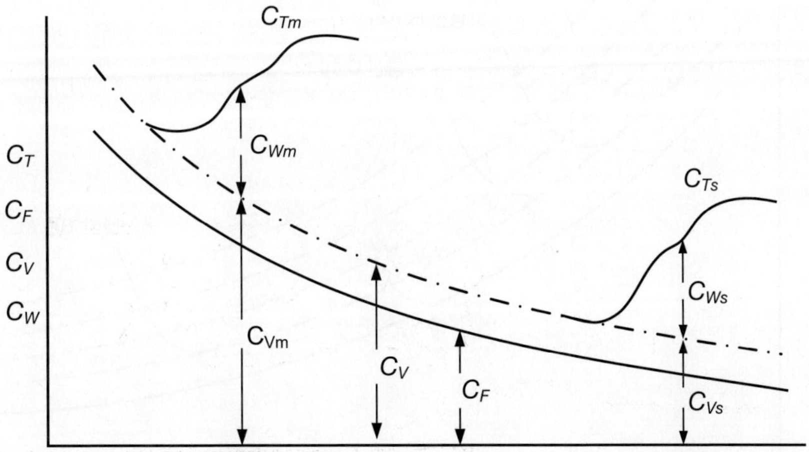

그림 4.2 모형선의 실선 확장: 형상계수 방법.

두 가지 축척 방법의 근본적인 차이를 강조하는 것이 의미 있다. Froude는 C_F보다 큰 모든 저항(잉여저항 C_R)이 동일한 Froude 수에서 배수량에 비례한다는 Froude 법칙에 의해 축척된다고 가정했다. 이는 C_R에 포함된 점성압력(형상)저항이 Reynolds 축척을 따른다는 점에서 옳지 않다. Hughes는 총 점성저항(마찰과 형상)이 Reynolds 축척을 따른다고 가정했다. 이것 역시 점성저항이 Froude 수에 의존하는 조파저항과 상호작용하므로 전적으로 옳은 것만은 아니다. 그러나 Hughes의 형상저항 방법은 Froude의 방법보다는 실제 물리적인 저항 성분 구분에 훨씬 근접해 있기 때문에 일반적으로 채택되고 있다.

Froude 방법 및 형상계수 방법 모두 선택된 C_F 곡선의 크기 및 기울기에 크게 영향받는다는 점에 주목하는 것이 중요하다. 4.3절에서는 선택 가능한 C_F 곡선에 대해 논의한다.

4.2 상사선 계열(Geosim Series)

총 저항만이 측정되는 실험 결과로부터 식 (3.32) $C_T = f_1(Re) + f_2(Fr)$의 f_1 및 f_2를 알아내기 위해 몇몇 실험자들이 동일한 형상의 크기가 다른 모형선들에 대해 저항시험을 수행한 적이 있다. Telfer[4.5~4.7]는 그러한 모형선 계열에 대해 '상사선 계열(Geosim Series)' 혹은 '상사선(Geosim)' 이라는 용어를 만들어냈다. 계열선 시험결과를 Reynolds

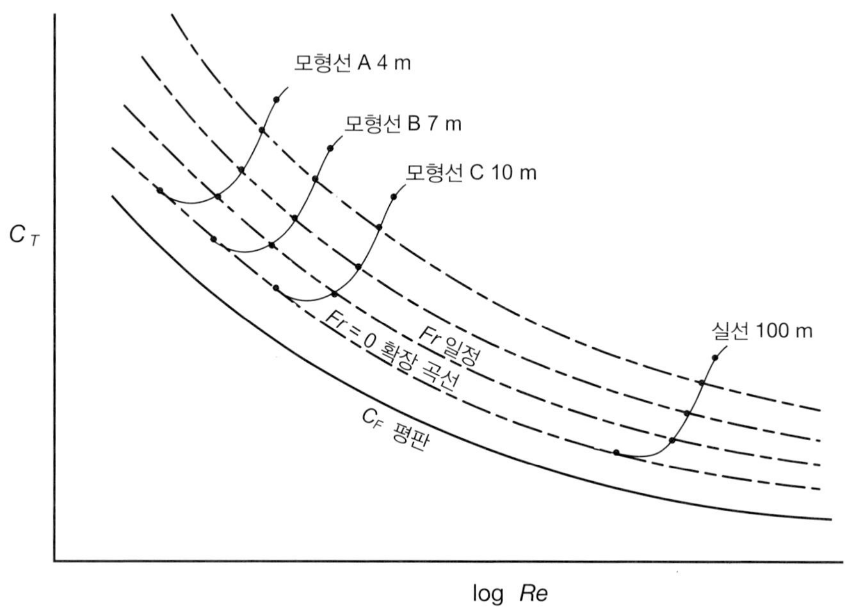

그림 4.3 모형선의 실선 확장: 형상계수 방법.

수에 대해 플롯하면 대략 그림 4.3과 같은 형상이 된다.

측정된 일련의 C_T는 Reynolds 수가 커지면서 대응되는 Froude 수에서의 값들이 점점 작아지는데, 개개의 저항 곡선들은 동일한 침수표면적을 지닌 평판에 대한 저항 곡선보다 대략 같은 정도만큼 위에 위치해 있다. 다시 말하면 선박 저항은 마찰과 잉여 저항으로 분리하지 않아도 모형선으로부터 직접 예측할 수 있다는 것이다. 실험 데이터 중에서 Froude 수가 같은 점을 지나는 곡선은 마찰저항 곡선과 평행해야 한다. 확장 곡선(extrapolator)은 그림 4.3에 도시된 것처럼 모형선 결과로부터 실험적으로 결정될 수 있다. 그러나 상사선 시험은 모형선 시험결과의 타당성을 입증하는 등의 연구 목적으로는 가치 있지만, 일상적인 상업적 시험용으로는 비용 대비 효율이 떨어지는 경향이 있다. 실선인 *Simon Bolivar*와 *Lucy Ashton*의 모형선 계열에 대한 실험결과를 그림 4.4 및 4.5에 보이고 있다[4.8, 4.9, 4.10].

4.3 평판 마찰저항 공식

4.1절에서 논의한 것처럼 마찰저항 곡선의 크기 및 기울기는 모형선 저항시험 데이터를 실선 저항으로 확장하는 데 기본이 된다. 다음 절들은 선박 저항에서 사용되는 주요한 마찰저항 곡선의 개요를 서술한다.

4.3.1 Froude 실험결과

Froude는 1860년대 얇은 널빤지의 물속에서 마찰저항을 결정하기 위한 최초의 체계적인 실험을 수행했다. 그는 여러 가지 다른 방식으로 코팅된[4.1, 4.2] 폭 19 in, 두께 3/16 in, 길이 2~50 ft의 널빤지들을 사용하였다. Barnaby[4.11]에 따르면 총 저항을 측정하기 위해 기계식 동력계를 사용하였고, 속도는 0에서 800 ft/min(4 m/s) 범위에서 변화되었다.

Froude는 널빤지의 마찰저항 실험결과를 다음과 같은 경험식으로 나타낼 수 있음을 발견하였다.

$$R = f \cdot S \cdot V^n \tag{4.6}$$

계수 f 및 지수 n은 표면의 형태 및 길이에 따라 변하는 것으로 나타났다. 원래의 발견은 다음과 같이 요약된다.

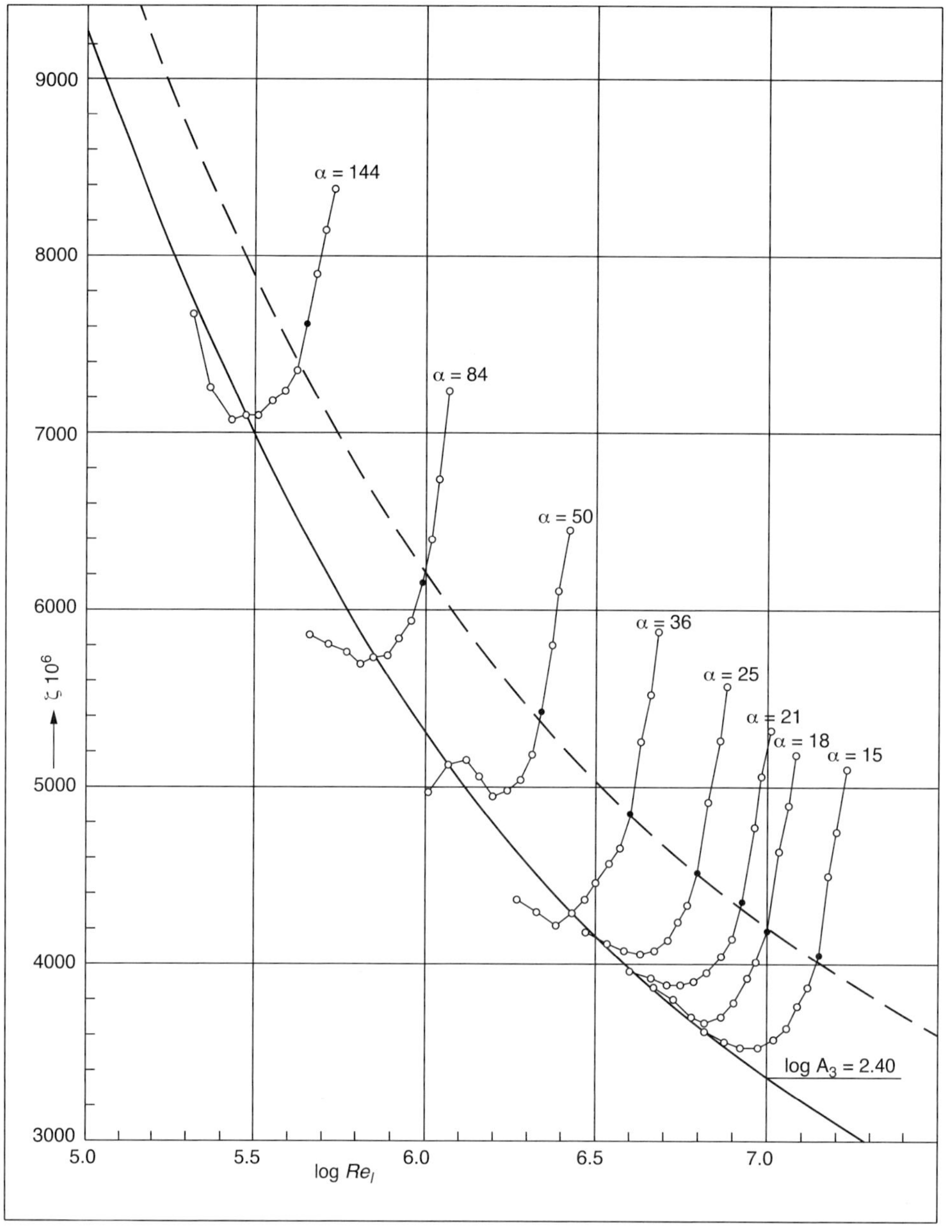

그림 4.4 *Simon Bolivar* 호 모형선 계열, α = 축척[4.8].

1. 계수 f는 길이가 아주 짧은 경우를 제외하고 널빤지 길이가 늘어나면 줄어든다.
2. 지수 n은 거친 표면을 제외하면 2보다 훨씬 작은데, 거친 표면에 대해서는 2에 근접한다(매우 짧거나 매우 매끄러운 표면에서는 2보다 크다).
3. 거칠기 정도는 f의 크기에 뚜렷한 영향이 있다.

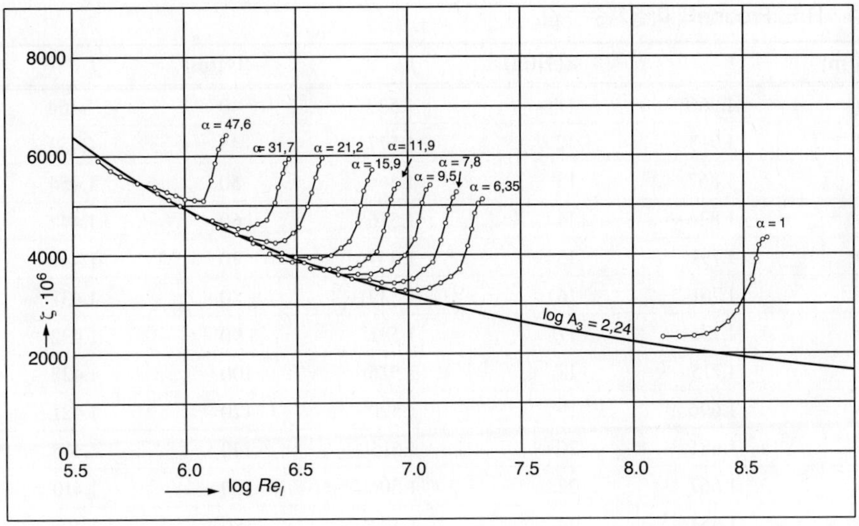

그림 4.5 *Lucy Ashton* 호 모형선 계열, α = 축척[4.8].

Froude는 길이가 50 ft까지(길이가 50 ft보다 크면 길이 49 ~ 50 ft에서 f 값 사용을 권장)인 널빤지에서 표면이 니스(varnish), 파라핀 왁스, 고운 모래 및 거친 모래 표면일 때 f 및 n의 값을 요약하였다.

R.E. Froude(W. Froude의 아들)는 부친의 실험결과를 다른 실험결과와 함께 재조사하여 깨끗한 선체 표면 혹은 파라핀 왁스 모형선에 해당하는 널빤지의 마찰저항은 다음과 같이 표현할 수 있다고 생각했다.

$$R_F = f \cdot S \cdot V^{1.825} \tag{4.7}$$

관련된 f 값은 표 4.1을 참조하라.

만약 Froude의 데이터를 Re의 함수로 정리하면 결과는 다음과 같이 나타난다.

$$\begin{aligned} R &= f \cdot S \cdot V^{1.825} \\ C_F &= R/\tfrac{1}{2}\rho S V^2 = 2 \cdot f \cdot V^{-0.175}/\rho \\ &= 2 \cdot f \cdot \nu^{-0.175} \cdot Re^{-0.175}/\rho L^{-0.175} \end{aligned}$$

그러면

$$C_F = f' \cdot Re^{-0.175}$$

여기서 f'은 길이의 함수이다. 데이터에 따르면 그림 4.6[4.12]에 주어진 것처럼 길이에 따라 늘어난다.

표 4.1 R.E. Froude의 마찰계수 f 값

길이(m)	f	길이(m)	f	길이(m)	f
2.0	1.966	11	1.589	40	1.464
2.5	1.913	12	1.577	45	1.459
3.0	1.867	13	1.566	50	1.454
3.5	1.826	14	1.556	60	1.447
4.0	1.791	15	1.547	70	1.441
4.5	1.761	16	1.539	80	1.437
5.0	1.736	17	1.532	90	1.432
5.5	1.715	18	1.526	100	1.428
6.0	1.696	19	1.520	120	1.421
6.5	1.681	20	1.515	140	1.415
7.0	1.667	22	1.506	160	1.410
7.5	1.654	24	1.499	180	1.404
8.0	1.643	26	1.492	200	1.399
8.5	1.632	28	1.487	250	1.389
9.0	1.622	30	1.482	300	1.380
9.5	1.613	35	1.472	350	1.373
10.0	1.604				

차원 관점에서 무차원 계수인 C_F는 무차원 변수 Re만의 함수여야 하기 때문에 위와 같은 결론은 용인할 수 없다. Froude는 차원해석 및 Reynolds[4.13]의 연구를 모르고 있었음을 명심해야 한다.

당시에는 몰랐지만 Froude 데이터는 세 가지의 경계층 특성을 드러내고 있다. Nikuradse의 기념비적인 연구결과(그림 4.7의 개념도 참조)를 참조하여 Froude 결과를 Re에 따라 조사해 보면 다음의 특성들이 명백해진다.

(i) 길이가 20 ft보다 작을 때는 층류 혹은 천이 유동의 영향을 받는다. Froude는 이례적 현상으로 기록했다.

(ii) Re가 클 때 거친 널빤지에 대한 C_F는 Re에 무관하게 일정한 값이 된다. 그림 4.7처럼 일정한 값이 되는 Re는 거칠기에 따라 좌우된다. C_F가 일정하다는 것은 Froude가 관찰했듯이 $R \propto V^2$임을 시사한다.

(iii) 널빤지의 날카로운 모서리에서는 경계층이 얇기 때문에 C_F가 크다. 때문에 Froude가 사용한 폭이 일정한 널빤지에서는 길이가 길어질수록 모서리 효과가 더욱 두드러진다. 즉, f'은 길이가 늘어나면서 커진다.

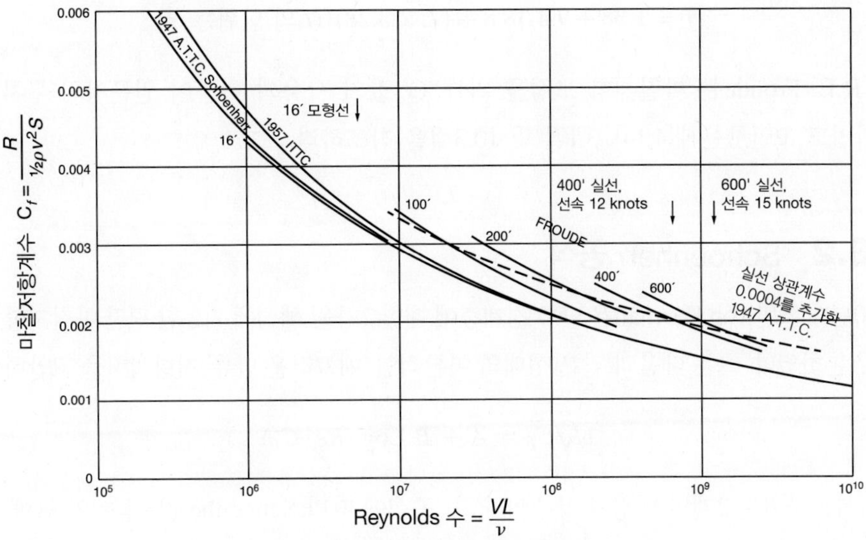

그림 4.6 여러 마찰 공식의 비교.

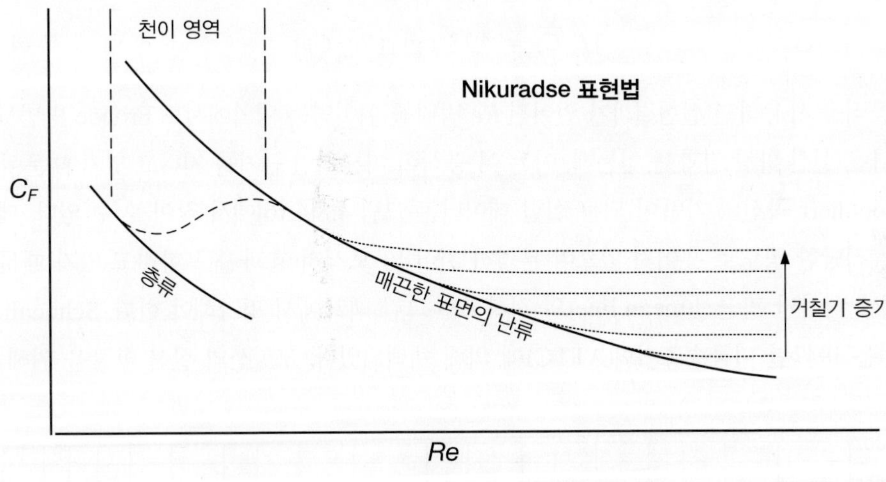

그림 4.7 C_F에 대한 층류유동과 거칠기의 영향.

그림 4.6에서 볼 수 있는 것처럼 Froude의 f 값, 즉 C_F는 배의 길이가 길어지면서(Re가 커지면서) 매끈한 난류저항 곡선보다 훨씬 위에 놓여 있다. 배 길이 대략 500 ft(152 m)까지는 Froude 데이터가 만족스럽고 아직도 사용되고 있지만, Froude 방법은 소요동력을 과대 예측(최대 15%)하므로 명백히 오류가 있다. 표 4.1에 Froude의 f 값을 열거했는데, 여기서 L은 수선의 길이(m)이고, 식 (4.7)의 단위는 다음과 같다. V는 속도(m/s), S는 침수표면적(m^2) 그리고 R_F는 마찰저항(N)이다.

f 값의 표에 대한 합리적인 근사식(오차 1.5% 이내)은 다음과 같다

$$f = 1.38 + 9.4/[8.8 + (L \times 3.28)]\,(L\text{의 단위는 m}) \tag{4.8}$$

R.E. Froude는 마찰저항 보정을 위한 'O' 값의 사용과 더불어 원문자의 무차원수 표기법도 고안했는데[4.14], 3.1절 및 10.3절을 참조하라.

4.3.2 Schoenherr 공식

1920년대 초반 von Karman은 난류 경계층에 대한 2차원 해석에 기초한 평판 마찰저항 법칙을 추론하였다. 그는 다음과 같은 형태의 이론적인 '매끄러운 난류' 저항법칙을 고안하였다.

$$1/\sqrt{C_F} = A + B \,\mathrm{Log}\,(Re \cdot C_F) \tag{4.9}$$

여기서 A와 B는 2개의 미정된 상수이다. 이 공식에 따라 Schoenherr는 공기와 물에서 수행된 가용한 모든 널빤지 실험결과를 다시 플롯하여 이에 잘 들어맞는 A와 B의 값을 찾아내고자 하였다[4.15]. 그는 다음 공식을 결정하였다.

$$1/\sqrt{C_F} = 4.13 \log_{10}(Re \cdot C_F) \tag{4.10}$$

이 공식을 사용하면 실험결과가 얻어진 Re 범위를 뛰어넘는 영역에서도 Froude 방법보다 더 나은 실선 확장 결과를 얻는데, 이는 이 공식이 이론적인 근거를 지니고 있기 때문이다. Schoenherr 곡선의 기반이 되는 실험 데이터는 그림 4.8[4.16]에서 찾아볼 수 있다. 데이터는 적당한 정도로 흩어져 있으며 분명히 천이 및 모서리 효과를 포함하고 있기 때문에 여기에 나타난 평균선(mean line)의 정확도는 그런 맥락에서 평가해야 한다. Schoenherr 곡선은 1947년 미국수조협회(ATTC)에 의해 채택되었다. 모형선의 실선 확장을 위해 사

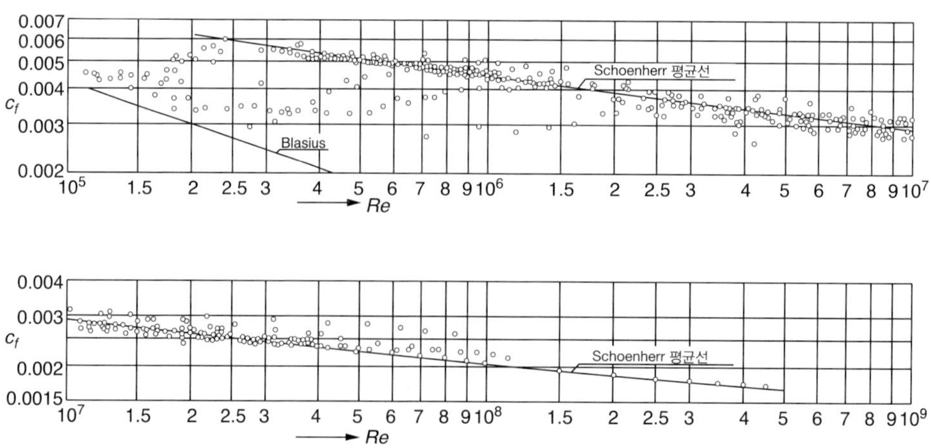

그림 4.8 C_F에 대한 Scheonherr 평균선.

용할 때는 표면 거칠기 보정계수 $\Delta C_F = 0.0004$를 실선 마찰저항계수에 더하는 것이 일반적인 관행인데, 그림 4.6을 참조하라.

C_F가 주어진 Re에 대해 양함수 형태로 정의되지 않기 때문에 Schoenherr 공식은 사용하기에 그다지 편리하지 않다. 주어진 Re에 대해 C_F를 계산하려면, C_F의 범위를 가정하고 그에 해당하는 Re를 계산한 후 보간법을 실시해야 한다. 반복해법이긴 하지만 컴퓨터나 스프레드시트로 간단히 수행할 수 있다. 초기 소요동력 추정을 위해서는 다음과 같은 Schoenherr 곡선에 대한 합리적인 근사식(오차 1% 이내)을 사용할 수 있다[4.17].

$$C_F = \frac{1}{(3.5\log_{10} Re - 5.96)^2} \tag{4.11}$$

4.3.3 ITTC 공식

Schoenherr 공식을 근사할 수 있는 양함수 형태의 공식이 여러 가지 제안되었다. 식 (4.10)의 Schoenherr 공식은 다음과 같이 전개된다.

$$1/\sqrt{C_F} = 4.13\log_{10}(Re.C_F) = 4.13(\log_{10} Re + \log_{10} C_F) \tag{4.12}$$

표 4.2에서 볼 수 있는 것처럼 C_F와 $\log C_F$는 Re에 대해 비교적 천천히 변화한다. 즉, 다음 형태와 같은 공식

$$1/\sqrt{C_F} = A(\log_{10} Re - B)$$

는 B를 2로 놓는다면 그다지 비합리적인 것은 아니다. 이를 다음과 같이 바꿔 쓸 수 있다.

$$C_F = \frac{A'}{(\log_{10} Re - 2)^2} \tag{4.13}$$

본질적으로 Schoenherr 공식의 근사식인 이 식의 변형된 형태가 여럿 있다.

1957년 ITTC는 소요동력 계산에서의 '상관 곡선'으로 사용하기 위해 그와 같은 공식을 하나 채택하였다. 이는 ITTC1957 모형선-실선 상관 곡선으로 명명되었다. 이 공식은 2차원 곡선을 위한 다음과 같은 Hughes[4.4]의 제안에 기반을 두고 있다.

표 4.2 Re에 대한 C_F의 변화

Re	C_F	$\log_{10} Re$	$\log_{10} C_F$
10^5	8.3×10^{-3}	5	−2.06
10^9	1.53×10^{-3}	9	−2.83

$$C_F = \frac{0.066}{(\log_{10} Re - 2.03)^2} \tag{4.14}$$

ITTC1957 공식은 3차원 효과를 약간 포함하여 다음과 같이 정의되었다.

$$C_F = \frac{0.075}{(\log_{10} Re - 2)^2} \tag{4.15}$$

이는 결과적으로는 식 (4.14)의 Hughes 공식에 12%의 형상 효과가 더해진 것이다.

그림 4.6을 보면 ITTC 상관 곡선과 Schoenherr 곡선을 비교해 볼 수 있는데, 실선의 Re 값에서는 서로 일치하지만, Re가 작을 때는 ITTC 상관 곡선이 Schoenherr 곡선 위에 있음을 알 수 있다. Schoenherr 곡선을 사용할 때의 경험상 작은 모형선을 사용할 경우 큰 모형선을 사용하는 경우보다 소요동력을 과대 예측하기 때문에 ITTC 공식은 이를 감안하여 의도적으로 보정된 것이다.

이와 같은 다양한 공식들이 평판의 저항을 나타낸다는 구실은 존재하지 않으며(거칠기와 모서리 효과가 존재함을 명심하라), 대부분의 선형에 있어 웬만한 정도의 근사치를 주기는 해도 실제 선형의 마찰(접선 방향 전단응력)저항을 나타낸다고 주장해서는 안 된다는 점을 강조한다. 이러한 곡선들은 단지 모형선과 실선 사이, 크기가 다른 선박 사이의 축척 보정치를 판단하기 위한 상관 곡선으로만 사용될 뿐이다.

ITTC1978 동력 예측 절차(5장 참조)는 식 (4.15)를 형상계수와 더불어 사용할 것을 권장한다. 형상계수 $(1+k)$의 유도 방법은 4.4절에서 논의한다.

4.3.4 저항 곡선에 대한 다른 제안들

4.3.4.1 Grigson 공식

Schoenherr 및 ITTC 공식에 대한 가장 진지한 대안은 Grigson[4.18]의 제안으로서, 그는 낮고 높은 Re에서 식 (4.15)의 ITTC 공식을 약간 수정할 것을 주장하였다. Grigson의 제안 공식은 다음과 같다.

$$C_F = \left[0.93 + 0.1377(\log Re - 6.3)^2 - 0.06334(\log Re - 6.3)^4\right] \times \frac{0.075}{(\log_{10} Re - 2)^2} \tag{4.16}$$

Re의 범위는 $1.5 \times 10^6 < Re < 2 \times 10^7$이다.

$10^8 < Re < 4 \times 10^9$에서는 다음과 같다.

$$C_F = \left[1.032 + 0.02816(\log Re - 8) - 0.006273(\log Re - 8)^2\right] \times \frac{0.075}{(\log_{10} Re - 2)^2} \tag{4.17}$$

일반적으로 Grigson 방법은 현존하는 다른 방법들보다 물리적으로 보다 정확한 것으로 공감대가 형성되는 것 같다. 그러나 다른 방법과의 차이점 내지 개선점이 작아서 시험수조 공동체에서는 모형선의 실선 확장 용도로는 사용하지 않는 경향이 있는데, 관련 사항은 ITTC[4.19, 4.20]를 참조하라. Grigson은 자신의 방법에 대한 추가 개선을 [4.21]에 제안하였다.

4.3.4.2 CFD 방법

저항 곡선을 모사하기 위해 수치적 방법이 사용되어 왔다. 그러한 접근법의 예를 Date 및 Turnock[4.22]이 제시하고 있는데, 그들은 Reynolds 평균 Navier-Stokes 방정식(RANS) 해석법을 사용하여 속도 범위에 대한 평판의 마찰저항 값을 유도하고 저항 상관관계 곡선을 개발하고자 하였다. 산출된 곡선은 Schoenherr 곡선에 매우 근접하였다. 이 연구는 CFD가 마찰저항을 합리적으로 예측할 수 있음을 입증함과 동시에, 총 점성저항 및 형상계수를 예측할 수 있는 잠재력이 있음도 나타내고 있다. 이는 9장에서 논의한다.

4.4 형상계수의 유도

식 (4.5)로부터 형상계수의 크기는 모형선의 실선 확장과정 및 실선 저항 예측값에 직접적인 영향을 미치는 것이 명백함을 알 수 있다. 형상계수의 변화는 점성저항 대 조파저항 성분 비율 변화에 기인한다. 예를 들어 모형선 저항을 실선으로 확장할 때 모형선에서 유도한(혹은 가정한) 형상계수 $(1 + k)$ 값이 증가하면 조파저항 계수 C_W가 감소하고 실선 저항값의 추정치도 감소한다. 형상계수를 추정하는 방법에는 실험적, 수치적 그리고 경험적 방법이 있다.

4.4.1 모형시험

형상계수를 직·간접적으로 유도할 수 있는 모형시험 방법은 여러 가지가 있는데, 다음과 같이 요약된다.

1. 그림 4.9처럼 C_T 곡선이 C_F와 평행하게 될 때까지 모형을 매우 낮은 Fr에서 시험하여 C_W가 0에 접근하면 $(1 + k) = C_T/C_F$로 구한다.
2. C_W를 낮은 속도에서 외삽한다. 이 절차는 다음을 가정한다.

$$R_W \propto V^6 \quad \text{혹은} \quad C_W \propto R_W/V^2 \propto V^4$$

즉,

$$C_W \propto Fr^4 \quad \text{혹은} \quad C_W = AFr^4$$

여기서 A는 상수이다. 따라서 비교적 낮은 속도에서 측정한 C_T 값으로부터 $C_T = (1 + k)C_F + A\,Fr^4$를 사용하면 $(1 + k)$를 찾을 수 있다. $Fr = 0.1 \sim 0.2$ 정도로 낮은 속도가 이 방법에 적합한데, 그렇게 낮은 속도에서는 저항을 정확히 계측하는 것이 일반적으로 어렵다는 문제점이 존재한다.

기술된 방법은 Hughes의 것이다. Prohaska[4.23]는 유사하지만 더 많은 데이터를 다음 수식에 적용하는 방법을 사용한다.

$$C_T/C_F = (1+k) + AFr^4/C_F \tag{4.18}$$

여기서 그래프의 y 절편이 $(1 + k)$, 기울기가 A가 된다(그림 4.10 참조).

비대한 선형의 경우 그래프가 직선이 되지 않을 수 있는데, Fr의 지수를 4와 6 사이로 하는 것이 더 적당할 수 있다.

이후의 ITTC 권장사항은 Prohaska 방법을 약간 수정한 것으로

$$C_T/C_F = (1+k) + A\,Fr^n/C_F \tag{4.19}$$

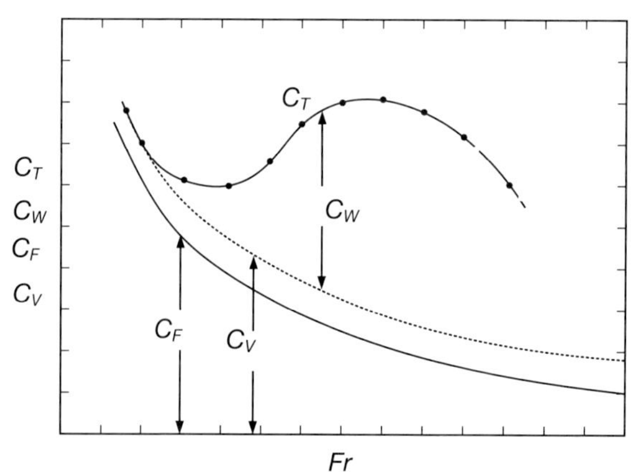

그림 4.9 저항 성분들.

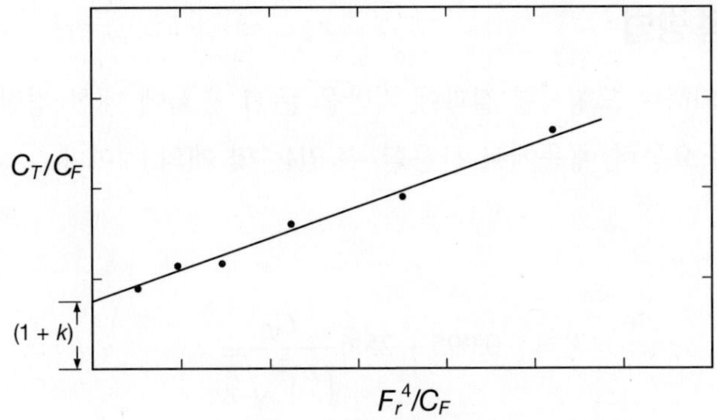

그림 4.10 Prohaska 플롯.

여기서 n, A 및 k는 최소자승법으로 구한다.

3. $(1+k)$를 저항 성분을 물리적으로 직접 계측하여 구한다.

$$C_T = (1+k)C_F + C_W = C_V + C_W$$

(a) 총 점성저항 C_V을 직접 측정(예를 들어 반류 측정, 7장 참조).

$$C_V = (1+k)\,C_F \quad \text{그리고} \quad (1+k) = C_V/C_F$$

(b) 조파저항 C_W을 직접 측정(예를 들어 파고계 사용, 7장 참조).

$$(1+k)\,C_F = C_T - C_W \quad \text{그리고} \quad (1+k) = (C_T - C_W)/C_F$$

파형 계측에 의한 조파저항 측정이 일상적 수조시험에서도 실질적인 선택사항이기는 하지만, 3(a) 및 3(b) 방법은 일반적으로 일상적 시험보다는 연구 목적으로 사용된다. 3(a) 및 3(b) 방법으로부터는 $(1+k)$를 전체 속도 범위에서 구할 수 있고, 속도에 따른 $(1+k)$의 변화를 나타내고 있음에 주목해야 한다.

4.4.2 CFD 방법

점성저항과 형상계수를 유도하는 데 CFD를 활용할 수 있다. RANS 해석법을 이용한 마찰 곡선의 유도를 4.3.4.2절에서 설명하였다. Molland 및 Utama[4.24]는 RANS 해석법과 풍동실험 결과로부터 단동선 및 쌍동선 배치에서 타원체의 형상계수를 추정하였다. CFD를 이용한 마찰저항 및 점성저항 유도는 9장에서 추가로 논의한다.

4.4.3 경험적 방법

몇몇 연구자들에 의하여 모형시험 결과에 기반을 둔 $(1 + k)$에 대한 경험식이 개발되었다. 다음은 실제 소요동력 예측에서 사용할 수 있는 몇 개의 예이다.

Watanabe:

$$k = -0.095 + 25.6 \frac{C_B}{\left[\frac{L}{B}\right]^2 \sqrt{\frac{B}{T}}} \tag{4.20}$$

Conn 및 Furguson[4.9]:

$$k = 18.7 \left[C_B \frac{B}{L}\right]^2 \tag{4.21}$$

Grigson[4.21], 약간 수정된 ITTC 곡선 기반:

$$k = 0.028 + 3.30 \left[\frac{S}{L^2}\sqrt{C_B \frac{B}{L}}\right] \tag{4.22}$$

Holtrop의 회귀분석[4.25]:

$$\begin{aligned}(1 + k) = 0.93 + 0.487118(1 + 0.011C_{\text{stern}}) \times (B/L)^{1.06806}(T/L)^{0.46106} \\ \times (L_{WL}/L_R)^{0.121563}(L_{WL}^3/\nabla)^{0.36486} \times (1 - C_P)^{-0.604247}\end{aligned} \tag{4.23}$$

만일 L_R이 알려지지 않았으면 다음 공식으로 추정할 수 있다.

$$L_R = L_{WL}\left[1 - C_P + \frac{0.06C_P LCB}{(4C_P - 1)}\right] \tag{4.24}$$

여기서 LCB는 $0.5L_{WL}$ 전방의 L_{WL}의 백분율이다. 선미 형상 변수 C_{stern}은 선형 변화에 대해 표 4.3과 같이 주어진다.

Wright[4.26]:

$$(1 + k) = 2.480\ C_B^{0.1526}(B/T)^{0.0533}(B/L_{BP})^{0.3856} \tag{4.25}$$

Couser 등[4.27], 둥근 빌지를 갖는 단동선 및 쌍동선에 대해:

$$\text{단동선: } (1 + k) = 2.76(L/\nabla^{1/3})^{-0.4} \tag{4.26}$$

표 4.3 C_{stern} 변수

선미 형상	C_{stern}
곤돌라(gondola)[1]가 달린 Pram[2]	−25
V형 단면 형상	−10
일반 단면 형상	0
Hogner 선미의 U형 단면	10

$$\text{쌍동선: } (1+\beta k) = 3.03(L/\nabla^{1/3})^{-0.40} \tag{4.27}$$

실질적인 목적에서 형상계수는 선속 범위 내에서 일정하고 모형선과 실선에서 동일한 값을 갖는 것으로 가정한다.

4.4.4 천수의 영향

Millward[4.28]는 형상계수에 대한 천수 효과를 조사하였다. 천수에서의 수조시험 결과로부터, 그는 수심이 감소하면서 형상계수는 증가하고 다음 공식으로 형상계수 증가량을 근사할 수 있다고 추론하였다.

$$\Delta k = 0.644(T/h)^{1.72} \tag{4.28}$$

여기서 T는 선박의 흘수(m)이고 h는 수심(m)이다.

참고문헌(4장)

4.1 Froude, W. Experiments on the surface-friction experienced by a plane moving through water, *42nd Report of the British Association for the Advancement of Science*, Brighton, 1872.

4.2 Froude, W. Report to the Lords Commissioners of the Admiralty on experiments for the determination of the frictional resistance of water on a surface, under various conditions, performed at Chelston Cross, under the Authority of their Lordships, *44th Report of the British Association for the Advancement of Science*, Belfast, 1874.

4.3 Froude, W. *The papers of William Froude*. The Royal Institution of Naval Architects, 1955.

4.4 Hughes, G. Friction and form resistance in turbulent flow and a proposed formulation for use in model and ship correlation. *Transactions of the Royal institution of Naval*

1 베네치아의 전통적인 노 젓는 보트.

2 18세기 유럽의 천흘수 평저선.

Archicects, Vol 96, 1954, pp. 314~376.

4.5 Telfer, E.V. Ship resistance similarity. *Transactions of the Royal Instituution of Naval Architects*, Vol. 69, 1927, pp. 174~190.

4.6 Telfer, E.V. Frictional resistance and ship resistance similarity. *Transacions of the North East Coast Institution of Engineers and Shipbuilder*, 1928/29.

4.7 Telfer, E.V. Further ship resistance similarity. *Transactions of the Royal Institution of Naval Architects*, Vol. 93, 1951, pp. 205~234.

4.8 Lap, A.J.W. Frictional drag of smooth and rough ship forms. *Transactions of the Royal Institution of Naval Architects*, Vol. 98, 1956, pp. 137~172.

4.9 Conn, J.F.C. and Ferguson, A.M. Results obtained with a series of geometrically similar models. *Transactions of the Royal Institution of Naval Architects*, Vol. 110, 1968, pp. 255~300.

4.10 Conn, J.F.C., Lackenby, H. and Walker, W.P. BSRA Resistance experiments on the Lucy Ashton. *Transactions of the Royal Institution of Naval Architects*, Vol. 95, 1953, pp. 350~436.

4.11 Barnaby, K.C. *Basic Naval Architecture*, Hutchinson, London, 1963.

4.12 Clements, R.E. An analysis of ship-model correlation using the 1957 ITTC line. *Transactions of the Royal Institution of Naval Architects*, Vol. 101, 1959, pp. 373~402.

4.13 Reynolds, O. An experimental investigation of the circumstances which determine whether the motion of water shall be direct of sinuous, and the law of resistance in paraller channels. *Philosophical Transactions of the Royal Society*, Vol. 174, 1883, pp. 935~982.

4.14 Froude, R.E. On the 'constant' system of notation of results of experiments on models used at the Admiralty Experiment Works, *Transactions of the Royal Institution of Naval Architects*, Vol. 29, 1888, pp. 304~318.

4.15 Schoenherr, K.E. Resistance of flat surfaces moving through a fluid. *Transactions of the Society of Naval Architects and Marine Engineers*, Vol. 40, 1932.

4.16 Lap, A.J.W. Fundamentals of ship resistance and propulsion. Part A Resistance. Publication No. 129a of the Netherlands Ship Model Basin, Wageningen. Reprinted in *International Shipbuilding Progress*.

4.17 Zborowski, A. Approximate method for estimating resistance and power of twin-screw merhacnt ships. *International Shipbuilding Progress*, Vol. 20, No. 221, January 1973, pp. 3~11.

4.18 Grigson, C.W.B. An accurate smooth friction line for use in performance prediction. *Transactions of the Royal Institution of Naval Architects*, Vol. 135, 1993, pp.149~162.

4.19 ITTC. Report of Resistance Committee, p. 64, *23rd International Towing Tank Conference*, Venice, 2002.

4.20 ITTC. Report of Resistance Committee, p. 38, *25th International Towing Tank Conference*, Fukuaka, 2008.

4.21 Grigson, C.W.B. A planar friction algorithm and its use in analysing hull resistance.

Transactions of the Royal Institution of Naval Architects, Vol. 142, 2000, pp. 76~115.

4.22 Date, J.C. and Turnock, S.R. Computational fluid dynamics estimation of skin friction experienced by a plane moving through water. *Transactions of the Royal Institution of Naval Architects*, Vol. 142, 2000, pp. 116~135.

4.23 ITTC Recommended Procedure, Resistance Test 7.5-02-02-01, 2008.

4.24 Molland, A.F. and Utama, I.K.A.P. Experimental and numerical investigations into the drag characteristics of a pair of ellipsoids in close proximity. *Proceedings of the Institution of Mechanical Engineers*, Vol. 216, Part M. *Journal of Engineering for the Maritime Environment*, 2002.

4.25 Holtrop, J. A statistical re-analysis of resistance and propulsion data. *International Shipbuilding Progress*, Vol. 31, November 1984, pp. 272~276.

4.26 Wright, B.D.W. Apparent viscous levels of resistance of a seties of model geosims. BSRA Report WG/H99, 1984.

4.27 Couser, P.R., Molland, A.F., Armstrong, N.A. and Utama, I.K.A.P. Calm water powering perdiction for high speed catamarans. *Proceedings of 4th International Conference of Fast Sea Transportation, FAST'97*, Sydney, 1997.

4.28 Millward, A. The effects of water depth on hull form factor. *International Shipbuilding Progress*, Vol. 36, No. 407, October 1989.

CHAPTER

5

모형선-실선 상관관계

5.1 목적

종래의 소요동력 예측에서는 다음 사항에 대해 보통은 축척 효과를 고려하지 않는다.

- 선형 효과
- 반류 및 추력 감소계수
- 프로펠러 효율
- 부가물 저항

경험상 소요동력 예측은 부정확할 수 있기 때문에 현실에 맞는 시운전 동력 추정치를 얻으려면 보정이 필요하다. 시운전 데이터에 적용되는 항해 분석 기술을 사용하여 적절한 보정(혹은 상관)계수를 찾아내 왔다. 예측 오차는 대형·저속 비대선(방형계수 C_B가 큰)에서 가장 두드러진다.

모형선-실선 상관관계는 모형선-실선 확장과 혼동돼서는 안 된다. 확장과정은 실선 동력 예측을 위해 모형선 결과를 실선 크기로 외삽(extrapolating)하는 것을 의미한다. 상관관계는 예측된 실선 동력 예측치를 측정된(혹은 예상되는) 실선의 결과와 비교하는 것이다.

5.2 절차

5.2.1 원절차

5.2.1.1 방법

동력과 프로펠러 분당 회전수(rpm) 예측치를 다음과 같이 수정하여 시운전 시의 전달동력 P_D와 회전수에 대한 추정치를 얻는다.

$$P_{Ds} = (1 + x) P_D \tag{5.1}$$

그리고

$$N_S = (1 + k_2) N \tag{5.2}$$

여기서 P_D와 N은 수조시험의 예측치이고, P_{Ds}와 N_S는 실선의 예상치이다. $(1 + x)$는 동력 상관보정계수(혹은 실선 상관계수, SCF)이고, $(1 + k_2)$는 회전수 보정계수이다.

재화중량 20,000~100,000톤 범위의 선박(주로 유조선) 100척 이상, 그리고 소수의 트롤 어선 및 소형 화물선에 대한 분석결과를 토대로 영국선박연구협회(British Ship Research Associations: BSRA)와 영국 예인수조들은 단축선에 대한 보정계수를 도출하였다[5.1, 5.2, 5.3]. 이 상관수정계수 도출 활동에서는 시운전 후에 정확히 동일한 흘수 및 트림으로 모형시험이 수행되었다. 회귀분석법을 사용하여 시운전 결과를 수심, 해상상태, 바람, 도크 출고 후 시간 및 선체 거칠기에 대해 수정하였다. 회귀 공식으로 주어진 평균적 경향에서 대략 5% 정도 동력 데이터의 산포(scatter)가 나타났다. 이는 대부분 측정 정확도를 반영하며, 어떤 동력 예측에서도 나타나는 기본적인 불확실성을 나타낸다.

5.2.1.2 $(1 + x)$(SCF)와 $(1 + k_2)$의 값

$(1 + x)$의 값

배의 크기 및 어떤 C_F 공식이 사용되었는가에 따라 값들은 크게 변한다. 기본적으로 배 길이의 함수지만, 흘수나 방형계수 C_B 같은 다른 변수들도 유의미한 영향을 미친다.

보정(상관)계수의 값들은 [5.1]에 종합적으로 수록되어 있고, '평균 선체/최적 시운전'에 대한 몇몇 $(1 + x)$ 값들을 표 5.1에 요약하였다.

Froude 마찰저항 곡선에 의한 SCF 데이터에 대한 적절한 근사는

표 5.1 실선 상관계수 $SCF(1 + x)$의 전형적인 값

L_{BP}(m)	122	150	180	240	300
Froude 마찰저항 곡선	0.97	0.93	0.90	0.86	0.85
ITTC 마찰저항 곡선	1.17	1.12	1.08	1.04	1.02

주) L < 122 m의 경우 SCF = 1.0으로 추정.

$$\mathrm{SCF} = 1.2 - \frac{\sqrt{L_{BP}}}{48} \tag{5.3}$$

즉, 실선 전달동력의 추정치는 다음과 같다.

$$P_{Ds} = (P_E/\eta_D) \times (1 + x) \tag{5.4}$$

(1 + k_2)의 값

이 값들은 배의 크기(주로 배의 길이)나 해석법(토크 일치냐 추력 일치냐)에 따라 약간 변하지만, 일반적으로 1.02 정도이다. 따라서 실선 회전수의 추정치는

$$N_s = N_{\mathrm{model}} \times (1 + k_2) \tag{5.5}$$

1972~1973년에 영국의 수조들은 이 계수에 대한 세부적인 추가 개선을 발표하였다[5.2, 5.3]. 예측치는 $(1 + x)_{\mathrm{ITTC}} = 1$에 기반을 두고 설정된 표준치와 다른 흘수와 거칠기에 대해 수정한 것이다. k_2 값은 길이에 기반을 두고 거칠기 및 흘수에 대한 수정량을 더한 것이다.

Scott[5.4, 5.5]는 가용한 데이터에 대해 다중 회귀분석을 실시하여 $(1 + x)$와 k_2를 길이, 선체 거칠기, Fr, C_B 등의 함수로 나타내었다. 위의 개별 분석보다 소폭 개선되었다고 주장하였다.

5.2.2 ITTC1978 성능 예측법

국제수조협회(ITTC)는 1970년대 권장사항의 연장선상으로 새로운 '통일된' 동력 예측법을 제안하였다. 이 방법은 $(1 + x)$와 같이 하나의 총합적인 상관계수를 사용하기보다는 예측과정을 분리하여 다양한 개별 요소의 수정을 시도하였다. 세계 대부분의 수조가 1978년 이를 승인하여, 이 절차는 '단추진기선에 대한 1978 ITTC 성능 예측법'[5.6]으로 알려져 있다.

이 방법은 다음 세 가지 기본 단계로 구성된다.

(1) 실선 총 저항계수, C_{TS}

$$C_{TS} = (1+k)C_{FS} + C_R + \Delta C_F + C_{AA} \tag{5.6}$$

(ITTC는 C_W보다는 C_R을 사용했음에 주목하라.)
여기서 형상계수 (1 + k)는 다음의 ITTC 저항 곡선과 연계된다.

$$C_F = \frac{0.075}{[\log_{10} Re - 2]^2} \tag{5.7}$$

잉여저항계수 C_R은 모형선과 실선에서 같아지고 다음과 같이 유도된다.

$$C_R = C_{TM} - (1+k)\,C_{FM} \tag{5.8}$$

거칠기 상관계수 ΔC_F는

$$\Delta C_F = \left[105\left(\frac{k_S}{L}\right)^{1/3} - 0.64\right] \times 10^{-3} \tag{5.9}$$

거칠기가 측정되지 않았다면 $k_S = 150 \times 10^{-6}$ m를 권장한다.

Townsin[5.7]은 Re의 영향을 포함시킨 다음 식을 제안하였다.

$$\Delta C_F = \left\{44\left[\left(\frac{k_S}{L}\right)^{1/3} - 10\,Re^{-1/3}\right] + 0.125\right\} \times 10^{-3} \tag{5.10}$$

만약 거칠기를 측정할 수 있다면 식 (5.9)의 Bowden-Davison 공식은 식 (5.10)의 Townsin 공식으로 대체되어야 한다고 19차 ITTC(1990)에서 권고한 바 있고, [5.8, 5.9]에 논의되고 있다. 식 (5.9)는 거칠기 효과만을 감안한 상관수정계수가 아니라 거칠기 효과를 포함하는 상관수정계수로 권고되었음을 인식해야 한다. 즉, 식 (5.9)와 (5.10) 사이의 차이는 다른 곳에서 설명하지 않은 성분으로도 볼 수 있다. 이 성분은 다음과 같다.

$$[\Delta C_F]_{\text{Bowden}} - [\Delta C_F]_{\text{Townsin}} = [5.68 - 0.6\log_{10} Re] \times 10^{-3} \tag{5.11}$$

공기저항계수 C_{AA}는 더 나은 정보가 없다면 다음과 같은 식 (5.12)로 근사된다.

$$C_{AA} = 0.001\frac{A_T}{S} \tag{5.12}$$

여기서 A_T는 수선 위 횡방향의 투영면적이고, S는 침수표면적이다. 공기저항을 추정하는 방법은 3장도 참조하라.

빌지킬이 장착되는 경우 총 저항은 다음 비율만큼 늘어난다.

$$\frac{S + S_{BK}}{S}$$

여기서 S는 알몸선체의 침수표면적이고, S_{BK}는 빌지킬의 침수표면적이다.

(2) 프로펠러 특성

프로펠러 단독시험에서 결정되는 K_T, K_Q 및 η_0 값은 모형선과 실선 사이의 저항계수 C_D 차이에 대해 보정된다.

$C_{DM} > C_{DS}$ 이므로, 주어진 J에서 실선의 K_Q는 작아지고 K_T는 커지며 η_0는 높아진다.

모형선 프로펠러의 단독 특성으로부터 실선 프로펠러의 단독 특성은 다음과 같이 계산된다.

$$K_{TS} = K_{TM} + \Delta K_T \tag{5.13}$$

그리고

$$K_{QS} = K_{QM} - \Delta K_Q \tag{5.14}$$

여기서

$$\Delta K_T = \Delta C_D \cdot 0.3 \frac{P}{D} \frac{c \cdot Z}{D} \tag{5.15}$$

$$\Delta K_Q = \Delta C_D \cdot 0.25 \frac{c \cdot Z}{D} \tag{5.16}$$

저항계수의 차이는

$$\Delta C_D = C_{DM} - C_{DS} \tag{5.17}$$

여기서

$$C_{DM} = 2\left(1+2\frac{t}{c}\right)\left[\frac{0.04}{(Re_{co})^{1/6}} - \frac{5}{(Re_{co})^{2/3}}\right] \tag{5.18}$$

그리고

$$C_{DS} = 2\left(1+2\frac{t}{c}\right)\left[1.89 + 1.62\,\log_{10}\frac{c}{k_p}\right]^{-2.5} \tag{5.19}$$

위 식에서 Z는 날개의 개수, P/D는 피치 비, c는 코드 길이, t는 최대 두께이고, Re_{co}는 무차원 반경 $x = 0.75$에서 국소 Reynolds 수이다. 날개의 거칠기는 $k_p = 30 \times 10^{-6}$ m이다. Re_{co}는 단독시험에서 2×10^5보다 작아서는 안 된다.

$Re_{co}(= V_R \cdot c/\nu)$을 추산할 때, $x = 0.75(= 0.75\ R)$에서 코드 길이 비 c/D에 대한 근사식은 Wageningen 프로펠러 계열(그림 16.2 참조)로부터 다음과 같이 주어진다.

$$\left(\frac{c}{D}\right)_{0.75R} = X_1 \times BAR \tag{5.20}$$

여기서 날개 수가 3이면 $X_1 = 0.732$, 날개 수가 4면 0.510, 날개 수가 5면 0.413이다.

두께 t에 대한 근사적인 추정은 표 12.4로부터 구해지고, V_R은 다음과 같이 추정된다.

$$V_R = \sqrt{{V_a}^2 + (0.75\ \pi n D)^2} \tag{5.21}$$

이후에 수행된 Wageningen 프로펠러 계열 데이터에 대한 회귀분석은 Re에 대한 수정을 포함하는데, 16장을 참조하라.

(3) 추진계수 $\eta_H = (1-t)/(1-w_T)$ 및 η_R

자항시험으로부터 결정되는 추진계수 η_H와 η_R는 다음과 같이 수정된다. t와 η_R는 실선과 모형선에서 같다고 가정한다. 실선 반류비 w_T는 다음과 같이 모형선 반류비와 추력 감소계수로부터 계산된다.

$$w_{TS} = (t+0.04) + (w_{TM} - t - 0.04)\frac{(1+k)\,C_{FS} + \Delta C_F}{(1+k)\,C_{FM}} \tag{5.22}$$

여기서 0.04는 러더의 효과를 감안한 것이고, ΔC_F는 식 (5.9)에 주어진 거칠기 상관수정계수이다.

다음은 P_D 및 N에 대한 'ITTC 성능 예측법'의 개요이다. 최종적인 시운전 예측값은 P_D와 N에 각각 시운전 예측계수 C_P와 C_N을 곱하여 얻는다. C_P와 C_N은 예측치와 시운전 사이에 남아 있는 차이를 처리하기 위해 도입되었다[결국 C_P는 $(1 + x)$를, C_N

은 $(1 + k_2)$을 대체한다]. 수정량은 모형선과 시운전 절차 그리고 예측 마진의 선택에 따라 달라진다.

ITTC1978 절차의 완전한 설명은 [5.6]을 참조하라. 심화된 정리, 토론 및 업데이트는 ITTC 동력성능위원회에서 제공하고 있다[5.8, 5.9].

5.2.2.1 ITTC1978 성능 예측법의 장점

SSPA의 정리논문[5.10]에 따르면 ITTC1978 방법의 장점은 다음과 같다.

- C_P와 C_N이 배의 크기와 무관하다.
- 만재흘수(full load) 및 밸러스트 흘수 모두에서 만족스럽다.
- C_P, C_N의 산포도가 크기는 하지만(평균에서 6% 및 2%), 원방법보다 표준편차가 작다.

5.2.2.2 ITTC1978 성능 예측법의 단점

ITTC1978 방법의 단점은 다음과 같다.

- 형상계수$(1 + k)$를 추산하는 방법(즉, $C_W \propto Fr^4$을 가정한 저속시험)의 오차가 크고, $(1 + k)$가 Fr에 독립적이라고 가정하는 것이 옳지 않을 수 있다.
- ΔC_F는 경험적이고 근사적이다.
- 프로펠러에 대한 ΔC_D 수정이 근사적이고, Re에 따른 변화 가능성 때문에 C_L 수정도 필요할 수 있다.
- η_R의 축척 효과는 측정 오차 정도의 크기여서 발견되지 않을 수 있다.
- w_T의 수정도 경험적이고 근사적이다. 하지만 모형선과 실선의 반류분포를 예측하기 위해 CFD가 사용되고 있고(8장 및 9장 참조), 실선 LDV 측정도 수행되고 있어 모형선-실선 축척 문제를 개선하는 데 기여할 것이다.

많은 수조 및 시험기관에서 ΔC_F를 사용하는 대신 전반적인 '상관수정계수'로서 C_A를 사용함에 주목하라. 결과적으로 식 (5.9)는 C_A를 정의한다. 어떤 수조에서는 C_A에 공기저항을 포함시킨다. Holtrop[5.11]과 같은 수조 모형선 저항시험 결과의 회귀분석에서는 ΔC_F와 공기저항 C_{AA}을 병합하여 전반적인 모형선-실선 상관수정계수로 사용하는 경향이 있다[식 (10.24), (10.34)를 참조하라].

ITTC1978 방법은 선형시험 수조에서 일반적으로 채택되어 왔는데, 기관마다 개별 수정 성분에 대해 해석을 달리하거나 추가적인 데이터를 포함한 업데이트를 실시하는 등의 변화를 주고 있다. Bose[5.12]는 실제 관행에서 ITTC 방법으로부터의 변화에 대한 상세한 정리를 기술하고 있다.

5.2.3 요약

ITTC1978 방법은 추정된 동력의 개별 성분을 축척하고자 하기 때문에 선호되고 있다. 또한 새로운 데이터가 가용해지면 개별 성분에 대한 갱신을 허용하고 있다.

표 5.1에 보인 것과 같은 총합적인 수정계수를 사용하는 원방법은 BSRA 계열 및 당시의 다른 데이터와 같이 Froude 마찰저항 곡선을 사용하여 축척된 결과에 대해서는 계속 적절하다.

5.3 속력 시운전 및 분석

5.3.1 목적

선박의 속력 시운전은 다음 사항을 주된 목적으로 한다.

(1) 선속, 동력 그리고 연료 소모에 대한 계약상 의무사항 이행.
(2) 선박의 성능 및 추진 특성 획득.
- 시운전 조건에서의 선속
- 동력 대 선속
- 동력 대 회전수
- 운항 기간 동안의 선속 대 회전수

(3) 실선에서의 선체-프로펠러 상호작용 혹은 반류 데이터 획득.
(4) 모형선-실선 상관관계 데이터 획득.

속력/동력 시운전 수행 시 및 시운전 데이터 해석의 권장사항은 ITTC[5.8, 5.13, 5.14, 5.15]에 주어져 있다.

5.3.2 시운전 조건

선호되는 조건은 다음과 같이 요약된다.

- 풍속 0
- 정수(calm water)
- 심수
- 최소한의 조류/간만의 영향

5.3.3 선박 조건

보통은 새로 건조된 선박으로 선체와 프로펠러 표면이 깨끗해야 한다. 시운전에 앞서 선체 표면 거칠기를 측정하는 것이 바람직하며, 보통 80 ~ 150 μm 정도의 AHR(average hull roughness) 수치가 나온다. ITTC는 AHR이 250 μm 이하일 것을 권장한다.

5.3.4 시운전 절차 및 측정

다음 측정이 포함되어야 한다.

(1) 수심
(2) 해수의 비중 및 온도
(3) 풍속, 풍향 및 파고 추정치
(4) 선박의 흘수(대형선은 선수, 선미 및 중앙부), 즉 배수량 및 트림(시운전 전과 후에 측정되어야 하며, 보통 평균하는 것이 적절)
(5) 프로펠러 회전수(N)
(6) 동력(P): 아마도 BMEP를 통하거나, 더 나은 방법은 토크로 측정.
(7) 토크(Q): 바람직하게는 비틀림 동력계(축에 부착된) 혹은 축에 부착된 스트레인 게이지 로제트로 측정하거나 동력 $P = 2\pi NQ$로부터 계산.
(8) 추력(아마도 주 추진축 스러스트 베어링/동력계로 측정): 스트레인 게이지 측정은 일반적으로 일상적인 상용 시운전보다는 연구용으로 수행됨.
(9) 선속: 보통 일정한 회전수에서 측정됨.

선속은 정해진 거리(해리)를 항주하는 시간으로부터 계산된다. 보통 그림 5.1처럼 조류의 영향을 배제하기 위해 측정된 해리 구간을 방향을 고정하고(예를 들면 동 → 서 → 동) 4회 항주한 시간을 측정한다. 해리(nautical mile: Nm)는 육지에 설치된 표주(mile post) 혹은 GPS로 측정한다. 1 Nm = 6080 ft = 1853.7 m이고, 1 mile = 5280 ft이다.

거리를 시간으로 나누고 '평균의 평균'을 사용하면 선속은 다음과 같이 구해진다.

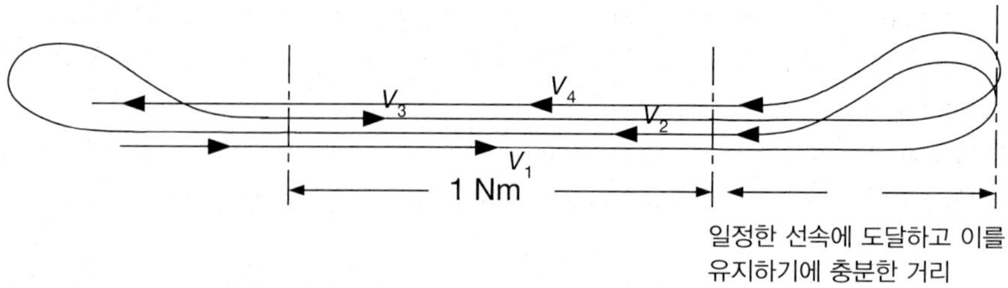

그림 5.1 계측된 1해리에서의 전형적인 항주.

표 5.2 조류의 변화를 포함한 속도 해석

항주 번호	대지속도	V_1	V_2	V_3	V_4	최종	조류
1E	6.50						+1.01
2W	8.52	7.51					−1.01
3E	6.66	7.59	7.55				+0.85
4W	8.09	7.38	7.48	7.52			−0.58
5E	7.28	7.69	7.53	7.51	7.51	7.51	0.23
6W	7.43	7.36	7.52	7.53	7.52		−0.08

$$\begin{array}{c} V_1 \\ V_2 \\ V_3 \\ V_4 \end{array} \quad \begin{array}{c} \dfrac{V_1+V_2}{2} \\ \dfrac{V_2+V_3}{2} \\ \dfrac{V_3+V_4}{2} \end{array} \quad \begin{array}{c} \sum V/2 \\ \sum V/2 \end{array} \quad \sum V/2 \tag{5.23}$$

즉, 평균 선속은 $V_m = \{V_1 + 3V_2 + 3V_3 + V_4\} \times \frac{1}{8}$이 된다. 이렇게 하면 원리적으로 조류의 영향이 제거되는데, 표 5.2를 참조하라.

회전수를 바꾸어 가면서 이 과정을 반복하여 $P-V$, $P-N$ 및 $V-N$ 관계를 조사한다.

(10) 선속 측정 구간에서의 러더 각 기록(보통 항로 유지를 위해 5°까지 변동).

5.3.5 각종 환경변수의 보정

5.3.5.1 조류

그림 5.2와 같이 조류가 시간에 따라 바뀜을 파악하고 수행한다.

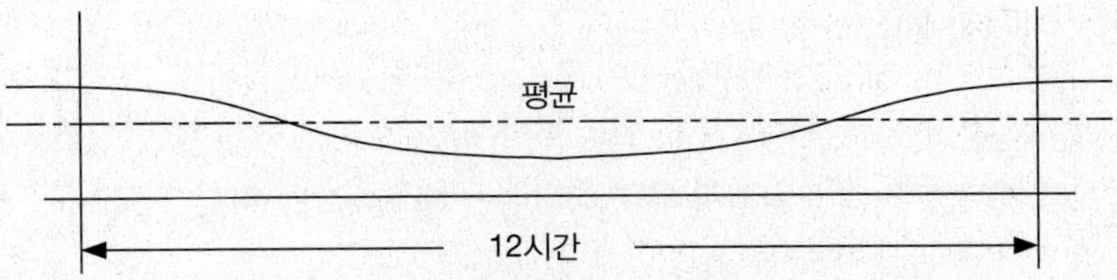

그림 5.2 시간에 따른 조류의 변화.

- 조류의 변화가 작을 때 시운전을 실시하거나, 시운전 동안 선형적으로 변화한다고 가정한다.
- 조류 방향 및 반대 방향으로 항주하여 표 5.2와 같이 '평균의 평균'으로 계산된 선속은 결과적으로는 조류 영향을 최소화/제거하도록 한다.

5.3.5.2 수심

포텐셜 유동의 천수 효과는 수심 h 및 수심 Froude 수

$$Fr_h = \frac{V}{\sqrt{gh}}$$

에 대해 고려한다. $Fr_h < 1.0$을 아임계(subcritical), $Fr_h > 1.0$을 초임계(supercritical)라 한다. $Fr_h = 1$에 근접하게 운항했다면 수심과 선속을 이용한 보정이 요구된다.

SNAME 73/21차 ITTC에 따르면, 시운전 수심 한계는 $h \geq 10\ T\ V/\sqrt{L}$로 권장된다. 12차/22차 ITTC에서는 권장 수심이 $h \geq 3(B \times T)^{0.5}$ 및 $h \geq 2.75\ V^2/g$로 늘어났다. ITTC 절차에 따르면 권장 수심은 $h \geq 6.0\ A_M{}^{0.5}$과 $h \geq 0.5\ V^2$ 중 큰 쪽이다.

수심이 이보다 작을 경우, Lackenby[5.16]의 다음 공식과 같은 천수 효과 보정을 적용해야만 한다.

$$\frac{\Delta V}{V} = 0.1242\left[\frac{A_M}{h^2} - 0.05\right] + 1 - \left[\tanh\left(\frac{gh}{V^2}\right)\right]^{0.5} \tag{5.24}$$

h는 수심, A_M은 중앙 단면의 수선 하 면적, ΔV는 천수 효과에 의한 선속 감소이다.

천수 효과에 대한 더욱 상세한 설명은 6장을 참조하라.

5.3.5.3 바람과 기상

보퍼트 풍력 번호 3을 넘는 해상 상태 혹은 20 knots 이상의 풍속에서는 시운전을 수행하지 않는 것이 좋다. 파고 2.0 m까지 ITTC[5.14]는 Kreitner에 따른 저항 증가 보정을 다음과 같이 권고하고 있다.

$$\Delta R_T = 0.64\zeta_W^2 B^2 C_B \rho\, 1/L \tag{5.25}$$

여기서 ζ_W는 파고이다. 동력은 식 (3.67), (3.68) 및 (3.69)를 사용하여 보정한다.

BSRA 풍속 보정

BSRA는 선박 시운전 결과는 풍속 구배를 감안하여 정지한 공기 조건으로 보정할 것을 권고하고 있다.

시운전 보정 절차는 상대적인 풍속에 의한 바람저항(따라서 동력 증가)을 감하여(풍속 구배를 감안하고 유사선의 모형시험으로 얻은 C_D를 사용하여) 진공 중에서의 해당 동력을 유도하는 과정이다. 이 진공 조건에 선박이 전방으로 이동할 때의 기본적인 공기저항에 의한 동력을 더하는 것이다.

선속이 V, 맞바람이 속도 U이고, 그림 5.3과 같이 자연적인 풍속 구배

$$\frac{u}{U} = \left(\frac{h}{H}\right)^{1/5}$$

즉,

$$u = U\left(\frac{h}{H}\right)^{1/5}$$

일 때,

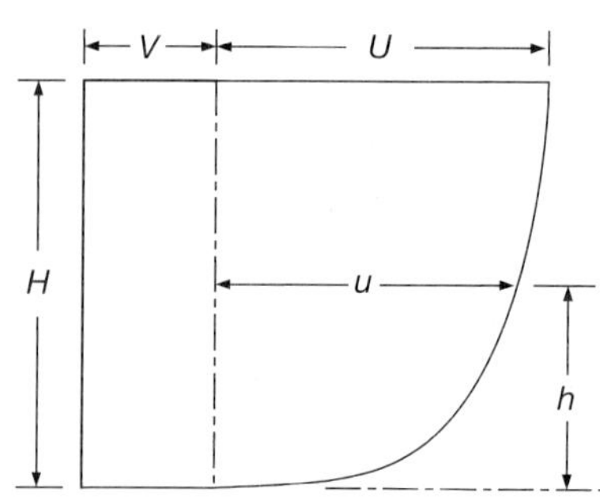

그림 5.3 풍속 구배.

$$보정량 = \left\{-\int_0^H (V+u)^2\,dh + V^2 H\right\} \times \frac{1}{2}\rho\frac{A_T}{H}C_D$$

여기서 $\frac{A_T}{H} = B$이다. 중괄호 안의 첫 번째 항은 진공으로의 보정 항이고, 두 번째 항은 정지된 공기로의 재보정 항임에 주목하라.

$$= \left\{-\int_0^H \left(V + U\left[\frac{h}{H}\right]^{1/5}\right)^2 dh + V^2 H\right\} \times \cdots\cdots\cdots$$

$$= \left\{-\int_0^H V^2 + 2\frac{VU}{H^{1/5}}h^{1/5} + \frac{U^2}{H^{2/5}}h^{2/5}dh + V^2 H\right\} \times \cdots\cdots\cdots$$

$$= \left\{-\left[V^2 h + 2\frac{VU}{H^{1/5}}h^{6/5}\cdot\frac{5}{6} + \frac{U^2}{H^{2/5}}h^{7/5}\cdot\frac{5}{7}\right]_0^H + V^2 H\right\} \times \cdots\cdots\cdots \qquad (5.26)$$

즉, 시운전 저항을 '정지한 공기' 중 저항으로의 보정량은 다음과 같다.

$$보정량 = \left\{-\left[V^2 + 2VU\cdot\frac{5}{6} + U^2\cdot\frac{5}{7}\right]H + V^2 H\right\} \times \cdots\cdots$$

$$= \left\{-\frac{5}{7}U^2 - \frac{5}{3}VU\right\} \times \frac{1}{2}\rho A_T C_D \qquad (5.27)$$

선박의 가로 투영면적 A_T가 높이 방향으로 불연속적일 때는 높이 구간별로, 예를 들어 높이 0에서 H_1, H_1에서 H_2 등과 같이 적분함으로써 처리한다. 바람 보정은 17장의 예제에서 설명한다.

5.3.5.4 러더

러더가 사용될 때의 부가저항을 계산하여 감한다. 특히 정수 중에서는 러더의 영향이 작을 것이다.

5.3.6 상관계수의 분석 및 반류비

5.3.6.1 상관계수

주어진 선속에서 측정된 선박의 동력은 모형선 예측값과 비교할 수 있다. 만약 실선의 배수량 Δ가 모형선과 다르거나 시간과 비용이 허락되어 모형시험을 시운전 배수량에서 재수행한다면, 이 과정에서 실선 저항(동력)에 대한 배수량($\Delta^{2/3}$) 보정이 필요할 수 있다.

5.3.6.2 반류비

대부분의 상용 시운전에서 그렇듯이 시운전에서 추력 측정이 이루어지지 않는다고 가정하면, 반류비는 토크 일치법으로 유도한다. 즉, 회전수 n_S에서 측정된 실선 토크 Q_S를 이용하여

$$K_{QS} = Q_S / \rho n_S^2 D^5$$

올바른 피치 비 P/D의 프로펠러 단독 특성도표에 위의 K_{QS}을 대입하여 실선에서의 J_a 값을 그림 5.4와 같이 구한다.

실선의 반류비는 다음과 같이 구한다.

$$J_a = \frac{V_a}{nD} = \frac{V_s\,(1 - w_T)}{nD}$$

그리고

$$J_s = \frac{V_s}{nD}$$

이므로

$$(1 - w_T) = \frac{J_a\,nD}{V_s} = \frac{J_a}{J_s}$$

즉,

$$w_T = 1 - \frac{J_a}{J_s} = 1 - \frac{V_a}{V_s} \tag{5.28}$$

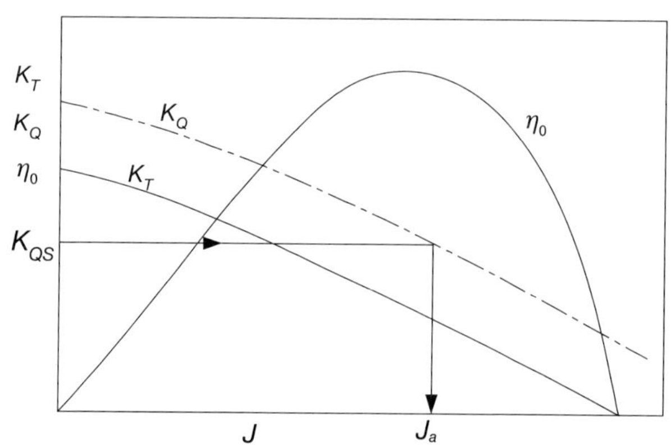

그림 5.4 토크 일치법에 의한 J_a 구하기.

17장의 예제에서 실선 반류비의 유도과정을 설명한다.

대부분의 모형선 시험 절차에서는 자항시험 해석 시 8장에서 논의하는 것처럼 추력일치를 사용함에 주목하라.

5.3.7 요약

올바른 축척 방법을 개발함에 있어서 제어된 조건하에서 실선의 데이터를 수집하는 것이 매우 중요하다. 아직도 양질의 실선 데이터는 부족한데, 이는 축척 방법의 개선을 가로막고 있다.

참고문헌(5장)

5.1 NPL. BTTP1965 standard procedure for the prediction of Ship performance from model experiments, *NPL Ship TM* 82. March 1965.

5.2 NPL. Prediction of the performance of SS ships on measured mile trials, *NPL Ship Report 165*, March 1972.

5.3 NPL. Performance prediction factors for T.S. ships, *NPL Ship Report 172*, March 1973.

5.4 Scott, J.R. A method of predicting trial performance of single screw merchant ships. *Transactions of the Royal Institution of Naval Architects*, Vol. 115, 1973, pp. 149~171.

5.5 Scott, J.R. A method of predicting trial performance of twin screw merchant ships. *Transactions of the Royal Institution of Naval Architects*, Vol. 116, 1974, pp. 175~186.

5.6 ITTC Recommended Procedure. 1978 Performance Prediction Method, Procedure Number 7.5-02-03-01.4, 2002.

5.7 Townsin, R.L. The ITTC line–its genesis and correlation allowance. *The Naval Architect*. RINA, London, September 1985.

5.8 ITTC Report of Specialist Committee on Powering Performance and Prediction, *24th International Towing Tank Conference*, Edinburgh, 2005.

5.9 ITTC Report of Specialist Committee on Powering Performance Prediction, *25th International Towing Tank Conference*, Fukuoka, 2008.

5.10 Lindgren, H. and Dyne, G. Ship performance prediction, SSPA Report No. 85, 1980.

5.11 Holtrop, J. A statistical re-analysis of resistance and propulsion data. *International Shipbuilding Progress*, Vol. 31, 1984, pp. 272~276.

5.12 Bose, N. *Marine Powering Predictions and Propulsors*. The Society of Naval Architects and Marine Engineers, New York, 2008.

5.13 ITTC Recommended Procedure. Full scale measurements. Speed and power trials, Preparation and conduct of speed/power trials. Procedure Number 7.5-04-01-01.1, 2005.

5.14 ITTC Recommended Procedure. Full scale measurements. Speed and power trials.

Analysis of speed/power trial data, Procedure Number 7.5-04-01-01.2, 2005.

5.15 ITTC, Report of Specialist Committee on Speed and Powering Trials, *23rd International Towing Tank Conference*, Venice, 2002.

5.16 Lackenby, H. Note on the effect of shallow water on ship resistance, BSRA *Report* No. 377, 1963.

CHAPTER

6 제한된 수심과 수로 폭

6.1 천수 효과

선박이 천수(shallow water)라 불리는 제한된 수심으로 진입하면 선박과 해저 사이의 상호작용으로 인해 많은 변화가 일어난다. 결과적으로 속도와 역류가 증가하고 선저부 압력이 감소하며 침하량과 트림이 크게 바뀐다. 이로 인해 포텐셜 저항, 마찰저항과 조파저항이 증가한다. 이들 효과를 수심, 선속 및 파동 속도에 대해 고려할 수 있다. 부록 A1.8에 요약된 파동 이론[6.1]을 사용하여 파동 속도 c를 수심 h와 파장 λ의 함수로 구할 수 있다.

6.1.1 심수

h/λ가 클 때,

$$c = \sqrt{\frac{g\lambda}{2\pi}} \tag{6.1}$$

이 심수 조건은 대략 $h/\lambda \geq 1/2$일 때 적절하다.

6.1.2 천수

h/λ가 작을 때,

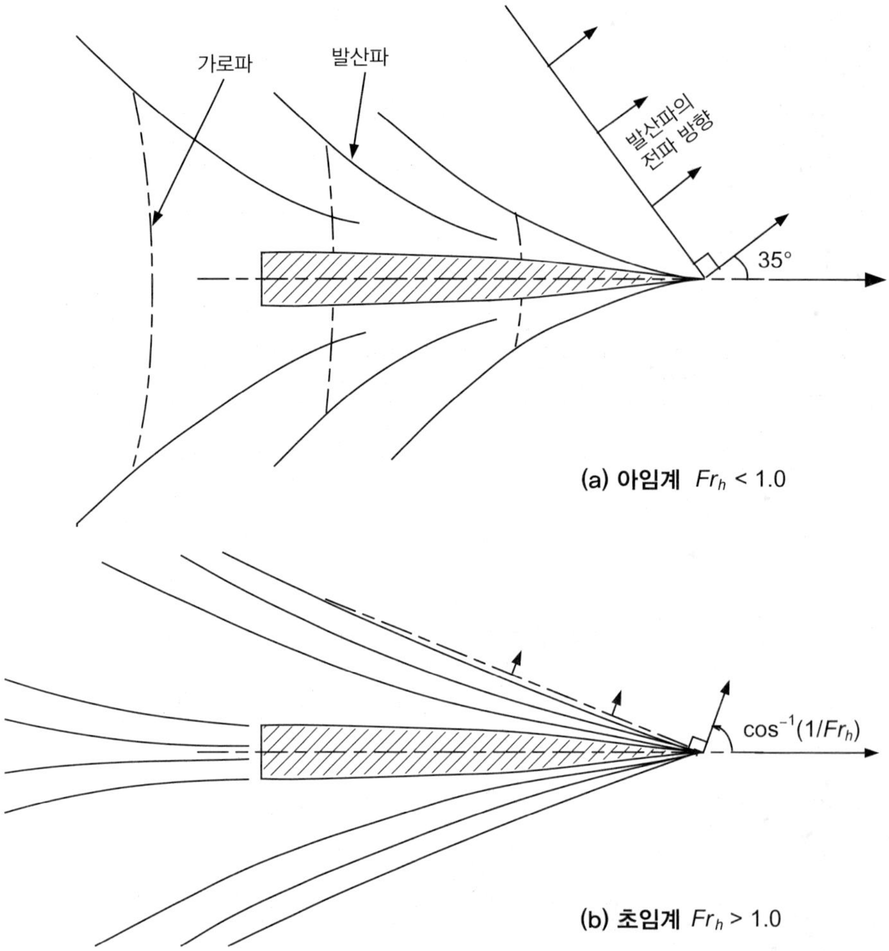

그림 6.1 아임계와 초임계 상태의 파형.

$$c = \sqrt{gh} \tag{6.2}$$

파동 속도는 이제 수심에만 의존하고 파장이 달라도 동일한 속도로 전파된다. 이 천수 조건은 대략 $h/\lambda \le 1/20$일 때 적절하고, $c = \sqrt{gh}$는 임계속도라 한다.

모든 파동이 동일한 속도 c로 이동하므로 속도 V의 범위를 다음과 같이 정의되는 수심 Froude 수로 논의하는 것이 유용하다.

$$Fr_h = \frac{V}{\sqrt{gh}} \tag{6.3}$$

임계속도 혹은 임계 Froude 수에서 $Fr_h = 1.0$이다.

$Fr_h = 1.0$인 임계속도보다 선속이 작을 때 아임계 속도라 한다.

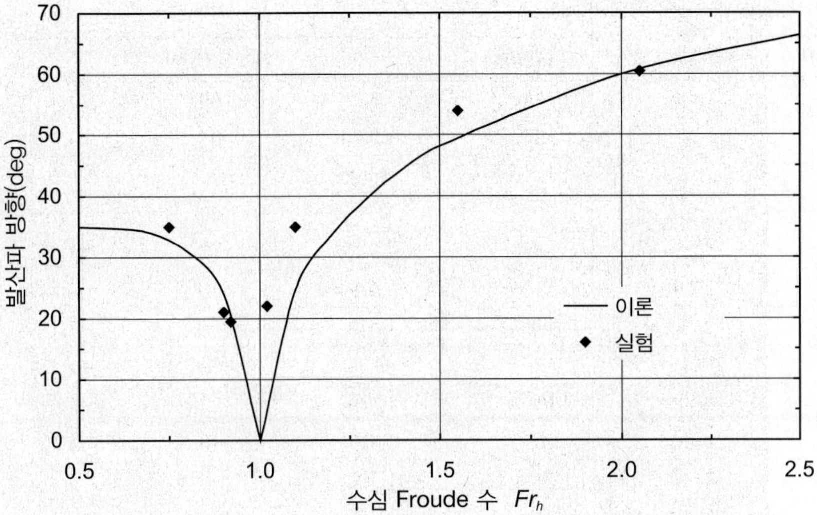

그림 6.2 속도에 따른 파도 전파 방향의 변화.

Fr_h = 1.0인 임계속도보다 선속이 클 때 초임계 속도라 한다.

임계속도 근처에서 운동은 비정상적(unsteady)이 되고, 특히 유한한 폭을 지닌 시험수조 내 모형선의 경우에는 고립파(solitary wave 혹은 soliton)가 모형선 전방에 생성된다[6.2]. 이런 이유들로 인해 어떤 기관에서는 대략 $0.9 < Fr_h < 1.1$ 속도 영역을 천이임계 영역으로 정의하기도 한다.

선속이 Fr_h = 1.0보다 훨씬 작을 때의 파계는 그림 6.1(a)에 도시되어 있는데, 가로파계(transverse wave system)와 발산파계(divergent wave system)가 선박으로부터 35° 각도로 전파되어 나간다. 그림 3.14의 Kelvin 파형도 참조하라. 선박이 임계속도 Fr_h = 1.0에 근접하면서 파동의 발산각은 0°에 가까워져 선박 진행 방향에 수직하게 된다. 임계속도 이상에서는 그림 6.1(b)와 같이 파동 발산각이 대략 $\cos^{-1}(1/Fr_h)$인 발산파계로 돌아간다. 여기서는 가로파계가 없어지는 것에 주목하라.

중력파는 $c > \sqrt{gh}$ 보다 더 큰 속도로 이동할 수 없으므로 가로파는 뒤처지고 발산파만 존재한다. 선속에 따른 파동 발산각을 그림 6.2에 나타내었다. 실험치[6.2]가 이론적인 예측과 합리적인 일치를 보이고 있다.

임계속도 Fr_h = 1.0에 근접하면서 조파저항이 두드러지게 증가한다. 그림 6.3은 저항 곡선에 대한 천수 효과를 길이 기준 Froude 수에 대해 나타낸 것이고, 그림 6.4는 수심 Froude 수에 대해 천수 조파저항 대 심수 조파저항의 비를 도시한 것이다. 임계속도 이상에서는 저항이 다시 감소하여 심수 저항보다도 약간 작아질 수 있다. 실제로는 Fr_h = 1.0보다 약간 작은 0.96~0.98 범위에서 상호작용이 최대가 된다. 임계속도 부근에서

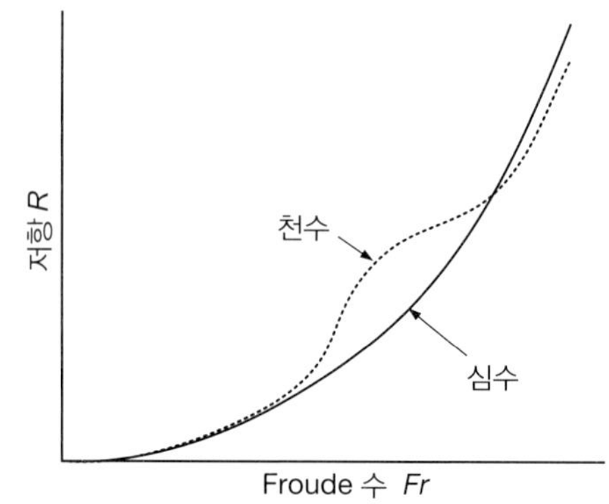

그림 6.3 저항 곡선에 대한 천수의 영향.

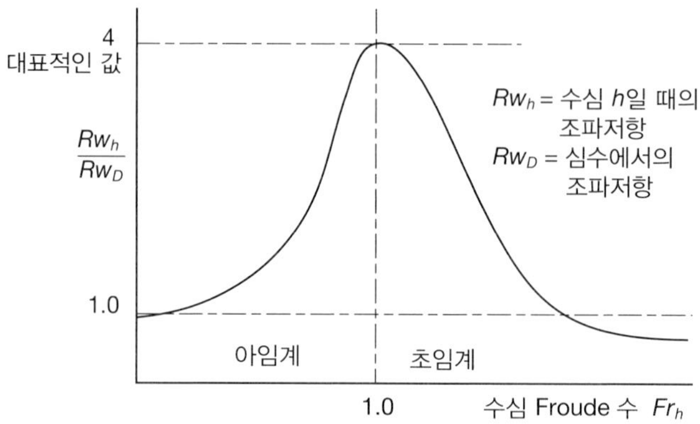

그림 6.4 Fr_h = 1.0에서의 조파저항의 증폭.

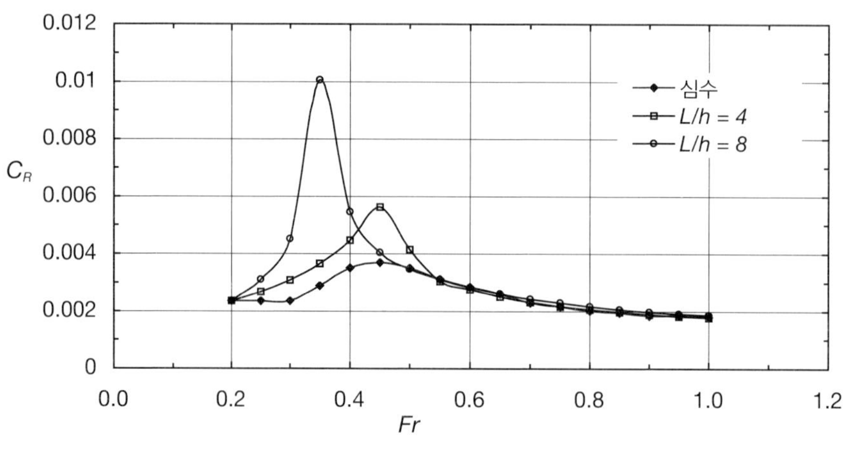

그림 6.5 저항에 대한 수심의 영향.

는 저항이 증가하고, 따라서 필요한 프로펠러 추력도 증가하여 프로펠러가 설계점으로부터 많이 떨어진 조건에서 작동하기 때문에 프로펠러 효율이 감소한다.

Molland 등[6.2]은 고속의 배수량형 단동선체 및 쌍동선체의 저항에 대한 천수 효과를 논의하고 있는데, 모형선 계열에 대한 시험결과가 주어져 있다. Millward 및 Bevan [6.3]은 고속선 형태의 거동에 대한 딱딱한 바닥면의 영향을 조사하였다.

천수 효과를 완전히 기술하려면 수심 Froude 수 Fr_h와 함께 T/h 혹은 L/h와 같은 매개변수를 사용할 필요가 있다. 그림 6.5는 L/h을 변경하면서 측정한 저항시험 결과를 길이 Froude 수 Fr에 대해 도시하고 있다[6.2]. $Fr_h = 1.0$ 부근인 $Fr = 1/\sqrt{L/h}$에서의 저항 증가가 분명하게 보인다.

6.2 제방(Bank) 효과

제방 혹은 제한된 수로 폭의 효과는 천수 효과와 비슷하고 제한된 수심의 영향을 증폭시킨다.

제방 효과에 대한 보정은 6.3절에 서술된 것과 같은 제한된 수심에 대한 보정처럼 포함될 수 있다.

6.3 차폐 효과(Blockage)에 의한 선속 보정

천수 효과에 대한 보정은 일반적으로 $Fr_h = 0.7$까지는 적절하다. $Fr_h = 0.7$보다 작을 경우 파동저항의 영향이 미약하므로 보정은 포텐셜 및 마찰저항에 집중된다.

흔히 사용되는 보정은 그림 6.6에 나타낸 Lackenby[6.4]에 의한 것이다. 이는 다음의 Lackenby[6.5] 보정 공식에 해당된다.

$$\frac{\Delta V}{V} = 0.1242\left[\frac{A_M}{h^2} - 0.05\right] + 1 - \left[\tanh\left(\frac{gh}{V^2}\right)\right]^{0.5} \tag{6.4}$$

국제수조협회(ITTC)는 이 공식을 시운전 절차에 대한 보정으로 추천하고 있다(5.3절 참조).

더욱 빠른 속도에서는 침하량과 트림, 쇄파(wave breaking)와 여타의 비선형성으로 인해 간단한 천수 효과 보정은 불가능하다. [6.2, 6.3, 6.6] 및 [6.7]과 같은 실험적·이론적 데이터는 고속선 유형에 대해 보다 심각한 천수 효과 조건하에서 예상되는 저항 증가 및 선속 손실에 대한 지침을 제공하고 있다.

그림 6.6 및 식 (6.4)는 결과적으로 수로 폭이 무한대인 경우에 적용된다. 유한한 폭의 영향에 대한 데이터는 제한적이다. Landweber[6.8]는 실험을 수행하여 상이한 크기의 직사각형 수로들의 영향에 대한 보정산식을 개발하였다. 이에 대한 데이터는 [6.9]에

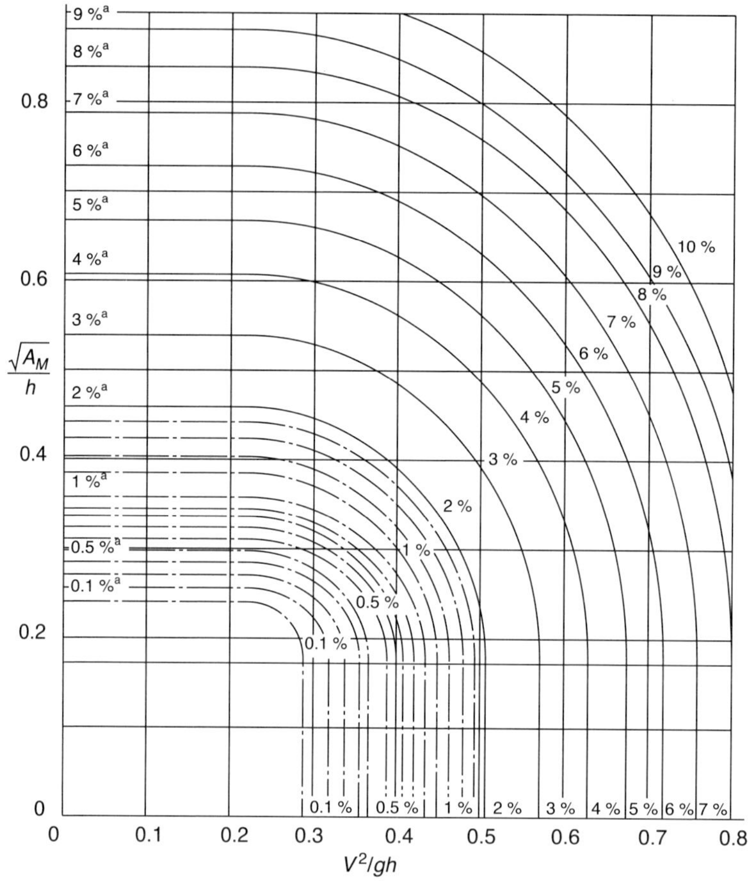

그림 6.6 천수에 의한 선속 감소[6.4].

나타나 있다. 데이터에 맞는 근사식은 다음과 같다.

$$\frac{V_h}{V_\infty} = 1 - 0.09\left[\frac{\sqrt{A_M}}{R_H}\right]^{1.5} \tag{6.5}$$

여기서 V_∞는 심수에서의 선속, V_h는 수심 h, 수로의 수력반경(hydraulic radius) R_H일 때의 선속이다. 수력반경은 수로의 단면적을 수로의 접수 둘레 길이(wetted perimeter)로 나눈 값으로서

$$R_H = bh/(b + 2h)$$

이다. 수로의 폭 b가 커지면 R_H는 h에 근접한다. 수로 속을 실선이나 모형선이 항주할 때의 수력반경은

$$R_H = (bh - A_M)/(b + 2h + p)$$

여기서 A_M은 선체 중앙 단면의 수선 하부 면적이고, p는 그 둘레 길이이다. R_H가 h와 같아지면(결과적으로 폭이 무한하면) 식 (6.5)는 $\sqrt{A_M}/h = 0.70$ 그리고 $V^2/gh = 0.36$(혹은 $Fr_h = 0.60$)까지의 조건에서 그림 6.6 및 식 (6.4)와 만족스러운 일치를 보인다.

예제: $L = 135$ m, $B = 22$ m이고 $T = 9.5$ m인 화물선이 있다. 주어진 동력에서 이 선박은 심수를 13 knots 속도로 항해한다. (a) 폭은 무한대, 수심 $h = 14$ m인 바다를 13 knots에서의 동력으로 항주할 때와, (b) 폭 200 m이고 수심 $h = 14$ m인 강을 8 knots에서의 동력으로 항주할 때의 속도 손실을 구하라. 추진효율 변화는 무시하라.

$$Fr = V/\sqrt{gL} = 13 \times 0.5144/\sqrt{9.81 \times 135} = 0.184$$
$$Fr_h = V/\sqrt{gh} = 13 \times 0.5144/\sqrt{9.81 \times 14} = 0.571$$
$$A_M = 22 \times 9.5 = 209 \text{ m}^2,\ \sqrt{A_M/h} = \sqrt{209/14} = 1.033$$
$$V^2/gh = (13 \times 0.5144)^2/(9.81 \times 14) = 0.325 \text{ 그리고 } gh/V^2 = 3.07$$

폭이 무한대인 바다:

식 (6.4)에서 속도 손실 $\Delta V/V = 0.126 = 12.6\%$, 속도 $= 11.4$ knots.
식 (6.5)에서 $R_H = h = 14$ m, $V_h/V_\infty = 0.906$ 혹은 $\Delta V/V = 9.4\%$, 속도 $= 11.8$ knots.

폭이 200 m인 강:

접수 둘레 길이 $p = (B + 2T) = 22 + (2 \times 9.5) = 41$ m
$R_H = (200 \times 14 - 209)/(200 + 2 \times 14 + 41) = 9.63$ m
$\sqrt{A_M}/R_H = \sqrt{209}/9.63 = 1.501$

식 (6.5)에서 $V_h/V_\infty = 0.834$ 혹은 $\Delta V/V = 16.6\%$, 속도는 8 knots에서 6.7 knots로 감소한다.

운하에 대한 차폐 효과 보정은 Dand[6.10]에 의해 개발되었다. 분석 및 실험은 경사진 제방 및 침수된 제방의 경우를 포함한다. 보정식은 복잡하지만, 폭과 수심의 변화 또는 둘의 조합이 변화하는 경우를 다루고 있다.

Hoffman 및 Kozarski[6.11]는 Strettensky[6.12]의 이론적 결과를 적용하여 임계속

도 영역을 포함하는 천수 효과 도표를 개발하였다. 그들의 결과는 발표된 모형선 데이터와 만족스러운 일치를 보이고 있다.

모형선 저항시험 결과를 보정하기 위해 개발된 차폐 효과 보정은 3.1.4절에 논의되어 있다.

6.4 스쿼트(Squat) 현상

천수 구역을 선박이 진행할 때 선박 밑의 유속 및 역류가 증가하여 압력이 떨어진다. 이로 인해 선체가 선수 혹은 선미 트림과 더불어 수직 방향으로 침강하는데, 이를 스쿼트 현상이라 한다. 천수 구역에서 너무 빨리 이동하면 선저 하부 통과 여유가 없어져 좌초할 수도 있다. 스쿼트에 대한 다양한 조사들이 수행되었다[6.13, 6.14]. Barrass 및 Derrett[6.15]는 강과 같은 제한된 수로에서의 최대 스쿼트 δ_{max}를 예측하는 다음과 같은 공식을 제안하였다.

$$\delta_{max} = \frac{C_B \times S_B^{0.81} \times V_S^{2.08}}{20} \text{ metres} \tag{6.6}$$

여기서 C_B는 방형계수, S_B는 선박 단면적 대 수로 단면적의 비인 차폐계수, V_S는 선속을 knots로 나타낸 수치이다.

최대 스쿼트는 $C_B > 0.700$이면 선수, $C_B < 0.700$이면 선미에서 일어난다.

식 (6.6)은 스쿼트 양을 예측하여 더 상세한 조사가 필요한지를 판단하는 일차적인 기준으로 사용할 수 있다.

> **예제:** 폭 40 m, 흘수 11 m, $C_B = 0.80$인 벌크선이 폭 200 m, 수심 14 m인 강을 5 knots 속도로 항주한다.
>
> $S_B = (B \times T)/(B_{RIV} \times h) = (40 \times 11)/(200 \times 14) = 0.157$
>
> $\delta_{max} = 0.80 \times 0.157^{0.81} \times 5^{2.08}/20 = 0.25$ m
>
> $C_B > 0.700$이므로 0.25 m의 스쿼트는 선수에서 일어난다.

Barrass[6.16]는 대형 정기여객선의 스쿼트를 대양 및 제한된 수로에서 계산하여 보고했는데, 제한된 수로에서의 스쿼트는 대양에서보다 2배 이상 커질 수 있다고 지적하고 있다.

6.5 파도 침식(Wave Wash)

선박이 운항하면서 일으키는 파도는 선박으로부터 멀어지면서 해안으로 전파된다. 그 과정에서 소형 선박이나 국지적 환경에 상당한 충격을 줄 수 있다. 이는 임계 수심 Froude 수 Fr_h = 1.0 부근에서 운항하는 선박에서 특히 중요한데, 그림 6.4와 같이 매우 높은 파도가 생성되기 때문이다. 임계 Froude 수는 고속 혹은 천수 운항 시 발생할 수 있다. 카페리 여객선은 비교적 얕은 수심에서 고속으로 운항하는 대표적인 선박이다. 파도 침식에 대한 포괄적인 정리는 ITTC[6.17]에 의해 수행되었고, 더욱 심화된 논의도 ITTC [6.18, 6.19]에서 찾을 수 있다.

파도 침식을 평가함에 있어서 다음이 필요하다.

- 선박 근방에서의 파고 예측.
- 파도의 전파 방향 예측.
- 선박과 해안, 혹은 선박과 관심 영역 사이에서 파고의 거리에 따른 감쇠율.

선박 항로로부터 선박 길이의 0.5배 내지 1.0배 떨어진 소위 근거리장(near field)에서의 파고는 실험 혹은 이론적 방법[6.20, 6.21, 6.22, 6.23, 6.24]으로 유도될 수 있다. 이와 같이 선형, 선속, 트림 및 운항 조건의 변화가 미치는 영향을 평가할 수 있다. 그림 6.2에 제시된 것과 같은 데이터로부터 파도의 전파 방향을 근사적으로 구할 수 있다. 파도의 감쇠와 관련하여 심수에서는 감쇠율을 Havelock의 이론적 감쇠 예측[6.25]으로 적절히 기술할 수 있다. 즉,

$$H \propto \gamma y^{-n} \tag{6.7}$$

여기서 H는 파고(m)이고, n 값은 가로파에 대해서는 0.5, 발산파에 대해서는 0.33을 사용한다. γ 값은 선박으로부터의 거리 y(m)에서의 초기 파고값 및 선박 속도의 함수로 실험적으로 구한다. 즉, 선박의 항로 부근에서 최대 파고를 측정하면 필요한 어떤 거리에서도 파고를 계산할 수 있다.

가로파는 발산파보다 빨리 감쇠됨에 주목할 필요가 있다. 선박으로부터 멀어지면서 가로파보다는 발산파가 두드러지게 관측된다. 그 결과로 원거리장에서는 발산파가 문제를 야기할 가능성이 높은 것으로 예측되어 왔다[6.26]. 일반적으로 심수에서 실제 발산파는 이론적인 예측과 매우 유사한 거동을 보이는 것으로 알려져 있다.

천수에서의 파의 거동은 더 복잡해져서 심수에서의 감쇠율은 더 이상 사용될 수 없다. 파의 주기 및 수심/배의 길이 비에 따라 식 (6.7)의 n 값은 0.2에서 0.4까지 변화

한다. 천수파($Fr_h > 1.0$인 초임계)의 감쇠율은 심수파보다 작아지기 때문에, 선박으로부터 정해진 거리만큼 떨어진 지점에서의 파고는 심수파($Fr_h < 1.0$인 아임계)의 해당되는 파고보다 크다(Doyle 등[6.27]). Robbins 등[6.28]은 수심 Froude 수를 달리하면서 감쇠율을 정하기 위한 실험을 수행하였다.

점점 더 많은 강, 항구 및 연안 관리 당국들이 파도 침식의 최대 허용 수준을 명시하고 있다. 이로 인해 해당 당국에서는 필요 시 선박의 속도 및 항로를 규제하는 조치를 취하고 있다. 따라서 파계를 평가할 수 있는 적절한 기준을 적용하는 것이 필요하다. 가장 흔히 사용되는 기준은 최대 파고 H_M이다. 이는 단순하면서 측정과 이해가 용이하고 선박 간의 비교 목적으로 활용 가능하다. [6.29]에서는 이 기준이 쇄파 직전의 파고에 기준을 두어야 한다고 주장하고 있다.

파도 전면에서의 에너지(E)도 평가 기준으로 사용할 수 있다. 에너지는 파고와 속도가 결합되어 있기 때문에 잠재적인 피해 효과를 표시하는 데 더 효과적일 수 있다. 심수에서 에너지는

$$E = \rho g^2 H^2 T^2 / 16\pi \tag{6.8}$$

로 주어지는데, H는 파고(m)이고 T는 주기(s)이다. 이 방법은 예를 들어 장주기파가 천수 영역으로 접근할 때보다 더 큰 피해를 입힐 수 있는 점을 감안한 것이다.

천수의 경우 에너지는

$$E = \rho g H^2 \lambda / 8 \tag{6.9}$$

로 주어지는데, $\lambda = (gT^2/2\pi)\tanh(2\pi h/L_W)$이고, h는 수심, L_W는 파장이다.

천수에서 대부분의 파도 에너지는 선박으로부터의 거리에 따른 감쇠율이 비교적 작은 장주기의 단일파에 들어 있다. [6.27]에서는 에너지만 사용된다면 개별적인 파고와 주기가 사라지기 때문에 천수에서 침식파를 기술할 때는 최대 파고 및 에너지를 모두 포함해야 한다고 지적하고 있다.

파도 침식의 영향을 제어하기 위해 선박의 속도나 항로를 규제하려면 절대적인 기준치를 적용해야 한다. 전형적인 경우는 예를 들어 특정 지점에서 최대 파고 280 mm를 요구한다든지[6.30], 혹은 수심 3 m, 주기 9 s인 파도에 대해 최대 파고 350 mm를 요구한다는[6.29] 식이다.

선박 운항 관점에서, 천수 운항이 빈번한 선박에는 그림 6.7과 같은 도표가 비치되는 것을 권장한다. 이는 특정 수심에서 임계속도보다 훨씬 높거나 낮은 영역의 선속을 지시한다. Phillips 및 Hook[6.31]는 운항 위험 문제를 다루면서 고속 상선에 대한 통행

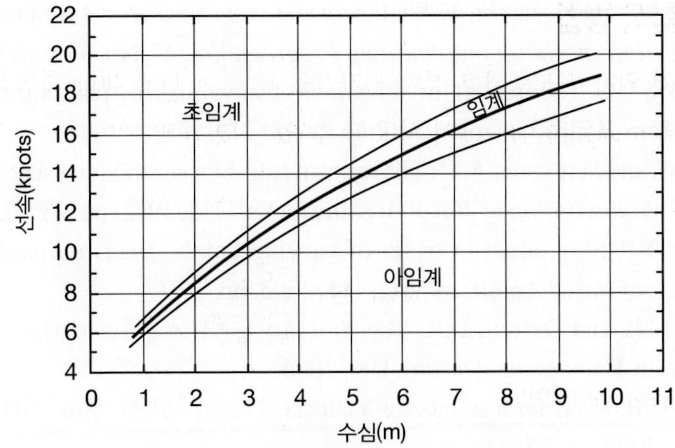

그림 6.7 아임계 및 초임계 운항 영역.

위험도 평가기법 개발의 개요를 서술하고 있다.

참고문헌(6장)

6.1 Lamb, H. *Hydrodynamics*. Cambridge University Press, Cambridge, 1962.

6.2 Molland, A.F., Wilson, P.A., Taunton, D.J., Chandraprabha, S. and Ghani, P.A. Resistance and wash measurements on a series of high speed displacement monohull and catamaran forms in shallow water. *Transactions of the Royal Institution of Naval Architects*, Vol. 146, 2004, pp. 97~116.

6.3 Millward, A. and Bevan, M.G. The behaviour of high speed ship forms when operating in water restricted by a solid boundary. *Transactions of the Royal Institution of Naval Architects*, Vol. 128, 1986, pp. 189~204.

6.4 Lackenby, H. The effect of shallow water on ship speed. *Shipbuilder and Marine Engine Builder*, Vol. 70, 1963.

6.5 Lackenby, H. Note on the effect of shallow water on ship resistance. BSRA Report No. 377, 1963.

6.6 Millward, A. The effect of shallow water on the resistance of a ship at high sub-critical and super-critical speeds. *Transactions of the Royal Institution of Naval Architects*, Vol. 124, 1982, pp. 175~181.

6.7 Millward, A. Shallow water and channel effects on ship wave resistance at high sub-critical and super-critical speeds. *Transactions of the Royal Institution of Naval Architects*, Vol. 125, 1983, pp. 163~170.

6.8 Landweber, L. Tests on a model in restricted channels. EMB Report 460, 1939.

6.9 Comstock, J.P. (Ed.) *Principles of Naval Architecture*, SNAME, New York, 1967.

6.10 Dand, I.W. On ship-bank interaction. *Transactions of the Royal Institution of Naval Architects*, Vol. 124, 1982, pp. 25~40.

6.11 Hofman, M. and Kozarski, V. Shallow water resistance charts for preliminary vessel design. *International Shipbuilding Progress*, Vol. 47, No. 449, 2000, pp. 61~76.

6.12 Srettensky, L.N. Theoretical investigations of wave-making resistance. (in Russian). Central Aero-Hydrodynamics Institute Report 319, 1937.

6.13 Dand, I.W. and Ferguson, A.M. The squat of full ships in shallow water. *Transactions of the Royal Institution of Naval Architects*, Vol. 115, 1973, pp. 237~255.

6.14 Gourlay, T.P. Ship squat in water of varying depth. *Transactions of the Royal Institution of Naval Architects*, Vol. 145, 2003, pp. 1~14.

6.15 Barrass, C.B. and Derrett, D.R. *Ship Stability for Masters and Mates*. 6th Edition. Butterworth-Heinemann, Oxford, UK, 2006.

6.16 Barrass, C.B. Maximum squats for Victoria. *The Naval Architect*, RINA, London, February 2009, pp. 25~34.

6.17 ITTC Report of Resistance Committee. *23rd International Towing Tank Conference*, Venice, 2002.

6.18 ITTC Report of Resistance Committee. *24th International Towing Tank Conference*, Edinburgh, 2005.

6.19 ITTC Report of Resistance Committee. *25th International Towing Tank Conference*, Fukuoka, 2008.

6.20 Molland, A.F., Wilson, P.A., Turnock, S.R., Taunton, D.J. and Chandraprabha, S. The prediction of the characteristics of ship generated near-field wash waves. *Proceedings of Sixth International Conference on Fast Sea Transportation, FAST'2001*, Southampton, September 2001, pp. 149~164.

6.21 Day, A.H. and Doctors, L.J. Rapid estimation of near- and far-field wave wake from ships and application to hull form design and optimisation. *Journal of Ship Research*, Vol. 45, No. 1, March 2001, pp. 73~84.

6.22 Day, A.H. and Doctors, L.J. Wave-wake criteria and low-wash hullform design. *Transactions of the Royal Institution of Naval Architects*, Vol. 143, 2001, pp. 253~265.

6.23 Macfarlane, G.J. Correlation of prototype and model wave wake characteristics at low Froude numbers. *Transactions of the Royal Institution of Naval Architects*, Vol. 148, 2006, pp. 41~56.

6.24 Raven, H.C. Numerical wash prediction using a free-surface panel code. *International Conference on the Hydrodynamics of High Speed Craft, Wake Wash and Motion Control*, RINA, London, 2000.

6.25 Havelock, T.H. The propagation of groups of waves in dispersive media, with application to waves produced by a travelling disturbance. *Proceedings of the Royal Society, London, Series A*, 1908, pp. 398~430.

6.26 Macfarlane, G.J. and Renilson, M.R. Wave wake–a rational method for assessment. *Proceedings of International Conference on Coastal Ships and Inland Waterways* RINA, London, February 1999, Paper 7, pp. 1~10.

6.27 Doyle, R., Whittaker, T.J.T. and Elsasser, B. A study of fast ferry wash in shallow water. *Proceedings of Sixth International Conference on Fast Sea Transportation, FAST'2001*, Southampton, September 2001, Vol. 1, pp. 107~120.

6.28 Robbins, A., Thomas, G., Macfarlane, G.J., Renilson, M.R. and Dand, I.W. The decay of catamaran wave wake in deep and shallow water. *Proceedings of Ninth International Conference on Fast Sea Transportation, FAST'2007*, Shanghai, 2007, pp. 184~191.

6.29 Kofoed-Hansen, H. and Mikkelsen, A.C. Wake wash from fast ferries in Denmark. *Fourth International Conference on Fast Sea Transportation, FAST'97*, Sydney, 1997.

6.30 Stumbo, S., Fox, K. and Elliott, L. Hull form considerations in the design of low wash catamarans. *Proceedings of Fifth International Conference on Fast Sea Transportation, FAST'99*, Seattle, 1999, pp. 83~90.

6.31 Phillips, S. and Hook, D. Wash from ships as they approach the coast. *International Conference on Coastal Ships and Inland Waterways*. RINA, London, 2006.

CHAPTER

7

저항 성분의 측정

7.1 배경

모형선의 저항 성분을 실험적으로 정확히 측정하는 것은 좋은 실험 시설을 사용할 수 있는가에 달려 있다. 보통 실험 시설이라 하면 예인수조, 공동수조, 회류수조 및 풍동을 가리킨다. 적절한 실험기법 및 불확실성 해석은 국제수조협회(ITTC)의 절차 및 지침에 포함되어 있다[7.1]. 선체 형상의 저항을 이해하는 데에는 두 가지 접근 방식이 있다. 첫 번째 방법은 선체 표면에 작용하는 힘을 직접 측정하는 것이고, 두 번째 방법은 선박에서 떨어진 지점에서 선체저항에 의해 유발된 압력 및 유속의 변화를 조사하는 것이다. 어떤 방법을 사용하든 모형선 전체에 작용하는 힘 혹은 모멘트를 구할 수 있다. 이 장은 주로 모형선에서 압력, 유속 그리고 전단응력을 측정하기 위해 적용되는 실험 방법을 고려한다. 이를 적용할 때는 분석과정 전 단계에서 불확실성을 정량화할 수 있도록 체계적인 방식으로 측정을 수행해야 한다. 최적의 실천 방법에 대한 지침은 Coleman 및 Steele의 교

표 7.1 선박 저항 측정과 관련된 ITTC 절차들

절 번호	권장 절차의 제목
7.5-01-01-01	선박 모형
7.5-02-02-01	저항시험
7.5-02-05-01	저항시험: 고속선
7.5-02-01-02	실험유체역학(EFD)에 있어서의 오차 분석: 저항 예인시험을 위한 지침

재[7.2], 국제표준협회(ISO)의 권장 절차[7.3] 혹은 표 7.1에 명시된 ITTC의 해당 절차에서 찾아볼 수 있다.

일반적으로 모형선이 커질수록(축척비가 작아질수록) 유동은 일정해지고, 실험 시설이 클수록 측정의 불확실성은 줄어든다. 공동수조, 회류수조와 풍동 같은 시설은 일정한 유동이 발생되기 때문에 선체 주위 위치별 측정에 적합하다. 반면 예인수조는 모형선 전체에 작용하는 힘과 모멘트를 획득하거나 선수파 혹은 선미파와 선체 사이의 비정상적(unsteady) 상호작용을 수집하는 직접적인 수단을 제공한다.

7.2 물리적 측정의 필요성

선박 저항의 다양한 성분을 직접 실험적으로 결정하기 위해 많은 노력이 경주되어 왔다. 이는 다음 세 가지 기본적 이유 때문이다.

(1) 물리적 기전을 더 잘 이해하기 위해.
(2) 보다 정확한 축척 절차를 구성하기 위해.
(3) 어떤 저항 성분을 최소화하거나 보다 효율적인 선형을 도출하거나 하는 이론적 방법을 뒷받침하기 위해.

사용되는 실험 방법은 다음과 같다.

(a) 점성저항을 결정하기 위해 반류를 가로질러 총 수두 손실을 측정.
(b) 경계층 내의 속도분포 측정.
(c) ‘표면 마찰’ 저항을 측정하기 위해 프레스톤 관을 사용한 벽면 전단응력 측정.
(d) ‘압력’ 저항을 결정하기 위한 표면 압력분포의 측정.
(e) ‘파형’ 저항(쇄파를 포함하는 ‘조파’ 저항과는 다름)을 결정하기 위해 선체에 의해 생성되는 파형의 측정.
(f) 모형선 주위 유동의 기본적인 특성을 결정하기 위해 털실, 중성 부력 입자, 염료 및 페인트 띠 등을 사용한 유동 가시화(flow visualization) 관찰법. 특히 유동박리 효과를 관찰하는 데 관심이 있다.

총 저항은 다음 세 가지 기본적 원인 중 하나와 연계된 물리적으로 구분 가능한 여러 가지 저항 성분으로 분류된다.

(1) 경계층 성장

(2) 조파 현상

(3) 선체 후방의 와류 구조에 의한 저항 증가

3장 3.1.1절에서 논의한 바와 같이 선체저항의 성분을 고려할 때 선박의 총 저항은 명백히 선체 각 위치에 작용하는 힘, 다시 말해 접선 방향과 수직 방향의 힘으로 분해하거나(접선 방향 힘의 합 = 마찰저항이며, 수직 방향 힘을 합하면 압력저항이 된다), (파도 및 반류에서의) 에너지 소산을 측정하여 결정한다.

그러므로 실험적으로 결정된 성분은 다음과 같이 요약된다.

1. 전단응력(마찰) 항력
+
2. 압력항력 } 작용하는 힘

3. 점성 반류(총 점성저항)
+
4. 파형저항 } 에너지 소산

7.3 저항 성분의 물리적 측정

7.3.1 표면 마찰저항

선체 표면을 흐르는 전단유동은 경계층 바깥의 유동 방향으로 작용하고 크기는 물의 점성계수 및 표면에 수직한 방향의 속도 구배(velocity gradient)와 비례하는 힘을 발생하는데, 상세한 사항은 부록 A1.2를 참조하라. 이 힘을 측정하려면 크기가 충분히 작아서 유체 흐름을 방해하지 않으면서도 표면에 평행한 힘을 감지할 수 있는 기구가 필요하다.

7.3.1.1 직접계측 방법

이 방법은 그림 7.1에 도시한 것과 같이 설치된 부위 표면과 동일한 높이의 가동부를 갖는 변환기를 사용한다. 접선 방향 힘인 전단력에 따라 가동부의 미세한 변위가 달라진다. 검정과정을 거쳐 전압과의 관계식이 결정된 변위를 측정하기 위해 다양한 기술이 사용될 수 있다. 미소기전시스템(microelectromechanical system: MEMS) 기술[7.4]의 발달과 무선 데이터 전송이 가능해지면서 이와 같은 측정은 더욱 매력적인 방법이 되고 있다. 이 방법은 경계층 유동 내의 상태에 대해 아무런 전제조건을 내세우지 않기 때문에 가장 효율적이다. 선체 표면의 곡률이 커질 수 있기 때문에 평면형 변환기를 설치하면 표면에 불연속면

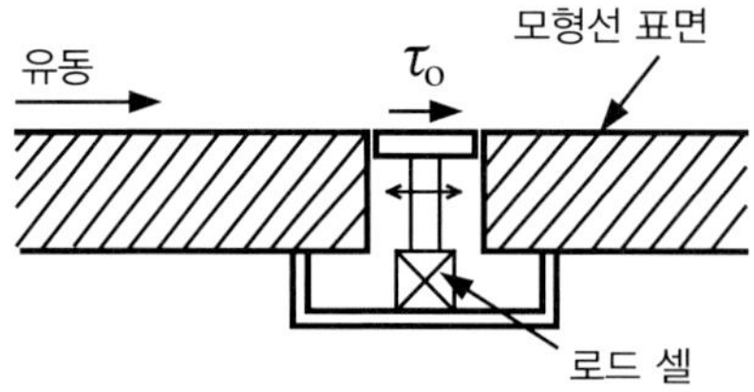

그림 7.1 표면 마찰저항 직접 측정용 센서의 개략적인 배치.

이 생길 수 있다. 마찬가지로 흐름 방향으로 압력 구배가 큰 경우에는 가동부와 주변 벽면 사이 양쪽 간극 내의 압력이 달라지기 때문에 변환기를 이용한 측정에 오차가 발생한다.

풍동실험에서는 얇은 기름 막에 광학식 간섭계 기술을 적용하여 기름 막의 두께를 측정함으로써 변화하는 전단응력을 측정할 수 있다[7.5].

7.3.1.2 간접계측 방법

벽면에서의 전단응력, 즉 표면 마찰을 추정하기 위해 여러 방법들이 경계층 유동의 알려진 특성들을 이용한다[7.4, 7.5]. 이러한 방법들은 모두 속도분포를 알고 있고 측정 대상인 선체 표면 주위 경계층 유동과 충분히 유사한 경계층 유동에서 적절한 검정(calibration) 과정을 거쳐야 한다.

(1) 열막 풍속계(Hot-Film Probe)

이 센서는 그림 7.2와 같은데, 물체 표면에 부착될 때 유동에 노출된 백금 막의 온도를 일정하게 유지하기 위해 필요한 전류를 측정한다. 이와 같은 기구는 시간적인 응답이 충분히 민감해서 빠르게 변화하는 난류유동 측정에도 사용 가능하다. 이 방법은 수온 변화와 물체 표면의 기포 형성에 민감하다. 이 센서는 유동의 방향은 구분하지 못하고 한 지점에서의 총 마찰저항만 측정할 수 있다. 유동의 방향을 결정하여 마찰의 앞뒤 작용 방향을 유추하려면 추가적인 실험이 필요하다. 검정과정은 어려운데, 사각형 덕트 내에서 정해진 거리 동안의 압력 강하를 정확히 계측하고, 이를 마찰력과 동일하게 놓는다. 검정과정을

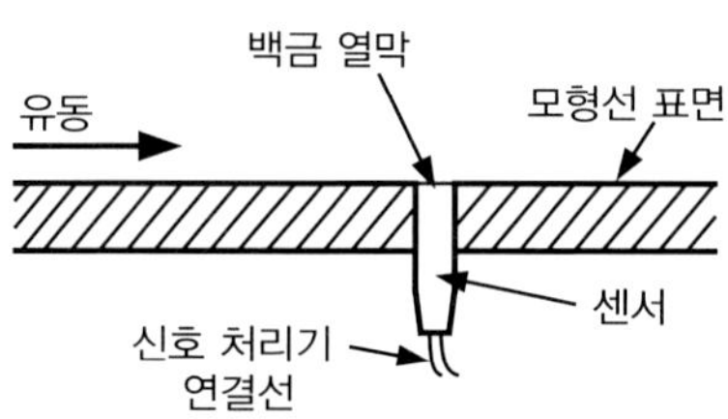

그림 7.2 열막(hot-film) 센서.

아래 프레스톤 관에 대해 기술하였다. 이 방법은 압력 구배에 비교적 둔감하기 때문에 역압력 구배나 선미에서 박리가 일어나는 모형선에 적당하다. 센서는 작고 그림 7.2처럼 선체 표면과 일체가 되도록 설치할 수 있다. 열막은 재료 표면의 변형률을 측정하는 스트레인 게이지와 유사한 형상으로도 만들어져 표면에 부착될 수 있다. 그림 7.3에 표면 부착된 열막 센서의 적용 사례를 도시하였다. 이 경우는 조정 경기정 선체에서 층류-난류 천이를 감지하기 위해 사용된다.

(a)

(b)

그림 7.3 조정 경기정 선체에서의 층류-난류 천이 지점을 결정하기 위한 표면 장착 열막의 응용 예 (WUMTIA 사진 제공).

(2) 스탠톤 관(Stanton Tube)

스탠톤 관은 칼날처럼 얇은 피토 관으로서 경계층의 점성 저층 내에 놓이는데, 점성 저층은 부록 A1.6을 참조하라. 물체 표면으로부터의 거리는 두께 게이지(feeler gauge)로 측정한다. 표면의 굴곡과 물속의 오염물을 고려해야 하는 모형선 시험에 사용하기에는 표면과의 간격이 너무 작다. 이 방법은 풍동시험에 더욱 적합하다.

(3) 프레스톤 관(Preston Tube)

프레스톤 관의 배치는 그림 7.4와 같다. 피토 관(Pitot tube)은 전압(total pressure) P_T와 정압(static pressure) P_0 사이의 차이를 측정하여 속도로 변환한다. 만약 관이 선체 표면과 접촉한다면 벽면에서의 속도는 0이므로 관의 중심부에서 측정되는 속도는 표면에서의 속도 구배, 즉 표면 전단응력과 직결된다. 이 원리는 1950년대 초반 Preston 교수가 처음 사용하였다.

경계층 내부 영역에서의 유속분포는 다음과 같다.

$$\frac{u}{u_\tau} = f\left[\frac{yu_\tau}{\nu}\right] \tag{7.1}$$

이는 내부 속도 법칙, 더 흔하게는 '벽법칙'이라 불리는데, 마찰속도 $u_\tau = (\frac{\tau_0}{\rho})^{1/2}$과 벽면에서의 마찰저항 $\tau_0 = \mu\frac{du}{dy}$으로 결정되며 다음과 같은 로그 속도 법칙이 잘 알려져 있다.

$$\frac{u}{u_\tau} = A\log\left[\frac{yu_\tau}{\nu}\right] + B \tag{7.2}$$

식 (7.1)이 성립하는 내부 영역에서 유동의 물리량은 오직 ρ, ν, τ_0와 적절한 길이 척도에만 의존한다. 즉, 단면이 원형이고 외경이 d인 피토 관이 표면과 접촉한 상태에서 완전히 '내부 영역'에 잠겨 있다면, 전압 P_T와 정압 P_0의 차는 반드시 ρ, ν, τ_0와 d에만 의존해야 한다. 여기서 τ_0 = 벽면에서의 전단응력, ρ = 유체의 밀도, ν = 동점성계수,

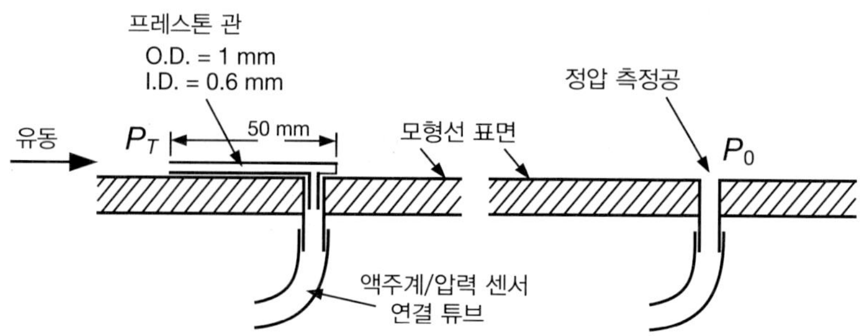

그림 7.4 프레스톤 관의 배치.

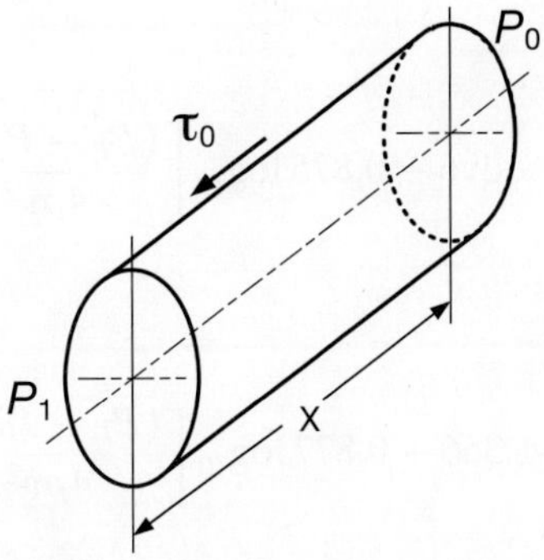

그림 7.5 두 측정점 사이에 알려진 정압 강하가 일어나는 검정 관.

d = 프레스톤 관의 외경이다.

관의 외경(d)은 경계층 내부 영역(경계층 두께의 대략 10% 혹은 그 이하)에 들어갈 수 있을 정도로 작아야 함을 명심하라.

차원해석법으로부터 다음 변수

$$\frac{(p_T - p_0)\,d^2}{\rho\nu^2} \quad \text{및} \quad \frac{\tau_0 d^2}{\rho\nu^2}$$

가 무차원이고, 따라서 프레스톤 관의 검정은 다음 공식에 기반한다.

$$\frac{\tau_0 d^2}{\rho\nu^2} = F\left[\frac{(p_T - p_0)\,d^2}{\rho\nu^2}\right]$$

프레스톤 관의 검정은 보통 완전발달된 난류유동이 흐르는 관 속에서 이루어진다. 벽면에서의 전단응력은 그림 7.5와 같이 파이프 길이 방향의 정압 구배로부터 계산된다.

$$(p_1 - p_0)\,\frac{\pi D^2}{4} = \tau_0 \pi D x$$

여기서 D는 관의 직경이고 다음과 같다.

$$\tau_0 = \frac{(P_1 - P_0)}{x} \cdot \frac{D}{4} = \frac{D}{4} \cdot \frac{dp}{dx} \tag{7.3}$$

Preston의 원래 검정식은 다음과 같다.

파이프 내:

$$\log_{10}\frac{\tau_0 d^2}{4\rho\nu^2} = -1.396 + 0.875\log_{10}\left[\frac{(P_T - P_0)\,d^2}{4\rho\nu^2}\right] \tag{7.4}$$

평판:

$$= -1.366 + 0.877\log_{10}\left[\frac{(P_T - P_0)\,d^2}{4\rho\nu^2}\right] \tag{7.5}$$

그러므로 P_T와 P_0를 추정할 수 있으면 τ_0를 계산하고 다음 국소 마찰응력계수를 얻는다.

$$C_f = \frac{\tau_0}{\frac{1}{2}\rho U^2}$$

여기서 U는 모형선의 속도(국부적인 속도 아님)이다. 프레스톤 관의 검정에 대한 심화된 정보는 Patel[7.6]을 참조하라.

National Physical Laboratory(NPL)에서 프레스톤 관을 사용하여 모형선의 표면 마찰응력을 측정한 결과는 Steele 및 Pearce[7.7]와 Shearer 및 Steele[7.8]에 기술되어 있다. [7.7]과 [7.8]에 따르면 프레스톤 관 사용에 관한 관찰결과는 다음과 같다.

(a) 측정은 마찰의 절대적인 측정값을 구한다기보다는 경향을 결정하기 위함이다. 실험적인 정확도는 대략 ±5% 이내이다.

(b) 순압력 구배(favorable pressure gradient)에서는 '벽법칙'으로부터 벗어날 수 있으므로 압력 구배에 민감하다.

(c) 검정식은 난류에서만 유효하다. 따라서 선수로부터 완전난류 상태에 도달하기까지의 거리가 중요하다.

(d) 이상적으로는 프레스톤 관의 전압과 정압이 동시에 측정되어야 하지만 실질적으로는 불편하다. 따라서 따로따로 측정할 경우 동일한 조건이 재현되도록 주의해야 한다.

(e) 이런 형태의 실험에서 경험되는 작은 압력차를 측정하는 데 어려움이 있다.

(f) 마찰응력을 측정하기에 앞서 털실 혹은 표면의 잉크 띠를 사용한 유동 방향 실험이 선행될 필요가 있다. 최대의 마찰응력을 측정하기 위해 각 측정 지점에서 프레스톤 관을 유동 방향으로 정렬해야 한다.

(g) NPL에서는 물이 흐르는 관 유동에서 검정을 실시했는데, Preston의 검정식과 유사한 결과를 얻었다.

그림 7.6은 유조선에 대한 측정결과[7.8]를 도시하고 있다. 그림 7.6의 국소 마찰응

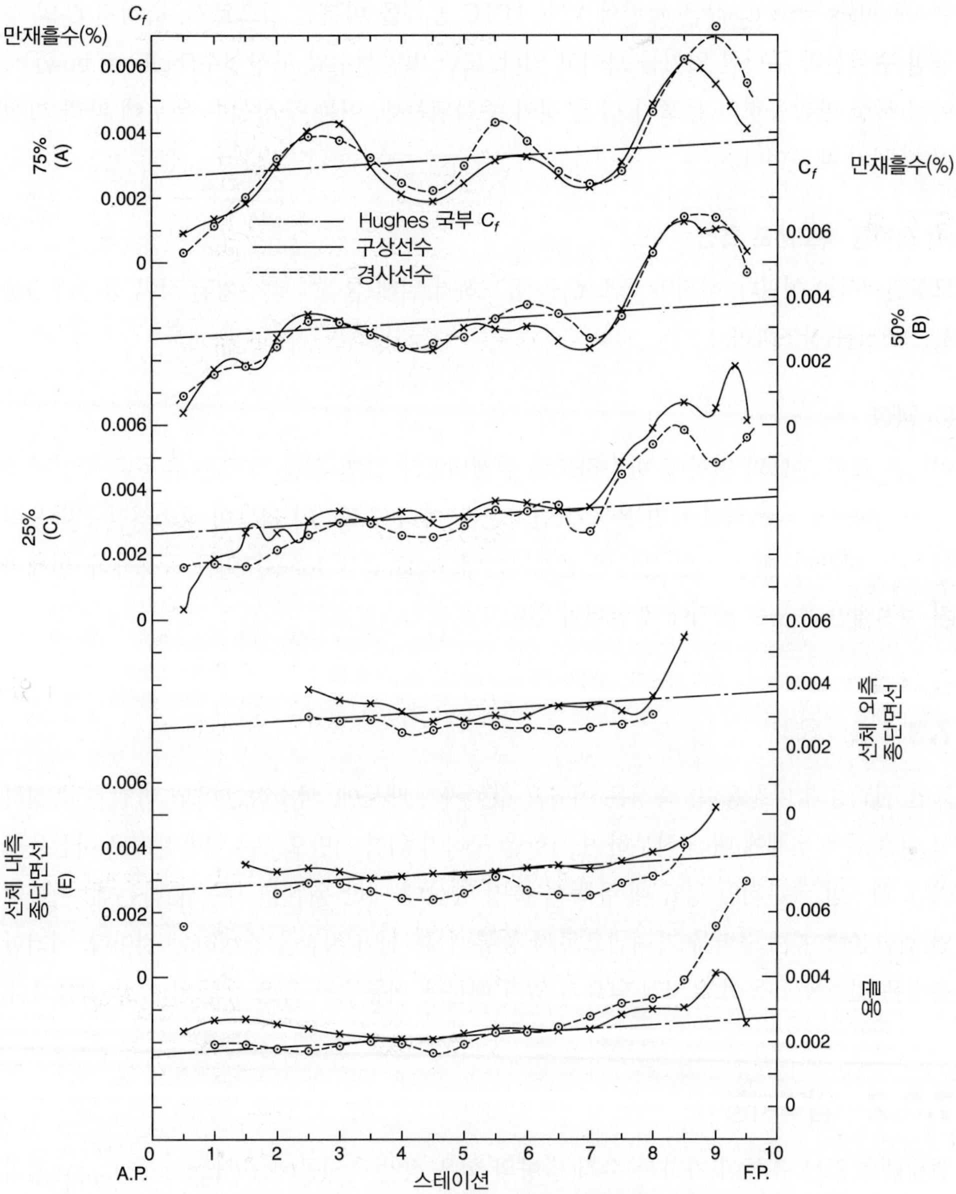

그림 7.6 유조선 모형에서의 표면 마찰응력 분포.

력계수 C_f는 측정 지점의 속도가 아닌 모형선 선속으로 무차원화된 것이다. 물결 모양의 C_f 측정결과는 선체 표면 파형과 밀접하게 대응되는데, 역전된 것이다. 즉, 파저(wave trough)에서 C_f가 커지고 파정(wave crest)에서 C_f가 낮아진다. 따라서 C_f 변화는 주로 파도에 의한 국부적인 속도 변화에 기인한다. 수심이 깊어지면 파도의 궤도운동이 작아져서 C_f 측정값의 기복이 줄어든다.

Hughes 국소 C_f 값은 평판에 대한 ITTC 공식을 미분한 것으로서, 측정된 C_f의 평균선 추세선과 뚜렷한 일치를 보이고 있다. 또한 일반선수와 구상선수(bulbous bow) 사이에 국소 마찰응력의 분포가 다른 것이 주목되는데, 이는 구상선수 유무에 따라 파형이 바뀌기 때문이다.

(4) 경계층 속도분포 측정

모형선에서는 어렵다. 하지만 국소 C_f를 유도하기 위해 실선에서 수행된 적이 있는데, 3장 3.2.3.6절을 참조하라.

(5) 액정

이것은 표면 온도의 변화에 반응하도록 설계되었다. 표면 위를 흐르는 유동은 열전달량을 조절하므로 국소적인 표면 온도가 변화한다. 따라서 표면의 색상이 국소적인 전단응력에 따라 바뀐다. 이는 표면 온도와 관계되는데, Ireland 및 Jones[7.9]를 참조하라. 현재까지 실질적인 응용은 공기에 제한되어 있다.

7.3.1.3 요약

표면 전단응력(마찰응력) 측정은 어렵고 값비싸기 때문에, 국소적인 표면 마찰을 측정하고 이를 물체 전체에 대해 적분하여 저항을 구하기 위한 기반으로는 일반적으로 비실용적이다. 하지만 국부적인 영역 내 유동의 특정 양상에 대한 통찰을 가능케 하는데, 이를테면 전단응력이 큰 구역을 가려냄으로써 층류-난류 천이 지점을 결정하는 것이다. 이러한 측정은 일정한 유동이 유지될 필요가 있기 때문에 회류수조 혹은 풍동이 가장 적합하다.

7.3.2 압력저항

선체를 흐르는 유동이 가하는 수직 방향의 힘은 정압 측정공(static pressure tapping)과 압력 변환기로 측정 가능하다. 앞뒤 방향 힘을 충분히 상세하게 구분해 내기 위해서는 보통 300~400개의 정압 측정공을 수선(waterline)을 따라 선체에 배치하는 것이 요구된다. 그림 7.7(a)처럼 각 측정공은 내경 1~1.5 mm 정도의 튜브를 선체 표면으로 관통하여 설치한다. 튜브는 보통 황동으로 제작되어 선체에 접착된 후 선체 표면과 일체가 되도록 사포로 연마한다. 선체 안쪽에서 직경이 더 큰 PVC 튜브를 끼워 적절한 압력계 집단 혹은 다채널 스캐닝 압력 변환기로 연결한다. 모형선 내부에 적은 수의 튜브를 사용하지만 시험 주행이 더 많이 필요한 대안은 그림 7.7(b)의 경우로서, 표면에 수선을 따라 홈을 가공

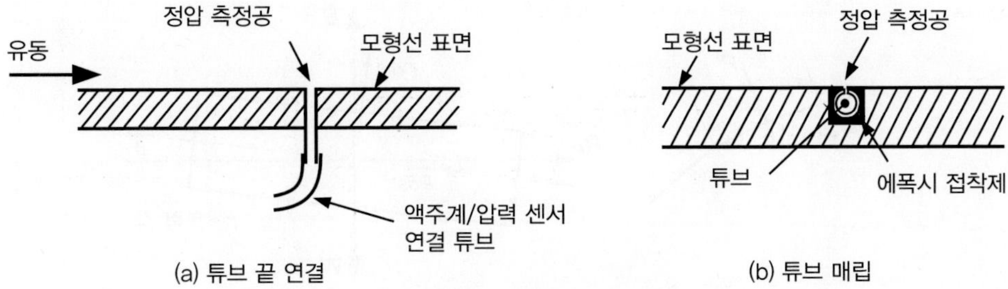

그림 7.7 표면 압력 측정을 위한 대안적 배치.

하고 튜브를 설치한 다음 뒤 공간을 에폭시로 메운 것이다. 튜브를 따라 여러 개의 구멍을 드릴로 뚫고 하나만 열어놓은 다음 나머지는 테이프로 막는다.

물이 채워진 튜브를 이용한 압력 측정은 튜브 내에 기포가 없는 것을 확인하는 것이 어렵다는 점으로 악명 높다. 보통 튜브를 물에 담근 다음 물을 채우기 위한 펌프를 사용하거나 공기가 물에 용해될 때까지 충분한 시간을 기다리는 것이 필요하다. 기포가 남아 있다면 공기의 압축성 때문에 모형 표면의 압력이 측정기기까지 정확히 전달되지 않는다.

이러한 측정을 서술하는 참고문헌에는 풍동실험에 대해 Shearer 및 Cross[7.10], Townsin[7.11], Molland 및 Turnock[7.12, 7.13]이 있다. 물에서는 모형선이 파도로 인한 운동을 할 때 문제가 발생하는데, 예를 들어 파저에 위치한 압력 측정공이 물 밖으로 노출될 수 있다. 따라서 수선에 가까운 모형 상부에서 압력을 격막(diaphram)/전기식 압력계로 측정하여 튜브를 사용하는 시스템과 비교해야 할 수도 있다. 그러한 전자식 압력 센서[7.4]는 방수이고 온도의 급격한 변화에 충분히 민감해야 한다[7.14].

다음과 같은 필요성과 관련하여 기본적으로 실험에 어려움이 있다.

(a) 선체에 작용하는 힘의 분력을 구하기 위해 선체 트림 β를 매우 정확하게 측정.
(b) 압력을 적분하기 위한 파고 측정.

그림 7.8에서 길이 방향 힘(항력)은 $Pds \cdot \sin\theta = Pds'$이다. 마찬가지로 수직 방향 힘은 Pdv'이다. 수평 방향 힘은

$$R_p = \int Pds' \cos\beta + \int Pdv' \sin\beta \tag{7.6}$$

수직 방향 힘은

$$R_v = \int Pds' \sin\beta - \int Pdv' \cos\beta = W\,(= -B) \tag{7.7}$$

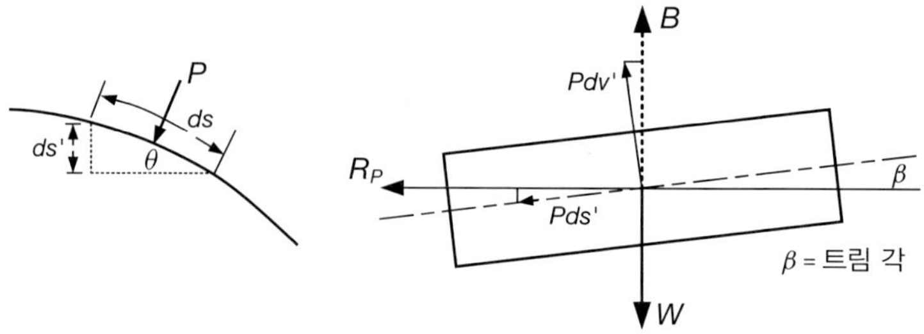

그림 7.8 표면 압력 측정.

식 (7.7)로부터

$$\int P dv' = \int P ds' \tan\beta - W/\cos\beta$$

그리고 식 (7.6)에 대입하면

$$\text{수평 방향 전체 합력} = \int P ds' (\cos\beta + \sin\beta\tan\beta) - W\tan\beta \tag{7.8}$$

W가 크기 때문에 트림 β를 정확하게 측정하는 것이 중요한데, 아마도 모형선의 양쪽 끝에 예를 들어 선형변위 전압계(linear displacement voltmeter)를 사용하는 것이 필요할 것이다.

데이터를 분석할 때, 그림 7.9와 같이 특정한 수선을 따라 위치한 압력 측정공에 대해 압력을 중앙 단면에 투영한다. Pds' 값을 적분하면 총 압력저항을 구할 수 있다.

유조선 선형에 대한 국소 압력 측정결과[7.8]를 적분하여 총 압력저항을 구했는데, 국소 C_f 값을 적분하여 총 마찰저항을 구하는 것과 같은 개념이다. 파형저항 및 총 저항 측정도 수행되었는데, 7.3.4절을 참조하라. 이 유조선 선형에 대한 총 저항의 성분별 구분 결과를 그림 7.10에 나타내었다.

그림 7.10에 주어진 성분별 저항 분석결과에 대해 다음과 같은 논평이 가능하다.

(1) 측정된 압력저항과 마찰저항을 더하면 측정된 총 저항값과 만족스러운 일치를 나타낸다.
(2) 유조선에 대한 파형저항은 작다(총 저항의 6%).
(3) 측정된 마찰저항계수 C_F는 ITTC 추정치와 유사한데, Froude 수에 따른 약간의 변화, 다시 말해 저항계수 곡선에 기복이 나타난다.
(4) 선형이 C_F에 약간의 영향을 미치는데, 선형 변화에 기인한 C_F의 변화량은 5% 정도이다. 변화는 주로 선수부에서 일어난다.

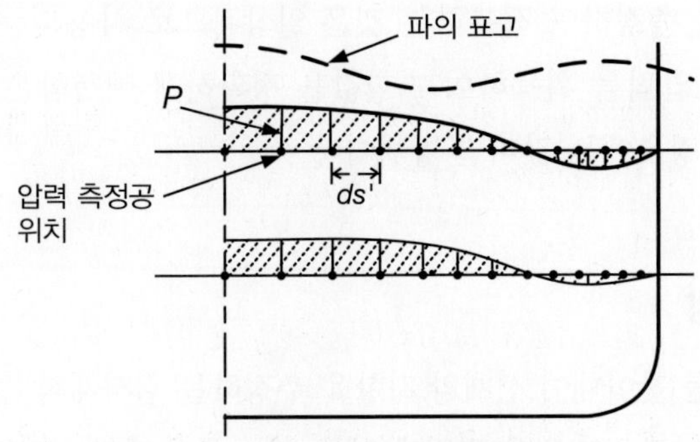

그림 7.9 중앙 횡단면에 투영된 압력분포.

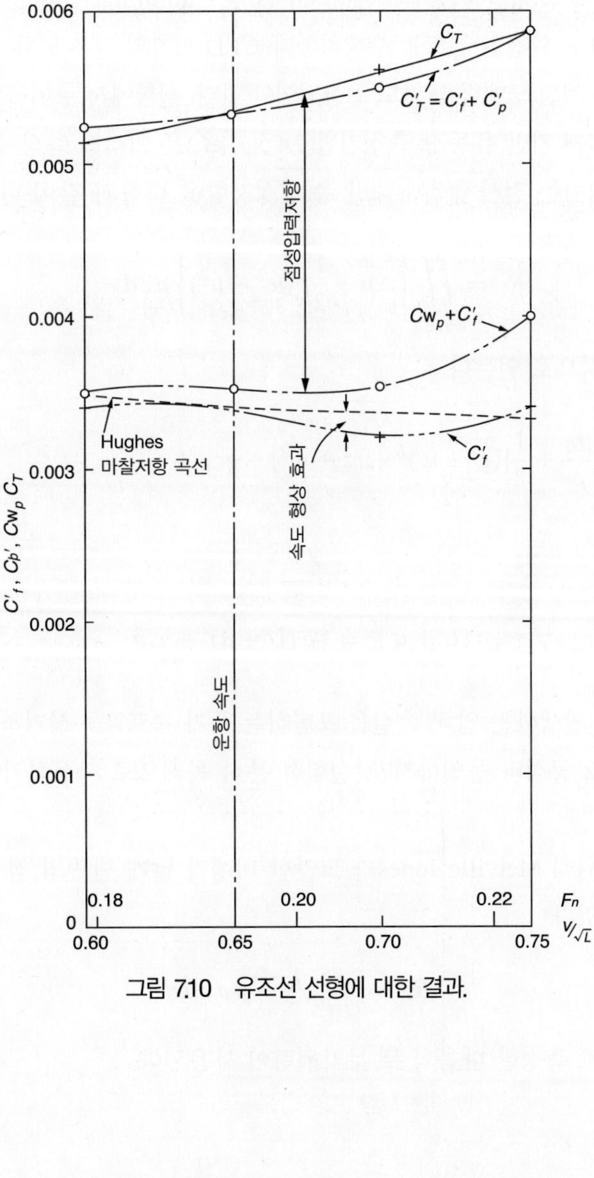

그림 7.10 유조선 선형에 대한 결과.

요약하면 압력을 측정하여 적분하는 것은 일상적으로 사용되는 절차는 아니다. 충분한 수의 지점에서 압력을 획득하여 저항값을 정확하게 예측함은, 특히 비슷한 크기의 두 양을 빼야 할 경우에는 값비싼 방법이다.

7.3.3 점성저항

유체의 모멘텀 변화를 찾아내어 선체의 저항을 추정하는 검사체적 접근법은 전단응력과 압력의 직접 평가와 비교하여 많은 장점이 있다. 이는 풍동에서 공기저항을 측정할 때 널리 응용되고 있다. 최근에는 전산유체역학(CFD)에서 물체 표면의 격자 배치에 덜 민감한 것으로 알려졌는데[7.15], 9장을 참조하라. Giles 및 Cummings[7.16]는 검사체적에서 모든 적절한 항에 대한 완전한 유도를 수행하였다. CFD 평가의 경우 난류 후류의 Reynolds 평균 응력 항과 연계된 모멘텀 교환도 포함되어야 한다. 실험에서는 이들이 보통 무시되는데, 광학적인 레이저 기반 유동장 측정기법(7.4절 참조)은 이러한 측정이 가능하다.

3장의 식 (3.14)는 검사체적에 대한 총 점성저항을 다음과 같이 나타내고 있다.

$$R_V = \iint\limits_{\text{wake}} \left\{ \Delta p + \frac{1}{2}\rho(u'^2 - u^2) \right\} dz\,dy \tag{7.9}$$

Δp와 u'은 다음 식으로 얻는다.

$$\frac{p_B}{\rho} + \frac{1}{2}[(U + u')^2 + v^2 + w^2] + gz_B + \frac{\Delta p}{\rho} = \frac{1}{2}U^2 \tag{7.10}$$

그리고

$$\tfrac{1}{2}\rho\,(U + u')^2 = \tfrac{1}{2}\rho\,(U + u)^2 + \Delta p \tag{7.11}$$

u'은 유선을 따라 발생하는 압력 손실을 포함하는 등가 속도임을 상기하라. 이 식은 점성저항에 대한 Betz 공식과 동일하지만, 실험적 분석 목적으로 사용하기에는 일반적으로 덜 편리하다.

대안으로는 원래 Melville Jones가 고안한 비행기 날개 단면의 점성저항을 측정하는 다음 공식이 있다.

$$R_V = \rho U^2 \sqrt{g - p}\, dy\, dz \tag{7.12}$$

여기서 실험적으로 측정한 다음의 두 무차원량이 사용된다.

$$p = \frac{p_B - p_0}{\frac{1}{2}\rho U^2} \quad 및 \quad g = p + \left(\frac{U+u}{U}\right)^2$$

이는 선체 뒤에서 피토 관 배열 혹은 피토 관을 이동하면서 총 수두와 정압 손실을 측정함으로써 구할 수 있다.

7.3.3.1 Melville Jones 공식의 유도

점성응력은 관심 평면에서 무시할 정도로 가정하여 파동으로 유기되는 속도 성분과 같이 무시된다. 그림 7.11은 선박이 고정된 좌표계에서 선박 하류 측정면 1, 2 그리고 선속 U 및 교란되지 않은 정수압장 P_0로 특징되는 상류 측정면 0을 도시하고 있다. 먼 하류의 평면 2에서는 파동으로 인한 운동은 모두 무시할 수 있고 $P_2 = P_0$가 된다.

여기서는 평면 1과 2 사이의 유관(streamtube)을 따라 총 수두의 손실이 없어서(점성 혼합이 최소한이고) 총 수두가 $H_1 = H_2$로 일정하다고 가정한다. 유선/유관이 절대적으로 질서 정연하지는 않으므로 약간의 마찰 손실이 있어서 엄밀하게 보면 이는 옳지 않다. 그러면 총 점성저항 R_V는 평면 0과 2 사이의(두 지점 사이에 압력 손실이 없으므로) 모멘텀 변화율과 같다. 즉,

$$R_V = \rho \iint u_2(u - u_2)\, dS_2$$

(dS_2는 유관의 단면적이다.) 유관을 따라 질량이 보존되므로

$$u_1 dS_1 = u_2 dS_2$$

$$\therefore\ R_V = \rho \iint u_1(u - u_2)\, dS_1 \quad 측정면\ 1\ 상의\ 면적분$$

아래 관계식을 이용한다.

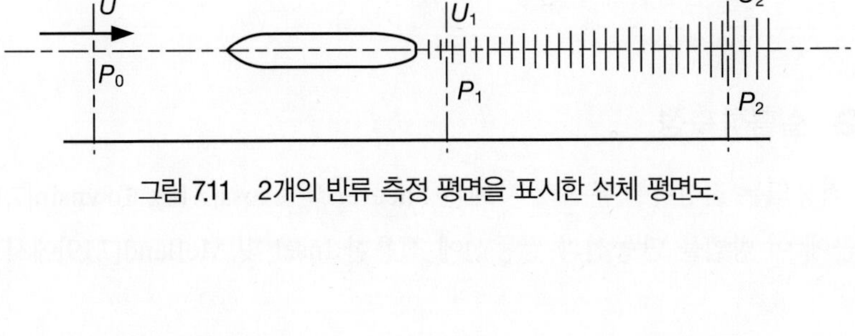

그림 7.11 2개의 반류 측정 평면을 표시한 선체 평면도.

$$H_0 = \tfrac{1}{2}\rho u^2 + P_0$$

$$H_2 = \tfrac{1}{2}\rho u_2^2 + P_2 = \frac{1}{2}\rho u_2^2 + P_0 = \tfrac{1}{2}\rho u_1^2 + P_1$$

$$\frac{H_0 - H_2}{\frac{1}{2}\rho u^2} = 1 - \left(\frac{u_2}{u}\right)^2 \quad \text{또는} \quad \frac{u_2}{u} = \sqrt{g}$$

여기서

$$g = 1 - \frac{H_0 - H_2}{\frac{1}{2}\rho u^2} \qquad \text{그리고}$$

$$\left(\frac{u_1}{u}\right)^2 = \left(\frac{u_2}{u}\right)^2 - \frac{(P_1 - P_0)}{\frac{1}{2}\rho u^2}$$

$$= g - p$$

이고 아래와 같다.

$$p = \frac{P_1 - P_0}{\frac{1}{2}\rho u^2}$$

$$\frac{u_1}{u} = \sqrt{g - p} \quad \text{그리고} \quad g = p + \left(\frac{u_1}{u}\right)^2$$

u_1과 u_2를 대입하여 R_V를 정리하면 다음과 같다.

$$R_V = \rho u^2 \iint_{\text{wake}} (1 - \sqrt{g})(\sqrt{g - p})\, dy\, dz \quad \text{측정면 1 상의 면적분}$$

반류의 가장자리에서 u_2 혹은 $u_1 = u$이고 $g = 1$이므로 피적분함수는 0이 된다. 따라서 이 조건이 충족될 때까지 반류를 가로질러 가면서 측정을 계속해야 한다.

Melville Jones 공식은 유도과정에서 자유수면을 포함하지는 않지만 실험적인 근거 및 Betz 공식과 비교를 통해 만족할 만한 것으로 나타나고 있는데, Townsin[7.17]을 참조하라. 예를 들어 Melville Jones 공식과 Betz 공식은 모형선으로부터 하류 방향으로 길이의 5%만큼 떨어진 지점(일반적인 측정 위치는 모형선 길이의 25% 하류 지점임)에서 일치하는 것으로 실험결과가 입증하고 있다.

7.3.3.2 실험적 측정

모형선에 적용되는 점성저항 분석의 사례는 Shearer 및 Cross[7.10], Townsin[7.17, 7.18], 좀 더 최근에 이 방법을 단동선과 쌍동선에 적용한 Insel 및 Molland[7.19]에서 찾을 수

있다. 이들 사례에서는 편의상 압력은 정지한 물에서의 기준점에 대해 측정되는데, 즉

$$p = \frac{P_1}{\frac{1}{2}\rho u^2} \quad \text{그리고} \quad g = \frac{P_1 + \frac{1}{2}\rho u_1^2}{\frac{1}{2}\rho u^2}$$

여기서 P_1은 국부 정압수두(P_0보다 큼), $[P_1 + \frac{1}{2}\rho u_1^2]$는 국부 총 수두이고 u는 자유흐름 속도이다.

따라서 모형선 후방에서의 완전한 반류 적분을 하려면 적분이 이루어지는 평면에서 자유흐름의 총 수두와 달라지는 구역에서 총 수두와 정압수두의 측정이 요구된다. 그림 7.12는 압력 레이크를 도시하고 있다. 이를 사용하여 반류를 가로지르는 방향의 여러 지점에서 총 수두와 정압수두를 조합할 수 있다. 다른 방법으로는 총 수두 측정관에 정압 측정 덮개를 씌워 동일한 위치 및 수심에서 총 수두 측정과 정압수두 측정을 반복할 수 있다. 반류 데이터를 충분한 공간 분해능으로 획득하기 위해 측정관 사이 간격과 수심 방향 이동량을 선택할 수 있다.

예인수조에서 사용하는 경우, 적절히 필터링된 평균 방법을 압력 변환기 측정결과에 적용함으로써 모형선이 일정한 속도로 주행할 때의 데이터만 측정되도록 해야 한다. 압력 레이크 위치에서의 파고 ζ로부터 계산되는 국부적인 정압 결손 $p = 2g\zeta/u^2$을 얻기 위해서는 가로파의 파고를 측정하는 것이 필요하다.

전형적인 분석은 (그림 7.13에 도시된 것처럼) 다음과 같이 수행된다. 특정한 속도에 대해 각 지점에서 $2\sqrt{g-p}(1-\sqrt{g})$를 계산하고 수심별로 y에 대한 도표를 그린다. 이들 곡선을 적분하여 R_V를 얻는다.

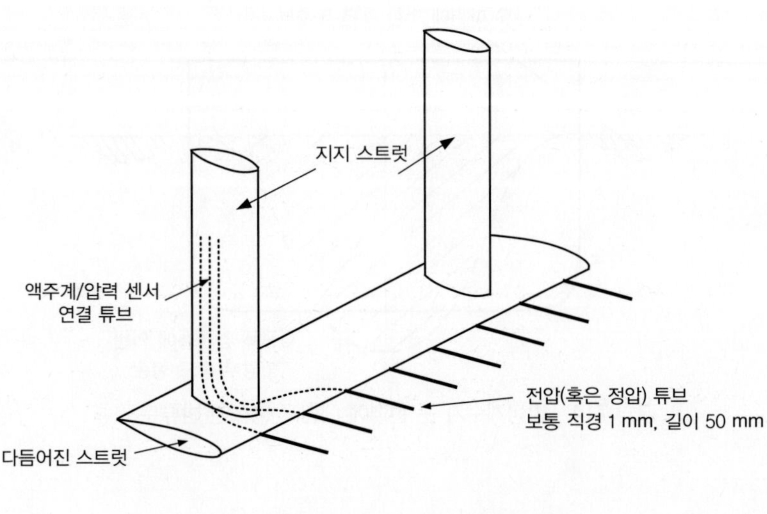

그림 7.12 압력 센서 레이크의 개략적인 배치.

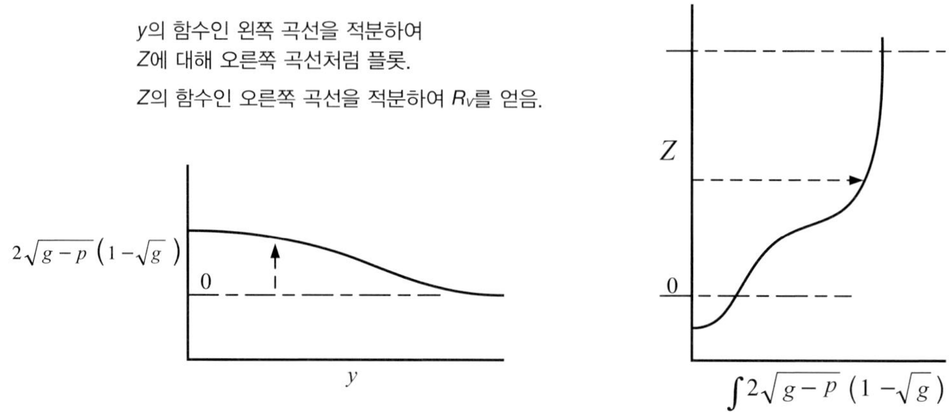

그림 7.13 반류 적분 과정의 개략적인 스케치.

7.3.3.3 (방형계수 C_B가 큰) 비대선형에 대한 전형적인 반류분포

방형계수 C_B가 큰 선형에 대한 전형적인 반류분포를 그림 7.14에 나타내었다. 선체 경계층에 의한 중앙부 반류 속도 결손(main hull boundary layer deficit) 이외에도 특징적인 측면 돌출부(side lobe)를 보이고 있다. 이는 선수부 쇄파에 의한 난류 '파편(debris)'에 기인하고, 총 저항의 5%나 포함할 수 있다(그리고 이는 비대선형에 대한 파형저항과 비슷한 크기이다).

고속의 다동선(multihull)에서도 유사한 특성이 나타날 수 있는데[7.19], 선체 외측의 쇄파 및 선체 사이 파도의 상호작용 및 쇄파에 의한 것으로 그림 7.15와 같다.

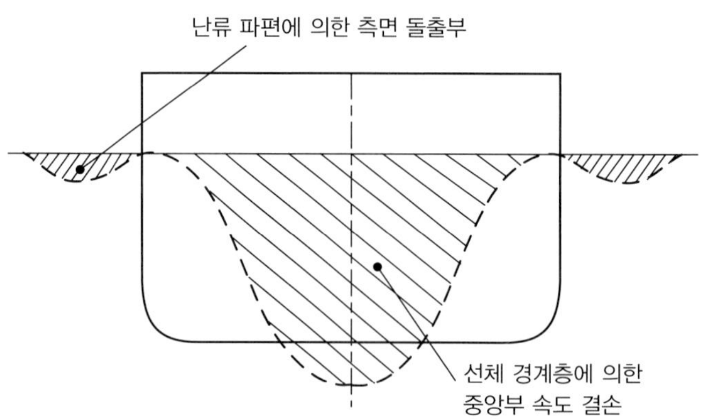

그림 7.14 방형계수가 큰 선형에 대한 전형적인 반류분포.

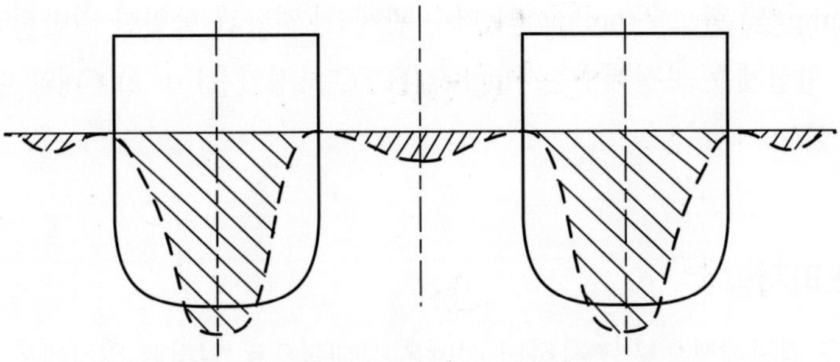

그림 7.15 쌍동선 선형에 대한 전형적인 반류분포.

7.3.3.4 반류 횡단 점성저항 측정 및 표면 압력 측정의 사례

그림 7.16은 *Lucy Ashton* 모형선(Townsin[7.17])에서의 반류 횡단 및 표면 압력 측정결과를 나타내고 있다. 마찰저항은 총 저항에서 압력저항을 빼서 구했음에 주목하라. 이 결과는 다른 저항 성분 측정결과, 예를 들면 프레스톤 관 마찰저항계수 측정결과처럼 C_F가 보통의 평판 예측값과 유사한 추세를 나타내지만 Froude 수에 약간 의존하는[대략 총 저

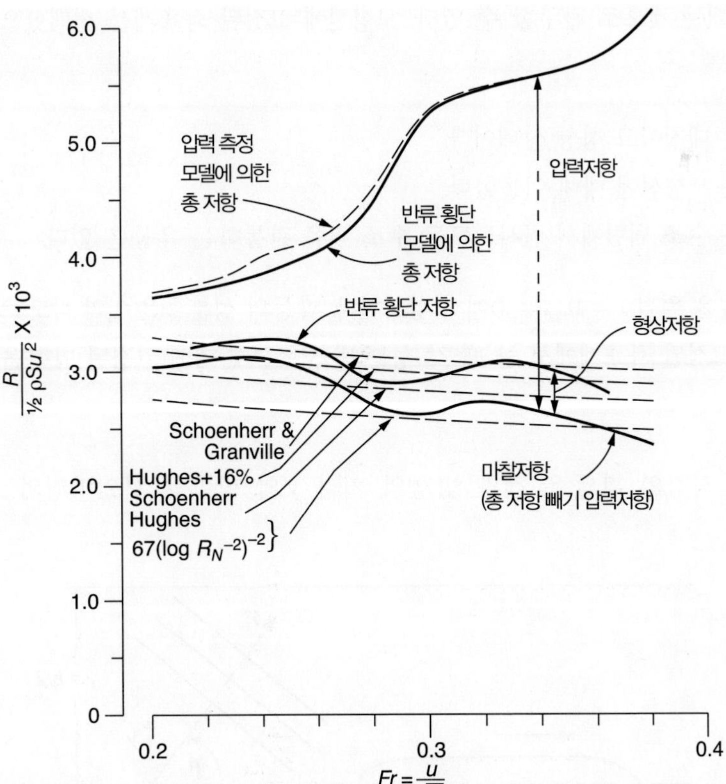

그림 7.16 반류 횡단 저항과 마찰저항 곡선 기복의 비교(Townsin[7.17]).

항의 험프(hump) 및 할로우(hollow)와 역수 관계인] 경향과 동일한 일반적인 추세를 나타내고 있다. 형상계수 보정계수는 Hughes/ITTC 보정인 [(1 + *k*) C_F]와 대략 같은 크기를 보이고 있다.

7.3.4 조파저항

모멘텀 교환을 검사체적으로 조사하면 선박은 상대적으로 일정한 위치에서 움직이는 파동장을 만들어낸다. 이 파형과 연관된 에너지를 측정함으로써 조파저항을 평가할 수 있다. 이 절에서는 유한한 폭과 수심을 가진 수로에서의 측정에 맞춰진 파형 분석에 대해 설명한다. 이를 뒷받침하는 분석은 예를 들어 Newman[7.20]에 주어져 있다.

7.3.4.1 파형 특성 가정

그림 7.17은 직사각형 수조를 일정한 속도로 이동하는 모형선을 보이고 있다. 모형선의 이동으로 인한 파형은 모형선 경로와 다양한 각도 θ_n를 이루면서 진행하는 평면 중력파들로 구성되는 것으로 간주할 수 있다. 모형선에 고정된 좌표계를 선택했으므로 다음이 성립한다.

(a) 파형은 대칭이고 정상 상태이다.
(b) 파형은 모형선에 대해 이동한다.
(c) 파형은 수조 벽면에서 반사되므로 수조 벽을 관통하는 유동은 없다.

파동들은 원점 $x = 0$, $y = 0$에서 생성된다. 파동의 성분들은 θ_n의 각도로 전파되고, 모형선에 고정된 좌표계에서 볼 때 각 성분 및 모형선에 대해 고정된 방향을 유지한다.

(A) 파형

각도 θ_n인 각각의 파동은 전파 방향의 거리 y'의 함수인 사인파형의 표면 파고

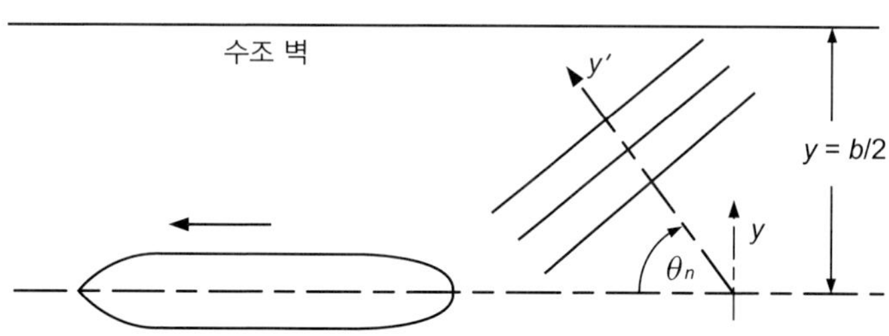

그림 7.17 파계와 함께 이동하는 모형선의 개략도.

$\zeta_n = A_n \cos(\gamma_n y' + \varepsilon_n)$으로 표현되는데, 여기서 A_n와 ε_n는 진폭 및 위상각이고 γ_n은 파수(wave number)이다. 파동 전파 방향의 거리는 $y' = y\sin\theta_n - x\cos\theta_n$으로 계산된다. 파동을 측면 거리 y의 함수로 나타내면 다음과 같다.

$$\begin{aligned}\zeta_n &= A_n \cos(y\gamma_n \sin\theta - x\gamma_n \cos\theta_n + \varepsilon_n)\\ &= A_n [\cos(x\gamma_n\cos\theta_n - \varepsilon_n)\cos(y\gamma_n\sin\theta_n) + \sin(x\gamma_n\cos\theta_n - \varepsilon_n)\sin(y\gamma_n\sin\theta_n)]\end{aligned}$$

파계가 대칭이 되려면 전파각 θ_n인 모든 파동 성분은 다음 식으로 표현되는 전파각 $-\theta_n$인 성분과 짝지어져야 한다.

$$\zeta_n' = A_n [\cos(\,)\cos(\,) - \sin(\,)\sin(\,)]$$

따라서 두 성분을 더하면 다음 항으로 구성된 대칭 파계를 얻을 수 있다.

$$\begin{aligned}\zeta_n &= 2A_n \cos(x\gamma_n\cos\theta_n - \varepsilon_n)\cos(y\gamma_n\sin\theta_n)\\ &= [\xi_n\cos(x\gamma_n\cos\theta_n) + \eta_n\sin(x\gamma_n\cos\theta_n)]\cos(y\gamma_n\sin\theta_n)\end{aligned} \tag{7.13}$$

여기서 ξ_n, η_n는 수정된 파동 진폭계수이고 다음과 같다.

$$\xi_n = 2A_n\cos\varepsilon_n \qquad \eta_n = 2A_n\sin\varepsilon_n$$

완전한 파계는 위 항들의 합인 Eggers 급수로 표현되며, 총합 파고는 다음과 같다.

$$\zeta = \sum_{n=0}^{\infty} [\xi_n\cos(x\gamma_n\cos\theta_n) + \eta_n\sin(x\gamma_n\cos\theta_n)]\cos(y\gamma_n\sin\theta_n) \tag{7.14}$$

(B) 파동 속도 조건

유한한 수심 h의 경우 중력파 전파속도 c_n은 $c_n^2 = \frac{g}{\gamma_n}\tanh(\gamma_n h)$로 계산되는데, 부록 A1.8을 참조하라. 모형선 이동 방향의 파계 전파속도 성분은 모형선의 속도와 같아야 하므로, c를 모형선의 속도라 하면 $c_n = c\cos\theta_n$이 된다. 그러므로 다음과 같이 정리된다.

$$\gamma_n\cos^2\theta_n = \frac{g}{c^2}\tanh(\gamma_n h) \tag{7.15}$$

(C) 벽면에서의 반사

$y = \pm b/2$인 벽면에서는 수직 방향의 속도 성분이 0이고, $\frac{d\zeta_n}{dy} = 0$이다. 따라서 식 (7.13)으로부터 $\sin\left(\frac{b}{2}\gamma_n\sin\theta_n\right) = 0$이므로

표 7.2 수심이 무한하고 폭이 유한한 수조에서 허용되는 파 성분들의 전형적인 집합

n	γ_n	θ_n	n	γ_n	θ_n
0	2	0°	10	7.35	59.0°
1	2.18	16.8°	15	10.5	63.5°
2	2.60	28.9°	20	13.6	67.1°
3	3.13	37.1°	25	16.7	69.6°
4	3.76	42.0°	30	19.8	71.5°
5	4.3	47.0°			

$$\frac{b}{2}\gamma_n \sin\theta_n = 0, \pi, 2\pi, 3\pi, \cdots$$

이로부터

$$\gamma_n \sin\theta_n = \frac{2\pi m}{b} \tag{7.16}$$

여기서 $m = 0, 1, 2, 3\cdots$이다. 식 (7.15) 및 (7.16)에서 $\cos^2\theta + \sin^2\theta = 1$을 이용하여 θ_n을 소거하면 파수는 다음 관계식을 만족한다.

$$\gamma_n^2 = \frac{g}{c^2}\gamma_n \tanh(\gamma_n h) + \left(\frac{2m\pi}{b}\right)^2 \tag{7.17}$$

수심이 무한대일 때 $(\gamma_n h) \to 1$이므로, 식 (7.17)은 파수 γ_n에 대한 2차 방정식이 된다.

식 (7.17)로부터 γ_n을 계산하고 이를 식 (7.16)에 대입하여 θ_n을 구하게 되는데, 유한한 폭의 수조에서는 γ_n과 θ_n 값이 띄엄띄엄 떨어진 유한한 개수로 존재한다. 수로 폭이 커지면 전파 각도의 수가 늘어나 최종적으로 무한한 폭에서는 연속적인 파수 스펙트럼이 된다.

전형적인 γ_n과 θ_n 값을 표 7.2에 정리하였다. 여기서 $g/c^2 = 2, b = 10$이고 심수 $h = \infty$로 가정하였다.

차수 n이 커지면서 $(\theta_n - \theta_{n-1})$이 빠르게 감소함에 주목하라. 7.3.4.3절에서 Kelvin 파계의 가로파 성분은 $\theta_n < 35°$에 해당함을 서술할 것이다. 위 예시는 (대형) 예인수조에서의 모형선에 대한 전형적인 결과로서, 모형선 실험에서는 35°보다 작은 전파각 범위에 얼마나 적은 수의 성분이 존재하는지 주목할 필요가 있다.

7.3.4.2 천수에서의 전파 각도에 대한 제한

$\gamma_n h$의 값이 작을 때 $\tanh(\gamma_n h) < \gamma_n h$이고, 식 (7.15)로부터

$$\gamma_n \cos^2\theta_n = \frac{g}{c^2}\tanh(\gamma_n h) < \frac{g}{c^2}\gamma_n h$$
$$\therefore \cos\theta_n < \frac{\sqrt{gh}}{c} \tag{7.18}$$

$c < \sqrt{gh}$이면 (0~90° 범위에서 $\cos\theta \le 1.0$이므로) 전파각에는 제한이 없다. $c = \sqrt{gh}$ 이상의 선속에서 θ_n 값은 반드시 다음 범위 내에 들어와야 한다.

$$\theta_n > \cos^{-1}\left(\frac{\sqrt{gh}}{c}\right)$$

$c < \sqrt{gh}$일 때 아임계 속도, $c > \sqrt{gh}$일 때 초임계 속도라 부른다.

초임계 속도의 경우 중력파는 $\sqrt{gh}$보다 큰 속도로 전파되지 못하기 때문에 가로파계의 일부가 사라져야 한다.

천수에 대한 예제로서 $h = 1$, $g = 9.81$, $\sqrt{gh} = 3.13$, $c = 4$로 가정하자.

$$\frac{\sqrt{gh}}{c} = \frac{3.13}{4} = 0.783$$

즉,

$$\cos\theta < 0.783 \quad \text{혹은} \quad \theta > 38°$$

c의 값이 3.13으로 줄어들면 $\cos\theta \le 1$이 되어 $\theta > 0$인 모든 각도가 포함된다.

7.3.4.3 Kelvin 파계

점 소스에 의해 생성되는 파계는 모든 성분에 대해 $\eta_n = 0$이 되어 소스 위치 $x = y = 0$에서 파정을 갖는다고 이론적으로 보일 수 있다. 이 사실을 통해 Kelvin 파형을 평면파계로부터 구성할 수 있다.

그림 7.18처럼 주어진 Kelvin 파계의 도해를 보면 각 파동 성분의 파정선(crest line)이 서로 교차하여 많은 파정(또는 파저)들이 한데 모여서 전체적으로 큰 파정(또는 파저)을 만들어냄을 알 수 있다.

그림 7.18은 파정들의 위치를 정의한다. OA_1이 전파각 θ_1에 대한 파장의 정수배라 하고, OA_2는 θ_2에 해당하는 파장의 정수배 등이라 하자. 해당하는 파정선들이 도시된 포락선(envelope)을 만들어낸다.

A-A가 점 O로부터의 파정선이라면, 심수에서의 파동 포락선(wave envelope)을 정의하기 위해 전파각 θ_n에 대응하는 파정선 A-A의 방정식이 필요한데, 그림 7.19에 도시

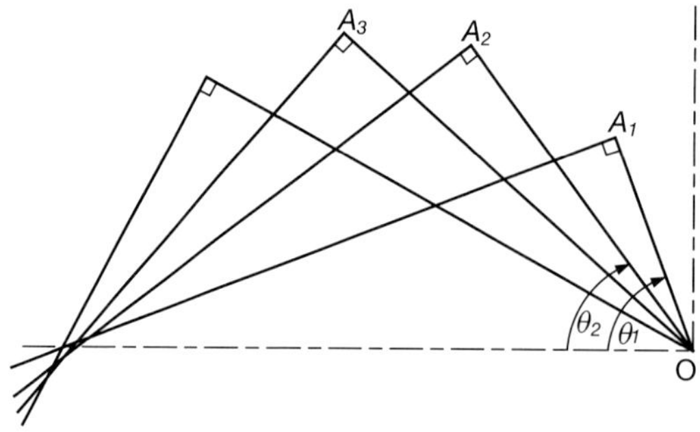

그림 7.18 파장의 상대적인 변화와 파정들의 교차를 나타내는 파 성분들의 도식적 표현.

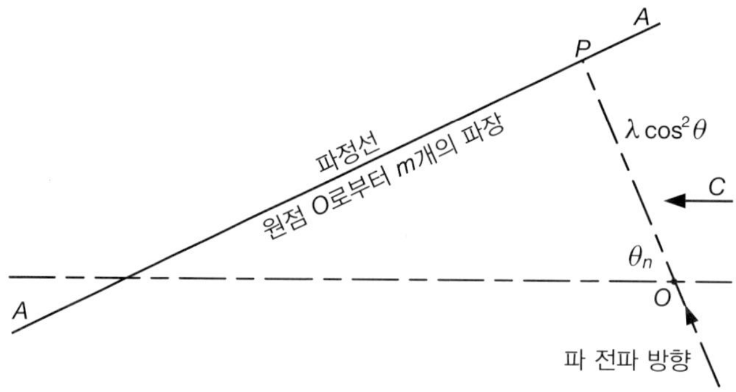

그림 7.19 원점에 대한 파정의 기하학적 표현.

된 바와 같이 A–A는 점 O로부터 m개의 파장만큼 떨어진 파정선이다.

정상(stationary) 파형에 대해 전파속도는 $C_n(\theta) = c\cos\theta$이고 $\lambda = 2\pi c^2/g$이다. 파형에서 각 θ_n인 OP를 따라 m 파장에 해당하는 거리는

$$\frac{2\pi c_n^2 m}{g} = \frac{2\pi c^2 m\cos^2\theta}{g} = m\lambda\cos^2\theta$$

따라서 소스 원점 O로부터 A–A까지의 거리는 $m = 1$일 때 $\lambda\cos^2\theta$이다(모든 성분의 파정이 원점 O를 통과하고 $m = 1, 2, 3\cdots$이기 때문이다). 점 P의 좌표는 $(-\lambda\cos^3\theta,\ \lambda\cos^2\theta\sin\theta)$이고, 직선 A–A의 기울기는 $\tan(\pi/2 - \theta) = \cot\theta$이다. 즉, 직선 A–A의 방정식은 $y - y_p = (x - x_p)\cot\theta$이다. x_p, y_p를 대입하면 다음과 같다.

$$y = \frac{\lambda\cos^2\theta}{\sin\theta} + x\cot\theta \tag{7.19a}$$

파형 포락선의 방정식을 구하기 위해 이 직선이 전파각이 $\theta + \delta\theta$로 약간 달라진 인접한 파정선과 만나는 지점을 결정해야 한다. 인접한 파정선의 방정식은

$$y' = y + \frac{dy}{d\theta}\delta\theta$$

다음 관계식을 이용한다.

$$\begin{aligned}
y &= (x + \lambda\cos\theta)\cot\theta \\
\frac{dy}{d\theta} &= -(x + \lambda\cos\theta)\operatorname{cosec}^2\theta - \lambda\sin\theta\cot\theta \\
&= -x\operatorname{cosec}^2\theta - \lambda\cos\theta\operatorname{cosec}^2\theta - \lambda\sin\theta\cot\theta \\
&= -x\operatorname{cosec}^2\theta - \lambda\cos\theta(\operatorname{cosec}^2\theta + 1)
\end{aligned}$$

따라서

$$\begin{aligned}
y' &= y + [-x\operatorname{cosec}^2\theta - \lambda\cos\theta(\operatorname{cosec}^2\theta + 1)]\delta\theta \\
&= y + \frac{1}{\sin^2\theta}[-x - \lambda\cos\theta(1 + \sin^2\theta)]\delta\theta
\end{aligned}$$

전파각 θ와 $\theta + \delta\theta$인 파정선들이 교차하려면 $y' = y$이고, 따라서 $[-x - \lambda\cos\theta(1 + \sin^2\theta)] = 0$이 만족되어야 한다. 즉, 다음 지점에서 교차한다.

$$x = -\lambda\cos\theta(1 + \sin^2\theta)$$

이때

$$y = -\lambda\cos^2\theta\sin\theta \tag{7.19b}$$

이들 매개변수 방정식(7.19b)은 파정선들이 만나서 형성하는 파형 포락선(wave envelope)을 나타내는데, 그 개략도는 그림 7.20과 같다.

θ에 대해 미분하면

$$\begin{aligned}
\frac{dx}{d\theta} &= \lambda\sin\theta(1 + \sin^2\theta) - \lambda\cos\theta 2\sin\theta\cos\theta \\
&= -\lambda\sin\theta(1 - 3\sin^2\theta)
\end{aligned}$$

마찬가지로

$$\begin{aligned}
\frac{dy}{d\theta} &= -\lambda 2\cos\theta\sin\theta\sin\theta - \cos\theta\lambda\cos^2\theta \\
&= -\lambda(-2\cos\theta\sin^2\theta + \cos^3\theta) \\
&= -\lambda\cos\theta(-2\sin^2\theta + \cos^2\theta) \\
&= -\lambda\cos\theta(1 - 3\sin^2\theta)
\end{aligned}$$

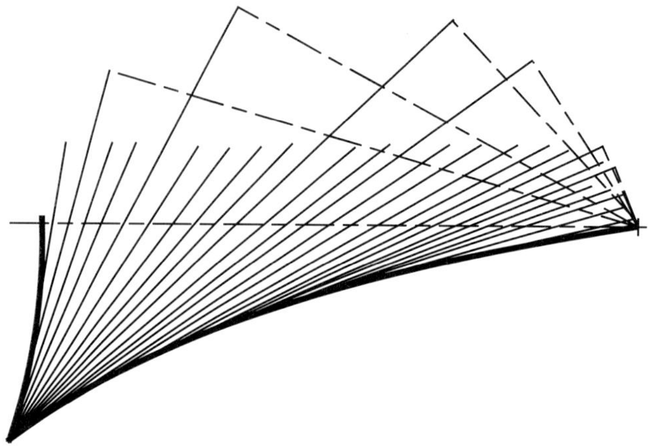

그림 7.20 파정선의 중첩 및 파형 포락선.

그리고

$$\theta = \sin^{-1}(1/\sqrt{3}) = 35.3^\circ \text{에서} \quad \frac{dx}{d\theta} = \frac{dy}{d\theta} = 0$$

$\theta = \sin^{-1}(1/\sqrt{3})$에 해당하는 점 A는 그림 7.21의 두 곡선이 만나는 꼭지점이다. $\theta = 0$은 $x = -\lambda$, $y = 0$(그림 7.21의 점 B)에 해당하고, $\theta = \pi/2$는 원점 $x = y = 0$이 된다. 따라서 포락선은 도시된 형태를 나타낸다.

점 A의 좌표를 대입하면

$$x = \frac{-4\sqrt{2}}{3\sqrt{3}}\lambda \qquad y = \frac{-2}{3\sqrt{3}}\lambda$$

직선 OA의 기울기는

$$\alpha = \tan^{-1}\left(\frac{y}{x}\right) = \tan^{-1}\left(\frac{1}{2\sqrt{2}}\right) = 19^\circ 47' \qquad \text{혹은}$$

$$\alpha = \sin^{-1}\left(\frac{1}{3}\right)$$

그림 7.22는 심수에서의 Kelvin 파의 도해와 함께 위 서술을 요약하여 나타내고 있다. 3장 3.1.5절에서 언급했던 것처럼 선체는 길이 방향으로 수많은 파동 소스가 작용하는 것으로 간주할 수 있는데, 보통 선수 및 선미 파계가 지배적이다.

그림 7.22는 Kelvin 파 소스에 대한 완전한 파계의 구성을 보이고 있다. 변화하는 $m\lambda$ 값들은 잇따른 파정선에 해당하며, 기하학적으로 유사한 파정선들이 생겨나 그림 7.23과 같은 Kelvin 파형이 완성된다.

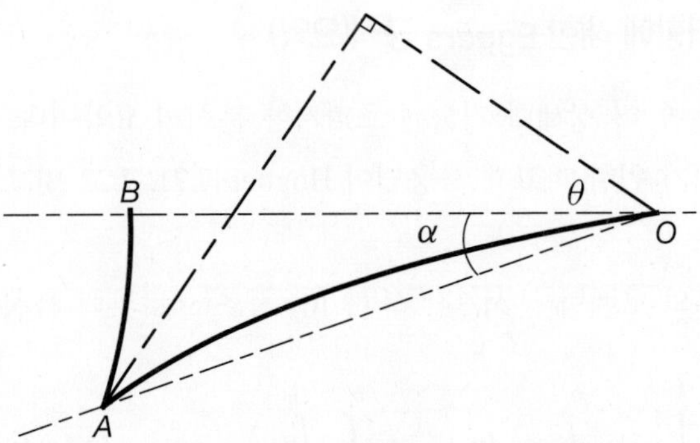

그림 7.21 끝점이 A에 위치한 심수에서의 파형 포락선.

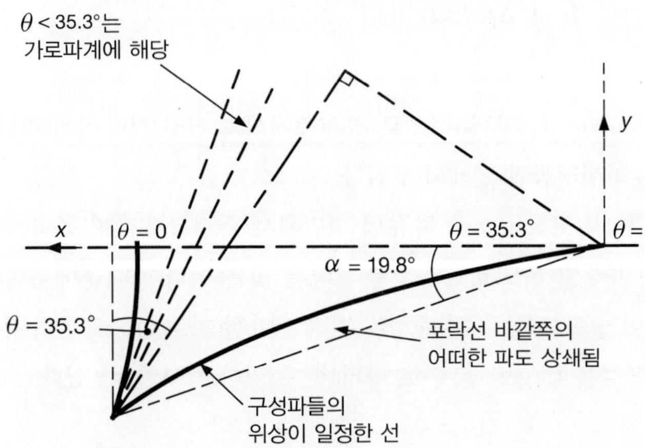

그림 7.22 Kelvin 파계의 발달.

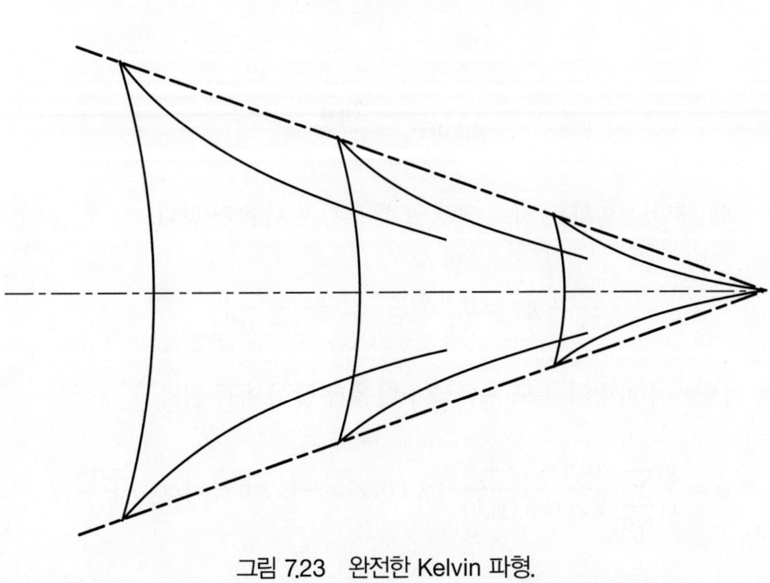

그림 7.23 완전한 Kelvin 파형.

7.3.4.4 조파저항에 대한 Eggers 공식(요약)

다음은 부록 A2에 좀 더 상세히 기술된 조파저항 분석의 요약이다. 조파저항의 분석과 더불어 이를 측정하기 위한 파고계 사용법이 Hogben[7.21, 7.22 및 7.23]에 어느 정도 상세히 설명되어 있다.

선체 주위 유동의 모멘텀 분석[3장 식 (3.10) 참조]으로부터 다음을 유추할 수 있다.

$$R = \left\{ \frac{1}{2}\rho g \int_{-b/2}^{b/2} \zeta_B^2 dy + \frac{1}{2}\rho \int_{-b/2}^{b/2} \int_{-h}^{\zeta_B} (v^2 + w^2 - u^2) dz\, dy \right\} + \int_{-b/2}^{b/2} \int_{-h}^{\zeta_B} \Delta p\, dz\, dy \tag{7.20}$$

위 식에서 변동속도 v, w, u는 부분적으로 경계층에서의 점성 전단력에 기인하지만, 대체로 처음의 두 항은 파형저항과 연계되어 있다.

즉, 파고 ζ와 변동속도 u, v, w를 하류의 평면에서 측정함으로써 조파저항을 정할 수 있다. 하지만 수면 아래의 속도 u, v, w를 측정하는 것은 어렵기 때문에 선형화된 포텐셜 이론을 이용하여 이들 속도를 좀 더 측정이 편리한 파형(파고 ζ)으로부터 유추하게 된다.

파고를 다음과 같은 Eggers 급수로 나타낼 수 있다고 보인 바 있다.

$$\zeta = \sum_{n=0}^{\infty} [\xi_n \cos(x\gamma_n \cos\theta_n) + \eta_n \sin(x\gamma_n \cos\theta_n)] \cos\left(\frac{2\pi ny}{b}\right) \tag{7.21}$$

여기서

$$\gamma_n \sin\theta_n = \frac{2\pi n}{b}$$

미소한 파동에 대한 선형화된 자유수면 압력 조건은 다음과 같다.

$$c\frac{\partial\phi}{\partial x} + g\zeta = 0 \quad \text{혹은} \quad \zeta = -\frac{c}{g}\left.\frac{\partial\phi}{\partial x}\right|_{z=0}$$

이 결과를 이용하여 파형의 속도 포텐셜이 다음과 같이 유추된다.

$$\phi = \frac{g}{c}\sum_{n=0}^{\infty} \frac{\cosh\gamma_n(z+h)}{\lambda_n \cosh(\gamma_n h)} [\eta_n \cos\lambda_n x - \xi_n \sin\lambda_n x] \cos\frac{2\pi ny}{b} \tag{7.22}$$

여기서

$$\lambda_n = \gamma_n \cos\theta_n$$

식 (7.20)의 모멘텀 분석으로부터 조파저항이 계산된다.

$$R_w = \left\{ \frac{1}{2}\rho g \int_{-b/2}^{b/2} \zeta_B^2 dy + \frac{1}{2}\rho \int_{-b/2}^{b/2} \int_{-h}^{\zeta_B} (v^2 + w^2 - u^2) dz\, dy \right\} \tag{7.23}$$

속도 포텐셜이 다음과 같이 주어지므로

$$u = \frac{\partial\phi}{\partial x} \qquad v = \frac{\partial\phi}{\partial y} \qquad w = \frac{\partial\phi}{\partial z}$$

여기서 속도 포텐셜은 식 (7.22)로 주어진다.

따라서 이들 변동속도 u, v, w를 식 (7.23)에 대입하면 조파저항 R_w을 ξ_n과 η_n으로 나타내는 Eggers 공식을 얻는데, 심수의 경우에는 다음과 같다.

$$R_w = \frac{1}{4}\rho g b \left\{ (\xi_0^2 + \eta_0^2) + \sum_{n=1}^{\infty} (\xi_n^2 + \eta_n^2) \left(1 - \frac{1}{2}\cos^2\theta_n\right) \right\} \tag{7.24}$$

γ_n과 θ_n을 식 (7.17)과 (7.16)으로 구했다면 계수 ξ_n과 η_n을 결정한 다음 식 (7.24)를 이용하여 조파저항을 손쉽게 계산할 수 있다. 계수 ξ_n과 η_n는 파고를 측정하여 찾을 수 있다. 이들 계수는 9장에 서술한 것처럼 이론적으로도 얻을 수 있다.

7.3.4.5 파고 측정 및 분석 방법

그림 7.24는 조파저항을 결정하는 데 적용되는 두 가지 파고 측정법(수직 방향 단면 및 길이 방향 단면)을 개략적으로 나타내고 있다.

(A) 수직 방향 단면(Transverse Cut)

이 방법에서는 그림 7.24(a)와 같이 배의 후방, 최소한 두 군데에서 파고를 측정한다. 각 단면은 y에 대한 Fourier 급수이다.

$$\zeta = \sum_{n=0}^{\infty} [\xi_n \cos(x\gamma_n \cos\theta_n) + \eta_n \sin(x\gamma_n \cos\theta_n)] \cos\left(\frac{2\pi n y}{b}\right)$$

x가 고정되어 있으므로

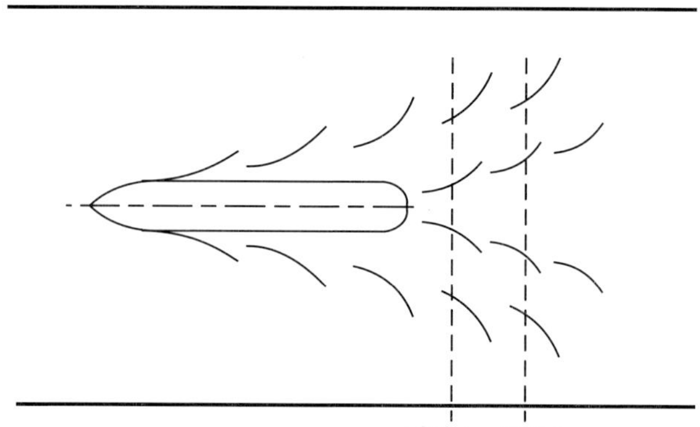

(a) 수직 방향 단면

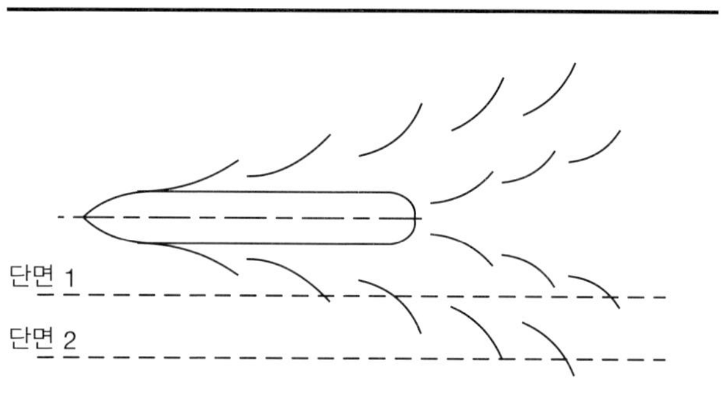

(b) 길이 방향 단면

그림 7.24 조파저항을 결정하기 위한 가능한 파고 측정 단면.

$$\zeta = \sum A_n \cos \frac{2\pi ny}{b}$$

1번 단면에서 $A_{n1} = \xi_n \cos(x_1 \gamma_n \cos \theta_n) + \eta_n \sin(x_1 \gamma_n \cos \theta_n)$

2번 단면에서 $A_{n2} = \xi_n \cos(x_2 \gamma_n \cos \theta_n) + \eta_n \sin(x_2 \gamma_n \cos \theta_n)$

A_{n1}, A_{n2}의 값은 측정된 파고를 Fourier 급수 해석하여 구한다.

$$\zeta = \sum A_n \cos \frac{2\pi ny}{b}$$

즉, 알고 있는 여러 θ_n 값에 대해 ξ_n과 η_n을 구할 수 있는 방정식을 수립할 수 있다.

이는 일반적으로 실용적인 방법이 아니다. 예인수조에 고정된 파고계는 모형선이 지나갈 통로를 비워놓아야 하기 때문에 효과적인 측정이 어렵다. 예인전차와 함께 움직이는 파고계는 비선형 속도 효과 등의 문제를 일으킨다. 이 방법은 수조의 벽면을 올바르게 고려하기 때문에 이론적으로는 가장 효율적이다.

(B) 길이 방향 단면(Longitudinal Cut)

이 방법에서는 그림 7.24(b)와 같이 단면이 수조 중심선과 평행하다. 모형선이 하나의 파고계 옆을 지나갈 때 일정한 시간 간격으로 파고를 측정하여 공간적인 분포로 변화된다.

단면 하나만 필요하지만, n 값에 따라서 $\cos 2\pi ny/b$가 0에 가까워지면 측정결과가 모호해지므로 y 값이 다른 여러 단면에서의 측정을 통해(실제로는 단면 4개까지 사용) 파고 ζ를 합리적으로 측정한다.

$$\zeta = \sum_{n=0}^{\infty} [\xi_n \cos(x\gamma_n \cos\theta_n) + \eta_n \sin(x\gamma_n \cos\theta_n)] \cos\left(\frac{2\pi ny}{b}\right) \tag{7.25}$$

이론상으로는 어떤 특정한 y 값에 대해 x를 변화시키면서 측정한 파고 ζ로부터 ξ_n과 η_n을 풀 수 있다. 실제로는 이렇게 하면 부정확해지기 때문에 이를 극복할 수 있는 보다 엄밀한 해석기법이 사용된다[7.21~7.23].

현재 사용되는 방법은 (다수의) 길이 방향 단면을 사용하여 ξ_n과 η_n을 유도, Eggers 저항 공식으로부터 R_w를 구하는 것이다. 분석 방법은 여러 가지가 있는데, 다수의 길이 방향 단면을 사용하는 방법은 때때로 '행렬' 방법이라 불리기도 한다[7.23].

7.3.4.6 파형 분석의 전형적인 결과

그림 7.25~7.27은 주어진 파동 성분에 대한 조파저항의 기여도를 나타내고 있다. 저항 성분을 합하면 유한한 폭의 수조에 대한 총 조파저항이 구해진다. 쌍동선 저항에 대한 적용에서 이 방법의 성능이 Insel[7.24], Couser[7.25], Taunton[7.26]의 박사학위 논문들에 서술되어 있다.

그림 7.25는 파동 에너지가 75° 정도에서 소멸되는 일련의 험프(hump)들임을 보이고 있다. 선속이 증가하면서 최대의 험프가 더 큰 전파각으로 확장된다. 가로파계에 의한 에너지는 0°로부터 대략 35°까지의 범위 안에 놓여 있다. 낮은 선속에서는 최대의 험프가 파형의 가로파 부분 내에 위치하기 때문에 가로파가 두드러지지만, 선속이 증가하면서 발산파가 점점 더 두드러진다. 그림 7.26은 가로파의 간섭과 연관된 조파저항이 작음을 나타내고 있다.

천수에서는 $\cos\theta_n < \sqrt{gh}/c$이고, $c = \sqrt{gh}$보다 큰 선속에서는 θ가 $\theta_n > \cos^{-1}\sqrt{gh}/c$을 만족해야 한다. $c = \sqrt{gh}$ 보다 큰 선속(초임계 상태)에서는 중력파가 $\sqrt{gh}$ 이상의 속도로 전파될 수 없기 때문에, 그림 7.27과 같이 가로파계의 일부는 소멸되어야 한다. 이러한 선속에서는 그림 7.27과 같이 발산파만 존재한다.

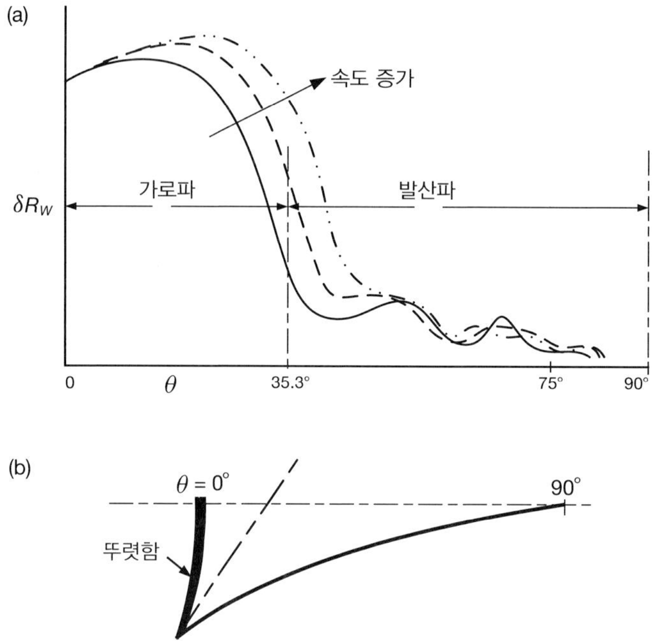

그림 7.25 전형적인 파 에너지 분포 및 파형의 두드러진 부분.

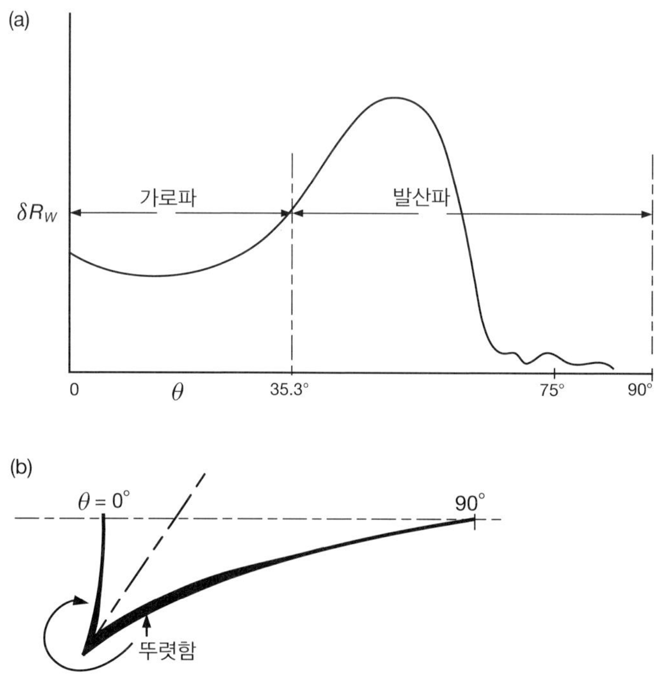

그림 7.26 파 에너지 분포: 가로파 간섭의 영향 및 파형의 두드러진 부분.

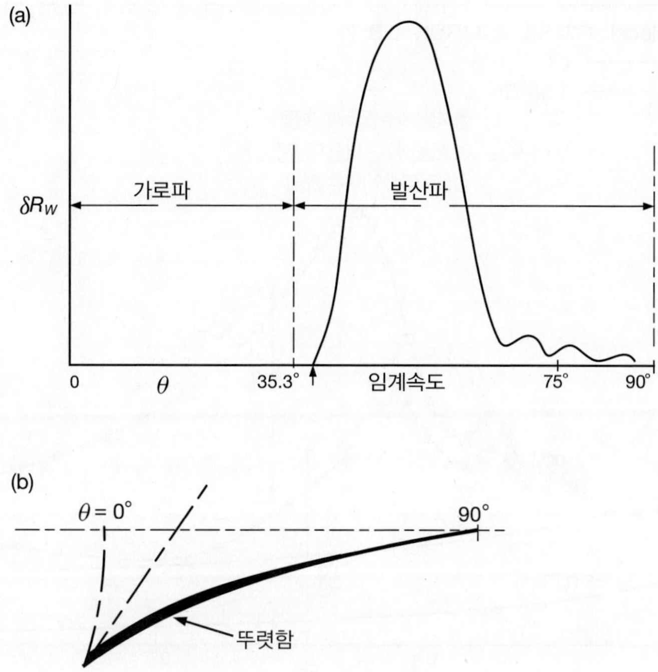

그림 7.27 파 에너지 분포: 천수의 영향 및 파형의 두드러진 부분.

7.3.4.7 반류 횡단 파형 측정의 사례

Insel 및 Molland[7.19]는 반류를 횡단하여 조파저항을 측정함으로써 준배수량형 쌍동선의 저항 성분에 대한 상세한 연구를 수행하였다. 그림 7.28은 각 저항 성분의 상대적인 중요도를 나타내고 있다. (동력계에 의한) 총 저항 측정결과가 점성저항과 조파저항의 합과 넓은 의미에서 일치함이 주목된다. 이 특정한 연구의 목표는 쌍동선 모형의 형상계수를 (반류 횡단 측정에 의한) 총 점성저항 C_V를 구하여 $C_V = (1+k)C_F$로부터 계산하거나, 파형저항 C_{WP}를 구하여 $C_V = (C_T - C_{WP}) = (1+k)C_F$로부터 계산하는 두 가지 방법으로 추정하는 것이었다. 형상계수 추정에 대한 토의는 4장 4.4절도 참조하라.

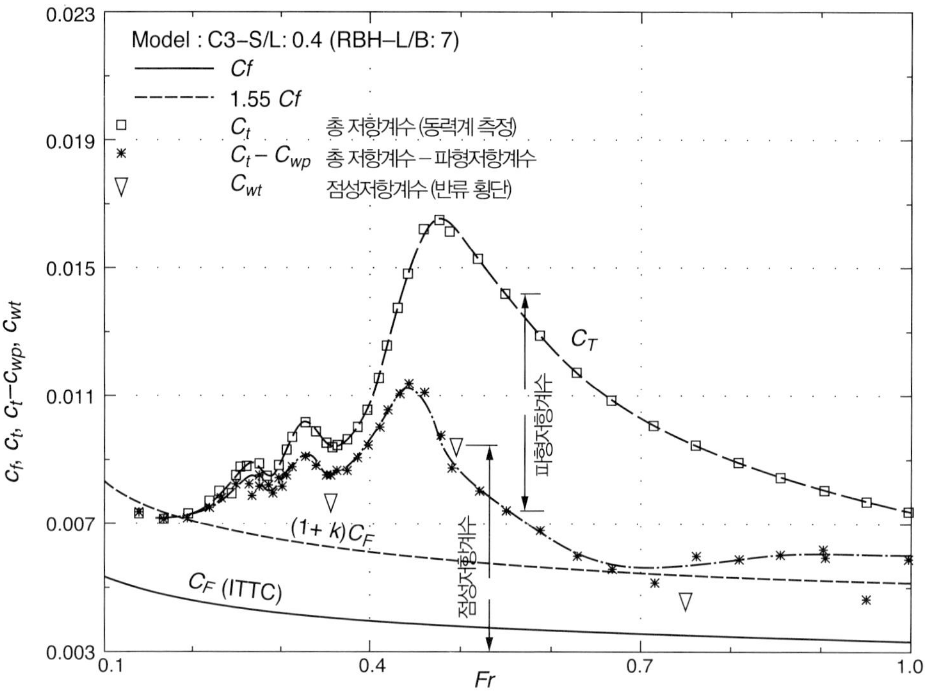

그림 7.28 동체 간격비 0.4인 C3 쌍동선의 저항 성분들.

7.4 유동장 측정기법

컴퓨터 연산 능력이 두드러지게 발달하고 간섭성 광원(레이저)이 개발되면서 선체 표면을 둘러싼 유동장의 비접촉식 측정이 가능해졌다. 이들 기법은 저항 성분을 직접 측정하기에는 보통 너무나 값비싸지만, CFD 기반 해석결과를 검증하는 데 매우 귀중하다. 그러한 데이터의 개발 사례로 Kim 등[7.27]은 2개의 원유 운반선과 1개의 컨테이너선 모형에 대한 예인수조 시험에 5공 피토 관을 사용한 결과를 보고하고 있다. 파형 및 힘 계측도 역시 적용되었다. 관련된 시험이 동일 선형에 대해 레이저 도플러 유속계(laser Doppler velocimetry: LDV)를 사용하여 풍동에서 수행되었다. 이 데이터는 Gothenburg(2000) 및 Tokyo(2005)에서 개최된 ITTC 관련 국제 CFD 워크숍을 위한 검증용 데이터를 구성한다.

이어지는 절들은 가용한 기법에 대한 요약으로서, 전통적인 방법과 보다 새로운 비접촉식 방법을 모두 포함한다.

7.4.1 열선 풍속계(Hot-Wire Anemometry)

열선은 풍동시험에서 사용되고 열막 전단응력 센서와 동일한 방식으로 작동하는데, 가는 도선에 전류를 흘려 가열되었을 때 도선 주위를 흐르는 공기의 유속에 따른 열전달량의 변화에 대응하여 센서의 전압이 변화하는 것을 측정한다. 전류(혹은 전압)를 측정하고 적절한 검정과정을 거치면 속도장을 높은 주파수로 측정할 수 있다[7.28]. 도선이 하나인 경우는 평균 유속 U 및 변동 성분 u'을 측정할 수 있다. 각기 다른 방향으로 정렬된 2개나 3개의 도선을 사용하면 3차원 평균 속도 및 Reynolds 응력을 측정할 수 있다. 열선의 감도는 그 길이 및 직경과 관련되는데, 감도를 높이기 위해 직경이 아주 작으므로 파손되기 쉽다. 열선 센서는 보통 자동화된 이송장치로 측정점 사이를 이동하게 된다.

7.4.2 5공 피토 관

3차원 평균 속도를 측정할 수 있는 더욱 튼튼한 기구로는 5공 피토 관이 있다. 이름이 시사하듯이 이것은 5개의 피토 관을 근접하게 묶어놓은 것이다. 그림 7.29는 제작 방법 및 Turnock 등[7.29]이 워터젯 흡입구 유동 성분을 풍동에서 계측한 실험에 사용된 센서의 예를 도시하고 있다.

이 센서는 두 가지 사용법이 있다. 첫 번째는 서로 직교하는 서보(servo) 구동장치로 센서를 이동시켜 수직 방향 및 측면 방향의 압력 쌍이 서로 동일함을 확인한 다음, 측정된 동압과 센서 전체의 방향으로부터 3차원 속도를 찾는 방법이다. 좀 더 일반적인 두 번째 방식에서는 위아래, 좌우의 센서 쌍 사이의 압력차에 대한 적당한 검정 데이터를 확보하여 유동의 방향과 크기를 계산한다.

측정된 전압(total pressure)은 유동이 피토 관을 향하여 흘러 들어올 때만 유효하다. 유동이 박리된 구역에서는 사용되지 않음을 주의 깊게 확인해야 한다. 수중에서의 압력 측정에 관한 이전의 언급이 유사하게 여기에도 적용된다. 압력 측정은 압력 측정관의 직경이 크고 측정 횟수가 적을수록 압력 변화에 대한 반응성이 좋다.

(a)

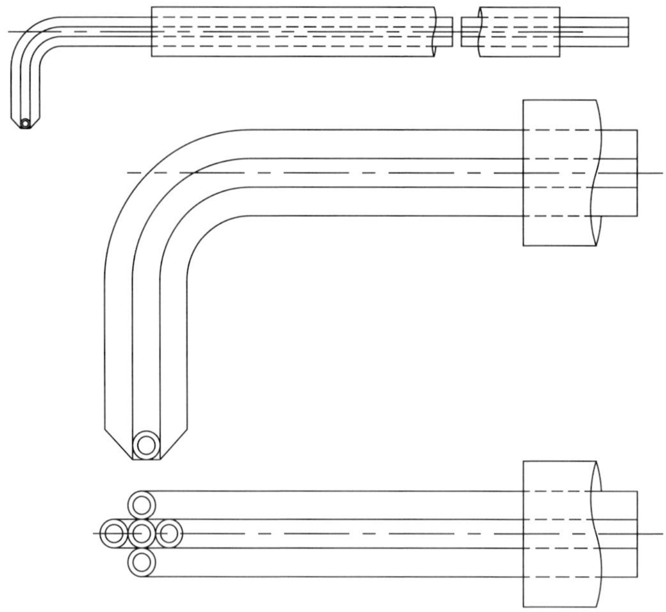

(b)

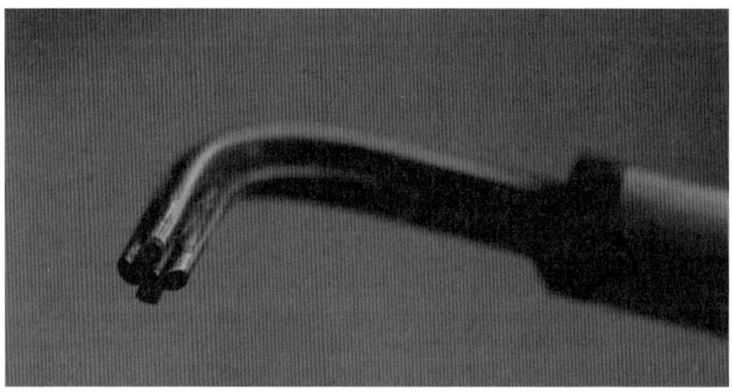

그림 7.29 5공 피토 관.

7.4.3 사진 측량법(Photogrammertry)

최근의 디지털 카메라 기술의 발달로 동영상 및 정지화상의 촬영 속도 및 화소 수가 증대함에 따라, 자유수면 높이를 화상 측정을 통해 포착하는 새로운 기회가 만들어지고 있다. 보통 화면당 5~10 Mbit 이상의 용량을 갖는 컬러 영상을 초당 5000회 이상 측정하는 것이 이제 가능해졌다. Lewis 등[7.14]은 그와 같은 고속 카메라를 이용하여 2차원 쐐기 형상이 자유낙하하여 정지한 물에 입수할 때의 자유수면 거동을 포착하였다. 자유수면을 보다 선명하게 나타내기 위해 유리 미세입자를 사용하였다. 또한 최근 발광 다이오드(light-emitting diode: LED) 기술의 발달로 종래 고출력 할로겐 램프에서 발생했던 수중 응용상의 장애요소인 발열 문제 없이 훨씬 강렬한 조명이 가능해졌다.

이 기술의 다른 적용으로는 선체를 따라 보다 넓은 구역에서 자유수면 높이 측정이 가능해졌다는 것이다. 어려운 점 중 한 가지는 물이 투명하다는 것이다. 이를 극복하는 방법은 옅은 물안개를 사용하여 수면의 명암 대조를 증폭시키거나, 디지털 프로젝터로 수면에 적절한 형상을 투영하는 것이다. 두 방법 모두 화상 분석을 통해 수면의 높이를 추정하는데, 아직까지 상당한 발전이 필요한 분야이다.

7.4.4 레이저 응용기법

새로이 개발된 단색의 간섭광인 레이저 광원을 예인수조에서 최초로 사용한 것은 1970년대에 들어서였다(예를 들어 사우스햄튼 대학교의 Lamont 예인수조에서 1차원 LDV를 사용한 Halliwell[7.30]의 보고서를 참조하라). 지난 10년간 적용 분야 및 가용한 기술 형태에 있어 급격한 발전이 있었다. 이들 기술은 다음과 같이 크게 두 가지로 구분된다.

7.4.4.1 레이저 도플러 유속계

이 기법은 레이저 광원에서 나오는 빔이 2개(혹은 그 이상)로 갈라진다. 2개의 갈라진 빔을 공간상의 작은 체적에 집중시켜 서로 교차시킨다. 이 체적을 작은 입자들이 통과할 때 두 빔 사이 간섭무늬에서 도플러 주파수 편이(Doppler shift)가 일어난다. 이 주파수를 측정하면 입자의 순간속도를 추정할 수 있다. 이 체적을 충분한 수의 입자들이 통과한다면 속도 성분의 주파수 범위를 알 수 있다. 각기 다른 방향에서 3개의 레이저 빔이 측정 체적으로 조사된다면 3차원 속도 성분을 측정할 수 있다. 하나의 입자가 통과하는 신호를 세 방향 속도 성분을 측정하는 탐지기 3개가 동시에 측정한다면 상호 상관된 평균값, 즉 Reynolds 응력을 정할 수 있다. 이를 위해서는 유동 중의 입자 밀도가 높아야 한다. 회전하는 프로펠러에 대한 보다 향상된 측정 기술은 프로펠러의 상대 위치를 기록하여 측정된 속도 데이터를 여러 번의 회전 동안 프로펠러가 동일한 상대 위치에 있을 때마다 개별 평균하는 방법이다. 이런 측정을 통해 선체, 프로펠러 및 러더 사이의 상호작용에 대한 의미 있는 관찰을 수행할 수 있다. 레이저 시스템은 내시경이나 적절한 위치, 예를 들어 프로펠러 면 주위의 관측창을 통해 실선 유동 계측에도 활용할 수 있다. 이 경우 수중에 입자들이 충분히 존재해야 한다.

레이저 광을 산란하는 입자들은 크기나 질량이 충분히 작아서 유동과 함께 움직인다고 가정할 수 있어야 한다. 주된 난제들 중 하나는 관심 영역 내에 충분한 입자가 '뿌려졌음'을 확인하는 것이다. 다양한 입자와 기술이 공기 혹은 물에 사용 가능하다. 물에서는 할로겐화 은 기반 입자가 응답성이 좋은 것으로 알려져 있다. 하지만 이들 입자는 거대한 예인수조에 충분히 높은 밀도로 채워넣기에도 값비쌀뿐더러, 수조의 물을 나중에 버리는 데에도 환경적인 제약을 가져다준다. 풍동 적용 문제에서는 원래 극장에서 사용되던 연기 발생기 혹은 기화된 식물성 기름 입자가 적용될 수 있다.

LDV 측정은 공간상의 한 점에서 시간적으로 변화하는 유동장에 대한 상당히 깊은 물리적 통찰을 가능케 한다. 공간적인 분포를 측정하려면 레이저 빔과 탐지기 시스템을 이동시켜 다른 위치에 레이저 빔을 집중해야만 가능하다. 측정 체적은 통상 1입방 밀리미터 정도이다. 때때로 측정 체적을 옮기기 위해 여러 개의 빔을 약간씩 재정렬해야 할 때도 있는데, 이는 시간을 많이 소모한다. 수조시험 설비에서의 측정과 관련된 불확실성에 대한 지침은 ITTC 보고서 7.5-01-03-02[7.31]에서 찾을 수 있다.

7.4.4.2 입자영상유속계(Particle Image Velocimetry: PIV)

최근 급격히 채용되고 있는 기술이 입자영상유속계(PIV) 및 그의 여러 변형된 형태이다. Raffel 등[7.32]은 모든 가능한 기법 및 명칭에 대해 철저한 개설을 제공하고 있다. Gui 등[7.33]은 예인수조 환경에서의 적용을 서술하고 있다. 기본적으로 이 방법도 유동 중에 적절한 입자가 존재하는 것에 의존한다. 펄스 상의 단속적인 레이저 빔을 렌즈에 통과시켜 조명 막(light sheet)을 형성한다. 그림 7.30에 도시한 대로 광축이 조명 막의 평면과 수직이 되도록 카메라를 위치시킨다. 렌즈의 초점면이 조명 막에 놓이고 카메라의 시야(field of view)가 측정하고자 하는 영역과 일치하도록 렌즈를 선택한다. 짧은 시간 간격 동안에 두 장의 영상을 획득한다. 레이저 조명 막을 따라 이동한 입자는 다른 두 위치에서 밝게 빛날 것이다. 보통 면적 기반의 상호 상관 통계기법을 사용하여 각각의 조사 구역마다 개연성 있는 속도 성분을 추정한다. 통계적으로 만족스러운 결과를 얻으려면 여러 개의 입자영상 쌍으로부터 얻은 결과들을 평균하는 것이 필요하다.

이 방법의 가장 큰 장점은 유동의 어떤 구역 내 전체적인 속도장의 평균을 구할 수 있다는 것이다. 측정 평면상에서 구해진 속도 성분의 분해능은 카메라 시야 및 CCD 카메라의 화소 크기와 관련된다. 작은 영역의 측정결과들을 모자이크 식으로 배열하거나 서로 겹쳐서 더 넓은 영역의 유동장으로 재구성할 수 있다. 이 방법 또한 유동장에 대한 물리적 통찰을 얻는 것에 중요성이 있다. 예를 들어 빌지 와류(bilge vortex)와 같이 물체로부터 떨어져 나오는 유동 특성을 쉽게 찾아내고 그 강도를 평가할 수 있다.

초기 시스템은 레이저 펄스가 재충전되는 데 시간이 걸려서 약 500장 정도의 충분히 많은 수의 영상을 획득하기 위해서는 실험 시설을 긴 시간 동안 연속적으로 운전해야 한다는 제약이 있었다. 새로운 레이저 시스템은 유동의 동 특성을 더욱 빠르게 측정할 수 있으며, 여러 대의 카메라와 교차하는 레이저 조명 막을 사용하여 한정된 숫자의 위치에서는 모든 속도 성분의 측정이 가능해졌다.

그림 7.30은 사우스햄튼 대학교의 0.9 m × 0.6 m 개방형 풍동에서(길이 1 m) 풍동 시험용 모형선 프로펠러 면에서의 유동장 측정에 PIV를 적용했을 때의 실험 배치를 개략적으로 도시한 것이다[7.34].

그림 7.31은 KVLCC 선체가 작은 선수동요각을 가질 때의 반류를 PIV 측정한 사례로서, 좌현에 빌지 와류가 선명하게 나타나 있다[7.34, 7.35].

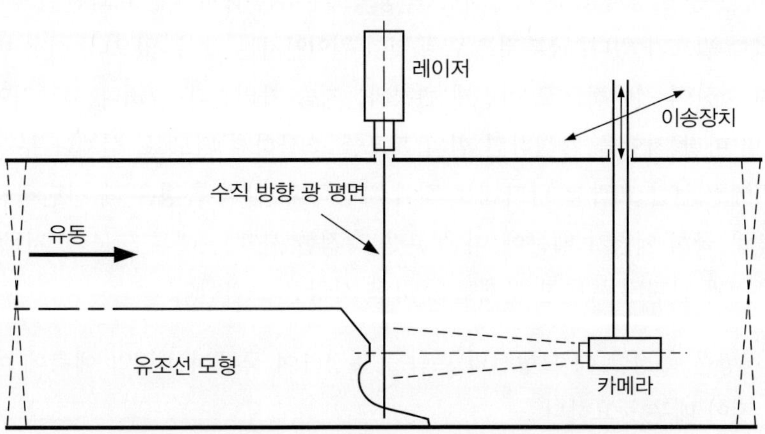

그림 7.30 풍동에서의 PIV 측정 시스템의 개략적인 배치도.

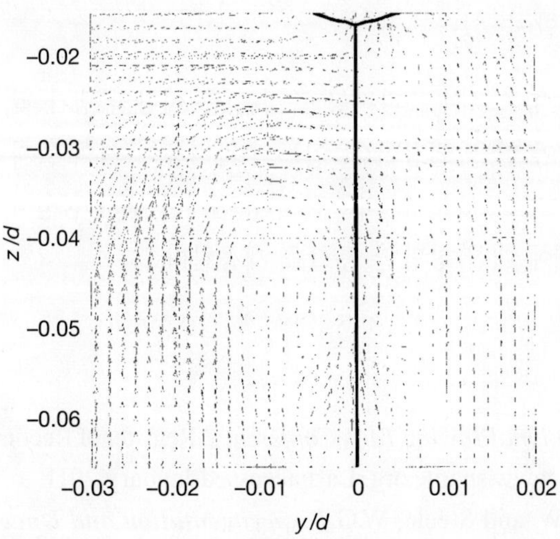

그림 7.31 KVLCC 선체 주위에서의 PIV 측정결과.

7.4.5 요약

모형선 선체 주위 및 표면 유동장의 세부적인 구조를 실험적으로 분석하는 능력으로 인해 저항과 추진의 유체역학적 메커니즘을 더욱 깊이 이해하는 것이 가능해졌다. 그와 같은 세부사항의 결점은 시설 임차, 모형선 제작과 실험자의 전문지식 등과 같은 비용이 수반된다는 점이다. 9장과 15장에서 서술할 CFD 분석 도구를 최대한 활용하기 위해서는 그러한 고품질의 측정이 필수적이다. 시험 환경, 기기, 측정 및 후속 분석과 연관된 불확실성에 대한 지식이 꼭 필요하다.

요약하면 총 점성저항 및 파형저항 측정으로부터는 종합적인 효과만이 얻어진다는 점에 주목할 필요가 있다. 국부적으로 무엇이 원인인지는 알 수 없으나, 선형 변화에 의해 에너지 소산이 전반적으로 어떻게 변경되는지를 가리킨다. 그러나 국부적인 표면에서 압력 및 마찰 저항을 측정하면 힘의 분포를 조사하게 되므로, 선체나 부가물의 특정한 변경에 기인한 효과를 나타내는 것이 가능하다. 압력 측정은 꽤 간단하지만 마찰 응력 측정은 극히 어렵기 때문에 이 성분을 측정한 사례는 매우 드물다. 저항의 각 구성성분 측정과 관련된 특별한 문제들은 다음 사항을 포함한다.

(a) 압력저항을 측정할 때 모형선의 트림을 측정하여 국부적인 정압 예측에 이를 고려하는 것이 매우 중요하다.
(b) 반류를 횡단하는 실험에서 쇄파 구역이 간과되기 쉽다.
(c) 파형을 (부정확하게) 선체의 국부적 교란 영역에서 측정하거나 길이 방향 단면을 너무 짧게 구성할 수 있다.

일반적인 지적사항으로서 조파저항 측정은 총 저항의 평가 및 자항시험 동안의 필수 단계로 수행되어야 함을 권장한다. 이는 추가비용이 거의 들지 않으면서도 혹시 있을 수 있는 형상계수의 Froude 수 의존관계나, 현저한 추가 점성 혹은 유도항력 성분이 존재하는 유동 체제에 대한 상당한 통찰을 제공한다.

참고문헌(7장)

7.1 ITTC *International Towing Tank Conference*. Register of Recommended Procedures. Accessed via www.sname.org. Last accessed January 2011.
7.2 Coleman, H.W. and Steele, W.G. *Experimentation and Uncertainty Analysis for Engineers*. 2nd Edition. Wiley, New York, 1999.
7.3 ISO (1995) Guide to the expression of uncertainty in measurement. International Organisation for Standardisation, Genève, Switzerland. ISO ISBN 92-67-10188-9, 1995.

7.4 Lofdahl, L. and Gad-el-Hak, M., MEMS-based pressure and shear stress sensors for turbulent flows. *Measurement Science Technology*, Vol. 10, 1999, pp. 665~686.
7.5 Fernholz, H.H., Janke, G., Schober, M., Wagner, P.M. and Warnack, D. New developments and applications of skin-friction measuring techniques. *Measurement Science Technology*, Vol. 7, 1996, pp. 1396~1409.
7.6 Patel, V.C. Calibration of the Preston tube and limitations on its use in pressure gradients. *Journal of Fluid Mechanics*, Vol. 23, 1965, pp. 185~208.
7.7 Steele, B.N. and Pearce, G.B. Experimental determination of the distribution of skin friction on a model of a high speed liner. *Transactions of the Royal Institution of Naval Architects*, Vol. 110, 1968, pp. 79~100.
7.8 Shearer, J.R. and Steele, B.N. Some aspects of the resistance of full form ships. *Transactions of the Royal Institution of Naval Architects*, Vol. 112, 1970, pp. 465~486.
7.9 Ireland, P.T. and Jones, T.V. Liquid crystal measurements of heat transfer and surface shear stress. *Measurement Science Technology*, Vol. 11, 2000, pp. 969~986.
7.10 Shearer, J.R. and Cross, J.J. The experimental determination of the components of ship resistance for a mathematical model. *Transactions of the Royal Institution of Naval Architects*, Vol. 107, 1965, pp. 459~473.
7.11 Townsin, R.L. The frictional and pressure resistance of two 'Lucy Ashton' geosims. *Transactions of the Royal Institution of Naval Architects*, Vol. 109, 1967, pp. 249~281.
7.12 Molland, A.F. and Turnock, S.R. Wind tunnel investigation of the influence of propeller loading on ship rudder performance. *University of Southampton, Ship Science Report No. 46*, 1991.
7.13 Molland, A.F., Turnock, S.R. and Smithwick, J.E.T. Wind tunnel tests on the influence of propeller loading and the effect of a ship hull on skeg-rudder performance, *University of Southampton, Ship Science Report No. 90*, 1995.
7.14 Lewis, S.G., Hudson, D.A., Turnock, S.R. and Taunton, D.J. Impact of a freefalling wedge with water: synchronised visualisation, pressure and acceleration measurements, *Fluid Dynamics Research*, Vol. 42, No. 3, 2010.
7.15 van Dam, C.P. Recent experience with different methods of drag prediction. *Progress in Aerospace Sciences*, Vol. 35, 1999, pp. 751~798.
7.16 Giles, M.B. and Cummings, R.M. Wake integration for three-dimensional flowfield computations: theoretical development, *Journal of Aircraft*, Vol. 36, No. 2, 1999, pp. 357~365.
7.17 Townsin, R.L. Viscous drag from a wake survey. Measurements in the wake of a 'Lucy Ashton' model. *Transactions of the Royal Institution of Naval Architects*, Vol. 110, 1968, pp. 301~326.
7.18 Townsin, R.L. The viscous drag of a 'Victory' model. Results from wake and wave pattern measurements. *Transactions of the Royal Institution of Naval Architects*, Vol. 113, 1971, pp. 307~321.
7.19 Insel, M. and Molland, A.F. An investigation into the resistance components of high

speed displacement catamarans. *Transactions of the Royal Institution of Naval Architects*, Vol. 134, 1992, pp. 1~20.

7.20 Newman, J. *Marine Hydrodynamics*. MIT Press, Cambridge, MA, 1977.

7.21 Gadd, G.E. and Hogben, N. The determination of wave resistance from measurements of the wave profile. *NPL Ship Division Report No. 70*, November 1965.

7.22 Hogben, N. and Standing, B.A. Wave pattern resistance from routine model tests. *Transactions of the Royal Institution of Naval Architects*, Vol. 117, 1975, pp. 279~299.

7.23 Hogben, N. Automated recording and analysis of wave patterns behind towed models. *Transactions of the Royal Institution of Naval Architects*, Vol. 114, 1972, pp. 127~153.

7.24 Insel, M. An investigation into the resistance components of high speed displacement catamarans. Ph.D. thesis, University of Southampton, 1990.

7.25 Couser, P. An investigation into the performance of high-speed catamarans in calm water and waves. Ph.D. thesis, University of Southampton, 1996.

7.26 Taunton, D.J. Methods for assessing the seakeeping performance of high speed displacement monohulls and catamarans. Ph.D. thesis, University of Southampton, 2001.

7.27 Kim, W.J., Van, S.H., Kim, D.H. Measurement of flows around modern commercial ship models, *Experiments in Fluids*, Vol. 31, 2001, pp. 567~578.

7.28 Bruun, H.H. *Hot-Wire Anemometry*: *Principles and Signal Processing*. Oxford University Press, Oxford, UK, 1995.

7.29 Turnock, S.R., Hughes, A.W., Moss, R. and Molland, A.F. *Investigation of hull-waterjet flow interaction. Proceedings of Fourth International Conference on Fast Sea Transportation, FAST'97*, Sydney, Australia. Vol. 1, Baird Publications, South Yarra, Australia, July 1997, pp. 51~58.

7.30 Halliwell, N.A. A laser anemometer for use in ship research. *University of Southampton, Ship Science Report No. 1*, 1975.

7.31 International Towing Tank Conference. Uncertainty analysis: laser Doppler velocimetry calibration. Document 7.5-01-03-02, 2008, p 14.

7.32 Raffel, M., Willert, C., Werely, S. and Kompenhans, J. *Particle Image Velocimetry*: *A Practicle Guide*. 2nd Edition. Springer, New York, 2007.

7.33 Gui, L., Longo, J. and Stern, F. Towing tank PIV measurement system, data and uncertainty assessment for DTMB Model 5512. *Experiments in Fluids*, Vol. 31, 2001, pp. 336~346.

7.34 Pattenden, R.J.,Turnock, S.R., Bissuel, M. and Pashias, C. Experiments and numerical modelling of the flow around the KVLCC2 hullform at an angle of yaw. *Proceedings of 5th Osaka Colloquium on Advanced Research on Ship Viscous Flow and Hull Form Design*, 2005, pp. 163~170.

7.35 Bissuel, M. Experimental investigation of the flow around a KVLCC2 hull for CFD validation. M.Sc. thesis, University of Southampton, 2004.

CHAPTER

8

반류와 추력 감소

8.1 서론

선체와 추진장치 사이에 상호작용이 일어나서 추진장치의 효율에 영향을 주기 때문에 추진장치 설계 시에 이를 고려해야 한다. 이와 같은 상호작용은 반류(wake), 추력 감소(thrust deduction) 및 상대회전 효율(relative rotative efficiency)로 구성된다.

프로펠러가 없는 상태에서 프로펠러 평면에서 반류 속도를 직접 측정할 수 있다. 이로써 특정 반류에 적합하도록 프로펠러 반경에 대해 피치 분포를 변화[이를 반류 적응(wake adaption)이라 함], 프로펠러 강도 및 진동 해석 목적의 하중 예측과 같은 세부적인 프로펠러 설계 관점에 필요한 반류장의 상세한 정보를 얻을 수 있다.

평균 반류비는 모형 프로펠러 단독시험(open water test) 및 모형선 자항시험으로 간접적으로 구할 수 있다. 보통 기본적인 프로펠러 설계에 사용되는 것은 자항시험 혹은 이전의 시험 데이터에서 유도된 평균 유효 반류(effective wake)이다.

8.1.1 반류비(Wake Fraction)

프로펠러는 선체에 근접해서 위치하므로 프로펠러로 유입되는 유동은 선체의 존재에 의해 영향을 받는다. 즉, 그림 8.1과 같이 프로펠러 평균 유입유속(V_a)은 선체 전진속도(V_S)와 다르다(보통 작다). 선속에 대한 속도 변화량의 비를 보통 Taylor 반류비 w_T라 하는

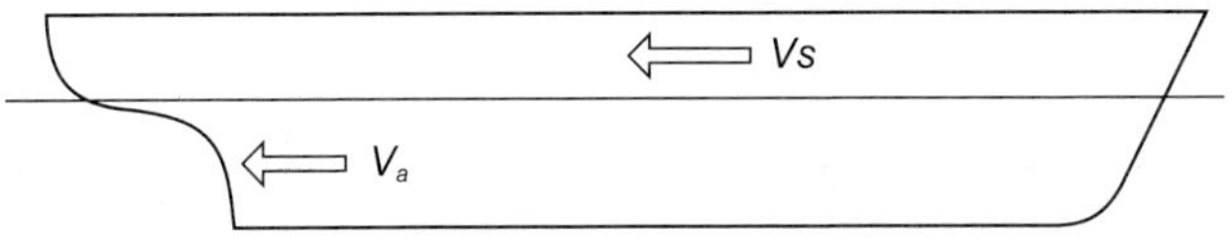

그림 8.1 반류 속도 V_a

데, 다음과 같이 정의된다.

$$w_T = \frac{(Vs - V_a)}{Vs} \tag{8.1}$$

그리고 다음과 같다.

$$V_a = Vs(1 - w_T) \tag{8.2}$$

8.1.2 추력 감소(Thrust Deduction)

추진장치(예를 들어 프로펠러)는 유입유동을 흡입하기 때문에 전방의 유동이 가속되므로, (a) 경계층의 전단율이 증대되어 선체의 마찰저항이 늘어나거나 (b) (Bernoulli 정리에 의해) 선체 후미 부위의 압력이 줄어들어 압력저항이 늘어난다. 게다가 프로펠러 없이 예인하면서 저항을 측정할 때 선체 뒷부분에서 박리가 일어났다면, 프로펠러가 작동할 때는 역압력 구배 생성이 억제되기도 한다. 따라서 프로펠러의 작동으로 추력의 크기에 비례한 만큼 선체의 저항이 바뀐다(보통은 증가한다). 이는 추력이 보통 알몸선체의 저항을 초과함을 의미한다. 물리적으로는 저항이 증가한다고 하는 것이 타당하다. 하지만 실제 현장에서는 추력의 감소로 받아들이는데, 추력 감소계수(thrust deduction factor) t는 다음과 같이 정의된다.

$$t = \frac{(T - R)}{T} \tag{8.3}$$

그러므로 다음 관계가 성립한다.

$$T = \frac{R}{(1 - t)} \tag{8.4}$$

8.1.3 상대회전 효율(Relative Rotative Efficiency) η_R

선체 뒤의 반류 속에 놓인 프로펠러의 효율은 (프로펠러 주위에 선체가 존재하지 않는 상태에서 측정된) 단독시험의 효율과 같지 않다. 여기에는 두 가지 이유가 있다. (a) 예인수조의 단독시험 때는 유동 중 난류의 크기가 작지만 선체 뒤 반류 속에는 상당한 수준의 난류가 존재한다. (b) 선체 뒤 유동은 불균일하므로 각 반경 위치에서의 유동 조건은 단독시험 때와 달라진다.

난류가 크면 프로펠러 효율을 낮추는 경향이 있는 데 반하여, 반류의 반경 방향 변화에 맞추어 의도적으로 설계된 프로펠러는 해당 반류에서 작동할 때는 효율에 상당한 이득이 있다.

자항시험에서의 상대회전 효율 유도 방법은 8.7절에 기술되어 있고, 16장의 프로펠러 설계 데이터에 경험적인 수치들이 주어져 있다.

8.2 반류의 기원

반류는 세 가지 원인에 의해 비롯된다. 포텐셜 유동 효과, 선체 주위 유동의 마찰 효과 및 파동의 수면 하 속도의 영향이다.

8.2.1 포텐셜 반류: w_P

이는 마찰이 없거나 거의 무시될 수 있는 유동 중에서 발생한다. 그림 8.2와 같이 뒷부분에서 유선이 닫히면서 프로펠러 평면 위치에서는 압력이 증가하고 속도는 감소한다.

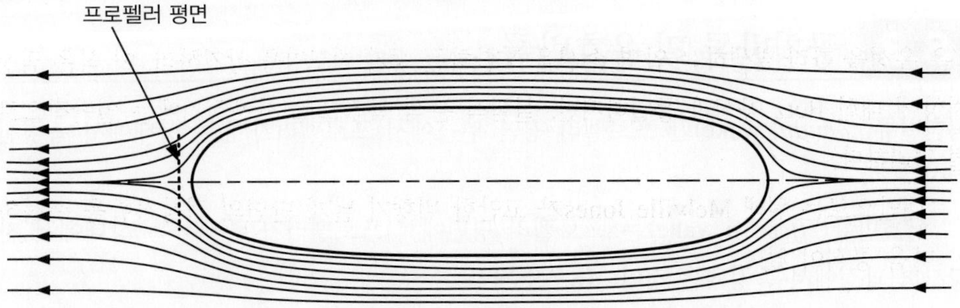

그림 8.2 포텐셜 반류.

8.2.2 마찰 반류: w_F

이는 선체 표면의 마찰저항 효과 및 선체 표면에서 발달하면서 뒷부분으로 갈수록 두꺼워지는 저속의 유체층(경계층)에 기인한다. 마찰 반류는 전체 반류 중에서 보통 가장 큰 성분이다. 마찰 반류는 포텐셜 반류를 확대시킨다. Harvald[8.1]는 포텐셜 및 마찰 반류의 추정 방법에 대해 논의하고 있다.

8.2.3 파동 반류: w_W

이는 파동에 의한 수면 아래 궤도운동의 영향에 기인하는데, 궤도운동은 부록 A1.8을 참조하라. 단추진기선에서 이 성분은 작다. 프로펠러가 수면 가까이 위치할 가능성이 있는 쌍추진기선에서는 중요할 수 있다. 파동 성분의 방향은 선속에 따라 변화하는 파정과 파저(3.1.5절 및 부록 A1.8 참조) 중 프로펠러가 어디에 위치하느냐에 따라 달라진다.

8.2.4 요약

[8.1]에 따르면 세 성분의 전형적인 값은 다음과 같다.

포텐셜 반류: 0.08~0.12
마찰 반류: 0.09~0.23
파동 반류: 0.03~0.05
총합 반류의 범위는 0.20~0.40이다.

반류 성분에 대한 더 자세한 설명은 Harvald[8.2]에 주어져 있다.

8.3 공칭반류 및 유효반류

공칭반류(*nomianl* wake)란 프로펠러 평면 부근에서 프로펠러가 없는 상태에서 측정한 것이다.

유효반류(*effective* wake)는 프로펠러 평면에서 프로펠러가 존재하는 상태에서 자항시험 과정에서 측정되는 것이다(8.7절 참조).

프로펠러는 경계층의 성질과 존재할지 모르는 박리 효과에 영향을 미치기 때문에 보통은 공칭반류가 유효반류보다 크다.

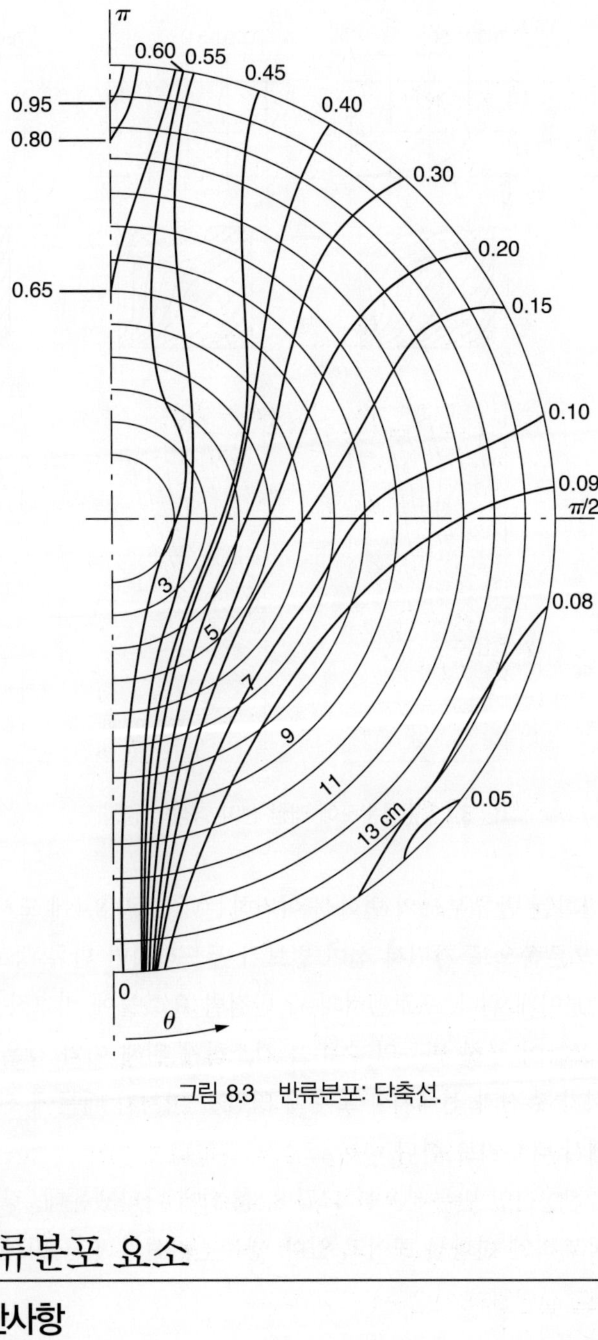

그림 8.3 반류분포: 단축선.

8.4 반류분포 요소

8.4.1 일반사항

선체 뒷부분의 형상과 경계층 발달 효과 때문에 프로펠러 근방의 반류분포는 일반적으로 균일하지 않다. 단추진기선에 대한 반류분포(일정 반류비의 등고선도)의 한 예를 그림 8.3[8.3]에 도시하였다.

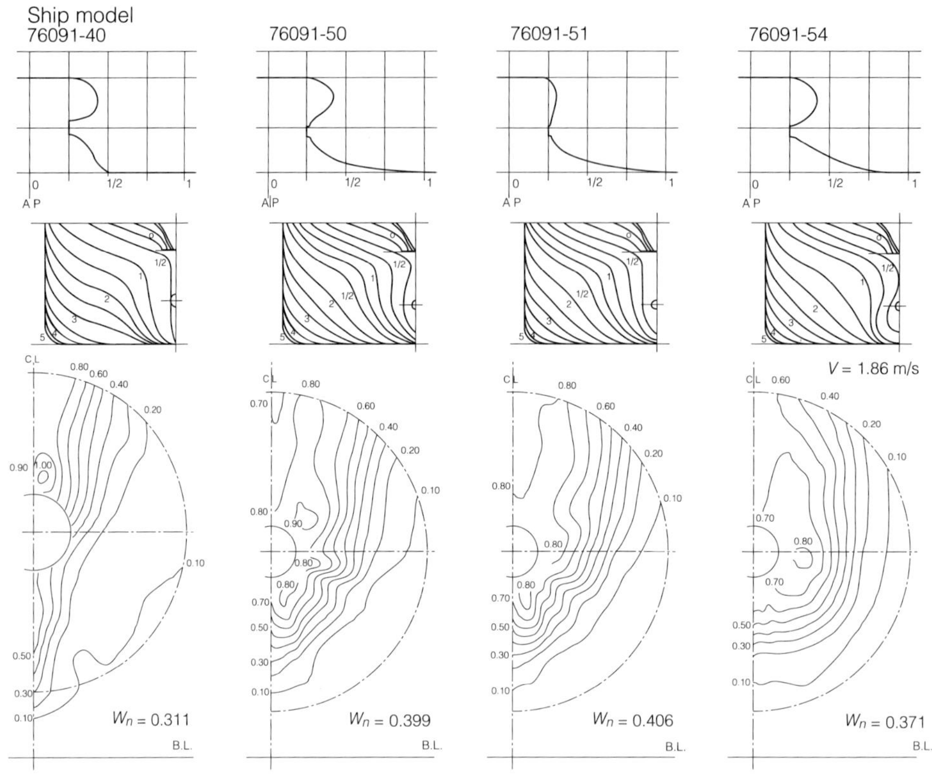

그림 8.4 반류분포에 대한 선미 형상의 영향.

선미 형상의 변화는 반류분포의 변화를 야기하는데, 그림 8.4에 도시되어 있다[8.4]. 그림의 왼쪽에서 오른쪽으로 가면서 선미 벌브가 두드러지면 반류 등고선도 좀 더 둥근 동심원 형태를 보이게 된다. 프로펠러의 각 반경별 요소들에 비교적 균일한 원주 방향 유입속도를 제공하여 부하 변동의 수준을 감소하기 위해 이와 같은 방식을 채택할 수 있다. 선형 변화가 추진과 선체저항 모두에 영향을 미치기 때문에 선형 설계가 중요한데, 이는 14장에서 다루기로 한다.

쌍추진기선의 전형적인 반류분포를 그림 8.5[8.5]에 나타냈는데, 경계층 효과와 축과 보싱 주위의 국부적인 변화를 보이고 있다. 쌍추진기선의 평균 반류비는 보통 단추진기선보다 작다.

8.4.2 반류의 원주 방향 분포

그림 8.6은 어떤 특정한 프로펠러 반경에서의 단추진기선에 대한 원주 방향 반류분포 w_T''을 나타내고 있다.

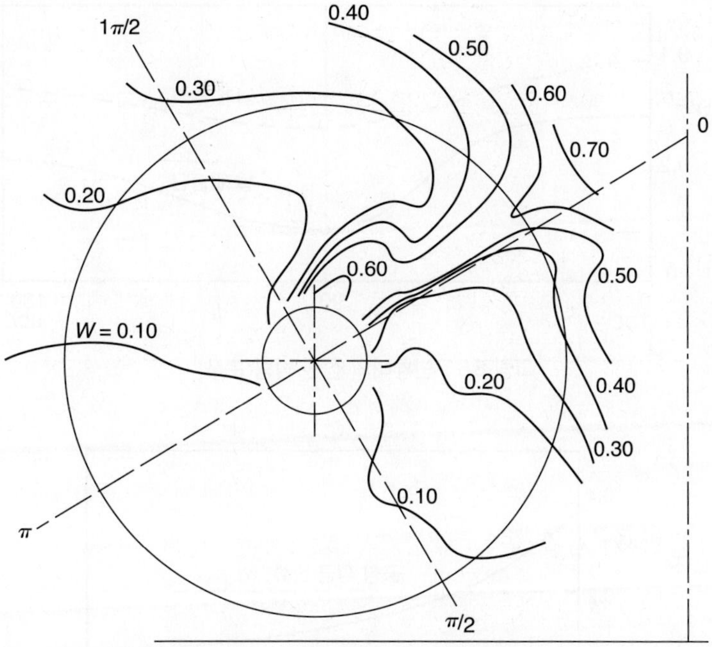

그림 8.5 반류분포: 쌍추진기선.

배의 중심선 부근에서는 유속이 느려지므로 상사점(top dead center: TDC)에서는 반류 값이 커지고 하사점(bottom dead center: BDC)에서는 작아지는 것을 알 수 있다. 프로펠러 날개가 경계층의 가장자리를 지나는 90°에서는 반류 값이 작아지며, 이 경향은 프로펠러 끝 부분으로 갈수록 명확해진다.

8.4.3 반류의 반경 방향 분포

단추진기선 반류비의 원주 방향 평균값 w'_T를 반경 방향으로 플롯하면 그림 8.7과 같다. 쌍추진기선에서는 반류 값의 변화량 및 평균값이 작아진다. 각 반경 위치에서의 값을 적분하면 프로펠러 평면 근처에서의 평균 반류비 w_T를 구할 수 있다.

8.4.4 반류 측정결과 분석

8.5절은 반류의 상세한 측정 방법에 대해 설명한다. 측정결과는 다음과 같이 체적 측정 방식을 이용하여 원주 방향 및 반경 방향의 반류분포를 얻는 데 사용된다.

측정을 통해 얻은 그림 8.3 및 8.6과 같은 국부적인 반류비를 w_T'', 그림 8.7과 같은 반경 방향 분포를 w_T', 평균 혹은 공칭 반류비를 w_T라 부르기로 한다. 반경 r에서의 체

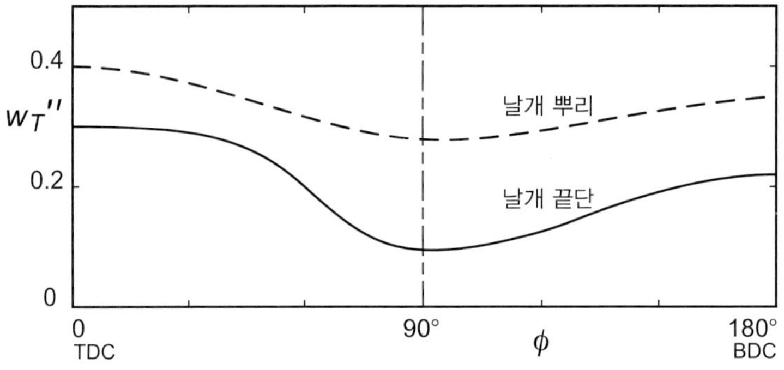

그림 8.6 반류비의 접선 방향 분포.

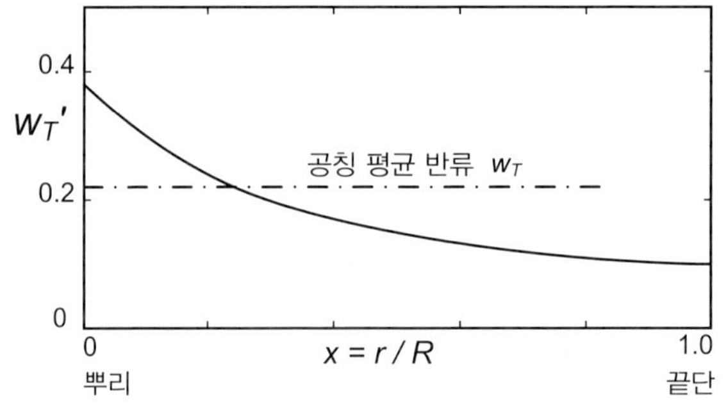

그림 8.7 반류비의 반경 방향 분포.

적 평균 반류비 w'_T는

$$w'_T = \frac{\int_0^{2\pi} w''_T \cdot r \cdot d\theta}{\int_0^{2\pi} r \cdot d\theta} \tag{8.5}$$

혹은 다음과 같이 정리된다.

$$w'_T = \frac{1}{2\pi} \int_0^{2\pi} w''_T \cdot d\theta \tag{8.6}$$

w_T'는 반류비를 각 반경에서 원주 방향으로 평균한 값으로, 그림 8.7에 도시된 것과 같다.

반경 방향 반류분포를 적분하여 공칭 평균 반류비 w_T를 다음과 같이 구할 수 있다.

$$w_T = \frac{\int_{r_B}^{R} w'_T \cdot 2\pi r \cdot dr}{\int_{r_B}^{R} 2\pi r \cdot dr} = \frac{\int_{r_B}^{R} w'_T \cdot r \cdot dr}{\frac{1}{2}(R^2 - r_B^2)} \tag{8.7}$$

여기서 R은 프로펠러 반경, r_B는 허브 반경이다.

프로펠러 부하의 반경 방향 분포를 채택하고자 한다면, 유효 평균 반류 w_{Te}를 자항시험으로부터 알게 되었을 때 반경 방향 반류분포는 다음과 같이 적절히 수정될 수 있다.

$$(1 - w'_T) \times \frac{(1 - w_{Te})}{(1 - w_T)} \tag{8.8}$$

이와 같은 반경 방향 반류분포는 반류에 대응한 프로펠러 계산에 사용될 수 있는데, 15.6절에 서술된 것과 같다.

8.5 반류의 물리적 측정

8.5.1 원주 방향 평균 반류

원주 방향으로 평균된 반류(그림 8.7의 $w_T{}'$)를 측정하기 위해 두 가지 방법이 사용되어 왔다.

(a) 날개 바퀴(blade wheels): 모형선 뒤에 자유롭게 회전하는 날개 바퀴를 달고 예인한다. 바퀴살에는 작은 날개(보통 1 cm^2) 4 ~ 5개가 바퀴살에 비스듬하게 부착되고, 날개 바퀴의 크기는 모형선 크기에 따라 바뀐다. 날개 바퀴의 회전수를 측정하여 선체에 부착되지 않았을 때의 단독 특성 검정결과와 비교해 날개 바퀴 반경 위치에서의 평균 반류를 추정하고, 날개 바퀴의 크기를 바꿔가면서 반경에 따른 평균 반류의 변화를 조사한다.

(b) 링 계측기(ring meters): 여러 가지 크기의 링(덕트 프로펠러의 덕트와 유사한)을 프로펠러 평면 위치에 부착하고 모형선을 예인한다. 선체에 부착되지 않은 상태에서 측정한 단독 저항 특성과 비교하여 평균 반류를 정할 수 있다. 일반적으로 링 계측기에 의한 추정값이 (날개 바퀴에 의한 추정값보다) 반류분포를 적분한 값에 더 가까운 것으로 알려져 있다.

8.5.2 반류분포의 위치별 측정

프로펠러 평면의 위치에 따라 반류를 측정할 수 있다. 이 기법은 7.4절의 선체 주위 유동 측정기법과 동일하거나 유사하다.

(a) 피토 정압관: 프로펠러 평면 상의 격자점을 훑어나가면서 측정한다. 다른 대안은 (그림 7.12와 유사한 형식의) 피토 관 레이크를 프로펠러 축에 설치, 360° 회전하면서 측정하는 것이다. 이를 통해 그림 8.3부터 8.6까지와 같은 결과를 얻을 수 있다.

(b) 5공 피토 관: 이것 역시 프로펠러 평면 상의 격자점에서 사용되어 속도뿐만 아니라 방향도 측정할 수 있다. 프로펠러 평면 상의 접선 방향 성분도 측정된다. 5공 피토 관은 7장에 설명되어 있다.

(c) LDV: 레이저 도플러 유속계(laser Doppler velocimeter: LDV)도 프로펠러 평면 상 한 지점에서의 국부 속도를 측정하기 위해 사용될 수 있다. LDV의 응용은 7장에 논의되어 있다.

(d) PIV: 입자영상유속계를 사용하여 프로펠러 평면 상의 속도분포 및 전체 유동장을 더욱 세밀하게 나타낼 수 있다. 이것도 7장에 설명되어 있다.

반류장을 결정하는 실험적 방법들은 ITTC2008[8.6]에 상세히 정리되어 있다. 반류 분포에 대한 실험적 조사의 전형적인 예로는 [8.7] 및 [8.8]이 있다.

8.6 전산유체역학을 이용한 반류 예측

이 기법들은 9장에서 소개하는 선체 주위 유동장 예측기법과 유사하다. 프로펠러 평면에서의 단면으로부터 반류의 상세한 분포를 예측할 수 있다. 모형선 및 실선 반류의 수치적인 조사 사례로는 [8.9] 및 [8.10]이 있다.

8.7 모형선 자항(Self-Propulsion)시험

8.7.1 서론

추진효율의 성분들(반류, 추력 감소 및 상대회전 효율)은 모형선의 추진시험들로부터 결정된다. 실선 시운전이 양호한 기상 상태, 심수 조건 및 적절한 계측기를 구비해 수행되었다면 시운전 성능 해석으로부터도 부분적인 해석이 가능하다.

성능시험의 완전한 조합은 다음과 같이 구성된다.

(i) 모형선 저항시험: C_{TM}을 Fr의 함수로 결정하여 이로부터 실선의 C_{TS}를 적절한 축척 방법을 적용하여 찾는다(4장 참조).

(ii) 프로펠러 단독시험: 모형 프로펠러의 성능을 조사한다. 12장에 설명된 공동수조(cavitation tunnel) 시험이 추가적으로 뒷받침될 수도 있다.

(iii) 모형선의 자항시험 혹은 조류, 바람, 날씨, 천수 효과를 보정한 실선 시운전 결과.

표준 추진시험에 대한 ITTC 권장 절차는 ITTC2002[8.11]에 기술되어 있다.

8.7.2 저항시험

모형선의 총 저항은 여러 속도에서 측정되는데, 3.1.4절에 서술된 바와 같다.

8.7.3 프로펠러 단독시험(Propeller Open Water Test)

모형선에 적절한 캐비테이션 조건의 예인수조 혹은 실선에 적절한 캐비테이션 조건하의 공동수조에서 수행된다. 실험 방법은 12장에 주어져 있다. 예인선처럼 정지 상태 추력($J = 0$)이 필요하지 않은 경우라면 일정한 전진속도에서 전진계수 J 값을 바꾸면서 추력과 토크를 측정한다.

8.7.4 모형선 자항시험

모형선을 여러 속도에서 예인하는데, 각 속도마다 실선에 대한 자항 조건을 걸치도록 프로펠러 회전수를 변화시키면서 여러 번의 시험을 실시한다.

각 시험마다 프로펠러 회전수, 추력과 토크를 측정하고 저항동력계로 측정한 저항값과 모형선 선속을 기록한다. [8.11]에 기술된 측정이 그림 8.8에 요약되어 있다.

8.7.4.1 자항시험 분석

이론적으로 추력과 저항은 동일해야($R = T$ 혹은 $R - T = 0$) 한다.

실질적으로는 이 조건을 한 번에 만족시키기는 어렵다. 흔히 사용하는 방법은 일정한 속도에서 프로펠러 회전수를 바꿔가면서 여러 번의 시험을 수행하여 $R - T$ 값이 0을 지나가는 조건을 찾는다. 모형선 경우의 모형선 자항점이 그림 8.9에 나타나 있다.

8.7.4.2 실선 해석

총 저항이 Froude 법칙을 따른다면, 실선의 자항점은 모형선의 자항점과 같아질 것이다. 그러나 그림 8.10처럼 $C_{TM} > C_{TS}$이 되어 Froude 상사법칙이 충족되지 않는데, C_{TS}는 선체 및 부가물에 대한 C_V의 상관수정, 선체 거칠기 및 부착생물(fouling), 저항값에 대한 수조 온도 및 차폐 효과 보정, 천수 효과 및 실선에서의 기상 상관수정을 포함한 실선저항 추정치이다. 실선에서의 자항점을 결정하기 위해서는 저항계수의 차이($C_{TM} - C_{TS}$)만큼의 힘을 저항동력계에 작용하는 하중으로 상쇄해야 하는데, 도표상으로는 그림 8.9와 같다. R_{Tm}이 C_{TM}에 해당하는 모형선의 저항이고 R_{Tms}가 C_{TS}에 해당하는 모형선

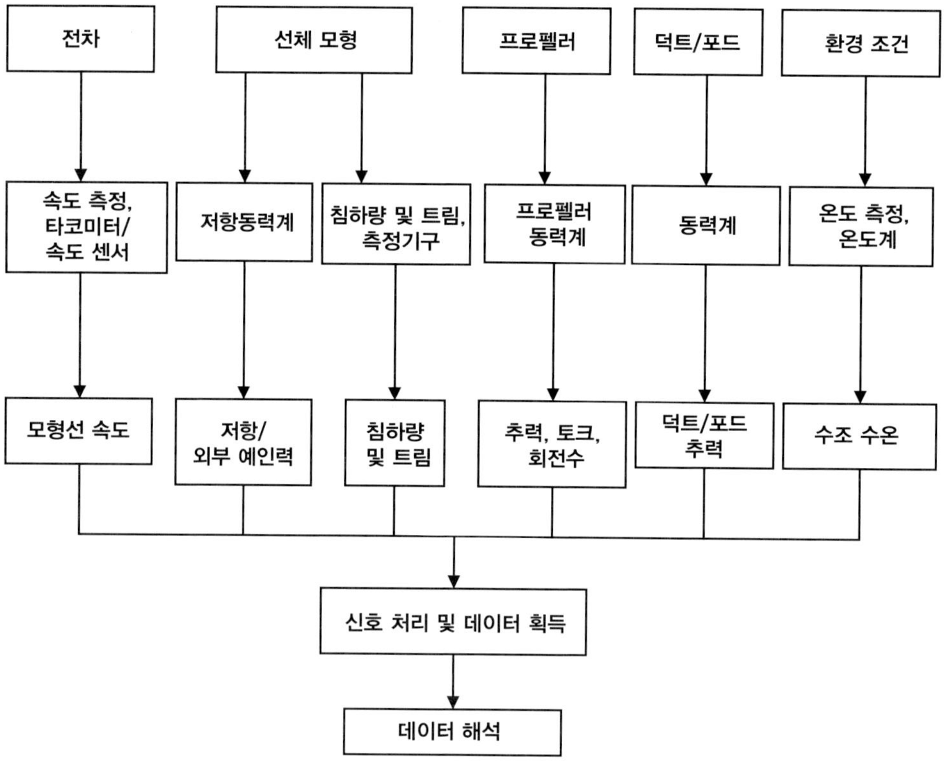

그림 8.8 추진시험 측정들.

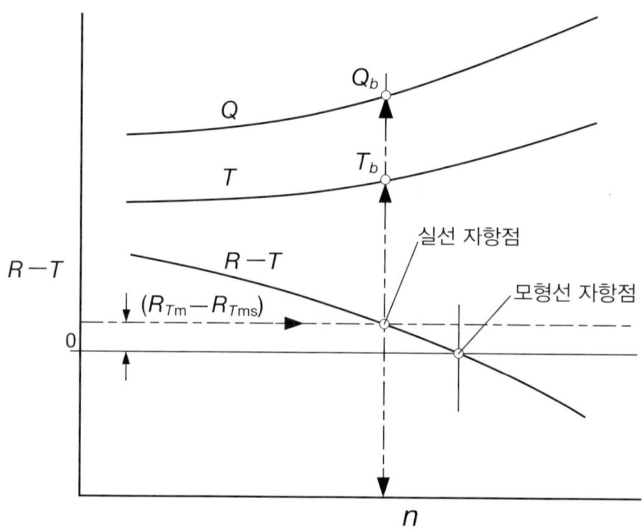

그림 8.9 모형선과 실선의 자항점.

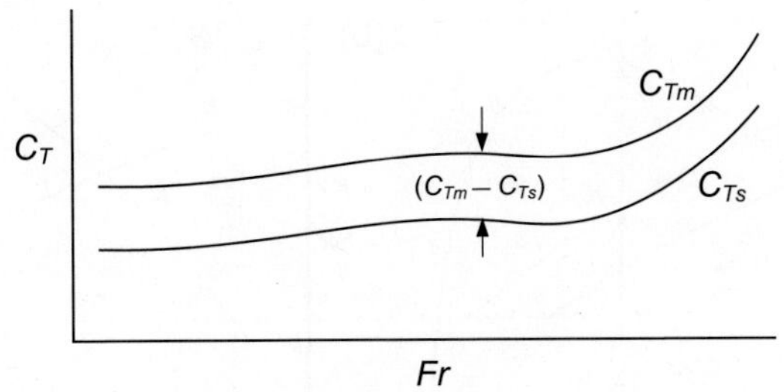

그림 8.10 모형선과 실선의 C_T 값 .

의 저항이라면, 실선의 자항점은 $(R - T) = (R_{Tm} - R_{Tms})$에서 결정된다. 이로부터 프로펠러 회전수 n, 선후(behind) 추력 T_b, 선후 토크 Q_b가 구해진다.

반류비 및 추력 감소계수를 결정하려면 등가 프로펠러 단독조건을 가정해야만 한다. 등가 조건은 보통 프로펠러가 다음 둘 중 하나를 발생한다고 가정하여 설정된다.

(i) 추력일치: 프로펠러가 자항시험 회전수에서 동일한 추력을 발생한다.
(ii) 토크일치: 프로펠러가 자항시험 회전수에서 동일한 토크를 발생한다.

두 가지 다른 가정에 의한 반류비나 추력 감소계수의 값 차이는 보통 매우 작다. 그 차이는 상대회전 효율 η_R에 따라 달라지는데, $\eta_R = 1.0$이 되면 사라진다.

8.7.4.3 추력일치법

(a) 그림 8.10의 저항 곡선으로부터 $(C_{Tm} - C_{Ts})$를 계산하여 모형선 C_T 값과 실선 C_T 예측값 사이의 차이를 보정한다(부착생물과 기상 등의 영향을 보정하기 위해 다양한 흘수 조건을 조사할 수 있다).
(b) 자항점의 T_b 및 Q_b에 대한 회전수 n과 $J_b(= \frac{V_S}{n.D})$를 결정할 수 있다. 즉, 그림 8.9의 자항점 데이터로부터 K_{Tb}와 K_{Qb}를 구할 수 있다.
(c) 추력일치 해석은 $K_{To} = K_{Tb}$를 가정한다. 그림 8.11(a)의 단독시험 곡선에 K_{Tb}를 대입하여 그에 해당하는 J_o, K_{Qo} 및 η_o를 결정한다.

아래첨자 'b'는 모형선 뒤에서 측정된 값을, 아래첨자 'o'는 단독시험 값을 나타낸다.

반류비는 다음과 같이 주어진다.

$$w_T = \frac{(V_S - V_O)}{V_S} = 1 - \frac{V_O}{V_S} = 1 - \frac{nDJ_o}{nDJ_b} = 1 - \frac{J_o}{J_b} \tag{8.9}$$

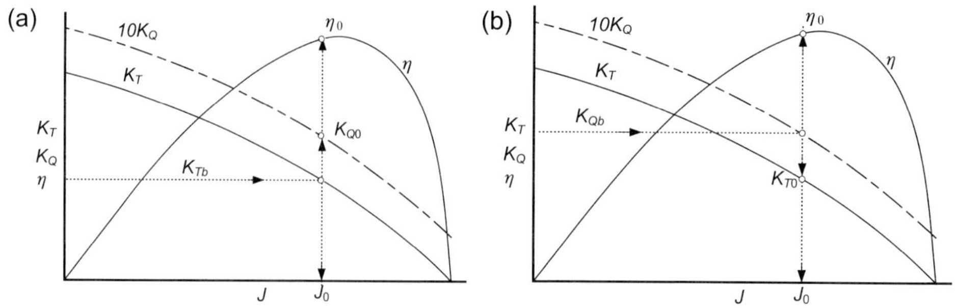

그림 8.11 프로펠러 단독 특성 곡선: (a) 추력일치법, (b) 토크일치법.

여기서 $J_b = \frac{V_S}{nD}$이고, V_s는 선속이다.

추력 감소계수는 다음과 같이 주어진다.

$$t = \frac{(T_b - R)}{T_b} = 1 - \frac{R}{T_b} = 1 - \frac{0.5\rho SV^2 C_{TS}}{\rho n^2 D^4 K_{Tb}} = 1 - \frac{0.5J_b^2 SC_{TS}}{D^2 K_{Tb}} \tag{8.10}$$

상대회전 효율은 다음과 같다.

$$\eta_R = \frac{\eta_b}{\eta_o} = \frac{J_o K_{Tb}}{2\pi K_{Qb}} \cdot \frac{2\pi K_{Qo}}{J_o K_{To}} = \frac{K_{Tb}}{K_{To}} \cdot \frac{K_{Qo}}{K_{Qb}} \tag{8.11}$$

추력일치 조건이 적용되므로

$$K_{To} = K_{Tb} \quad \text{그리고} \quad \eta_R = \frac{K_{Qo}}{K_{Qb}} \tag{8.12}$$

토크일치 조건은 $K_{Qo} = K_{Qb}$가 되도록 J_o가 정해지고 $\eta_R = K_{Tb}/K_{To}$가 된다. 대부분의 상업용 시험수조에서는 추력일치법을 사용한다.

이제 준추진효율(quasi-propulsive coefficient: QPC) η_D의 모든 요소를 알게 되었고, η_D는 다음과 같이 효율의 곱으로 표현된다.

$$\eta_D = \eta_o \eta_H \eta_R = \eta_o \frac{(1-t)}{(1-w_T)} \eta_R \tag{8.13}$$

8.7.5 시운전 해석

실선 시운전 및 시운전 해석은 5장에서 논의하였다. 시운전에서는 보통 토크, 회전수 및 선속만이 가용한 데이터이기 때문에 반류비 w_T는 토크일치법으로 구한다. 추력 감소계수 t는 모형선 정보를 기반으로 한 추정만이 가능하고(예를 들면 [8.12]), η_R은 유효동력(P_E)으로부터 추정된 추력을 사용해서만 구할 수 있는데, 17장의 예제 3을 참조하라.

8.7.6 반류의 축척 효과

모형선의 경계층을 실선 크기로 확대하면 실선의 경계층보다 두꺼워진다(그림 3.21 참조). 그러므로 반류비 w_T는 실선에서 작아지는 경향이 있는데, 실선에서의 거칠기 효과가 이를 어느 정도 상쇄하기는 한다. 식 (5.22)는 ITTC가 1978 성능 해석법에서 반류의 축척 효과를 감안하는 공식으로 채택한 것이다. 높은 Reynolds 수의 선미 유동을 예측할 수 있는 CFD 해석 능력이 증대되면서[8.9, 8.10], Lübke[8.13]와 같은 연구가 축척 효과를 해명하는 데 도움이 된다. Lübke는 모형선과 실선에서의 반류 추정에 대한 조사결과를 서술하고 있다. 모형선 크기에서 전산유체역학(CFD)과 실험은 잘 일치한다. 실선 규모에서 CFD와 실험결과를 비교했는데, 검증이 더 필요한 것으로 나타났다.

8.8 반류비 및 추력 감소계수에 관한 경험식

8.8.1 서론

초기설계 목적을 위한 반류비 w_T와 추력 감소계수 t에 대한 경험적 데이터를 요약한다. 다음에 주어지는 데이터는 주로 모형선에 대한 것임을 명심하라. 일반적으로 공칭반류비이고 축척 효과 및 선체 세부 구성의 영향이 포함되어 있지 않기 때문에 정확하게 들어맞는 것은 아니다.

세 번째 선체-프로펠러 상호작용인 η_R은 16장에 포함되어 있다.

8.8.2 단추진기선

8.8.2.1 반류비 w_T

Harvald의 단추진기선 반류비 데이터([8.3]에 복제된)를 그림 8.12에 도시하였다. 이는 w_T를 C_B, L/B, 선형 및 프로펠러 직경의 함수로 나타내고 있다.

Harvald의 단추진기선 반류비 데이터를 곡선접합(curve fitting)한 공식은 다음과 같다.

$$w_T = \left[1.095 - 3.4C_B + 3.3C_B^2\right] + \left[\frac{0.5C_B^2(6.5 - L/B)}{L/B}\right] \tag{8.14}$$

적합한 C_B의 범위는 0.525~0.75, L/B의 범위는 5.0~8.0이다.

이보다 이전의 Taylor[8.14]에 의한 공식은 다음과 같다.

$$w_T = 0.50C_B - 0.05 \tag{8.15}$$

식 (8.15)는 C_B가 클 때 w_T가 작아지는 경향이 있다.

영국선박연구협회(British Ship Research Association: BSRA)의 반류 데이터 회귀식[8.15]은 다음과 같다.

$$w_T = -0.0458 + 0.3745C_B^2 + 0.1590D_W - 0.8635Fr + 1.4773Fr^2 \tag{8.16}$$

D_W는 다음과 같이 정의되는 반류비 매개변수이다.

$$D_W = \frac{B}{\nabla^{1/3}} \cdot \sqrt{\frac{\nabla^{1/3}}{D}}$$

C_B의 범위는 0.55~0.85, Fr의 범위는 0.12~0.36이다.

Holtrop의 반류 데이터 회귀식[8.17]은 다음과 같다.

$$\begin{aligned} w_T = {} & c_9 c_{20} C_V \frac{L}{T_A}\left[0.050776 + 0.93405c_{11}\frac{C_V}{(1 - C_{P1})}\right] \\ & + 0.27915c_{20}\sqrt{\frac{B}{L(1 - C_{P1})}} + c_{19}c_{20} \end{aligned} \tag{8.17}$$

계수 c_9은 계수 c_8에 다음과 같이 의존한다.

$c_8 = \mathrm{B\,S}/(LDT_A)$, $B/T_A \leq 5$일 때

$\quad = S(7B/T_A - 25)/[LD(B/T_A - 3)]$, $B/T_A > 5$일 때

$c_9 = c_8$, $c_8 \leq 28$일 때

$\quad = 32 - 16/(c_8 - 24)$, $c_8 > 28$일 때

$c_{11} = T_A/D$, $T_A/D \leq 2$일 때

$\quad = 0.0833333(T_A/D)^3 + 1.33333$, $T_A/D > 2$일 때

$c_{19} = 0.12997/(0.95 - C_B) - 0.11056/(0.95 - C_P)$, $C_P \leq 0.7$일 때

$\quad = 0.18567/(1.3571 - C_M) - 0.71276 + 0.38648C_P$, $C_P > 0.7$일 때

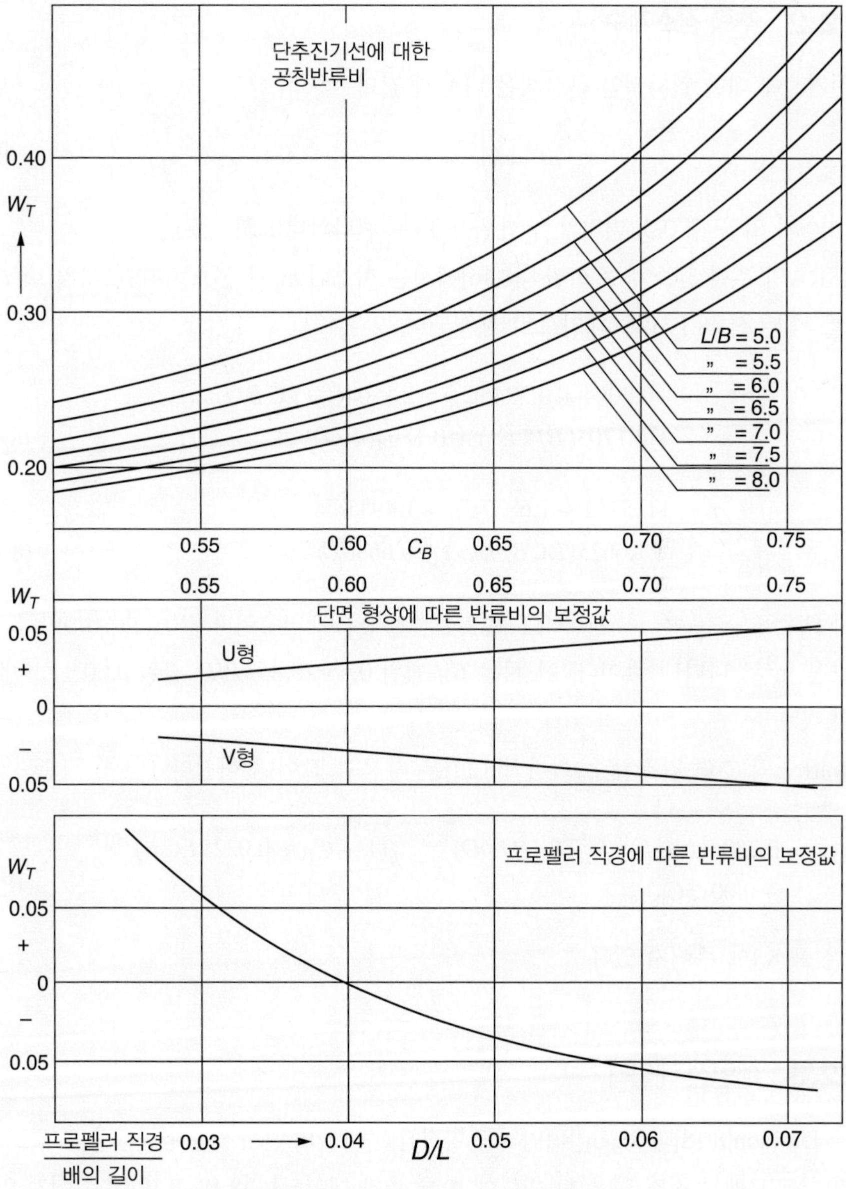

그림 8.12 단추진기선의 반류비 데이터.

$c_{20} = 1 + 0.015C_{\text{stern}}$

$C_{P1} = 1.45C_P - 0.315 - 0.0225\,LCB$($LCB$는 LCB가 0.5 L 전방일 때의 양인 L에 대한 백분율)

C_V는 점성저항계수로서 $C_V = (1 + \text{k})C_F + C_A$이며, C_A는 5장, 10장 및 식 (10.34)에 논의된 상관수정계수이다. S는 침수표면적, D는 프로펠러 직경, T_A는 선미 흘수이다.

8.8.2.2 추력 감소계수 t

단추진기선에 대한 일차적인 근사식은 다음과 같다.

$$t = k_R \cdot w_T \tag{8.18}$$

k_R은 러더가 얇을 때 0.5, 러더가 두꺼우면 0.7로 변화한다[8.3].

BSRA의 추력 감소계수 회귀식[8.16]에서는 식 (8.19a)가 선호되지만, 피치 비(P/D)를 모를 때는 식 (8.19b)가 대안으로 제시된다.

$$\begin{aligned} t = &-0.2064 + 0.3246C_B^2 - 2.1504C_B(LCB/L_{BP}) \\ &+ 0.1705(B/\nabla^{1/3}) + 0.1504(P/D) \end{aligned} \tag{8.19a}$$

$$\begin{aligned} t = &+0.5352 - 1.6837C_B + 1.4935C_B^2 \\ &- 1.6625(LCB/L_{BP}) + 0.6688D_t \end{aligned} \tag{8.19b}$$

여기서 D_t는 $\frac{B}{\nabla^{1/3}} \cdot \frac{D}{\nabla^{1/3}}$으로 정의되는 추력 감소계수 매개변수이다. B는 선폭(m)이고, ∇는 배수량을 m^3로 나타낸 값이다. 이 식은 C_B 범위 0.55~0.85, P/D 범위 0.60~1.10에 적합하다.

Holtrop의 추력 감소계수 회귀식[8.17]은 다음과 같이 주어진다.

$$\begin{aligned} t = &\ 0.25014(B/L)^{0.28956}\left(\sqrt{BT}/D\right)^{0.2624}/(1 - C_P + 0.0225LCB)^{0.01762} \\ &+ 0.0015C_{\text{stern}} \end{aligned} \tag{8.20}$$

C_{stern}은 표 8.1에 주어져 있다.

8.8.2.3 예인선 데이터

Parker-Dawson[8.18]과 Moor[8.19]의 전형적인 w_T 및 t의 근사적인 평균값을 표 8.2에 정리하였다. 프로펠러 직경 및 선형 변화에 따른 추가 데이터는 [8.18, 8.19]에 주어져 있다.

표 8.1 C_{stern} 변수

선미 형상	C_{stern}
곤돌라가 달린 Pram	−25
V형 단면 형상	−10
일반 단면 형상	0
Hogner 선미의 U형 단면	10

표 8.2 예인선에 대한 반류비 및 추력 감소계수

자료 출처	*Fr*	w_T	t	운항 조건
[8.18] $C_B = 0.503$	0.34	0.21	0.23	자유항주
	0.21	–	0.12	예인
	0.15	–	0.10	예인
	0.09	–	0.07	예인
	0(볼라드)	–	0.02	볼라드(정지 추력)
[8.19] $C_B = 0.575$	0.36	0.20	0.25	자유항주
	0.21	0.20	0.15	예인
	0.12	0.25	0.12	예인
	0(볼라드)	–	0.07	볼라드(정지 추력)

8.8.2.4 트롤 어선 데이터

BSRA [8.20]~[8.22]를 참조하라.

BSRA [8.21]의 트롤 어선 선형에 대한 전형적인 w_T 및 t의 근사값을 표 8.3에 나타내었다. 선속 범위는 $Fr = 0.29 \sim 0.33$이다. $L/\nabla^{1/3}$, B/T, LCB 및 선형 변화의 영향은 BSRA [8.20, 8.22]에 주어져 있다.

8.8.3 쌍추진기선

8.8.3.1 반류비 w_T

Harvald의 쌍추진기선 반류비 데이터([8.3]에 복제된)를 그림 8.13에 도시하였다. Harvald의 쌍추진기선 데이터를 곡선접합(curve fitting)한 공식은 다음과 같다.

$$w_T = [0.71 - 2.39C_B + 2.33C_B^2] + [0.12C_B^4(6.5 - L/B)] \tag{8.21}$$

적합한 C_B의 범위는 0.525~0.675, L/B의 범위는 6.5~7.5이다.

이보다 이전의 Taylor[8.14]에 의한 공식은 다음과 같다.

$$w_T = 0.55C_B - 0.20 \tag{8.22}$$

표 8.3 트롤 어선에 대한 반류비 및 추력 감소계수

C_B	w_T	t
0.53	0.153	0.195
0.57	0.178	0.200
0.60	0.200	0.230

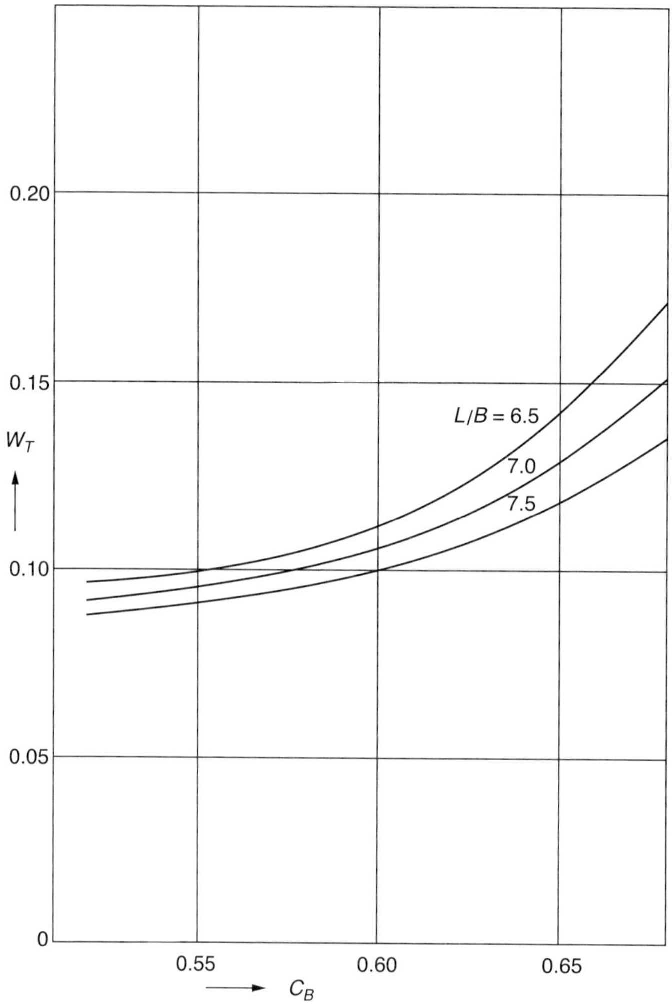

그림 8.13 쌍추진기선의 반류비 데이터.

식 (8.22)는 C_B가 클 때 w_T가 커지는 경향이 있음에 주목하라.

Holtrop[8.17]의 쌍추진기선에 대한 반류 회귀분석 결과는 다음과 같다.

$$w_T = 0.3095C_B + 10C_V C_B - 0.23\frac{D}{\sqrt{BT}} \qquad (8.23)$$

여기서 C_V는 점성저항계수로서 $C_V = (1 + k)C_F + C_A$이며, $(1 + k)$는 4장에서 논의된 형상계수, C_A는 [5장, 10장 및 식 (10.34)에 논의된] 상관수정계수이다. 식 (8.23)은 C_B 범위 0.55~0.80에 적합한데, 표 10.2를 참조하라.

포드(pod)형 추진기에 대한 Flikkema 등[8.23]의 반류 데이터 회귀분석은 다음과 같다.

$$w_{Tp} = -0.21035 + 0.18053C_B + 56.724C_V C_B + 0.18566\frac{D}{\sqrt{BT}} + 0.090198\frac{C_{\text{Tip}}}{D} \quad (8.24)$$

C_V는 식 (8.23)에 정의된 것과 같고, C_{Tip}은 포드 추진기가 선체 경계층에 잠긴 정도를 감안하기 위해 도입된 팁 간극으로서, C_{Tip}/D의 전형적인 값은 0.35(표 16.4의 Z/D)이다.

8.8.3.2 추력 감소계수 t

쌍추진기선에 대한 일차적인 근사식은 다음과 같다.

$$t = w_T \quad (8.25)$$

Holtrop[8.17]의 쌍추진기선에 대한 추력 감소계수 회귀분석 결과는 다음과 같다.

$$t = 0.325C_B - 0.1885\frac{D}{\sqrt{BT}} \quad (8.26)$$

Flikkema 등[8.23]의 포드형 추진기 추력 감소계수 데이터 회귀분석은 다음과 같다.

$$t_P = 0.21593 + 0.099768C_B - 0.56056\frac{D}{\sqrt{BT}} \quad (8.27)$$

8.8.3.3 둥근 빌지를 가진 준배수량선

NPL 둥근 빌지 계열(Bailey[8.24])

둥근 빌지를 지닌 선형에 대한 전형적인 w_T 및 t의 근사적인 평균값을 표 8.4에 정리하였다. 일반적으로 쌍추진기가 장착된 둥근 빌지 선형에 적용된다. 선속 범위는 Fr_∇ = 0.58~2.76

표 8.4 둥근 빌지 준배수량선형에 대한 반류비 및 추력 감소계수

C_B 범위	Fr_∇	w_T	t
$C_B \le 0.45$	0.6	0	0.12
	1.4	−0.04	0.07
	2.6	0	0.08
$C_B > 0.45$	0.6	0.08	0.15
	1.4	−0.02	0.07
	2.2	0.04	0.06

인데, $Fr_\nabla = 0.165\ V/\Delta^{1/6}$($V$과 Δ의 단위는 knots 및 tonnes)으로 정의되고, C_B 범위는 0.37~0.52이다. w_T 및 t에 대해 유도된 회귀 공식은 [8.24]에 있다.

둥근 빌지 SKLAD 계열(Gamulin[8.25])

$C_B \le 0.45$일 경우:

선속 범위 $Fr_\nabla = 0.60 \sim 1.45$

$$w_T = 0.056 - 0.066\,Fr_\nabla \tag{8.28}$$

선속 범위 $Fr_\nabla = 1.45 \sim 3.00$

$$w_T = 0.04\,Fr_\nabla - 0.10 \tag{8.29}$$

$C_B > 0.45$일 경우:

선속 범위 $Fr_\nabla = 0.60 \sim 1.45$

$$t = 0.15 - 0.08\,Fr_\nabla \tag{8.30}$$

선속 범위 $Fr_\nabla = 1.45 \sim 3.00$

$$t = 0.02\,Fr_\nabla \tag{8.31}$$

8.8.4 선속과 밸러스트 조건의 영향

8.8.4.1 선속

선속이 증가하면 반류비는 약간 감소하는 경향이 있지만, 예비계산에서는 보통 일정하다고 가정한다. 식 (8.16)은 단추진기선에서 선속(Fr)의 영향을 나타낸다.

8.8.4.2 밸러스트(혹은 부분 부하) 조건

밸러스트 혹은 부분 부하 상태에서의 반류비는 만재 상태의 반류비보다 5~15% 커지는 경향이 있다.

Moor 및 O'Connor[8.26]는 흘수비 $(T)_R$에 따른 반류비와 추력 감소계수의 변화를 예측하는 공식을 다음과 같이 제공하고 있다.

$$(1 - w_T)_R = 1 + [(T)_R - 1](0.2882 + 0.1054\theta) \tag{8.32}$$

여기서 θ는 $\theta = (100 \times \text{선수 트림})/L_{BP}$로 표현되는 트림 각이다.

$$(1 - t)_R = 1 + [(T)_R - 1]\,(0.4322 - 0.4880\,C_B) \tag{8.33}$$

여기서

$$(1 - w_T)_R = \frac{(1 - w_T)_{\text{Ballast}}}{(1 - w_T)_{\text{Load}}} \quad (1 - t)_R = \frac{(1 - t)_{\text{Ballast}}}{(1 - t)_{\text{Load}}} \quad \text{및} \quad (T)_R = \left(\frac{T_{\text{Ballast}}}{T_{\text{Load}}}\right)$$

예제: $L_{BP} = 150\text{m}$, $C_B = 0.750$인 선박의 만재 상태에서 $w_T = 0.320$ 및 $t = 0.180$이다. 밸러스트 조건에서 흘수비 $(T)_R = 0.70$ 및 선미 트림이 3.0 m이다.

트림 각 $\theta = 100 \times (-3/150) = -2.0$
식 (8.32)를 쓰면, $(1 - w_T)_R = 1 + [0.70 - 1][0.2882 + 0.1054 \times (-2.0)] = 0.977$
$(1 - w_T)_{\text{Ballast}} = (1 - 0.320) \times 0.977 = 0.664$이므로 $w_{T\text{Ballast}} = 0.336$
식 (8.33)을 쓰면, $(1 - t)_R = 1 + [0.70 - 1](0.4322 - 0.4880 \times 0.750) = 0.980$
$(1 - t)_{\text{Ballast}} = (1 - 0.18) \times 0.980 = 0.804$이므로 $t_{\text{Ballast}} = 0.196$

8.9 접선 방향 반류

8.9.1 접선 방향 반류의 기원

이 장의 앞 절들은 축 방향 반류만을 고려했는데, 이는 프로펠러 기본설계 관점에서는 축 방향 반류가 지배적인 성분이기 때문이다. 그러나 대부분의 경우에 있어서 프로펠러 평면 상의 접선 방향 반류도 존재한다. 예를 들어 그림 8.14처럼 단추진기선에서는 일반적으로 선미에서 상향류가 존재하여 축 방향 성분에 더하여 상방 혹은 접선 방향 속도 성분 V_T가 발생한다.

그림 8.15와 같이 프로펠러 축이 기울어진 경우는 고속선에서 종종 사용되는데, 프로펠러 유입유동에 축 방향과 더불어 접선 방향 성분 V_T가 존재한다. 경사진 축에 의해

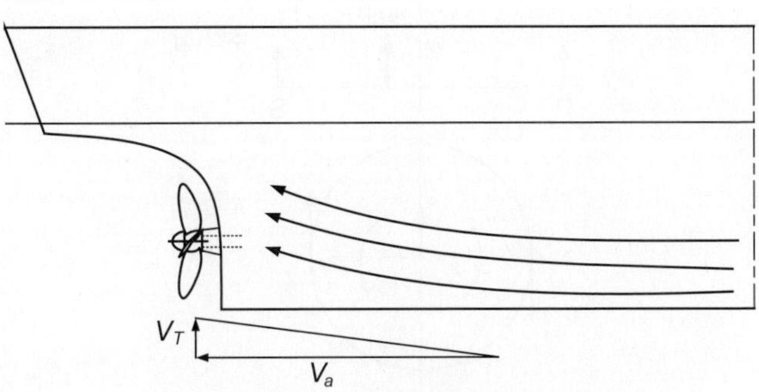

그림 8.14 단추진기선 선미에서의 일반적인 상향류.

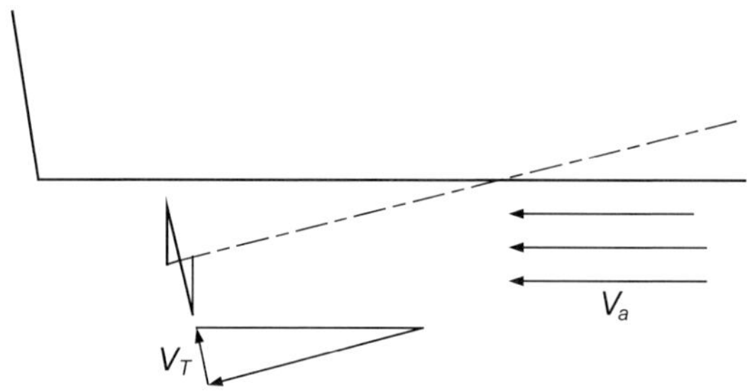

그림 8.15 기울어진 추진축에 의한 접선 방향 유동.

야기되는 프로펠러 부하의 주기적 변동 폭은 대략 100% 정도가 된다.

8.9.2 접선 방향 반류의 영향

그림 8.16과 같이 프로펠러 평면 내의 상향류에 의해 프로펠러 날개의 받음각과 추력이 TDC 쪽으로 올라가면서 줄어들고, TDC로부터 내려올 때는 받음각과 추력이 증가한다.

선미에서 봤을 때 시계 방향으로 회전하는 프로펠러는 우현에서의 추력이 좌현에서보다 크다. 그 때문에 추력 중심이 그림 8.17과 같이 우현으로 이동하는데, 그 거리는 프로

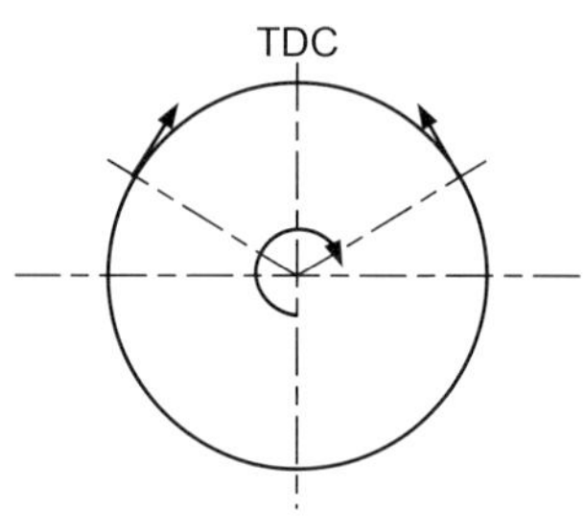

그림 8.16 프로펠러 평면에서의 상향류 영향.

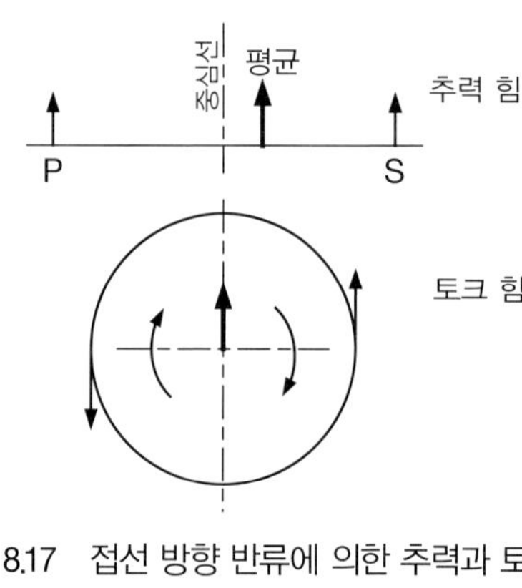

그림 8.17 접선 방향 반류에 의한 추력과 토크 힘.

펠러 반경의 33%까지 될 수 있다. 변동하는 토크와 힘은 프로펠러 축에 수직 방향 하중을 일으킨다. 그 힘은 정상 상태 하중 및 시간적으로 변동하는 성분으로 분리될 수 있다.

경사진 축으로부터 발생하는 힘은 그림 16.21에 나타나 있는데, 날개 부하에 대한 영향은 16.2.8절에 논의되어 있다. 접선 방향 유동을 포함한 날개 요소도는 15장에서 논의한다.

참고문헌(8장)

8.1 Harvald, S.A. Potential and frictional wake of ships. *Transactions of the Royal Institution of Naval Architects*, Vol. 115, 1973, pp. 315~325.

8.2 Harvald, S.A. *Resistance and Propulsion of Ships*. Wiley Interscience, New York, 1983.

8.3 Van Manen, J.D. Fundamentals of ship resistance and propulsion. Part B Propulsion. Publication No. 129a of NSMB, Wageningen. Reprinted in *International Shipbuilding Progress*.

8.4 Harvald, S.A. Wake distributions and wake measurements. *Transactions of the Royal Institution of Naval Architects*, Vol. 123, 1981, pp. 265~286.

8.5 Van Manen, J.D. and Kamps, J. The effect of shape of afterbody on propulsion. *Transactions of the Society of Naval Architects and Marine Engineers*, Vol. 67, 1959, pp. 253~289.

8.6 ITTC. Report of the specialist committee on wake fields. *Proceedings of 25th ITTC*, Vol. II, Fukuoka, 2008.

8.7 Di Felice, F., Di Florio, D., Felli, M. and Romano, G.P. Experimental investigation of the propeller wake at different loading conditions by particle image velocimetry. *Journal of Ship Research*, Vol. 48, No. 2, 2004, pp. 168~190.

8.8 Felli, M. and Di Fellice, F. Propeller wake analysis in non uniform flow by LDV phase sampling techniques. *Journal of Marine Science and Technology*, Vol. 10, 2005.

8.9 Visonneau, M., Deng, D.B. and Queutey, P. Computation of model and full scale flows around fully-appended ships with an unstructured RANSE solver. *26th Symposium on Naval Hydrodynamics*, Rome, 2005.

8.10 Starke, B., Windt, J. and Raven, H. Validation of viscous flow and wake field predictions for ships at full scale. *26th Symposium on Naval Hydrodynamics*, Rome, 2005.

8.11 ITTC. Recommended procedure for the propulsion test. Procedure 7.5-02-03-01.1. Revision 01, 2002.

8.12 Dyne, G. On the scale effect of thrust deduction. *Transactions of the Royal Institution of Naval Architects*, Vol. 115, 1973, pp. 187~199.

8.13 Lübke, L. Calculation of the wake field in model and full scale. *Proceedings of International Conference on Ship and Shipping Research, NAV'2003*, Palermo, Italy, June 2003.

8.14 Taylor, D.W. *The Speed and Power of Ships*. Government Printing Office. Washington, DC, 1943.

8.15 Lackenby, H. and Parker, M.N. The BSRA methodical series – An overall presentation: variation of resistance with breadth-draught ratio and length-displacement ratio. *Transactions of the Royal Institution of Naval Architects*, Vol. 108, 1966, pp. 363~388.

8.16 Pattullo, R.N.M. and Wright, B.D.W. Methodical series experiments on single-screw ocean-going merchant ship forms. Extended and revised overall analysis. BSRA Report NS333, 1971.

8.17 Holtrop, J. A statistical re-analysis of resistance and propulsion data. *International Shipbuilding Progress*, Vol. 31, 1984, pp. 272~276.

8.18 Parker, M.N. and Dawson, J. Tug propulsion investigation. The effect of a buttock flow stern on bollard pull, towing and free-running performance. *Transactions of the Royal Institution of Naval Architects*, Vol. 104, 1962, pp. 237~279.

8.19 Moor, D.I. An investigation of tug propulsion. *Transactions of the Royal Institution of Naval Architects*, Vol. 105, 1963, pp. 107~152.

8.20 Pattulo, R.N.M. and Thomson, G.R. The BSRA Trawler Series (Part I). Beam-draught and length-displacement ratio series, resistance and propulsion tests. *Transactions of the Royal Institution of Naval Architects*, Vol. 107, 1965, pp. 215~241.

8.21 Pattulo, R.N.M. The BSRA Trawler Series (Part II). Block coefficient and longitudinal centre of buoyancy series, resistance and propulsion tests. *Transactions of the Royal Institution of Naval Architects*, Vol. 110, 1968, pp. 151~183.

8.22 Thomson, G.R. and Pattulo, R.N.M. The BSRA Trawler Series (Part III). Resistance and propulsion tests with bow and stern variations. *Transactions of the Royal Institution of Naval Architects*, Vol. 111, 1969, pp. 317~342.

8.23 Flikkema, M.B., Holtrop, J. and Van Terwisga, T.J.C. A parametric power prediction model for tractor pods. *Proceedings of Second International Conference on Advances in Podded Propulsion, T-POD*. University of Brest, France, October 2006.

8.24 Bailey, D. A statistical analysis of propulsion data obtained from models of high speed round bilge hulls. *Symposium on Small Fast Warships and Security Vessels*. RINA, London, 1982.

8.25 Gamulin, A. A displacement series of ships. *International Shipbuilding Progress*, Vol. 43, No. 434, 1996, pp. 93~107.

8.26 Moor, D.I. and O'Connor, F.R.C. Resistance and propulsion factors of some single-screw ships at fractional draught. *Transactions of the North East Coast Institution of Engineers and Shipbuilders*. Vol. 80, 1963~1964, pp. 185~202.

CHAPTER

9

선박 저항의 수치 예측

9.1 서론

선체저항을 예측하기 위한 수치적 방법의 매력은 여러 변화하는 형상 중에서 최선의 해를 찾을 수 있는 능력에 있다. 그러한 선체 최적 설계과정은 모형선과 예인수조 시험에 의한 관습적인 설계 주기보다 신속하게 더 나은 해를 구할 수 있는 잠재력이 있다.

역사적으로 컴퓨터가 강력해지고 빨라지면서 수치적 방법의 역량이 확장되어 왔다. 현재에도 계산 능력의 증대 속도가 줄어들지 않고 있어서 수치 방법의 역할이 계속 커지고 있다. 그와 같은 기법을 정확히 응용하는 것은 고품질의 실험기법을 응용하는 것과 많은 유사점이 있음에 주목할 필요가 있다. 정확한 결과가 계산되는가, 결과와 관련된 불확실성의 수준을 명확히 이해하고 있는가를 주의 깊게 확인해야 한다.

가장 단순한 수치 방법이라도 전통적인 예인수조 시험에 비해 유리한 점은 유동장의 상세한 정보를 얻을 수 있다는 것이다. 올바르게 해석한다면 설계자는 선체 주위를 흐르는 유동의 물리적 거동에 대한 이해를 크게 향상시킬 수 있다. 이 장은 기술적인 편람이라기보다는 정확히 어떻게 특정한 수치기법들이 적용될 수 있는가에 대한 지침으로 의도되었다. 수치적인 도구들을 가장 효율적으로 사용할 수 있는 몇 가지 유용한 기법들에 대해 서술한다.

유동장의 정보를 추출하게 되면 선체의 표면이나 검사체적의 경계면에서 구한 정압과 전단응력 값으로부터, 7장에서 논의된 기법들을 이용하여 저항을 수치적으로 예측하기 위해 힘의 성분이나 에너지 분석이 가능해진다. 실험 측정의 불확실성이 이제는 수치기법의 불확실성으로 대체된다는 점을 언제나 상기해야 한다. 불확실성은 물리적 실제를 추상화하는 과정에 항상 내재되어 있고, 적용된 수학적 표현 및 수학적 모델에 대한 수치해와 연관되어 있다.

이 장은 가용한 모든 전산유체역학(CFD) 해석기법들의 이론적 배경의 세부사항을 전달하고자 하지는 않는다. 그보다는 CFD 해석기법들의 본질적인 강점 및 약점, 비용에 대한 올바른 이해를 제공하는 개요로 의도되었다. 많은 논문들이 CFD의 개요로 훌륭한데, 예를 들어 Ferziger 및 Peric[9.1], 조선해양 분야 CFD 응용의 최선의 사례[9.2, 9.3]가 그것이다.

9.2 역사적 발전

수치적 방법들의 발전과 그의 성공 혹은 실패 사례는 국제수조협회(International Towing Tank Conference: ITTC)에서 발간한 일련의 학술대회 논문집에 잘 문서화되어 있다. 특히 저항분과위원회는 다양한 CFD 기법들의 역량과 발전에 대해 일관되게 보고해 왔다. 고정확도의 실험적 시험 사례에 대해 수치 예측 방법의 역량을 검증하고자 계획된 많은 워크숍들이 ITTC와 연계되어 개최되어 왔다. 워크숍 논문집과 그에 관련된 실험적 시험 사례들은 아직도 수치적 예측 능력을 발전시키고자 하는 연구자들에게 적절한 출발점을 제공하고 있다.

표 9.1은 대표적인 워크숍과 당시의 최신 수치기법들을 식별하고 있다. 기법들 대부분의 이론적 기반은 어느 정도 잘 이해되고 있지만, 후속 발전의 핵심은 계산비용을 급격히 줄이는 것이었다. 계산비용이란 주어진 연산 처리장치에서 초당 부동소수점 연산 회수로 계량화되는 연산 능력과 관련된 비용 및 연산장치와 연계된 기억 저장장치에 관련된 비용을 포함한다. 대규모 CFD 계산의 소요시간에 대한 실질적(산업적)인 척도는 밤새 실행하는 것이었는데, 예를 들어 엔지니어가 저녁때 퇴근하면서 실행시키면 다음 날 아침 출근하여 답이 나와 있는 것을 의미한다. 이 요구조건은 주어진 문제에 적용할 수 있는 계산 격자의 크기 및 가능한 수치 정확도를 크게 좌우한다.

표 9.1 선박 동력에 대한 CFD 계산 역량의 진화

지역	연도	ITTC 총회 저항분과 위원회(1)	사용 방법	시험 대상	참고문헌
Gothenburg	1980	16차(1981)	경계층 기반 방법 16종 RANS 1종	HSVA 유조선	[9.4]
Gothenburg	1990	20차(1993)	LES 1종 및 경계층 기반 방법 1종 제외한 전부가 RANS 방법	HSVA 유조선	[9.5]
Tokyo	1994	21차(1996)	점성 및 비점성 자유수면 방법, (이중선체일 때) 점성 자유수면 방법	계열 60(C_B = 0.6) HSVA 유조선	[9.6, 9.7]
Gothenburg	2000	23차(2002)	모두 RANS이지만 자유수면은 존재 혹은 존재하지 않음	KVLCC2, KCS, DTMB5415	[9.8, 9.9]
Tokyo	2005	25차(2008)	자항 조건의 RANS, 표류 및 앞파도 조건	KVLCC2, KCS, DTMB5415	[9.10]
Gothenburg	2010	26차(2011)	다양한 난류 모델, 자유수면, 동적 상하동요 및 종경사, 프로펠러 및 파도가 고려된 RANS와 몇몇 LES	KVLCC2, KCS, DTMB5415	

주) (1) 전문은 ITTC 웹사이트 www.ittc.info에서 구할 수 있음.

9.3 가용한 기법들

3장과 4장에 기술된 선체 주위의 유동은 기본적으로 비압축성이고 비점성이다. 점성 효과는 선체 표면 부근의 얇은 경계층 및 그에 따른 난류 반류에 국한된다. 유동을 흥미 있게 만들고 선체 설계자에게 도전적 과제로 만드는 것은 선체를 따라 발달하는 경계층과 선형에 의해 생성되는 자유수면 중력파 사이의 상호작용이다. Landweber 및 Patel[9.11]은 이러한 유동 구조의 복잡성을 포착하는 도전에 대해 서술하고 있다. 특히 그들은 선수에 존재하는 정체점(stagnation point)과 선수파 사이의 상호작용에 집중했는데, 선수파는 분쇄되지 않더라도 선수재(stem)에서 유동박리를 유도하여 커다란 와도를 생성한다. 그러한 복잡한 유동 상호작용의 계산이 가능해진 것은 최근의 일이다[9.12].

9.3.1 Navier-Stokes 방정식

선박 유동은 집합적으로 Navier-Stokes 방정식이라 불리는 질량, 모멘텀 및 에너지에 대한 일반적인 보존법칙의 지배를 받는다.

- 연속방정식(continuity equation)은 극히 작은 검사체적 내의 질량 변화율은 경계면을 통과하는 질량 유속(mass flux)과 같음을 언명한다.

$$\frac{\partial \rho}{\partial t} + \nabla \cdot (\rho V) = 0 \tag{9.1}$$

여기서 ∇는 미분연산자($\partial/\partial x, \partial/\partial y, \partial/\partial z$)이다.

- 모멘텀 방정식은 극히 작은 검사체적 내의 모멘텀 변화율은 검사체적 표면을 출입하는 모멘텀의 유입률 혹은 유출률에 검사체적에 작용하는 힘을 합한 것과 같음을 언명한다.

$$\begin{aligned}
\frac{\partial(\rho u)}{\partial t} + \nabla \cdot (\rho u \mathbf{V}) &= -\frac{\partial p}{\partial x} + \frac{\partial \tau_{xx}}{\partial x} + \frac{\partial \tau_{yx}}{\partial y} + \frac{\partial \tau_{zx}}{\partial z} + \rho f_x \\
\frac{\partial(\rho v)}{\partial t} + \nabla \cdot (\rho v \mathbf{V}) &= -\frac{\partial p}{\partial y} + \frac{\partial \tau_{xy}}{\partial x} + \frac{\partial \tau_{yy}}{\partial y} + \frac{\partial \tau_{zy}}{\partial z} + \rho f_y \\
\frac{\partial(\rho w)}{\partial t} + \nabla \cdot (\rho w \mathbf{V}) &= -\frac{\partial p}{\partial z} + \frac{\partial \tau_{xz}}{\partial x} + \frac{\partial \tau_{yz}}{\partial y} + \frac{\partial \tau_{zz}}{\partial z} + \rho f_z
\end{aligned} \tag{9.2}$$

여기서 $\mathbf{V} = (u, v, w)$이다.

- 에너지 방정식은 검사체적 내의 내부에너지 변화율은 엔탈피(enthalpy)의 유입·유출률에 점성응력이 검사체적에 한 일률을 합한 것과 같음을 언명한다.

$$\begin{aligned}
&\frac{\partial}{\partial t}\left[\rho\left(e + \frac{V^2}{2}\right)\right] + \nabla \cdot \left[\rho\left(e + \frac{V^2}{2}\right)\mathbf{V}\right] = \rho \dot{q} + \frac{\partial}{\partial x}\left(k\frac{\partial T}{\partial x}\right) \\
&+ \frac{\partial}{\partial y}\left(k\frac{\partial T}{\partial y}\right) + \frac{\partial}{\partial z}\left(k\frac{\partial T}{\partial z}\right) - \frac{\partial(up)}{\partial x} - \frac{\partial(vp)}{\partial y} - \frac{\partial(wp)}{\partial z} + \frac{\partial(u\tau_{xx})}{\partial x} \\
&+ \frac{\partial(u\tau_{yx})}{\partial y} + \frac{\partial(u\tau_{zx})}{\partial z} + \frac{\partial(v\tau_{xy})}{\partial x} + \frac{\partial(v\tau_{yy})}{\partial y} + \frac{\partial(v\tau_{zy})}{\partial z} + \frac{\partial(w\tau_{xz})}{\partial x} \\
&+ \frac{\partial(w\tau_{yz})}{\partial y} + \frac{\partial(w\tau_{zz})}{\partial z} + \rho \mathbf{f} \cdot \mathbf{V}
\end{aligned} \tag{9.3}$$

그리고 $V^2 = \mathbf{V} \cdot \mathbf{V}$이다.

Navier-Stokes 방정식은 매우 드문 경우에만 이론적으로 풀리는데(그 예는 Batchelor [9.13]를 참조하라), 그래서 수치해를 추구해야만 한다.

실제로는 몇 가지의 단순화 가정을 통해 이론해를 구하거나 완전한 Navier-Stokes

방정식을 푸는 데 요구되는 수고를 현저하게 줄이게 된다. 이들은 크게 세 가지 기법으로 구분되는데, 다음 절들에 서술되어 있다.

9.3.2 비압축성 Reynolds 평균 Navier–Stokes 방정식(RANS)

이 방법들에서는 유동을 비압축성으로 고려하는데, 이로써 식 (9.1) 및 (9.2)가 단순해지고 식 (9.3)을 풀 필요가 없어진다. Reynolds 평균 과정은 세 가지 속도 성분이 천천히 변화하는 평균 속도에 급격하게 변동하는 난류 속도 성분이 더해져 있는 것으로 가정한다. 평균 과정을 거치면 Reynolds 응력으로 알려진 6개의 새로운 성분이 도입된다. 이들은 난류 에디(eddy)의 존재로 인해 유체 속도가 결과적으로 빨라지는 것을 나타낸다.

$$
\begin{aligned}
&\frac{\partial U}{\partial t}+U\frac{\partial U}{\partial x}+V\frac{\partial U}{\partial y}+W\frac{\partial U}{\partial z}\\
&\quad=\frac{-1}{\rho}\frac{\partial P}{\partial x}+\nu\left(\frac{\partial^2 U}{\partial x^2}+\frac{\partial^2 U}{\partial y^2}+\frac{\partial^2 U}{\partial z^2}\right)-\left(\frac{\partial\overline{u'^2}}{\partial x}+\frac{\partial\overline{u'v'}}{\partial y}+\frac{\partial\overline{u'w'}}{\partial z}\right)\\
&\frac{\partial V}{\partial t}+U\frac{\partial V}{\partial x}+V\frac{\partial V}{\partial y}+W\frac{\partial V}{\partial z}\\
&\quad=\frac{-1}{\rho}\frac{\partial P}{\partial y}+\nu\left(\frac{\partial^2 V}{\partial x^2}+\frac{\partial^2 V}{\partial y^2}+\frac{\partial^2 V}{\partial z^2}\right)-\left(\frac{\partial\overline{u'v'}}{\partial x}+\frac{\partial\overline{v'^2}}{\partial y}+\frac{\partial\overline{v'w'}}{\partial z}\right)\\
&\frac{\partial W}{\partial t}+U\frac{\partial W}{\partial x}+V\frac{\partial W}{\partial y}+W\frac{\partial W}{\partial z}\\
&\quad=\frac{-1}{\rho}\frac{\partial P}{\partial z}+\nu\left(\frac{\partial^2 W}{\partial x^2}+\frac{\partial^2 W}{\partial y^2}+\frac{\partial^2 W}{\partial z^2}\right)-\left(\frac{\partial\overline{u'w'}}{\partial x}+\frac{\partial\overline{v'w'}}{\partial y}+\frac{\partial\overline{w'^2}}{\partial z}\right)
\end{aligned}
\tag{9.4}
$$

여기서 $u=U+u'$, $v=V+v'$, $w=W+w'$이다.

이 연립방정식을 종결(미지수의 개수와 방정식의 개수를 일치시켜 풀 수 있도록 만드는 것)하려면 Reynolds 응력과 유동 사이의 상호작용을 나타내는 난류 모형(turbulence model)을 도입해야 한다. 적당한 모형을 선택하여 방정식을 종결하는 과정에서 여러 가지의 불확실성이 일어난다. Wilcox[9.14]는 변수가 추가되지 않는 간단한 경험적 관계식으로부터 6개 혹은 그 이상의 미지수와 보조 방정식이 추가되는 방법에 이르기까지 가능한 접근 방법들에 대해 논의하고 있다. 이외의 대안들은 다음과 같다.

(1) 대형 와 모사(large eddy simulation: LES) 방법은 비정상 Navier–Stokes 방정식을 사용하며, 국부적인 격자 크기 정도의 길이 척도에 대해서만 난류 모형을 설정한다.

(2) 직접수치해석(direct numerical simulation: DNS)은 전체 길이 및 시간 척도에 대해 모든 유동 특성을 가려내고자 한다.

LES는 통계적으로 유효한 해를 얻기 위해 많은 시간 단계와 경계층에 대해 매우 미세한 격자를 필요로 한다. 한편 DNS는 격자 분해능이 극도로 증대되며 시간 단계가 아주 작아진다. 실제로 DES(detached eddy simulation)와 같은 구역별 처리 방법은 벽면에서는 적절한 경계층 난류 모형을 사용하여 합리적인 절충을 이루면서 박리유동 구역에서는 LES 모델을 적용하고 있다[9.15].

위의 모든 방법들에서 유동은 선체를 둘러싸는 공간의 체적 내에서 해를 구한다. 공간은 내부적으로 질량과 모멘텀 보존 및 난류 종결 문제가 만족되는 유한체적(finite volumes: FV) 혹은 유한요소(finite elements: FE) 들로 분할된다. 중요한 결정사항은 그러한 유한체적 혹은 유한요소 들의 필요 수량, 크기 및 위치와 관련되어 있다.

9.3.3 포텐셜 유동

유동을 비압축성으로 간주하는 것에 더하여 점성의 영향을 무시할 수 있다면, 식 (9.2)는 다음과 같은 Laplace 방정식으로 축소될 수 있다.

$$\nabla^2 \phi = 0 \tag{9.5}$$

여기서 ϕ는 속도 포텐셜이다. 이는 Reynolds 수가 무한대인 경우를 나타낸다. 전형적인 선박의 길이 기준 Reynolds 수는 10^9에 쉽사리 도달하므로, 이는 유동을 합리적으로 나타낸다고 볼 수 있다. 이 방법의 장점은 적당한 Green 함수를 사용함으로써, 선체의 침수 표면에서만 방정식을 푸는 것으로 유동 문제가 축소된다는 것이다. 그러한 경계요소법(혹은 표면 패널법)은 널리 응용되고 있다[9.16, 9.17]. 자유수면 경계조건을 포함하는 Green 함수를 선택하면 파형과 그와 연관된 저항을 상세히 알아낼 수 있다. 9.5절은 박선(thin ship) 이론을 이용한 Green 함수 방법의 특정한 예를 보여준다.

점성 효과가 없어졌기 때문에 실선의 저항을 예측하기 위해서는 적절한 경험식이 필요한데, 예를 들면 4장에 소개된 ITTC1957 상관 곡선이 그것이다. 그러나 선박의 경계층은 얇기 때문에 구역별로 다른 방법을 적용할 수 있다. 구역별 방법에서는 내부 경계층은 점성 방법으로 해를 얻는다. 이는 가장 단순하게는 경계층 적분 방법으로부터 얇은 경계층을 가정한 Navier-Stokes 방정식 해법까지를 포함한다[9.4, 9.11]. 경계층 유동의 해를 구하기 위해서는 표면의 압력분포 및 선체 형상에 대한 상세한 정보를 필요로 한다. 이것은 적절한 표면 패널법을 사용하면 바로 구할 수 있다. 이 방법들을 적용하는 최선의 방법은 내부(점성) 구역과 외부(비점성) 구역 사이에 알맞은 맞춤 조건을 적용하여 반복적인 방식으로 적용하는 것이다. 1980년대에 이들 기법을 발전시키려는 상당한 노력이 경주되었다.

일반적으로 포텐셜 방법은 패널이 선체의 침수 표면에 배치되는 정도의 선체 표면 정보만을 필요로 한다. 그 때문에 선체 표면에 작용하는 힘을 정해진 정확도로 계산하기 위해 필요한 패널의 수가 N^2에 비례한다면, 정상 상태 RANS 계산에서는 N^3에 비례하는 격자 개수가 필요하다.

9.3.4 자유수면

자유수면의 계면은 큰 압력 차이를 지탱할 수 없으므로 선체 주위의 유동을 결정하는 데 어려움이 수반된다. 선체 주위 유동장을 알아야만 자유수면의 위치를 정의할 수 있는데, 이번에는 자유수면의 위치가 선체 주위 유동에 영향을 준다. 경계조건은 다음과 같다[9.1].

(1) 운동학적(kinematic): 선명하게 구분되는 계면 상에서 계면에 수직한 방향의 속도 성분은 물과 공기에서 서로 같다.
(2) 동역학적(dynamic) 혹은 힘의 평형: 계면 양측 사이의 압력차는 표면 장력과 계면의 곡률에 의해 지탱되는 압력차이고, 전단응력은 양측 계면에서 크기가 같고 방향이 반대이다.

그림 9.1에 개략적으로 나타낸 것처럼, 자유수면의 위치를 정하는 방법에는 두 가지 접근 방식이 존재한다. 첫 번째 방식은 계면의 위치를 추적하여 경계를 이동시키는 방법이다. 이는 전체 격자 및 경계조건이 해의 진행에 따라 이동하게 한다. 두 번째 방법은 계산 영역 내의 어디에 공기와 물의 경계가 위치하는가를 결정함으로써 자유수면의 위치를 간접적으로 포착하는 것이다. 보통 격자 내 물의 비율을 결정하여 물이 완전히 채워졌을 때 1, 비었을 때 0의 값을 지정하는 VOF(volume of fluid) 방법[9.18]처럼 추가적인 보존변수를 도입하거나, 계면 위치까지의 거리가 정의되는 Level Set 방법[9.19]을 통해 이를 수행한다.

단순 Rankine 소스 및 이극자(dipole) Green 함수를 사용하는 포텐셜 유동 패널 코

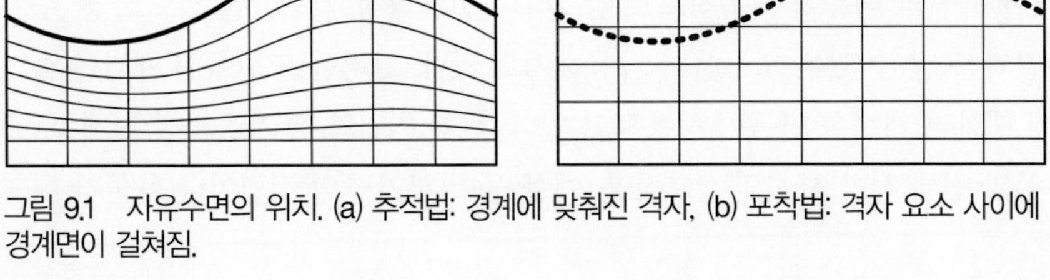

그림 9.1 자유수면의 위치. (a) 추적법: 경계에 맞춰진 격자, (b) 포착법: 격자 요소 사이에 경계면이 걸쳐짐.

드에서는 자유수면을 물리적 경계면으로 간주하여 패널을 자유수면 위에 분포시키거나 [9.20], 흔히 선형적 방법에서는 정수면 상에 배치한다. 자유수면 경계조건을 자동적으로 만족하는 선체 패널 경계 Green 함수들을 개발하는 것도 가능하다. 이들은 다양한 선형화 가정들을 사용한다. 경계면은 정수 상태의 수면에 위치하고 파도의 진폭은 작다. 이 분야의 여러 가지 변형 발전된 방법들을 기술하는 것은 이 책의 범위를 뛰어넘는다. 관심 있는 독자들은 Newman[9.21]에서 더욱 상세한 사항들을 참조할 것을 권장한다.

$Fn > 0.15$가 되어 선체의 침하량과 트림이 두드러지는 동적인 유동 체제에서는 포텐셜 방법이나 RANS 방법 모두 유동 해석이 어려워진다. 선체의 트림과 상하운동에 따른 힘과 모멘트의 동적 평형을 얻기 위해 반복해법을 적용해야 한다.

RANS 자유수면 방법까지 고려한다면, 공기-물 계면 위치에서의 유동 조건을 다루는 여러 접근 방법이 있다. 이들은 보통 공기와 물 문제를 모두 풀 것인가, 공기와 물을 비압축성으로 다루어야 하는가에 대한 선택으로 귀결된다. Godderidge 등[9.22, 9.23]은 다양한 대안을 검토하여 어떤 것을 선택해야 하는가에 대한 지침을 제안하였다. 다양한 저항 성분에 대한 예측 충실도 및 자유수면의 점성 상호작용을 얼마나 잘 관찰할 것인가에 따라 선택은 달라진다.

9.4 수치해석 결과의 이해

9.4.1 서론

효율적인 CFD 해석의 예술은 CFD에 있어서 본질적인 근사화 과정을 식별하고 그 수준을 용인할 수 있는가에 대한 확신을 갖는 데 있다. 해석결과를 평가하는 데 있어 정당한 공학적 판단을 CFD 도구로 대체해서는 안 된다. 최근 CFD 방법들의 본질적 문제 중 하나는 풍부한 데이터가 생성되어 결과가 의미하는 바를 '가시화'하려면 상당한 숙련도가 요구된다는 것이다. 이 때문에 결과의 이해는 대체로 개인적인 유체역학 경험에 기반을 둔 주관적 과정으로 아직도 인식되고 있다. 이 과정의 주관적 본질은 종종 알려지지 않은 수준의 위험성을 암시하는 것으로 보인다. 이는 CFD를 설계과정과 일체화하는 데 대해 조선해양 산업계에서 우려하는 이유 중 하나이다.

계산 자원의 비용이 지속적으로 감소하여 설계과정에 포함될 정도로 짧은 기간 동안에 결과를 낼 수 있는 도구들이 가용해지고 있다. 그러한 도구들이 개념설계 및 주요 제원에 대한 매개변수 연구에 사용되고 있다. 선형 최적화, 부가물과 추진계통, 개별 구성 부품과 전체 선박 사이의 상호작용, 예를 들어 부가물의 정렬이나 화물창 내 슬로싱

(sloshing) 문제가 그것이다. 설계과정 동안에 이러한 문제들을 짚어 보는 것에 추가하여, CFD 방법들을 종종 특정한 문제의 원인을 규명하는 진단기법으로 적용하기도 한다. 문제의 유체역학적 원인을 이해하면 가능한 해결책을 제시할 수 있게 된다.

복잡한 계산 해석으로부터 결과를 쉽게 얻게 된 나머지 데이터에 관해서라면 세부사항이 추가될수록 더욱 정확해진다는 믿음이 커지기도 한다. 그로 인해 결과가 상세할수록 더욱 신뢰하기도 한다. 특히 자동 형상 최적화는 선박 설계과정을 상당한 위험에 처하게 한다. 수학적 모델에 대한 어떤 특정한 계산 수행을 통해 찾아낸 최적 형상은 실제 조건에 노출됐을 때 반드시 최적인 것은 아니다.

입력이 조금 변하면 출력도 조금만 변할 거라는[9.24], 흔히 상정되지만 보통은 명시되지 않는 믿음은 복잡하고 비선형성이 강한 선체 주위 유동에서는 장담할 수 없다. 이 가정에 위배되는 일상적인 예로는 층류-난류 천이, 유동박리, 캐비테이션 및 쇄파 등이 있다. 선형 최적화의 목적인 조파저항, 점성저항, 반류비 등에 큰 영향을 미치는 것은 이런 특성들의 존재 여부이다. CFD 해석으로 가장 추적하기 어려운 것이 이러한 특성이라는 점은 놀랍지 않다.

물에서 움직이는 선박의 거동을 올바로 이해하는 데 필수적인 것은 올바른 차원해석인데, 이에 대해서는 3장을 참조하라. 독립변수들로부터 구성된 무차원 매개변수들의 상대적인 중요성을 알아내어 무차원 종속변수들의 거동을 제어함으로써 선박 설계라는 도전을 관리 가능한 문제로 줄여 나가는 첫걸음이 된다. 선박의 성능을 좌우하는 것은 유체의 성질, 상대적인 운동, 형상 변수와 상대적인 크기 및 위치에 근거한 무차원 독립변수들의 함수 관계식이다.

움직이는 유체의 물리적 거동은 잘 이해된다. 그러나 형상 사이의 복잡한 상호 연관성과 유체가 어떻게 반응하는가를 이해하는 것이 선박 설계의 핵심이다. 선박을 추진하는 데 필요한 동력, 선체 구조의 동적인 변형 및 유체운동에 대한 응답은 유체역학적 설계의 기본이다.

엔지니어들은 문제를 분석하여 얻은 정보를 가지고 부품과 전체 시스템 설계의 개선을 추구하였다. 역사적으로 유체역학 문제의 해석에는 두 가지 접근법이 가능했다.

(1) 체계적인 실험을 통해 설계 변수를 변화시켜 최적 설계를 구한다. 하지만 그러한 시험 계획의 비용은 엄두도 못 낼 정도로 비싸질 수 있다. 더 근본적인 단점은 축소모형 크기로 시험을 수행하여 실제 크기로 확장하는 것이다(4장 참조). 축소모형의 결과를 실제 크기로 확장하는 데는 아직도 상당한 수준의 불확실성이 존재한다.
(2) 이론적 접근 방법은 두 번째 가능성이다. 완결된 형태의 해는 제약적으로 명시된 몇

몇 유동에 대해 존재한다. 이에 더하여 근사화할 수 있는데, 최소한 합리적인 예측을 줄 수 있는 세장형 물체 이론이 한 예이다. 일반적으로 유동이 복잡해질수록 문제를 명시하고 가능하다면 풀기 위해 요구되는 수학적 방법의 수준이 높아진다. 오류나 불확실성은 가정으로부터 생긴다. 많은 어려운 적분들에 대해서는 점근적 근사가 필요하고, 교란의 크기가 작다는 가정에 근거하여 방정식을 선형화한다. 이들 과정은 이론해의 적용 범위를 크게 제한하며, 결과들을 유효 범위를 벗어나서 사용하고자 하는 유혹이 언제나 존재한다.

지난 50년 동안 강력한 컴퓨터가 출현하면서 점점 더 복잡한 문제들의 수치적 해법이 가능해졌다. 이들 계산기법은 이제 엔지니어에게 세 번째 대안인 수치해를 제공한다. 일반적으로 유체의 연속적인 수학적 표현은 이산화된 표현으로 대체된다. 이는 수학적 정식화의 복잡성을 줄여 많은 수학 연산을 반복적으로 적용, 수치적으로 문제를 풀 수 있게 한다. 수치해석의 결과는 이산화된 시공간 위치에서 정의되는 해이다. 해의 시간적·공간적 분해능은 어떤 의미에서는 결과의 유용함 및 타당성의 척도이다. 그러나 분해능을 높이는 대가로 훨씬 증대된 데이터 저장 용량과 계산속도가 요구된다. 컴퓨터가 실수를 나타내는 데 정확도의 한계가 있는 것처럼 수치 근사에 의해서도 도달 가능

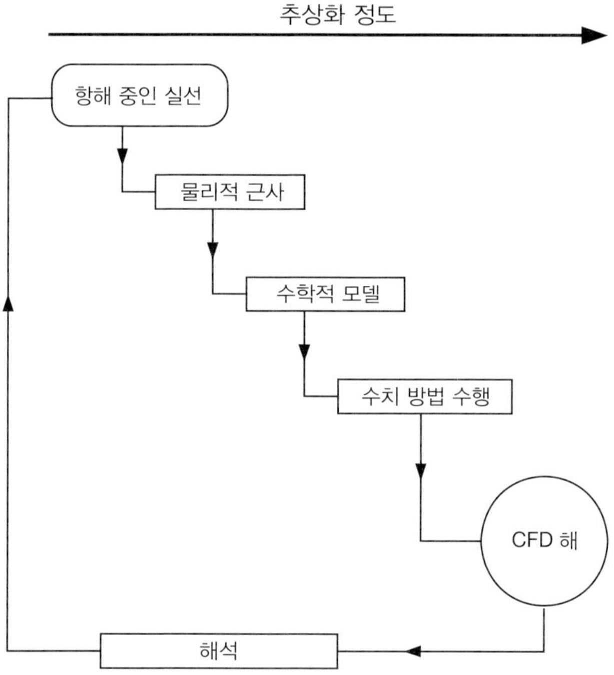

그림 9.2 물리적 실체로부터 CFD 해의 추상화 정도.

한 최대 분해능에는 한계가 존재한다.

실선 주위의 복잡한 비정상 유동 체제를 단순화하는 과정은 그림 9.2에 나타낸 바와 같이 복잡한 문제로부터 단순한 모델을 세우는 단계적 추상화 과정으로 볼 수 있다. 각 추상화 단계는 특정한 무차원 매개변수를 무시하는 것에 해당한다. 매개변수의 제거는 다음 세 단계에서 일어난다. 첫째는 물리적 매개변수를 유도하면서, 둘째는 연속적인 수학적 표현을 유도하면서, 그리고 마지막 셋째는 수치적(혹은 이산화된) 수학적 모델을 수립하는 과정에서 일어난다.

9.4.2 CFD 방법론의 검증(Validation)

수치적 도구를 사용하여 선박의 저항을 평가할 때 적용된 해석 방법마다 달라지는 근사화의 정도를 정량화하는 것이 필수적이다. 검증과정은 표 9.1에 나타낸 것처럼 ITTC 저항분과위원회 및 워크숍에서 심도 있게 조사되었다.

검증과정은 이러한 불확실성들을 제거하거나 최소한 정량화하는 시도로 볼 수 있다. 해석 코드 검증과정은 일련의 단계로 볼 수 있다. 그림 9.3은 선체 주위의 유동을 풀어서 저항을 구하는 데 필요한 다양한 단계를 나타낸다. 각 단계는 적합한 도구 혹은 해석을 필요로 한다. 각 단계가 정확히 어떻게 수행되는가는 수치적 해석 방식 및 계산 코드의 배치에 따라 달라진다.

계산 코드의 확인(verification)이란 기본이 되는 수학적 정식을 계산 코드가 얼마나 잘 나타내는가를 고려하는 것이다. 코드가 수학적 내용을 사용된 특정한 컴퓨터 언어로 표현함에 있어 오류가 없는가를 확인하는 것이다. 흔히는 수치계산 코드 간의 비교가 이루어지지만, 이상적으로는 이론해와 프로그램 사이의 비교가 이루어져야 한다.

보통 CFD는 사용자, 혹은 최근 들어서는 코드 설계자로 하여금 각 처리과정의 단계마다 몇 개의 매개변수를 정의하도록 요구한다. 해는 각 매개변수에 따라 달라진다. 그 모든 수치적 매개변수에 대한 해의 민감도를 조사하려면 상당한 노력을 투자해야 할 것이다. 이 영역에서는 경험 있는 사용자가 합리적이고 지식에 기반을 둔 선택을 내릴 수 있다.

가장 흔히 경험되는 해의 의존성은 지배방정식을 푸는 격자점의 밀도 및 수량에 기인한다[9.25]. 격자 생성과정[9.26]은 출발점인 형상 정의와 이상적으로 접속되는 전용 소프트웨어 도구를 필요로 한다. 이러한 도구들은 통상적으로 범용 CAD 패키지일 수 있는데, 흔히 선체 형상을 정의할 때 잘 작동하지 못하는 경향이 있기 때문에 선체 형상 정의에서 필요한 복잡한 곡률을 정의하는 방법에 친숙해지는 것이 좋다[9.27].

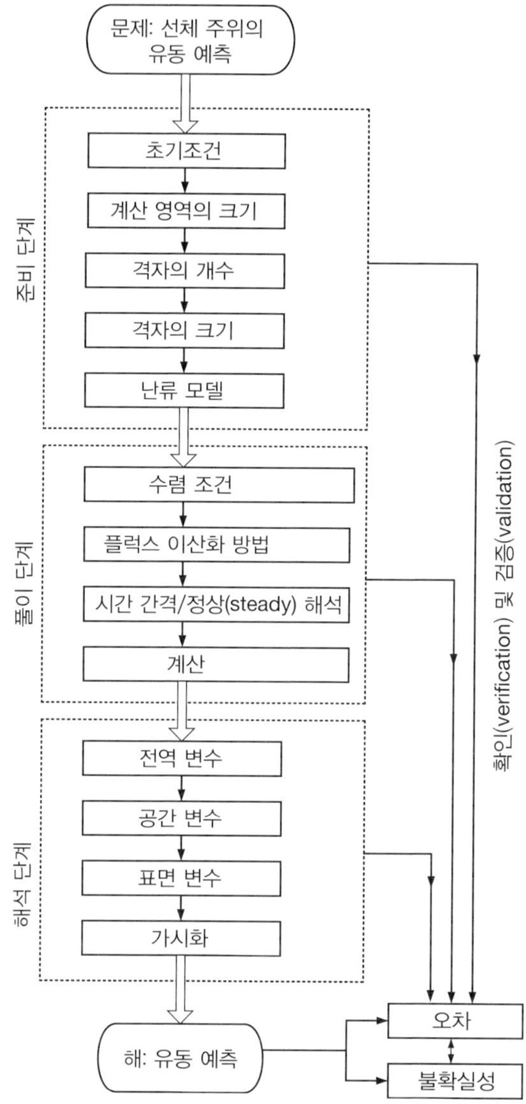

그림 9.3 CFD 과정.

효과적인 격자 생성의 목표는 올바른 크기, 형상 및 방향을 지닌 유한체적을 선박의 저항을 좌우하는 유동의 모든 특성을 분석할 수 있을 정도로 충분한 수량으로 사용하는 것이다. 지금까지 이 수준의 격자 해상도를 이룩했다고 말할 수 있는 실질적인 계산 문제는 매우 드물다. 하지만 계산비용이 줄어들면서 정상유동에 대해 수백만 개의 유한체적 문제들이 풀리고 있는데, 이러한 해들은 대체로 격자와 무관하다고 할 수 있다.

CFD 성능을 최종적으로 결정하는 것은 항상 측정된 물리량과의 비교가 될 것이다. 조선해양 CFD 공동체의 노력이 표 9.1과 같은 지속적인 워크숍을 통해 선박 설계를 위한 CFD 사용자들에게 의미 있는 자원을 제공하는 것은 이런 비교를 통해서이다. 이러한 공개된 데이터는 전체 CFD 과정의 신뢰성을 얻기 위한 적절한 시험 사례를 제공한다. 대부분의 유체역학 코드들이 유동의 실제 물리현상에 대한 근사화이므로, 실험과 수치 결과 사이에는 차이가 발생하게 마련이다. 실험 데이터는 언제나 정확도가 명시되어야 하고, 이로부터 실험과 이론 사이의 차이를 정량화할 수 있다. 그러나 많은 코드들에서는 수치 모델을 특정한 실험 데이터에 맞추려면 어느 정도의 경험주의가 사용된다. 경험적으로 조정된 그러한 모델이 상이한 조건에서 수행될 때 얼마나 타당한지를 말하려면 주의 깊은 고려가 필요하다. 실험과 계산이 동일한 정도로 추상화된 경우, 즉 모든 가정과 무차원 매개변수가 동일할 때만 양자 사이의 비교가 의미 있을 것이다.

9.4.3 CFD에 대한 접근

CFD를 사용하는 경로는 다음의 네 가지가 있다.

(1) 사용자 자신을 위한 맞춤형 계산 코드 개발. 이는 (2)~(4) 항의 성능 수준을 달성하려면 상당한 자원과 시간을 투자해야 한다. 이 방식은 권장할 만한 것은 아니다.
(2) 상용, 일반적으로 범용 CFD 유동 해석 S/W 구매. 자유수면이 있는 선박 유동에 적용 가능한 상용 코드는 몇 안 된다. 상용 코드의 세부적인 사항은 각기 다르고, [9.28]과 같은 웹 기반 CFD 공동체에서 찾아볼 수 있다. 라이센스 및 교육 비용은 높을 것이다. 이 때문에 아직도 중소 규모 기업에서는 CFD에 친숙하여 라이센스를 매우 생산적으로 활용할 수 있는 전문가를 확보하지 않은 한 CFD 기법의 응용에 엄두를 내지 못한다.
(3) 외부 기관 CFD 전문가의 자문을 받는다. 자문 서비스가 언제나 그렇듯이, 자문료는 많이 들고 종종 지식 전수는 거의 이루어지지 않는다. 그러나 그러한 서비스는 설계과정의 일부로 사용 가능한 결과를 제공하므로 낭비되는 노력이 거의 없다.
(4) 공개 CFD 소프트웨어 개발. 이제 몇 가지의 소프트웨어가 가용해졌다. (1)과 (2)처럼 상당한 기관 교육·훈련비가 소요될 수 있다. 이들을 개발하는 기관은 대안적인 사업 모델을 갖고 있어서 아직은 투자가 필요하다. 그러나 그들은 맞춤형 전산 해석에 이르는 유연한 경로를 제시한다. 이는 설계 업무에 맞춤 공정을 가능하게 하고 자동화된 설계 최적화에 쉽게 적용할 수 있는 장점을 가질 수 있다.

남은 선택은 계산이 수행될 컴퓨터에 대한 것이다. 계산 자원의 비용이 줄어들면서 적절한 기종들의 가격이 적당해졌다. 대규모의 계산도 웹 기반의 계산 자원을 통해 합리적인 가격에 접근할 수 있다.

9.5 박선(Thin Ship) 이론

9.5.1 배경

포텐셜 유동 이론은 경계요소법에서 적당한 Green 함수를 선택함으로써 자유수면 경계조건이 자동적으로 만족되므로 조파저항 계산에서는 강력한 수단이 된다. 박선 이론은 선형 주위의 가능한 파형을 결정하는 직접적 방법을 제공한다. 이 이론의 배경 및 개발은 [9.29~9.31]에 기술되어 있다.

이론에서는 선체가 날씬하고 유동은 비점성·비압축성이며 균일한 유체이므로, 유동은 정상·비회전이고 표면 장력은 무시할 수 있으며 파고는 파장에 비해 작다고 가정한다. 기본 형태의 이론에서는 선형은 선체 중심선에 평면으로 배열된 Kelvin 소스로 표현되고 선형화 자유수면 조건이 덧붙여진다. 이 이론은 유한한 수로 폭과 천수 효과를 포함한다.

각 패널에서의 소스 강도는 그 위치에서의 수선 기울기로부터 다음과 같이 계산할 수 있다.

$$\sigma = \frac{-U}{2\pi}\frac{dy}{dx}dS \tag{9.6}$$

여기서 dy/dx는 수선의 국부적인 기울기, σ는 소스 강도, S는 침수표면적이다.

선체 수선의 좌표는 ShipShape[9.32]와 같은 상용 선도 순정 패키지의 결과로부터 직접적으로 신속하게 얻을 수 있다.

파계(wave system)는 다음과 같이 Eggers 계수를 이용한 급수로 기술된다.

$$\zeta = \sum_{m=0}^{m}\left[\xi_m \cos\left(xk_m\cos\theta_m\right) + \eta_m \sin\left(xk_m\cos\theta_m\right)\right]\cos\frac{m\pi y}{W} \tag{9.7}$$

이는 7장에서 식 (7.21)로 유도되었다.

파의 계수 ξ_m과 η_m은 식 (9.8)을 이용하여 이론적으로 유도할 수 있는데, 7장에 기술한 대로 파고 ζ의 실험적인 계측값으로부터도 유도될 수 있음에 주목하라. 이는 이 방법의 중요한 성질이다.

$$\left|\begin{matrix}\xi_m\\ \eta_m\end{matrix}\right| = \frac{16\pi U}{Wg}\frac{k_0 + k_m\cos^2\theta_m}{1+\sin^2\theta_m - k_0 h\,\mathrm{sech}^2(k_m h)} \times \sum_{\sigma}\left[\sigma_\sigma e^{-k_m h}\cosh\left[k_m(h+z_\sigma)\right]\left|\begin{matrix}\cos(k_m x_\sigma\cos\theta_m)\\ \sin(k_m x_\sigma\cos\theta_m)\end{matrix}\right|\left|\begin{matrix}\cos\dfrac{m\pi y_\sigma}{W}\\ \sin\dfrac{m\pi y_\sigma}{W}\end{matrix}\right.\right] \tag{9.8}$$

파형저항(wave pattern resistance)은 저항을 Eggers 계수로 나타내는 다음과 같은 식 (9.9)에 의해 계산할 수 있다.

$$R_{WP} = \frac{\rho g W}{4}\left\{(\xi_0^2+\eta_0^2)\left(1-\frac{2k_0 h}{\sinh(2k_0 h)}\right)\right.$$
$$\left.+\sum_{m=1}^{M}(\xi_m^2+\eta_m^2)\left[1-\frac{\cos^2\theta_m}{2}\left(1+\frac{2k_m h}{\sinh(2k_m h)}\right)\right]\right\} \tag{9.9}$$

이는 7장의 식 (7.24)로 유도된 것이고, 완전한 유도과정은 부록 2의 식 (A2.1)에 주어져 있다. 이 이론은 파계의 가로파 성분 및 발산파 성분 사이 비율에 대한 추정치를 주고 있음에 주목하라. 파형저항 및 조파저항에 대한 이론적 예측은 파고를 측정하여 유도된 값과 직접적으로 비교할 수 있다.

9.5.2 소스의 분포

선체는 중심선 상의 소스 배열로 나타낼 수 있고, 각 소스의 강도는 각 위치에서의 수선 기울기에 따라 유도된다. 초기 이론, 예를 들어 [9.31]에서는 수선의 수가 18개, 단면의 수가 30개 이상이 되면서부터는 패널 수를 늘려도 예측값이 거의 변하지 않는 것을 알 수 있다. 대부분의 계산에 있어서 채택되는 소스 분포는 20개의 수선 및 50개의 단면에 대한 것이다. 이 숫자는 트림과 침하량이 변해도 유지되었다.

9.5.3 기본 이론의 수정

국부적인 압력 변화의 모사를 위한 소스와 싱크의 추가적인 삽입이 용이해지도록 기본 이론이 수정되었다. 예를 들어 트랜섬 선미, 구상선수 및 여타의 불연속적 선형을 나타내기 위해 사용된다.

모형시험 및 실선 운항에서 트림, 즉 트랜섬 침수량은 파형에 상당한 영향을 미치고 결과적으로 조파저항 및 파도 침식에도 그 영향이 이어지는 것으로 주목되었다. 따라서 기본 이론에 대한 중요한 개량과 모든 조파저항 및 파도 침식 이론의 요구사항은 트랜섬 선미를 만족스럽게 모델링하는 필요성에 관심을 두게 된다. 인기 있으면서도 꽤 합리적인 절차는 정수압($\rho g H_T$) 트랜섬 저항 보정을 적용하는 것이었다[9.33]. 이 방법은 저항에는 합리적인 보정이 이루어지는 데 반하여 파계에는 수정이 가해지지 않으므로 올바른 파형을 예측할 수 없다. 가상 선미를 만들어 그와 연관된 소스 강도를 조절하는 방법[9.31, 9.34]이 파형저항 및 파도 침식을 예측하는 관점에서는 최고의 결과를 내고 있다.

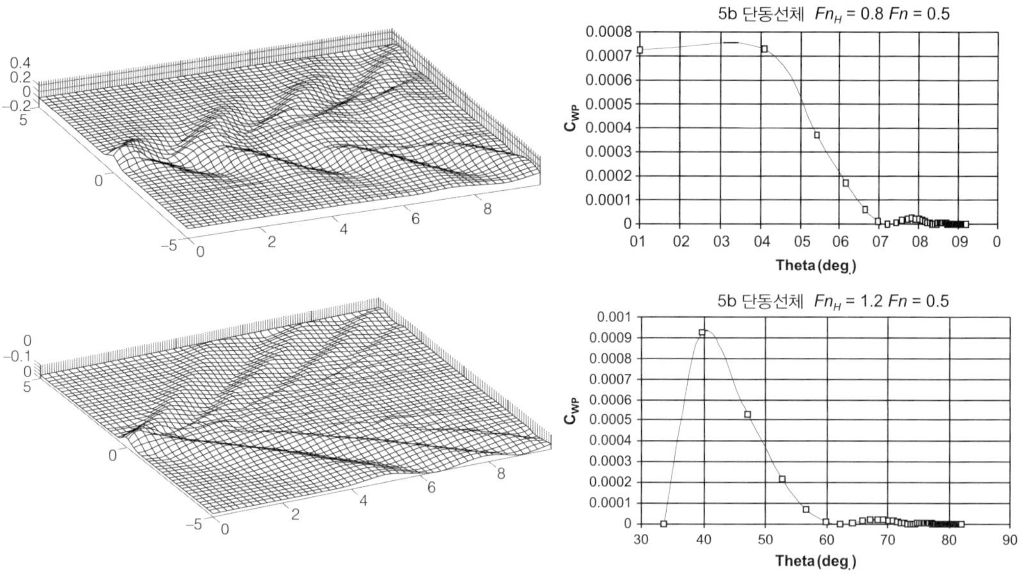

그림 9.4 파도의 표고 및 에너지에 대한 박선 이론 예측의 예.

9.5.4 결과 예시

박선 이론을 사용하여 예측된 파형 및 파도 에너지 분포의 예를 그림 9.4[9.35]에 제시하였다. 이들은 7장 7.3.4.6절에 소개된 파계 및 파도 에너지 분포에 대한 천수 효과를 분명히 보여주고 있다. 이들 결과는 파고 및 조파저항 계측결과와 높은 상관관계를 보이는 것으로 나타났다[9.35].

9.6 RANS를 이용한 선박 자항 예측

9.6.1 배경

RANS 방정식의 해를 이용하면 선박 프로펠러의 성능을 모델링하는 것이 가능한데, 15장을 참조하라. 실제로 이는 계산상으로는 값비싼 과정으로, 흔히 프로펠러가 선체의 공칭 반류를 합산하는 효과를 나타내는 것이 보다 효율적일 수 있다. 이 과정은 선체 주위 유동에 대한 RANS 해를 프로펠러 해석 도구와 결합하는데, 15장에서 설명하는 것처럼 프로펠러 해석 도구는 보통 10~20개의 고리로 구성된 프로펠러 원판 상의 축 방향 속도 및 모멘텀 변화를 평가한다. 이들 모멘텀 변화량은 프로펠러 구역에서 적당한 체적력 항 $\{f_x, f_y, f_z\}$로 사용되고 RANS 방정식의 해가 구해진다. 필요하다면 프로펠러 추력에 유의한 변화가 일어나지 않을 때까지 이 과정을 반복한다[9.36].

표 9.2 *KVLCC2* 자항 해석에 적용된 계산 매개변수

매개변수	적용 값
계산	64비트 데스크톱 PC, 램 4 GB
격자 개수	대략 2백만 개
격자 유형	비정렬 하이브리드(사면체/육면체)
난류 모델	전단응력 수송
Advection Scheme	고해상도 CFX
수렴 조건	RMS 잔류오차 $<10^{-5}$
의사 시간 간격	자동
계산시간	보통 5시간
벽면 모델링	CFX 자동 벽면 모델링
y^+	~30

프로펠러의 모멘텀 소스를 평가하는 여러 가지 대안적 방법이 있다[9.37]. 이들은 단순하게 명시된 일정한 추력부터 경험식에 의한 추력분포나 15장에서 설명한 방법들로부터 유도된 축 방향 및 접선 방향 모멘텀 분포에 이르기까지 다양하다. 다음 예에서 KVLCC2 주위의 유동은 상용 유한체적 코드[9.38]를 이용하여 모델링되었다. KVLCC2 선체 및 러더 주위 물의 직교좌표계 상 유속장(u, v, w) 및 압력장(p)을 정하기 위해 유체의 운동은 식 (9.4)의 비압축성 등온 RANS 방정식을 써서 모델링되었다. 표 9.2는 사용된 계산 모델의 세부사항을 나타낸다. 15.5절에 상세히 설명되는 날개요소-운동량 이론(blade element-momentum theory)을 사용하여 프로펠러 성능을 평가하였다.

9.6.2 격자 생성

비정렬 하이브리드 유한체적 격자를 구성했는데, 원거리장에서의 격자 형상은 사면체이고 선체 주위에서는 육면체 격자가 배치되는데, 첫 번째 요소의 두께는 $y^+ = 30$이면서 선체 및 러더 주위 경계층에 10~15개의 요소가 들어간다. 각각의 러더 각에 대해 러더 구동부 및 고정부 사이의 간극을 묘사할 수 있도록 별개의 격자를 생성하였다. 다양한 영역에서의 격자 예를 그림 9.5에 나타내었다.

9.6.3 경계조건

RANS 방정식을 풀려면 일련의 적절한 경계조건을 정의할 필요가 있다. 선체는 비점착 벽면 조건(no-slip wall condition)으로 모델링된다. 선체 길이만큼 상류 방향으로 떨어진 입구에서는 입구 속도와 난류 값이 명시적으로 규정되는 Dirichlet 입구 조건이 정의된다.

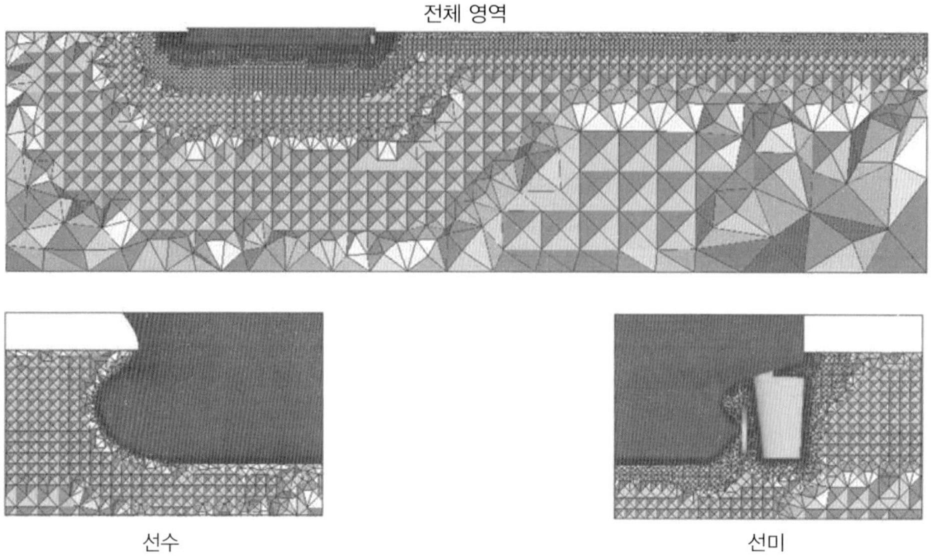

그림 9.5 KVLCC2 주위의 격자 생성.

CFD 해석에서는 모형선 속도가 재현되고, 입구 난류 강도(inlet turbulence intensity)는 5%로 맞춰진다. 출구는 선체 하류 3 × L_{BP} 지점에 위치한다. 자항 성능에 대한 수조 단면의 영향(차폐 효과)은 수조(폭 16 m × 수심 7 m)의 바닥과 측면 벽에 미끄러짐 조건을 부여함으로써 자동적으로 보정된다. 계산비용 증가로 인해 이 수치 모사에서 자유수면 효과는 포함되지 않고 대칭 평면으로 처리되었다. Froude 수는 $Fr = 0.14$ 로 충분히 작은데, 이는 합리적인 가정이다.

그림 9.6은 전형적인 컨테이너선(KRISO 컨테이너선, KCS)의 선미 영역에서 프로펠러가 작동하거나 작동하지 않은 경우를 자유수면 효과를 포함하여 계산한 예를 보이고 있는데, 이 경우는 자유수면 효과가 훨씬 중요하다. 자유수면 위치를 잡기 위해 VOF(volume of fluid) 방법이 사용되었다. 프로펠러의 유무가 선미 후방 파도의 봉우리에 영향을 주고 따라서 압력항력에도 영향을 미친다.

9.6.4 방법론

선미에 프로펠러를 위치시킴으로써 프로펠러로 유입되는 유동은 프로펠러 단독인 상태와 비교하여 변경되는데, 8장을 참조하라. 선체 경계층의 존재로 인해 유체의 평균 유입속도(V_A)가 프로펠러 디스크 내의 위치에 따라 달라진다. 프로펠러는 전방의 유체를 가속하므로 경계층의 전단 변형률을 증대시켜 마찰저항이 커지고, 선체 뒷부분의 압력을 감소시켜 압력항력이 커지면서 유동의 박리도 억제된다. RANS 격자 내에서 프로펠러는 직경이 동

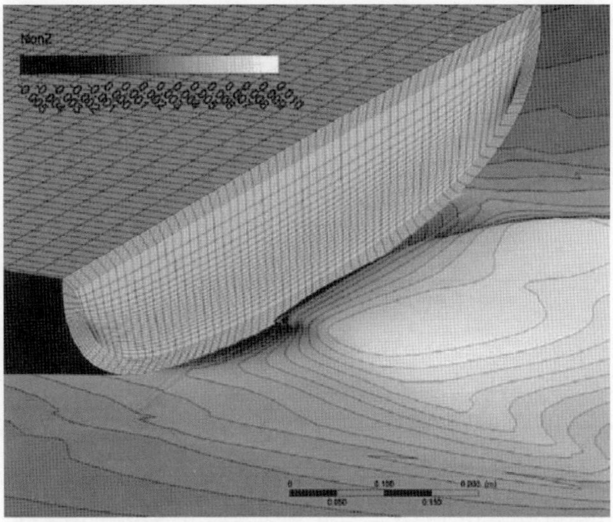

(a)

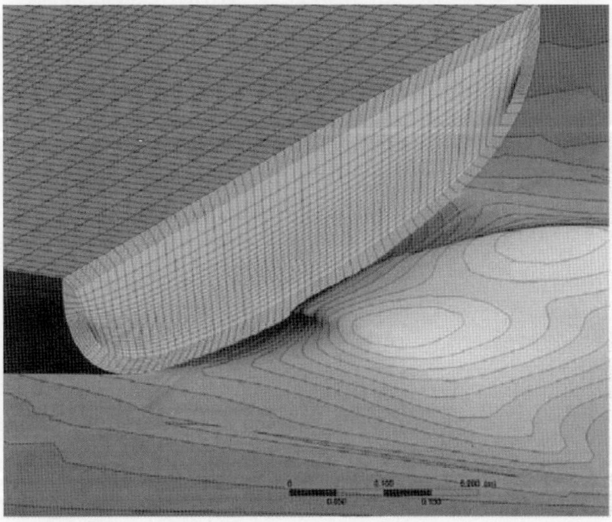

(b)

그림 9.6 ANSYS CFX v.12[9.38]를 사용하여 KCS 선미 자유수면 표고를 포착한 RANS CFD 해. (a) 프로펠러가 있을 때의 자유수면, (b) 프로펠러가 없을 때의 자유수면.

일한 원통형 부분 영역으로 표현된다. 부분 영역은 날개를 따라 반경 방향으로 10개로 분할된(dr) 고리 모양들로 구성된다. 15.5.5절에 소개된 BEMT의 적절한 모멘텀 소스 항인 a와 a'을 원통형 부분 영역에 적용하여 프로펠러의 축 방향 및 접선 방향 작용을 나타낸다.

RANS 수치 모사에서 다음 절차들을 사용하여 프로펠러 동작을 재현하고 성능을 계산하였다.

1. 프로펠러가 모델링되지 않은 선체 주위의 유동을 RANS 수치 모사로 초기 수렴시킨다(RMS 잔류오차 $< 1 \times 10^{-5}$). 그다음 공칭반류비(nominal wake fraction) w_T'을 다음과 같이 프로펠러 디스크 내의 고리 위치에서 유속을 원주 방향으로 평균하여 결정한다.

$$w'_T = \frac{1}{2\pi r}\int_0^{2\pi}\left(1 - \frac{U}{V_a}\right) r\,d\theta \tag{9.10}$$

여기서 U는 주어진 r과 θ에서의 축 방향 유속이다.

2. 사용자 Fortran 모듈을 사용하여 국부적인 축 방향 반류비를 BEMT 코드에 전달한다.
3. 선속, 반경 위치별 반류비 및 프로펠러 회전수에 기초하여 BEMT 코드를 사용, 10개의 반경 방향 조각마다의 추력(dK_T)과 토크(dK_Q)를 계산한다.
4. BEMT로 유도된 위치별 추력과 토크가 반경별 조각 내에서는 원주 방향의 위치에 따라 균일하게 작용한다고 가정한다. 추력은 힘을 고리의 체적으로 나누어 고리 모양 요소의 내부에 분포된 축 방향 모멘텀 소스(모멘텀/시간)로 변환한다. 토크는 고리의 평균 반경과 고리의 체적으로 나누어 접선 방향 모멘텀 소스로 변환한다.
5. 모멘텀 소스를 프로펠러 디스크의 축 방향으로 균등하게 분포시키는 사용자 Fortran 모듈을 이용하여 모멘텀 소스를 RANS 해석 S/W에 반환한다.
6. 그다음 RANS 수치 모사를 앞서의 나선 상태 유동 해에 모멘텀 소스를 추가한 상태에서 재개한다. 최종적인 해는 RMS 잔류오차 $< 1 \times 10^{-5}$가 되면 수렴한 것으로 가정한다.

6단계에서 구한 해를 사용하여 2단계의 반류비 계산에 재대입해 반복 순환계산을 수행하거나, 조종성 해석 목적으로는 프로펠러 측면 유동의 영향을 조사하기 위해 원주 방향으로 분할된 조각을 사용하는 등의 추가적인 개선을 꾀할 수 있다[9.36].

9.6.5 결과

예로서 KVLCC2 선체의 자항 성능을 모형선 크기에서 평가하였다. 실선의 크기는 320 m이고 모형선 축척은 1:58이다. 날개 수 4개, 피치 비 $P/D = 0.721$ 및 직경 9.86 m인 고정피치 프로펠러가 사용되었다. 모형선 프로펠러는 실선의 자항 조건에 상당하는 515 rpm으로 회전한다. BEMT 접근 방식의 장점은 프로펠러 성능에 대한 러더의 영향을 정확하

표 9.3 러더 각 10° 자항 상태에서의 각종 힘 성분들

	예인수조	미세 격자 (210만개)	중간 격자 (150만개)	거친 격자 (105만개)
길이 방향 X(N)	−11.05	−11.74	−12.60	−13.82
수직 방향 Y(N)	6.79	7.6	7.51	7.33
선수동요 모멘트 N(Nm)	−19.47	−18.75	−18.70	−18.35
추력 T(N)	10.46	12.53	12.37	12.08
러더 길이 방향 R_x(N)	−2.02	−1.83	−1.89	−1.94
러더 수직 방향 R_y(N)	4.32	4.94	4.99	4.88

표 9.4 모형선 자항점에서 러더 유무가 프로펠러 성능에 미치는 영향[9.36]

	CFD-러더 없을 때	CFD-러더 있을 때
반류비 w_t	0.467	0.485
추력 감소계수 t	0.326	0.258
모형선 자항점의 프로펠러 회전수	552	542
전진계수 J	0.357	0.351
추력계수 K_T	0.226	0.233
토크계수 K_Q	0.026	0.027
효율 η	0.494	0.482

게 파악할 수 있다는 것이다[9.39]. 표 9.3은 다양한 성분의 힘에 대한 격자 해상도의 영향을 나타내고 있다. 러더 각은 10°로 고정되었으며, 가장 세밀한 격자는 210만 개의 유한체적으로 구성된다. 모든 힘의 성분에 대해 격자가 세밀해질수록 실험값에 수렴하는 경향이 발견된다. 표 9.4는 세밀한 격자를 사용하여 러더가 모형선의 자항 성능에 미치는 영향을 나타내고 있다. 그림 9.7은 프로펠러가 프로펠러 디스크를 통과하는 유선에 미치는 영향을 도시하고 있다.

9.7 요약

새로운 선형 설계에 있어서 수치 방법의 역할이 지속적으로 증대될 것은 명백하다. 수치 기법의 올바른 적용은 언제나 실선 운항 조건에 대한 결과를 올바르게 해석하는가에 달려 있다. 또한 완전 자동화된 선박 최적화 과정은 계산상으로는 값비싼 과정으로 남아 있을 것임을 인식해야 한다. 단순한 박선 이론과 표면 패널 코드로부터 비정상 RANS 방법을 사용하여 자체 항주 선박에 대한 수치 모사에 이르기까지 다양한 계산 도구들은 설계자에게 시간적으로나 비용적으로 좀 더 효과적인 계층적 접근 방식을 제공할 것이다.

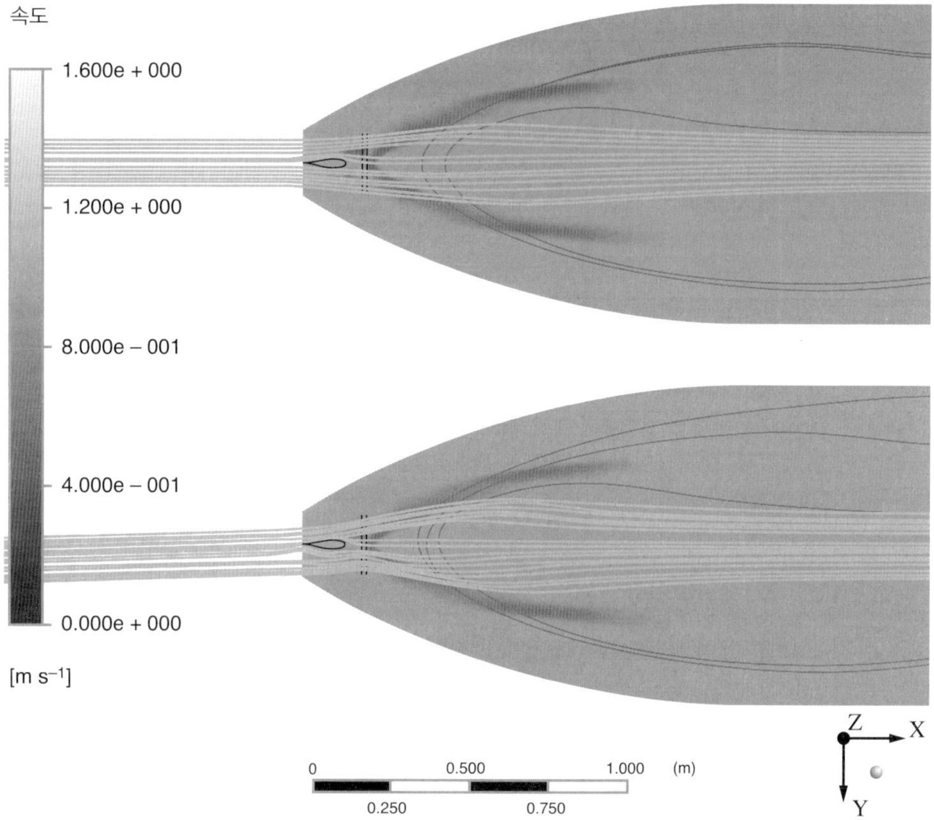

그림 9.7 부가물(러더)이 달린 선체의 프로펠러 원판을 지나는 유선의 비교. 프로펠러가 있는 모델(위), 프로펠러 없는 모델(아래)[9.36].

참고문헌(9장)

9.1 Ferziger, J.H. and Peric, M. *Computational Methods for Fluid Dynamics.* Axel-Springer Verlag, Berlin, 2002.

9.2 *Best Practice Guidelines for Marine Applications of Computational Fluid Dynamics*, W.S. Atkins Ltd., Epsom, UK, 2003.

9.3 Molland, A.F. and Turnock, S.R. *Marine Rudders and Control Surfaces.* Butterworth-Heinemann, Oxford, UK, 2007, Chapter 6. pp. 233–31.

9.4 Larsson, L. *SSPA-ITTC Workshop on Ship Boundary Layers.* SSPA Publication No. 90, Ship Boundary Layer Workshop Göteburg, 1980.

9.5 Larsson, L., Patel, V., Dyne, G. (eds.) *Proceedings of the 1990 SSPA-CTH-IIHR Workshop on Ship Viscous Flow.* Flowtech International Report No. 2, 1991.

9.6 Kodama, Y., Takeshi, H., Hinatsu, M., Hino, T., Uto, S., Hirata, N. and Murashige, S. (eds.) *Proceedings, CFD Workshop.* Ship Research Institute, Tokyo, Japan. 1994.

9.7 Tahara, Y. and Stern, F. A large-domain approach for calculating ship boundary layers and wakes and wave fields for nonzero Froude number. *Journal of Computational Physics*, Vol. 127, 1996, pp. 398~411.

9.8 Larsson, L., Stern, F. and Bertram, V. (eds.) *Gothenburg 2000 a Workshop on Numerical Ship Hydrodynamics*. Chalmers University of Technology, CHA/NAV/R-02/0073, 2000.

9.9 Larsson, L., Stern, F. and Bertram, V. Benchmarking of computational fluid dynamics for ship flows: the Gothenburg 2000 workshop. *Journal of Ship Research*, Vol. 47, No. 1, March 2003, pp. 63~81.

9.10 Hino, T. *Proceedings of the CFD Workshop* Tokyo. National Maritime Institute of Japan, 2005.

9.11 Landweber, L. and Patel, V.C. Ship boundary layers. *Annual Review of Fluid Mechanics*, Vol. 11, 1979, pp. 173~205.

9.12 Wilson, R.V., Carrica, P.M. and Stern, F. Simulation of ship breaking bow waves and induced vortices and scars. *International Journal of Numerical Methods in Fluids*, Vol. 54, pp. 419~451.

9.13 Batchelor, G.K. *An Introduction to Fluid Dynamics*. Cambridge University Press, Cambride, UK, 1967.

9.14 Wilcox, D.C. *Turbulence Modeling for CFD*. 2nd Edition DCW Industries, La Canada, CA, 1998.

9.15 Pattenden, R.J., Bressloff, N.W., Turnock, S.R. and Zhang, X. Unsteady simulations of the flow around a short surface-mounted cylinder. *International Journal for Numerical Methods in Fluids*, Vol. 53, No. 6, 2007, pp. 895~914.

9.16 Hess, J.L. Panel methods in computational fluid dynamics. *Annual Review of Fluid Mechanics*, Vol. 22, 1990, pp. 255~274.

9.17 Katz, J. and Plotkin, A. *Low Speed Aerodynamics*: *From Wing Theory to Panel Methods*, Mcgraw-Hill, New York, 1991.

9.18 Hirt, C.W. and Nicolls, B.D. Volume of fluid (VOF) method for the dynamics of free boundaries. *Journal of Computational Physics*, Vol. 39, No. 1, January 1981, pp. 201~225.

9.19 Sethian, J.A. and Smereka, P. Level set method for fluid interfaces. *Annual Review of Fluid Mechanics*, Vol. 35, 2003, pp. 341~372.

9.20 Farmer, J., Martinelli, L. and Jameson, A. A fast multigrid method for solving incompressible hydrodynamic problems with free surfaces, *AIAA*-93-0767, p. 15.

9.21 Newman, J. *Marine Hydrodynamics*. MIT Press, Cambridge, MA, 1977.

9.22 Godderidge, B., Turnock, S.R., Earl, C. and Tan, M. The effect of fluid compressibility on the simulation of sloshing impacts. *Ocean Engineering*, Vol. 36, No. 8, 2009, pp. 578~587.

9.23 Godderidge, B., Turnock, S.R., Tan, M. and Earl, C. An investigation of multiphase CFD modelling of a lateral sloshing tank. *Computers and Fluids*, Vol. 38, No. 2, 2009, pp.183~193.

9.24 Gleick, J. *Chaos, the Amazing Science of the Unpredictable.* William Heinemann, Portsmouth, NH, 1988.

9.25 Wright, A.M. Automated adaptation of spatial grids for flow solutions around marine bodies of complex geometry. Ph.D. thesis, University of Southampton, 2000.

9.26 Thompson, J.F., Soni, B.K. and Weatherill, N.P. (eds.) *Handbook of Grid Generation*, CRC Press, Boca Raton, FL, 1998.

9.27 Nowacki, H., Bloor, M.I.G. and Oleksiewicz, B. (eds.) Computational geometry for ships, *World Scientific Publishing*, London, 1995.

9.28 CFD Online. www.cfd-online.com Last accessed May 2010.

9.29 Insel, M. An investigation into the resistance components of high speed displacement catamarans. Ph.D. thesis, University of Southampton, 1990.

9.30 Couser, P.R. An investigation into the performance of high-speed catamarans in calm water and waves. Ph.D. thesis, University of Southampton,1996.

9.31 Couser, P.R., Wellicome, J.F. and Molland, A.F. An improved method for the theoretical prediction of the wave resistance of transom stern hulls using a slender body approach. *International Shipbuilding Progress*, Vol. 45, No. 444, 1998, pp. 331~349.

9.32 *ShipShape User Manual*, Wolfson Unit MTIA, University of Southampton,1990.

9.33 Insel, M., Molland, A.F. and Wellicome, J.F. Wave resistance prediction of a catamaran by linearised theory. *Proceedings of Fifth International Conference on Computer Aided Design, Manufacture and Operation, CADMO'94.* Computational Mechanics Publications, Southampton, UK, 1994.

9.34 Doctors, L.J. Resistance prediction for transom-stern vessels. *Proceedings of Fourth International Conference on Fast Sea Transportation, FAST'97*, Sydney, 1997.

9.35 Molland, A.F., Wilson, P.A. and Taunton, D.J. Theoretical prediction of the characteristics of ship generated near-field wash waves. Ship Science Report No. 125, University of Southampton, November 2002.

9.36 Phillips, A.B. Simulations of a self propelled autonomous underwater vehicle, Ph.D. thesis, University of Southampton, 2010.

9.37 Phillips, A.B., Turnock, S.R. and Furlong, M.E. Evaluation of manoeuvring coefficients of a self-propelled ship using a blade element momentum propeller model coupled to a Reynolds averaged Navier Stokes flow solver. *Ocean Engineering*, Vol. 36, 2009, pp. 1217~1225.

9.38 *Ansys CFX User Guide* v11, Ansys, Canonsburg, PA, 2007.

9.39 Phillips, A.B., Turnock, S.R. and Furlong, M.E. Accurate capture of rudderpropeller interaction using a coupled blade element momentum-RANS approach. *Ship Technology Research (Schiffstechnik)*, Vol. 57, No. 2, 2010, pp. 128~139.

CHAPTER

10 저항 설계 데이터

10.1 서론

동력을 추정하기 위한 저항 데이터는 여러 출처로부터 구할 수 있다. 모형시험을 수행하지 않는다면 모형시험의 회귀분석으로 초기 추정을 하는 것이 좋지만, 가장 유용한 것은 표준 계열선 데이터이다. 수치 방법은 선형의 변화라는 특정한 조사에는 유용한 입력을 제공하는데, 9장에서 논의하고 있다. 저항 데이터를 표시하는 방법은 3.1.3절에 서술되어 있다. 이 장에서는 저항 데이터의 자료 출처들을 정리한다. 표준 계열선에 대한 설계도표나 데이터 표와 더불어 회귀분석 계수들은 부록 A3에 포함되어 있다.

10.2 데이터의 출처

10.2.1 표준 계열선 데이터

표준 계열선 데이터는 특정한 일련의 선형에 대한 체계적인 저항시험으로부터 유래한다. 그러한 시험은 C_B, $L/\nabla^{1/3}$, B/T나 LCB 같은 주요한 선형 매개변수에 대한 변화를 포함한다. 표준 계열선 시험은 초기설계 단계거나 모형시험을 수행하지 않는 경우에 특히 귀중한 저항 데이터를 제공한다. 데이터는 보통 다음 목적으로 사용된다.

(1) 주어진 선형에 대한 동력 소요량 유도.
(2) C_B와 B/T 같은 선형 매개변수의 영향 조사 및 특정 임무에 맞는 적당한 선형 선택.
(3) 어떤 특정한(계열선이 아닌) 선형의 품질을 판단하는 기준.

표준 계열선 데이터는 광범위한 선박 형식에 대해 구할 수 있다. 다음 절에 주요한 계열을 요약했다. 어떤 것들은 엄밀한 의미의 계열선 데이터는 아니지만, 데이터베이스에 특정한 기여를 하므로 완전성을 기하기 위해 포함했다. 실제적인 동력 예측을 위해 설계 데이터를 별표(*) 표시한 참고문헌으로부터 추출했다. 이들은 10.3절에서 서술한다.

10.2.1.1 단추진기 상선 선형

계열 60 [10.1], [10.2], [10.3]*
영국선박연구협회(BSRA) 계열 [10.4], [10.5], [10.6]*
Statens Skeppsprovingansalt(SSPA) 계열 [10.7], [10.8]
미국해사기구 MARAD 계열 [10.9]

10.2.1.2 쌍추진기 상선 선형

Taylor–Gertler 계열 [10.10]*
Lindblad 계열 [10.11], [10.12]
Zborowski 폴란드 계열 [10.13]*

10.2.1.3 연안 연락선

Dawson 계열 [10.14], [10.15], [10.16], [10.17]

10.2.1.4 트롤 어선

BSRA 계열 [10.18], [10.19], [10.20], [10.21]
Ridgely–Nevitt 계열 [10.22], [10.23], [10.24]

10.2.1.5 예인선

Parker 및 Dawson의 조사 [10.25]

Moor의 조사 [10.26]

10.2.1.6 준배수량형, 둥근 빌지

SSPA Nordström [10.27]

SSPA 계열, Lindgren 및 Williams [10.28]

계열 63, Beys [10.29]

계열 64, Yeh [10.30]*, [10.31], [10.32], [10.33]

국립물리학연구소(National Physical Laboratory: NPL) 계열, Bailey [10.34]*

반활주선 계열, Compton [10.35]

고속 배수량 선체 형상, Robson [10.36]

고속 트랜섬 선미 선형, Lahtiharju 등 [10.37]

SKLAD 준배수량 계열, Gamulin [10.38], Radojcic 등 [10.39]

10.2.1.7 준배수량형, 이중 차인(Double Chine)

아테네 국립기술대학교(National Technical University of Athens) 계열, Radojcic 등 [10.40]*, Grigoropoulos 및 Loukakis [10.41]

10.2.1.8 활주형선

계열 62, Clement 및 Blount, [10.42]*, Keuning 및 Gerritsma [10.43]

미국 해안경비대(USCG) 계열, Kowalyshyn 및 Metcalf, [10.44]

계열 65, Hadler 등 [10.45]

Savitsky 등 [10.46], [10.47], [10.48]*, [10.49]

10.2.1.9 다동체선(Multihulls)

Southampton 쌍동선 계열, Insel 및 Molland [10.50], Molland 등 [10.51]*, Molland 및 Lee [10.52], Couser 등 [10.53]

기타 다동체선 데이터, Steen, Cassella, Bruzzone 등 [10.54]~[10.58]

Versuchsanstalt für Wasserbau und Schiffbau Berlin(VWS) 쌍동선 계열, Müller-Graf [10.59], Zips [10.60]*, Müller-Graf 및 Radojcic [10.61]

10.2.1.10 요트

Delft 계열, Gerritsma 및 Keuning 등 [10.62]~[10.67]*

10.2.2 기타 저항 데이터

평균 ⓒ 데이터, Moor 및 Small [10.70]*

유조선 및 벌크선 형상, Moor [10.71]

방형계수 0.85 계열, Clements 및 Thompson [10.72], [10.73]

흘수비 데이터, Moor 및 O'Connor [10.74]*

회귀분석:

Sabit regressions: BSRA 계열 [10.75]*, 계열 60, [10.76]*, SSPA 계열 [10.77]

Holtrop 및 Mennen [10.78], [10.79], [10.80], [10.81]*

Hollenbach [10.82]*

Radojcic [10.83], [10.84]*

Van Oortmerssen, 소형선 [10.85]*

Robinson, Wolfson Unit for Marine Technology and Industrial Aerodynamics (WUMTIA) 소형선 [10.86]*

10.2.3 저항 데이터의 회귀분석

많은 독립적인 설계에 대한 충분한 데이터가 표준 형태로(예를 들어 같은 예인수조에서 비슷한 크기의 모형선에 대한 시험들) 존재한다면, 통계적 처리(회귀분석)를 통해 인위적 제한조건 없이 최적의 매개변수 조합을 평가할 수 있고 표준 계열선에 대한 대안으로 사용할 수 있다.

매개변수들의 비선형적 조합을 제대로 분석하려면 150가지 정도의 모형선이 필요하므로, 회귀분석은 장기적으로는 매우 유사한 선박 형식에 대해서만 적용 가능하다. 주목할 만한 전형적인 회귀분석은 [10.75~10.91]에 보고되었고, 이들 중 일부를 10.3절에서 다룬다.

선박 저항의 회귀분석에 대한 전형적인 변수 집합은 다음과 같이 주어질 수 있다.

$$C_T = f\left[C_B,\ L/\nabla^{1/3},\ B/T,\ LCB,\ \tfrac{1}{2}\alpha_E\,\text{etc.}\right]$$

참고문헌은 발표된 회귀분석 결과의 범위를 나타내고 있다. 예를 들어 BSRA 계열의 Sabit 회귀분석은 다음을 사용한다.

$$CR_{400} = f[L/\nabla^{1/3}, B/T, C_B, LCB]$$

여기서 각 선속마다 다음과 같이 정의된다.

$$CR = \frac{R \cdot L}{\Delta \cdot V^2} \text{ 이고 } \quad CR = 2.4938 \text{Ⓒ} \ L/\nabla^{1/3}$$

(계열마다) 세 가지 흘수에 대해 다음과 같이 회귀분석 식이 주어진다.

$$CR_{400} = a_1 + a_2\, L/\nabla^{1/3} + a_3\, B/T + \cdots a_6\, (L/\nabla^{1/3})^2 + a_7\, (B/T)^2 + \cdots$$

각 선속과 흘수에 대한 계수 a_n의 값이 발표되었다.

Holtrop[10.81]은 저항을 점성과 조파의 두 성분으로 분리하고 분석과정에 선속(Fr)을 포함시켰다. 국제수조협회(ITTC)의 C_F 곡선과 회귀분석에 의한 $(1+k)$ 값으로부터 $C_F(1+k)$가 유도된다. C_W는 Havelock의 조파저항 이론에 근거한다.

$$R_w/\Delta = C_1 \exp(-mFr^{-2/9}) + \exp(-Fr^{-2})\{C_2 + C_3 \cos(\lambda Fr^{-2})\}$$

C_1, C_2, C_3, λ 및 m은 선형에 따라 달라지는 계수이고 회귀분석으로 유도된다.

Molland 및 Watson[10.90]은 각 선속에 대해 Ⓒ $= f[L/B, B/T, C_B, LCB, 1/2\alpha_E]$을 사용했다.

Lin 등[10.91]은 단면적 곡선(sectional area curve: SAC)의 기울기를 C_W의 정식화에 포함시키고 있다.

회귀분석의 한계는 다음과 같다.

1. 분석 데이터는 올바른 선종에 대한 것이어야 한다.
2. 표준편차와 같은 데이터의 '통계적 품질'에 주목해야 한다.
3. 특히 회귀분석을 선형 최적화 목적으로 사용하는 경우 예측결과는 데이터베이스의 한계 내에 국한됨에 주의해야 한다.

선형 변수들을 비현실적으로 조합한 경우를 예측해서는 안 된다. 예를 들어 실제 데이터는 그림 10.1처럼 구성되어 있는데, 변수의 한계를 단순히 $0.5 < C_B < 0.8$이고 $-2\% < LCB < +2\%$라고 언급하는 것만으로는 만족스럽지 못할 수 있다. 다시 말하면, 예를 들어 방형계수 C_B가 0.8이고 LCB가 $-2\%L$(2% 후방)인 선형에 대한 결과를 예측하기 위해 회귀분석을 사용해서는 안 된다.

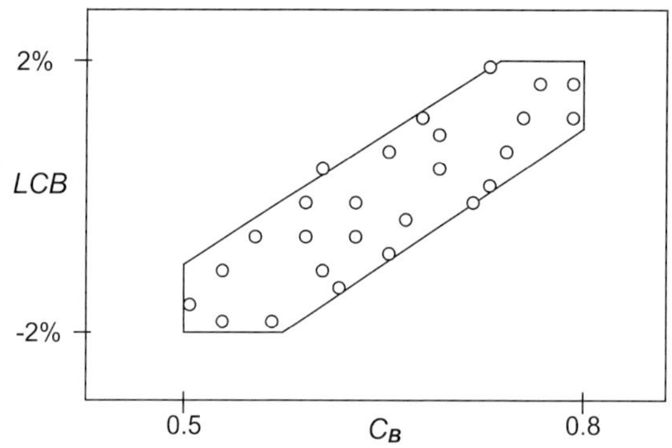

그림 10.1 데이터베이스의 전형적인 제약.

10.2.4 수치 방법

점성저항 및 조파저항은 수치 및 이론적 방법으로 유도될 수 있다. 그러한 방법들은 선형의 체계적 변형을 조사하고 Reynolds 수의 영향을 탐구할 수 있게 하는 강력한 도구이다. Raven 등[10.92]은 축척 효과 조사를 포함하는 CFD 기반의 저항 예측을 기술했다. CFD 및 수치 방법은 9장에 요약되어 있다.

10.3 설계 데이터의 예

10.3.1 배수량형 선박

10.3.1.1 BSRA 계열

이 계열은 단추진기 상선에 적합하며 1950~1960년대에 영국선박연구협회(BSRA)에서 개발했다. BSRA 계열의 데이터는 [10.4, 10.5, 10.6]에 요약되어 있다. 이들은 계열의 상세한 정면도(body plan)와 추진 데이터를 포함한다. 정면도의 한 예를 그림 10.2에 도시했다. 이 계열은 다음과 같은 선속 및 선체 매개변수 범위를 커버한다.

선속: $V_k/\sqrt{L_f}$: 0.20~0.85(V_k는 knots, L_f는 ft) [Fr: 0.06~0.25]
C_B: 0.60~0.85, B/T: 2~4, $L/\nabla^{1/3}$: 4.5~6.5, LCB: $-2\%L \sim +2\%L$
결과의 표시: $©_{400} = \frac{579.8 P_E}{\Delta^{2/3} V^3}$

$©_{400}$ 값은 크기가 400 × 55 × 26(ft)이고 표준 $LCB = 20(C_B - 0.675)\%L$(선체 중앙으로부터 전방)인 표준선의 만재흘수(26 ft) 및 감소흘수(21 ft, 16 ft, 16 ft 트림)에 대해 주어져 있다.

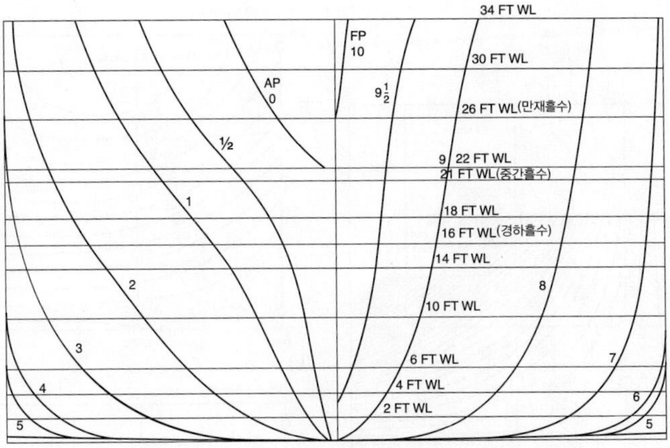

그림 10.2 BSRA 계열 정면도 $C_B = 0.65$.

(길이 400 ft 선박에 대한) Ⓒ$_{400}$ 데이터는 흘수 26 ft에 대한 경우인 그림 10.3과 같이 각 선속에 대해 C_B의 함수로 주어진다.

배의 크기가 표준선에서 달라질 때의 보정량을 그림 10.4처럼 B/T, LCB 및 $L/\nabla^{1/3}$에 대한 도표로 나타낸다.

배의 길이가 표준선의 400 ft(122 m)에서 달라질 경우 마찰저항 보정량 δⒸ를 적용하여 실선 값을 다음과 같이 계산해야 한다.

$$\text{Ⓒ}_S = \text{Ⓒ}_{400} + \delta\text{Ⓒ}$$

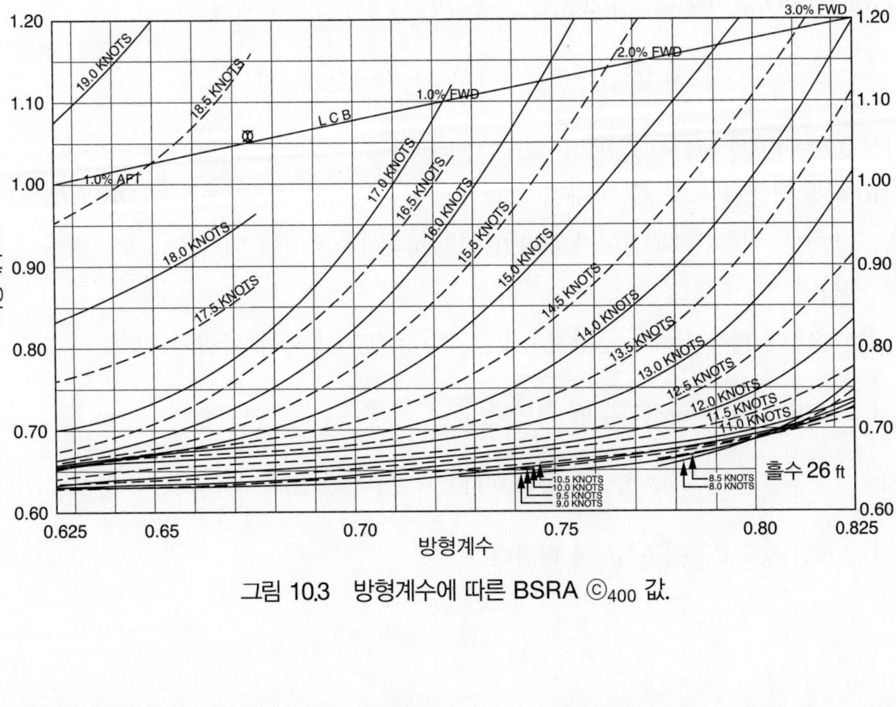

그림 10.3 방형계수에 따른 BSRA Ⓒ$_{400}$ 값.

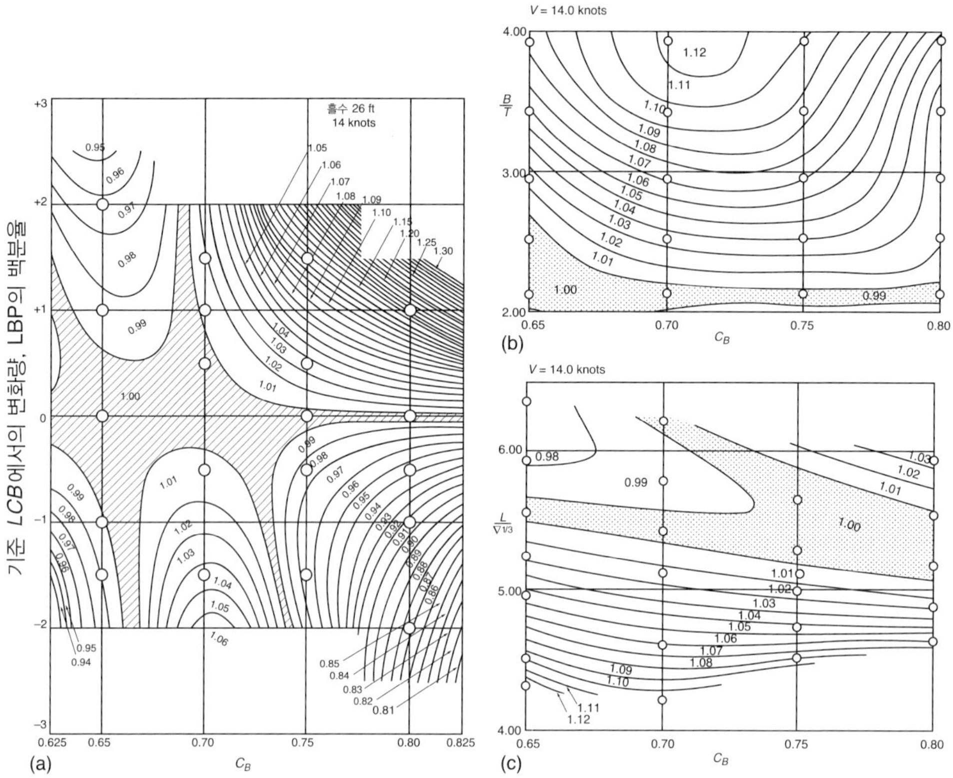

그림 10.4 BSRA $\textcircled{c}_{400}$ 표준값에 대한 보정량의 예.

보정량의 부호는 길이가 122 m보다 작은 경우는 양, 길이가 122 m보다 큰 경우는 음이다. Froude의 O_M과 O_S 값들[10.93]을 사용하면 보정량은 다음과 같다.

$$\delta\textcircled{c} = \textcircled{c}_{400} - \textcircled{c}_s = (O_{400} - O_S)\ \textcircled{s} - \ \textcircled{L}^{-0.175}$$

여기서 $\textcircled{L} = 1.055\ V_k/\sqrt{L_f}$이다.

[10.4]에 제공된 도표 중 하나를 그림 10.5에 재생했는데, Froude의 O_M과 O_S 값에 기초한 것이다. 이를 통해 길이가 400 ft(122 m)와 다른 배에 대한 $\delta\textcircled{c}$ 보정량을 유도할 수 있다.

그림 10.5에 의한 $\delta\textcircled{c}$의 근사값은 $V_k/\sqrt{L_f} = 0.70$에 대해 다음과 같다.

$L < 122$ m인 경우 $\delta\textcircled{c}$를 $\textcircled{c}_{400}$에 더한다.

$$\delta\textcircled{c} = +0.54 \times (122 - L)^{1.63} \times 10^{-4} \tag{10.1}$$

$L \geq 122$ m인 경우 $\delta\textcircled{c}$를 $\textcircled{c}_{400}$에 더한다.

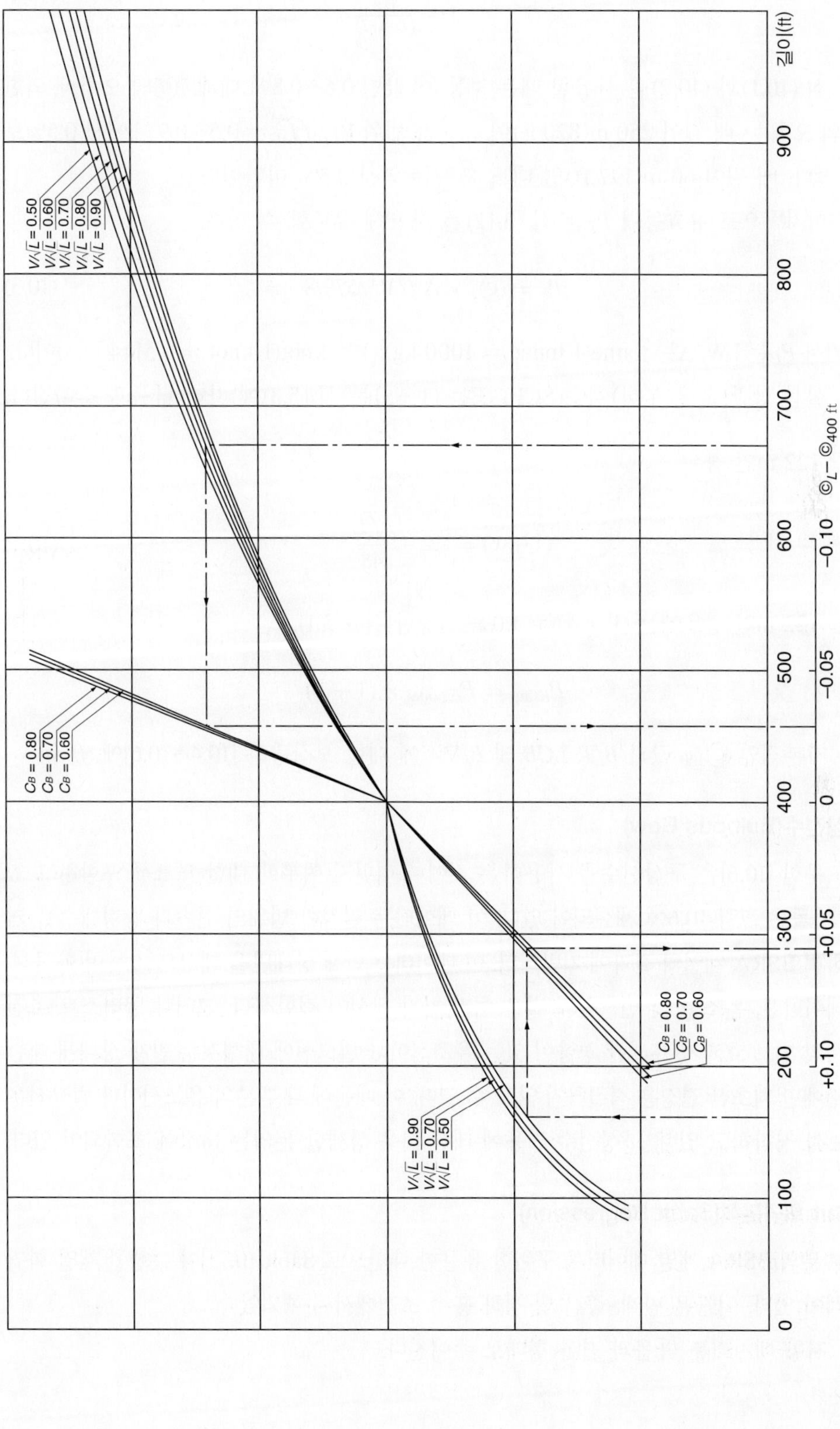

그림 10.5 마찰저항계수 보정량 δ©: 기준 길이 400 ft(122 m)로부터의 변화량 영향.

$$\delta \copyright = -\frac{0.10}{1+\frac{188}{(L-122)}} \tag{10.2}$$

식 (10.1)과 (10.2)를 사용할 때는 보통 Ⓒ 값인 0.6~0.8에 대해 δⒸ의 오차에 의한 Ⓒ의 오차는 배 길이 250 m(820 ft)이고 선속 범위 $V_k/\sqrt{L_f} = 0.5\sim0.9$ 내에서 0.5%보다 작다. 배 길이 60 m(197 ft)일 때도 오차는 역시 0.5% 미만이다.

마지막으로 유효동력 P_E는 식 (3.12)를 사용해 유도할 수 있다.

$$P_E = \copyright_s \times \Delta^{2/3} V^3 / 579.8 \tag{10.3}$$

여기서 P_E는 kW, Δ는 tonne(1 tonne = 1000 kg), V는 knot(1 knot = 0.5144 m/s)이다.

실선 상관(혹은 부하)계수(SCF) 또는 $(1+x)$는 식 (5.3)에 따라 다음과 같아진다.

$L \geq 122$ m인 경우

$$(1+x) = 1.2 - \frac{\sqrt{L}}{48} \tag{10.4}$$

$L < 122$ m인 경우에는 $(1 + x) = 1.0$을 권장한다(표 5.1).

$$P_{E\text{ship}} = P_{E\text{model}} \times (1+x)$$

기본적인 $\copyright_{400}$ 값과 B/T, LCB 및 $L/\nabla^{1/3}$에 대한 보정량은 [10.4~10.6]에 있다.

구상선수(Bulbous Bow)

참고문헌 [10.6]은 구상선수를 사용하는 것이 유리한지 여부에 대한 도표를 포함하고 있다. 이들은 그림 10.6에 재현되어 있다. 이 데이터는 일정한 범위의 선속과 방형계수를 커버하며 BSRA 계열의 결과에 기반한다. 이 데이터는 만재 상태만을 대상으로 하며 화물선, 컨테이너선, 유조선 및 벌크선과 같은 여러 가지 상선에 적합하다. 그러나 밸러스트 조건에서의 벌브 효과가 유리한 경향이 있는 유조선이나 벌크선에 대해서는 만재 상태에 대한 기준에만 기초한 결정은 적절하지 않을 수 있다. 이 때문에 대부분의 유조선이나 벌크선은 벌브를 장착하고 있다. 구상선수 적용에 대한 더욱 상세한 논의는 14장에 포함되어 있다.

Sabit 회귀분석(Sabit Regression)

대부분의 BSRA 계열 데이터를 구비한 유용한 대안으로 Sabit[10.75]이 수행한 계열 회귀분석이 있다. 이들은 만재, 중간 및 경하 흘수 조건에서 수행되었다.

저항 데이터는 다음과 같은 형태로 주어진다.

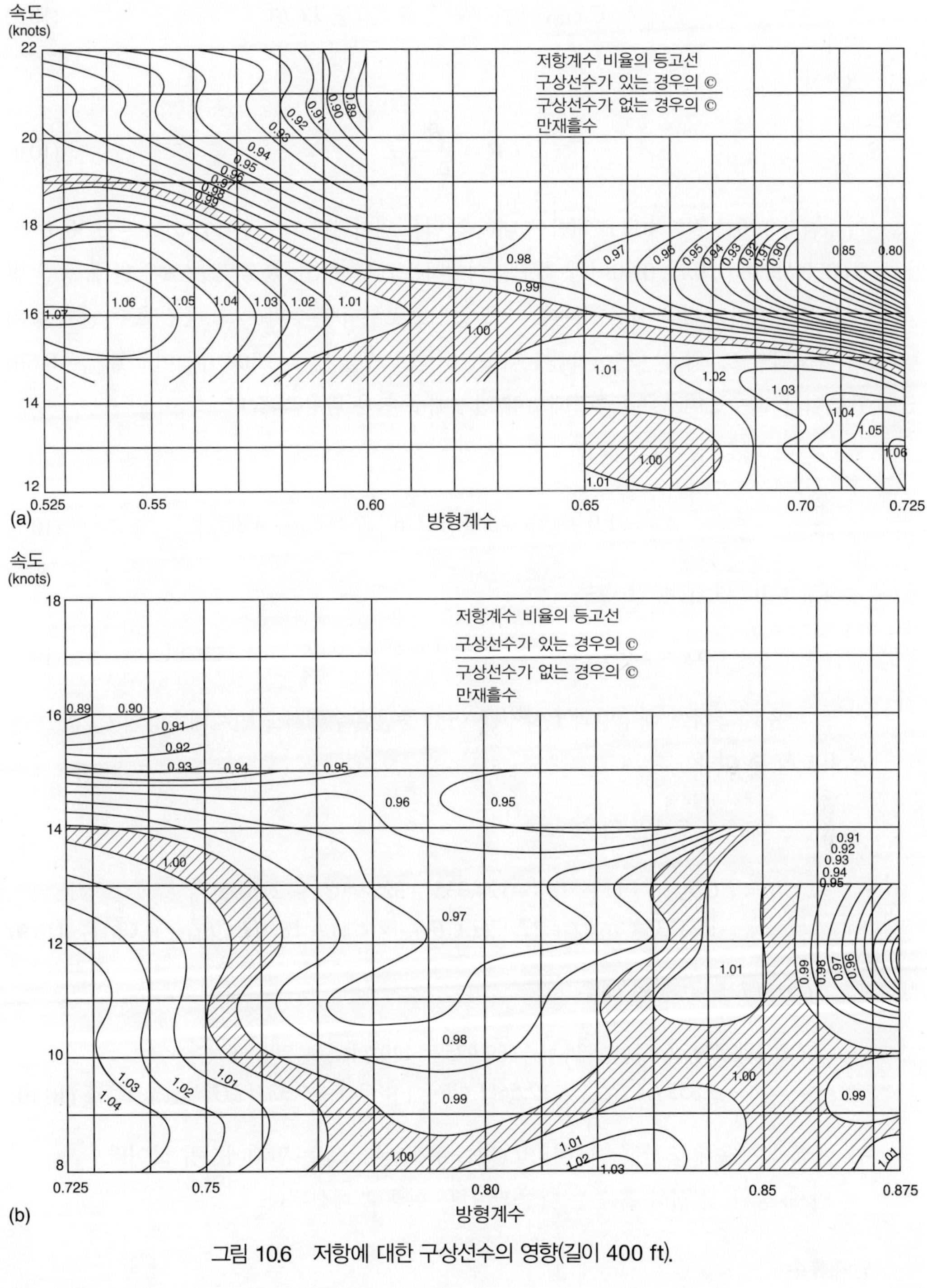

그림 10.6 저항에 대한 구상선수의 영향(길이 400 ft).

$$CR_{400} = f[L/\nabla^{1/3},\ B/T,\ C_B,\ LCB] \tag{10.5}$$

여기서

$$CR = \frac{R \cdot L}{\Delta \cdot V^2} \tag{10.6}$$

아래첨자 400은 길이 400 ft 선박에 대한 값임을 의미한다. 선속은 $V_k/\sqrt{L_f} = 0.50, 0.55, 0.60, 0.65, 0.70, 0.75, 0.80$이다. 회귀분석에서는 $L/\nabla^{1/3}$, C_B, B/T 및 LCB은 만재, 중간 및 경하 흘수에서의 값을 사용했는데, 다음 공식으로부터 흘수비 T_R(= 중간흘수/만재흘수)이 유도된다. L_{BP}와 B는 변하지 않는다고 가정하고, $T_{\text{medium}} = 0.808\ T_{\text{load}}$이고 $T_{\text{light}} = 0.616\ T_{\text{load}}$이다. 배수량비 Δ_R(= 중간배수량/만재배수량)은 다음과 같다.

$C_B = 0.65 \sim 0.725$인 경우

$$\Delta_R = 1.0 + (T_R - 1.0)\left[3.776 - 7.16C_B + 4.8C_B^2\right] \tag{10.7}$$

$C_B = 0.725 \sim 0.80$인 경우

$$\Delta_R = 1.0 + (T_R - 1.0)\left[-1.1245 + 6.366C_B - 4.533C_B^2\right] \tag{10.8}$$

이 두 식을 사용하여 배수량과 $L/\nabla^{1/3}$을 어떤 중간흘수에서도 만재배수량의 C_B 값을 써서 유도할 수 있다.

$C_B = 0.65 \sim 0.725$인 경우

$$\begin{aligned} LCB = LCB_{\text{load}} - (1 - T_R)\big[&-124.335 + 328.98C_B - 218.93C_B^2 \\ &-10.553LCB_{\text{load}} + 27.42(LCB_{\text{load}} \times C_B) - 18.4(LCB_{\text{load}} \times C_B^2)\big] \end{aligned} \tag{10.9}$$

$C_B = 0.725 \sim 0.80$인 경우

$$\begin{aligned} LCB = LCB_{\text{load}} - (1 - T_R)\big[&-169.975 + 449.74C_B - 298.667C_B^2 \\ &+ 3.855\,LCB_{\text{load}} - 12.56(LCB_{\text{load}} \times C_B) + 9.333(LCB_{\text{load}} \times C_B^2)\big] \end{aligned} \tag{10.10}$$

위 두 식을 사용해 중간흘수에서의 LCB를 유도한다. C_B는 만재배수량 값이다.

만재, 중간 및 경하 흘수는 다음과 같은 형태로 계산된다.

만재흘수

매개변수는 $L/\nabla^{1/3}$ 4.2~6.4, B/T 2.2~4.0, C_B 0.65~0.80, LCB −2.0%~+3.5% 범위이고, 이를 넘어서는 경우의 외삽은 비교적 오차가 커진다.

$$\begin{aligned} Y_{400} = {} & a1 \times X1 + a2 \times X2 + a3 \times X3 + a4 \times X4 + a5 \times X5 + a6 \times X6 \\ & + a7 \times X7 + a8 \times X8 + a9 \times X9 + a10 \times X10 + a11 \times X11 \\ & + a12 \times X12 + a13 \times X13 + a14 \times X14 + a15 \times X15 \\ & + a16 \times X16 \end{aligned} \tag{10.11}$$

여기서

$X1 = 1$	$X2 = (L/\nabla^{1/3} - 5.296)/1.064$
$X3 = 10(B/T - 3.025)/9.05$	$X4 = 1000(C_B - 0.725)/75$
$X5 = (LCB - 0.77)/2.77$	$X6 = X2^2$
$X7 = X3^2$	$X8 = X4^2$
$X9 = X5^2$	$X10 = X2 \times X3$
$X11 = X2 \times X4$	$X12 = X2 \times X5$
$X13 = X3 \times X4$	$X14 = X3 \times X5$
$X15 = X4 \times X5$	$X16 = X5 \times X4^2$

이고, 저항계수는 다음과 같다.

$$CR_{400} = (Y_{400} \times 5.1635) + 13.1035 \tag{10.12}$$

식 (3.20)으로부터 $Ⓒ_{400} = (CR_{400} \times \nabla^{1/3})/\ (2.4938 \times L)$이다.

a1부터 a16까지의 계수는 부록 A3의 표 A3.2에 있다.

중간흘수

매개변수는 $L/\nabla^{1/3}$ 4.6~6.9, B/T 2.6~4.9, C_B 0.62~0.78, LCB −1.6%~+3.9% 범위이고, 이를 넘어서는 경우의 외삽은 비교적 오차가 커진다.

$$\begin{aligned} Z_{400} = {} & b1 \times R1 + b2 \times R2 + b3 \times R3 + b4 \times R4 + b5 \times R5 + b6 \times R6 \\ & + b7 \times R7 + b8 \times R8 + b9 \times R9 + b10 \times R10 + b11 \times R11 \\ & + b12 \times R12 + b13 \times R13 + b14 \times R14 + b15 \times R15 \\ & + b16 \times R16 \end{aligned} \tag{10.13}$$

여기서

$R1 = 1$	$R2 = (L/\nabla^{1/3} - 5.7605)/1.1665$
$R3 = (B/T - 3.745)/1.125$	$R4 = 100(C_B - 0.7035)/8.05$
$R5 = (LCB - 1.20)/2.76$	$R6 = R2^2$
$R7 = R3^2$	$R8 = R4^2$
$R9 = R5^2$	$R10 = R2 \times R3$
$R11 = R2 \times R4$	$R12 = R2 \times R5$
$R13 = R3 \times R4$	$R14 = R3 \times R5$
$R15 = R4 \times R5$	$R16 = R5 \times R4^2$

이고, 저항계수는 다음과 같다.

$$CR_{400} = (Z_{400} \times 6.449) + 15.010 \tag{10.14}$$

식 (3.20)으로부터 $©_{400} = (CR_{400} \times \nabla^{1/3}) / (2.4938 \times L)$이다. b1부터 b16까지의 계수는 부록 A3의 표 A3.3에 있다. T, ∇, C_B 및 LCB는 중간흘수에서의 값을 사용한다.

경하흘수

매개변수는 $L/\nabla^{1/3}$ 5.1~7.7, B/T 3.4~6.4, C_B 0.59~0.77, LCB −1.1%~+4.3% 범위이고, 이를 넘어서는 경우의 외삽은 비교적 오차가 커진다.

$$\begin{aligned} S_{400} = {} & c1 \times T1 + c2 \times T2 + c3 \times T3 + c4 \times T4 + c5 \times T5 + c6 \times T6 \\ & + c7 \times T7 + c8 \times T8 + c9 \times T9 + c10 \times T10 + c11 \times T11 \\ & + c12 \times T12 + c13 \times T13 + c14 \times T14 + c15 \times T15 + c16 \times T16 \end{aligned} \tag{10.15}$$

여기서

$T1 = 1$	$T2 = (L/\nabla^{1/3} - 6.4085)/1.3085$
$T3 = (B/T - 4.915)/1.475$	$T4 = 100(C_B - 0.679)/8.70$
$T5 = (LCB - 1.615)/2.735$	$T6 = T2^2$
$T7 = T3^2$	$T8 = T4^2$
$T9 = T5^2$	$T10 = T2 \times T3$
$T11 = T2 \times T4$	$T12 = T2 \times T5$
$T13 = T3 \times T4$	$T14 = T3 \times T5$
$T15 = T4 \times T5$	$T16 = T5 \times T4^2$

이고, 저항계수는 다음과 같다.

$$CR_{400} = (S_{400} \times 7.826) + 17.417 \tag{10.16}$$

식 (3.20)으로부터 $©_{400} = (CR_{400} \times \nabla^{1/3}) / (2.4938 \times L)$이다. c1부터 c16까지의 계수는 부록 A3의 표 A3.4에 있다. L, ∇, C_B 및 LCB는 경하흘수에서의 값을 사용한다.

BSRA 계열선 절차와 유사하게, $©_{400}$ 값을 마찰저항에 대해 보정하고 실선 상관수정을 한 다음 P_E를 유도한다.

10.3.1.2 계열 60

계열 60은 1950년대에 미국에서 개발되었다[10.1, 10.2]. Lackenby 및 Milton[10.3]이 새로운 표현 방법을 제안했고, 데이터의 회귀분석을 Sabit[10.76]이 수행했다. 이 계열에 대

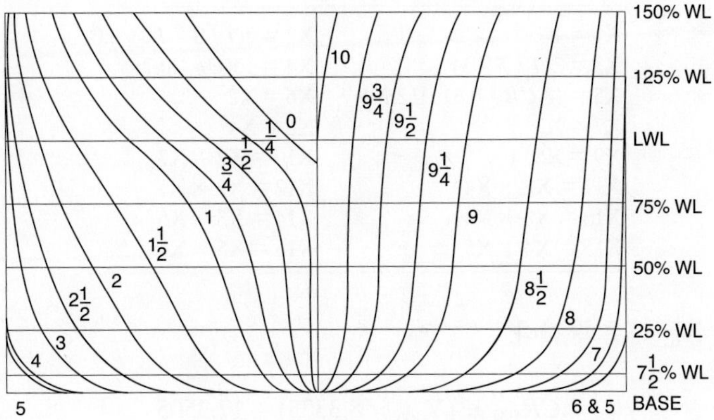

그림 10.7 계열 60 정면도 $C_B = 0.65$.

한 정면도의 한 예를 그림 10.7에 보이고 있다. 이 계열은 다음과 같은 선속 및 매개변수 범위를 커버한다.

선속: $V_k/\sqrt{L_f}$: 0.20~0.90[Fr: 0.06~0.27]

C_B: 0.60~0.80, B/T: 2.5~3.5, L/B: 5.5~8.5, LCB: −2.5%~+3.5%

Lackenby 및 Milton의 표현법[10.3]에 따른 저항계수는 $Ⓒ_{400} = \dfrac{579.8P_E}{\Delta^{2/3}V^3}$이다.

Lackenby 및 Milton[10.3]은 Schoenherr 및 Froude의 저항 곡선을 둘 다 사용했다.

Sabit 회귀분석

유용한 도구로 Sabit[10.76]에 의해 수행된 계열 60에 대한 회귀분석이 있다. 이는 BSRA 계열에 대한 회귀분석과 유사하지만 $L/\nabla^{1/3}$ 대신 L/B를 사용한다. 선박 길이 400 ft 경우의 값을 정하기 위해 Froude C_F 곡선을 사용했다.

저항 데이터는 다음과 같은 형태로 주어진다.

$$CR_{400} = f[L/B,\ B/T,\ C_B,\ LCB] \tag{10.17}$$

선속은 $V_k/\sqrt{L_f}$ = 0.50, 0.55, 0.60, 0.65, 0.70, 0.75, 0.80, 0.85, 0.90이다.

회귀분석 식은 다음과 같다.

$$\begin{aligned} \mathrm{Y}_{400} = {} & \mathrm{a1} \times \mathrm{X1} + \mathrm{a2} \times \mathrm{X2} + \mathrm{a3} \times \mathrm{X3} + \mathrm{a4} \times \mathrm{X4} + \mathrm{a5} \times \mathrm{X5} + \mathrm{a6} \times \mathrm{X6} \\ & + \mathrm{a7} \times \mathrm{X7} + \mathrm{a8} \times \mathrm{X8} + \mathrm{a9} \times \mathrm{X9} + \mathrm{a10} \times \mathrm{X10} + \mathrm{a11} \times \mathrm{X11} \\ & + \mathrm{a12} \times \mathrm{X12} + \mathrm{a13} \times \mathrm{X13} + \mathrm{a14} \times \mathrm{X14} + \mathrm{a15} \times \mathrm{X15} + \mathrm{a16} \times \mathrm{X16} \end{aligned} \tag{10.18}$$

여기서

$X1 = 1$	$X2 = 2(L/B - 7.0)/3.0$
$X3 = 2(B/T - 3)$	$X4 = 10(C_B - 0.7)$
$X5 = (LCB - 0.515)/2.995$	$X6 = X2^2$
$X7 = X3^2$	$X8 = X4^2$
$X9 = X5^2$	$X10 = X2 \times X3$
$X11 = X2 \times X4$	$X12 = X2 \times X5$
$X13 = X3 \times X4$	$X14 = X3 \times X5$
$X15 = X4 \times X5$	$X16 = X5 \times X4^2$

이고, 저항계수는 다음과 같다.

$$CR_{400} = (\mathrm{Y}_{400} \times 8.3375) + 17.3505 \tag{10.19}$$

식 (3.20)으로부터 $©_{400} = (CR_{400} \times \nabla^{1/3})/(2.4938 \times L)$이다. a1부터 a16까지의 계수는 부록 A3의 표 A3.5에 있다.

10.3.1.3 평균 © 데이터

Moor 및 Small[10.70]은 BSRA 계열 결과를 포함하는 1950년대의 많은 모형선 결과를 수집했다. 이들 데이터를 서로 다듬어서 소위 평균 데이터를 표로 정리했다. 이 결과는 부록 A3의 표 A3.6에 주어져 있다. 이 데이터는 저항의 초기 예측에 좋지만, 많은 경우 선체 매개변수를 약간 조절하는 개선 여지가 있다.

$©_{400}$ 값은 크기 400 ft × 55 ft × 26 ft인 표준선에 대해 다음의 선속, C_B와 LCB 범위에 대해 제시된다.

선속: $V_k/\sqrt{L_f}$: 0.50~0.90[Fr: 0.15~0.27]

C_B: 0.625~0.825, LCB: −2.0%~+2.5%

새로 설계하려는 선박의 크기가 표준선의 크기(400 × 55 × 26)와 다른 경우, Moor 및 Small은 Mumford 지수 x와 y의 사용을 제안했다. 이 방법에서는 $P_E \propto B^x \cdot T^y$라고 가정하는데, x와 y는 주로 선속에 따라 변한다.

보정량은 다음과 같다.

$$P_{E2} = P_{E1} \times \left(\frac{B_2}{B_1}\right)^x \left(\frac{T_2}{T_1}\right)^y \tag{10.20}$$

많은 모형선 저항 데이터를 분석한 결과 $x = 0.90$과 표 10.1에 주어진 y 값이 제안된다.

© 값을 사용하면 보정량은 다음과 같아진다.

표 10.1 Mumford 지수

$V/\sqrt{L}$	**0.50**	**0.55**	**0.60**	**0.65**	**0.70**	**0.75**	**0.80**	**0.85**	**0.90**
y	0.54	0.55	0.57	0.58	0.60	0.62	0.64	0.67	0.70
x	0.90	0.90	0.90	0.90	0.90	0.90	0.90	0.90	0.90

$$Ⓒ_2 = Ⓒ_1 \times \left(\frac{B_2}{B_1}\right)^{x-\frac{2}{3}} \left(\frac{T_2}{T_1}\right)^{y-\frac{2}{3}} \tag{10.21}$$

크기에 대한 보정[(B_2/B_1) 및 (T_2/T_1)]을 수행한 다음, BSRA 계열에 대해 서술한 것과 비슷한 방식으로 마찰저항에 대해 $Ⓒ_{400}$ 값을 보정하고 P_E를 유도한다.

특별히 유조선이나 벌크선과 같은 선형의 선박에 대한 Ⓒ 데이터는 [10.71, 10.72, 10.73]에서 찾아볼 수 있다. 이들 데이터는 이 절에서 기술한 방식과 유사하게 유도 및 수정된다.

10.3.1.4 흘수비 데이터/공식

단추진기선에 대해 흘수가 줄어든 경우의 저항값(예를 들어 밸러스트 흘수)을 만재 저항값과의 비로 표현한 결과가 Moor 및 O'Connor[10.74]에 의해 발표되었다. 유효 배수량 및 동력비를 흘수비 $(T)_R$에 대해 나타내는 공식들이 개발되었다.

$$\frac{\Delta_2}{\Delta_1} = (T)_R^{1.607-0.661\,C_B} \tag{10.22}$$

여기서 $(T)_R = \left(\dfrac{T_{\text{Ballast}}}{T_{\text{load}}}\right)$이고, 저항비는 다음과 같다.

$$\begin{aligned}\frac{P_{E\,\text{ballast}}}{P_{E\,\text{load}}} = 1 + [(T)_R - 1]\Bigg\{&\left(0.789 - 0.270[(T)_R - 1] + 0.529\,C_B\left(\frac{L}{10T}\right)^{0.5}\right)\\ &+ V/\sqrt{L}\left(2.336 + 1.439[(T)_R - 1] - 4.605\,C_B\left(\frac{L}{10T}\right)^{0.5}\right)\\ &+ (V/\sqrt{L})^2\left(-2.056 - 1.485[(T)_R - 1] + 3.798\,C_B\left(\frac{L}{10T}\right)^{0.5}\right)\Bigg\}\end{aligned} \tag{10.23}$$

T는 만재흘수이다.

이 공식은 실제 선박 길이에 대한 보정을 하기 전에 400 ft 길이의 표준선에 적용해야 한다. 실제 선박 크기에 직접 보정을 적용하면 작은 오차가 발생한다. 이 공식을 유도한

표 10.2 매개변수 범위, Holtrop 등[10.78]

선종	최대 Fr	C_P	L/B
유조선 및 벌크선	0.24	0.73~0.85	5.1~7.1
일반 화물선	0.30	0.58~0.72	5.3~8.0
어선, 예인선	0.38	0.55~0.65	3.9~6.3
컨테이너선, 프리깃 함	0.45	0.55~0.67	6.0~9.5

데이터는 주로 BSRA 계열 및 유사한 선형에 기반했다. 이 공식은 단추진기선에 적합한 일차적인 근사식으로 사용해야 한다. 17장의 예제 5는 이들 방정식의 사용법을 설명한다.

10.3.1.5 Holtrop 및 Mennen—단추진기선과 쌍추진기선

Holtrop 등[10.78~10.81]에 의해 개발된 회귀 공식들은 선박 저항의 예비 추정에 광범위하게 사용되었다. [10.80]과 [10.81]에서 제안된 공식들을 다음에 요약했다. 매개변수의 근사적인 범위는 표 10.2에 주어져 있다.

총 저항은 다음과 같이 기술된다.

$$R_T = R_F(1 + k_1) + R_{APP} + R_W + R_B + R_{TR} + R_A \tag{10.24}$$

여기서 R_F는 ITTC1957 공식으로 계산한다. $(1 + k_1)$은 형상계수, R_{APP}는 부가물 저항, R_W는 조파저항, R_B는 구상선수에 의한 추가저항, R_{TR}은 트랜섬 침수에 의한 추가저항이고 R_A는 선체 거칠기 및 공기저항 효과를 포함하는 모형선-실선 상관저항이다. R_{APP}와 $(1 + k_1)$은 3장과 4장에서 논의했다. 이 절에서는 R_W, R_B, R_{TR} 및 R_A에 대해 다룬다.

조파저항 R_W

R_W 예측 품질을 높이기 위해 다음과 같이 세 가지의 선속 범위가 사용된다.

(i) $Fr < 0.40$에서는 식 (10.25)를 사용.
(ii) $Fr > 0.55$에서는 식 (10.26)을 사용.
(iii) $0.40 < Fr < 0.55$에서는 식 (10.27)을 사용.

(i) $Fr < 0.40$

$$R_W = c_1 c_2 c_5 \nabla \rho g \exp\{m_1 Fr^d + m_4 \cos(\lambda Fr^{-2})\} \tag{10.25}$$

여기서

$$c_1 = 2223105 c_7^{3.78613}(T/B)^{1.07961}(90 - i_E)^{-1.37565}$$
$$c_2 = \exp(-1.89\sqrt{c_3})$$
$$c_3 = 0.56 A_{BT}^{1.5}/\{BT(0.31\sqrt{A_{BT}} + T_F - h_B)\}$$
$$c_5 = 1 - 0.8 A_T/(BTC_M)$$
$$c_7 = 0.229577(B/L)^{0.33333} \qquad B/L < 0.11\text{일 때}$$
$$c_7 = B/L \qquad 0.11 < B/L < 0.25\text{일 때}$$
$$c_7 = 0.5 - 0.0625 L/B \qquad B/L > 0.25\text{일 때}$$
$$m_1 = 0.0140407 L/T - 1.75254\nabla^{1/3}/L - 4.79323 B/L - c_{16}$$
$$c_{16} = 8.07981 C_P - 13.8673 C_P^2 + 6.984388\, C_P^3 \qquad C_P < 0.8\text{일 때}$$
$$c_{16} = 1.73014 - 0.7067 C_P \qquad C_P > 0.8\text{일 때}$$
$$m_4 = c_{15} 0.4 \exp(-0.034 Fr^{-3.29})$$
$$c_{15} = -1.69385 \qquad L^3/\nabla < 512\text{일 때}$$
$$c_{15} = -1.69385 + (L/\nabla^{1/3} - 8)/2.36 \qquad 512 < L^3/\nabla < 1726.91\text{일 때}$$
$$c_{15} = 0 \qquad L^3/\nabla > 1726.91\text{일 때}$$
$$d = -0.90$$

(ii) $Fr > 0.55$

$$R_W = c_{17}\, c_2\, c_5 \nabla \rho g \exp\{m_3 Fr^d + m_4 \cos(\lambda Fr^{-2})\} \tag{10.26}$$

여기서

$$c_{17} = 6919.3\, C_M^{-1.3346}(\nabla/L^3)^{2.00977}(L/B - 2)^{1.40692}$$
$$m_3 = -7.2035(B/L)^{0.326869}(T/B)^{0.605375}$$
$$\lambda = 1.446\, C_P - 0.03 L/B \qquad L/B < 12\text{일 때}$$
$$\lambda = 1.446\, C_P - 0.36 \qquad L/B > 12\text{일 때}$$

(iii) $0.40 < Fr < 0.55$

$$R_W = R_{W\,(Fr=0.40)} + (10 Fr - 4)[R_{W\,(Fr=0.55)} - R_{W\,(Fr=0.40)}]/1.5 \tag{10.27}$$

$R_{W(Fr=0.40)}$은 식 (10.25)를, $R_{W(Fr=0.55)}$는 식 (10.26)을 사용하여 얻은 값이다.

각도 i_E는 선수부 수선 물가름각(waterline entrance angle)의 절반이다. 이 값을 모를 때는 다음 공식을 사용할 수 있다.

$$i_E = 1 + 89\ \exp\{-(L/B)^{0.80856}(1 - C_{WP})^{0.30484} \times (1 - C_P - 0.0225\, LCB)^{0.6367}(L_R/B)^{0.34574}(100\, \nabla/L^3)^{0.16302}\} \tag{10.28}$$

여기서 LCB는 0.5 L 전방의 길이 방향 부력 중심으로, 배 길이 L에 대한 백분율이다.

물모음부 길이(length of run) L_R을 모를 때는 다음 공식으로 추정할 수 있다.

$$L_R = L_{WL}[1 - C_P + 0.06\, C_P\, LCB/(4C_P - 1)] \tag{10.29a}$$

C_M을 모를 경우 소형선에 대한 합리적인 근사식은 다음과 같다.

$C_M = 0.78 + 0.21\ C_B$이고 좀 더 큰 배에 대해서는

$$C_M = 0.80 + 0.21\ C_B \text{(Molland)} \tag{10.29b}$$

C_{WP}를 모를 경우 배수량 선박에 대한 합리적인 근사식은 $0.65 < C_B < 0.80$에 대해

$$C_{WP} = 0.67\ C_B + 0.32 \tag{10.29c}$$

앞의 방정식들에서 T_A는 선미흘수, T_F는 선수흘수, C_M은 중앙단면 계수, C_{WP}는 수선면 계수, C_P은 주형계수, A_T는 정지 상태의 트랜섬 침수 면적, A_{BT}는 구상선수의 횡단면적, h_B는 용골로부터 잰 면적 A_{BT}의 중심 높이인데, 그림 10.8을 참조하라. h_B는 0.6 T_F의 상한값을 초과하지 않도록 권장한다.

구상선수 저항 R_B

$$R_B = 0.11 \exp\left(-3P_B^{-2}\right) Fr_i^3 A_{BT}^{1.5}\, \rho g / \left(1 + Fr_i^2\right) \tag{10.30}$$

여기서 P_B는 선수가 드러난 척도이고, Fr_i는 다음과 같은 침수 기반의 Froude 수이다.

$$P_B = 0.56\sqrt{A_{BT}}/(T_F - 1.5h_B)$$
$$Fr_i = V/\sqrt{g(T_F - h_B - 0.25\sqrt{A_{BT}}) + 0.15V^2} \tag{10.31}$$

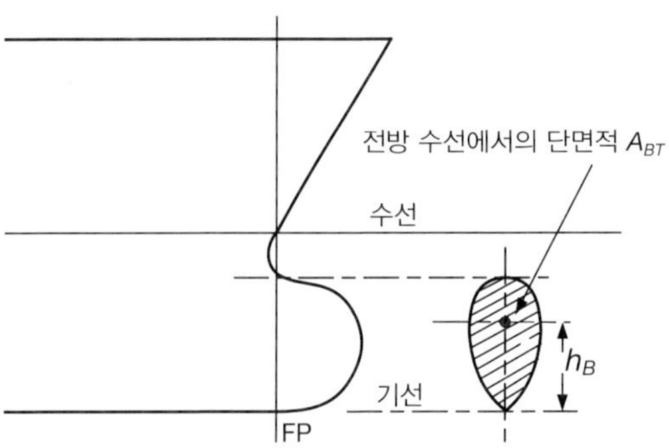

그림 10.8 구상선수의 정의.

트랜섬 저항 R_{TR}

$$R_{TR} = 0.5\rho V^2 A_T c_6 \tag{10.32}$$

$Fr_T < 5$일 경우 $c_6 = 0.2(1 - 0.2Fr_T)$이고, $Fr_T \geq 5$일 경우 $c_6 = 0$이다. Fr_T는 다음과 같이 트랜섬 침수에 기반한 Froude 수이다.

$$Fr_T = V/\sqrt{2g\,A_T/(B + BC_{WP})} \tag{10.33}$$

모형선-실선 상관저항 R_A

$$R_A = 0.5\rho\,SV^2\,C_A$$

여기서 S는 침수표면적인데, 예를 든다면 식 (10.83)~(10.86)으로 계산된다. 그리고

$$C_A = 0.006\,(L + 100)^{-0.16} - 0.00205 + 0.003\sqrt{L/7.5}C_B^4 c_2\,(0.04 - c_4) \tag{10.34}$$

이다. L의 단위는 m이고

$$c_4 = T_F/L \qquad T_F/L \leq 0.04\text{일 때}$$
$$c_4 = 0.04 \qquad T_F/L > 0.04\text{일 때}$$

C_A는 선체 표면의 거칠기 수준에 따라 커질 수도 작아질 수도 있음에 주목하라. 가장 최근의 분석에서는 C_A 값이 9% 높을 수 있음이 시사되었으나, 실용적 목적으로는 아직도 식 (10.34)가 Holtrop에 의해 권장되고 있다. 식 (10.34)는 표준 거칠기인 $k_S = 150\ \mu$m에 근거한 것이다. ΔC_F에 대한 ITTC Bowder-Davison 공식인 식 (5.9) 혹은 Townsin 공식인 식 (5.10)을 사용하여 C_A를 선체 거칠기에 대해 근사적으로 수정할 수 있다.

10.3.1.6 Hollenbach—단추진기선과 쌍추진기선

Hollenbach[10.82]는 1980~1995년 사이 Vienna Ship Model Basin에서 수행된 433건의 모형시험 결과에 대한 회귀분석을 하였다. 모형선들은 단추진기선 및 쌍추진기선이었다. 결과는 다음과 같이 표기된다.

$$C_R = \frac{R_R}{0.5\rho(B \cdot T/10)V^2}$$

$(B \cdot T/10)$을 보다 흔한 침수표면적 S 대신 사용했음에 주목하라. C_R은 ITTC C_F 곡선을 사용하여 유도되었다.

통상적인 의미가 있는 $L = L_{BP}$와 L_{WL}에 추가하여 '표면 상 길이(length over surface)' L_{OS}를 사용하는데, 다음과 같이 정의된다.

- 디자인 흘수에서는 디자인 수선의 뒤쪽 끝과 디자인 수선 아래 배의 가장 앞쪽 지점(예를 들면 구상선수 앞쪽 끝) 사이의 거리이다.
- 밸러스트 흘수에서는 밸러스트 수선 상의 선체 뒤쪽 끝과 앞쪽 끝 사이의 거리인데, 예를 들면 구상선수의 앞쪽 끝 지점은 포함되지만 러더는 포함되지 않는다.

이 공식에서 사용되는 Froude 수는 다음과 같은 길이 L_{fn}에 근거한다.

$$
\begin{aligned}
L_{fn} &= L_{OS} && L_{OS}/L < 1\text{일 때} \\
&= L + 2/3(L_{OS} - L) && 1 \le L_{OS}/L < 1.1\text{일 때} \\
&= 1.0667\,L && 1.1 \le L_{OS}/L\text{일 때}
\end{aligned}
$$

Hollenbach는 설계 목적으로 정상적인 제약조건이 선형에 가해질 때는 '평균' 저항값의 형태로 데이터를 분석하고 표시했다. 설계 제약조건을 적용하지 않고 계산 혹은 실험적 후속 연구에 따라 개발되는 좋은 선체 선도로 달성할 수 있는 '최소' 저항값도 주어지고 있다.

계수 C_R은 일반적으로 '평균' 및 '최소' 값에 대해 다음과 같이 표현된다.

$$
\begin{aligned}
C_R = {} & C_{R\cdot\text{Standard}} \cdot C_{R\cdot\text{FrKrit}} \cdot k_L (T/B)^{a1} (B/L)^{a2} (L_{OS}/L_{WL})^{a3} (L_{WL}/L)^{a4} \\
& \times [1 + (T_A - T_F)/L]^{a5} (D_P/T_A)^{a6} (1 + N_{\text{Rud}})^{a7} \\
& \times (1 + N_{\text{Brac}})^{a8} (1 + N_{\text{Boss}})^{a9} (1 + N_{\text{Thr}})^{a10}
\end{aligned}
\tag{10.35}
$$

여기서 $k_L = e_1 L^{e2}$, T_A는 AP에서의 흘수, T_F는 FP에서의 흘수, D_P는 프로펠러 직경, N_{Rud}는 러더 개수(1 혹은 2), N_{Brac}는 브래킷 개수(0~2), N_{Boss}는 보싱 개수(0~2), N_{Thr}은 측면 스러스터 개수(0~4)이다.

$$
\begin{aligned}
C_{R\cdot\text{Standard}} = {} & b_{11} + b_{12} Fr + b_{13} Fr^2 + C_B (b_{21} + b_{22} Fr + b_{23} Fr^2) \\
& + C_B^2 (b_{31} + b_{32} Fr + b_{33} Fr^2)
\end{aligned}
\tag{10.36}
$$

$$
C_{R\cdot\text{FrKrit}} = \max[1.0, (Fr/F_{r\cdot\text{Krit}})^{c1}] \tag{10.37}
$$

여기서 $F_{r\cdot\text{Krit}} = d_1 + d_2 C_B + d_3 C_B^2$이다.

이 공식은 다음 Froude 수 범위 내에서 유효하다.

$$
\begin{aligned}
Fr_{\min} &= \min[f_1,\ f_1 + f_2(f_3 - C_B)] \\
Fr_{\max} &= g_1 + g_2 C_B + g_3 C_B^2
\end{aligned}
$$

'최대' 총 저항은 $R_{T\cdot\max} = h_1 \cdot R_{T\cdot\text{mean}}$으로 주어진다.

'최소' 저항의 경우는 식 (10.35)의 k_L 및 $C_{R\cdot\text{FrKrit}}$을 1.0으로 맞추는 것임을 명심하라.

단추진기선과 쌍추진기선의 '평균' 및 '최소' 저항에 대한 이들 방정식의 계수는 부록 A3의 표 A3.7에 나타나 있다.

원래 논문 [10.82]의 계수 표에서는 밸러스트 계수 a_3의 부호에 오류가 있어서 −1.1606이 아닌 +1.1606이 되어야 함을 기억하라.

10.3.1.7 Taylor-Gertler 계열

1910~1920년 사이에 Taylor에 의해 수행된 쌍추진기 모형선에 대한 시험은 이제껏 이루어진 시험 가운데 가장 넓은 범위의 C_P, B/T 및 Fr을 커버한다. Gertler는 [10.10]에 서술한 것처럼 데이터를 재해석했다. 이 계열은 영국 해군 순양함 *Leviathan*에 기반하여 선형을 수학적으로 변형한 것이다. 이 계열의 정면도의 일례를 그림 10.9에 도시했는데, 이 계열은 다음과 같은 선속 및 선체 매개변수 범위를 커버한다.

선속: $V_k/\sqrt{L_f}$: 0.30~2.0[Fr: 0.09~0.60]

B/T: 2.25, 3.00, 3.75, C_P: 0.48~0.86, ∇/L^3: 1.0×10^{-3}~7.0×10^{-3} [$L/\nabla^{1/3}$: 5~10],
LCB: 선체 중앙에 고정

결과의 표시: $C_R = \frac{R_R}{0.5\rho SV^2}$으로, R_R은 잉여저항이고 C_R은 $C_R = C_{T\text{model}} - C_{F\text{Schoenherr}}$로 유도되며, $C_{F\text{Schoenherr}}$는 식 (4.10)의 Schoenherr 마찰 곡선이다.

[10.10]의 전형적인 데이터 표시 예를 그림 10.10에 보이고 있는데, 여기서 B/H는

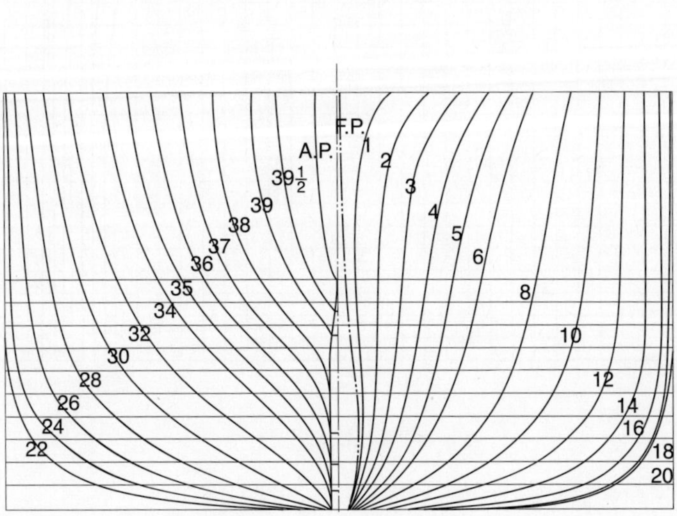

그림 10.9 Taylor 계열 정면도.

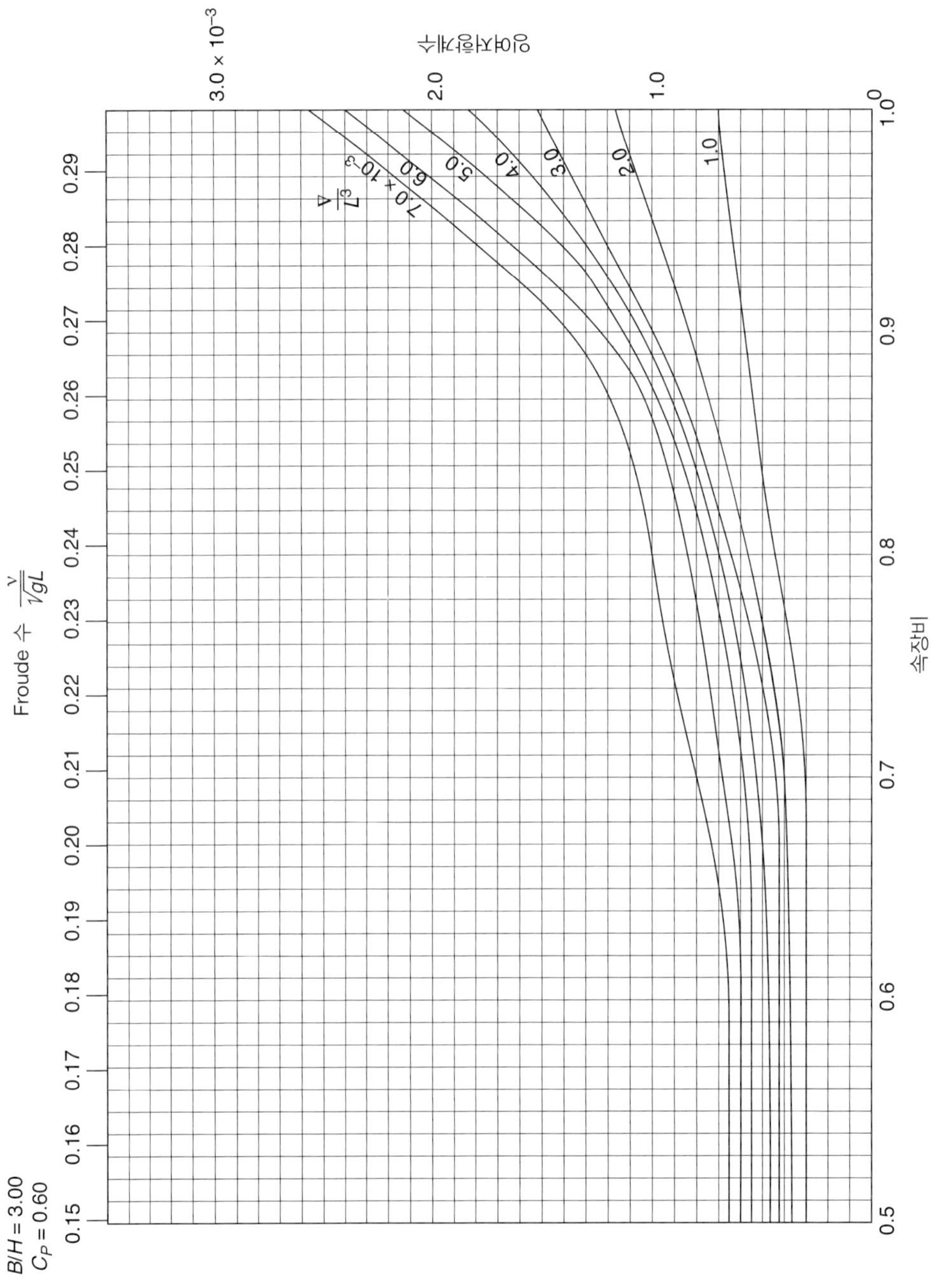

그림 10.10 선속에 대한 Taylor-Gertler 잉여저항계수 C_R.

B/T를 의미한다.

도표가 없는 경우 설계 목적에 가용한 데이터를 쉽게 공급하기 위해 일정한 범위의 데이터를 도표로부터 수치화했다. 이들은 부록 A3의 표 A3.8, A3.9, A3.10 및 A3.11에 나열되어 있다. 대부분의 경우 이들 데이터를 선형 보간해도 된다. 침수표면적은 식 (10.86)을 사용해 추정 가능하다. $C_P = C_B/C_M$인데, C_M을 모를 경우 식 (10.29b)가 합리적인 근사값을 제공한다. Taylor-Gertler 계열을 사용할 때 식 (4.10) 혹은 식 (4.11)의 Schoenherr C_F 곡선을 사용해야 하고, 관행상 거칠기 상관계수 $\Delta C_F = 0.0004$를 더한다.

10.3.1.8 Zborowski 계열

쌍추진기선 모형에 대한 소규모의 체계적 시험이 폴란드에서 수행되었다[10.13]. 모형선의 정면도는 그림 10.11과 같고, 이 계열은 다음과 같은 선속과 선체 매개변수 범위를 커버한다.

선속: Fr: 0.25~0.35

B/T: 2.25, 2.80, 3.35, C_B: 0.518~0.645, $L/\nabla^{1/3}$: 6.0, 6.5, 7.0, LCB: 선체 중앙으로부터 2.25%L 후방에 고정, $C_M = 0.977$

결과의 표시: $C_{T\text{model}} = \frac{R_{T\text{model}}}{0.5\rho SV^2}$로, 모형선 길이는 1.9 m이고 4.1절에 서술된 표준절차에 의해 실선 확장이 이루어지며 다음과 같다.

$$C_{TS} = C_{TM} - [C_{FM} - C_{FS}]$$

혹은

$$C_{TS} = C_{TM} - (1 + k)(C_{FM} - C_{FS})$$

선속과 선체 매개변수에 따른 C_{TM} 값들은 부록 A3의 표 A3.12에 정리되어 있다. (1 + k)

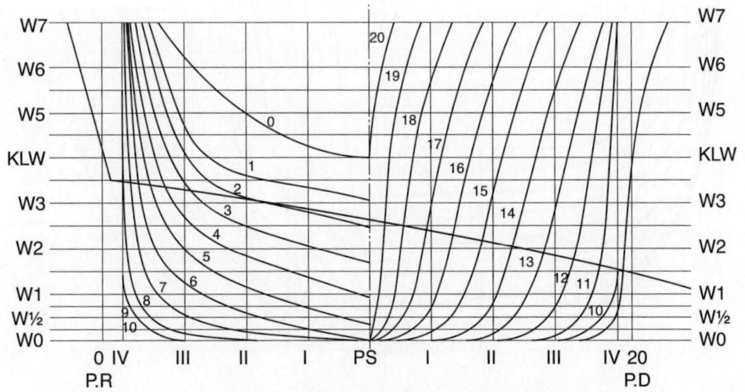

그림 10.11 폴란드 계열 정면도: 기준선.

를 사용한다면 4장의 데이터를 사용하여 추정할 수 있다. 선체의 침수표면적은 10.4절에서 찾아볼 수 있는 식 (10.83)~(10.86)까지와 같은 적절한 공식으로 추정할 수 있다.

이 시험에는 선미 중앙부 스케그가 포함되어 있지 않다. 따라서 [10.13]에는 스케그 항력으로 스케그의 침수표면적에 의한 마찰저항만을 가정하여 위에서 유도한 알몸선체 저항에 더해야 함을 권고하고 있다.

10.3.2 준배수량형 선박

10.3.2.1 계열 64

둥근 빌지를 지닌 선형인 이 계열은 미국 Maryland 주 West Bethesda에 소재한 David Taylor Model Basin(DTMB)에서 광범위한 선체 매개변수에 대해 모형시험이 수행되었다. 이들은 Yeh[10.30]에 기술되어 있다.

이 계열의 정면도 예를 그림 10.12에 나타내었다. 이 계열은 다음의 선속 및 선체 매개변수 범위를 커버한다.

선속: $V_k/\sqrt{L_f}$: 0.2~5.0[Fr: 0.06~1.5]

B/T: 2.0, 3.0, 4.0, C_B: 0.35, 0.45, 0.55, $L/\nabla^{1/3}$: 8.0~12.4, LCB: 선체 중앙으로부터 6.0%L 후방에 고정. C_R 데이터가 표 및 그래프로 제시되어 있는데, C_R의 정의는 다음과 같다.

$$C_R = \frac{R_R}{0.5\rho S V^2}$$

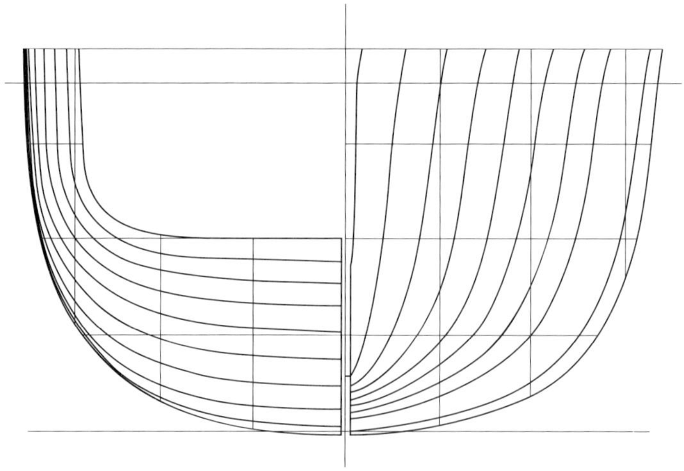

그림 10.12 계열 64 정면도

원래의 C_R 값들은 모형선의 전 저항계수 C_T로부터 Schoenherr C_F를 빼서 유도되었다. 다음 절에서 서술하는 NPL 계열과의 공통성을 제공하기 위해 계열 64의 C_R 값들은 ITTC 형식으로 전환되었다. 다시 말해 모형선 길이 3.05 m에 기반한 Schoenherr C_F [식 (4.10)]를 원래의 C_R 값에 더해 모형선 C_T를 구한다. 그다음 ITTC C_F인 식 (4.15)를 빼서 C_R을 구한다. C_R 값(ITTC C_F 기반)을 부록 A3의 표 A3.13, A3.14 및 A3.15에 나타내었다. 식 (10.88)을 사용하면 침수표면적을 추산할 수 있다. 계열 64에 대한 그 외 특수한 시험은 [10.31] 및 [10.32]에 보고되어 있다.

고속의 준배수량형 선박의 저항은 $L/\nabla^{1/3}$에 지배되는 경향이 있어서 Froude 수를 고정하고 저항계수를 $L/\nabla^{1/3}$에 대해 나타내는 방법이 유용하다. 그러한 접근 방식을 사용한 초기의 예가 Nordström[10.27]이다. [10.30]에 있는 계열 64 선형에 대한 조사결과는 B/T의 변화가 비교적 영향이 적어서 모든 C_R 값이 평균선에서 5% 내외에 위치한다는 사실을 나타낸다. 이런 이유에서 실제적인 설계 접근 방식을 제공하기 위해 [10.33]과 같은 회귀분석들이 실시되었다. 이들은 [10.30]의 데이터에 대해 잉여저항 C_R을 고정된 Froude 수 Fr에서 $L/\nabla^{1/3}$과만 연계시켰다. 방정식의 형태는 다음과 같다.

$$C_R = \mathrm{a}(L/\nabla^{1/3})^{\mathrm{n}} \tag{10.38}$$

회귀계수 a와 n은 표 10.3, 10.4 및 10.5에 주어져 있다.

표 10.3 계열 64(단동선, $C_B = 0.35$)에 대한 공식 $1000\ C_R = a(L/\nabla^{1/3})^n$의 계수들

Fr	a	n	R^2
0.4	288	−2.33	0.934
0.5	751	−2.76	0.970
0.6	758	−2.81	0.979
0.7	279	−2.42	0.971
0.8	106	−2.06	0.925
0.9	47	−1.74	0.904
1.0	25	−1.50	0.896

표 10.4 계열 64(단동선, $C_B = 0.45$)에 대한 공식 $1000\ C_R = a(L/\nabla^{1/3})^n$ 의 계수들

Fr	a	n	R^2
0.4	36,726	−4.41	0.979
0.5	55,159	−4.61	0.989
0.6	42,184	−4.56	0.991
0.7	29,257	−4.47	0.995
0.8	27,130	−4.51	0.997
0.9	20,657	−4.46	0.996
1.0	11,644	−4.24	0.995

표 10.5 계열 64(단동선, C_B = 0.55)에 대한 공식 $1000\ C_R = a(L/\nabla^{1/3})^n$ 의 계수들

Fr	a	n	R^2
0.4	926	−2.74	0.930
0.5	1775	−3.05	0.971
0.6	1642	−3.08	0.983
0.7	1106	−2.98	0.972
0.8	783	−2.90	0.956
0.9	458	−2.73	0.941
1.0	199	−2.38	0.922

10.3.2.2 NPL 계열

둥근 빌지의 준배수량선형인 이 계열은 1970년대 영국 Teddington의 NPL에서 Bailey[10.34]에 의해 시험이 수행되었다. 이 계열의 정면도 예를 그림 10.13에 보이고 있고, 이 계열은 다음 선속 및 선체 매개변수 범위를 커버한다.

선속: $V_k/\sqrt{L_f}$: 0.8~4.1[Fr: 0.30~1.1, Fr_∇: 0.6~3.2]

B/T: 1.7~6.7, C_B = 0.4(고정), $L/\nabla^{1/3}$: 4.5~8.3, LCB: 선체 중앙으로부터 6.4%L 후방에 고정, 모형선 길이 L_{WL} = 2.54 m

길이 30.5 m인 실선에 대한 R_R/Δ 및 C_T 데이터가 L/B, $L/\nabla^{1/3}$ 및 Fr 범위에 대해 표 및 그래프로 표시되어 있다. R_R은 총 저항 R_T로부터 ITTC 저항 곡선을 이용하여 R_F를 빼서 구한다.

데이터 표기 방법의 호환성을 제고하기 위해 C_R 값을 계산하는데, $C_R = \frac{R_R}{0.5\rho SV^2}$이다.

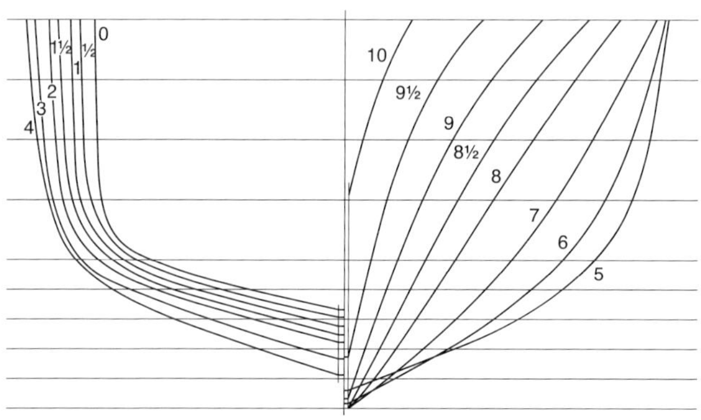

그림 10.13 NPL 계열 정면도: 기준선.

이렇게 구한 C_R 값은 부록 A3의 표 A3.16에 나타나 있다. 침수표면적은 10.4절의 식 (10.88) 혹은 (10.90)과 같은 적절한 공식을 사용하여 추정 가능하다.

10.3.2.3 NTUA 계열

이중 차인(chine)의 준배수량선형인 이 계열은 그리스의 NTUA에서 개발되었다. 이 선형은 고속의 준배수량 단동선형의 페리 혹은 유사한 다른 응용에 적합하다. 이 선형에 대한 저항 및 트림 데이터 회귀분석이 Radojcic 등[10.40]에 의해 제시되어 있다. 이 계열의 정면도 예를 그림 10.14에 나타내었다. 이 계열은 다음 선속 및 선체 매개변수 범위를 커버한다.

선속: Fr: 0.3~1.1

B/T: 3.2~6.2, $C_B = 0.34 \sim 0.54$, $L/\nabla^{1/3}$: 6.2~8.5, LCB: 선체 중앙으로부터 12.4~16.4%L 후방. 근사적인 모형선의 평균 길이는 2.35 m이다.

C_R 및 트림 τ에 대한 데이터가 주어졌는데, C_R은 다음과 같이 정의된다.

$$C_R = \frac{R_R}{0.5\rho S V^2}$$

C_R은 모형선의 총 저항계수 C_{TM}에서 ITTC C_{FM}을 빼서 구했다. C_R과 τ는 다음과 같은 회귀 공식으로 나타낸다.

$$C_R = \Sigma a_i \cdot x_i \quad \text{및} \quad \tau = \Sigma b_i \cdot x_i \tag{10.39}$$

C_R과 τ의 회귀 공식에 대한 변수 x_i와 계수 a_i, b_i의 값들은 부록 A3의 표 A3.17과 A3.18에 주어져 있다. 침수표면적은 10.4절의 식 (10.92)와 같은 적절한 공식으로 추정 가능하다.

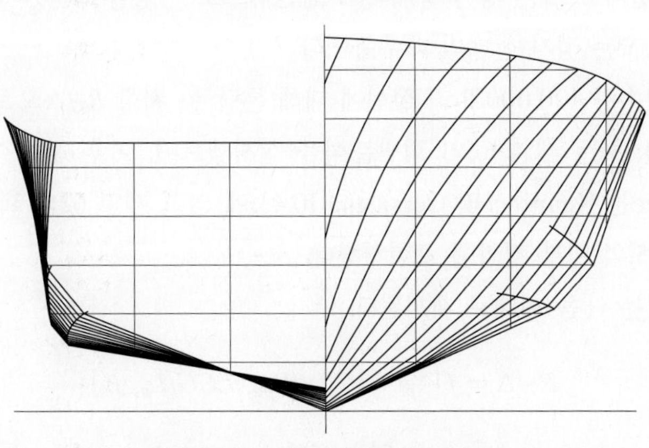

그림 10.14 NTUA 이중 차인 정면도.

NTUA 계열의 추가적인 저항 및 내항성 시험에 대한 결과는 [10.41]에 포함되어 있다.

10.3.3 활주선

데이터의 주된 출처는 차인이 하나인 계열 62, 활주선에 대한 Savitsky 방정식 및 낮은 선속 범위에 대한 차인이 있는 선형의 WUMTIA 회귀 공식이다. WUMTIA 회귀 공식은 10.3.4.2절에서 서술된다. Blount[10.94]는 Froude 수가 높을 때 차인이 있는 선형과 둥근 빌지 선형 사이의 선택에 대해 기술하고 있다. Savitsky 및 Koelbel[10.95]은 차인이 있는 활주선형의 설계 및 운항에 있어서 내항성 고려에 관한 훌륭한 정리 논문을 제공한다.

10.3.3.1 계열 62

차인이 하나인 선형인 이 계열은 DTMB에서 일정한 선형 매개변수에 대해 시험이 수행되었다. Clement 및 Blount[10.42]가 이 실험들을 서술하고 있다. 이 계열의 정면도 일례를 그림 10.15에 나타내었고, 길이와 폭의 정의를 그림 10.16에 도시했다. 이 계열은 다음의 선속 및 선체 매개변수 범위를 커버한다.

선속: Fr_∇: 1.0~3.5
길이/선폭 비 L_p/B_{px}: 2.0, 3.06, 4.09, 5.50, 7.00
하중계수 $A_p/\nabla^{2/3}$: 5.5, 7.0, 8.5, A_p 도심 후방의 LCG: 0, 4, 8, 12

선저경사각(deadrise angle) β는 13°이다. Keuning 및 Gerritsma[10.43]는 이후 이 계열의 선저경사각 β를 25°까지 확장했다.

L_p는 그림 10.16과 같이 수평 방향으로 투영된 차인의 길이, A_p는 활주 선저의 수평 방향 투영면적(실제로 이는 정지 상태의 수선면적으로 가정할 수 있다), B_{px}는 차인 윗부분의 최대 폭, ∇는 정지 상태의 배수량이다.

데이터는 배수량 100,000 lb의 실선에 대해 톤당 총 저항 R_T/Δ으로 표시된다.

Radojcic[10.83]는 계열 62의 회귀분석을 실시했으며, 이후 분석결과를 수정했다[10.84]. Radojcic는 Keuning 및 Gerritsma[10.43]에 의한 계열 62의 확장 결과와 더불어 계열 65[10.45]의 일부 결과를 포함시켰다.

저항 데이터는 다음 형태로 제시된다.

$$R_T/\Delta = f[A_p/\nabla^{2/3},\ L_p/B_{pa},\ LCG/L_p,\ \beta_x]$$

선속은 Fr_∇: 1.0, 1.25, 1.50, 1.75, 2.0, 2.5, 3.0, 3.5이고, $B_{pa} = A_p/L_p$로 계산되는

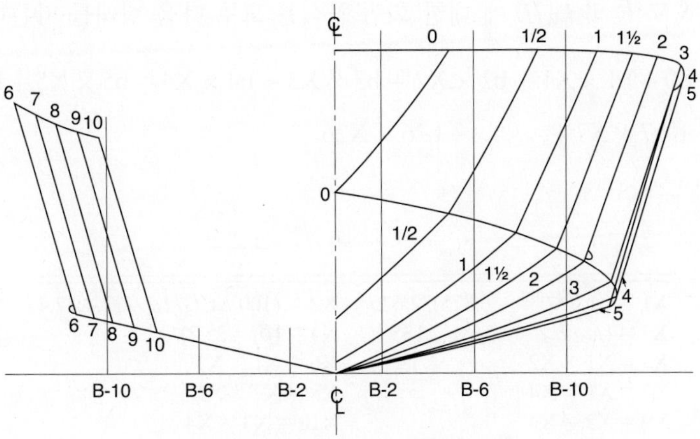

그림 10.15 계열 62 정면도.

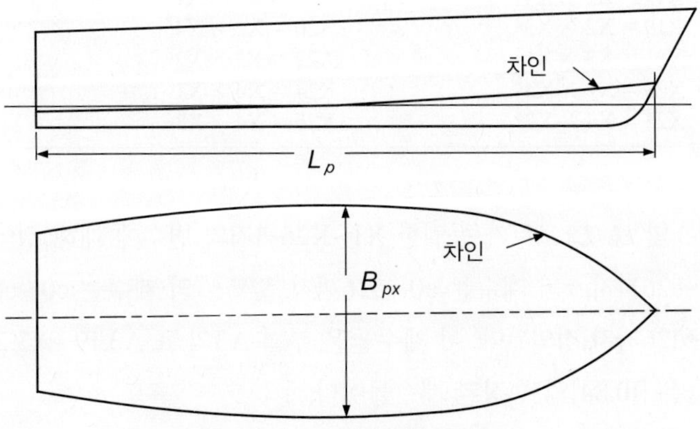

그림 10.16 길이와 폭의 정의.

차인 상부의 평균 폭, β_x는 $50\%L_p$에서의 선저경사각이다.

회귀분석 매개변수의 제한 범위는 다음과 같다.

하중계수 $A_p/\nabla^{2/3}$: 4.25~9.5

길이/폭 비 L_p/B_{pa}: 2.36~6.73

트랜섬으로부터 LCG까지의 거리 $100 \times LCG/L_p$: 30~44.8%

$50\%L_p$에서의 선저경사각: 13°~37.4°

계열 62 선형에 대한 분석결과 최대 차인 폭 대 평균 차인 폭 B_{px}/B_{pa}는 1.18~1.22까지 변하는 것으로 밝혀졌다. 예비설계 및 동력산정 목적으로는 $B_{px}/B_{pa} = 1.21$이 권고된다.

저항 R_T/Δ, 트림 τ, 침수표면적 $S/\nabla^{2/3}$ 및 침수 길이 대 차인 길이(침수표면적 길이)의 비 L_W/L_p에 대한 회귀분석이 수행되었다.

R_T/Δ, τ, $S/\nabla^{2/3}$ 및 L_W/L_p에 대한 회귀 공식은 모두 다음 형태를 따른다.

$$R_T/\Delta = \text{b0} + \text{b1} \times \text{X1} + \text{b2} \times \text{X2} + \text{b3} \times \text{X3} + \text{b4} \times \text{X4} + \text{b5} \times \text{X5} + \text{b6} \times \text{X6} + \text{b7} \times \text{X7} + \ldots\ldots + \text{b26} \times \text{X26} \quad (10.40)$$

여기서

$X1 = (A_P/\nabla^{2/3} - 6.875)/2.625$	$X2 = (100\ LCG/L_p - 37.4)/7.4$
$X3 = (L_p/B_{pa} - 4.545)/2.185$	$X4 = (\beta_x - 25.2)/12.2$
X5 = X1 × X2	X6 = X1 × X3
X7 = X1 × X4	X8 = X2 × X3
X9 = X2 × X4	X10 = X3 × X4
$X11 = X1^2$	$X12 = X2^2$
$X13 = X3^2$	$X14 = X4^2$
$X15 = X1 \times X2^2$	$X16 = X1 \times X3^2$
$X17 = X1 \times X4^2$	$X18 = X2 \times X1^2$
$X19 = X2 \times X3^2$	$X20 = X2 \times X4^2$
$X21 = X3 \times X1^2$	$X22 = X3 \times X2^2$
$X23 = X3 \times X4^2$	$X24 = X4 \times X1^2$
$X25 = X4 \times X2^2$	$X26 = X4 \times X3^2$

R_T/Δ, τ, $S/\nabla^{2/3}$ 및 L_W/L_p 모두가 동일한 X1~X26까지의 변수에 대해 정의되는데, R_T/Δ의 계수는 b0~b26까지, τ의 계수는 a0~a26까지, $S/\nabla^{2/3}$의 계수는 c0~c26까지, L_W/L_p의 계수는 d0~d26까지 정의된다. 이 계수들은 부록 A3의 표 A3.19~A3.22까지에 수록되어 있다. 이들은 [10.84]의 수정된 계수들이다.

R_T/Δ는 기준 배수량 100,000 lb의 선박에 대한 값이다. 기준 배수량은 배수용적 ∇ = 44.2 m^3, 배수질량 Δ = 45.3 tonnes 혹은 배수중량 444.4 kN으로 간주하는 것이 더 편리하다.

그러면 총 저항 R_T는 다음과 같이 계산된다.

$$R_T = R_T/\Delta \times (\nabla \times \rho \times g) \ \text{kN}$$

배수량이 기준 배수량 100,000 lb(45.3 tonnes)와 다른 선박에 대해서는 다음과 같은 마찰저항 보정이 필요하다.

$$\text{보정}(R_T/\Delta)_{\text{corr}} = R_T/\Delta - [(C_{F\text{basis}} - C_{F\text{new}}) \times \tfrac{1}{2}\rho \times S \times V^2/1000]/\Delta$$

그리고 Δ_{basis}는 기준 배수량 444.4 kN이다. 기준선보다 길이가 긴 경우는 위의 보정량을 빼주고, 짧은 경우는 보정량을 더해 준다. 식 (4.10)의 Schoenherr C_F 또는 식 (4.15)의 ITTC C_F는 모두 적합할 것이다.

다음과 같이 축척비를 사용하여 기준선의 길이를 유도한다.

$$\lambda = \sqrt[3]{\frac{\Delta_{\text{new}} \cdot \rho_{\text{basis}}}{\Delta_{\text{basis}} \cdot \rho_{\text{new}}}} \tag{10.41}$$

기준 배수량 $\Delta_{\text{basis}} = 45.3$ tonnes이다. 밀도비의 삼승근은 최대 1% 미만일 것이므로 제외해도 된다. 그러면 축척비는 다음과 같이 쓸 수 있다.

$$\lambda = \sqrt[3]{\frac{\Delta_{\text{new}}}{45.3}} \tag{10.42}$$

계열 62를 분석해 보면 정지 상태의 수선 길이 L_{WL}은 $L/B = 7$인 경우 L_p보다 1% 정도 작고, $L/B = 2$인 경우 L_p보다 2.5% 정도 작다. 예비설계 및 동력 추정용으로는 평균적으로 2%가 권장된다. 그러므로 다음과 같이 정리된다.

$$\begin{aligned}
L_{p\text{new}} &= L_{WL} \times 1.02 \\
L_{p\text{basis}} &= L_{p\text{new}}/\lambda \\
L_{\text{basis}} &= (L_W/L_p) \times L_{p\text{basis}} \\
L_{\text{new}} &= (L_W/L_p) \times L_{p\text{new}} \\
Re_{\text{basis}} &= V \cdot L_{\text{basis}}/1.19 \times 10^{-6} \text{ 및 } C_{F\text{basis}} = f(Re) \\
Re_{\text{new}} &= V \cdot L_{\text{new}}/1.19 \times 10^{-6} \text{ 및 } C_{F\text{new}} = f(Re)
\end{aligned}$$

예제: $L_{WL} = 30$ m, $\Delta = 153$ tonnes(1501 kN)인 선박이 35 knots의 속도로 항주 중이다. 회귀분석으로부터 이 선속에서는 $R_T/\Delta = 0.140$, $S = 227$ m^{2}이고 $L_W/L_p = 0.63$이 구해졌다.

$$\begin{aligned}
\lambda &= \sqrt[3]{\frac{153}{45.3}} = 1.50 \\
L_{p\text{new}} &= L_{WL} \times 1.02 = 30 \times 1.02 = 30.6 \text{ m} \\
L_{p\text{basis}} &= \text{L}_{p\text{new}}/1.5 = 30.6/1.5 = 20.4 \text{ m} \\
L_{\text{basis}} &= (L_W/Lp) \times L_{p\text{basis}} = 0.63 \times 20.4 = 12.85 \text{ m} \\
L_{\text{new}} &= (L_W/Lp) \times L_{p\text{new}} = 0.63 \times 30.6 = 19.28 \text{ m} \\
Re_{\text{basis}} &= V{\cdot}L_{\text{basis}}/\nu = 35 \times 0.5144 \times 12.85/1.19 \times 10^{-6} = 1.944 \times 10^8 \\
C_{F\text{basis}} &= 0.075/(\log Re - 2)^2 = 0.075/(8.289 - 2)^2 = 0.001896 \\
Re_{\text{new}} &= V{\cdot}L_{\text{new}}/\nu = 35 \times 0.5144 \times 19.28/1.19 \times 10^{-6} = 2.917 \times 10^8 \\
C_{F\text{new}} &= 0.075/(\log Re - 2)^2 = 0.075/(8.465 - 2)^2 = 0.001794
\end{aligned}$$

마찰저항 보정

$$
\begin{aligned}
&= (C_{F\text{basis}} - C_{F\text{new}}) \times {}^1\!/\!_2\rho \times S \times V^2/1000 \\
&= (0.001896 - 0.001794) \times {}^1\!/\!_2 \times 1025 \times 227 \times (35 \times 0.5144)^2/1000 \\
&= 3.85\ \text{kN}
\end{aligned}
$$

$R_T/\Delta = 0.140$ 그리고 (무보정) $R_T = 0.140 \times 1501 = 210.14\ \text{kN}$

보정값 $= 210.14 - 3.85 = 206.29\ \text{kN}$

20 m/45 tonnes의 기준선에서 30 m/153 tonnes의 실제 선박으로 바뀌면서 1.8% 정도의 마찰저항 보정량이 발생한다. 결과적으로는 18 m/33 tonnes에서 23 m/67 tonnes 사이에서는 보정을 적용할 필요가 없다. 계열 62 데이터의 적용은 17장에 서술되어 있다.

10.3.3.2 기둥 모양 활주 형상에 대한 Savitsky 방정식

활주 형상의 표면에 발생하는 힘과 그 작용점은 Savitsky[10.46] 방정식을 통해 기술된다.

평판 시험을 통해 선저경사각 0°인 평면에 작용하는 총 양력(부력 기여분 및 동적 양력)에 대한 다음 공식이 제안되었다.

$$
C_{L0} = \tau^{1.1}\left[0.0120\lambda^{1/2} + 0.0055\frac{\lambda^{2.5}}{C_V^2}\right] \tag{10.43}
$$

적용 한계는 $0.60 \le C_V \le 13$, $2^\circ \le \tau \le 15^\circ$($\tau$의 단위는 deg.), $\lambda \le 4.0$이다.

선저경사각 β가 0°가 아닌 경우 양력계수는 다음과 같은 보정을 필요로 한다.

$$
C_{L\beta} = C_{L0} - 0.0065\beta C_{L0}^{0.60} \tag{10.44}
$$

적용 한계는 $\beta \le 30^\circ$(단위는 deg.)이다.

부력 기여분과 동적 양력 기여분의 작용점을 고려한 압력중심은 다음과 같이 주어진다.

$$
C_P = 0.75 - \frac{1}{5.21\left(\dfrac{C_V}{\lambda}\right)^2 + 2.39} = \frac{l_P}{\lambda b} = \frac{l_P}{l_m} \tag{10.45}
$$

여기서 $C_P = \frac{l_P}{\lambda b} = \frac{l_P}{l_m}$ 이고 $\lambda = \frac{(l_K + l_C)/2}{b} = \frac{l_m}{b}$, $C_V = \frac{V}{\sqrt{gb}}$, $C_L = \frac{\Delta}{0.5\rho b^2 V^2}$, $S = \lambda b^2 \sec\beta$이다.

그림 10.17에 대한 참조사항을 포함한 추가적인 정의는 다음과 같다.

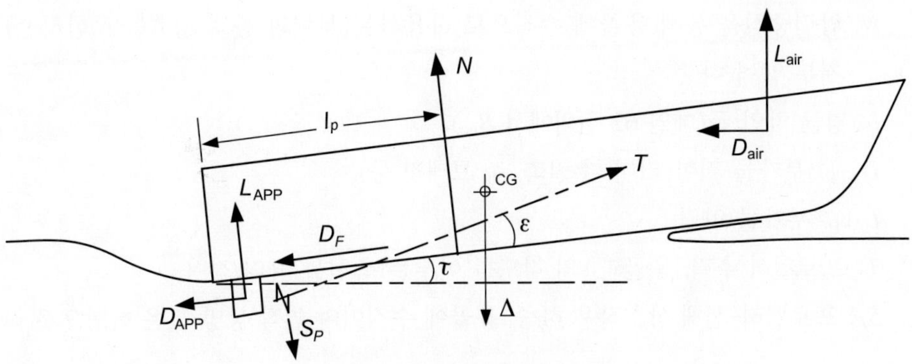

그림 10.17 활주선에 작용하는 힘.

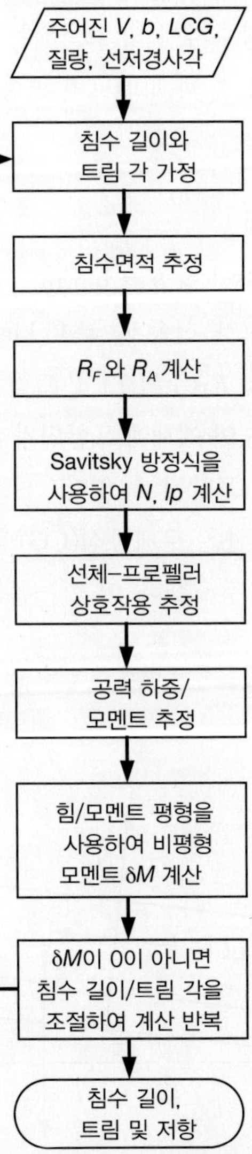

그림 10.18 활주선체에 작용하는 힘과 모멘트의 평형 유도.

N: 압력중심을 통해 용골에 수직으로 작용하는(부력과 동적 양력을 포함하는) 선저부 압력 하중.

b: 평균 차인 폭(계열 62 정의에서 B_{pa}).

D_{APP}: 부가물 저항(러더, 추진축, 축 브래킷 등).

L_{APP}: 부가물 양력.

T: 프로펠러 추력, 용골과 ε의 각도를 이루는 축선을 따라 작용.

S_P: 프로펠러-선체 상호작용 하중, 용골에 수직이며 연직 상방 혹은 하방으로 작용.

예비설계 단계에서 양력과 그 작용점은 마찰저항과 더불어 활주선에 작용하는 힘의 평형에 가장 중요한 성분이다(그림 10.17 참조). Savitsky 방정식을 사용하여 힘과 모멘트의 평형조건으로부터 항주자세 및 요구되는 추력을 구할 수 있다. 작용하는 힘은 그림 10.17에 도시되어 있고, 힘과 모멘트의 평형을 유도하는 일반적 접근 방식을 그림 10.18에 나타냈다.

Savitsky 방정식을 이용한 예제

배수량 Δ = 70 tonnes, 평균 차인 폭 b = 6.5 m, 선저경사각 β = 20°이고 LCG = 10.0 m 트랜섬 전방인 선박을 고려하자. 선속 V_S = 45 knots(23.15 m/s), $C_V = \frac{V}{\sqrt{gb}} = \frac{23.15}{\sqrt{9.81 \times 6.5}}$ = 2.899이다. 필요한 계산은 l_m, R_T(추력 T) 및 트림 τ이다.

부가물 저항 및 공기저항은 이 예제에 포함되지 않았다. 원칙적으로는 Hadler[10.49]에서와 같이 전체 힘의 평형에 포함될 수 있다.

마찰저항 및 추력의 작용선은 무게중심(CG)을 통과하는 것으로 가정하여 그림 10.19의 간략화된 힘의 도형을 유도했다. 이 힘들은 다른 작용선을 따라 모멘트 평형에 개별적으로 포함될 수도 있다.

용골에 평행한 성분의 힘은

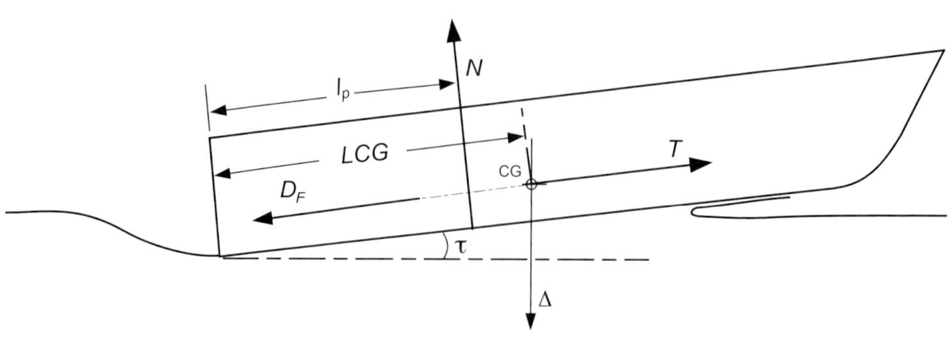

그림 10.19 활주선에 작용하는 힘의 단순화.

$$T = \Delta \sin \tau + D_F \tag{10.46}$$

여기서 D_F는 마찰저항으로서

$$D_F = \frac{1}{2}\rho SV^2 C_F$$

이고 $S = l_m b \sec \beta$인데, β는 선저경사각이다.

C_F는 식 (4.15)의 ITTC 공식을 이용하면 $C_F = 0.075/(\log_{10} Re - 2)^2$이다.

용골에 수직한 성분의 힘은

$$N = \Delta \cos \tau \tag{10.47}$$

CG 높이에서 트랜섬에 대한 모멘트를 구하면

$$\Delta \times LCG = N \times l_p \tag{10.48}$$

여기서 $\Delta = \rho g \nabla$(kN), $\Delta = 9.81 \times 70.0 = 686.7$ kN이고 $LCG = 10.0$ m이므로 6867.0 $= N \times l_p$이다.

Savitsky 방정식을 사용해 위에서 구한 힘과 모멘트의 평형으로부터 τ, l_m, l_p와 N, 그리고 그 결과로서 요구되는 추력 T를 결정한다.

그림 10.18에 요약된 절차를 따라 트림 각 τ를 가정하여 $C_{L\beta} = \frac{\Delta}{0.5\rho b^2 V^2}$을 계산한다. 식 (10.44)로부터 $C_{L\beta}$를 주는 C_{L0}를 찾는다. 식 (10.43)의 C_{L0}에 대한 Savitsky 방정식을 만족시킴으로써 이 트림 각에서 필요한 양력을 줄 수 있는 평균 침수 길이 l_m를 찾는다. $\lambda = l_m/b$인데, 예제의 조건인 45 knots에서 $C_V = 2.899$이다.

$l_m(\lambda)$을 유도했으므로, 압력중심 거리 l_p를 식 (10.45)로부터 다음과 같이 결정한다.

$$\frac{l_p}{l_m} = 0.75 - \frac{1}{5.21\left(\frac{C_V}{\lambda}\right)^2 + 2.39}$$

이제 가정한 τ 및 유도된 l_m 값으로부터 구한 N 및 l_p 값을 사용해 선박에 작용하는 모멘트 평형식 $\Delta \times LCG - N \times l_p = \delta M$에서 평형조건 $\delta M = 0$을 맞춰볼 수 있다. 선박에 작용하는 힘이 평형조건을 만족하지 않으면 새로운 트림 각을 선정하여 $\delta M = 0$이 만족될 때까지 계산을 반복한다.

계산의 요약 및 반복과정을 표 10.6에 정리했다.

결과를 내삽하여 모멘트 평형($\delta M = 0$)이 트림 각 $\tau = 3.31°$ 및 $l_m = 15.378$ m에서 이루어짐을 알 수 있다.

이때 Reynolds 수 $Re = Vl_m/\nu = 23.15 \times 15.378/1.19 \times 10^{-6} = 2.99 \times 10^8$이므로

표 10.6 Savitsky 방정식을 사용한 반복 계산과정의 예

τ	$C_{L\beta}$	C_{L0}(10.44)	λ(10.43)	l_m	l_p(10.45)	N(10.47)	δM
2.0°	0.0592	0.0898	3.8083	24.754	13.989	686.28	−2733.27
3.0°	0.0592	0.0898	2.6310	17.102	10.864	685.76	−582.98
4.0°	0.0592	0.0898	1.8701	12.155	8.301	685.03	1180.42
3.50°	0.0592	0.0898	2.2138	14.390	9.527	685.42	340.759
3.31°	0.0592	0.0898	2.3658	15.378	10.028	685.55	−7.42

$$C_F = 0.075/(\log Re - 2)^2 = 1.7884 \times 10^{-3}$$

$$S = l_m b \sec \beta = 15.378 \times 6.5 \times \sec 20^\circ = 106.37 \text{ m}^2$$

$$D_F = \tfrac{1}{2}\rho S V^2 C_F = 0.5 \times 1025 \times 106.37 \times 23.15^2 \times 1.7884 \times 10^{-3} = 52.24 \text{ kN}$$

축선을 통해 작용하는 추력은 다음과 같다.

$$T = \Delta \sin \tau + D_F = 686.7 \sin 3.31^\circ + 52.24 = 91.89 \text{ kN}$$

저항 $R_T = T \cos \tau = 91.89 \times \cos 3.31^\circ = 91.74$ kN

유효동력 $P_E = R_T \times V_S = 91.74 \times 23.15 = 2123.5$ kW

Hadler[10.49]와 같이 부가물, 추력 및 공기저항의 영향도 저항 추정과정에 결합시킬 수 있다. 마찬가지로 다양한 힘의 작용선도 필요하다면 수정 가능하다.

Savitsky 방정식의 응용 예제는 17장에 포함되어 있다.

10.3.4 소형 선박

10.3.4.1 Oortmerssen: 소형 선박

Van Oortmerssen[10.85]은 길이 15~75 m 범위의 예인선, 어선, 트롤 어선 및 도선사선(pilot boat) 등의 소형 선박 저항을 추정하기 위한 회귀 공식을 개발했다. 목적은 설계용으로 충분히 정확한 방정식을 제공하는 것이었다. 네덜란드 국립선형수조[Netherlands Ship Model Basin: NSMB. 현재는 MARIN(Marine Research Institute of the Netherlands)이라 불림]에서 시험된 93척 모형선의 970개 데이터에 대해 분석이 수행되었다.

데이터의 대략적 한계(도표에서 추출된)는 다음과 같다.

선속: $Fr = 0.2 \sim 0.5$

L/B: 3.4~6.2

LCB: $-4.4\%L \sim +1.6\%L$(주로 대략 $-1\%L$)

i_E: 15°~35°(주로 대략 18°~30°)

여기서 i_E는 물가름각(entrance angle)의 절반이다. i_E를 모를 때는 $i_E = 120C_B - 50(0.5 < C_B < 0.7)$으로 근사한다(Molland).

B/T: 1.9~3.2

C_P: 0.55~0.70(주로 대략 0.60)

C_M: 0.76~0.94(주로 대략 0.82~0.92)

C_M을 모르면 소형선에 대한 근사식인 식 (10.29b)를 사용한다.

$L_D = 0.5(L_{BP} + L_{WL})$로 정의되는 배수량 길이 L_D를 사용하여 Fr, Re, LCB, C_P 및 C_M을 정의한다. 물가름각 매개변수를 다음과 같이 정의한다.

$$C_{WL} = i_E \times L_D/B$$

L_{WL}을 길이로 사용해도 오차가 커지지는 않는다.

ITTC1957 C_F 곡선을 사용하여 잉여저항을 유도한다. 잉여저항비 R_R/Δ에 대한 방정식의 성분은 다음과 같다.

$$\frac{R_R}{\Delta} = c_1 e^{-\frac{m}{9}Fr^{-2}} + c_2 e^{-mFr^{-2}} + c_3 e^{-mFr^{-2}} \sin Fr^{-2} + c_4 e^{-mFr^{-2}} \cos Fr^{-2} \tag{10.49}$$

계수 및 상수는 다음과 같다.

$$m = 0.14347 C_P^{-2.1976}$$

$$\begin{aligned} \mathrm{c_i} = \{ & \mathrm{d_{i,0}} + \mathrm{d_{i,1}} \cdot LCB + \mathrm{d_{i,2}} \cdot LCB^2 + \mathrm{d_{i,3}} \cdot C_P + \mathrm{d_{i,4}} \cdot C_P^2 \\ & + \mathrm{d_{i,5}} \cdot (L_D/B) + \mathrm{d_{i,6}} \cdot (L_D/B)^2 + \mathrm{d_{i,7}} \cdot C_{WL} + \mathrm{d_{i,8}} \cdot C_{WL}^2 + \mathrm{d_{i,9}} \cdot (B/T) \\ & + \mathrm{d_{i,10}} \cdot (B/T)^2 + \mathrm{d_{i,11}} \cdot C_M \} \times 10^{-3} \end{aligned}$$

여기서 LCB는 0.5 L 전방의 길이 방향 부력 중심으로 배 길이 L에 대한 백분율이고, 계수 $\mathrm{d_i}$는 부록 A3의 표 A3.23에 수록되어 있다. 원래 논문 [10.85]의 표에서 계수 $\mathrm{d_{3,5}}$의 부호가 틀렸기 때문에 −9.86873이 아니라 +9.86873으로 정정되었음에 유의하라.

잉여저항은 다음과 같이 계산된다.

$$R_R = R_R/\Delta \times (\nabla \times \rho \times g)$$

C_F는 ITTC 공식으로부터 유도된다.

시운전 조건에 대한 ΔC_F 상관 수정계수는 표 10.7에 주어졌다.

표 10.7 ΔC_F에 대한 시운전 수정계수

수정계수	ΔC_F
거칠기, 용접선체	0.00035
조타에 의한 부가저항	0.00004
빌지킬 저항	0.00004
공기저항	0.00008

그러면 마찰저항은 다음과 같이 계산된다.

$$R_F = (C_F + \Delta C_F) \times \tfrac{1}{2}\rho S V^2$$

S는 다음 식으로 계산된다.

$$S = 3.223\nabla^{2/3} + 0.5402 L_D \nabla^{1/3}$$

이 식은 보다 큰 선박에 적용되는 식 (10.85)와 유사한 형태이다.

10.3.4.2 WUMTIA: 소형 선박: 둥근 빌지 혹은 차인

Southampton 대학의 WUMTIA에서 실시한 차인 혹은 둥근 빌지를 지닌 선형의 모형시험에 대한 회귀분석이 수행되었는데, Robinson[10.86]을 참조하라. 길이가 보통 10~70 m인 선박을 대표하는 차인 혹은 둥근 빌지 선형에 대해 1968년 이래 WUMTIA에서 600회 이상의 선형시험이 수행되었다.

회귀분석을 위해 일반적인 둥근 빌지 선형 30개, 일반적인 차인 선형 66개가 사용되었다. 배수량을 변화시킨 시험까지 포함하면 둥근 빌지 선형 및 차인 선형의 저항 데이터는 각각 47세트와 103세트가 된다. 둥근 빌지와 차인 선형에 대해 별개의 회귀계수가 유도되었다. 모든 데이터는 실제 운항속도에서 항주자세가 최적화된 선형에서 도출되었고, 차인 선형에 대해서는 선속에 따른 침수표면적의 변화 효과가 포함되었다.

회귀분석은 다음 선속 범위를 커버한다. 체적 Froude 수 Fr_∇: 0.50~2.75, 길이 Froude 수 (근사적인 범위) $Fr =$ 0.25~1.2인데, 다음과 같이 정의된다.

$$Fr_\nabla = \frac{V}{\sqrt{g\nabla^{1/3}}}, \quad Fr = \frac{V}{\sqrt{gL}} \quad \text{그리고} \quad Fr_\nabla = Fr \times \left(\frac{L}{\nabla^{1/3}}\right)^{0.5} \qquad (10.50)$$

선체 매개변수 범위 L/B 및 $L/\nabla^{1/3}$의 범위는 그림 10.20에 도시되어 있다.

둥근 빌지 선형에 대해서는 $L/B = 5.5$~6.5 범위의 데이터가 거의 없음을 알 수 있

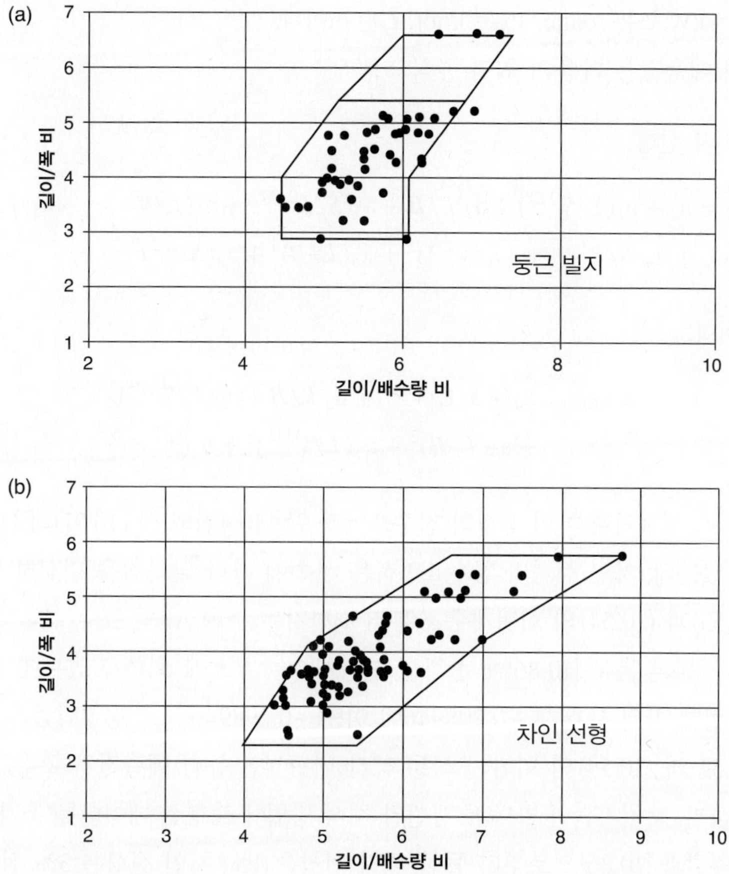

그림 10.20 WUMTIA 데이터 경계: (a) 둥근 빌지, (b) 차인 선형.

다. $Fr_\nabla = 1.5$ 이상일 때 L/B의 최대 상한은 5.5이므로, $L/B > 5.5$에 대한 데이터는 $Fr_\nabla = 1.5$보다 작은 선속으로 제한을 둘 것을 권장한다.

데이터는 C-Factor(C_{FAC})로 표시되는데, 이는 초기설계 단계에서 동력을 예측하기 위해 소형선 설계자들이 개발한 변수이다.

$$C_{FAC} = 30.1266 \frac{V_K}{\sqrt[4]{L}} \sqrt{\frac{\Delta}{2P_E}} \tag{10.51}$$

여기서 상수 30.1266은 원래 영국 단위계에서 유래한 C_{FAC} 값을 유지하기 위해 도입되었다. Fr_∇이 1.0보다 클 경우 C_{FAC}는 보통 50~70 사이의 값을 갖는다.

식 (10.51)을 재배치하면 다음과 같다.

$$P_E = 453.8\Delta \frac{V_K^2}{\sqrt{L}} \frac{1}{C_{FAC}^2} \tag{10.52}$$

여기서 P_E는 kW, Δ는 tonne, V_K는 knot, L은 m이다.

C_{FAC}의 예측값은 다음의 회귀 공식으로 얻는다.

둥근 빌지 선형:

$$C_{FAC} = a_0 + a_1(L/\nabla^{1/3}) + a_2\,L/B + a_3(S/L^2)^{1/2} + a_4(L/\nabla^{1/3})^2 + a_5(L/B)^2 + a_6(S/L^2) + a_7(L/\nabla^{1/3})^3 + a_8(L/B)^3 + a_9(S/L^2)^{3/2} \quad (10.53)$$

차인 선형:

$$C_{FAC} = a_0 + a_1\,L/\nabla^{1/3} + a_2\,L/B + a_3(L/\nabla^{1/3})^2 + a_4(L/B)^2 + a_5(L/\nabla^{1/3})^3 + a_6(L/B)^3 \quad (10.54)$$

둥근 빌지 선형이나 차인 선형의 침수표면적 S는 10.4절의 식 (10.91)과 (10.93)에서 추정할 수 있는데, 차인 선형의 침수표면적은 선속에 따라 달라짐을 명심하라.

식 (10.53)과 (10.54)의 회귀계수 a_0부터 a_9까지는 부록 A3의 표 A3.24 및 A3.25에 주어져 있다. 원본 논문 [10.86]에서 차인 선형계수의 부호에 오류가 있는데, $Fr_\nabla = 2.0$에서 여섯 번째 항의 부호가 +0.298946이 아닌 −0.298946으로 정정되었다.

식 (10.53)과 (10.54)의 회귀 공식은 약간 비관적인 동력 예측값을 주는 경향이 있음에 주목하라. 축척기법의 발달과 갱신된 해석 방법에 모형선 데이터를 추가함으로써, 최초의 예측결과 [10.86]으로부터 둥근 빌지 선형은 4%, 차인 선형은 3% 정도로 동력 예측치를 줄이도록 권고하고 있다[10.96].

10.3.5 다중동체 선박

10.3.5.1 둥근 빌지형 사우스햄튼 쌍동선 계열

이 고속 준배수량 쌍동선형 계열은 Southampton 대학에서 개발되었다. 이 선형은 고속의 준배수량 페리 및 유사한 적용 분야에 적합하다. 모형시험 및 조사결과는 [10.50]과 [10.51]에 보고되어 있는데, 쌍동선에 대한 가장 광범위한 매개변수 조합을 제공하고 있다. Insel 및 Molland[10.50]는 점성저항 및 조파저항의 직접 측정결과도 포함한다. 모형선의 상세 제원은 표 10.8에 나열되어 있다. 모든 모형선은 단동선 모드 및 선체 간 측면 간격을 네 가지로 변경한 쌍동선 모드에서 시험이 실시되었다. 이 계열의 정면도는 그림 10.13에 도시된 NPL 둥근 빌지 계열의 확장판에 근거하는데, 그림 10.21에 나타낸 바와 같다. 참고문헌 [10.52]는 이들 데이터를 확장하여 C_P 변화를 포함했다.

이 계열은 다음과 같은 선속 및 (개별동체의) 선형 매개변수 범위를 커버한다.

표 10.8 사우스햄튼 쌍동선 계열: 모형선의 상세 제원

모델	L(m)	L/B	B/T	$L/\nabla^{1/3}$	C_B	C_P	C_M	S(m^2)	LCB %L
3b	1.6	7.0	2.0	6.27	0.397	0.693	0.565	0.434	−6.4
4a	1.6	10.4	1.5	7.40	0.397	0.693	0.565	0.348	−6.4
4b	1.6	9.0	2.0	7.41	0.397	0.693	0.565	0.338	−6.4
4c	1.6	8.0	2.5	7.39	0.397	0.693	0.565	0.340	−6.4
5a	1.6	12.8	1.5	8.51	0.397	0.693	0.565	0.282	−6.4
5b	1.6	11.0	2.0	8.50	0.397	0.693	0.565	0.276	−6.4
5c	1.6	9.9	2.5	8.49	0.397	0.693	0.565	0.277	−6.4
6a	1.6	15.1	1.5	9.50	0.397	0.693	0.565	0.240	−6.4
6b	1.6	13.1	2.0	9.50	0.397	0.693	0.565	0.233	−6.4
6c	1.6	11.7	2.5	9.50	0.397	0.693	0.565	0.234	−6.4

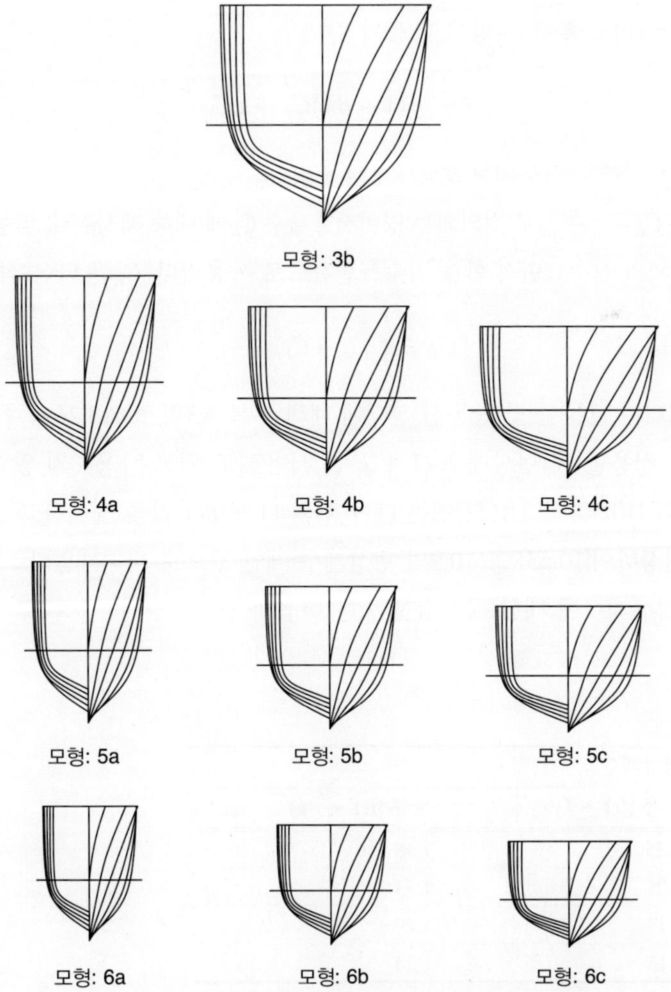

그림 10.21 사우스햄튼 쌍동선 계열: 모형선의 정면도.

선속: Fr: 0.20~1.0

(개별동체) 매개변수: C_B: 0.40(고정), $L/\nabla^{1/3}$: 6.3~9.5, B/T: 1.5, 2.0, 2.5, LCB: 6.4% 후방, $S_C/L=$ 0.20, 0.30, 0.40, 0.50(여기서 S_C는 동체 중심선 간 간격)

Insel 및 Molland[10.50]는 쌍동선의 총 저항을 다음과 같이 서술한다.

$$C_T = (1+\phi k)\sigma C_F + \tau C_W \tag{10.55}$$

여기서 C_F는 ITTC1957 상관 곡선으로부터 구하고, $(1+k)$는 개별동체 단독 상태의 형상계수이다. ϕ는 선체 주위 압력장의 변화를 감안하여 도입되었고, σ는 두 선체 사이의 속도 증가를 고려하는데 침수표면적 상의 국부 마찰저항을 적분하여 계산한다. C_W는 개별동체 단독 상태의 조파저항계수이고, τ는 조파저항 간섭계수이다.

실질적인 목적에서 ϕ와 σ를 점성 간섭계수 β로 합쳐서 $(1+\phi k)\sigma C_F$를 $(1+\beta k)C_F$로 대체한다. 그러므로 총 저항은 다음과 같다.

$$C_T = (1+\beta k)C_F + \tau C_W \tag{10.56}$$

개별동체 단독 상태일 경우에는 $\beta=1$, $\tau=1$이다.

데이터는 $C_R=\frac{R_R}{0.5\rho SV^2}$로 정의되는 잉여저항계수 C_R에 대해 제시된다. 쌍동선의 경우에는 두 개별동체의 침수표면적 합을 침수표면적으로 사용한다. C_R은 다음 식으로 구한다.

$$C_R = C_{TM} - C_{FM\,\mathrm{ITTC}} \tag{10.57}$$

계열 C_R 데이터는 단동선 및 쌍동선 상태에 대해 부록 A3의 표 A3.26에 주어져 있다.

데이터를 적용할 때 형상계수 $(1+k)$는 사용해도 되고 사용하지 않아도 된다. 원래의 참고문헌 [10.50] 및 [10.51]에는 $(1+k)$와 $(1+\beta k)$ 값을 제시하고 있다. 이들 값을 나중에 개정하여[10.53] 표 10.9의 형상계수 제안 값으로 나타내었다.

단동선 형상계수에 대한 곡선접합 식은 다음과 같다.

표 10.9 형상계수

	형상계수	
$L/\nabla^{1/3}$	단동선$(1+k)$	쌍동선$(1+\beta k)$
6.3	1.35	1.48
7.4	1.21	1.33
8.5	1.17	1.29
9.5	1.13	1.24

$$(1+k) = 2.76\left(\frac{L}{\nabla^{1/3}}\right)^{-0.40} \tag{10.58}$$

쌍동선 형상계수에 대해서는 다음과 같이 주어진다.

$$(1+\beta k) = 3.03\left(\frac{L}{\nabla^{1/3}}\right)^{-0.40} \tag{10.59}$$

어떤 이들은 이러한 형태의 선형에서는 형상항력 효과가 거의 없다고 주장하고, 적절한 데이터가 부족하므로 ITTC에서는 고속선에 대해 $(1 + k) = 1.0$을 권고한다. 그러나 [10.54~10.58]에 보고된 결과들은 여러 경우에 있어서 형상계수가 표 10.9의 값들과 비슷한 크기임을 나타내고 있다.

실선의 C_{TS}를 구할 때 다음 공식을 적용한다.

단동선에 대해서는

$$C_{TS} = C_{FS} + C_{R\text{mono}} - k(C_{FM} - C_{FS}) \tag{10.60}$$

쌍동선에 대해서는

$$C_{TS} = C_{FS} + C_{R\text{cat}} - \beta k(C_{FM} - C_{FS}) \tag{10.61}$$

식 (10.60)과 (10.61)에서 C_{FM}은 C_R을 구한 모형선 길이로부터 구하는데, 이 경우에는 표 10.8에 있는 1.60 m를 사용한다.

10.3.2.1절에서 논의한 것처럼 계열 64를 기술할 때 고속 준배수량선형의 저항은 $L/\nabla^{1/3}$ 비에 의해 지배되는 경향이 있으므로, 그러한 선박에 대해서는 Froude 수를 고정하고 $L/\nabla^{1/3}$에 대해 저항계수를 나타내는 것이 유용하다. 이러한 이유와 실제적인 설계 접근 방식을 제공하기 위해 회귀분석이 수행되었다[10.33]. 이는 단동선의 경우에 대해 Froude 수를 고정하고 잉여저항 C_R을 $L/\nabla^{1/3}$에만 연관시킨 것이다. 개별동체에 대한 공식 형태는 다음과 같다.

$$C_R = \mathrm{a}(L/\nabla^{1/3})^{\mathrm{n}} \tag{10.62}$$

쌍동선의 경우에는 잉여저항 간섭계수가 유사한 방식으로 표현된다.

$$\tau_R = \mathrm{a}(L/\nabla^{1/3})^{\mathrm{n}} \tag{10.63}$$

여기서 τ_R은 쌍동선의 잉여저항 대 단동선의 잉여저항 비로 정의되는 잉여저항 간섭계수이다.

τ_R 값은 선속, $L/\nabla^{1/3}$ 및 동체 간격 S/L에 의존하는데, 특정한 선형에는 크게 영향 받지 않는 것으로 알려져 있다. 이는 확장된 NPL 계열의 간섭계수[10.51]를 [10.31]에 보고된 계열 64 선형의 쌍동선에 대한 결과와 비교함으로써 확인되는데, τ_R의 유사한 경향이 관찰된다. 이는 간섭계수를 보다 넓은 범위의 단동선 매개변수, 예를 들면 10.3.2.1절에 서술된 계열 64 단동선형[10.30]과 연계하여 사용할 수 있음을 의미하므로 매우 중요한 결과이다.

식 (10.61)은 간섭계수를 사용해 다음과 같이 고쳐 쓸 수 있다.

$$C_{TS} = C_{FS} + \tau_R C_R - \beta k(C_{FM} - C_{FS}) \tag{10.64}$$

여기서 C_R은 개별동체에 대한 것이다.

회귀 공식의 계수 a 및 n은 표 10.10과 10.11에 주어져 있다. 침수표면적은 10.4절의 식 (10.88) 혹은 (10.90)을 사용해 추정할 수 있다.

표 10.10 확장된 NPL 단동선체에 대한 공식 $C_R = a(L/\nabla^{1/3})^n$의 계수들

Fr	a	n	R^2
0.4	152	−1.76	0.946
0.5	2225	−3.00	0.993
0.6	1702	−2.96	0.991
0.7	896	−2.76	0.982
0.8	533	−2.58	0.982
0.9	273	−2.31	0.970
1.0	122	−1.96	0.950

표 10.11 잉여저항 간섭계수, τ_R

	S/L = 0.20		**S/L = 0.30**		**S/L = 0.40**		**S/L = 0.50**	
Fr	a	n	a	n	a	n	a	n
0.4	1.862	−0.15	0.941	0.17	0.730	0.28	0.645	0.32
0.5	1.489	0.04	1.598	−0.05	0.856	0.20	0.485	0.45
0.6	2.987	−0.34	1.042	0.09	0.599	0.34	0.555	0.36
0.7	0.559	0.40	0.545	0.39	0.456	0.47	0.518	0.41
0.8	0.244	0.76	0.338	0.61	0.368	0.57	0.426	0.51
0.9	0.183	0.89	0.300	0.67	0.352	0.60	0.414	0.52
1.0	0.180	0.90	0.393	0.55	0.541	0.40	0.533	0.39

공식 $\tau_R = a(L/\nabla^{1/3})^n$ 내의 계수들.

10.3.5.2 차인형 VWS 쌍동선 계열

차인이 있는 이 선형은 Berlin의 VWS에서 시험된 것이다[10.59, 10.60, 10.61]. 최대의 L_{WL}/b 비에 대한 전형적인 정면도를 그림 10.22에 도시했다. 이 계열은 다음의 선속 및 선형 매개변수를 범위를 커버한다.

선속: $Fr_\nabla = 1.0 \sim 3.5$(개별동체 배수량 ∇ 기준)

L_{WL}/b: 7.55~13.55(b는 개별동체의 폭)

$L_{WL}/\nabla^{1/3}$(개별동체): 6.25~9.67

선체 중앙부에서의 선저경사각 $\beta_M = 16° \sim 38°$

LCB: $\beta_M = 38°$일 때 0.42 L_{WL}로부터 $\beta_M = 16°$일 때 0.38 L_{WL}

트랜섬 플랩(쐐기) 각 δ_W: 0°~12°

틈새비(개별동체 사이 틈새)는 $G/L_{WL} = 0.167$로 일정하다(S_C/L_{WL} 값이 $L_{WL}/b =$ 13.55일 때 0.240에서 $L_{WL}/b = 7.55$일 때 0.300까지 늘어남을 의미하는데, S_C는 개별

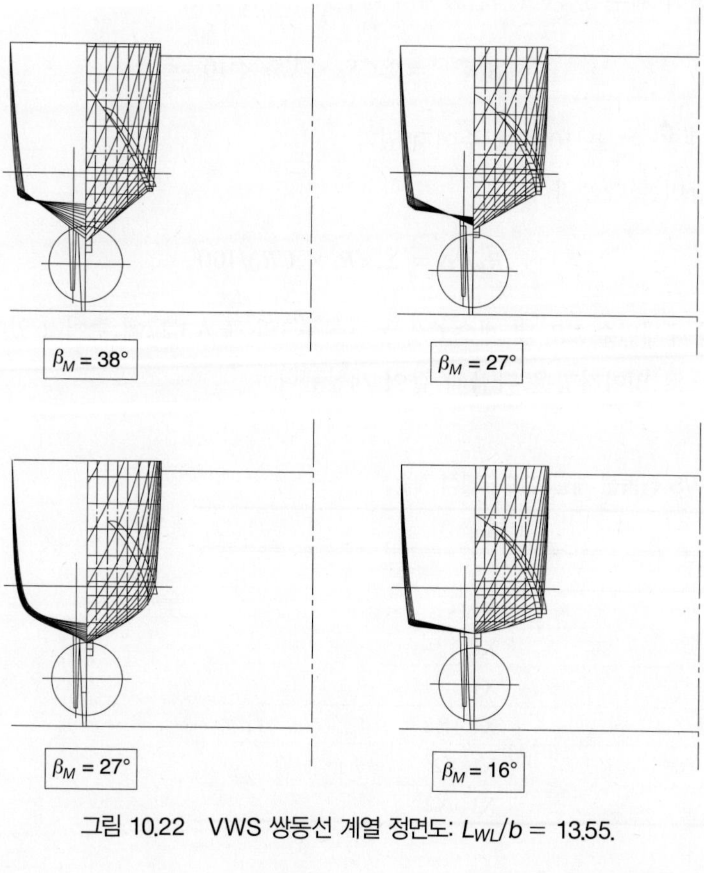

그림 10.22 VWS 쌍동선 계열 정면도: L_{WL}/b = 13.55.

동체 중심선 사이의 거리이다).

Müller-Graf[10.59]는 차인형 VWS 쌍동선 계열의 범위 및 상세 제원에 대해 서술하고 있다. Zips[10.60]는 이 계열의 저항 데이터에 대한 회귀분석을 수행했는데, 다음과 같이 요약된다.

무차원 잉여저항비는 R_R/Δ[R_R은 Newton, Δ는 Newton으로 $\Delta = \nabla \times \rho \times g$]으로 표현된다. 잉여저항은 ITTC1957 곡선을 이용하여 구한다.

선형에 대한 독립 매개변수는 3개가 있는데, 다음과 같이 무차원 매개변수로 변환된다.

$$X1 = (L_{WL}/b - 10.55)/3$$
$$X2 = (\beta_M - 27^\circ)/11^\circ$$
$$X3 = \delta_W/12^\circ$$

이들 매개변수를 이용하여 길이 대 배수량 비를 나타내면 다음과 같다.

$$L_{WL}/\nabla^{1/3} = 7.651877 + 1.694413 \times X1 + 0.282139 \times X1^2 - 0.052496 \times X1^2 \times X2$$

침수표면적 계수 $S/\nabla^{2/3}$(개별동체에 대한)는 다음과 같다.

$$S/\nabla^{2/3} = \Sigma CS_i \times XS_i \times 10 \tag{10.65}$$

여기서 CS_i와 XS_i는 표 10.12에 주어져 있다.

잉여저항비는 다음과 같다.

$$R_R/\Delta = \Sigma(XR_i \times CR_i)/100 \tag{10.66}$$

회귀 공식의 매개변수 XR_i 및 계수 CR_i은 부록 A3의 표 A3.27에 주어져 있다.

마지막으로 잉여저항은 다음과 같이 계산된다.

표 10.12 VWS 쌍동선 계열: 침수표면적 계수

CS_i	XS_i
1.103767	1
0.151489	X1
0.00983	$X2^2$
−0.009085	$X1^2$
0.008195	$X1^2 \cdot X2$
−0.029385	$X1 \cdot X2^2$
0.041762	$X1^3 \cdot X2^2$

$$R_R = R_R/\Delta \times (\nabla \times \rho \times g) \tag{10.67}$$

그리고 만일 필요하다면 다음과 같아진다.

$$C_R = R_R/\tfrac{1}{2}\rho S V^2$$

정해진 선속에서 분석을 수행하는 데 필요한 입력 변수는 L_{WL}/b(X1으로 변환), β_M(X2로 변환), δ_W(X3로 변환) 및 ∇(혹은 L_{WL})이다.

VWS 계열에 대한 이 이상의 회귀분석은 Müller-Graf 및 Radojcic[10.61]에 제시되어 있는데, 보다 높은 정확도의 예측이 기대된다.

10.3.6 요트

10.3.6.1 배경

예비설계 단계에서 요트의 저항을 추정하기 위해, 예인수조 시험이나 CFD 해석에 앞서 많은 설계자들은 요트 선체 성능에 대해 단연코 가장 광범위한 연구결과인 DSYHS(Delft Systematic Yacht Hull Series)에 의존한다. 이 계열에 대한 데이터는 [10.62]에서 [10.66]까지의 문헌에 발표된 바 있는데, 가장 최근의 갱신은 Keuning 및 Sonnenberg[10.67]에 의한 것이다. 이 계열의 정면도 예를 그림 10.23에 도시했다.

DSYHS는 50가지의 상이한 요트 전용 모형선으로 구성된다. 계열 데이터가 처음으로 발표된 1974년 이래 계열은 광범위한 요트 매개변수와 더불어 확장된 부가물 조합, 횡경사각 및 해상 상태를 커버하도록 꾸준히 확장되어 왔다. 첫 번째 계열(DSYHS 계열 1이라 부름)은 기본 선형(모형 1)과 1974년 당시 경주용 요트(모형 2-22)인 21가지 변형으로 구성되었다. 1983년 새로운 기본 선형이 도입되었으며, 이때 요트 전용 설

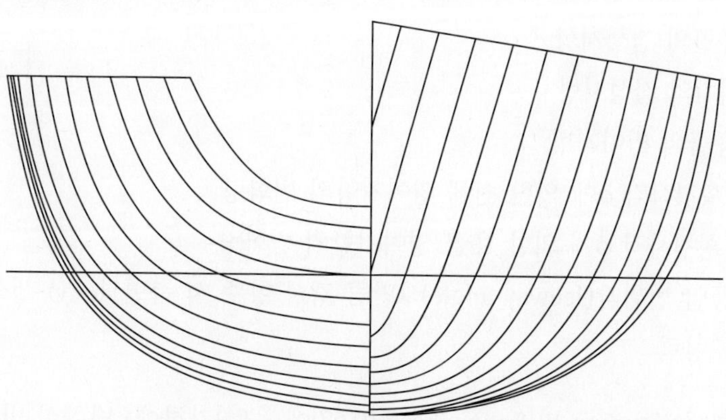

그림 10.23 Delft 요트 계열 정면도의 예(Sysser 44).

계를 사용했고 모형 23-28이 계열 2로 알려졌다. 계열 3은 계열 2의 배수량을 아주 가볍게 변화시킨 것으로, 모형 29~40이 이에 해당한다. 가장 최근의 계열 4(모형 42~50)는 Sparkman 및 Stevens에 의한 전형적인 40피트 IMS(International Measurement System) 설계에 기반하고 있다(Keuning 및 Sonnenberg[10.67] 참조). 모형의 가짓수가 많으므로, DSYHS는 비교적 광범위한 설계비에 대한 저항을 예측하는 데 적합하다. 따라서 이 계열은 많은 설계자들이 사용하고 있고, Offshore Racing Congress에서는 경주용 요트의 순위를 매기는 목적의 속도 예측 프로그램(Velocity Prediction Program: VVP)에서 이 데이터를 사용한다(Offshore Racing Congress[10.68] 참조).

DSYHS는 요트 선체의 저항을 여러 가지 성분으로 나누어, 각 성분에 대한 회귀공식을 예인수조 시험에 기반하여 제시한다. 이 성분들의 합은 총 저항이 된다. Delft 계열에서 저항은 직립 상태(부가물 포함)의 저항 합에 (횡경사각 및 선수동요각이 존재하는) 요트 항해 상태에서의 저항을 더하여(혹은 빼서) 구한다. 더욱 최근의 연구결과, 예를 들면 Keuning 및 Sonnenberg[10.67]에서는 승무원의 운동이나 돛의 추진력에 의한 트림 변화 및 파랑 중 부가저항도 포함하고 있다. 이 마지막 성분들은 여기서는 고려하지 않기로 한다.

Keuning 및 Sonnenberg[10.67]에 따르면 횡방향 및 선수 방향으로 경사진 선체의 총 저항을 다음과 같이 표현한다.

$$R_{\text{Total}} = R_{Fh} + R_{Rh} + R_{VK} + R_{VR} + R_{RK} + \Delta R_{Rh} + \Delta R_{RK} + R_{\text{Ind}} \qquad (10.68)$$

여기서 각 저항 성분은 다음과 같다.

R_{Total} = 횡방향 및 선수 방향으로 경사진 선체, 용골 및 러더의 총 저항

R_{Fh} = 선체의 마찰저항

R_{Rh} = 선체의 잉여저항

R_{VK} = 용골의 점성저항

R_{VR} = 러더의 점성저항

R_{RK} = 용골의 잉여저항

ΔR_{Rh} = 횡경사각 ϕ에 의한 선체 잉여저항의 변화량

ΔR_{RK} = 횡경사각 ϕ에 의한 용골 잉여저항의 변화량

R_{Ind} = 풍압 변위각(leeway angle) λ만큼 경사 항주 시 측면력(Fy) 생성에 의한 유도항력

각 성분마다 Keuning 및 Sonnenberg[10.67]에서 (허가하에) 발췌한 방정식과 다항식 계수를 고려한다.

10.3.6.2 선체의 마찰저항, R_{Fh}

Delft 계열의 모형시험 데이터를 길이 10.0 m의 요트로 확장했다. 이때 형상계수 $(1 + k)$를 사용하지는 않았는데, 기본 선형에 대해 Prohaska 방법으로 측정된 형상계수가 작았고 선체 형상으로부터 형상계수를 측정하는 방법이 없었기 때문이다. 그러나 현대적인 요트에 대한 최근의 측정에서는 형상계수가 Delft 계열에 대한 값보다 커질 수 있음을 시사하고 있다. 그러면 총 점성저항은 선체의 마찰저항으로 주어지는 것으로 생각되는데, 마찰저항은

$$R_{Fh} = \tfrac{1}{2}\rho S_c V^2 C_F \tag{10.69}$$

여기서 C_F는 ITTC1957 확장 곡선을 사용하는 마찰저항계수인데, Reynolds 수는 기준 길이로 0.7 L_{WL}을 사용한다. S_C는 선속이 0일 때의 선체 침수표면적인데, 정수력학 계산으로 알 수 없을 때는 10.4절의 식 (10.94) 및 (10.95)로 추정 가능하다.

10.3.6.3 선체의 잉여저항, R_{Rh}

잉여저항에 대한 회귀 공식은 계열이 발달하여 더 많은 모형이 시험되면서 바뀌어 왔다. 이로 인해 예측치를 비교할 때 혼동이 일어날 수 있다. Delft 계열에는 두 가지 서로 다른 잉여저항 계산 방법이 있다. 첫 번째는 $0.125 \le Fr \le 0.45$[식 (10.70)]와 $0.475 \le Fr \le 0.75$[식 (10.71)]에 대한 예측을 결합한 것이고, 두 번째는 $0.1 \le Fr \le 0.6$[식 (10.72)]에 대한 예측식이다. 식 (10.70)과 (10.72)의 계수 a_n은 각각의 다항식에서 서로 다른 계수이다. 식 (10.70)은 처음에는 Gerritsma 등[10.63]이 단지 7개의 다항식 계수를 지닌 형태로 제시했으며, 이후 시험과 회귀분석 추가를 통해 발전되어 왔다. 1991년 Gerritsma 등[10.64]은 식 (10.70)을 개정하고 식 (10.71)의 첫 버전을 도입했다. 1년 후 식 (10.70)의 다항식 계수들이 수정되었고, $Fr = 0.475 \sim 0.75$ 범위의 방정식이 식 (10.71)로 변경되었다(Gerritsma 등 [10.65]). 시험결과를 더 평가하여 식 (10.72)가 발표되었고(Keuning 등[10.66]), 이후 다항식에 대한 변화가 Keuning 및 Sonnenberg[10.67]에 제시된다. 식 (10.70)과 (10.71)을 결합한 것을 Delft III 방법이라 한다. 식 (10.72)를 따르는 예측을 일반적으로 Delft I, II 방법이라 하는데, 이 방법이 Delft 계열 1과 2의 모형시험을 커버하고 있기 때문이다. 식 (10.72)의 다항식 계수는 표 10.13에 주어져 있다.

$0.125 \le Fr \le 0.450$일 때(Gerritsma 등[10.64])

$$\frac{R_R}{\nabla_C \rho g} \times 10^3 = a_0 + a_1 C_P + a_2 LCB + a_3 \frac{B_{WL}}{T_C} + a_4 \frac{L_{WL}}{\nabla_C^{1/3}} + a_5 C_P^2 + a_6 C_P \frac{L_{WL}}{\nabla_C^{1/3}}$$

표 10.13 알몸선체 잉여저항 다항식, 식 (10.72)의 계수

Fr	**0.1**	**0.15**	**0.2**	**0.25**	**0.3**	**0.35**	**0.4**	**0.45**	**0.5**	**0.55**	**0.6**
a_0	−0.0014	0.0004	0.0014	0.0027	0.0056	0.0032	−0.0064	−0.0171	−0.0201	0.0495	0.0808
a_1	0.0403	−0.1808	−0.1071	0.0463	−0.8005	−0.1011	2.3095	3.4017	7.1576	1.5618	−5.3233
a_2	0.047	0.1793	0.0637	−0.1263	0.4891	−0.0813	−1.5152	−1.9862	−6.3304	−6.0661	−1.1513
a_3	−0.0227	−0.0004	0.009	0.015	0.0269	−0.0382	0.0751	0.3242	0.5829	0.8641	0.9663
a_4	−0.0119	0.0097	0.0153	0.0274	0.0519	0.032	−0.0858	−0.145	0.163	1.1702	1.6084
a_5	0.0061	0.0118	0.0011	−0.0299	−0.0313	−0.1481	−0.5349	−0.8043	−0.3966	1.761	2.7459
a_6	−0.0086	−0.0055	0.0012	0.011	0.0292	0.0837	0.1715	0.2952	0.5023	0.9176	0.8491
a_7	−0.0307	0.1721	0.1021	−0.0595	0.7314	0.0223	−2.455	−3.5284	−7.1579	−2.1191	4.7129
a_8	−0.0553	−0.1728	−0.0648	0.122	−0.3619	0.1587	1.1865	1.3575	5.2534	5.4281	1.1089

$$+ a_7 (LCB)^2 + a_8 \left(\frac{L_{WL}}{\nabla_C^{1/3}} \right)^2 + a_9 \left(\frac{L_{WL}}{\nabla_C^{1/3}} \right)^3 \tag{10.70}$$

$0.475 \le Fr \le 0.75$일 때(Gerritsma 등[10.65])

$$\frac{R_R}{\nabla_C \rho g} \times 10^3 = c_0 + c_1 \frac{L_{WL}}{B_{WL}} + c_2 \frac{A_W}{\nabla_C^{2/3}} + c_3 LCB + c_4 \left(\frac{L_{WL}}{B_{WL}} \right)^2 + c_5 \left(\frac{L_{WL}}{B_{WL}} \right) \left(\frac{A_W}{\nabla_C^{2/3}} \right)^3 \tag{10.71}$$

$0.1 \le Fr \le 0.6$일 때(Keuning 및 Sonnenberg[10.67]) LCB_{FPP}는 FP 기준의 길이 방향 부력 중심 위치로서, 단위는 m이다.

$$\frac{R_{Rh}}{\nabla_C \rho g} = a_0 + \left(a_1 \frac{LCB_{\mathrm{FPP}}}{L_{WL}} + a_2 C_P + a_3 \frac{\nabla_C^{1/3}}{Aw} + a_4 \frac{B_{WL}}{L_{WL}} \right) \frac{\nabla_C^{1/3}}{L_{WL}} + \left[a_5 \frac{\nabla_{\mathrm{C}}^{1/3}}{Sc} + a_6 \frac{LCB_{\mathrm{FPP}}}{LCF_{\mathrm{FPP}}} + a_7 \left(\frac{LCB_{\mathrm{FPP}}}{L_{WL}} \right)^2 + a_8 C_P^2 \right] \frac{\nabla_{\mathrm{C}}^{1/3}}{L_{WL}} \tag{10.72}$$

10.3.6.4 횡경사로 인한 잉여저항의 변화, ΔR_{Rh}

선체의 횡경사가 일어나면 선체의 비대칭성으로 인해 선체를 따라 배수용적 분포에 변화가 일어난다. 이는 선체 잉여저항의 변화를 초래한다. Keuning 및 Sonnenberg[10.67]의 접근 방식은 계열의 모든 모형을 횡경사각 20°에서 시험하고 잉여저항 변화를 다음과 같은 다항식으로 나타내는 것이다.

표 10.14 횡경사각 20°일 때 잉여저항 변화량 다항식, 식 (10.73)의 계수(계수에 1000을 곱했음)

Fr	**0.25**	**0.30**	**0.35**	**0.40**	**0.45**	**0.50**	**0.55**
u_0	−0.0268	0.6628	1.6433	−0.8659	−3.2715	−0.1976	1.5873
u_1	−0.0014	−0.0632	−0.2144	−0.0354	0.1372	−0.148	−0.3749
u_2	−0.0057	−0.0699	−0.164	0.2226	0.5547	−0.6593	−0.7105
u_3	0.0016	0.0069	0.0199	0.0188	0.0268	0.1862	0.2146
u_4	−0.007	0.0459	−0.054	−0.58	−1.0064	−0.7489	−0.4818
u_5	−0.0017	−0.0004	−0.0268	−0.1133	−0.2026	−0.1648	−0.1174

$$\frac{\Delta R_{Rh\phi=20}}{\nabla_C \rho g} = u_0 + u_1\left(\frac{L_{WL}}{B_{WL}}\right) + u_2\left(\frac{B_{WL}}{T_C}\right) + u_3\left(\frac{B_{WL}}{T_C}\right)^2 + u_4 LCB + u_5 LCB^2 \tag{10.73}$$

계수는 표 10.14에 있다.

횡경사각이 20°가 아닌 경우에는 기반이 되는 실험 데이터가 적은데, 다음과 같다.

$$\Delta R_{Rh} = 6.0\phi^{1.7}\Delta R_{Rh\phi=20} \tag{10.74}$$

횡경사각의 단위는 rad이다.

10.3.6.5 부가물 점성저항, R_{VK}, R_{VR}

부가물(용골과 러더)의 점성저항은 마찰저항과 형상저항을 사용해 결정되는 점성압력저항의 합으로 간주된다. 즉,

$$R_V = R_F(1 + k) \tag{10.75}$$

$$R_F = \tfrac{1}{2}\rho S V^2 C_F \tag{10.76}$$

여기서 C_F는 ITTC1957 확장 곡선인 식 (4.15)를 사용한 마찰저항계수인데, Reynolds 수는 부가물의 평균 코드 길이를 사용해 정의된다. S는 부가물의 침수표면적이다.

형상계수는 Hoerner[10.69]로부터 단면의 두께/코드 길이의 함수로 계산된다.

$$(1+k) = \left[1 + 2\left(\frac{t}{c}\right) + 60\left(\frac{t}{c}\right)^4\right] \tag{10.77}$$

용골과 러더는 동일한 방식으로 취급된다.

부가물을 폭 방향의 조각들로 나누어 각 조각의 점성저항 기여분을 계산하는 방법이 더욱 정확하다. 이 경우 각 조각에 대한 Reynolds 수는 코드 길이를 기준으로 한다. 전형적으로 폭 방향을 다섯 조각으로 나누는데, 예를 들면 Offshore Racing Congress(ORC)의 Velocity Prediction Program(VPP)이다.

10.3.6.6 부가물 잉여저항, R_{RK}

요트의 총 잉여저항에 대한 용골의 기여도는 두 가지 선체 모형에 장착된 다양한 용골의 실험결과로부터 추정된다. Keuning 및 Sonnenberg[10.67]는 수행된 실험에 대해 더욱 완전한 서술을 제공한다. 이 저항성분은 다음의 다항식으로 표현된다.

$$\frac{R_{RK}}{\nabla_K \rho g} = A_0 + A_1\left(\frac{T}{B_{WL}}\right) + A_2\left(\frac{T_C + z_{CBK}}{\nabla_K^{1/3}}\right) + A_3\left(\frac{\nabla_C}{\nabla_K}\right) \tag{10.78}$$

여기서 ∇_C는 카누 선체의 배수량, ∇_K는 용골의 배수량, z_{CBK}는 수선 하부 용골의 부력 중심이다. T는 선체 더하기 용골의 총 흘수이다.

계수 A_0~A_3는 표 10.15에 제시되어 있다.

10.3.6.7 횡경사로 인한 용골 잉여저항의 변화, ΔR_{RK}

용골의 체적이 횡경사에 의해 자유수면 근처로 옮겨지므로 용골의 잉여저항은 횡경사각에 따라 변화한다. 선체에 의해 생성된 파도와 용골 사이의 상호작용도 중요하다. 실험적 측정에 의하면 용골 잉여저항의 변화는 다음과 같다.

$$\frac{\Delta R_{RK}}{\nabla_K \rho g} = ChFr^2\phi \tag{10.79}$$

여기서

표 10.15 부가물 잉여저항 다항식, 식 (10.78)의 계수

Fr	0.20	0.25	0.30	0.35	0.40	0.45	0.50	0.55	0.60
A_0	−0.00104	−0.0055	−0.0111	−0.00713	−0.03581	−0.0047	0.00553	0.04822	0.01021
A_1	0.00172	0.00597	0.01421	0.02632	0.08649	0.11592	0.07371	0.0066	0.14173
A_2	0.00117	0.0039	0.00069	−0.00232	0.00999	−0.00064	0.05991	0.07048	0.06409
A_3	−0.00008	−0.00009	0.00021	0.00039	0.00017	0.00035	−0.00114	−0.00035	−0.00192

표 10.16 용골의 횡경사로 인한 부가물 저항 변화량 다항식, 식 (10.80)의 계수

H_1	−3.5837
H_2	−0.0518
H_3	0.5958
H_4	0.2055

$$Ch = H_1\left(\frac{T_C}{T}\right) + H_2\left(\frac{B_{WL}}{T_C}\right) + H_3\left(\frac{T_C}{T}\right)\left(\frac{B_{WL}}{T_C}\right) + H_4\left(\frac{L_{WL}}{\nabla_C^{1/3}}\right) \tag{10.80}$$

이고, 계수는 표 10.16에 주어져 있다.

10.3.6.8 유도저항, R_{Ind}

횡방향 및 선수 방향으로 경사져서 항해하는 요트의 유도저항은 돛에서 발생하는 측면력 F_h와 균형을 이루기 위해 필요한 수력학적 측면력과 연계된 저항 성분이다. 유도저항은 익형 주위의 순환(circulation) 및 형상과 관계가 있다. 이 공식화 과정에서 자유수면의 존재를 고려한 익형의 '유효' 폭이 사용되는데, 보통 요트의 '유효' 흘수로 칭한다. 유도저항은 다음과 같이 구할 수 있다.

$$R_{\mathrm{Ind}} = \frac{{F_h}^2}{\pi T_E^2 \frac{1}{2}\rho V^2} \tag{10.81}$$

여기서 F_h는 돛으로부터의 측면력이고, T_E는 선체와 부가물의 유효 폭인데 다음과 같다.

$$\frac{T_E}{T} = \left[A_1\left(\frac{T_C}{T}\right) + A_2\left(\frac{T_C}{T}\right)^2 + A_3\left(\frac{B_{WL}}{T_C}\right) + A_4 TR\right](B_0 + B_1 Fr) \tag{10.82}$$

TR은 용골의 테이퍼 비이고, 다항식의 계수는 표 10.17에 주어져 있다.

표 10.17 요트 유도저항 다항식, 식 (10.82)의 계수

ϕ **deg.**	**0**	**10**	**20**	**30**
A_1	3.7455	4.4892	3.9592	3.4891
A_2	−3.6246	−4.8454	−3.9804	−2.9577
A_3	0.0589	0.0294	0.0283	0.025
A_4	−0.0296	−0.0176	−0.0075	−0.0272
B_0	1.2306	1.4231	1.545	1.4744
B_1	−0.7256	−1.2971	−1.5622	−1.3499

10.4 침수표면적

10.4.1 배경

침수표면적은 물과 접촉하는 선체의 면적이고, 3.1.3절에서 설명한 것처럼 보통 저항계수를 무차원화하는 데 사용된다. 정지 상태의 침수표면적이 일반적으로 사용된다. 고속의 준배수량형 선박에서는 항주 시 침수표면적에 약간의 변화가 있으나, 실질적인 설계 목적에서는 보통 정지 상태의 침수표면적을 사용한다. 그러한 선박에서 정지 침수표면적을 사용함에 있어서의 오차는 비교적 적은데, [10.97]의 부록에서 논의하는 바와 같다. 활주선의 경우 선속이 변하면서 침수표면적이 현저하게 변하므로 그러한 변화를 반드시 고려해야 하는데, 식 (10.93)과 표 10.23 그리고 10.3.3절을 참조하라.

정면도 활용이 가능하다면 정적인 침수표면적은 수선 하부의 둘레인 거스(girth)를 적분하거나 CAD 표현에서 수치적으로 구할 수 있다. 그렇지 않은 경우에는 경험 데이터를 이용하여 근사값을 구해야 한다. 예비설계 및 동력산정 목적에 적합한 몇 가지 경험식이 요약된다.

10.4.2 배수량선

BSRA 계열[10.68]에 대한 Sabit 회귀분석 결과는 다음과 같다.

$$\frac{S}{\nabla^{2/3}} = \mathrm{a}_0 + \mathrm{a}_1(L/B) + \mathrm{a}_2(B/T) - \mathrm{a}_3 C_B \tag{10.83}$$

회귀계수는 표 10.18에 주어져 있다.

Sabit은 이 공식이 BSRA 계열 및 유사한 선형에 대한 것이라 적고 있다([10.5]의 토론). (계열 60과 같이) 'U'자형 단면이 많은 선형은 같은 크기에서 $\frac{S}{\nabla^{2/3}}$가 커진다.

계열 60에 대한 계수[10.76]도 표 10.18에 포함되어 있는데, 이 역시 식 (10.83)에 적

표 10.18 Sabit 공식, 식 (10.83)의 계수

매개변수		계수	
		BSRA	**계열 60**
상수	a_0	+3.371	+3.432
(L/B)	a_1	+0.296	+0.305
(B/T)	a_2	+0.437	+0.443
C_B	a_3	−0.595	−0.643

표 10.19 Taylor 계열의 침수표면적 계수 C_S, 식 (10.86)

		C_P			
$L/\nabla^{1/3}$	B/T	**0.5**	**0.6**	**0.7**	**0.8**
5.5	2.25	2.589	2.562	2.557	2.576
5.5	3.00	2.526	2.540	2.566	2.605*
5.5	3.75	2.565	2.596	2.636	2.685
6.0	2.25	2.583	2.557	2.554	2.571
6.0	3.00	2.523	2.536	2.560	2.596
6.0	3.75	2.547	2.580	2.625	2.675
7.0	2.25	2.575	2.553	2.549	2.566
7.0	3.00	2.520	2.532	2.554	2.588
7.0	3.75	2.541	2.574	2.614	2.660
8.0	2.25	2.569	2.549	2.546	2.561
8.0	3.00	2.518*	2.530	2.551	2.584
8.0	3.75	2.538	2.571	2.609	2.652
9.0	2.25	2.566	2.547	2.543	2.557
9.0	3.00	2.516*	2.528	2.544	2.581
9.0	3.75	2.536	2.568	2.606	2.649

* 외삽한 데이터.

용되어야 한다.

$$\text{Denny Mumford: } S = 1.7LT + \frac{\nabla}{T} \tag{10.84}$$

$$\text{Froude: } S = 3.4\nabla^{2/3} + 0.485L \cdot \nabla^{1/3} \quad \text{혹은} \quad \frac{S}{\nabla^{2/3}} = 3.4 + \frac{L}{2.06\nabla^{1/3}} \tag{10.85}$$

$$\text{Taylor: } S = C_S\sqrt{\nabla \cdot L} \tag{10.86}$$

여기서 C_S는 C_P, B/T 및 $L/\nabla^{1/3}$에 의존하며, [10.10]에서 발췌한 값들은 표 10.19에 주어져 있다.

$$C_P = C_B/C_M$$

C_M의 전형적인 값은 유조선/벌크선의 경우 0.98, 화물선의 경우 0.96, 컨테이너선의 경우 0.95, 전투함의 경우 0.92이고 일차적인 근사식은 다음과 같다.

$$C_M = 0.80 + 0.21C_B \tag{10.87}$$

10.4.3 둥근 빌지 선형 준배수량형 선박

[10.30]에 주어진 계열 64에 대한 회귀 공식은 출발점으로 좋은데, 다른 둥근 빌지 선형에 대한 더 넓은 의미로서의 잠재적 활용 여부를 조사했다. 침수표면적은 아래와 같다.

$$S = Cs\sqrt{\nabla \cdot L} \tag{10.88}$$

침수표면적 계수 C_S는 초기설계 단계에서 보통 알게 되는 B/T 및 C_B에 대해 표현된다. C_B가 정해지면 C_S는 B/T의 함수로 적당히 표현될 수 있고, 결과적으로는 $L/\nabla^{1/3}$ 비에 무관한 것으로 계열 64나 NPL 데이터 분석결과로 알려져 있다. [10.30]의 회귀계수는 일관된 (무차원) C_S를 얻을 수 있도록 재계산되었고, 예비설계 목적에 필요한 곳에서는 반올림되었다. 방정식의 형태는 식 (10.89)에, 매개변수와 회귀계수들은 표 10.20에 주어져 있다.

$$\begin{aligned} C_S = {} & \mathrm{a}_0 + \mathrm{a}_1(B/T) + \mathrm{a}_2(B/T)^2 + \mathrm{a}_3 C_B + \mathrm{a}_4(B/T)C_B \\ & + \mathrm{a}_5(B/T)^2 C_B + \mathrm{a}_6 C_B^2 + \mathrm{a}_7(B/T)C_B^2 + \mathrm{a}_8(B/T)^2 C_B^2 \end{aligned} \tag{10.89}$$

네 가지 C_B 값에 대한 이 방정식을 그림 10.24에 도시했다. $C_B = 0.40$인 원래 NPL 계열[10.34]의 값들도 그림 10.24에 도시했는데, 모두가 회귀 곡선의 3% 이내에 드는 것으로 나타났다. $C_B = 0.40$[10.51]인 확장된 NPL 선형의 값들도 역시 3% 이내에 들고 있다. (NPL 기반이고 C_B가 다른) Lathiharju 등[10.37]의 데이터도 회귀 곡선과 잘 일치하고 있다. Lindgren 및 Williams[10.28]($C_B = 0.45$)의 데이터는 좋지 않은데, 회귀 곡선보다 대략 5% 정도 높지만 침수표면적에 도킹 용골(docking keel)이 포함된 것이다.

NPL 데이터($C_B = 0.40$)에 대한 더 나은 곡선접합은 다음과 같지만, 하나의 선형 및 $C_B = 0.40$에 국한된 것이다.

표 10.20 침수표면적 계수 C_S 회귀 다항식, 식 (10.89)의 계수

매개변수	계수	
상수	a_0	+6.554
(B/T)	a_1	−1.226
$(B/T)^2$	a_2	+0.216
C_B	a_3	−15.409
$(B/T)C_B$	a_4	+4.468
$(B/T)^2C_B$	a_5	−0.694
C_B^2	a_6	+15.404
$(B/T)C_B^2$	a_7	−4.527
$(B/T)^2C_B^2$	a_8	+0.655

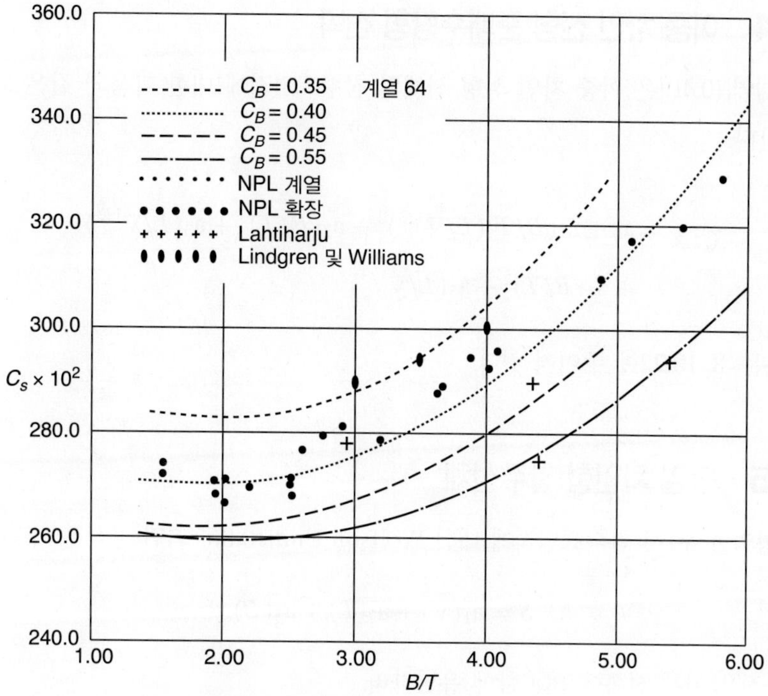

그림 10.24 침수표면적 계수 C_S, 식 (10.89).

$$C_S = 2.538 + 0.0494(B/T) + 0.01307(B/T)^2 \tag{10.90}$$

데이터의 출처를 고려해 볼 때 방정식들을 B/T 범위 1.5~6.0, C_B 범위 0.35~0.55에 국한시켜 사용하는 것을 권장한다. C_B = 0.40의 경우와 유사한 경향이 예상되지만, C_B = 0.35일 때 B/T가 4.0보다 큰 데이터는 거의 없음에 유념하라.

둥근 빌지 선형의 침수표면적에 대한 Wolfson Unit[10.86] 회귀 공식은 다음과 같다.

$$S = a_1(\nabla) + a_2(L) + a_3(B) \tag{10.91}$$

회귀계수는 표 10.21에 주어져 있다.

표 10.21 Wolfson 둥근 빌지의 침수표면적 공식, 식 (10.91)의 계수

매개변수		계수
(∇)	a_1	+0.355636
(L)	a_2	+5.75893
(B)	a_3	−3.17064

10.4.4 이중 차인 선형 준배수량형 선박

NTUA 계열[10.40]은 이중 차인 선형 선체의 침수표면적에 대한 다음과 같은 회귀 곡선을 제공한다.

$$\frac{S}{\nabla^{2/3}} = a_0 + a_1(B/T)(L/\nabla^{1/3})^2 + a_2(B/T)^3 + a_3(L/\nabla^{1/3}) + a_4(B/T)^5 + a_5(L/\nabla^{1/3})^2 \tag{10.92}$$

회귀계수는 표 10.22에 주어져 있다.

10.4.5 단일 차인형 활주선체

차인 선형의 항주 시 침수표면적에 대한 Wolfson Unit[10.86] 회귀 공식은 다음과 같다.

$$S = a_1(\nabla) + a_2(L) + a_3(B) \tag{10.93}$$

침수표면적은 이제 선속에 의존함에 유념하라.

체적 Froude 수의 범위에 대한 회귀계수는 표 10.23에 정리되어 있다.

표 10.22 NTUA 침수표면적 공식, 식 (10.92)의 계수

매개변수		계수
상수	a_0	+2.400678
$(B/T)(L/\nabla^{1/3})^2$	a_1	+0.002326
$(B/T)^3$	a_2	+0.012349
$(L/\nabla^{1/3})$	a_3	+0.689826
$(B/T)^5$	a_4	−0.000120
$(L/\nabla^{1/3})^2$	a_5	−0.018380

표 10.23 Wolfson 차인 선형의 침수표면적 공식, 식 (10.93)의 계수(배수량 Froude 수의 함수)

매개변수	Fr_∇	0.5	1.0	1.5	2.0	2.5	3.0
(∇)	a_1	0.985098	0.965983	0.915863	0.860915	0.936348	0.992033
(L)	a_2	2.860999	3.229803	3.800066	4.891762	4.821847	4.818481
(B)	a_3	−1.113826	−2.060285	−4.064968	−7.594861	−9.013914	−10.85827

표 10.24 횡경사각에 의한 요트 침수표면적 변화량 공식, 식 (10.95)의 계수

ϕ	5	10	15	20	25	30	35
s_0	−4.112	−4.522	−3.291	1.85	6.51	12.334	14.648
s_1	0.054	−0.132	−0.389	−1.2	−2.305	−3.911	−5.182
s_2	−0.027	−0.077	−0.118	−0.109	−0.066	0.024	0.102
s_3	6.329	8.738	8.949	5.364	3.443	1.767	3.497

10.4.6 요트 선형

Delft 계열 선형[10.67]에 있어서, 카누 몸체에 대해서는

$$S_C = \left(1.97 + 0.171\frac{B_{WL}}{T_C}\right)\left(\frac{0.65}{C_M}\right)^{1/3} (\nabla_C L_{WL})^{1/2} \tag{10.94}$$

로 주어진다. S_C는 카누 몸체의 침수표면적, T_C는 카누 몸체의 흘수, ∇_C는 카누 몸체의 배수량(체적)이고 C_M은 중앙단면 계수이다.

횡경사에 의한 점성저항의 변화는 선체 침수표면적 변화에만 기인한다. 횡경사에 의한 침수표면적 변화는 다음과 같이 근사된다.

$$S_{C\phi} = S_{C(\phi=0)}\left[1 + \frac{1}{100}\left\{s_0 + s_1\left(\frac{B_{WL}}{T_C}\right) + s_2\left(\frac{B_{WL}}{T_C}\right)^2 + s_3 C_M\right\}\right] \tag{10.95}$$

계수는 표 10.24에 주어져 있다.

참고문헌(10장)

10.1 Todd, F.H. Some further experiments on single-screw merchant ship forms–Series 60. *Transactions of the Society of Naval Architects and Marine Engineers*, Vol. 61, 1953, pp. 516~589.

10.2 Todd, F.H., Stuntz, G.R. and Pien, P.C. Series 60 – The effect upon resistance and power of variation in ship proportions. *Transactions of the Society of Naval Architects and Marine Engineers*, Vol. 65, 1957, pp. 445~589.

10.3 Lackenby, H. and Milton, D. DTMB Standard series 60. A new presentation of the resistance data for block coefficient, LCB, breadth-draught ratio and length-breadth ratio variations. *Transactions of the Royal Institution of Naval Architects*, Vol. 114, 1972, pp. 183~220.

10.4 Moor, D.I., Parker, M.N. and Pattullo, R.N.M. The BSRA methodical series – An overall presentation. Geometry of forms and variation in resistance with block coefficient and LCB. *Transactions of the Royal Institution of Naval Architects*, Vol. 103, 1961, pp. 329~440.

10.5 Lackenby, H. and Parker, M.N. The BSRA methodical series – An overall presentation: Variation of resistance with breadth-draught ratio and length-displacement ratio. *Transactions of the Royal Institution of Naval Architects*, Vol. 108, 1966, pp. 363~388.

10.6 BSRA. Methodical series experiments on single-screw ocean-going merchant ship forms. Extended and revised overall analysis. *BSRA Report NS333*, 1971.

10.7 Williams, Å. The SSPA cargo liner series propulsion. SSPA Report No. 67, 1970.

10.8 Williams, Å. The SSPA cargo liner series resistance. SSPA Report No. 66, 1969.

10.9 Roseman, D.P. (ed.) The MARAD systematic series of full-form ship models. Society of Naval Architects and Marine Engineers, 1987.

10.10 Gertler, M. A reanalysis of the original test data for the Taylor Standard Series. DTMB Report No. 806, DTMB, Washington, DC, 1954. Reprinted by SNAME, 1998.

10.11 Linblad, A.F. Experiments with models of cargo liners. *Transactions of the Royal Institution of Naval Architects*, Vol. 88, 1946, pp. 174~195.

10.12 Linblad, A.F. Some experiments with models of high-speed ships: Influence of block coefficient and longitudinal centre of buoyancy. *Transactions of the Royal Institution of Naval Architects*, Vol. 91, 1949, pp. 137~158.

10.13 Zborowski, A. Approximate method for estimation of resistance and power of twin screw merchant ships. *International Shipbuilding Progress*, Vol. 20, No. 221, January 1973, pp. 3~11.

10.14 Dawson, J. Resistance of single screw coasters. Part I, L/B = 6, *Transactions of the Institute of Engineers and Shipbuilders in Scotland*. Vol. 96, 1952~1953, pp. 313~384.

10.15 Dawson, J. Resistance and propulsion of single screw coasters. Part II, L/B = 6, *Transactions of the Institute of Engineers and Shipbuilders in Scotland*, Vol. 98, 1954~1955, pp. 49~84.

10.16 Dawson, J. Resistance and propulsion of single screw coasters. Part III, L/B = 6.5, *Transactions of the Institute of Engineers and Shipbuilders in Scotland*. Vol. 99, 1955~1956, pp. 360~441.

10.17 Dawson, J. Resistance and propulsion of single screw coasters. Part IV, L/B = 5.5. *Transactions of the Institute of Engineers and Shipbuilders in Scotland*. Vol. 102, 1958~1959, pp. 265~339.

10.18 Pattullo, R.N.M. and Thomson, G.R. The BSRA trawler series (Part I). Beam-draught and length-displacement ratio series, resistance and propulsion tests. *Transactions of the Royal Institution of Naval Architects*, Vol. 107, 1965, pp. 215~241.

10.19 Pattullo, R.N.M. The BSRA Trawler Series (Part II). Block coefficient and longitudinal centre of buoyancy variation series, resistance and propulsion tests. *Transactions of the Royal Institution of Naval Architects*, Vol. 110, 1968, pp. 151~183.

10.20 Thomson, G.R. and Pattullo, R.N.M. The BSRA Trawler Series (Part III). Block coefficient and longitudinal centre of buoyancy variation series, tests with bow and stern variations. *Transactions of the Royal Institution of Naval Architects*, Vol. 111, 1969, pp. 317~342.

10.21 Pattullo, R.N.M. The resistance and propulsion qualities of a series of stern trawlers. Variation of longitudinal position of centre of buoyancy, beam, draught and block coefficient. *Transactions of the Royal Institution of Naval Architects*, Vol. 116, 1974, pp. 347~372.

10.22 Ridgely-Nevitt, C. The resistance of trawler hull fos of 0.65 prismatic coefficient. *Transactions of the Society of Naval Architects and Marine Engineers*, Vol. 64, 1956, pp. 443~468.

10.23 Ridgely-Nevitt, C. The development of parent hulls for a high displacement-length series of trawler forms. *Transactions of the Society of Naval Architects and Marine Engineers*, Vol. 71, 1963, pp. 5~30.

10.24 Ridgely-Nevitt, C. The resistance of a high displacement-length ratio trawler series. *Transactions of the Society of Naval Architects and Marine Engineers*, Vol. 75, 1967, pp. 51~78.

10.25 Parker, M.N. and Dawson, J. Tug propulsion investigation. The effect of a buttock flow stern on bollard pull, towing and free-running perfoance. *Transactions of the Royal Institution of Naval Architects*, Vol. 104, 1962, pp. 237~279.

10.26 Moor, D.I. An investigation of tug propulsion. *Transactions of the Royal Institution of Naval Architects*, Vol. 105, 1963, pp. 107~152.

10.27 Nordström, H.F. Some tests with models of small vessels. Publications of the Swedish State Shipbuilding Experimental Tank. Report No. 19, 1951.

10.28 Lindgren, H. and Williams, Å. Systematic tests with small fast displacement vessels including the influence of spray strips. SSPA Report No. 65, 1969.

10.29 Beys, P.M. Series 63 – round bottom boats. Stevens Institute of Technology, Davidson Laboratory Report No. 949, 1993.

10.30 Yeh, H.Y.H. Series 64 resistance experiments on high-speed displacement forms. *Marine Technology*, July 1965, pp. 248~272.

10.31 Wellicome, J.F., Molland, A.F., Cic, J. and Taunton, D.J. Resistance experiments on a high speed displacement catamaran of Series 64 form. University of Southampton, Ship Science Report No. 106, 1999.

10.32 Karafiath, G. and Carrico, T. Series 64 parent hull displacement and static trim variations. *Proceedings of Seventh International Conference on Fast Sea Transportation, FAST'2003*, Ischia, Italy, October 2003, pp. 27~30.

10.33 Molland, A.F., Karayannis, T., Taunton, D.J. and Sarac-Williams, Y. Preliminary estimates of the dimensions, powering and seakeeping characteristics of fast ferries. *Proceedings of Eighth International Marine Design Conference, IMDC'2003*,

Athens, Greece, May 2003.

10.34 Bailey, D. The NPL high speed round bilge displacement hull series. Maritime Technology Monograph No. 4, Royal Institution of Naval Architects, 1976.

10.35 Compton, R.H. Resistance of a systematic series of semi-planing transom stern hulls. *Marine Technology*, Vol. 23, No. 4, 1986, pp. 345~370.

10.36 Robson, B.L. Systematic series of high speed displacement hull forms for naval combatants. *Transactions of the Royal Institution of Naval Architects*, Vol. 130, 1988, pp. 241~259.

10.37 Lahtiharju, E., Karppinen, T., Helleraara, M. and Aitta, T. Resistance and seakeeping characteristics of fast transom stern hulls with systematically varied form. *Transactions of the Society of Naval Architects and Marine Engineers*, Vol. 99, 1991, pp. 85~118.

10.38 Gamulin, A. A displacement series of ships. *International Shipbuilding Progress*, Vol. 43, No. 434, 1996, pp. 93~107.

10.39 Radojcic, D., Princevac, M. and Rodic, T. Resistance and trim predictions for the SKLAD semi-displacement hull series. *Ocean Engineering International*, Vol. 3, No. 1, 1999, pp. 34~50.

10.40 Radojcic, D., Grigoropoulos, G.J., Rodic, T., Kuvelic, T. and Damala, D.P. The resistance and trim of semi-displacement, double-chine, transom-stern hulls. *Proceedings of Sixth International Conference on Fast Sea Transportation, FAST'2001*, Southampton, September 2001, pp. 187~195.

10.41 Grigoropoulos, G.J. and Loukakis, T.A. Resistance and seakeeping characteristics of a systematic series in the pre-planing condition (Part I). *Transactions of the Society of Naval Architects and Marine Engineers*, Vol. 110, 2002, pp. 77~113.

10.42 Clement, E.P. and Blount, D.L. Resistance tests on a systematic series of planing hull forms. *Transactions of the Society of Naval Architects and Marine Engineers*, Vol. 71, 1963, pp. 491~579.

10.43 Keuning, J.A. and Gerritsma, J. Resistance tests on a series of planing hull forms with 25° deadrise angle. *International Shipbuilding Progress*, Vol. 29, No. 337, September 1982.

10.44 Kowalyshyn, D.H. and Metcalf, B. A USCG systematic series of high-speed planing hulls. *Transactions of the Society of Naval Architects and Marine Engineers*, Vol. 114, 2006.

10.45 Hadler, J.B., Hubble, E.N. and Holling, H.D. Resistance characteristics of a systematic series of planing hull forms – Series 65. *The Society of Naval Architects and Marine Engineers*, Chesapeake Section, May 1974.

10.46 Savitsky, D. The hydrodynamic design of planing hulls. *Marine Technology*, Vol. 1, 1964, pp. 71~95.

10.47 Mercier, J.A. and Savitsky, D. Resistance of transom stern craft in the pre-planing regime. Davidson Laboratory, Stevens Institute of Technology, Report No. 1667, 1973.

10.48 Savitsky, D. and Ward Brown, P. Procedures for hydrodynamic evaluation of planing hulls in smooth and rough waters. *Marine Technology*, Vol. 13, No. 4, October 1976, pp. 381~400.

10.49 Hadler, J.B. The prediction of power perfoance of planing craft. *Transactions of the Society of Naval Architects and Marine Engineers*, Vol. 74, 1966, pp. 563~610.

10.50 Insel, M. and Molland, A.F. An investigation into the resistance components of high speed displacement catamarans. *Transactions of the Royal Institution of Naval Architects*, Vol. 134, 1992, pp. 1~20.

10.51 Molland, A.F. Wellicome, J.F. and Couser, P.R. Resistance experiments on a systematic series of high speed displacement catamaran forms: Variation of length-displacement ratio and breadth-draught ratio. *Transactions of the Royal Institution of Naval Architects*, Vol. 138, 1996, pp. 55~71.

10.52 Molland, A.F. and Lee, A.R. An investigation into the effect of prismatic coefficient on catamaran resistance. *Transactions of the Royal Institution of Naval Architects*, Vol. 139, 1997, pp. 157~165.

10.53 Couser, P.R., Molland, A.F., Astrong, N.A. and Utama, I.K.A.P. Calm water powering predictions for high speed catamarans. *Proceedings of Fourth International Conference on Fast Sea Transportation, FAST'97*, Sydney, July 1997.

10.54 Steen, S., Rambech, H.J., Zhao, R. and Minsaas, K.J. Resistance prediction for fast displacement catamarans. *Proceedings of Fifth International Conference on Fast Sea Transportation, FAST'99*, Seattle, September 1999.

10.55 Cassella, P., Coppola, C., Lalli, F., Pensa, C., Scamardella, A. and Zotti, I. Geosim experimental results of high-speed catamaran: Co-operative investigation on resistance model tests methodology and ship-model correlation. *Proceedings of the 7th International Symposium on Practical Design of Ships and Mobile Units, PRADS'98*, The Hague, The Netherlands, September 1998.

10.56 Bruzzone, D., Cassella, P., Pensa, C., Scamardella, A. and Zotti, I. On the hydrodynamic characteristics of a high-speed catamaran with round-bilge hull: Wave resistance and wave pattern experimental tests and numerical calculations. *Proceedings of the Fourth International Conference on Fast Sea Transportation, FAST'97*, Sydney, July 1997.

10.57 Bruzzone, D., Cassella, P., Coppola, C., Russo Krauss, G. and Zotti, I. Power prediction for high-speed catamarans from analysis of geosim tests and from numerical results. *Proceedings of the Fifth International Conference on Fast Sea Transportation, FAST'99*, Seattle, September 1999.

10.58 Utama, I.K.A.P. Investigation of the viscous resistance components of catamaran forms. Ph.D. thesis, University of Southampton, Department of Ship Science, 1999.

10.59 Müller-Graf, B. SUSA – The scope of the VWS hard chine catamaran hull series' 89. *Proceedings of Second International Conference on Fast Sea Transportation, FAST'93*, Yokahama, 1993, pp. 223~237.

10.60 Zips, J.M. Numerical resistance prediction based on the results of the VWS hard chine catamaran hull series'89. *Proceedings of the Third International Conference on Fast Sea Transportation, FAST'95*, Lübeck-Travemünde, Geany, 1995, pp. 67~74.

10.61 Mülller-Graf, B., Radojcic, D. Simic, A. Resistance and propulsion characteristics of the VWS hard chine catamaran hull series'89. *Transactions of the Society of Naval Architects and Marine Engineers*, Vol. 110, 2002, pp. 1~29.

10.62 Gerritsma, J., Moeyes, G. and Onnink, R. Test results of a systematic yacht hull series. *International Shipbuilding Progress*, Vol. 25, No. 287, July 1978, pp. 163~180.

10.63 Gerritsma, J., Onnink, R. and Versluis, A. Geometry, resistance and stability of the Delft Systematic Yacht Hull Series. *7th International Symposium on Developments of Interest to Yacht Architecture 1981.* Interdijk BV, Amsterdam, 1981, pp. 27~40.

10.64 Gerritsma, J., Keuning, J. and Onnink, R. The Delft Systematic Yacht Hull (Series II) experiments. *The 10th Chesapeake Sailing Yacht Symposium, Annapolis.* The Society of Naval Architects and Marine Engineers, 1991, pp. 27~40.

10.65 Gerritsma, J., Keuning, J. and Onnink, R. Sailing yacht perfoance in calm water and waves. *12th International HISWA Symposium on "Yacht Design and Yacht Construction."* Delft University of Technology Press, Amsterdam, 1992, pp. 115~149.

10.66 Keuning, J., Onnink, R., Versluis, A. and Gulik, A.V. Resistance of the unappended Delft Systematic Yacht Hull Series. *14th International HISWA Symposium on "Yacht Design and Yacht Construction."* Delft University of Technology Press, Amsterdam, 1996, pp. 37~50.

10.67 Keuning, J. and Sonnenberg, U. Approximation of the hydrodynamic forces on a sailing yacht based on the 'Delft Systematic Yacht Hull Series'. *15th International HISWA Symposium on "Yacht Design and Yacht Construction"*, Amsterdam. Delft University of Technology Press, Amsterdam, 1998, pp. 99~152.

10.68 ORC VPP Documentation 2009. Offshore Racing Congress. http://www.orc.org/ (last accessed 3rd June 2010). 69 pages.

10.69 Hoerner, S.F. *Fluid-Dynamic Drag.* Published by the author, New York, 1965.

10.70 Moor, D.I. and Small, V.F. The effective horsepower of single-screw ships: Average modern attainment with particular reference to variation of C_B and *LCB*. *Transactions of the Royal Institution of Naval Architects*, Vol. 102, 1960, pp. 269~313.

10.71 Moor, D.I. Resistance and propulsion properties of some modern single screw tanker and bulk carrier forms. *Transactions of the Royal Institution of Naval Architects*, Vol. 117, 1975, pp. 201~214.

10.72 Clements, R.E. and Thompson, G.R. Model experiments on a series of 0.85 block coefficient forms. The effect on resistance and propulsive efficiency of variation in LCB. *Transactions of the Royal Institution of Naval Architects*, Vol. 116, 1974, pp. 283~317.

10.73 Clements, R.E. and Thompson, G.R. Model experiments on a series of 0.85 block coefficient forms. The effect on resistance and propulsive efficiency of variation in breadth-draught ratio and length-displacement ratio. *Transactions of the Royal Institution of Naval Architects*, Vol. 116, 1974, pp. 319~328.

10.74 Moor, D.I. and O'Connor, F.R.C. Resistance and propulsion factors of some single-screw ships at fractional draught. *Transactions of the North East Coast Institution of Engineers and Shipbuilders*, Vol. 80, 1963~1964, pp. 185~202.

10.75 Sabit, A.S. Regression analysis of the resistance results of the BSRA series. *International Shipbuilding Progress*, Vol. 18, No. 197, January 1971, pp. 3~17.

10.76 Sabit, A.S. An analysis of the Series 60 results: Part I, Analysis of forms and resistance results. *International Shipbuilding Progress*, Vol. 19, No. 211, March 1972, pp. 81~97.

10.77 Sabit, A.S. The SSPA cargo liner series regression analysis of the resistance and propulsive coefficients. *International Shipbuilding Progress*, Vol. 23, 1976, pp. 213~217.

10.78 Holtrop, J. A statistical analysis of perfoance test results. *International Shipbuilding Progress*, Vol. 24, No. 270, February 1977, pp. 23~28.

10.79 Holtrop, J. and Mennen, G.G.J. A statistical power prediction method. *International Shipbuilding Progress*, Vol. 25, No. 290, October 1978, pp. 253~256.

10.80 Holtrop, J. and Mennen, G.G.J. An approximate power prediction method. *International Shipbuilding Progress*, Vol. 29, No. 335, July 1982, pp. 166~170.

10.81 Holtrop, J. A statistical re-analysis of resistance and propulsion data. *International Shipbuilding Progress*, Vol. 31, 1984, pp. 272~276.

10.82 Hollenbach, K.U. Estimating resistance and propulsion for single-screw and twin-screw ships. *Ship Technology Research*, Vol. 45, Part 2, 1998, pp. 72~76.

10.83 Radojcic, D. A statistical method for calculation of resistance of the stepless planing hulls. *International Shipbuilding Progress*, Vol. 31, No. 364, December 1984, pp. 296~309.

10.84 Radojcic, D. An approximate method for calculation of resistance and trim of the planing hulls. University of Southampton, Ship Science Report No. 23, 1985.

10.85 van Oortmerssen, G. A power prediction method and its application to small ships. *International Shipbuilding Progress*, Vol. 18, No. 207, 1971, pp. 397~412.

10.86 Robinson, J.L. Perfoance prediction of chine and round bilge hull forms. *International Conference: Hydrodynamics of High Speed Craft*. Royal Institution of Naval Architects, London, November 1999.

10.87 Doust, D.J. Optimised trawler forms. *Transactions NECIES*, Vol. 79, 1962~1963, pp. 95~136.

10.88 Swift, P.M., Nowacki, H. and Fischer, J.P. Estimation of Great Lakes bulk carrier resistance based on model test data regression. *Marine Technology*, Vol. 10, 1973, pp. 364~379.

10.89 Fairlie-Clarke, A.C. Regression analysis of ship data. *International Shipbuilding Progress*, Vol. 22, No. 251, 1975, pp. 227~250.

10.90 Molland, A.F. and Watson, M.J. The regression analysis of some ship model resistance data. University of Southampton, Ship Science Report No. 36, 1988.

10.91 Lin, C.-W., Day, W.G. and Lin, W.-C. Statistical Prediction of ship's effective power using theoretical foulation and historic data. *Marine Technology*, Vol. 24, No. 3, July 1987, pp. 237~245.

10.92 Raven, H.C., Van Der Ploeg, A., Starke, A.R. and Eça, L. Towards a CFD based prediction of ship perfoance – progress in predicting full-scale resistance and scale effects. *Transactions of the Royal Institution of Naval Architects*, Vol. 150, 2008, pp. 31~42.

10.93 Froude, R.E. On the 'constant' system of notation of results of experiments on models used at the Admiralty Experiment Works. *Transactions of the Royal Institution of Naval Architects*, Vol. 29, 1888, pp. 304~318.

10.94 Blount, D.L. Factors influencing the selection of a hard chine or round-bilge hull for high Froude numbers. *Proceedings of Third International Conference on Fast Sea Transportation, FAST'95*, Lübeck-Travemünde, 1995.

10.95 Savitsky, D. and Koelbel, J.G. Seakeeping considerations in design and operation of hard chine planing hulls. *The Naval Architect*. Royal Institution of Naval Architects, London, March 1979, pp. 55~59.

10.96 Correspondence with WUMTIA, University of Southampton, March 2010.

10.97 Molland, A.F., Wellicome, J.F. and Couser, P.R. Resistance experiments on a systematic series of high speed displacement catamaran forms: Variation of length-displacement ratio and breadth-draught ratio. University of Southampton, Ship Science Report No. 71, 1994.

CHAPTER 11

추진기의 유형

11.1 기본 요구 성능: 추력과 모멘텀의 변화

모든 추진기구는 다음과 같은 Newton의 운동법칙에 의거하여 '작동 유체'에 모멘텀을 부여하는 원리에 의해 작동한다.

(a) 작용하는 외력은 모멘텀의 변화율과 같다.
(b) 작용과 반작용은 크기가 같고 방향이 반대이다.

즉, 작동 유체의 모멘텀을 변화시키는 데 필요한 힘이 추진기구에 반작용으로 나타나고, 이것이 그 기구에 의해 생성되는 추력이 된다.

추진기구의 작용에 의해 추진기를 통과하는 유체의 속도가 V_1에서 V_2로 가속되었고 기구를 단위 시간당 통과하는 질량을 $\dot{m}$이라 가정하면, 발생되는 추력(T)은 다음과 같다.

$$\begin{aligned} T &= \text{모멘텀의 변화율} \\ &= \dot{m}(V_2 - V_1) \end{aligned} \tag{11.1}$$

모멘텀의 변화를 일으키는 방법은 다양한데, 이에 따라 여러 가지 추진기의 유형이 분류된다.

11.2 효율 수준

어떤 추진기든 일반적인 특성은 기본적으로 그림 11.1에 나타낸 것과 같다. 추력 공식 $T = \dot{m}(V_2 - V_1)$은 $V_1 \rightarrow V_2$일 때 $T \rightarrow 0$이 됨을 가리킨다. 즉, 전진속도 V_1 대 유체의 분출 속도 V_2의 비 V_1/V_2가 증가하면 추력은 감소한다. 다음과 같은 두 가지 극한적인 경우를 생각해 볼 수 있다.

(i) $V_1 = V_2$의 경우 추력은 0이 된다. 그러므로 출력($P = TV_1$)도 0이다. 이 조건에서는 점성 손실 때문에 약간의 입력 동력이 필요하므로 효율 $\eta = 0$이다.

(ii) $V_1 = 0$의 경우에는 비록 추진기가 (보통) 최대의 추력을 발생하고 있지만, 출력 $TV_1 = 0$이므로 $\eta = 0$이다.

이들 두 극단적인 경우 사이의 어떤 V_1/V_2 값에서 η는 최대가 된다. 따라서 최대 효율을 내기 위해 추진기구를 이 조건에 근접하여 작동하도록 설계하는 것이 바람직하다.

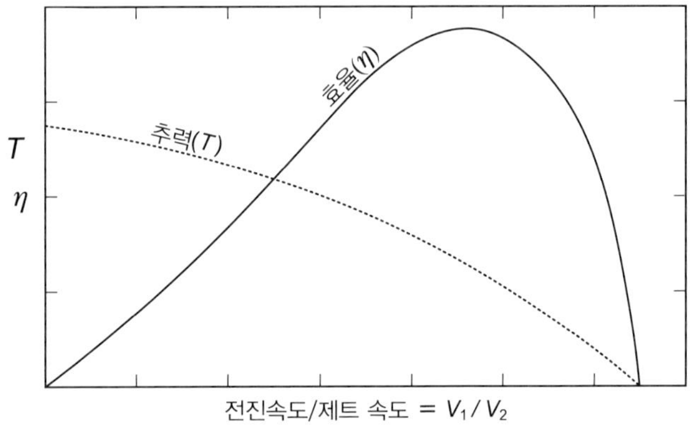

그림 11.1 추진기 특성.

11.3 추진기 유형의 요약

이 절은 다양한 추진기 유형의 특성에 대한 요약이다. 설계 목적에 맞는 상세한 추진기의 성능 데이터는 16장을 참조하라.

11.3.1 일반 프로펠러

프로펠러는 그림 11.2에 나타낸 것처럼 뒤로 젖혀진 판을 통과하는 가상적인 원통 내의 유체를 가속시킨다. 이는 단연코 가장 보편적인 추진기구이다. 전형적으로 3~5개의 날개를 가지고 있으며, 날개의 개수는 선체와 추진축의 진동 주파수에 따라 결정된다. 보스(boss) 대 직경의 비는 보통 0.18~0.20이고, 캐비테이션 요구조건을 맞추기 위해 날개면적비가 결정된다. 프로펠러 기진력을 저감하고 직경 및 효율을 약간 늘리기 위해 상당한 크기의 스큐(skew)를 적용할 수 있다. 선박용 프로펠러의 상세한 특성은 12장에 서술되어 있다. 선박용 프로펠러의 기원 및 발달과정에 대한 정리는 Carlton[11.1]을 참조하라. 팁 레이크(tip rake)[11.2, 11.3] 및 끝단판(end plate)[11.4]을 포함하는 변경을 통해 기본형 날개의 성능을 향상시킬 수 있다.

일반 프로펠러의 특수한 응용 예로는 캐비테이션을 용인할 수밖에 없는 상황에서

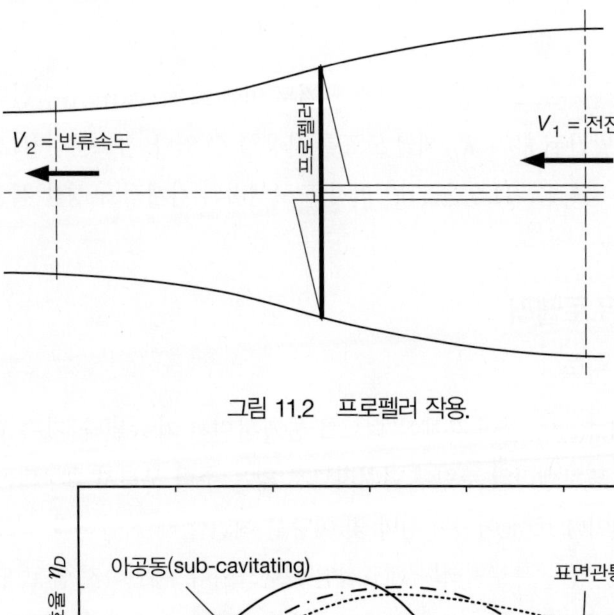

그림 11.2 프로펠러 작용.

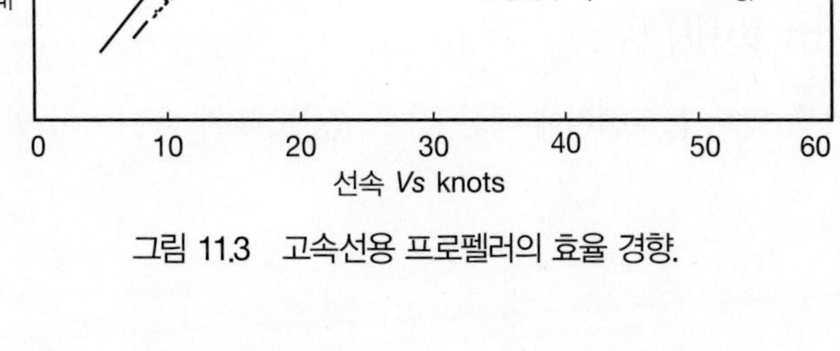

그림 11.3 고속선용 프로펠러의 효율 경향.

사용되는 초공동(supercavitating) 프로펠러 및 고속선용 표면관통(surface piercing) 프로펠러가 있다. 그림 11.3에 이들 프로펠러 유형의 효율 및 선속 범위에 대한 경향이 도시되어 있다.

데이터 출처 고정 피치(fixed pitch), 초공동 및 수면관통 프로펠러 계열의 $K_T - K_Q$ 데이터는 16장을 참조하라.

11.3.2 가변 피치 프로펠러(Controllable Pitch Propeller: CPP)

달라지는 프로펠러 하중 조건에 대해 피치를 조절할 수 있는 프로펠러이다. 그러므로 예인선, 트롤 어선 및 페리(ferry)에 적합하다. 또한 역추진도 가능하다. 보스 대 직경의 비가 0.25 정도로 고정 피치 주물 프로펠러보다 크다. 가변 피치 프로펠러는 고정 피치 프로펠러보다 기계적인 구조가 복잡하고 초기 설치비용 및 유지비용이 높고 효율 손실이 2~3%로 비교적 작다. 날개를 뒤집어서 역추진을 하기 때문에 날개 면적에 약간의 제약이 있을 수 있다.

데이터 출처 피치를 변수로 놓고 증가된 보스 크기로 인한 효율 감소를 감안한다면 고정 피치 프로펠러에 대해 발간된 $K_T - K_Q$ 계열 도표를 사용할 수 있다. 참조문헌 [11.5]는 효율에 대한 보스 직경비의 영향을, [11.6]은 가변 피치 프로펠러의 기계적 구성을 서술하고 있다.

11.3.3 덕트 프로펠러

11.3.3.1 가속 덕트

이 경우에는 그림 11.4(a)와 같이 유체가 덕트를 통과하면서 가속된다. 가속 덕트 프로펠러는 덕트의 추력이 프로펠러의 추력에 합쳐지므로 많은 추력 부하가 요구되는 경우에 효율적이다. 즉, 예인선이나 트롤 어선이 선박 및 어망을 예인할 때 적합하다. 덕트는 조향 가능하다. Kort 노즐은 덕트 프로펠러의 대표적인 브랜드이다. 예인하지 않고 단독 운항하는 경우나 부하가 작을 경우에는 비덕트 프로펠러의 효율보다 작아지는 경향이 있다. 덕트에 전동기가 설치되어 프로펠러의 테두리를 회전시키는 테두리 구동(rim-driven) 덕트 추진기도 개발되어 있다[11.7].

데이터 출처 가속 덕트 프로펠러에 대한 $K_T - K_Q$ 도표가 출판되어 있다. 16장을 참조하라.

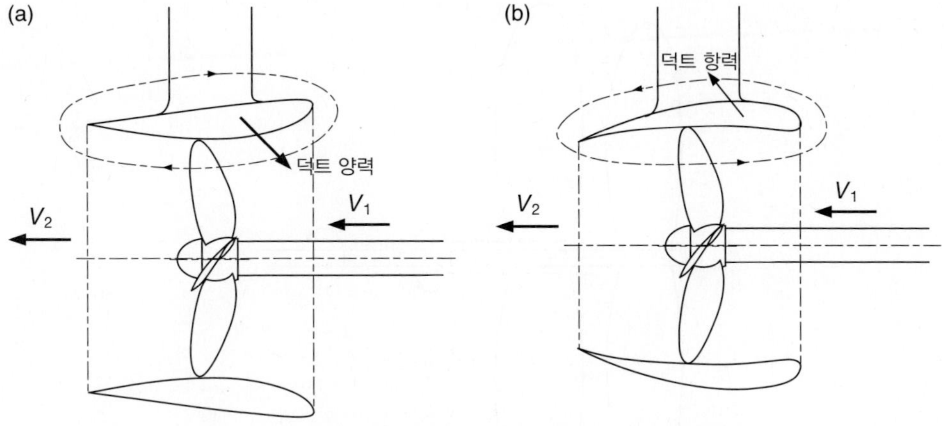

그림 11.4 (a) 덕트 프로펠러(가속), (b) 덕트 프로펠러(감속).

11.3.3.2 감속 덕트

이 경우에는 그림 11.4(b)와 같이 덕트 내부에서 유속이 줄어들며, 이 유형의 덕트에서는 효율과 추력에 손실이 발생한다. 이것의 목적은 프로펠러 위치에서 압력을 증가(속도를 감소)시켜 캐비테이션을 저감하고 이와 관련된 소음 방사를 줄이는 것이다. 캐비테이션으로 인해 발생하는 소음 레벨을 최소화하는 것이 중요한 함정에 사용이 제한되는 경향이 있다.

11.3.4 이중 반전 프로펠러(Contra-Rotating Propeller: CRP)

이 프로펠러는 그림 11.5처럼 동축 이중 반전 추진축에 의해 구동된다. 프로펠러 후류(slipstream)의 수축을 감안하여 후방의 프로펠러가 전방의 프로펠러보다 작다. 이러한 구성으로 인하여 전방 프로펠러로 인해 발생하는 회전유동에 의한 손실이 일부 회수되어 통상 프로펠러 대비 5~7% 정도의 효율이 증가한다. 복잡한 기어 및 축계 밀봉 기구로 인하여 단일 프로펠러보다 기계적으로 복잡해지고 중량이 늘어나며, 초기비용 및 유지·관리비용이 상승한다. 어뢰에서는 반작용 토크 때문에 몸체가 회전하는 것을 막기 위해 이중 반전 프로펠러가 채택되기도 한다. 이중 반전 프로펠러에 대한 연구 사례는 [11.8~11.10]을 참조하라. 통상형 프로펠러와 그 하류 방향에 이중 반전 포드 프로펠러의 조합으로 구성된 혼성 프로펠러 배치에 대한 실험적 연구도 수행된 바 있다[11.11, 11.12].

데이터 출처 [11.8~11.12]와 같은 임기응변 식의 데이터가 몇 가지 있지만 체계적인 데이터는 거의 존재하지 않는다.

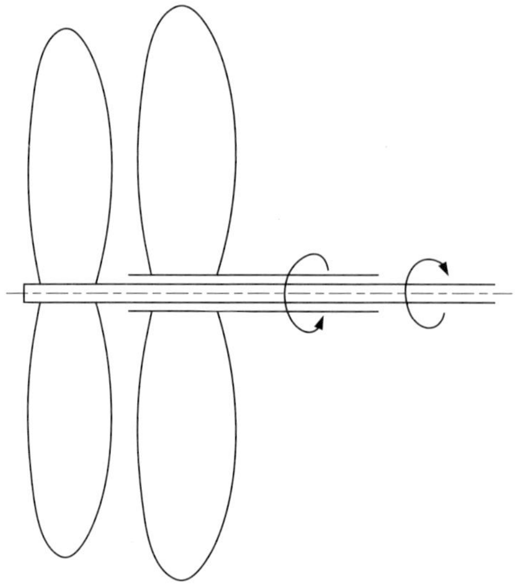

그림 11.5 이중 반전 프로펠러.

11.3.5 직렬 프로펠러(Tandem Propeller)

이 프로펠러는 그림 11.6과 같이 2개 이상의 프로펠러가 동일한 축에 부착되어 있다. 축을 통해 전달하려는 추력이 하나의 프로펠러로는 충분히 전달되지 않을 경우 사용되어 왔다[11.13]. 이는 특히 캐비테이션의 위험성을 줄이고자 할 때 적용되는데, 고속 함정인 *Turbinia*가 역사적인 사례이다[11.14].

데이터 출처 체계적인 데이터는 거의 없지만 몇몇 모형시험 결과가 [11.13]에 주어져 있다.

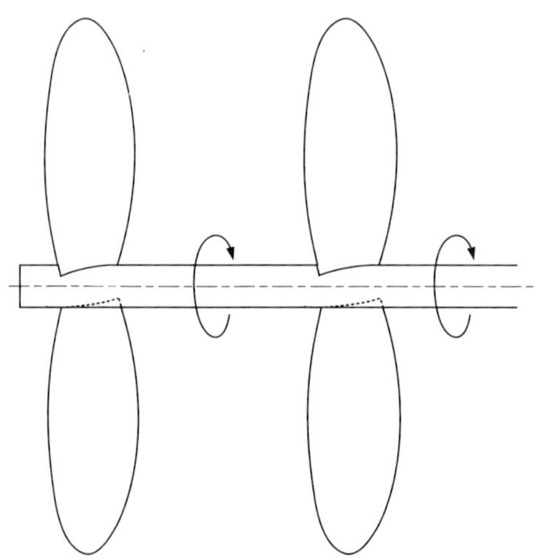

그림 11.6 직렬 프로펠러.

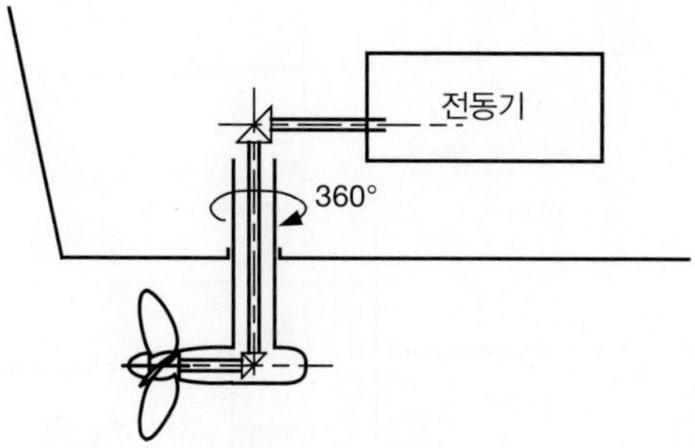

그림 11.7 Z-드라이브.

11.3.6 Z-드라이브(Z-Drive Unit)

그림 11.7에 나타낸 것처럼 베벨 기어를 통해 기계적 축 기구에 의하여 동력이 전동기와 프로펠러 사이에 전달된다. 축 브래킷이나 통상형 프로펠러에서 요구되는 공간이 필요 없다. 덕트 프로펠러를 사용할 수도 있고, 보통 360° 선회하면서 방향별 추력을 발생하기 때문에 러더도 필요 없다. 기어를 통해 어느 정도의 효율 손실이 발생한다. 어떤 시스템은 장치의 앞뒤에 프로펠러가 설치되어 직렬 프로펠러가 작동하기도 한다.

데이터 출처 고정 피치 프로펠러에 대해 출판된 $K_T - K_Q$ 계열 도표를 사용할 수 있다.

11.3.7 포드 프로펠러

이는 고정 피치 프로펠러가 적용된 추진기이며, 그림 11.8과 같이 포드(pod)에 내장된 세장형의 고효율 전동기가 포함되어 있다. 덕트 프로펠러를 사용할 수 있다. 보통 360° 선회하면서 방향별 추력을 발생하기 때문에 조종 성능이 좋고 러더는 불필요하다. 프로펠러가 포드의 앞에 장착된 경우를 견인형(puller type) 혹은 트랙터(tractor)라 칭하는데, 비교적 균일하고 깨끗한 반류가 유입되기 때문에 진동, 캐비테이션, 소음이 줄어든다. 어떤 시스템은 장치의 앞뒤에 프로펠러가 설치되어 직렬 프로펠러가 작동하기도 한다.

포드 프로펠러는 보통 평저선 유형 선미에 장착되는데, 추진축이 유동에 대해 기울어질 수 있다. 수직 지지 스트럿의 뒷날에 플랩(flap)을 설치하거나 포드 아래에 핀(fin)을 덧붙여서 조종성 및 침로 안정성(course-keeping peformance)을 향상시킬 수 있다.

데이터 출처 고정 피치 프로펠러에 대해 출판된 $K_T - K_Q$ 계열 도표를 비교적 큰 포드와 스트럿을 감안한 적당한 반류비 보정값과 함께 사용할 수 있다. 이러한 측면들에 대해서는 16장에서 더 논의하도록 한다.

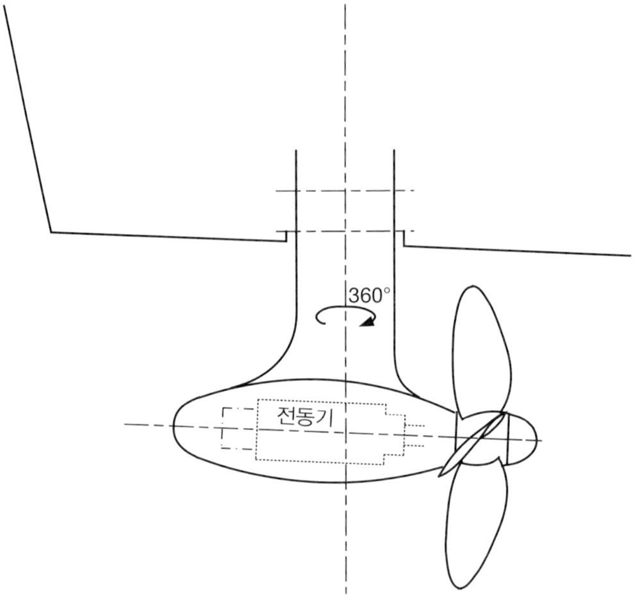

그림 11.8 포드 추진기.

11.3.8 워터젯 추진

워터젯은 유체를 흡입구를 통해 선체 안으로 끌어들여 그림 11.9와 같이 수면 위 혹은 아래(보통은 수면 위)로 빠른 속도로 분출한다. 축류형, 원심형 혹은 피스톤 유형 등 다양한 펌프가 사용되지만 축류/원심 혼합형이 가장 일반적이다. 워터젯은 물에 잠긴 부가물이 없는데, 어떤 경우에는 이점이 될 수 있다. 예를 들어 프로펠러가 덕트에 둘러싸여 안전하기 때문에 소형 레저 선박 및 구조정, 잠수 지원정 등에는 매력적이다. 선회 노즐 및 역추진 버킷으로써 추력의 방향을 전환하거나 역추진이 가능하다. 펌프 및 입·출구 덕트에서의 동력 손실은 낮은 속도에서 추진효율의 저하를 야기할 수 있다. 워터젯은 30 knots 이상의 고속에서 통상형 프로펠러보다 효율이 높다. 그보다 낮은 속도에서는 통상형 프로펠러가 더욱 효율적인 반면, 대략 40~45 knots보다 높은 속도에서는 초공동 프로펠러 혹

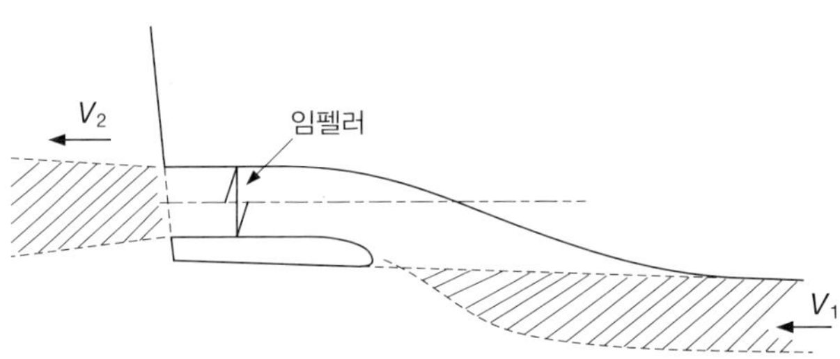

그림 11.9 워터젯.

은 수면관통 프로펠러가 더욱 효율적일 수 있다.

데이터 출처 설계를 위해 제조사의 데이터 및 이론적 접근 방식을 사용할 수 있다. 16장을 참조하라.

11.3.9 사이클로이달 프로펠러(Cycloidal Propeller)

이는 수직축 프로펠러로서 그림 11.10과 같이 날개가 익형(aerofoil)처럼 기능한다. 추력이 어떤 방향으로든 생성될 수 있으므로 러더는 불필요하다. Voith Schneider는 사이클로이달 프로펠러의 대표적인 브랜드이다. 이들 프로펠러는 높은 조종성과 위치 유지 능력이 요구되는 예인선 및 페리에 주로 장착된다. 그러한 선박들은 종종 동일한 형상의 선수미에 각각 하나씩의 추진기구가 설치되어 바로 측면으로 추진되거나 전진하지 않고도 회전할 수 있다.

데이터 출처 제조사 데이터와 함께 몇몇 데이터가 $K_T - K_Q$ 도표의 형태로 출판되었다. 16장을 참조하라.

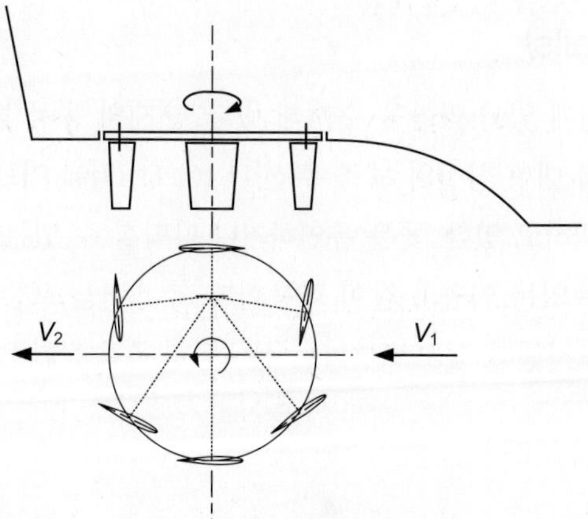

그림 11.10 사이클로이달 프로펠러(Voith Schneider).

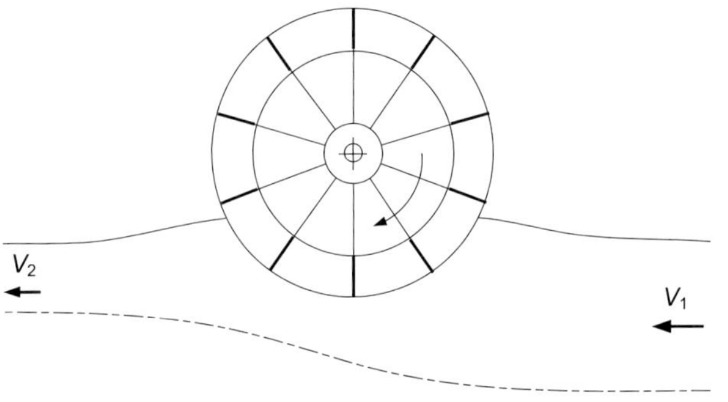

그림 11.11 외륜.

11.3.10 외륜(Paddle Wheels)

외륜은 그림 11.11과 같이 수면의 유체층을 가속시킨다. 선측 혹은 선미에 설치되는데, 날개는 고정되거나 접힐 수 있다. 접히는 날개로 인해 달성되는 효율은 통상형 프로펠러의 효율에 필적한다.

데이터 출처 설계를 위한 몇몇 체계적인 성능 데이터를 사용할 수 있다. 16장을 참조하라.

11.3.11 돛(Sails)

돛은 항상 선박 추진에 있어 역할을 수행해 왔다. 현재의 응용 범위는 항해용 혹은 경주용 요트[11.15]로부터 대형 상선의 보조 추진[11.16, 11.17]에 이르고 있는데, 보조 추진은 11.3.16절에서도 논의하고 있다. 돛은 유연하거나 딱딱할 수 있는데, 두 가지 경우 모두 바람 쪽으로 전진할 수 있는 익형과 같이 작용한다. 추진력을 포함한 돛으로부터 발생하는 힘을 그림 11.12에 도시했다. 돛으로부터는 상대풍향에 수직한 방향의 양력(L) 및 상대풍

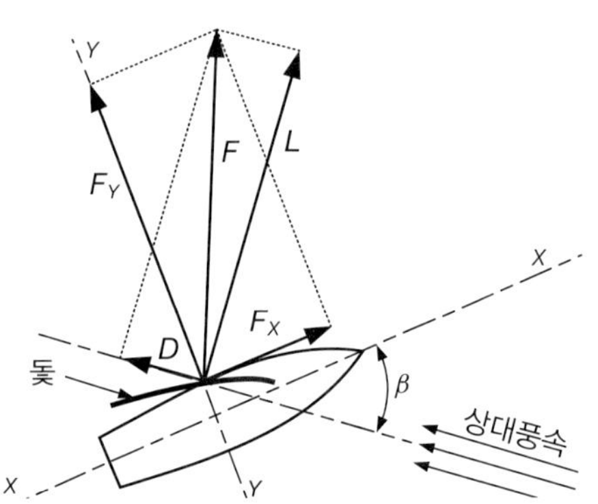

그림 11.12 세일력(sail forces).

향 방향의 항력(D)이 발생하고, 그 합력을 F로 표시한다. 합력은 배의 길이 방향 X축 분력인 F_X 및 측면 방향 Y축 분력인 F_Y로 분해될 수 있고, F_X가 추진력이 된다.

데이터 출처 돛의 성능 데이터는 대개 풍동시험으로부터 도출된다. 예비설계 목적으로는 유연한 돛에 대한 실험적 이론 데이터를 사용할 수 있다. 16장을 참조하라.

11.3.12 노(Oars)

노를 사용하는 조정 및 스컬은 보통 선박 추진의 가장 기초적인 방법으로 인식된다. 노를 저을 때의 추진동력 추정에 대한 대표적인 참고문헌[11.8~11.21]을 참조하라.

11.3.13 측면 추진기

이는 원래 선수 스러스터(bow thruster)로 사용되었는데, 그림 11.13을 참조하라. 현재는 저속에서 높은 조종성이 요구되는 선박의 선수 및 선미에 사용된다. 여기에는 입·출항 및 자동위치조정(dynamic positioning)이 포함된다.

데이터 출처 출판된 몇몇 데이터 및 제조사 데이터를 사용할 수 있다. 16장을 참조하라.

11.3.14 기타 추진기

앞에서 설명한 모든 추진기는 운항에 이용되어 효율이 입증된 것들이다. 다음에 설명할 추진기들은 비록 현재의 형태로는 효율적이지 못하지만 향후 추진 목적으로 응용될 수 있는 실험적인 시스템들이다.

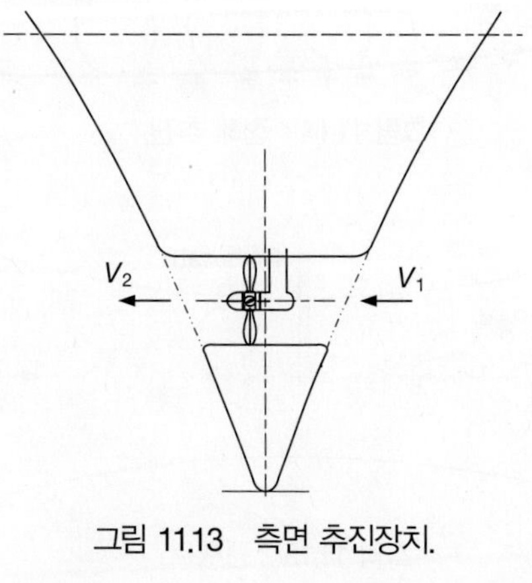

그림 11.13 측면 추진장치.

11.3.14.1 전해 추진

전해질(이 경우에는 해수)에 잠긴 코일에 저주파 교류 전류를 흘리면 그림 11.14와 같이 와전류(eddy current)가 전해질에 유도되어 코일의 뒷방향으로 흐른다. 일반적으로 추력 및 효율은 작다. 움직이는 부품과 소음이 없기 때문에 군사적 목적에 적합한 추진 방식이 될 수 있다. 소형 상선에 대하여 이와 같은 추진 방식을 연구한 결과가 [11.1, 11.22]에 서술되어 있다.

11.3.14.2 램제트(Ram Jets)

그림 11.15처럼 램제트의 확대부(diffuser) 쪽에서 기포 혹은 기체를 팽창시키면 유체에 일을 하게 되어 모멘텀의 변화가 일어난다. 기체는 목(throat) 부위에서 압축공기를 분사하거나 물과 '연료'인 나트륨 혹은 리튬 알갱이 사이의 화학반응으로부터 공급된다. 이 기구는 스스로 기동할 수 없고 효율도 낮다. 기포를 이용한 램제트의 조사결과가 [11.23]에 보고되어 있다.

11.3.14.3 해양생물의 추진 방식

해양생물의 저항, 추진 및 추진효율에 대한 연구가 오랜 동안 수행되었다. 수많은 해양생물 종들이 바람직한 공학적 특징을 갖고 있는 점이 명백하다. 해양생물의 작용으로부터 영감을 얻은 연구를 생체 모방 기술이라 한다[11.24]. 이 분야의 연구는 물고기의 추진운

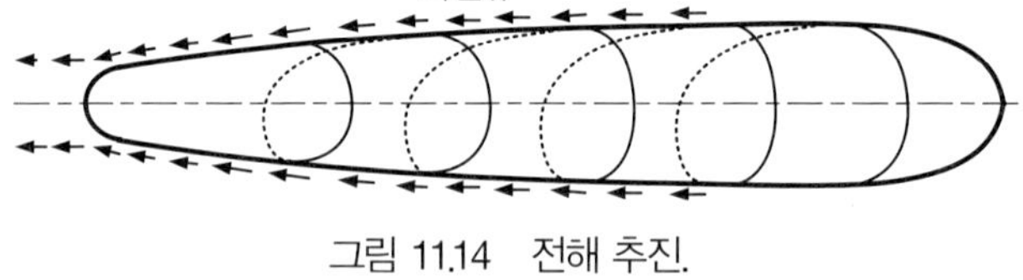

그림 11.14 전해 추진.

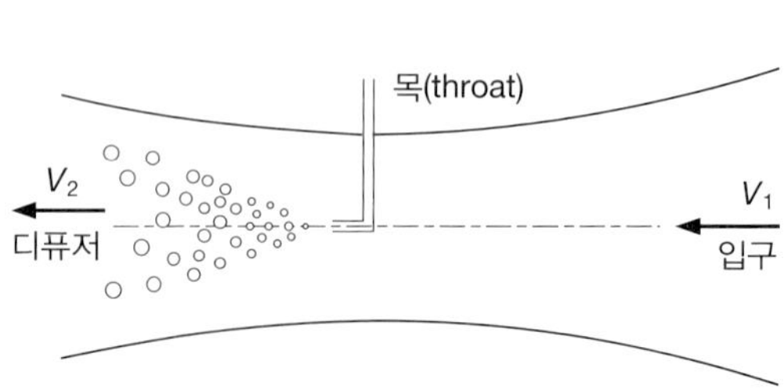

그림 11.15 램제트.

동 모사[11.25~11.28]와 저항을 최소화하기 위한 물고기 체형 및 표면 상태의 변화[11.29, 11.30]를 포함한다. 다양한 분야에서 연구가 진행되고 있으며, 의미 있는 연구의 다른 사례로는 [11.28, 11.31, 11.32, 11.33]을 참조하라.

11.3.15 추진효율 향상 기구

11.3.15.1 효율 향상 가능성

준추진효율(quasi-propulsive coefficient, η_D)은 다음과 같이 쓸 수 있다.

$$\eta_D = \eta_o \times \eta_H \times \eta_R \tag{11.2}$$

여기서 η_H는 선체 효율(hull efficiency, 8장 및 16장 참조)이고, η_R은 상대회전 효율(relative rotative efficiency, 16장 참조)이다.

η_o는 프로펠러의 단독 효율로서 프로펠러 직경(D), 피치 비(P/D) 및 회전수(rpm)에 의존한다. 이들 매개변수의 조합을 최적화하여 효율을 최대화하는 것이 요구된다. 이론 및 실제 경험에 따르면 대부분의 경우 직경을 증가시키고 그에 따라 P/D 및 회전수를 바꾸면 효율이 증가하는 것으로 나타난다. 프로펠러 팁 간극(tip clearance) 때문에 직경을 무한정 증가시킬 수는 없다. 고정된 프로펠러 매개변수 조합에 대하여 단독 효율 η_o는 다음과 같이 구성되는 것으로 여겨진다.

$$\eta_o = \eta_a \cdot \eta_r \cdot \eta_f \tag{11.3}$$

여기서 η_a는 축 방향 모멘텀 원리에 근거한 이론적 효율을 유한한 날개 개수를 감안하여 수정한 값이고, η_r은 프로펠러로 유발된 유체 회전에 기인한 손실을 나타내며, η_f는 날개 마찰저항의 영향을 나타낸다(Dyne[11.34, 11.35]). 이와 같은 효율 성분의 구분은 15장의 날개요소 모멘텀 이론을 사용해서도 유도된다. 이론에 따르면 보통의 추력 부하일 때 이들의 값은 $\eta_a = 0.80$(추력 부하가 커지면 뚜렷하게 감소), $\eta_r = 0.95$(추력 부하와는 거의 무관) 및 $\eta_f = 0.85$(추력 부하가 커지면 약간 증가)로 예측되어 $\eta_o = 0.646$이 된다. 이와 같은 효율 성분 분류는 어디에서 효율 향상이 가능할지에 따른 개선 방법, 예를 들어 η_r을 향상시키기 위해 전류 기구(pre-swirl device) 혹은 후류 기구(post-swirl device)를 사용한다든지 η_f를 향상시키기 위한 표면 처리 사용을 선택할 수 있기 때문에 중요하다.

11.3.15.2 효율 향상 기구의 예

많은 기구들이 개발되어 추진계통 효율을 개선하기 위해 사용되어 왔다. 여러 기구들이 프로펠러로부터 발생하는 후류의 회전 손실을 회수한다. 어떤 것들은 프로펠러 허브 와류의 에너지를 회수한다. 다른 것들은 프로펠러 유입유동의 방향을 변화시키는 전류 덕트(preswirl duct) 혹은 전류 핀(preswirl fin)을 포함한다. 이러한 기구들이 총합 효율을 3~8% 정도 개선한다고 한다. 그러한 사례들은 다음과 같다.

- 뒤틀린 선미 형상[11.36]
- 트위스트 러더[11.37, 11.38]
- 러더 핀[11.39]
- 전류 덕트[11.40, 11.41]
- 일체형 프로펠러 러더[11.42]
- PBCF(propeller boss cap fin)[11.43]

11.3.16 보조 추진기구

많은 기구들이 재생에너지를 사용하여 추진동력을 공급한다. 에너지원은 바람, 파도 및 태양광이다. 다음 절에서 이들을 사용하는 기구에 대해 설명한다.

11.3.16.1 바람

바람에 의한 보조 추진동력은 돛, 로터, 연 및 풍력 터빈에 의해 공급된다. 바람에 의한 보조 추진에 대한 훌륭한 정리가 [11.16] 및 Windtech'85 [11.44]에 주어져 있다.

돛

돛은 유연하거나 딱딱할 수 있다. 유연한 돛은 일반적으로 제어가 복잡하고 대형 상선에 적합할 정도로 충분히 튼튼하지 못하다. 견고한 익형이 수직으로 세워진 딱딱한 돛은 상선 응용에 매력적이다[11.44]. 딱딱한 돛은 구조가 강건하고 운항 시 제어가 용이하다. Walker Wingsail에 의해 설계된 시제품이 1980년대 연안 연락선에 성공적으로 적용된 바 있다.

로터

이는 회전하는 원통에 바람이 불면 수직 방향으로 양력이 발생하는 매그너스(Magnus) 효과에 의존하는 것으로, 1920년대 Flettner에 의해 화물선에서 효용이 입증되었다. 로터에 대한 관심이 새로이 제기되고 있는데, 추진동력에 상당한 기여를 할 수 있다고 주장하고 있다[11.45]. 대형 상선에 로터를 적용할 경우 적절한 강도 확보에 어려움이 있을 수 있다.

연

연은 지난 몇 년 사이 개발되었고 10~35% 정도의 상당한 동력 기여가 추정되었다[11.46]. 대형 상선에서 사용하기에는 연을 띄우고 수납하는 과정이 너무 복잡하고 강건성이 부족할 수 있다.

풍력 터빈

수직축 혹은 수평축이며 1980년대 상세한 연구가 진행되었다[11.44]. 실제 응용에서는 효과적이지만 대형 선박에서 유효한 추진동력을 얻기 위해서는 직경과 구조가 커져야 한다. 프로펠러에 직결되거나 전기 구동을 보완하는 발전기에 연결될 수 있다.

11.3.16.2 파도

파도 추진기구는 선박의 종동요 혹은 상하동요에 따라 자유로이 펄럭이는 대칭형 날개로 구성되어 있다. 선박의 운동에 따라 펄럭이는 날개는 전방 추진력을 발생한다[11.28]. 총합 추진동력에 의미 있는 기여를 하기 위해서는 날개가 매우 커야 하는데, 이는 비실용적이다.

11.3.16.3 태양전지(Photovoltaic Cell)를 이용한 태양광

최근 이 기술에 많은 관심이 쏠리고 있다. 하지만 정상적인 운항속도에서 추진동력에 뚜렷한 기여를 하기 위해서는 비실용적일 정도로 넓은 태양전지 판이 요구된다. 상대적으로 저속인 페리 및 관광용 여객선이 효과적인 응용 대상이 될 수 있다.

11.3.16.4 보조동력과 프로펠러 간 상호작용

Molland 및 Hawksley[11.47]와 같이 돛, 로터, 연과 같은 보조 추력장치와 주 추진기관 간 상호작용에 주목하는 것이 중요하다. 기본적으로 특정 속도에서 보조 추력으로 인하여 주 추진기관의 부하가 경감되어 한계치 바깥으로 운전 조건이 변화할 수 있다. 이런 상황은 가변 피치 프로펠러 혹은 필요할 때 정지 가능한 복수의 기관(감속기로 연결)을 설치함으로써 극복할 수 있다. 이러한 문제는 또한 선박을 일정 속도 혹은 일정 동력으로 운전하느냐에 따라 달라진다. 새로운 선박을 설계하는 단계에서는 추가적인 비용을 들여 이러한 문제들을 해결할 수 있다. 하지만 현존선에 대해 보조동력을 장착한다면 이와 같은 해결책들이 문제를 야기할 수 있다.

11.3.16.5 보조동력 적용

추진동력 관점에서는 여기에 서술한 많은 기구들이 비실용적일 수 있는 반면, 풍력 터빈이나 태양전지와 같은 기구들은 전력 생산을 위한 보조 발전기에 보충 전력을 공급할 수 있다. 이렇게 함으로써 주 추진동력과 보조 발전동력을 포함한 총합 동력을 줄일 수 있다.

참조문헌(11장)

11.1 Carlton, J.S. *Marine Propellers and Propulsion*. 2nd Edition. Butterworth-Heinemann, Oxford, UK, 2007.

11.2 Andersen, P. Tip modified propellers. *Ocean Engineering International*, Vol. 3, No. 1, 1999.

11.3 Dang, J. Improving cavitation performance with new blade sections for marine propellers. *International Shipbuilding Progress*, Vol. 51, 2004.

11.4 Dyne, G. On the principles of propellers with endplates. *Transactions of the Royal Institution of Naval Architects*, Vol. 147, 2005, pp. 213~223.

11.5 Baker, G.S. The effect of propeller boss diameter upon thrust and efficiency at given revolutions. *Transactions of the Royal Institution of Naval Architects,* Vol. 94, 1952, pp. 92~109.

11.6 Brownlie, K. *Controllable Pitch Propellers*. IMarEST, London, UK, 1998.

11.7 Abu Sharkh, S.M., Turnock, S.R. and Hughes, A.W. Design and performance of an electric tip-driven thruster. *Proceedings of the Institution of Mechanical Engineers, Part M: Journal of Engineering for the Maritime Environment*, Vol. 217, No. 3, 2003.

11.8 Glover, E.J. Contra rotating propellers for high speed cargo vessels. A theoretical design study. *Transactions North East Coast Institution of Engineers and Shipbuilders*, Vol. 83, 1966~1967, pp. 75~89.

11.9 Van Manen, J.D. and Oosterveld, M.W.C. Model tests on contra-rotating propellers. *International Shipbuilding Progress*, Vol. 15, No. 172, 1968, pp. 401~417.

11.10 Meier-Peter, H. Engineering aspects of contra-rotating propulsion systems for seagoing merchant ships. *International Shipbuilding Progress*, Vol. 20, No. 221, 1973.

11.11 Praefke, E., Richards, J. and Engelskirchen, J. Counter rotating propellers without complex shafting for a fast monohull ferry. *Proceedings of Sixth International Conference on Fast Sea Transportation, FAST'2001*, Southampton, UK, 2001.

11.12 Kim, S.E., Choi, S.H. and Veikonheimo, T. Model tests on propulsion systems for ultra large container vessels. *Proceedings of the International Offshore and Polar*

Engineering Conference, ISOPE-2002, Kitakyushu, Japan, 2002.

11.13 Qin, S. and Yunde, G. Tandem propellers for high powered ships. *Transactions of the Royal Institution of Naval Architects*, Vol. 133, 1991, pp. 347~362.

11.14 Telfer, E.V. Sir Charles Parsons and the naval architect. *Transactions of the Royal Institution of Naval Architects*, Vol. 108, 1966, pp. 1~18.

11.15 Claughton, A., Wellicome, J.F. and Shenoi, R.A. (eds.) *Sailing Yacht Design*, Vol. 1 *Theory*, Vol. 2 *Practice*. The University of Southampton, Southampton, UK, 2006.

11.16 RINA. Proceedings of the Symposium on Wind Propulsion of Commercial Ships. The Royal Institution of Naval Architects, London, 1980.

11.17 Murata, M., Tsuji, M. and Watanabe, T. Aerodynamic characteristics of a 1600 Dwt sail-assisted tanker. *Transactions North East Coast Institution of Engineers and Shipbuilders*, Vol. 98, No. 3, 1982, pp. 75~90.

11.18 Alexander, F.H. The propulsive efficiency of rowing. *Transactions of the Royal Institution of Naval Architects*, Vol. 69, 1927, pp. 228~244.

11.19 Wellicome, J.F. Some hydrodynamic aspects of rowing. In *Rowing – A Scientific Approach*, ed. J.P.G. Williams and A.C. Scott, A.S. Barnes, New York, 1967.

11.20 Shaw, J.T. Rowing in ships and boats. *Transactions of the Royal Institution of Naval Architects*, Vol. 135, 1993, pp. 211~224.

11.21 Kleshnev, V. Propulsive efficiency of rowing. *Proceedings of XVII International Symposium on Biomechanics in Sports*, Perth, Australia, 1999, pp. 224~228.

11.22 Molland, A.F. (ed.) *The Maritime Engineering Reference Book*. Butterworth-Heinemann, Oxford, UK, 2008.

11.23 Mor, M. and Gany, A. Performance mapping of a bubbly water ramjet. Technical Note. *International Journal of Maritime Engineering, Transactions of the Royal Institution of Naval Architects*, Vol. 149, 2007, pp. 45~50.

11.24 Bar-Cohen, Y. Bio-mimetics – using nature to inspire human innovation. *Bioinspiration and Biomimetics*, Vol. 1, No. 1, 2006, pp. 1~12.

11.25 Gawn, R.W.L. Fish propulsion in relation to ship design. *Transactions of the Royal Institution of Naval Architects*, Vol. 92, 1950, pp. 323~332.

11.26 Streitlien, K., Triantafyllou, G.S. and Triantafyllou, M.S. Efficient foil propulsion through vortex control. *AIAA Journal*, Vol. 34, 1996, pp. 2315~2319.

11.27 Long, J.H., Schumacher, L., Livingston, N. and Kemp, M. Four flippers or two? Tetrapodal swimming with an aquatic robot. *Bioinspiration and Biomimetics*, Vol. 1, No. 1, 2006, pp. 20~29.

11.28 Bose, N. *Marine Powering Prediction and Propulsors*. The Society of Naval Architects and Marine Engineers, New York, 2008.

11.29 Fish, F.E. The myth and reality of Gray's paradox: implication of dolphin drag reduction for technology. *Bioinspiration and Biomimetics*, Vol. 1, No. 2, 2006, pp. 17~25.

11.30 Anderson, E.J., Techet, A., McGillis, W.R., Grosenbaugh, M.A. and Triantafyllou, M.S. Visualisation and analysis of boundary layer flow in live and robotic fish. *First*

Symposium on Turbulence and Shear Flow Phenomena, Santa Barbara, CA, 1999, pp. 945~949.

11.31 Fish, F.E. and Rohr, J.J. Review of dolphin hydrodynamics and swimming performance. Technical Report 1801, SPAWAR Systems Center, San Diego, CA, 1999.

11.32 Triantafyllou, M.S., Triantafyllou, G.S. and Yue, D.K.P. Hydrodynamics of fish like swimming. *Annual Review of Fluid Mechanics*, Vol. 32, 2000, pp. 33~54.

11.33 Lang, T.G. *Hydrodynamic Analysis of Cetacean Performance: Whales, Dolphins and Porpoises*. University of California Press, Berkeley, CA, 1966.

11.34 Dyne, G. The efficiency of a propeller in uniform flow. *Transactions of the Royal Institution of Naval Architects*, Vol. 136, 1994, pp. 105~129.

11.35 Dyne, G. The principles of propulsion optimisation. *Transactions of the Royal Institution of Naval Architects*, Vol. 137, 1995, pp. 189~208.

11.36 Anonymous. Development of the asymmetric stern and service results. *The Naval Architect*. RINA, London, 1985, p. E181.

11.37 Molland, A.F. and Turnock, S.R. *Marine Rudders and Control Surfaces*. Butterworth-Heinemann, Oxford, UK, 2007.

11.38 Anonymous. Twisted spade rudders for large fast vessels. *The Naval Architect*, RINA, London, September 2004, pp. 49~50.

11.39 Motozuna, K. and Hieda, S. Basic design of an energy saving ship. *Proceedings of Ship Costs and Energy Symposium'82*. SNAME, New York, 1982, pp. 327~353.

11.40 Anonymous. The SHI SAVER fin. Marine Power and Propulsion Supplement. *The Naval Architect*. RINA London, 2008, p. 36.

11.41 Mewis, F. Development of a novel power-saving device for full-form vessels. *HANSA International Maritime Journal*, Vol. 145, No. 11, November 2008, pp. 46~48.

11.42 Anonymous. The integrated propulsion manoeuvring system. *Ship and Boat International*, RINA, London, September/October 2008, pp. 30~32.

11.43 Atlar, M. and Patience, G. An investigation into effective boss cap designs to eliminate hub vortex cavitation. *Proceedings of the 7th International Symposium on Practical Design of Ships and Mobile Units, PRADS'98*, The Hague, 1998.

11.44 Windtech'85 International Symposium on Windship Technology. University of Southampton, UK, 1985.

11.45 Anonymous. Christening and launch of 'E-Ship1' in Kiel. *The Naval Architect*. RINA, London, September 2008, p. 43.

11.46 Anonymous. Skysails hails latest data. *The Naval Architect*. RINA, London, September 2008, pp. 55~57.

11.47 Molland, A.F. and Hawksley, G.J. An investigation of propeller performance and machinery applications in wind assisted ships. *Journal of Wind Engineering and Industrial Aerodynamics*, Vol. 20, 1985, pp. 143~168.

CHAPTER

12

프로펠러의 특성

12.1 프로펠러의 형상, 무차원 계수, 특성

12.1.1 프로펠러의 형상

그림 12.1에 나타낸 것처럼 프로펠러는 보스에 장착된 2~7개의 날개로 구성되어 있다. 일반적인 제작 방식은 프로펠러를 일체형으로 주조하는 것이다. 가변 피치 프로펠러나 날개를 복합 재료로 제작할 때와 같이 특별한 응용일 경우에는 탈부착이 가능한 날개를 조립하여 제작한다.

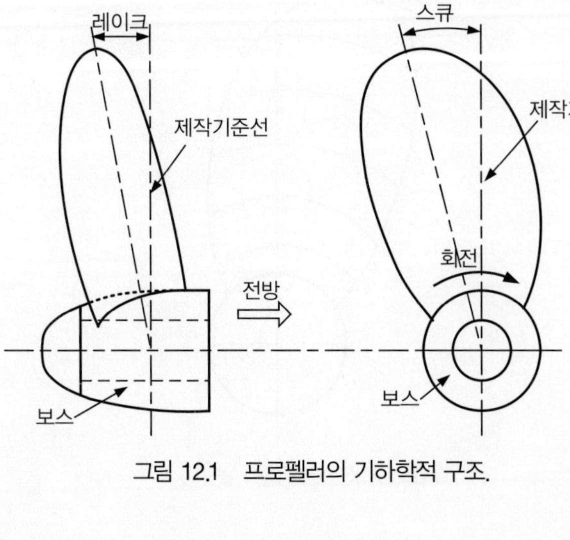

그림 12.1 프로펠러의 기하학적 구조.

프로펠러는 프로펠러 기준선(directrix)이라고도 불리는 **제작기준선**(*generator line*)에 대해 정의된다. 이 선은 중심축에 수직하게 그릴 수 있으나 보편적으로는 **레이크**(*rake*)를 갖고 경사지게 그린다. 일반적인 응용에서는 프로펠러 개구부 내에서 최대한의 팁 간극(tip clearance)을 갖도록 날개는 후방으로 기울어진 레이크를 갖도록 설계된다. 고속선에서는 원심력에 의한 굽힘 모멘트와 추력 부하에 의한 굽힘 모멘트 사이에 균형을 이룰 수 있도록 전방으로 기울어진 레이크를 갖는 경우도 있다.

배의 후방에서 봤을 때 날개의 투영된 윤곽은 보통 제작기준선에 대해 비대칭으로서 진동 특성을 개선하기 위해 어느 정도의 **스큐**(*skew*)가 주어진다. 스큐가 있으면 날개 단면들에는 반류분포가 점진적으로 유입되기 때문에 진동 부하를 줄일 수 있다. 스큐와 레이크는 일반적으로 성능에는 큰 영향을 미치지 않는다.

프로펠러 날개는 그림 12.2처럼 날개를 따라 그린 몇 개의 단면으로 정의된다. 이들 단면은 프로펠러 축과 동축의 원통면 위에 놓인다. 단면들은 제작기준선이 회전하면서 쓸고 나가며 만들어지는 가상적 나선면에 대해 정의되며, 제작기준선의 회전 각도와 축 방향 이동 거리는 비례한다. 제작기준선이 그리는 곡면과 단면이 놓인 원통면 사이의 교점은 나선이 되고, 원통면을 펼치면 나선은 직선으로 나타난다. 제작기준선이 한 바퀴 회전할 때 이동한 축 방향 거리를 **피치**(*pitch*)라 하는데, 이 경우에는 **기하학적 피치**(*geometric pitch*)라 칭한다.

각 반경 위치에서 제작기준선은 나선을 따라 쓸고 나가지만, 전체 제작기준선 곡면은 보통 나선면이 아닌데 그 이유는 다음과 같다.

(a) 제작기준선의 기울기, 즉 레이크가 반경에 따라 달라진다.

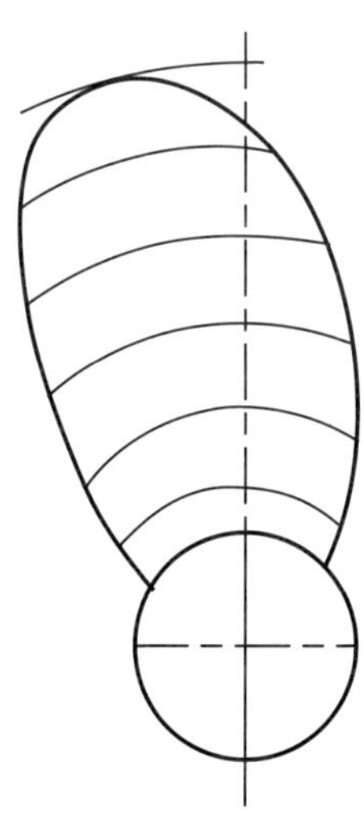

그림 12.2 프로펠러 단면.

(b) 그림 12.3의 기하학적 피치(P)는 보통 일정하지 않다. 일반적으로 반경에 따라 변하고 보스에서는 팁에서보다 작아진다.

단면 형상은 대체로 기준선 곡면에 수직한 위치에서 기준선 곡면에 대해 정의된다. 그림 12.4에 나타낸 것처럼 날개의 앞면(face) 및 뒷면(back) 높이는 기준선 곡면을 기준으로 측정한다.

그림 12.5와 같이 날개의 투영 단면(projected section) 및 전개 단면(developed

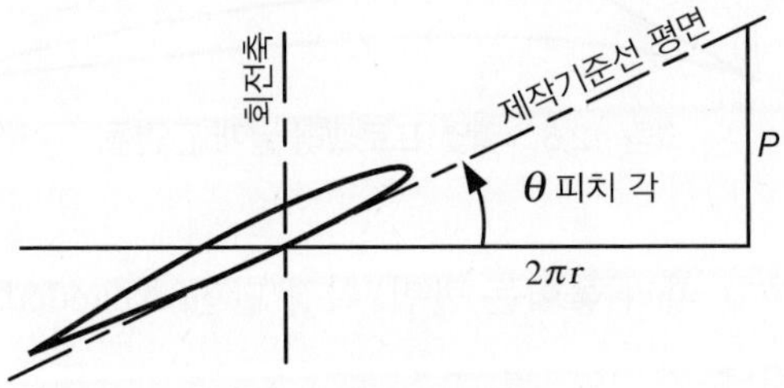

그림 12.3 기하학적 피치.

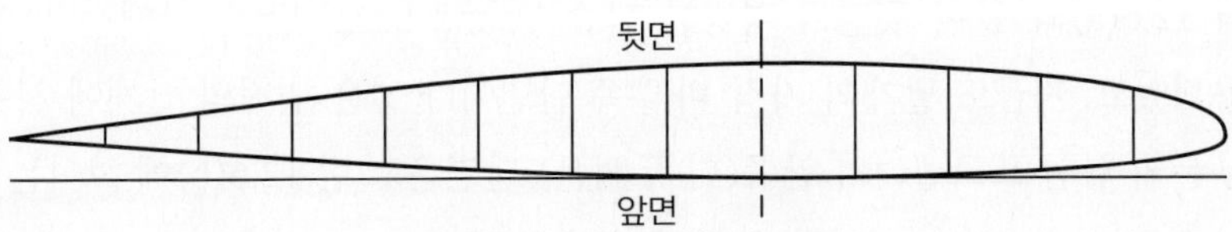

그림 12.4 단면 두께 오프셋.

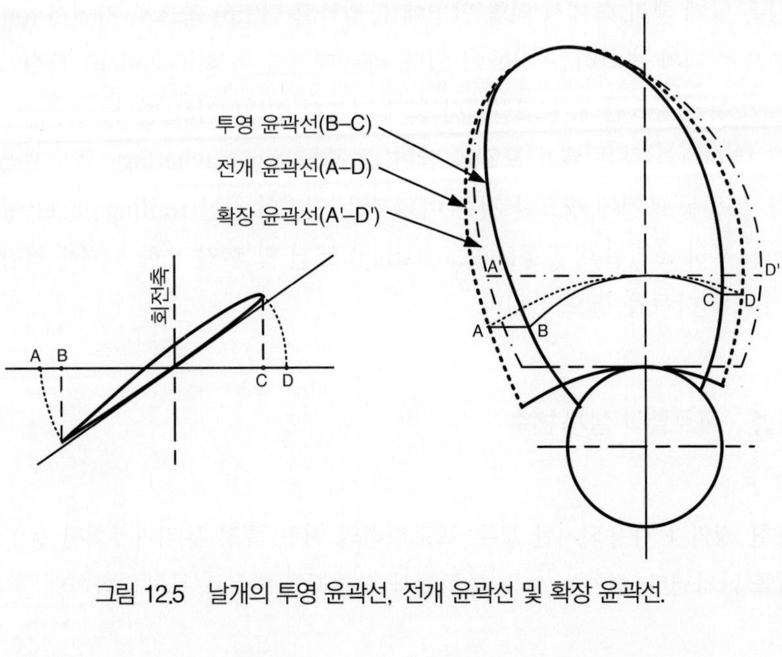

그림 12.5 날개의 투영 윤곽선, 전개 윤곽선 및 확장 윤곽선.

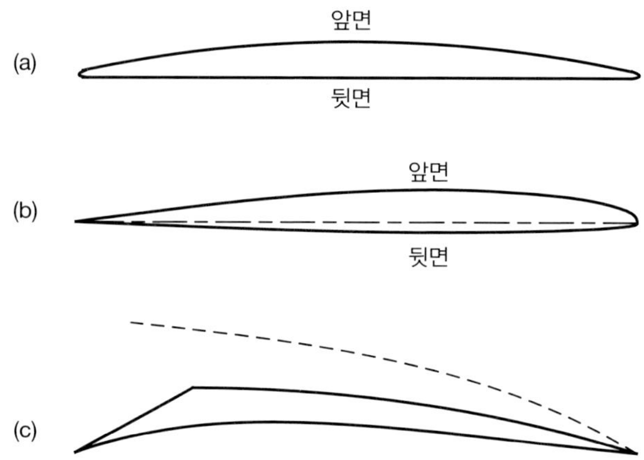

그림 12.6 몇몇 프로펠러 날개 단면들.

section)의 길이는 원호를 따라 놓이는 반면, 확장 단면(expanded section)의 길이는 일정한 반경을 따라 놓인다.

대표적인 날개 단면은 다음과 같다.

(i) 그림 12.6(a)와 같이 뒷면이 평평한 단순 'round back' 단면. 한때는 보편적으로 사용되었고, 지금도 날개의 가장 바깥쪽 단면이나 넓은 면적의 날개에 사용된다.

(ii) 대부분의 상선 프로펠러의 안쪽(더 두꺼운) 단면은 그림 12.6(b)에 보이는 익형 단면인데, 캐비테이션을 회피하기 위해 순압력 구배(favorable pressure gradient)를 주면서 동일한 양력을 발생하는 'round back' 단면보다 저항이 작다. 전반적인 단면 형상은 날개 뿌리 쪽에서 익형 단면에 근접하고 팁(tip) 쪽으로 가면서 round back 단면으로 점차 변화하는 경향이 있다. 캐비테이션 초생(inception) 관점에서 단면 형상이 특히 중요한데, 12.2절에서 보다 상세히 설명하기로 한다.

(iii) 그림 12.6(c)와 같은 쐐기 모양의 단면. 초공동(supercavitating) 프로펠러용 단면이다. 초공동 조건에 필요한 것은 아니지만, 뒷면의 끝날(trailing edge) 형상을 부분적인 부하 조건인 아공동(subcavitating) 조건 및 후진 운항 조건에 적합한 성능을 내도록 다듬을 필요가 있다.

12.1.1.1 프로펠러 설계 변수

(A) 피치, P

다양한 정의가 사용되지만 모두 프로펠러의 어떤 특정 부위가 1회전 동안 전진한 거리를 나타낸다. 피치는 보통 프로펠러 직경과의 비율로 무차원화하여 표기한다.

(1) 기하학적 피치(그림 12.3 참조)

$$P/D = \text{제작기준선의 피치/직경}$$

이는 때때로 **앞면 피치 비**(*face pitch* ratio)라고 불린다. 피치(및 피치 비)는 반경에 따라 변하지 않고 일정할 수 있다. 프로펠러 피차가 반경에 따라 변하게 되면 날개 전체에 대한 평균값인 평균 혹은 가상적 피치를 언급한다. 반경 방향으로 일정한 피치라 할지라도 피치 각 θ는 반경 방향으로 점진적으로 변하는데, 날개 뿌리에서는 피치 각이 크고 팁에서는 작아짐을 명심해야 한다. 그림 12.3에서 각 위치에서의 반경이 r, 프로펠러 반경이 R일 때 무차원 반경 위치를 보통 다음과 같이 표기한다.

$$\frac{r}{R} = x$$

그림 12.3에서 1회전에 대해 $2\pi r = 2\pi xR = \pi xD$가 된다. 그러면 어떠한 r에 대해서도 피치 각 θ는 $\theta = \tan^{-1}(\frac{P}{\pi xD})$가 되는데, 실제 기하학적 피치 각은 다음과 같이 계산된다.

$$\theta = \tan^{-1}\left(\frac{P/D}{\pi x}\right) \tag{12.1}$$

(2) 수력학적 피치

추력이 발생하지 않는 조건에서 단면이 전진하는 거리를 수력학적 피치라 한다. 그림 12.7에 나타낸 것처럼 그 단면에서 양력이 발생하지 않는 조건과 일치한다.

(3) 유효 피치

이는 전체 프로펠러에서 추력이 발생하지 않는 전진 거리인데, 예를 들어 그림 12.9에 도시한 $K_T - K_Q$ 프로펠러 도표에서 K_T가 0을 지나는 전진비에 해당하는 거리이다.

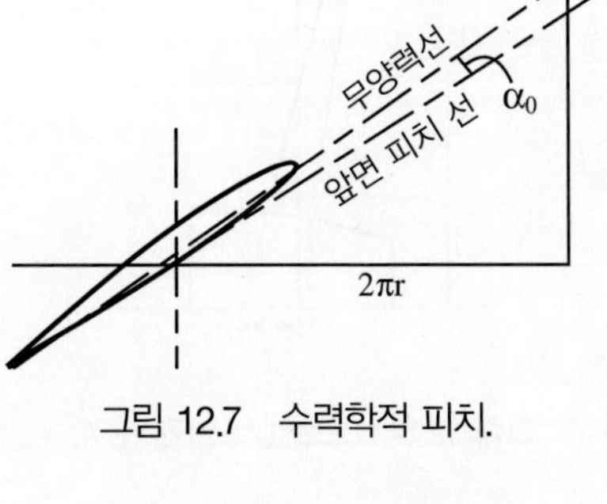

그림 12.7 수력학적 피치.

어떠한 프로펠러 유형에 대해서도 위에서 정의한 다양한 피치 비들 사이에 정해진 관계가 존재한다. 성능에 관한 한 유효 피치가 중요한 값이고, 평균적인 기하학적 피치와 유효 피치 사이의 관계는 피치의 분포, 단면의 유형 및 두께비에 따라 달라진다.

(B) 날개 면적비(BAR)

프로펠러 원판 넓이에 대한 날개의 면적비를 의미한다. 그림 12.5에 정의된 세 가지 날개 윤곽선과 관련하여 다음의 세 가지 값이 일반적으로 사용된다.

- 투영 면적비(projected blade area ratio)는 추진축과 수직인 평면에 투영된 면적 대 프로펠러 원판 넓이의 비로, 그림 12.5에서 윤곽선 B–C에 해당한다.
- 전개 면적비(developed blade are ratio: DAR)는 전개 윤곽선 A–D(그림 12.5 참조)로 둘러싸인 면적 대 프로펠러 원판 넓이의 비이다.
- 확장 면적비(expanded blade are ratio: EAR)는 확장 윤곽선 A′–D′(그림 12.5 참조)으로 둘러싸인 면적 대 프로펠러 원판 넓이의 비이다.

각각의 경우 날개 면적은 보스의 바깥쪽에서 잡은 것이다. EAR과 DAR은 거의 같고, 둘 중 하나를 날개 면적비 BAR로 부른다. BAR 값은 보통 캐비테이션을 회피하기 위해 선택되는데, 12.2절을 참조하라.

(C) 날개 두께비, t/D

t/D는 그림 12.8과 같이 추진축에 투영된 날개의 최대 두께 대 직경의 비율로서, 보통 0.045~0.050 정도의 값을 갖는다.

(D) 보스/직경 비

보스 직경은 그림 12.1에 나타낸 것처럼 보통 제작기준선이 보스의 외곽과 만나는

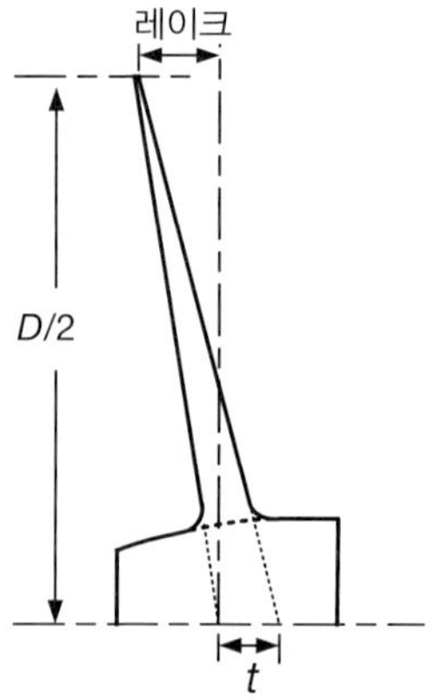

그림 12.8 프로펠러 날개 두께.

지점의 직경을 택한다. 일체형 프로펠러의 경우 보스/직경 비는 0.18~0.20 정도이고, 가변 피치 프로펠러나 조립식 프로펠러의 경우 0.25 정도로 커진다.

12.1.2 차원해석 및 프로펠러 무차원 계수

프로펠러 설계 업무에서는 여러 가지 조합의 무차원 계수들이 사용된다. 이들 계수들과 관계된 물리량과 차원은 다음과 같다.

추력,	T	$\frac{ML}{T^2}$ (힘)
토크,	Q	$\frac{ML^2}{T^2}$ (힘 × 길이)
초당 회전수,	n	$\frac{1}{T}$
전진속도,	V	$\frac{L}{T}$ (속도)
직경,	D	L
밀도,	ρ	$\frac{M}{L^3}$ (질량/단위 체적)

차원해석법[12.1, 12.2]에 따르면 물리량 사이의 관계식은 다음과 같이 표현된다.

추력	토크
$f(T, D, V, n, \rho) = 0$	$f(Q, D, V, n, \rho) = 0$
혹은 $T = f(D, V, n, \rho)$	및 $Q = f(D, V, n, \rho)$

여기서

$$f_1\left[\left(\frac{T}{\rho n^2 D^4}\right), \left(\frac{V}{nD}\right)\right] = 0 \qquad f_2\left[\left(\frac{Q}{\rho n^2 D^5}\right), \left(\frac{V}{nD}\right)\right] = 0$$

$$f_3\left[\left(\frac{T}{\rho V^2 D^2}\right), \left(\frac{V}{nD}\right)\right] = 0 \qquad f_4\left[\left(\frac{Q}{\rho V^2 D^3}\right), \left(\frac{V}{nD}\right)\right] = 0$$

다음과 같은 표현법이 일반적으로 사용된다.

(a) $K_T = T/\rho n^2 D^4 \quad K_Q = Q/\rho n^2 D^5 \quad J = V/nD$

(b) $C_T = T/\rho V^2 D^2 \quad C_Q = Q/\rho V^2 D^3 \quad J = V/nD$

(c) $\mu = n(\rho D^5/Q)^{1/2} \quad \phi = V(\rho D^3/Q)^{1/2} \quad \sigma = DT/2\pi Q$

(d) 동력 측면에서 접근할 경우 $B_P(= NP^{1/2}/V^{2.5})$, $\delta(= ND/V)$

12.1.3 프로펠러 데이터의 표현

대부분의 목적에 있어서 선호하는 방식은 그림 12.9에 나타낸 K_T, K_Q, J이다. C_T, C_Q, J 방식은 $V \rightarrow 0$일 때 C_T, $C_Q \rightarrow \infty$가 되는 단점이 있기 때문에 C_T, C_Q는 저속의 예인수조 시험에서는 쓸모가 없고 $V = 0$인 볼라드 당김(bollard pull) 조건에서는 무의미해진다.

μ, σ, ϕ 도표는 예인 부하 계산에 편리한데, 설계 도표도 이와 같은 목적을 위해 개발되었다(그림 16.6 참조). 추진동력이 고정된 접근 방식에서는 저속이나 볼라드 조건에 적합하지는 않지만 그림 16.5와 같은 B_P, δ 도표가 예전부터 광범위하게 사용되어 왔다. 현재는 그림 12.9와 같이 K_T, K_Q, J로 표현된 데이터가 더욱 보편화되었다.

$10K_Q$의 크기가 K_T와 대략 비슷하기 때문에 K_T와 $10K_Q$를 함께 도시한다. 그림 16.3과 같이 주어진 날개 면적비에 대해 변화하는 피치 비에 대한 데이터를 하나의 도표에 나타낸다. 세 가지 유형 도표의 예제 및 적용은 16장에서 설명한다.

프로펠러 효율은 다음과 같이 결정된다.

$$\eta_0 = \text{입력동력}/\text{출력동력} = \frac{TV_a}{2\pi nQ}$$

이 기본적인 공식은 무차원 계수에 관해 다음과 같이 쓸 수 있다.

$$\eta_0 = \frac{\rho n^2 D^4 K_T V_a}{2\pi n \rho n^2 D^5 K_Q} = \frac{JK_T}{2\pi K_Q} \tag{12.2}$$

이는 매우 유용한 공식으로서 η_0, J, K_T 및 K_Q 사이의 관계를 보여준다.

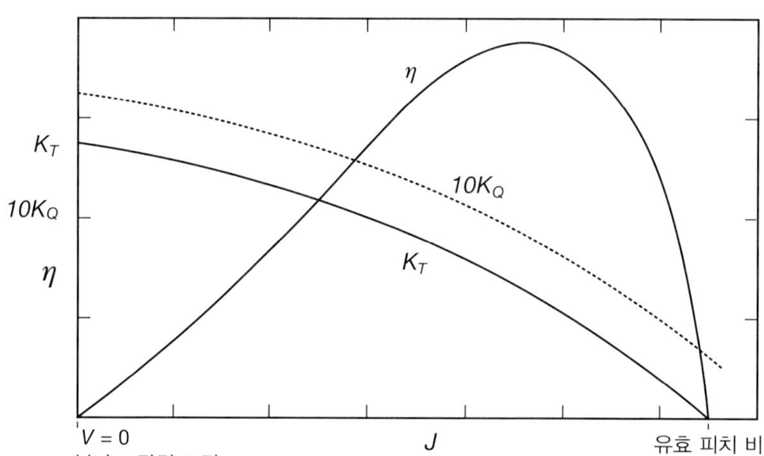

그림 12.9 한 가지 피치 값에 대한 프로펠러 단독 곡선 $K_T - K_Q$.

K_T와 K_Q의 곡선접합 공식은 여러 가지가 있다. 별개의 곡선접합 공식으로 나타내기 어려운 η_0는 K_T와 K_Q만 있으면 식 (12.2)에 의해 정의할 수 있다.

12.1.4 프로펠러 특성 측정

프로펠러만의 성능 특성을 단독 특성(open water)이라 부르며, 그림 12.10과 같이 예인수조에 설치되는 프로펠러 단독 특성 시험기를 사용하여 측정한다. 이 경우 [12.3]에 기술된 것과 같은 감압 예인수조가 아닌 한 캐비테이션은 발생하지 않는다. 그 대신 그림 12.28에 나타낸 캐비테이션 터널에서 단독 특성을 측정하면서 압력을 줄여 캐비테이션을 관찰할 수 있는데, 12.2절을 참조하라.

시험은 보통 프로펠러 추력(T), 토크(Q), 회전수(n) 및 속도(V)를 함께 측정한다. 이들 결과를 수온에 대해 (15°C로) 보정하고, 캐비테이션 터널 시험의 경우에는 터널 벽면 효과(차폐 효과)도 보정한다. 마지막으로 측정결과를 K_T, K_Q 및 η로 무차원화하여 그림 12.9처럼 J에 대해 플롯한다.

국제수조협회(ITTC)에서 권장하는 프로펠러 단독 특성 시험 절차는 ITTC2002 [12.4]에서 찾아볼 수 있다. 측정 종목들은 그림 12.11에 요약되어 있다.

기타 추진기에 대해서는 다음과 같다.

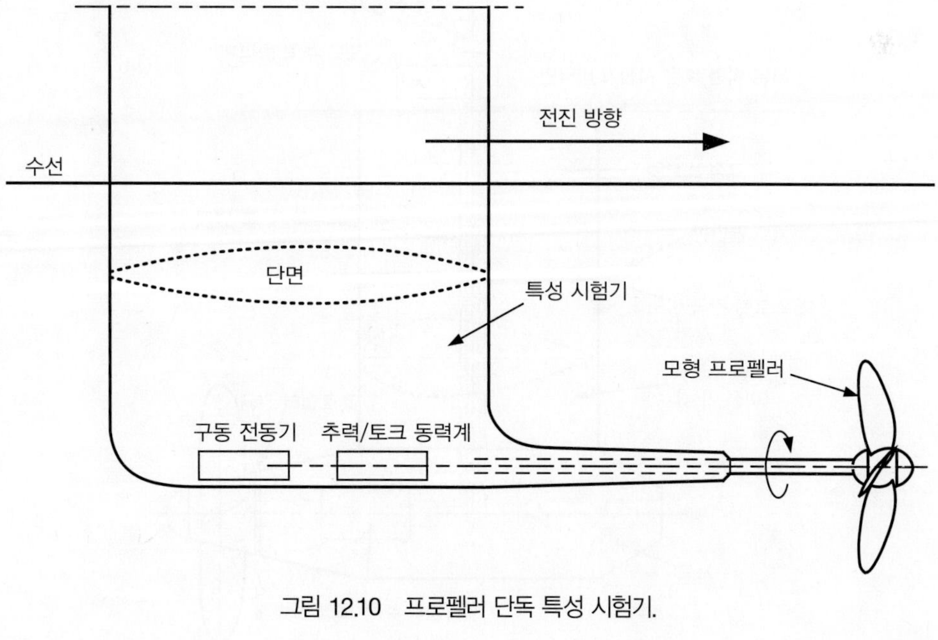

그림 12.10 프로펠러 단독 특성 시험기.

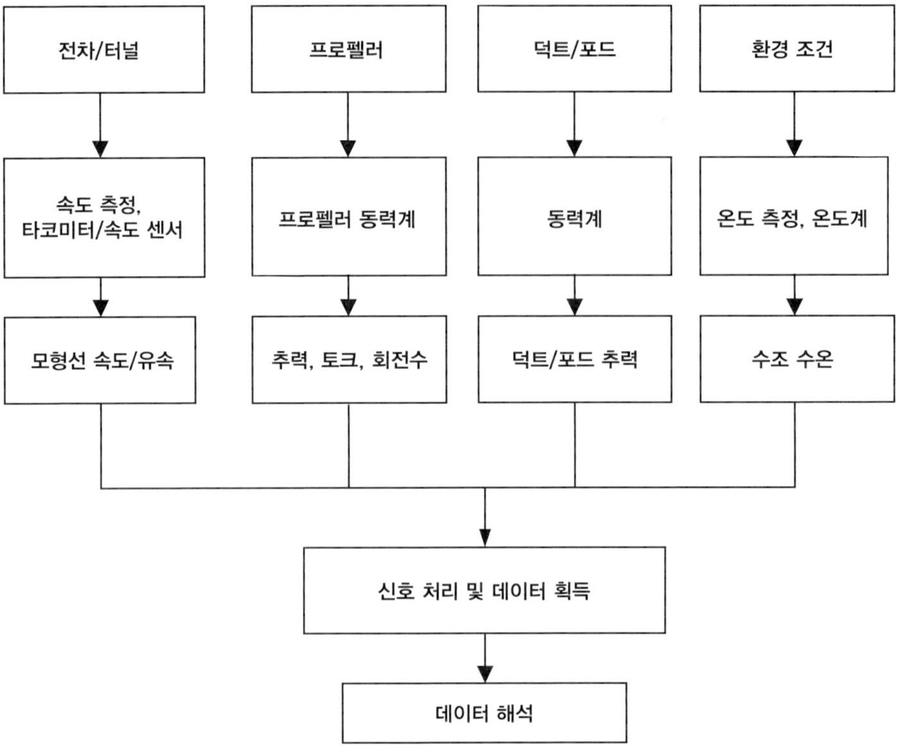

그림 12.11 단독 특성 시험의 측정들.

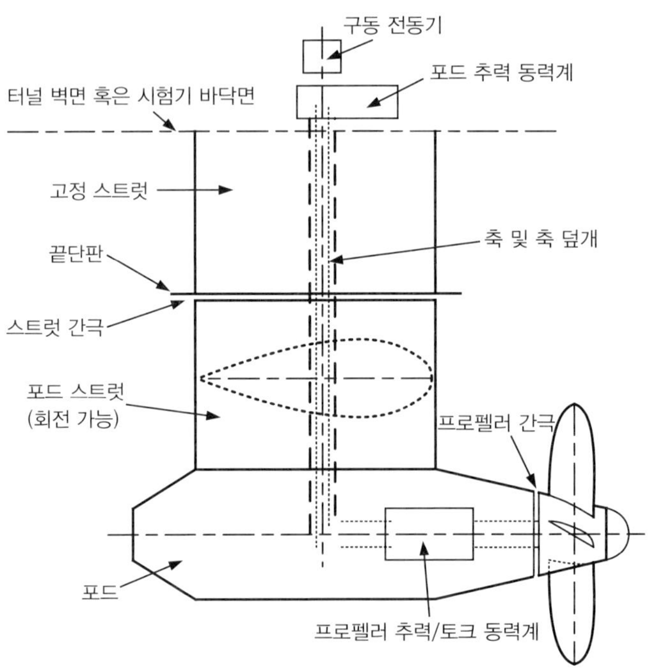

그림 12.12 포드 프로펠러 시험장치의 개략적 배치.

덕트 추진기: 넓게 보면 프로펠러에 대한 시험과 유사한데, 덕트의 추력 혹은 항력을 측정하는 별도의 동력계가 필요하다.

초공동 프로펠러: 캐비테이션 터널(12.2절 참조)에서 시험을 실시해야 하고, 프로펠러 시험과 거의 유사하다.

표면관통 프로펠러: 일반 프로펠러와 유사한 절차로 수행되지만 경사진 축에 설치되어 프로펠러는 일부만 물에 잠긴다. 회전수, 속도, 추력 및 토크 이외에 수직 방향 힘도 측정한다. 그러한 시험의 결과는 [12.5] 및 [12.6]에 제시되어 있다.

포드 프로펠러: 적절한 시험장치의 개략도를 그림 12.12에 나타냈다. 프로펠러 가까이에 동력계가 설치되어 프로펠러의 추력과 토크를 측정한다. 기구의 위쪽에서 전체 기구의 추력(결과적으로는 프로펠러 추력에서 포드 및 지지 스트럿의 항력을 뺀 양)을 측정한다. 포드/지지 스트럿을 회전하면 조종할 때와 같은 비스듬한 유동에서의 시험도 가능하다. 공간이 허락한다면 구동 모터도 포드 안에 내장하여 프로펠러와 직접 연결할 수 있다.

전형적인 시험은 프로펠러만의 단독시험과 프로펠러 없는 포드만의 시험, 프로펠러를 포함한 포드 전체의 시험으로 구성된다. 이렇게 하여 포드/지지 스트럿의 항력과 지지 스트럿과 포드, 프로펠러 사이의 간섭 효과를 결정할 수 있다. 고정 스트럿과 포드 스트럿, 프로펠러와 포드 사이에 간극이 있다. 프로펠러와 포드 사이의 간극 효과는 프로펠러 추력 측정값에 오차를 야기할 수 있음을 명심해야 한다. 이 때문에 기구 전체의 추력과 프로펠러의 추력, 포드/지지 스트럿의 순 항력을 구분하기 어려울 수 있다. 포드/지지 스트럿만의 항력은 프로펠러를 제거하고 측정할 수 있으나, 이것으로는 프로펠러와 포드 간 상호작용에 대한 정보를 얻을 수 없다. 간극 효과로 인한 문제가 자항시험에까지 연계된다면 간극에 의해 거의 영향을 받지 않는 토크에 기반한 토크 일치법으로 데이터를 해석하는 것을 권장한다.

포드 추진기에 대한 권장 절차는 ITTC2005[12.7]의 부록에 기술되어 있다. 프로펠러의 데이터 및 포드/지지 스트럿 항력을 실선으로 확장하는 절차는 ITTC2008[12.8]을 참조하라. 16.2.4절에서 이 주제에 대해 다시 다룬다.

워터젯: 특별한 접근 방식이 필요하다. 단독시험에 상응하는 추력의 직접 측정은 일반적으로 가능하지 않다. 펌프젯의 효율은 보통 별개의 시험으로 유도한다. 추력은 유량을 계측하여 모멘텀 플럭스를 계산함으로써 결정된다. 워터젯 시험 방법 및 그 과정에서 마주치는 문제들에 대한 전체적인 검토를 ITTC2002[12.9] 및 ITTC2005[12.10]에서 찾아볼 수 있다.

사이클로이달 프로펠러: 특수한 방법이 필요하다. 그러한 시험결과는 16장 및 [12.11, 12.12]에 주어져 있다.

외륜: 특수한 방법이 필요하다. 그러한 시험결과는 16장 및 [12.13, 12.14, 12.15]에 주어져 있다.

12.2 캐비테이션

12.2.1 배경

캐비테이션은 유체의 압력이 증기압, 즉 액체가 기화하는 압력보다 낮은 곳에서 생겨난다. 증기압은 온도 및 증기 분율인 건도(quality), 액체 속 내용물의 성분 등에 따라 달라진다. 캐비테이션은 특히 압력이 최소화되는 프로펠러에서 발생할 수 있는데, 그림 12.13을 참조하라. 시트 캐비테이션(sheet cavitation)은 날개 단면의 앞날 근처에서, 버블 캐비테이션(bubble cavitation)은 뒷면에서 일어나는 경향이 있다.

압력분포의 크기(그리고 정점)는 (필요한 추력에 상응하는) 양력계수와 단면의 형상 및 두께에 따라 달라진다. 예를 들어 일반적인 익형 단면과 비교했을 때 평평한 뒷면의 'round back' 단면은 항력이 증가하지만, 그림 12.14에서 보는 것처럼 동일한 양력일 경우 흡입면 압력의 정점이 낮아진다.

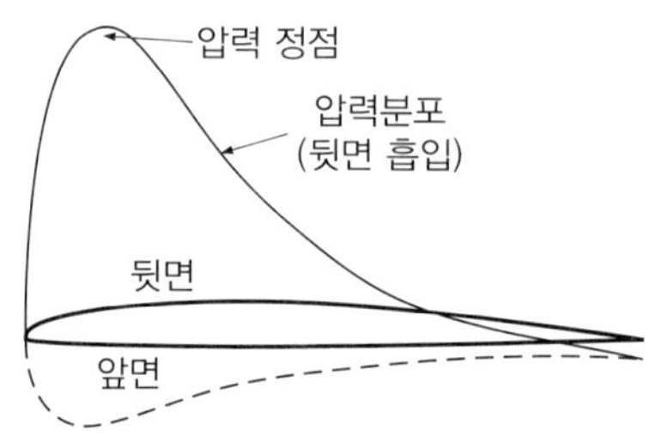

그림 12.13 프로펠러 날개 단면에서의 압력분포.

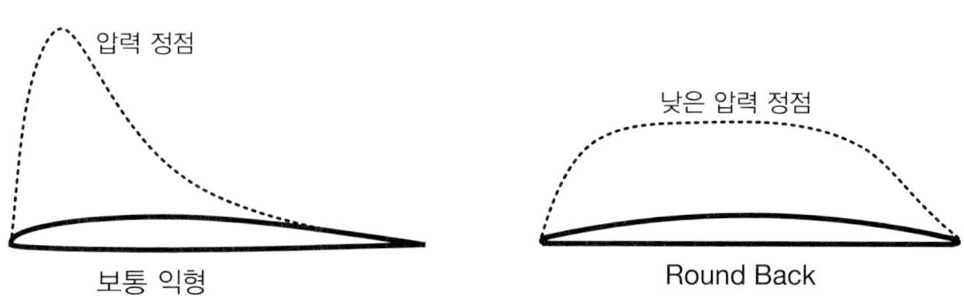

그림 12.14 대안적인 단면 형상.

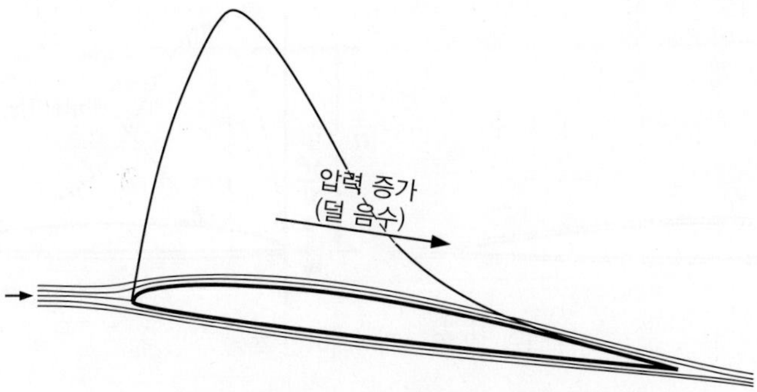

그림 12.15 유동이 뒤로 흘러갈수록 압력이 증가.

캐비테이션은 다음과 같은 결과를 야기한다.

- 표면을 흐르는 유동이 교란되고, 결과적으로 익형의 특성이 바뀌어 추력과 토크가 줄어들고 효율도 감소한다.
- 캐비테이션 기포가 압력이 증가하는 구역으로 이동할 때 붕괴하면서 침식(erosion)을 일으킬 수 있다(그림 12.15 참조).
- 공동(cavity)이 붕괴하면서 소음이 발생한다.
- 진동을 일으킬 수 있고 날개의 파단(fracture)으로 이어질 수 있다.

그러므로 캐비테이션을 회피하기 위해 추력 부하 및 압력 정점의 크기를 제한함으로써 프로펠러 날개의 크기를 결정하는 것이 바람직하다. 또한 완만한 압력 정점 분포를 갖게 하기 위해 단면 형상을 주의 깊게 선택하는 것이 필요하다.

캐비테이션의 기본적인 물리 현상과 캐비테이션 초생(cavitation inception)은 Carlton [12.16]에 어느 정도 상세히 서술되어 있다. 프로펠러에 대한 캐비테이션 시험의 사례는 [12.17~12.20]에 수록되어 있다.

캐비테이션과 공기 공급(*ventilation*)을 혼동해서는 안 된다. 공기 공급의 경우 프로펠러 날개가 수면을 관통하거나 수면 바로 밑에 있어서 공기가 대기압 상태에서 수면 아래로 끌려 들어와 빈 공간을 채우는데, 증기압의 수증기로 채워진 캐비테이션과는 다르다. 압력의 수준이 다르고 침식이 발생하지 않는다는 점 이외의 일반적인 현상은 캐비테이션과 유사하다.

12.2.2 캐비테이션 발생조건

캐비테이션은 그림 12.16에 나타낸 것처럼 국부적인 유체의 압력 P_L이 증기압 P_V보다 작아질 때 발생한다.

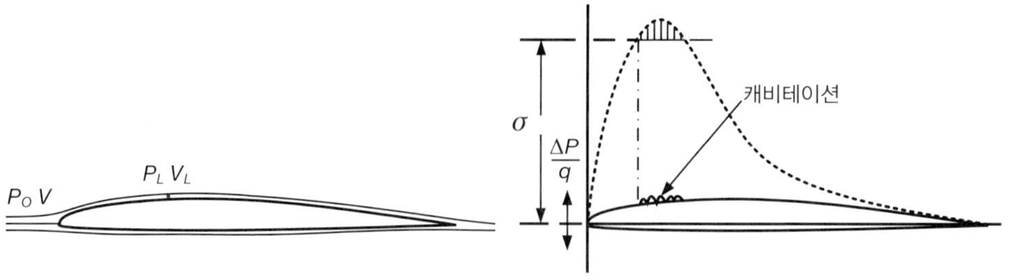

그림 12.16 캐비테이션 초생.

캐비테이션이 일어나지 않으려면

$$P_L \geq P_V$$

이 만족되어야 한다. $\Delta P = P_0 - P_L$로 놓으면 $\Delta P = P_0 - P_L \leq P_0 - P_V$일 때, 즉 $\Delta P/q \leq (P_0 - P_V)/q$이고 $q = \frac{1}{2}\rho V^2$이 되어야 캐비테이션이 발생하지 않는다. 이는 캐비테이션이 일어나지 않는 조건이 $\Delta P/q \leq \sigma$와 같음을 나타내는데, 여기서 $\sigma = (P_0 - P_V)/q$는 캐비테이션 수이다.

여기서 P_0는 고려하고 있는 위치에서의 자유흐름(대기압을 포함한)의 정압이다.

$$P_0 = P_{AT} + \rho g h$$

h는 보통 추진축에서의 수심(m)이다.

P_{AT}는 대기압($\cong 101 \times 10^3$ N/m^2)이다.

P_V는 증기압인데, 초기설계 목적으로는 대략 3×10^3 N/m^2 정도의 값을 사용한다.

따라서 압력분포 곡선 $\Delta P/q$의 정점은 캐비테이션 수 σ보다 커지면 안 된다. $\Delta P/q$는 단면 형상과 받음각의 함수인데, 그림 12.17에서 알 수 있는 것처럼 $\Delta P/q \propto C_L$이다.

캐비테이션 수 σ와 압력계수 C_P는 각각 다음과 같이 쓸 수 있다.

$$\sigma = \frac{(P_{AT} + \rho g h - P_V)}{0.5 \rho V^2} \tag{12.3}$$

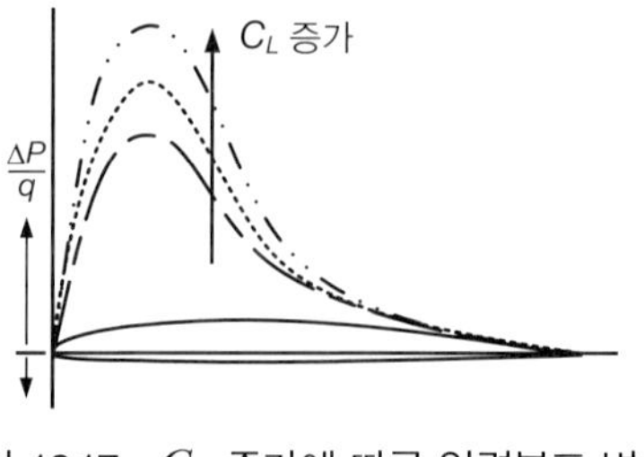

그림 12.17 C_L 증가에 따른 압력분포 변화.

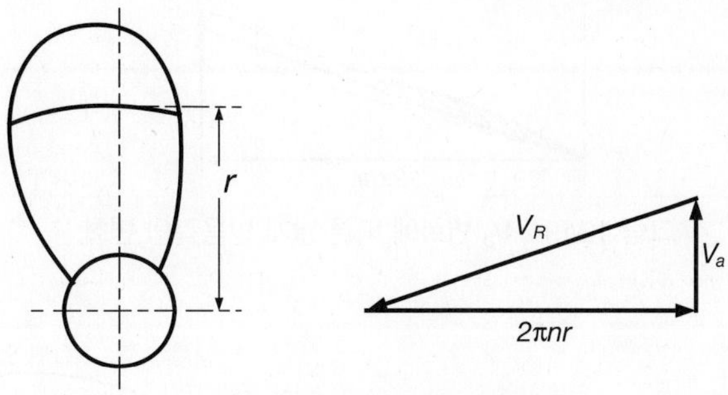

그림 12.18 기준 속도.

$$C_P = \frac{(P_L - P_0)}{0.5\rho V^2} \tag{12.4}$$

여기서 사용하는 기준 속도(V_R)는 보통 다음과 같이 유입유속을 포함하는 단면에서의 국부 유속이다.

$$V_R = \sqrt{V_a^2 + (2\pi rn)^2} \tag{12.5}$$

여기서 V_a는 프로펠러 전진속도(유입유속), r은 고려하고 있는 프로펠러 단면의 반경이고 n은 초당 회전수이다(그림 12.18 참조). 예를 들어 예비설계 기준으로는 기준 단면을 흔히 다음의 반경 위치에서 고려한다.

$$r = 0.7R = 0.7\frac{D}{2}$$

그러면 다음과 같이 정리된다.

$$\sigma = \frac{(P_{AT} + \rho gh - P_V)}{0.5\rho V_R^2} \tag{12.6}$$

12.2.3 아공동(Subcavitating) 조건에서의 압력분포

8장에서 살펴본 것처럼 선박 프로펠러는 보통 불균일한 반류 조건에서 작동한다. 그러므로 특정한 프로펠러 단면에 대해 그림 12.19에 나타낸 것처럼 프로펠러 1회전 동안 유효 받음각이 변화하고 때로 음의 값이 될 수도 있다.

아공동 조건에서 작동하는 프로펠러 주위의 압력분포는 받음각이 변화할 때 그림 12.20과 같은 특징적인 변화를 보인다. 각 경우마다 압력이 최저가 되는 곳에서 공동(cavity)이 발생할 수 있다. 각 경우마다 발생하는 공동의 외형을 그림 12.21에 나타내었다.

캐비테이션의 유형은 다음과 같다.

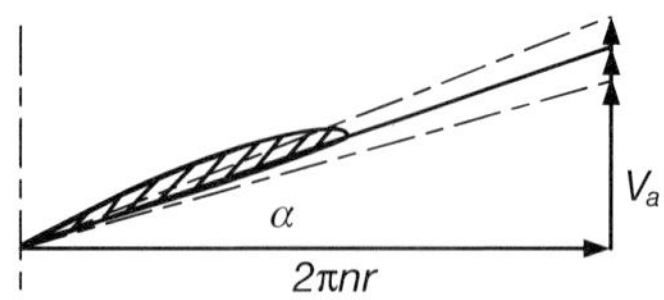

그림 12.19 V_a 변화에 따른 날개 받음각의 변화.

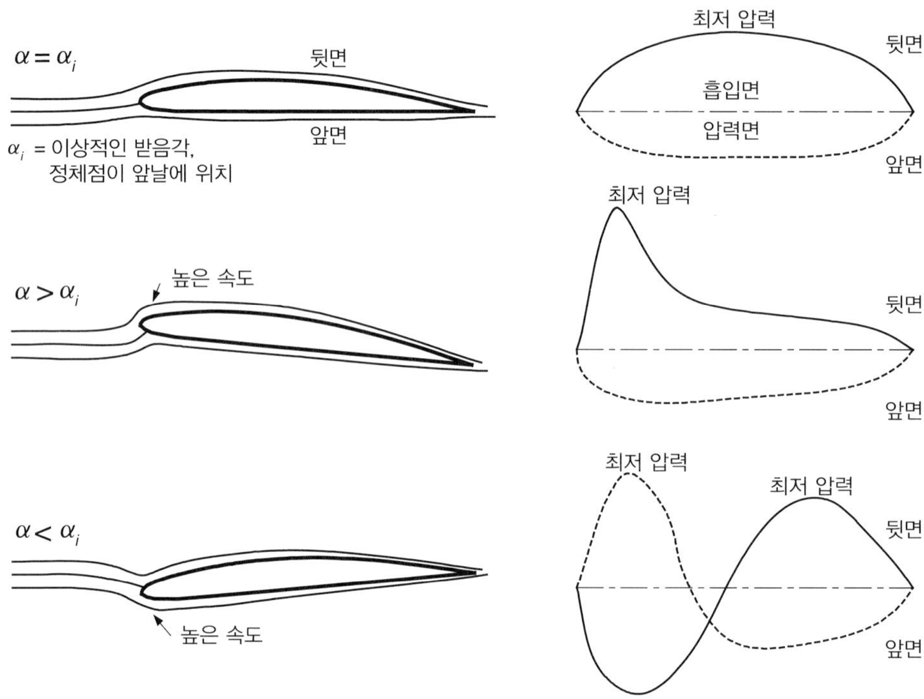

그림 12.20 아공동 조건에서의 압력분포.

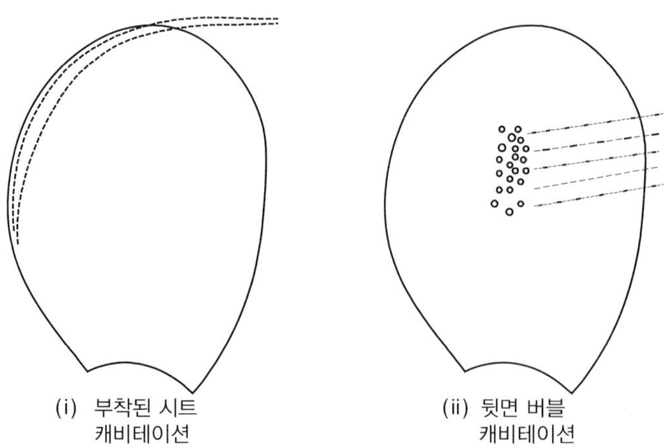

그림 12.21 시트 및 뒷면 버블 캐비테이션.

(i) (표면부착) 시트 캐비테이션(sheet cavitation): 날개의 앞날(leading edge)에 발생한다. 이상적인 받음각을 α_i라 한다면 $\alpha > \alpha_i$일 때 뒷면에, $\alpha < \alpha_i$일 때 앞면에 발생한다.

(ii) 버블 캐비테이션(bubble cavitation): 뒷면에서 압력이 최소가 되는 위치에만 발생한다. 이상적인 받음각 $\alpha = \alpha_i$일 때도 발생할 수 있다. 시트 캐비테이션과 동시에 일어나서 앞면에는 시트 캐비테이션이, 뒷면에는 버블 캐비테이션이 발생할 수도 있다. 시트 캐비테이션의 하류에 클라우드 캐비테이션(cloud cavitation)이 발생할 가능성이 있다. 앞날에서 시트 캐비테이션이 발생할 때는 공동(cavity) 중심부와 날개 사이에 얇은 유체층이 존재하므로 침식의 위험성이 줄어든다. 버블 캐비테이션의 경우 공동이 날개에 직접 접촉하므로 침식의 개연성이 보다 높아진다.

(iii) 팁 보텍스 캐비테이션(tip vortex cavitation): 프로펠러 팁 보텍스는 날개 끝단의 팁 보텍스와 유사하다. 압력이 낮은 보텍스 중심부가 인접한 선체 구조 및 러더에 부딪힐 수 있다. 시트 캐비테이션과 구분하기 어렵다.

(iv) 허브 보텍스 캐비테이션(hub vortex cavitation): 프로펠러 보스(혹은 허브)의 뒤끝이 뾰족하게 모인 경우 발생할 수 있고, 날개 뿌리 단면의 앞면 혹은 뒷면 캐비테이션에 영향을 미칠 수 있다. 침식과 러더의 손상이 일어날 수도 있다. 끝단을 뭉툭하게 잘라낸 보스를 사용하는 것이 해결책이 될 수 있다.

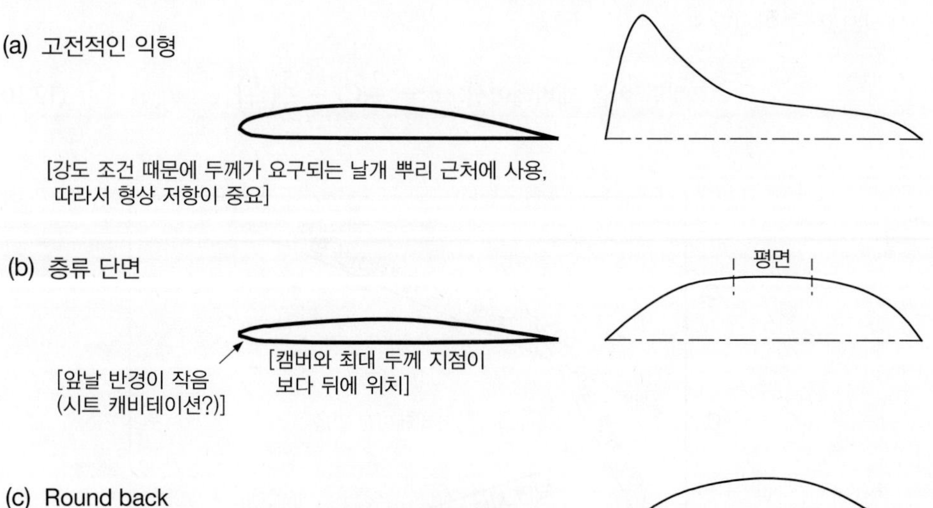

그림 12.22 단면 유형: 이상적인 받음각에서의 전형적인 압력분포.

12.2.4 프로펠러 단면 유형

그림 12.22처럼 이상적인 받음각에서의 압력분포에 따라 단면의 유형을 구분한다. 일반적으로 층류 단면 및 round back 단면이 익형(aerofoil) 단면보다 항력이 크다. 따라서 강도에 대한 요구조건 때문에 일정 두께가 필요한 뿌리 부분에는 익형 단면을 쓰고 팁(tip) 쪽으로 가면서 round back 단면으로 변화하는 반경별 단면 선택 경향이 있다(그림 16.2 참조).

12.2.5 캐비테이션 한계치

통상적인 프로펠러 단면에 대한 캐비테이션 한계치는 캐비테이션 버켓 선도(cavitation bucket)라 불리는 그림 12.23의 Gutsche 도표에 표시되어 있다.

최대 양력계수 C_L은 뒷면 버블 선(back bubble line)과 뒷면 시트 선(back sheet line)의 교차점으로 주어진다. 각 선은 다음 수식으로 표현된다.

뒷면 버블 선(α_i 근방): $\sigma = \Delta p/q = f(C_L)$ 혹은 $C_L = \sigma/\mathrm{k}_1$ (12.7)

뒷면 시트 선(앞날에서): $\sigma = \Delta p/q = f(C_L - C_{Li})$ 혹은 $C_L = \sigma/\mathrm{k}_2 + C_{Li}$ (12.8)

앞면 시트 선(앞날에서): $\sigma = \Delta p/q = f(C_{Li} - C_L)$ 혹은 $C_L = C_{Li} - \sigma/\mathrm{k}_3$ (12.9)

캐비테이션 한계치는 단면에 따라 달라지는데, round back 단면에 대해서는 다음과 같은 근사식으로 주어진다.

$$\text{뒷면 버블 캐비테이션: } \sigma = \frac{2}{3}C_L + \frac{5}{2}\left(\frac{t}{c}\right) \tag{12.10}$$

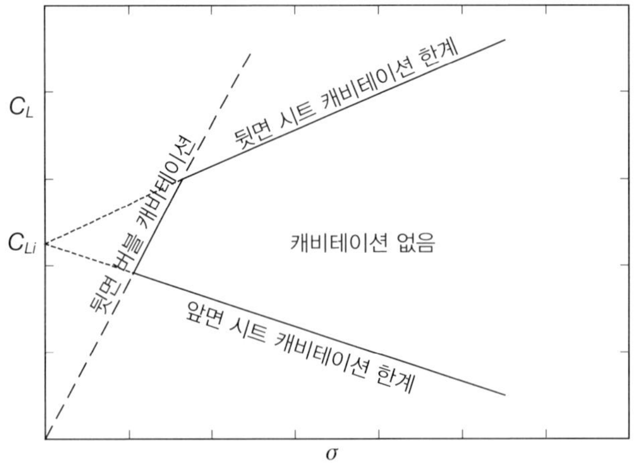

그림 12.23 캐비테이션 초생 한계치.

표 12.1 k의 값

단면 유형	k
Round back	0.15
Joukowski	0.12
NACA 00 대칭형	0.11
타원형 앞날	0.50

국립 항공 자문위원회(National Advisory Council for Aeronautics: NACA).

$$\text{시트 캐비테이션: } \sigma = 0.06\frac{(C_L - C_{Li})^2}{(r/c)} \tag{12.11}$$

여기서 C_L은 작동 상태의 양력계수, C_{Li}는 이상적인 설계 양력계수, t는 최대 두께, r은 앞코 반경(nose radius), c는 단면의 코드 길이, σ는 식 (12.5)의 국부 상대유속에 기반한 캐비테이션 수이다. 앞코 반경은 보통 $(r/c) = k\,(t/c)^2$로 주어지는데, k 값은 표 12.1을 참조하라.

그림 12.24는 단면의 두께 비 t/l을 변화하면서 측정한 Walcher의 실험 데이터[12.21]에서 도출된 캐비테이션 한계치를 Gutsche 도표 형식으로 나타낸 것이다. 이 그림은 그러한 데이터의 주된 특성을 잘 설명하고 있다. 버킷(수직 방향)의 폭은 단면이 캐비테

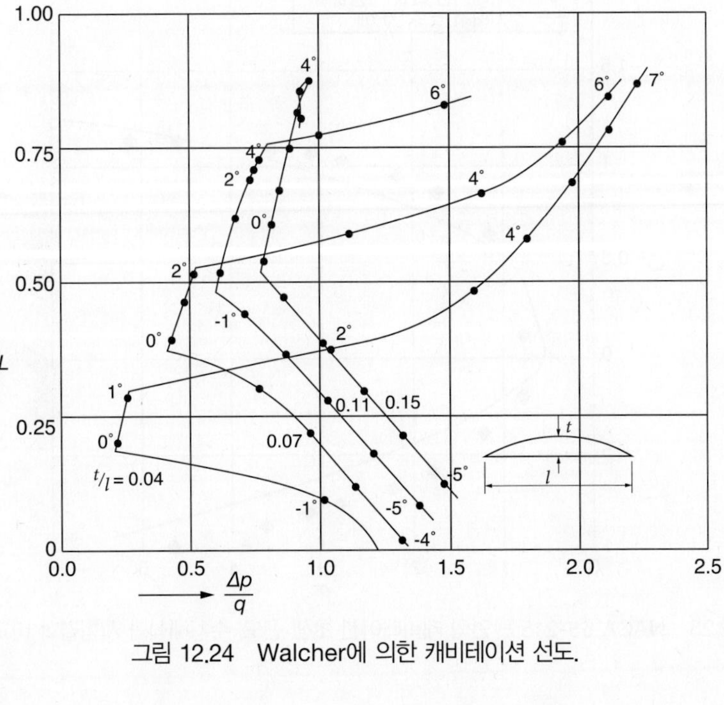

그림 12.24 Walcher에 의한 캐비테이션 선도.

이션이 일어나지 않고 작동할 수 있는 관용도를 나타낸다. 즉, 버킷이 넓을수록 캐비테이션 없이 작동할 수 있는 받음각의 변동 폭이 커진다. 버킷의 폭과 형상은 두께, 캠버, 전반적 형상 및 앞코 형상과 같은 단면의 특성에 따라 달라진다. 예를 들어 그림 12.24에 나타낸 것처럼 단면의 두께가 늘어나면 버킷의 폭이 넓어지고 버킷의 위치가 높은 양력계수 쪽으로 이동한다.

그러한 단면의 정보로부터 프로펠러 단면의 세부적인 특성이 도출되고 캐비테이션 관점에서의 깊이 있는 선택이 가능해짐에 주목해야 한다. 예를 들어 정해진 σ와 단면 유형으로부터 캐비테이션을 회피하기 위해 (그림 12.23 혹은 12.24와 같은 도표로부터 선택되는) C_L 값은 코드 길이, 즉 날개의 면적비에 의해 결정된다. 다시 말하면 $C_L = L/(0.5\rho V^2 c)$이므로 횡방향(반경별) 추력 부하 곡선으로부터 요구되는 양력(추력)과 캐비테이션에 대한 C_L 한계치로부터 적절한 코드 길이 c를 결정할 수 있다. 이 과정을 날개의 폭 방향(반경 방향)을 따라 반복하면 날개의 외곽선을 생성할 수 있다. 그림 12.23의 캐비테이션 외곽선(cavitation envelop)과 식 (12.7)~(12.11)을 기본적인 단면에 대해 적용한 간단한 예제가 17장에 주어져 있다.

Szantyr[12.22], Carlton[12.16] 및 ITTC2008[12.23]과 같은 참고문헌에서 논의하는 것처럼 어떤 접근 방법에서는 날개 표면 압력을 정하기 위해 수치적 방법을 사용한다.

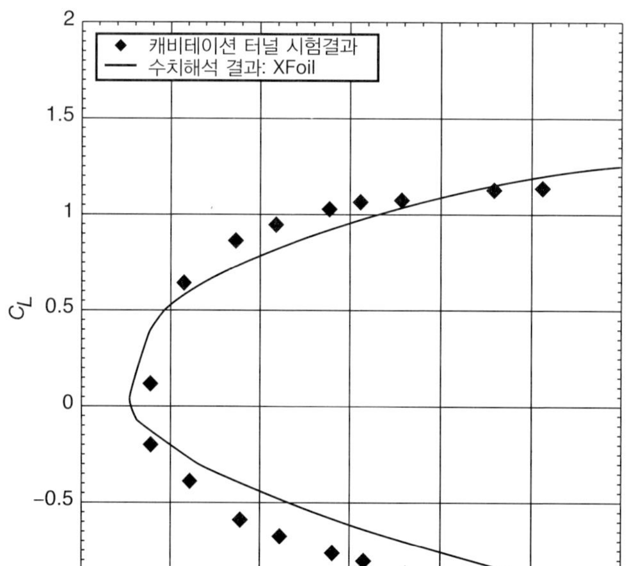

그림 12.25 NACA 63-215 단면의 캐비테이션 초생 선도: 수치해석과 시험결과 비교[12.24].

예를 들어 1차적인 근사적 방법으로서 2차원 패널 방법을 적용하여 특정한 단면에 대해 그림 12.16과 같은 압력분포를 예측할 수 있다. 따라서 $\Delta P/q =$ 국부 σ일 때 받음각(혹은 C_L)이 정해진 다음 이를 사용하여 그림 12.23 및 12.24의 뒷면 버블 캐비테이션과 시트 캐비테이션 곡선을 만들 수 있다. [12.24]는 이 기법의 사용 예를 서술하고 있는데, 여기서는 조류 터빈에 적합한 단면에서의 캐비테이션 초생을 예측하는 데 [12.25]에 소개된 패널 방법의 코드가 사용되었다. 그림 12.25에서 보듯이 2차원 패널 코드의 예측결과가 앞면에서 약간 보수적이기는 하지만, 예측과 캐비테이션 터널 시험결과가 만족스러운 정도로 일치하고 있다.

12.2.6 추력 및 토크에 대한 캐비테이션의 영향

캐비테이션이 발생하면 프로펠러 표면을 따라 흐르는 유동이 교란된다. 익형의 특성이 바뀌고 추력과 토크가 줄어들면서 효율이 감소한다. 캐비테이션 발생 범위가 늘어나면서 날개 흡입면의 양력 기여 성분이 사라지기 때문에 추력이 점진적으로 상실된다. 캐비테이션 수의 감소(캐비테이션 증가)가 K_T와 K_Q에 미치는 영향을 그림 12.26에 도시했다.

가능하다면 프로펠러는 전체적으로 캐비테이션이 없는 상태(아공동 프로펠러)로 설계되어야 한다. 캐비테이션 수 σ가 현저하게 떨어지면 캐비테이션이 불가피하므로 침식을 막기 위해 뒷면 시트 캐비테이션 영역 깊숙하게 들어가도록 의도적으로 설계하여 공동이 날개로부터 멀리 떨어진 곳에서 붕괴하도록 한다(초공동 프로펠러). 초공동 상태에 도달하면 추력은 앞면의 압력에만 기인해 발생하는데, 아공동 조건일 때의 추력 수준의 절반 정도 값에서 안정화된다. K_T에 대한 효과를 그림 12.27에 도식적으로 나타내었다. K_Q에 대한 효과도 그와 유사하며 그에 따라 효율도 감소한다.

12.1.1.절 및 그림 12.6(c)와 같이 초공동 조건의 작동을 위한 프로펠러에서는 흔히 쐐기 형태의 단면이 사용된다. 초공동 프로펠러에 대한 데이터는 16장에 서술된다.

12.2.7 캐비테이션 터널

프로펠러 단독시험에서 총 추력(T)은 축척비의 세제곱(λ^3)에 비례하고 표면적(A)은 축척비의 제곱(λ^2)에 비례한다. 따라서 추력 강도(thrust intensity, T/A)는 축척비에 비례한다. 또한 대기압은 축척되지 않는다. 그러므로 모형 프로펠러의 추력 강도는 실선 프로펠러보다 작아진다. 그에 따라 시험수조에서 실시되는 단독시험 시 모형 프로펠러에서는 캐비테이션이 관측되지 않는다.

캐비테이션 터널은 그림 12.28과 같은 시설로서, 모형 크기에서 올바른 추력 강도를

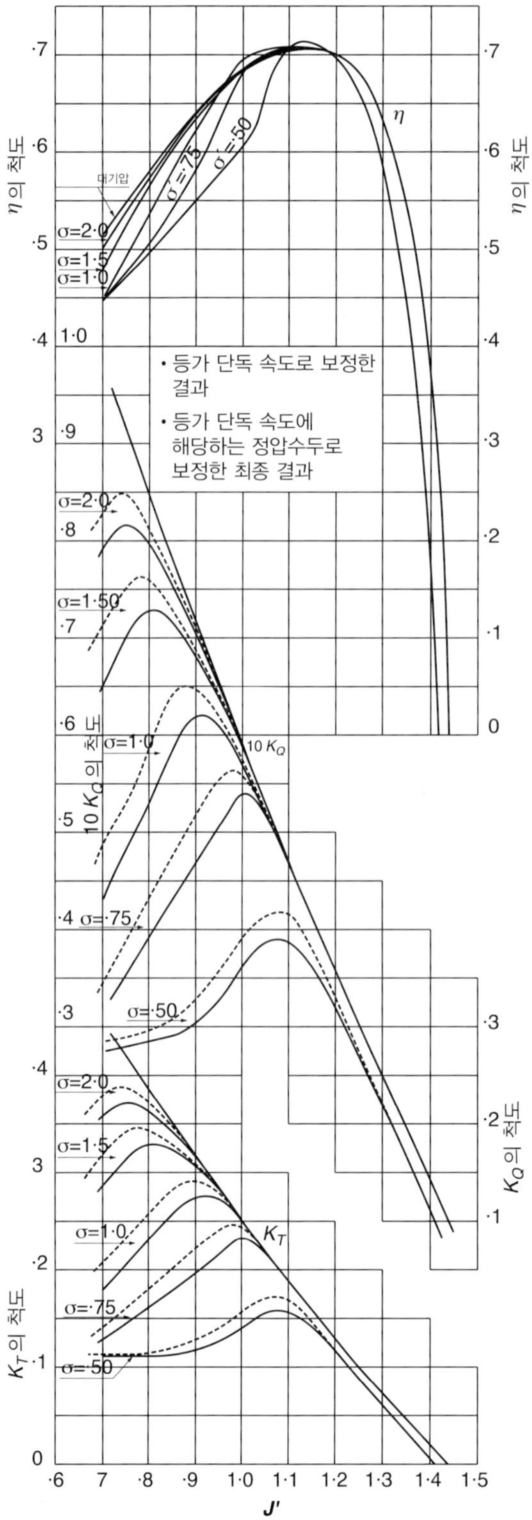

그림 12.26 캐비테이션 증가(σ 감소)에 따른 부하의 상실[12.17].

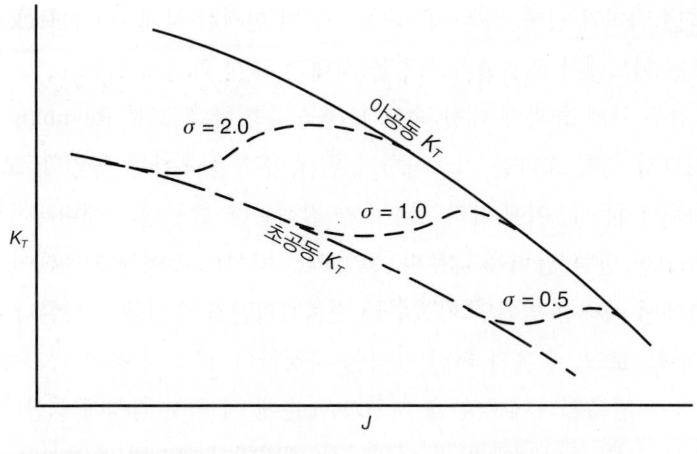

그림 12.27 아공동(subcavitating) 및 초공동(supercavitating) K_T.

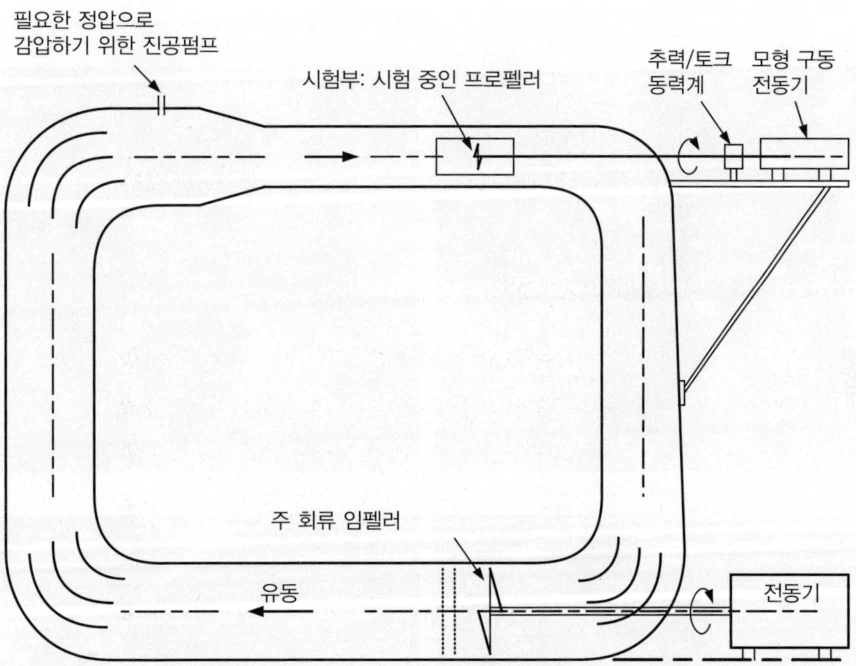

그림 12.28 캐비테이션 터널의 도식적 배치.

재현할 수 있도록 사용된다. 터널 내의 압력을 감소시킴으로써 올바른 캐비테이션 조건이 재현된다. 밀폐된 예인수조 내부를 감압하는 특별한 경우도 시도되고 있다[12.3].

전형적인 캐비테이션 터널의 시험부 단면 크기는 대략 600 mm × 600 mm에서 2800 mm × 1600 mm 사이의 범위에 있다. 큰 터널에서는 적절한 반류분포를 재현할 수 있도록 프로펠러 상류에 반류 스크린(wake screen) 혹은 선체 모형을 설치할 수 있다. 축척 효과를 최소화하기 위해, 터널 벽면으로부터의 현저한 차폐 효과(blockage effect)가 일어나지 않는 한도에서 프로펠러 직경을 최대한 크게 만들게 된다.

필요한 경우 차폐 효과에 대한 속도 보정을 수행한다. 보통 Reynolds 수를 최대화하여 마찰저항의 축척 효과를 최소화하기 위해 유속을 최대한 높인다. 모형을 올바른 J 값에서 작동시키는데, 이에 따라 회전수가 결정된다. 요구되는 캐비테이션 수를 달성하기 위해 필요한 만큼 압력을 낮춘다. 통상적인 방식은 주어진 캐비테이션 수에 대해 일정한 유속에서 정해진 범위의 회전수를 변화시키면서 측정을 수행한다. 매번 프로펠러 회전수, 추력, 토크, 수온과 터널 압력을 측정한다. 물속의 용존 공기량이 캐비테이션 발생 및 유동 관측결과에 영향을 미치기 때문에 이 역시 감시해야 한다. 그림 12.29는 캐비테이션 수를 줄여감에 따라 나타나는 캐비테이션의 발달 양상을 보이고 있다. 캐비테이션 및 캐비테이션 터널에 대한 보다 상세한 설명은 Carlton[12.16]을 참조하라.

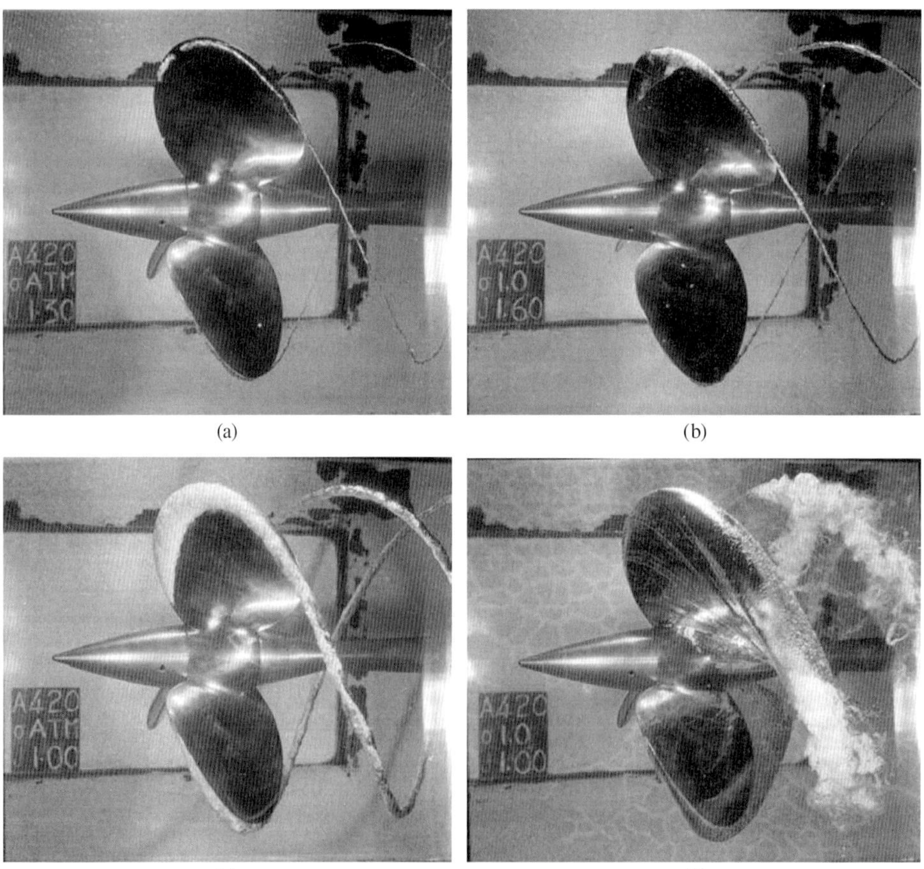

(a) (b) (c) (d)

그림 12.29 캐비테이션의 발달: Emerson 캐비테이션 터널(Newcastle upon Tyne 대학교 사진 제공).

12.2.8 캐비테이션 회피

앞 절에서 날개 단면 형상, 두께 및 날개 면적에 적절한 주의를 기울임으로써 캐비테이션을 회피할 수 있음을 언급했다. 날개 외곽 형상도 수정할 수 있다. 예를 들어 팁 부분의 피치를 줄이거나 코드 길이를 줄임으로써 팁 부분의 부하 경감(tip offloading)을 적용할 수 있다. 날개의 스큐(skew)도 캐비테이션 성능을 개선할 수 있다[12.26]. 그러나 예비설계 단계에서는 올바른 날개 면적을 구현하는 것이 가장 중요한 요구조건이다.

12.2.9 예비적인 날개 면적 – 캐비테이션 검증

프로펠러 설계과정의 초기 단계에서 설계자는 우선 적절한 날개 면적 및 가장 적절한 표준 계열 도표의 선택에 유의해야 한다.

일반적으로 국부 동압 ΔP를 날개 앞면과 뒷면 사이의 평균 압력차 $\bar{p}$와 연관시킴으로써 캐비테이션 한계치 $\Delta P/(0.5\rho V_R^2)$를 그림 12.30과 같이 변환시킬 수 있는데, $\bar{p}$는 다음과 같다.

$$\bar{p} = \frac{T}{A_P} \tag{12.12}$$

여기서 T는 추력, A_P는 (선미에서 바라본) 투영 면적이다. 캐비테이션 초생 조건에서는

$$\sigma = \tau_c$$

인데, τ_c는 다음과 같이 정의된다.

$$\tau_c = \frac{T}{0.5\rho A_P V_R^2} \tag{12.13}$$

이와 같은 접근 방법은 Burrill 및 Emmerson[12.18]이 예비설계 단계를 위해 제안했다. Burrill과 다른 연구자들은 캐비테이션 터널 및 실선 시험 데이터로부터 주어진 캐비테이션 수(σ)에 대한 τ_c 값의 한계치를 그림 12.31과 같이 도표로 나타내었다. 그러한 도표들은 보통 기준 속도 V_R을 $0.7\,R = 0.7\frac{D}{2}$에서 잡으므로 다음과 같아진다.

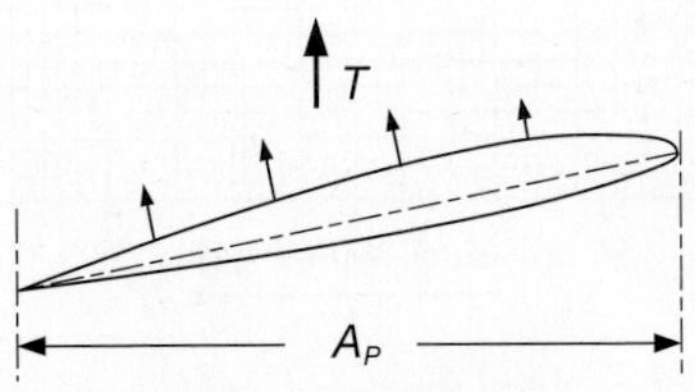

그림 12.30 평균 압력.

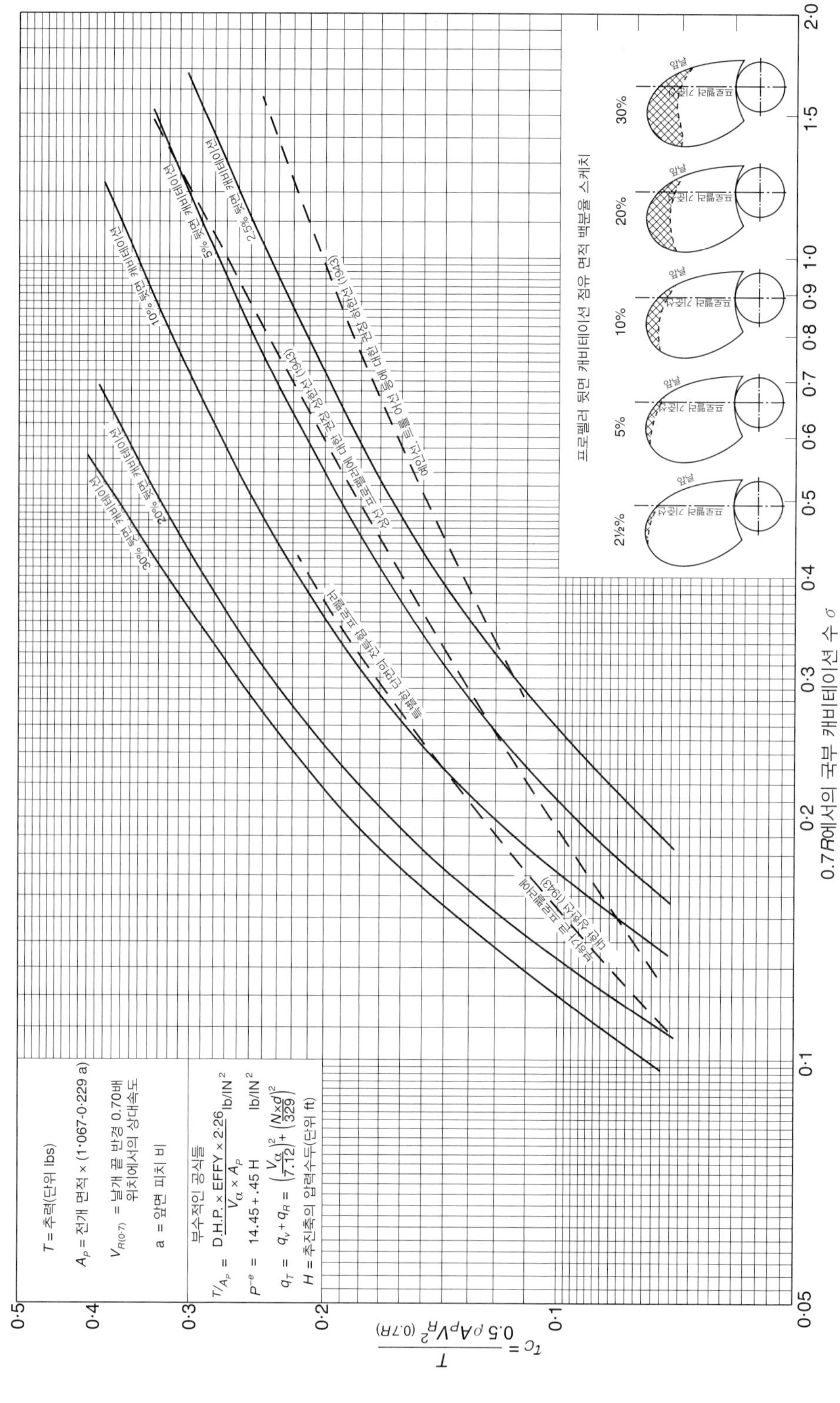

그림 12.31 Burrill 캐비테이션 도표.

$$V_R = \sqrt{V_a^{\,2} + (0.7\pi nD)^2} \tag{12.14}$$

Burrill은 전개 면적(A_D)과 투영 면적(A_P) 사이에 다음과 같은 경험 관계식을 제공하고 있다.

$$A_P = A_D(1.067 - 0.229\ P/D) \tag{12.15}$$

여기서 P/D는 피치 비이고 날개 면적비는 다음과 같다.

$$\text{BAR} = \frac{A_D}{\pi D^2/4} = \frac{A_P}{(1.067 - 0.229\ P/D)\cdot(\pi D^2/4)} \tag{12.16}$$

그림 12.31의 Burrill 도표 상의 다양한 곡선에 대한 경험식이 다음과 같이 주어진다.

$$\text{곡선 (1)} \quad \tau_c = 0.21(\sigma - 0.04)^{0.46} \tag{12.17}$$

곡선 (1)은 부하가 많이 걸리는 예인선이나 트롤 어선 등의 프로펠러에 대한 하한 선이다.

$$\text{곡선 (2)} \quad \tau_c = 0.28(\sigma - 0.03)^{0.57} \tag{12.18}$$

곡선 (2)는 상선 등에 사용되는 상한선으로 익형 단면을 사용할 때 뒷면의 2~5% 면적에 캐비테이션이 발생하는 조건이고, 흔히 인용되는 Burrill 곡선에 해당한다.

$$\text{곡선 (3)} \quad \tau_c = 0.43(\sigma - 0.02)^{0.71} \tag{12.19}$$

곡선 (3)은 해군 함정이나 고속선에 사용되는 상한선으로 뒷면의 10~15% 면적에 캐비테이션이 발생하는 조건이다. 이 곡선은 흡입면 압력분포가 균일한 단면에 해당하고 최대 동력에서 캐비테이션 위험성이 커지게 된다. [12.17]에 따르면 이 곡선은 캐비테이션에 기인한 추력의 붕괴가 발생하기 직전의 조건이다.

12.2.10 예제: 날개 면적의 추정

다음과 같은 제원의 프로펠러를 고려하자.

$D = 4.0$ m, $P/D = 0.7$(날개 면적비 BAR을 가정, 프로펠러 도표로부터 도출)

rpm = 120(2.0 rps), $V_a = 10$ knots(= 5.144 m/s)

추진축 잠김 깊이 $h = 3.0$ m

필요 추력 $T = 250 \times 10^3$ N

$$V_R^2 = V_a^2 + (0.7\pi nD)^2 = 5.144^2 + (0.7\pi \times 2.0 \times 4.0)^2 = 335.97\ \mathrm{m^2/s^2}$$
$$\sigma = (\rho gh + P_{AT} - P_V)/(0.5\rho V_R^2)$$
$$= (1025 \times 9.81 \times 3.0 + 101 \times 10^3 - 3 \times 10^3)/(0.5 \times 1025 \times 335.97) = 0.744$$

상선에 대한 상한선인 식 (12.18)의 곡선 (2)를 사용하면 $\tau_c = 0.231$을 얻는다.

그림 12.31로부터도 유사한 값을 직접 얻을 수 있다. 그러면 $A_P = T/(0.5\rho V_R{}^2 \tau_c)$ $= 250 \times 10^3/(0.5 \times 1025 \times 335.97 \times 0.231) = 6.285\ \mathrm{m^2}$가 된다.

$A_D = A_P/(1.067 - 0.229\ P/D) = 6.285/(1.067 - 0.229 \times 0.70) = 6.932\ \mathrm{m^2}$이고, DAR $= (\mathrm{BAR}) = 6.932/(\pi D^2/4) = 6.932/(\pi \times 4^2/4) = 0.552$가 된다.

이는 B4.55 프로펠러 도표(BAR = 0.550)를 사용하는 것을 의미한다.

만일 BAR = 0.55 도표를 사용하여 도출된 P/D가 초기값인 0.7과 현저하게 달라진다면 요구되는 BAR은 가정했던 값에서 크게 벗어나는 것이 된다. 그 경우 위의 과정을 반복하는 것이 필요하다. 요구되는 값에 가장 가까운 BAR을 사용하여 수행하면 된다.

12.3 프로펠러 날개 강도 추정

12.3.1 배경

프로펠러 날개는 값비싼 소재를 절약하고 불필요한 무게를 감소시키며 올바른 단면을 선택하는 한 두께가 얇을수록 성능이 좋아지기 때문에 가능한 한 얇게 만드는 것이 보통이다.

프로펠러는 불균일하고 아마도 비정상적인(unsteady) 반류 유동 내에서 작동하기 때문에 프로펠러가 회전하면서 날개에 주기적인 하중이 가해진다. 이러한 상황에서 정상적인 운항 요구조건을 초과하는 하중을 야기하는 사고(예를 들어 좌초)가 발생하지 않는다면 날개의 파손은 거의 언제나 피로에 기인한다.

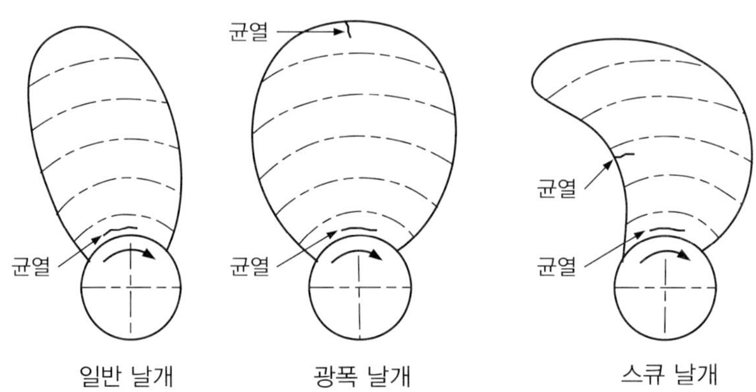

그림 12.32 피로 균열의 잠재적인 근원.

실제로는 두 가지 유형의 피로 균열이 발생하는데, 둘 다 인장응력이 가장 높은 압력면에서 일어난다. 대부분의 날개는 보스 근방에서 폭을 따라 갈라지며, 균열은 코드 중간점 근방에서 시작된다. 넓거나 스큐(skew)를 가진 날개는 그림 12.32처럼 날개 모서리로부터 균열이 안쪽으로 전파되어 파괴될 수 있다.

12.3.2 날개 뿌리 부위 두께의 예비산정

날개의 설계는 프로펠러가 엔진의 전 출력(full power)을 흡수할 때 1회전 동안 날개에 작용하는 평균 하중에 의해 선정되는 공칭 평균 설계 응력(nominal mean design stress)에 기반한다. 이 평균값으로부터의 응력 변동치가 균열 전파를 일으키지 않을 정도로 응력의 수준을 선택해야 한다.

통상적인 응력 수준은 다음 사항과 관련하여 선택해야 한다.

(i) 반류 유동의 불균일도.
(ii) 선박 운동에 의한 추가 하중.
(iii) 후진 및 조종 시의 특별한 하중.
(iv) 최대 동력에서의 운항 비율.
(v) 프로펠러의 요구 수명.
(vi) 사용되는 해석기법의 근사화 정도.

실제로 평균 공칭 날개 응력은 선종 및 소재에 따라 운항 경험에 기초하여 경험적으로 선택되는데, 표 12.2 및 12.3에 인용된 [12.27]을 포함하는 다양한 문헌에 서술되어 있다. [12.27]에 따르면 표 12.3의 허용 응력은 쌍추진기선의 경우 10% 증가해도 된다. [12.27]과 같은 선급 협회들은 날개 뿌리 부위 반경 및 0.25*R*에서의 두께 요구조건을 정의하고 있다.

표 12.2 공칭 프로펠러 설계 응력 수준: 망간 청동

선박 유형	공칭 평균 설계 응력(MN/m^2)
화물선	40
여객선	41
대형 함정	76
프리깃 함/구축함	82~89
순찰정	110~117

표 12.3 상선에 대한 공칭 프로펠러 설계 응력 수준

소재	공칭 평균 설계 (허용) 응력 (MN/m²)	최대 강도(UTS) (MN/m²)	밀도(kg/m³)
주철(cast iron)	17	250	7200
주강(cast steel)	21	400	7900
스테인리스 강	41	450~590	7800
망간 청동	39	440	8300
니켈 알루미늄 청동	56	590	7600

12.3.3 프로펠러 응력 추정 방법

프로펠러 날개를 단순한 외팔보(cantilever)로 가정하여 보(beam) 이론을 적용하는 경우 날개 뿌리 부위 응력을 예측하는 단순화된 방법을 사용할 수 있다.

유한요소법을 이용한 박판 이론(shell theory)을 프로펠러 날개의 응력분포를 상세하게 예측하기 위해 사용할 수 있다[12.28, 12.29, 12.30, 12.31]. 이들은 보통 날개의 수력학적 하중분포를 결정하기 위한 와류 격자(vortex lattice) 혹은 패널 방법을 포함하는 전산유체역학(CFD) 기법과 연계되어 사용된다. 이러한 기법을 사용해야만 반경 방향의 균열 진전을 예측할 수 있다. 예를 들어 스큐(skew)가 큰 프로펠러에 대해서는 그림 12.33에 도식적으로 해설된 유한요소해석(finite element analysis: FEA)과 와류 격자/패널 방법의 연성(coupled) 해석이 요구된다.

그와 같은 방법은 국부적인 응력 값을 제공하지만 강력한 연산기능이 필요하다. 날개 뿌리 단면에 적용되는 단순 굽힘 이론이 최종 점검 방법으로 흔히 사용된다[12.33].

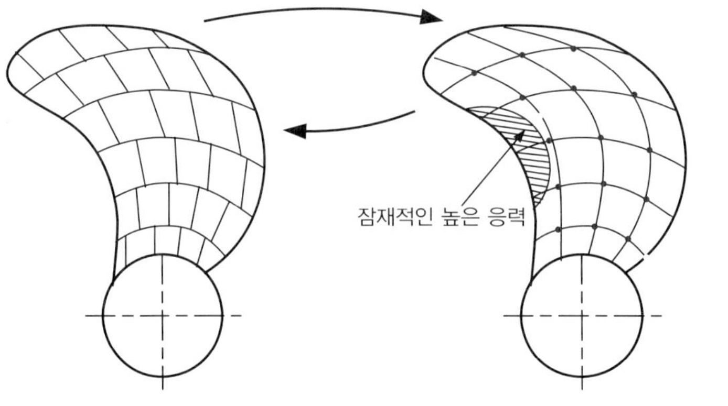

그림 12.33 수탄성 접근 방법의 도해.

12.3.4 단순 보 이론을 사용한 프로펠러 강도 계산

이 방법은 날개를 단순한 외팔보로 가정하여 보 이론을 사용해 응력을 계산하는 것이다. 여기서는 다음 사항에 의한 응력을 고려한다.

(a) 추력 및 토크 부하와 관련된 굽힘 모멘트.

(b) 원심력에 기인한 굽힘 모멘트 및 인장 하중.

12.3.4.1 추력 하중에 의한 굽힘 모멘트

그림 12.34에서 반경 r_0에 위치한 단면에 대해 추력에 의한 굽힘 모멘트는 다음과 같다.

$$M_T(r_0) = \int_{r_0}^{R} (r - r_0) \frac{dT}{dr} dr \tag{12.20}$$

이는 다음과 같이 고쳐 쓸 수 있다.

$$M_T(r_0) = \int_{r_0}^{R} r \frac{dT}{dr} \cdot dr - r_0 T_0 \tag{12.21}$$

$$= T_0 \bar{r} - T_0 r_0 = T_0 (\bar{r} - r_0) \tag{12.22}$$

여기서 T_0는 r_0 바깥쪽 부분의 추력이고, $\bar{r}$는 중심축으로부터 추력 중심까지의 거리이다. M_T는 중심축 및 프로펠러 기준선에 수직인 축에 작용한다.

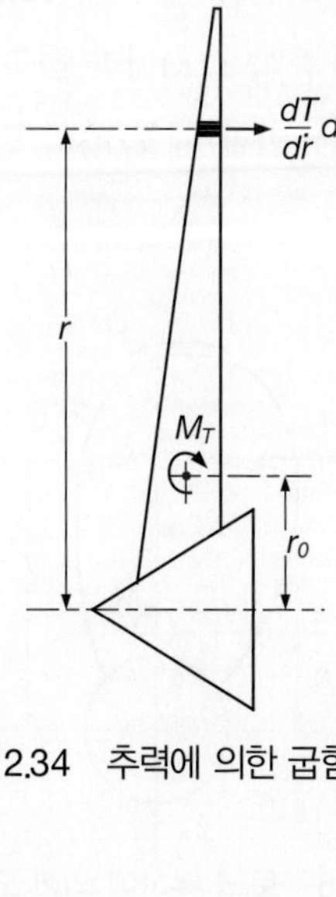

그림 12.34 추력에 의한 굽힘 모멘트.

12.3.4.2 토크 하중에 의한 굽힘 모멘트

그림 12.35에서 중심축과 평행하고 반경 r_0에 위치한 축에 작용하는 토크에 의한 굽힘 모멘트는 다음과 같다.

$$M_Q = \int_{r_0}^{R} (r - r_0) \frac{dF_Q}{dr} \cdot dr$$

그런데

$$\frac{dQ}{dr} = r\frac{dF_Q}{dr}$$

따라서

$$\begin{aligned} M_Q &= \int_{r_0}^{R} \left(1 - \frac{r_0}{r}\right) \frac{dQ}{dr} \cdot dr = Q_0 - r_0 \int_{r_0}^{R} \frac{1}{r} \cdot \frac{dQ}{dr} dr \\ &= Q_0 - \frac{r_0}{\bar{r}} Q_0 = Q_0 \left(1 - \frac{r_0}{\bar{r}}\right) \end{aligned} \tag{12.23}$$

여기서 Q_0는 r_0 바깥쪽 부분에 의한 토크이고, $\bar{r}$는 중심축으부터 토크 하중 중심까지의 거리이다.

12.3.4.3 날개 회전에 의한 하중 및 굽힘 모멘트

레이크(rake)가 있는 경사진 날개가 회전할 때 그림 12.36과 같이 굽힘 모멘트가 발생한다. 구심 가속도에 의해 발생하는 하중을 $L(r)$이라 하고, $A(r)$을 각 반경 위치에서의 날개 단면적이라 하자. 반경 r이 δr만큼 변할 때 $L(r)$의 변화량은 다음과 같이 주어진다.

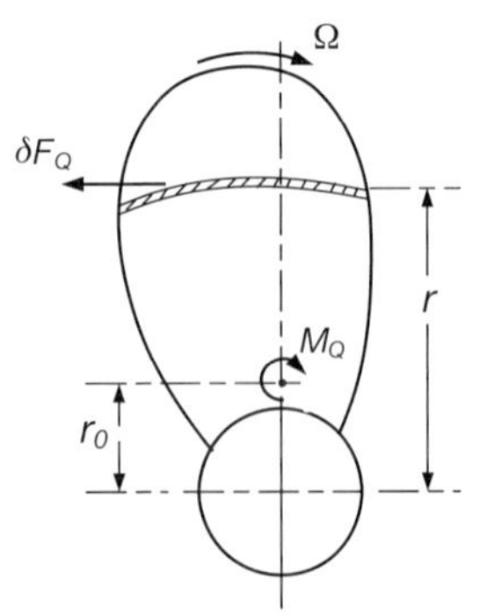

그림 12.35 토크 부하에 의한 모멘트.

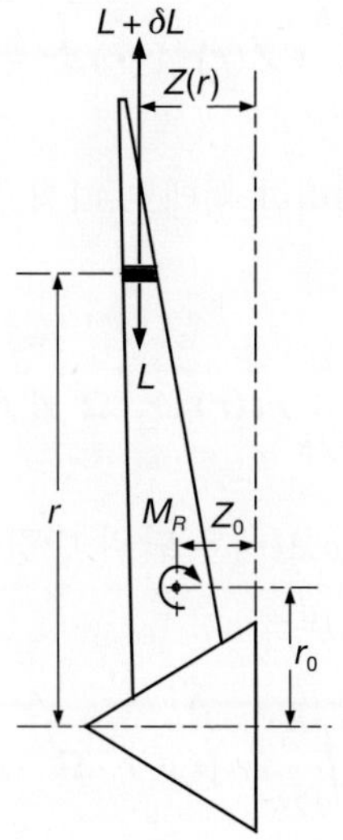

그림 12.36 날개 회전에 의한 모멘트.

$$\delta L = [\rho A(r)\delta r]\, r\, \Omega^2 \tag{12.24}$$

여기서 ρ는 금속의 밀도, $[\rho\, A(r)\, \delta r]$는 질량이고

$$dL/dr = \rho\Omega^2 r\, A(r) \tag{12.25}$$

날개 팁에서는 $L(r) = 0$이므로 $r = r_0$에서는

$$L(r_0) = \rho\Omega^2 \int_{r_0}^{R} r\, A(r)\, dr \tag{12.26}$$

단면적 A는 반경 r에 비례하고 날개 팁 $A = 0$으로부터 변화한다고 가정하는 것이 편리하다.

날개 단면의 무게중심(CG)이 제작기준선으로부터 후방으로 $Z(r)$만큼 기울어져 있다고 한다면 식 (12.24)로부터 얻을 수 있는 날개요소에 작용하는 하중 δL은 추력 모멘트 M_T와 동일한 축에 대한 굽힘 모멘트에 기여하는데, 다음과 같이 계산된다.

$$M_R(r_0) = \int_{r_0}^{R} [Z(r) - Z(r_0)]\, \frac{dL}{dr} \cdot dr = \rho\Omega^2 \int_{r_0}^{R} (Z - Z_0)\, r\, A(r)\, dr \tag{12.27}$$

이는 다음과 같이 정리된다.

$$M_R(r_0) = \rho\Omega^2 \int_{r_0}^{R} r\, Z(r)\, A(r)\, dr - \rho\Omega^2 Z(r_0) \int_{r_0}^{R} r\, A(r) dr$$

그러므로 다음과 같다.

$$M_R(r_0) = \rho\Omega^2 \int_{r_0}^{R} r\,Z(r)\,A(r)\,dr - Z(r_0)\,L(r_0) \tag{12.28}$$

식 (12.27)은 보다 사용하기 편리한 형태로 다시 쓸 수 있고, 반경비 $r/R = 0.2$에 대해 다음과 같아진다.

$$M_{R_{0.2}} = \int_{0.2R}^{R} m(r)\cdot r\cdot \Omega^2 Z'(r)\cdot dr \tag{12.29}$$

여기서 $Z'(r) = (Z - Z_0)$, $m(r) = \rho A(r)$은 단위 반경당 질량, $r_0 = 0.2R$로 가정한다.

원심력은 다음과 같이 쓸 수 있다.

$$F_c = \int_{0.2R}^{R} m(r)\cdot r\cdot \Omega^2\cdot dr \tag{12.30}$$

12.3.4.4 굽힘 모멘트의 성분

그림 12.37과 같이 일차적인 굽힘 모멘트 M_T, M_Q 및 M_R을 프로펠러 단면의 주축(principal axis)에 대해 분해해야 한다. 주축의 방향은 날개 단면의 정확한 형상 및 반경 r_0에서의 날개 기준면의 피치 각에 의해 결정된다. 두 주축 A–A 및 B–B 중에서 단면 계수(section modulus) I/y는 축 A–A에 대해 최소가 되므로, 그림 12.38에 도시된 날개 앞면의 중간점 P에서 인장응력이 최대가 되고 날개 뒷면의 중간점 Q에서 압축응력이 최대가 된다.

식 (12.1)을 적용하면 피치 각은 다음과 같이 주어진다.

$$\theta = \tan^{-1}\left(\frac{P/D}{\pi x}\right)$$

그러므로 날개의 강도 측면에서 의미 있는 굽힘 모멘트는 다음과 같이 주어진다.

$$M_N = (M_T + M_R)\cos\theta + M_Q \sin\theta \tag{12.31}$$

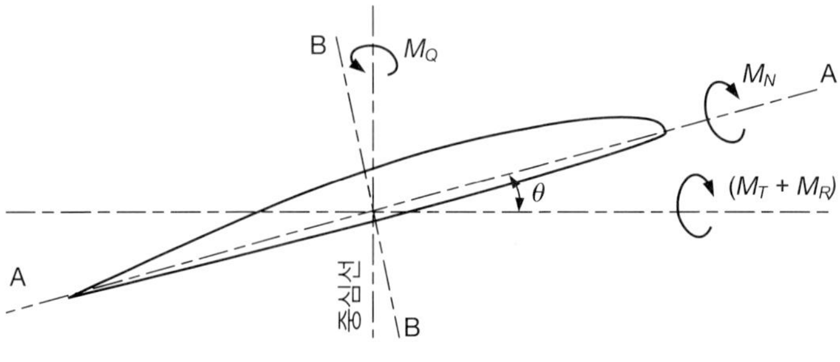

그림 12.37 굽힘 모멘트의 분해.

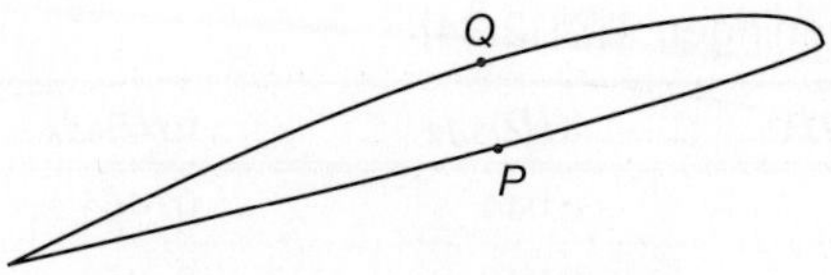

그림 12.38 응력 최대 지점.

이 공식을 사용하여 날개의 굽힘응력을 계산한다.

12.3.4.5 날개 구조 단면의 특성

그림 12.39에 나타낸 평면 단면 A-A에 대해 구조 단면 계수(structural modulus)를 구해야 한다고 생각할 수 있다. 실제로는 날개의 형상을 정의하는 데 원통형 단면의 경우 A′-A′을 사용하므로 평면 단면을 도출하기 위해서는 복잡한 작도 과정이 필요하다.

피치 각은 반경이 커지면서 줄어들기 때문에, 그림 12.40처럼 평면 단면의 경우 앞코는 처지고 꼬리는 치켜든 S자 형태를 띠게 된다.

단순 보 이론에서 고유한 다른 근사화를 비교하면 평면 단면이 아닌 원통 단면을 사용하여 단면 계수를 계산함으로써 야기되는 오차는 두드러지지 않는다. 보편적인 관습은 원통 단면을 사용하고, 주축이 피치 기준선과 일치한다고 가정하는 것이다.

단면 계수 I/y의 전형적인 값은 다음과 같다.

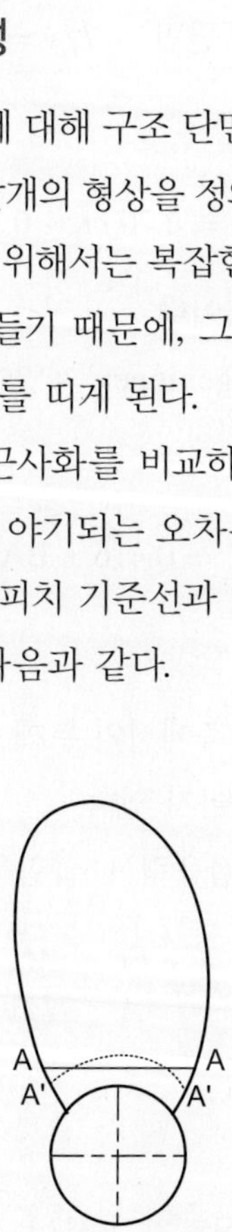

그림 12.39 단면 유형.

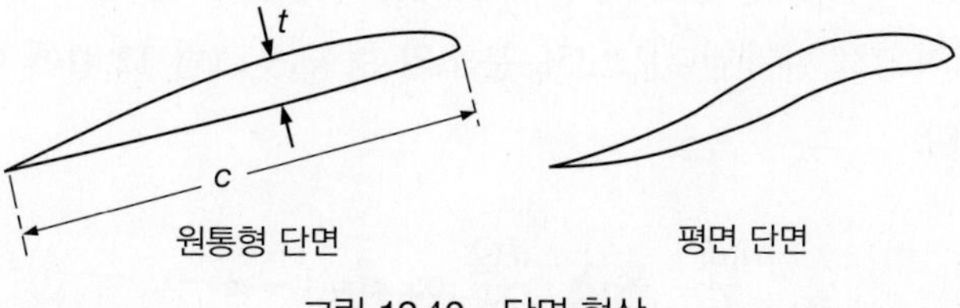

그림 12.40 단면 형상.

표 12.4 날개 두께 비, Wageningen 계열[12.34]

날개 수	중심축 t/D	$(t/D)_{0.2R}$	$(t/D)_{0.7R}$	$(t/D)_{0.75R}$
2	0.055	0.044	0.0165	0.0138
3	0.050	0.040	0.0150	0.0125
4	0.045	0.036	0.0135	0.0113
5	0.040	0.032	0.0120	0.0100

$$\text{익형 단면} \qquad I/y = 0.095\ ct^2 \tag{12.32}$$

$$\text{round back 단면} \qquad I/y = 0.112\ ct^2 \tag{12.33}$$

뿌리에서의 단면적은 다음과 같다.

$$\mathrm{A} = 0.70\ ct \sim 0.72\ ct \tag{12.34}$$

여기서 c는 코드 길이이고 t는 두께이다.

그림 16.2[12.34]에 도시된 Wageningen 계열에 근거한 $0.2R$에서의 뿌리 부위 코드 비에 대한 근사값은 다음과 같다.

$$\left(\frac{c}{D}\right)_{0.2R} = 0.416 \times \mathrm{BAR} \times \frac{4}{Z} \tag{12.35}$$

여기서 Z는 날개 수이다.

Wageningen 계열에 대한 중심축에서의 두께 비 t/D는 표 12.4에 주어졌는데, $0.2R$, $0.7R$ 및 $0.75R$에서의 값도 함께 주어져 있다.

마지막으로 설계 응력 σ = 직접응력 + 굽힘응력인데, 다음과 같이 정리된다.

$$\sigma = \frac{Fc}{A} + \frac{M_N}{I/y} \tag{12.36}$$

12.3.4.6 표준 하중 곡선

날개요소-모멘텀 이론 혹은 다른 이론적 계산이 수행되면 이들 계산에 근거한 dT/dx 및 dQ/dx 곡선을 사용할 수 있는데, 15장을 참조하라.

이들 정보를 사용할 수 없는 경우에는 다음의 표준 하중 공식이 정상적인 최적 하중분포를 합리적으로 나타낸다[12.35]. 분포의 형상은 그림 12.41에 나타나 있고, 다음 식처럼 주어진다.

$$\frac{dT}{dx} \ \text{혹은}\ \frac{dQ}{dx} \propto x^2\sqrt{1 - x^2} \tag{12.37}$$

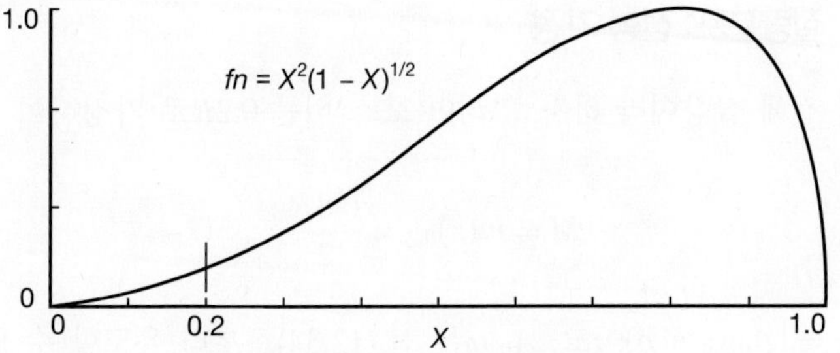

그림 12.41 전형적인 폭 방향 부하 분포.

여기서 $x = \frac{r}{R}$이다.

식 (12.37)을 사용하여 모멘트 M_T와 M_Q를 계산하려면 다음의 적분이 필요하다.

$$\int x\sqrt{1-x}\,dx = \frac{2}{15}\left(3x^2 - x - 2\right)\sqrt{1-x} \tag{12.38}$$

$$\int x^2\sqrt{1-x}\,dx = \frac{2}{105}\left(15x^3 - 3x^2 - 4x - 8\right)\sqrt{1-x} \tag{12.39}$$

$$\int x^3\sqrt{1-x}\,dx = \frac{2}{315}\left(35x^4 - 5x^3 - 6x^2 - 8x - 16\right)\sqrt{1-x} \tag{12.40}$$

날개 단면적 $A(r)$ 및 레이크 $Z(r)$이 선형적으로 변화한다고 가정하는 것이 적절할 것이다.

12.3.4.7 프로펠러 강도 공식

보 이론을 사용할 때 다음 공식이 유용한데, 이들을 식 (12.29) 및 (12.30)에 손쉽게 삽입할 수 있다.

K_T와 K_Q의 분포가 $x^2\sqrt{1-x}$ 에 비례한다고 가정할 때, $\bar{r}$는 하중분포 곡선을 수치적으로 적분하거나 식 (12.38)~(12.40)으로부터 유도된다. 식 (12.38)~(12.40)을 사용할 때 추력에 대해서는 $\bar{r} = 0.67R$이고, 토크에 대해서는 $\bar{r} = 0.57R$이 된다. Carlton [12.16]은 최적 하중분포에 근거하여 추력에 대해 $0.70R$을, 토크에 대해서는 $0.66R$을 권장하고 있다. 이들 다양한 값들과 실제 하중분포에 기반하여 예비적인 응력 계산 목적으로 추력 및 토크에 대해 $\bar{r} = 0.68R$이 만족스러운 것으로 권장된다.

12.3.4.8 질량분포: 선형 가정

M이 프로펠러 전체 질량이라 하자. 그러면 보스 비를 $0.2R$로 가정하여

$$M = m(r)_{0.2} \times \frac{0.8R}{2} \tag{12.41}$$

여기서 $m(r)_{0.2} = (A_{0.2R} \times \rho)$이고, $A_{0.2R}$은 식 (12.34)로부터 유도할 수 있다. 그러면 질량분포는 다음과 같이 나타난다.

$$m(r) = \frac{M}{0.32R}\left(1 - \frac{r}{R}\right) \tag{12.42}$$

12.3.4.9 레이크 분포: 선형 가정

중심축으로부터 정의하면

$$Z'(r) = \mu\left(\frac{r}{R} - 0.2\right) \tag{12.43}$$

여기서 μ는 그림 12.8 및 12.36에 표시한 바와 같은 중심선에 대한 레이크이다.

12.3.4.10 고성능 프로펠러

프로펠러와 선체 사이의 간극 문제 때문에 날개가 후방으로 기울어져 있으면 M_R과 M_T가 서로 더해진다. 날개를 앞쪽으로 기울이면 M_R의 부호가 바뀌어 M_R이 M_T를 상쇄, 총 굽힘응력이 줄어들 수 있다. 이 특성은 고성능 선박에 사용되는데, 총 굽힘응력을 최소화하도록 레이크 크기가 선택된다.

12.3.4.11 보 이론의 추정 정확도

보 이론의 강도 계산은 공칭응력 값을 산출하는데, 이는 실제 날개 응력보다 과소 예측된 것이다. 박판 이론(shell theory)에 의한 계산은 동일한 하중 조건에서 보 이론에 의한 추정치보다 25% 높은 실제 응력을 나타낸다. 실제적인 반경 방향 하중분포에 대해 계산하면 하중 변화로 인해 추정되는 응력 값이 10% 정도 변화할 수 있음을 알 수 있다.

표준 평균 최대 동력에서의 평균 응력은 실제 상황에서의 최대 응력보다 상당히 낮다. 예를 들어 스트레인 게이지가 장착된 프로펠러를 사용한 시운전 결과를 보면 후진 및 조종 시 공칭응력 수준의 약 3.5배에 달하는 응력이 프로펠러에 작용함을 알 수 있다. 또한 불균일한 유입유동의 영향은 평균 응력 수준의 0.5~1.5배 사이에서 변화하는

응력을 야기한다. 1회전 동안의 응력 변동은 평균 유동에 대한 추진축의 경사와 선박의 종동요 및 상하동요 운동과도 관련이 있다.

위의 추론들은 표 12.3에 주어진 공칭 설계 응력 수준이 프로펠러 소재의 최종강도보다 훨씬 작은 이유를 설명한다. 프로펠러 날개 뿌리의 응력 추정을 설명하는 예제는 17장에 주어져 있다.

참고문헌(12장)

12.1 Massey, B.S. and Ward-Smith, J. *Mechanics of Fluids*. 8th Edition. Taylor and Francis, London, 2006.

12.2 Duncan, W.J., Thom, A.S. and Young, A.D. *Mechanics of Fluids*. Edward Arnold, Port Melbourne, Australia, 1974.

12.3 Noordzij, L. Some experiments on cavitation inception with propellers in the NSMB-Depressurised towing tank. *International Shipbuilding Progress*, Vol. 23, No. 265, 1976, pp. 300~306.

12.4 ITTC. Report of the Specialist Committee on Procedures for Resistance, Propulsion and Propeller Open Water Tests. Recommended procedure for Open Water Test, No. 7.5-02-03-02.1, Rev 01, 2002.

12.5 Rose, J.C. and Kruppa, F.L. Surface piercing propellers: methodical series model test results, *Proceedings of First International Conference on Fast Sea Transportation, FAST'91*, Trondheim, 1991.

12.6 Ferrando, M., Scamardella, A., Bose, N., Liu, P. and Veitch, B. Performance of a family of surface piercing propellers. *Transactions of The Royal Institution of Naval Architects*, Vol. 144, 2002, pp. 63~75.

12.7 ITTC2005 Report of Specialist Comitteee on Azimuthing Podded Propulsors. *Proceedings of 24th ITTC*, Vol. II. Edinburgh, 2005.

12.8 ITTC Report of Specialist Comitteee on Azimuthing Podded Propulsors. *Proceedings of 25th ITTC*, Vol. II. Fukuoka, 2008.

12.9 ITTC Report of Specialist Committee on Validation of Waterjet Test Procedures. *Proceedings of 23rd ITTC*, Vol. II, Venice, 2002.

12.10 ITTC Report of Specialist Committee on Validation of Waterjet Test Procedures. *Proceedings of 24th ITTC*, Vol. II, Edinburgh, 2005.

12.11 Van Manen, J.D. Results of systematic tests with vertical axis propellers. *International Shipbuilding Progress*, Vol. 13, 1966.

12.12 Van Manen, J.D. Non-conventional propulsion devices. *International Shipbuilding Progress*, Vol. 20, No. 226, June 1973, pp. 173~193.

12.13 Volpich, H. and Bridge, I.C. Paddle wheels. Part I, Preliminary model experiments. *Transactions, Institute of Engineers and Shipbuilders in Scotland*, Vol. 98, 1954~1955, pp. 327~380.

12.14 Volpich, H. and Bridge, I.C. Paddle wheels. Part II, Systematic model experiments. *Transactions, Institute of Engineers and Shipbuilders in Scotland,* Vol. 99, 1955~1956, pp. 467~510.

12.15 Volpich, H. and Bridge, I.C. Paddle wheels. Parts IIa, III, Further model experiments and ship model correlation. *Transactions, Institute of Engineers and Shipbuilders in Scotland*, Vol. 100, 1956~1957, pp. 505~550.

12.16 Carlton, J.S. *Marine Propellers and Propulsion*. 2nd Edition. Butterworth-Heinemann, Oxford, UK, 2007.

12.17 Gawn, R.W.L. and Burrill, L.C. Effect of cavitation on the performance of a series of 16 in. model propellers. *Transactions of the Royal Institution of Naval Architects*, Vol. 99, 1957, pp. 690~728.

12.18 Burrill, L.C. and Emerson, A. Propeller cavitation: Further tests on 16in. propeller models in the King's College cavitation tunnel. *Transactions North East Coast Institution of Engineers and Shipbuilders*, Vol. 79, 1962~1963, pp. 295~320.

12.19 Emerson, A. and Sinclair, L. Propeller cavitation. Systematic series of tests on five and six bladed model propellers. *Transactions of the Society of Naval Architects and Marine Engineers*, Vol. 75, 1967, pp. 224~267.

12.20 Emerson, A. and Sinclair, L. Propeller design and model experiments. *Transactions North East Coast Institution of Engineers and Shipbuilders*, Vol. 94, No. 6, 1978, pp. 199~234.

12.21 Van Manen, J.D. The choice of propeller. *Marine Technology*, SNAME, Vol. 3, No. 2, April 1966, pp. 158~171.

12.22 Szantyr, J.A. A new method for the analysis of unsteady propeller cavitation and hull surface pressures. *Transactions of the Royal Institution of Naval Architects*, Vol. 127, 1985, pp. 153~167.

12.23 ITTC. Report of Specialist Comitteee on Cavitation. *Proceedings of 25th ITTC*, Vol. II. Fukuoka, 2008.

12.24 Molland, A.F., Bahaj, A.S., Chaplin, J.R. and Batten, W.M.J. Measurements and predictions of forces, pressures and cavitation on 2-D sections sutable for marine current turbines. *Proceedings of Institution of Mechanical Engineers*, Vol. 218, Part M, 2004.

12.25 Drela, M. Xfoil: an analysis and design system for low Reynolds number aerofoils. *Conference on Low Reynolds Number Airfoil Aerodynamics*, University of Notre Dame, Notre Dame, IN, 1989.

12.26 English, J.W. Propeller skew as a means of improving cavitation performance. *Transactions of the Royal Institution of Naval Architects*, Vol. 137, 1995, pp. 53~70.

12.27 Lloyds Register. Rules and Regulations for the Classification of Ships. Part 5, Chapter 7, Propellers. 2005.

12.28 Conolly, J.E. Strength of propellers. *Transactions of the Royal Institution of Naval Architects*, Vol. 103, 1961, pp. 139~160.

12.29 Atkinson, P. The prediction of marine propeller distortion and stresses using a super-parametric thick-shell finite-element method. *Transactions of the Royal Institution of Naval Architects,* Vol. 115, 1973, pp. 359~375.

12.30 Atkinson, P. A practical stress analysis procedure for marine propellers using finite elements. *75 Propeller Symposium*. SNAME, 1975.

12.31 Praefke, E. On the strength of highly skewed propellers. *Propellers/Shafting'91 Symposium*, SNAME, Virginia Beach, VA, 1991.

12.32 Atkinson, P. and Glover, E. Propeller hydroelastic effects. *Propeller'88 Symposium*. SNAME, 1988, pp. 21.1~21.10.

12.33 Atkinson, P. On the choice of method for the calculation of stress in marine propellers. *Transactions of the Royal Institution of Naval Architects*, Vol. 110, 1968, pp. 447~463.

12.34 Van Lammeren, W.P.A., Van Manen, J.D. and Oosterveld, M.W.C. The Wageningen B-screw series. *Transactions of the Society of Naval Architects and Marine Engineers*, Vol. 77, 1969, pp. 269~317.

12.35 Schoenherr, K.E. Formulation of propeller blade strength. *Transactions of the Society of Naval Architects and Marine Engineers*, Vol. 71, 1963, pp. 81~119.

CHAPTER

13

동력 전달과정

13.1 선박 추진기관의 선택

추진기관(propulsion machinery) 및 배치 계획은 공간, 중량, 소음과 함께 작업 공간, 운항비용 및 유지관리 비용을 포함하는 전반적인 요구사항에 의해 결정된다. 이 모든 요소들은 선종과 선박의 기능, 운항 형태에 따라 달라진다.

13.1.1 추진기관의 선택: 주 고려사항

1. 크기 및 중량: 추가 재화중량 및 공간. 페리나 해양플랜트 보급선처럼 길고 막힘이 없는 갑판이 필요한 선박에서는 높이가 중요할 수 있다.
2. 초기비용.
3. 연료 소모: 운항비용 및 연료탱크 용량(재화중량 및 공간)에 영향을 준다.
4. 연료 등급(낮은 등급/고점도일수록 저렴하다).
5. 질소산화물(NOx), 황산화물(SOx) 및 이산화탄소(CO_2) 배출 수준.
6. 소음 및 진동 수준: 점점 더 중요해진다.
7. 유지관리 필요사항/비용, 예비부품 가격.
8. 회전수: 저회전수 대직경 프로펠러가 일반적으로 효율이 높다.

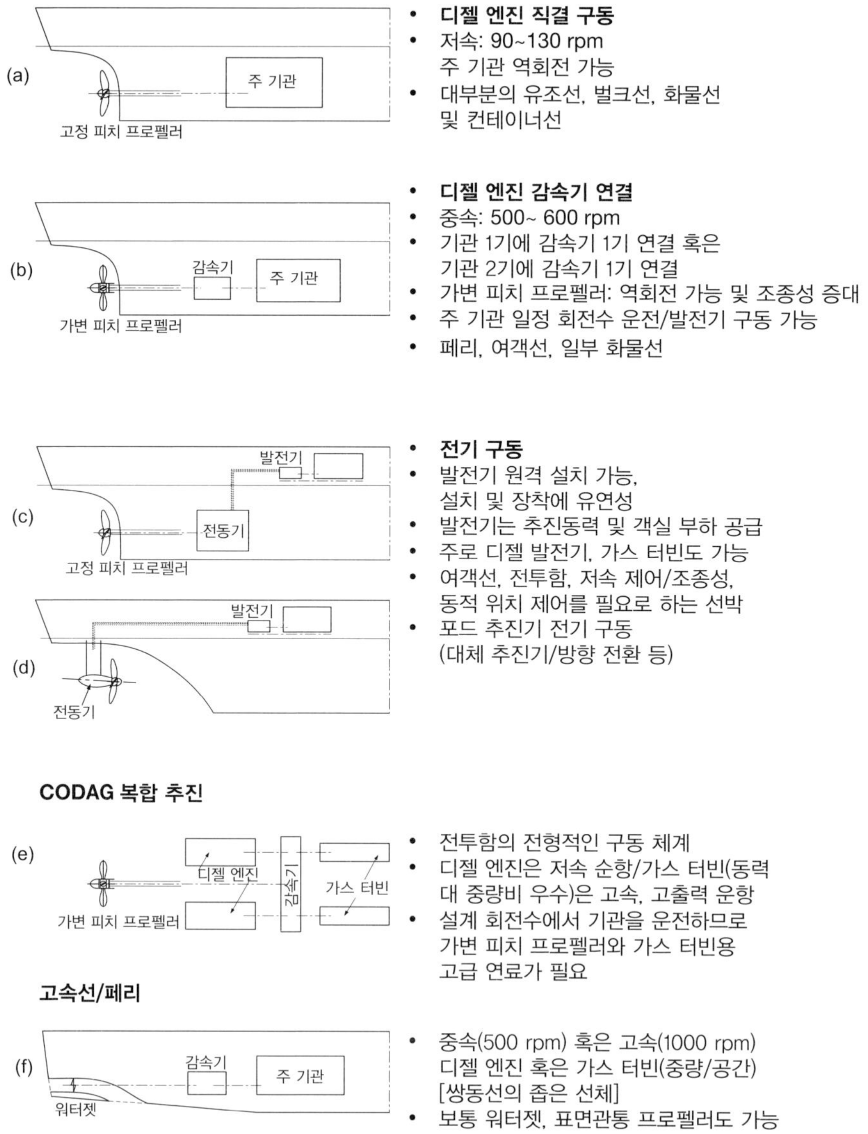

그림 13.1 추진기관 배치: 주요 선택사항들.

그림 13.1은 추진기관 배치에 대한 주된 선택사항들을 요약하여 나타내고 있으며, 첨부된 메모에는 다양한 추진장비(propulsion plant)에 대해 상세한 언급이 있다.

13.1.2 가용한 추진장비들

13.1.2.1 증기 터빈

1. 보일러를 포함하므로 비교적 중량이 크다. 상대적으로 연료 소모가 크지만 가장 낮은 등급의 연료를 사용할 수 있다.
2. 선박용으로는 제한적으로 적용되지만, 핵 잠수함이나 화물창 기화 가스를 연료로 사용할 수 있는 가스 운반선에서 사용된다.

13.1.2.2 가스 터빈

1. 단위 중량당 동력이 크다.
2. 소형, 경량 및 운전 유연성(예를 들어 신속한 시동)이 중요한 곳에 사용된다.
3. (값비싼) 고급 연료를 필요로 하고 정해진 설계 회전수에서의 운전이 선호된다. 따라서 일반적으로는 가변 피치 프로펠러(혹은 워터젯)를 필요로 한다.
4. 상선/화물선에는 거의 적용되지 않지만, 그림 13.1(f)처럼 전투함 및 최근 들어 고속의 여객선/페리 등에 적용된다. 또한 선박 운항 및 추진을 위한 발전용으로도 사용된다.

가스 터빈과 관련된 더 상세한 사항은 [13.1]과 [13.2]를 참조하라.

13.1.2.3 디젤 엔진

디젤 엔진은 상선용으로 단연코 가장 인기 있는 형식이다. 중유(heavy fuel)를 연소하도록 개발되어 왔고, 지난 20년 동안 엔진 효율이 현저하게 개선되었다. 디젤 엔진은 저속(90~130 rpm), 중속(400~600 rpm) 및 고속(1000~1800 rpm)으로 구분된다.

다음은 다양한 디젤 엔진의 장단점을 요약한 것이다. 좀 더 상세한 설명은 [13.1~13.4]를 참조하라.

저속 디젤 엔진

1. 실린더 개수가 적어서 유지관리 비용이 낮다.
2. 낮은 등급의 연료 사용이 가능하다.
3. 프로펠러 직결 구동 가능: 감속기어가 필요 없어서 단순하고 신뢰성이 높다.
4. 감속기어 손실(2~5%)이 없다.
5. 엔진 회전수가 낮으므로 소음 레벨도 작다.

6. 일반적으로 중속 디젤 엔진보다 무겁고, 직결 구동되는 프로펠러를 역회전시키려면 엔진을 역회전시켜야 한다.

중속 디젤 엔진

1. 보다 작고 가벼우며, 높이가 낮다.
2. 감속기어를 사용하여 최적의 프로펠러를 선택할 수 있다.
3. 육상용으로 광범위하게 사용되어 생산량이 많기 때문에 (감속기어를 포함하더라도) 직결형 저속 엔진보다 저렴하다.
4. 선박에 일체형으로 장착되므로 고장나거나 내부로 먼지가 들어갈 염려가 적다.
5. 감속기어에서 동력인출장치(power-take-off: PTO)를 사용하여 발전기를 구동할 수 있다.
6. 엔진을 여러 대 설치할 수 있기 때문에 신뢰성이 높고, 항해 중에도 개별 엔진의 유지보수가 가능하며 일부 엔진만 가동하여 감속 운항(slow steaming)도 가능하다.
7. 예비부품이 가벼워서 항공 화물로도 신속하게 수송 가능하다.
8. 저속 운항에 쉽게 대처할 수 있다.

고속 디젤 엔진

대개 중속 엔진보다 경량이며, 장점은 중속 엔진과 유사하다. 일반적으로 선종에 따라 저속 엔진과 중속 엔진 중 하나를 선택하는 경향이 있어서 양자 사이의 차이점은 그리 크지 않다. 화물선, 컨테이너선, 벌크선 및 탱커 등에는 그림 13.1(a)와 같은 저속 직결형 엔진이 매우 인기 있다. 그림 13.1(b)와 같이 감속기어가 달린 중속 엔진은 페리, 예인선, 트롤 어선, 지원선 및 일부 여객선에 사용된다. 고속의 해군 함정 및 페리의 추진은 고속 엔진의 적용 대상이다. 그림 13.1(e)의 가스 터빈/디젤 엔진 조합 및 가스 터빈/가스 터빈 조합은 운항 유연성 및 효율성을 증대하기 위해 전투함 및 대형, 고속 여객선/카페리에 사용됨에 유의하라.

13.1.2.4 디젤(혹은 터빈) 전기 추진

그림 13.1(c) 및 (d)와 같이 디젤 엔진 혹은 가스 터빈으로 생산된 전기를 이용한 전기 추진 방식이다.

전기 추진의 장점은 다음과 같다.

1. 유연한 기관 배치가 가능하다. 예를 들어 추진 전동기에서 발전기를 떼어내 설치

가능하다.

2. 다양한 선속 및 추진 부하에 대응할 수 있다(따라서 여객선 및 최근의 전투함에서 인기가 높다).
3. 부분 부하 대응에 경제적이다. 추진 전동기는 낮은 회전수에서 큰 토크를 발생하므로 고정 피치 프로펠러도 사용 가능하다.
4. 제어가 용이하다.
5. 진동 및 소음이 낮다. 예를 들면 디젤 발전기를 유연 지지(flexible mount)하기 때문이다.
6. 그림 13.1(d)와 같은 전기 포드 추진기도 요즈음 많이 사용된다.

전기 구동과 관련하여 전체적인 추진기관의 크기는 어느 정도 늘어나고 엔진과 프로펠러 사이, 즉 디젤 엔진으로부터 프로펠러 사이의 전달효율은 어느 정도 감소한다.

하지만 위의 특성들로 인해 많은 여객선, 전투함, 제어 및 동적인 위치 유지가 중요한 해저 전선 부설선 및 탐사선과 같은 여러 선박들에서 전기 구동 방식이 더욱 많이 사용되고 있다.

13.1.3 추진기의 배치

추진기관 배치에 대한 주된 선택사항을 그림 13.1에 요약하였다. 분명히 몇 가지 대안이 존재하지만, 특정한 선종에 대해 일반적으로 적용되는 방식이 존재한다. 더 상세한 추진기관 배치에 대해서는 Gallin 등[13.5]을 참조하라.

13.2 프로펠러-엔진 맞춤

13.2.1 서론

프로펠러 회전수, 토크 및 전달동력을 설치된 엔진의 안정적 한계 내에 맞추는 것이 중요하다. 디젤 엔진의 전형적인 동력, 토크 및 회전수 한계는 그림 13.2의 ABCDE 영역 내로 정의된다.

프로펠러 피치는 프로펠러 및 엔진의 회전수를 결정함을 기억해야 한다. 따라서 프로펠러 설계는(피치 및 회전수) 설치된 엔진에 적절히 맞추어야 한다.

그림 13.3은 전형적인 엔진-프로펠러 맞춤 도표를 나타낸다. 보통 엔진은 그림 13.3에 표시된 것처럼 연속운항정격(continuous service rating: CSR)의 90% 이상에서는

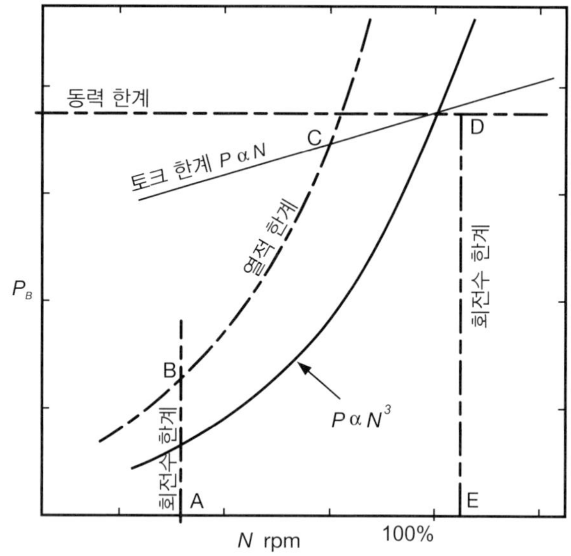

그림 13.2 전형적인 디젤 엔진의 한계(ABCDE 이내).

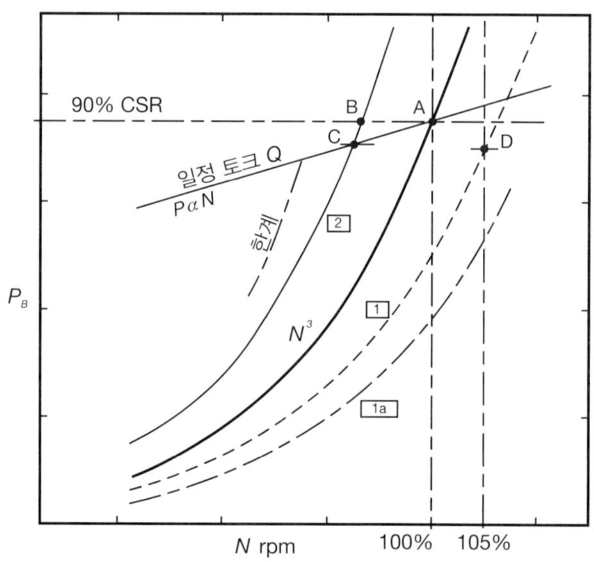

그림 13.3 프로펠러와 디젤 엔진의 맞춤.

운전되지 않는다고 가정한다. 선박용 디젤 엔진의 특성은 대부분의 배수량형 선박에 통용되는 관계식인 $P \propto N^3$을 가정하는 '프로펠러 법칙'에 기반을 둔다. N^3의 기본설계 동력 곡선은 점 A를 통과한다. 프로펠러를 깨끗한 선체 및 정수(calm water) 상태에 대해 설계할 때는 추후 발생할 부착생물(fouling) 및 기상 악화의 영향을 감안하여 실제 프로펠러 곡선을 보통 곡선 [1]과 같이 엔진(N^3) 곡선의 우측으로 잡게 된다. 곡선 [1]의 경우에는 피치가 가볍다(light)라고 하는데, 피치를 더 줄일 경우 곡선 [1a] 등으로 옮겨가게 된다.

선체 표면에 생물이 부착되거나 기상이 악화되면 설계 곡선 [1]은 왼쪽으로 이동하여 처음엔 N^3 곡선을 만나고 더 나아가 예를 들면 [2]까지 진행된다. 곡선 [2]의 경우 최대 가용 동력 B는 토크 한계 때문에 이제 불가능해지고, 최대 동작점은 C에 놓여서 동력과 선속이 감소함에 유념해야 한다.

또한 (설계) 곡선 [1] 상의 회전수 상한선, 예를 들어 최대 회전수의 105%인 점 D를 주목하라. 이 점에서는 '깨끗한 선체-정수 상태' 시운전에서는 가용한 전 출력(full power)이 프로펠러에 흡수되지 않는다. 비슷한 방식으로 밸러스트와 같이 선박의 부하가 줄어든 경우라면 설계 곡선 [1]은 오른쪽으로(예를 들어 곡선 [1a] 쪽으로) 이동할 것이고, 또다시 회전수 한계 때문에 전 출력이 발생하지 않으며 선속도 삭감된다. 계약 선속(만재 및 밸러스트 시) 및 시운전 선속을 설정할 때 이들 특성들을 반드시 감안해야 한다.

기본적인 가정은 $P \propto N^3$이다. 엔진 제조사들은 이를 '프로펠러 법칙'이라 정의하며, 엔진은 이 곡선 주변에서 최대의 효율(예를 들어 연료 소모)을 발휘하도록 설계된다. 이는 앞에서 논의한 것처럼 프로펠러가 실제 이 곡선 상에서 동작함을 반드시 의미하는 것은 아니다.

이제 $P = 2\pi nQ$이고 일정한 토크에서(예를 들어 최대 토크) 그림 13.2처럼 $P \propto n$이다. 만일 $P(=2\pi nQ) \propto n^3$이라고 가정한다면, $Q \propto n^2$이므로 $K_Q(K_Q = Q/\rho n^2 D^5)$가 일정함을 의미하기 때문에 $J(J = V/nD)$가 일정해진다. 그에 따라 J가 일정하므로 K_T $(K_T = T/\rho n^2 D^4)$가 일정해진다. K_T가 일정하다면 $T \propto n^2$이 되는데, 하지만 J가 일정하므로 $n^2 \propto V^2$이고 $T \propto V^2$이 된다(혹은 추력 감소계수 t가 일정하다고 생각하면 $R \propto V^2$이 성립한다). $R \propto V^2$은 배수량형 선박의 정상적인 선속 범위에서는 합리적인 가정이기 때문에 $P \propto N^3$은 합리적인 가정이다. 그러나 다른 형태의 선박(예를 들면 고속선)이나 정상 선속을 초과했을 때의 배수량형 선박에서는 회전수의 지수가 변하여 $P \propto N^x$과 같이 됨을 명심해야 한다. 여기서 지수 x는 2.5에서 3.5 사이의 값이지만, 반드시 3일 필요는 없다.

13.2.2 가변 피치 프로펠러(CP 프로펠러, CPP)

가변 피치 프로펠러를 사용하면 엔진과 프로펠러 사이에 감속비의 개수가 무한한 감속기어를 설치한 것과 동등한 효과를 내기 때문에 그림 13.4와 같이 피치 비 변화 범위 내에

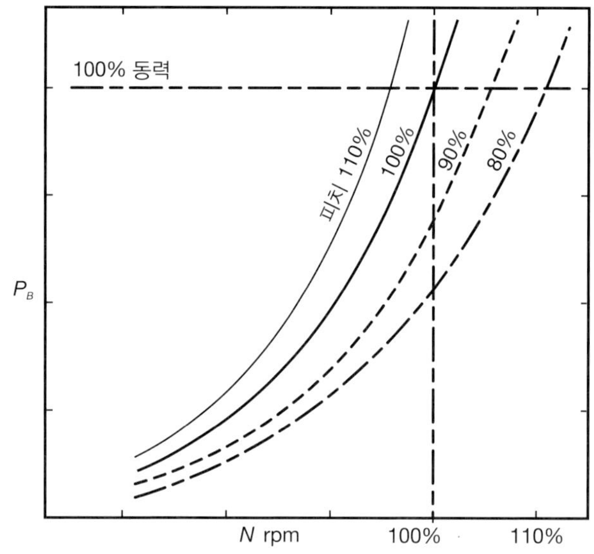

그림 13.4 가변 피치 프로펠러 특성.

서 어떠한 특성 곡선도 만들 수 있다.

고정 피치 프로펠러가 회전수와 토크 사이에 일정한 관계(예를 들어 그림 13.4의 100% 곡선)를 설정하는 데 반하여, CP 프로펠러는 이들 두 변수가 서로 독립적으로 결정되게 한다. 예를 들어 그림 13.3의 곡선 [1], [1a] 및 [2]와 같이 서로 다른 부하 요구 조건을 가변 피치 프로펠러를 사용하여 맞출 수 있다. CP 프로펠러의 장점을 이용하는 전형적인 선박으로는 예인선 및 트롤 어선을 들 수 있는데, 곡선 [1]은 단독 운항 조건이고 곡선 [2]는 선박 예인 혹은 저인망 예인 시의 조건을 나타낼 수 있다. (CP 프로펠러에서) 피치를 줄이면 곡선 [2]가 N^3 곡선으로 이동하는가 하면, 피치를 늘려서 곡선 [1]을 N^3 곡선으로 옮길 수 있다.

CP 프로펠러에서 어떤 특정 피치 값이 '설계' 피치로 선택되어 이 값에 기반하여 설계 계산 및 날개의 반경별 피치 분포 등이 결정될 것이라는 점에 주목해야 한다. 피치가 이 '설계' 값으로부터 멀어질 때는 사실 날개가 설계점에서 약간 벗어나서 작동하는 것이지만, 각 피치 비마다 날개가 재설계된 경우와 비교해도 일반적으로 눈에 띄는 차이는 없다.

CP 프로펠러의 또 다른 작동 모드는 일정 회전수 운전이다. 예를 들어 발전기를 구동하기 위해 일정 회전수로 동력인출장치(PTO)를 운전할 수 있다. 그러나 이는 특히 출력을 줄인 경우 엔진의 비효율적인 운전을 초래할 수 있는데, 엔진이 N^3 곡선 주변에서 효율적[최소 연료 소모율(specific fuel consumption: SFC)]으로 작동하도록 설계되기 때문이다.

CP 프로펠러의 또 다른 적용 대상으로는 페리, 해양플랜트 보급선, 전투함처럼 높은 조종성이나 위치 유지 성능이 요구되는 경우와 '급속 후진(crash astern)' 명령에 신속하게 반응해야 하고 그러한 명령이 내려질 위험성이 높은 경우이다.

13.2.3 복수 엔진

2개의 중속 엔진이 하나의 감속기와 프로펠러에 연결된 그림 13.1(b)의 배치와 같은 복수 엔진은 운용상의 안전성과 유연성을 제공한다. 그렇지만 운용상의 몇몇 제약을 유념해야 한다. 그림 13.5는 2개의 엔진이 100%의 회전수로 운전될 때 100%의 동력을 흡수하도록 설계된 프로펠러의 경우를 나타내고 있다. 90~100%의 회전수 범위 내에서는 일정한 최대 토크가 발생하여 $P \propto N$이 되고, 0~90%의 회전수 범위 내에서는 $Q \propto N$이고 $P \propto N^2$이라고 가정한다.

한쪽 엔진을 차단하면 남은 엔진에 대한 한계선은 프로펠러 곡선을 최대 회전수의 55.5%(점 B)에서 만나고, 이때 엔진 1기 전 출력(full power)의 34.28%만 발생한다(혹은 원래 엔진 2기 복합 출력의 17.14%). 프로펠러가 예를 들어 2기 복합 출력의 85%를 전달받도록 설계되었다면 나머지 엔진은 최대 회전수의 65.4%에서 전 출력의 47.7%(복합 출력의 23.7%)를 발생한다. 이는 역시 매우 작은 숫자이고 가용한 출력의 절반에도 미치지 못한다.

만일 상당한 기간 동안 한쪽 엔진으로만 운항한다면 CP 프로펠러가 매력적인데, 한쪽 엔진이 그림 13.5의 C 지점 회전수에서 전 출력을 내면서 운전될 수 있기 때문이다. 다른 대안은 2단 변속기인데, 그 경우 한쪽 엔진이 전 출력 및 최대 회전수에서 운전 가능하다.

다음 절에서 논의되는 프로펠러 탈설계점 성능 역시 어떤 형태의 보조동력, 예를 들면 돛, 날개형 돛(wing sail), 연 및 풍력 터빈과 같은(Molland 및 Hawksley[13.6]) 풍력을 이용한 동력이 추진기관과 연계되었을 때 그로 인한 추진기관의 탈설계점에서의 부하 대응 상황에 적용할 수 있다.

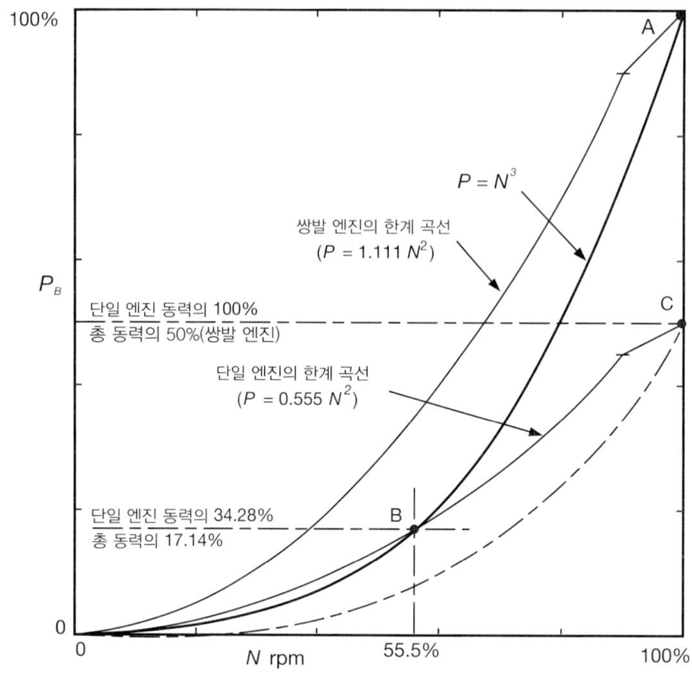

그림 13.5 쌍발 엔진 동력 곡선.

13.3 탈설계점에서의 프로펠러 성능

13.3.1 배경

흔히 프로펠러가 설계된 조건 이외의 조건들에서 프로펠러 성능을 평가할 필요가 있다. 이 경우 (직경이나 피치 비 같은) 프로펠러 특성치들은 고정되어 있고 V, N, T 및 Q가 변수가 된다. 탈설계점 조건의 몇몇 사례들은 다음과 같다.

설계 조건	탈설계점 조건
예인 시의 예인선	자유 항주하는 예인선
자유 항주하는 트롤 어선	저인망 예인 시의 트롤 어선
만재흘수의 유조선/벌크선	밸러스트 흘수의 유조선/벌크선
운항 선속-하중 조건	경하 배수량에서의 시운전(혹은 운항 상태)
	(동일 선속에서) 기상에 의한 과부하
	바람과 같은 보조동력(돛, 연, 로터)에 의한 프로펠러 부하 경감
	선박 가속 혹은 정지 성능

주어진 조건에서 프로펠러에 흡수된 토크(혹은 동력)와 추진기관에 의해 전달될 수 있는 최대 토크(혹은 동력)를 구분할 필요가 있는데, 최대 토크(혹은 동력)는 설치된 동력 전달기구의 형태에 따라 달라진다. 분명히 흡수된 $Q \leq$ 전달 가능 (최대) Q가 되고, 양자가 같을 때 프로펠러 회전수는 최대가 된다. 최대 회전수보다 작을 때는 엔진 스로틀(throttle)을 닫아서 전달된 $Q =$ 흡수된 $Q(<$ 최대 $Q)$가 되도록 해야 한다. 예를 들면 주어진 선속 범위 내에서 탈설계점 프로펠러 토크를 추정하여 가용한 (최대) 엔진 토크와 맞출 수 있다.

엔진 제조사에서 공급하는 엔진 성능 곡선이 없는 경우 흔히 디젤 엔진은 회전수 n과 무관하게 일정한 최대 토크 Q를 발생한다고 가정하는데, 즉 (그림 13.2처럼) $P = 2\pi nQ$이고 $P \propto n$이다. 한편 증기 터빈의 경우에는 회전수와 n과 무관하게 최대 출력 P를 낸다고 가정하므로 $Q \propto 1/n$이 된다. 가스 터빈은 증기 터빈이나 디젤 엔진보다 훨씬 덜 유연하기 때문에 설계 회전수나 그에 가까운 회전수에서 운전해야 한다. 그러므로 가스 터빈의 경우에는 CP 프로펠러나 유체 혹은 전기를 이용한 동력 전달 방식을 사용할 필요가 있다.

13.3.2 탈설계점의 경우: 사례들

이들 사례는 16장의 프로펠러 설계 계산과 연계하여 고려해야 한다.

13.3.2.1 사례 1: 설계 선속보다 낮은 선속

D와 P/D가 어떤 설계 조건에 의해 고정되었다고 가정한다. 설계 선속보다 낮은 선속으로 배가 항주하고 있는데, 이때의 전달동력 및 프로펠러 회전수를 구해야 한다.

새로운 선속에서 V_a와 P_E는 알려져 있다. 따라서 추력 감소계수 t를 추정하여 추력 T를 구할 수 있다. 즉,

$$P_E = R \cdot V_S,\ T = R/(1-t) = P_E/V_S/(1-t)$$

$V_a = V_S(1 - w_T)$이고, 반류비 w_T와 추력 감소계수 t에 대한 데이터는 8장에 주어져 있다.

따라서 새로운 선속에서 회전수 범위를 가정한다.

$$J = V_a/nD = f(1/n)$$

가정된 값 추정된 값

$$n \rightarrow J \rightarrow K_T \rightarrow T'(=K_T\rho n^2 D^4)$$

– – – –

– – – – 즉, $T' = T$일 때 n

– – – –

주어진 n에서 J를 계산하여 주어진(고정된) P/D 값에 대한 $K_T - K_Q$ 도표를 읽는다(T'은 프로펠러로부터 공급되는 추력, T는 선체가 필요로 하는 추력이다). 필요한 T ($= T'$)에서의 n을 알면 J를 다시 계산하고, 주어진(고정된) P/D 값에 대한 도표로부터 K_Q를 읽는다. 따라서

$$P_D = 2\pi n Q/\eta_R = 2\pi n[K_Q \rho n^2 D^5]/\eta_R \quad \text{그리고} \quad N = n \times 60$$

13.3.2.2 사례 2: 동일 선속에서 저항 증가

D와 P/D가 어떤 설계 조건에 의해 고정되었다고 가정한다. 설계 선속에서 저항이 예를 들어 20% 증가(t가 일정, 추력도 20% 증가)했을 때 동력과 회전수를 찾아야 한다.

T와 V_a를 알고 있으므로 사례 1을 반복한다. 이번처럼 부하가 증가하는 경우(일정한 선속에서 저항 증가)에는 토크가 증가하고, (예를 들면 디젤 엔진과 축계에서의) 최대 엔진 토크를 초과하지 않도록 해야 한다. 즉, $P_D = 2\pi n Q$이고 새로운 조건에서 $Q = P_D/2\pi n$이 된다.

최대 토크가 초과된다면 스로틀이 닫혀 선속이 감소한다. 토크 한계를 고려한 보다 정확한 분석은 사례 3에 서술되어 있다.

13.3.2.3 사례 3: 토크 한계가 있는 경우 동일 선속에서 저항 증가

D와 P/D가 어떤 설계 조건에 의해 고정되었다고 가정한다. 설계 선속에서 저항이 예를 들어 50% 증가하고 그에 따라 추력도 증가할 때 동력과 회전수를 찾아야 한다. 디젤 엔진의 최대 토크 Q_m을 초과해서는 안 된다. 추력 곡선(T + 50% 증가)이 선속에 대해 알려져 있다고 가정한다.

우선 선속 범위를 가정한다. 예를 들어 V_{a1}, V_{a2}, V_{a3}라 하자.

V_{a1}에 대해

가정된 값 추정된 값

$$n \rightarrow J \rightarrow K_Q \rightarrow Q(=K_Q\rho n^2 D^5)\ K_T \rightarrow T'(=K_T\rho n^2 D^4)$$

– – – – – –

– – – – – –

– – – – – –

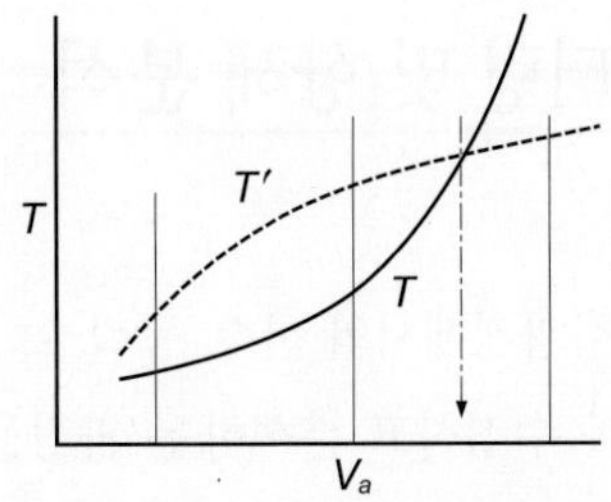

그림 13.6 추력 맞춤. T'은 프로펠러가 공급하는 추력, T는 선체가 필요로 하는 추력.

주어진 n에서 J를 계산하고 주어진(고정된) P/D 값에 대한 도표로부터 K_Q 값을 읽는다. $Q = Q_m$이 될 때까지 회전수 n을 늘려간다. 즉, 최대 토크에 대한 회전수 및 T'을 구한다.

V_{a2}, V_{a3}에 대해서도 이 과정을 반복하여 그림 13.6처럼 T'이 T와 같아지는 선속을 구한다.

13.3.2.4 사례 4: 예인 시 디젤 예인선의 최대 추력

프로펠러/엔진이 최대 토크 Q_m으로 고정되어 있다고 가정한다.

예인 선속에 대해서만 사례 3을 반복한다. 즉, 그 선속에서의 최대 총 추력 T를 구한다.

$$\text{가용 예인 추력} = [\text{총 } T \times (1 - t)] - \text{예인선 선체저항}$$

여기서 [총 $T \times (1 - t)$]은 유효 추력 T_E이다. 낮은 선속 혹은 정지 상태(볼라드)에서의 추력 감소계수는 8장에 주어져 있다.

13.2절에서 논의한 것처럼, 디젤 예인선(혹은 트롤 어선)이 단독 항해뿐만 아니라 예인 시에도 전 출력을 내기 위해서는 엔진 회전수를 높이고 토크를 줄이기 위한 CP 프로펠러 혹은 2단 감속기가 필요할 것이다.

13.3.2.5 요약

이들 다양한 탈설계점 경우에 대한 적용 예제들은 17장에 포함되어 있다.

13.4 운항 중 모니터링 및 항해 분석

13.4.1 배경

항해 분석은 정상적인 선박 운항과정에서의 선속, 동력, 프로펠러 회전수, 배수량 및 기상 조건과 같은 기술적인 데이터를 수집하고 분석하는 과정을 포괄한다. 분석 목적은 선체 거칠기, 부착생물 및 바람과 파도가 추진동력에 어떤 영향을 미치는지를 평가하는 것이다. 항해 분석결과의 사례를 부착생물의 경우 3.2.3절, 기상의 경우 3.2.4절에 기술하였다.

항해 데이터를 지속적·포괄적으로 분석하면 운항 효율성 및 현존선의 개선 가능성을 나타낼 수 있고, 장래의 새로운 설계에 있어서 가능한 개선책으로 연결될 수 있다.

항해 분석은 선속, 부착생물, 기상에 대한 동력 및 연료 소모의 변화를 정량적으로 평가할 수 있어야 한다. 분석결과는 다음 사항을 포함해야 한다.

(i) 선속, 동력 및 연료 소모에 대한 기상의 영향.

(ii) 출거(out-dock) 이후 시간 경과에 따른 선속, 동력, 연료 소모 및 프로펠러 효율에 대한 부착생물의 영향.

(i)과 (ii)의 영향은 그림 13.7(a)처럼 일정한 동력에서의 선속 저하로 나타나거나, 그림 13.7(b)와 같이 일정 선속을 유지하기 위해 필요한 동력 증가량으로 나타난다. 동력 증가량은 모든 기상 조건 및 선체 조건에서 예정된 선속을 유지하기 위한 대가이고 향후 톤 수 증가에 대비한 예비동력을 나타내는데, 3.2.5절을 참조하라.

기상 경로 최적화(weather routeing)를 실시하기 위해 다양한 선박에서의 기상에

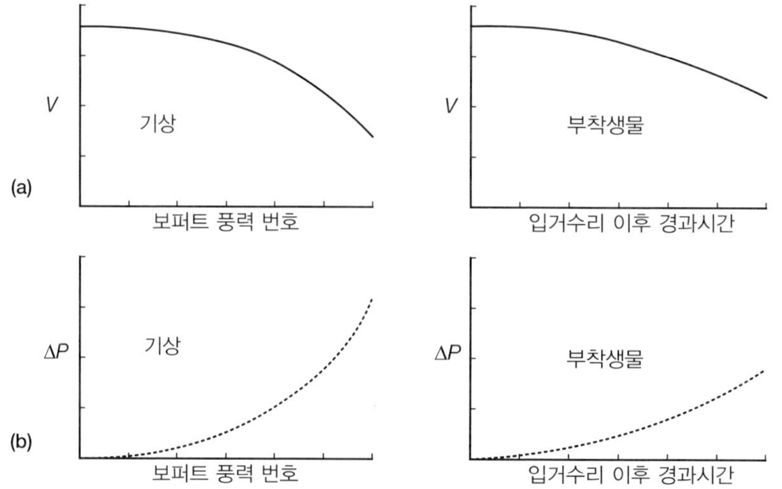

그림 13.7 항해 분석으로부터 도출된 데이터.

따른 선속 저하량에 대한 지식이 필요하다. 왜냐하면 단위 파고 혹은 단위 풍속에 대해 선속 저하가 큰 선박은 기상이 나쁜 구역을 우회하는 것이 경제적이지만, 선속 저하가 작은 선박은 우회하는 것이 비경제적이기 때문이다.

부착생물의 영향은 최선의 선체 표면 상태 및 보호 방법 그리고 경제적으로 가장 유리한 선체 및 프로펠러의 청소 및 수리 빈도를 산정하는 데 도움이 될 것이다.

항해 데이터 분석의 기본 목적 및 방법론은 [13.7, 13.8, 13.9]에 서술되어 있다. 오랜 기간 동안 그러한 분석에 대한 기본적 요구사항은 거의 변하지 않고 있다. Aertssen[13.10, 13.11, 13.12]은 그러한 기법 적용에 대해 많은 선구적인 작업을 수행하였다. 더욱 유용한 발전된 기법은 [13.13, 13.14]에 기술되어 있다. Carlton[13.15]은 항해 데이터 분석 및 운항 모니터링에 대한 광범위한 정리를 제공하고 있다.

13.4.2 요구되는 데이터 및 데이터 획득 방법

선속: 선박용 기록장치, 정오의 대지속도(ground speed) 판독값, 육분의 혹은 GPS.

동력: 추진축에 장착된 비틀림 동력계(torsionmeter) 및 $P = 2\pi nQ$, 일일 관측 때마다의 평균값 혹은 제동 평균 유효 압력(brake mean effective pressure: BMEP)을 사용한 지시동력(indicated power)[13.1].

회전수: 일일 관측 때마다의 평균값.

연료: 일일 관측 때마다의 평균값.

날씨: 풍속(혹은 풍속 척도) 및 풍향, 파고 및 파향이다. 풍속 및 풍향은 선박의 높은 곳에 설치된 계기로부터 측정되거나, 항해일지의 기상 데이터로부터 추산할 수 있다. 파고 및 파향은 이상적으로는 파도 기록 부표(buoy)나 선박용 파도 기록계로 측정한다. 일반적으로 정상 항해 중 파도의 특성을 계측하는 것은 비실용적이므로, 보통 파도가 풍속 및 풍향의 함수라고 가정한다. 매 관측 시의 판독값을 일일 평균한다.

부착생물: 선체 및 프로펠러의 오염 정도에 대한 간접적인 척도로서 출거(out-dock) 이후 경과시간(일 혹은 주의 수).

배수량/트림: 매일 배수량을 기록하는데, 보통 출항 시의 배수량에서 소모된 연료 및 보급품의 양을 빼서 추산한다.

대개 정상적인 항해가 이루어진 날만 분석 대상으로 한다. 안개가 끼거나 기계류에 문제가 생긴 날이나, 선속, 동력 혹은 회전수에 큰 변동이 있었던 날들은 분석에서 제외한다. 흘수는 일정한 범위 내로 제한하는데, 예를 들면 만재흘수와 그의 0.8배 이내로 한다. 그렇지 않다면 측정 데이터들을 어떤 평균 흘수에 대해 보정해야 한다. 데이터는 표준 양식에 당직사관이 기록한다. 동력, 연료, 회전수 및 선속은 자동 데이터 획득(data logging)을 사용하게 될 것이다. 이 방법을 사용할 때 잘못된 데이터는 역시 버려야 한다. 측정된 데이터를 육상으로 계속 전송하여 육상 담당자가 분석을 수행할 수도 있는데, Carlton[13.15]을 참조하라.

13.4.3 분석 방법

13.4.3.1 선속 기준 방법

선속: 온도에 대해 보정한다. 예를 들어 3.1.4절의 예인수조 시험에 서술된 Reynolds 수 변화에 따른 C_F 보정을 사용한다.

회전수: 시운전 때의 동력/회전수 관계식을 사용하여 평균값으로 보정한다.

동력: 시운전 때의 동력 대 선속 곡선을 사용하거나 동력이 V^3에 비례한다고 가정하여(예를 들면 항해 동안의) 평균 동력으로 보정한다.

배수량: $\Delta^{2/3}$ 비 혹은 가용하다면 수조시험 결과를 사용하여 평균 배수량으로 보정한다.

P_1, N_1 및 Δ_1을 표준 배수량 Δ_2에 대한 값 P_2, N_2로 보정할 때 다음 식을 사용한다.

$$P_2 = \left[\frac{\Delta_2}{\Delta_1}\right]^{2/3} P_1 \tag{13.1}$$

그리고

$$N_2 = N_1 \left[\frac{P_2}{P_1}\right]^{1/3} = N_1 \left[\frac{\Delta_2}{\Delta_1}\right]^{2/9} \tag{13.2}$$

날씨의 영향: 분석을 통해 얻어지는 선속을 맞바람 혹은 옆바람에서 보퍼트 풍속 척도에 대해 플롯한다.

부착생물의 영향: 좋은 날씨(예를 들면 보퍼트 풍속 척도 < 2.5)일 때의 분석 결과를 시간에 대해 플롯한다.

이 방법은 '시각적'인 것으로 플롯된 데이터 사이를 매끈하게 연결한 곡선으로 나타난다.

13.4.3.2 Admiralty 계수 A_C

Admiralty 계수는 다음과 같이 정의된다.

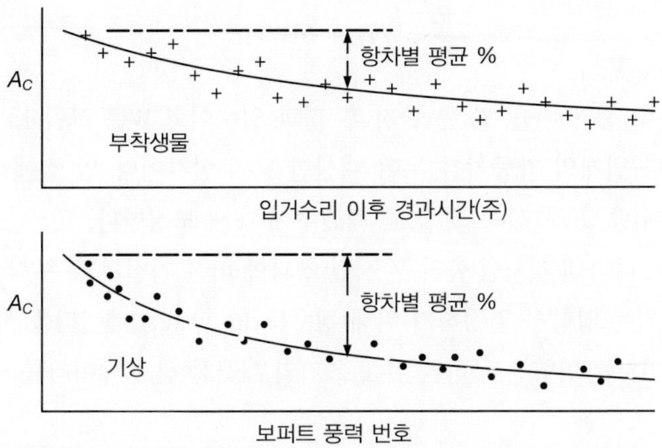

그림 13.8 부착생물과 기상의 Admiralty 계수에 대한 영향.

$$A_C = \frac{\Delta^{2/3} V^3}{P} \tag{13.3}$$

Admiralty 계수를 시간에 대해(부착생물 효과를 나타내기 위한 좋은 날씨에서의 결과), 혹은 보퍼트 풍속 척도에 대해(날씨의 효과를 나타내기 위해) 플롯할 수 있다. 항해 동안의 평균값은 부착생물이나 날씨로 인한 평균적인 동력 증가량을 주는데, 그림 13.8을 참조하라.

동력 계측이 가능하지 않다면 다음과 같은 연료 계수(fuel coefficient, F_C)를 쓸 수도 있다.

$$F_C = \frac{\Delta^{2/3} V^3}{F} \tag{13.4}$$

여기서 F는 24시간당 연료 소모량(tonne 단위)이다. 해운선사에서는 이 기준치를 엔진 효율, 부착생물 및 날씨 변화 효과에 대한 종합적인 척도로 흔히 사용한다.

Admiralty 혹은 연료 계수를 사용해도 경향 혹은 근사적인 여유분을 도출하는 데 그친다는 점에 유의해야 한다. 다음 절에 서술된 통계 방법들은 데이터 처리 및 그 산출물을 좀 더 잘 제어하게 된다.

13.4.3.3 통계적 방법들

선체 표면 거칠기 및 부착생물이 출거 후 경과된 시간의 함수이고 날씨를 날씨 인자(weather factor) W로 가정한다면, 데이터 해석은 다음과 같은 형태의 다중 회귀분석을 수반한다.

$$\frac{\Delta P}{P} = aT_D + bW + c \tag{13.5}$$

여기서 $\frac{\Delta P}{P}$는 동력 증가 비율, T_D는 출거 후 경과 일수이고 W는 그림 13.9에 나타낸 각 사분면 풍향마다 별개의 가중치를 두어 계산한 날씨 인자이다. 앞 절에서 서술한 대로 동력을 평균 배수량, 표준 선속 및 평균 회전수에 대해 보정한다.

그림 13.10에 나타낸 것처럼 출거 후 시간 경과에 따른 거칠기 및 부착생물의 진행 정도가 동력에 미치는 영향을 결정하기 위해 정수(calm water) 데이터를 사용할 수 있고, 날씨가 동력에 미치는 영향을 구하기 위해 초기의 깨끗한 선체 데이터를 사용할 수 있다.

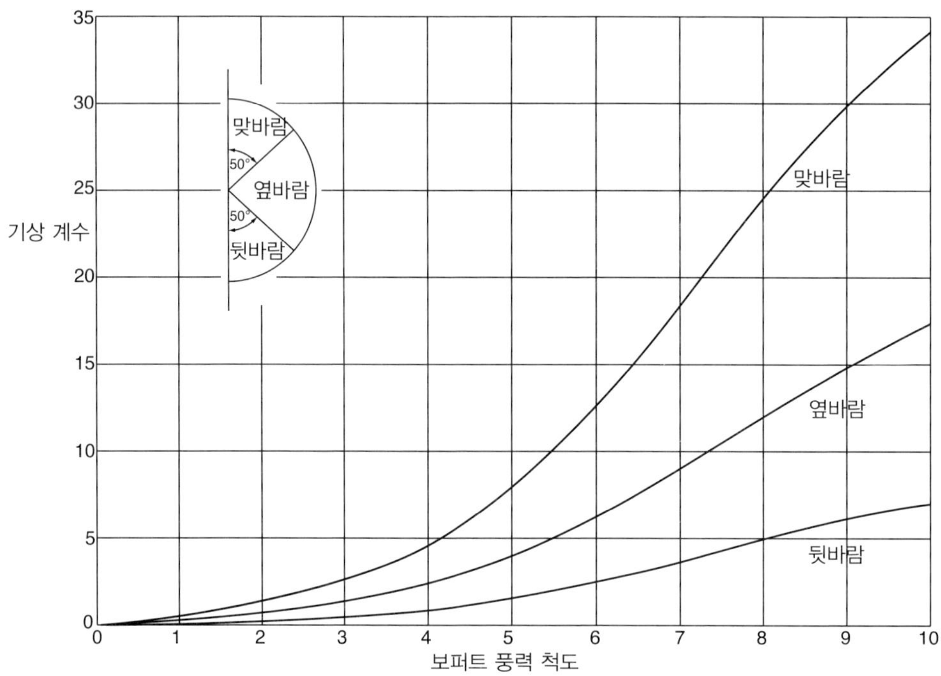

그림 13.9 침로각에 따른 기상 계수[13.8].

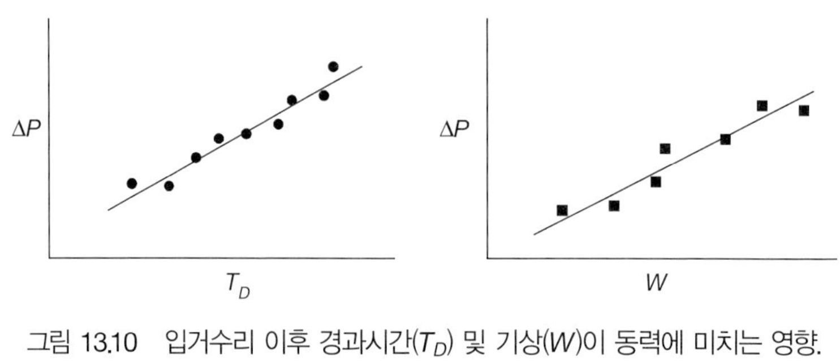

그림 13.10 입거수리 이후 경과시간(T_D) 및 기상(W)이 동력에 미치는 영향.

다른 대안은 다음 식을 사용하는 것이다.

$$\frac{P}{N^3} = aT_D + bW + c \tag{13.6}$$

P/N^3은 T_D에 대해 선형적으로 변화하지 않을 수 있는데, 그 경우 다음 식 (13.7)과 같은 형태의 방정식이 적절할 수도 있다.

$$\frac{P}{N^3} = aT_D^2 + bT_D + cW + d \tag{13.7}$$

데이터를 더 분석하면 다음과 같은 겉보기 슬립(apparent slip) 효과를 포함할 수 있다.

$$\frac{P}{N^3} = a_1 S_a + b_1 \tag{13.8}$$

여기서 S_a는 다음과 같이 정의되는 겉보기 슬립이고,

$$S_a = \frac{P_P N - V_S}{P_P N} = 1 - \frac{V_S}{P_P N} \tag{13.9}$$

P_P는 프로펠러 피치(m), N은 초당 회전수(rps), V_S는 선속(m/s)이다. 이는 선속 V_S에 기반한 '겉보기' 슬립으로서 반류속도(유입속도) V_a에 기반한 '참' 슬립과는 다르다는 점을 명심해야 한다.

식 (13.8)과 (13.9)를 쓰면 부착생물에 기인한 동력 증가량을 얻을 수 있다[13.8]. 공식을 조정하여 날씨에 의한 선속 저하량도 구할 수 있다. Burrill[13.9]은 P/N^3의 변화로부터 반류비를 유도하는 방법을 서술하고 있는데, 그림 13.11을 참조하라.

13.4.4 데이터 획득 방법의 제약과 가용한 데이터

선속: 선박용 기록장치를 사용하여 대수속도(speed through the water)를 측정하면 부정확할 수 있는데, 이는 경계층(boundary layer)이나 선박의 운동이 영향을 미치기 때문이다. GPS를 이용하여 평균 대지속도를 측정할 수 있지만, 이는 해류의 영향을 고려하지 않는다.

동력: 비틀림 동력계는 비교적 빈번한 검교정을 필요로 한다. 많은 선박들이 비틀림 동력계를 장착하지 않는데, 그 경우 제동 평균 유효 압력(BMEP)[13.1] 혹은 연료 소모량을 목적함수로 사용하는 간접적인 방법을 채택해야 한다.

날씨: 이상적으로는 평균 파고와 파향, 평균 풍속과 풍향의 측정을 수반한다. 파도

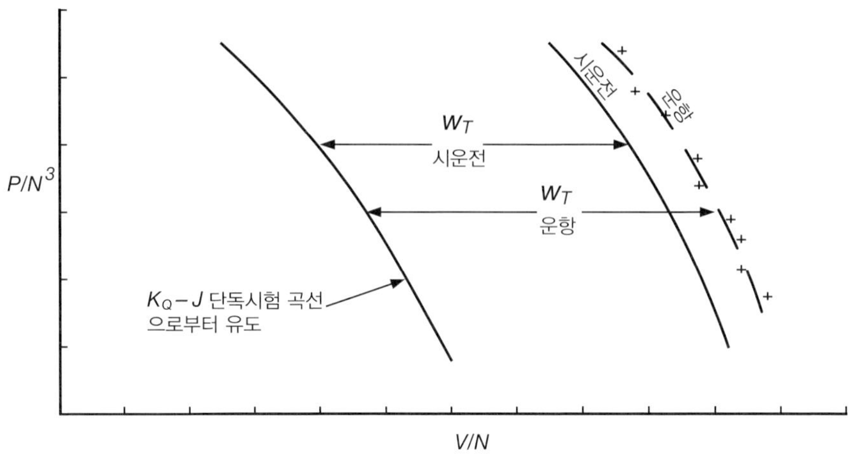

그림 13.11 운항 시의 반류비 유도.

기록 부표나 선박용 파도 기록계는 정상 항해 도중 연속적인 측정이 가능하지 않다. 그러므로 상대풍속과 상대풍향에 대한 단일한 날씨 척도를 구하여 파도 척도가 이에 비례한다고 종종 가정한다. 해수 표면의 교란은 바람에 의해 생성되므로, 이는 불합리한 가정은 아니다.

흘수(배수량) 및 트림 변화: 평균 흘수로 데이터를 보정해야 한다. 그렇지 않으면 일정 흘수 범위에서 측정된 데이터만 한정적으로 사용해야 한다.

데이터 품질: 항해 분석 목적으로 데이터를 획득하는 다양한 방법을 고려할 때, 분석 데이터는 불가피하게 높은 산포도(scatter)를 보인다.

13.4.5 항해 분석의 발달

Carlton[13.15]은 Townsin 등[13.16], Whipps[13.17] 및 Bazari[13.18]의 작업을 얼마간 상세하게 정리하고 있다. Townsin 등은 선체와 프로펠러에서 거칠기 효과를 분석하는 방법을 확립하였고, Whipps는 엔진과 항해 영역에 대한 성능계수를 개발하였다. Bazari는 선박 운항 및 설계에 에너지 회계감사 원리를 적용하였다. Carlton은 더 나아가 온라인 데이터 획득 시스템, 연속 모니터링, 통합 선박 관리 및 선박–육상 데이터 전송과 같은 주제를 논의하고 있다.

13.4.6 심화된 데이터 모니터링 및 획득

엔진 및 부품 상태에 대한 광범위한 모니터링이 현재 대부분의 선박에서 수행되고 있다.

회전수나 BMEP 같은 특성은 상호 보완적이어서 어떤 표준적인 모니터링 과정에서도 기록될 수 있지만, 항해 분석을 위한 것과는 별도의 과정으로 고려할 수 있다.

벌크선과 같은 많은 대형 선박들이 선체 구조 중에서 잠재적으로 응력이 높은 영역에서 응력을 모니터하고 있다. 내항성(seakeeping) 시운전이나 연구 목적에 국한되기는 하지만 어떤 선박들은 운동, 가속도 및 슬래밍 압력(slamming pressure)을 모니터한다.

참고문헌(13장)

13.1 Woodyard, D.F. *Pounder's Marine Diesel Engines and Gas Turbines*. 8th Edition. Butterworth-Heinemann, Oxford, UK, 2004.

13.2 Molland, A.F. (ed.) *The Maritime Engineering Reference Book*. Butterworth-Heinemann, Oxford, UK, 2008.

13.3 Taylor, D.A. *Introduction to Marine Engineering*. Revised 2nd Edition. Butterworth-Heinemann, Oxford, UK, 1996.

13.4 Harrington, R.L. (ed.) *Marine Engineering*. Society of Naval Architects and Marine Engineers, New York, 1971.

13.5 Gallin, C., Hiersig, H. and Heiderich, O. *Ships and Their Propulsion Systems – Developments in Power Transmission*. Lohmann and Stolterfaht Gmbh, Hannover, 1983.

13.6 Molland, A.F. and Hawksley, G.J. An investigation of propeller performance and machinery applications in wind assisted ships. *Journal of Wind Engineering and Industrial Aerodynamics*, Vol. 20, 1985, pp. 143~168.

13.7 Bonebakker, J.W. The application of statistical methods to the analysis of service performance data. *Transactions of the North East Coast Institution of Engineers and Shipbuilders*, Vol. 67, 1951, pp. 277~296.

13.8 Clements, R.E. A method of analysing voyage data. *Transactions of the North East Coast Institution of Engineers and Shipbuilders*, Vol. 73, 1957, pp. 197~230.

13.9 Burrill, L.C. Propellers in action behind a ship. *Transactions of the North East Coast Institution of Engineers and Shipbuilders*, Vol. 76, 1960, pp. 25~44.

13.10 Aertssen, G. Servive-performance and seakeeping trials on MV Lukuga. *Transactions of the Royal Institution of Naval Architects*, Vol. 105, 1963, pp. 293~335.

13.11 Aertssen, G. Service-performance and seakeeping trials on MV Jordaens. *Transactions of the Royal Institution of Naval Architects*, Vol. 108, 1966, pp. 305~343.

13.12 Aertssen, G. and Van Sluys, M.F. Service-performance and seakeeping trials on a large containership. *Transactions of the Royal Institution of Naval Architects*, Vol. 114, 1972, pp. 429~447.

13.13 Berlekom, Van W.B., Trägårdh, P. and Dellhag, A. Large tankers – Wind coefficients and speed loss due to wind and sea. *Transactions of the Royal Institution of Naval*

Architects, Vol. 117, 1975, pp. 41~58.

13.14 Townsin, R.L., Moss, B., Wynne, J.B. and Whyte, I.M. Monitoring the speed performance of ships. *Transactions of the North East Coast Institution of Engineers and Shipbuilders*, Vol. 91, 1975, pp. 159~178.

13.15 Carlton, J.S. *Marine Propellers and Propulsion*. 2nd Edition. Butterworth-Heinemann, Oxford, UK, 2007.

13.16 Townsin, R.L., Spencer, D.S., Mosaad, M. and Patience, G. Rough propeller penalties. *Transactions of the Society of Naval Architects and Marine Engineers*, Vol. 93, 1985, pp. 165~187.

13.17 Whipps, S.L. On-line ship performance monitoring system: operational experience and design requirements. *Transactions IMarEST*, Vol. 98, Paper 8, 1985.

13.18 Bazari, Z. Ship energy performance benchmarking/rating: Methodology and application. *Transactions of the World Maritime Technology Conference International Co-operation on Marine Engineering Systems*, (*ICMES 2006*), London, 2006.

CHAPTER

14

선형 설계

14.1 일반

14.1.1 서론

전 선속 영역에서의 선체의 수력학적 거동은 크게 배수량형, 준배수량형 및 활주형으로 구분할 수 있다. 각 범주의 대략적인 선속 범위는 그림 14.1에 표시되어 있다. 배수량형 선박은 전적으로 부력으로만 지지되고, 준배수량형 선박은 부력과 동적 양력으로 지지되며, 활주형 선박은 동적 양력으로만 지지된다. 각 범주마다 선형의 기본적인 발달과정이 달라질 것이다.

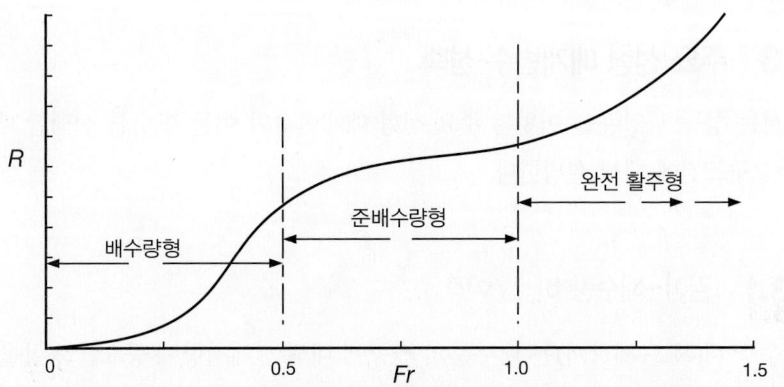

그림 14.1 배수량, 준배수량 및 활주형 선박의 대략적인 선속 범위.

이 장은 배수량형 선박에 대한 논의에 집중하면서 준배수량형 선박을 약간 언급한다. 3장과 10장에서 준배수량형 선박 및 활주형 선박이 추가로 언급되었다.

14.1.2 배경

수중의 선형은 미리 정해진 체적 ∇의 물을 밀어내도록 설계되는데, 주요 제원을 다음과 같이 되도록 선정한다.

$$\nabla = L \times B \times T \times C_B \tag{14.1}$$

여기서 ∇는 배수용적(m^3), L, B 및 T는 선박의 길이, 폭 및 흘수(m)이고, C_B는 방형계수이다.

이론적으로는 선체 치수에 제약이 없으므로, 식 (14.1)을 만족하는 L, B, T 및 C_B의 조합은 무한히 많다. 실제로 선체 치수 선택의 폭을 제한하는 많은 목적과 제약조건이 존재한다. 항구와 도크에 따른 길이의 제한, 항구나 수로의 제약에 따른 폭의 제한, 그리고 운항 수심에 따른 흘수의 제한 등이 이에 포함된다. 주요 치수의 조합은 운항 요구조건 및 효율에 의해 제약을 받는다. 여기에는 정수 중에서의 낮은 저항과 소요동력, 그로 인한 낮은 연료 소모량을 달성하는 조합, 슬래밍 없이 선속을 유지할 수 있는 내항 성능을 발휘하는 조합, 적절한 안정성과 더불어 운항비용에 영향을 주는 건조비를 절감할 수 있는 배의 폭 증가 등이 포함된다. 실제로는 선종마다 요구조건을 가장 잘 충족하는 L, B, T 및 C_B의 조합들이 달라지게 된다. 선체 치수의 '최적' 선택은 대체로 하나의 설계 선속에만 관계되기 때문에 해당 선형이 모든 선속에서 최적이 될 가능성은 적다는 사실에 유념해야 한다.

다음 절에서는 다양한 그리고 때때로 서로 상충되는 제약조건과 요구조건에 따른 선형 매개변수 선택에 대해 논의한다.

14.1.3 주요 선형 매개변수 선택

이 절에서는 성능에 영향을 미치는 주요 선형 매개변수와 이들 변수를 선택할 때 고려해야 하는 요구조건에 대해 설명한다.

14.1.3.1 길이-배수량 비, $L/\nabla^{1/3}$

길이-배수량 비(혹은 세장비)는 대부분의 선종에 대해 선체저항에 중요한 영향을 미친다. 배수량이 고정된 상태에서 $L/\nabla^{1/3}$이 늘어나면 잉여저항 R_R은 줄어든다. 이 효과는 선속

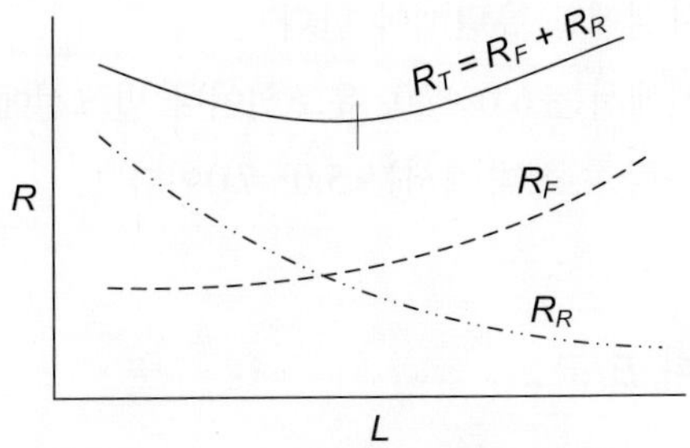

그림 14.2 '수력학적' 최적 길이.

이 증가할수록 두드러진다. 배수량 ∇과 흘수 T가 고정되면 침수표면적과 마찰저항 R_F는 길이가 늘어날 때 증가하고(Re 증가로 인한 C_F 감소보다 침수표면적이 증가한 영향이 더 크다), 잉여저항은 감소한다. 따라서 그림 14.2에 나타낸 것처럼 총 저항 R_T가 최소가 되는 최적의 L이 존재할 수 있다. 이를 최적의 '수력학적' 길이라 한다. BSRA 계열 [14.1]과 같은 표준 계열 결과는 최적의 $L/\nabla^{1/3}$이 존재함을 나타내고 있다. 부록 A3의 표 A3.8 ~ A3.11에 요약된 Taylor-Gertler 계열 데이터를 사용하면 $L/\nabla^{1/3}$의 영향은 Taylor 계열[14.2]에서도 설명된다. 전형적인 $L/\nabla^{1/3}$의 범위는 화물선에서는 5.5~7.0, 유조선이나 벌크선에서는 5.5~6.5, 여객선에서는 7.0~8.0이고 준배수량형 선박에서는 6.0~9.0이다.

14.1.3.2 길이/폭 비, L/B

다른 변수들을 고정하고 $L/\nabla^{1/3}$을 늘리면 L/B는 증가한다. 길이 L의 증가는 R_R의 감소로 이어지므로 고속선에 대해서는 L/B가 커지는 것이 유리하다. 대부분의 상선에 대해 길이는 건조비가 고려되는 한 가장 값비싼 치수이다. 따라서 L/B의 증가가 특정한 저항 성분, 동력 및 연료비용은 감소시키는 데 반하여, 선박 건조의 자본비용은 증가할 것이다. 그림 14.3과 같이 자본비용과 연료비용의 합을 고려하여 최적의 '경제적' 길이를 도출할 수 있는데, 이는 '수력학적' 최적 길이와 다르다(보통 짧다). 긴 선박의 경우 보통 내

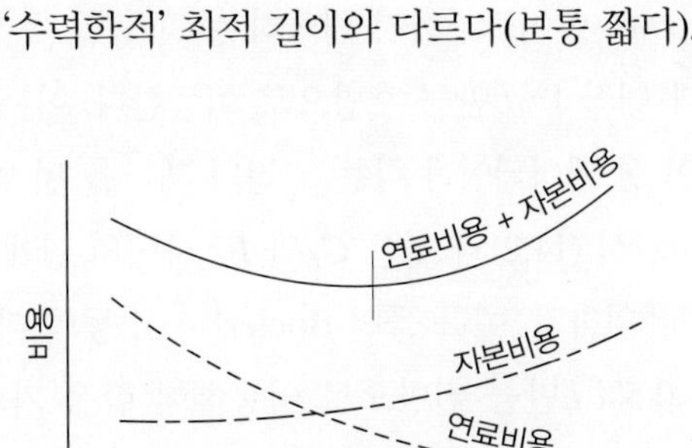

그림 14.3 '경제적' 최적 길이.

항성이 더 우수하다는 사실에도 유념해야 한다.

L/*B*의 범위는 화물선에서는 6.0~7.0, 유조선이나 벌크선에서는 5.5~6.5, 여객선에서는 6.0~8.0이고 준배수량형 선박에서는 5.0~7.0이다.

14.1.3.3 폭/흘수 비, *B*/*T*

B/*T*가 늘어나면 배수량이 수면 근처로 옮겨지므로 조파저항이 늘어난다. 예를 들어 BSRA 계열[14.1]과 같은 표준 계열 시험결과는 *B*/*T*가 증가할 때의 저항 증가를 보여주고 있다. 그러나 이는 *B*나 *B*/*T*의 증가를 요구하는 횡방향 안정성 개선 요구조건과 상충할 수 있다. 부록 A3의 표 A3.8~A3.11에 요약된 Taylor-Gertler 계열 데이터를 사용하면 *B*/*T*의 영향이 Taylor 계열[14.2]에서도 명확히 나타난다. 전형적인 *B*/*T*의 평균값은 화물선에서는 대략 2.5이고, 페리나 여객선처럼 안정성에 민감한 선박들에서는 5.0까지 증가한다.

14.1.3.4 길이 방향 부력 중심, *LCB*

*LCB*는 보통 선박 중앙으로부터의 거리를 배 길이에 대한 백분율로 나타낸다. 앞뒤 대칭인 선체(*LCB* = 0%*L*)의 뒤쪽 선체는 경계층이 파의 생성을 억제하므로 앞쪽 선체보다 조파저항이 작아진다. *LCB*를 뒤로 옮길 때 앞쪽 선체에서의 조파저항 감소량은 뒤쪽 선체에서의 조파저항 증가량보다 크다. 이때 뒤쪽 선체에서의 압력저항은 늘어난다. (C_P가 작은) 날씬한 형상의 압력저항은 작기 때문에 *LCB*를 뒤로 옮겨서 이득을 얻을 수 있다. 반대로 최적 *LCB*(혹은 최적 *LCB* 범위)는 비대선에서는 앞쪽으로 이동하게 된다. C_B에 대한 전형적인 *LCB* 위치를 그림 14.4에 나타냈는데, 이는 Bocler[14.3]의 초기 결과나 Watson[14.4] 데이터로부터의 평균값을 포함한 다양한 출처에 근거한 것이다. 그림 14.4를 보면 단추진기선에서 *LCB*는 보통 고속 세장선에 대한 선체 중심 후방 2%*L*로부터 저속 비대선에 대한 선체 중심 전방 2%*L*~2.5%*L*에 이르기까지 변화하는 것을 알 수 있다. Bocler의 쌍추진기선 값은 단추진기선보다 대략 1%*L*만큼 후방으로 이동한다. 이는 대체로 쌍추진기선의 경우 프로펠러 유입유동이 잘 형성되어야 하는 조건의 제약을 덜 받기 때문이다. 또한 최적의 *LCB* 값은 일반적으로 식 (14.2)와 같은 C_B와 Fr 사이의 관계식으로 결정되는 특정한 선속 범위와 연계됨에 유의하라. 예를 들면 Bocler[14.3] 등의 데이터는 연안선의 *LCB*는 단추진기 화물선보다 0.5%*L*만큼 전방으로 이동해야 함을 가리킨다.

일반적으로 *LCB*의 최적 위치 혹은 최적 범위는 선체 매개변수가 달라지거나 구상선수를 부착할 경우 바뀌게 됨에 유념해야 한다. 예를 들면 그림 14.4에서 보는 것처럼 Watson의 데이터는 구상선수가 부착된 선박의 *LCB* 위치는 일반선수를 지닌 선박보다

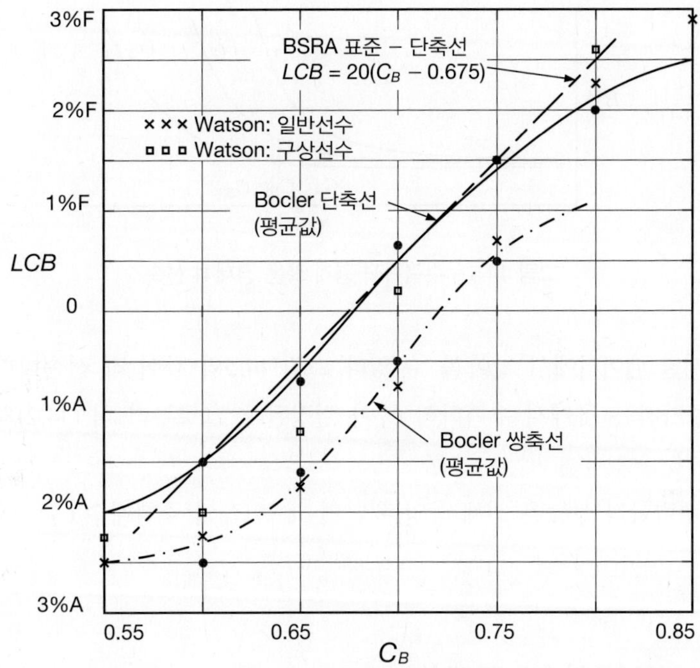

그림 14.4 최적 *LCB* 위치.

0.5% *L* 전방에 위치함을 나타낸다. 그러나 그림 14.4의 *LCB* 데이터와 곡선들은 저항을 최소화하는 권장 값들을 보여주고 있지만, 저항에 큰 영향을 미치지 않으면서 *LCB* 위치를 (예를 들면 ±0.5% *L*) 자유롭게 결정할 수 있다. 이 때문에 설계 단계에서의 적절한 접근 방식은 그림 14.4의 데이터로부터 *LCB*에 대한 값들의 평균을 사용하는 것이다.

실제적인 요구조건들, 예를 들면 길이 방향 무게중심(*LCG*)이 특정 위치에 있어야 하는 조건 및 그와 관련된 *LCB*의 위치 이동, 트림의 한계 조건 등으로 인하여 여기서 논의된 수력학적 특성들이 변경될 수 있다. 그와 같은 실제적인 설계 요건들은 Watson[14.4]에서 다루고 있다.

14.1.3.5 방형계수, C_B

C_B는 식 (14.1)에 기술된 것처럼 선형의 전반적인 비척도를 나타내고 기본설계 과정에서 결정된다. 이는 식 (14.2)와 같은 경험산식이나 [14.5]와 [14.6]에서 찾아볼 수 있는 그의 변형된 형태를 사용하여 이루어졌을 것이다.

$$C_B = 1.23 - 2.41 \times Fr \tag{14.2}$$

이는 때때로 수력학적 혹은 경제적 선속이라 칭하는데, 그림 10.3의 BSRA 계열과

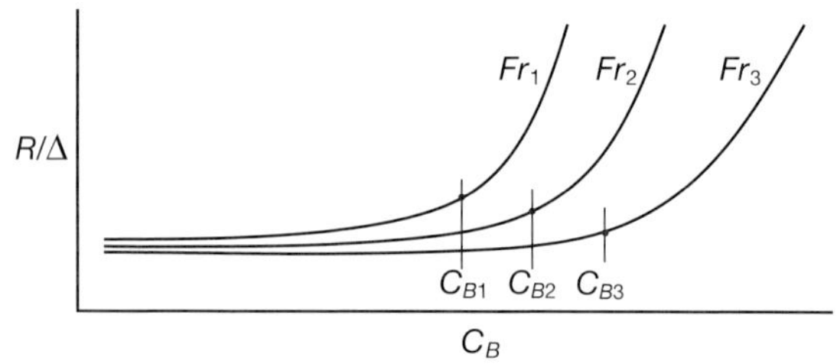

그림 14.5 수력학적 경계 혹은 경제적 선속.

같은 표준 계열 데이터에서 찾아볼 수 있다. 그림 14.5와 같이 각 선속마다 저항 곡선이 급격히 증가하는 곳에서 수력학적 C_B가 결정된다. 그로부터 식 (14.2)와 같은 관계식이 수립된다.

선형의 수력학적 성능은 선체 중앙 횡단면 계수 C_M과 주형계수 C_P로써 더욱 잘 기술된다.

14.1.3.6 선체 중앙 횡단면 계수, C_M

$C_M = C_B/C_P$이고, C_B는 식 (14.1)과 같이 설계 배수량을 유지하기 위해 일정하게 유지된다. 중앙 횡단면 C_M이 커지면 C_P의 감소를 초래한다. 이는 또한 저항의 감소를 야기할 수 있지만, 선체의 양쪽 끝 부분으로부터 중앙부로 배수량이 옮겨지는 선형의 변천이 점진적이어야 하기 때문에 이로 인한 저항 감소는 제한적이다.

14.1.3.7 주형계수, C_P

C_P가 증가하면 C_B와 ∇를 유지하기 때문에 C_M은 감소하게 된다. 배수량은 중앙부로부터 양쪽 끝으로 이동한다. 선수파와 선미파가 달라지고, 3.1.5절에서 논의한 것처럼 간섭효과에 의해 조파저항이 바뀐다. 그림 14.6과 같이 일반적으로 저속에서는 선체 양단이 날씬한 편이, 고속에서는 선체 양단이 뚱뚱한 편이 유리하다. 즉, 그림 14.7에 도시된

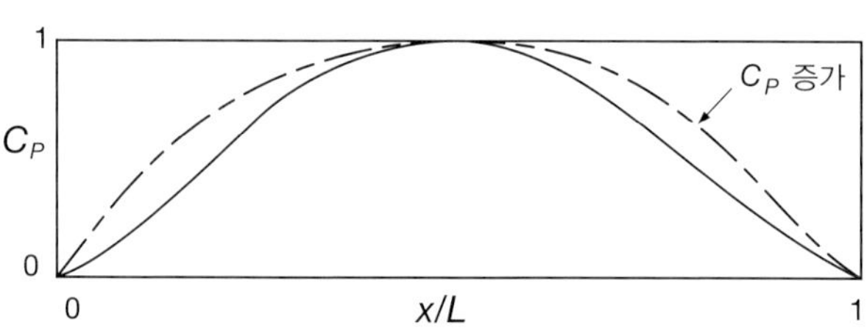

그림 14.6 전형적인 단면적 곡선.

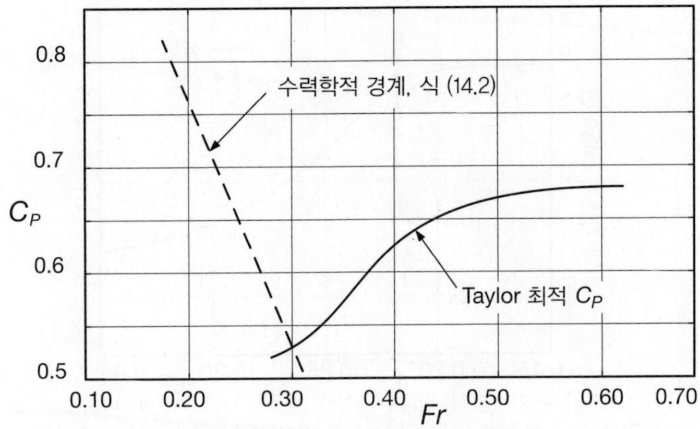

그림 14.7 선속에 따른 설계 C_P의 변화.

것처럼 C_P는 더 큰 선속에서 증가하는 경향이 있는데, 이는 Taylor 계열의 데이터[14.2]에 기반한 것이다. Froude 수 0.28 이하의 저속 범위에서 C_P는 일반적으로 수력학적 경계 선속에 의해 제한된다. Fr에 따른 C_P의 전반적 변화는 그림 14.7에 도시되어 있다.

14.1.3.8 단면적 곡선(Sectional Area Curve: SAC)

단면적 곡선(SAC)의 영향은 앞서 언급한 C_P의 크기 및 분포에 의존하는데, C_P가 성능에 미치는 영향과 유사하다.

SAC의 앞쪽 끝은 파를 상쇄할 수 있도록 조절될 수 있다. 목적은 첫 번째 선수파 파정 밑에 최대의 곡률을 배치하고, 앞쪽 끝으로부터 λ/2만큼 떨어진 선수파의 파저에

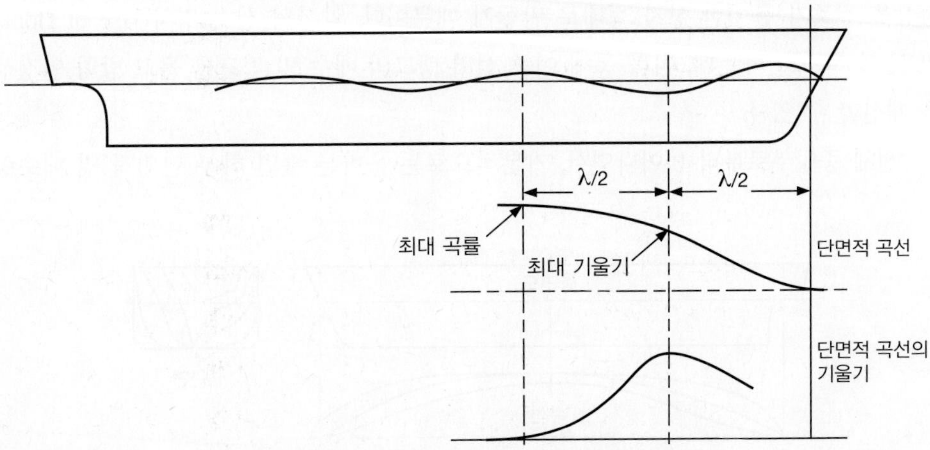

그림 14.8 단면적 곡선(SAC)의 적절한 최대 기울기 위치.

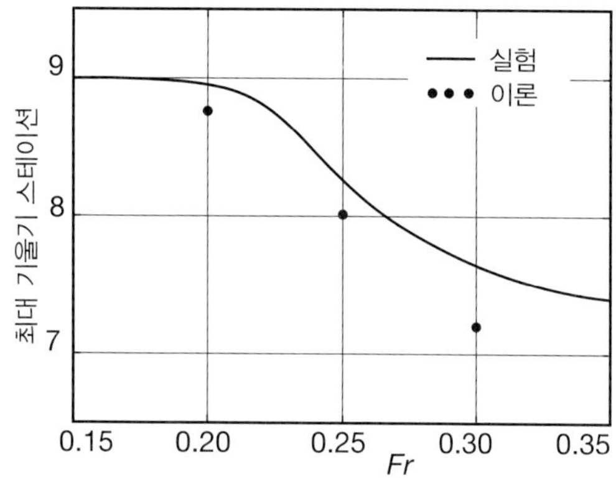

그림 14.9 선속에 따른 단면적 곡선(SAC)의 최대 기울기 위치.

는 SAC 곡선의 기울기가 최대가 되도록 하는 것이다. 여기서 파장 λ는 $\lambda/L = 2\pi Fr^2$로 주어진다. 이 개념은 그림 14.8에 설명되어 있다. 파장에 대한 이론 및 실험에 근거한 SAC 최대 기울기의 적절한 위치는 그림 14.9에 나타나 있다. 이론적인 위치는 실험에서 찾아낸 최적 위치보다 후방에 위치한다는 점이 특기할 만하다.

14.1.4 선체 형상 선택

그림 14.10과 같이 선체 형상을 수평 방향 수선들과 수직 방향 단면 관점으로 고려하는 것이 유용하다.

그림 14.11의 선체 중앙부 형상은 수력학적 사유 및 실제적인 화물창 형상 관점으로 선택된 C_M과 C_P 값에 기인한다. 빌지 반경이 작고 C_M 값이 큰(≈ 0.98) 중앙 단면은 유조선이나 벌크선에 사용되는 경향이 있는데, 이는 화물창의 공간을 최대화하고 선박 형상을 건조가 용이한 상자 형태로 만들기 때문이다. 약간의 선저 경사(rise of floor: ROF)를 두기도 하는데, 이를 통해 이중 선저 탱크의 배수 및 펌프를 돕고 방향 안정성을 개선할 수 있다.

선체 중앙부로부터 벗어나면서, 기본적으로는 올바른 수면 하부 단면적 및 배수량

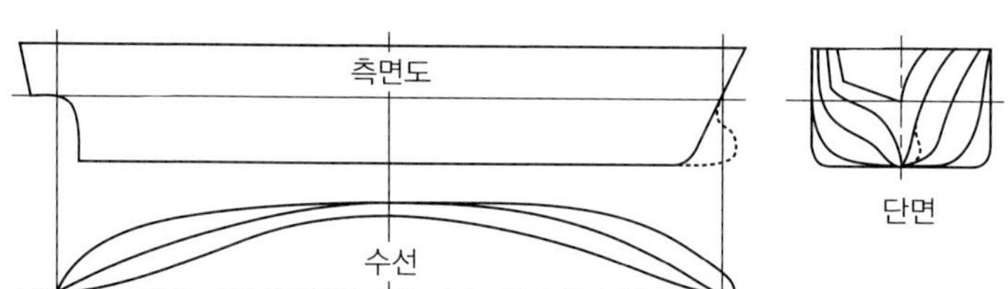

그림 14.10 수선 및 횡단면.

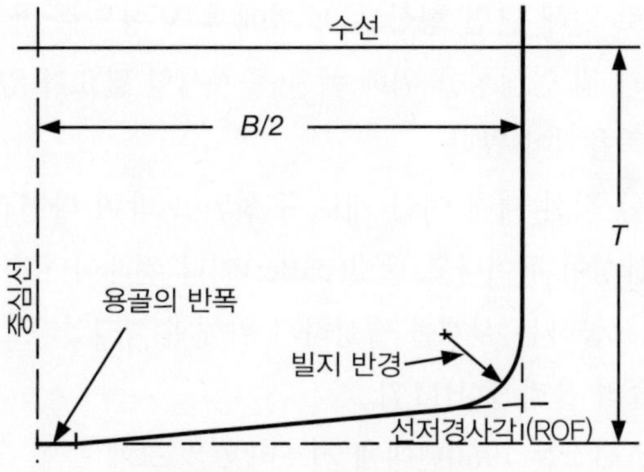

그림 14.11 중앙 횡단면.

을 제공할 수 있는 무한히 많은 대안적인 단면 형상이 존재한다는 사실을 이해해야 한다. 그 가운데 세 가지 단면 대안을 그림 14.12에 도시했다. 두 가지 극단을 흔히 'U'형 단면 및 'V'형 단면이라 칭한다.

그림 14.12에서 수선 폭은 일정하게 유지되었다. 설계 절차에서 추가적인 초기 안정성이 요구된다면, 선체 설계 관점에서 볼 때 가장 단순한 방법은 폭 B를 늘리고 가능하다면 흘수 T를 줄여서 다음의 경심 높이를 증가시키는 것이다.

$$GM = KB + BM - KG$$

그리고

$$BM = J_{XX} / \nabla = f\left[\frac{L \cdot B^3}{L \cdot B \cdot T \cdot C_B}\right] = f\left[\frac{B^2}{T \cdot C_B}\right]$$

이므로, C_B가 일정하다면 경심 높이 GM은 B^2/T에 따라 변화함에 주목하라.

따라서 이는 그림 14.13과 같이 수선 폭을 늘리지만 수중의 단면적 및 배수량을 유

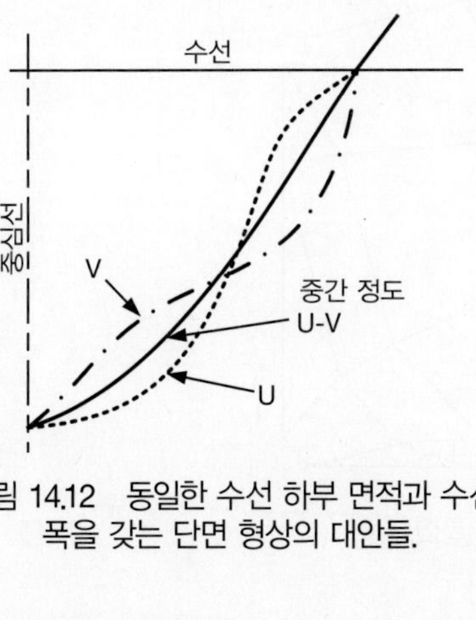

그림 14.12 동일한 수선 하부 면적과 수선 폭을 갖는 단면 형상의 대안들.

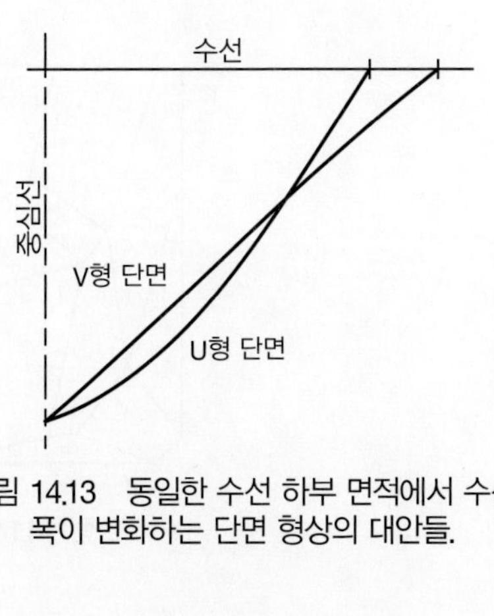

그림 14.13 동일한 수선 하부 면적에서 수선 폭이 변화하는 단면 형상의 대안들.

지하는 방식이다. 그로 인해 단면 형상은 'U'형에서 'V'형으로 바뀌는 경향이 있다. 그러한 절차는 차선 증가 및 안정성을 위해 폭을 증가시킬 필요가 있는 여객선 및 쌍추진기 카페리의 선미에 적용되어 왔다.

(곡면 뼈대보다는) 직선 뼈대 여러 개로 구성된 선박이 다년간 제안되고 조사되어 왔다. 이는 좀 더 생산성이 뛰어나고 팰릿(pallet)이나 컨테이너와 같은 상자 형태에 보다 적합한 화물창을 제공하는 설계를 달성하기 위해 수행되었다. 그와 같은 연구는 1차 세계대전 시기로 거슬러 올라간다[14.7].

Blohm & Voss 조선소는 1960년대에 건조비용을 크게 줄일 목적으로 직선 뼈대의 *Pioneer* 호를 개발했다. 그림 14.14와 같이 선형은 직선들과 여러 개의 모서리로 만들어지며, 선체는 여러 개의 평면 판재들로 구성된다. 예비적인 추정치와 비교했을 때, 평면 판재들을 다듬고 횡방향 프레임에서 모서리 이음매를 연결하는 데 소요된 추가적인 시간으로 인해 생산비 절감액이 일부 무효화되는 경향이 있었다.

Johnson[14.8]은 직선 뼈대의 선체 형상을 채택했을 경우의 수력학적 결과를 조사했다. 그림 14.15처럼 단순화 정도가 증대되는 네 가지 선형에 대해 모형선 저항 및 자항 시험을 수행했다. 방형계수는 $C_B = 0.71$로 일정하게 유지되었다. 기본 개념은 통상적인 선형인 A71에 투영된 유선을 따라 모서리를 형성하는 것이었다. 그에 덧붙여, 그로 인한 판재 형상은 2차원적인 압연 공정으로 제작 가능하다.

네 가지 모형선에 대해 저항 및 자항 시험을 수행했다. 대체적인 설계 선속에서 기본 모형선인 A71 대비 모형선 B71은 저항이 2.9% 감소했는데, 모형선 C71 및 D71은 저항이 5.3% 및 50.3% 증가했다. C71의 결과는 선미의 평면 선저부 채택, D71의 결과는 매우 단순한 단면 채택에 의한 손해를 나타낸다. 기본형 A71에 비해 프로펠러 효율을 포함한 추진동력 증가율은 B71에서 −4.7%, C71에서 −1.5% 및 D71에서 +39.8%였다.

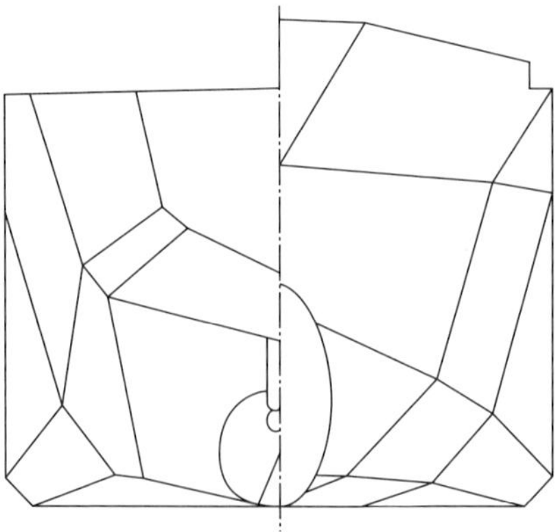

그림 14.14 *Pioneer* 호의 선형.

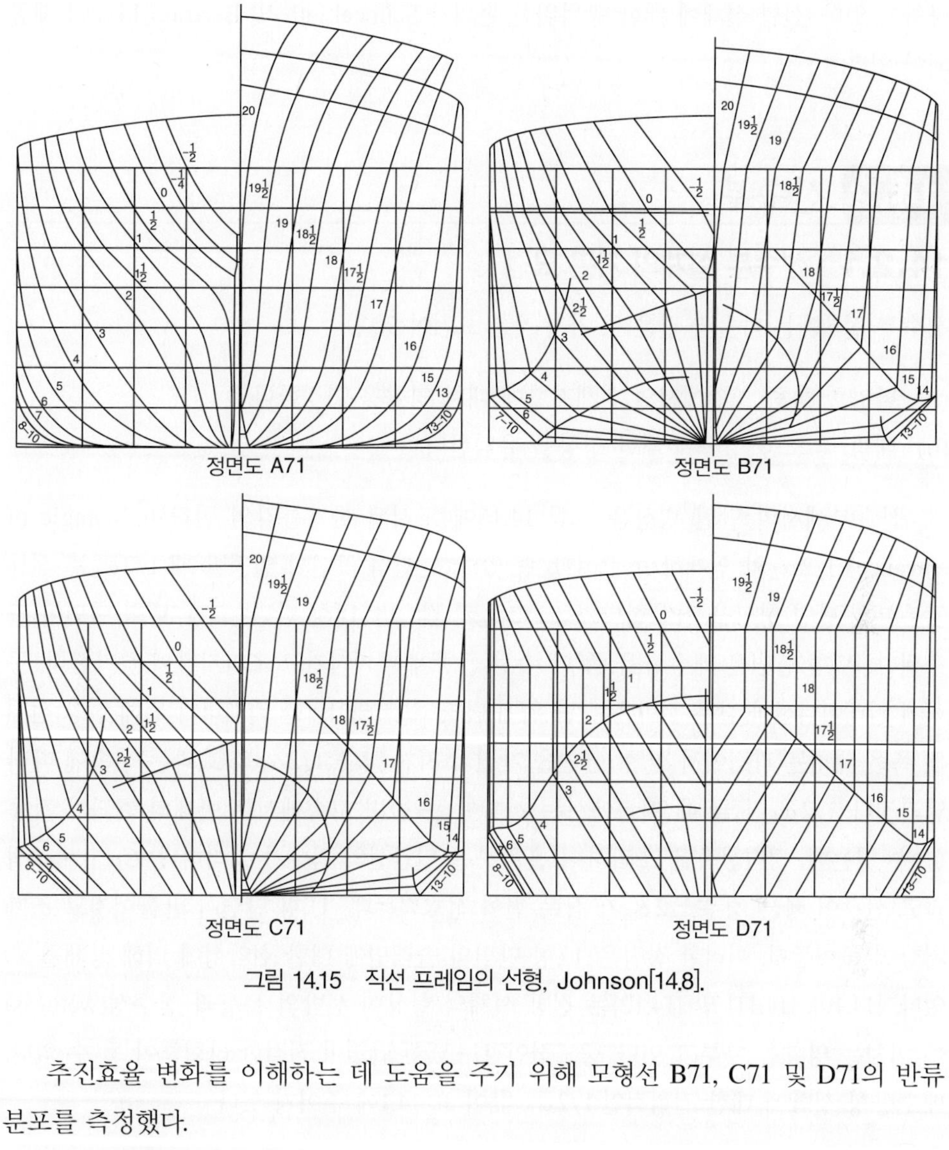

그림 14.15 직선 프레임의 선형, Johnson[14.8].

추진효율 변화를 이해하는 데 도움을 주기 위해 모형선 B71, C71 및 D71의 반류 분포를 측정했다.

방형계수가 0.82인 선박에 대해서도 시험이 수행되었다. 첫 번째 모형선은 통상적인 형상의 기본형이고, 두 번째 제작 공정을 감안한 직선 뼈대의 매우 단순화된 형태였다. 직선 뼈대의 모형선은 기본형보다 저항이 19% 악화되었지만, 추진효율에 있어서는 비교적 변화가 적었다.

전체적으로 이러한 시험결과 직선 단면을 가지면서도 정수 중에서의 저항과 자항 성능이 개선된 선형을 건조할 수 있음을 알게 되었다. 그러나 이는 모서리 선이 유동을 따라갈 때 성립한다.

Silverleaf 및 Dawson[14.9]은 수력학적 선체 설계의 기본에 대한 좋은 개요를 제공하고 있다. 선형 설계에 대한 광범위한 논의가 Schneekluth 및 Bertram[14.6]에 제공되어 있다.

14.2 선수부

14.2.1 선수부 설계의 기본 요건

선수부 설계에는 다음과 같은 두 가지 기본 요건이 있다.

(i) 다양한 하중 조건에서의 선체저항에 대한 영향을 결정한다.
(ii) 내항 및 조종 성능에 대한 영향을 유념한다.

선수부에서의 단면 형상은 그림 14.16에 도시된 물가름각의 반각(half angle of entrance) $1/2\alpha_E$와 연계하여 고려할 수 있다. 단면적 곡선이 일정할 때 $1/2\alpha_E$는 선체 앞부분의 단면 형상을 좌우한다. 즉, $1/2\alpha_E$가 작으면 'U'형 단면, 크면 'V'형 단면이 도출된다. 'V'형 단면은 배수량을 좀 더 수선 근방에 배치시키고 조파저항이 증가한다. 동시에 컨테이너선과 같은 선박은 갑판 위에 더 많은 컨테이너를 적재하기 위해 전방 선체의 폭을 넓히는 과정에서 'V'형 단면을 가질 소지가 많다. $1/2\alpha_E$의 효과는 선속에 따라 달라진다. $1/2\alpha_E$가 클 때 저속에서는 저항이 큰 반면 고속에서는 반대의 효과가 작용할 수 있는데, 정격선속을 초과하여 운항하는 연안선의 경우가 그러하다. C_P가 비교적 작고 선속이 빠른 경우 $1/2\alpha_E$가 작은 편이 선호되는데, 'U'형 단면이 만들어지고 조파저항이 줄어든다. 이러한 장점은 'U'형 단면의 슬래밍에 대한 취약성에 의해 상쇄될 수 있다. [14.10], [14.11] 및 [14.12]는 전방 선체의 형상이 선박의 운동과 침수성(wetness)에 미치는 영향을 다루고 있다. 중도적인 'U-V'형 단면이 적절한 타협책이 될 수 있다. 배수량형 선박에 대한 전형적인 $1/2\alpha_E$ 값이 표 14.1에 주어져 있다.

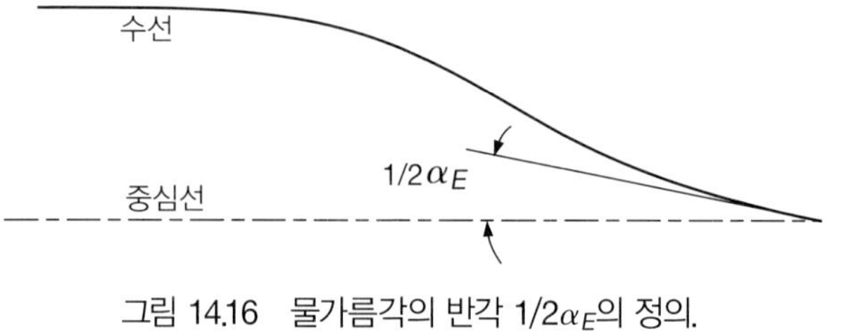

그림 14.16 물가름각의 반각 $1/2\alpha_E$의 정의.

표 14.1 전형적인 물가름각의 반각 크기: 배수량형 선박

C_B	**1/2 α_E(deg)**
0.55	8
0.60	10
0.70	20
0.80	35

14.2.2 구상선수

구상선수는 저항을 줄이기 위해 채택될 수 있다. 고속 세장선에서 구상선수의 역할은 조파저항 감소에 있는 반면, 저속 비대선의 경우 점성저항 감소를 목표로 하게 된다. 저속 비대선에서 벌브로 인한 저항 감소분은 조파저항 자체를 능가할 수 있다. 저속 비대선에서 구상선수의 이점은 대부분 밸러스트 조건에서 구현된다. 벌브는 선수부의 유동을 재정렬하는데, 이 효과가 하류 영역에도 전파되어 반류비, 추력 감소계수 및 선체 효율에도 영향을 미치는 것으로 나타나고 있다[14.13].

구상선수의 적용과정은 다음 두 단계를 수반한다.

(i) 선종, 선속 및 방형계수에 따라 벌브를 채택하는 것이 이득이 될지 여부를 결정한다.
(ii) 벌브의 실제 필요한 특성 및 설계를 정한다.

벌브를 사용할 때의 이득은 현재 상태의 기본적인 저항 성분, 다시 말해 조파저항과 점성저항의 비율에 따라 달라진다. 벌브의 길이 방향 위치는 파도의 위상 차를 일으키는 한편, 벌브의 체적은 파도의 진폭과 관계된다. 조파저항이 작은 저속에서는 벌브 설치에 기인한 침수표면적 증가로 인한 마찰저항 증가가 어떠한 저항 감소분도 상쇄할 가능성이 높다. Steele 및 Pearce[14.14]가 일반선수와 구상선수의 모형선 시험결과로부터 추론했듯이, 고속에서는 벌브가 선체 주위 유동을 개선하여 마찰저항을 줄일 수 있다.

또한 파장은 선속에 따라 바뀌지만, 벌브(압력점)의 위치는 고정되어 있기 때문에 벌브의 상쇄 효과는 선속에 따라 변화하는 경향이 있다. 1890년경 Froude의 초기 연구 및 1907년경 Taylor의 연구결과를 알아보아야 하는데, 둘 다 구상선수의 이득을 인식하고 있다. 구상선수 효과에 대한 최초의 이론적 연구는 Wigley[14.15]에 의해 수행되었다. Ferguson 및 Dand[14.16]는 선체와 구상선수 사이의 상호작용에 대한 기초적인 연구를 수행했다.

BSRA의 작업[14.1], Kracht의 고전적인 연구[14.3] 및 Holtrop의 회귀분석[14.17] 등이 구상선수 설치의 적합성에 대한 지침을 제공한다. BSRA의 결과는 10장의 그림 10.6

에 포함되어 있다. 데이터는 만재흘수에 대한 것이고 화물선, 컨테이너선, 유조선 및 벌크선과 같은 많은 상선 선종에 대해 적합할 것으로 여겨진다. 그림 10.6을 살펴보면 C_B가 작고 선속이 높을 때 저항 감소 효과가 가장 크고, 저항이 20%까지 감소함을 알 수 있다. C_B가 크고 선속이 낮은 경우에는 저항 감소가 일반적으로 훨씬 작다. 그러나 저속 비대선에서는 의미 있는 이득을 밸러스트 조건에서 얻을 수 있고, 그 때문에 유조선과 벌크선과 같은 대부분의 비대선은 상당한 기간을 밸러스트 조건에서 항해하므로 구상선수가 설치된다. 그러한 선박에 대해 밸러스트 조건에서의 저항이 15%까지 감소함이 보고되고 있다[14.18].

Holtrop[14.17]의 회귀분석은 구상선수의 영향에 대한 추정값을 포함한다. 이는 10장의 식 (10.30)이다. [14.13]에 대한 논의에서 Holtrop은 그의 방법이 [14.13]과 대체로 유사한 결과를 얻고 있음을 밝히고 있다.

Moor[14.19]는 크기가 증가하는 일련의 구상선수(램 선수)에 대한 모형시험으로부터 유용한 실험 데이터를 제시하고 있다. 만재 혹은 밸러스트 조건 및 선속에 따른 선수 형상 선택에 대한 지침이 주어진다.

벌브의 실제 필요 특성을 고려할 때 Kracht[14.13]의 작업은 좋은 출발점이 된다. Kracht는 벌브를 그림 14.17과 같이 Δ형, O형 및 ∇형의 세 가지 형태로 정의했다. 이 세 가지 형태의 적용 범위는 다음과 같이 요약된다.

- Δ형: 흘수의 변화가 크고 전방 선체의 단면이 U형인 경우에 적합하다. 흘수가 커지면서 벌브의 효과가 줄어들고, 흘수가 작아지면 벌브의 효과가 커진다. 얕은 흘수에서는 슬래밍의 위험이 있다.
- O형: 비대선과 세장선에 모두 적합하고, U형 및 V형 단면에 잘 맞는다. 소나와 측정 기기를 위한 공간도 제공한다. 슬래밍에는 덜 취약하다.
- ∇형: V형 전방 선체 단면에 쉽게 맞출 수 있고, 일반적으로 내항 성능이 좋다.

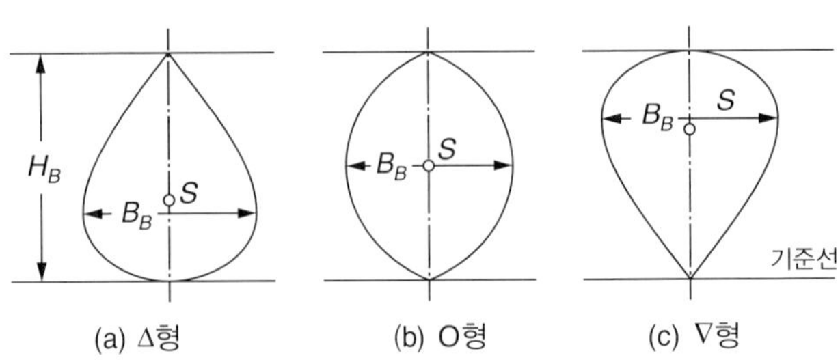

그림 14.17 구상선수 유형.

모든 경우에 있어서 밸러스트 조건일 때 그림 14.18의 점 B보다 벌브가 더 노출되어서는 안 된다.

그림 14.18에서 보는 것처럼, 벌브의 형상을 서술하기 위해 다음과 같은 6개의 매개변수가 사용된다.

길이 변수: $C_{LPR} = L_{PR}/L_{BP}$, L_{PR}은 벌브의 돌출된 길이.

폭 변수: $C_{BB} = B_B/B$, B_B는 FP에서의 벌브의 최대 폭, B는 선박의 폭.

깊이 변수: $C_{ZB} = Z_B/T_{FP}$, Z_B는 벌브 최전방 지점 높이, T_{FP}는 FP에서의 흘수.

단면적 변수: $C_{ABT} = A_{BT}/A_X$, A_{BT}는 FP에서의 벌브의 횡단 면적, A_X는 중앙 횡단 면적.

측면 변수: $C_{ABL} = A_{BL}/A_X$, A_{BL}은 벌브의 종단 면적, A_X는 중앙 횡단 면적.

체적 변수: $C_{\nabla PR} = \nabla_{PR}/\nabla$, ∇_{PR}은 벌브의 공칭 체적, ∇는 선박의 부피 배수량.

Kracht는 길이, 단면적 및 체적 변수가 가장 중요하다고 제시하고 있다.

구상선수의 특성과 이득을 서술하기 위해, Kracht는 일반선수와 비교했을 때 구상선수를 사용한 경우의 동력 감소량의 백분율인 잉여동력 저감계수 $\Delta C_{P\nabla R}$(동력 감소가 클 때 값이 커짐)을 사용하고 있다. 데이터는 두 곳의 독일 시험수조에서 수행된 정례적인 시험결과 분석으로부터 도출되었다. $C_B = 0.71$일 때 (도표에 F_N으로 표시된) Froude 수에 대한 $\Delta C_{P\nabla R}$의 예를 C_{LPR}, C_{BB}, C_{ABT}, C_{ABL} 및 $C_{\nabla PR}$에 대해 그림 14.19~14.23에 도시했다.

데이터를 사용하여 동력을 최대한 저감(최대의 $\Delta C_{P\nabla R}$)할 수 있는 벌브의 변수 조합을 찾아낼 수 있다. 예를 들어 선속 $Fr = 0.26$에서 설계 조건이 $L_{PR}/L_{BP} < 3.5\%$로 주어진다고 가정해 보자. $L_{PR}/L_{BP} < 0.035$라면, 그림 14.19에서 $Fr = 0.26$일 때의 $\Delta C_{P\nabla R}$의 최대값은 $L_{PR}/L_{BP} = 0.033(3.3\%)$에서의 0.38이다. 그림 14.20으로부터는 $\Delta C_{P\nabla R} =$

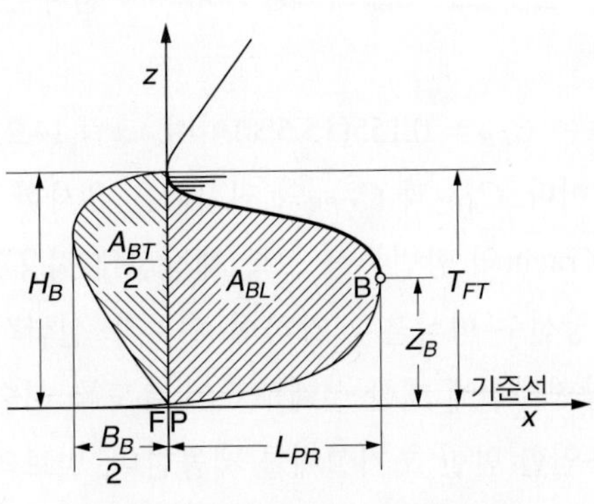

그림 14.18 구상선수 치수의 정의.

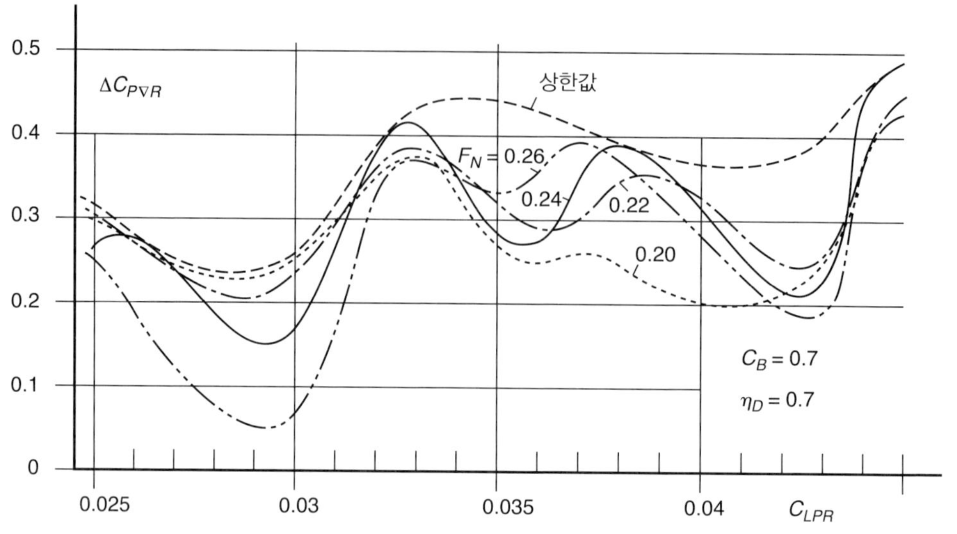

그림 14.19 C_{LPR}에 대한 잉여동력 저감계수.

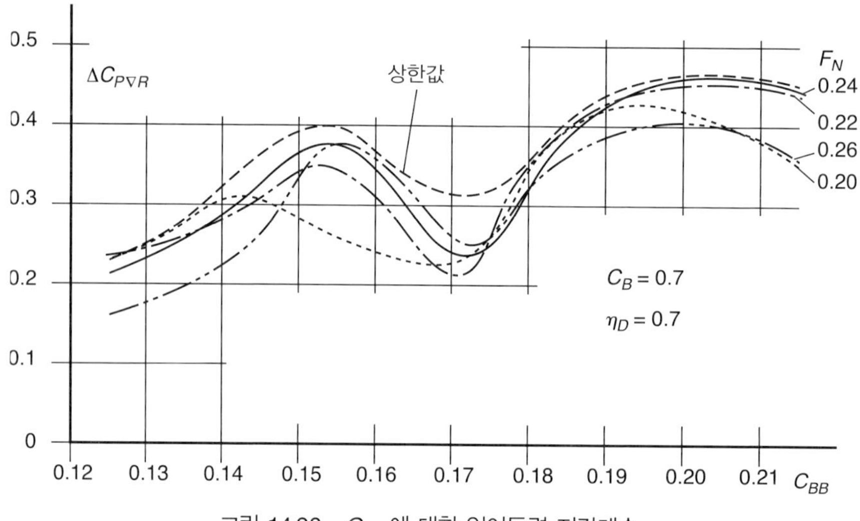

그림 14.20 C_{BB}에 대한 잉여동력 저감계수.

0.38이고 적절한 폭 변수는 C_{BB} = 0.155(15.5%)이며, 그림 14.21로부터 적당한 단면 변수는 C_{ABT} = 0.12(12%)이다. C_{ABL}과 $C_{\nabla PR}$의 최적값은 유사한 방식으로 찾을 수 있다.

Hoyle 등[14.20]은 Kracht의 방법론을 고속 세장선에 적용했다. 그림 14.24에 도시한 것과 같은 일련의 구상선수 형상을 개발하여 수치적·실험적으로 분석했다. 설계도표를 도시하고 여타의 방형계수에 대한 설계도표의 유도를 서술했다. Kracht의 설계도표는 최적은 아니지만 용인할 만한 초기설계를 제공한다. 벌브의 폭과 체적을 증가시키면 저항이 더욱 감소하는 경향이 있다. 벌브에 기인한 저항의 감소는 선속에 따라 변한

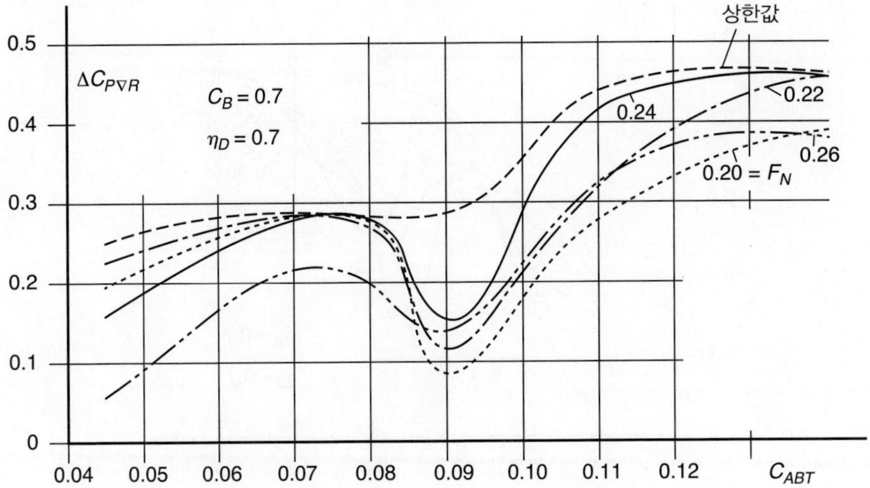

그림 14.21 C_{ABT}에 대한 잉여동력 저감계수.

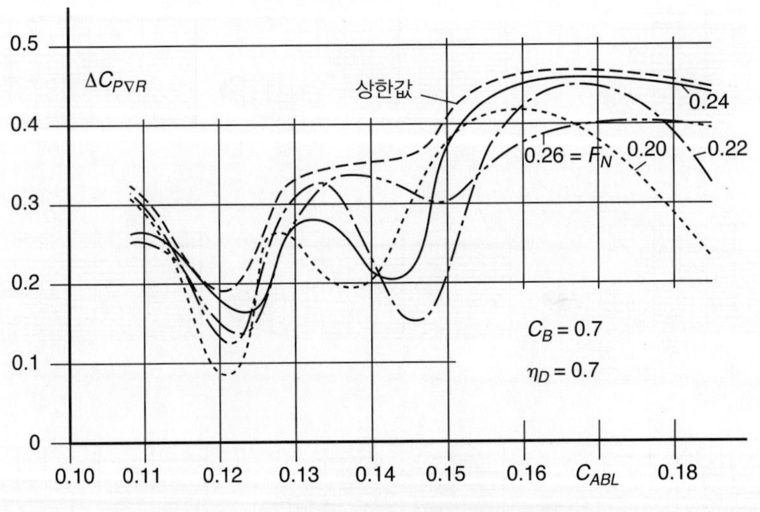

그림 14.22 C_{ABL}에 대한 잉여동력 저감계수.

다. 벌브 8은 가장 나쁜 결과를 나타내며 벌브 0은 합리적인 결과를 보이지만, 대부분의 선속 범위에서는 벌브 4와 6이 더 나은 결과를 보인다. 수치 방법을 사용하면 구상 선수 배치의 상대적인 저항 순위를 정확하게 구할 수 있다. 이는 그와 같은 조사 목적으로 향후 수치 방법을 사용할 수 있음을 입증한다.

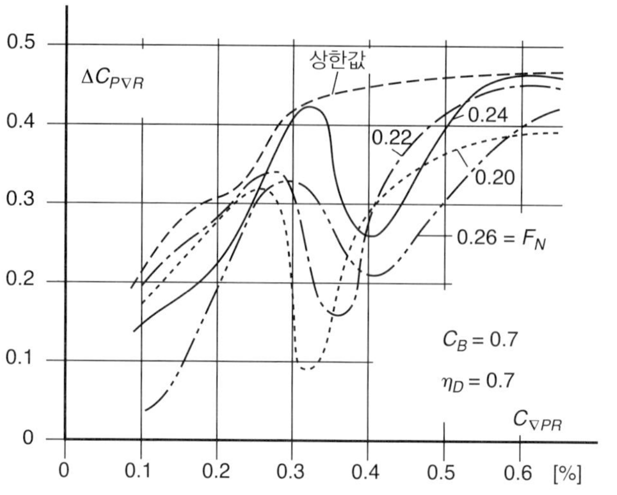

그림 14.23 $C_{\nabla PR}$에 대한 잉여동력 저감계수.

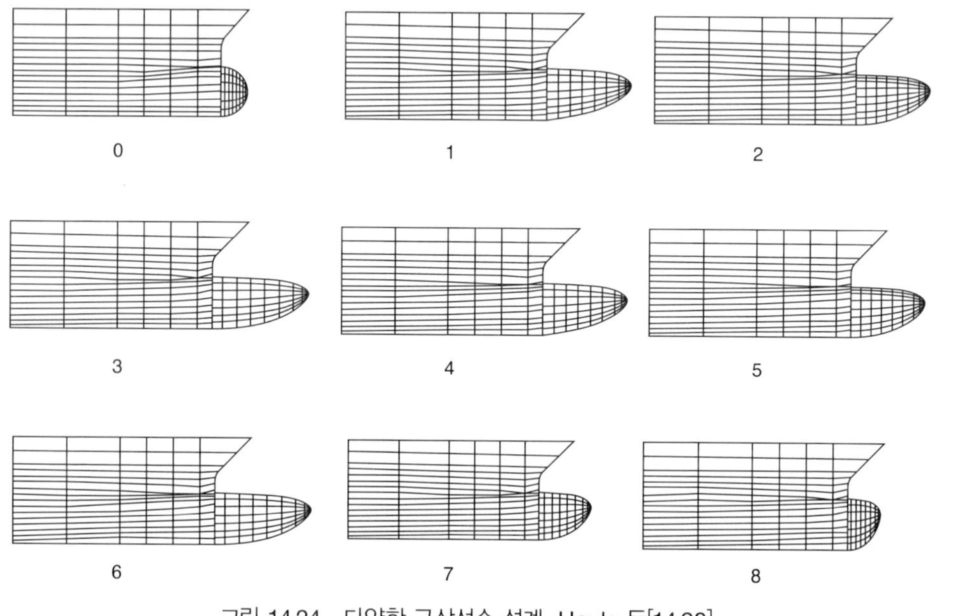

그림 14.24 다양한 구상선수 설계, Hoyle 등[14.20].

14.2.3 내항성

일반적으로 구상선수는 선박의 운동이나 내항성에 크게 영향을 주지는 않는다([14.13], [14.18] 및 [14.21]). 그리고 벌브는 정수 조건에서 설계할 수 있다. 하지만 [14.21]에서 권장하는 것처럼 정수 중에서의 이득을 실제 항로에서는 상실할 우려가 있으므로 과도하게 큰 벌브는 피하는 것이 현명하다.

14.2.4 캐비테이션

고속선의 앞쪽 끝 부분에서는 캐비테이션이 일어날 수 있다. 앞쪽 끝 부분에 타원형 단면을 사용하면 캐비테이션 발생을 지연하는 데 도움이 될 수 있다.

14.3 선미부

14.3.1 선미부 설계의 기본 요건

선미부 설계에는 다음과 같은 네 가지 기본 요건이 있다.

(i) 기본적인 선미부 형상은 유동박리의 가능성과 선체저항 및 추진기 성능에 대한 영향을 최소화해야 한다.

(ii) 이상적인 선미부 형상은 추진기로 유입되는 반류를 균일하게 생성해야 한다.

(iii) 선미부는 실제 추진기, 축 브래킷 혹은 보싱 및 러더의 효율적 배치와 잘 맞아야 한다.

(iv) 추진기와 선체, 선미 프레임 및 러더와 같은 인접 구조물 사이에 적절한 간격이 있어야 한다.

선체 형상의 유효성을 측정하기 위해 저항시험 및 유동 가시화 연구를 사용한다. 반류 조사(8장 참조)를 통해 반류분포 및 불균일성을 평가한다. 이를 통해 프로펠러 추력 하중의 예상되는 변화 및 프로펠러에 기인한 진동의 가능성을 추정할 수 있다.

선미부에서의 단면 형상은 그림 14.25에 나타낸 물모음각의 반각(half angle of run) $1/2\,\alpha_R$과 연계하여 고려할 수 있다. $1/2\,\alpha_R$이 커지면 선미부에서 'V'형 단면이 도출되고 저항이 작아지며, 보통 쌍추진기 선박에 적용된다. $1/2\,\alpha_R$이 작아지는 중간 정도 'U'형 단면들이 보통 단추진기선에 적용되는데, 일반적으로는 저항이 증가한다. 저항의 증가는 보통 추진효율 증가와 상쇄된다. 예를 들어 8장의 그림 8.4는 'V'형 단면 선미에서 'U'형 단면 선미로, 그리고 나서 벌브형 선미로 바뀔 때(그림 14.26 참조) 반류분포에 미치는 영향을 도시하고 있다. 'U'형 단면이나 벌브형 선미에서는 반류분포의 등고

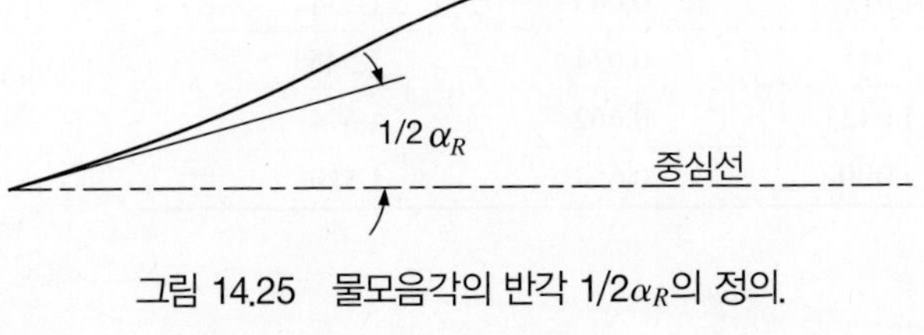

그림 14.25 물모음각의 반각 $1/2\alpha_R$의 정의.

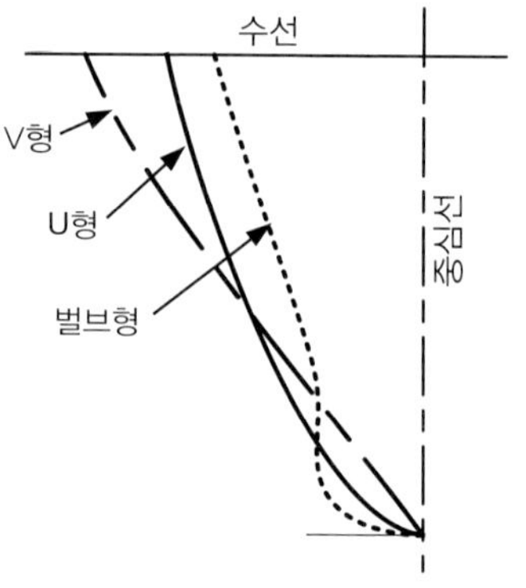

그림 14.26 'V'형, 'U'형 및 벌브형 선미.

선은 거의 동심원 모양이 되는데, 이는 프로펠러 힘 변동 및 진동의 감소, 총 효율의 개선 가능성으로 이어진다.

[14.22], [14.23] 및 [14.24]는 상이한 선미부 단면 형상 및 배치 성능에 대한 탁월한 통찰을 제시한다. 선미 형상이 기본형(중도적 U-V형), U형, 벌브형(바닥면 부근이 돌출) 및 동심 벌브형(축선과 동심인)으로 변화될 때 저항 및 자항 시험이 $C_B = 0.65$[14.22]와 $C_B = 0.80$[14.23]인 선박에 대해 수행되었다. $C_B = 0.80$인 경우에 대해 [14.23]에서 발췌한 결과의 일부를 표 14.2에 제시했다. 이 표는 저항 및 추진효율 관점에서 이미 서술된 현상을 대체로 입증하고 있다. 다시 말해 일반적으로 U형 단면이 되면서 저항이 증가하지만, 추진효율은 약간 개선되면서 전달동력 $P_D(= f\,©/\eta_D)$가 줄어든다. U형 단면 및 벌브형 선미에 대해서는 반류분포가 더욱 균일해진다. 이 결과들은 선미부를 설계할 때 저항 및 추진효율을 함께 고려해야 할 필요를 실증하고 있다.

단추진기선의 경우 선미부 측면 형상은 일반적으로 그림 14.27에 도시된 흘수, 프로펠러 직경, 러더 위치 및 간격과 같은 요구조건들로부터 진전된다. 흘수 문제는 밸러스트 조건 및 적절한 프로펠러 침수 깊이를 포함한다. 러더의 위치와 추진에 대한 영향은 Molland 및 Turnock[14.25]을 참조하라. [14.26]과 같은 선급 협회의 권장사항들로

표 14.2 저항 및 추진에 대한 구상선수의 영향

선미 유형	©	η_D	$©/\eta_D$
기본 선형	1.012	0.643	1.574
U형	1.041	0.674	1.545
벌브형	1.042	0.662	1.574
동심원	1.000	0.654	1.529

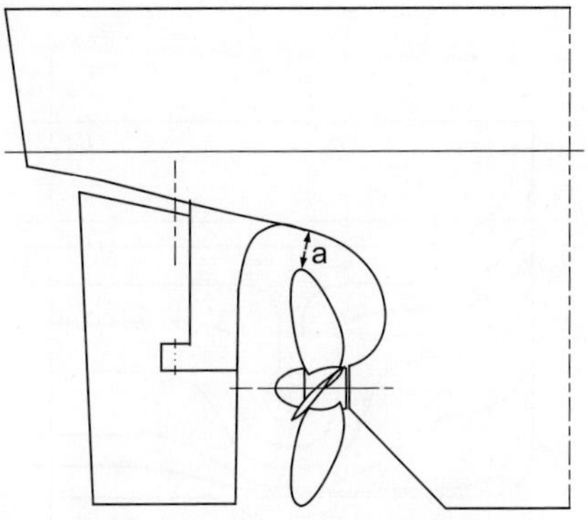

그림 14.27 선미 측면도, 단축선.

부터 적절한 프로펠러 간격(특히 프로펠러 진동을 회피하기 위한)을 구할 수 있다. 예비설계 목적으로 최소 프로펠러 팁 간격을 20%*D*로 사용할 수 있다(그림 14.27의 'a'). 대부분의 선박은 갑판 면적이 넓어져서 계류 설비에 더 넓은 공간을 제공하고 갑판실을 뒤로 옮기거나 컨테이너를 뒤쪽에 적재할 있으며, 일반적으로 건조비가 줄어드는 트랜섬 선미를 포함한다.

쌍추진기선의 경우 그림 14.28과 같이 프로펠러 축이 보싱이나 축 브래킷으로 지지되는 종래의 V형 단면이 일반적으로 채택되어 왔다. 여기서도 트랜섬 선미가 사용된다. 전투함과 같은 일부 고속 쌍추진기 선형에서는 트랜섬 폭에 걸쳐 선미 쐐기(혹은 플랩)를 설치하는데, 트랜섬을 지나가는 유동을 아래쪽으로 꺾이게 하여 트림을 조절하고 저항을 줄인다[14.27].

주로 매우 큰 추진동력을 필요로 하는 대형 컨테이너선에 대한 최근의 연구결과는

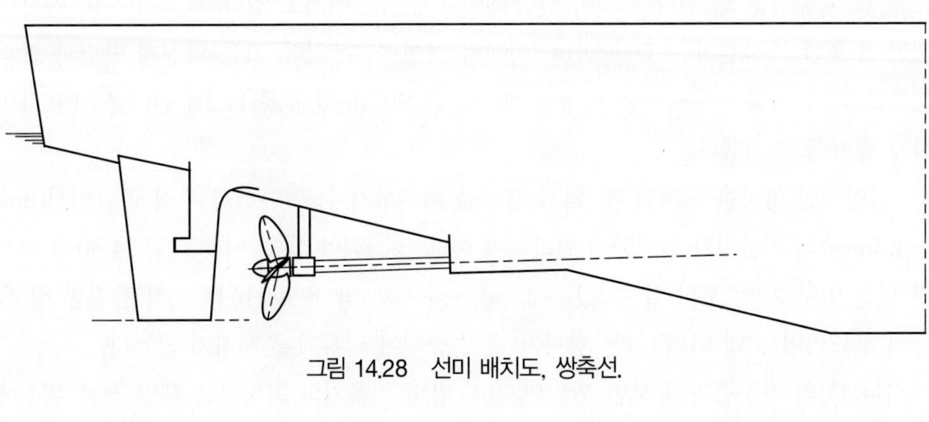

그림 14.28 선미 배치도, 쌍축선.

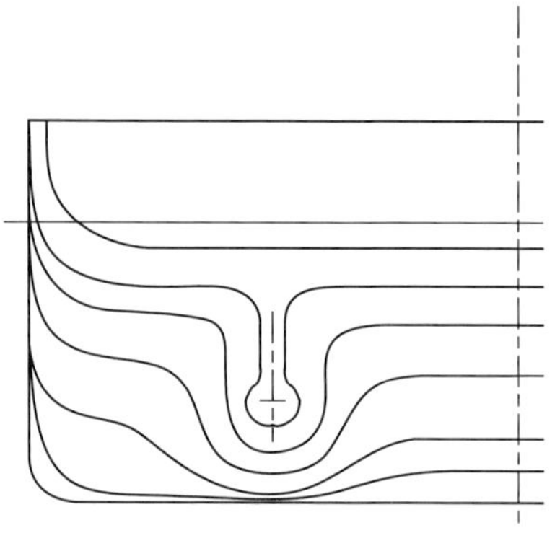

그림 14.29 트윈 스케그 선미 배치.

트윈 스케그를 지닌 쌍추진기선을 고려해 왔다[14.28]. 선미는 대체로 그림 14.29와 같은 평저선 형태이고, 스케그가 적절히 부착되어 있다. 비록 이와 같은 배치는 건조비용 및 운항비용이 동일한 단추진기선보다 많이 들지만, 전반적으로 만족스러운 저항 및 추진 성능이 보고되고 있다.

14.3.2 포드 추진기에 적합한 선미 형상

포드 추진기를 채용할 때는 평저선 형태의 선미를 채택할 수 있다. 상류 방향에 보싱이나 축이 존재하지 않으므로 (당기는 방식의) 트랙터 방식 포드가 비교적 교란되지 않은 반류 내에서 작동하게 된다.

평저선 형태의 선미에서는 수직 종단면 상의 유동이 활성화되어 선미가 적절히 설계되면 저항 감소로 이어진다[14.29]. 유동박리를 회피하기 위해 평저선 선미의 경사는 15°를 초과해서는 안 된다는 것이 일반적으로 받아들여지고 있다. 평저선 선미 경사에 대한 유용한 조사결과는 Tregde[14.30]에서 찾아볼 수 있다. 그는 역설계 방법과 압력 분포를 미리 지정하여 박리의 시작을 배제하는 Stratford 유동[14.31] 원리를 사용하여 한계 경사를 추정했다.

전반적인 형상을 고려할 때, 와류 흘림을 회피하기 위해 수선과 수직 종단면선(buttock lines)의 기울기가 일정하게 변화해야 함을 명심해야 한다. 이는 그림 14.30에 도시된 털실 연구결과로부터 알 수 있는데, (a)는 수선면 상 유동, (b)는 수직 종단면 상 유동이 두드러지는 데 비해 (c)는 양자가 잘 절충되어 와류가 존재하지 않는다.

[14.33]의 연구결과를 보면 포드의 길이 방향 기울기의 최적값은 해당 선폭 위치에서의 수직 종단면선 기울기와 대략 같음을 알 수 있다. 프로펠러 효율이 좋아지려면 포드는 트랜섬으로부터 최소 5% L 거리만큼 떨어져 위치해야 한다.

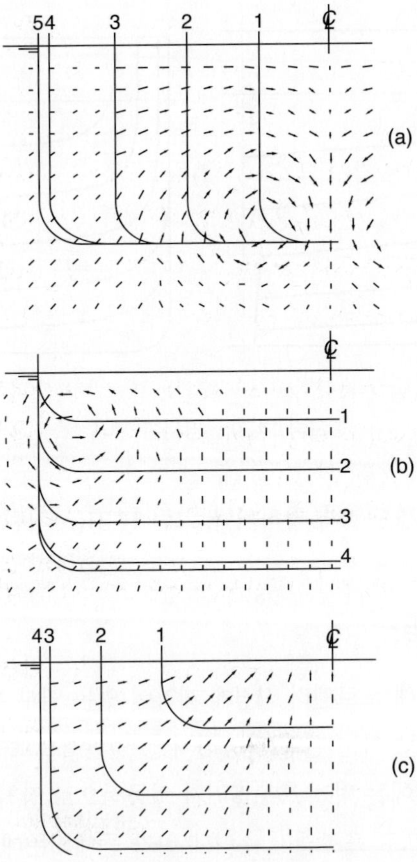

그림 14.30 선미 와류.

Ukon 등[14.29]은 통상적인 선미 선형, 바지선형 선미 및 선미 벌브 선형의 단추진기선에 대한 포드 추진기의 추진효율을 조사했다. 바지선형 선미의 경우가 저항과 유효동력이 가장 작은 것으로 나타났다. 이 경우 반류비 및 추력 감소계수도 작아서 선체 효율은 1.031의 낮은 값을 갖는다. 선미 벌브의 경우 반류 이득으로 인해 선체 효율이 가장 큰 1.304가 되어 총 추진효율이 가장 높아지고 전달동력이 가장 작아진다. 이 논문은 (단추진기선에 대해) 벌브 선미가 유망한 선택이라고 결론짓고 있다.

평저선형 선미의 내항성을 고려해야 한다. 선미 바닥이 지나치게 평평하면 선미파 상황에서 슬래밍이 일어날 수 있다. [14.33]에는 정지 상태 수면에 대한 횡방향 기울기가 5° 이상이 될 것을 제안하고 있다. 방향 안정성을 제공하기 위해 보통 스케그가 장착된다. 이

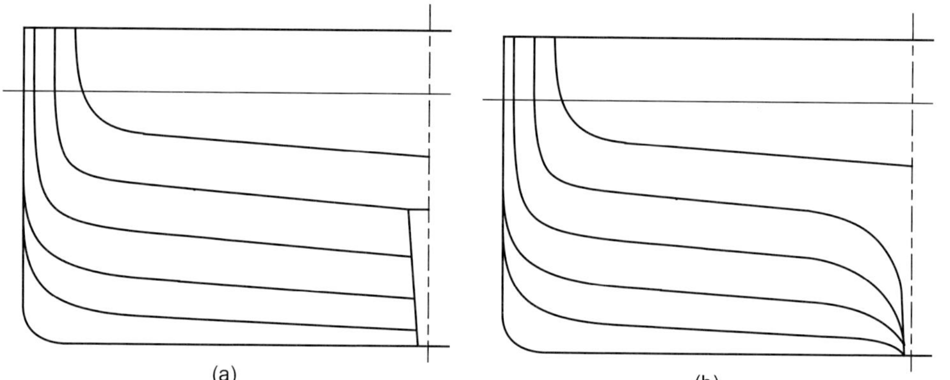

(a) (b)

그림 14.31 평저선 선미.

는 그림 14.31(a)와 같이 별도로 부착하거나, 그림 14.31(b)처럼 선체의 일부로 연결한다.

14.3.3 천흘수 선박

흘수가 제한되고 그로 인해 프로펠러 직경에 제약이 있는 일부 유조선은 쌍추진기선으로 설계되어 왔다. 기술적으로 이는 실행 가능하지만, 일반적으로 건조비 및 운항비가 증가한다. 다른 천흘수 유조선에는 덕트 프로펠러가 성공적으로 장착된 바 있다[14.34, 14.35]. 프로펠러 직경이 제한되므로 프로펠러 추력 부하가 증대되는데, 11.3.3절에 서술된 것처럼 덕트는 추력을 증대시키는 역할을 하기 때문에 이 경우 덕트 프로펠러가 도움이 된다.

내수면 항로에서 찾아볼 수 있는 천흘수 선박들은 그림 14.32와 같은 터널형 선미를 채용하고 있다. 프로펠러가 커지면 일반적으로 효율이 개선되므로, 터널 사용으로 직경을 어느 정도 증가시킬 수 있다. 프로펠러가 적당히 물에 잠길 수 있도록 주의를 기울여야 하고, 외부 선측면으로부터 프로펠러로의 유입을 차단하기 위해 적절한 선외 수직 측벽이 설치되어야 한다. 부분적인 터널 내에 덕트 프로펠러를 결합한 설계도 역시 채택되고 있다. 유사한 방식으로 단추진기선에도 터널이 적용될 수 있다.

터널형 선미에 대한 논의가 Carlton[14.36]에 포함되어 있다. 소형 선박 터널에 대한 유용한 정보를 Harbaugh 및 Blount[14.37]에서 찾아볼 수 있다.

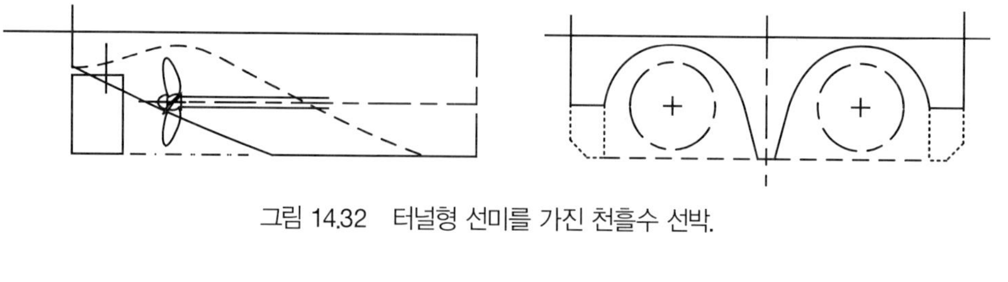

그림 14.32 터널형 선미를 가진 천흘수 선박.

14.4 전산유체역학의 선형 설계 적용

최근까지 선형 설계는 실험적 기법을 이용하여 수행되었다. 원래는 4장에 서술한 것처럼, 모형선의 총 저항을 측정하고 이를 실선으로 확장하는 것이었다. 1960년대 이래 선체저항의 개별 성분을 측정하는 데 많은 실험적 노력이 경주되어 왜 선형 변화가 저항 변화로 이어지는가를 더욱 잘 이해하게 되었다. 이는 7장에서 논의했다.

Havelock 및 Kelvin을 포함하는 이론적인 작업이 다년간 수행되었지만, 선체 주위 유동 및 선형 변화 유동에 대한 광범위한 조사는 현대적인 컴퓨터와 수치계산 방법 도입 이후 가능해졌다. 전산유체역학(CFD)은 아직 실험적 접근 방식을 대체하지는 못했으나, 실험과 상호 보완적인 방식으로 매우 성공적으로 사용되고 있다. 특히 CFD 예측은 실험을 계획하고 잠재적인 조사 분야를 나타내는 데 사용 가능하다. 동시에 특히 개별 저항 성분과 관련된 고품질의 실험결과는 CFD 예측 입증에 사용된다. 모형선과 실선 규모 모두에서 매우 실제적인 예측결과를 제공하는 계산 방법을 발전시키는 방향으로 급격한 진보가 이루어지고 있다[14.38].

CFD 접근 방식의 선형 설계, 반류 및 프로펠러 설계 적용에 대한 추가적인 논의는 8장, 9장 및 15장에 포함되어 있다.

CFD와 실험을 혼합한 선형 개발의 사례가 [14.39] 및 [14.40]에 제시되어 있다. 선형 설계와 프로펠러 상호작용에서의 CFD와 실험의 사용 예들은 [14.41], [14.42] 및 [14.43]에서 찾을 수 있다.

참고문헌(14장)

14.1 BSRA. Methodical series experiments on single-screw ocean-going merchant ship forms. Extended and revised overall analysis. BSRA Report NS333, 1971.

14.2 Gertler, M. A reanalysis of the original test data for the Taylor standard series. David Taylor Model Basin Report No. 806. DTMB, Washington, DC, 1954. Reprinted by Society of Naval Architects and Marine Engineers, 1998.

14.3 Bocler, H. The position of the longitudinal centre of buoyancy for minimum resistance. *Transactions of the Institute of Engineers and Shipbuilders in Scotland*. Vol. 97, 1953~1954, pp. 11~63.

14.4 Watson, D.G.M. *Practical Ship Design*. Elsevier Science, Oxford, UK, 1998.

14.5 Molland, A.F. (ed.) *Maritime Engineering Reference Book*. Butterworth-Heinemann, Oxford, UK, 2008.

14.6 Schneekluth, H. and Bertram, V. *Ship Design for Efficiency and Economy*. 2nd Edition. Butterworth-Heinemann, Oxford, UK, 1998.

14.7 McEntee, W. Cargo ship lines on simple form. *Transactions of the Society of Naval Architects and Marine Engineers*, Vol. 25, 1917.

14.8 Johnson, N.V. Experiments with straight framed ships. *Transactions of the Royal Institution of Naval Architects*, Vol. 106, 1964, pp. 197~211.

14.9 Silverleaf, A. and Dawson, J. Hydrodynamic design of merchant ships for high speed operation. *Transactions of the Royal Institution of Naval Architects*, Vol. 109, 1967, pp. 167~196.

14.10 Swaan, W.A. and Vossers, G. The effect of forebody section shape on ship behaviour in waves. *Transactions of the Royal Institution of Naval Architects*, Vol. 103, 1961, pp. 297~328.

14.11 Ewing, J.A. The effect of speed, forebody shape and weight distribution on ship motions. *Transactions of the Royal Institution of Naval Architects*, Vol. 109, 1967, pp. 337~346.

14.12 Lloyd, A.R.J.M., Salsich, J.O. and Zseleczky, J.J. The effect of bow shape on deck wetness in heads seas. *Transactions of the Royal Institution of Naval Architects*, Vol. 128, 1986, pp. 9~25.

14.13 Kracht, A.M. Design of bulbous bows. *Transactions of the Society of Naval Architects and Marine Engineers*, Vol. 86, 1978, pp. 197~217.

14.14 Steele, B.N. and Pearce, G.B. Experimental determination of the distribution of skin friction on a model of a high speed liner. *Transactions of the Royal Institution of Naval Architects*, Vol. 110, 1968, pp. 79~100.

14.15 Wigley, W.C.S. The theory of the bulbous bow and its practical application. *Transactions of the North East Coast Institution of Engineers and Shipbuilders*, Vol. 52, 1935~1936.

14.16 Ferguson, A.M. and Dand, I.W. Hull and bulbous bow interaction. *Transactions of the Royal Institution of Naval Architects*, Vol. 112, 1970, pp. 421~441.

14.17 Holtrop, J. A statistical re-analysis of resistance and propulsion data. *International Shipbuilding Progress*, Vol. 31, 1984, pp. 272~276.

14.18 Lewis, E.V. (ed.). *Principles of Naval Architecture*. The Society of Naval Architects and Marine Engineers, New York, 1989.

14.19 Moor, D.I. Resistance and propulsion properties of some modern single screw tanker and bulk carrier forms. *Transactions of the Royal Institution of Naval Architects*, Vol. 117, 1975, pp. 201~204.

14.20 Hoyle, J.W., Cheng, B.H., Hays, B., Johnson, B. and Nehrling, B. A bulbous bow design methodology for high-speed ships. *Transactions of the Society of Naval Architects and Marine Engineers*, Vol. 94, 1986, pp. 31~56.

14.21 Blume, P. and Kracht, A.M. Prediction of the behaviour and propulsive performance of ships with bulbous bows in waves. *Transactions of the Society of Naval Architects and Marine Engineers*, Vol. 93, 1985, pp. 79~94.

14.22 Thomson, G.R. and White, G.P. Model experiments with stern variations of a 0.65

block coefficient form. *Transactions of the Royal Institution of Naval Architects*, Vol. 111, 1969, pp. 299~316.

14.23 Dawson, J. and Thomson, G.R. Model experiments with stern variations of a 0.80 block coefficient form. *Transactions of the Royal Institution of Naval Architects*, Vol. 111, 1969, pp. 507~524.

14.24 Thomson, G.R. and Pattullo, R.N.M. The BSRA Trawler Series (Part III). Block coefficient and longitudinal centre of buoyancy variation series, tests with bow and stern variations. *Transactions of the Royal Institution of Naval Architects*, Vol. 111, 1969, pp. 317~342.

14.25 Molland, A.F. and Turnock, S.R. *Marine Rudders and Control Surfaces*. Butterworth-Heinemann, Oxford, UK, 2007.

14.26 Lloyd's Register. *Rules and Regulations for the Classification of Ships*. Part 3, Chapter 6. July 2005.

14.27 Kariafiath, G., Gusanelli, D. and Lin, C.W. Stern wedges and stern flaps for improved powering – US Navy experience. *Transactions of the Society of Naval Architects and Marine Engineers*, Vol. 107, 1999, pp. 67~99.

14.28 Kim, J., Park, I.-R., Van, S.-H., and Park, N.-J. Numerical computation for the comparison of stern flows around various twin skegs. *Journal of Ship and Ocean Technology*, Vol. 10, No. 2, 2006.

14.29 Ukon, Y., Sasaki, N., Fujisawa, J. and Nishimura, E. The propulsive performance of podded propulsion ships with different shape of stern hull. *Second International Conference on Technological Advances in Podded Propulsion*, T-POD. University of Brest, France, 2006.

14.30 Tregde, V. Aspects of ship design; Optimisation of aft hull with inverse geometry design. Dr. Ing. thesis, Department of Marine Hydrodynamics, University of Science and Technology, Trondheim, 2004.

14.31 Stratford, B.S. The prediction of separation of the turbulent boundary layer. *Journal of Fluid Mechanics*, Vol. 5, No. 17, 1959, pp. 1~16.

14.32 Muntjewert, J.J. and Oosterveld, M.W.C. Fuel efficiency through hull form and propulsion research – a review of recent MARIN activities. *Transactions of the Society of Naval Architects and Marine Engineers*, Vol. 95, 1987, pp. 167~181.

14.33 Bertaglia, G., Serra, A. and Lavini, G. Pod propellers with 5 and 6 blades. *Proceedings of International Conference on Ship and Shipping Research, NAV'2003*, Palermo, Italy, 2003.

14.34 Flising, A. Ducted propeller installation on a 130,000 TDW tanker – A research and development project. *RINA Symposium on Ducted Propellers*. RINA, London, 1973.

14.35 Andersen, O. and Tani, M. Experience with SS Golar Nichu. *RINA Symposium on Ducted Propellers*. RINA, London, 1973.

14.36 Carlton, J.S. *Marine Propellers and Propulsion*. 2nd Edition. Butterworth-Heinemann, Oxford, UK, 2007.

14.37 Harbaugh, K.H. and Blount, D.L. An experimental study of a high performance tunnel hull craft. Paper H, *Society of Naval Architects and Marine Engineers*, Spring Meeting, 1973.

14.38 Raven, H.C., Van Der Ploeg, A., Starke, A.R. and Eça, L. Towards a CFD– based prediction of ship performance – progress in predicting full-scale resistance and scale effects. *Transactions of the Royal Institution of Naval Architects*, Vol. 150, 2008, pp. 31~42.

14.39 Hämäläinen, R. and Van Heerd, J. Hydrodynamic development for a large fast mono-hull passenger ferry. *Transactions of the Society of Naval Architects and Marine Engineers*, Vol. 106, 1998, pp. 413~441.

14.40 Valkhof, H.H., Hoekstra, M. and Andersen, J.E. Model tests and CFD in hull form optimisation. *Transactions of the Society of Naval Architects and Marine Engineers*, Vol. 106, 1998, pp. 391~412.

14.41 Tzabiras, G.D. A numerical study of additive bulb effects on the resistance and self-propulsion characteristics of a full form ship. *Ship Technology Research*, Vol. 44, 1997.

14.42 Turnock, S.R., Phillips, A.B. and Furlong, M. URANS simulations of static drift and dynamic manoeuvres of the KVLCC2 Tanker. *Proceedings of the SIMMAN International Manoeuvring Workshop*. Copenhagen, April 2008.

14.43 Larsson, L. and Raven, H.C. Principles of Naval Architecture: Ship Resistance and Flow. The Society of Naval Architects and Marine Engineers, New York, 2010.

CHAPTER

15

프로펠러의 수치적 해석 방법

15.1 서론

선박의 동력 결정은 추진축으로 공급된 토크와 선체가 존재하는 상태에서 작동하는 추진기에서 발생하는 순 추력 사이의 관계를 신뢰성 있게 추정할 수 있는가에 달려 있다. 프로펠러는 선박 추진의 주된 수단이 된다. 이 장에서는 프로펠러 해석을 위한 수치적 방법으로 기초적 방법부터 최신의 전산유체역학 기법에 이르기까지 가용한 계층적인 방법들을 고려한다. 프로펠러 작용의 물리적 현상을 이해하는 데 가장 적합한 수단으로서 날개요소 운동량 접근법(blade element momentum approach)에 집중한다. 그 후 경사류(oblique flow)와 접선 방향 반류의 영향, 반류적응 프로펠러(wake-adapted propeller) 및 캐비테이션 발생 위험성과 그 효과를 다루는 심화과정이 이어진다.

11장에서 살펴본 것과 같은 다른 형식의 추진기 성능도 통상적인 선박 프로펠러의 성능 예측 방법과 유사하게 예측될 수 있기 때문에 이들을 따로 다루지는 않는다. 전산유체역학(CFD) 기반 접근 방식들의 주된 세부사항은 9장에 언급되어 있고, 연성 자항 계산(coupled self-propulsion calculations)에 적용 가능한 방법들은 9.6절에서 다루고 있다.

Breslin 및 Anderson[15.1]은 포텐셜 기반 프로펠러 수치해석에 대한 보다 상세한 사항들을 서술하고 있고, Carlton[15.2]은 훌륭한 개요를 제공한다.

15.2 수치적 방법의 역사적 발전과정

기계적인 구동 방식의 추진이 시작되면서, 특정한 선박의 설계 요건에 프로펠러 설계를 대응해야 한다고 인식하게 되었다. [15.2] 및 [15.3]에 의하면 핵심적인 발전은 다음과 같이 요약된다.

Rankine[15.4]은 유체의 운동량을 고려하여 가진 원판(actuator disc)처럼 작용하는 프로펠러의 이상적 효율을 찾아내었다. 회전자(rotor)는 양쪽 면 사이에 압력 차이를 유지하면서 통과하는 유체에 선형 운동량을 부여할 수 있는 원판으로 묘사된다. 추력 생성 기구를 이해하려면 원판의 모서리에 부착된 유관(stream tube) 내 유체 유량을 계산할 필요가 있다. Froude[15.5]는 그의 운동량 이론에서 프로펠러가 유동에 회전속도를 부여할 수 있게 하였다.

1878년 William Froude[15.6]는 프로펠러 단면 혹은 날개요소가 어떻게 유체에 힘을 가할 수 있는가에 대한 이론을 개발하였다. 1919년 Betz[15.7] 및 Prandtl[15.9]의 양력선 이론을 적용한 1929년 Goldstein[15.8]의 작업으로 비로소 최적의 프로펠러가 설계될 수 있음을 알게 되었다. 이 방법은 항공기에 보다 적합한, 형상비가 큰 길쭉한 날개에 대해 성공적이다. 1952년 Lerbs[15.10]가 Goldstein의 양력선 이론을 균일유동 및 반경 방향으로 변화하는 유입유동 내에서 반경 방향 임의의 순환(circulation) 분포에 대해 확장하고 나서야 마침내 선박 프로펠러를 어느 정도 정확하게 모델링할 수 있게 되었다. 비록 느리게 보급되었지만 이 이론은 현재에도 초기설계 단계에서 프로펠러의 주된 특성을 확정하는 절차로서 보편적으로 받아들여지고 있다.

디지털 컴퓨터 사용과 함께 수치적인 양력면(lifting surface) 방법을 실제 응용하는 것이 가능해졌다. 이 방법은 스큐(skew) 및 순환의 반경 방향 변화의 영향을 파악할 수 있게 하는데, Sparenberg[15.11]를 참조하라. 양력면 이론에 기반한 기법들[15.12~15.15]이 급속히 발달하는데, 컴퓨터의 능력이 증대되면서 더욱 개량되었다[15.16, 15.17].

위의 방법들은 비록 설계 단계에 적합하지만, 날개 단면 주위 유동에 대한 제한적인 정보만을 제공한다. Hess 및 Valarezo[15.18]는 프로펠러의 완전한 형상을 모델링할 수 있는 경계요소법(boundary element method: BEM) 혹은 표면 패널 코드를 개발했는데, 이 방법 및 이와 연관된 방법들이 널리 채택되어 왔다.

비슷한 시기 Reynolds 평균 Navier-Stokes 방정식(RANS) 코드를 프로펠러 해석에 사용하려는 초기 작업이 착수되고 있었다. 예컨대 Kim 및 Stern[15.19]은 단순화된 형상에 대한 RANS 코드 해석의 가능성을 보여주었다. Uto[15.20]와 Stanier[15.21~15.23] 같은 작업들은 상세한 유동 특성이 연계된 실제적인 프로펠러 형상에 대한 해석결과를 제공하였다. Chen 및 Stern[15.24]은 비정상 점성유동 해석에 착수하여 그 적용 가능성을 조사했지만, 당시 구현 가능했던 격자 개수의 제약으로 인해 부실한 결과를 얻는 데 그쳤다. Maksoud 등[15.25, 15.26]은 비대응 다블록 방식(non-matching multiblock scheme)을 사용하여 선박 후류 내에서 작동하는 프로펠러에 대한 비정상 계사을 수행하였다.

마지막으로 방대한 연산 능력을 동원, 비정상적인 대형 유동 구조(large-scale unsteadiness)를 다룰 수 있는 기법을 통해 극단적인 탈설계점 조건에서의 프로펠러 해석이 가능해졌다. 최신의 사례는 대형 와 모사법(large eddy simulation: LES)을 비상 역추진(crash back)과 같은 상황에서의 프로펠러 유동에 적용하는 것이다. 주목할 만한 사례들은 Jessup[15.27], Bensow 및 Liefvendahl[15.28]의 논문들, 그리고 3년마다 발간되는 국제수조협회(international towing tank conference: ITTC) 추진 분과위원회 보고서[15.29]에서 찾아볼 수 있다.

15.3 계층적 방법들

Phillips 등[15.30]이 만든 표 15.1은 다양한 방법들을 물리적·시간적 정확도가 높아지는 순서대로 분류하고 있다. 계산비용에 대한 단순화된 척도도 포함시켰다. 이는 기준선이 되는 날개요소-운동량 이론(blade element-momentum theory: BEMT)의 계산비용에 대한 각 방법의 상대적인 계산비용 추정치를 나타낸다. 여기서 볼 수 있듯이 이 계층은 점점 계산비용이 증가함을 나타낼 뿐만 아니라 역사적인 발전 단계 또한 나타내고 있다. 자동적인 설계 최적화를 위해서는 합리적인 시간 내에 적당한 비용으로 여러 가지 설계를 평가할 수 있어야 한다. 프로펠러 설계 최적화의 목적은 설계 조건 및 탈설계 조건에서 캐비테이션 침식이 회피 가능하고 충분한 강도가 있는 프로펠러로 추력을 발생할 때 소요되는 동력을 최소화하는 것이다[15.2, 15.31]. 해석결과에 적절한 경험칙을 결합할 수 있다면 계산비용을 아끼기 위해 수치해석의 물리적 충실도를 희생할 수 있다. 예를 들어 설계에 있어서 점성 효과는 흔히 제한적인 영향을 주기 때문에 포텐셜 기반 패널 방법을 사용하고, 여기에 표면 압력이 어떤 최소값보다 작아지지 않는다는 캐비테이션 검증 및 마찰저항 추정법을 포함하여 최적의 프로펠러를 선택할 수 있다.

표 15.1 프로펠러에 대한 수치 방법들

방법	서술	비용
운동량 이론	압력이 순간적으로 증가하여 추력을 발생하는 원판으로 프로펠러를 모델링한다. 추력, 토크 및 전달동력은 원판을 감싸는 프로펠러 통과 유동 내의 속도 변화에 기인한다(Rankine[15.4], Froude[15.5] 참조.)	<1
날개요소 이론	날개에 작용하는 힘과 모멘트를 유동에 받음각을 갖는 여러 개의 독립적인 2차원 익형들로부터 유도한다. 단면들에 대한 양력 및 항력 정보를 사전에 제공해야 하고, 프로펠러의 작용에 기인하여 유도된 유체 속도는 감안하지 않는다(Froude[15.6] 참조).	<1
날개요소-운동량 이론	운동량 이론을 날개요소 이론과 결합하여 2차원 단면 주위의 유도 속도장을 찾을 수 있다(Burrill[15.42], Eckhardt 및 Morgan[15.40], O'Brien[15.41] 참조). 유한한 개수의 날개와 강한 곡률 효과를 감안한 수정 방법이 제시된다.	1
양력선 방법	프로펠러 날개를 반경에 따라 변화하는 순환 값을 가진 양력선으로 표현한다. 이 방법은 실속 거동을 포착할 수 없다(Lerbs[15.10] 참조).	~10
양력면 방법	프로펠러 날개를 캠버 선에 밀착된 무한히 얇은 양력면으로 나타낸다. 날개의 폭 및 코드 방향으로 분산된 와도가 적용된다(Pien[15.12] 참조).	$\sim10^2$
패널법	양력면 방법을 날개의 두께를 감안하여 확장한 방법이다. 허브는 유한한 개수의 와류 패널로 표현한다(Kerwin[15.13]을 참조).	$\sim10^3$
Reynolds 평균 Navier-Stokes	유한체적 혹은 유한요소 기법을 사용하여 완전 3차원 점성 유동장을 모델링한다(Stanier[15.21~15.23], Adbel-Maksoud 등[15.25, 15.26] 참조).	$\sim10^6$
대형 와 모사법	Benson 및 Liefvendahl[15.28] 참조.	$\sim10^8$

15.4 기법 적용 지침

15.4.1 날개요소-운동량 이론

15.5절에서 살펴보겠지만, 프로펠러의 개념설계를 위해 다양한 방식으로 구현되는 날개요소-운동량 이론(blade element-momentum theory: BEMT)은 주어진 3차원 단면 데이터에 대한 적절한 코드(chord) 및 피치(pitch) 조합을 매우 신속하게 제공한다. 그로 인해 결정되는 부하분포는 필요한 날개 두께를 결정하기 위해 12.3절에 수록된 1차원 보 이론(beam theory) 기반 프로펠러 강도 계산과 함께 사용되거나, 캐비테이션 발생 가능성을 추산하기 위해 그림 12.23과 12.24의 캐비테이션 버킷 선도와 함께 사용될 수 있다.

이 방법은 단면 두께, 코드 기반 Reynolds 수 및 실속(stall)과 같은 점성 효과의 영향을 고려한 성능 조율이 가능하기 때문에 경험칙 혹은 2차원 단면 데이터에 대한 의존성도 강점 중 하나가 될 수 있다.

15.4.2 양력선 이론

양력선 이론(lifting line theory) 방법들에서는 각 날개 단면이 단일한 선 와류(line vortex)로 표현되는데, 선 와류의 강도는 단면마다 달라진다[15.9, 15.10]. 각 날개 뒤에 존재하는 후연 와류 막(trailing vortex sheet)은 보통 적당한 나선면을 따라가게 한다. 그 결과 코드 방향 부하의 변화 혹은 양력 및 모멘트 중심점에 대한 세부사항은 얻을 수 없다. 이런 방식은 부하가 작고 종횡비가 큰 (길쭉한) 날개, 예를 들면 $J > 0.25$인 경우에 적절하고 스큐가 큰 날개에는 부적당하다.

15.4.3 표면 패널법

표면 패널법(surface panel method)은 프로펠러 상세설계를 위한 단골 계산도구로 간주되는데, 적절히 사용한다면 높은 신뢰도의 프로펠러 성능 예측이 가능하다. 극단적인 설계라든지 상당한 캐비테이션이 예측되는 상황에서는 어려움이 있다. 이 방법을 적용하는 전형적인 과정은 완전한 표면 형상을 만들어내는 일련의 단계들을 필요로 한다. 그림 15.1은 Palisupan 표면 패널 코드(Turnock[15.32] 참조)를 사용하여 프로펠러 설계를 푸는 과정을 설명하고 있다. 이 과정에서 프로펠러 단면 오프셋, 코드, 피치, 레이크, 스큐 및 두께를 포함한 표를 처리하여 각각이 직교좌표계 상의 절점(node)들로 구성된 일련의 단면들을 생성한다[15.3]. 양방향 3차 스플라인 곡선 보간법(bicubic spline interpolation)을 사용하여 전체 날개를 코드 방향으로 Nt개, 폭 방향으로 Ns개로 나눈 패널 영역으로 변환한다. 적절한 밀집 함수(clustering function)를 사용하면 프로펠러 팁(tip) 및 프로펠러 앞날(leading edge)과 뒷날(trailing edge) 부근에 밀집된 패널 분포를 구현할 수 있다. 수치해의 품질은 주어진 형상에 대해 적절한 수의 패널을 선택했는지에 달려 있다. 프로펠러 단면은 얇으므로($t/c \sim 6\%$), 뒷날에서 수치적인 문제가 생기지 않게 하려면 각 단면 둘레를 따라 많은 수(50개 이상)의 패널이 요구된다. 마찬가지로 패널의 종횡비는 보통 3을 넘으면 안 되기 때문에 횡방향 패널 개수도 이를 만족하기 위해 선택되어야 한다.

가장 복잡한 부분은 각 뒷날 패널 쌍 뒤로 늘어지는 반류 패널 띠의 적절한 형상을 선택하는 것이다. 수치적으로 반류는 유면(stream surface)을 따라갈 필요가 있다. 그러나 이 유면의 형상은 해석 전에 미리 알 수 없다. 알려진 것은 반류가 프로펠러 뒤를 흐르면서 유관이 수축하고 각운동량 보존법칙에 따라 유동의 피치가 줄어든다는 것이다. 먼 후류에 있어서는 모든 반류 패널과 연관된 와도(vorticity)가 각각의 날개마다 하나의 팁 보텍스(tip vortex)와 그 반대로 회전하는 허브 보텍스로 병합된다. 그러한 과정을 모델링하고자 하는 수치적 방법의 안정성에는 언제나 의문의 여지가 있다. 그로 인

Marin B470
단면 개수 = 9
직경 = 0.3408

반경	코드 길이	스큐	레이크	피치	두께
0.2	0.29085	0.117	0.02679	0.822	0.125838
0.3	0.32935	0.113	0.05358	0.887	0.098376
0.4	0.35875	0.101	0.08037	0.95	0.078606
0.5	0.3766	0.086	0.10716	0.992	0.063728
0.6	0.38273	0.061	0.13395	1	0.051734
0.7	0.3752	0.024	0.16074	1	0.041578
0.8	0.34475	−0.037	0.18753	1	0.033067
0.9	0.27685	−0.149	0.21432	1	0.026007
0.97	0.01	−0.15	0.24111	1	0.02

(a)

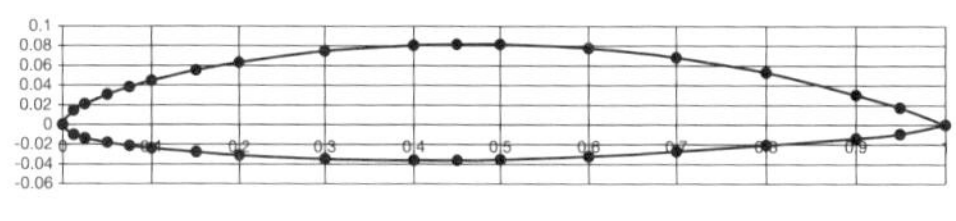

(b)

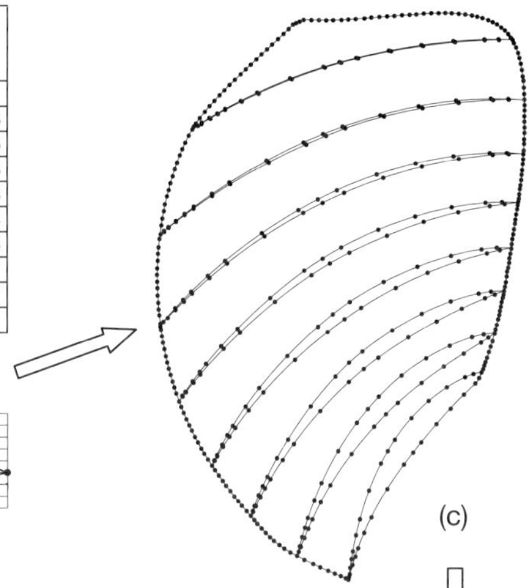

(c)

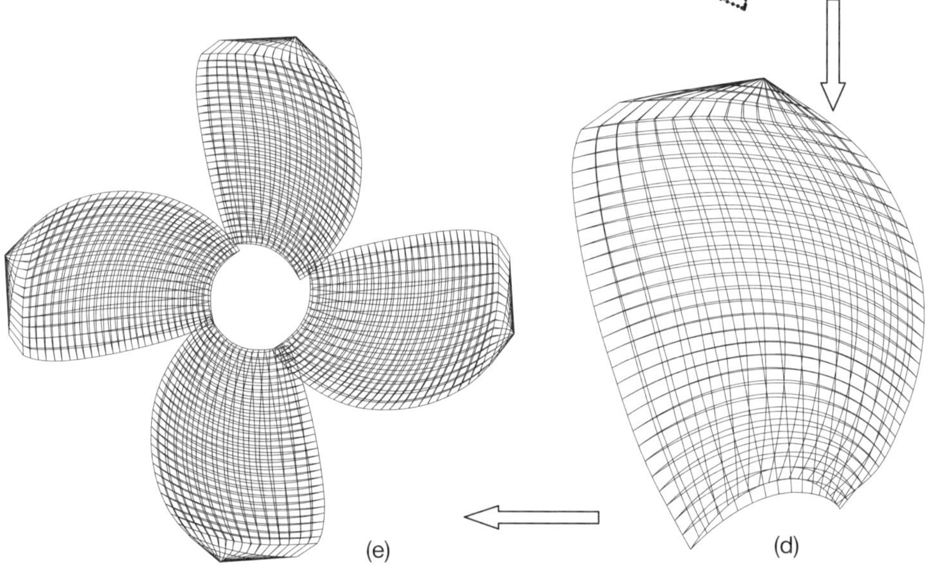

(e) (d)

그림 15.1 표면 패널 코드를 위한 프로펠러 생성과정.

해 실제 수치기법에서는 예상되는 프로펠러 추력 부하에 기반을 두고 예상되는 반류 피치 및 후류 수축 변화에 대한 가정을 세우게 된다[15.3, 15.33]. 이를 수행하는 실제적인 방법은 날개요소-운동량 이론을 Gutsche[15.34]의 후류 수축 표현식과 함께 사용하는 것이다. 보다 단순한 접근법은 보통 기하학적 피치 값과 먼 후류에서의 수력학적 피치 값 사이의 적절한 값으로 선택되는 평균 반류 피치를 채택하는 것이다. 반류 피치 값을 바꾸면 주어진 J 값에 대해 추력과 토크 값이 아래 또는 위로 이동함에 주목할 필요가 있다. 프로펠러 반류 패널의 범위는 프로펠러로부터 직경의 5~10배 하류까지 잡을 필요가 있으므로, 반류 패널의 개수는 날개 패널의 개수보다 한 자릿수 커질 수 있다.

허브의 영향은 날개 뿌리에서의 올바른 순환 값을 보장하는 것이다. 허브 위의 패널은 그 위치에서의 프로펠러의 기하학적 피치와 정렬시키는 것이 가장 좋다. 그림 15.1에 보인 허브 구역에서의 패널 생성은 직교성을 보장하기 위해 적절한 기하학적 변환을 필요로 한다.

프로펠러, 허브 및 반류의 패널이 생성되면 표면 패널법의 수치적인 적용은 단순하다. 정상유동에서는 자유흐름 속도와 날개 회전속도의 벡터 합에 근거한 유속의 수직 방향 성분이 프로펠러 날개 표면에서 0이라는 경계조건이 성립한다. 회전대칭성을 이용하여 문제를 여러 개의 날개 중 하나와 허브의 일부분에 대해서만 풀 수 있다. 해석결과 얻어지는 프로펠러 추력과 토크가 날개, 허브 및 반류 패널 개수 변화에 대해 얼마나 민감하게 변화하는지를 조사하는 것이 좋다. 표면 패널법의 장점은 12.3.3절에 언급된 3차원 유한요소해석 기반 구조강도 해석에 날개 하중이 직접적으로 응용될 수 있다는 점이다.

패널 코드의 비정상(unsteady) 버전은 선체 반류 내 혹은 심지어 표면관통 프로펠러에서 찾아볼 수 있는 복잡한 유동 내에서의 프로펠러 거동을 조사하는 데 사용될 수 있다[15.35].

15.4.4 Reynolds 평균 Navier-Stokes

9장에서 설명했듯이 복잡한 Reynolds 평균 Navier-Stokes(Reynolds Averaged Navier-Stokes: RANS) 기반 CFD의 모든 세부사항을 설명하는 것은 이 책의 의도가 아니다. 하지만 선박 프로펠러에 대한 CFD 유동 해석법의 실제적인 측면에는 주목할 만한 사항이 몇 가지 있다.

프로펠러와 허브의 표면 형상을 정밀하게 정의함에 더하여, CFD 코드는 해석 영역 내의 공간에 적절한 격자를 요구한다. 회전하는 프로펠러에 대해 특별히 복잡해진다는 것이 이 영역의 정의이다. 격자의 품질 및 격자가 필요한 모든 유동의 특성을 잡아낼 수 있는가가 해석의 정확도를 판가름한다. 프로펠러의 경우에는 점성 반류와 팁 보텍스의 하류 방향 전파가 힘을 정확히 예측하는 데 있어서 강한 영향을 발휘한다[15.3, 15.36].

날개 주위의 격자는 선택된 난류 모델에 대응하고 표면에 수직한 방향에서 적당한 비율로 확장되도록 선정할 필요가 있다. 전형적으로 난류 경계층 두께 내에 적어도 10개의 셀이 요구되고, 첫 번째 셀 두께는 '벽법칙' 난류 모델에 대응하는 격자의 경우 벽 두께로 30~250, 점성저층(viscous sublayer)을 직접 잡아내는 격자라면 3 미만이 되어야 한다. 허브에 대해서도 유사한 방식을 택해야 한다. 실제 많은 허브에서는 유동박리 구역이 존재할 수 있음에 유념해야 한다. 비록 유동박리를 회피하는 더 나은 설계가 프로펠러 효율을 개선한다는 사실에 주목할 필요가 있기는 하지만, 박리 구역을 정확하게 포착하는 것이 프로펠러 추력의 정확한 예측에 중요할 수 있다.

정상유동 및 단독 작동조건이라면 하나의 날개만 모델링하고 여타 날개와의 경계면에는 주기 경계조건을 부여하면 된다. 전형적인 해석 영역은 프로펠러 상류 방향으로는 프로펠러 직경의 2배 거리까지, 하류 방향으로는 프로펠러 직경의 5~10배 거리까지 연장된다.

이상적으로 격자는 주축 중 하나가 유동 방향으로 정렬된 육면체 셀들로 구성된다. 즉, 대체로 나선형 구조를 따르는 격자는 수치적 확산에 따르는 문제를 회피할 가능성이 높다. 물체로부터 떨어진 점성 반류의 특성이나 와류 면이 말려들어 팁 보텍스나 허브 보텍스가 형성되는 문제는 포착하기 훨씬 어렵다. Pashias[15.3]가 개발하고 Phillips [15.37]가 개량한 방식을 추천할 만한데, 이는 Pemberton 등[15.38]의 Vortfind라는 와류 식별기법(vortex identification technique)을 사용하여 먼저 거친 격자에서 날개 팁 근방의 팁 보텍스를 찾아내고 이의 궤적을 예측하여 적당한 거리의 하류에서 팁 보텍스를 포착하기에 알맞은 세밀한 격자를 생성한다. 보다 세밀한 격자에서 필요한 만큼 이 과정을 반복하면 하류 방향으로 상당한 거리(>10*D*)까지 반류 구조가 유지된다.

난류 종결 모델(turbulence closure model)을 선택함에 있어 와류 중심부에서는 난류 변형률이 비등방적으로 될 가능성이 있음을 고려할 필요가 있다. 와류 중심부 압력, 나아가 다상유동 계산에서 캐비테이션 가능성의 예측 정확도를 제어하는 데 있어서 이 거동을 올바르게 모델링하는 것이 중요할 것이다.

15.5 날개요소-운동량 이론

축 방향 운동량 이론과 단면 혹은 날개요소 해석을 결합하여 사용하면 전체적인 형상 최적화에 적합한 신속하고 강력한 프로펠러 해석도구가 유도되는데, 적당한 경험적 보정계수가 필요하다[15.29~15.41]. 이 방식은 두 가닥의 초기 프로펠러 해석법을 날개요소와 결합하여 주어진 단면에 대한 주어진 유입각에서 발생하는 힘들을 식별하는데, 그러한 힘들을 생성하는 데 필요한 운동량 변화를 계산한다. 이는 그림 15.2(a)에 도시되어 있는데, 여기서는 날개요소 방법이 날개요소 작용에 대한 정보를 제공하지만 운동량 변화(유기 속도 a, a')는 다루고 있지 않다. 반면 그림 15.2(b)에서는 운동량 변화(유기 속도 a, a')에 대한 정보를 제공하지만, 날개요소의 실제 작용은 다루지 않는다. 이 문제는 반경 r과 $(r + \delta r)$ 사이 프로펠러 부분을 해석하는데, 2차원 익형처럼 간주한 날개요소에서 생성된 힘들을 이 반경 사이의 프로펠러 원판을 흘러가는 유체의 운동량 변화량에 맞추게 된다.

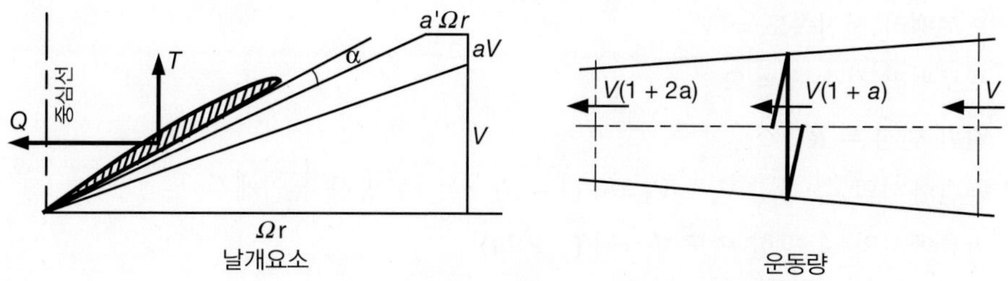

그림 15.2 날개요소 및 프로펠러 작용의 운동량 표현.

15.5.1 운동량 이론

단순 가진 원판(actuator disc) 이론에 따르면 원판에서의 축 방향 속도 증가량은 하류까지의 속도 증가량의 절반이다. 각운동량 변화량에 대해서도 같은 결과를 얻는다고 말할 수 있다. 그림 15.3은 고리 모양 유관이 가진 원판을 지날 때 일어나는 변화를 도시하고 있다. 두께가 없다고 정의된 가진 원판은 다공성이어서 유동이 지나갈 수 있지만 유체에 일이 전달되어 압력 증가가 일어난다.

원판에서의 축 방향 상대속도는 $V_1 = V(1+a)$인데, a는 축 방향 유입계수(axial inflow factor)라 부른다. 유사하게 프로펠러 전방에서 날개에 대한 상대적인 각속도를 Ω라 하면 원판 위치에서 날개에 대한 상대적인 각속도는 $\Omega(1-a')$이 되는데, 여기서 a'을 접선 방향 유입계수(circumferential inflow factor)라 부른다.

날개 수가 무한히 많은 프로펠러의 프로펠러 원판 위치에 있는 반경 r, 두께 δr인 고리 모양 영역을 통과하는 유동을 고려하자. 프로펠러의 해당 단면에 작용하는 추력과 토크는 유체가 고리 모양 영역 하류로 흘러갈 때 발생하는 운동량의 변화량으로부터 얻는다. 다음과 같은 정의를 사용한다.

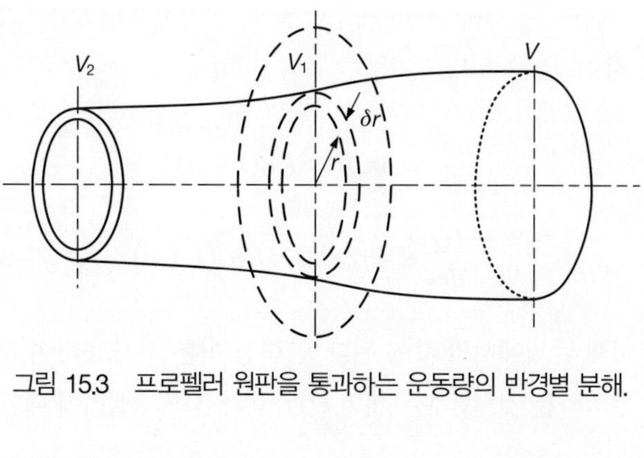

그림 15.3 프로펠러 원판을 통과하는 운동량의 반경별 분해.

프로펠러 전진속도 = V

프로펠러 각속도 = Ω

원판 반경 = R

원판에서의 축 방향 속도 $V_1 = V(1+a)$, a는 축 방향 유입계수

반류에서의 축 방향 속도 $V_2 = V(1+2a)$

원판에서의 유체의 각속도 $\omega_1 = a'\Omega$, a'은 접선 방향 유입계수

반류에서의 유체의 각속도 $\omega_2 = 2a'\Omega$

고리 모양을 통과하는 질량유량은 $2\pi r \delta r \rho V(1+a)$이고, 원판의 고리 부분에 작용하는 추력은 축 방향 운동량의 변화량으로 주어지는데 다음과 같다.

$$\delta T = 2\pi r \delta r \rho V(1+a)(V_2 - V) = 2\pi r \delta r \rho V^2 (1+a) 2a \ [\because V_2 = V(1+2a)]$$

고리 모양 요소에 작용하는 토크는 각운동량의 변화량인데, 다음과 같다.

$$\delta Q = 2\pi r \delta r \rho V(1+a) r^2 \omega_2 = 2\pi r \delta r \rho V(1+a) r^2 2a' \Omega$$

따라서 단위 폭당 추력과 토크 부하는 다음과 같다.

$$\frac{dT}{dr} = 4\pi \rho r V^2 a(1+a) \tag{15.1}$$

$$\frac{dQ}{dr} = 4\pi \rho r^3 \Omega V a'(1+a) \tag{15.2}$$

15.5.1.1 유한한 날개 수에 대한 보정

날개 수가 유한해지면 유동 조건이 접선 방향으로 균일하지 않고 평균 유입계수들은 날개에서의 값들과 달라진다. Goldstein 계수라 불리는 평균계수 K를 도입하면 식 (15.1) 및 (15.2)를 다음과 같이 쓸 수 있다.

$$\frac{dT}{dr} = 4\pi \rho r V^2 K a(1+a) \tag{15.3}$$

$$\frac{dQ}{dr} = 4\pi \rho r^3 \Omega V K a'(1+a) \tag{15.4}$$

여기서 a와 a'은 이제 날개에서의 값이 된다. 양력선 이론을 사용하여 K를 계산할 수 있는데, 다음 절에서 논의하는 것처럼 2~7개의 날개를 가진 프로펠러에 대한 도표가 가용하다.

국부 단면 효율(local section efficiency) η는 이 공식들로부터 다음과 같이 얻는다.

$$\eta = \frac{P_E}{P_D} = \frac{TV}{2\pi nQ} = \frac{TV}{\Omega Q}\text{이고} \quad \eta = \frac{V\dfrac{dT}{dr}}{\Omega\dfrac{dQ}{dr}} = \left(\frac{V}{r\Omega}\right)^2 \frac{a}{a'} \tag{15.5}$$

이들 기본 운동량 방정식들은 다음과 같이 무차원 형태로 놓을 수 있다.

$r = xR$이라 쓰는데 $R =$ 원판 반경, $D =$ 원판 직경이고 $\Omega = 2\pi n$, $n =$ 초당 회전수이다.

$$dT = \rho \text{n}^2 D^4\, dK_T, \quad dr = R\,dx = \frac{D}{2}dx, \quad dQ = \rho \text{n}^2 D^5 dK_Q, \quad J = \frac{V}{nD}$$

그러므로 식 (15.3)은 다음과 같아진다.

$$\frac{dK_T}{dx} = \pi J^2 xKa(1+a) \tag{15.6}$$

식 (15.4)는 다음과 같아진다.

$$\frac{dK_Q}{dx} = \frac{1}{2}\pi^2 Jx^3 Ka'(1+a) \tag{15.7}$$

그리고 식 (15.5)는 다음과 같아진다.

$$\eta = \left(\frac{J}{\pi x}\right)^2 \frac{a}{a'} \tag{15.8}$$

15.5.2 Goldstein K 계수[15.8]

Goldstein은 피치가 일정하고 길이가 무한한 나선면 계열에 의해 유기되는 유동을 분석하여 날개에 근접한 표면 상의 속도로 평균 운동량 플럭스를 계산하는 방법을 산출하였다.

몇몇 저자들이 2~7개의 날개에 대한 Goldstein 계수를 발표하였다[15.39~15.41]. 그림 15.4는 프로펠러 날개가 3개 및 4개일 때의 전형적인 도표를 도시한다. 반경 x 및 $\lambda_i = x\tan\phi$의 변화에 따라 크게 변화하는 값을 볼 수 있는데, 여기서 ϕ는 그림 15.5에 정의된 해당 단면에서의 수력학적 피치 각이다.

어떤 이론, 예를 들면 Burrill[15.42]의 이론에서는 프로펠러 후류의 수축을 감안하여 원판 및 하류에서 별개의 Goldstein 계수가 적용됨에 주목해야 한다.

K에 대한 적절한 함수 관계는 Wellicome에 의하면 다음과 같다.

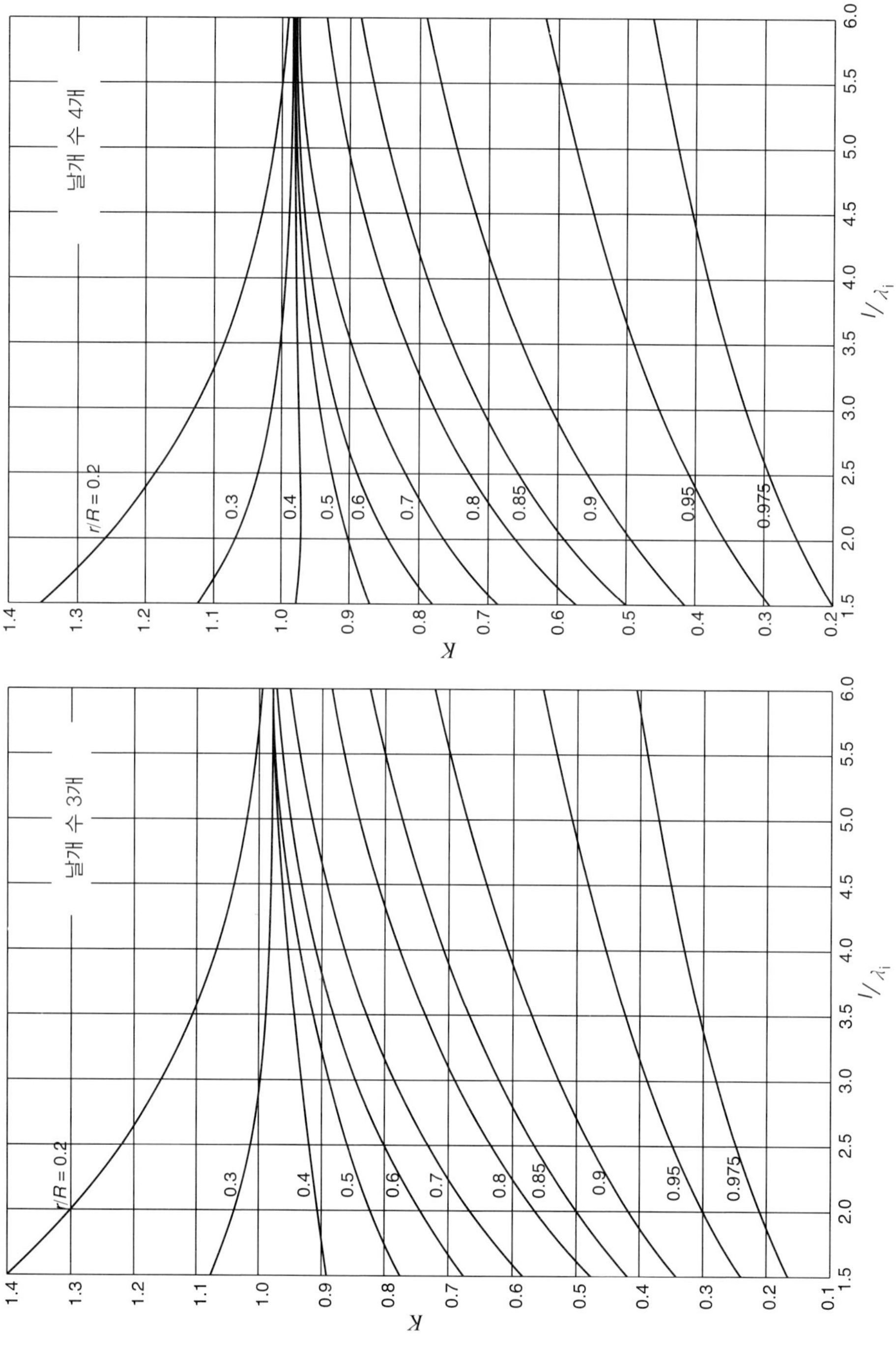

그림 15.4 날개 수 3개 및 4개 프로펠러에 대한 Goldstein K 계수[15.40].

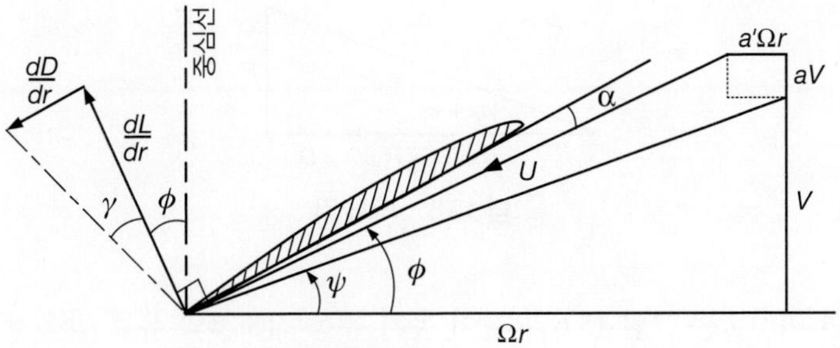

그림 15.5 날개 요소도.

$$K = \frac{2}{\pi}\cos^{-1}\left[\frac{\cosh(xF)}{\cosh(F)}\right]$$

여기서 $F \le 85$일 경우 $F = \frac{Z}{2x\tan\phi} - \frac{1}{2}$이고 그렇지 않을 경우에는 $K = 1$이 되는데, Z는 날개 수이다.

15.5.3 날개요소 방정식

프로펠러 작용에 의해 유기되는 유입속도 성분을 포함한 속도 벡터도를 그림 15.5에 나타내었다. 축 방향 유입유동은 상대유속을 증가시키는 반면 접선 방향 유입유동은 상대속도를 감소시키는데, 이는 유체에 생겨나는 각속도가 날개 회전과 같은 방향이기 때문이다.

2차원 단면 데이터로 횡방향 단위 폭에 대한 양력 및 항력을 표현하면 다음과 같다.

$$\frac{dL}{dr} = \tfrac{1}{2}\rho ZcU^2 C_L(\alpha) \tag{15.9}$$

$$\frac{dD}{dr} = \tfrac{1}{2}\rho ZcU^2 C_D(\alpha) \tag{15.10}$$

여기서 Z는 날개 수, c는 날개의 코드 길이이고, 양력계수 C_L 및 항력계수 C_D는 받음각 α의 함수이다. 식 (15.9) 및 (15.10)에서 $\tan\gamma = \frac{C_D(\alpha)}{C_L(\alpha)}$이고, 벡터도(vector diagram)로부터 다음을 구한다.

$$\tan\psi = \frac{V}{\Omega r} = \frac{J}{\pi x} \tag{15.11}$$

그리고

$$\tan\phi = \frac{V(1+a)}{\Omega r(1-a')} = \frac{1+a}{1-a'}\cdot\tan\psi \tag{15.12}$$

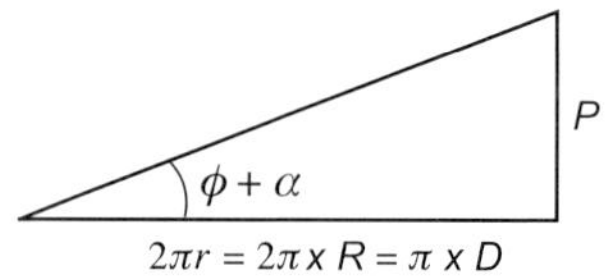

그림 15.6 피치 각.

국부 단면 피치 P는 그림 15.6과 같이 유기 유동 각도 ϕ와 유효 받음각 α의 합이고, $2\pi r = 2\,\pi\; xR = \pi\; xD$가 된다. 따라서 다음과 같이 정리된다.

$$\tan(\phi+\alpha) = \frac{P}{2\pi r} = \frac{P}{2\pi x R} = \frac{P}{\pi x D} = \left(\frac{P/D}{\pi x}\right) \tag{15.13}$$

단면의 양력과 항력 성분을 분해하여 다음과 같이 단면의 추력과 토크를 계산한다.

$$\frac{dT}{dr} = \frac{dL}{dr}\cdot\cos\phi - \frac{dD}{dr}\cdot\sin\phi = \frac{dL}{dr}\cdot\cos\phi(1-\tan\phi\tan\gamma) \tag{15.14}$$

$$\frac{dQ}{dr} = r\left(\frac{dL}{dr}\cdot\sin\phi + \frac{dD}{dr}\cdot\cos\phi\right) = r\frac{dL}{dr}\cos\phi(\tan\phi+\tan\gamma) \tag{15.15}$$

속도 벡터도로부터

$$U = r\Omega(1-a')\sec\phi = \pi n D x(1-a')\sec\phi$$

이고, 식 (15.14)와 (15.9)를 결합하여 다음을 얻는다.

$$2\rho n^2 D^3\frac{dK_T}{dx} = \frac{1}{2}\rho Z c C_L\cdot\pi^2 n^2 D^2 x^2(1-a')^2\sec\phi(1-\tan\phi\cdot\tan\gamma)$$

$$dT = \rho n^2 D^4\; dK_T,\quad dr = R dx = \frac{D}{2}dx$$

$$\therefore\quad \frac{dK_T}{dx} = \frac{\pi^2}{4}\left(\frac{Zc}{D}\right)C_L\cdot x^2(1-a')^2\sec\phi(1-\tan\phi\cdot\tan\gamma) \tag{15.16}$$

이와 유사하게 식 (15.15)를 정리하면 다음과 같다.

$$\frac{dK_Q}{dx} = \frac{\pi^2}{8}\left(\frac{Zc}{D}\right)C_L\cdot x^3(1-a')^2\sec\phi(\tan\phi+\tan\gamma) \tag{15.17}$$

식 (15.14)와 (15.15)를 결합하여 국부 단면 효율(local section efficiency)에 대한 대체식을 유도할 수 있다.

$$\eta = \frac{V\dfrac{dT}{dr}}{\Omega\dfrac{dQ}{dr}} = \frac{V}{r\Omega}.\frac{1-\tan\phi\tan\gamma}{\tan\phi+\tan\gamma} = \frac{\tan\psi}{\tan(\phi+\gamma)} \tag{15.18}$$

이 식은 다양한 다른 방식으로 표현되는데, 다음과 같다.

$$\eta = \frac{\tan\psi}{\tan\phi}\cdot\frac{\tan\phi}{\tan(\phi+\gamma)} = \frac{1-a'}{1+a}\cdot\frac{\tan\phi}{\tan(\phi+\gamma)} \tag{15.19}$$

혹은

$$\eta = \eta_a \times \eta_r \times \eta_f \tag{15.20}$$

인데, $\eta_a = \frac{1}{1+a}$은 가진 원판 이론에 의한 이론 효율(Froude 효율), $\eta_r = (1-a')$은 회전 손실 계수이고 $\eta_f = \frac{\tan\phi}{\tan(\phi+\gamma)}$는 날개의 마찰항력 손실계수이다. 보통 이들의 값은 $\eta_a = 0.80$, $\eta_r = 0.95$이고 $\eta_f = 0.90$이므로, 전체 효율은 $\eta = 0.8 \times 0.95 \times 0.90 = 0.68$이 된다.

이와 같은 단독 효율의 성분 분해는 11.3.15절에서 보다 상세히 다루는데, 이때는 프로펠러 효율 향상 및 에너지 절감을 고려한다.

15.5.4 단면 효율로부터 유도되는 유입유동 계수

η에 대해 독립적으로 유도되는 방정식이 2개 있는데, 이들을 조합하면 날개요소-운동량 이론의 해를 구하는 기초가 된다. 식 (15.8)의 운동량 이론으로부터

$$\eta = \frac{a}{a'}\cdot\tan^2\psi$$

를 얻는다. 식 (15.18)의 날개요소 이론에서는

$$\eta = \frac{\tan\psi}{\tan(\phi+\gamma)}$$

이므로, 이론 효율은

$$\eta_i = \frac{\tan\psi}{\tan\phi} = \frac{(1-a')}{(1+a)} \quad (C_D = 0,\ \gamma = 0)$$

즉,

$$(1+a) = \frac{(1-a')}{\eta_i}$$

그리고

$$a' = 1 - \eta_i(1 + a) \tag{15.21}$$

그리고 또한 식 (15.8)로부터 다음을 얻는다.

$$a' = \frac{a \tan^2 \psi}{\eta} \tag{15.22}$$

식 (15.21)과 (15.22)를 같게 놓으면 다음과 같이 된다.

$$\frac{a \tan^2 \psi}{\eta} = 1 - \eta_i(1 + a) = 1 - \eta_i - a\eta_i$$

$$a\left(\eta_i + \frac{\tan^2 \psi}{\eta}\right) = 1 - \eta_i$$

마지막으로 다음과 같아진다.

$$a = \frac{(1 - \eta_i)}{\left(\eta_i + \frac{1}{\eta}\tan^2 \psi\right)} \tag{15.23}$$

전체적인 설계 절차와 a, a', dK_T/dx 및 η의 유도는 보통 반복적인 절차로 이루어지는데, 전형적인 단계들을 그림 15.7에 나타내었다.

C_L과 dK_T/dx는 항력에 크게 좌우되지 않으므로 보통 처음에는 $C_D = 0$으로 가정한다(즉, 첫 번째 반복계산 때는 $\gamma = 0, \eta = \eta_i$). 식 (15.23)으로부터 a에 대한 초기 해를 구한다. 이를 사용하여 식 (15.6)으로부터 dK_T/dx를 구하고, 식 (15.16)으로부터 C_L을 구한다. 그다음 C_D를 도입하여 $\gamma(= \tan^{-1} C_D/C_L)$를 구하고 실제 η를 계산한다. 이 과정을 η가 수렴할 때까지 반복한다.

여기까지 서술된 절차는 반경 $r(x = r/R)$에서 폭 dr의 프로펠러 요소에 대한 것이다. 이를 x 값 범위$(0.20 \rightarrow 1.0)$에 대해 반복하면 K_T, K_Q 및 η를 수치 적분법(quadrature)으로 구할 수 있다.

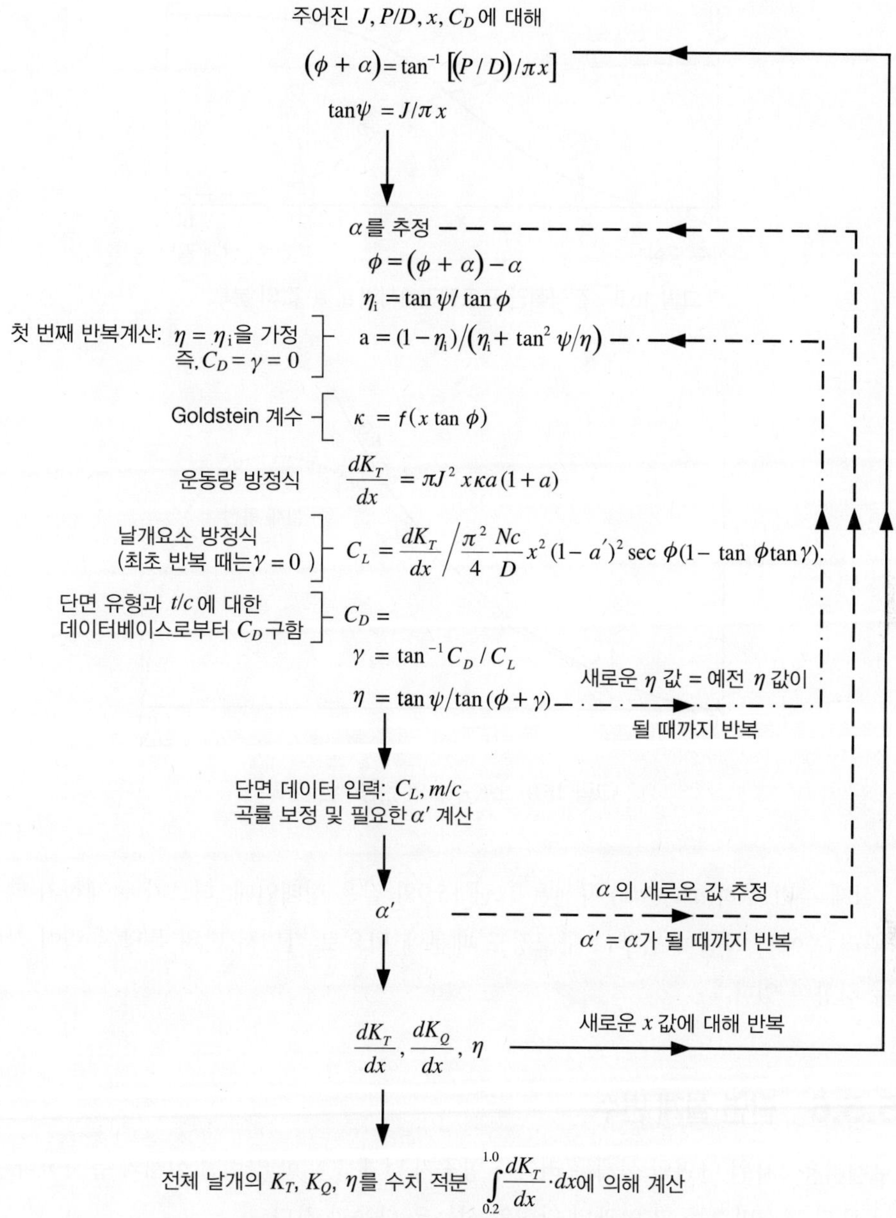

그림 15.7 날개요소-운동량 이론의 알고리즘.

15.5.5 a, a' 및 dK_T/dx의 전형적인 분포

유입유동 계수 a와 a'의 반경 방향 변화는 일반적으로 그림 15.8과 같은 형태를 가진다. 전형적인 값은 $a = 0.3\sim0.4$이고, $a' = 0.02\sim0.04$이다.

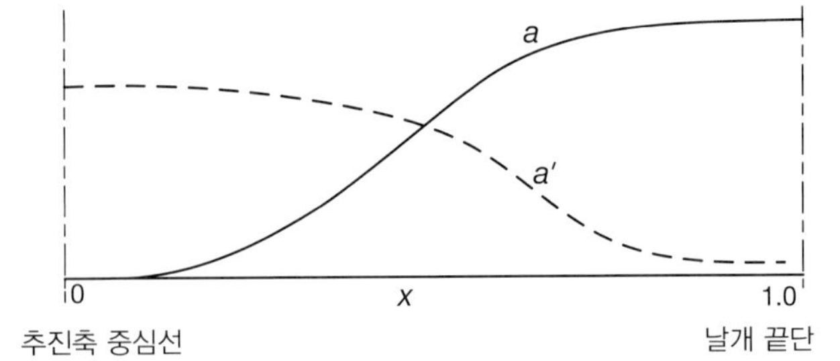

그림 15.8 전형적인 프로펠러에서의 a, a' 값의 분포.

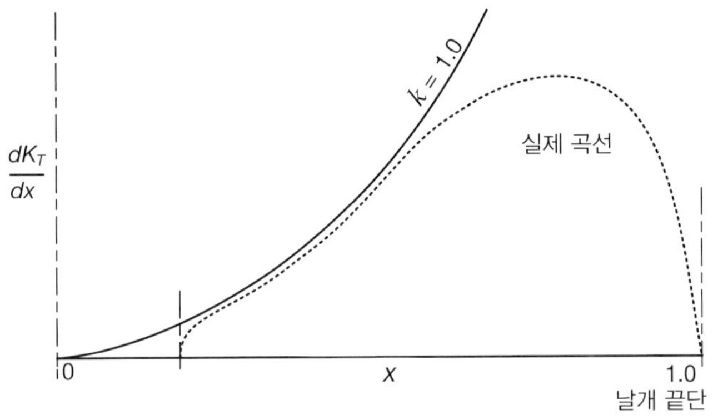

그림 15.9 dK_T/dx의 전형적인 분포.

실제 추력 부하(dK_T/dx) 곡선은 그림 15.9와 같은 형태인데, 허브가 존재하기 때문에 뿌리 쪽에서 곡선이 멈추고 구조강도 때문에 팁으로 가면서 단위 폭당 추력이 작아지는 경향이 있다.

15.5.6 단면 설계 변수

프로펠러용 2차원 단면의 설계는 러더나 항공기 날개를 위한 양력면 설계와 유사하다. 유동의 주된 특성변수들 및 연관된 단면의 성능은 다음과 같다.

(i) 국부적인 코드 길이 기반 Reynolds 수.
(ii) 요구되는 국부 캠버.
(iii) 주어진 단면에서 요구되는 필요 강도, 예를 들면 단면 2차 모멘트 및 프로펠러 제작에 사용되는 재료의 강도. 이는 종종 두께, 캠버 및 단면 유형 선택에 영향을 미친다.

(iv) 다양한 유형의 캐비테이션 발생 가능성.

(v) 거칠기 및 부착생물(fouling)과 같은 결함에 대한 민감도.

단면 설계를 고려할 때 이들 요소들이 적절한 단면 선택 및 특정 단면의 설계에 어떤 영향을 미치는가를 유념할 필요가 있다. 단면 선택은 Carlton[15.2]과 Molland 및 Turnock[15.43]에서 논의되고 있다. Drela[15.44]가 개발한 뛰어난 해석도구인 Xfoil이 익형 선택과 최적화 목적에 적합하다.

15.5.7 양력면 유동의 곡률 효과

날개요소 해석에 사용된 속도 벡터도는 선박 프로펠러에 사용되는 (c/D와 BAR이 큰) 비교적 넓은 날개의 코드 중간점에 적용된다. 유동이 하류로 흘러가면서 유입유동(그리고 그 위치에서의 a와 a' 계수)은 그림 15.10처럼 연속적으로 변화한다. 특히 a'은 프로펠러 주위에서 급격하게 변화한다. 그 결과 유동이 프로펠러 날개 주위를 흘러가면서 각 위치에서의 유속 벡터는 점진적으로 회전하여, 그림 15.11에 개략적으로 나타낸 것처럼 프로펠러는 곡선을 그리면서 흘러가는 유동 속에서 작동한다.

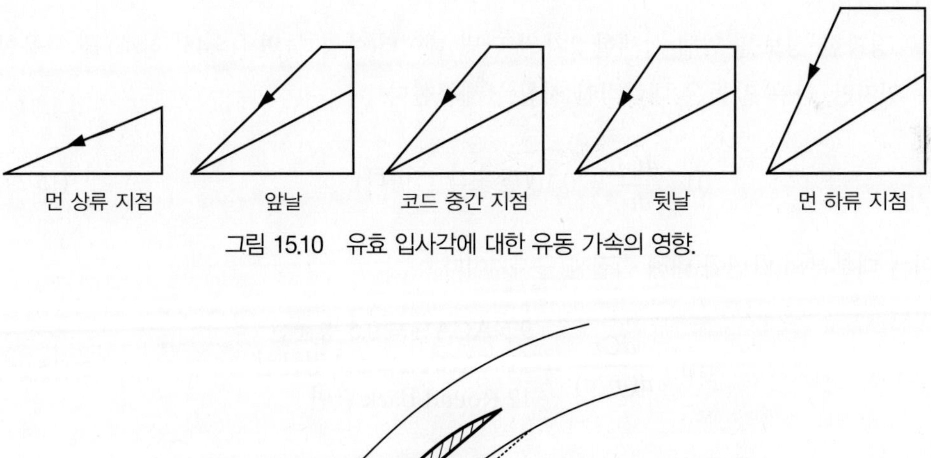

그림 15.10 유효 입사각에 대한 유동 가속의 영향.

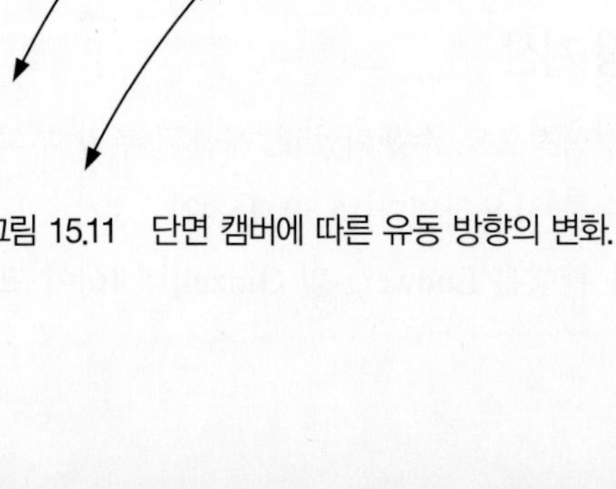

그림 15.11 단면 캠버에 따른 유동 방향의 변화.

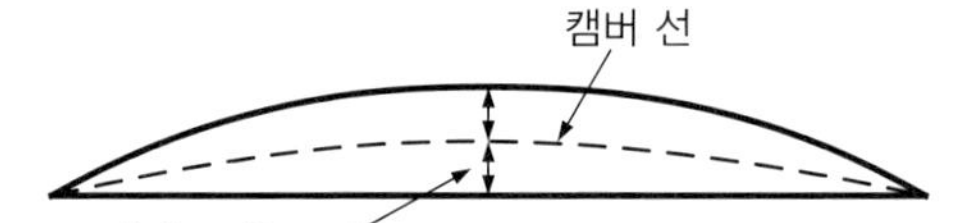

그림 15.12 캠버의 정의.

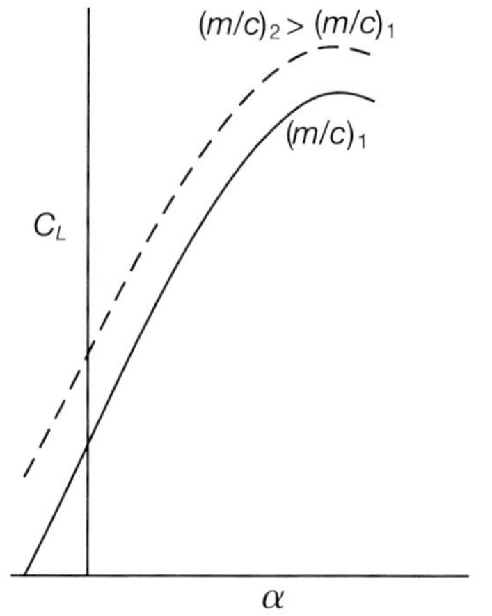

그림 15.13 유동에 의한 곡률과 캠버 감소에 따른 양력의 변화.

유동의 곡률 때문에 그림 15.12에 도시한 단면의 유효 캠버는 줄어들고, 직선 유동 내 2차원 단면의 성능과 비교할 때 양력의 손실이 야기된다(그림 15.13 참조). 양력의 손실은 캠버 증가 혹은 받음각 변화(즉, 국부적 피치 변화)에 의해 보상될 수 있다. 캐비테이션 기준으로 설정되는 한도 및 제작상의 제약 내에서 캠버와 받음각은 상호 교환 가능하다.

정확한 정보를 위해 상세한 2차원 단면 데이터(예를 들면 [15.45] 참조)를 사용할 수 있지만, 다음 값들은 대략적인 지침을 제공한다.

$$\text{(i)} \quad \frac{dC_L}{d\alpha} = 0.10(\text{받음각 } 1^\circ \text{ 마다}) \tag{15.24}$$

이는 대부분의 단면에 대해 적절한 근사치이다.

$$\text{(ii)} \quad \frac{dC_L}{d(m/c)} = \begin{array}{l} 9 \text{ NACA a} = 0.5 \text{ 평균선} \\ 11 \text{ NACA a} = 0.7 \text{ 평균선} \\ 12 \text{ Round Back 단면} \end{array} \tag{15.25}$$

여기서 m/c는 최대 캠버/코드이다.

15.5.8 곡률 보정 계산

초창기의 곡률 보정은 경험적으로 수행되었고, 계산된 추력 부하를 단독 특성 시험 데이터와 일치하게 하는 변수를 사용하였다[15.39, 15.42].

보편적인 곡률 보정 관행은 Ludweig 및 Ginzel[15.46]이 고안한 이론 모델 혹은 이 모델의 변형[15.47]에 기반을 둔다. 이 모델은 선박 프로펠러 날개를 나타내기 위해 최초로 와류 격자 모델(vortec lattice model)을 사용하였다. 이 모델로부터 도출된 곡률 보정은 다양한 논문으로 출판되었다. 보편적으로 사용되는 보정 도표는 Eckhardt 및 Morgan[15.40]에 의해 발표된 것인데, 날개 단면이 $\alpha = 0$에 대해 설계(혹은 $\alpha = \alpha_i$에서 운전)되었다는 가정에 기반한 2단계 보정 방법이다.

그림 15.14는 날개 면적비의 함수로 캠버 보정량을 제시하는 Ludweig-Ginzel 도표의 한 예를 보이고 있는데, 여기서 $x = r/R$이고 $\lambda_i = x \tan \phi$이다. Ludweig-Ginzel 모델의 제약은 다음과 같다.

1. 날개 외형은 타원형이고 코드 중간점에 대해 대칭이다.
2. 코드 방향으로 부하가 일정하고(ΔP = 일정), NACA a = 1.0 평균선에 해당하는 값이다.
3. 반경 방향의 부하분포는 단독 특성의 최적 부하에 대한 것이다.
4. 유기 속도 및 코드 중간점에서의 유기 속도 변화율만 제한적으로 계산되었다.

Morgan 등[15.47]에 의한 것과 같은 보다 제약이 적은 곡률 보정법들이 개발되었다. Ludweig-Ginzel 방법은 다음과 같이 요약될 수 있다. $\alpha = 0$에서 요구되는 프로펠

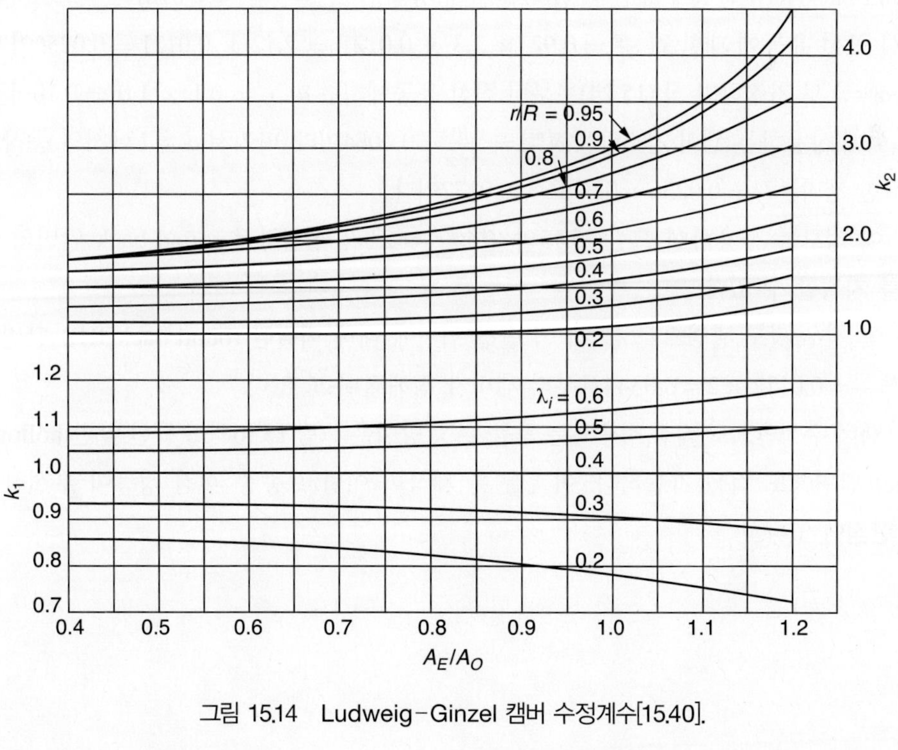

그림 15.14 Ludweig-Ginzel 캠버 수정계수[15.40].

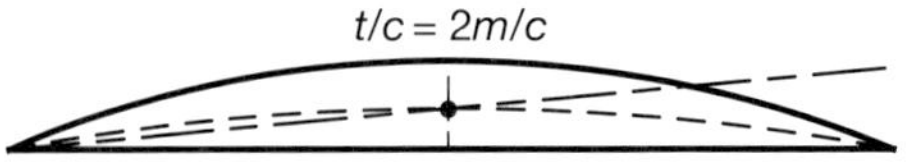

그림 15.15 캠버를 이용한 Circular Back 단면의 두께 지정.

그림 15.16 오목한 앞면의 예.

러 캠버는 다음과 같이 구할 수 있다.

$$\frac{m}{c} = k_1 k_2 \cdot \frac{m_o}{c} \tag{15.26}$$

여기서 m_o/c는 직선 유동일 때의 C_L과 같은 양력계수를 만드는 데 필요한 캠버이다. 예를 들어 $A_D = 0.920$인 프로펠러의 $x = 0.70$에서의 단면이 $\phi = 23.45°$에서 $C_L = 0.145$를 생성한다고 생각한다.

$$\lambda_i = x \tan\phi = 0.304,\ \ k_1 = 0.92 \quad \text{그리고} \quad k_2 = 2.3$$

round back(RB) 단면에 대한 식 (15.25)를 사용하면 $\frac{m_o}{c} = \frac{0.145}{12} = 0.0121$이 되고, $\alpha = 0$에서 곡선 유동에 대한 값 $\frac{m}{c} = 0.92 \times 2.3 \times 0.0121 = 2.12 \times 0.0121 = 0.0256$이 된다. $\alpha = 1°$로 가정하면 식 (15.24)로부터 직선 유동에서는 $dC_L = 0.1 \times 1.0 = 0.10$이 된다. 이에 상응하는 캠버 감소량은 $\delta\left(\frac{m}{c}\right) = \frac{0.10}{12} = 0.0084$이다. 따라서 $\alpha = 1°$에서의 동작에 필요한 캠버는 $\frac{m}{c} = 0.0256 - 0.0084 = 0.0172$이다.

이 정보를 사용하여 그림 15.15와 같이 $\frac{t}{c} = 2\frac{m}{c}$가 성립하는 round back 단면의 두께를 지정할 수 있다.

이 경우 강도 관점으로 볼 때 이 반경 위치에 대해 적절한 round back(RB) 단면의 두께 $\frac{t}{c} = 0.0172 \times 2 = 0.0344$로부터 캠버가 정해질 수도 있다.

캠버 수정만으로 직접 적용되는 곡률 수정 방법은 그림 15.16의 오목한 앞면(hollow-face) 단면에도 적용 가능하다. 이 단면은 제작이 어렵고 종종 후진 성능이 부실하다는 단점이 있다.

15.5.9 날개요소-운동량 이론에 대한 알고리즘

그림 15.7은 프로펠러 성능 산정을 위한 날개요소-운동량 이론의 적용 흐름도를 보이고 있다. 전체적인 흐름도는 컴퓨터 기반 계산과정에 적합하다. 그림 15.4의 Goldstein 계수와 그림 15.14의 Ludweig-Ginzel 곡률 보정은 곡선 접합식 혹은 대조표 등의 방식으로 포함될 수 있다. 항력계수는 Hill[15.39]과 Burrill[15.42]에서 도출된 데이터를 보여주는 그림 15.17에서 얻을 수 있다. 날개가 주로 작동하는 폭 범위 내에서 날개 단면의 받음각은 대략 2°까지이고 항력계수는 $C_D = 0.008 \sim 0.015$ 정도임에 주목할 필요가 있다.

전진비 J 및 각 반경에서의 피치 비 P/D에 대한 시험값을 공급하는 외부 반복 루프를 만듦으로써 그러한 알고리즘을 최적화 과정의 일부로 사용할 수 있다. 점진적으로 더욱 정교해지는 방법을 채용할 수 있다. 예를 들어 일정한 C_D 값 및 양력 곡선의

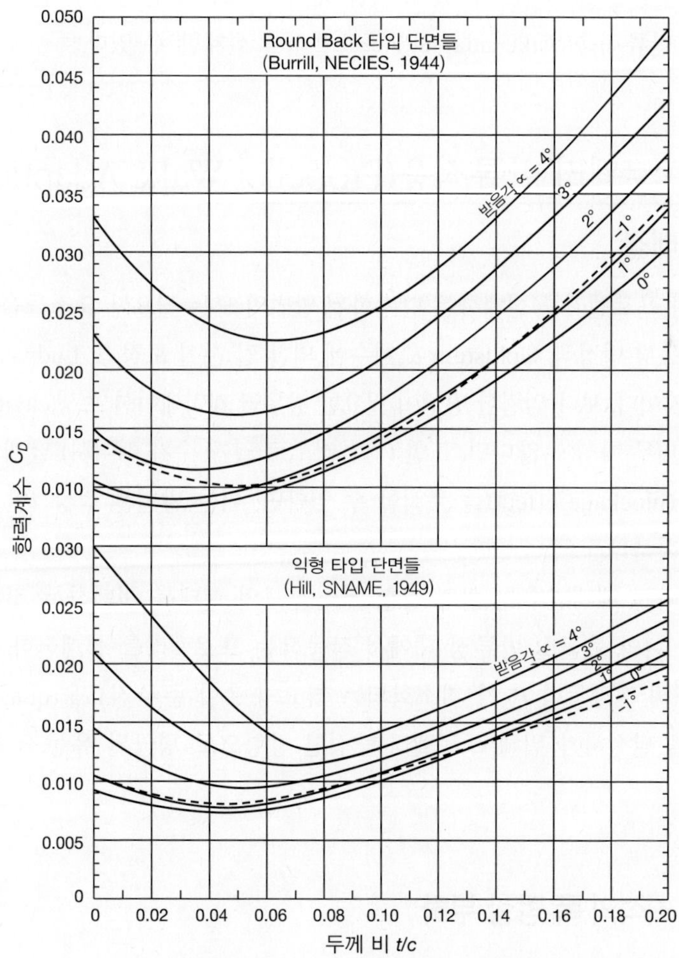

그림 15.17 날개 단면의 항력계수 데이터

기울기를 사용하거나, 국부 받음각 및 단면 Reynolds 수를 공급하는 대조표를 사용할 수 있다. 그러한 변경으로 최적화 과정에 실속(stall)이나 다른 점성 연관 효과들의 영향을 포함시킬 수 있다.

캐비테이션을 회피하기 위해 단면 코드 길이 c(그러므로 BAR)를 (캐비테이션 수에 근거하여) 요구되는 C_L에 대해 선택할 수 있다. 항력계수를 체계적으로 변화하여 두께나 거칠기가 효율 혹은 축척 효과에 미치는 영향을 조사할 수 있다. 반경 방향 부하분포를 조사하여 캐비테이션을 줄이기 위해 P/D 값을 줄이는 팁 부하 경감(tip off-loading)을 실시할 수 있다. 이 알고리즘을 사용하여 프로펠러에 의해 유기되는 속도 a와 a'을 날개 폭 방향에 대해 유도하고, 프로펠러 하류의 러더에 유입되는 유동의 방향과 속도를 예측한다[15.48].

8장에서 설명한 반류계수 w_T에 근거하여 각 반경에서 변경된 유입속도를 사용하면 실선 반류의 영향을 포함시킬 수 있다. 이를 통해 날개요소-운동량 이론 알고리즘을 직접 사용하는 반류적응(wake-adapted) 프로펠러를 설계할 수 있다.

15.6 프로펠러 반류적응(Propeller Wake Adaption)

15.6.1 배경

지금까지 선박 프로펠러를 설계하는 단순화된 방법의 모든 필요한 요소들을 고려했는데, 날개요소-운동량 방정식, Goldstein K 계수에 의한 팁 손실 보정 및 Ludweig-Ginzel 곡률 보정이 그것이다. 보다 엄밀한 방법이 필요한 경우인 캐비테이션 초생(cavitation inception) 상태에 너무 가깝지 않다면, 또한 (기본적으로 날개 수가 적어서) 날개의 두께로 인한 차폐 효과(blockage effect)를 무시할 수 있다면, 이들 방법은 정상적인 설계 목적에는 충분히 정확하다.

한 가지 빠진 매개변수는 반경 방향 부하분포의 형태를 선택하는 것이다. 대부분의 경우 선박 뒤의 불균일 반류장 내에서 작동하는 프로펠러를 설계한다. 지정된 유효동력 P_E에 대해 전달동력 P_D가 최소화되는 최고의 총합 준추진효율(quasi-propulsive coefficient)을 달성하기 위해 프로펠러를 접선 방향으로 평균된 유동 조건에 대해 설계하게 된다.

15.6.2 최적의 폭 방향 부하

기본 방정식(16.1절 참조)은 다음과 같다.

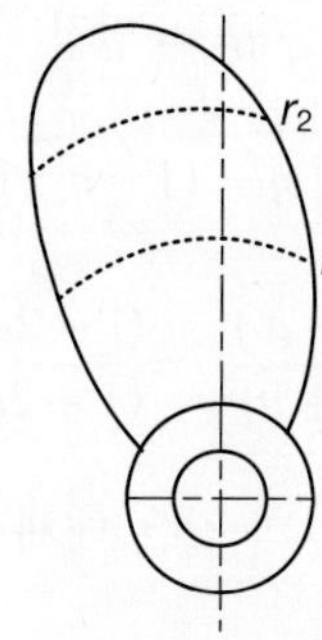

그림 15.18 두 반경 지점에서 효율을 비교하는 단면의 예.

$$\eta_D = \eta_o \times \eta_R \times \eta_H = \eta_b \times \eta_H$$

여기서 $\eta_b = \eta_o \times \eta_R$을 선후 효율(behind ship efficiency)이라 한다. 그림 15.18에 보인 두 반경 위치에서의 부하를 비교함으로써 다음 사항들을 논증할 수 있다.

1. 피치 분포를 변경함으로써 부하를 반경 r_1으로부터 r_2로 옮기든지(혹은 반대로) 하여 바라는 추력 T를 달성할 수 있다.
2. 만일 국부 효율이 $\eta_{D1} > \eta_{D2}$라면(즉, 반경 2의 부하가 반경 1보다 크다면), 부하를 r_1으로부터 r_2로 옮기면 총합 η_D는 줄어들고 반대로 r_2로부터 r_1으로 옮기면 총합 η_D는 늘어날 것이다[$\eta_H = (1-t)/(1-w_T)$에서 $w_{T1} > w_{T2}$이므로 $\eta_{H1} > \eta_{H2}$임에 주목하라].
3. 어떠한 두 반경의 조합에 대해서도 $\eta_{D1} \neq \eta_{D2}$라면 피치 분포를 바꾸면 총합 η_D를 늘릴 수 있고, 그것이 의미하는 바는 프로펠러는 최적의 상태가 아니라는 것이다.
4. 추가 개선이 이루어질 수 없는 유일한 경우는 보스로부터 팁까지 $\eta_D =$ 일정인 경우뿐이다.

그러므로 프로펠러는 $\eta_D = \eta_b \cdot \eta_H =$ 일정인 경우 최적이 된다.

추력 감소계수 t 및 (접선 방향) 평균 반류비 w_T로 표현하면 다음과 같다.

$$\eta_b \cdot \frac{(1-t)}{(1-w_T)} = \text{일정} \tag{15.27}$$

이 방정식이 Van Manen 최적 부하 기준이다. 단독 상태 $t = w_T = 0$의 경우 (모든 반경에서) $\eta =$ 일정이 된다.

위의 해석은 반경별 부하를 변경하면 해당 위치에서의 효율 역시 바뀌는 효과를 무시하기 때문에 상황을 단순화한 것이다. 다시 말하면 r_1으로부터 r_2로 부하를 옮기면 부등식이 역전되어 $\eta_{D1} < \eta_{D2}$가 될 수 있다. Betz에 의한 보다 엄밀한 논증은 다음 기준으로 이어진다.

$$\eta_o \sqrt{\eta_H} = \text{일정} \tag{15.28}$$

부하가 적게 걸린 프로펠러에 대해 $\eta = (1-a')/(1+a)$(이때 $\gamma = 0$)이므로

$$\eta^2 = \frac{(1-a')^2}{(1+a)^2} = \frac{(1-2a')}{(1+2a)}$$

만일 a와 a'이 작다면 식 (15.28)은 다음과 같은 대체 형태로 쓸 수 있다.

$$\frac{(1-2a')}{(1+2a)} \cdot \frac{(1-t)}{(1-w_T)} = \text{일정} \tag{15.29}$$

두 가지 형태 모두 논문에서 찾아볼 수 있고, 각각 Betz 조건 혹은 Lerbs 조건으로 불린다. 실제 운항 상태에서 w_T는 측정 가능하나 t는 쉽게 산정하기 어렵다. Lerbs는 t를 상수로 놓고 다음과 같은 형태로 식 (15.28)을 적용하는 것을 추천한다.

$$\eta_0 \propto \sqrt{1-w_T} \tag{15.30}$$

Van Manen은 이론적인 정당화를 통해 $(1-t) \propto (1-w_T)^{1/4}$으로 가정하는데, 이 경우 식 (15.27)은 다음과 같이 정리된다.

$$\eta \propto (1-w_T)^{3/4} \tag{15.31}$$

이들 두 기준에 의해 설계된 프로펠러들의 피치 분포와 전체적인 성능 차이는 일반적으로 작다. 보통의 반경 방향 반류 변화(8장 참조)에 맞추어 설계된 프로펠러의 피치 분포는 보스 쪽으로 가면서 10~20% 정도 줄어든다. 그림 15.19에 개략적으로 도시한 것처럼 단독 상태에서의 최적 상태는 거의 일정한 피치이다. 어떤 특정한 반류에 대해 최적으로 계산된 피치 분포를 가지는 경우 **반류적응**(*wake-adapted*) 프로펠러라 칭한다. 반류

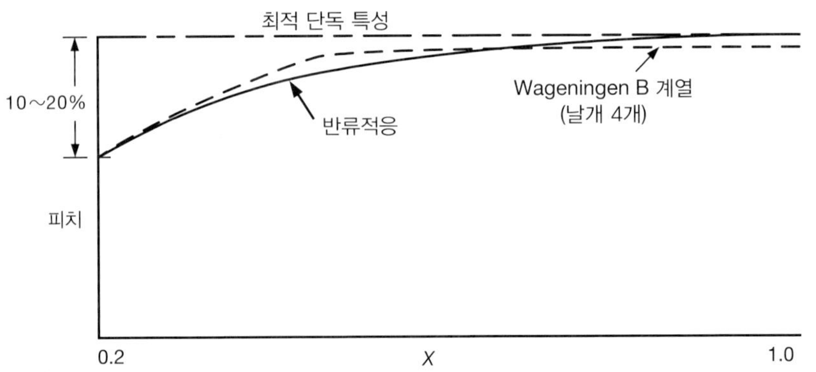

그림 15.19 전형적인 피치 분포.

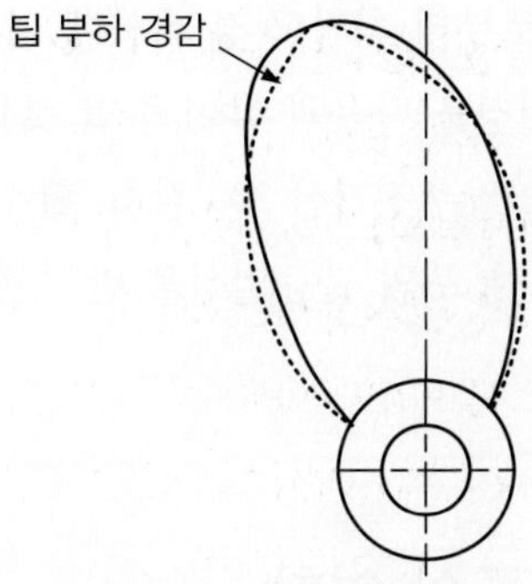

그림 15.20 프로펠러 팁 부하 경감을 위한 형상 변화.

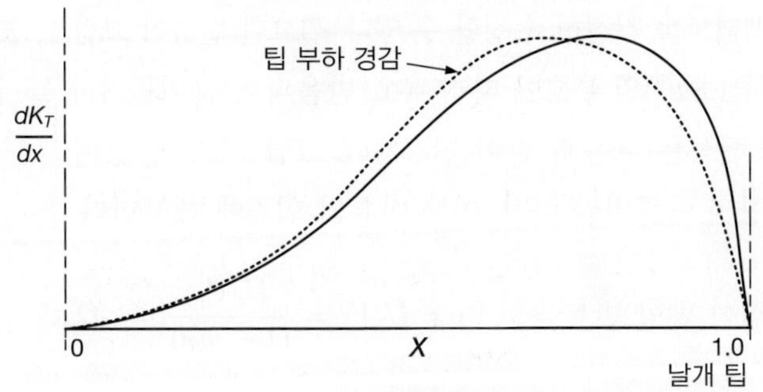

그림 15.21 팁 부하 경감에 의한 부하 재배치.

적응 프로펠러는 단독 상태보다 선후 조건에서 성능이 낮기 때문에 $\eta_R > 1$이어야 한다.

팁 보텍스를 억제하여 프로펠러 소음을 줄이기 위해 흔히 해군 함정용 프로펠러의 피치는 날개 팁에서 최적 설계치보다 줄인다는 사실에 주목해야 한다. 또한 상용 프로펠러에서도 날개 응력을 낮추고 캐비테이션 및 프로펠러 기진력을 저감하기 위해 팁 부하를 줄일 수 있다. 팁 부하 경감(tip off-loading), 예를 들어 P/D를 국부적으로 줄이거나 그림 15.20과 같이 날개 형상을 변경하면 그림 15.21에 나타낸 것처럼 부하가 재배치된다.

반류적응 프로펠러에 대한 예제 풀이는 17장의 예제 17에 주어져 있다.

15.6.3 반류적응 프로펠러의 최적 직경

접선 방향으로 평균된 반류비는 보스에서 커지기 때문에 프로펠러 직경이 작아지면서 평균 η_H 값이 커진다. 어떤 최적값 $\eta_D = \eta_b\eta_H$이 요구되는데, 직경이 약간 줄어들면 η_H의 이득은 η_b의 소폭 손실을 상쇄하고도 남는다. 즉, 반류적응 최적 직경은 설계 도표에서 도출되는 단독 상태 최적값보다 약간 작아진다.

날개요소-운동량 이론으로부터 최적 직경 계산에 기반을 두고 Burrill[15.49]은 단독 성능 도표로부터 계산된 직경을 다음과 같이 줄일 것을 권장하고 있다. 단추진기 상선 8% 감소(BSRA 권장 5%), 쌍추진기선 3% 감소, 활주선형 감소 없음.

이들 숫자는 각 선형 반류 분포의 불균일성을 반영한 것이다. 직경을 줄인 만큼 피치를 증가시켜야 한다.

15.7 접선 방향 반류의 영향

접선 방향 반류의 기원은 8장의 8.9절에 서술되어 있다. 접선 방향 반류가 0이 아닌 경우 날개요소 속도 벡터도를 적절히 수정할 수 있다. 필요한 변경이 그림 15.22에 반영되어 있다. 접선 방향 반류($\pm a''$)의 부호에 따라 유효 받음각이 줄어들거나 늘어난다고 말할 수 있다. 그에 따라 해석은 다음과 같이 변경된다. 그림 15.23과 같이 U_τ를 프로펠러 평면 내에서 접선 방향의 반류비라 하자. 이는 반류의 회전에 해당한다.

$$\text{접선 방향 반류속도 } V_T = U_\tau V_S = \frac{U_\tau V_a}{(1 - w_T)} = r\,\Omega\,a''$$

그러므로 반류 회전계수는 다음과 같아지는데,

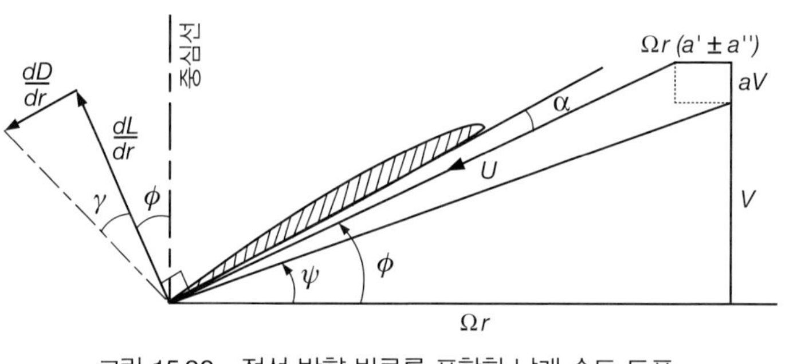

그림 15.22 접선 방향 반류를 포함한 날개 속도 도표.

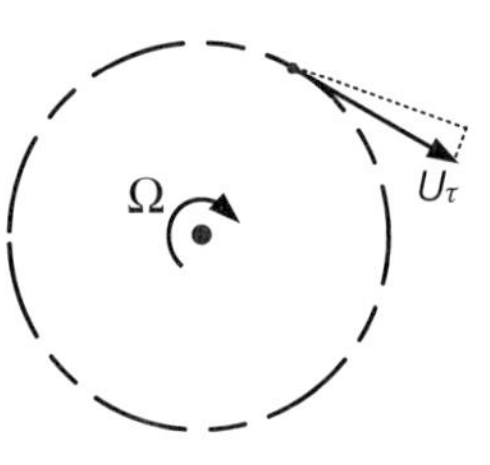

그림 15.23 U_τ의 정의.

$$a'' = \frac{U_\tau}{(1-w_T)}\frac{V_a}{r\Omega} = \frac{U_\tau}{(1-w_T)}\tan\psi$$

이는 $\tan\psi$에 대한 보정이고 a''은 그림 15.22의 접선 방향 반류이다.

운동량 방정식은 바뀌지 않는데, 날개요소 방정식에 이제 적절한 부호가 붙은 추가적인 접선 방향 성분이 포함된다. 따라서 식 (15.18)의 날개요소 방정식은 다음과 같다.

$$\eta = \frac{\tan\psi}{\tan(\phi+\gamma)} = \frac{\tan\psi}{\tan\phi}\cdot\frac{\tan\phi}{\tan(\phi+\gamma)} = \frac{(1-a''-a')}{(1+a)}\cdot\frac{\tan\phi}{\tan(\phi+\gamma)} \tag{15.32}$$

이는 이전의 방정식을 대체한다. 성능 계산은 회전이 없는 경우와 동일하게 진행된다. 예를 들어 날개가 내려가는(유동이 올라오는) 경우 날개요소 방정식은 다음과 같이 바뀐다.

$$\eta_i = \frac{(1+a''-a')}{(1+a)} \quad \text{그리고} \quad \eta = \frac{a}{a'}\tan^2\psi$$

두 식을 조합하면

$$a = \frac{(1-\eta_i+a'')}{\left(\eta_i + \dfrac{1}{\eta}\tan^2\psi\right)}$$

마찰을 무시하면 다음이 성립한다.

$$\frac{dK_T}{dx} = \pi J^2 xKa(1+a) = \frac{\pi x}{2}\left(\frac{Z\cdot c}{D}\right)(1-a'+a'')\sec\phi C_L$$

여기서

$$\tan\phi = \frac{(1+a)}{(1+a''-a')}\tan\psi$$

날개가 올라오는 경우에는 부호가 바뀌어 $-a''$이 된다.

15.8 날개요소-운동량 이론의 예제들

15.8.1 근사식

아래의 근사식들은 한 가지 단면에만 근거한 것인데, 예비 계산용으로 유용하다. 예를 들어 $x = 0.70$에서 하나의 대표 단면만을 사용하여 단순한 추정이 가능하고, 이 단면에서의 데이터로부터 $\frac{dK_T}{dx}$와 $\frac{dK_Q}{dx}$에 대한 표준 근사식을 사용하여 전체적인 성능을 추정한다.

그와 같은 추정은 흔히 $\frac{dK_T}{dx} \propto x^2\sqrt{1-x}$ 이고, $\frac{dK_Q}{dx}$도 같은 방식으로 변화한다고 가정한다.

단면 $x = 0.70$을 기반으로 선택하고 통상적인 보스 반경($x = 0.20$)을 가정하면, 프로펠러 계수들은 다음과 같이 표현됨을 알 수 있다.

$$K_T = 0.559\left(\frac{dK_T}{dx}\right)_{x=0.7} \tag{15.33}$$

$$K_Q = 0.559\left(\frac{dK_Q}{dx}\right)_{x=0.7} \tag{15.34}$$

프로펠러 외형이 조금씩 변화하지만 $x = 0.70$에서의 전형적인 프로펠러 날개 폭은 다음과 같다.

$$\left(\frac{Z \cdot c}{D}\right)_{x=0.7} = 2.2A_D \pm 5\% \tag{15.35}$$

여기서 Z는 날개 수, A_D는 전개 면적비(≈ 날개 면적비 BAR)이다.

15.8.2 예제 1

대략적인 예비 성능 추정(상세 단면 설계는 제외)의 사례는 다음과 같다.

$J = 0.70$ 및 $\alpha = 1.0°$인 조건에서 작동하는 $P/D = 1.0$인 프로펠러의 $x = 0.70$에서의 단면을 고려한다.

식 (15.11)로부터

$$\tan\psi = \frac{J}{\pi x} = 0.3183$$

이 되고, 벡터도로부터 다음을 구한다.

$$\tan(\phi+\alpha) = \frac{P/D}{\pi x} = 0.4547,\quad \phi+\alpha = 24.45°,\quad \phi = 23.45°$$

단면 데이터는 다음과 같이 가정한다.

$C_L = 0.145$(캐비테이션 수에 맞게 선택)

$C_D = 0.010$(단면 데이터로부터 얻음)

$\alpha = 1.0°$(요구되는 C_L 값을 맞추기 위해)

$\tan\gamma = C_D/C_L$로부터 $\gamma = 3.95°$

식 (15.19)로부터 $\eta_f = \tan\phi/\tan(\phi+\gamma) = 0.837$

$\eta_i = (1 - a')/(1 + a) = \tan\psi/\tan(\phi+\gamma) = 0.734$($\gamma = 0$으로 놓음)

총합 효율 $\eta = \eta_i \times \eta_f = 0.614$

식 (15.23)으로부터 $a = (1-\eta_i)/(\eta_i + \tan^2\psi/\eta) = 0.296$이고, $a' = \frac{a}{\eta}\cdot\tan^2\psi = 0.0488$

$\lambda_i = x\tan\phi = x\tan 23.45 = 0.304$

날개 수 3인 프로펠러에 대한 Goldstein 도표[그림 15.4(a)]로부터 $K = 0.82$

식 (15.6)으로부터 $\frac{dK_T}{dx} = \pi J^2 x K a(1+a) = 0.339$

식 (15.33)으로부터 전체 K_T의 추정값 $K_T = 0.559 \times 0.339 = 0.190$

식 (15.7)로부터 $\frac{dK_Q}{dx} = \frac{\pi^2}{2} J x^3 K a'(1+a) = 0.0615$

식 (15.34)로부터 전체 K_Q의 추정값 $K_Q = 0.559 \times 0.0615 = 0.0344$

식 (15.16)으로부터 $\frac{dK_T}{dx} = \frac{\pi^2}{4}\left(\frac{Zc}{D}\right) C_L \cdot x^2(1-a')^2 \sec\phi(1 - \tan\phi\tan\gamma) = 0.339$

따라서 $Zc/D = 2.021$

식 (15.35)로부터 A_D(= BAR) 추정값 = 0.920

요약하면 $A_D = 0.92$인 프로펠러로부터 다음과 같은 성능이 추정된다.

$P/D = 1.0$ 및 $J = 0.70$에서 $K_T = 0.190$, $K_Q = 0.0344$, $\eta = 0.614$

이는 Gawn 계열 $A_D = 0.92$(BAR = 0.80~0.95 범위 내에서 보간) 데이터인 $K_T = 0.188$, $K_Q = 0.034$, $\eta = 0.630$과 유사하다.

15.8.3 예제 2

상세한 단면 설계는 배제하고 J, P/D 혹은 η_i, C_D가 주어진다. 주어진 α에 대해 설계한다.

P/D가 주어진 경우에는

$$(\phi+\alpha) = \tan^{-1}\frac{P/D}{\pi x},\quad \phi = (\phi+\alpha) - \alpha$$

$\tan\phi$와 $\tan\psi = J/\pi x$가 주어지므로 $\eta_i = \tan\psi/\tan\phi$를 구한다.

η_i가 주어진 경우에는

$$\tan\phi = \tan\psi/\eta_i,\quad \phi = \tan^{-1}(\tan\psi/\eta_i),\quad (\phi+\alpha) = \phi+\alpha$$

$\frac{P/D}{\pi x} = \tan^{-1}(\phi+\alpha)$에서 필요한 η_i에 대한 P/D를 구한다.

예제: ($x = 0.70$에 대한) 데이터가 다음과 같이 주어질 때, $J = 0.65$에서 작동하는 프로펠러($P/D = 0.85$, $Z \cdot c/D = 1.50$, $\alpha = 0.50^\circ$ 및 $C_D = 0.010$)에 대해 $x = 0.70$에서의 dK_T/dx, C_L과 총합 단면 효율을 구하라.

$$\tan(\phi + \alpha) = \frac{P/D}{\pi x} = \frac{0.85}{\pi \times 0.7} = 0.3865, \quad (\phi + \alpha) = 21.13^\circ$$

$\alpha = 0.50^\circ$이므로

$$\phi = 20.63^\circ \; \{\tan\phi = 0.376\}$$
$$\tan\psi = J/\pi x = 0.65/(\pi \times 0.70) = 0.296$$
$$\eta_i = \tan\psi / \tan\phi = 0.296/0.376 = 0.786$$

식 (15.23)을 사용하면

$$a = \frac{(1 - \eta_i)}{(\eta_i + \tan^2\psi/\eta)}$$

날개 항력으로 인한 손실은 작동 상태의 C_L과 α 값에 상대적으로 영향이 적으므로 처음에는 $\gamma = 0(C_D = 0)$ 및 $\eta = \eta_i$로 가정한다. 즉, a에 대한 초기 추정값은 다음과 같다.

$$a = \frac{(1 - 0.786)}{(0.786 + 0.296^2/0.786)} = 0.2384 \quad \{0.2319\}$$

$\lambda_i = x\tan\phi = 0.7 \times 0.376 = 0.263$이고, $1/\lambda_i = 3.8$이다.

날개 수 4인 프로펠러에 대한 Goldstein 도표[그림 15.4(b)]로부터 $K = 0.92$이므로

$$\frac{dK_T}{dx} = \pi J^2 x K a(1 + a) = 0.2524 \quad \{0.2441\}$$

또한

$$\frac{dK_T}{dx} = \frac{\pi^2}{4}\left(\frac{Zc}{D}\right) C_L \; x^2(1 - a')^2 \sec\phi(\gamma = 0\text{으로 가정})\text{에서}$$
$$(1 - a') = \eta_i(1 + a) = 0.9734 \quad \{0.9683\}$$

을 사용하면

$$C_L = 0.1375 \quad \{0.1343\}$$

$$\tan\gamma = \frac{C_D}{C_L} = \frac{0.01}{0.1375} = 0.0727 \quad \{0.07446\}$$

그리고

$$\gamma = 4.160^\circ \quad \{4.258^\circ\}$$

날개의 항력에 대한 근사적 수정으로서

$$[\text{식 (15.16) 참조}] \quad \frac{dK_T}{dx} = 0.2524 \times (1 - \tan\phi\tan\gamma) = 0.2455$$

총합 효율은

$$\eta = \frac{\tan\psi}{\tan(\phi+\gamma)} = 0.641 \quad \{0.638\}$$

여기서 구한 η 값을 가지고 a를 계산하여 $\frac{dK_T}{dx} = 0.2441$로 수정하는 등의 방식으로 위 과정을 반복적으로 수행한다. 두 번째 반복에서의 값을 {괄호} 안에 표시하였다.

15.8.4 예제 3

앞 예제의 계산을 확장하여 단면 설계를 포함시키고 필요한 α를 유도한다.

$A_D = 0.95$, $P/D = 1.40$인 날개 수 3의 프로펠러에 대해 $J = 1.20$에서의 K_T, K_Q, η를 추정하라. $x = 0.70$에서의 근사적인 형상 데이터는 식 (15.35)로부터 다음과 같다.

$$\frac{Z \cdot c}{D} = 2.09(\text{즉}, = 2.2 \times A_D)$$

단면의 캠버 $m/c = 0.0175$(즉, round back 혹은 segmental 단면에 대해 $t/c = 3.5\%$)라고 가정하고, 이 단면의 두께 및 형태로부터 $C_D = 0.008$로 가정한다.

$$(\phi + \alpha) = \tan^{-1}\frac{P/D}{\pi x} = 32.48^\circ$$

이때 다음을 구한다.

$$J = 1.20, \quad \tan\psi = J/\pi x = 0.5457$$

작동 상태의 C_L과 α 값은 날개 항력에 의해 거의 영향을 받지 않으므로 초기에는 $\gamma = 0$으로 가정한다.

계산은 표 15.2와 같이 수행한다. α'은 C_L 값을 만들기 위해 필요한 받음각이다. 식

표 15.2 α에 대한 반복계산

	방정식 번호									
			15.18	15.23			15.6	15.16	15.25	15.24
항목	α	ϕ	η_i	a	$x \tan \phi$	K	$\frac{dK_T}{dx}$	C_L	$(m/c)_{\alpha=0}$	α'
첫 번째 추정	0	32.48	.8572	.1185	.446	.705	.2959	.1074	.0212	0.44°
두 번째 추정	0.5°	31.98	.8745	.1033	.437	.711	.2567	.0926	.0183	0.09°
세 번째 추정	0.26°	32.22	.8659	.1108	.441	.708	.2760	.0999	.0197	0.27°

(15.25)로부터 $(m/c)_{\alpha=0}$을 유도, Ludweig-Ginzel 곡률 수정을 사용하고 $m/c = 0.0175$로 가정했음을 상기하라. K는 Goldstein 도표로부터 구한다.

일반적으로 2~3번의 반복계산이 필요한 전부이다. 표 15.2의 세 번째 추정에서

$$\tan\gamma = \frac{C_D}{C_L} = \frac{0.008}{0.0999} = 0.080 \quad \therefore \gamma = 4.58^\circ$$

식 (15.18)로부터 단면 효율은 다음과 같이 계산된다.

$$\eta = \frac{\tan\psi}{\tan(\phi+\gamma)} = \frac{0.5457}{\tan(32.22^\circ + 4.58^\circ)} = 0.729$$

식 (15.16)으로부터 항력의 영향은 $\frac{dK_T}{dx}$에 $(1 - \tan\phi \cdot \tan\gamma)$만큼을 곱하는 것인데, 이로부터 $\frac{dK_T}{dx}$의 최종 추정값은 다음과 같다.

$$\frac{dK_T}{dx} = 0.2760\,[1 - \tan(32.22^\circ)\tan(4.58^\circ)] = 0.2621$$

$K_T = 0.559 \times 0.2621 = 0.147$이 되고, 일반 공식으로부터 $K_Q = \frac{JK_T}{2\pi\eta} = 0.0384$를 얻거나 식 (15.23)의 η를 이용하는 전체 과정을 반복하여 a 값을 새로 고치고(항력을 포함), 그다음 $\frac{dK_T}{dx}$를 얻는다. 이 방법은 그림 15.7 내의 완전한 해석 경로에 보인 것이다.

이 예제 및 이전 예제에서는 전체 K_T 및 K_Q를 보다 신뢰성 있게 추정하기 위해 각각의 반경에서 전체 과정을 반복하여 전체 값을 수치적분(quadrature)으로 구해야 한다.

가정한 $m/c = 0.0175$ 값을 가지고 첫 번째 반복계산에서 α'을 유도하는 계산은 다음과 같다.

첫 번째 반복: 필요한 $C_L = 0.1074$

식 (15.25)에서 $\frac{dC_L}{d(m/c)} = 12$로 가정

$C_L = 0.1074$ 및 $\lambda_i = x\tan\phi = 0.446$에 대해 필요한 캠버는 다음과 같다.

$$\left(\frac{m}{c}\right)_{\alpha=0} = \frac{C_L}{12} \times k_1 \times k_2 = \frac{0.1074}{12} \times 1.03 \times 2.3 = 0.0212$$

(그림 15.14로부터 k_1, k_2)

그런데 실제 캠버 = 0.0175이다.

그러면 캠버 '결손' = 0.0212 − 0.0175 = 0.0037이다.

이는 받음각에 의한 양력 '결손' (C_L) = 0.0037 × 12 = 0.044로 보충해야 한다. 식 (15.24)로부터 $\frac{dC_L}{d\alpha} = 0.1$이므로, 필요한 받음각 $\alpha' = 0.044/0.1 = 0.44°$이다(표 15.2 첫째 줄).

날개요소-운동량 이론의 적용에 대한 추가 예제는 17장의 응용 예제 23번에 주어져 있다.

참고문헌(15장)

15.1 Breslin, J.P. and Anderson, P. *Hydrodynamics of Ship Propellers*. Cambridge Ocean Technology Series, Cambridge University Press, Cambridge, UK, 1996.

15.2 Carlton, J.S. *Marine Propellers and Propulsion*. 2nd Edition, Butterworth-Heinemann, Oxford, UK, 2007.

15.3 Pashias, C. Propeller tip vortex capture using adaptive grid refinement with vortex identification. PhD thesis, University of Southampton, 2005.

15.4 Rankine, W.J.M. On the mechanical principles of the action of propellers. *Transactions of the Institution of Naval Architects*, Vol. 6, 1865, pp. 13~39.

15.5 Froude, R.E. On the part played in propulsion by differences in fluid pressure. *Transactions of the Royal Institution of Naval Architects*, Vol. 30, 1889, pp. 390~405.

15.6 Froude, W. On the elementary relation between pitch, slip and propulsive efficiency. *Transactions of the Institution of Naval Architects*, Vol. 19, 1878, pp. 47~65.

15.7 Betz, A. Schraubenpropeller mit geringstem Energieverlust. *K. Ges. Wiss, Gottingen Nachr. Math.-Phys.*, 1919, pp. 193~217.

15.8 Goldstein, S. On the vortex theory of screw propellers. *Proceedings of the Royal Society, London Series A*, Vol. 123, 1929, pp. 440~465.

15.9 Prandtl, L. Application of modern hydrodynamics to aeronautics. *NACA Annual Report*, 7th, 1921, pp. 157~215.

15.10 Lerbs, H.W. Moderately loaded propellers with a finite number of blades and an arbitrary distribution of circulation. *Transactions of the Society of Naval Architects and Marine Engineers*, Vol. 60, 1952, pp. 73~123.

15.11 Sparenberg, J.A. Application of lifting surface theory to ship screws. *Proceedings of the Koninhlijke Nederlandse Akademie van Wetenschappen, Series B, Physical Sciences*, Vol. 62, No. 5, 1959, pp. 286~298.

15.12 Pien, P.C. The calculation of marine propellers based on lifting surface theory. *Journal of Ship Research*, Vol. 5, No. 2, 1961, pp. 1~14.

15.13 Kerwin, J.E. The solution of propeller lifting surface problems by vortex lattice methods. Report, Department Ocean Engineering, MIT, 1979.

15.14 van Manen, J.D. and Bakker, A.R. Numerical results of Sparenberg's lifting surface theory of ship screws. *Proceedings of 4th Symposium on Naval Hydrodynamics*, Washington, DC, 1962, pp. 63~77.

15.15 English, J.W. The application of a simplified lifting surface technique to the design of marine propellers. National Physical Laboratory, Ship Division Report, 1962.

15.16 Brockett, T.E. Lifting surface hydrodynamics for design of rotating blades. *Proceedings of SNAME Propellers'81 Symposium*, Virginia, 1981.

15.17 Greeley, D.S. and Kerwin, J.E. Numerical methods for propeller design and analysis in steady flow. *Transactions of the Society of Naval Architects and Marine Engineers*, Vol. 90, 1982, pp. 415~453.

15.18 Hess, J.L. and Valarezo, W.O. Calculation of steady flow about propellers by means of a surface panel method. AIAA Paper No. 85-0283, 1985.

15.19 Kim, H.T. and Stern, F. Viscous flow around a propeller-shaft configuration with infinite pitch rectangular blades. *Journal of Propulsion and Power*, Vol. 6, No. 4, 1990, pp. 434~444.

15.20 Uto, S. Computation of incompressible viscous flow around a marine propeller. *Journal of Society of Naval Architects of Japan*, Vol. 172, 1992, pp. 213~224.

15.21 Stanier, M.J. Design and evaluation of new propeller blade section, *2nd International STG Symposium on Propulsors and Cavitation*, Hamburg, Germany, 1992.

15.22 Stanier, M.J. Investigation into propeller skew using a "RANS" code. Part 1: Model scale. *International Shipbuilding Progress*, Vol. 45, No. 443, 1998, pp. 237~251.

15.23 Stanier, M.J. Investigation into propeller skew using a "RANS" code. Part 2: Scale effects. *International Shipbuilding Progress*, Vol. 45, No. 443, 1998, pp. 253~265.

15.24 Chen, B. and Stern, F. RANS simulation of marine-propulsor P4119 at design condition, *22nd ITTC Propulsion Committee Propeller RANS/PANEL Method Workshop*, Grenoble, April 1998.

15.25 Maksoud, M., Menter, F.R. and Wuttke, H. Numerical computation of the viscous flow around Series 60 $C_B = 0.6$ ship with rotating propeller. *Proceedings of 3rd Osaka Colloquium on Advanced CFD Applications to Ship Flow and Hull Form Design*, Osaka, Japan, 1998, pp. 25~50.

15.26 Maksoud, M., Menter, F., Wuttke, H. Viscous flow simulations for conventional and high-skew marine propellers. *Ship Technology Research*, Vol. 45, 1998.

15.27 Jessup, S. Experimental data for RANS calculations and comparisons (DTMB4119. *22nd ITTC Propulsion Committee, Propeller RANS/Panel Method Workshop*, Grenoble, France, April 1998.

15.28 Bensow, R.E. and Liefvendahl, M. Implicit and explicit subgrid modelling in LES applied to a marine propeller. *38th Fluid Dynamics Conference*, AIAA Paper, 2008-4144, 2008.

15.29 Kim, K., Turnock, S.R., Ando, J., Becchi, P., Minchev, A., Semionicheva, E.Y., Van, S.H., Zhou, W.X. and Korkut, E. The Propulsion Committee: final report and recommendations. *The 25th International Towing Tank Conference*, Fukuoka, Japan, 2008.

15.30 Phillips, A.B., Turnock, S.R. and Furlong, M.E. Evaluation of manoeuvring coefficients of a self-propelled ship using a blade element momentum propeller model coupled to a Reynolds Averaged Navier Stokes flow solver. *Ocean Engineering*, Vol. 36, 2009, pp. 1217~1225.

15.31 Liu, Z. and Young, Y.L. Utilization of bend-twist coupling for performance enhancement of composite marine propellers, *Journal of Fluids and Structures*, 25(6), 2009, pp. 1102~1116.

15.32 Turnock, S.R. Technical manual and user guide for the surface panel code: PALISUPAN. University of Southampton, Ship Science Report No. 100, 66 p., 1997.

15.33 Turnock, S.R. Prediction of ship rudder-propeller interaction using parallel computations and wind tunnel measurements. PhD thesis, University of Southampton, 1993.

15.34 Gutsche, F. Die induction der axialen strahlzusatgescnwindigheit in der umgebung der shcraubenebene. *Schiffstecknik*, No. 12/13, 1955.

15.35 Young, Y.L. and Kinnas, S.A. Analysis of supercavitating and surface piercing propeller flows via BEM. *Computational Mechanics*, Vol. 32, 2003, pp. 269~280.

15.36 Turnock, S.R., Pashias, C. and Rogers, E. Flow feature identification for capture of propeller tip vortex evolution. *Proceedings of the 26th Symposium on Naval Hydrodynamics*. Rome, Italy, INSEAN Italian Ship Model Basin / Office of Naval Research, 2006, pp. 223~240.

15.37 Phillips, A.B. Simulations of a self propelled autonomous underwater vehicle. Ph.D. thesis, University of Southampton, 2010.

15.38 Pemberton, R.J., Turnock, S.R., Dodd, T.J. and Rogers, E. A novel method for identifying vortical structures. *Journal of Fluids and Structures*, Vol. 16, No. 8, 2002, pp. 1051~1057.

15.39 Hill, J.G. The design of propellers. *Transactions of the Society of Naval Architects and Marine Engineers*, Vol. 57, 1949, pp. 143~192.

15.40 Eckhardt, M.K. and Morgan, W.B. A propeller design method. *Transactions of the Society of Naval Architects and Marine Engineers*, Vol. 63, 1955, pp. 325~374.

15.41 O'Brien, T.P. *The Design of Marine Screw Propellers*. Hutchinson & Co., London, 1967.

15.42 Burrill, L.C. Calculation of marine propeller performance characteristics. *Transactions of North East Coast Institution of Engineers and Shipbuilders*, Vol. 60, 1944.

15.43 Molland, A.F. and Turnock, S.R. *Marine Rudders and Control Surfaces*. Butterworth-Heinemann, Oxford, UK, 2007.

15.44 Drela, M. Xfoil: an analysis and design system for low Reynolds number aerofoils. *Conference on Low Reynolds Number Airfoil Aerodynamics*. University of Notre Dame, Indiana, 1989.
15.45 Abbott, I.H. and Von Doenhoff, A.E. *Theory of Wing Sections*. Dover Publications, New York, 1958.
15.46 Ginzel, G.I. Theory of the broad–bladed propeller, ARC, Current Papers, No. 208, Her Majesty's Stationery Office, London, 1955.
15.47 Morgan, W.B., Silovic, V. and Denny, S.B. Propeller lifting surface corrections. *Transactions of the Society of Naval Architects and Marine Engineers*, Vol. 76, 1968, pp. 309~347.
15.48 Molland, A.F. and Turnock, S.R. A compact computational method for predicting forces on a rudder in a propeller slipstream. *Transactions of the Royal Institution of Naval Architects*. Vol. 138, 1996, pp. 227~244.
15.49 Burrill, L.C. The optimum diameter of marine propellers: A new design approach. *Transactions of North East Coast Institution of Engineers and Shipbuilders*, Vol. 72, 1955, pp. 57~82.

CHAPTER

16 추진기 설계 데이터

16.1 서론

16.1.1 일반론

프로펠러 데이터를 제시하는 방법은 12.1.3절에서 서술하였다. 주요 추진기의 유형은 11장에 주어져 있다. 상이한 전체 설계에 따라 그리고 운용상의 요구조건에 따라 다른 추진기들이 사용된다는 사실에 주목하는 것이 중요하다. 예를 들면 여러 가지 추진기 효율만 비교한 도표가 그림 16.1에 주어져 있다[16.1]. 그러나 이는 수직축 추진기의 뛰어난 조종성능이나 고효율의 상반회전 프로펠러의 기계적 복잡성 혹은 추력 부하가 클 때만 효율이 높아지는 덕트 프로펠러 등과 같은 효율 외적인 특성은 고려하고 있지 않다.

2장에서 서술한 것처럼, 프로펠러의 준추진효율(quasi-propulsive coefficient) η_D는 다음과 같이 쓸 수 있다.

$$\eta_D = \eta_0 \times \eta_H \times \eta_R \tag{16.1}$$

여기서 η_0는 프로펠러 단독 효율이고, η_H는 다음과 같이 정의되는 선체 효율이다.

$$\eta_H = \frac{(1-t)}{(1-w_T)} \tag{16.2}$$

여기서 t는 추력 감소계수, w_T는 반류비이다. η_R은 상대회전 효율이다. η_H와 η_R 데이터는 16.3절에 포함되어 있다.

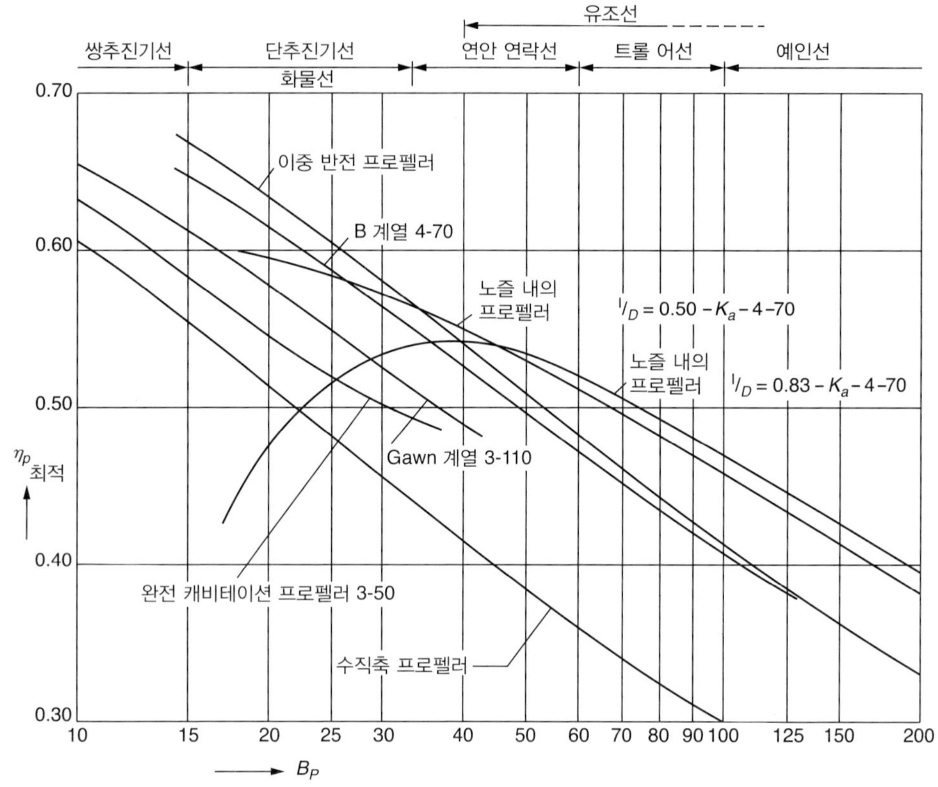

그림 16.1 다양한 추진기 유형의 효율.

16.2절은 설계 데이터 및 η_0에 대한 데이터 출처를 서술한다. 추진기는 몇 가지 범주로 구분된다. 다양한 범주에 대한 데이터 출처가 서술된다. 예제 및 데이터 적용은 적절한 곳에서 제공된다.

16.1.2 프로펠러 날개 수

초기설계 단계는 날개 수 선택과 관련된다. 날개 수는 주로 프로펠러 유기 진동, 특히 주파수에 의해 지배된다. 프로펠러 유기 진동은 불균일 반류장(8장 참조) 때문에 발생한다. 프로펠러 기진력은 선미 베어링에 작용하는 베어링 힘 및 프로펠러와 함께 회전하는 압력장에 의한 선체 표면력을 통해 선체로 전달된다. 가진 주파수는 날개 통과 주파수로서, 프로펠러 회전수 곱하기 날개 수이다. 예를 들어 날개 4개의 프로펠러가 120 rpm으로 회전하고 있을 때 가진 주파수는 120 cpm(cycle per minute), 480 cpm, 960 cpm 등이 된다. 짝수 개의 날개인 경우 가장 중요한 주기적인 하중은 추진축 진동 및 비틀림 선체 진동을 일으키는 T와 Q가 된다. 날개 수가 홀수인 경우에는 수직 및 수평 방향 힘 및 모멘트인

F_V, M_V, F_H, M_H가 지배적이어서, 수직 및 수평 방향의 선체 진동으로 이어진다. 날개 수를 바꾸면 한 가지 문제는 해결할 수 있지만 다른 문제가 생길 수 있다. 선체 진동 주파수(수직, 수평 및 비틀림)를 추정하여 프로펠러 회전수(및 그의 배수)가 이들 주파수를 회피하도록 선택한다. 프로펠러 유기 진동에 대한 더욱 상세한 논의는 [16.2~16.4]에서 찾아볼 수 있다. 설계 단계에서의 프로펠러 효율 관점에서는 날개 수 변경이 프로펠러 단독 효율 η_0를 크게 변화시키지 않는다. 날개 수 4가 가장 보편적이며, 이를 3으로 바꾸면 최적 직경일 경우 효율이 약 3% 정도 증가(최적 직경이 아닐 경우에는 1% 증가)하는 반면, 날개 수를 5로 바꾸면 효율이 대략 1% 감소한다[16.5]. 그러한 효율 변화는 예를 들면 날개 수 2에서 7까지의 Wageningen 계열 데이터(16.2.1절)로부터 추정한 것이다.

16.2 추진기 데이터

16.2.1 프로펠러

16.2.1.1 데이터

수년간 계열 프로펠러에 대한 시험이 수행되어 왔다. 그러한 시험에서 P/D 및 BAR을 체계적으로 변화시켜서 성능을 계측하였다. 표준 계열 시험결과는 프로펠러 설계 및 해석, 다른 프로펠러와의 비교 및 전산유체역학(CFD)과 수치해석을 위한 기준(benchmark) 데이터로서 훌륭한 데이터 출처이다.

고정 피치, 완전 침수, 비캐비테이션인 경우의 주된 프로펠러 표준 계열 데이터는 Wageningen B 계열[16.6], Gawn 계열[16.7], Au 계열[16.8], Ma 계열[16.9], KCA 계열[16.10], KCD 계열[16.11, 16.12], Meridian 계열[16.13]로 요약된다. Wageningen과 Gawn 계열을 좀 더 상세하게 다룬다. 이 모든 계열은 Carlton[16.14]에 어느 정도 상세히 서술되어 있다.

(I) Wageningen 계열

2개에서 7개까지의 날개를 갖고, BAR = 0.3~1.05, P/D = 0.60~1.40이다. 날개 수 4인 Wageningen B 계열의 일반적인 날개 윤곽선을 그림 16.2에 도시하였다. 프로펠러의 완전한 형상은 [16.14]에 수록되어 있으며, 일반적으로 상선에 적용된다. 그림 16.3과 16.4는 B4.40 및 B4.70 프로펠러에 대한 $K_T - K_Q$ 도표의 예를 나타내고 있다. $B_P - \delta$ 도표 및 $\mu - \sigma - \phi$ 도표의 예는 그림 16.5와 16.6에 주어져 있다.

12.1.3절에서 논의한 것처럼 $\mu - \sigma - \phi$ 도표는 예인력 계산을 위한 것이고, $B_P - \delta$ 도표는 저속 및 정지 시 작업에는 적용할 수 없다. $K_T - K_Q$ 도표는 모든 속도를 커버하

고 보다 손쉽게 곡선접합되거나 컴퓨터 계산용으로 수치화된다. 그에 따라 가장 실용적이고 인기 있는 데이터 표기 방법이 되었다.

다항식을 Wageningen $K_T - K_Q$ 데이터[16.15]에 곡선접합하여 식 (16.3)과 (16.4)를 얻었다. 이들 기본 방정식은 Reynolds 수 $Re = 2 \times 10^6$에 대한 것이다. 추가 공식인 식 (16.5)와 (16.6)은 $Re = 2 \times 10^6$과 2×10^9 사이에서의 Re 보정이 가능하다. 다항식의 계수들과 Reynolds 수에 대한 ΔK_T 및 ΔK_Q 보정량은 부록 A4의 표 A4.1 및 A4.2에 나열되어 있다.

$$K_T = \sum_{n=1}^{39} C_n (J)^{S_n} (P/D)^{t_n} (A_E/A_0)^{u_n} (z)^{v_n} \tag{16.3}$$

$$K_Q = \sum_{n=1}^{47} C_n (J)^{S_n} (P/D)^{t_n} (A_E/A_0)^{u_n} (z)^{v_n} \tag{16.4}$$

여기서 (A_E/A_0)는 BAR로 잡을 수 있다.

$$K_T(Re) = K_T(Re = 2 \times 10^6) + \Delta K_T(Re) \tag{16.5}$$

$$K_Q(Re) = K_Q(Re = 2 \times 10^6) + \Delta K_Q(Re) \tag{16.6}$$

Reynolds 수 $Re(= V_R \cdot c/\nu)$는 코드 길이 및 다음과 같이 정의되는 $0.7R$에서의 상대속도 V_R로 정의된다.

$$V_R = \sqrt{V_a{}^2 + (0.7\pi n D)^2} \tag{16.7}$$

그림 16.2에 도시된 Wageningen 계열[16.6]에 근거한 $0.7R$에서의 코드 길이의 근사식은 다음과 같다.

$$\left(\frac{c}{D}\right)_{0.7R} = X_2 \times \text{BAR} \tag{16.8}$$

여기서 날개 수 3일 때 $X_2 = 0.747$, 날개 수 4일 때 $X_2 = 0.520$, 날개 수 5일 때 $X_2 = 0.421$이다.

K_T와 K_Q에 대한 근사식

Wageningen $K_T - K_Q$ 데이터에 대한 식 (16.9) 및 (16.10)과 같은 형태의 근사식이 만들어졌다. 이들은 예비설계 단계에서 K_T와 K_Q에 대한 근사적인 추정 목적에 적합하다.

$$K_T = K_{T0}\left[1 - \left(\frac{J}{a}\right)^n\right] \tag{16.9}$$

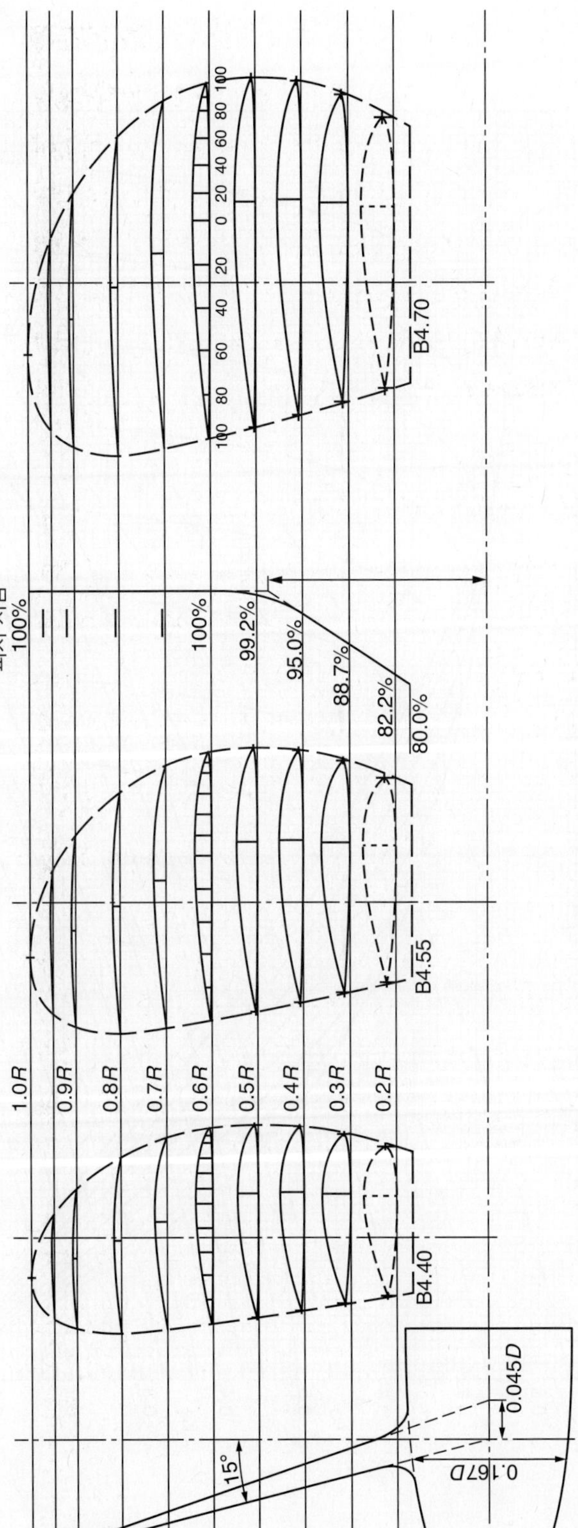

그림 16.2 Wageningen B 계열(날개 4개) 프로펠러의 날개 윤곽도[16.6].

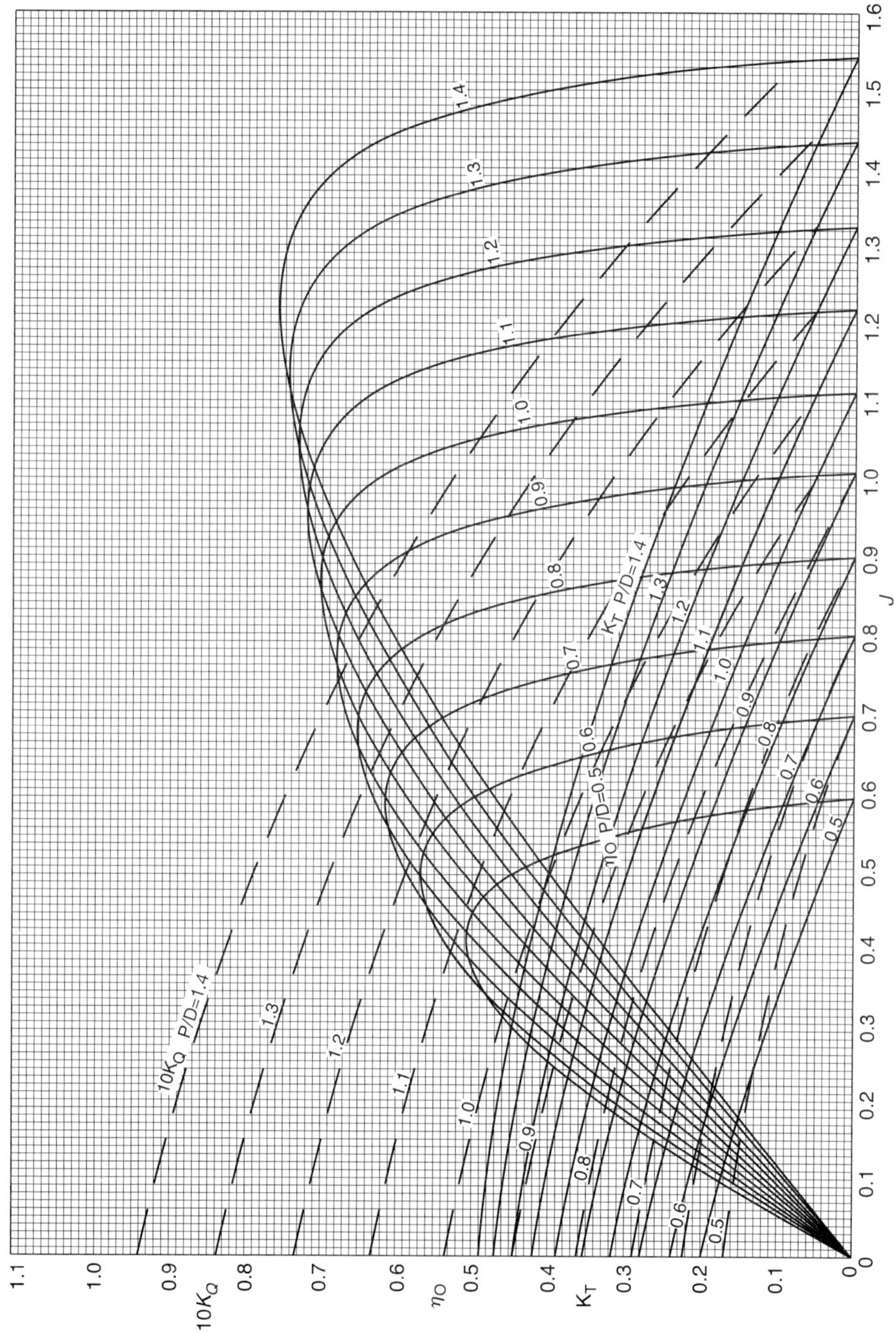

그림 16.3 Wageningen B4.40 프로펠러의 $K_T - K_Q$ 특성(MARIN 제공).

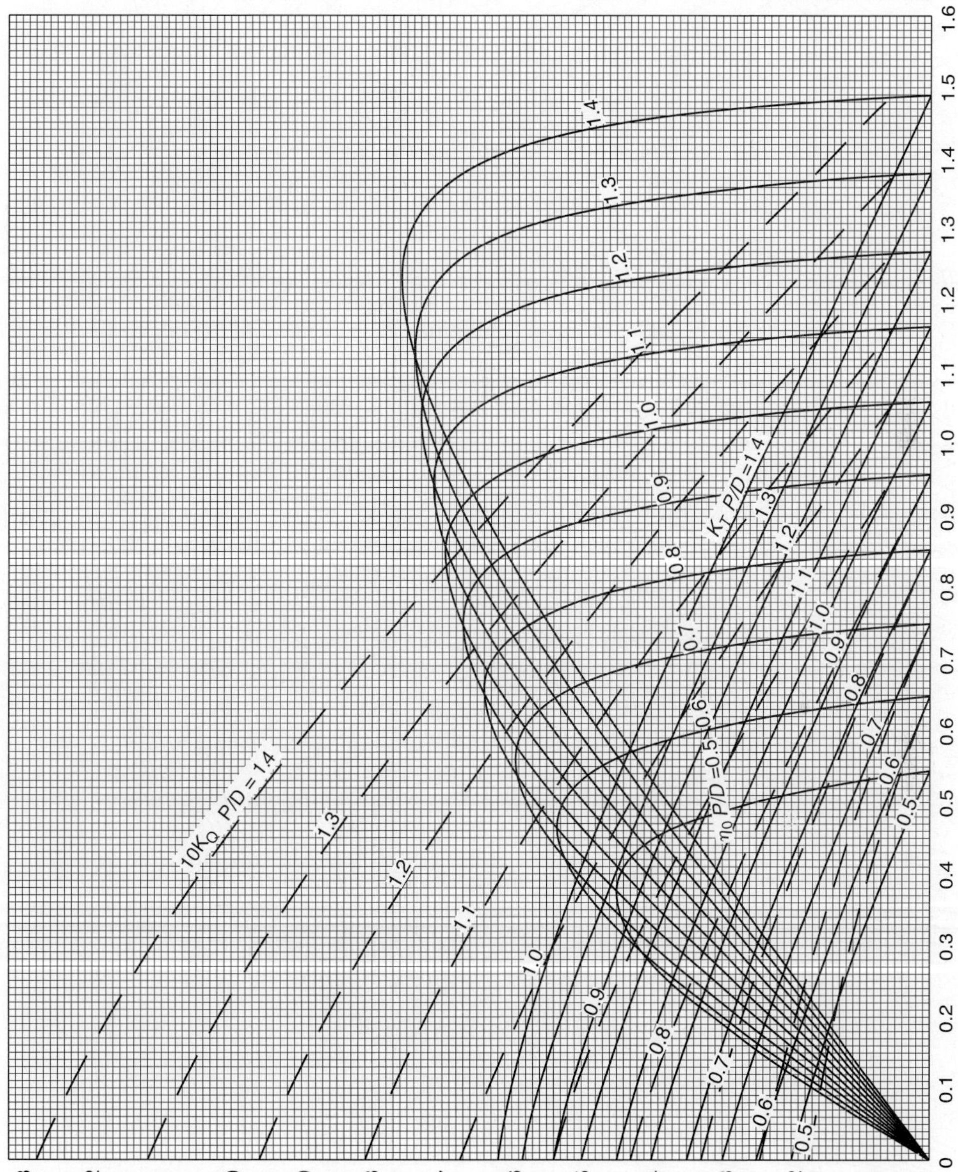

그림 16.4 Wageningen B4.70 프로펠러의 $K_T - K_Q$ 특성(MARIN 제공).

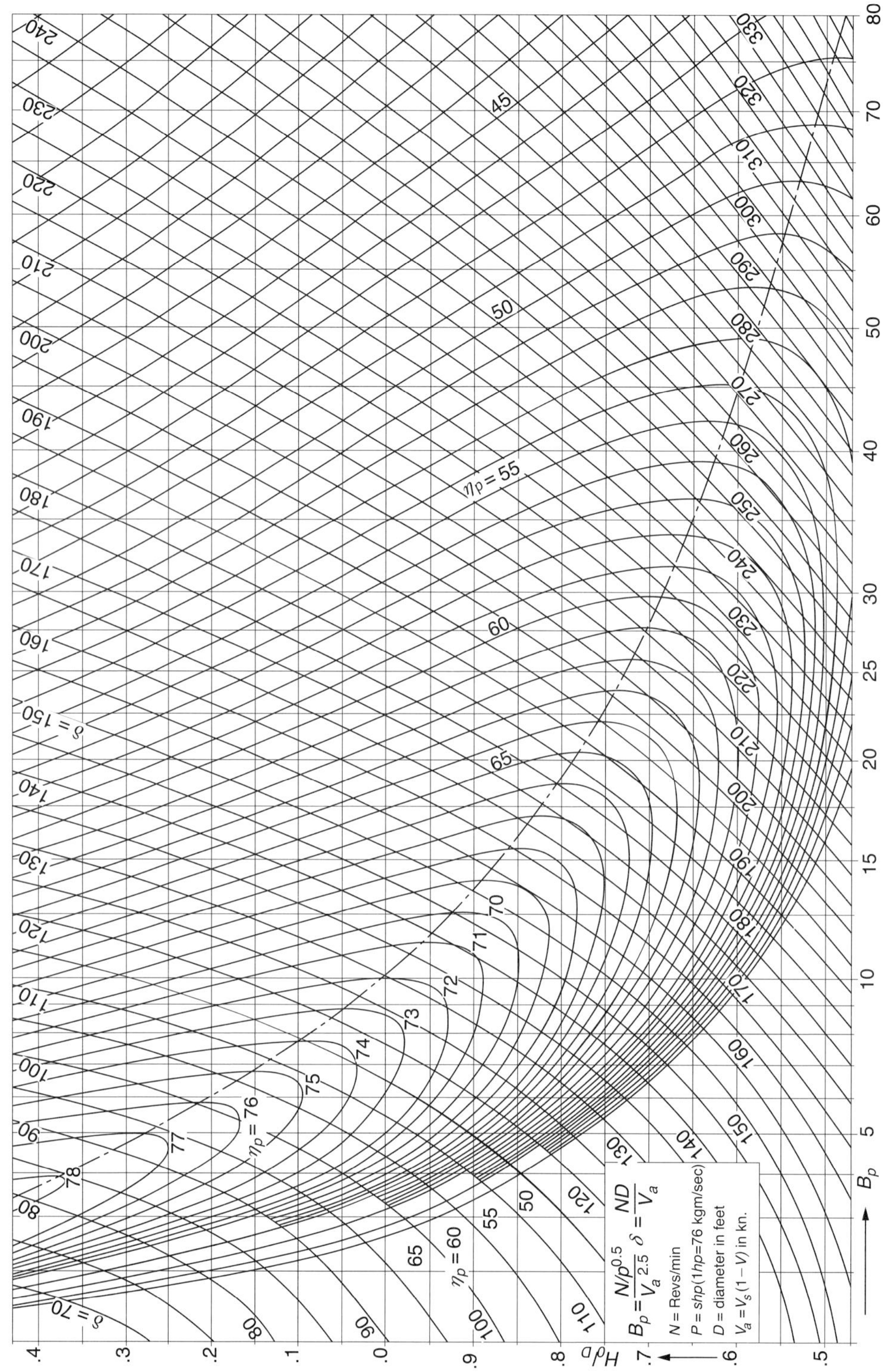

그림 16.5 Wageningen B4.40 프로펠러의 $Bp-\delta$ 특성(MARIN 제공).

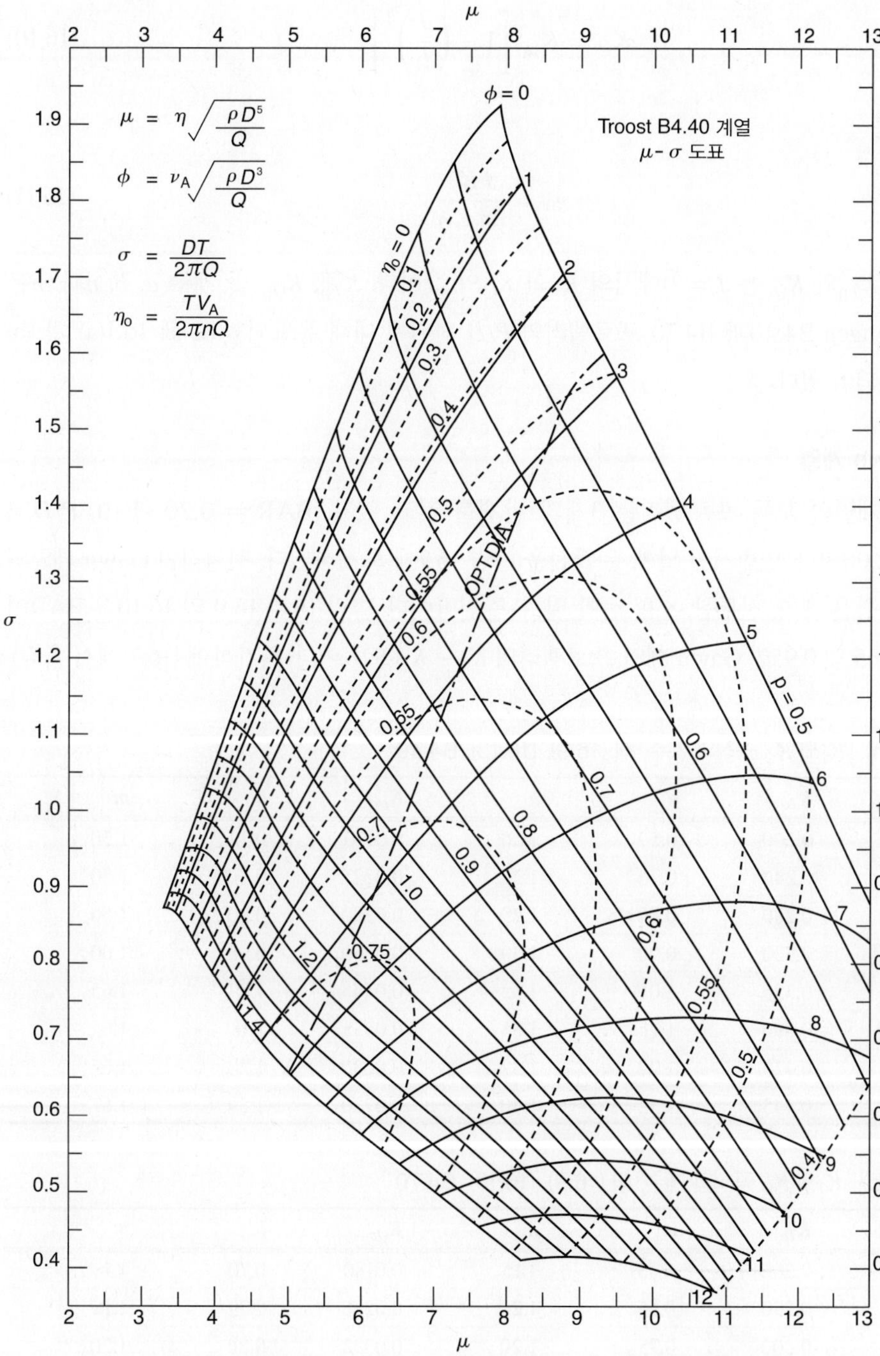

그림 16.6 Wageningen B4.40 프로펠러의 $\mu-\sigma-\phi$ 특성(MARIN 제공).

$$K_Q = K_{Q0}\left[1 - \left(\frac{J}{b}\right)^m\right] \tag{16.10}$$

그리고

$$\eta_0 = \frac{J\,K_T}{2\pi\,K_Q} \tag{16.11}$$

여기서 K_{T0}와 K_{Q0}는 $J = 0$에서의 K_T와 K_Q의 값이다. K_{T0}, K_{Q0} 및 계수 a, b, n과 m은 Wageningen B4.40과 B4.70 프로펠러의 P/D 범위에 대해 유도되었고, 표 16.1(a) 및 (b)에 나열되어 있다.

(II) Gawn 계열

Gawn 계열의 모든 프로펠러는 3개의 날개를 갖고 있고, BAR = 0.20~1.10, P/D = 0.40~2.00이다. 일반적인 날개 윤곽선을 그림 16.7에 도시하였다. 전형적인 Gawn 계열의 적용 대상은 페리, 전투함, 소형 선박 및 고속 선박이다. 그림 16.8, 16.9 및 16.10은 BAR이 0.35, 0.65 및 0.95인 Gawn 계열 프로펠러의 $K_T - K_Q$ 도표이다(허가하에 [16.7]에서 옮김).

표 16.1(a) K_T와 K_Q 공식의 계수, 식 (16.9), (16.10), B4.40

P/D	K_{To}	a	n	K_{Qo}	b	m
0.5	0.200	0.59	1.26	0.0170	0.72	1.50
0.6	0.240	0.70	1.27	0.0225	0.80	1.50
0.7	0.280	0.80	1.29	0.0290	0.90	1.50
0.8	0.320	0.90	1.30	0.0360	0.98	1.60
0.9	0.355	1.01	1.32	0.0445	1.07	1.65
1.0	0.390	1.11	1.35	0.0535	1.18	1.65
1.1	0.420	1.22	1.37	0.0630	1.28	1.67
1.2	0.445	1.32	1.40	0.0730	1.39	1.67

표 16.1(b) K_T와 K_Q 공식의 계수, 식 (16.9), (16.10), B4.70

P/D	K_{To}	a	n	K_{Qo}	b	m
0.5	0.200	0.55	1.15	0.0180	0.70	1.18
0.6	0.250	0.65	1.20	0.0250	0.79	1.18
0.7	0.300	0.75	1.20	0.0332	0.86	1.20
0.8	0.352	0.86	1.20	0.0433	0.95	1.23
0.9	0.405	0.96	1.20	0.0545	1.03	1.29
1.0	0.455	1.06	1.20	0.0675	1.12	1.29
1.1	0.500	1.16	1.21	0.0810	1.22	1.30
1.2	0.545	1.27	1.21	0.0960	1.32	1.31

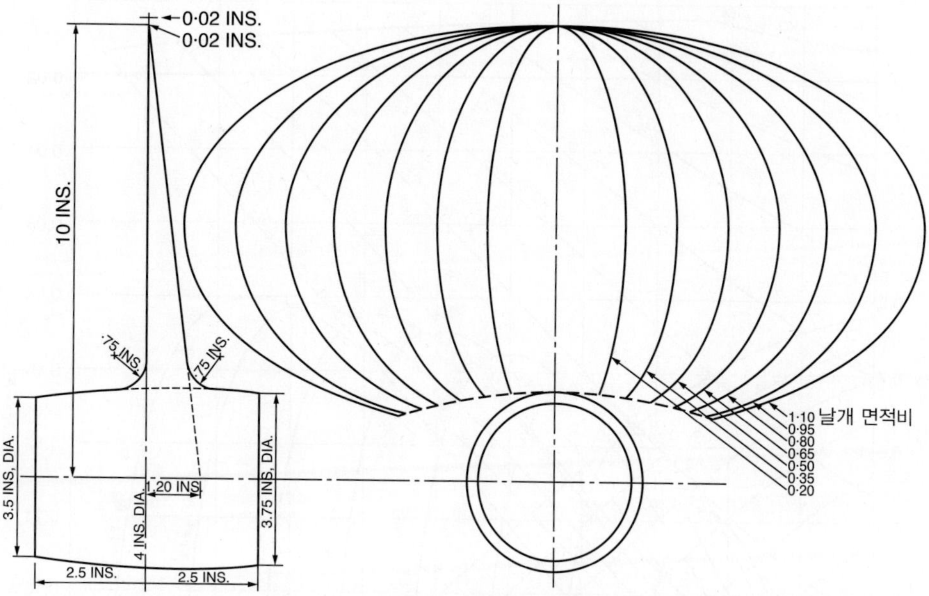

그림 16.7 Gawn 계열 프로펠러의 날개 윤곽도[16.10].

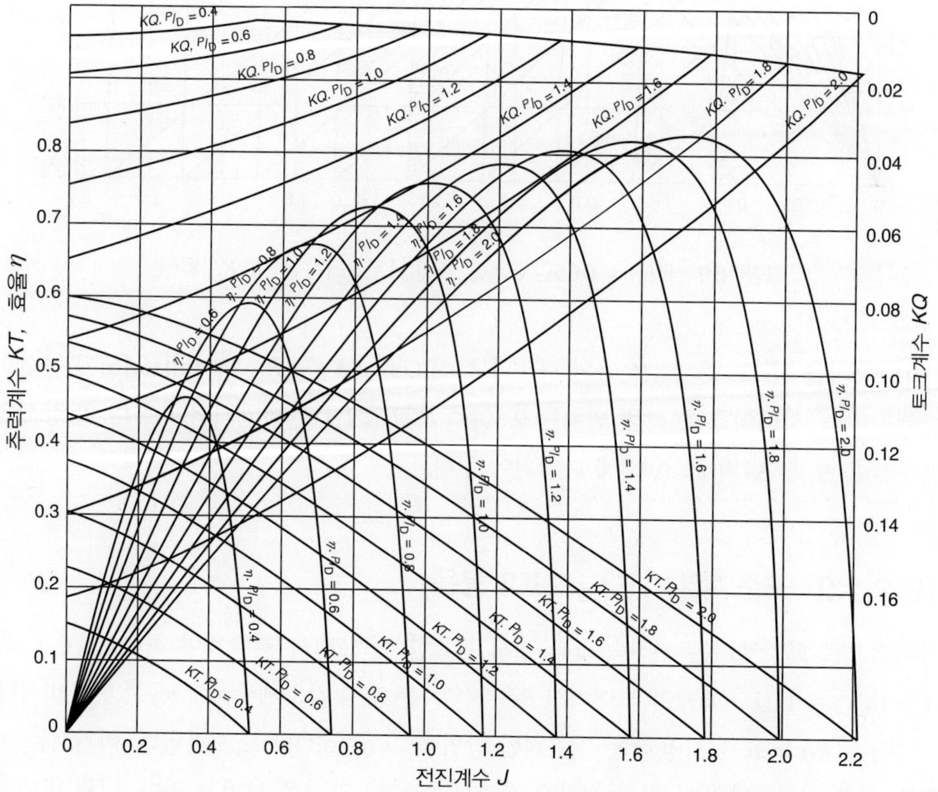

그림 16.8 BAR = 0.35인 Gawn 계열 프로펠러의 $K_T - K_Q$ 특성.

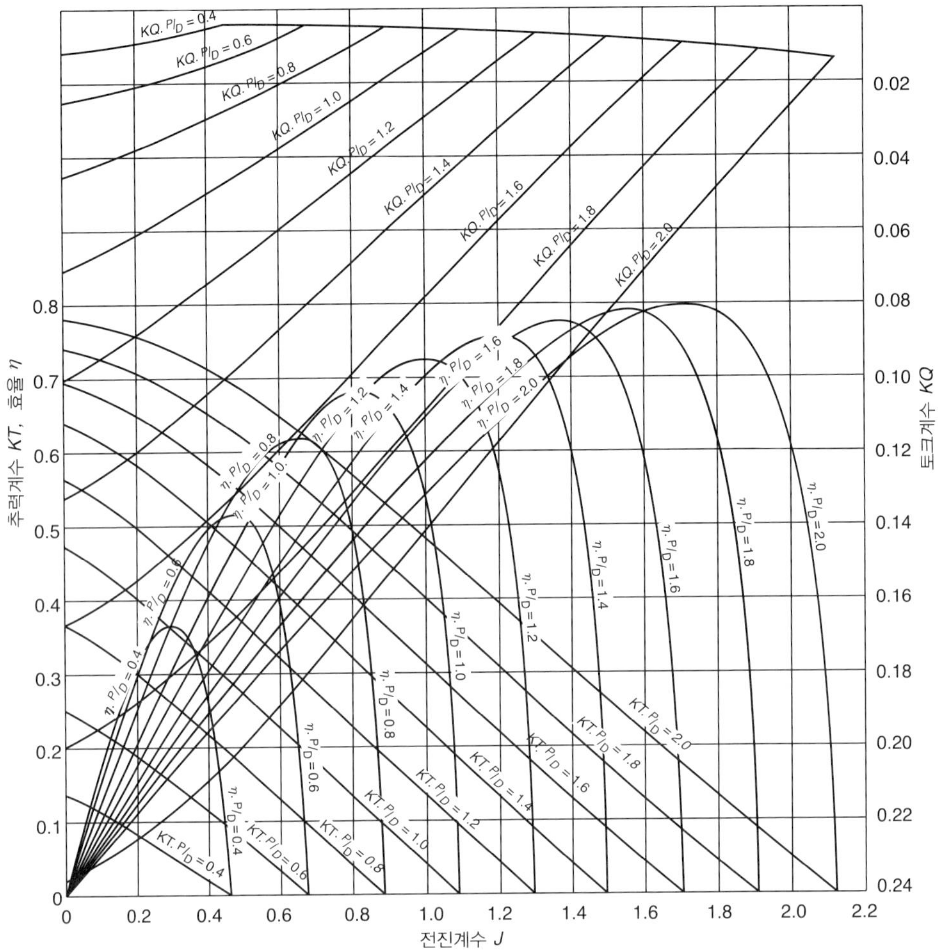

그림 16.9 BAR = 0.65인 Gawn 계열 프로펠러의 $K_T - K_Q$ 특성.

다항식을 식 (16.3)과 (16.4)의 형태와 같이 Gawn $K_T - K_Q$ 데이터[16.16]에 곡선접합했는데, 근사식이므로 적용 범위는 $0.80 < P/D < 1.4$로 제한되어야 한다. 다항식의 계수들은 부록 A4의 표 A4.3에 나열되어 있다.

16.2.1.2 표준 계열 $K_T - K_Q$ 도표의 응용

기본적으로 프로펠러는 전진속도(V_a)에서 필요한 추력(T)을 전달해야 하는데, $T = R/(1 - t)$, $V_a = V_S(1 - w_T)$이다. 여기서 R은 저항, t는 추력 감소계수이고 w_T는 반류비이다.

$K_T - K_Q$ 도표를 사용하는 전형적인 방법을 그림 16.11에 도시하였다. 여기서는 가정된 직경에서 출발하여 최적 회전수 도출에 이르는 과정을 보이고 있다. 대체 방법은

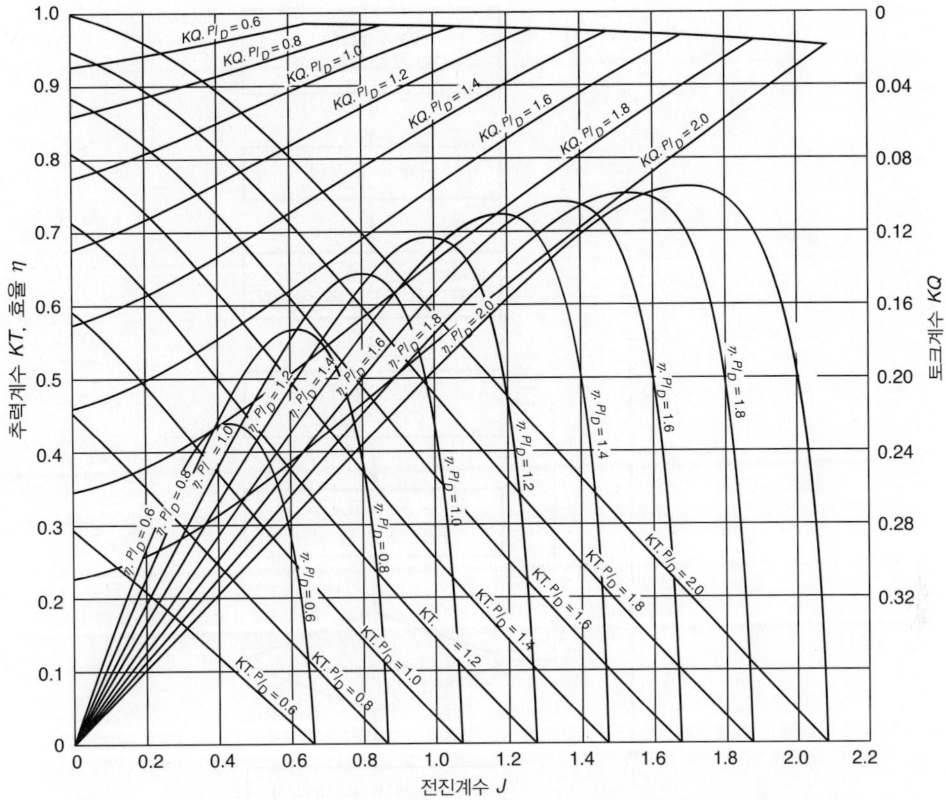

그림 16.10 BAR = 0.95인 Gawn 계열 프로펠러의 $K_T - K_Q$ 특성.

가정된 회전수에서 시작하여 최적의 직경에 이르는 방법이다.

이론적으로는 설계 요구조건을 만족하는 무한 범위의 직경(D)과 피치 비(P/D) 및 회전수(N)가 존재한다. 실제로는 (최대 효율을 위한) 최적 직경 혹은 필요한 팁 간극(tip clearance)에 기인한 직경 한도 및 최적 회전수(혹은 엔진 요구조건에 따른 회전수 제한)가 존재하여 적절한 해답으로 이어질 수 있다. 다음의 예제 풀이는 그림 16.3에 주어진 Wageningen 계열 B4.40 $K_T - K_Q$ 도표의 적용을 예시하고 있다.

예제 풀이

어떤 특정 선박에 대해 P_E, V_S, w_T 및 t가 알려졌다고 할 때, 적절한 프로펠러 특성 및 효율을 유도하라. P_E = 2800 kW, V_S = 14 knots, w_T = 0.26, t = 0.20이고 $\eta_R = 1.0$으로 가정한다. $T = R_T/(1-t) = (P_E/V_S)/(1-t) = 2800/(14 \times 0.5144)/(1-0.2) = 486.0$ kN이고, $V_a = V_S(1-w_T) = 14(1-0.26) \times 0.5144 = 5.329$ m/s이다.

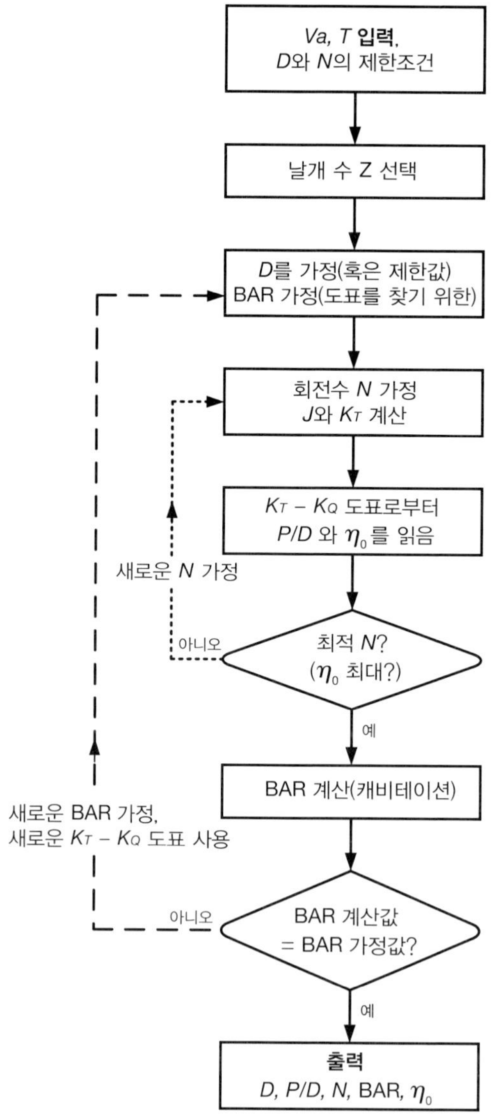

그림 16.11 전형적인 프로펠러 예비설계 과정—최적 회전수.

사례 1: 직경과 회전수가 주어진 경우. $D = 5.2$ m 및 $N = 120$ rpm($n = 2.0$ rps)이 주어졌을 때, $K_T = T/(\rho n^2 D^4) = 486 \times 1000/(1025 \times 2^2 \times 5.2^4) = 0.162$이고

$$J = V_a/nD = 5.329/(2.0 \times 5.2) = 0.512$$

계산 절차는 다음과 같다.

(a) $J = 0.512$에서 도표(그림 16.3의 B4.40)로 들어간다.

(b) 요구되는 K_T(= 0.162)로부터 적절한 $P/D = 0.79$를 읽는다.

(c) 요구되는 P/D로부터 $\eta_0 = 0.588$을 읽는다.

(d) 요구되는 P/D로부터 $K_Q = 0.0225$를 읽는다.

식 (16.1)로부터 $\eta_D = \eta_0 \times \eta_H \times \eta_R = 0.588 \times (1 - 0.2)/(1 - 0.26) \times 1.0 = 0.636$이고, $P_D = P_E/\eta_D = 2800/0.636 = 4402.5$ kW가 된다. 혹은 보다 직접적으로 K_Q 도표를 사용하고, $P_D = 2\pi nQ/\eta_R$ 및 $Q = K_Q \times \rho n^2 D^5$을 이용하면

$$\therefore P_D = 2\pi n K_Q \rho n^2 D^5/\eta_R$$
$$= 2\pi \times 2.0 \times 0.0225 \times 1025 \times 2.0^2 \times 5.2^5/1000 = 4407.5 \text{ kW}$$

(5 kW 차이는 목측으로 도표를 읽는 정확도 내에 들어간다.)

사례 2: 최적 회전수. 예를 들어 0.15D에서 0.20D 사이에 들어가는 날개 팁 간극으로 인해 $D = 5.0$ m로 주어졌을 때, 이 직경에 대한 최적 회전수를 구하라.

$$K_T = T/\rho n^2 D^4 = 486 \times 1000/(1025 \times n^2 \times 5.0^4) = 0.759/n^2$$
$$J = V_a/nD = 5.329/(n \times 5.0) = 1.066/n$$

일정 범위의 회전수를 가정하고, 각 회전수마다 η_0를 도표에서 찾는다. 찾은 η_0 중에서 최적값(최대)에 해당하는 회전수를 보간법으로 역산한다. 이 절차를 표 16.2에 나타내었다. $J = 0.548$에서 $P/D = 0.908$이고 $K_Q = 0.0301$, $P_D = 2\pi nQ/\eta_R = 2\pi \times 1.945 \times 0.0301 \times 1025 \times 1.945^2 \times 5.0^5/1000 = 4457.3$ kW이다. 혹은 $\eta_D = \eta_0 \times \eta_H \times \eta_R = 0.583 \times (1 - 0.2)/(1 - 0.26) \times 1.0 = 0.630$이고 $P_D = P_E/\eta_D = 2800/0.630 = 4444.4$ kW인데, 두 가지 방법으로 추정한 전달동력 사이의 12.9 kW 차이는 목측으로 도표를 읽는 정확도 내에 들어간다.

사례 3: 최적 직경. 예를 들어 엔진의 요구조건으로 인해 회전수가 $N = 130$ rpm으로 주어졌을 때, 이 회전수에 대한 최적 직경을 구하라.

표 16.2 최적 회전수의 유도

가정한 값		계산한 값		도표로부터 읽는 값		
N	n	J	K_T	P/D	η_0	보간법에 의한 회전수 역산
102	1.7	0.627	0.263	1.12	0.570	최적 $J = 0.548$
114	1.9	0.561	0.210	0.94	0.582	$\therefore n = 1.945$(116.7 rpm)
126	2.1	0.508	0.172	0.81	0.575	$\eta_0 = 0.583$ 및 $P/D = 0.908$

표 16.3 최적 직경의 유도

가정한 값	계산한 값		도표로부터 읽는 값		
D	J	K_T	P/D	η_0	보간법에 의한 직경 역산
4.8	0.512	0.190	0.85	0.571	최적 $J = 0.483$
5.0	0.491	0.161	0.77	0.577	$D = 5.09$
5.2	0.472	0.138	0.70	0.577	$\eta_0 = 0.578$
5.4	0.455	0.118	0.64	0.562	$P/D = 0.74$

$$N = 130 \text{ rpm} = 2.17 \text{ rps}$$

$$K_T = T/\rho n^2 D^4 = 486 \times 1000/(1025 \times 2.17^2 \times D^4) = 100.69/D^4$$

$$J = V_a/(nD) = 5.329/(2.17 \times D) = 2.456/D$$

일정 범위의 직경을 가정하고, 각 직경마다 η_0를 도표에서 찾는다. 찾은 η_0 중에서 최적값(최대)에 해당하는 직경을 보간법으로 역산한다. 이 절차를 표 16.3에 나타내었다. $J = 0.483$에서 $P/D = 0.74$이고 $K_Q = 0.0200$, $P_D = 2\pi nQ/\eta_R = 2\pi \times 2.17 \times 0.0200 \times 1025 \times 2.17^2 \times 5.09^5/1000 = 4496.8$ kW이다. 혹은 $\eta_D = \eta_0 \times \eta_H \times \eta_R = 0.578 \times (1-0.2)/(1-0.26) \times 1.0 = 0.625$이고 $P_D = P_E/\eta_D = 2800/0.625 = 4480.0$ kW인데, 두 가지 방법으로 추정한 전달동력 사이의 16.8 kW 차이는 목측으로 도표를 읽는 정확도에 기인한 것이다.

계산과정을 설명하기 위한 예로 B4.40 도표를 선택했음을 명심해야 한다. 12장의 캐비테이션 점검을 해보면 어떤 도표, 예를 들어 B4.40, B4.55, B4.70 중에서 어떤 것이 가장 적절한지 알 수 있다.

사례 4: 동력 접근법. (예를 들어 특정한 디젤 엔진을 직결하여 사용하는 경우처럼) 주어진 회전수에서 정해진 동력이 전달되는 프로펠러를 설계할 필요가 있다. 이 경우 초기에는 선속도 알 수 없다.

방식 1. 직경을 알거나 추정할 수 있다면(예를 들어 팁 간극으로 허용되는 최대치), (예상 선속을 포함하는) 일정 범위의 선속을 가정하고 각 선속에 대해 사례 1을 반복한다. 프로펠러에 전달된 동력 P_D가 정해진 동력 값과 같아질 때까지 선속을 증가한다.

방식 2. 최적 직경이 필요한 경우. 일정 범위의 선속을 가정하고 사례 3을 반복하여 각 선속마다 전달동력 및 최적 직경 계산값을 생성한다. 전달동력 P_D가 정해진 동력 값과 같아질 때까지 선속을 증가한다. 선속에 대해 P_D와 D를 함께 플롯하면 정해진 동력 값 P_D에 해당하는 선속과 그 선속에서 최적화된 D를 얻을 수 있다.

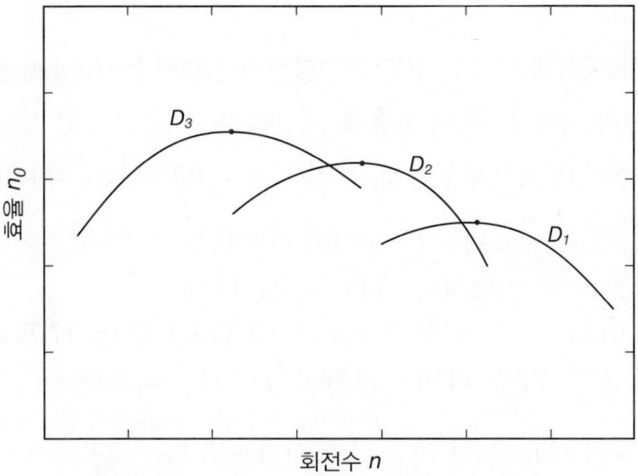

그림 16.12 직경과 회전수에 따른 효율의 변화.

($K_T - K_Q$ 도표보다는) $B_P - \delta$ 도표가 동력 접근법에 좀 더 적합할 수 있음에 주목하고, 16.2.1.3절을 참조하라.

사례 5: 볼라드 추력 조건(J = 0). $J = 0$에서 $K_{T0} = T/\rho n^2 D^4$, $K_{Q0} = Q/\rho n^2 D^5$, $T = K_{T0} \times \rho n^2 D^4$이고 $Q = K_{Q0} \times \rho n^2 D^5$이다.

그림 16.3으로부터 가정된 P/D 값에 대해 K_{T0}와 K_{Q0}를 구할 수 있다. 가정된 (혹은 한계치인) D 값에 대해 회전수 범위를 가정하여 Q 혹은 P_D의 한계치에 도달할 때까지 반복할 수 있다. 이 지점이 가능한 최대 추력을 나타낼 것이다. 이 과정을 D의 (사전 지정된) 범위 및 n의 범위에 대해 가장 효율적인 n과 D의 조합을 얻을 때까지 반복한다. 13.3절에서 주지했던 것처럼 유효 추력은 $T_E = T \times (1 - t)$인데, 여기서 t는 추력 감소계수이다. 볼라드 추력 상태의 예인선에 대한 t 값은 8장에 주어져 있다. 17장의 예제 풀이 19번은 예인선의 볼라드 추력 상태를 포함한다.

사례 6: 예비 선정. 예비설계 단계에서 적절한 방식은 사례 2를 여러 번 적용하여 직경 D에 대한 η_0의 민감도를 점검하는 것이다. 그와 같은 조사의 결과들이 그림 16.12에 개략적으로 도시되어 있다.

16.2.1.3 표준 계열 $B_P - \delta$ 도표의 응용

$B_P - \delta$ 도표는 (예를 들어 특정한 디젤 엔진을 직결하여 사용하는 경우와 같이) 주어진 전달동력과 회전수에 대해 프로펠러를 설계할 필요가 있을 때 유용하다. 이 경우 최초에는 프로펠러 효율과 추력을 모르는 상태에서 선속을 가정해야 한다.

예제 풀이

추정 선속 17 knots에서 운항하는 선박의 전달동력이 회전수 110 rpm에서 12,500 kW이다. 최적의 프로펠러 직경, 피치 및 효율을 계산하라.

이 선종에 대한 경험식으로부터 $w_T = 0.25$, $t = 0.15$ 및 $\eta_R = 1.01$이다.

$$\eta_H = (1 - t)/(1 - w_T) = (1 - 0.15)/(1 - 0.25) = 1.133$$
$$P_D = 12{,}500\,\text{kW} = 12{,}500/0.7457 = 16{,}763\,\text{hp}$$
$$V_S = 17.0\,\text{knots}, \quad V_a = V_S(1 - w_T) = 17(1 - 0.25) = 12.75\,\text{knots}$$
$$B_P = N \cdot P^{1/2}/V_a^{2.5} = 110 \times 16{,}763^{1/2}/12.75^{2.5} = 24.54$$

그림 16.5의 Wageningen B4.40 도표를 사용하면 $B_P = 24.54$에 대해 최적 직경 곡선(일점쇄선)에서는 $\eta_0 = 0.625$, $\delta = 200$이고 $P/D = 0.730$이다. $\delta = ND/V_a$에서 직경 $D = \delta V_a/N = 200 \times 12.75/110 = 23.18$ ft $= 7.07$ m이고, $\eta_D = \eta_0\eta_H\eta_R = 0.625 \times 1.133 \times 1.01 = 0.715$가 된다.

프로펠러 직경이 예를 들어 6.3 m = 20.66 ft로 제한된다면, 이 경우 $B_P = 24.54$는 앞서와 같지만 $\delta = ND/V_a = 110 \times 20.66/12.75 = 178.24$이고 B4.40 도표로부터 $\eta_0 = 0.600$(최적은 아님)이고 $P/D = 0.970$이 된다.

$$\eta_D = \eta_0\eta_H\eta_R = 0.600 \times 1.133 \times 1.01 = 0.687$$

최적 직경의 경우를 고려하면 엔진으로부터의 '유효' 동력은 $P_E' = P_D \times \eta_D = 12{,}500 \times 0.715 = 8937.5$ kW이다. 실제로 설치된 엔진으로부터의 출력 P_E'가 그 선속에서의 선체의 유효동력 $P_E(R_T \times Vs)$과 다르다면, 선박의 $P_E - Vs$ 곡선으로부터 $P_E = 8937.5$ kW에 대응하는 새로운 선속을 추정하여 계산을 반복할 수 있다. 즉, 반복계산으로 최적 프로펠러 및 실제 선속을 구할 수 있다.

계산 방법을 설명하기 위한 예로 B4.40 도표를 선택했음을 명심해야 한다. 12장의 캐비테이션 점검을 해보면 어떤 도표, 예를 들어 B4.40, B4.55, B4.70 중에서 어느 것이 가장 적절한지 알 수 있다.

16.2.2 가변 피치 프로펠러

그림 16.3부터 16.10까지의 고정 피치 프로펠러에 대한 $K_T - K_Q$ 도표를 사용할 수 있는데, 피치를 변수로 간주하고 보스 직경 대 프로펠러 직경 비의 증가로 인한 효율의 소폭 손실을 감안한다. [16.17]의 결과에 따르면 보스/프로펠러 직경비가 (예를 들어 0.18에서 0.25로) 40% 증가하면 대략 2~3%의 효율 하락으로 이어진다.

16.2.3 덕트 프로펠러

덕트 프로펠러에 대한 단독 특성을 활용할 수 있다. 하나의 예를 그림 16.13에 도시했는데, 19A 노즐(덕트) 안에 설치된 Wageningen Ka4.70 프로펠러의 $K_T - K_Q$ 데이터를 나타내고 있다. 이와 같은 $K_T - K_Q$ 도표의 사용법은 16.2.1절의 덕트 없는 통상형 프로펠러와 같다. 덕트의 역할이 그림 16.13에 나타나 있다. J 값이 크고 추력 부하가 낮은 경우 덕트의 추력은 음이 되어 항력이 작용함에 주목하라. 덕트 프로펠러의 더욱 상세한 데이터는 [16.8, 16.9]에 있다.

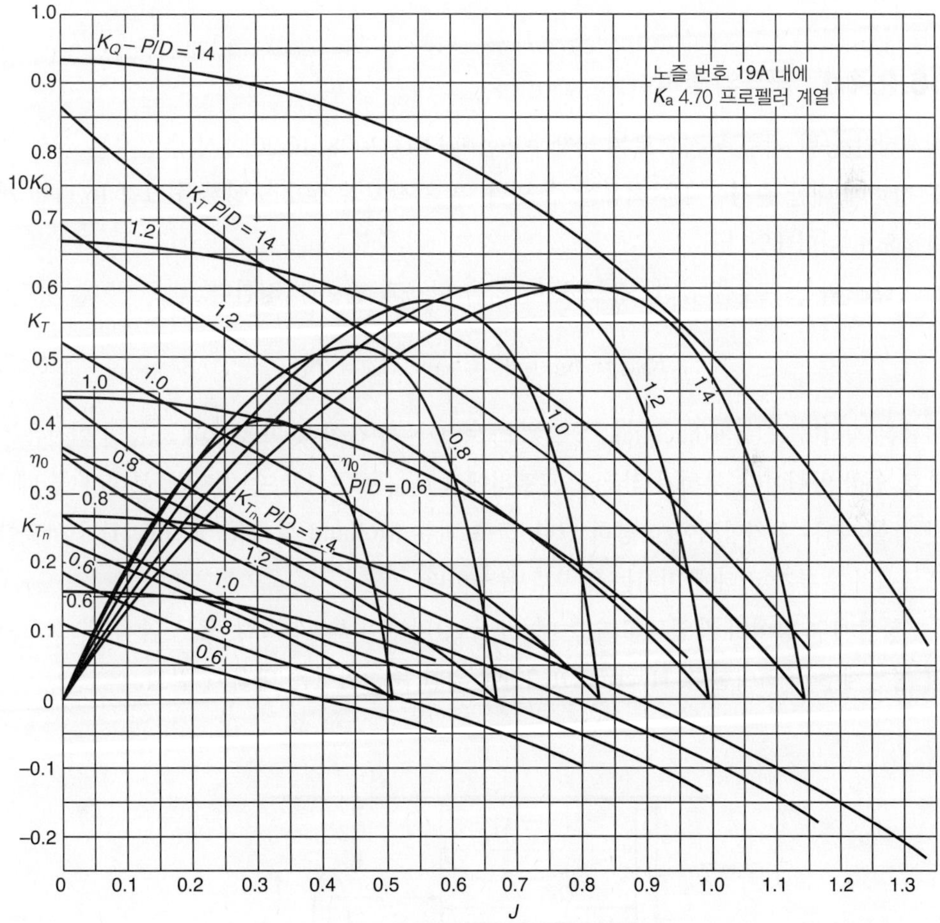

그림 16.13 덕트 프로펠러의 $K_T - K_Q$ 특성(MARIN 제공).

16.2.4 포드 프로펠러

포드 프로펠러는 통상형 프로펠러와 유사한 방식으로 기능한다고 가정할 수 있으므로, 그림 16.3부터 16.10까지의 도표로부터 적절한 단독 특성 데이터를 가져올 수 있다. 통상형 프로펠러와 비교할 때 특별히 문제되는 차이점은 프로펠러 보스/직경 비의 증가, 전동기를 수납하기 위해 비교적 직경이 커진 포드 및 지지 스트럿의 항력이다. 포드 장치를 설치하기 위해 후미가 절개된 선형에서는 반류비와 추력 감소계수가 달라질 수 있다. 비교적 큰 포드의 항력과 지지 스트럿의 항력을 감안해야 하는데, 둘 다 부가물 저항 아니면 추력 감소계수의 변화로 간주할 수 있다.

16.2.4.1 포드의 항력

실제적인 동력 예측 목적으로는 국제수조협회(ITTC2008)[16.20]에서 추천하는 실선 포드 항력에 대한 준경험식을 적용할 수 있다. 포드 장치의 주요 구성부를 그림 16.14에 개략적으로 나타내었다.

(포드와 스트럿을 합한) 총 포드 항력을 다음과 같이 가정한다.

$$R_{\text{Pod}} = R_{\text{Body}} + R_{\text{Strut}} + R_{\text{Int}} + R_{\text{Lift}} \tag{16.12}$$

이들은 각각 포드 몸체(nacelle), 스트럿, 스트럿-본체 간섭 및 프로펠러 하류의 회전유동으로 인한 양력이다. 부하가 작은 프로펠러에서 R_{Lift}는 무시할 수 있지만, 부하가 클 때(J가 작을 때)는 유기항력이 상당히 크다. 그 효과는 Molland 및 Turnock[16.21]이 서술한 프로펠러 후류가 러더에 미치는 영향과 유사하다.

형상계수 방식이 제안되고 있는데, $(1+k_B)$와 $(1+k_S)$가 각각 포드 몸체 및 스트럿의 형상계수를 의미한다. Hoerner[16.22]에 의한 준경험식은 다음과 같다.

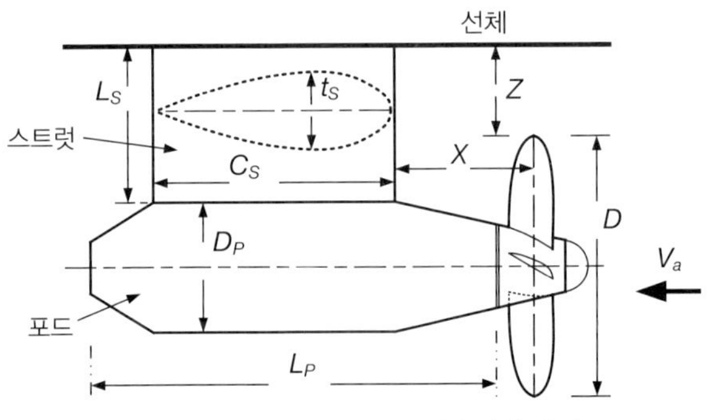

그림 16.14 포드 추진기의 개략적인 배치도.

16.2.4.2 포드 몸체

$$R_{\text{Body}} = (1 + k_B)\left(C_F \frac{1}{2}\rho V_I^2 S_B\right) \tag{16.13}$$

$$k_B = 1.5\left(\frac{D_P}{L_P}\right)^{3/2} + 7\left(\frac{D_P}{L_P}\right)^3 \tag{16.14}$$

여기서 L_P, D_P와 S_B는 포드 몸체의 길이, 직경 및 침수표면적이고 V_I는 유입속도이다.

스트럿

$$R_{\text{Strut}} = (1 + k_S)\left(C_F \frac{1}{2}\rho V_I^2 S_S\right) \tag{16.15}$$

$$k_S = 2\left(\frac{t_S}{C_S}\right) + 60\left(\frac{t_S}{C_S}\right)^4 \tag{16.16}$$

여기서 S_S는 스트럿의 침수표면적, t_S/C_S는 스트럿의 평균 두께 비이고 V_I는 유입속도이다.

스트럿-포드 간섭

$$R_{\text{Int}} = \frac{1}{2}\rho V_I^2 t_S^2 f\left(\frac{t_{\text{root}}}{C_{\text{root}}}\right) \tag{16.17}$$

필렛(fillet) 접합부일 때

$$f\left(\frac{t_{\text{root}}}{C_{\text{root}}}\right) = 0.4\left(\frac{t_{\text{root}}}{C_{\text{root}}}\right) - 0.05 \tag{16.18}$$

t_{root}는 스트럿 뿌리(포드와의 접합부)에서의 최대 두께이고, C_{root}는 스트럿 뿌리에서의 코드 길이이다. R_{Int}는 마찰저항과 무관하므로 축척 효과가 적용되지 않음에 주목하라.

프로펠러 후류 효과

프로펠러는 포드와 스트럿 주위의 유동을 가속시킨다. 수정된 가진 원판 이론에 근거한 다음과 같은 방정식이 제안된다[16.21]. 포드 및 스트럿에서의 유입속도는

$$V_I = V_a + K_R V_a \left\{\left[1 + \frac{8K_T}{\pi J^2}\right]^{1/2} - 1\right\} \tag{16.19}$$

로 주어지는데, 여기서 K_R은 프로펠러와 스트럿 사이의 유체 가속을 고려한 Gutsche 방식의 보정계수이다. 이는 프로펠러로부터 스트럿까지의 거리를 기반으로 다음과 같이 표현된다.

$$K_R = 0.5 + \frac{0.5}{\{1 + [0.15/(X/D)]\}} \tag{16.20}$$

$X/D = 0$일 때 $K_R = 0.5$이고, $X/D = \infty$일 때 $K_R = 1.0$이 됨에 주목하라.

프로펠러를 통과한 후류 내에서는 유속을 V_I로 잡고 그 바깥에서는 유속을 V_a로 잡도록 권장한다. 포드 위를 흘러가는 유속도 V_I로 잡는데, 이는 포드 주위의 가속된 유동의 대략적인 평균이다.

Filkkema 등[16.23]은 포드 저항의 성분을 서술하고 있다. 스트럿 입력 속도에 대해 가진 원판 예측값인 식 (16.19)와 프로펠러의 슬립을 무시한 조건으로부터 도출된 값의 하중 평균을 사용할 것을 제안하고 있다.

마찰저항계수 C_F

실선에서는 포드와 스트럿 주위의 유동은 완전 난류 상태로 가정되므로, 다음과 같이 식 (4.15)의 ITTC1957 곡선을 사용할 수 있다.

$$C_F = \frac{0.075}{[\log_{10} Re - 2]^2} \tag{16.21}$$

ITTC2008[16.20]은 모형선의 경우 프로펠러 후류 바깥 영역에 대해 층류/난류 천이 공식을 사용할 것을 권장한다.

통상형 선미 장착 프로펠러에 대한 보정계수 $K_{T\text{open}}$

$$\text{포드 항력에 의한 보정계수 } K_{R\text{pod}} = \frac{R_{\text{pod}}}{\rho n^2 D^4} \tag{16.22}$$

마지막으로 총 순 추력(total net thrust)은 다음처럼 프로펠러 추력 빼기 포드 저항이다.

$$K_{T\text{total}} = K_{T\text{open}} - K_{R\text{pod}} \tag{16.23}$$

포드 장치에 대한 보정된 효율은 다음과 같다.

$$\eta_{0\,\text{pod}} = \frac{J_0 K_{T\text{total}}}{2\pi K_{Q0}} \tag{16.24}$$

보스/직경 비가 예를 들어 0.20인 통상형 선미 부착 프로펠러에 대해 보정을 적용하면, 포드 프로펠러에 대해서는 보스/직경 비를 0.35로 늘려서 적용해야 한다. [16.17]은 보스 직경이 이 정도로 늘어나면 프로펠러 효율이 3% 정도 감소함을 시사한다.

위의 보정은 포드 장치의 프로펠러에 대한 결과를 도출할 때 일어날 수 있는 효율 변화에 대한 일차적인 근사임을 유념해야 한다. 토크나 반류 (그러므로 J의) 변화는 고려되지 않았다. (포드/스트럿-프로펠러 배치와 유사한) 프로펠러 하류의 러더에 기인한 K_T와 K_Q의 변화는 Stierman[16.24]과 Molland 및 Turnock[16.21]에서 찾을 수 있다.

초기설계 단계의 포드 크기 근사

초기설계 단계에서는 포드 크기를 반드시 알아야 할 필요는 없다. 통상형 프로펠러에 대한 계산에서 도출된 프로펠러 직경 D로부터 시작하고, 현존 포드 추진기에 대한 조사에서 도출된 표 16.4에 제시된 포드 각 부분의 치수와 프로펠러 직경 사이의 비율을 사용한다. 이로부터 동력 예비산정 목적으로 설정하는 적당한 포드 치수를 얻을 수 있다.

포드 항력 공식 적용

포드 추진기를 16.2.1절의 예제 풀이 사례 1에 적용한다. $D = 5.2$ m, $n = 2.0$ rps, $w_T = 0.26$, $t = 0.20$, $T = 486$ kN, $K_{T_0} = 0.162$, $V_a = 14(1-0.26)\times 0.5144 = 5.329$ m/s이고 $J = 0.512$가 주어진다.

B4.40 도표를 이용한 기초계산으로부터 다음이 유도된다.

$$K_{Q_0} = 0.0225,\quad P/D = 0.79,\quad \eta_0 = 0.588$$

표 16.4를 사용하여 포드 장치의 대략적인 치수를 구한다. $D = 5.2$ m에 대해 $D_{\text{pod}} = 2.6$ m, $L_P = 8.32$ m, $C_S = 4.99$ m, $L_S = 3.12$ m, $t_S/C_S = 0.30$, $t_S = 1.5$ m, $Z = 1.82$ m, $(L_S - Z) = 1.3$ m이다.

식 (16.19)의 보정 공식을 적용하면 $X/D = 0.50$, $V_a = 5.329$ m/s으로부터 $V_{\text{I}} = 8.177$ m/s이고, 포드에 대해 $L_P = 8.32$ m, $Re = V_{\text{I}} \times L_P/\nu = 5.717 \times 10^7$(해수에 대한 $\nu = 1.19 \times 10^{-6}$)이고, $C_F = 2.263 \times 10^{-3}$이 된다. 포드 몸체에 대해 식 (16.13)과 (16.14)를 사용하며, 양쪽 끝 부분을 무시하고 포드를 직경이 일정한 원통형으로 가정하면 침수표면적 $S_B = \pi \times D_P \times L_P = 67.96$ m^2, $k_B = 0.476$ 및 $R_{\text{Body}} = 7.78$ kN이 된다.

스트럿에 대한 식 (16.15) 및 (16.16)을 사용하면, 프로펠러 후류 안에 놓인 스트럿에 대해 $C_S = 4.99$ m, $Re = V_{\text{I}} \times C_S/\nu = 3.429 \times 10^7$(해수에 대한 $\nu = 1.19 \times 10^{-6}$), $C_F = 2.448 \times 10^{-3}$인데, 스트럿 둘레(girth)가 코드 길이보다 10% 길다고 가정하면 둘레 $= 1.10 \times C_S = 1.1 \times 4.99 = 5.49$ m이다. 프로펠러 후류 내의 침수표면적 $S_S = 5.49 \times 1.3 \times 2$(양쪽) $= 14.274$ m^2, $k_S = 1.086$이고 프로펠러 후류 내의 저항 $R_{\text{Strut}} =$

표 16.4 프로펠러 직경 D에 기반한 포드의 치수, 그림 16.14

D_P/D	L_P/D	C_S/L_P	L_S/D	t_S/C_S	Z/D	X/D
0.50	1.60	0.60	0.60	0.30	0.35	0.50

2.49 kN이 된다.

프로펠러 후류 바깥의 스트럿은 $C_S = 4.99$ m, $Re = V_a \times C_S/\nu = 2.235 \times 10^7$(해수에 대한 $\nu = 1.19 \times 10^{-6}$), $C_F = 2.621 \times 10^{-3}$이 된다. 프로펠러 후류 바깥 침수표면적 $S_S = 5.49 \times 1.82 \times 2$(양쪽) $= 19.98$ m^2, $k_S = 1.086$이고 프로펠러 후류 바깥의 저항 $R_{\text{Strut}} = 1.59$ kN이 된다.

$$\text{총 스트럿 저항} = R_{\text{Strut}} = 2.49 + 1.59 = 4.08 \text{ kN}$$

스트럿-포드 몸체 간섭에 대한 식 (16.17)과 (16.18)로부터 스트럿을 따라 t_S/C_S이 일정하다고 가정하면 $R_{\text{Int}} = 5.38$ kN이다.

총 스트럿-포드의 저항 $R_{\text{Pod}} = R_{\text{Body}} + \text{R}_{\text{Strut}} + \text{R}_{\text{Int}} = 7.78 + 4.08 + 5.38 = 17.24$ kN이다.

$$K_{R\text{pod}} = R_{\text{Pod}}/\rho n^2 D^4 = 17.24 \times 1000/(1025 \times 2^2 \times 5.2^4) = 0.0058$$
$$K_{T\text{total}} = K_{T\text{open}} - K_{R\text{pod}} = 0.162 - 0.0058 = 0.156$$

포드 장치에 대한 보정된 효율은 다음과 같다.

$$\eta_{0\text{ pod}} = J_0 K_{T\text{total}}/2\pi K_{Q_0} = 0.512 \times 0.156/(2\pi \times 0.0225) = 0.565$$

보스 직경 증가에 기인한 3%의 추가 효율 감소를 다음과 같이 포함시켜야 한다. 보정량 $0.588 \times 0.03 = 0.018$이고, 최종 $\eta_{0\text{ pod}} = 0.565 - 0.018 = 0.547(-7\%)$이다.

여기에 나타난 효율 감소는 프로펠러 보싱, 브래킷 및 러더와 같은 부가물들이 없어지는 데 따른 저항 감소로 상당 부분 상쇄된다는 점에 주목할 수 있다. 이와 같은 감소는 유효동력 P_E의 감소로 나타난다.

Funeno의 보정 방법

Funeno[16.25]는 CFD와 실험 데이터를 사용한 포드 프로펠러의 간단한 설계 방법을 개발하였다. 프로펠러가 단독 상태로 작동할 때와 포드 장치의 일부로 작동할 때의 차이를 고려하였다. 이 설계 방법은 Wageningen B 계열과 같은 표준 계열 단독시험 데이터와 더불어 포드와 스트럿의 존재에 기인한 K_Q와 K_T에 대한 적절한 보정량에 기반을 두고 있다.

처음에는 필요한 추력을 맞추기 위해 프로펠러를 통상적인 반류비와 추력 감소계수 데이터 및 단독시험 데이터로 설계하여 J, K_T, K_Q와 적절한 피치 비 P/D의 설계값들을 도출한다. K_T와 K_Q의 축척 효과에 대한 보정(5장 참조)을 적용해야 한다.

토크는 다음 공식에 따라 수정한다.

$$K_{Q\text{prop-pod}} = [0.1715 \times J + 1.0019] \times K_{Q\text{open}} \tag{16.25}$$

추력은 다음 공식에 따라 수정한다.

$$K_{T\text{prop-pod}} = [0.2491 \times J + 1.0323] \times K_{T\text{open}} \tag{16.26}$$

포드 저항은 다음과 같이 추정한다.

$$K_{R\text{pod}} = [-0.1125 \times J - 0.0625] \times K_{T\text{prop-pod}} \tag{16.27}$$

최종적으로 총 순 추력(*total* net thrust)은 프로펠러 추력과 포드 저항의 합인데, 전체 포드 장치에 대한 K_T가 다음과 같아진다.

$$K_{T\text{total}} = K_{T\text{prop-pod}} + K_{R\text{pod}} \tag{16.28}$$

$K_{T\text{total}}$이 필요한 설계 K_T와 일치할 때까지 반복계산이 적용된다. 피치 변화의 영향은 포함되지 않았는데, 이는 단독시험 결과 그 영향이 매우 작은 것으로 나타났기 때문이다. Funeno의 방법은 초기설계 단계에 적절한 것으로 간주된다.

Funeno 방법의 적용

포드 추진기를 16.2.1절의 예제 풀이 사례 1에 적용한다. $J = 0.512$, $w_T = 0.26$, $t = 0.20$, $K_{T_0} = 0.162$로 주어진다.

B4.40 도표를 이용한 기초계산으로부터 다음이 유도된다.

$$K_{Q_0} = 0.0225, \quad P/D = 0.79, \quad \eta_0 = 0.588$$

식 (16.25)부터 (16.28)까지의 보정 공식을 적용한다.

$$\begin{aligned}
K_{T\text{prop-pod}} &= [0.2491 \times J + 1.0323] \times K_{T\text{open}} = 0.1878\,(+16\%) \\
K_{R\text{pod}} &= [-0.1125 \times J - 0.0625] \times K_{T\text{prop-pod}} = -0.0226 \\
K_{T\text{total}} &= K_{T\text{prop-pod}} + K_{R\text{pod}} = 0.165\,(+2\%) \\
K_{Q\text{prop-pod}} &= [0.1715 \times J + 1.0019] \times K_{Q\text{open}} = 0.0245\,(+9\%)
\end{aligned}$$

보정된 효율은 다음과 같다.

$$\eta_{0\,\text{pod}} = \frac{J_0\,K_{T\text{total}}}{2\pi\,K_{Q\text{prop-pod}}} = \frac{(0.512 \times 0.165)}{(2\pi \times 0.0245)} = 0.549\,(-6.6\%)$$

이러한 효율 감소는 프로펠러 보싱, 브래킷 및 러더와 같은 부가물들이 없어지는 데 따른 저항 감소로 상당 부분 상쇄된다는 점에 주목할 수 있다. 이와 같은 감소는 유효동력 P_E의 감소로 나타난다.

포드 장치에 대한 w_T와 t의 근사값들은 8장에서 논의했고, η_R 추정치는 16.3절에 주어진다.

많은 논문들이 포드 장치의 설계를 고려하고 있다. Islam 등[16.26]은 추진형(pushing) 포드와 견인형(pulling) 포드 비교에 대한 유용한 정보 및 캐비테이션 특성을 제공한다. 일반적으로 견인형이 추진형보다 효율이 높다고 결론 났다. 두 가지 형태의 캐비테이션 성능은 유사하였다. Islam 등[16.27]의 또 다른 유용한 논문은 포드 추진기의 형상 변화를 다루고 있다. 포드 몸체 직경/프로펠러 직경 및 허브 각을 바꾸면 K_T와 K_Q에 뚜렷한 영향을 주는 것으로 나타났다. 이 작업은 Bose[16.28]도 검토하였다. Heinke 및 Heinke[16.29]는 고속선에 대한 포드 구동장치의 사용을 조사하였다. 그들은 추력 부하와 포드 직경/프로펠러 직경이 설계에 있어 중요한 변수라고 결론 내렸는데, 포드 직경이 늘어나면 추력과 토크가 증가하고 효율이 감소하였다. 고려한 크기 범위 내에서는 추진형 프로펠러의 포드-스트럿 항력이 견인형 프로펠러보다 작아지고, 전반적으로 추진형 프로펠러의 효율이 견인형보다 약간 높아짐을 알아냈다. Frolova 등[16.30]은 4500 kW까지의 용량에 적합한 소규모 포드 프로펠러 계열을 서술한다.

포드 추진기 설계의 다양한 측면을 고려한 다른 유용한 논문들은 T-POD 학술대회 논문집들[16.31, 16.32]에 수록되어 있다. 포드 추진기의 설계, 시험 및 성능에 대한 보다 심화된 재정리 및 정보는 ITTC 학술대회 논문집들[16.20, 16.33, 16.34]에서 찾아볼 수 있다.

16.2.5 캐비테이션과 프로펠러 성능

프로펠러 추력과 토크에 대한 캐비테이션의 영향은 Gawn 및 Burrill[16.10]이 KCA 프로펠러 계열에 대해 보고한 것과 같은 계열 시험으로부터 얻을 수 있다. Radojcic[16.35]은 이들 시험결과를 다항식으로 곡선접합하여 K_T와 K_Q를 식 (16.29) 및 (16.30)으로 기술하였다. 추력 및 토크에 대한 캐비테이션의 영향인 ΔK_T와 ΔK_Q가 캐비테이션 수 σ_R에 따라 어떻게 변화하는지는 식 (16.31)과 (16.32)를 통해 나타낸다.

$$K_T = \sum_{n=1}^{16} C_t \cdot 10^e (A_D/A_0)^x (P/D)^y (J)^z \tag{16.29}$$

$$K_Q = \sum_{n=1}^{17} C_q \cdot 10^e (A_D/A_0)^x (P/D)^y (J)^z \tag{16.30}$$

$$\Delta K_T = \sum_{n=1}^{20} d_t \cdot 10^e (A_D/A_0)^s (\sigma_R)^t (K_T)^u (P/D)^v \tag{16.31}$$

$$\Delta K_Q = \sum_{n=1}^{18} d_q \cdot 10^e (A_D/A_0)^s (\sigma_R)^t (K_T)^u (P/D)^v \tag{16.32}$$

여기서 (A_D/A_0)는 BAR로 잡을 수 있다.

다항식의 계수들은 부록 A4의 표 A4.4와 A4.5에 나열되어 있다. 이들 공식의 변수 범위는 $Z = 3$, $0.5 \leq \text{BAR} \leq 1.1$, $0.8 \leq P/D \leq 1.8$, $J \geq 0.3$, $K_T \leq [(J/2.5) - 0.1]^{1/2}$이다.

이 공식에 적용되는 캐비테이션 수 σ_R는 다음과 같이 정의된다.

$$\sigma_R = \frac{P - P_V}{0.5\rho {V_R}^2} \quad \text{for equations} \tag{16.33}$$

P는 추진축에서의 정압($= \rho gh + P_{AT}$, 12.2절 참조), P_V는 증기압이고 V_a는 전진속도이다. 그리고 V_R은 식 (12.14)의 기준 속도이다.

캐비테이션 노출 상태의 KCA 계열에 대한 단독시험 $K_T - K_Q$ 다항식에 의한 곡선(허가하에 복제)을 그림 16.15에 나타내었다. σ가 줄어들면 K_T, K_Q 및 η가 줄어드는 것으로 나타난다. 추력 붕괴는 대략 10% 정도의 뒷면 캐비테이션이 발생할 때 시작된다. 캐비테이션의 보다 상세한 사항들과 적절한 BAR의 추정은 12.2절에 포함되어 있다.

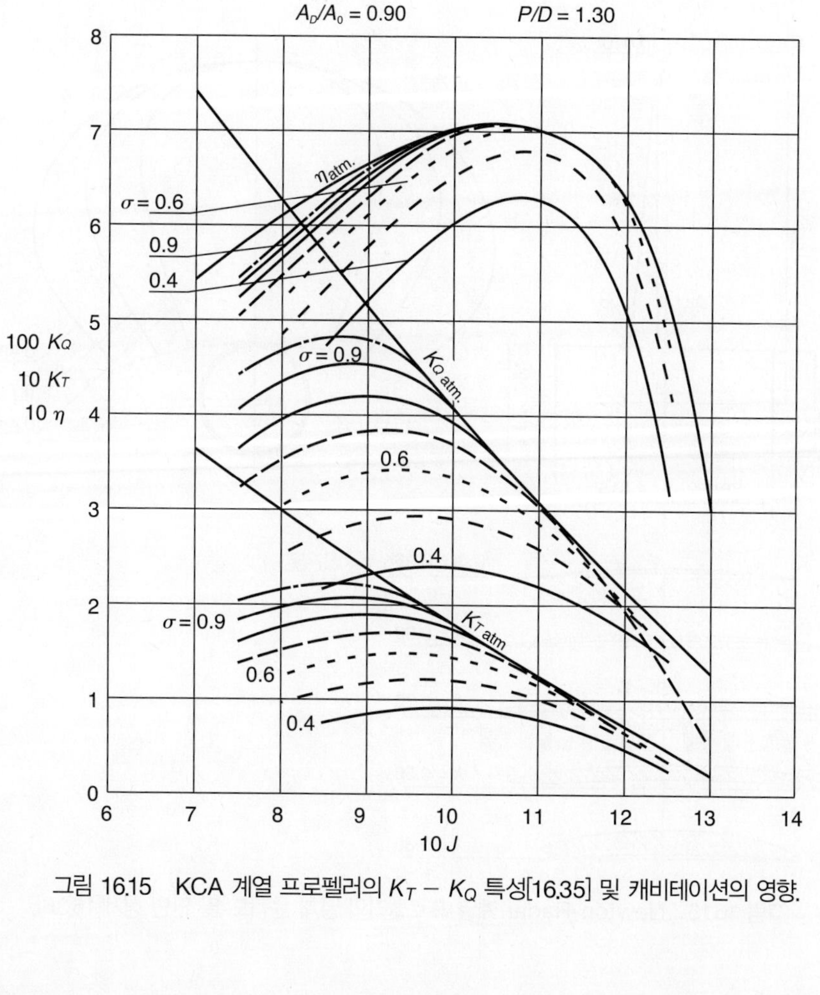

그림 16.15 KCA 계열 프로펠러의 $K_T - K_Q$ 특성[16.35] 및 캐비테이션의 영향.

16.2.6 초월공동 프로펠러

초월공동(supercavitating) 프로펠러의 경우에는 뒷면(낮은 압력면)이 완전히 공동으로 둘러싸여 공동들이 프로펠러 하류에서 붕괴하므로 침식(erosion)이 회피된다. 초월공동 프로펠러는 초월공동 영역에서 추력이 현저하게 상실된다. 그림 16.16은 Newton–Rader 계열 프로펠러[16.36]의 윤곽 및 단면 상세를, 그림 16.17은 K_T, K_Q 및 η_0의 사례들([16.36]으로부터 허가하에 복제)을 나타내고 있다. 이들 도표는 BAR = 0.71이고 $P/D = 1.25$에 대한 것이다. 다른 BAR 및 P/D에 대한 데이터는 [16.36]에 주어져 있다. 이들 시험에 대해서는 캐비테이션 수 σ가 $\sigma = (P_0 - P_V)/(0.5\rho V_a^2)$으로 정의되는데, 여기서 P_0는 추진축에서의 정압($= \rho gh + P_{AT}$, 12.2절 참조)이고, P_V는 물의 증기압이고 V_a는 전진속도이다. 압력의 다른 기준점 및 기준 유속에 대해서는 12.2절을 참조하라. Newton–Rader 프로펠러의 날개 단면 형상은 약간 오목한 round back에 수정된 앞날과 뒷날을 가지고 있다[그림 16.16 및 16.18(a) 참조]. 이와 같은 $K_T - K_Q$ 도표를 사용할 때는 16.2.1절의 통상형 프로펠러와 동일한 방법을 따르면 된다. 그림 16.17(a) 및 16.17(b)는 가장 낮은 캐비테이션 수에서 K_T와

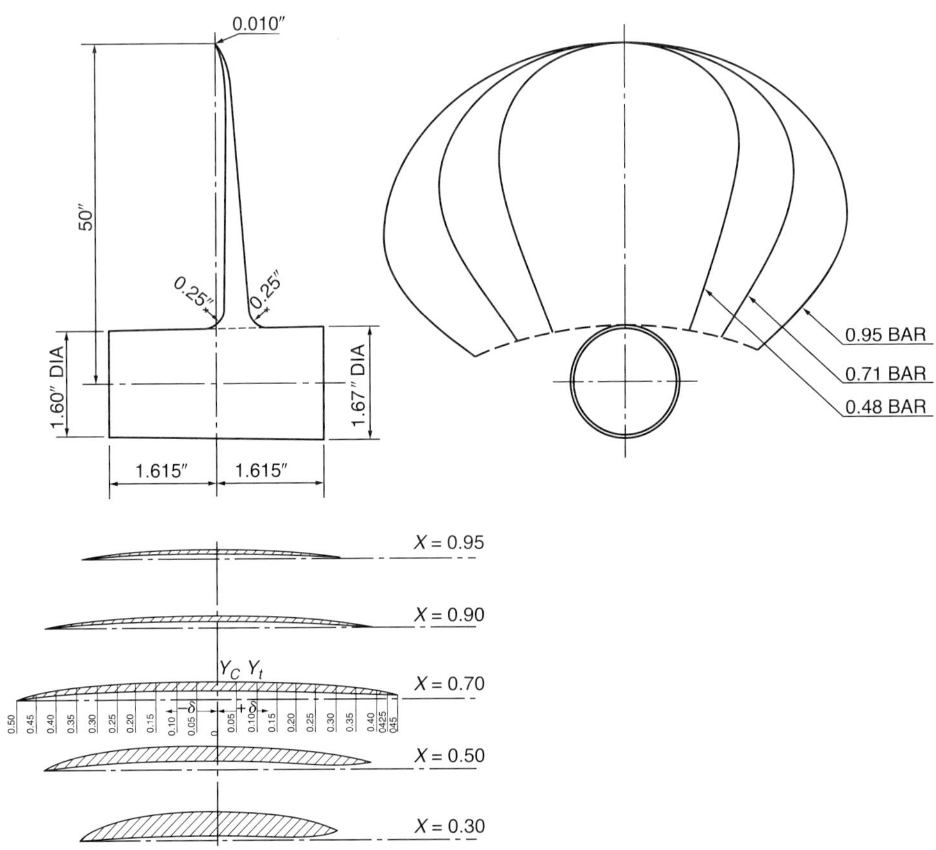

그림 16.16 Newton-Radar 계열 프로펠러의 날개 윤곽도 및 단면 상세[16.36].

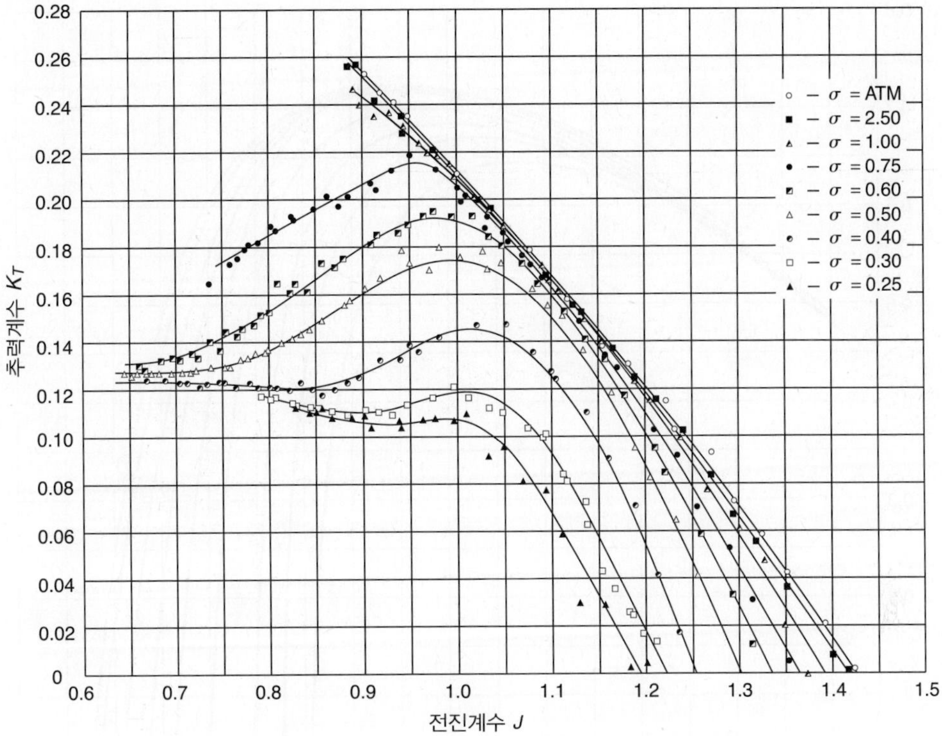

그림 16.17 (a) Newton-Radar 계열 프로펠러의 K_T 데이터[16.36].

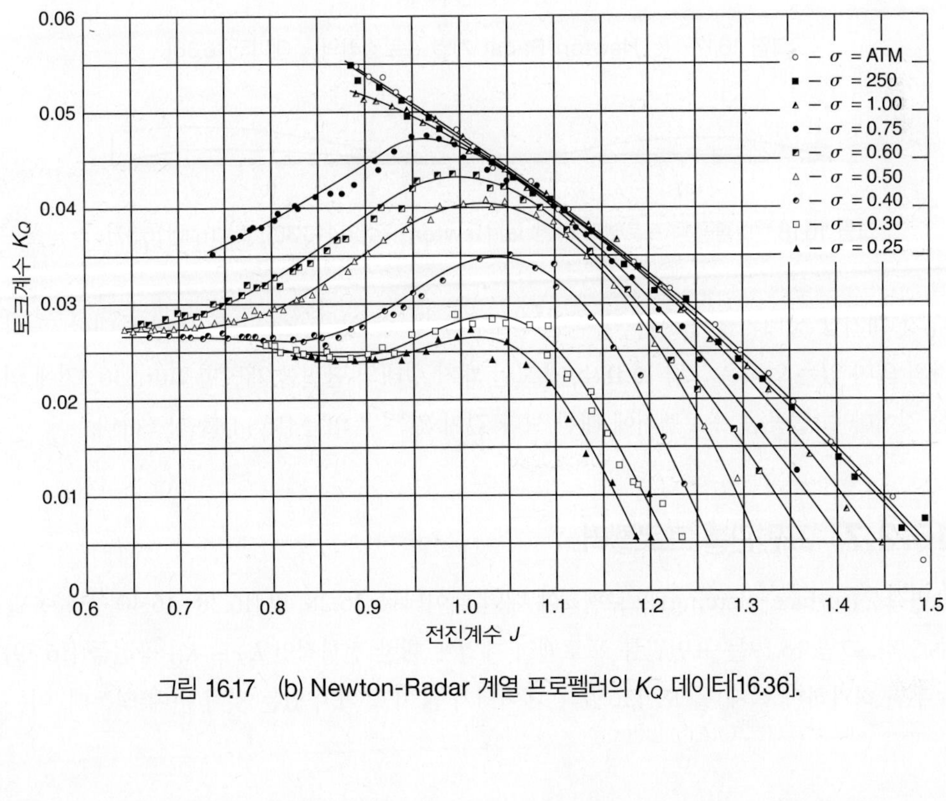

그림 16.17 (b) Newton-Radar 계열 프로펠러의 K_Q 데이터[16.36].

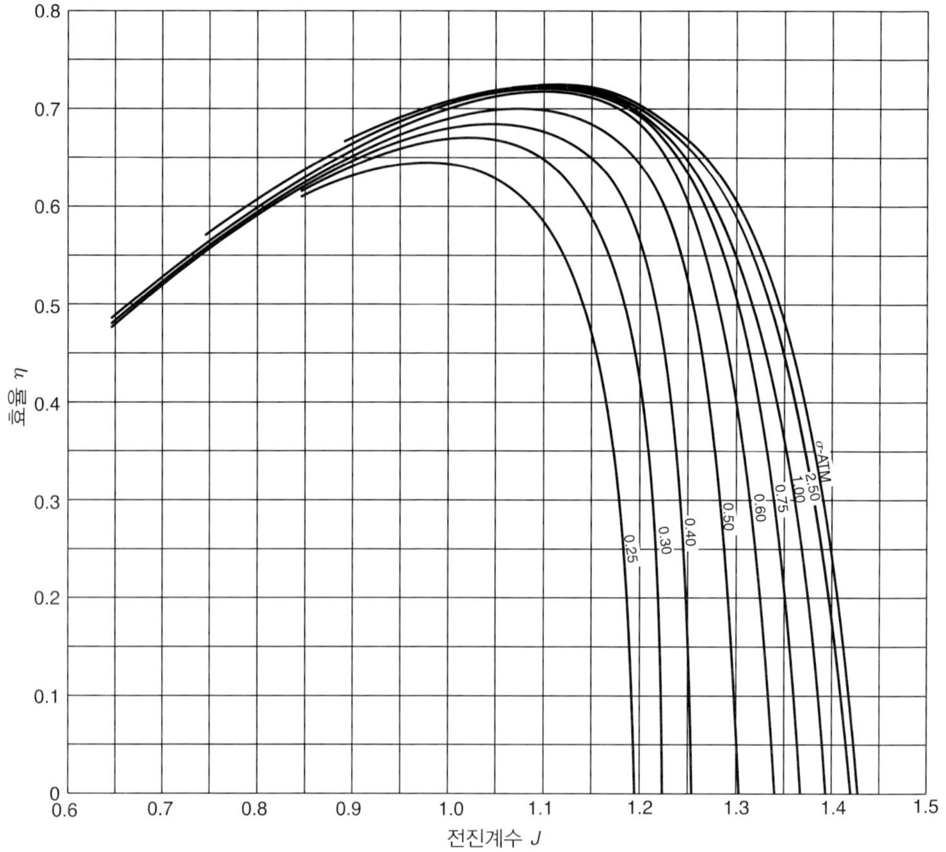

그림 16.17 (c) Newton-Radar 계열 프로펠러의 η 데이터[16.36].

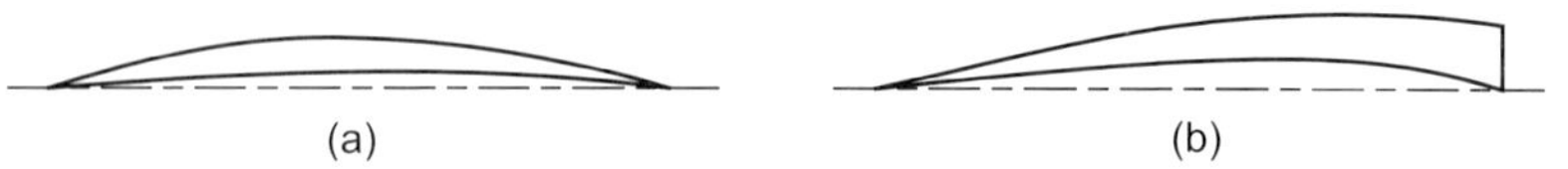

그림 16.18 초월공동 프로펠러 단면: (a) Newton-Rader[16.36], (b) Tulin[16.37].

K_Q가 대기압 상태의 값들보다 약 절반 정도임을 알 수 있다. 초월공동 익형에 대한 또 하나의 의미 있는 업적은 그림 16.18(b)에 보인 쐐기 형태의 단면을 개발한 Tulin[16.37]에 의한 것이다. 초월공동 프로펠러에 대한 보다 깊이 있는 논의는 [16.14]를 참조하라.

16.2.7 표면관통 프로펠러

표면관통(surface-piercing) 프로펠러에 대한 데이터로 [16.28] 및 [16.38~16.40]을 활용할 수 있다. 그림 16.19는 표면관통 프로펠러 계열에 대한 전형적인 $K_T - K_Q$ 곡선들([16.39]로부터 허가하에 복제)을 보이고 있다. 데이터가 많이 흩어져 있는 것이 눈에 띄는데, 이는

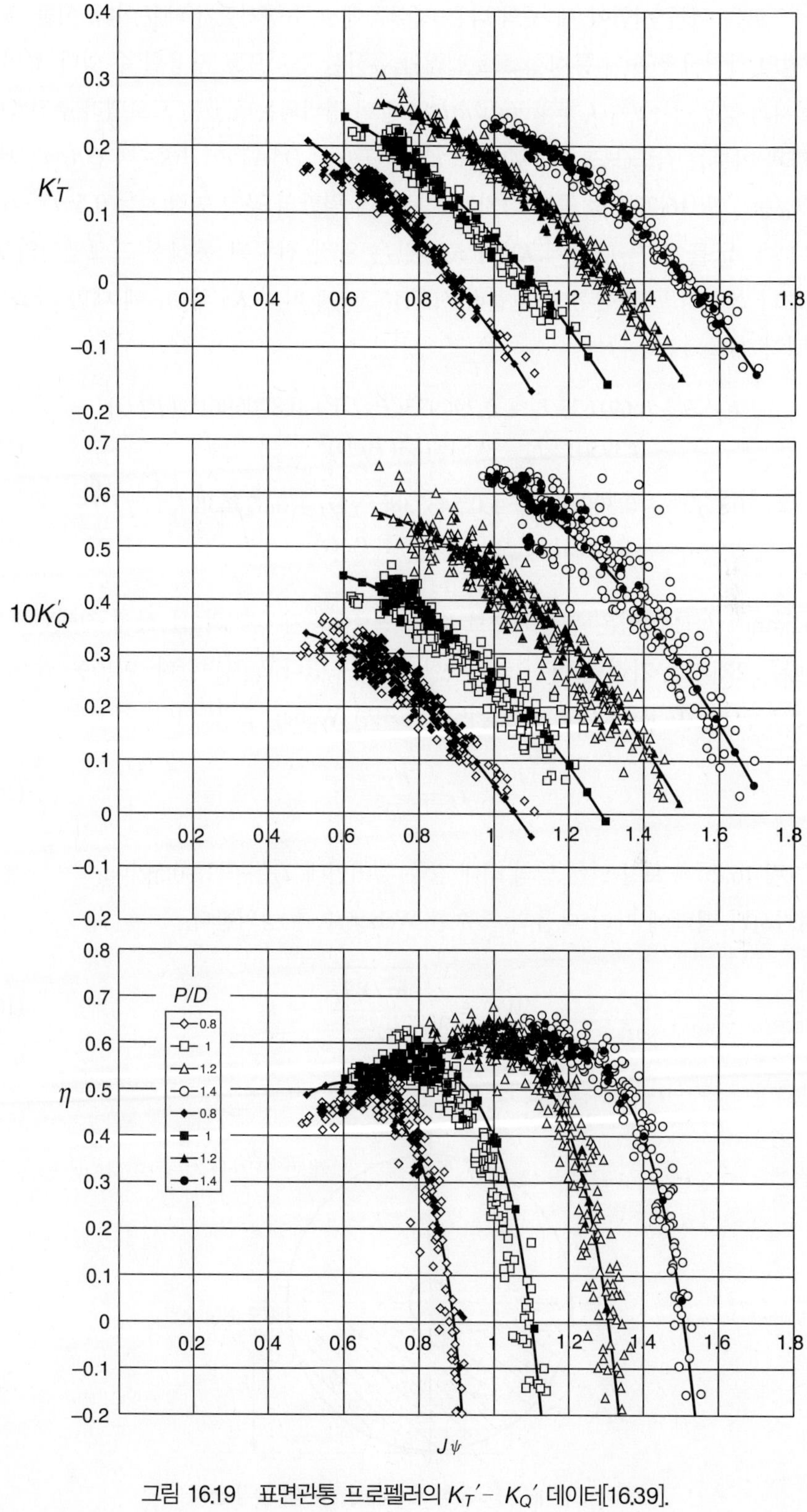

그림 16.19 표면관통 프로펠러의 $K_T' - K_Q'$ 데이터[16.39].

부분적으로는 이들 시험이 세 곳의 다른 시설들에서 수행되었기 때문이다. 이들 도표는 16.2.1절의 완전히 침수된 통상형 프로펠러와 유사한 방식으로 사용할 수 있다. 표면관통 프로펠러의 경우에는 J가 $J_\psi = V\cos\psi/nD$와 같이 정의되는데, ψ는 프로펠러 추진축이 수평 방향과 이루는 각도(보통 $4^\circ \sim 8^\circ$)이다. $K_T' = T/(\rho n^2 D^2 A_0')$이고 $K_Q' = Q/(\rho n^2 D^3 A_0')$인데, A_0'는 그림 16.20처럼 물에 잠기는 프로펠러 원판의 공칭 면적(보통 $0.5\pi D^2/4$)이다.

분모에 A_0'를 쓰기 때문에 K_T'와 K_Q' 값은 완전 침수된 통상형 프로펠러의 K_T와 K_Q 값보다 커진다. 표면관통 프로펠러 시험[16.39]에 따라 K_T'와 K_Q'에 대한 다음의 회귀 모델이 개발되었다.

$$\begin{aligned} K_T' = &-0.691625\,J_\psi + 0.794973(P/D) + 0.870696\,J_\psi(P/D) \\ &- 0.395012\,J_\psi^2 - 0.515183(P/D)^2 \end{aligned} \tag{16.34}$$

$$\begin{aligned} 10K_Q' = &-0.300453\,J_\psi + 0.543738(P/D) + 0.877638\,J_\psi(P/D) \\ &- 0.649314\,J_\psi^2 - 0.208974(P/D)^2 \end{aligned} \tag{16.35}$$

Ferrando 등[16.39]은 부분적으로 잠긴 프로펠러가 공기와 물 사이 경계면에서 작동할 때는 2개의 추가적인 변수를 고려할 필요가 있다고 지적한다. 이들은 잠김 계수(immersion coefficient) I_T와 표면장력을 고려한 Weber 수 We이다.

$$I_T = \frac{h_T}{D} \tag{16.36}$$

h_T는 그림 16.20에 보인 날개 팁의 최대 잠수 깊이인데, I_T는 보통 0.5이다.

여기서의 맥락에 따라 다음의 특수한 Weber 수를 정의한다.

$$We'' = \sqrt{\frac{\rho n^2 D^3 I_T}{\gamma}} \tag{16.37}$$

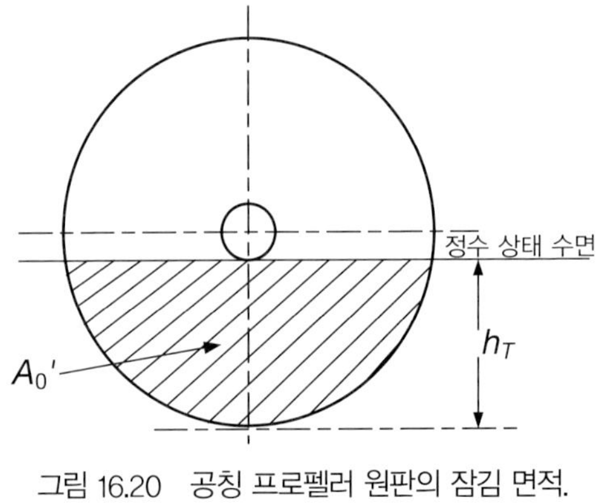

그림 16.20 공칭 프로펠러 원판의 잠김 면적.

γ는 청수-공기 사이에서는 0.073 N/m, 해수-공기에서는 0.078 N/m의 값을 갖는 표면 장력이다.

실선 확장을 위한 신뢰성 있는 데이터를 생성하기 위해서는, 언제 완전히 젖은 상태에서 완전히 마른 상태로 바뀌는지를 아는 것이 중요하다. 실험을 통해 We가 증가하면 전환이 일어나는 J_ψ가 증가한다. 전환은 We와 P/D에 의해 좌우되는데, 프로펠러 성능 예측을 받아들일 수 있는 최소한의 값인 임계 J_ψ가 유도되었다. 임계 J_ψ는 다음과 같이 정의된다.

$$J_{\psi\mathrm{Crit}} = 0.825\frac{P}{D} - 1.25\frac{P}{D}\,e^{-0.018We''} \tag{16.38}$$

일반적으로 $J_{\psi\mathrm{Crit}}$에 대한 Weber 수의 영향은 Weber 수가 260보다 커지면 무시할 만한 것으로 알려졌다.

예제 풀이

표면관통 프로펠러

50 knots로 운항하는 선박을 고려한다. 프로펠러 직경 $D = 1.1$ m, 추진축 경사 $\psi = 7°$이다. 회전수는 1400 rpm(= 23.33 rps)이다. $h_T = 0.55$ m이므로 $I_T = h_T/D = 0.55/1.1 = 0.50$이다.

프로펠러 피치 비 $P/D = 1.2$일 때 추력 T와 동력 P_D를 추정한다.

$$A_0' = 0.5\pi D^2/4 = 0.475\ \mathrm{m}^2$$

경계층 두께에 달려 있지만, 반류비 w_T는 0에 가까울 것으로 보인다. 통상형 프로펠러가 장착된 그와 같은 선형에 대한 추력 감소계수는 $t = 0.07$(표 8.4 참조)이다. 표면관통 프로펠러는 통상형 프로펠러보다는 선체에서 멀리 떨어져 있으므로 $t = 0.03$으로 가정한다.

$$J_\psi = V\cos\psi/nD = 50 \times 0.5144 \times \cos 7°/23.33 \times 1.1 = 0.995$$

식 (16.34)를 사용하면 $K_T' = 0.1725$

식 (16.35)를 사용하면 $K_Q' = 0.04577$

$$\eta_0 = J_\psi K_T'/2\pi K_Q' = 0.995 \times 0.1725/(2\pi \times 0.04577) = 0.597$$

$$We'' = \sqrt{\frac{\rho n^2 D^3 I_T}{\gamma}} = \sqrt{\frac{1025 \times 23.33^2 \times 1.1^3 \times 0.5}{0.078}} = 2181.7$$

$$J_{\psi\mathrm{Crit}} = 0.825\frac{P}{D} - 1.25\frac{P}{D}e^{-0.018We''}$$
$$= 0.825 \times 1.2 - 1.25 \times 1.2 \times e^{-0.018\times 2181.7} = 0.990$$

그러므로 $J_\psi = 0.995$는 받아들일 수 있다.

$$\eta_H = (1-t)/(1-w_T) = (1-0.03)/(1-0) = 0.970$$

$\eta_R = 1.0$을 가정한다.

$$\begin{aligned}\eta_D &= \eta_0 \times \eta_H \times \eta_R = 0.597 \times 0.970 \times 1.0 = 0.579\\ P_D &= 2\pi n Q = 2\pi n \times K_Q{}' \rho n^2 D^3 A_0{}'\\ &= 2\pi \times 23.33 \times 0.04577 \times 1025 \times 23.33^2 \times 1.1^3 \times 0.475 = 2366.5\ \text{kW}\end{aligned}$$

추력은 다음과 같다.

$$T = K_T{}'\rho n^2 D^2 A_0{}' = 0.1725 \times 1025 \times 23.33^2 \times 1.1^2 \times 0.475 = 55.31\ \text{kN}$$

[점검: 저항 $R = T(1-t) = 55.31 \times 0.97 = 53.65$ kN

$$\begin{aligned}P_E &= R \times Vs = 53.65 \times 50 \times 0.5144 \times \cos 7^\circ = 1369.6\ \text{kW}\\ P_D &= P_E/\eta_D = 1369.6/0.579 = 2365.5\ \text{kW}]\end{aligned}$$

16.2.8 고속 프로펠러, 경사진 추진축

많은 고속 프로펠러는 그림 16.21처럼 경사진 추진축에 장착되어 경사진 유입류에서 작동한다. 입사각은 보통 7°~15°이다. 두 유동 성분 $V_a \cos\psi$와 $V_a \sin\psi$가 프로펠러 평면에서 작용하는데, ψ는 추진축이 수평 방향과 이루는 각이다. 프로펠러 축에 수직한 성분인 $V_a \sin\psi$는 프로펠러 추력의 편심 성분을 일으킨다. 프로펠러 날개가 올라가는 쪽에서는 상대유속이 줄어들고 날개 부하도 줄어든다. 반대편 프로펠러 날개가 내려가는 쪽에서는 상대속도 및 날개 부하가 늘어난다. 두 효과의 합은 추력 중심이 중심축을 벗어나게 한다. 이는 날개가 회전하면서 날개 부하의 현저한 변동으로 이어진다.

추력 T는 수평 방향 추력 $T\cos\psi$와 수직 방향 추력(양력) $T\sin\psi$로 분해되는데, 수직 방향 추력은 활주선의 경우 무게중심 및 힘의 평형에 상당한 기여를 할 수 있다.

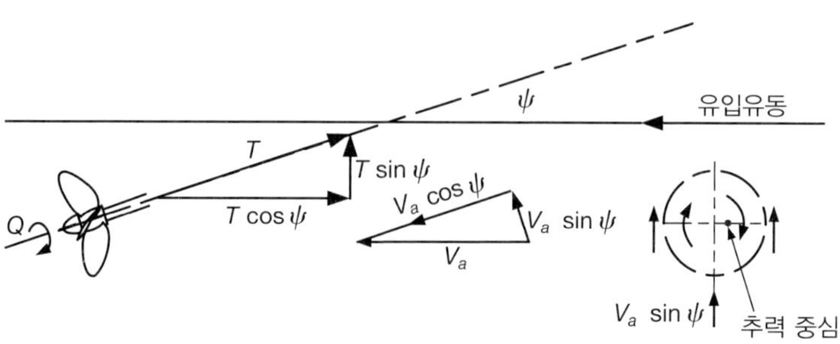

그림 16.21 경사진 추진축에 의한 유동 및 힘 성분.

트림이 존재한다면, 수평 방향 추력을 분해할 때 트림각을 추진축 경사각에 더해야 함에 유의해야 한다.

경사 추진축 프로펠러 성능에 대한 지침은 Gutsche[16.41], Hadler[16.42], Peck 및 Moore[16.43], Radojcic[16.35]으로부터 도출될 수 있다.

16.2.9 소형선 프로펠러: 구속, 접이식 및 자기조절 피치

그림 16.8~16.10에 나타낸 Gawn 계열 프로펠러는 소형 선박에서 널리 사용되어 왔는데, 날개 수는 3으로 고정되어 있고 날개 면적비는 1.10까지 커진다. 캐비테이션이 발생할 가능성이 있는 경우 날개 면적비를 높이는 것이 필요한데, 12장을 참조하라. Wageningen B 계열[16.6]은 소형 선박에 적합한 날개 수 2개인 프로펠러에 대한 몇 안 되는 자료 중 하나이다.

16.2.9.1 구속된 프로펠러의 항력

회전하지 않고 구속된 프로펠러의 항력은 상당히 커질 수 있다. 세일링 요트처럼 세일의 동력으로만 움직이는 경우, 혹은 보다 큰 상선에서 세일 보조동력을 채용하거나 다수의 엔진/프로펠러 배치에서 하나의 엔진/프로펠러를 정지시킬 때처럼 프로펠러 추력이 필요하지 않은 경우가 있다. 이러한 상황에서는 다음의 세 가지 선택을 할 수 있다(Barnaby[16.44]).

(i) 슬립(slip)이 0인 조건(그림 16.3의 $K_T - K_Q$ 도표에서 $K_T = 0$이 되는 지점)에서 작동하도록 충분한 동력을 공급한다. 하지만 이 방식을 수행하는 것은 일반적으로 비실용적이다.

(ii) 프로펠러가 자유롭게 회전하도록 한다. 이 경우 프로펠러는 풍차처럼 돌아가고 음의 토크가 발생하는데, 축 베어링 혹은 클러치에서 이를 흡수해야 한다. 이 모드에서의 저항 추정은 근사적이다. Barnaby가 지적했듯이, 발생하는 회전수가 충분히 빠르지 않다면 베어링과 클러치 등을 자유롭게 풀어야 하므로 프로펠러를 구속하는 것이 낫다. Barnaby[16.44]와 Hoerner[16.22] 모두 풍차처럼 자유회전하는 프로펠러의 항력을 예측하는 근사적인 절차를 제안하고 있다.

(iii) 프로펠러를 구속한다. 이 경우 프로펠러 날개는 유동에 수직하게 놓인 평판과 유사하게 취급할 수 있다. 항력계수는 피치 각 θ에 따라 달라진다. Hoerner[16.22]는 실험적인 증거와 반경의 0.7배 위치에서의 날개각에 근거하여, 날개의 항력계수 C_{DB}에 대한 다음의 관계식을 제안하고 있다.

$$C_{DB} = 0.1 + \cos^2\theta \tag{16.39}$$

식 (12.1)을 사용하면 θ는 다음과 같이 구할 수 있다.

$$\theta = \tan^{-1}\left(\frac{P/D}{0.7\pi}\right) \tag{16.40}$$

그리고 프로펠러 항력은

$$D = C_{DB} \times \frac{1}{2}\rho V_a{}^2 A_B \tag{16.41}$$

인데, 날개 면적(모든 날개)은 다음과 같다.

$$A_B = \frac{\pi D^2}{4} \times \text{BAR} \tag{16.42}$$

예를 들면 직경 $D = 400$ mm, BAR $= 0.65$, 피치 비 $P/D = 0.80$이고 $V_a = 8$ knots로 반류 속에서 움직이는 프로펠러를 고려하자. 그러면

$$A_B = (\pi D^2/4) \times \text{BAR} = (\pi\, 0.4^2/4) \times 0.65 = 0.082\,\text{m}^2$$
$$\theta = \tan^{-1}[(P/D)/\, 0.7\pi] = \tan^{-1}[0.80/0.7\pi] = 19.99^\circ$$
$$C_{DB} = 0.1 + \cos^2\theta = 0.1 + \cos^2 19.99^\circ = 0.983$$

이 되고, 프로펠러 항력 $D = C_{DB} \times \frac{1}{2}\rho V_a{}^2 A_B = 0.983 \times 0.5 \times 1025 \times (8 \times 0.5144)^2 \times 0.082 = 699$ N이다.

흥미롭게도 날개 각도를 $\theta = 90°$로 하면 $C_{DB} = 0.1$이고, 프로펠러 항력은 불과 71 N에 지나지 않는다.

Mackenzie 및 Forrester[16.45]는 세일링 때 정지한 프로펠러에 작용하는 항력에 대한 조사결과를 보고하고 있다. 돛을 사용하는 선박의 저항을 최소화하기 위해 프로펠러를 쓰지 않을 때는 날개를 접는 프로펠러가 유용하다. 자기조절 피치(self-pitching) 프로펠러는 세일링 및 동력 세일링에 대한 좋은 해결책이다. 날개들은 360° 자유롭게 선회할 수 있어서 후진 구동 시 완전한 역회전이 가능하고, 회전하지 않을 때는 저항을 줄이기 위해 접을 수 있다. 효율은 통상형 프로펠러와 비교할 만한데, [16.46]을 참조하라.

16.2.10 워터젯

16.2.10.1 배경

워터젯의 개요 및 적용 대상은 11.3.8절에 서술되어 있다. 동력 범위 50 kW에서 38,000 kW까지 장치가 가용하다. 워터젯의 기본적인 작동 및 효율 성분에 대한 서술은 Allison[16.47]과 Carlton[16.14]에서 찾을 수 있다. Van Terwisga[16.48]는 효율 성분, 손실 및 선체 상호작용을 이용한 워터젯에 대한 추진 예측 방법을 제시한다. 워터젯 작동 및 시험 절차에

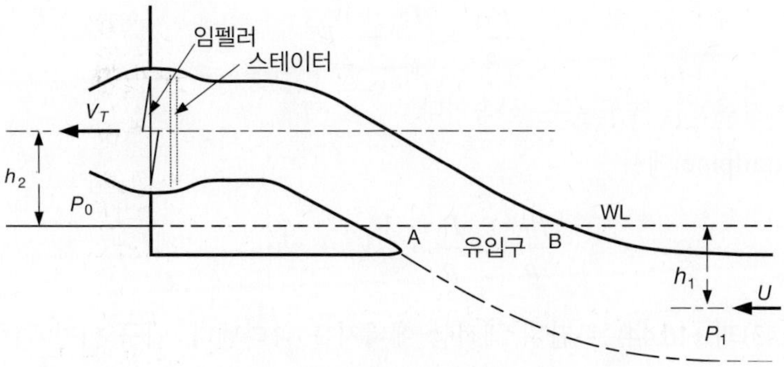

그림 16.22 워터젯의 세부 구조 개략도.

대한 연구들의 요약은 ITTC 및 학술대회 논문집에서 찾을 수 있다[16.49~16.52]. 하지만 성능 특성 및 워터젯 효율의 실제적 예측에 적합한 데이터는 흔치 않고, 예비동력 산정 목적에 맞는 데이터는 더욱 드물다.

실험 및 CFD 방법을 이용한 상당수의 워터젯 연구가 수행되어 왔는데, 주로 덕트 및 유체 흡입구, 특히 그림 16.22의 영역 A 및 B의 적절한 형상 및 경사에 집중되어 있다. 이는 덕트 내에서의 유동박리, 초킹(choking) 및 캐비테이션을 회피하여 깨끗하고 균일한 유동이 임펠러로 흘러 들어가게 하기 위함이다. 다른 연구·개발 활동은 펌프에 관계되는데, [16.53]이 그 예이다. 펌프는 보통 축류형(axial) 혹은 사류형(mixed centrifugal/axial)이고, 임펠러의 상류나 하류에 스테이터 날개가 부착된 1단 구성이다. 정압을 상승시키기 위해 임펠러 위치에서는 덕트 크기가 커져서 유동을 감속시키는데, 이로 인해 임펠러 날개에서의 캐비테이션을 회피한다. 덕트 내의 확산이 지나치게 심해져 초킹이 일어나지 않도록 주의해야 한다.

여기서는 운동량 해석을 이용한 기본 작동 원리와 함께 초기설계 단계에서 실제적으로 유용한 추진효율 η_D에 대한 추천 공식을 개략적으로 설명한다.

16.2.10.2 워터젯 성능의 운동량 해석

운동량 해석을 통해 워터젯 성능을 이해할 수 있다. 워터젯의 개략적인 구조도를 그림 16.22에 나타내었다.

전 압력은 다음과 같다.

입구에서

$$\frac{P_{T1}}{\rho} = \frac{P_1}{\rho} + \frac{1}{2}U^2 - gh_1 \quad \text{그런데} \quad \frac{P_1}{\rho} = \frac{P_0}{\rho} + gh_1$$

그리고

$$\frac{P_{T1}}{\rho} = \frac{P_0}{\rho} + \frac{1}{2}U^2 \tag{16.43}$$

여기서 U는 자유흐름 속도 혹은 선속이다.

후미관(tailpipe)에서

$$\frac{P_{T2}}{\rho} = \frac{P_0}{\rho} + \frac{1}{2}V_T^2 + gh_2 \tag{16.44}$$

식 (16.43)과 (16.44)는 단위 체적당 에너지를 나타낸다. 입구 이전에는 전 압력이 일정하다고 가정하지만, 입구와 출구 노즐 사이에서는 펌프가 유체에 에너지를 공급한다. 두 항의 차이는 (단위 체적당) 유체에 가해진 유용한 일에서 입구 및 안전망(grille), 덕트, 펌프와 출구 노즐에서의 손실을 뺀 양이다. 질량유량 $m = \rho V_T A$인데, A는 후미관 혹은 노즐 출구부 면적이다. 입력 동력은 다음과 같이 주어진다.

$$P_D = m\left\{P_{T2} - P_{T1} + \text{압력 손실}\right\} \tag{16.45}$$

그러므로 다음과 같아진다.

$$P_D = \rho V_T A\left\{\frac{1}{2}V_T^2 + gh_2 - \frac{1}{2}U^2 + \text{압력 손실}\right\} \tag{16.46}$$

워터젯 시스템의 압력 손실을 $\frac{\Delta P}{\rho} = k\frac{1}{2}V_T^2$($k$는 보통 0.10~0.20)으로 가정하면

$$P_D = \rho V_T A\left\{\frac{1}{2}(1+k)V_T^2 + gh_2 - \frac{1}{2}U^2\right\} \tag{16.47}$$

총 운동량 변화량으로부터 다음과 같이 추력 T를 계산한다.

$$T = \rho V_T A\{V_T - U\} \tag{16.48}$$

$$\text{장치의 효율 } \eta = \frac{\text{추력동력}}{\text{전달동력}} = \frac{TU}{P_D} \tag{16.49}$$

따라서

$$\eta = \frac{2U(V_T - U)}{(1+k)V_T^2 + 2gh_2 - U^2} \tag{16.50}$$

출구 속도비를 $x = V_T/U$로, 높이 계수(height factor)를 $H = 2gh_2/U^2$로 쓰면 효율은

$$\eta = \frac{2(x-1)}{(1+k)x^2 + H - 1} \tag{16.51}$$

이 되며, $d\eta/dx = 0$이 되는 아래의 경우 최적 효율을 얻을 수 있다.

표 16.5 워터젯 최적 효율

k	x_{opt}	η_{opt}	C_{Topt}
0.10	1.37	0.66	1.01
0.15	1.42	0.61	1.18
0.20	1.46	0.57	1.33

$$x = 1 + \sqrt{\frac{k+H}{1+k}} \tag{16.52}$$

k의 값은 보통 0.10~0.20이고, 이 값을 계산하려면 (i) 입구 및 안전망, (ii) 임펠러 전방 덕트, (iii) 펌프, (iv) 후미관/출구 노즐에서의 손실을 추정해야 한다. 이러한 손실을 별도로 산정하는 것은 복잡하므로, 이 해석에서는 편의상 이들을 하나로 계수(k) 아래 묶었다. Van Terwisga[16.48]는 이들 손실을 따로따로 추정하는 방법을 서술한다. 추력 부하계수는 다음과 같이 표현된다.

$$C_T = \frac{T}{0.5\rho U^2 A} = 2x(x-1) \tag{16.53}$$

표 16.5는 $H = 0.050$에 대한 전형적인 최적값을 나타낸다. 그림 16.23은 $H = 0$일 때 손실(k) 및 추력 부하(C_T)가 효율에 미치는 영향을 보이고 있다. 손실의 영향이 C_T가 작을 때 가장 두드러짐에 주목하라.

총합 시스템 성능을 산정함에 있어서 워터젯이 경계층 유동의 유체를 흡입하는 경우에는 U가 선속보다 작아지므로 반류의 효과와 흡입구의 저항 혹은 추력 감소를 고려할 필

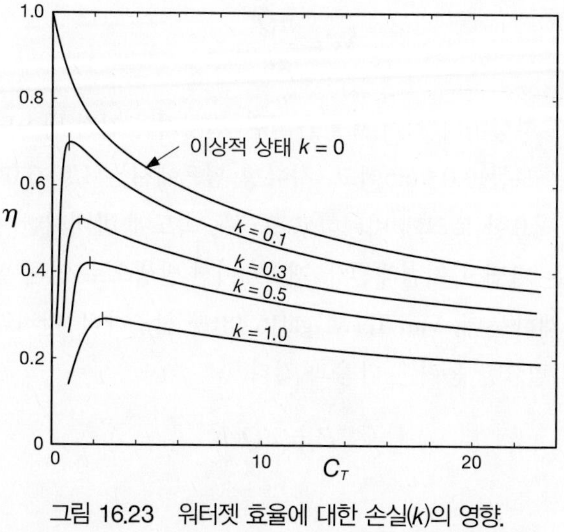

그림 16.23 워터젯 효율에 대한 손실(k)의 영향.

표 16.6 워터젯 체적에 대한 추력 부하의 영향

C_T	x	η	**체적 계수** = $C_T^{-3/2}$
1.00	1.36	0.664	1.00
1.50	1.50	0.656	0.54
2.00	1.62	0.641	0.35
2.50	1.72	0.624	0.25

요가 있다. 이들을 설계과정에 포함시키는 방법은 Van Terwisga[16.48]에 서술되어 있다.

워터젯이 작동 중일 때는 장치 내 물의 무게가 선박의 배수량 및 나아가 저항에 더해지므로 이에 대해서도 고려해야 한다. 최적의 C_T보다 큰 조건에서 작동하면 장치의 크기 및 무게를 상당히 줄이기 때문에 종합적인 최고의 장치는 '최적' 장치보다 작아질 것이다. 예를 들어 식 (16.53)으로부터 정해진 추력에 대해 $A \propto C_T^{-1}$이고, 장치의 부피 $\propto A^{3/2} \propto C_T^{-3/2}$이다. 표 16.6은 $k = 0.10$이고 $H = 0.050$일 때, C_T와 체적이 효율에 미치는 영향을 보여준다. C_T를 1.00에서 1.50으로 늘리면 부피는 거의 절반으로 줄면서도 효율은 불과 1%만 줄어드는 것을 알 수 있다. 궁극적으로는 캐비테이션이 발생하므로 계속 C_T를 증가시킬 수는 없다.

펌프

펌프는 보통 축류형 혹은 사류형이다. 펌프 설계의 상세한 서술은 Brennen[16.54]에 주어져 있고, 펌프에 대한 전형적인 연구는 [16.53]에 서술되어 있다. 펌프는 주어진 회전수에서 수두 상승 h를 통해 필요한 유량 Q를 보내도록 요구된다. 이를 다음과 같은 무차원 비속도(specific speed) N_S로 나타낸다.

$$N_S = \frac{nQ^{1/2}}{gh^{3/4}} \tag{16.54}$$

서로 다른 펌프 형상마다 최적 효율을 내는 전형적인 최적 비속도 범위가 존재한다. 축류형 펌프에서는 보통 3.0~6.5이고, 사류형 펌프에서는 1.5~3.0이다. 펌프의 부피, 즉 무게와 가격은 필요한 토크에 비례하고 토크는 속도에 반비례한다. 일반적으로 속도가 높아지면 펌프는 가볍고 저렴해진다. 캐비테이션 발생으로 인해 실행 가능한 비속도에는 상한선이 존재하는데, Van Terwisga[16.48]를 참조하라. 마지막으로 워터젯 임펠러를 구동하는 데 필요한 동력은 다음과 같다.

$$P_i = \rho Qgh \tag{16.55}$$

16.2.10.3 워터젯 효율의 실제적 추정

총합 추력, 토크 및 효율을 추정하는 데 적합한 실제적 설계 데이터는 드물다. 다양한 효율 및 손실 성분들을 조합한 추정은 초기설계 단계에서는 비실용적이다. 그러므로 Svensson[16.55]을 포함, 제조사 데이터로부터 도출된 정보가 워터젯 효율을 추정하는 목적으로 사용되어 왔다. 데이터는 모형선 및 실선 계측으로부터 도출되었다. 제조사 데이터에 기반한 초기설계 단계에 적합한 η_D에 대한 근사식은 다음 식으로 주어진다.

$$\eta_D = \frac{1}{[1 + 8.64/V]} \tag{16.56}$$

여기서 V는 선속(m/s 단위)이다. 식 (16.56)은 대략 50 knots까지의 선속에 적합하다.

주어진 동력 P_D(kW)에 대한 워터젯 임펠러/트랜섬 직경 D(m)의 예비설계용 근사식은 제조사 데이터에 기반하여 다음과 같이 주어진다.

$$D = \frac{4.05}{1 + [11500/P_D]^{0.9}} \tag{16.57}$$

그리고 토출된(흡입된) 유체의 부피 DV(m^3)는 다음을 사용하여 가정할 수 있다.

$$DV = 0.12\left[\frac{P_D}{1000}\right]^{1.6} \tag{16.58}$$

16.2.11 수직축 프로펠러

수직축(사이클로이달) 프로펠러에 대한 데이터는 제한적으로 출판되었다[16.56, 16.57]. Bose[16.28]는 사이클로이달 프로펠러에 대한 성능 예측 및 이론적 기법에 대한 재정리를 포함하고 있다. Van Manen[16.57]이 보고한 K_T와 K_Q 데이터의 (허가하에 복제된) 하나의 예를 그림 16.24에 도시하였다. 이들 도표는 16.2.1절의 통상형 프로펠러와 동일한 방식으로 사용할 수 있다. 그림 16.24에서 $J(= Ve/nD)$는 전진계수, Ve는 전진속도, l은 날개 길이, c는 코드 길이, $e = 2a/D$는 피치에 해당하는 양으로서, a는 날개 제어 중심점(center of blade control)과 축과의 거리이다.

16.2.12 외륜(Paddle Wheels)

Volpich 및 Bridge[16.58~16.60]가 수행한 시험들로부터 유용한 데이터를 사용할 수 있다. 완전히 접히는 날개를 채용한 외륜은 통상형 프로펠러에 꽤 근접한 효율을 달성할 수 있는 것으로 알려진다.

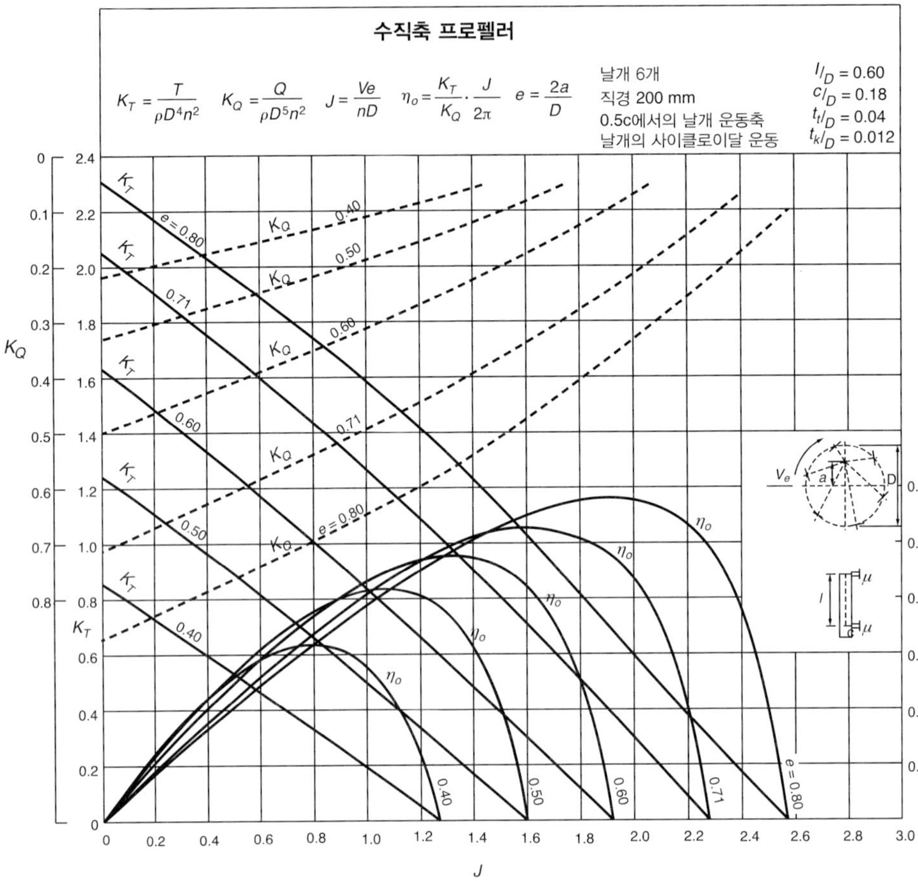

그림 16.24 수직축 프로펠러의 $K_T - K_Q$ 곡선[16.57].

16.2.13 측면 추력장치

초기설계 단계의 측면 추력장치 설계 및 크기 결정을 위한 데이터는 주로 제조사의 정보 및 현재 사용 중인 장치로부터 도출된다. 아래에서는 단순한 이론을 사용하여 기본적인 작동 공식을 유도하였다.

가진 원판 이론을 적용하여 그림 16.25의 속도 변화량을 계산하면 다음을 구할 수 있다.

$$\text{추력} \quad T = \rho V_1^2 A \tag{16.59}$$

$$\text{동력} \quad P = \frac{1}{2}\rho V_1^3 A \tag{16.60}$$

이와 같은 단순한 이론에서 고려되지 않은 기어 손실과 임펠러와 덕트의 항력 손실을 감안하면, 실제 동력 소요량은 이보다 훨씬 커질 것이다.

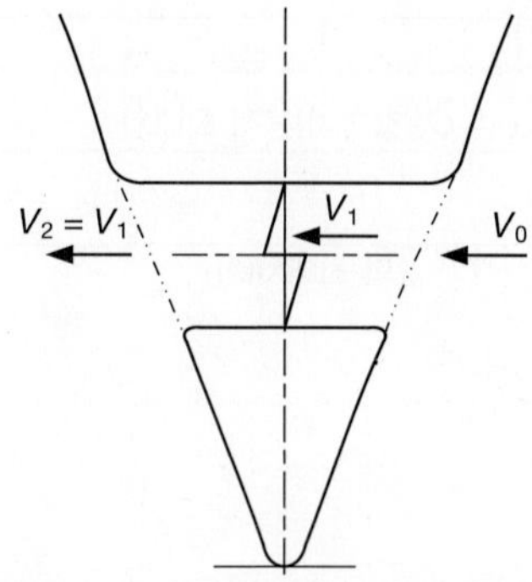

그림 16.25 측면 추력장치에서의 유속 가정.

차원해석 관점에서는 다음과 같이 정리된다.

$$\text{식 (16.59)로부터 } T = f(D^2 \cdot V^2)$$
$$\text{식 (16.60)으로부터 } P = f(D^2 \cdot V^3)$$
$$\text{따라서 } T = f(P \cdot D)^{2/3}$$
$$\text{그리고 } T = C(P \cdot D)^{2/3} \tag{16.61}$$

여기서 $C = T/(P \cdot D)^{2/3}$는 효율의 척도라 볼 수 있고, 출판된 데이터로부터 도출 가능하다.

단위를 T(kN), D(m) 및 P(kW)로 잡으면 출판된 데이터에 근거한 적절한 평균값은 $C = 0.82$가 된다.

초기설계 단계에서 사용하기 위한 적당한 직경의 근사식은 다음과 같다.

$$D = 1.9\left[\frac{P}{1000}\right]^{0.45} \tag{16.62}$$

식 (16.61)과 (16.62)를 사용하여 주어진 추력을 내는 장치의 예비적인 치수, 필요한 추력을 내기 위한 동력과 추력 및 효율에 미치는 직경의 영향을 결정할 수 있다.

English[16.61]는 측면 추력장치에 대한 유용한 배경지식 및 설계 데이터를 서술한다. [16.61]의 허가하에 복제된 그림 16.26은 다양한 추진기와 추력장치의 전형적인 데이터를 제공한다. 그림 16.26의 측면 추력장치에 대한 'C' 값은 식 (16.61)과 동일한 방식으로 정의되었고, 보통 55~70 사이에 놓여 있다. 그림 16.26의 값은 영국식 단위로 주어져 있으므로 차원이 있으며, 해수에서의 조건을 반영하고 있음에 주의해야 한다. 다음은 선속 0인 선박을 고려한 것이다. 측면 추력장치에 대한 선속의 영향은 [16.62, 16.63, 16.64]에 논의되어 있다.

식 (16.61)과 (16.62)를 적용한 예는 다음과 같다.

가용 추진동력이 2000 kW일 때 식 (16.62)에서 직경 $D = 1.9(2000/1000)^{0.45} =$

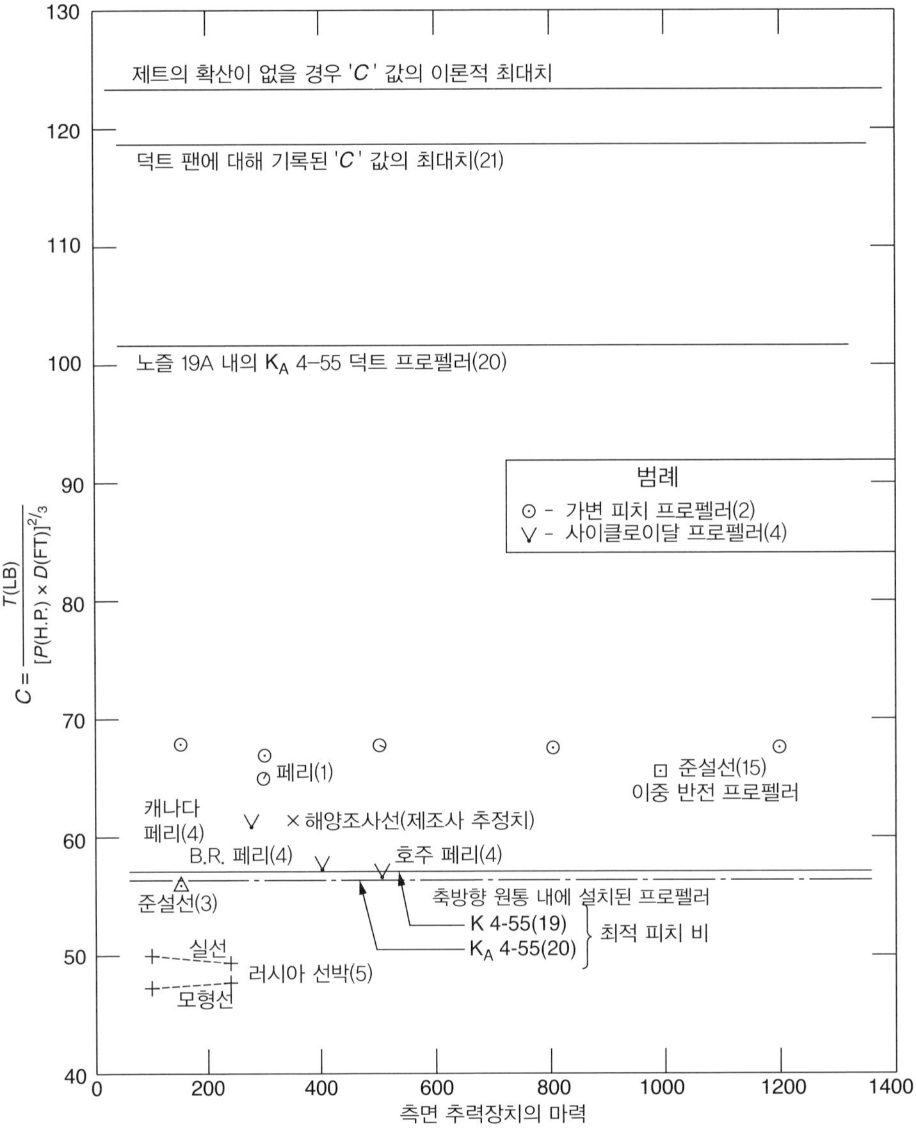

그림 16.26 측면 추력장치에 적용되는 추진기의 설계 데이터[16.61].

2.60 m이고, 식 (16.61)에서 추정 추력 $T = 0.82(2000 \times 2.60)^{2/3} = 246.8$ kN이다. (영국식 단위로는 $T = 55.6 \times 10^3$ lb, $P = 2681.0$ hp, $D = 8.53$ ft이고, 그림 16.26의 C 값은 68.8이다.)

16.2.14 노(Oars)

노의 성능, 추력 및 효율에 관한 유용한 정보는 [16.65~16.68]에 제공되어 있다.

16.2.15 돛(Sails)

16.2.15.1 배경

세일링 요트의 성능을 추정함에 있어 세일에 의해 생성되는 힘을 예측할 필요가 있다. 실제로 이는 겉보기 바람(apparent wind)의 풍속 및 풍향, 돛의 특성뿐만 아니라 지배적인 바람에 대해 돛의 방향을 잡는 선원의 기술에 의해서도 좌우된다. 이와 같은 성능 측면은 설계 단계에서 재현하기가 매우 어렵고 요트 속도 예측을 어렵게 한다.

풍동시험을 수행한다면, 요트에서 사용하는 돛의 완전한 조합에 대해 각 풍속 및 풍향에서 발생하는 유용한 구동력을 최대화하기 위해 돛의 경사각을 조절할 수 있다. 이러한 방식으로 돛의 양력 및 항력 계수를 구하여 이후의 성능 예측에 사용할 수 있다. Marchaj[16.69]와 Campbell[16.70]은 이러한 절차가 서술된 문헌이다.

요트 평가에 사용되는 ORC(Offshore Racing Congress) 프로그램[16.71]을 포함한 대부분의 속도 예측 프로그램(velocity prediction program: VPP)에서 돛의 성능을 다루는 방식은 Hazen[16.72]에 의해 최초로 기술된 방법에 기반을 두고 있다. 여기서는 개별 돛의 기여도에 근거하여 돛 전체의 힘 계수를 산출한다. 또한 돛을 펴거나 줄이는 효과를 계수로 구현하기 때문에 요트의 성능을 예측하면서 항해하는 방식을 표현할 수 있다. Hazen[16.72] 이후 돛과 돛 사이 상호작용의 효과와 보다 현대적인 돛의 유형과 형태를 포함하도록 해석 모델이 개선되어 왔다. 예를 들면 Claughton[16.73]과 ORC[16.71]는 이러한 과정을 서술한다. 여기 포함된 표현법은 본질적으로 Larsson 및 Eliasson[16.74]과 ORC[16.71]를 따른다.

이 방법은 개별 돛의 양력계수 및 점성 항력계수에 기반을 두고 있는데, 이들은 그림 11.12와 같은 적절한 벡터도에 적용된다. 채택된 돛의 용어는 IMS(International Measurement System)에서 사용되는 것으로, 매개변수들은 표 16.7에 요약되어 있다.

표 16.7 돛의 약어

I	선수 삼각형의 높이(m)
J	선수 삼각형의 밑변(m)
FA	평균 건현(m)
EHM	현호선 위의 돛대 높이(m)
EMDC	돛대 평균 직경(m)
P	주 돛 러프(luff) 길이(m)
BAD	주 돛 붐(boom)의 현호선 위 높이(m)
B	선폭(m)

16.2.15.2 양력 및 항력 계수

겉보기 풍향각 범위에 대한 주 돛 및 삼각돛(jib)의 전형적인 양력과 항력 계수(ORC[16.71]의 허가하에 전재)를 표 16.8과 16.9, 그리고 그림 16.27과 16.28에 나타내었다.

총 양력계수 및 점성 항력계수는 다음과 같이 각 돛 기여도의 하중 평균으로 주어진다.

$$C_L = \frac{C_{Lm} A_m + C_{Lj} A_j}{A_n} \tag{16.63}$$

그리고

$$C_{Dp} = \frac{C_{Dm} A_m + C_{Dj} A_j}{A_n} \tag{16.64}$$

표 16.8 주 돛의 양력 및 항력 계수

β(deg.)	**0**	**7**	**9**	**12**	**28**	**60**	**90**	**120**	**150**	**180**
C_L	0.000	0.862	1.052	1.164	1.347	1.239	1.125	0.838	0.296	−0.112
C_D	0.043	0.026	0.023	0.023	0.033	0.113	0.383	0.969	1.316	1.345

표 16.9 삼각돛의 양력 및 항력 계수

β(deg.)	**7**	**15**	**20**	**27**	**50**	**60**	**100**	**150**	**180**
C_L	0.000	1.000	1.375	1.450	1.430	1.250	0.400	0.000	−0.100
C_D	0.050	0.032	0.031	0.037	0.250	0.350	0.730	0.950	0.900

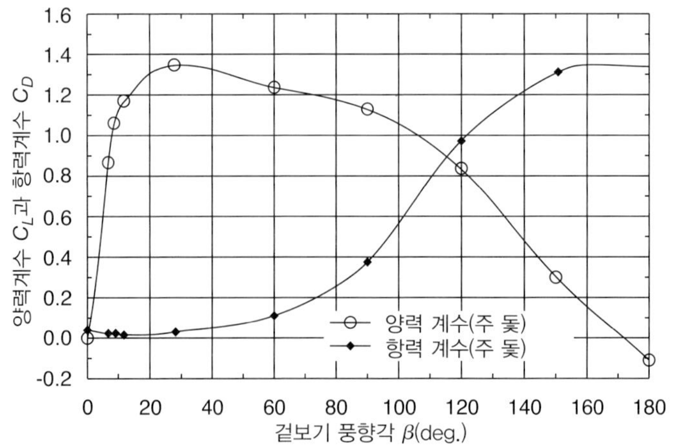

그림 16.27 주 돛의 양력 및 항력 계수.

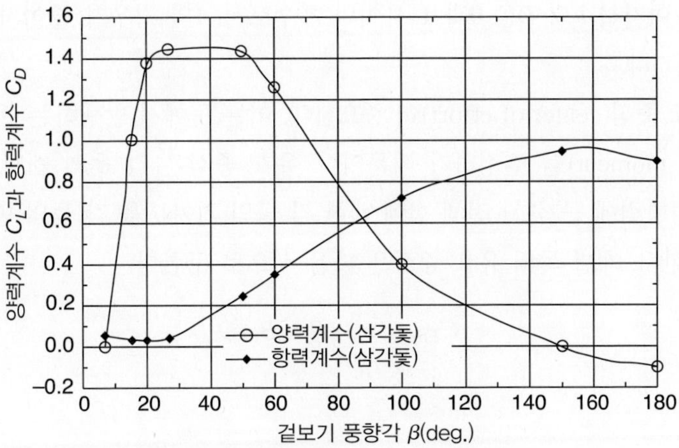

그림 16.28 삼각돛의 양력 및 항력 계수.

여기서 기준 (공칭) 면적은 주 돛과 선수 삼각형(foretriangle) 면적의 합 $A_n = A_m + A_F$이다. 선수 삼각형 면적은 $A_F = 0.5\ IJ$로 주어진다.

돛의 총 항력계수는 다음과 같이 주어진다.

$$C_D = C_{Dp} + C_{D0} + C_{DI} \tag{16.65}$$

여기서 C_{D0}는 돛대와 수면 위 선체의 항력계수로서 다음과 같이 추정된다.

$$C_{D0} = 1.13 \frac{(FA \cdot B) + (EHM \cdot EMDC)}{A_n} \tag{16.66}$$

C_{DI}는 양력에 의한 유도항력으로 다음과 같다.

$$C_{DI} = C_L^2 \left(\frac{1}{AR} + 0.005 \right) \tag{16.67}$$

여기서 유효 돛 형상비(effective rig aspect ratio) AR은 바람이 불어오는 방향과 가깝게 항주하는 클로즈 홀드 세일링(close hauled sailing)인 경우 다음과 같이 계산된다.

$$AR = \frac{[1.1\,(EHM + FA)]^2}{A_n} \tag{16.68}$$

다른 침로각에 대한 AR은 다음과 같다.

$$AR = \frac{(1.1EHM)^2}{A_n} \tag{16.69}$$

돛을 펴고(flattening) 줄이는(reefing) 효과는 $C_L = C_L F \cdot R^2$과 $C_{Dp} = C_{Dp}\, R^2$으

로 주어진다. 여기서 F와 R은 0과 1 사이의 계수로서, 1의 경우가 줄이지 않은 정상적인 돛을 가리킨다.

돛의 유효 중심(center of effort)이 중요한데, 이는 돛에서 발생하는 전체 횡경사 모멘트(heeling moment)를 결정하기 때문이다. 유효 중심은 각 돛의 개별 유효 중심과 (양력 및 점성항력에 근거한) 전체 힘에 대한 각 돛의 기여분을 각 돛의 면적으로 하중 평균하여 구한다. 개별 돛의 유효 중심은 다음 식으로 구한다.

$$C_{Em} = 0.39P + BAD \tag{16.70}$$

그리고

$$C_{Ej} = 0.39I \tag{16.71}$$

돛의 공력 성능에 대한 횡경사(heel)의 영향을 고려하기 위해 겉보기 풍속 및 풍향은 횡경사 평면에서의 값을 사용한다. 이들을 '유효' 겉보기 풍속 및 풍향이라 하고 다음과 같이 구한다.

$$V_{AE} = \sqrt{V_1^2 + V_2^2} \tag{16.72}$$

$$\beta_E = \cos^{-1}\left(\frac{V_1}{V_{AE}}\right) \tag{16.73}$$

$V_1 = V_S + V_T \cos\gamma$이고, $V_2 \approx V_T \sin\gamma \cos\phi$이다. 여기서 γ는 진풍향각(true wind angle) 혹은 침로각(course angle), V_T는 진풍 속도(true wind velocity), V_S는 선속, ϕ는 횡경사각이다.

성능을 추정할 때 돛으로부터의 총 양력 및 항력 값이 사용되는데, 다음과 같이 양력계수 및 항력계수로부터 계산된다.

$$L = \frac{1}{2} C_L \rho_a V_A^2 A_n \tag{16.74}$$

$$D = \frac{1}{2} C_D \rho_a V_A^2 A_n \tag{16.75}$$

이들 공력적인 힘들은 요트의 항해 경로 방향의 성분으로 분해하여 수력학적인 힘들과 평형을 이룬다. 이 절차의 예는 17장의 예제 17에 주어져 있다.

16.3 선체 효율 및 상대회전 효율 데이터

16.3.1 반류비 w_T와 추력 감소계수 t

선체 효율은 $\eta_H = (1 - t)/(1 - w_T)$로 정의된다. 반류비와 추력 감소계수는 8장에서 다루고 있다.

16.3.2 상대회전 효율 η_R

상대회전 효율은 선체 뒤 반류 내에서의 프로펠러 효율과 프로펠러 단독 효율 사이의 비율인데, 8장을 참조하라. 이는 8.7절에 서술된 모형선 자항시험으로부터 얻어진다. η_R은 보통 0.95~1.05 사이의 값을 갖는데, 예비설계 단계에서는 흔히 1로 가정한다. η_R은 여러 가지 변수에 의해 좌우되는데, 프로펠러 직경 및 피치와 선형이 그에 포함된다. 자항시험이 없는 경우에는 예비동력 산정을 위해 η_R에 대한 경험적 데이터를 사용할 수 있다. [16.75~16.84]와 같은 참고문헌으로부터 데이터가 활용 가능하고, 아래에 요약되어 있다.

16.3.2.1 단추추진기선(Single Screw)

영국선박연구협회(British Ship Research Association: BSRA) 계열[16.75]

식 (16.76)이 선호되는 공식이고, 식 (16.77)은 피치 비(P/D)와 날개 면적비(BAR)를 모를 때 사용하는 대체식이다.

$$\eta_R = 0.8372 + 0.1338\,C_B + 1.5188\,D/L_{BP} + 0.1240\,P/D - 0.1152\,\mathrm{BAR} \quad (16.76)$$

$$\eta_R = 0.5524 + 0.8443\,C_B - 0.5054\,C_B^2 + 1.1511\,D/L_{BP} + 0.4718\,D/\nabla^{1/3} \quad (16.77)$$

여기서 D는 프로펠러 직경(m), ∇는 배수량(m^3), 방형계수 C_B 범위는 0.55~0.85, P/D 범위는 0.60~1.10, BAR 범위는 0.40~0.80, D/L_{BP} 범위는 0.02~0.06이다.

계열 60[16.76]

식 (16.78)의 회귀식이 개발되었다. 선체 매개변수의 범위는 다음과 같다. L/B: 5.5~8.5, B/T: 2.5~3.5, C_B: 0.60~0.80, LCB: −2.48%~+3.51%이다. 선속 범위에 대한 회귀식 'd' 계수는 부록 A4의 표 A4.6에 정리되어 있다.

$$\eta_R = d_1 + d_2(L/B) + d_3(B/T) + d_4(C_B) + d_5(LCB) + d_6(L/B)^2 + d_7(B/T)^2 + d_8(C_B)^2 + d_9(LCB)^2 + d_{10}(L/B)(B/T) + d_{11}(L/B)(C_B) + d_{12}(L/B)(LCB) + d_{13}(B/T)(C_B) + d_{14}(B/T)(LCB) + d_{15}(C_B)(LCB) \quad (16.78)$$

Holtrop[16.77]

$$\eta_R = 0.9922 - 0.05908(\mathrm{BAR}) + 0.07424(Cp - 0.0225LCB) \quad (16.79)$$

여기서 LCB는 L의 백분율로 나타낸 $0.5L$ 전방의 L_{CB} 위치이다.

16.3.2.2 쌍추진기선(Twin Screw)

Holtrop[16.77]

$$\eta_R = 0.9737 + 0.111(Cp - 0.0225LCB) - 0.06325P/D \quad (16.80)$$

여기서 LCB는 L의 백분율로 나타낸 $0.5L$ 전방의 L_{CB} 위치이다.

16.3.2.3 포드 장치

Filkkema 등[16.23]

$$\eta_{Rp} = 1.493 - 0.18425\,C_P - 0.4278\,LCB - 0.33804\,P/D \quad (16.81)$$

여기서 LCB는 ($0.5L$ 전방의 L_{CB} 위치)/L이다.

16.3.2.4 예인선 데이터

Parker-Dawson[16.78] 및 Moor[16.79]

[16.78, 16.79]로부터 얻은 η_R의 전형적인 근사 평균값을 표 16.10에 나타내었다. 프로펠러 직경과 선형 변화에 따른 보다 많은 데이터가 [16.78, 16.79]에 주어져 있다.

16.3.2.5 트롤 어선 데이터

BSRA[16.80, 16.81, 16.82]

[16.81]로부터의 트롤 어선에 대한 η_R의 전형적인 근사값을 표 16.11에 나타내었다. 선속 범위는 $Fr = 0.29 \sim 0.33$이다. $L/\nabla^{1/3}$, B/T, LCB와 선형 변화의 영향은 [16.80, 16.82]에 주어져 있다.

표 16.10 예인선의 상대회전 효율

자료 출처	***Fr***	η_R	**운항 조건**
참고문헌 [16.78] $C_B = 0.503$	0.34	1.02	자유항주
	0.21	–	예인
	0.15	–	예인
	0.09	–	예인
	0(볼라드)	–	볼라드(정지 추력)
참고문헌 [16.79] $C_B = 0.575$	0.36	1.01	자유항주
	0.21	1.03	예인
	0.12	1.02	예인
	0(볼라드)	–	볼라드(정지 추력)

표 16.11 트롤 어선의 상대회전 효율

C_B	η_R
0.53	1.048
0.57	1.043
0.60	1.030

16.3.2.6 둥근 빌지의 준배수량형 선박

Bailey[16.83]

둥근 빌지 선형에 대한 η_R의 전형적인 근사값을 표 16.12에 나열하였다. 이 데이터는 쌍추진기와 연관된 둥근 빌지 선형에 일반적으로 적용 가능하다. 선속 범위는 $Fr_\nabla = 0.58 \sim 2.76$인데, $Fr_\nabla = V/\sqrt{g\nabla^{1/3}}$ [V, m/s; ∇, m^3] 혹은 $Fr_\nabla = 0.165\ V/\Delta^{1/6}$ [V, knots; Δ, tonnes]이고, C_B 범위는 $0.37 \sim 0.52$이다.

표 16.12 둥근 빌지 준배수량선형의 상대회전 효율

C_B **범위**	Fr_∇	η_R
$C_B < 0.45$	0.6	0.95
	1.4	0.95
	2.6	0.95
$C_B > 0.45$	0.6	1.07
	1.4	0.95
	2.2	0.96

Gamulin[16.84]

SKLAD 둥근 빌지 계열에서 전형적인 근사값은 다음과 같이 구한다. $C_B \leq 0.45$, 선속 범위는 $Fr_\nabla = 0.60 \sim 3.0$이다.

$$\eta_R = 0.035 Fr_\nabla + 0.90$$

참고문헌(16장)

16.1 Van Manen, J.D. The choice of propeller. *Marine Technology*, SNAME, Vol. 3, No. 2, April 1966, pp. 158~171.

16.2 Lewis, E.V. (ed.) *Principles of Naval Architecture*. The Society of Naval Architects and Marine Engineers, New York, 1988.

16.3 Rawson, K.J. and Tupper, E.C. *Basic Ship Theory*. 5th Edition, Combined Volume. Butterworth-Heinemann, Oxford, UK, 2001.

16.4 Molland, A.F. (ed.) *The Maritime Engineering Reference Book*. Butterworth-Heinemann, Oxford, UK, 2008.

16.5 O'Brien, T.P. *The Design of Marine Screw Propellers*. Hutchinson and Co., London, 1969.

16.6 Van Lammeren, W.P.A., Van Manen, J.D. and Oosterveld, M.W.C. The Wageningen B-Screw Series. *Transactions of the Society of Naval Architects and Marine Engineers*, Vol. 77, 1969, pp. 269~317.

16.7 Gawn, R.W.L. Effects of pitch and blade width on propeller performance. *Transactions of the Royal Institution of Naval Architects*, Vol. 95, 1953, pp. 157~193.

16.8 Yazaki, A. Design diagrams of modern four, five, six and seven-bladed propellers developed in Japan. *4th Naval Hydrodynamics Symposium*, National Academy of Sciences, Washington, DC, 1962.

16.9 Lingren, H. Model tests with a family of three and five bladed propellers. SSPA Paper No. 47, Gothenburg, 1961.

16.10 Gawn, R.W.L. and Burrill, L.C. Effect of cavitation on the performance of a series of 16 in. model propellers. *Transactions of the Royal Institution of Naval Architects*, Vol. 99, 1957, pp. 690~728.

16.11 Burrill, L.C. and Emerson, A. Propeller cavitation: some observations from 16 in. propeller tests in the new King's College Cavitation Tunnel. *Transactions of the North East Coast Institution of Engineers and Shipbuilders*, Vol. 70, 1953, pp. 121~150.

16.12 Burrill, L.C. and Emerson, A. Propeller cavitation: further tests on 16 in. propeller models in the King's College Cavitation Tunnel. *Transactions of the North East Coast Institution of Engineers and Shipbuilders*, Vol. 79, 1962~1963, pp. 295~320.

16.13 Emerson, A. and Sinclair, L. Propeller design and model experiments. *Transactions of the North East Coast Institution of Engineers and Shipbuilders*, Vol. 94, No. 6, 1978, pp. 199~234.

16.14 Carlton, J.S. *Marine Propellers and Propulsion*. 2nd Edition Butterworth-Heinemann, Oxford, UK, 2007.

16.15 Oosterveld, M.W.C., van Oossanen, P. Further computer-analysed data of the Wageningen B-screw series. *International Shipbuilding Progress*, Vol. 22, No. 251, July 1975, pp. 251~262.

16.16 Blount, D.L. and Hubble, E.N. Sizing segmental section commercially available propellers for small craft. Propellers 1981. SNAME Symposium, 1981.

16.17 Baker, G.S. The effect of propeller boss diameter upon thrust and efficiency at given revolutions. *Transactions of the Royal Institution of Naval Architects*, Vol. 94, 1952, pp. 92~109.

16.18 Oosterveld, M.W.C. Wake adapted ducted propellers. NSMB Wageningen Publication No. 345, 1970.

16.19 Oosterveld, M.W.C. Ducted propeller characteristics. *RINA Symposium on Ducted Propellers*, RINA, London, 1973.

16.20 ITTC. Report of specialist committee on azimuthing podded propulsors. *Proceedings of 25th ITTC*, Vol. II. Fukuoka, 2008.

16.21 Molland, A.F. and Turnock, S.R. *Marine Rudders and Control Surfaces*. Butterworh-Heinemann, Oxford, UK. 2007.

16.22 Hoerner, S.F. *Fluid-Dynamic Drag*. Published by the author, New York, 1965.

16.23 Flikkema, M.B., Holtrop, J. and Van Terwisga, T.J.C. A parametric power prediction model for tractor pods. *Proceedings of the Second International Conference on Advances in Podded Propulsion*, T-POD. University of Brest, France, October 2006.

16.24 Stierman, E.J. The influence of the rudder on the propulsive performance of ships. Parts I and II. *International Shipbuilding Progress*, Vol. 36, No. 407, 1989, pp. 303~334; No. 408, 1989, pp. 405~435.

16.25 Funeno, I. Hydrodynamic development and propeller design method of azimuthing podded propulsion systems. *Ninth Symposium on Practical Design of Ships and Other Floating Structures, PRADS'2004*, Lübeck-Travemünde, Germany, 2004, pp. 888~893.

16.26 Islam, M.F., He, M. and Veitch, B. Cavitation characteristics of some pushing and pulling podded propellers. *Transactions of the Royal Institution of Naval Architects*, Vol. 149, 2007, pp. 41~50.

16.27 Islam, M.F., Molloys, S., He, M., Veitch, B., Bose, N. and Liu, P. Hydrodynamic study of podded propulsors with systematically varied geometry. *Proceedings of the Second International Conference on Advances in Podded Propulsion*, T-POD. University of Brest, France, October 2006.

16.28 Bose, N. *Marine Powering Predictions and Propulsors*. The Society of Naval Architects and Marine Engineers. New York, 2008.

16.29 Heinke, C. and Heinke, H-J. Investigations about the use of podded drives for fast ships. *Proceedings of Seventh International Conference on Fast Sea Transportation*,

FAST'2003, Ischia, Italy, October 2003.

16.30 Frolova, I., Kaprantsev, S., Pustoshny, A. and Veikonheimo, T. Development of the propeller series for azipod compact. *Proceedings of the Second International Conference on Advances in Podded Propulsion,* T-POD. University of Brest, France, October 2006.

16.31 T-POD First International Conference on Advances in Podded Propulsion, Conference Proceedings, University of Newcastle, UK, 2004.

16.32 T-POD Second International Conference on Advances in Podded Propulsion, Conference Proceedings, University of Brest, France, October 2006.

16.33 ITTC. Report of Propulsion Committee. *Proceedings of the 23rd ITTC*, Venice, 2002.

16.34 ITTC. Report of specialist committee on azimuthing podded propulsors. *Proceedings of 24th ITTC*, Vol. II. Edinburgh, 2005.

16.35 Radojcic, D. An engineering approach to predicting the hydrodynamic performance of planing craft using computer techniques. *Transactions of the Royal Institution of Naval Architects*, Vol. 133, 1991, pp. 251~267.

16.36 Newton, R.N. and Rader, H.P. Performance data of propellers for highspeed craft. *Transactions of the Royal Institution of Naval Architects*, Vol. 103, 1961, pp. 93~129.

16.37 Tulin, M.P. Supercavitating flow past foils and struts. *Proceedings of NPL Symposium on Cavitation in Hydrodynamics*. Her Majesty's Stationery Office, London, 1956.

16.38 Rose, J.C. and Kruppa, F.L. Surface piercing propellers: Methodical series model test results, *Proceedings of First International Conference on Fast Sea Transportation, FAST'91*, Trondheim, 1991.

16.39 Ferrando, M., Scamardella, A., Bose, N., Liu, P. and Veitch, B. Performance of a family of surface piercing propellers. *Transactions of the Royal Institution of Naval Architects*, Vol. 144, 2002, pp. 63~75.

16.40 Chudley, J., Grieve, D. and Dyson, P.K. Determination of transient loads on surface piercing propellers. *Transactions of the Royal Institution of Naval Architects*, Vol. 144, 2002, pp. 125~141.

16.41 Gutsche, F. The study of ships' propellers in oblique flow. *Schiffbauforschung* 3, 3/4. Translation from German, Defence Research Information Centre DRIC Translation No. 4306, 1964, pp. 97~122.

16.42 Hadler, J.B. The prediction of power performance of planing craft. *Transactions of the Society of Naval Architects and Marine Engineers*, Vol. 74, 1966, pp. 563~610.

16.43 Peck, J.G. and Moore, D.H. Inclined-shaft propeller performance characteristics. Paper G, *SNAME Spring Meeting*, April 1973, pp. G1~G21.

16.44 Barnaby, K.C. *Basic Naval Architecture*. Hutchinson, London, 1963.

16.45 Mackenzie, P.M. and Forrester, M.A. Sailboat propeller drag. *Ocean Engineering*, Vol. 35, No. 1, January 2008, p. 28.

16.46 Miles, A., Wellicome, J.F. and Molland, A.F. The technical and commercial development of self-pitching propellers. *Transactions of the Royal Institution of Naval Architects*, Vol. 135, 1993, pp. 133~147.

16.47 Allison, J.L. Marine waterjet propulsion. *Transactions of the Society of Naval Architects and Marine Engineers*, Vol. 101, 1993, pp. 275~335.

16.48 Van Terwisga, T. A parametric propulsion prediction method for waterjet driven craft. *Proceedings of Fourth International Conference on Fast Sea Transportation, FAST'97*, Sydney, Australia. Baird Publications, South Yarra, Australia, July 1997.

16.49 ITTC. Report of Specialist Committee on Validation of Waterjet Test Procedures. *Proceedings of 23rd ITTC*, Vol. II, Venice, 2002.

16.50 ITTC. Report of Specialist Committee on Validation of Waterjet Test Procedures. *Proceedings of 24th ITTC*, Vol. II, Edinburgh, 2005.

16.51 *Proceedings of International Conference on Waterjet Propulsion III*, RINA, Gothenburg, 2001.

16.52 *Proceedings of International Conference on Waterjet Propulsion IV*, RINA, London, 2004.

16.53 Michael, T.J. and Chesnakas, C.J. Advanced design, analysis and testing of waterjet pumps. *25th Symposium on Naval Hydrodynamics*, St. John's, Newfoundland and Labrador, Canada, August 2004, pp. 104~114.

16.54 Brennen, C.E. *Hydrodynamics of Pumps*. Oxford University Press, 1994.

16.55 Svensson, R. Water jet for naval applications. *RINA International Conference on New Developments in Warship Propulsion*. RINA, London, 1989.

16.56 Van Manen, J.D. Results of systematic tests with vertical axis propellers. *International Shipbuilding Progress*, Vol. 13, 1966.

16.57 Van Manen, J.D. Non-conventional propulsion devices. *International Shipbuilding Progress*, Vol. 20, No. 226, June 1973, pp. 173~193.

16.58 Volpich, H. and Bridge, I.C. Paddle wheels: Part I, Preliminary model experiments. *Transactions Institute of Engineers and Shipbuilders in Scotland IESS*, Vol. 98, 1954~1955, pp. 327~380.

16.59 Volpich, H. and Bridge, I.C. Paddle wheels: Part II, Systematic model experiments. *Transactions Institute of Engineers and Shipbuilders in Scotland IESS*, Vol. 99, 1955~1956, pp. 467~510.

16.60 Volpich, H. and Bridge, I.C. Paddle wheels: Part IIa, III, Further model experiments and ship/model correlation. *Transactions Institute of Engineers and Shipbuilders in Scotland IESS*, Vol. 100, 1956~1957, pp. 505~550.

16.61 English, J.W. The design and performance of lateral thrust units. *Transactions of the Royal Institution of Naval Architects*, Vol. 105, 1963, pp. 251~278.

16.62 Ridley, D.E. Observations on the effect of vessel speed on bow thruster performance. *Marine Technology*, 1971, pp. 93~96.

16.63 Norrby, R.A. and Ridley, D.E. Notes on ship thrusters. *Transactions of the Institute of Marine Engineers*. Vol. 93, Paper 6, 1981, pp. 2~8.

16.64 Brix, J. (ed.) *Manoeuvring Technical Manual*, Seehafen Verlag, Hamburg, 1993.

16.65 Alexander, F.H. The propulsive efficiency of rowing. In *Transactions of the Royal Institution of Naval Architects*, Vol. 69, 1927, pp. 228~244.

16.66 Wellicome, J.F. Some hydrodynamic aspects of rowing. In Rowing – *A Scientific Approach*, ed. J.P.G. Williams and A.C. Scott, A.S. Barnes, New York, 1967.

16.67 Shaw, J.T. Rowing in ships and boats. *Transactions of the Royal Institution of Naval Architects*, Vol. 135, 1993, pp. 211~224.

16.68 Kleshnev, V. Propulsive efficiency of rowing. Proceedings of XVII International Symposium on Biomechanics in Sports, Perth, Australia, 1999, pp. 224~228.

16.69 Marchaj, C.A. Aero-Hydrodynamics of Sailing, Adlard Coles Nautical, London, 1979.

16.70 Campbell, I.M.C. Optimisation of a sailing rig using wind tunnel data, *The 13th Chesapeake Sailing Yacht Symposium, Annapolis*. SNAME. 1997.

16.71 Offshore Racing Congress. VPP Documentation 2009 Offshore Racing Congress. http://www.orc.org/ (last accessed 3 June 2010). 69 pages.

16.72 Hazen, G.S. A model of sail aerodynamics for diverse rig types, *New England Sailing Yacht Symposium*. SNAME, 1980.

16.73 Claughton, A.R. Developments in the IMS VPP formulations, *The 14th Chesapeake Sailing Yacht Symposium, Annapolis*. The Society of Naval Architects and Marine Engineers, 1999, pp. 27~40.

16.74 Larsson, L. and Eliasson, R.E. *Principles of Yacht Design*. 3rd Edition, Adlard Coles Nautical, London, 2009.

16.75 Pattullo, R.N.M. and Wright, B.D.W. Methodical series experiments on single-screw ocean-going merchant ship forms. Extended and revised overall analysis. BSRA Report NS333, 1971.

16.76 Sabit, A.S. An analysis of the Series 60 results: Part II, Regression analysis of the propulsion factors. *International Shipbuilding Progress*, Vol. 19, No. 217, September 1972, pp. 294~301.

16.77 Holtrop, J. and Mennen, G.G.J. An approximate power prediction method. *International Shipbuilding Progress*, Vol. 29, No. 335, July 1982, pp. 166~170.

16.78 Parker, M.N. and Dawson, J. Tug propulsion investigation. The effect of a buttock flow stern on bollard pull, towing and free-running performance. *Transactions of the Royal Institution of Naval Architects*, Vol. 104, 1962, pp. 237~279.

16.79 Moor, D.I. An investigation of tug propulsion. *Transactions of the Royal Institution of Naval Architects*, Vol. 105, 1963, pp. 107~152.

16.80 Pattulo, R.N.M. and Thomson, G.R. The BSRA Trawler Series (Part I). Beam-draught and length-displacement ratio series, resistance and propulsion tests. *Transactions of the Royal Institution of Naval Architects*, Vol. 107, 1965, pp. 215~241.

16.81 Pattulo, R.N.M. The BSRA Trawler Series (Part II). Block coefficient and longitudinal centre of buoyancy series, resistance and propulsion tests. *Transactions of the*

Royal Institution of Naval Architects, Vol. 110, 1968, pp. 151~183.

16.82 Thomson, G.R. and Pattulo, R.N.M. The BSRA Trawler Series (Part III). Resistance and propulsion tests with bow and stern variations. *Transactions of the Royal Institution of Naval Architects*, Vol. 111, 1969, pp. 317~342.

16.83 Bailey, D. A statistical analysis of propulsion data obtained from models of high speed round bilge hulls. *Symposium on Small Fast Warships and Security Vessels.* RINA, London, 1982.

16.84 Gamulin, A. A displacement series of ships. *International Shipbuilding Progress*, Vol. 43, No. 434, 1996, pp. 93~107.

CHAPTER

17

응용 예제

17.1 배경

선박의 전반적인 동력 전달과정이 그림 2.3에 도시된 바 있다. 저항 및 추진 데이터의 전형적인 적용 예와 다양한 형태와 크기의 선박에 대한 추진동력의 추정 방법을 설명하기 위한 예제 풀이를 제시한다. 이들 예제는 대형 및 소형 배수량선, 준배수량선, 활주선 및 범선에 대한 유효동력 예측과 프로펠러/추진기 설계로 크게 구분된다.

저항 데이터를 부록 A3의 표와 함께 10장에 나타내었다. 프로펠러 데이터는 부록 A4의 표와 더불어 16장에 제시되었다.

응용 예제들은 주로 표준 계열선 실험 및 회귀분석 결과로부터 저항 데이터를 사용하고 있음을 명심하라. 그러므로 예제들은 특히 초기설계 단계에서 매우 유용하지만, 평균 수준의 결과만을 예측하는 경향이 있다. 표준 계열선 데이터가 발표된 이후 선형이 발달하여 효율이 개선되었다. 그러나 발달된 선형들은 보통 매개변수를 변화시켜 얻는 것이 아니고 출판되지도 않았다. 그러므로 몇몇 적용 예제들에서 예측된 저항은 실험 및 계산 연구를 사용하여 개선될 수 있을 것이다. 기본 프로펠러 계열 데이터에서는 그와 같은 유의미한 개선이 이루어지지 않았으므로, 계열 데이터는 달성 가능한 효율을 대체적으로 예측한다.

17.2 응용 예제

17.2.1 응용 예제 1. 유조선 모형시험 데이터: 실선 유효동력 예측

모형선 저항시험과 관련된 데이터는 다음과 같다.

모형선 L: 4.3 m, 실선 L: 129 m(축척비 $\lambda = 30$)
모형선의 침수표면적: 3.75 m^2, 모형선 선속: 1.5 m/s
1.5 m/s에서의 모형선 총 저항: 18.0 N

4장에 서술된 것과 같은 경험 데이터를 사용하여 형상계수$(1 + k)$는 1.15로 추정된다. 실선의 침수표면적은 다음과 같다.

$$S = 3.75 \times \left(\frac{129}{4.3}\right)^2 = 3375\,\mathrm{m}^2$$

그에 해당하는 실선의 선속(일정한 Froude 수)은 다음과 같다.

$$V_S = 1.5 \times \sqrt{\frac{129}{4.3}} = 8.22\ \mathrm{m/s}$$

표 A1.2에서 $\nu_{FW} = 1.140 \times 10^{-6}\ \mathrm{m^2/s}$이고, $\nu_{SW} = 1.190 \times 10^{-6}\ \mathrm{m^2/s}$이다.

17.2.1.1 형상계수 없이 ITTC 상관 곡선을 사용하는 유효동력 P_E의 추정

$$\begin{aligned}
C_{TM} &= R_T/\tfrac{1}{2}\rho SV^2 = 18.0 \times 2/(1000 \times 3.75 \times 1.5^2) = 4.267 \times 10^{-3}\\
Re_M &= VL/\nu = 1.5 \times 4.3/1.14 \times 10^{-6} = 5.66 \times 10^6\\
C_{FM} &= 0.075/(\log Re - 2)^2 = 0.075/(6.753 - 2)^2 = 3.320 \times 10^{-3}\\
C_{RM} &= C_{TM} - C_{FM} = (4.267 - 3.320) \times 10^{-3} = 0.947 \times 10^{-3}\\
Re_S &= VL/\nu = 8.22 \times 129/1.19 \times 10^{-6} = 8.91 \times 10^8\\
C_{FS} &= 0.075/(\log Re - 2)^2 = 0.075/(8.950 - 2)^2 = 1.553 \times 10^{-3}\\
C_{RS} &= C_{RM} = 0.947 \times 10^{-3}\\
C_{TS} &= C_{FS} + C_{RS} = (1.553 + 0.947) \times 10^{-3} = 2.500 \times 10^{-3}
\end{aligned}$$

실선의 총 저항은 다음과 같다.

$$\begin{aligned}
R_{TS} &= C_{TS} \times \tfrac{1}{2}\rho SV_S^2\\
&= 2.500 \times 10^{-3} \times 1025 \times 3375 \times 8.22^2/(2 \times 1000) = 292.18\ \mathrm{kN}
\end{aligned}$$

실선의 유효동력은 다음과 같다.

$$P_E = R_{TS} \times Vs = 292.18 \times 8.22 = 2401.7 \text{ kW}$$

17.2.1.2 형상계수(1.15)와 ITTC 상관 곡선을 사용하는 유효동력 P_E의 추정

$$\begin{aligned}
C_{TM} &= R_T/\tfrac{1}{2}\rho SV^2 = 18.0 \times 2/(1000 \times 3.75 \times 1.5^2) = 4.267 \times 10^{-3} \\
Re_M &= VL/\nu = 1.5 \times 4.3/1.14 \times 10^{-6} = 5.66 \times 10^6 \\
C_{FM} &= 0.075/(\log Re - 2)^2 = 0.075/(6.753 - 2)^2 = 3.320 \times 10^{-3} \\
C_{VM} &= (1+k)C_F = 1.15 \times 3.320 \times 10^{-3} = 3.818 \times 10^{-3} \\
C_{WM} &= C_{TM} - C_{VM} = (4.267 - 3.818) \times 10^{-3} = 0.449 \times 10^{-3} \\
Re_S &= VL/\nu = 8.22 \times 129/1.19 \times 10^{-6} = 8.91 \times 10^8 \\
C_{FS} &= 0.075/(\log Re - 2)^2 = 0.075/(8.950 - 2)^2 = 1.553 \times 10^{-3} \\
C_{VS} &= (1+k)C_F = 1.15 \times 1.553 \times 10^{-3} = 1.786 \times 10^{-3} \\
C_{WS} &= C_{WM} = 0.449 \times 10^{-3} \\
C_{TS} &= C_{VS} + C_{WS} = (1.786 + 0.449) \times 10^{-3} = 2.235 \times 10^{-3}
\end{aligned}$$

실선의 총 저항은 다음과 같다.

$$\begin{aligned}
R_{TS} &= C_{TS} \times \tfrac{1}{2}\rho SV_S^2 \\
&= 2.235 \times 10^{-3} \times 1025 \times 3375 \times 8.22^2/(2 \times 1000) = 261.2 \text{ kN}
\end{aligned}$$

실선의 유효동력은 다음과 같다.

$$P_E = R_{TS} \times V_S = 261.2 \times 8.22 = 2147.1 \text{ kW}$$

형상계수를 사용하면 유효동력이 11% 정도 감소한다. 현대적인 관행에서는 일반적으로 형상계수의 사용이 권장되는데, 4장과 5장도 참조하라.

17.2.2 응용 예제 2. 모형선 자항시험 분석

다음의 데이터는 단추진기선 모형의 자항시험에 관련된 것이다. 데이터는 8장과 그림 8.9에 서술된 실선의 자항점에서 구한 것이다.

모형선 선속: 1.33 m/s, 프로펠러 직경 $D = 0.19$ m, 피치 비 $P/D = 0.80$

자항점 회전수: 10.0 rps

자항점에서의 모형선의 예인 저항: 18.5 N

자항점에서의 추력: 22.42 N

자항점에서의 토크: 0.58 Nm

(설명의 편의상) 표 16.1(a)에 주어진 Wageningen 프로펠러 B4.40 중 $P/D = 0.80$에 해당하는 $K_T - K_Q$ 단독 특성을 사용한다. 이 경우 다음과 같은 관계식이 적합하다.

$$K_T = 0.320\left[1 - \left(\frac{J}{0.90}\right)^{1.30}\right], \quad K_Q = 0.0360\left[1 - \left(\frac{J}{0.98}\right)^{1.60}\right]$$
$$J_b = Vs/n\,D = 1.33/10.0 \times 0.19 = 0.700$$
$$K_{Tb} = T_b/\rho n^2 D^4 = 22.42/1000 \times 10.0^2 \times 0.19^4 = 0.172$$
$$K_{Qb} = Q_b/\rho n^2 D^5 = 0.58/1000 \times 10.0^2 \times 0.19^5 = 0.0234$$

추력일치법을 사용하면 $K_{T0} = K_{Tb} = 0.172$가 된다. $K_{T0} = 0.172$에서의 프로펠러 단독 특성으로부터 다음을 구한다.

$$J_0 = 0.497\text{이고}\ \ K_{Q0} = 0.0239$$
$$w_T = 1 - (J_0/J_b) = 1 - (0.497/0.700) = 0.290$$
$$t = 1 - (R/T_b) = 1 - (18.5/22.42) = 0.175$$
$$\eta_R = \left[\frac{K_{Q0}}{K_{Qb}}\right]_{\text{Thrust identity}} = \frac{0.0239}{0.0234} = 1.021$$
$$\eta_0 = \frac{J_0\,K_{T0}}{2\pi K_{Q0}} = \frac{0.497 \times 0.172}{2\pi \times 0.0239} = 0.569$$
$$\begin{aligned} \text{QPC} = \eta_D &= \eta_0 \times \eta_H \times \eta_R = \eta_0 \times (1-t)/(1-w_T) \times \eta_R \\ &= 0.569 \times (1 - 0.175)/(1 - 0.290) \times 1.021 \\ &= 0.675 \end{aligned}$$

혹은 준추진효율(QPC)은 다음과 같이 구한다.

$$\eta_D = (RV)/(2\pi n Q) = 18.5 \times 1.33/(2\pi \times 10.0 \times 0.58) = 0.675$$

K_T와 K_Q, 그리고 η_0는 식 (5.13)~(5.19)를 사용하거나 16장에 있는 Wageningen 계열의 Re 보정을 사용하여 모형선에서 실선으로 확장할 수 있다. w_T의 실선 확장은 식 (5.22)를 사용하면 된다. η_R은 모형선과 실선에서 같다고 가정한다.

17.2.3 응용 예제 3. 실선 시운전 데이터로부터 반류 해석

선박의 시운전 동안 선속, 프로펠러 회전수 및 축 토크를 측정했다.

시운전 시의 상세한 프로펠러 측정결과는 다음과 같다.

프로펠러 직경 $D = 6.0$ m, 피치 비 $P/D = 0.90$

프로펠러 회전수 $N = 115$ rpm

전달동력 $P_D = 11{,}600$ kW(측정된 토크와 회전수로부터 계산),

16 knots에서의 전달동력

유효동력 추정값 $P_E = 7700$ kW(모형선 저항시험으로부터 구함)

추력 감소계수 추정값 $t = 0.18$(모형선 자항시험으로부터 구함)

(설명의 편의상) 표 16.1(a)에 주어진 Wageningen 프로펠러 B4.40 중 $P/D = 0.90$에 해당하는 $K_T - K_Q$ 단독 특성을 사용한다. 이 경우 다음과 같은 관계식이 적합하다.

$$K_T = 0.355\left[1 - \left(\frac{J}{1.01}\right)^{1.32}\right] \qquad K_Q = 0.0445\left[1 - \left(\frac{J}{1.07}\right)^{1.65}\right]$$

$$N = 115 \text{ rpm} \text{ 그리고 } n = 115/60 = 1.917 \text{ rps}$$

$$P_D = 2\pi n Q_b$$

여기서 Q_b는 선후 조건(behind condition)에서 측정된 토크이다.

$$Q_b = P_D/2\pi n = 11600/(2\pi \times 1.917) = 963.1 \text{ kNm}$$

선후 $K_{Qb} = Q_b/\rho n^2 D^5 = 963.1 \times 1000/(1025 \times 1.917^2 \times 6.0^5) = 0.0329$이고 토크 일치법을 쓰면 $K_{Q0} = K_{Qb} = 0.0329$가 되는데, $K_{Q0} = 0.0329$를 만족하는 프로펠러 단독 특성으로부터 다음을 얻는다.

$$J_0 = 0.472 \text{이고 } K_{T0} = 0.225$$

$$J_b = V_S/nD = 16 \times 0.5144/1.917 \times 6.0 = 0.716$$

$$w_T = 1 - (J_0/J_b) = 1 - (0.472/0.716) = 0.341$$

(모형시험에 기반한) 추력 추정값 등은 다음과 같다.

$$T = P_E/[(1-t)V_S] = 7700/[(1-0.18) \times 16 \times 0.5144] = 1140.92 \text{ kN}$$

$$K_{Tb} = T/\rho n^2 D^4 = 1140.92 \times 1000/(1025 \times 1.917^2 \times 6.0^4) = 0.234$$

$$\eta_R = \left[\frac{K_{Tb}}{K_{T0}}\right]_{\text{Torque identity}} = \frac{0.234}{0.225} = 1.04$$

이와 같은 η_R 추정값은 근사적일 뿐이라고 간주해야 하는데, 완전히 믿을 수 있는 추정값을 얻으려면 실선 프로펠러의 추력을 측정해야 하기 때문이다. 실선 프로펠러의 추력 측정은 보통 실행되지 않는다. 반류의 축척 문제는 5장에서 다루고 있다.

17.2.4 응용 예제 4. 140 m 화물선의 유효동력 추정

선박의 제원은 다음과 같다. $L_{BP} = 140$ m × $B = 21.5$ m × $T = 8.5$ m × $C_B = 0.700$ × $LCB = 0.25\%F$. $C_P = 0.722$, $C_W = 0.800$, $S = 4130\,\text{m}^2$이고 프로펠러 직경 $D = 5.0$ m 이다. 운항속도는 15 knots이다. 만재배수량 $\nabla = 17{,}909.5\ \text{m}^3$, $\Delta = 18{,}357.2$ tonnes(1 tonne = 1000 kg)이다. $L/\nabla^{1/3} = 5.35$, $L/B = 6.51$, $B/T = 2.53$이다.

$$Fr = V/\sqrt{gL} = 15 \times 0.5144/\sqrt{9.81 \times 140} = 0.208$$

배의 길이 140 m = 459.2 ft, $V_k/\sqrt{L_f} = 15/\sqrt{459.2} = 0.700\,[V_{400} = \sqrt{400} \times 0.70 = 14$ knots]이다. 표준길이 400 ft에 맞게 조정된 배의 치수는 표 17.1에 주어져 있다.

10.3.1.3절과 표 A3.6의 Moor 및 Small의 데이터를 사용하면 $V_k/\sqrt{L_f} = 0.700$ [$V_{400} = 14$ knots], $C_B = 0.700$ 및 $LCB = 0.25\%F$에 대해 $©_{400} = 0.702$(표준 BSRA 치수 400 ft × 55 ft × 26 ft)이다.

Mumford 지수를 적용하면 다음과 같은 식 (10.21)이 성립한다.

$$©_2 = ©_1 \times \left(\frac{B_2}{B_1}\right)^{x-2/3} \left(\frac{T_2}{T_1}\right)^{y-2/3}$$

표 10.1로부터 $V_k/\sqrt{L_f} = 0.70$일 때는 $x = 0.90$, $y = 0.60$이므로

$$©_{400} = 0.702 \times \left(\frac{61.43}{55}\right)^{0.90-2/3} \left(\frac{24.29}{26}\right)^{0.60-2/3} = 0.724(3\%\ \text{증가})$$

$L > 122$ m일 때 적용되는 식 (10.2)를 사용하면 마찰저항 보정량은 다음과 같이 주어진다.

$$\delta© = -0.10/[1 + 188/(L - 122)]$$

$L = 140$ m일 때 $\delta© = -0.0087$(혹은 그림 10.5에서 읽음)이고, $©_{140} = 0.724 - 0.0087 = 0.715$처럼 보정된 저항계수를 구한다.

식 (10.3)을 사용하면 유효동력은 다음과 같다.

표 17.1 화물선의 표준길이 400 ft 환산 제원

단위	*L*	*B*	*T*
m	140	21.5	8.5
ft	459.2	70.52	27.88
표준길이 400 ft 환산	400	61.43	24.29
BSRA ft	400	55	26

$$P_E = ©_s \times \Delta^{2/3} V^3/579.8$$
$$= 0.715 \times (18357.2)^{2/3} \times 15^3/579.8$$
$$= 2905.8 \text{ kW}$$

[BSRA 계열의 회귀분석 결과는 2838 kW(−2.5%)를 추정한다.]

표 5.1 혹은 식 (10.4)의 실선 상관계수/동력계수 SCF$(1+x)$는 다음과 같다

$$(1+x) = 1.2 - \frac{\sqrt{L}}{48} = 0.953$$

알몸선체의 유효동력은 다음과 같다.

$$P_{E\text{naked}} = 2905.8 \times 0.953 = 2769.2 \text{ kW}$$

[Holtrop 회귀분석에서는 2866 kW(+3.5%), Hollenbach는 2543 kW(−8%)를 추정한다.]

구상선수

그림 10.6을 살펴보면 $C_B = 0.700$, $V_{400} = 14$ knots일 때 구상선수는 유리하지 않은 것으로 나온다. $C_B = 0.700$에서는 선속이 $V_{400} = 15.5$ knots 이상일 때 구상선수가 유리하다(V_{140}으로는 대략 16.6 knots 이상).

부가물 등

Holtrop이나 Hollenbach 회귀분석을 적용한 총 유효동력은 부가물에 기인한 저항(3장 참조)과 더불어 거칠기/상관수정인 C_A 혹은 ΔC_F를 포함한다(5장 참조).

17.2.5 응용 예제 5. 만재 및 밸러스트 흘수에서의 유효동력 추정

선박의 제원은 다음과 같다. $L_{BP} = 175$ m × $B = 32.2$ m × $T = 11.0$ m × $C_B = 0.800$ × $LCB = 2.0\%F$. $C_P = 0.820$, $C_{WP} = 0.880$, $S = 7781 \text{ m}^2$이고 프로펠러 직경 $D = 7.2$ m이다. 운항속도 14.5 knots, 만재배수량 $\nabla = 49{,}588 \text{ m}^3$, $\Delta = 50{,}828$ tonnes이고, $L/\nabla^{1/3} = 4.78$, $L/B = 5.43$, $B/T = 2.93$이다.

$$Fr = V/\sqrt{gL} = 14.5 \times 0.5144/\sqrt{9.81 \times 175} = 0.180$$

배의 길이 175 m = 574 ft, $V_k/\sqrt{L_f} = 0.605$이다. BSRA 계열의 회귀분석 결과를 사용하면 유효동력은 $P_E = 5051$ kW로 예측된다. [Holtrop 회귀분석에서는 5012 kW(−2%), Hollenbach는 4899 kW(−3%)를 추정한다.] 밸러스트 흘수에서의 배수량은 35,000 tonnes으로 추정된다.

낮은 (밸러스트) 배수량 조건에서 동력을 추정하는 방법으로 중간 및 경하 흘수에서의 BSRA 회귀분석이나 10.3.1.4절의 Moor-O'Connor 흘수비 공식을 선택할 수 있다. 이 예제에서는 Moor-O'Connor 흘수비 공식을 사용하여 밸러스트 흘수에서의 유효동력을 추정한다.

식 (10.22)를 사용하여 밸러스트 조건에서의 흘수를 다음과 같이 예측할 수 있다.

$$\Delta_2/\Delta_1 = (T)_R^{1.607-0.661C_B}$$

여기서 흘수비는 $(T)_R = T_{\mathrm{Ballast}}/T_{\mathrm{Load}}$이다.

$$\Delta_2/\Delta_1 = 35000/50828 = (T)_R^{1.607-0.661\times 0.800}\text{에서 } (T)_R = 0.7075$$

밸러스트 흘수 = 11.0 × 0.7075 = 7.8 m이고, 식 (10.23)을 다음과 같이 사용한다.

$$\begin{aligned}\frac{P_{E\mathrm{Ballast}}}{P_{E\mathrm{Load}}} = 1 + [(T)_R - 1]\Bigg\{&\left(0.789 - 0.270[(T)_R - 1] + 0.529C_B\left(\frac{L}{10T}\right)^{0.5}\right)\\ &+ \frac{V}{\sqrt{L}}\left(2.336 + 1.439[(T)_R - 1] - 4.605\,C_B\left(\frac{L}{10T}\right)^{0.5}\right)\\ &+ \left(\frac{V}{\sqrt{L}}\right)^2\left(-2.056 - 1.485\,[(T)_R - 1] + 3.798C_B\left(\frac{L}{10T}\right)^{0.5}\right)\Bigg\}\end{aligned}$$

여기서 $[(T)_R - 1] = -0.2925$이다.

$$C_B \times (L/10T)^{0.5} = 0.800 \times [175/(10 \times 11)]^{0.5} = 1.009$$
$$V_k/\sqrt{L_f} = 14.5/\sqrt{(175 \times 3.28)} = 0.605$$

그로부터 동력비는 다음과 같다.

$$\frac{P_{E\mathrm{Ballast}}}{P_{E\mathrm{Load}}} = 0.837$$

밸러스트 흘수에서의 유효동력은 다음과 같다.

$$P_{E\mathrm{Ballast}} = 5051 \times 0.837 = 4228\ \mathrm{kW}$$

밸러스트 조건에서는 14.5 knots보다 빠른 속력으로 운항할 가능성이 높은데, 예를 들어 밸러스트 흘수의 속력 시운전 때는 만재흘수 시의 운항속력보다 빨라진다. 이 경우 만재 조건에서의 선속 대 동력 곡선으로부터 밸러스트 조건에서의 해당 곡선을 만들 필요가 있다.

응용 예제 6은 전형적인 프로펠러 설계과정을 포함하고 있다. 응용 예제 18은 밸러스트 흘수에서 설계 조건에서 벗어나 작동하는 유조선 프로펠러의 성능을 다루고 있다.

17.2.6 응용 예제 6. 8000 TEU 컨테이너선: 유효동력 및 전달동력 예측

선박의 제원은 다음과 같다. $L_{BP} = 320$ m × $B = 43$ m × $T = 13$ m × $C_B = 0.650$ × $LCB =$ 1.50% aft. $C_P = 0.663$, $C_{WP} = 0.750$, $S = 16{,}016$ m^{2}이고 운항속도 25 knots이다. 팁 간극 제약을 고려한 프로펠러 직경 $D = 8.8$ m이다. 만재배수량 및 제원 간 비율은 다음과 같다.

$$\nabla = 116{,}272\,\text{m}^3,\ \Delta = 119{,}178.8\,\text{tonnes},\ L/\nabla^{1/3} = 6.58,\ L/B = 7.44,\ B/T = 3.31$$
$$Fr = V/\sqrt{gL} = 25 \times 0.5144/\sqrt{9.81 \times 320} = 0.230$$

배의 길이 320 m = 1049.6 ft, $V_k/\sqrt{L_f} = 25/\sqrt{1049.6} = 0.772\,[V_{400} = \sqrt{400} \times 0.772 = 15.4$ knots]이다. 표준길이 400 ft에 맞게 조정된 배의 치수는 표 17.2에 주어져 있다.

17.2.6.1 유효동력

10.3.1.3절과 표 A3.6의 Moor 및 Small의 데이터는 $V_k/\sqrt{L_f} = 0.772\,[V_{400} = 15.4$ knots] 이고, $C_B = 0.650$ 및 $LCB = -1.5\%A$일 때 $©_{400} = 0.691$(표준 BSRA 치수 400 ft×55 ft × 26 ft)이다.

Mumford 지수를 적용하면 다음과 같은 식 (10.21)이 성립한다.

$$©_2 = ©_1 \times \left(\frac{B_2}{B_1}\right)^{x-2/3}\left(\frac{T_2}{T_1}\right)^{y-2/3}$$

표 10.1로부터 $V_k/\sqrt{L_f} = 0.772$일 때는 $x = 0.90$, $y = 0.63$이므로

$$©_{400} = 0.691 \times \left(\frac{53.75}{55}\right)^{0.90-2/3}\left(\frac{16.25}{26}\right)^{0.63-2/3} = 0.700(1.3\%\ \text{증가})$$

$L > 122$ m일 때 적용되는 식 (10.2)를 사용하는 마찰저항 보정량은 다음과 같이 주어진다.

표 17.2 컨테이너선의 표준길이 400 ft 환산 제원

단위	*L*	*B*	*T*
m	320	43.0	13.0
ft	1049.6	141.04	42.64
표준길이 400 ft 환산	400	53.75	16.25
BSRA ft	400	55	26

$$\delta© = -0.1/[1 + 188/(L - 122)]$$

$L = 320$ m일 때 $\delta© = -0.0513$(혹은 그림 10.5에서 읽음)이고, $©_{320} = 0.700 - 0.0513 = 0.649$처럼 보정된 저항계수를 구한다.

식 (10.3)을 사용하면 유효동력은 다음과 같다.

$$\begin{aligned} P_E &= ©_s \times \Delta^{2/3} V^3/579.8 \\ &= 0.649 \times (119178.8)^{2/3} \times 25^3/579.8 \\ &= 42521.8 \text{ kW } [2/3 = 0.667] \end{aligned}$$

[BSRA 계열의 회귀분석 결과는 43,654 kW(+2.7%), Holtrop은 41,422 kW(−2.5%)를 추정한다.]

표 5.1 혹은 식 (10.4)의 실선 상관계수/동력계수 SCF$(1+x)$는 다음과 같다.

$$(1 + x) = 1.2 - \frac{\sqrt{L}}{48} = 0.827$$

알몸선체의 유효동력은 다음과 같다.

$$P_{E\text{naked}} = 42521.8 \times 0.827 = 35165.5 \text{ kW}$$

[Hollenbach의 '평균' 추정치는 35,352 kW이다.]

구상선수

이 선종에서는 구상선수를 부착한다. 그림 10.6을 살펴보면 $C_B = 0.650$, $V_{400} = 15.4$ knots일 때 구상선수는 유리하지 않은 것으로 나온다. 벌브를 장착한다면 14장의 Kracht 데이터로부터 적당한 주요 치수를 결정할 수 있다.

부가물 등

추가될 부가물은 러더, 바우 스러스터(bow thruster) 및 가능하다면 빌지킬이다. 여기서는 빌지킬의 추정을 생략한다.

러더

이와 같은 선미 프로펠러가 장착된 단추진기선에서는 프로펠러 직경이 러더 폭의 약 80%에 달하는데, Molland 및 Turnock[17.1]을 참조하라. 러더 폭은 8.8/0.8 = 11.0 m이고, 기하학적 형상비를 1.5로 가정하면 러더의 코드 길이는 7.3 m이다(러더 면적 $= 11 \times 7.3 = 80.3$ m^2 $[80.3/(L \times T) = 2\%]$로서 적절한 수준이다).

항력계수의 실질적인 값은 $C_{D0} = 0.013$인데, 3.2.1.8(c)절을 참조하라.

일차적인 근사로서 반류에 의한 유속의 저하가 프로펠러에 의한 가속과 맞춰져서 선속을 유입유속으로 사용한다.

$$D_{\text{Rudder}} = C_{D0} \times \tfrac{1}{2}\rho A V^2$$
$$= 0.013 \times 0.5 \times 1025 \times 80.3 \times (25 \times 0.5144)^2/1000 = 88.48\,\text{kN}$$

$R_T = P_E/V_S = 42521.8/(25 \times 0.5144) = 3306.5\,\text{kN}$, 러더 항력 = 88.48/3306.5로 알몸 선체 항력의 2.7%이다.

Holtrop에 의하면 식 (3.41)을 이용하여 다음과 같이 검증할 수 있다.

$$D_{\text{Rudder}} = \tfrac{1}{2}\rho V_S^2 C_F(1+k_2)S$$

여기서 V_S는 선속, C_F는 선박에 대한 마찰저항계수, S는 침수표면적이고 $(1+k_2)$는 부가물 형상계수로서 러더 형태에 따라 1.3 ~ 2.8까지 변화한다(표 3.5). 이 경우의 러더에 대해 $(1+k_2) = 1.5$를 가정한다. 선박의 Reynolds 수 $Re = VL/\nu = 25 \times 0.5144 \times 320/1.19 \times 10^{-6} = 3.458 \times 10^9$, $C_F = 0.075/(\log Re - 2)^2 = 0.00132$이고, $D_{\text{Rudder}} = 0.5 \times 1025 \times (25 \times 0.5144)^2 \times 0.0132 \times 1.5 \times (2 \times 80.3)/1000 = 26.95$ kN이다(초기 추정치의 30% 정도이다).

바우 스러스터(Bow Thruster)

Holtrop에 의한 식 (3.50)을 이용하면 바우 스러스터에 기인한 저항은 다음과 같다.

$$R_{BT} = \pi\rho V_S^2 {d_T}^2 \times C_{BT0}$$

d_T는 스러스터의 직경이다. $d_T = 1.415$ m이고 $C_{BT0} = 0.005$를 가정하면 바우 스러스터에 의한 저항은 다음과 같다.

$$R_{BT} = \pi \times 1025 \times (25 \times 0.5144)^2 \times 1.415^2 \times 0.005 = 5.33\,\text{kN}\,(\text{총 저항의 약 } 0.15\%)$$

부가물 총 저항 = 88.48 + 5.33 = 93.81 kN이고, 해당 동력 증가 = $93.81 \times 25 \times 0.5144 = 1206.4$ kW이다.

마지막으로 보정된 유효동력 $P_E = (42521.8 + 1206.4) \times 0.827 = 36163.2$ kW이다.

공기저항

컨테이너선에서 정지한 공기의 저항은 중요한데, 대형 선박의 경우 선체저항의 최대 6% 정도이다. 이 추정과정에서는 공기저항이 포함되지 않았는데, 상관계수에 이미 포함되었다고 가정했기 때문이다.

공기저항을 추정해서 포함한다면 예를 들어 ITTC1978 예측 절차(5장)를 써서 다음의 방식을 사용할 수 있다. 수선 위의 선체와 상부구조물의 횡단 면적을 기반으로 한 항력계수를 사용하는데, 3장을 참조하라. 이러한 선박 크기에서는 수면 위 갑판실 높이는 약 52 m이고, 컨테이너선의 바람저항을 고려한다면 선체 전 폭인 43 m를 감안, 횡단 면적은 $A_T = 52 \times 43 = 2236\ \text{m}^2$가 된다. 선체와 상부구조물에 대해 3.2.2절에서와 같이 항력계수 $C_D = 0.80$을 가정한다. 정지한 공기저항 $D_{\text{air}} = C_D \times 1/2\rho_A A_T V^2 = 0.80 \times 0.5 \times 1.23 \times 2236 \times (25 \times 0.5144)^2/1000 = 181.9$ kN이고, 공기저항 = (181.9/3306.5) × 100으로 선체저항의 5.5%이다. [식 (5.12)의 ITTC 근사 공식인 $C_{AA} = 0.001(A_T/S)$을 사용한 경우와 비교해 보라. 여기서 S는 선체의 침수표면적이고, $D_{\text{air}} = C_{AA} \times 1/2\rho_W SV^2 = (0.001 \times (2236/S)) \times 0.5 \times 1025 \times S \times (25 \times 0.5144)^2/1000 = 189.5$ kN이다.]

17.2.6.2 프로펠러 예비설계

프로펠러 팁 간극을 예를 들어 직경의 20%로 허용한다면, 프로펠러 직경은 $D = 8.8$ m이다. 어떤 특정한 디젤 엔진을 선택하면 운항동력에서 대략 94 rpm(1.57 rps)의 회전수가 요구된다.

반류비

단추진기선 Harvald 데이터에 대한 식 (8.14)와 그림 8.12를 사용하면 $w_T = 0.253 + D/L$에 의한 보정(0.0275) + 0.07 = 0.323이다. [반류비에 대한 BSRA 공식 (8.16)을 사용하여 비교하면 $Fr = 0.230$이고, $D_W = 2.079$일 때 $w_T = 0.322$가 된다.]

추력 감소

일차적인 근사로서 식 (8.18)을 사용하면 $t = 0.60 \times w_T = 0.194$이다. [추력 감소에 대한 BSRA 공식 (8.19b)를 사용하여 검증하면 $D_t = 0.160$이고, $L_{CB}/L = -0.015$에서 $t = 0.204$이다.]

상대회전 효율

16.3절을 참조하라. BSRA 계열에 대한 식 (16.77)을 사용하면 $\nabla^{1/3} = 48.62$이고, $D/L = 8.8/320$로부터 $\eta_R = 1.005$이다. [Holtrop 공식 (16.79)를 사용하여 비교하면 BAR = 0.700이고, $C_P = 0.663$에서 $\eta_R = 1.003$이다.]

그러므로 추력 T는 다음과 같이 계산된다.

$$\begin{aligned} T &= R_T/(1-t) = (P_E/Vs)/(1-t) \\ &= [36163.2/(25 \times 0.5144)]/(1-0.204) = 3532.75\ \text{kN} \end{aligned}$$

반류속도 V_a는 다음과 같다.

$$V_a = Vs(1 - w_T) = 25 \times 0.5144 \times (1 - 0.323) = 8.706\,\text{m/s}$$
$$J = V_a/nD = 8.706/(1.57 \times 8.8) = 0.630$$
$$K_T = T/\rho n^2 D^4 = 3532.75 \times 1000/(1025 \times 1.57^2 \times 8.8^4) = 0.233$$

날개가 4개인 프로펠러를 가정하여 그림 16.4의 Wageningen B4.70 프로펠러의 $K_T - K_Q$ 도표에서 $J = 0.630$과 $K_T = 0.233$을 적용하면 $P/D = 1.05$ 및 $\eta_0 = 0.585$가 된다.

그러한 큰 프로펠러에서는 프로펠러 단독 특성 도표로부터 얻은 η_0 값에 축척 효과가 존재할 수 있음에 유념하라. K_T와 K_Q, 그러므로 η_0는 식 (5.13)~(5.19)의 공식을 사용하거나 16장에 주어진 Wageningen 계열의 *Re* 보정을 사용하여 모형선에서 실선으로 확장할 수 있다.

$$\eta_D = \eta_0 \times \eta_H \times \eta_R \quad \text{여기서} \quad \eta_H = (1 - t)/(1 - w_T)$$
$$= 0.585 \times (1 - 0.204)/(1 - 0.323) \times 1.005 = 0.691$$

전달동력은 다음과 같다.

$$P_D = P_E/\eta_D = 36163.2/0.691 = 52334.6\ \text{kW}$$

운항동력(혹은 축동력)은 다음과 같다.

$$P_S = P_D/\eta_T$$

여기서 η_T는 전달효율로서, 주 기관 직결식의 경우 보통 0.98 정도이다. 따라서 회전수 94 rpm에서 $P_S = 52334.6/0.98 = 53402.7$ kW가 된다.

3장에 서술된 엄밀한 방식을 통해 거칠기, 부착생물 및 기상에 의한 여유동력을 정할 수 있다. 이 예제에서는 15%의 여유동력을 가정한다. 일반적으로 엔진은 최대 연속 정격(MCR) 90% 이상의 동력에서는 운전되지 않는다. 따라서 최종적인 설치동력 P_I는 다음과 같이 계산될 수 있다.

$$P_I = 53402.7 \times 1.15/0.90 = 68236.8\ \text{kW}(P \propto N^3\text{을 가정, 102 rpm에서})$$

캐비테이션 날개 면적 점검

12.2.10절을 참조하라.

축 침수 깊이는 $h = 13.0 - 4.40 - 0.20 = 8.4$ m이다.

운항 선속 및 동력 조건에서 필요 추력은 $T = 3532.75 \times 10^3$ N이다.

$$V_R^2 = V_a{}^2 + (0.7\pi nD)^2 = 8.706^2 + (0.7\pi \times 1.57 \times 8.8)^2 = 998.91 \text{ m}^2/\text{s}^2$$
$$\sigma = (\rho gh + P_{AT} - P_V)/(1/2\rho V_R^2)$$
$$= (1025 \times 9.81 \times 8.4 + 101 \times 10^3 - 3 \times 10^3)/(1/2 \times 1025 \times 998.91) = 0.356$$

상선에 대한 상한치인 식 (12.18)의 (2)번 곡선을 사용하면 $\sigma = 0.356$일 때 $\tau_C = 0.148$이 된다. 그림 12.31로부터 유사한 값을 직접 정할 수 있다. 그러면

$$A_P = T/(1/2\rho V_R^2 \tau_C) = 3532.75 \times 10^3/(1/2 \times 1025 \times 998.91 \times 0.148) = 46.63 \text{ m}^2$$
$$A_D = A_P/(1.067 - 0.229\ P/D) = 46.63/(1.067 - 0.229 \times 1.05) = 56.42 \text{ m}^2$$

가 되고, 전개 면적비는 다음과 같아진다.

$$\text{DAR} = (\text{BAR}) = 56.42/(\pi D^2/4) = 56.42/(\pi \times 8.8^2/4) = 0.928$$

이 값은 예비설계 목적으로는 0.70에 가까우므로 B4.70 도표를 사용할 수 있다. 좀 더 정밀한 예측을 위해 전개 면적비가 한 단계 큰 도표로 계산을 반복하여 두 결과 사이의 내삽을 통해 적합한 날개 면적비(BAR)를 유도할 수 있다.

날개 면적비는 깨끗한 선체 및 정수 조건의 운항속도에서 추정되었는데, 선체 부착생물 및 기상 조건에 기인한 저항 증가를 고려하기 위해서는 추력 하중이 더 높게 가정될 수 있다. 예를 들어 동일한 선속 및 회전수에서 필요한 추력이 10% 증가한다면 BAR은 1.020으로 증가할 것이다.

프로펠러 주요 제원의 요약

$D = 8.8$ m, $P/D = 1.05$, 94 rpm, BAR = 0.928.

17.2.6.3 전술한 계산에 대한 해설

이 계산들은 초기설계 단계에서 동력 추정값을 구하기 위해 수행되는 전형적인 절차를 보여주고 있다. 이와 같은 프로펠러 직결식 디젤 주 기관의 경우에는 프로펠러의 피치 및 회전수를 주 기관에 세심하게 맞추어서, 13.2절에 설명된 것과 같이 초기설계 곡선을 주 기관의 N^3 곡선 우측에 위치하도록 해야 한다. 선박 건조가 결정된다면 완전한 실험적이고 수치적인 수력학적 조사가 수행될 것이다. 실험적인 계획은 선체 저항시험, 자항시험 및 캐비테이션 터널에서의 프로펠러 시험을 포함할 것이다. 보통 저항 대 추진효율이 최적화되는 선체, 구상선수 및 선미 형상을 조사하게 된다. 대형 컨테이너선의 경우 프로펠러와 러더 캐비테이션도 조사한다.

프로펠러 설계의 세부적인 사항도 조사할 수 있다. 선체의 고유진동수를 고려하여

프로펠러 기진력 관점에서 프로펠러 날개 수를 조사할 수 있다. 반류적응(wake adaption)을 수행하고 날개에 스큐를 줘서 직경 및 효율이 증가할 수 있다.

17.2.7 응용 예제 7. 135 m 쌍추진기 페리, 18 knots: 유효동력 예측

이 예제는 다음과 같은 쌍추진기선에 대한 두 가지 데이터를 사용한다.

(a) 잉여저항계수 C_R, Schoenherr 마찰저항 곡선 C_F 및 마찰저항 보정량 $\Delta C_F = 0.0004$로 계산되는 Taylor-Gertler 계열.

(b) ITTC 마찰저항 상관식 C_F, 형상계수를 포함하거나 포함하지 않는 C_{TM}으로 계산되는 Zborowski 계열.

Holtrop과 Hollenbach의 회귀분석도 모두 이 선박에 적절하다.

선박 제원은 다음과 같다. $L_{BP} = 135$ m × $B = 21$ m × $T = 6.4$ m × $C_B = 0.620$ × $Cwp = 0.720$ × $LCB = -1.75\%$이고, 프로펠러 직경 $D = 4.5$ m이다. 운항속도는 18 knots이다.

$$Fr = V/\sqrt{gL} = 0.254, \qquad V_k/\sqrt{L_f} = 0.855$$
$$\nabla = 11249.3\,\mathrm{m}^3,\ \ \Delta = 11530.5\,\mathrm{tonnes},\ \ L/\nabla^{1/3} = 6.04,\ \ \nabla/L^3 = 4.57 \times 10^{-3}$$
$$L/B = 135/21 = 6.43, \qquad B/T = 21/6.4 = 3.28$$

식 (10.29b)를 사용한 C_M의 근사값은 다음과 같다.

$$C_M = 0.80 + 0.21C_B = 0.80 + 0.21 \times 0.620 = 0.930$$
$$C_P = C_B/C_M = 0.667$$

식 (10.86)의 $S = C_S\sqrt{\nabla L}$을 사용하여 침수표면적을 예측하는데, C_S는 표 10.19를 참조한다. 표 10.19의 값들을 내삽하여 $C_P = 0.667$, $L/\nabla^{1/3} = 6.04$ 및 $B/T = 3.28$일 때의 C_S를 찾으면

$$C_S = 2.573$$

이 되고, 침수표면적은 다음과 같이 계산된다.

$$S = C_S\sqrt{\nabla L} = 2.573\sqrt{11249.3 \times 135} = 3170.8\,\mathrm{m}^2$$

[Denny Mumford에 의한 식 (10.84)와 비교하면 $S = 1.7\,LT + \nabla/T = 1.7 \times 135 \times 6.4 + 11249.3/6.4 = 3226.5$ m^2(+1.7% 오차)이다.]

17.2.7.1 Taylor-Gertler 계열 이용

Taylor-Gertler 계열에 대해 [10.10]의 C_R 데이터의 그래프 혹은 부록 A3의 표 A3.8~A3.11에 정리된 C_R 데이터를 사용하고, $Fr = 0.254$, $C_P = 0.667$, $B/T = 3.28$ 및 $L/\nabla^{1/3} = 6.04(\nabla/L^3 = 4.57 \times 10^{-3})$에 대해 내삽하면 다음과 같다.

$$C_R = 1.36 \times 10^{-3} = 0.00136 \,(\text{표로 정리된 데이터로부터})$$
$$Re = VL/\nu = 18.0 \times 0.5144 \times 135/1.19 \times 10^{-6} = 10.50 \times 10^8$$

Schoenherr 곡선에 대한 근사식인 식 (4.11)을 사용하면

$$C_F = 1/(3.5 \log Re - 5.96)^2 = 0.00152$$
$$C_T = C_F + \Delta C_F + C_R = 0.00152 + 0.0004 + 0.00136 = 0.00328$$

이 되고, 실선의 총 저항은 다음과 같다.

$$\begin{aligned} R_{TS} &= C_T \times \tfrac{1}{2}\rho S V^2 \\ &= 0.00328 \times 0.5 \times 1025 \times 3170.8 \times (18.0 \times 0.5144)^2/1000 \\ &= 457.0\,\text{kN} \end{aligned}$$

실선의 유효동력은 다음과 같다.

$$P_E = R_{TS} \times V_S = 457.0 \times 18.0 \times 0.5144 = 4231.5\ \text{kW}$$

($\Delta C_F = 0.0004$를 생략하면 $P_E = 3715.1$ kW가 되어 12.5% 줄어든다.) (Holtrop 회귀분석에 의한 추정치는 4304 kW이고, Hollenbach 회귀분석 결과는 3509 kW이다.)

17.2.7.2 Zborowski 계열 이용

$Fr = 0.254$, $C_B = 0.620$, $L/\nabla^{1/3} = 6.04$ 및 $B/T = 3.28$에 대해 표 A3.12로부터 내삽하면

$$C_{TM} = 5.735 \times 10^{-3}$$

모형선의 길이 L_M은 1.90 m이고, 실선 길이 L_S는 135 m, 실선 속도 $V_S = 18 \times 0.5144 = 9.26$ m/s이므로 모형선 속력은 다음과 같다.

$$V_M = V_S \times \sqrt{\frac{L_M}{L_S}} = 9.26 \times \sqrt{\frac{1.90}{135}} = 1.099\,\text{m/s}$$
$$Re_M = VL/\nu = 1.099 \times 1.9/1.14 \times 10^{-6} = 1.832 \times 10^6$$
$$C_{FM} = 0.075/(\log Re - 2)^2 = 0.075/(6.263 - 2)^2 = 4.130 \times 10^{-3}$$

$$Re_S = VL/\nu = 9.26 \times 135/1.19 \times 10^{-6} = 10.505 \times 10^8$$
$$C_{FS} = 0.075/(\log Re - 2)^2 = 0.075/(9.0214 - 2)^2 = 1.521 \times 10^{-3}$$

형상계수를 사용하지 않는 경우

$$C_{TS} = C_{TM} - (C_{FM} - C_{FS}) = 0.005735 - (0.00413 - 0.001521) = 0.003126$$

실선의 총 저항은 다음과 같다.

$$\begin{aligned} R_{TS} &= C_T \times \tfrac{1}{2}\rho SV^2 \\ &= 0.003126 \times 0.5 \times 1025 \times 3170.8 \times (18.0 \times 0.5144)^2/1000 \\ &= 435.51 \text{ kN} \end{aligned}$$

실선의 유효동력은 다음과 같다.

$$P_E = R_{TS} \times V_S = 435.51 \times 18.0 \times 0.5144 = 4032.5\text{kW}$$

($\Delta C_F = 0.0004$가 포함된 Taylor-Gertler 계열 추정값보다 3.5% 작다.)

형상계수를 사용하는 경우

4장의 경험 데이터를 사용하여 형상계수를 추정할 수 있다. Watanabe 공식 (4.20)을 사용하면 $(1+k) = 1.12$, Conn 및 Ferguson 공식 (4.21)을 사용하면 $(1+k) = 1.17$, Holtrop 공식 (4.23)을 사용하면 $(1+k) = 1.19$이고, Wright 공식 (4.25)를 사용하면 $(1+k) = 1.20$이다. 이들 값으로부터 $(1+k) = 1.17$로 가정한다.

$$\begin{aligned} C_{TS} &= C_{TM} - (1+k)(C_{FM} - C_{FS}) \\ &= 0.005735 - (1.17)(0.00413 - 0.001521) = 0.002682 \end{aligned}$$

실선의 총 저항은 다음과 같다.

$$\begin{aligned} R_{TS} &= C_T \times \tfrac{1}{2}\rho SV^2 \\ &= 0.002682 \times 0.5 \times 1025 \times 3170.8 \times (18.0 \times 0.5144)^2/1000 \\ &= 373.65 \text{ kN} \end{aligned}$$

실선의 유효동력은 다음과 같다.

$$P_E = R_{TS} \times V_S = 373.65 \times 18.0 \times 0.5144 = 3459.7 \text{ kW}$$

(Taylor-Gertler 계열 추정값보다 18% 작거나, $\Delta C_F = 0.0004$가 생략된 Taylor-Gertler 계열 추정값보다 7% 작다.)

형상계수와 거칠기 보정 ΔC_F를 포함하는 것이 ITTC에서 권장하는 관행이지만, ΔC_F를 사용하지 않은 Taylor-Gertler 결과(3715.1 kW)와 형상계수를 쓰고 ΔC_F를 사용하지 않은 Zborowski 결과(3459.7 kW)를 비교하는 것이 실질적이다. 이 경우 차이는 7% 정도이다. 두 가지 추정치에서 모두 ΔC_F를 포함한 경우도 6% 정도의 차이가 난다.

17.2.8 응용 예제 8. 45.5 m 여객 페리, 37 knots, 쌍추진기 단동선: 유효동력과 전달동력 예측

이 45.5 m 페리는 400명의 승객을 수송할 수 있으며 선체 치수는 다음과 같다. $L_{OA} = 45.5$ m × $L_{WL} = 40$ m × $B = 7.2$ m × $T = 1.6$ m × $C_B = 0.400$이고, $LCB = -6\%L$이다.

바닥면으로부터 잰 상부구조의 높이는 8.9 m이고, 운항속도는 37 knots이다.

$$Fr = V/\sqrt{gL} = 0.961, \quad Fr_\nabla = V/\sqrt{g\nabla^{1/3}} = 2.55, \quad V_k/\sqrt{L_f} = 3.23$$
$$\nabla = 184.32\ \text{m}^3, \quad \Delta = 188.9\ \text{tonnes}, \quad L/\nabla^{1/3} = 7.04$$
$$L/B = 40/7.2 = 5.56, \quad B/T = 7.2/1.6 = 4.5$$

식 (10.88)의 $S = C_S\sqrt{\nabla L}$을 사용하여 침수표면적을 예측하는데, 식 (10.89) 및 표 10.20을 이용하여 회귀계수 $C_S = 3.00$을 구한다. 침수표면적은 다음과 같이 계산된다.

$$S = C_S\sqrt{\nabla L} = 3.00\sqrt{184.32 \times 40} = 257.60\ \text{m}^2$$

위의 매개변수들은 둥근 빌지형의 NPL 계열 범위 안에 들어 있고, 이 계열을 이용한 초기 추정치를 사용한다. 데이터는 표 A3.16에 주어져 있다.

$L/\nabla^{1/3} = 7.10$이고(7.04에 충분히 가깝다고 가정), $B/T = 4.5$, $V_k/\sqrt{L_f} = 3.23$에서 표 A3.16으로부터 보간하면 표 17.3에 보인 것처럼 C_R을 구할 수 있다.

$$C_R = 2.256 \times 10^{-3} = 0.002256$$

표 10.3 및 10.4의 계열 64의 근사적인 데이터를 이용하여 C_R을 비교해 보자. 이는 계열 64의 매개변수 하한선 $L/\nabla^{1/3} = 8.0$을 넘어 7.04까지 외삽하는데, $C_R = a(L/\nabla^{1/3})^n$을 이용한다. $B/T = 4.5$도 계열 64의 상한값인 4.0 바깥에 있는데, 이에 대한 외삽도 용인되어야 한다. 10.3.2.1절의 B/T 영향에 대한 설명을 참조하라. 그로부터 표 17.4와 같

표 17.3 여객선에 대한 NPL 데이터 보간

	B/T		
$V_k/\sqrt{L_f}$	**3.63**	**4.86**	**필요값 4.5**
3.2	2.296	2.265	2.274
3.3	2.236	2.206	2.215
필요값 3.23	–	–	2.256

표 17.4 계열 64 데이터 보간

표	C_B	*Fr*		
		0.90	**1.0**	**필요값 0.961**
표 10.3	0.35	1.575	1.338	1.430
표 10.4	0.45	3.427	2.968	3.147
–	필요값 0.40	–	–	2.289

은 외삽을 실시하여 C_R을 구한다.

$$C_R = 2.289 \times 10^{-3} = 0.002289$$

(NPL 추정치보다 1.5% 크다.)

NPL 모형선 길이는 2.54 m이고, 선속은 다음과 같다.

$$\begin{aligned}
V_M &= V_S \times \sqrt{(L_M/L_S)} = 4.796\,\text{m/s} \\
Re_M &= VL/\nu = 4.796 \times 2.54/1.14 \times 10^{-6} = 1.069 \times 10^7 \\
Re_S &= 37 \times 0.5144 \times 40/1.19 \times 10^{-6} = 6.398 \times 10^8 \\
C_{FM} &= 0.075/(\log Re - 2)^2 = 0.075/(\log 1.069 \times 10^7 - 2)^2 \\
&= 0.075/(7.029 - 2)^2 = 0.00297 \\
C_{FS} &= 0.075/(\log Re - 2)^2 = 0.075/(\log 6.398 \times 10^8 - 2)^2 \\
&= 0.075/(8.806 - 2)^2 = 0.00162
\end{aligned}$$

식 (10.58)을 이용하면 형상계수 $(1 + k) = 2.76 \times (L/\nabla^{1/3})^{-0.4} = 1.264$가 된다.

형상계수를 포함하는 식 (10.60)을 이용하면 다음과 같다.

$$\begin{aligned}
C_{TS} &= C_{FS} + C_R - k(C_{FM} - C_{FS}) \\
&= 0.00162 + 0.002256 - 0.264 \times (0.00297 - 0.00162) = 0.00352 \\
R_{TS} &= C_{TS} \times \tfrac{1}{2}\rho S V^2 \\
&= 0.00352 \times 0.5 \times 1025 \times 257.6 \times (37 \times 0.5144)^2 = 168.34\ \text{kN}
\end{aligned}$$

(형상계수가 포함되지 않으면 $k = 0$이고, $R_{TS} = 185.37$ kN이 된다.)

공기저항은 선체와 상부구조의 횡단 면적을 기반으로 적당한 항력계수를 이용하여 구한다. 수면 위 상부구조의 높이 8.9 – 1.6 = 7.3 m와 폭 7.2 m로부터 횡단 면적 A_T는 높이 × 폭 = 7.3 × 7.2 = 52.56 m^{2}이다.

그림 3.29로부터 적당한 항력계수를 $C_D = 0.64$라고 가정하자. 공기저항은 다음과 같다.

$$\begin{aligned} D_{\text{air}} &= C_D \times \tfrac{1}{2}\rho_A A_T V^2 \\ &= 0.64 \times 0.5 \times 1.23 \times 52.56 \times (37 \times 0.5144)^2/1000 \\ &= 7.49\,\text{kN (선체저항의 4.4\%)} \end{aligned}$$

워터젯 추진기 사용이 제안되고 있으므로 부가물 저항은 미미하다. 따라서 총 저항은 (168.34 + 7.49) = 175.83 kN이고, $P_E = R_{TS} \times V_S = 175.83 \times 37 \times 0.5144 = 3346.5$ kW이다.

식 (16.56)의 워터젯 효율 η_D에 대한 근사식을 적용한다.

$$\eta_D = 1/[1 + (8.64/Vs)] = 1/[1 + (8.64/37 \times 0.5144)] = 0.688$$

전달동력은 다음과 같다.

$$P_D = P_E/\eta_D = 3346.5/0.688 = 4864.1\,\text{kW}$$

기어 드라이브의 전달효율을 $\eta_T = 0.95$라 가정하면, 운항동력 $P_S = P_D/\eta_T = 4864.1/0.95 = 5120.1$ kW가 된다. 선체 부착생물과 기상에 대한 15%의 여유동력을 설정하면 설치동력은 다음과 같다.

$$P_I = P_S \times 1.15 = 5120.1 \times 1.15 = 5888\,\text{kW}$$

17.2.8.1 개략적인 프로펠러 설계 및 워터젯 효율과의 비교

이 쌍추진기 배치 및 흘수에 대해 적절한 프로펠러 최대 직경은 1.15 m이다.

둥근 빌지 쌍추진기 선형에 대해 표 8.4를 사용하면 $Fr_\nabla = 2.55$와 $C_B = 0.40$에서 $w_T = 0$이고 $t = 0.08$이다. 표 16.12로부터 $\eta_R = 0.95$이고, 식 (16.82)로부터는 $\eta_R = 0.035\ Fr_\nabla + 0.90 = 0.989$이다. $\eta_R = 0.97$이라 가정하자. 총 저항 R_T는 175.83 kN이고, 총 추력은 $T = R_T/(1 - t) = 175.83/(1 - 0.08) = 191.12$ kN이다. 추진기당 추력은 $T = 191.12/2 = 95.56$ kN이다.

$$\begin{aligned} V_a &= Vs(1 - w_T) = 37 \times 0.5144 \times (1 - 0) = 19.03\,\text{m/s} \\ K_T &= T/\rho n^2 D^4 = 95.56 \times 1000/1025 \times n^2 \times 1.15^4 = 53.30/n^2 \\ J &= V_a/nD = 19.03/(n \times 1.15) = 16.548/n \end{aligned}$$

Gawn 계열 프로펠러가 이 선종에 적합하다. 그림 16.10의 Gawn G3.95 도표를 이용하고, 회전수 범위를 가정해 데이터를 비교하여 최적 회전수를 14.5 rps(870 rpm)로 잡으면(η_0는 회전수에 그리 민감하지 않음) $P/D = 1.54$, $\eta_0 = 0.690$이다. 표 17.5를 참조하라.

표 17.5 회전수 범위에서 Gawn 계열 도표로부터 얻은 데이터

rps	J	K_T	P/D	η_0
13.0	1.273	0.315	1.79	0.68
14.0	1.182	0.272	1.61	0.69
15.5	1.067	0.222	1.41	0.68
17	0.973	0.184	1.25	0.68
20	0.827	0.133	1.05	0.64

$$\eta_H = (1-t)/(1-w_T) = (1-0.08)/(1-0) = 0.920, \ \ \eta_R = 0.97$$
$$\eta_D = \eta_0 \times \eta_H \times \eta_R = 0.690 \times 0.920 \times 0.97 = 0.616$$

캐비테이션 날개 면적 점검

12.2.10절을 참조하라.

축의 잠김 깊이는 다음과 같다.

$$h = 1.6 - (1.15/2) = 1.025\,\text{m}$$

프로펠러 1기당 추력은 운항 선속에서 $T = 95.56 \times 10^3$ N이다. $D = 1.15$ m, $P/D = 1.54$, $n = 14.5$ rps이다.

$$\begin{aligned} V_R^2 &= V_a{}^2 + (0.7\pi nD)^2 = 19.03^2 + (0.7\pi \times 14.5 \times 1.15)^2 = 1706.85 \\ \sigma &= (\rho gh + P_{AT} - P_V)/\tfrac{1}{2}\rho V_R^2 \\ &= (1025 \times 9.81 \times 1.025 + 101 \times 10^3 - 3 \times 10^3)/\tfrac{1}{2} \times 1025 \times 1706.85 \\ &= 0.124 \end{aligned}$$

상선에 대한 상한선인 (2)번 곡선을 사용하면 $\sigma = 0.124$일 때 $\tau_C = 0.28(\sigma - 0.03)^{0.57} = 0.0728$이 된다. 그림 12.31로부터도 유사한 값을 직접 결정할 수 있다.

$$A_P = T/\tfrac{1}{2}\rho V_R^2 \tau_C = 95.56 \times 10^3/\tfrac{1}{2} \times 1025 \times 1706.85 \times 0.0728 = 1.50\ \text{m}^2$$
$$A_D = A_P/(1.067 - 0.229P/D) = 1.50/(1.067 - 0.229 \times 1.54) = 2.09\ \text{m}^2$$

그리고 전개 면적비는 다음과 같다.

$$\text{DAR} = (\text{BAR}) = 2.09/(\pi D^2/4) = 2.09/(\pi \times 1.15^2/4) = 2.01$$

이 전개 면적비는 명백히 실제 응용 목적으로는 지나치게 큰 값이다. 회전수를 17 rps로 늘리고 $P/D = 1.25$로 조정하면 효율이 많이 떨어지지 않으면서 전개 면적비가 1.75로 줄어드는데, 아직도 너무 큰 값이다. 더 높은 캐비테이션 기준선, 예를 들어 식 (12.19)와 같은 (3)번 곡선을 사용하면 전개 면적비가 1.5 정도로 줄어든다.

다른 선택은 초기비용 및 운항비용을 더 지출하면서 프로펠러 3기를 사용하는 것인데, 이 경우 전개 면적비가 용인될 수 있는 1.1까지 줄어든다. 다른 대안은 16.2.6절과 같은 초월공동 프로펠러 혹은 11.3.5절의 직렬 프로펠러를 사용하는 것이다.

날개 면적비는 말할 것도 없이, 이 선속에서 통상형 프로펠러의 효율은 워터젯 효율 $\eta_D = 0.688$보다 훨씬 떨어진다. 프로펠러 축 브래킷과 러더의 저항도 추가해야 할 것이다. 이로 인해 11.3.8절에서 언급한 것처럼 30 knots 이상의 선속에서는 통상형 프로펠러보다 워터젯이 더 효율적이 된다.

표면관통 프로펠러도 고려할 수 있지만, 그림 16.19를 살펴보면 최대 효율 η_0가 0.620 정도임을 알 수 있다. 이는 11.3.1절 및 11.3.8절에서 표면관통 프로펠러는 대략 40~45 knots 이상의 선속에서만 우월해진다고 서술한 것과 일치한다.

17.2.9 응용 예제 9. 98 m 여객/자동차 페리, 38 knots, 단동선: 유효동력과 전달동력 예측

이 여객/자동차 페리는 650명의 승객과 150대의 차량을 수송하며, 선체 치수는 L_{OA} = 98 m × L_{WL} = 86.5 m × B = 14.5 m × T = 2.35 m × C_B = 0.36이다. 바닥면으로부터 잰 상부구조의 높이는 13 m이고, 운항속도는 38 knots이다.

$$Fr = V/\sqrt{gL} = 0.671, \ \ V_k/\sqrt{L_f} = 2.26$$
$$\nabla = 1061.10\,\text{m}^3, \ \ \Delta = 1087.6\text{ tonnes}, \ \ L/\nabla^{1/3} = 8.50$$
$$L/B = 86.5/14.5 = 5.97, \ \ B/T = 14.5/2.35 = 6.17$$

가능한 선형 계열은 NTUA의 이중 차인 계열이 될 것이다. 선형 매개변수는 계열 한계값인 $L/\nabla^{1/3}$ = 6.2~8.5 및 B/T = 3.2~6.2 내에 들어온다.

C_R에 대한 회귀공식은 식 (10.39)에, 그 계수는 표 A3.17에 주어져 있다. 반복계산에는 컴퓨터 프로그램 혹은 스프레드시트를 활용하는 것이 가장 좋다. 위의 선체 매개변수에 대해 C_R = 0.001748을 찾는다.

이들 매개변수는 0.4에 고정된 C_B를 제외하고는 둥근 빌지 NPL 계열 내에 들어 있다. 이 계열을 이용한 C_R 추정과정을 요약한다. 필요한 매개변수가 동일한 조합으로 주어져 있지 않고 외삽이 약간 필요하지만, 데이터는 표 A3.16에 주어져 있다.

(본선의 값인 8.5에 가장 가까운) $L/\nabla^{1/3}$ = 8.3, B/T = 6.17, $V_k/\sqrt{L_f}$ = 2.26에서 표 A3.16으로부터 내삽한 결과를 표 17.6에 나타내었다. 그러므로 $C_R = 2.097 \times 10^{-3}$ = 0.002097(NTUA 계열보다 20% 높음)이 된다. 이를 B/T = 6.17까지 외삽해야 하는데, $L/\nabla^{1/3}$ = 8.3~8.5로부터 외삽한 효과를 추정해 보면 C_R이 8% 정도 감소함을 나

표 17.6 여객선/카페리에 대한 NPL 데이터 보간

$V_k/\sqrt{L_f}$	B/T		
	4.90	**5.80**	**필요값 6.17**
2.2	2.375	2.226	2.165
2.3	2.246	2.108	2.051
필요값 2.26	–	–	2.097

타낸다. $C_B = 0.4$를 이용하는 경우(0.36보다도)의 효과는 분명하지 않다. 따라서 C_R이 C_T의 60% 정도이므로(C_{TS}에 대한 공식 참조), NPL 계열을 사용하면 P_E 예측값의 6% 정도 증가로 이어진다.

식 (10.92) 및 표 10.22의 계수를 이용하여 침수표면적을 추산하면 $S = 1022.0\ \text{m}^2$를 얻는다. NTUA 모형선의 대략적인 길이는 2.35 m이다. 모형선의 선속은 다음과 같다.

$$\begin{aligned}
V_M &= V_S \times \sqrt{(L_M/L_S)} = 3.222\ \text{m/s} \\
Re_M &= VL/\nu = 3.222 \times 2.35/1.14 \times 10^{-6} = 6.642 \times 10^6 \\
Re_S &= 38 \times 0.5144 \times 86.5/1.19 \times 10^{-6} = 1.421 \times 10^9 \\
C_{FM} &= 0.075/(\log Re - 2)^2 = 0.075/(\log 6.642 \times 10^6 - 2)^2 \\
&= 0.075/(6.822 - 2)^2 = 0.00323 \\
C_{FS} &= 0.075/(\log Re - 2)^2 = 0.075/(\log 1.421 \times 10^9 - 2)^2 \\
&= 0.075/(9.153 - 2)^2 = 0.00147
\end{aligned}$$

식 (10.58)을 이용하면 형상계수 $(1 + k) = 2.76 \times (L/\nabla^{1/3})^{-0.4} = 1.173$이 된다.

형상계수를 포함하는 식 (10.60)을 이용하면 다음과 같아진다.

$$\begin{aligned}
C_{TS} &= C_{FS} + C_{R\text{mono}} - k(C_{FM} - C_{FS}) \\
&= 0.00147 + 0.001748 - 0.173 \times (0.00323 - 0.00147) = 0.00291 \\
R_{TS} &= C_{TS} \times \tfrac{1}{2}\rho SV^2 \\
&= 0.00291 \times 0.5 \times 1025 \times 1022.0 \times (38 \times 0.5144)^2/1000 = 582.38\ \text{kN}
\end{aligned}$$

(형상계수가 포함되지 않으면 $k = 0$이고, $R_{TS} = 644.02$ kN이 된다.)

공기저항은 선체와 상부구조의 횡단 면적을 기반으로 적당한 항력계수를 이용하여 구한다. 수면 위 상부구조의 높이 13.0 − 2.35 = 10.65 m와 폭 14.5 m로부터 횡단 면적 A_T는 높이 × 폭 = 10.65 × 14.5 = 154.4 m^{2}이다.

그림 3.29로부터 적당한 항력계수를 $C_D = 0.55$라고 가정하자. 그러면 공기저항은 다음과 같다.

$$\begin{aligned} D_{\text{air}} &= C_D \times \tfrac{1}{2}\rho A_T V^2 \\ &= 0.55 \times 0.5 \times 1.23 \times 154.4 \times (38 \times 0.5144)^2/1000 \\ &= 19.96\,\text{kN}\,(\text{선체저항의 } 3.5\%) \end{aligned}$$

워터젯 추진기 사용이 제안되고 있으므로 부가물 저항은 미미하다. 따라서 총 저항은 $(582.38+19.96) = 602.34$ kN이고, $P_E = R_{TS} \times V_S = 602.34 \times 38 \times 0.5144 = 11774.1$ kW이다.

식 (16.56)의 워터젯 효율 η_D에 대한 근사식을 적용한다.

$$\eta_D = 1/[1 + (8.64/Vs)] = 1/[1 + (8.64/38 \times 0.5144)] = 0.693$$

전달동력은 다음과 같다.

$$P_D = P_E/\eta_D = 11774.1/0.693 = 16990.0\,\text{kW}$$

기어 드라이브의 전달효율을 $\eta_T = 0.95$라 가정하면 운항동력은 다음과 같다.

$$P_S = P_D/\eta_T = 16990.0/0.95 = 17884.2\ \text{kW}$$

선체 부착생물과 기상에 대한 15%의 여유동력을 설정하면 설치동력은 다음과 같다.

$$P_I = P_S \times 1.15 = 17884.2 \times 1.15 = 20567\ \text{kW}$$

부착생물 및 기상에 대한 상관보정을 좀 더 상세한 방식을 사용하여 추정할 수 있다. 운항 방식 및 예상되는 기상에 따라 달라지는데, 3장을 참조하라.

17.2.10 응용 예제 10. 82 m 여객/자동차 쌍동선 페리, 36 knots: 유효동력과 전달동력 예측

쌍동선 여객/자동차 페리는 650명의 승객과 150대의 차량을 수송하며, 선체 치수는 $L_{OA} = 82\,\text{m} \times L_{WL} = 72\,\text{m} \times B = 21.5\,\text{m} \times b = 6.7\,\text{m} \times T = 2.80\,\text{m} \times C_B = 0.420$이다. 바닥면으로부터 잰 상부구조의 높이는 13.25 m이고, 운항속도는 36 knots이다.

$$\begin{aligned} Fr &= V/\sqrt{gL} = 0.697, \quad V_k/\sqrt{L_f} = 2.34 \\ \nabla &= 567.3\,\text{m}^3(\text{개별 동체당}), \quad \text{총 배수량}\ \ \nabla = 1134.6\,\text{m}^3 \\ \Delta &= 1163.0\ \text{tonnes} = 581.5(\text{개별 동체당}) \\ L/\nabla^{1/3} &= 8.72\,(\text{개별 동체당}) \\ L/b &= 72/6.7 = 10.75, \quad b/T = 6.7/2.80 = 2.39 \\ S_C/L &= [21.5 - 2 \times (6.7/2)]/72 = 0.206 \end{aligned}$$

식 (10.88)의 $S = C_S\sqrt{\nabla L}$을 사용하여 침수표면적을 예측하는데, 식 (10.89) 및 표 10.20을 이용하여 회귀계수 $C_S = 2.67$을 구한다. 개별 동체의 침수표면적은 $S = C_S\sqrt{\nabla L} = 2.67\sqrt{567.3 \times 72} = 539.61\,\text{m}^2$, 동체 2개에 대한 전체 침수표면적은 $S = 1079.23\ \text{m}^2$이다.

쌍동선에 대한 식 (10.64)를 사용하면 총 저항계수는 다음과 같다.

$$C_{TS} = C_{FS} + \tau_R C_R - \beta k(C_{FM} - C_{FS})$$

여기서 C_R은 개별 동체에 대한 것이고, τ_R은 잉여저항의 간섭계수이다. τ_R은 표 10.11에 주어져 있고, C_R은 Southampton에서 확장한 NPL 쌍동선 계열이나 계열 64 데이터에서 구할 수 있다.

Southampton에서 확장한 NPL 쌍동선 계열을 사용한 추정은 다음과 같다. 이 계열은 엄밀하게는 $C_B = 0.4$이지만, 이와 같은 준배수량형의 저항은 $L/\nabla^{1/3}$가 지배하므로 $C_B = 0.42$에도 적용 가능하다고 가정해도 무리가 없다. 식 $C_R = \text{a}(L/\nabla^{1/3})^n$로 계산되는 근사적인 C_R 데이터는 표 10.10에 주어져 있고, $Fr = 0.697$에 대해 내삽한 값을 표 17.7에 나타내었다. 즉, $C_R = 2.288 \times 10^{-3} = 0.002288$이다. 이 값을 표 A3.26에 포함된 확장 NPL 계열에 대한 실제 C_R 값과 비교해 보면 적절한 것으로 나타난다. 확장된 NPL 계열의 모형선 길이는 1.60 m이다. 모형선 선속 및 그로 인한 마찰저항계수는 다음과 같다.

$$V_M = V_S \times \sqrt{(L_M/L_S)} = 2.761\,\text{m/s}$$

$$Re_M = VL/\nu = 2.761 \times 1.6/1.14 \times 10^{-6} = 3.875 \times 10^6$$

$$Res = 36 \times 0.5144 \times 72/1.19 \times 10^{-6} = 1.120 \times 10^9$$

$$\begin{aligned} C_{FM} &= 0.075/(\log Re - 2)^2 = 0.075/(\log 3.875 \times 10^6 - 2)^2 \\ &= 0.075/(6.588 - 2)^2 = 0.00356 \\ C_{FS} &= 0.075/(\log Re - 2)^2 = 0.075/(\log 1.120 \times 10^9 - 2)^2 \\ &= 0.075/(9.049 - 2)^2 = 0.00151 \end{aligned}$$

쌍동선에 대한 식 (10.59)를 이용하면 형상계수 $(1 + \beta k) = 3.03 \times (L/\nabla^{1/3})^{-0.4} = 1.274$이다.

표 17.7 Southampton 쌍동선 데이터

	Fr		
표	**0.60**	**0.70**	**필요값 0.697**
표 10.10	2.799	2.272	2.288

표 17.8 쌍동선 간섭계수

	Fr		
S_C/L	**0.60**	**0.70**	**필요값 0.697**
0.20	1.430	1.329	1.332
0.30	1.266	1.268	1.268
필요값 0.206	–	–	1.328

잉여저항 간섭계수 τ_R은 표 10.11로부터 구할 수 있고, 필요하다면 표 A3.26과 비교·검증할 수 있다. 표 10.11을 이용한 결과를 표 17.8에 나타내었다. 즉, $\tau_R = 1.328$이다.

형상계수와 잉여저항 간섭계수를 포함하는 식 (10.64)를 이용하면 다음과 같다.

$$
\begin{aligned}
C_{TS} &= C_{FS} + \tau_R C_R - \beta k(C_{FM} - C_{FS}) \\
&= 0.00151 + 1.328 \times 0.002288 - 0.274 \times (0.00356 - 0.00151) \\
&= 0.00399 \\
R_{TS} &= C_T \times \tfrac{1}{2}\rho S V^2 \\
&= 0.00399 \times 0.5 \times 1025 \times 1079.23 \times (36 \times 0.5144)^2/1000 \\
&= 756.8 \text{ kN}
\end{aligned}
$$

(형상계수가 포함되지 않으면 $k = 0$이고, $R_{TS} = 862.7$ kN이 된다.)

공기저항은 선체와 상부구조의 횡단 면적을 기반으로 적당한 항력계수를 이용하여 구한다. 수면 위 상부구조의 높이 $13.25 - 2.8 = 10.45$ m와 폭 21.5 m로부터 횡단 면적 A_T는 높이×폭 $= 10.45 \times 21.5 = 224.7$ m^{2}이다.

그림 3.29로부터 적당한 항력계수를 $C_D = 0.55$라고 가정하자. 공기저항은 다음과 같다.

$$
\begin{aligned}
D_{\text{air}} &= C_D \times \tfrac{1}{2}\rho_A A_T V^2 \\
&= 0.55 \times 0.5 \times 1.23 \times 224.7 \times (36 \times 0.5144)^2/1000 \\
&= 26.06 \text{ kN (선체저항의 3.4\%)}
\end{aligned}
$$

워터젯 추진기 사용이 제안되고 있으므로 부가물 저항은 미미하다. 따라서 총 저항은 $(756.8 + 26.06) = 782.86$ kN이고, $P_E = R_{TS} \times V_S = 782.86 \times 36 \times 0.5144 = 14497.3$ kW이다.

식 (16.56)의 워터젯 효율 η_D에 대한 근사식을 적용한다.

$$
\eta_D = 1/[1 + (8.64/Vs)] = 1/[1 + (8.64/36 \times 0.5144)] = 0.682
$$

전달동력은 다음과 같다.

$$P_D = P_E/\eta_D = 14497.3/0.682 = 21257.0\ \mathrm{kW}$$

기어 드라이브의 전달효율을 $\eta_T = 0.95$라 가정하면, 운항동력은 $P_S = P_D/\eta_T = 21257.0/0.95 = 22375.8$ kW와 같다. 선체 부착생물과 기상에 대한 15%의 여유동력을 설정하면 설치동력 $P_I = P_S \times 1.15 = 25732$ kW가 된다.

부착생물 및 기상에 대한 상관보정을 좀 더 상세한 방식을 사용하여 추정할 수 있다. 운항 방식 및 예상되는 기상에 따라 달라지는데, 3장을 참조하라.

17.2.11 응용 예제 11. 130 m 쌍추진기 전투함, 28 knots, 단동선: 유효동력과 전달동력 예측

주요 제원은는 $L_{WL} = 130\ \mathrm{m} \times B = 16.0 \times T = 4.70\ \mathrm{m} \times C_B = 0.390 \times C_P = 0.530 \times C_{WP} = 0.526 \times LCB = 6\%L$ Aft이다. 최대 속력은 28 knots이고, 순항속력은 15 knots이다. 쌍추진기 배치 및 간격 제약을 고려한 프로펠러 직경 $D = 4.0$ m이다.

$\nabla = 3812.6\ \mathrm{m}^3$, $\Delta = 3908.0$ tonnes, $L/\nabla^{1/3} = 8.34$, $L/B = 8.13$, $B/T = 3.40$이고, $\nabla/L^3 = 1.735 \times 10^{-3}$이다.

$$Fr = V/\sqrt{gL} = 28 \times 0.5144/\sqrt{9.81 \times 130} = 0.403$$
$$Fr_\nabla = V/\sqrt{g\nabla^{1/3}} = 28 \times 0.5144/\sqrt{9.81 \times 3812.6^{1/3}} = 1.17$$

길이 130 m = 426.4 ft이고, $V_k/\sqrt{L_f} = 28/\sqrt{426.4} = 1.36$이다.

식 (10.86)의 $S = C_S\sqrt{\nabla L}$을 사용하여 침수표면적을 예측하는데, C_S는 표 10.19를 참조한다. 표 10.19의 값들을 내삽하여 $C_P = 0.530$, $L/\nabla^{1/3} = 8.34$ 및 $B/T = 3.40$일 때의 C_S를 찾으면

$$C_S = 2.534$$

가 되고, 침수표면적은 다음과 같이 계산된다.

$$S = C_S\sqrt{\nabla L} = 2.534\sqrt{3812.6 \times 130} = 1784\ \mathrm{m}^2$$

식 (10.85)를 사용하면

$$S = 3.4\nabla^{2/3} + 0.485L \cdot \nabla^{1/3} = 1814\ \mathrm{m}^2$$

가 구해진다. 위 두 식의 평균으로 침수표면적을 구하면 $S = (1784 + 1814)/2 = 1799\ \mathrm{m}^2$가 된다. [Denny Mumford에 의한 식 (10.84)와 비교하면 $S = 1.7\,LT + \nabla/T = 1.7 \times 130 \times 4.7 + 3812.6/4.7 = 1850\ \mathrm{m}^2$(+2.8% 오차)이다.]

17.2.11.1 유효동력 추정

C_R을 구하기 위해 Taylor–Gertler 계열 데이터를 Schoenherr C_F 곡선 및 거칠기 상관보정계수 $\Delta C_F = 0.0004$와 함께 사용한다. 모든 Taylor–Gertler 계열선에서는 LCB가 선체 중앙부로 고정되어 있음에 유의하라.

Taylor–Gertler 계열선에 대해 [10.10]의 C_R 그래프 혹은 부록 A3의 표 A3.8~A3.11의 표를 사용하고, $Fr = 0.403(V_k/\sqrt{L_f} = 1.36)$, $C_P = 0.530$, $B/T = 3.40$ 및 $L/\nabla^{1/3} = 8.34(\nabla/L^3 = 1.735 \times 10^{-3})$에 대해 내삽하면 다음과 같다.

$$C_R = 3.16 \times 10^{-3} = 0.00316(\text{그래프로부터})$$
$$Re = VL/\nu = 28.0 \times 0.5144 \times 130/1.19 \times 10^{-6} = 1.573 \times 10^9$$

Schoenherr 곡선에 대한 근사식인 식 (4.11)을 사용하면

$$C_F = 1/(3.5 \log \text{Re} - 5.96)^2 = 0.001454$$
$$C_T = C_F + \Delta C_F + C_R = 0.001454 + 0.0004 + 0.00316 = 0.005014$$

가 되고, 실선의 총 저항은 다음과 같다.

$$\begin{aligned} R_{TS} &= C_T \times \tfrac{1}{2}\rho S V^2 \\ &= 0.005014 \times 0.5 \times 1025 \times 1799 \times (28.0 \times 0.5144)^2/1000 \\ &= 959.0\ \text{kN} \end{aligned}$$

ΔC_F를 생략하면 $P_E = 882$ kN가 된다. Holtrop 회귀분석에 의한 추정치는 774 kW(−12%)이다. 계열 64를 이용한 추정치는 758 kW(−14%)이다.

Taylor 계열은 LCB가 선체 중앙부에 있는데, 이는 이 배에 대한 최적 조건이 아니다. 또한 선미도 현대의 전투함에서 사용되는 트랜섬 선미가 아닌 순양함형이다. 이러한 요소로 인해 Taylor 계열을 이용한 추정 동력이 높아진다(Taylor 계열의 가장 유용한 측면은 광범위한 매개변수 범위에서 상대적인 비교를 쉽게 수행할 수 있다는 점이다).

17.2.11.2 반류비 w_T 및 부가물에 대한 반류속도 추정

그림 8.13의 Harvald 데이터로 외삽하면 $w_T = 0.08$이 예측된다. 표 8.4의 준배수량선 데이터에서는 $w_T = 0$이 예측된다.

선미 형상이 통상 형태에 가까우므로 $w_T = 0.05$로 가정하자. 반류속도 $V_a = V_S(1 - w_T) = 28 \times 0.5144(1 - 0.05) = 13.68$ m/s이 된다.

17.2.11.3 부가물 저항

이 선종의 부가물

2개의 러더, 프로펠러 A형 브래킷 및 축이 설치된다.

러더

이와 같은 선종 및 크기의 함정에 대한 전형적인 러더의 치수는 러더 폭 = 3.5 m, 코드 길이 = 2.5 m이다. [러더 면적 = 3.5 × 2.5 = 8.75 m^{2}이고, 면적비는 $8.75 \times 2/(L \times T) = 2.9\%$로서 적절하다.]

3.2.1.8(c)절에 있는 것처럼 항력계수의 실질적인 값은 $C_{D0} = 0.013$이다.

일차적인 근사치로서 반류가 프로펠러에 의해 20% 가속된다고 가정하면, 러더 유입유속은 $V_a \times 1.2 = 13.68 \times 1.2 = 16.42$ m/s가 된다.

$$
\begin{aligned}
D_{\text{Rudder}} &= C_{D0} \times \tfrac{1}{2}\rho A V^2 \\
&= 0.013 \times 0.5 \times 1025 \times 8.75 \times (16.42)^2/1000 \\
&= 15.72\,\text{kN} \times 2\text{개의 러더} = 31.44\,\text{kN}
\end{aligned}
$$

즉, 러더 저항 = 31.44/959.0 = 3.3%로, 알몸선체 저항의 3.3%이다.

Holtrop에 의한 식 (3.48)과 비교하면 다음과 같다.

$$D_{\text{Rudder}} = \tfrac{1}{2}\rho V_S^2 C_F (1 + k_2) S$$

여기서 V_S는 선속, C_F는 선박의 마찰저항계수, S는 침수표면적이고 $(1 + k_2)$는 부가물 형상계수인데, 러더에 대해서는 1.3~2.8 사이에서 변화한다(표 3.5 참조). 쌍추진기선 러더의 경우 $(1 + k_2) = 2.8$이다.

선박의 마찰저항계수는 $Re = VL/\nu = 28.0 \times 0.5144 \times 130/1.19 \times 10^{-6} = 1.573 \times 10^9$이고, $C_F = 0.075/(\log Re - 2)^2 = 0.001448$이다. 두 러더의 침수표면적은 $(8.75 \times 2) \times 2 = 35$ m^{2}로, $D_{\text{Rudder}} = \frac{1}{2} \times 1025 \times (28 \times 0.5144)^2 \times 0.001448 \times 2.8 \times 35/1000 = 15.09$ kN(초기 추정치의 약 48%)이다.

프로펠러 A형 브래킷, 좌우현 각각 1기

A형 브래킷마다 스트럿이 2개 있다. 각 스트럿의 대략적인 길이는 3.0 m이고, t/c는 0.25, 코드 길이는 700 mm, 두께는 175 mm이다. 반류속도는 $V_a = V_S(1 - w_T) = 28 \times 0.5144 \times (1 - 0.05) = 13.68$ m/s이다. 스트럿 코드 길이에 기초하면,

$$Re = VL/\nu = 13.68 \times 0.700/1.19 \times 10^{-6} = 8.047 \times 10^6$$

$$C_F = 0.075/(\log Re - 2)^2 = 0.00311$$

이 된다. 식 (3.42)를 사용하여 항력계수를 계산한다.

$$C_D = C_F\left[1+2\left(\frac{t}{c}\right)+60\left(\frac{t}{c}\right)^4\right]$$
$$= 0.00311 \times (1 + 2 \times 0.25 + 60 \times 0.25^4) = 0.00539$$

면적 = 폭 × 코드 길이 = 3.0 × 0.700 = 2.1 m^2라 가정하면, 각 스트럿마다 총 침수표면적 = 2 × 2.1 = 4.2 m^2가 되므로 스트럿 저항은 다음과 같아진다.

$$D_{\text{strut}} = C_D \times \tfrac{1}{2}\rho A V^2$$
$$= 0.00539 \times 0.5 \times 1025 \times 4.2 \times (13.68)^2/1000 = 2.17\,\text{kN}(\text{각 스트럿당})$$

A형 브래킷에는 스트럿이 2개 있으므로 총 저항은 4 × 2.17 = 8.68 kN이다. 식 (3.41)과 비교하면 다음과 같다.

$$D_{CS} = \frac{1}{2}\rho S V^2 C_F\left[1.25\frac{Cm}{Cf} + \frac{S}{A} + 40\left(\frac{t}{Ca}\right)^3\right] \times 10^{-1}$$

그림 3.23에서 Cm는 0.700, Cf는 0.200, Ca는 0.500, 침수표면적 S는 4.2 m^2, t는 0.175 m이고, A는 정면 면적으로 t × 폭 = 0.175 × 3.0 = 0.525 m^2이므로 다음과 같이 계산된다.

$$D_{CS} = 0.5 \times 1025 \times 4.2 \times (13.68)^2 \times 0.00311$$
$$\times [1.25 \times 0.700/0.200 + 4.2/0.525 + 40 \times (0.175/0.500)^3] \times 10^{-1}$$
$$= 1.765\,\text{kN}(\text{각 스트럿당}) \times 4\,(\text{스트럿}) = 7.06\,\text{kN}$$

스트럿과 선체 사이의 간섭

식 (3.45)를 사용하면 t/c = 0.25, t = 0.175 m이고 V = 13.68 m/s이므로 간섭에 의한 저항은 다음과 같다.

$$D_{\text{INT}} = \tfrac{1}{2}\rho V^2 t^2\left[0.75\frac{t}{c} - \frac{0.0003}{(t/c)^2}\right]$$
$$= 0.5 \times 1025 \times 13.68^2 \times 0.175^2 \times [0.75 \times 0.25 - 0.0003/(0.25)^2]$$
$$= 0.54\,\text{kN}(\text{각 스트럿당})$$

스트럿이 4개이므로 $D_{\text{INT}} = 4 \times 0.54 = 2.16$ kN이다.

간섭저항을 포함한 스트럿의 총 저항은 8.68 + 2.16 = 10.84 kN이다.

추진축 저항

식 (3.46)을 이용하면 다음과 같다.

$$D_{SH} = \tfrac{1}{2}\rho L_{SH} Ds V^2 (1.1 \sin^3 \alpha + \pi C_F)$$

추진축의 세부사항은 다음과 같다. 길이 $L_{SH} = 12$ m, 직경 $D_S = 0.450$ m, 각도 10°이고 $V = 13.68$ m/s이다. 배치는 대체로 그림 14.28에 나타낸 것과 같다. P자형 브래킷을 선체 쪽 끝단에 설치할 수 있으나, 이 경우에는 포함되지 않았다.

$$\begin{aligned} \text{추진축 직경 기준 Reynolds 수} &= VDs/\nu = 13.68 \times 0.450/1.19 \times 10^{-6} \\ &= 5.173 \times 10^6 \\ C_F &= 0.075/(\log Re - 2)^2 = 0.00338 \end{aligned}$$

$$\begin{aligned} D_{SH} &= 0.5 \times 1025 \times 12 \times 0.450 \times 13.68^2 \times (1.1 \times \sin^3 10^\circ + \pi \times 0.00338) \\ &= 8.49\,\text{kN} \end{aligned}$$

추진축이 2개이므로 $D_{SH} = 2 \times 8.49 = 16.98$ kN이다. 추진축과 스트럿의 간섭을 5% 정도로 잡으면, 추진축의 총 저항은 $D_{SH} = 1.05 \times 16.98 = 17.83$ kN이 된다.

부가물 저항 요약

러더 × 2: 31.44 kN

스트럿 × 4, 간섭저항 포함: 10.84 kN

추진축 × 2, 간섭저항 포함: 17.83 kN

총 부가물 저항 = 60.11 kN

60.11/959 = 6.3%로부터 부가물 저항은 알몸선체 저항의 6.3%이다.

17.2.11.4 공기저항

3장에서와 같이 수선 위의 선체 및 상부구조의 횡단 면적을 기반으로 한 항력계수를 이용한다. 이 선박 크기에서는 수면 위 갑판실의 높이는 대략 17.3 m이고 전폭을 16 m로 가정하면, 횡단 면적 A_T는 $17.3 \times 16 = 276.8$ m^{2}이다.

3.2.2절에 보인 것처럼 항력계수를 $C_D = 0.80$이라 가정하자. 공기저항은 다음과 같다.

$$\begin{aligned} \text{정지한 공기의 저항 } D_{\text{AIR}} &= C_D \times \tfrac{1}{2}\rho_A A_T V^2 \\ &= 0.80 \times 0.5 \times 1.23 \times 276.8 \times (28 \times 0.5144)^2/1000 \\ &= 28.25\,\text{kN} \end{aligned}$$

[공기저항은 (28.25/959) × 100 = 3%로, 알몸선체 저항의 3%이다.] [식 (5.12)의 ITTC 근사 공식 $C_{AA} = 0.001(A_T/S)$을 사용한 경우와 비교해 보라. 여기서 S는 선체의 침수표면적이고 $D_{\text{AIR}} = C_{AA} \times \frac{1}{2}\rho_W S V^2 = (0.001 \times (276.8/S)) \times 0.5 \times 1025 \times S \times (28 \times 0.5144)^2 /1000 = 29.4$ kN이다.]

17.2.11.5 요약

총 저항 R_T = 알몸선체 저항 + 부가물 저항 + 공기저항 = 959.0 + 60.11 + 28.25 = 1047.4 kN이 된다. 유효동력은 $P_E = R_{TS} \times V_S = 1047.4 \times 28 \times 0.5144 = 15085.9$ kW이다.

17.2.11.6 개략적인 프로펠러 설계

이 쌍추진기선 배치 및 흘수에 대해 선체와의 간격과 약간의 용골선(keel line) 하부 돌출을 감안하면 프로펠러 직경은 4 m가 적당하다.

추력 감소계수 t는 다음과 같이 추정한다. 쌍추진기에 대한 일차적인 근사로서 $t = w_T = 0.050$[식 (8.25)]이 있다. 다음과 같이 쌍추진기선에 대한 식 (8.26)의 Holtrop 공식을 사용할 수 있다.

$$t = 0.325C_B - 0.1885\frac{D}{\sqrt{BT}}$$

이때 $t = 0.325 \times 0.390 - 0.1885 \times 4.0/(16 \times 4.7)^{0.5} = 0.040$이 된다.

$t = 0.04$로 가정하자. 총 저항은 $R_T = 1047.4$ kN이다. 총 추력은 $T = R_T/(1-t) = 1047.4/(1-0.04) = 1091.0$ kN이 요구된다. 각 프로펠러 요구 추력은 $T = 1091.0/2 = 545.5$ kN이다.

$$V_a = Vs(1 - w_T) = 28 \times 0.5144 \times (1 - 0.05) = 13.68\,\text{m/s}$$

$$J = V_a/nD = 13.68/(n \times 4.0) = 3.42/n$$

$$K_T = T/\rho n^2 D^4 = 545.5 \times 1000/1025 \times n^2 \times 4.0^4 = 2.079/n^2$$

예비설계 목적상 Gawn 계열 프로펠러가 이 선종에 적합하다. 그림 16.10의 Gawn G3.95 도표를 이용하고, 회전수 범위를 가정하여 얻은 결과는 표 17.9와 같다.

데이터를 상호 비교하여 최적 회전수를 3.0 rps(180 rpm)로 잡으면(η_0는 회전수에 그리 민감하지 않음), $P/D = 1.51$ 그리고 $\eta_0 = 0.700$이다. P/D와 η_0 값은 도표(그림 16.10)에서 목측으로 읽은 값이기 때문에 근사값임에 유념하라. 더 큰 도표를 사용하거나 Gawn 계열(16장)의 회귀공식을 사용하면 좀 더 정확한 답을 얻을 수 있다.

표 17.9 회전수 범위의 Gawn 계열 데이터

rpm	rps	J	K_T	P/D	η_0
150	2.5	1.368	0.333	1.92	0.695
180	3.0	1.140	0.231	1.51	0.700
210	3.5	0.977	0.170	1.21	0.690

$$\eta_H = (1-t)/(1-w_T) = (1-0.04)/(1-0.05) = 1.011$$

$C_P = 0.530,\ LCB = -0.06$일 때 η_R 추정

식 (16.80)을 사용하면 $\eta_R = 0.952$가 되고, 표 16.12로부터는 $\eta_R = 0.950$이 되는데, $\eta_R = 0.95$로 두자. 그러면 $\eta_D = \eta_H \times \eta_0 \times \eta_R = 0.700 \times 1.011 \times 0.95 = 0.672$가 된다. 전달동력은 $P_D = P_E/\eta_D = 15085.9/0.672 = 22449.3$ kW이다. 운항동력(혹은 축동력)은 $P_S = P_D/\eta_T$로 주어지는데, 여기서 η_T는 전달효율로서 보통 기어 드라이브가 장착되면 0.95를 사용한다. 따라서 $P_S = 22449.3/0.95 = 23630.8$ kW이다.

선체 부착생물과 기상에 대한 15%의 여유동력을 설정하면, 설치동력 $P_I = P_S \times 1.15 = 27175$ kW가 된다.

캐비테이션 날개 면적 점검

12.2.10절을 참조하라. 프로펠러와 추진축 배치로부터 축의 잠김 깊이 h는 3.7 m가 된다. 운항 선속에서 프로펠러 1기당 요구 추력은 $T = 545.5 \times 10^3$ N이다. $D = 4$ m, $P/D = 1.51$, $n = 3.0$ rps이다.

$$V_R^2 = V_a{}^2 + (0.7\pi nD)^2 = 13.68^2 + (0.7\pi \times 3.0 \times 4.0)^2 = 883.54$$

$$\begin{aligned}\sigma &= (\rho gh + P_{AT} - P_V)/\tfrac{1}{2}\rho V_R^2 \\ &= (1025 \times 9.81 \times 3.7 + 101 \times 10^3 - 3 \times 10^3)/\tfrac{1}{2} \times 1025 \times 883.54 = 0.299\end{aligned}$$

함정 및 고속선에 대한 (3)번 곡선을 사용하면, $\sigma = 0.299$일 때 $\tau_C = 0.43(\sigma - 0.02)^{0.71} = 0.174$가 된다. 그림 12.31로부터도 유사한 값을 직접 결정할 수 있다.

$$A_P = T/\tfrac{1}{2}\rho V_R^2 \tau_C = 545.5 \times 10^3/\tfrac{1}{2} \times 1025 \times 883.54 \times 0.174 = 6.923\,\mathrm{m}^2$$

$$A_D = A_P/(1.067 - 0.229\,P/D) = 6.923/(1.067 - 0.229 \times 1.51) = 9.599\,\mathrm{m}^2$$

$$\mathrm{DAR} = (\mathrm{BAR}) = 9.599/(\pi D^2/4) = 9.599/(\pi \times 4.0^2/4) = 0.764$$

그림 16.19의 Gawn G3.65 도표를 이용해서도 계산을 반복할 수 있는데, BAR = 0.95와 0.65 사이에서 내삽이 필요하다. BAR이 작은 도표를 이용하면 효율이 약간 상승한다.

프로펠러 주요 제원의 요약

$$D = 4.0\ \text{m},\quad 180\ \text{rpm},\quad P/D = 1.51,\quad \text{BAR} = 0.764$$

진동을 고려하면 여기서 이용한 3익보다 5익 프로펠러가 낫다는 점을 유념해야 한다. 효율은 아주 조금 감소할 것인데, 날개 수의 선택과 관련한 사항은 16.1.2절을 참조하라.

17.2.11.7 15 knots 순항속도에서의 개략적인 동력 추정

부가물 저항의 비율과 공기저항의 비율, 반류비, 추력 감소계수 및 상대회전 효율이 28 knots에서와 동일하다고 가정한다. 프로펠러의 피치도 $P/D = 1.51$로 고정되었다고 가정한다.

$$Fr = V/\sqrt{gL} = 15 \times 0.5144/\sqrt{9.81 \times 130} = 0.216$$

길이 130 m = 424.6 ft이고, $V_k/\sqrt{L_f} = 15/\sqrt{426.4} = 0.726$이다.

Taylor-Gertler 계열에 대해, [10.10]의 C_R 데이터의 그래프 혹은 부록 A3의 표 A3.8~A3.11에 정리된 C_R 데이터를 사용하고, $Fr = 0.216(V_k/\sqrt{L_f} = 0.726)$, $C_P = 0.530$, $B/T = 3.40$ 및 $L/\nabla^{1/3} = 8.34(\nabla/L^3 = 1.735 \times 10^{-3})$에 대해 내삽하면 다음과 같다.

$$C_R = 0.40 \times 10^{-3} = 0.00040$$
$$Re = V\,L/\nu = 15.0 \times 0.5144 \times 130/1.19 \times 10^{-6} = 8.423 \times 10^8$$

Schoenherr 곡선에 대한 근사식인 식 (4.11)을 사용하면

$$C_F = 1/(3.5 \log Re - 5.96)^2 = 0.00157$$
$$C_T = C_F + \Delta C_F + C_R = 0.00157 + 0.0004 + 0.00040 = 0.00237$$

이 되고, 실선의 총 저항은 다음과 같다.

$$\begin{aligned} R_{TS} &= C_T \times \tfrac{1}{2}\rho S V^2 \\ &= 0.00237 \times 0.5 \times 1025 \times 1799 \times (15.0 \times 0.5144)^2/1000 = 130.10\,\text{kN} \end{aligned}$$

부가물과 공기저항에 의한 저항 증가 비율을 각각 6%와 3%로 잡으면, 총 저항은 $R_T = 130.10 \times 1.09 = 141.8$ kN이 된다. 유효동력은 $P_E = R_{TS} \times V_S = 141.8 \times 15 \times 0.5144 = 1094.1$ kW이다. 프로펠러 1기당 요구 추력은 $T = (R_T/2)/(1-t) = (141.8/2)/(1-0.04) = 73.85$ kN이다.

$$V_a = Vs(1 - w_T) = 15 \times 0.5144 \times (1 - 0.05) = 7.33\ \text{m/s}$$
$$J = V_a/nD = 7.33/(n \times 4.0) = 1.833/n$$
$$K_T = T/\rho n^2 D^4 = 73.85 \times 1000/(1025 \times n^2 \times 4.0)^4 = 0.2814/n^2$$

그림 16.10의 Gawn G3.95 도표를 보면 (고정된) 피치 비 1.51에서 $J = 1.31$, $K_T = 0.144$ 및 $\eta_0 = 0.705$일 때의 회전수는 84 rpm(1.4 rps)임을 알 수 있다. 그러면 $\eta_D = \eta_H \times \eta_0 \times \eta_R = 0.705 \times 1.011 \times 0.95 = 0.677$이 된다. 전달동력은 $P_D = P_E/\eta_D = 1094.1/0.677 = 1616.1$ kW이다. 운항동력(혹은 축동력)은 $P_S = P_D/\eta_T = 1616.1/0.95 = 1701.2$ kW가 된다.

발표된 데이터를 보면 이 동력이 낮음을 알 수 있다. (트랜섬 선미가 있는) 계열 64를 이용하여 비교해 보면 잉여저항계수는 대략 $C_R = 0.0017$이 되고, 총 축동력은 대략 2650 kW이다.

선체 부착생물과 15 knots 순항속도에서의 기상을 감안한 합리적인 여유동력을 더할 수 있다.

17.2.12 응용 예제 12. 35 m 순찰정, 단동선: 유효동력 예측

주요 제원은 $L_{OA} = 41 \text{ m} \times L_{WL} = 35 \text{ m} \times B = 7.0 \text{ m} \times T = 2.4 \text{ m} \times C_B = 0.400 \times LCB = 6\%L$ Aft이다. 선속은 25 knots이다.

$$Fr = V/\sqrt{gL} = 0.694, \quad Fr_\nabla = V/\sqrt{g\nabla^{1/3}} = 1.654, \quad V_k/\sqrt{L_f} = 2.33$$

$$\nabla = 235.2\text{m}^3, \quad \Delta = 241.1 \text{ tonnes}, \quad L/\nabla^{1/3} = 5.68$$

$$L/B = 35/7 = 5.0, \quad B/T = 7/2.4 = 2.92$$

위의 매개변수들은 둥근 빌지형의 NPL 계열 범위 안에 들어 있고, 이 계열을 이용한 초기 추정치를 사용한다. 데이터는 표 A3.16에 주어져 있다.

$L/\nabla^{1/3} = 5.76$이고(5.68에 충분히 가깝다고 가정), $B/T = 2.92$, $V_k/\sqrt{L_f} = 2.33$에서 표 A3.16으로부터 보간하면 표 17.10에 나타낸 것처럼 C_R을 구한다.

$$C_R = 7.454 \times 10^{-3} = 0.007454$$

식 (10.88)의 $S = C_S\sqrt{\nabla L}$을 사용하여 침수표면적을 예측하는데, 식 (10.90)을 이용하여 회귀계수 $C_S = 2.794$를 구한다. 침수표면적은 다음과 같이 계산된다.

표 17.10 순찰정에 대한 NPL 데이터 보간

	B/T		
$V_k/\sqrt{L_f}$	**2.59**	**3.67**	**필요값 2.92**
2.3	7.903	7.333	7.573
2.4	7.321	6.845	7.176
필요값 2.33	–	–	7.454

$$S = C_S\sqrt{\nabla L} = 2.794 \times \sqrt{235.2 \times 35} = 253.5\ \text{m}^2$$

NPL 모형선 길이는 2.54 m이다.

$$\begin{aligned} V_M &= V_S \times \sqrt{(L_M/L_S)} = 3.464\ \text{m/s} \\ Re_M &= V\,L/\nu = 3.464 \times 2.54/1.14 \times 10^{-6} = 7.718 \times 10^6 \\ Re_S &= 25 \times 0.5144 \times 35/1.19 \times 10^{-6} = 3.782 \times 10^8 \\ C_{FM} &= 0.075/(\log\ Re - 2)^2 = 0.075/(\log 7.718 \times 10^6 - 2)^2 \\ &= 0.075/(6.888 - 2)^2 = 0.00314 \\ C_{FS} &= 0.075/(\log\ Re - 2)^2 = 0.075/(\log 3.782 \times 10^8 - 2)^2 \\ &= 0.075/(8.577 - 2)^2 = 0.00173 \end{aligned}$$

형상계수를 사용한다면, 식 (10.58)을 이용하여 $(1+k) = 2.76 \times (L/\nabla^{1/3})^{-0.4} = 1.378$이 된다. 형상계수를 포함하는 식 (10.60)을 이용하면 다음과 같다.

$$\begin{aligned} C_{TS} &= C_{FS} + C_R - k(C_{FM} - C_{FS}) \\ &= 0.00173 + 0.007454 - 0.378 \times (0.00314 - 0.00173) = 0.00865 \\ R_{TS} &= C_{TS} \times \tfrac{1}{2}\rho S V^2 \\ &= 0.00865 \times 0.5 \times 1025 \times 253.5 \times (25 \times 0.5144)^2/1000 = 185.85\,\text{kN} \end{aligned}$$

일반적으로, 예를 들어 ITTC에서는 이와 같이 $L/\nabla^{1/3}$가 낮은 선형에 대해서는 형상계수를 사용하지 않도록 권장한다. 더욱이 식 (10.58)의 형상계수 공식은 $L/\nabla^{1/3}$가 낮은 선형에 대해서는 유도되지 않았다.

형상계수를 포함하지 않는다면 $k = 0$이고, $R_{TS} = 197.33$ kN이 된다. 그러면 유효동력은 $P_E = R_{TS} \times Vs = 197.33 \times 25 \times 0.5144 = 2537.7\,\text{kW}$이다.

10.3.4.2절과 표 A3.24의 둥근 빌지 선형에 대한 WUMTIA(Wolfson Unit for Marine Technology and Industrial Aerodynamics) 회귀 곡선을 사용하여 비교한다. 결과는 표 17.11에 주어져 있다. $P_E = 2918$ kW이고, 침수표면적은 $S = 263.01\ \text{m}^2$이다. 10.3.4.2절에 서술된 둥근 빌지형에 대한 보정계수를 적용하면 보정된 유효동력 $P_E = 2918 \times 0.96 = 2801$ kW이다(NPL 계열 추정치보다 10% 정도 높다).

표 17.11 순찰정에 대한 WUMTIA 회귀식 계산결과

Fr_∇	*Vs* **knots**	P_E
1.50	22.7	2464.3
1.75	26.45	3204.33
–	필요값 25.0	2918

17.2.13 응용 예제 13. 37 m 대양 항해 예인선: 유효동력 예측

주요 제원은 L_{OA} = 37 m × L_{BP} = 35 m × B = 13.6 m × T = 6.1 m × C_B = 0.580 × C_M = 0.830 × C_P = 0.700 × LCB = 2%A × $\frac{1}{2}\alpha_E$ = 18°이다. 단독 상태의 운항 선속은 14 knots이다.

Oortmerssen 회귀 공식(10.3.4.1절)을 사용하면 다음을 얻는다.

$$L_D = (L_{OA} + L_{BP})/2 = 36\,\text{m}$$

$$\nabla = 1732.2\,\text{m}^3,\ \ \Delta = 1775.5\,\text{tonnes},\ \ L/\nabla^{1/3} = 3.00,\ \ L/B = 2.65,\ \ B/T = 2.23$$

$$Fr = V/\sqrt{gL} = 14 \times 0.5144/\sqrt{9.81 \times 36} = 0.383$$

$Fr = 0.383$에서 $R_R/\Delta = 0.02062$, 침수표면적 $S = 699.0\,\text{m}^2$ 이고

$$R_R = (R_R/\Delta) \times (\nabla \times \rho \times g) = 0.02062 \times 1732.2 \times 1025 \times 9.81/1000 = 359.2\,\text{kN}$$
$$C_R = R_R/\tfrac{1}{2}\rho SV^2 = 359.2 \times 1000/[0.5 \times 1025 \times 699.0 \times (14 \times 0.5144)^2] = 0.01933$$
$$Re = VL/\nu = 14 \times 0.5144 \times 36/1.19 \times 10^{-6} = 2.179 \times 10^8$$
$$C_F = 0.075/(\log Re - 2)^2 = 0.001867$$

$\Delta C_F = 0.00051$(표 10.7의 모든 항목을 이용)

그러면

$$C_T = C_F + \Delta C_F + C_R = 0.001867 + 0.00051 + 0.01933 = 0.02171$$
$$R_T = C_T \times \tfrac{1}{2}\rho V^2 S$$
$$= 0.02171 \times 0.5 \times 1025 \times 699.0 \times (14 \times 0.5144)^2/1000 = 403.35\,\text{kN}$$

유효동력 $P_E = R_T \times Vs = 403.35 \times 14 \times 0.5144 = 2904.8\,\text{kW}$

설계점 이외 조건에서 작동하는 예인선 프로펠러의 성능은 응용 예제 19번에서 서술한다.

17.2.14 응용 예제 14. 14 m 항만 작업정, 단동선: 유효동력 예측

주요 제원은 L_{OA} = 14.5 m × L_{WL} = 14 m × B = 3.3 m × T = 0.90 m × C_B = 0.410 × LCB = 4%L Aft이다. 선속 범위는 5~15 knots이다.

$$\nabla = 17.05\,\text{m}^3,\quad \Delta = 17.48\,\text{tonnes},\quad L/\nabla^{1/3} = 5.44$$
$$L/B = 14/3.3 = 4.24,\quad B/T = 3.3/0.90 = 3.67$$
$$Fr = V/\sqrt{gL},\quad Fr_\nabla = V/\sqrt{g\nabla^{1/3}}$$

위의 설계 변수들은 10.3.4.2절 및 표 A3.24에 소개된 둥근 빌지형에 대한 WUMTIA 회귀 공식 범위에 들어간다. 유효동력 P_E는 이들 데이터를 이용하여 추정하는데, 그 결과는 표 17.12에 주어진다.

4%의 보정계수가 적용되었는데, 10장을 참조하라.

위의 설계 변수들은 둥근 빌지 NPL 계열 범위에도 포함되므로, 이를 이용하여 C_R을 예측할 수 있다. (사실 C_B는 NPL 계열 한계 $C_B = 0.400$의 바로 바깥이다.) 데이터는 표 A3.16에 주어진다.

C_R 값은 표 A3.16으로부터 $B/T = 3.67$에서 내삽되었고, $L/\nabla^{1/3} = 5.44$에 해당하는 값은 표 17.13에 나타냈듯이 추가로 내삽되었다. 13.55 knots에서의 예제 계산은 다음과 같다.

$$Re = VL/\nu = 13.55 \times 0.5144 \times 14/1.19 \times 10^{-6} = 8.200 \times 10^7$$
$$C_F = 0.075/(\log\ Re - 2)^2 = 0.075/(\log 8.200 \times 10^7 - 2)^2 = 0.00214$$
$$C_T = C_F + C_R = 0.00214 + 0.01131 = 0.01345$$

식 (10.88)의 $S = C_S\sqrt{\nabla L}$ 및 C_S에 대한 식 (10.90)으로부터 구한 $C_S = 2.895$를 이용하여 침수표면적을 다음과 같이 구한다.

표 17.12 작업정에 대한 WUMTIA 회귀식 계산결과

Fr_∇	Fr	$V_k/\sqrt{L_f}$	Vs knots	P_E	P_E 수정값
0.50	0.21	0.72	4.89	3.43	3.3
0.75	0.32	1.08	7.33	12.13	11.6
1.00	0.43	1.45	9.80	27.36	26.3
1.25	0.54	1.80	12.21	74.72	71.7
1.50	0.64	2.16	14.66	122.52	117.6
1.75	0.75	2.52	17.09	133.07	127.7

표 17.13 작업정에 대한 NPL 데이터 보간

		$L/\nabla^{1/3}$					
V_K	$V_k/\sqrt{L_f}$	5.23	5.76	5.44	C_F	C_T	P_E
6.78	1.0	5.247	4.547	4.970×10^{-3}	0.00238	0.00735	7.2
10.16	1.5	11.092	9.278	10.374×10^{-3}	0.00224	0.01261	41.3
13.55	2.0	12.832	8.991	11.311×10^{-3}	0.00214	0.01345	104.4
16.94	2.5	8.532	6.383	7.681×10^{-3}	0.00208	0.00976	148.0

$$S = C_S\sqrt{\nabla L} = 2.895 \times \sqrt{17.05 \times 14.0} = 44.73\ \mathrm{m}^2$$

$$R_T = C_T \times \tfrac{1}{2}\rho V^2 S$$
$$= 0.01345 \times 0.5 \times 1025 \times 44.73 \times (13.55 \times 0.5144)^2/1000 = 14.979\,\mathrm{kN}$$

$$P_E = R_T \times Vs = 14.979 \times 13.55 \times 0.5144 = 104.4\ \mathrm{kW}$$

C_R은 NTUA 이중 차인 계열로부터도 추정할 수 있다. $L/\nabla^{1/3} = 5.44$는 NTUA 계열의 권장 최저값 6.2 미만이기 때문에 이와 같이 회귀 데이터를 범위 밖으로 외삽하는 데는 주의를 기울여야 한다. 결과는 표 17.14에 주어진다. NTUA 데이터를 이용하면 침수표면적은 $S = 42.4\ \mathrm{m}^2$로 주어진다.

세 가지 방법을 사용한 P_E 예측결과를 그림 17.1에 도시하였다. 12~14 knots 사이의 선속 범위에서 예측값들은 8% 정도의 상호 오차를 보인다. 이러한 소형 선박에서 종종 스케그가 부착될 수 있음에 주목하라. 그 경우 스케그의 침수표면적이 선체 값에 더해져야 한다.

표면 거칠기에 대한 보정계수도 더해질 수 있다. 표 10.7과 같이 Oortmerssen은 소

표 17.14 NTUA 회귀 데이터

V_K	C_R	C_F	C_T	P_E
6.78	0.010364	0.00238	0.01274	11.7
10.16	0.01322	0.00224	0.01546	48.0
13.55	0.01101	0.00214	0.01315	96.8
16.94	0.00735	0.00208	0.00943	135.5

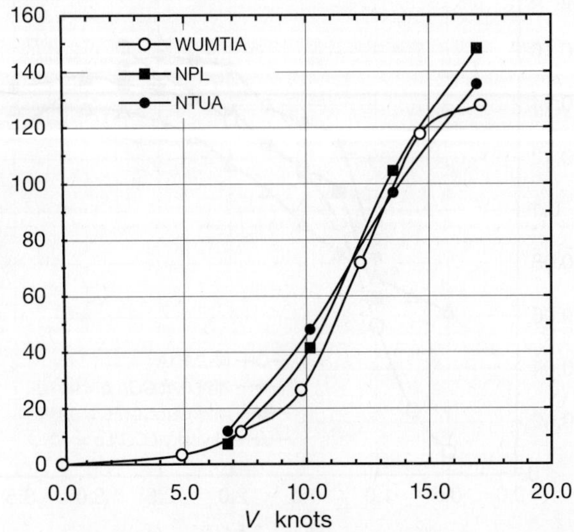

그림 17.1 14 m 작업정에 대한 P_E 예측.

형 선박에 대해 0.0004 정도의 ΔC_F 보정을 제안하였다. 위의 계산으로부터 이는 P_E가 3% 정도 증가하는 것이다.

17.2.15 응용 예제 15. 18 m 활주형선, 단일 차인 선체: 활주 전후의 유효동력 예측

이 예제는 계열 62에 대한 저항 회귀 데이터, 차인 선형에 대한 WUMTIA 회귀분석 및 Savitsky 공식을 이용한다. 예제 선박의 배수량을 100,000 lb에 맞추었으므로 상호 비교를 위한 계열 62 예측값의 마찰저항 보정은 필요하지 않다(10장 참조). 주요 제원은 $L_{WL} = 18$ m $\times$ $B = 4.6$ m $\times$ $T = 1.3$ m $\times$ $C_B = 0.411$이다.

$$\nabla = 44.2\,\mathrm{m}^3, \quad \Delta = 45.4\,\mathrm{tonnes} = 444.8\,\mathrm{kN}[\approx 100{,}000\ \mathrm{Ib}]$$
$$L/B = 3.91, \quad L/\nabla^{1/3} = 5.1$$

계열 62 회귀 공식을 위한 매개변수 $L_p = 18 \times 1.02 = 18.36$ m, $B_{px} = B = 4.6$ m 및 $B_{pa} = B_{px}/1.21 = 3.80$ m이다.

$$L_p/B_{pa} = 18.36/3.80 = 4.83$$
$$A_p = L_p \times B_{pa} = 18.36 \times 3.80 = 69.77\ \mathrm{m}^2 \ \text{그리고} \ A_p/\nabla^{2/3} = 5.57$$

선속 범위는 6～40 knots를 고려한다.

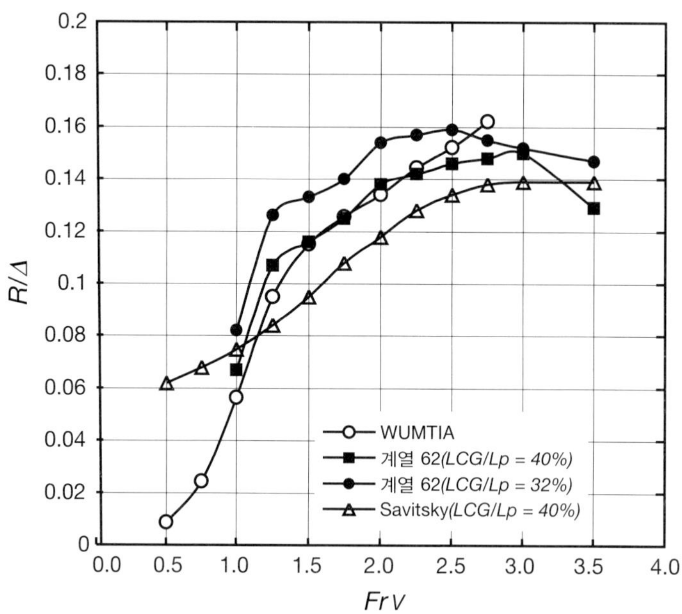

그림 17.2 18 m 활주선에 대한 R_T/Δ 예측.

표 17.15 활주선형 저항 데이터

			WUMTIA			계열 62 (LCG/Lp = 40%)				계열 62 (LCG/Lp = 32%)				Savitsky 40%		Savitsky 32%	
Fr_∇	Fr	Vk	P_E	R_T	R_T/Δ	R_T/Δ	트림	$S\nabla^{2/3}$	L_W/L_P	R_T/Δ	트림	$S\nabla^{2/3}$	L_W/L_P	R_T/Δ	트림	R_T/Δ	트림
0.50	0.22	5.72	11.4	3.9	0.0088	–	–	–	–	–	–	–	–	0.062	3.4	0.102	5.78
0.75	0.33	8.58	48.1	10.9	0.0245	–	–	–	–	–	–	–	–	0.068	3.7	0.111	6.24
1.00	0.44	11.44	148.0	25.1	0.0564	0.067	1.4	6.61	0.99	0.082	3.2	6.80	0.86	0.075	3.9	0.124	6.87
1.25	0.55	14.30	318.7	42.3	0.0951	0.107	3.3	6.41	0.92	0.126	5.1	6.57	0.82	0.084	4.3	0.140	7.68
1.50	0.66	17.16	451.5	51.2	0.1151	0.116	3.7	6.42	0.87	0.133	5.5	6.51	0.79	0.095	4.7	0.158	8.60
1.75	0.77	20.02	575.5	55.9	0.1257	0.125	4.3	6.21	0.84	0.140	6.3	5.95	0.74	0.100	5.2	0.173	9.39
2.00	0.89	22.88	703.1	59.7	0.1342	0.138	5.0	6.02	0.78	0.154	7.2	5.51	0.66	0.118	5.7	0.182	9.79
2.25	1.00	25.74	852.2	64.3	0.1446	(0.142)	–	–	–	(0.157)	–	–	–	0.128	6.0	0.184	9.75
2.50	1.11	28.60	996.5	67.7	0.1522	0.146	5.5	4.93	0.67	0.159	7.0	3.99	0.52	0.134	6.2	0.181	9.38
2.75	1.22	31.47	1167.8	72.2	0.1623	(0.148)	–	–	–	(0.155)	–	–	–	0.138	6.2	0.175	8.84
3.00	1.33	34.33	–	–	–	0.150	4.8	4.60	0.61	0.152	5.6	3.48	0.44	0.131	6.1	0.168	8.23
3.50	1.55	40.05	–	–	–	0.129	4.7	4.21	0.57	0.147	5.2	2.68	0.41	0.139	5.5	0.156	7.10

괄호 안의 숫자는 추정값임.

R_T/Δ의 결과를 그림 17.2에 나타내었다. 트림, 침수표면적 및 침수 길이를 포함한 결과를 표 17.15에 제시하였다.

$Fr_\nabla = 2.5$, $Fr = 1.11$ 및 28.6 knot에서의 WUMTIA 회귀분석 계산 예는 다음과 같다.

회귀분석에 의한 예측치 $P_E = 1027.28$ kW이고, 보정을 위해 이를 3% 줄여서(10장 참조) $P_E = 1027.28 \times 0.97 = 996.5$ kW가 된다.

$$R_T = P_E/(Vs \times 0.5144) = 996.5/(28.6 \times 0.5144) = 67.73\ \text{kN}$$
$$R_T/\Delta = 67.73/444.8 = 0.152$$

그림 17.2에 도시된 계열 62 회귀 예측은 $A_p/\nabla^{2/3} = 5.57$, $L_p/B_{pa} = 4.83$ 및 선저경사각 $\beta = 20^\circ$에 대해 수행되었는데, 길이 방향 무게중심(LCG)은 $LCG/L_P = 40\%$ 및 32%의 두 가지로 변화한다.

$LCG/L_P = 40\%$의 경우에는 WUMTIA R_T/Δ 예측치가 계열 62의 데이터와 $Fr_\nabla = 2.5$까지 잘 일치함을 알 수 있다. $LCG/L_P = 32\%$의 경우에는 WUMTIA 값이 10～15% 정도 계열 62보다 작다. 표 17.15를 보더라도 LCG가 40% L_P에서 32% L_P로 후방으로 옮겨지면서 저항과 항주 시 트림이 크게 증가함을 알 수 있다.

그림 17.2 및 표 17.15를 보면 Savitsky R_T/Δ 예측치는 $LCG/L_P = 40\%$ 경우일 때 $Fr_\nabla = 1.5 \sim 3.0$ 범위에서 계열 62 데이터보다 5～15% 정도 작은 것을 알 수 있다. 표 17.15에 제시된 $LCG/L_P = 32\%$에 대한 Savitsky 예측치는 R_T/Δ와 트림 값이 계열 62의 값보다 상당히 크다.

위의 계산결과는 R_T/Δ와 트림은 LCG 위치에 매우 민감함을 나타내고 있다. LCG 위치가 선박의 질량과 모멘트 평형에 대한 기본설계 과정의 일부분이지만, 활주선의 경우 LCG 위치 선정에 있어서 유체역학 성능이 중요한 요소임이 분명하다.

17.2.16 응용 예제 16. 25 m 활주형선, 35 knots, 단일 차인 선체: 유효동력 예측

이 예제는 계열 62에 대한 저항 회귀 데이터, 차인 선형에 대한 WUMTIA 회귀분석 및 Savitsky 공식을 이용한다. 선박의 배수량이 계열 62의 표준값인 100,000 lb보다 크므로 계열 62의 예측값에 대한 마찰저항 보정이 필요하다(10장 참조).

주요 제원은 $L_{WL} = 25\ \text{m} \times B = 7.0\ \text{m} \times T = 1.9\ \text{m} \times C_B = 0.380$이다.

$$\nabla = 126.4\,\text{m}^3,\quad \Delta = 129.6\ \text{tonnes} = 1271.0\,\text{kN}[\approx 285{,}743\,\text{lb}]$$
$$L/B = 3.57,\quad L/\nabla^{1/3} = 4.99$$

선저경사각은 $\beta = 20°$로 가정한다. 선속은 35 knots로서, $Fr = 1.15$, $Fr_\nabla = 2.57$이다.

계열 62 회귀 공식을 위한 매개변수 $L_p = 25 \times 1.02 = 25.5$ m, $B_{px} = B = 7.0$ m 및 $B_{pa} = B_{px}/1.21 = 5.79$ m이다.

$$L_p/B_{pa} = 25.5/5.79 = 4.40$$
$$A_p = L_p \times B_{pa} = 25.5 \times 5.79 = 147.6\,\text{m}^2 \quad \text{그리고} \quad A_p/\nabla^{2/3} = 5.85$$

계열 62 회귀 예측은 $A_p/\nabla^{2/3} = 5.85$, $L_p/B_{pa} = 4.40$ 및 선저경사각 $\beta = 20°$에 대해 수행되었는데, 길이 방향 무게중심(LCG)은 $LCG/L_P = 44\%$로 가정했다. 결과는 표 17.16에 나타내었다.

$$R_T = R/\Delta \times \Delta = 0.1528 \times 1271.0 = 194.21\,\text{kN}$$

마찰저항 보정은 다음과 같다.

$$S = 4.805 \times \nabla^{2/3} = 4.805 \times 126.4^{2/3} = 121.22\,\text{m}^2 \quad \text{그리고} \quad L_W/L_p = 0.717$$
$$\lambda = \sqrt[3]{\frac{129.6}{45\ 3}} = 1.419$$
$$L_{p\text{new}} = L_{WL} \times 1.02 = 25 \times 1.02 = 25.5\,\text{m}$$
$$L_{p\text{basis}} = L_{p\text{new}}/\lambda = 25.5/1.419 = 17.97\,\text{m}$$
$$L_{\text{basis}} = (L_W/L_p) \times L_{p\text{basis}} = 0.717 \times 17.97 = 12.88\,\text{m}$$
$$L_{\text{new}} = (L_W/L_p) \times L_{p\text{new}} = 0.717 \times 25.5 = 18.28\,\text{m}$$
$$Re_{\text{basis}} = V \cdot L_{\text{basis}}/\nu = 35 \times 0.5144 \times 12.88/1.19 \times 10^{-6} = 1.949 \times 10^8$$
$$C_{F\text{basis}} = 0.075/(\log Re - 2)^2 = 0.075/(8.290 - 2)^2 = 0.001896$$
$$Re_{\text{new}} = V \cdot L_{\text{new}}/\nu = 35 \times 0.5144 \times 18.28/1.19 \times 10^{-6} = 2.766 \times 10^8$$
$$C_{F\text{new}} = 0.075/(\log Re - 2)^2 = 0.075/(8.442 - 2)^2 = 0.001807$$
$$\text{마찰저항 보정} = (C_{F\text{basis}} - C_{F\text{new}}) \times \tfrac{1}{2}\rho \times S \times V^2/1000$$
$$= (0.001896 - 0.001807) \times \tfrac{1}{2} \times 1025 \times 121.22 \times (35 \times 0.5144)^2/1000 = 1.79\,\text{kN}$$
$$\text{무보정 총 저항 } R_T = 194.21\,\text{kN}$$
$$\text{보정값 } R_T = 194.21 - 1.79 = 192.42\,\text{kN}$$
$$P_E = R_T \times Vs = 192.42 \times 35 \times 0.5144 = 3464.3\,\text{kW}$$

표 17.16 계열 62 회귀 데이터

Fr_∇	R_T/Δ	트림(deg.)	$S/\nabla^{2/3}$	Lw/Lp
2.5	0.1524	4.93	4.774	0.721
3.0	0.1549	4.30	4.995	0.690
2.57	0.1528	4.81	4.805	0.717

표 17.17 활주선에 대한 WUMTIA 회귀 데이터

Fr_∇	P_E
2.5	3600.1
2.75	4123.6
2.57	3746.7

35 knots인 $Fr = 1.15$, $Fr_\nabla = 2.57$에서 WUMTIA 회귀 예측을 하면, 표 17.17에 나타낸 것처럼 초기 예측값 $P_E = 3746.7$ kW에서 3% 줄여(10장 참조) $P_E = 3746.7 \times 0.97 = 3634.3$ kW가 되어 계열 62보다 5% 높은 값을 얻는다.

Savitsky 공식을 사용하여 얻은 결과는 다음과 같다.

$LCG/L_P = 44\%$이고 $\beta = 20°$일 때 $T = 153.4$ kN이고 $\tau = 5.20°$

$P_E = R_T \times V_S = 153.4 \times \cos 5.2° \times 35 \times 0.5144 = 2750.4$ kW(계열 62보다 21% 작음)

LCG 위치 변화에 대한 Savitsky 예측값의 민감도를 살펴보면 흥미로운 결과를 얻는다. $LCG/L_P = 40\%$로 이동하면 P_E는 3133.3 kW로 증가하고, $LCG/L_P = 32\%$로 이동하면 P_E는 4069.4 kW로 증가한다(계열 62는 3561 kW로 증가).

Hadler[17.2]와 같이 저항 추정 절차에 있어서 부가물, 추진력 및 공기저항의 효과도 포함시킬 수 있음에 주목하라.

17.2.17 응용 예제 17. 10 m 요트: 성능 예측

이 예제는 10장의 Delft 요트 계열에 대한 회귀 데이터 및 16장에 서술된 세일력(sail force) 데이터를 사용한다.

이 요트는 다음 표에 나타낸 것과 같은 특징을 갖는다.

주어진 풍향 γ 및 진풍(true wind) 속도 V_T에 대한 요트 선속 V_S를 예측할 필요가 있다. 16장에 서술된 ORC(Offshore Racing Congress)의 돛(rig) 모형을 사용한다.

풍속 벡터도는 그림 17.3에 도시되었고, 그림 17.4의 속도 예측 프로그램(velocity prediction program: VPP) 흐름도에 따라 요트의 선속을 예측한다.

선체 제원	돛 제원
L_{WL} = 10 m, B_{WL} = 3.0 m	주 돛의 러프(luff)[1](P) = 12.4 m
T_C = 0.50 m, T = 1.63 m	주 돛의 푸트(foot)[2](E) = 4.25 m
∇_C = 6.90 m^3, ∇_K = 0.26 m^3	선수 삼각형의 높이(I) = 13.85 m
∇_T = 7.16 m^3 (7340 kg)	선수 삼각형의 밑변(J) = 4.0 m
C_M = 0.750, C_P = 0.55	주 돛 붐의 현호선 위 높이(BAD) = 2.00 m
LCB(aft FP) = 5.36 m, LCF(aft FP) = 5.65 m	현호선 위의 돛대 높이(EHM) = 13.85 m
수선면 면적 = 21.0 m^2	돛대 유효 직경(EMDC) = 0.15 m
용골 침수표면적 = 3.4 m^2	평균 건현(FA) = 1.5 m
용골 코드 길이 = 1.5 m	주 돛 면적 = 29.0 m^2
용골 VCB = 1.0 m(선체 아래)	삼각돛(jib) 면적 = 40.2 m^2
러더 침수표면적 = 1.3 m^2	
러더 코드 길이 = 0.5 m	
GM(직립 상태) = 1.1 m	

1 돛의 수직한 앞 가장자리
2 돛의 밑변

17.2.17.1 세일력(Sail Force)

풍향 $\gamma = 60°$이고 $V_T = 10$ knots(= 5.144 m/s)인 경우를 택한다. 추정 선속 V_S를 V_S = 6.0 knots(= 3.086 m/s)라 가정하자. 그러면

$$\beta = \tan^{-1}\left(\frac{\sin\gamma}{\cos\gamma + \dfrac{V_S}{V_T}}\right) = \tan^{-1}(0.787) = 38.22°$$

그리고

$$V_{\text{App}} = \frac{\sin\gamma}{\sin\beta} V_T = 7.20\,\text{m/s}$$

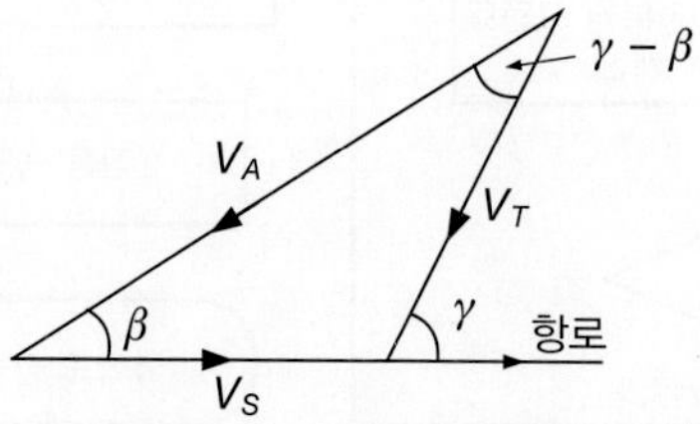

그림 17.3 속도 벡터도.

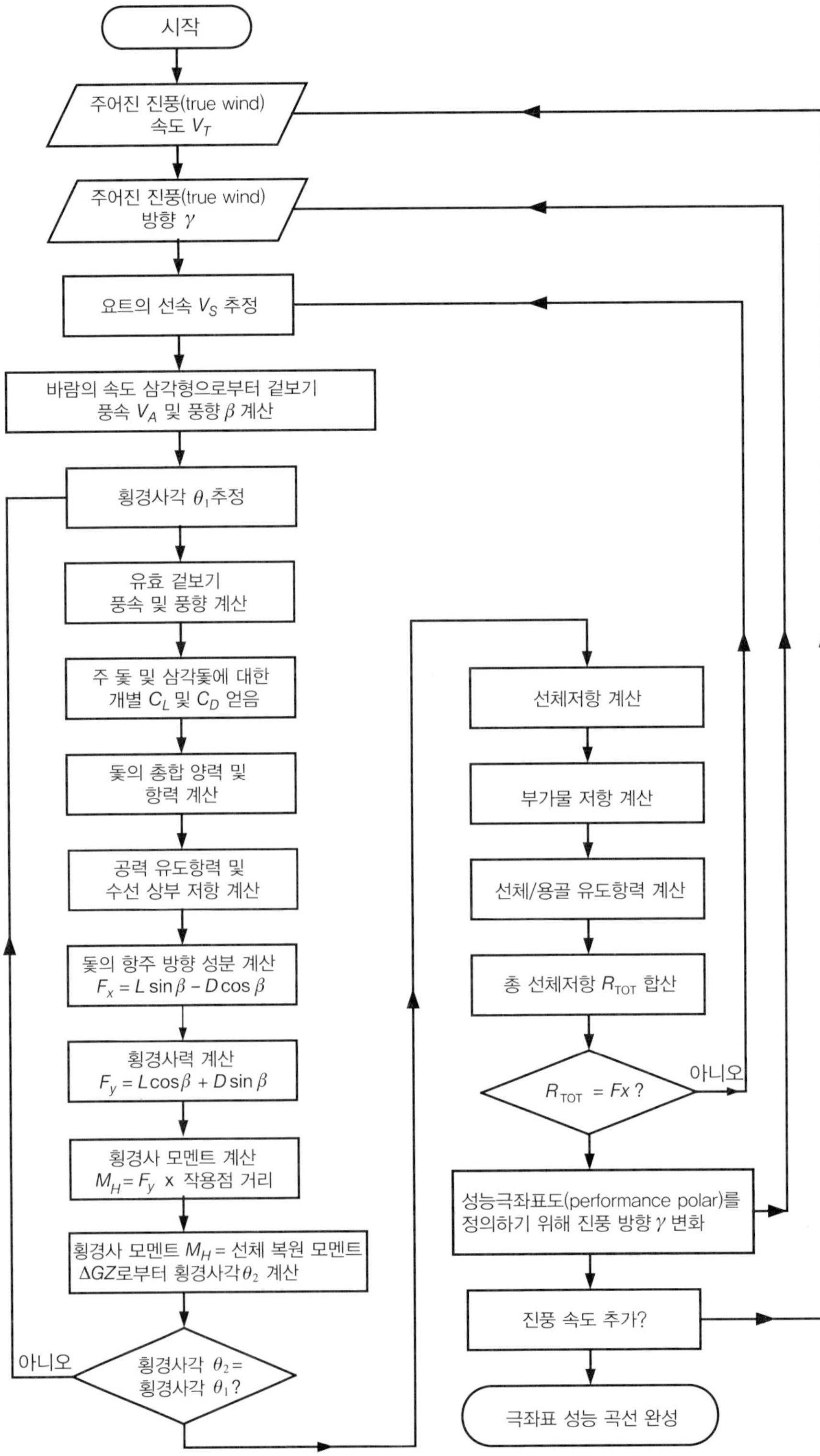

그림 17.4. 속도 예측 프로그램(VPP)의 흐름도.

공력 성분에 대한 횡경사의 영향을 고려하기 위해 횡경사 평면에서 겉보기 바람(apparent wind)의 속도 및 방향을 찾을 필요가 있다. 그러므로 횡경사각의 초기 추정치가 필요하며, 이를 $\phi = 15°$라 하자. 횡경사 평면에서 속도 성분을 분해하면 다음과 같다.

$$V_{Ae} = \sqrt{V_1^2 + V_2^2} \quad \text{그리고} \quad \beta_{Ae} = \cos^{-1}\left(\frac{V_1}{V_{Ae}}\right)$$

여기서 V_{Ae}는 유효 겉보기 풍속, β_{Ae}는 유효 겉보기 풍향이다.

$$V_1 = V_S + V_T \cos\gamma \quad \text{그리고} \quad V_2 \approx V_T \sin\gamma \cos\gamma$$

따라서 $V_1 = 5.658$ m/s, $V_2 = 4.303$ m/s가 된다. 그러면 $V_{Ae} = 7.108$ m/s이고, $\beta_{Ae} = 37.25°$이다. 이들 V_{Ae} 및 β_{Ae} 값에 대해 세일력을 구한다. $\beta_{Ae} = 37.25°$에 대해 표 16.28, 16.29 및 그림 16.27, 16.28에 주어진 ORC 돛 모형을 사용하면 다음을 구할 수 있다.

$$C_{Lm} = 1.3519, \quad C_{Dm} = 0.0454$$
$$C_{Lj} = 1.4594, \quad C_{Dj} = 0.1083$$

주 돛 면적 $A_m = 29.0\ \text{m}^2$ 및 선수 삼각돛(genoa jib) 면적 $A_j = 40.2\ \text{m}^2$가 주어졌으므로, 표준 돛 면적 $A_n = A_m + \frac{1}{2}IJ = 56.70\ \text{m}^2$가 된다.

$$C_L = \frac{C_{Lm}A_m + C_{Lj}A_j}{A_n} = 1.7261$$
$$C_{Dp} = \frac{C_{Dm}A_m + C_{Dj}A_j}{A_n} = 0.100$$

바람이 불어오는 방향과 가깝게 항주하는 클로즈 홀드 세일링(close hauled sailing)인 경우 돛의 종횡비는 식 (16.68)로부터 다음과 같이 계산된다.

$$AR = \frac{[1.1(EHM + FA)]^2}{A_n} = 5.028$$
$$C_{DI} = C_L^2\left(\frac{1}{\pi AR} + 0.005\right) = 0.2035$$

돛대와 수면 상부 선체의 항력은 식 (16.66)을 사용하여 다음과 같이 계산된다.

$$C_{D0} = 1.13\frac{(FA \cdot B) + (EHM \cdot EMDC)}{A_n} = 0.1311$$
$$C_D = C_{Dp} + C_{DI} + C_{D0} = 0.4346$$

돛의 양력 $L = \frac{1}{2}\rho_a V_{Ae}^2 A_n C_L = \frac{1}{2} \times 1.23 \times 7.108^2 \times 56.7 \times 1.7261 = 3041.4$ N

돛의 항력 $D = \frac{1}{2}\rho_a V_{Ae}^2 A_n C_D = \frac{1}{2} \times 1.23 \times 7.108^2 \times 56.7 \times 0.4346 = 765.72$ N

이들 힘은 개별 돛의 풍압 중심인 유효 중심(center of effort)을 개별 돛의 면적과 분력 계수(partial force coefficient)로 하중 평균하여 얻어지는 합계 유효 중심에 작용한다.

분력 계수(주 돛)

$$F_m = \frac{\sqrt{C_{Lm}^2 + C_{Dm}^2}}{\sqrt{C_{Lm}^2 + C_{Dm}^2} + \sqrt{C_{Lj}^2 + C_{Dj}^2}} = 0.4803$$

분력 계수(선수 삼각돛)

$$F_j = \frac{\sqrt{C_{Lj}^2 + C_{Dj}^2}}{\sqrt{C_{Lm}^2 + C_{Dm}^2} + \sqrt{C_{Lj}^2 + C_{Dj}^2}} = 0.5197$$

$$C_{Em} = 0.39 \times P + \text{BAD} = 0.39 \times 12.4 + 2.00 = 6.836\,\text{m}$$

$$C_{Ej} = 0.39 \times I = 0.39 \times 13.85 = 5.402\,\text{m}$$

$$\text{합계 유효 중심 } C_E = \frac{(29.0 \times 6.836 \times 0.4803 + 40.2 \times 5.402 \times 0.5197)}{(29.0 \times 0.4803 + 40.2 \times 0.5197)}$$

$$= 5.975\,\text{m}[\text{현호선(sheer line) 상방 높이}]$$

요트 항주 방향의 힘 $Fx = L\sin\beta - D\cos\beta = 1279.8$ N이고, 항주 방향에 수직한 힘 $F_y = L\cos\beta + D\sin\beta = 2863.3$ N이다.

돛의 횡경사 모멘트 $= F_y \times (C_E + C_{HE} + FA) = 2863.3 \times (5.975 + 1.5 + 1.5) = 25.699$ kNm(수선에 대한)인데, C_{HE}는 유체 측면력 중심(center of hydrodynamic side force)이다(이 경우에는 수선 아래 1.5 m).

돛의 횡경사 모멘트 = 선체의 복원 모멘트 = $\Delta GZ = \Delta GM \sin\phi$(근사식으로 가능하다면 $GZ - \phi$ 곡선을 대신 사용하라)이므로 $25.699 \times 1000 = 7340 \times 9.81 \times 1.1 \times \sin\phi$인데, $\phi = 18.94°$가 되어 처음에 가정했던 횡경사각 15°와 비슷한 값이다. 위의 과정을 한 번 더 반복하여 풀면 $\phi = 18.63°$를 얻는다.

$\phi = 18.63°$일 때 $F_x = 1267.5$ N이고 $F_y = 2818.7$ N이다. $F_x = 1267.5$ N은 선체의 총저항 R_{Total}과 균형을 이루는 세일력 성분이다.

17.2.17.2 선체저항

Delft 계열을 이용하여 선속 $V_S = 6.0$ knots $= 3.086$ m/s와 횡경사각 $\phi = 18.63°$에서 선체저항을 추정한다. $Fr = V/\sqrt{gL} = 0.312$, 식 (10.94)로부터 직립 상태의 침수표면적 $S = 23.72$ m^{2}이다.

식 (10.68)로부터 R_{Total}을 계산한다.

$$R_{\text{Total}} = R_{Fh} + R_{Rh} + R_{VK} + R_{VR} + R_{RK} + \Delta R_{Rh} + \Delta R_{RK} + R_{\text{Ind}}$$

식 (10.72)를 사용하여 Fr 값마다 얻은 R_{Rh}를 내삽하면 $R_{Rh} = 205.40$ N을 구할 수 있다.

식 (10.95)로부터 횡경사 상태의 침수표면적 = 22.62 m^{2}가 된다.

$$Re = VL/\nu = 3.086 \times 7.0/1.19 \times 10^{-6} = 1.815 \times 10^7 (L = 0.7L_{WL})$$
$$C_F\,(\text{ITTC}) = 2.712 \times 10^{-3} \quad \text{그리고} \quad R_{Fh} = 299.36\ \text{N}$$

식 (10.73)을 사용하면 횡경사각 $\phi = 18.63^\circ$로 인한 선체 잉여저항의 변화량 ΔR_{Rh} = 8.99 N을 얻어 $R_{\text{Hull}} = 205.4 + 299.36 + 8.99 = 513.75$ N이 된다.

17.2.17.3 부가물 저항

식 (10.77)로부터 용골의 $t/c = 0.12$로 가정하면 형상계수 = $(1+k)_K = 1.252$가 되고, 러더의 $t/c = 0.12$로 가정하여 형상계수 = $(1+k)_R = 1.252$를 얻는다.

$$R_{eK} = 3.890 \times 10^6,\ C_{FK} = 3.560 \times 10^{-3} \quad \text{그리고} \quad R_{FK} = 59.076\ \text{N}$$
$$R_{eR} = 1.297 \times 10^6,\ C_{FR} = 4.434 \times 10^{-3} \quad \text{그리고} \quad R_{FR} = 28.13\ \text{N}$$

그러면 $R_{VK} = 73.989$ N 및 $R_{VR} = 35.23$ N이 된다.

식 (10.78)로부터 Fr 값마다 얻은 R_{RK}를 내삽하여 $R_{RK} = 10.705$ N을 구한다.

횡경사각 $\phi = 18.63^\circ$로 인한 용골 잉여저항의 변화량 $\Delta R_{RK} = 63.21$ N

용골 잉여저항 $R_{RK} = 10.705 + 63.21 = 73.92$ N

선체와 용골의 유도항력 R_{Ind}는 다음과 같이 계산한다. 식 (10.82)를 사용하여 유효 흘수 $T_E = 1.748$ m를 구한다. 식 (10.81)로부터

$$R_{\text{Ind}} = \frac{F_h^2}{\pi T_E^2 \frac{1}{2}\rho V^2} = 169.58\ \text{N}$$

여기서 F_h는 돛으로부터 요구되는 횡경사력 = $F_y = 2818.7$ N이다. 선속 $V_S = 3.086$ m/s에서 총 저항이 $R_{\text{Total}} = 513.75 + 73.99 + 35.23 + 73.92 + 169.58 = 866.47$ N인데, 요트 항주 방향 세일력 성분 $F_x = 1267.5$ N보다 작기 때문에 요트는 3.086 m/s보다 빠른 속도로 항주할 것이다.

표 17.18 세일력과 선체저항의 평형

V_s, m/s	F_x(계산값), N	R_{Total}(계산값), N
3.086	1267.5	866.5
3.50	1298.3	1318.4
3.45	1294.7	1238.8
3.487	1297.4	1296.9

표 17.18에 나타낸 것처럼 이 과정을 평형 상태(항주 방향 세일력 성분 F_x = 선체저항 R_{Total})가 성립할 때까지 반복한다. 세일력과 저항의 균형은 V_S = 3.49 m/s = 6.8 knots에서 얻어짐을 알 수 있다.

이와 같은 과정을 다른 풍향각 γ들에 대해 반복함으로써 요트의 성능 극좌표도(performance polar)를 완성할 수 있다. 이 요트의 성능 극좌표도의 예를 그림 17.5에 나타내었다.

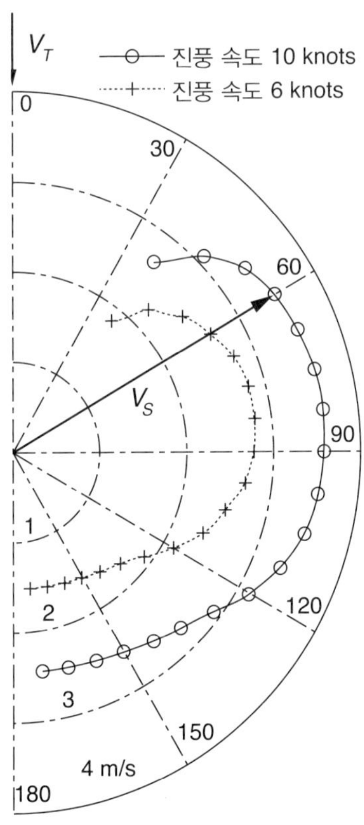

그림 17.5 요트 성능 극좌표도의 예.

표 17.19 유조선 데이터

Vs, knots	P_E, kW
14	3055
15	4070
16	5830

17.2.18 응용 예제 18. 유조선: 탈설계점 성능 계산

프로펠러는 만재 조건에 대해 설계되기 때문에 밸러스트 조건에서 성능을 추정할 필요가 있다. 이를 위해 밸러스트 조건 14 knots에서의 전달동력과 프로펠러 회전수 및 전달동력이 5300 kW일 때의 선속과 프로펠러 회전수를 추산할 필요가 있다. 또한 프로펠러 회전수가 108 rpm을 초과하지 않을 때의 최대 선속을 추정하는 것이 요구되는데, 이는 주 기관에 의해 회전수가 제한되는 밸러스트 시운전 추정의 전형적인 요구조건이다(그림 13.2와 13.3을 참조하라).

만재 조건에 근거한 프로펠러 예비설계 결과로 프로펠러 직경 $D = 5.8$ m 및 피치 비 $P/D = 0.80$을 얻게 되었다. 밸러스트 조건에서의 유효동력은 표 17.19에 주어져 있다.

밸러스트 조건에서 선체-프로펠러 상호작용 계수들은 반류비 $w_T = 0.41$, $t = 0.24$ 및 $\eta_R = 1.0$(흘수비가 주어질 때의 w_T 및 t의 추정 공식은 8장 참조)으로 구해진다.

예시적인 설명의 편의를 위해 표 16.1(a)에 주어진 Wageningen 프로펠러 B4.40, $P/D = 0.80$에 대한 $K_T - K_Q$ 데이터를 사용하는데, 다음 관계식이 적절하다.

$$K_T = 0.320\left[1 - \left(\frac{J}{0.90}\right)^{1.3}\right]$$

$$K_Q = 0.036\left[1 - \left(\frac{J}{0.98}\right)^{1.6}\right]$$

17.2.18.1 14 knots에서의 동력 및 회전수

필요 추력 $T = R/(1-t) = (P_E/Vs)/(1-t) = [3055/(14 \times 0.5144)]/(1-0.24)$

$$= 558.17 \text{ kN}$$

$$J = V_a/nD = 14(1-0.41) \times 0.5144/(n \times 5.8) = 0.7326/n$$

프로펠러에서 얻는 추력은 다음과 같이 계산된다.

$$T' = \rho n^2 D^4 \times K_T = 1025 \times n^2 \times 5.8^4 \times K_T/1000 = 1159.94\, n^2 K_T \text{ kN}$$

표 17.20 14 knots 유조선에 대한 회전수 범위 가정

n, rps	J	K_{Topen}	T'
1.55	0.4726	0.1815	505.80
1.65	0.4440	0.1923	607.27
보간법 확인 1.60	0.4579	0.1871	555.58

도표를 이용하거나 표 17.20과 같이 선형 보간법을 사용하면 $n = 1.60$ rps($N = 96.0$ rpm)일 때 $T = T'$이 됨을 알 수 있다.

이때 $J = 0.4579$가 되고, 전달동력은 다음과 같이 계산된다.

$$K_Q = 0.0253$$
$$P_D = 2\pi n Q_0/\eta_R = 2\pi n K_Q \rho n^2 D^5/\eta_R$$
$$= 2\pi \times 1.60 \times 0.0253 \times 1025 \times 1.60^2 \times 5.8^5/(1.0 \times 1000) = 4380.51 \text{ kW}$$

17.2.18.2 $P_D = 5300$ kW에서의 선속 및 회전수

선속 15 knots에서의 결과를 구한다.

$$\text{필요 추력 } T = R/(1-t) = (P_E/Vs)/(1-t)$$
$$= [4070/(15 \times 0.5144)]/(1-0.24) = 694.05 \text{ kN}$$
$$J = V_a/nD = 15(1-0.41) \times 0.5144/(n \times 5.8) = 0.7849/n$$

프로펠러에서 얻는 추력은 다음과 같이 계산된다.

$$T' = \rho n^2 D^4 \times K_T = 1025 \times n^2 \times 5.8^4 \times K_T/1000 = 1159.94 n^2 K_T \text{ kN}$$

도표를 이용하거나 표 17.21처럼 선형 보간법을 사용하면 $n = 1.765$ rps($N = 105.90$ rpm)일 때 $T = T'$이 됨을 알 수 있다.

이때 $J = 0.4447$이 되고, 전달동력은 다음과 같이 계산된다.

$$K_Q = 0.0258$$
$$P_D = 2\pi n Q_0/\eta_R = 2\pi n K_Q \rho n^2 D^5/\eta_R$$
$$= 2\pi \times 1.765 \times 0.0258 \times 1025 \times 1.765^2 \times 5.8^5/(1.0 \times 1000) = 5996.50 \text{ kW}$$

표 17.21 15 knots 유조선에 대한 회전수 범위 가정

n, rps	J	K_{Topen}	T'
1.7	0.4617	0.1856	622.17
1.8	0.4361	0.1952	733.60
보간법 확인 1.765	0.4447	0.1920	693.80

즉, 14 knots에서 $P_D = 4380.51$ kW이고 15 knots에서 $P_D = 5996.50$ kW이므로, 5300 kW에 해당하는 선속은 5300 kW = 14 + 1.0 × (5300 − 4380.51)/(5996.50 − 4380.51) = 14.57 knots가 되고, 회전수 $N = 96.0 + (105.9 - 96.0) \times (5300 - 4380.51)/(5996.50 - 4380.51) = 101.6$ rpm이 된다.

17.2.18.3 108 rpm(1.8 rps)에 해당하는 선속

선속 16 konts에서의 결과를 구한다.

$$\begin{aligned} \text{필요 추력 } T &= R/(1-t) = (P_E/Vs)/(1-t) = (5830/(16 \times 0.5144))/(1-0.24) \\ &= 932.0 \text{ kN} \\ J &= V_a/nD = Vs(1-0.41) \times 0.5144/(1.8 \times 5.8) = 0.02907\,Vs \end{aligned}$$

프로펠러에서 얻는 추력은 다음과 같이 계산된다.

$$T' = \rho n^2 D^4 \times K_T = 1025 \times 1.8^2 \times 5.8^4 \times K_T/1000 = 3758.21 K_T \text{ kN}$$

도표를 이용하거나 표 17.22와 같이 선형 보간법을 사용하면 $V_S = 15.14$ knots일 때 $T = T'$이 됨을 알 수 있다. (다른 방법으로는 16 knots에서의 회전수를 계산해서 $N = 108$이 되는 선속을 15 knots와 16 knots 사이에서 선형 보간하여 찾는 것이 있다.)

17.2.19 응용 예제 19. 쌍추진기 대양 항해 예인선: 탈설계점 성능 계산

프로펠러는 14 knots의 단독항주 조건에 대해 설계되기 때문에 6 knots 예인 조건 및 정지 상태에서 시동하는 볼라드(bollard) 조건($J = 0$)에서의 동력, 회전수 및 가용 예인력을 추정할 필요가 있다. 예인 상태와 볼라드 상태에서의 프로펠러 토크는 단독항주 조건에서의 토크를 초과할 수 없다. 대양 항해 예인선의 유효동력 추정 예는 예제 13에 제시되어 있다.

14 knots의 단독항주 조건에 대한 고정 피치 프로펠러(fixed pitch propeller: FPP)의 예비설계 결과, 프로펠러 직경 $D = 4.0$ m 및 피치 비 $P/D = 1.0$을 얻었다. 14 knots 단독항주 시 및 6 knots 예인 시의 유효동력과 선체-프로펠러 상호작용 계수들이 표

표 17.22 선속 *Vs* 범위 가정

Vs, knots	*J*	K_{Topen}	T'	필요값 T
15	0.4361	0.1952	733.60	694.05
16	0.4651	0.1843	692.64	932.00

표 17.23 유효동력 및 반류 추정

Vs, knots	P_E, kW	프로펠러 1기당 P_E(kW)	w_T	t	η_R
14	3300	1650	0.21	0.22	1.02
6	480	240	0.21	0.13	1.02

17.23에 주어져 있다.

예시적인 설명의 편의를 위해 표 16.1(b)에 주어진 Wageningen 프로펠러 B4.70, $P/D = 1.0$에 대한 $K_T - K_Q$ 데이터를 사용하는데, 다음 관계식이 적절하다.

$$K_T = 0.455\left[1 - \left(\frac{J}{1.06}\right)^{1.20}\right]$$

$$K_Q = 0.0675\left[1 - \left(\frac{J}{1.12}\right)^{1.29}\right]$$

17.2.19.1 14 knots 단독항주 조건

필요 추력 $T = R/(1-t) = (P_E/Vs)/(1-t) = (1650/14 \times 0.5144)/(1-0.22)$
$= 293.74\,\text{kN}$(프로펠러 1기당)
$J = V_a/nD = 14(1-0.21) \times 0.5144/(n \times 4.0) = 1.422/n$

프로펠러에서 얻는 추력은 다음과 같이 계산된다.

$$T' = \rho n^2 D^4 \times K_T = 1025 \times n^2 \times 4.0^4 \times K_T/1000 = 262.40\,n^2 K_T\ \text{kN}$$

도표를 이용하거나 표 17.24와 같이 선형 보간법을 사용하면 $n = 2.283$ rps($N = 137.0$ rpm)일 때 $T = T'$이 됨을 알 수 있다.

표 17.24 14 knots 예인선에 대한 회전수 범위 가정

n, rps	J	K_{Topen}	T'
2.2	0.6464	0.2037	258.70
2.4	0.5925	0.2286	345.51
보간법 확인 2.283	0.6229	0.2146	293.50

이때 $J = 0.6229$가 되고, 전달동력은 다음과 같이 계산된다.

$$K_Q = 0.0358$$
$$\begin{aligned} P_D &= 2\pi n Q_0/\eta_R = 2\pi n K_Q \rho n^2 D^5/\eta_R \\ &= 2\pi \times 2.283 \times 0.0358 \times 1025 \times 2.283^2 \times 4.0^5/(1.02 \times 1000) \\ &= 2754.3\ \text{kW}(\text{프로펠러 1기당}) \end{aligned}$$

총 전달동력 $P_D = 2 \times 2754.3 = 5508.6\ \text{kW}$

(최대) 토크 $Q_0 = K_Q \rho n^2 D^5 = 0.0358 \times 1025 \times 2.283^2 \times 4.0^5/1000 = 195.85\ \text{kNm}$

17.2.19.2 6 knots 예인 조건

$$J = V_a/nD = 6(1 - 0.21) \times 0.5144/(n \times 4.0) = 0.6096/n$$

프로펠러에서 요구되는 토크는 다음과 같이 계산된다.

$$Q_0' = K_Q \rho n^2 D^5 = K_Q \times 1025 \times n^2 \times 4.0^5/1000 = 1049.6\, n^2 K_Q\ \text{kNm}$$

도표를 이용하거나 표 17.25와 같이 선형 보간법을 사용하면 $n = 1.864$ rps($N = 111.8$ rpm)일 때 $Q_0 = Q_0'$이 됨을 알 수 있다.

$$\begin{aligned} P_D &= 2\pi n Q_0/\eta_R = 2\pi n K_Q \rho n^2 D^5/\eta_R \\ &= 2\pi \times 1.864 \times 0.05371 \times 1025 \times 1.864^2 \times 4.0^5/(1.02 \times 1000) \\ &= 2249.0\ \text{kW}(\text{프로펠러 1기당}) \end{aligned}$$

(혹은 Q가 일정할 때 $P_D \propto n$이므로, $P_D = 2754.3 \times 1.864/2.283 = 2248.8\ \text{kW}$)

$$\text{총 전달동력 } P_D = 2 \times 2249.0 = 4498\ \text{kW}$$

17.2.19.3 6 knots 예인 시 가용 예인력

$$n = 1.864\ \text{rps},\quad J = 0.3270 \quad \text{그리고} \quad K_T = 0.3441$$

한쪽 프로펠러에서 얻는 추력은 다음과 같이 계산된다.

표 17.25 6 knots 예인선에 대한 회전수 범위 가정

n, rps	J	K_{Qopen}	Q_0'
1.8	0.3387	0.05307	180.48
1.9	0.3208	0.05405	204.80
보간법 확인 1.864	0.3270	0.05371	195.87

$$T' = \rho n^2 D^4 \times K_T = 1025 \times 1.864^2 \times 4.0^4 \times 0.3441/1000 = 313.72\,\text{kN}$$

추력 감소를 감안하면 프로펠러당 유효 추력 $T_E = T(1-t) = 313.72 \times (1-0.13) = 272.9$ kN이고, 선체저항은 $R = P_E/V_S = 480/(6 \times 0.5144) = 155.52$ kN이 된다.

두 힘 사이의 차이가 예인력 $= T_E - R = (272.9 \times 2) - 155.52 = 390.3$ kN(38.5 tonnes)이 된다.

17.2.19.4 볼라드 예인력(Bollard Pull), $J = 0$

최대 토크는 195.85 kNm이다. 표 16.1(b)를 보면 $J = 0$에서 $K_{T0} = 0.455$이고, $K_{Q0} = 0.0675$이다.

$$\text{최대 토크} = Q_0 = K_{Q0} \times \rho n^2 D^5 = 0.0675 \times 1025 \times n^2 \times 4.0^5/1000$$
$$= 195.85\ \text{kNm}\ (\text{프로펠러 1기당})$$

즉, $n = 1.663$ rps($N = 99.8$ rpm)가 된다. 추력(혹은 볼라드 예인력)은 다음과 같이 구해진다.

$$T' = K_{T0} \times \rho n^2 D^4$$
$$= 0.455 \times 1025 \times 1.663^2 \times 4.0^4/1000 = 330.19\ \text{kN}\ (\text{프로펠러 1기당})$$
$$\text{총 볼라드 예인력} = 2 \times 330.19 = 660.4\ \text{kN}\ (67.3\ \text{tonnes})$$
$$\text{총 전달동력}\ P_D = 2 \times (2\pi n Q)/\eta_R = 2 \times 2006.3 = 4012.6\ \text{kW}$$

토크의 제한 때문에 프로펠러 1기당 전달동력 2006.3 kW는 단독항주 상태의 프로펠러 1기당 전달동력 2754.3 kW보다 훨씬 작아진다. 예인선과 같은 이중 목적 선박에서는 이 문제가 빈번하게 발생하는데, 종종 가변 피치 프로펠러(controllable pitch propeller: CPP)를 사용함으로써 극복할 수 있다. 예를 들어 볼라드 조건에서 피치를 $P/D = 0.73$으로 줄이는 경우(그림 13.4 참조), 표 16.1(b)로부터 $K_{T0} = 0.316$이고 $K_{Q0} = 0.0362$가 된다.

$P/D = 0.73$이고 한계 토크에서 회전수는 $n = 2.27$ rps($N = 136.2$ rpm)로 높아져, P_D가 프로펠러 1기당 (단독항주 조건과 유사한) 2738.6 kW로 증가하고 총 볼라드 예인력이 $2 \times 427.3 = 854.6$ kN(87.1 tonnes)으로 증대된다.

동력 범위가 적절하다면 2단 변속기도 고려할 수 있다. 고정 피치 프로펠러를 사용한다면 단독항주 조건과 예인 조건 중 어느 쪽의 작업 비중이 높은가에 따라 설계점을 예인 조건에 가깝게 변경할 수 있다.

올바른 프로펠러-주 기관 조합 및 토크 한계에 대한 서술은 13장의 13.2절을 참조하라.

17.2.20 응용 예제 20. 선박의 속도 시운전: 바람에 대한 보정

그림 17.6과 같은 자연적인 속도 구배를 갖는 맞바람 상태에서 선박이 항주한다고 가정하자. 5.3.5절의 BSRA 권장 절차에 의거하여 바람저항에 의한 시운전 결과의 보정을 수행한다.

여객선에 대해 맞바람 상태에서 1해리 구간 항주를 실시하여 속도 22 knots, 전달 동력 $P_D = 19200$ kW가 계측되었다. 이 계측값을 정지한 공기 상태에서의 동력으로 환산해야 한다. 추가 정보는 다음과 같다.

수면 위 34 m에서의 상대풍속: 30 knots
선체 및 선루(superstructure) 폭: 30 m
상부구조의 수면 위 높이: 29 m

추진효율은 $\eta_D = 0.700$으로 예측된다. 선체와 선루의 항력계수는 3.2.2절과 같이 $C_D = 0.80$으로 잡을 수 있다. 자연적인 바람의 속도는 수면으로부터의 높이 h에 따라 달라지는데, $h^{1/6}$에 비례한다고 가정하자.

상대풍속 $V_R = V + U = 30$ knots(그림 17.6 참조)
선속 $V = 22$ knots $= 11.33$ m/s
풍속 $U = 8$ knots $= 4.12$ m/s(자연적인 속도 구배 존재)

$$\frac{u}{U} = \left(\frac{h}{H}\right)^{1/6} = \frac{1}{34^{1/6}}h^{1/6} \quad \text{그리고} \quad u = \frac{4.12}{34^{1/6}}h^{1/6} = 2.289h^{1/6}$$

상대풍속에 의한 바람저항은 다음과 같다.

$$R_W = 0.5\rho BC_D \int_0^{29} (V+u)^2 dh = \frac{1.23}{2} \times 30 \times 0.80 \int_0^{29} (11.33 + 2.289h^{1/6})^2 dh$$

$$= 14.76 \int_0^{29} (128.369 + 51.869h^{1/6} + 5.240h^{2/6})dh$$

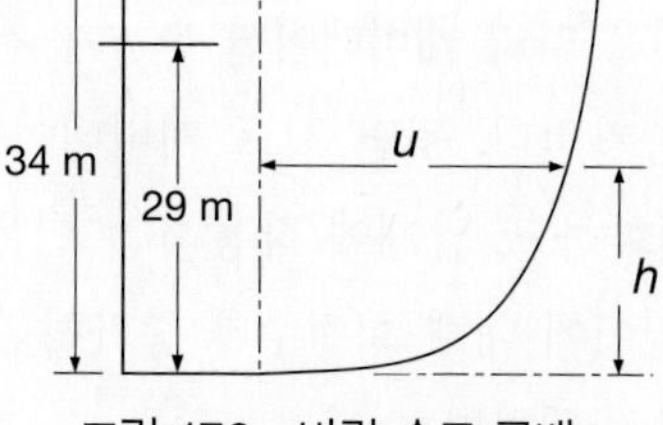

그림 17.6 바람 속도 구배.

$$= 14.76\left[128.369h + 51.869h^{7/6} \times \frac{6}{7}h^{7/6} + 5.240 \times \frac{6}{8}h^{8/6}\right]_0^{29} = 93.48\,\text{kN}$$

= 진공 중에서의 저항 차감량

여기에 공기저항 $= \frac{1}{2}\rho V^2 A_T C_D = \frac{1.23}{2} \times 11.33^2 \times [30 \times 29] \times 0.80/1000 = 54.95$ kN은 정지한 공기에 의한 저항이기 때문에 더해야 한다. 따라서 저항의 순 차감량 = −93.48 + 54.95 = −38.53 kN이 된다.

전달동력의 순 차감량 $= R \times V_S/\eta_D = -38.53 \times 22 \times 0.5144/0.700 = -622.91$ kW이다(계측된 전달동력의 3.2%).

전달동력의 보정값 $P_D = 19200 - 622.91 = 18577.1$ kW이다.

17.2.21 응용 예제 21. 프로펠러 날개 단면에서의 상세한 캐비테이션 점검

쾌속 페리의 프로펠러는 전진속도 37 knots에서 작동한다. 여기서 고려하는 요소 날개 단면은 반경이 0.35 m, 최소 잠김 수심이 1.0 m이다.

단면의 상세한 제원은 다음과 같다.

두께/코드 길이 비 $t/c = 0.030$

앞날 반경/코드 길이 비 $r/c = 0.00045$

이상적인 양력계수 $C_{Li} = 0.104$

식 (12.10) 및 (12.11)의 캐비테이션 한계는 다음과 같다.

뒷면 버블 캐비테이션 한계 $\sigma = \frac{2}{3}C_L + \frac{5}{2}(t/c)$

뒷면 시트 캐비테이션 한계 $\sigma = \frac{0.06(C_L - C_{Li})^2}{(r/c)}$

대기압 $= 101 \times 10^3$ N/m^2

물의 증기압 $= 3.0 \times 10^3$ N/m^2

17.2.21.1 최대 추력 지점

뒷면 버블 캐비테이션 한계선을 따라 캐비테이션 수 σ가 천천히 변하면서 C_L이 증가하고 날개에 작용하는 힘도 증가한다. 뒷면 시트 캐비테이션 한계선을 따라 C_L은 $V_R^2 \propto 1/\sigma$에 비례하여 서서히 변화하고, 날개에 작용하는 힘은 σ가 감소하면 증가한다. 주어진 선속 및 임의의 침수 깊이에 대해 회전수가 증가하면 σ는 감소한다. 따라서 최대 추력은 그림 17.7의 점 A에서 발생한다.

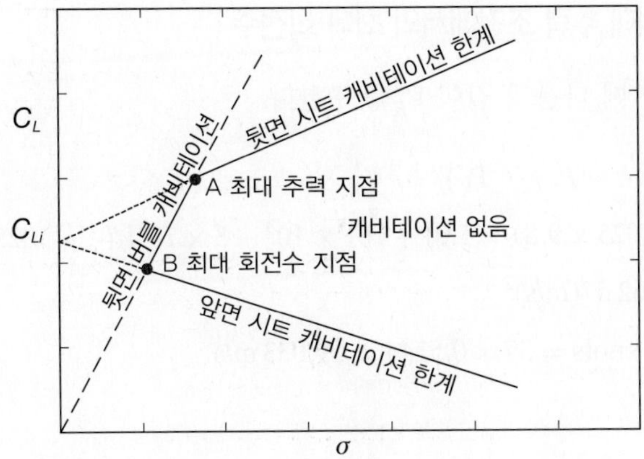

그림 17.7 캐비테이션 한계치.

17.2.21.2 최대 추력 조건에서의 캐비테이션 수 및 캐비테이션이 없는 상태에서의 최대 양력

$$\text{뒷면 시트 캐비테이션 한계 } \sigma = \frac{0.06(C_L - C_{Li})^2}{(r/c)}$$

여기서 $r/c = 0.00045$이고, $C_{Li} = 0.104$이다.

$$\text{뒷면 시트 캐비테이션 한계 } |C_L - 0.104| = \sqrt{\frac{0.00045 \times \sigma}{0.06}} = 0.0866\sqrt{\sigma}$$

$$\text{뒷면 버블 캐비테이션 한계 } \sigma = \frac{2}{3}C_L + \frac{5}{2}(t/c) = \frac{2}{3}C_L + 0.0750$$

표 17.26 및 17.27에 나타낸 것처럼 도표 혹은 수치계산으로부터 캐비테이션 수 σ가 $\sigma = 0.1 + 0.1(0.1284 - 0.0375)/[(0.1284 - 0.0375) + (0.1875 - 0.1427)] = 0.167$과 같이 구해진다.

$\sigma = 0.167$일 때 최대 추력 지점이 되고, 이때 $C_L = 0.138$이다.

표 17.26 σ 범위 가정(시트 캐비테이션)

σ	$C_{L\max}$	$C_{L\min}$
0.1	0.1284	0.07961
0.2	0.1427	0.06527
0.3	0.2652	0.05710

표 17.27 σ 범위 가정(버블 캐비테이션)

σ	C_L
0.1	0.0375
0.2	0.1875

17.2.21.3 최대 추력 조건에서의 최대 회전수

잠김 수심 1.0 m일 때 다음과 같이 V_R^2을 구한다.

$$\sigma = (\rho gh + P_{AT} - P_V)/\tfrac{1}{2}\rho V_R^2$$
$$0.167 = [(1025 \times 9.81 \times 1.0) + 101 \times 10^3 - 3 \times 10^3]/(\tfrac{1}{2} \times 1025 \times V_R^2)$$
$$V_R^2 = 1262.57(\text{m/s})^2$$
$$V_a = 37\,\text{knots} = 37 \times 0.5144 = 19.033\,\text{m/s}$$

그림 17.8로부터

$$V_R^2 = {V_a}^2 + (2\pi nr)^2$$
$$1262.57 = 19.033^2 + (2\pi \times 0.35)^2 \times n^2$$

따라서 $n = 13.64$ rps($N = 818.7$ rpm)를 얻는다.

17.2.22 응용 예제 22. 프로펠러 날개 뿌리의 응력 추정

프로펠러의 상세한 제원은 다음과 같다.

날개 수 4, $D = 4.7$ m, $P/D = 1.1$, BAR $= 0.60$, $N = 120$ rpm($n = 2$ rps), $V_a = 14$ knots
날개 레이크는 날개 끝에서 $\mu = 0.40$ m 후방, 선형적으로 감소하여 중심선에서 0
$K_T = 0.190$, $K_Q = 0.035$, 프로펠러 소재(망간 청동)의 밀도 $\rho = 8300$ kg/m^3
표 12.4의 날개 수 4일 때 $r = 0.2R$에서 $t/D = 0.036$이므로 $t = 0.036 \times 4.7 = 0.169$ m

식 (12.35)에서 $(c/D)_{0.2R} = 0.416 \times 0.60 \times 4/4 = 0.250$이고, 코드 길이 $c = 0.250 \times 4.7 = 1.18$ m($t/c = 0.169/1.18 = 0.143 = 14.3\%$)이다. $0.2R$에서 날개 단면의 피치는 $\theta = \tan^{-1}[(P/D)/\pi x] = \tan^{-1}(1.1/0.2\pi) = 60.27°$가 된다.

$$\Omega = 2\pi n = 2\pi \times \frac{120}{60} = 12.57\ \text{rad/sec}$$

$\bar{r}/R = 0.68$이라 가정하면 $\bar{r} = 0.68 \times 4.7/2 = 1.60$ m가 된다. 식 (12.32)로부터 $I/y = 0.095ct^2 = 0.095 \times 1.18 \times 0.169^2 = 0.00320$ m^{3}이다.

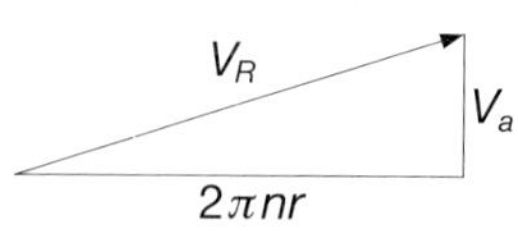

그림 17.8 속도 벡터.

식 (12.34)로부터 $0.2R$에서 면적 $A = 0.70ct = 0.70 \times 1.18 \times 0.169 = 0.139\ \mathrm{m}^2$이고, 이 면적은 반경 r이 늘어나면서 선형적으로 줄어들어 날개 끝에서는 0이 된다고 가정하자.

$$T = K_T \times \rho n^2 D^4 = 0.190 \times 1025 \times (120/60)^2 \times 4.7^4/1000 = 380.1\ \mathrm{kN}(\text{날개 4개})$$
$$Q = K_Q \times \rho n^2 D^5 = 0.035 \times 1025 \times (120/60)^2 \times 4.7^5/1000 = 329.1\ \mathrm{kNm}(\text{날개 4개})$$

식 (12.22)를 사용하면 추력에 의한 굽힘 모멘트$(M_T) = T_{0.2R}(\bar{r} - r_{0.2R}) = (380.1/4) \times (1.60 - 0.47)/1000 = 0.1074\ \mathrm{MNm}$로 계산된다.

식 (12.23)을 사용하면 토크에 의한 굽힘 모멘트$(M_Q) = Q_{0.2R}(1 - r/\bar{r}) = (329.1/4) \times (1 - 0.47/1.60)/1000 = 0.0581\ \mathrm{MNm}$이다.

식 (12.42)에서

$$m(r) = \frac{M}{0.32R}\left(1 - \frac{r}{R}\right)$$

이고, 식 (12.41)로부터 질량 $M = 0.139 \times 8300 \times 0.8 \times 2.35/2 = 1084.5\ \mathrm{kg}$이 된다.

식 (12.43)에서 $Z'(r) = 0.40(r/R - 0.2)$이다.

식 (12.29)에서 $m(r)$과 $Z'(r)$을 대체하면 다음과 같이 날개 회전에 의한 굽힘 모멘트 $M_{R_{0.2}}$을 계산할 수 있다.

$$\begin{aligned} M_{R_{0.2}} &= \int_{0.2R}^{R} m(r) \cdot r \cdot \Omega^2 Z'(r)\,.dr = \int_{0.2R}^{R} \frac{\Omega^2 M(1 - r/R)}{0.32R}.\mu\left(\frac{r}{R} - 0.2\right) r\,dr \\ &= \frac{\mu M \Omega^2}{0.32R}\int_{0.2R}^{R}\left(1 - \frac{r}{R}\right)\left(\frac{r}{R} - 0.2\right) r\,dr = \frac{\mu M \Omega^2}{0.32R}\int_{0.2R}^{R}\left(1.2\frac{r^2}{R} - \frac{r^3}{R^2} - 0.2r\right)dr \\ &= \frac{\mu M \Omega^2}{0.32R}\left[1.2\frac{r^3}{3R} - \frac{r^4}{4R^2} - \frac{0.2r^2}{2}\right]_{0.2R}^{R} = 0.160\,\mu M R \Omega^2 \end{aligned}$$

여기에 위에서 가정한 질량 및 레이크 값을 대입한다.

$$\begin{aligned} M_{R_{0.2}} &= 0.160 \mu M R \Omega^2 \\ &= 0.160 \times 0.40 \times 1084.5 \times 2.35 \times 12.57^2/1000^2 = 0.02577\ \mathrm{MNm} \end{aligned}$$

식 (12.31)을 사용하여 날개에 작용하는 굽힘 모멘트 M_N을 계산한다.

$$\begin{aligned} M_N &= (M_T + M_R)\cos\theta + M_Q \sin\theta \\ &= (0.1074 + 0.02577)\cos 60.27^\circ + 0.0581 \sin 60.27^\circ = 0.1165\ \mathrm{MNm} \end{aligned}$$

식 (12.30)에 $m(r)$을 대입하면 날개에 작용하는 원심력 F_C를 다음과 같이 구할 수 있다.

$$F_C = \int_{0.2R}^{R} m(r) \cdot r \cdot \Omega^2.dr = \Omega^2 \int_{0.2R}^{R} \frac{M}{0.32R}\left(1 - \frac{r}{R}\right) r\,dr = \frac{M\Omega^2}{0.32R} \int_{0.2R}^{R} \left(r - \frac{r^2}{R}\right) dr$$
$$= \frac{M\Omega^2}{0.32R}\left[\frac{r^2}{2} - \frac{r^3}{3R}\right]_{0.2R}^{R} = 0.4667\,MR\Omega^2$$

여기에 위에서 가정한 질량을 대입하면

$$F_C = 0.4667\,MR\Omega^2 = 0.4667 \times 1084.5 \times 2.35 \times 12.57^2/1000^2 = 0.1879\,\text{MN}$$

식 (12.36)에서 날개뿌리 응력 σ = 직접응력 + 굽힘응력 $= \frac{F_C}{A} + \frac{M_N}{I/y} = \frac{0.1879}{0.139} + \frac{0.1165}{0.0032}$ $= 1.35 + 36.41 = 37.76$ MN/m^{2}이 계산된다. 표 12.3을 보면 이 값은 망간 청동에 대한 권장 설계 허용 응력보다 약간 작은 값이다.

17.2.23 응용 예제 23. 날개요소-운동량 이론을 이용한 프로펠러 성능 예측

이 프로펠러는 날개가 4개이고 $J = 0.58$에서 작동한다. 반경비 $x = r/R = 0.60$에서 날개 단면의 코드 길이 비 $c/D = 0.41$, 피치 비 $P/D = 0.80$, 설계 받음각 $\alpha = 0.80^\circ$, Goldstein 계수 $K = 0.96$(그림 15.4 참조)이고, 항력계수 $C_D = 0.008$로 주어진다.

(i) 이 단면에 대해 dK_T/dx와 C_L을 계산한다. 표 17.28에 주어진 다른 반경비에 계산된 값들을 이용하여 프로펠러의 전체적인 K_T를 계산한다.

(ii) Ludwig-Ginzel 방법을 사용하여 $x = 0.60$에서 요구되는 캠버를 추정한다. $k_1 \cdot k_2$의 값은 1.58로 가정한다(그림 15.14 참조). $dC_L/d\alpha = 0.10$(α의 단위는 도)이고, $\alpha = 0^\circ$에서 $C_L = 12 \times m/c$를 가정한다.

(iii) $x = 0.60$ 단면이 전체 프로펠러를 대표하는 것으로 가정하여, 거칠기 증가 및 부착생물(fouling)로 인해 항력계수가 20% 증가할 경우의 프로펠러 효율 저하량을 근사적으로 계산한다.

(i) 그림 15.7에 주어진 날개요소-운동량 이론의 흐름도에 따라 다음과 같은 계산을 수행한다.

표 17.28 다른 반경 위치에서의 데이터

x	0.20	0.40	0.80	1.0
dK_T/dx	0.031	0.114	0.264	0

$\tan(\phi+\alpha) = [(P/D)/\pi x] = 0.8/(\pi \times 0.60) = 0.4244$
$(\phi+\alpha) = 23.0°$, $\alpha = 0.80°$(주어진 값)이므로 $\phi = 22.20°$이고 $\tan\phi = 0.408$
$\tan\psi = J/\pi x = 0.58/(\pi \times 0.60) = 0.3077$
이상 효율 $\eta_i = \tan\psi/\tan\phi = 0.3077/0.408 = 0.754$
유입계수 $a = (1-\eta_i)/[\eta_i + \tan^2\psi/\eta]$

첫 번째 반복계산을 위해 날개의 항력이 0, 즉 $\gamma = 0$ 및 $\eta = \eta_i$라고 가정하자. 그러면 $a = (1-0.754)/[0.754+0.3077^2/0.754] = 0.2797\{0.2736\}$을 얻는다.

$\tan\phi = 0.408$, $\lambda_i = x\tan\phi = 0.245$이고 $1/\lambda_i = 4.08$이므로, 날개 수 4에 해당하는 그림 15.4(b)로부터 $K = 0.96$을 얻어서 다음의 운동량 방정식을 계산한다.

$$\frac{dK_T}{dx} = \pi J^2 xKa(1+a) = 0.2179 \quad \{0.2121\}$$

또한 운동량 방정식은 다음과 같이 표현된다.

$$\frac{dK_T}{dx} = \frac{\pi^2}{4}\left(\frac{Zc}{D}\right) C_L x^2 (1-a')^2 \sec\phi(1-\tan\phi\tan\gamma)$$

최초 반복계산에서는 저항을 0으로 가정했으므로 $\gamma = 0$이고 $(1 - \tan\phi\tan\gamma) = 0$ 이 된다.

$$(1-a') = \eta_i(1+a) = 0.9649 \quad \{0.9603\}$$
$$Zc/D = 4 \times 0.41 = 1.64$$

$$C_L = \frac{\dfrac{dK_T}{dx}}{\dfrac{\pi^2}{4}\left(\dfrac{Zc}{D}\right)x^2(1-a')^2\sec\phi(1-\tan\phi\tan\gamma)} = 0.1488 \ \{0.1494\}$$

$\tan\gamma = C_D/C_L = 0.0080/0.1488 = 0.05376 \quad \{0.05355\}$
$\gamma = 3.077° \quad \{3.065°\}$

항력을 고려한 효율 $\eta = \dfrac{\tan\psi}{\tan(\phi+\gamma)} = 0.652 \quad \{0.652\}$

여기서 얻은 효율 값으로 유입계수를 새로 추정하여 새로운 반복계산을 수행한다. 각 수식마다 두 번째 반복계산에서 갱신된 수치를 { } 안에 기입하였다. 이 예제의 경우에는 2번의 반복계산으로 결과가 수렴되어 $\eta = 0.652$ 및 $\frac{dK_T}{dx} = 0.2121$을 얻게 된다. $x = 0.60$에 대해 얻은 $\frac{dK_T}{dx} = 0.2121$을 토대로 표 17.29에 보인 것과 같이 $\frac{dK_T}{dx}$를 x에 대해 수치적분(Simpson의 1차 법칙)하는데, 여기서 SM은 Simpson multiplier를 의미한다.

전체 $K_T = (0.2/3) \times 1.967 = 0.1311$

표 17.29 dK_T/dx의 적분

x	0.2	0.4	0.6	0.8	1.0
dK_T/dx	0.031	0.114	0.2121	0.264	0
SM	1	4	2	4	1

(ii) $\alpha = 0°$에서의 2차원 캠버는 다음과 같다. $m_0/c = C_L/12 = 0.1494/12 = 0.01245$이고, $\alpha = 0°$에 필요한 단면의 캠버는 $k_1 \cdot k_2 m_0/c = 1.58 \times 0.01245 = 0.01967$이다. $dC_L/dx = 0.10$이므로 $\alpha = 0.8°$에서 $C_L = 0.10 \times 0.8 = 0.08$이 되고, 여기에 상응하는 캠버 감소량 $\delta(m_0/c) = 0.08/12 = 0.0067$을 얻는다. 따라서 $\alpha = 0.8°$에서 요구되는 캠버는 $m/c = 0.01967 - 0.0067 = 0.01297$이 된다.

(iii) 항력계수 C_D가 20% 증가했다고 가정하면, 새로운 항력계수 $C_D = 0.008 \times 1.2 = 0.0096$이다.

$$\tan\gamma = C_D/C_L = 0.0096/0.1494 = 0.06426\text{이고} \quad \gamma = 3.677°$$
$$\phi = 22.20°$$
$$\text{새로운 효율 } \eta = \frac{\tan\psi}{\tan(\phi+\gamma)} = \frac{0.3077}{0.4851} = 0.634$$

대략적인 효율 저하량은 $[(0.652 - 0.634)/0.652] \times 100 = 2.8\%$이다.

17.2.24 응용 예제 24. 반류적응(Wake-Adapted) 프로펠러

표 17.30에는 어떤 선박의 축 방향 반류의 반경별 분포가 주어져 있다. 선속에 기반한 전진계수 $J_S = 1.1$에서 작동하는 프로펠러를 설계하려고 한다. 평균 이상 효율은 $\eta_i = 0.82$로 추정된다. 날개 단면은 받음각 $\alpha = 0.5°$에서 작동한다.

Lerbs 기준은 최적의 반경 방향 효율분포를 계산하는 데 사용되므로 이를 토대로 프로펠러 피치 비의 반경 방향 분포를 최적화할 수 있다.

Lerbs 기준은 $\eta \propto \sqrt{1-w_T}$를 가정한다.

$$Ja = J_S(1 - w_T) = 1.1(1 - w_T)$$
$$\tan\psi = \frac{Ja}{\pi x},\ \tan\phi = \frac{\tan\psi}{\eta_i},\ \tan(\phi+\alpha) = \frac{P/D}{\pi x}\text{이므로 } \frac{P}{D} = \pi x \tan(\phi+\alpha)$$
$$\eta_i = 0.82\text{이고 최적 } \eta_i = 0.82 \times \frac{\sqrt{1-w_T}}{0.8326}$$

표 17.30 축 방향 반류의 분포

x	0.2	0.4	0.6	0.8	1.0
w_T	0.45	0.34	0.27	0.24	0.22

표 17.31 피치 비 분포

x	w_T	Ja	$\tan\psi$	$\sqrt{1-w_T}$	η_i opt	$\tan\phi$	$\tan(\phi+\alpha)$	P/D
0.2	0.45	0.605	0.9629	0.742	0.731	1.3172	1.3413	0.843
0.4	0.34	0.726	0.5777	0.812	0.800	0.7221	0.7355	0.924
0.6	0.27	0.803	0.4260	0.854	0.841	0.5065	0.5175	0.975
0.8	0.24	0.836	0.3326	0.872	0.859	0.3872	0.3973	0.998
1.0	0.22	0.858	0.2731	0.883	0.870	0.3139	0.3235	1.016
				$\Sigma/5 = 0.8326$	$\Sigma/5 = 0.82$			

이 결과는 표 17.31에 제시되어 있다.

a와 a'의 반경별 분포가 필요할 경우에는 다음과 같이 구할 수 있음에 주목하라.

$$a = \frac{1-\eta_i}{\eta_i + \frac{1}{\eta}\tan^2\psi} \qquad a' = \frac{a}{\eta}\tan^2\psi$$

여기서 점성 손실을 무시한다면 $\eta = \eta_i$로 둘 수 있다.

참고문헌(17장)

17.1 Molland, A.F. and Turnock, S.R. *Marine Rudders and Control Surfaces*. Butterworth-Heinemann, Oxford, UK, 2007.

17.2 Hadler, J.B. The prediction of power performance of planing craft. *Transactions of the Society of Naval Architects and Marine Engineers*. Vol. 74, 1966, pp. 563~610.

APPENDIX

A1

물리학 배경지식

A1.1 배경

이 부록은 기본적인 유체 유동의 형태, 용어 및 정의에 대한 배경지식을 유체 유동의 기본 법칙과 함께 제공하고 있다. 저항 및 추진과 관련된 기본적인 유체 유동 이해에 필요한 배경지식을 제공하기 위해 서술의 깊이를 조절했다. 어떤 주제는 Molland 및 Turnock[A1.1]에서 허가를 얻어 가져온 것이다. 마찰항력, 표면 거칠기의 영향, 압력항력 및 캐비테이션과 같은 다른 주제들은 교재 본문에 포함되어 있다. 좀 더 깊이 있는 유체역학의 서술은 Massey 및 Ward-Smith[A1.2]나 Duncan 등[A1.3]과 같은 표준적인 교재에서 찾아볼 수 있다.

A1.2 기초적인 유체의 성질 및 유동

유체의 성질

공학적 관점에서 유체는 연속적으로 변형하여 용기의 형상을 채우면서 자체적인 형상을 유지하지 못하는 연속적인 매질로 충분히 정의할 수 있다.

유체에는 두 가지 종류가 있다. 하나는 용기 내 가능한 한 최소한의 공간에서 일정한 체적을 차지하며 거의 압축되지 않는 **액체**이고, 다른 하나는 쉽게 압축되고 팽창하여 용기 내의 가능한 공간을 모두 채우는 **기체**이다.

유동의 속도가 느린 경우 유체 내에서의 압력 차이가 기체라 하더라도 의미 있는

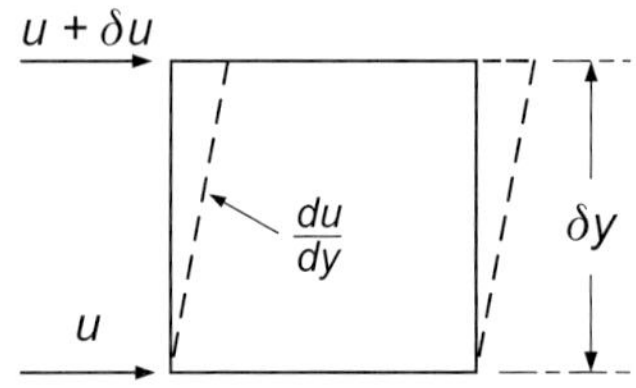

그림 A1.1 전단응력.

밀도 차이를 일으키지 않기 때문에 종종 액체와 기체를 구분하는 것이 필요하지 않다.

고체와 마찬가지로, 유체 내의 재료에는 다음과 같은 두 가지 응력(stress) 성분이 작용한다.

(i) 직접응력(direct stress): 직접응력은 재료 요소의 표면에 수직으로 작용하며, 각 위치에서의 응력은 단위 표면적당 수직 힘으로 정의된다. 정지한 유체나 움직이고 있는 유체에서 작은 유체 요소에 작용하는 직접응력은 유체의 그 지점에 작용하는 **압력**이라 불린다.

(ii) 전단응력(shear stress): 전단응력은 재료 요소의 표면에 평행하게 작용하는데, 단위 면적당 평행한 힘으로 정의된다. 정지한 유체에는 전단응력이 작용하지 않는다. 고체에서는 전단응력이 전단 변형률(shear strain)의 함수이다. 반면 유체에서 전단응력은 전단 변형률의 시간 변화율의 함수가 된다. 그림 A1.1에서 전단 변형률의 시간 변화율은 유동 내의 속도 구배(velocity gradient)가 된다.

대부분의 공학적 문제에서 다루어지는 유체에 대해서는 다음과 같이 전단응력과 속도 구배 사이에 선형적 관계가 성립한다.

$$\tau = \mu\left(\frac{\partial u}{\partial y}\right) \tag{A1.1}$$

여기서 τ는 전단응력, μ는 그 유체에 대한 상수이다.

전단유동에 의해 전단응력을 일으키는 유체는 점성(viscous)이라 불리며, 유체의 점성은 점성계수(혹은 **동역학적** 점성) μ로 계량된다. 점성을 나타내는 양은 그 외에도 **점성계수**를 유체의 밀도 ρ로 나눈 동점성계수 $\nu = \frac{\mu}{\rho}$로 나타내기도 한다. 가장 흔한 유체인 공기와 물은 아주 약간 점성이다(하지만 점성을 무시할 수는 없다).

청수(fresh water: FW), 해수(salt water: SW) 및 공기의 밀도, 동점성계수 값을 알면 공학적인 설계 목적에 유용한데, 표 A1.1 및 A1.2에 주어져 있다.

표 A1.1 청수, 해수 및 공기의 밀도

온도(°C)		10	15	20
밀도(kg/m^3)	청수	1000	1000	998
	해수	1025	1025	1025
[압력 = 1 atm]	공기	1.26	1.23	1.21

표 A1.2 청수, 해수 및 공기의 점성계수

온도(°C)		10	15	20
동점성계수(m^2/s)	청수 × 10^6	1.30	1.14	1.00
	해수 × 10^6	1.35	1.19	1.05
[압력 = 1 atm]	공기 × 10^5	1.42	1.46	1.50

정상유동(Steady Flow)

정상유동에서는 속도, 압력 및 밀도와 같은 매개변수가 어떤 지점에서도 시간에 대해 변화하지 않는다. 실제로 이는 규칙이라기보다는 예외에 가깝다. 속도와 압력은 정상유동에서도 위치에 따라서는 변화한다.

균일유동(Uniform Flow)

속도, 압력 및 밀도와 같은 다양한 변수들이 정해진 영역 내에서 특정 시점에 위치에 따라 변화하지 않는다면 유동은 그 영역에서 균일하다고 한다. 예를 들어 단면적이 일정한 관(벽에 가까운 구역을 무시한다면)에서 유동은 정상(steady)이고 균일하다. 단면적이 일정한 관 내에서 유동이 가속된다면 유동은 비정상이고 균일하다. 또한 유동이 단면적이 변하는 관 내에서 가속된다면 유동은 비정상이고 불균일하다.

유선(Streamline)

유선은 어떤 순간에 유체가 가로질러 흐를 수 없는 가상적인 곡선이다. 그 순간에 유선 상의 모든 유체 입자의 속도는 유선에 접하는 방향을 가리키는데, 그림 A1.2의 선 a-a와 같다. 유선을 그리면 유동을 잘 나타낼 수 있는데, 정상유동의 경우에만 유선의 형태가 시간적으로 바뀌지 않는다. 따라서 유선의 형태는 순간적인 것으로 간주해야 한다. 물체의 표면은 유동이 통과하지 못하므로 항상 유선이 된다. 염료와 같은 지시약품을 유체 내로 흘리면 정상유동에서 유선을 눈에 띄게 표시할 수 있다. 유선의 다발을 유관(streamtube)이라 부른다.

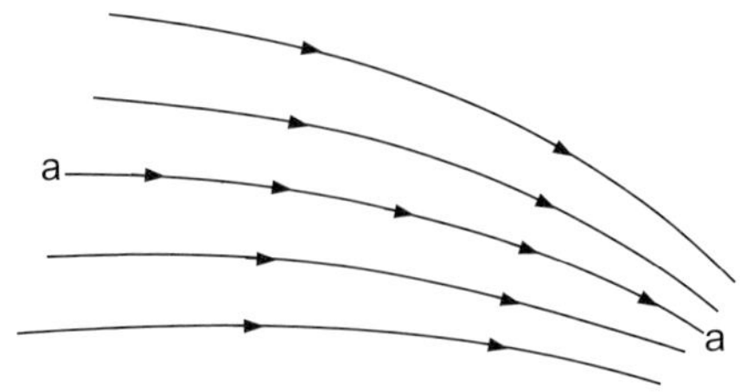

그림 A1.2 유선.

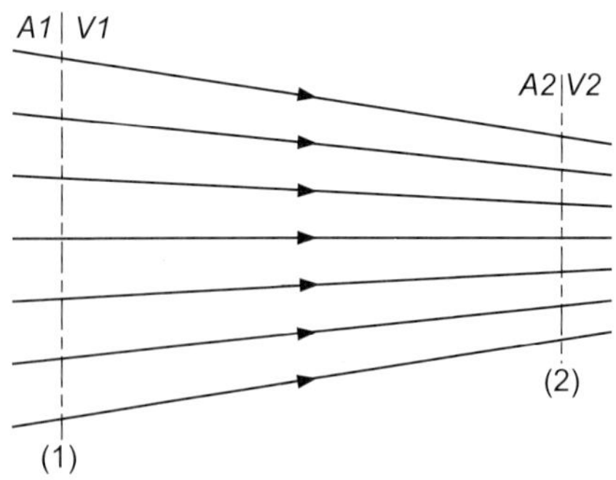

그림 A1.3 유동의 연속.

A1.3 유동의 연속(Continuity of Flow)

연속 조건(continuity)은 흘러들어온 만큼 반드시 흘러나간다는 관점에서 이해할 수 있다. 예를 들어 그림 A1.3의 (1)과 (2) 사이 유관 내의 유동을 생각해 보자.

벽면으로는 유체가 통과하지 못하고 유량이 일정하므로 연속 조건은 다음과 같다.

$$\text{질량유량(mass flow rate)} = \rho_1 A_1 V_1 = \rho_2 A_2 V_2 \text{ kg/s}$$

유체가 비압축성이면(밀도 일정) $\rho_1 = \rho_2$이므로 $A_1 V_1 = A_2 V_2 =$ 체적유량 m^3/s이다. 체적유량을 Q라 하면

$$Q = A_1 V_1 = A_2 V_2 = \text{일정} \tag{A1.2}$$

A1.4 움직이는 유체에 의한 힘

유동이 가속됨으로 인해 유체에 힘이 가해진다. Newton의 제2법칙을 적용하면

$$\text{힘} = \text{질량} \times \text{가속도}$$

혹은

$$\text{힘} = \text{운동량의 시간 변화율}$$

전형적인 예로 유체 속도를 V_1에서 V_2로 가속함으로써 추력 T를 발생하는 프로펠러를 들 수 있는데, 이때

$$T = \dot{m}(V_2 - V_1) \tag{A1.3}$$

여기서 $\dot{m}$은 질량유량이다.

A1.5 움직이는 유체에서 압력과 속도의 변화

이 변화는 다음과 같은 Bernoulli 방정식으로 기술된다.

$$\frac{P}{\rho g} + \frac{u^2}{2g} + z = H = \text{일정 (단위는 } m) \tag{A1.4}$$

이 방정식은 엄밀하게 따지면 유동이 비점성이고(마찰이 없음) 정상(steady)이며, 밀도가 일정할 때만 유효하다. H는 전 수두(total head) 혹은 전 에너지를 나타내는데, 위와 같은 성립 조건하에서 어떠한 유체 입자라도 유선을 따라 이동하는 운동 과정을 통틀어 수두 혹은 에너지가 일정하게 유지됨을 나타낸다. 식 (A1.4)에서 $P/\rho g$는 압력수두(pressure head), $u^2/2g$는 속도수두(velocity head) (혹은 운동 에너지), z는 위치 혹은 중력에 의한 포텐셜 수두(혹은 포텐셜 에너지)를 가리킨다. Bernoulli 방정식은 다음과 같은 대체 형식으로도 표현된다.

$$P + \frac{1}{2}\rho u^2 + \rho g z = P_T = \text{일정 (단위는 압력, Pa} = \text{N/m}^2) \tag{A1.5}$$

여기서 P_T는 전압(total pressure)이다.

예를 들어 그림 A1.4의 유선 상의 두 지점 사이 유동을 고려해 보자. 그러면

$$P_0 + \frac{1}{2}\rho u_0^2 + \rho g z_0 = P_L + \frac{1}{2}\rho u_L^2 + \rho g z_L \tag{A1.6}$$

여기서 P_0와 u_0는 상류의 교란되지 않은 자유유동이고, P_L과 u_L은 물체 위치에서의 유동이다.

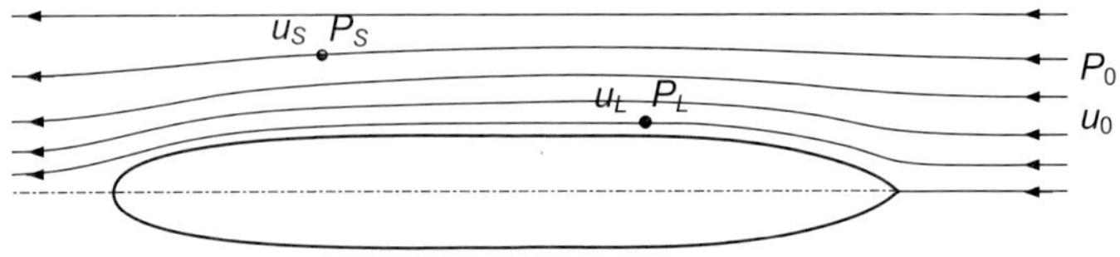

그림 A1.4 압력과 유속의 변화.

유사하게 그림 A1.4에서

$$P_0 + \frac{1}{2}\rho u_0^2 + \rho g z_0 = P_S + \frac{1}{2}\rho u_S^2 + \rho g z_S \qquad \text{(A1.7)}$$

공기의 경우 밀도는 다른 물리량에 비하여 작다. 따라서 $\rho g z$는 작아져서 대체로 무시할 수 있다.

Bernoulli 방정식은 엄밀하게 보면 비점성 유체에만 적용 가능하다. 반면 실제로 마찰이 없는 (비점성) 유동은 존재하지 않는다는 사실에 주목한다면, 유체 유동을 기술할 때 (특히 전산유체역학 분야 등에서) Bernoulli 방정식은 유용한 가정으로 사용된다. 점성을 지닌 실제 유동에 점성을 무시한 Bernoulli 방정식을 적용한다 해도 항상 현저한 오차를 일으키는 것은 아닌데, 이는 정상유동에서 점성의 영향력은 고체 표면 부근 혹은 후방에만 국한되기 때문이다. 물체 표면에서 멀리 떨어진 나머지 외부 영역의 유동은 유체의 점성이 없는 것처럼 행동한다. 외부 유동은 A1.6절에서 더 자세하게 논의한다.

A1.6 경계층(Boundary Layer)

유래

약간의 점성을 지닌 유체가 물체 위를 지날 때, 전단응력은 경계층이라 불리는 물체에 가까운 얇은 층 및 경계층을 통해 물체 뒤편으로 흘러간 유체가 형성하는 점성 반류(wake) 영역에서만 큰 값을 갖는다(그림 A1.5 참조). 물체 길이 방향으로 경계층은 계속 두꺼워진다.

외부 유동

경계층 바깥, 그림 A1.5의 소위 외부 유동에서 전단응력은 무시할 정도로 작아서 유체는 완전히 비점성인 것처럼 행동한다. 비점성 유동에서 유체 요소의 운동은 압력의 영향만을 받는다. 구형의 유체 입자를 고려하면 압력은 구의 중심에 작용하여 병진(translation) 운동을 일으키는 합력을 발생함을 알 수 있다. 그러나 구형 요소의 각운동량을 변화시키는 모멘트를 일으키는 요인은 존재하지 않는다. 따라서 유동이 최초 정지 상태에서 시작

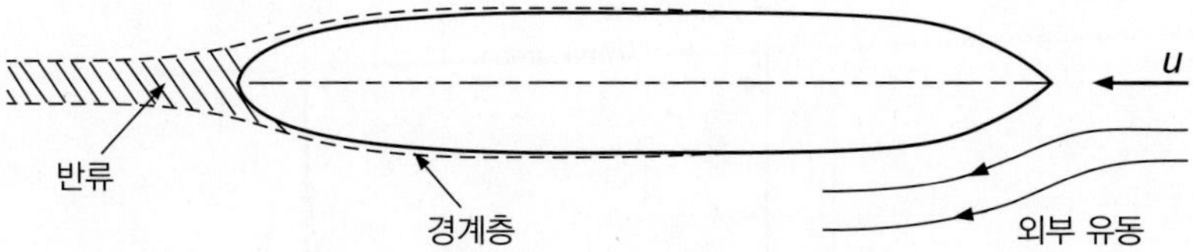

그림 A1.5 경계층과 외부 유동.

하고 모든 유체 입자의 각운동량이 항상 0이면 각운동량은 모든 순간에서 일정하게 유지된다. 즉, 외부 유동은 회전 성분이 없는 비회전(irrotational)이라 칭한다.

경계층 내부 유동

경계층 내부의 유동은 불안정하며, 앞부분까지 부드럽고 정상적으로 흐르던 유동은 물체 길이의 대부분을 차지하는 뒷부분에 가서는 매우 비정상적인 유동으로 분해된다.

그림 A1.6처럼 세 가지 영역으로 구분되는데, 다음과 같다.

1. 층류(laminar flow) 영역: 이 영역에서 경계층 유동은 부드럽고 질서 정연하며, 정상 상태(혹은 시간적으로 천천히 변화)이다.
2. 천이(transition) 영역: 여기서 부드러운 유동이 허물어진다.
3. 난류(turbulent flow) 영역: 이 영역에서 유동은 무작위적인(random) 운동으로 불규칙해지며 경계층은 두꺼워진다. 난류 영역 내에서 유동은 시간적으로 일정한 평균 유속에 평균이 0인 난류 속도 성분이 중첩된 것으로 서술된다. 무작위적인 난류 속도 성분은 보통 평균 속도의 ±20% 정도이다. 난류 경계층 역시 물체 표면 근방에 얇은 점성 저층(laminar sublayer)을 포함하고 있다. 난류 경계층 외부는 여전히 부드럽고 시간적으로 일정한 외부 유동이 존재하며, 난류 경계층은 물체가 유선형이 아니어서 생겨난 것이 아님을 명심해야 한다. 그림 A1.7은 전형적인 층류 및 난류 유동의 속도분포를 보이고 있다. 고체 표면에서 유동은 물체에 대해 정지 상태이다. 경계층의 바깥쪽 가장자리(거리 δ)에서 유체는 자유흐름 속도를 갖는다.

층류-난류 천이 과정의 시작은 유체의 속도(v), 물체를 따라 이동한 거리(l) 및 유

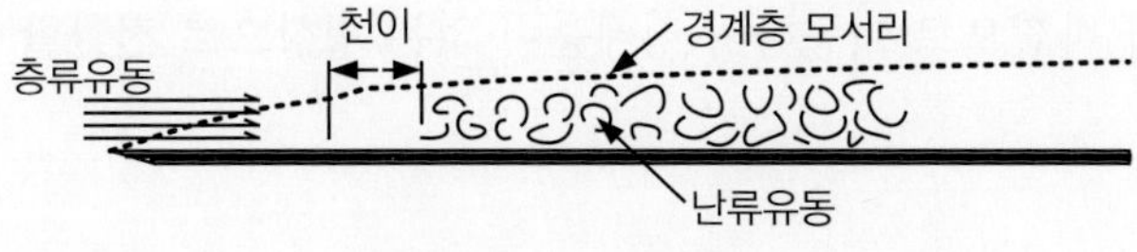

그림 A1.6 경계층의 발달.

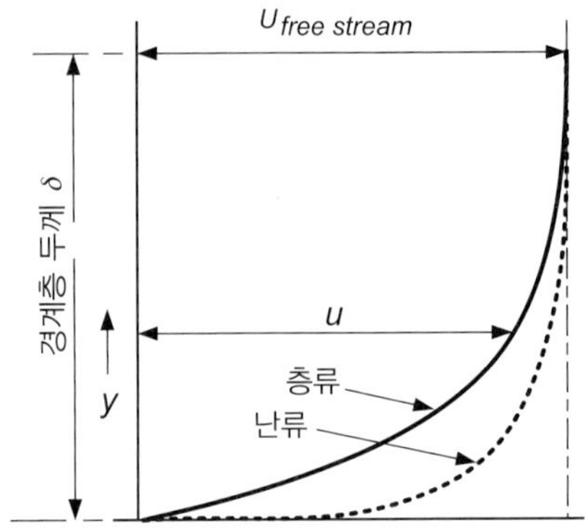

그림 A1.7 경계층 속도분포.

체의 동점성계수(ν)에 의해 결정된다. 이는 다음과 같이 정의되는 유동의 Reynolds 수(Re)로 특징지어진다.

$$Re = \frac{vl}{\nu}$$

Re가 0.5×10^6 정도를 초과할 때 부드러운 형상에 대해서도 유동은 난류가 된다. 동시에 표면 거칠기와 같은 표면 상태에 따라 층류-난류 천이가 촉진될 수 있다.

층류-난류 천이는 물체에 접근하는(혹은 물체가 이동하는) 유동 중에 이미 포함된 난류 성분에도 의존한다. 대양의 파도, 조류, 천수 효과(shallow water) 및 기타 국지적 교란 때문에 선박은 주로 높은 수준의 난류유동에서 운항한다. 따라서 선체 주변 경계층은 난류이다.

경계층 배제 두께

경계층으로 인해 유속이 줄어드는데, 그림 A1.8의 빗금친 부분에 해당한다. 외부 비점성 유동의 유량은 물체 표면이 거리 δ^*(경계층 배제 두께라 불린다)만큼 바깥으로 이동한다면 경계층으로 인한 감소와 동일하게 줄어든다. 조종면[1](control surface)의 뿌리 부위가 경계층 내에서 작동하는 경우 조종면의 유효 길이 혹은 유효 형상비는 경계층 배제 두께 δ^*만큼 줄어든다. 마찬가지로 비점성을 가정한 이론적 해석을 적용하는 경우에도 물체 표면을 δ^*만큼 바깥으로 이동하여 경계층이 없는 형상으로 전환할 수 있다.

1 날개 혹은 핀 안정기(fin stabilizer)처럼 물체에서 튀어나와 유체력에 의해 자세 제어 혹은 조종성을 부여하기 위한 장치.

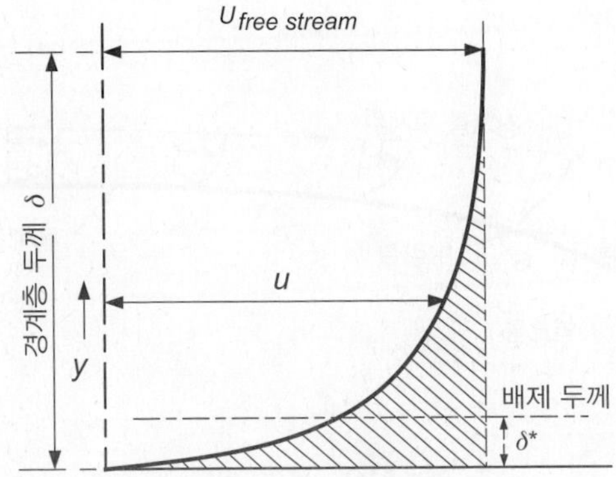

그림 A1.8 경계층 배제 두께.

층류유동

$$\frac{\delta^*}{x} = 1.721\ Re_x^{-1/2} \tag{A1.8}$$

난류유동에서는 1/7 거듭제곱 속도분포를 사용하여 다음과 같다.

$$\frac{\delta^*}{x} = 0.0463\ Re_x^{-1/5} \tag{A1.9}$$

A1.7 유동박리(Flow Separation)

평평한 표면을 따라 흐르는 유동에서 압력은 일정하고 경계층은 거리에 따라 두께가 성장하면서 표면으로부터 떨어져 나오지 않는다. 압력이 유동 방향으로 줄어드는 경우를 순압력 구배(favorable pressure gradient)라 부르는데, 유동은 떨어져 나오지 않는다. 반면 유동 방향으로 압력이 늘어나는 경우를 역압력 구배(adverse pressure gradient)라 부르는데, 이때 경계층 내부에서는 유속이 상대적으로 감소한다. 그림 A1.9에 도시된 것처럼 이로 인해 물체 길이 방향을 따라가다가 어떤 지점 S에서 경계층 안쪽 층의 속도가 0이 된다. 그 지점에서 경계층의 평균 특성은 극적으로 변화하고 경계층 두께는 훨씬 두꺼워지기 시작한다. 물체 표면에서의 유동은 역류하고 주 경계층은 물체로부터 떨어져 나와 박리점 S 뒤부터는 커다란 소용돌이가 형성된다. 박리유동(separated flow)은 대체로 비정상적인데, 와류가 주기적으로 후류로 떨어져 나간다.

경계층 박리는 층류 경계층 및 난류 경계층에서 공통적으로 일어날 수 있는데, 층류 경계층에서 일어나기 쉽다는 사실에 주목해야 한다. 그림 A1.7에서의 속도분포를 보

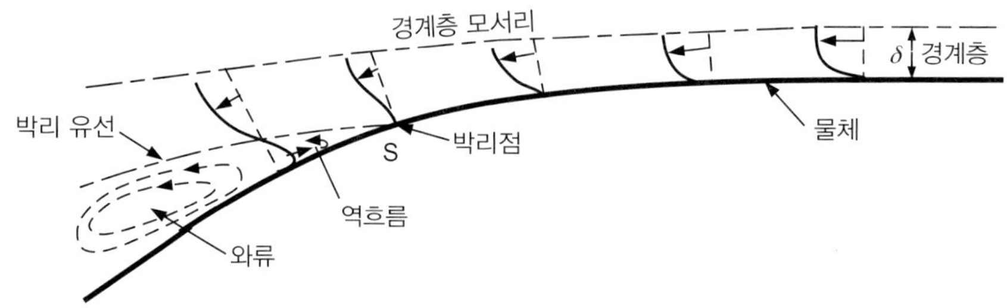

그림 A1.9 유동박리.

면 층류 경계층은 표면 근처의 운동량이 난류 경계층보다 작은데, 그림 A1.10에 나타낸 것처럼 박리되기 쉽다. 즉, 난류 경계층은 층류 경계층보다 유동박리에 대한 저항성이 크다. 이는 박리로 인한 항력이 난류보다 층류에서 증가하는 것으로 이어진다. 이러한 사실은 딤플(dimple) 형상을 갖는 골프 공이 난류유동을 촉진하여 항력이 줄어들기 때문에 원래 매끄러웠던 골프 공보다 멀리 날아가는 원인을 설명한다. 유동박리에 수반되는 두꺼운 후류를 층류 경계층에서 난류 경계층으로 천이를 일으키면서 경계층 두께가 증대되는 현상과 혼동하지 말아야 한다.

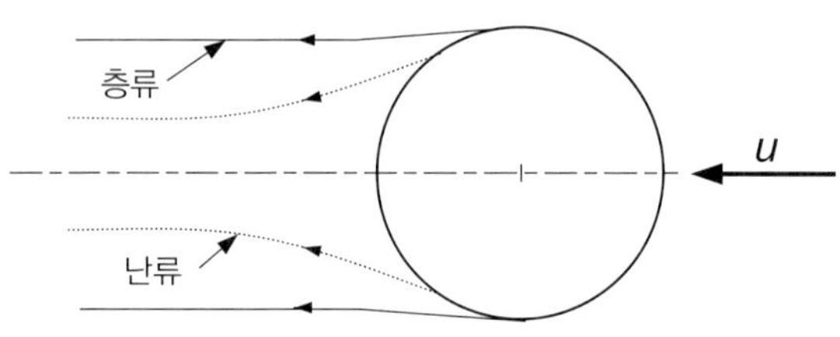

그림 A1.10 박리 항력.

A1.8 파동의 성질(Wave Properties)

바람은 대양의 파도를 일으키고 선박이 운항할 때 파도가 생성된다. 파계(wave system)는 물이 덩어리로 움직이는 것이 아니라 단순한 교란이 지나가는 것으로 생성된다. 예를 들어 파도가 지나갈 때 작은 부유체는 단순히 아래위로 움직인다. 물 입자는 대체로 원형인 궤도운동을 한다. 그림 A1.11처럼 수심이 깊어질수록 궤적은 지수함수적으로 작아진다. 배수량이 큰 선박의 경우 물 입자의 궤도운동은 큰 문제를 일으키지는 않는다. 쌍추진기선의 경우 프로펠러가 파정(crest)에 위치하느냐 파저(trough)에 위치하느냐에 따라 반류에 영향을 받을 수 있다. 수중익선의 경우 수중익에 유입되는 속도가 바뀔 수 있다. 소형 선박은 선미파의 궤도운동에 따라 조종에 영향을 받을 수 있다.

파동의 등고선은 트로코이드 함수로 주어지는데, 그림 A1.11과 같이 굴러가는 원의 반경에 위치한 점이 그리는 궤적이다. 트로코이드에 대한 이론은 [A1.4]에 기술되어 있고, [A1.5] 및 [A1.6]과 같은 표준 교재에도 실려 있다. 트로코이드는 종방향 파에서의 선체의 정역학적 계산에 일반적으로 적용된다. 다른 적용은 궤도운동을 포함하는 사인파를 사용하는 경향이 있는데, 수학적으로 다루기 쉽다. 트로코이드와 사인파의 실제 차이는 작다[A1.6].

파동 속도

파동 이론[A1.7]에 따르면 파동 속도 c는 다음과 같다.

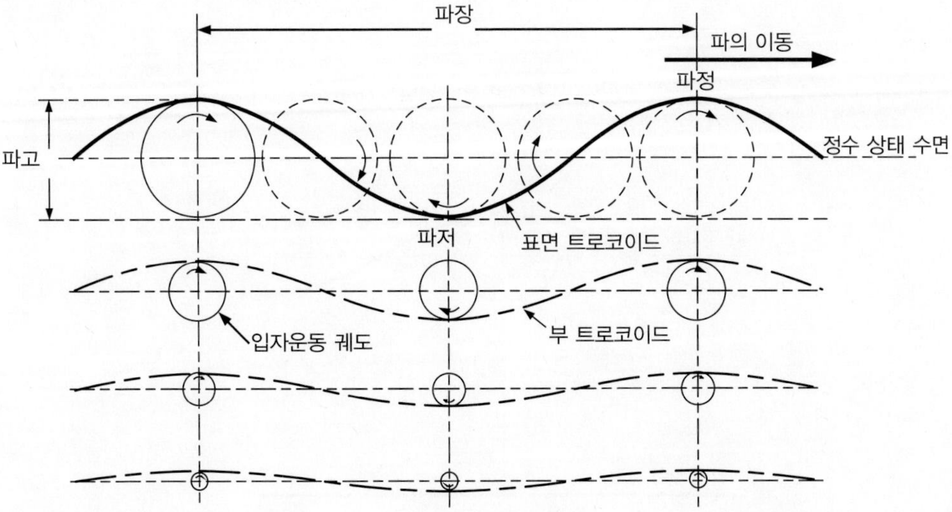

그림 A1.11 심수파.

$$c = \left[g\frac{\lambda}{2\pi} . \tanh\left(\frac{2\pi h}{\lambda}\right)\right]^{1/2} \tag{A1.10}$$

여기서 h는 수심, λ는 파장이다.

심수(Deep Water)

h/λ가 크면

$$\left(\tanh\frac{2\pi h}{\lambda}\right) \rightarrow 1.0\text{이므로}$$

$$c^2 = \frac{g\lambda}{2\pi} \quad \text{혹은} \quad c = \sqrt{\frac{g\lambda}{2\pi}} \tag{A1.11}$$

이 심수 관계식은 $\frac{h}{\lambda} \geq \frac{1}{2}$일 때 적당하다. 또한 $c = \frac{\lambda}{T_W}$처럼 파동 속도는 파장과 주기 T_W로 나타낼 수 있다.

궤도운동의 각속도를 ω라 하면 $\omega = \frac{2\pi}{T_W}$ rads/sec가 되고, 파동의 주파수는 다음과 같이 주어진다.

$$f_W = \frac{1}{T_W} = \frac{\omega}{2\pi} \tag{A1.12}$$

천수(Shallow Water)

바닥면 효과에 의해 그림 A1.12와 같이 궤도운동은 타원형을 그리게 된다. h/λ가 작아지면

$$\left(\tanh\frac{2\pi h}{\lambda}\right) \rightarrow \frac{2\pi h}{\lambda}\text{이므로}$$

$$c^2 = gh \quad \text{혹은} \quad c = \sqrt{gh} \tag{A1.13}$$

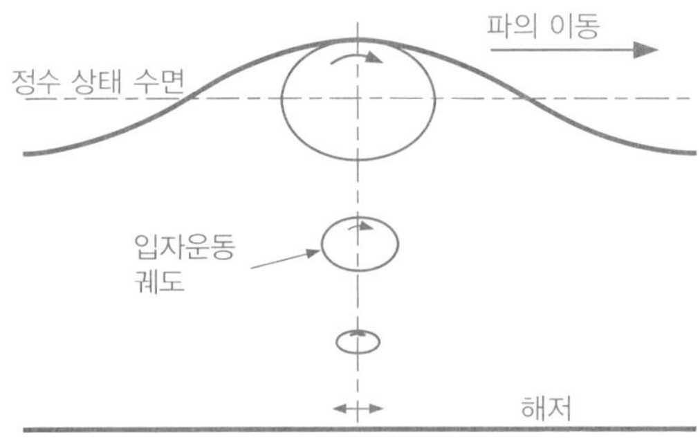

그림 A1.12 천수파.

이제 파동 속도는 수심에만 의존하고, 파장이 다른 파도들이 모두 같은 속도로 전파된다. 이 천수 관계식은 $\frac{h}{\lambda} \leq \frac{1}{20}$에서 적절하다. $c = \sqrt{gh}$를 임계속도라 한다.

참고문헌(부록 A1)

A1.1 Molland, A.F. and Turnock, S.R. *Marine Rudders and Control Surfaces*. Butterworth-Heinemann, Oxford, UK, 2007.

A1.2 Massey, B.S. and Ward-Smith, J. *Mechanics of Fluids*. 8th Edition. Taylor and Francis, London, 2006.

A1.3 Duncan, W.J., Thom, A.S. and Young, A.D. *Mechanics of Fluids*. Edward Arnold, Port Melbourne, Australia, 1974.

A1.4 Froude, W. On the rolling of the ships. *Transactions of the Royal Institution of Naval Architects*, Vol. 2, 1861, pp. 180~229.

A1.5 Rossell, H.E. and Chapman, L.B., *Principles of Naval Architecture*. The Society of Naval Architects and Marine Engineers, New York, 1939.

A1.6 Molland, A.F. (ed.) *The Maritime Engineering Reference Book*. Butterworth-Heinemann, Oxford, 2008.

A1.7 Lamb, H. *Hydrodynamics*. Cambridge University Press, Cambridge, 1962.

APPENDIX

A2

조파저항에 대한 Eggers 공식 유도

조파저항에 대한 Eggers 공식의 요약된 유도과정이 7장에 소개되었다. 다음은 보다 상세한 유도과정이다.

원거리장에서의 파형에 대한 Eggers 급수는 7장에서 다음과 같이 유도되었다.

$$\zeta = \sum_{n=0}^{\infty} [\xi_n \cos(x\gamma_n \cos\theta_n) + \eta_n \sin(x\gamma_n \cos\theta_n)] \cos\left(\frac{2\pi ny}{b}\right)$$

속도 포텐셜을 이용하면 파의 높이는 다음과 같이 표현된다.

$$\zeta = -\frac{c}{g} \left.\frac{\partial\phi}{\partial x}\right|_{z=0}$$

이 결과를 이용하면 다음의 속도 포텐셜이

$$\phi = \frac{g}{c} \sum_{n=0}^{\infty} \frac{\cosh\gamma_n (z+h)}{\lambda_n \cosh(\gamma_n h)} [\eta_n \cos\lambda_n x - \xi_n \sin\lambda_n x] \cos\left(\frac{2\pi ny}{b}\right)$$

Eggers 파형에 해당함을 보일 수 있다. $\lambda_n = \gamma_n \cos\theta_n$인데, 이 경우 λ_n은 상수로서 파장이 아님에 주의하라.

이는 요구조건인 Laplace 방정식 $\frac{\partial^2\phi}{\partial x^2} + \frac{\partial^2\phi}{\partial y^2} + \frac{\partial^2\phi}{\partial z^2} = 0$을 만족하고 경계조건인 $\frac{\partial\phi}{\partial z} = 0$ $(z = -h)$과 $\frac{\partial\phi}{\partial y} = 0 (y = \pm\frac{b}{2})$, 즉 수조 벽면의 비침투 조건을 만족한다.

선체 주위의 운동량 해석(3장 참조) 결과인 식 (3.10)으로부터 파형저항은 다음과 같이 주어진다.

$$R_w = \left\{ \tfrac{1}{2}\rho g \int_{-b/2}^{b/2} \zeta_B^2 dy + \tfrac{1}{2}\rho \int_{-b/2}^{b/2} \int_{-h}^{\zeta_B} (v^2 + w^2 - u^2)\, dz dy \right\}$$

여기서는 파의 높이가 작다고 가정한다.

이 식의 각 항은 다음을 사용하여 계산할 수 있다.

$$u = \frac{\partial \phi}{\partial x} \qquad v = \frac{\partial \phi}{\partial y} \qquad w = \frac{\partial \phi}{\partial z}$$

예를 들어

$$u = \frac{\partial \phi}{\partial x} = \frac{-g}{c} \sum_{n=0}^{\infty} \frac{\cosh \gamma_n (z+h)}{\cosh (\gamma_n h)} [\eta_n \sin \lambda_n x + \xi_n \cos \lambda_n x] \cos\left(\frac{2\pi n y}{b}\right)$$

u^2은 $\left(\cos \frac{2\pi n y}{b}\right)^2$으로 이어지므로, 풀기 위해 $n^2 = n \times m$이라 하자.

이제

$$\begin{aligned}\int_{-b/2}^{b/2} \cos\left(\frac{2\pi n y}{b}\right) \cos\left(\frac{2\pi m y}{b}\right) dy &= \frac{1}{2} \int_{-b/2}^{b/2} \left[\cos\left(\frac{2\pi y (n+m)}{b}\right) \right. \\ &\qquad \left. + \cos\left(\frac{2\pi y (n-m)}{b}\right)\right] dy \\ &= \begin{cases} n \neq m\text{일 때} & 0 \\ n = m \neq 0\text{일 때} & \frac{b}{2} \\ n = m = 0\text{일 때} & b \end{cases}\end{aligned}$$

이 결과를 이용하면 다음과 같다.

$$\int_{-b/2}^{b/2} \left(\frac{\partial \phi}{\partial x}\right)^2 dy = \frac{g^2 b}{2c^2} {\sum_{n=0}^{\infty}}' \left(\frac{\cosh \gamma_n (z+h)}{\cosh (\gamma_n h)}\right)^2 [\eta_n \sin \lambda_n x + \xi_n \cos \lambda_n x]^2$$

($\sum'$은 $n = 0$ 항을 2배 했다는 의미이다.) $[\cosh \gamma_n (z+h)]^2 = \frac{1}{2} [\cosh 2\gamma_n (z+h) + 1]$이므로, 이를 대입하고 적분하면 다음을 얻는다.

$$\int_{-b/2}^{b/2} \int_{-h}^{0} \left(\frac{\partial \phi}{\partial x}\right)^2 dy dz = \frac{g^2 b}{4c^2} {\sum_{n=0}^{\infty}}' [\eta_n \sin \lambda_n x + \xi_n \cos \lambda_n x]^2 \frac{\left[z + \dfrac{\sinh 2\gamma_n (z+h)}{2\lambda_n}\right]_{z=-h}^{0}}{\cosh^2 (\gamma_n h)}$$

그다음 z 방향의 적분을 대체하면 다음을 얻는다.

$$\int_{-b/2}^{b/2}\int_{-h}^{0} u^2 dydz = \frac{g^2 b}{4c^2}\sum_{n=0}^{\infty}{}' [\eta_n \sin\lambda_n x + \xi_n \cos\lambda_n x]^2 \left(\frac{\sinh 2\gamma_n h + 2\gamma_n h}{2\gamma_n \cosh^2 \gamma_n h}\right)$$

파의 속도 관계식으로부터

$$\gamma_n \cos^2\theta_n = \frac{g}{c^2}\tanh\gamma_n h, \quad \frac{g}{c^2} = \frac{\gamma_n \cos^2\theta_n}{\tanh\gamma_n h} \text{이므로}$$

$$\int_{-b/2}^{b/2}\int_{-h}^{0} u^2 dydz = \frac{gb}{4}\sum_{n=0}^{\infty}{}' [\eta_n \sin\lambda_n x + \xi_n \cos\lambda_n x]^2 \cos^2\theta_n \left(1 + \frac{2\gamma_n h}{\sinh 2\gamma_n h}\right)$$

유사한 해석을 R_w의 다른 항에 대해서도 수행하면 n 번째 항($n \neq 0$)의 R_w에 대한 전체 기여분은 다음과 같아짐을 알 수 있다.

$$\begin{aligned}\delta R_w = \tfrac{1}{4}\rho g b \Big\{ &(\xi_n \cos\lambda_n x + \eta_n \sin\lambda_n x)^2 \\ &- \tfrac{1}{2}[\eta_n \sin\lambda_n x + \xi_n \cos\lambda_n x]^2 \cos^2\theta_n \left(1 + \frac{2\gamma_n h}{\sinh 2\gamma_n h}\right) \\ &+ \tfrac{1}{2}[\eta_n \cos\lambda_n x - \xi_n \sin\lambda_n x]^2 \left(1 - \frac{2\gamma_n h}{\sinh 2\gamma_n h}\right) \\ &+ \tfrac{1}{2}[\eta_n \cos\lambda_n x - \xi_n \sin\lambda_n x]^2 \sin^2\theta_n \left(1 + \frac{2\gamma_n h}{\sinh 2\gamma_n h}\right)\Big\}\end{aligned}$$

$(\ )^2$ 항을 전개하고 $\cos^2 + \sin^2 = 1$을 이용하여 정리하면 다음을 얻는다.

$$\delta R_w = \tfrac{1}{4}\rho g b\,(\xi_n^2 + \eta_n^2)\left\{\left(1 - \tfrac{1}{2}\cos^2\theta_n\left[1 + \frac{2\gamma_n h}{\sinh 2\gamma_n h}\right]\right)\right\}$$

$n = 0$ 항을 따로 빼내어 정리하면 모든 선속에 유효한 완전한 결과는 다음과 같다.

$$\begin{aligned}R_w = \tfrac{1}{4}\rho g b \Big\{ &(\xi_0^2 + \eta_0^2)\left(1 - \frac{2\gamma_0 h}{\sinh 2\gamma_0 h}\right) \\ &+ \sum_{n=1}^{\infty}(\xi_n^2 + \eta_n^2)\left[1 - \tfrac{1}{2}\cos^2\theta_n\left(1 + \frac{2\gamma_n h}{\sinh 2\gamma_n h}\right)\right]\Big\}\end{aligned} \qquad \text{(A2.1)}$$

즉, 조파저항에 대한 Eggers 공식을 얻는다.

심수의 경우 $\sinh \to \infty$임을 이용하면 다음과 같이 간단해진다.

$$R_w = \tfrac{1}{4}\rho g b\left\{(\xi_0^2 + \eta_0^2) + \sum_{n=1}^{\infty}(\xi_n^2 + \eta_n^2)\left[1 - \tfrac{1}{2}\cos^2\theta_n\right]\right\} \qquad \text{(A2.2)}$$

급수의 n 번째 항은 파형의 n 번째 성분의 조파저항 기여분 δR_w(혹은 $\delta C_w = \delta R_w / \frac{1}{2}\rho V^2 S$)을 나타낸다. 이는 파 성분 진폭의 제곱에만 좌우되고, 위상인 $\tan^{-1}\eta_n \xi_n$은 중요하지 않다. 그러므로 계수 γ_n과 θ_n을 결정하면 계수 ξ_n과 η_n을 알고 있으므로 손쉽게 조파저항을 구할 수 있다. 7장에 서술한 대로 ξ_n과 η_n은 파형을 측정하여 찾아낸다. 9장은 ξ_n과 η_n을 이론적으로 찾아내는 방법을 서술하고 있다.

APPENDIX

A3

표 형식의 저항 설계 데이터

표 A3.19 Radojcic: 계열 62 활주선: 저항 회귀계수
표 A3.20 Radojcic: 계열 62 활주선: 트림 회귀계수
표 A3.21 Radojcic: 계열 62 활주선: 침수표면적 회귀계수
표 A3.22 Radojcic: 계열 62 활주선: 침수 길이 회귀계수
표 A3.23 Oortsmerssen: 소형 선박: 저항 회귀계수
표 A3.24 WUMTIA C-factor용 저항 회귀계수: 둥근 빌지
표 A3.25 WUMTIA C-factor용 저항 회귀계수: 차인 선형
표 A3.26 Molland 등: Southampton 쌍동선 계열 저항 데이터
표 A3.27 Müller-Graf 및 Zips: VWS 쌍동선 계열 저항 회귀계수

Holtrop 및 Mennen 회귀식의 계수들, 활주선에 대한 Savitsky 방정식 및 요트에 대한 저항 데이터와 같은 일부 데이터는 10장의 본문 내에 완전히 포함되어 있음에 유념하라.

표 A3.1 Isherwood 바람저항계수

	Isherwood 풍력계수						
γ_R (deg.)	A0	A1	A2	A3	A4	A5	A6
0	2.152	−5.00	0.243	−0.164	–	–	–
10	1.714	−3.33	0.145	−0.121	–	–	–
20	1.818	−3.97	0.211	−0.143	–	–	0.033
30	1.965	−4.81	0.243	−0.154	–	–	0.041
40	2.333	−5.99	0.247	−0.190	–	–	0.042
50	1.726	−6.54	0.189	−0.173	0.348	–	0.048
60	0.913	−4.68	–	−0.104	0.482	–	0.052
70	0.457	−2.88	–	−0.068	0.346	–	0.043
80	0.341	−0.91	–	−0.031	–	–	0.032
90	0.355	–	–	–	−0.247	–	0.018
100	0.601	–	–	–	−0.372	–	−0.020
110	0.651	1.29	–	–	−0.582	–	−0.031
120	0.564	2.54	–	–	−0.748	–	−0.024
130	−0.142	3.58	–	0.047	−0.700	–	−0.028
140	−0.677	3.64	–	0.069	−0.529	–	−0.032
150	−0.723	3.14	–	0.064	−0.475	–	−0.032
160	−2.148	2.56	–	0.081	–	1.27	−0.027
170	−2.707	3.97	−0.175	0.126	–	1.81	–
180	−2.529	3.76	−0.174	0.128	–	1.55	–

표 A3.2 Sabit: BSRA 저항 회귀계수: 만재흘수

BSRA 계열 회귀계수				**만재흘수**			
$V_K/\sqrt{L_f}$	0.50	0.55	0.60	0.65	0.70	0.75	0.80
a1	−0.7750	−0.7612	−0.7336	−0.6836	−0.5760	−0.3290	−0.0384
a2	0.2107	0.2223	0.2399	0.2765	0.3161	0.3562	0.4550
a3	0.0872	0.0911	0.0964	0.0995	0.1108	0.1134	0.0661
a4	0.0900	0.0768	0.0701	0.0856	0.1563	0.4449	1.0124
a5	0.0116	0.0354	0.0210	0.0496	0.2020	0.3557	0.2985
a6	0.0883	0.0842	0.0939	0.1270	0.1790	0.1272	0.0930
a7	0.0081	0.0151	0.0177	0.0175	0.0170	0.0066	0.0118
a8	0.0631	0.0644	0.0656	0.0957	0.1193	0.1415	0.5080
a9	0.0429	0.0650	0.1062	0.1463	0.1706	0.1238	0.2203
a10	−0.0249	−0.0187	−0.0270	−0.0502	−0.0699	−0.0051	−0.0514
a11	−0.0124	0.0292	0.0647	0.1629	0.3574	0.2882	0.2110
a12	0.0236	−0.0245	−0.0776	−0.1313	−0.3034	−0.2508	0.0486
a13	−0.0301	−0.0442	−0.0537	−0.0863	−0.0944	−0.0115	0.0046
a14	0.0877	0.1124	0.1151	0.1133	0.0839	−0.0156	−0.1433
a15	−0.1243	−0.1341	−0.0775	0.0355	0.1715	0.2569	0.2680
a16	−0.0269	−0.0006	0.1145	0.2255	0.2006	0.0138	0.2283

표 A3.3 Sabit: BSRA 저항 회귀계수: 중간흘수

BSRA 계열 회귀계수				**중간흘수**			
$V_K/\sqrt{L_f}$	0.50	0.55	0.60	0.65	0.70	0.75	0.80
b1	−0.6979	−0.6799	−0.6443	−0.5943	−0.4908	−0.2874	−0.0317
b2	0.2191	0.2297	0.2598	0.2870	0.3273	0.3701	0.4490
b3	0.1180	0.1231	0.1224	0.1381	0.1399	0.1389	0.1033
b4	0.1568	0.1510	0.2079	0.1913	0.2681	0.5093	0.9315
b5	−0.0948	−0.0736	−0.1715	−0.0707	0.0233	0.1098	0.1370
b6	0.0671	0.0647	0.0788	0.1072	0.1392	0.1079	0.0825
b7	−0.0030	0.0063	−0.0057	0.0171	0.0104	−0.0108	−0.0043
b8	0.0463	0.0359	0.0442	0.0691	0.0858	0.1353	0.3402
b9	0.0501	0.0688	0.1181	0.1431	0.1817	0.1973	0.2402
b10	−0.0169	−0.0186	−0.0153	−0.0332	−0.0466	−0.0154	−0.0481
b11	0.0094	0.0057	0.0061	0.0998	0.2114	0.1805	0.1123
b12	0.0255	0.0542	0.0759	0.0084	−0.0491	0.0308	0.3415
b13	0.0448	0.0306	0.0649	0.0041	0.0006	0.0485	0.0619
b14	−0.0468	−0.0163	−0.0996	−0.0180	−0.0467	−0.1125	−0.2319
b15	−0.1128	−0.1075	−0.0748	0.0127	0.1538	0.1922	0.1293
b16	−0.0494	−0.0198	0.0622	0.1492	0.1591	0.0687	−0.0222

표 A3.4 Sabit: BSRA 저항 회귀계수: 경하흘수

BSRA 계열 회귀계수	**경하흘수**						
$V_K/\sqrt{L_f}$	0.50	0.55	0.60	0.65	0.70	0.75	0.80
c1	−0.6318	−0.6068	−0.5584	−0.4868	−0.3846	−0.2050	0.0098
c2	0.2760	0.2876	0.3126	0.3476	0.3678	0.4012	0.4901
c3	0.1179	0.1242	0.1340	0.1356	0.1392	0.1566	0.1583
c4	0.1572	0.1636	0.1683	0.1797	0.2718	0.4848	0.8435
c5	−0.0918	−0.0662	−0.0387	0.0145	0.0722	0.1451	0.1736
c6	0.0231	0.0231	0.0498	0.0458	0.0480	0.0316	0.0232
c7	−0.0048	−0.0001	−0.0053	−0.0041	−0.0144	−0.0210	−0.0141
c8	0.0045	0.0129	0.0184	0.0118	0.0211	0.0728	0.2510
c9	0.0106	0.0262	0.0686	0.0849	0.1237	0.1174	0.1483
c10	0.0065	0.0010	−0.0089	−0.0089	−0.0176	0.0089	0.0100
c11	−0.0313	0.0066	0.0376	0.0513	0.0471	0.0212	0.0122
c12	0.1180	0.1091	0.1128	0.1692	0.2713	0.3626	0.5950
c13	0.0484	0.0359	0.0061	−0.0255	−0.0170	0.0312	0.0697
c14	−0.0770	−0.0507	−0.0173	0.0286	−0.0189	−0.0471	−0.1412
c15	−0.0479	−0.0568	−0.0407	0.0650	0.2150	0.2722	0.3212
c16	−0.0599	−0.0439	0.0088	0.0891	0.0918	0.0497	0.0637

표 A3.5 Sabit: 계열 60 저항 회귀계수

계열 60 저항 회귀계수	**만재흘수**								
$V_K/\sqrt{L_f}$	0.50	0.55	0.60	0.65	0.70	0.75	0.80	0.85	0.90
a1	−0.8244	−0.8249	−0.8278	−0.7970	−0.7562	−0.6619	−0.5200	−0.3570	−0.0267
a2	0.1906	0.1865	0.2050	0.2332	0.2496	0.2607	0.3185	0.3528	0.1333
a3	0.1164	0.1133	0.1042	0.1116	0.1221	0.1298	0.1302	0.1533	0.1015
a4	−0.0519	0.0060	0.0832	0.1075	0.1494	0.2603	0.5236	0.5455	0.4568
a5	0.0057	−0.0109	−0.0451	−0.0165	0.0472	0.1491	0.2289	0.4001	0.4677
a6	0.0072	0.0198	0.0211	0.0172	0.0216	0.0361	−0.0017	−0.0027	0.0181
a7	−0.0052	−0.0036	0.0067	0.0068	0.0064	0.0033	−0.0023	−0.0025	0.0175
a8	0.1134	0.1109	0.0933	0.1041	0.1585	0.1859	0.2930	0.2579	0.0506
a9	0.0670	0.0917	0.0708	0.0826	0.1428	0.1562	0.1742	0.1861	0.1558
a10	0.0483	0.0510	0.0400	0.0409	0.0414	0.0403	0.0368	0.0118	0.0279
a11	−0.1276	−0.0745	−0.0729	−0.0879	−0.0744	−0.0636	−0.1171	−0.1500	−0.0988
a12	0.1125	0.0971	0.1269	0.1882	0.2115	0.2289	0.3315	0.4253	0.0834
a13	−0.0481	−0.0213	0.0232	0.0265	0.0188	0.0103	0.0132	−0.0068	−0.0151
a14	0.0372	0.0206	−0.0105	−0.0049	0.0135	0.0378	0.0190	0.0789	0.0582
a15	−0.0954	−0.1924	−0.0855	−0.0189	0.0018	0.0793	0.1247	0.2562	0.3376
a16	−0.0629	0.0108	0.0036	0.0581	0.0884	0.0671	−0.0053	0.0601	0.1429

표 A3.6 Moor 및 Small: 평균 © 값

LCB	2.00 A	1.75 A	1.50 A	1.25 A	1.00 A	0.75 A	0.50 A	0.25 A	선체 중앙	0.25 F	0.50 F	0.75 F	1.00 F	1.25 F	1.50 F	1.75 F	2.00 F	2.25 F	2.50 F
C_B									10 knots $V/\sqrt{L} = 0.50$										
0.625	0.643	0.644	0.645	0.646	0.647	0.647	0.647	0.649	0.649	0.650	0.650	0.650	–	–	–	–	–	–	–
0.650	0.645	0.645	0.645	0.645	0.645	0.645	0.645	0.645	0.645	0.645	0.645	0.645	0.645	0.645	0.645	0.645	–	–	–
0.675	0.650	0.649	0.648	0.648	0.648	0.647	0.646	0.646	0.646	0.646	0.645	0.644	0.642	0.642	0.641	0.640	–	–	–
0.700	–	–	–	0.657	0.656	0.654	0.652	0.650	0.649	0.648	0.646	0.645	0.643	0.642	0.640	0.640	0.638	0.637	0.636
0.725	–	–	–	–	–	0.668	0.665	0.661	0.659	0.656	0.653	0.650	0.648	0.646	0.644	0.642	0.640	0.638	0.636
0.750	–	–	–	–	–	–	–	0.683	0.678	0.671	0.667	0.664	0.660	0.656	0.653	0.650	0.647	0.644	0.642
0.775	–	–	–	–	–	–	–	–	–	0.700	0.695	0.688	0.681	0.675	0.669	0.665	0.660	0.657	0.655
0.800	–	–	–	–	–	–	–	–	–	0.746	0.738	0.729	0.719	0.710	0.703	0.697	0.691	0.685	0.680
0.825	–	–	–	–	–	–	–	–	–	–	–	–	0.790	0.784	0.777	0.771	0.768	–	–
									11 knots $V/\sqrt{L} = 0.55$										
0.625	0.640	0.643	0.645	0.646	0.646	0.647	0.647	0.650	0.652	0.653	0.656	0.657	–	–	–	–	–	–	–
0.650	0.642	0.643	0.645	0.645	0.645	0.646	0.646	0.647	0.650	0.650	0.651	0.652	0.652	0.653	0.655	0.656	–	–	–
0.675	0.646	0.647	0.648	0.648	0.648	0.648	0.648	0.648	0.649	0.649	0.650	0.650	0.650	0.650	0.651	0.652	–	–	–
0.700	–	–	–	0.655	0.655	0.654	0.653	0.653	0.653	0.653	0.653	0.653	0.652	0.652	0.651	0.651	0.651	0.651	0.650
0.725	–	–	–	–	–	0.666	0.665	0.664	0.663	0.661	0.660	0.659	0.658	0.657	0.654	0.654	0.652	0. 650	0.650
0.750	–	–	–	–	–	–	–	0.680	0.679	0.676	0.676	0.674	0.670	0.667	0.664	0.662	0.660	0.658	0.654
0.775	–	–	–	–	–	–	–	–	–	0.701	0.699	0.694	0.690	0.686	0.681	0.678	0.675	0.671	0.666
0.800	–	–	–	–	–	–	–	–	–	0.737	0.733	0.729	0.727	0.722	0.718	0.713	0.710	0.704	0.700
0.825	–	–	–	–	–	–	–	–	–	–	–	–	0.791	0.790	0.790	0.789	0.789	–	–
									12 knots $V/\sqrt{L} = 0.60$										
6.625	0.658	0.659	0.659	0.659	0.659	0.659	0.659	0.660	0.660	0.661	0.662	0.662	–	–	–	–	–	–	–
0.650	0.653	0.655	0.655	0.655	0.655	0.655	0.655	0.658	0.658	0.659	0.659	0.659	0.660	0.660	0.660	0.661	–	–	–
0.675	0.655	0.657	0.657	0.657	0.657	0.657	0.657	0.659	0.660	0.660	0.660	0.660	0.660	0.661	0.661	0.661	–	–	–
0.700	–	–	–	0.665	0.664	0.663	0.663	0.665	0.665	0.666	0.666	0.666	0.665	0.665	0.664	0.664	0.664	0.664	0.664
0.725	–	–	–	–	–	0.680	0.680	0.680	0.680	0.679	0.677	0.676	0.673	0.672	0.670	0.670	0.668	0.668	0.667
0.750	–	–	–	–	–	–	–	0.712	0.707	0.702	0.698	0.692	0.687	0.683	0.680	0.679	0.680	0.680	0.680
0.775	–	–	–	–	–	–	–	–	–	0.738	0.725	0.715	0.708	0.703	0.700	0.700	0.702	0.706	0.712
0.800	–	–	–	–	–	–	–	–	–	0.784	0.760	0.745	0.735	0.730	0.731	0.738	0.751	0.774	0.808
0.825	–	–	–	–	–	–	–	–	–	–	–	–	0.775	0.776	0.796	0.836	0.890	–	–

(계속)

표 A3.6 Moor 및 Small: 평균 Ⓒ 값 (계속)

LCB	2.00 A	1.75 A	1.50 A	1.25 A	1.00 A	0.75 A	0.50 A	0.25 A	선체 중앙	0.25 F	0.50 F	0.75 F	1.00 F	1.25 F	1.50 F	1.75 F	2.00 F	2.25 F	2.50 F
C_B	13 knots $V/\sqrt{L} = 0.65$																		
0.625	0.680	0.680	0.680	0.680	0.680	0.680	0.680	0.679	0.679	0.678	0.678	0.678	–	–	–	–	–	–	–
0.650	0.676	0.676	0.676	0.676	0.676	0.676	0.676	0.676	0.676	0.676	0.676	0.676	0.676	0.676	0.676	0.676	–	–	–
0.675	0.674	0.676	0.676	0.677	0.677	0.677	0.677	0.678	0.678	0.678	0.678	0.678	0.679	0.679	0.679	0.679	–	–	–
0.700	–	–	–	0.684	0.684	0.684	0.684	0.684	0.684	0.684	0.684	0.684	0.683	0.683	0.683	0.683	0.682	0.682	0.681
0.725	–	–	–	–	–	0.703	0.703	0.701	0.700	0.699	0.697	0.696	0.695	0.693	0.693	0.693	0.689	0.689	0.689
0.750	–	–	–	–	–	–	–	0.744	0.735	0.727	0.720	0.716	0.712	0.710	0.710	0.710	0.709	0.710	0.712
0.775	–	–	–	–	–	–	–	–	–	0.773	0.759	0.751	0.745	0.740	0.739	0.739	0.746	0.756	0.770
0.800	–	–	–	–	–	–	–	–	–	0.841	0.820	0.806	0.799	0.795	0.795	0.803	0.818	0.843	0.885
0.825	–	–	–	–	–	–	–	–	–	–	–	–	0.885	0.888	0.902	0.929	0.973	–	–
	14 knots $V/\sqrt{L} = 0.70$																		
0.625	0.684	0.684	0.684	0.683	0.682	0.682	0.682	0.681	0.681	0.680	0.680	0.678	–	–	–	–	–	–	–
0.650	0.684	0.684	0.684	0.684	0.684	0.684	0.684	0.684	0.684	0.684	0.684	0.684	0.684	0.684	0.684	0.684	–	–	–
0.675	0.684	0.684	0.684	0.685	0.686	0.687	0.688	0.689	0.690	0.691	0.694	0.695	0.697	0.698	0.700	0.702	–	–	–
0.700	–	–	–	0.687	0.689	0.692	0.695	0.697	0.698	0.702	0.705	0.707	0.711	0.714	0.720	0.721	0.727	0.730	0.734
0.725	–	–	–	–	–	0.704	0.708	0.712	0.717	0.720	0.724	0.729	0.733	0.738	0.745	0.748	0.754	0.760	0.766
0.750	–	–	–	–	–	–	–	0.754	0.754	0.756	0.757	0.761	0.765	0.769	0.777	0.784	0.792	0.802	0.813
0.775	–	–	–	–	–	–	–	–	–	0.810	0.810	0.810	0.812	0.815	0.822	0.833	0.850	0.871	0.898
0.800	–	–	–	–	–	–	–	–	–	0.891	0.883	0.880	0.880	0.889	0.903	0.927	0.957	0.998	1.052
0.825	–	–	–	–	–	–	–	–	–	–	–	–	1.005	1.020	1.044	1.080	1.134	–	–
	15 knots $V/\sqrt{L} = 0.75$																		
0.625	0.689	0.690	0.688	0.688	0.688	0.688	0.688	0.686	0.687	0.688	0.688	0.688	–	–	–	–	–	–	–
0.650	0.687	0.688	0.689	0.689	0.689	0.690	0.690	0.691	0.692	0.693	0.693	0.694	0.694	0.696	0.697	0.698	–	–	–
0.675	0.687	0.691	0.693	0.696	0.698	0.701	0.702	0.706	0.707	0.711	0.714	0.716	0.719	0.722	0.724	0.725	–	–	–
0.700	–	–	–	0.714	0.720	0.723	0.728	0.732	0.737	0.741	0.746	0.751	0.757	0.762	0.766	0.771	0.776	0.781	0.787
0.725	–	–	–	–	–	0.771	0.775	0.781	0.787	0.791	0.797	0.801	0.808	0.813	0.822	0.829	0.838	0.852	0.863
0.750	–	–	–	–	–	–	–	–	–	0.856	0.856	0.859	0.866	0.877	0.891	0.908	0.928	0.951	0.976
0.775	–	–	–	–	–	–	–	–	–	–	0.932	0.931	0.937	0.952	0.974	1.002	1.037	1.076	1.120
0.800	–	–	–	–	–	–	–	–	–	–	1.020	1.021	1.029	1.047	1.077	1.116	1.164	1.220	1.275

표 A3.6 Moor 및 Small: 평균 © 값 (계속)

LCB	**2.00 A**	**1.75 A**	**1.50 A**	**1.25 A**	**1.00 A**	**0.75 A**	**0.50 A**	**0.25 A**	**선체 중앙**	**0.25 F**	**0.50 F**	**0.75 F**	**1.00 F**	**1.25 F**	**1.50 F**	**1.75 F**
C_B								16 knots $V/\sqrt{L} = 0.80$								
0.625	0.686	0.689	0.691	0.694	0.696	0.700	0.701	0.704	0.708	0.710	0.719	0.731	–	–	–	–
0.650	0.688	0.690	0.693	0.696	0.699	0.704	0.706	0.712	0.718	0.725	0.734	0.746	0.759	0.775	0.796	0.820
0.675	0.690	0.696	0.700	0.706	0.712	0.718	0.725	0.732	0.739	0.749	0.760	0.772	0.788	0.804	0.824	0.848
0.700	–	–	–	0.742	0.750	0.760	0.770	0.780	0.792	0.805	0.818	0.832	0.849	0.866	0.883	0.905
0.725	–	–	–	–	–	0.860	0.870	0.881	0.892	0.902	0.914	0.928	0.941	0.957	0.972	0.998
0.750	–	–	–	–	–	–	–	–	–	1.053	1.052	1.056	1.061	1.072	1.087	1.119
0.775	–	–	–	–	–	–	–	–	–	–	–	–	–	1.197	1.215	1.268
								17 knots $V/\sqrt{L} = 0.85$								
0.625	0.716	0.717	0.719	0.723	0.725	0.729	0.737	0.748	0.759	0.773	0.790	0.813	–	–	–	–
0.650	0.737	0.738	0.740	0.742	0.746	0.749	0.756	0.766	0.778	0.790	0.808	0.829	0.855	0.887	–	–
0.675	0.765	0.768	0.771	0.775	0.778	0.784	0.792	0.800	0.810	0.825	0.842	0.867	0.894	0.932	–	–
0.700	–	–	–	–	–	0.855	0.859	0.865	0.875	0.890	0.909	0.933	0.962	1.009	–	–
0.725	–	–	–	–	–	–	–	–	–	1.000	1.011	1.029	1.058	1.107	–	–
								18 knots $V/\sqrt{L} = 0.90$								
0.625	0.824	0.834	0.847	0.862	0.879	0.898	0.919	0.942	0.967	0.992	–	–	–	–	–	–
0.650	0.862	0.866	0.876	0.887	0.902	0.920	0.940	0.960	0.981	1.004	–	–	–	–	–	–
0.675	0.897	0.900	0.907	0.918	0.932	0.950	0.968	0.988	1.010	1.032	–	–	–	–	–	–
0.700	–	–	–	–	–	0.989	1.010	1.033	1.059	1.085	–	–	–	–	–	–

표 A3.7 Hollenbach: 저항 회귀계수

Hollenbach: 저항 회귀계수					
	평균			**최소**	
	단추진기선			**단추진기선**	
	설계 흘수	**밸러스트 흘수**	**쌍추진기선**	**설계 흘수**	**쌍추진기선**
$a1$	−0.3382	−0.7139	−0.2748	−0.3382	−0.2748
$a2$	0.8086	0.2558	0.5747	0.8086	0.5747
$a3$	−6.0258	1.1606	−6.7610	−6.0258	−6.7610
$a4$	−3.5632	0.4534	−4.3834	−3.5632	−4.3834
$a5$	9.4405	11.222	8.8158	0	0
$a6$	0.0146	0.4524	−0.1418	0	0
$a7$	0	0	−0.1258	0	0
$a8$	0	0	0.0481	0	0
$a9$	0	0	0.1699	0	0
$a10$	0	0	0.0728	0	0
$b11$	−0.57424	−1.50162	−5.34750	−0.91424	3.27279
$b12$	13.3893	12.9678	55.6532	13.38930	−44.1138
$b13$	90.5960	−36.7985	−114.905	90.59600	171.692
$b21$	4.6614	5.55536	19.2714	4.6614	−11.5012
$b22$	−39.721	−45.8815	−192.388	−39.7210	166.559
$b23$	−351.483	121.820	388.333	−351.483	−644.456
$b31$	−1.14215	−4.33571	−14.35710	−1.14215	12.4626
$b32$	−12.3296	36.0782	142.73800	−12.3296	−179.505
$b33$	459.254	−85.3741	−254.76200	459.25400	680.921
$c1$	$Fr/Fr{\cdot}krit$	$10C_B$ $(Fr/Fr{\cdot}krit-1)$	$Fr/Fr{\cdot}krit$	–	–
$d1$	0.854	0.032	0.8970	–	–
$d2$	−1.228	0.803	−1.4570	–	–
$d3$	0.497	−0.739	0.7670	–	–
$e1$	2.1701	1.9994	1.8319	–	–
$e2$	−0.1602	−0.1446	−0.1237	–	–
$f1$	0.17	0.15	0.16	0.17	0.14
$f2$	0.20	0.10	0.24	0.20	0
$f3$	0.60	0.50	0.60	0.60	0
$g1$	0.642	0.42	0.50	0.614	0.952
$g2$	−0.635	−0.20	0.66	−0.717	−1.406
$g3$	0.150	0	0.50	0.261	0.643
$h1$	1.204	1.194	1.206	–	–
선박 길이$L(m)$	42.0~205.0	50.2~224.8	30.6~206.8	42.0~205.0	30.6~206.8
$L/\nabla^{1/3}$	4.49~6.01	5.45~7.05	4.41~7.27	4.49~6.01	4.41~7.27
C_B	0.60~0.83	0.56~0.79	0.51~0.78	0.60~0.83	0.51~0.78
L/B	4.71~7.11	4.95~6.62	3.96~7.13	4.71~7.11	3.96~7.13
B/T	1.99~4.00	2.97~6.12	2.31~6.11	1.99~4.00	2.31~6.11
L_{OS}/L_{WL}	1.00~1.05	1.00~1.05	1.00~1.05	1.00~1.05	1.00~1.05
L_{WL}/L	1.00~1.06	0.95~1.00	1.0~1.07	1.00~1.06	1.00~1.07
D_P/T	0.43~0.84	0.66~1.05	0.50~0.86	0.43~0.84	0.50~0.86

표 A3.8 Taylor-Gertler: 계열 저항 데이터 $C_P = 0.50$

Taylor-Gertler 계열 데이터: $C_R \times 1000$										C_P = **0.50**								
$L/\nabla^{1/3}$	5.5			6.0			7.0			8.0			9.0			10.0		
B/T	2.25	3.00	3.75	2.25	3.00	3.75	2.25	3.00	3.75	2.25	3.00	3.75	2.25	3.00	3.75	2.25	3.00	3.75
Fr																		
0.16	0.45	0.54	0.65	0.38	0.46	0.55	0.30	0.33	0.44	0.24	0.28	0.37	0.22	0.26	0.34	0.20	0.25	0.33
0.18	0.48	0.55	0.67	0.39	0.47	0.57	0.30	0.34	0.45	0.26	0.28	0.38	0.22	0.27	0.34	0.20	0.25	0.33
0.20	0.50	0.60	0.71	0.41	0.48	0.59	0.31	0.35	0.47	0.28	0.29	0.39	0.23	0.27	0.37	0.20	0.25	0.33
0.22	0.55	0.73	0.84	0.47	0.58	0.72	0.35	0.42	0.52	0.29	0.36	0.43	0.24	0.30	0.40	0.20	0.27	0.37
0.24	0.68	0.97	1.12	0.58	0.79	0.90	0.43	0.62	0.65	0.30	0.51	0.52	0.25	0.40	0.48	0.20	0.33	0.43
0.26	0.83	1.11	1.32	0.67	0.91	1.05	0.49	0.72	0.75	0.37	0.59	0.60	0.27	0.48	0.52	0.20	0.39	0.48
0.28	0.88	1.11	1.40	0.70	0.92	1.11	0.52	0.75	0.80	0.39	0.58	0.60	0.28	0.47	0.51	0.20	0.38	0.46
0.30	–	1.40	1.63	0.85	1.16	1.32	0.59	0.81	0.87	0.41	0.60	0.61	0.32	0.50	0.55	0.22	0.44	0.46
0.32	–	2.20	2.55	1.42	1.71	1.91	0.98	1.15	1.18	0.68	0.85	0.83	0.51	0.70	0.70	0.40	0.60	0.59
0.34	–	–	–	2.71	3.10	3.20	1.78	1.90	1.96	1.20	1.30	1.30	0.95	1.05	1.06	0.68	0.86	0.81
0.36	–	–	–	–	4.91	5.00	2.96	3.00	3.00	1.97	1.97	2.00	1.45	1.50	1.51	1.00	1.16	1.14
0.38					–	–	4.32	4.32	4.58	2.83	2.82	3.00	2.03	2.05	2.10	1.40	1.50	1.51
0.40							–	–	–	3.71	3.80	3.95	2.58	2.63	2.64	1.75	1.82	1.90
0.42										4.40	4.50	4.65	2.93	3.08	3.10	1.98	2.10	2.20
0.44										4.83	5.02	5.17	3.20	3.40	3.45	2.10	2.26	2.40
0.46										5.05	–	–	3.32	3.58	3.63	2.18	2.34	2.52
0.48										5.16			3.38	3.59	3.71	2.20	2.36	2.60
0.50										5.15			3.38	3.60	3.72	2.19	2.35	2.61
0.52										5.08			3.35	3.59	3.71	2.15	2.30	2.60
0.54										4.93			3.28	3.50	3.65	2.10	2.25	2.58
0.56										4.72			3.17	3.41	3.51	2.05	2.18	2.51
0.58										4.45			3.00	3.30	3.41	1.99	2.15	2.47

표 A3.9 Taylor－Gertler: 계열 저항 데이터 $C_P = 0.60$

Taylor-Gertler 계열 데이터: $C_R \times 1000$												C_P = **0.60**						
$L/\nabla^{1/3}$	5.5			6.0			7.0			8.0			9.0			10.0		
B/T	2.25	3.00	3.75	2.25	3.00	3.75	2.25	3.00	3.75	2.25	3.00	3.75	2.25	3.00	3.75	2.25	3.00	3.75
Fr																		
0.16	0.50	0.60	0.75	0.42	0.51	0.65	0.35	0.42	0.51	0.29	0.38	0.48	0.22	0.32	0.44	0.23	0.30	0.42
0.18	0.50	0.60	0.77	0.42	0.51	0.65	0.35	0.42	0.53	0.29	0.38	0.49	0.22	0.32	0.44	0.23	0.30	0.42
0.20	0.52	0.64	0.80	0.43	0.54	0.68	0.34	0.42	0.55	0.29	0.39	0.49	0.22	0.33	0.44	0.23	0.30	0.42
0.22	0.60	0.74	0.90	0.51	0.61	0.75	0.38	0.49	0.59	0.30	0.45	0.51	0.25	0.38	0.45	0.23	0.35	0.43
0.24	0.71	0.85	0.96	0.61	0.74	0.82	0.47	0.64	0.64	0.37	0.58	0.54	0.30	0.50	0.49	0.25	0.46	0.45
0.26	1.01	1.06	1.21	0.87	0.98	1.02	0.66	0.87	0.85	0.49	0.76	0.69	0.37	0.64	0.57	0.28	0.56	0.49
0.28	1.67	1.64	1.80	1.43	1.37	1.50	1.00	1.20	1.12	0.71	0.98	0.87	0.51	0.77	0.70	0.38	0.64	0.57
0.30	–	2.45	2.50	2.08	2.11	2.08	1.40	1.51	1.45	1.00	1.18	1.09	0.55	0.91	0.80	0.46	0.70	0.61
0.32	–	2.90	3.04	2.29	2.45	2.57	1.48	1.68	1.75	1.05	1.29	1.26	0.56	0.95	0.92	0.46	0.75	0.70
0.34	–	–	–	2.50	2.83	3.08	1.60	2.00	2.05	1.10	1.47	1.41	0.63	1.07	1.01	0.52	0.80	0.78
0.36	–	–	–	3.30	3.62	3.84	2.12	2.58	2.59	1.41	1.74	1.75	0.86	1.20	1.19	0.69	0.92	0.82
0.38	–	–	–	5.10	5.10	5.31	3.12	3.40	3.50	1.95	2.28	2.30	1.19	1.47	1.60	0.92	1.12	1.08
0.40	–	–	–	–	–	–	–	–	–	2.62	2.98	3.01	1.50	1.90	2.07	1.20	1.41	1.38
0.42										3.20	3.58	3.60	1.79	2.32	2.40	1.40	1.60	1.58
0.44										3.60	4.03	4.07	2.03	2.64	2.65	1.52	1.74	1.70
0.46										3.82	4.31	4.38	2.19	2.80	2.87	1.61	1.80	1.81
0.48										3.95	4.42	4.58	2.19	2.89	3.00	1.68	1.85	1.89
0.50										4.02	–	–	2.20	2.92	3.10	1.70	1.86	1.91
0.52										4.00	–	–	2.20	2.94	3.11	1.70	1.86	1.92
0.54										3.92			2.19	2.93	3.09	1.67	1.85	1.90
0.56										3.81			2.10	2.85	2.95	1.62	1.81	1.88
0.58										3.66			2.00	2.75	2.85	1.60	1.78	1.80

표 A3.10 Taylor–Gertler: 계열 저항 데이터 $C_P = 0.70$

Taylor–Gertler 계열 데이터: $C_R \times 1000$													C_P = **0.70**					
$L/\nabla^{1/3}$	5.5			6.0			7.0			8.0			9.0			10.0		
B/T	2.25	3.00	3.75	2.25	3.00	3.75	2.25	3.00	3.75	2.25	3.00	3.75	2.25	3.00	3.75	2.25	3.00	3.75
Fr																		
0.16	0.52	0.68	0.83	0.43	0.58	0.74	0.33	0.47	0.62	0.29	0.38	0.56	0.25	–	–	0.23	–	–
0.18	0.57	0.72	0.84	0.46	0.60	0.75	0.35	0.48	0.62	0.29	0.38	0.56	0.25	–	–	0.23		–
0.20	0.68	0.87	0.97	0.57	0.73	0.85	0.40	0.57	0.69	0.30	0.45	0.58	0.26	–	–	0.23		–
0.22	0.89	1.10	1.19	0.77	1.00	1.03	0.58	0.79	0.85	0.44	0.60	0.70	0.34			0.29		–
0.24	1.20	1.40	1.49	1.07	1.30	1.32	0.86	1.07	1.09	0.68	0.78	0.87	0.52			0.40		–
0.26	1.68	1.84	2.00	1.50	1.67	1.75	1.20	1.37	1.39	0.95	1.03	1.10	0.73			0.56		–
0.28	3.24	3.13	3.24	2.70	2.71	2.82	1.90	2.09	2.14	1.42	1.52	1.57	1.02			0.80		–
0.30	–	–	–	4.95	–	–	3.17	3.21	3.28	2.25	2.30	2.30	1.62			1.14		–
0.32				5.71			3.70	3.90	3.90	2.40	2.60	2.60	1.71			1.24		–
0.34				5.69			3.52	4.04	4.20	2.29	2.60	2.69	1.62			1.15		–
0.36				5.58			3.60	4.13	4.30	2.23	2.63	2.80	1.56			1.14		–
0.38				6.12			3.88	4.42	4.65	2.43	2.78	3.00	1.72			1.24		–
0.40				–						2.82	3.08	3.40	2.00			1.37		–
0.42										3.20	3.50	3.65	2.19			1.45		–
0.44										3.50	3.86	4.00	2.33			1.55		–
0.46										3.67	4.02	4.28	2.45			1.60		–
0.48										3.78	–	–	2.50			1.65		–
0.50										3.80			2.52			1.66		–
0.52										3.80			2.52			1.65		–
0.54										3.79			2.51			1.65		–
0.56										3.73			2.45			1.62		–
0.58										3.60			2.40			1.59		–

표 A3.11 Taylor−Gertler: 계열 저항 데이터 $C_P = 0.80$

Taylor-Gertler 계열 데이터: $C_R \times 1000$												**C_P = 0.80**						
$L/\nabla^{1/3}$	5.5			6.0			7.0			8.0			9.0			10.0		
B/T	2.25	3.00	3.75	2.25	3.00	3.75	2.25	3.00	3.75	2.25	3.00	3.75	2.25	3.00	3.75	2.25	3.00	3.75
Fr																		
0.16	0.62	0.82	0.92	0.53	0.75	0.84	0.41	0.62	0.71	0.35	0.43	0.65	0.33	–	–	0.32	–	–
0.18	0.83	1.03	1.05	0.73	0.97	0.95	0.58	0.82	0.82	0.51	0.61	0.74	0.49			0.46		–
0.20	1.32	1.34	1.38	1.20	1.28	1.27	0.96	1.12	1.13	0.78	0.89	1.05	0.69			0.62		–
0.22	2.10	1.92	1.98	1.90	1.82	1.85	1.55	1.62	1.63	1.26	1.35	1.52	1.07			0.91		–
0.24	2.90	3.05	2.90	2.67	2.88	2.73	2.27	2.50	2.48	1.90	1.99	2.15	1.55			1.30		–
0.26	–			3.60	–	–	2.97	3.40	3.18	2.28	2.57	2.58	1.77			1.45		–
0.28	–			–	–	–	3.48	–	–	2.58	2.99	3.02	2.06			1.70		–
0.30							5.20	–	–	3.70	4.00	3.87	2.77			2.20		–
0.32							6.51	–	–	4.23	4.85	4.55	3.05			2.18		–
0.34							6.71	–	–	4.25	4.73	4.63	2.97			2.06		–
0.36							6.35	–	–	4.10	4.50	4.66	2.77			1.96		–
0.38							6.01	–	–	3.92	4.38	4.52	2.68			1.90		–
0.40						–				3.93	–	–	2.65			1.85		–
0.42						–				4.07	–	–	2.69			1.80		–
0.44						–				4.18	–	–	2.74			1.79		–
0.46						–				4.26	–	–	2.80			1.77		–
0.48						–				4.28	–	–	2.80			1.75		–
0.50						–				4.27	–	–	2.80			1.78		–
0.52						–				4.19	–	–	2.79			1.80		–
0.54						–				4.12	–	–	2.76			1.80		–
0.56						–				4.03	–	–	2.70			1.79		–
0.58						–				3.92	–	–	2.65			1.78		–

표 A3.12 Zborowski: 쌍추진기선 계열 저항 데이터

Zborowski: 쌍추진기선 저항 데이터 $C_{TM} \times 1000$

a: B/T와 $L/\nabla^{1/3}$가 변화하는 계열[$C_B = 0.518$]

B/T	$L/\nabla^{1/3}$	Fr	0.25	0.26	0.27	0.28	0.29	0.30	0.31	0.32	0.33	0.34	0.35	모델 번호
2.25	6.00		5.169	5.168	5.183	5.193	5.227	5.296	5.355	5.520	5.794	6.225	6.829	A-1
	6.50		5.300	5.279	5.262	5.253	5.245	5.270	5.333	5.469	5.657	6.013	6.527	A-2
	7.00		5.028	5.022	5.095	5.112	5.089	5.132	5.158	5.237	5.431	5.728	6.084	A-3
2.80	6.00		5.427	5.430	5.420	5.420	5.440	5.500	5.580	5.740	6.060	6.490	7.030	B-1
	6.50		5.374	5.336	5.338	5.327	5.342	5.379	5.444	5.569	5.823	6.198	6.651	B-2
	7.00		5.202	5.217	5.220	5.220	5.203	5.220	5.271	5.385	5.558	5.819	6.185	B-3
3.35	6.00		5.351	5.356	5.383	5.379	5.400	5.450	5.530	5.677	5.987	6.428	6.963	C-1
	6.50		5.354	5.306	5.311	5.313	5.319	5.340	5.395	5.538	5.790	6.170	6.620	C-2
	7.00		5.104	5.103	5.104	5.091	5.098	5.120	5.162	5.269	5.435	5.699	6.074	C-3

b: C_B가 변화하는 계열[$L/\nabla^{1/3} = 6.5$]

B/T	C_B	Fr	0.25	0.26	0.27	0.28	0.29	0.30	0.31	0.32	0.33	0.34	0.35	
3.35	0.518		5.354	5.306	5.311	5.313	5.319	5.340	5.395	5.538	5.790	6.170	6.620	C-2
	0.564		5.298	5.310	5.395	5.461	5.534	5.625	5.270	5.752	5.940	6.166	6.378	R-2
	0.605		5.458	5.500	5.600	5.720	5.858	6.097	6.236	6.370	6.470	6.580	6.717	R-1
	0.645		6.055	6.083	6.179	6.360	6.598	6.923	7.228	7.405	7.500	7.606	7.773	R-2

표 A3.13 Yeh: 계열 64 저항 데이터 $C_B = 0.35$

Yeh: 계열 64 저항 데이터 $C_B = 0.35$ $C_R \times 1000$									
$L/\nabla^{1/3}$	9.3			10.5			12.4		
B/T	2.0	3.0	4.0	2.0	3.0	4.0	2.0	3.0	4.0
$V_K/\sqrt{L_f}$									
0.2	1.533	1.500	1.403	1.869	1.830	1.718	1.100	1.075	1.003
0.4	0.950	0.929	0.868	0.889	0.869	0.813	0.854	0.835	0.782
0.6	1.477	1.348	1.172	1.053	1.149	1.194	0.936	1.070	0.862
0.8	1.362	1.448	1.310	1.093	1.005	1.135	0.923	1.076	0.932
1.0	1.539	1.617	1.422	1.191	1.083	1.182	0.954	0.990	0.828
1.2	1.633	1.701	1.463	1.227	1.115	1.192	0.913	0.933	0.771
1.4	1.687	1.747	1.509	1.194	1.106	1.167	0.882	0.865	0.709
1.6	1.708	1.732	1.502	1.139	1.067	1.117	0.794	0.778	0.693
1.8	1.690	1.636	1.501	1.076	1.003	1.071	0.720	0.706	0.665
2.0	1.561	1.477	1.462	1.014	0.931	0.990	0.672	0.645	0.660
2.2	1.433	1.332	1.390	0.956	0.850	0.918	0.652	0.639	0.667
2.4	1.300	1.200	1.310	0.872	0.789	0.863	0.619	0.626	0.662
2.6	1.183	1.091	1.216	0.801	0.742	0.825	0.588	0.625	0.643
2.8	1.076	1.014	1.126	0.752	0.710	0.794	0.580	0.632	0.603
3.0	0.998	0.959	1.052	0.718	0.690	0.777	0.570	0.644	0.579
3.2	0.937	0.919	1.000	0.686	0.690	0.765	0.567	0.642	0.576
3.4	0.899	0.901	0.979	0.679	0.700	0.747	0.576	0.646	0.583
3.6	0.870	0.892	0.967	0.686	0.709	0.769	0.580	0.658	0.593
3.8	0.849	0.887	0.962	0.700	0.722	0.774	0.591	0.671	0.601
4.0	0.836	0.885	0.952	0.715	0.736	0.776	0.604	0.678	0.611
4.2	0.833	0.889	0.947	0.728	0.747	0.778	0.615	0.688	0.626
4.4	0.830	0.894	0.939	0.741	0.756	0.777	0.625	0.695	0.632
4.6	0.832	0.898	0.932	0.750	0.766	0.775	0.633	0.704	0.639
4.8	0.836	0.898	0.926	0.759	0.772	0.775	0.643	0.709	0.646
5.0	0.836	0.895	0.918	0.763	0.776	0.772	0.649	0.713	0.651

표 A3.14 Yeh: 계열 64 저항 데이터 $C_B = 0.45$

Yeh: 계열 64 저항 데이터 $C_B = 0.45$ $C_R \times 1000$									
$L/\nabla^{1/3}$	8.6			9.6			11.3		
B/T	2.0	3.0	4.0	2.0	3.0	4.0	2.0	3.0	4.0
$V_K/\sqrt{L_f}$									
0.2	3.187	3.120	2.968	2.778	2.781	2.585	3.693	3.584	3.377
0.4	2.201	2.155	2.051	2.112	1.816	1.487	1.766	1.407	1.643
0.6	2.076	2.127	1.936	1.900	1.637	1.237	1.592	1.273	1.482
0.8	2.161	2.331	2.069	1.541	1.445	1.135	1.263	0.996	1.252
1.0	2.157	2.455	1.851	1.326	1.259	1.236	1.041	0.865	1.116
1.2	2.832	2.775	2.375	1.556	1.551	1.478	0.992	0.829	0.788
1.4	3.042	2.981	2.695	1.732	1.697	1.618	0.952	0.901	0.762
1.6	2.915	2.924	2.587	1.682	1.648	1.572	0.880	0.761	0.743
1.8	2.723	2.700	2.346	1.572	1.540	1.468	0.781	0.686	0.727
2.0	2.536	2.418	2.111	1.469	1.439	1.372	0.689	0.649	0.690
2.2	2.254	2.145	1.926	1.341	1.314	1.253	0.615	0.613	0.634
2.4	1.984	1.909	1.776	1.221	1.189	1.127	0.547	0.562	0.569
2.6	1.766	1.707	1.643	1.107	1.072	1.028	0.483	0.503	0.507
2.8	1.545	1.541	1.524	1.007	0.971	0.945	0.438	0.455	0.464
3.0	1.381	1.414	1.425	0.919	0.891	0.892	0.401	0.415	0.438
3.2	1.298	1.318	1.334	0.839	0.839	0.851	0.379	0.411	0.424
3.4	1.248	1.265	1.270	0.789	0.815	0.826	0.373	0.408	0.422
3.6	1.218	1.228	1.224	0.777	0.804	0.811	0.385	0.413	0.427
3.8	1.206	1.206	1.200	0.806	0.806	0.816	0.405	0.432	0.441
4.0	1.194	1.188	1.182	0.777	0.814	0.822	0.424	0.454	0.459
4.2	1.184	1.180	1.168	0.784	0.828	0.833	0.451	0.479	0.481
4.4	1.175	1.176	1.163	0.797	0.841	0.842	0.478	0.506	0.508
4.6	1.172	1.173	1.160	0.808	0.852	0.851	0.507	0.533	0.537
4.8	1.166	1.172	1.159	0.819	0.862	0.862	0.539	0.564	0.563
5.0	1.162	1.173	1.161	0.825	0.871	0.871	0.566	0.592	0.587

표 A3.15 Yeh: 계열 64 저항 데이터 $C_B = 0.55$

Yeh: 계열 64 저항 데이터 C_B = 0.55 $C_R \times 1000$									
$L/\nabla^{1/3}$	8.0			8.9			10.5		
B/T	2.0	3.0	4.0	2.0	3.0	4.0	2.0	3.0	4.0
$V_K/\sqrt{L_f}$									
0.2	2.888	2.856	2.750	2.504	2.476	2.383	2.065	2.041	1.963
0.4	2.593	2.565	2.473	1.206	1.192	0.923	1.282	1.267	1.218
0.6	2.504	2.478	2.389	1.095	1.082	1.041	1.162	1.149	1.105
0.8	2.612	2.585	2.494	1.450	1.435	0.824	1.203	1.190	1.075
1.0	2.440	2.415	2.330	1.984	1.963	1.357	1.403	1.388	1.157
1.2	2.846	2.817	2.718	2.472	2.446	1.864	1.610	1.560	1.253
1.4	3.163	3.131	3.023	2.734	2.536	2.246	1.552	1.512	1.273
1.6	3.169	3.208	3.052	2.489	2.521	2.266	1.471	1.455	1.245
1.8	2.975	2.993	2.946	2.302	2.335	2.044	1.385	1.356	1.168
2.0	2.711	2.754	2.797	2.042	2.058	1.915	1.278	1.229	1.084
2.2	2.397	2.477	2.580	1.788	1.815	1.685	1.165	1.114	0.981
2.4	2.086	2.206	2.352	1.567	1.609	1.503	1.063	1.019	0.881
2.6	1.856	1.967	2.134	1.390	1.452	1.364	0.970	0.925	0.778
2.8	1.648	1.764	1.928	1.251	1.332	1.263	0.903	0.852	0.706
3.0	1.477	1.595	1.757	1.144	1.247	1.163	0.831	0.801	0.656
3.2	1.347	1.478	1.643	1.067	1.186	1.109	0.818	0.777	0.648
3.4	1.261	1.393	1.561	1.012	1.149	1.062	0.802	0.766	0.657
3.6	1.205	1.329	1.497	0.963	1.133	1.032	0.804	0.774	0.666
3.8	1.170	1.289	1.446	0.932	1.124	1.006	0.820	0.786	0.676
4.0	1.152	1.258	1.415	0.908	1.115	0.991	0.831	0.799	0.689
4.2	1.140	1.257	1.378	0.900	1.121	0.986	0.848	0.808	0.731
4.4	1.152	1.303	1.425	0.904	1.120	0.998	0.863	0.813	0.751
4.6	1.212	1.382	1.491	0.932	1.117	1.012	0.877	0.819	0.764
4.8	1.321	1.487	1.576	0.998	1.169	1.049	0.886	0.822	0.779
5.0	1.441	1.592	1.660	1.097	1.222	1.094	0.898	0.825	0.791

표 A3.16 Bailey: NPL 계열 저항 데이터

NPL 계열 저항 데이터 $C_R \times 1000$													
$L/\nabla^{1/3}$	4.47			4.86			5.23			5.76			
B/T	1.72	2.43	3.19	2.19	3.16	4.08	1.94	2.75	5.10	1.93	2.59	3.67	6.80
$V_K/\sqrt{L_f}$													
0.8	4.800	5.167	5.533	3.524	4.088	4.651	3.251	4.250	4.172	3.373	3.953	3.900	3.768
0.9	5.163	5.758	6.352	4.062	4.691	5.319	3.846	4.563	4.789	3.777	4.209	4.187	4.311
1.0	5.673	6.472	7.270	4.722	5.391	6.060	4.449	5.098	5.480	4.240	4.499	4.547	4.900
1.1	6.429	7.292	8.155	5.453	6.100	6.746	5.125	5.603	6.040	4.687	4.899	5.002	5.485
1.2	7.382	8.491	9.599	6.456	7.119	7.782	5.834	6.406	6.900	5.244	5.470	5.580	6.068
1.3	8.833	10.087	11.340	8.007	8.559	9.110	6.955	7.557	7.908	6.134	6.316	6.506	6.749
1.4	11.510	12.580	13.650	10.334	10.782	11.230	8.526	9.132	9.290	7.572	7.498	7.805	7.428
1.5	15.711	16.005	16.298	13.133	13.481	13.828	11.111	11.081	11.108	9.383	9.205	9.278	8.055
1.6	20.312	19.854	19.395	16.482	16.398	16.315	13.558	13.278	13.225	10.568	11.012	10.525	8.835
1.7	23.559	23.440	23.320	18.603	18.482	18.360	15.336	14.974	14.040	11.103	11.963	10.818	9.380
1.8	24.854	25.445	26.035	18.947	18.671	18.395	15.749	15.144	13.885	11.114	12.013	10.461	9.095
1.9	25.171	25.160	25.148	18.237	17.873	17.508	15.068	14.332	13.118	10.561	11.143	9.726	8.509
2.0	24.636	24.119	23.601	16.851	16.636	16.421	13.950	13.122	12.381	9.622	10.087	8.991	7.895
2.1	23.400	22.627	21.853	15.690	15.417	15.143	12.991	12.236	11.493	8.881	9.267	8.431	7.357
2.2	21.461	20.834	20.204	14.452	14.228	14.004	12.046	11.248	10.624	8.177	8.548	7.869	6.792

(계속)

표 A3.16 Bailey: NPL 계열 저항 데이터 (계속)

NPL 계열 저항 데이터 $C_R \times 1000$													
$L/\nabla^{1/3}$	4.47			4.86			5.23			5.76			
B/T	1.72	2.43	3.19	2.19	3.16	4.08	1.94	2.75	5.10	1.93	2.59	3.67	6.80
$V_K/\sqrt{L_f}$													
2.3	19.723	19.095	18.475	13.340	13.087	12.835	11.126	10.387	9.755	7.535	7.903	7.333	6.328
2.4	18.134	17.365	16.955	12.327	12.071	11.815	10.305	9.549	8.865	7.004	7.321	6.845	5.888
2.5	16.571	16.113	15.655	11.314	11.104	10.895	9.533	8.761	8.175	6.498	6.850	6.383	5.499
2.6	15.306	14.954	14.584	10.500	10.302	10.104	8.812	8.147	7.634	6.104	6.429	6.019	5.184
2.7	13.982	13.788	13.603	9.661	9.507	9.353	8.140	7.584	7.163	5.760	6.033	5.656	4.869
2.8	12.876	12.799	12.721	8.921	8.816	8.711	7.555	7.044	6.772	5.376	5.711	5.342	4.604
2.9	11.836	11.738	11.999	8.307	8.252	8.196	7.007	6.605	6.431	5.081	5.378	5.028	4.364
3.0	10.896	11.142	11.387	7.742	7.774	7.805	6.610	6.265	6.191	4.810	5.130	4.789	4.174
3.1	10.055	10.460	10.864	7.402	7.458	7.513	6.287	5.975	5.950	4.551	4.895	4.548	4.059
3.2	9.139	9.820	10.501	7.112	7.167	7.221	6.027	5.710	5.734	4.367	4.698	4.358	3.919
3.3	–	–	–	6.972	6.989	7.005	5.792	5.545	5.594	4.195	4.513	4.218	3.804
3.4				6.966	6.954	6.941	5.633	5.429	5.504	4.048	4.354	4.053	3.714
3.5				7.005	6.940	6.875	5.501	5.389	5.363	3.900	4.268	3.912	3.674
3.6				7.094	7.015	6.935	5.413	5.348	5.309	3.802	4.233	3.846	3.708
3.7				7.209	7.115	7.021	5.376	5.432	5.256	3.704	4.224	3.755	3.693
3.8				7.299	7.192	7.084	5.377	5.469	5.269	3.644	4.249	3.739	3.731
3.9				7.413	7.292	7.171	5.402	5.608	5.281	3.558	4.275	3.748	3.743
4.0				7.552	7.418	7.284	5.464	5.722	5.292	3.522	4.374	3.706	3.729
4.1				7.716	7.594	7.472	5.527	5.912	5.455	3.475	4.500	3.740	3.766

표 A3.16 Bailey: NPL 계열 저항 데이터 (계속)

	NPL 계열 저항 데이터 $C_R \times 1000$										
$L/\nabla^{1/3}$	6.59				7.10				8.30		
B/T	2.01	2.90	3.88	5.49	2.51	3.63	4.86	6.87	4.02	4.90	5.80
$V_K/\sqrt{L_f}$											
0.8	3.584	2.899	2.889	3.149	3.308	2.449	3.426	2.347	2.864	2.389	1.913
0.9	3.785	3.165	3.081	3.436	3.504	2.654	3.454	2.485	2.921	2.432	1.943
1.0	3.973	3.479	3.446	3.846	3.754	2.893	3.496	2.670	2.977	2.492	2.007
1.1	4.176	3.839	3.808	4.251	4.018	3.140	3.632	2.999	3.017	2.536	2.055
1.2	4.388	4.346	4.166	4.729	4.381	3.460	3.828	3.302	3.073	2.593	2.112
1.3	4.734	5.086	4.661	5.304	4.904	3.932	4.159	3.627	3.150	2.690	2.229
1.4	5.550	6.038	5.417	5.778	5.631	4.503	4.514	3.926	3.315	2.830	2.344
1.5	7.033	6.550	6.121	6.124	6.169	4.879	4.691	4.147	3.471	2.996	2.520
1.6	7.577	6.700	6.397	6.319	6.255	5.016	4.704	4.342	3.438	3.054	2.670
1.7	7.661	6.636	6.396	6.313	6.177	4.964	4.627	4.360	3.303	3.024	2.744
1.8	7.520	6.398	6.194	6.081	5.954	4.763	4.514	4.228	3.149	2.933	2.717
1.9	7.113	6.095	5.927	5.771	5.567	4.393	4.322	3.969	2.987	2.788	2.589
2.0	6.538	5.604	5.523	5.412	5.179	4.095	4.056	3.685	2.825	2.624	2.423
2.1	6.068	5.263	5.130	5.102	4.859	3.903	3.888	3.525	2.668	2.506	2.344
2.2	5.647	4.883	4.786	4.740	4.539	3.673	3.670	3.339	2.523	2.375	2.226

표 A3.16 Bailey: NPL 계열 저항 데이터 (계속)

NPL 계열 저항 데이터 $C_R \times 1000$											
$L/\nabla^{1/3}$	6.59				7.10				8.30		
B/T	2.01	2.90	3.88	5.49	2.51	3.63	4.86	6.87	4.02	4.90	5.80
$V_K/\sqrt{L_f}$											
2.3	5.245	4.515	4.505	4.504	4.243	3.430	3.477	3.178	2.383	2.246	2.108
2.4	4.898	4.246	4.185	4.292	3.982	3.249	3.283	2.965	2.250	2.132	2.013
2.5	4.589	4.016	3.953	4.005	3.744	3.080	3.101	2.854	2.141	2.000	1.919
2.6	4.342	3.771	3.733	3.817	3.547	2.960	2.930	2.740	2.044	1.953	1.862
2.7	4.094	3.539	3.533	3.654	3.343	2.803	2.785	2.627	1.947	1.876	1.805
2.8	3.896	3.355	3.341	3.490	3.182	2.692	2.639	2.538	1.861	1.816	1.771
2.9	3.660	3.209	3.158	3.326	3.009	2.536	2.531	2.450	1.781	1.753	1.725
3.0	3.493	3.038	3.024	3.187	2.860	2.440	2.422	2.335	1.727	1.715	1.703
3.1	3.319	2.917	2.914	2.996	2.724	2.355	2.312	2.296	1.665	1.667	1.669
3.2	3.182	2.795	2.830	2.906	2.624	2.296	2.265	2.205	1.623	1.641	1.659
3.3	3.058	2.685	2.771	2.817	2.519	2.236	2.206	2.141	1.580	1.628	1.675
3.4	2.971	2.625	2.711	2.777	2.439	2.202	2.196	2.101	1.543	1.604	1.665
3.5	2.877	2.553	2.689	2.661	2.370	2.166	2.199	2.060	1.512	1.608	1.704
3.6	2.833	2.530	2.665	2.569	2.338	2.180	2.214	2.044	1.487	1.615	1.743
3.7	2.789	2.494	2.693	2.529	2.307	2.189	2.241	1.978	1.468	1.626	1.783
3.8	2.807	2.483	2.720	2.438	2.288	2.209	2.256	1.962	1.474	1.644	1.847
3.9	2.777	2.497	2.760	2.422	2.282	2.248	2.321	1.921	1.493	1.696	1.899
4.0	2.794	2.523	2.862	2.354	2.287	2.311	2.411	1.904	1.530	1.765	1.999
4.1	2.813	2.576	2.977	2.339	2.319	2.376	2.551	1.888	1.580	1.835	2.089

표 A3.17 Radojcic 등: NTUA 이중 차인 계열 저항 회귀계수

NTUA 이중 차인 계열 저항 회귀계수: 1000 $C_R = \Sigma a_i \cdot x_i$	
변수	계수
x_i	a_i
1	81.947561
$Fr(L/\nabla^{1/3})^2$	−18.238522
$(L/\nabla^{1/3})$	−44.283380
(B/T)	−7.775629
$(L/B)(B/T)$	1.731934
$Fr^2(L/\nabla^{1/3})^2$	17.075124
$Fr^3(B/T)^2$	12.079902
$Fr^5(B/T)$	273.294648
$Fr^5(B/T)^2$	−16.121701
$(B/T)^2$	1.294730
$Fr(B/T)^3$	−0.187700
$Fr^7(B/T)^3$	−1.459234
$Fr^6(B/T)^3$	3.399356
$(L/B)(B/T)^2$	−0.235111
$(L/\nabla^{1/3})^2$	5.323100
$(L/B)^2(L/\nabla^{1/3})$	−0.021188
$Fr(L/\nabla^{1/3})$	108.448244
$Fr^2(L/\nabla^{1/3})$	−92.667206
$Fr^7(B/T)(L/\nabla^{1/3})^2$	0.176635
$Fr^6(B/T)$	−216.312999
$Fr^6(B/T)\ (L/\nabla^{1/3})$	−3.354160
$Fr(L/\nabla^{1/3})^4$	0.070018
$Fr(B/T)\ (L/\nabla^{1/3})$	1.145943
$(L/\nabla^{1/3})^4$	−0.017590
$Fr^2(L/\nabla^{1/3})^4$	−0.062264
$Fr^7(B/T)(L/B)$	−0.264296
$Fr^3(B/T)$	−105.059107
$Fr^7(B/T)$	55.703462
$Fr^5(B/T)^3$	−1.810860
$Fr^7(B/T)^2$	4.310164
$Fr^3(L/\nabla^{1/3})^2$	−1.240887

표 A3.18 Radojcic 등: NTUA 이중 차인 계열 트림 회귀계수

NTUA 이중 차인 계열 트림 회귀계수: $\tau = \Sigma b_i \cdot x_i$	
변수	계수
x_i	b_i
1	1.444311
$Fr(L/B)$	−33.570197
$Fr(L/B)(L/\nabla^{1/3})$	0.246174
$Fr^3(L/B)$	−158.702695
$Fr^4(L/\nabla^{1/3})^2$	−4.977716
$Fr^3(L/\nabla^{1/3})^2$	7.433941
$Fr^3(L/B)^2$	4.833377
$Fr^4(L/\nabla^{1/3})$	8.684395
$Fr^2(L/B)^2\ (L/\nabla^{1/3})$	0.095234
$Fr(L/B)^2$	1.661479
$Fr^5(L/B)$	−18.319249
$Fr^2(L/\nabla^{1/3})$	−9.214203
$(L/B)(L/\nabla^{1/3})^2$	−0.006817
$(L/B)^2$	−0.123263
$Fr^5(B/T)(L/\nabla^{1/3})^2$	0.038370
$Fr^4(L/B)$	82.474887
$Fr^5(L/B)^3$	−0.066572
$Fr^2(L/B)(L/\nabla^{1/3})$	−1.861194
$Fr(B/T)$	1.562730
$Fr^2L/\nabla^{1/3})^2$	−3.780954
$(B/T)(L/\nabla^{1/3})$	−0.091927
$Fr^5(L/\nabla^{1/3})$	−2.133727
(L/B)	2.371311
$Fr^2(L/B)$	128.709296
$Fr^2(L/B)^2$	−5.739856
$Fr^4(L/\nabla^{1/3})^2\ (B/T)$	−0.067986
$Fr(L/\nabla^{1/3})^2$	1.120683
$Fr^5(L/\nabla^{1/3})^2$	1.040239

표 A3.19 Radojcic: 계열 62 활주선: 저항 회귀계수

계열 62				저항 데이터				
				Fr_∇				
계수	1.0	1.25	1.5	1.75	2.0	2.5	3.0	3.5
b0	0.061666	0.092185	0.102614	0.109973	0.123424	0.133448	0.13738	0.1271
b1	−0.02069	−0.04135	−0.03582	−0.03369	−0.0304	−0.02033	−0.00487	0
b2	−0.01159	−0.01133	−0.00928	−0.00722	−0.00997	0	0.015175	0.013447
b3	−0.03102	−0.05631	−0.04982	−0.04533	−0.04212	−0.02675	−0.01721	0.025926
b4	0	0	0	0	0	0	0.014291	0.029002
b5	0	0	0	0	0	0.010282	0.018113	0.040553
b6	0.00286	0.012382	0.009146	0.009664	0.011089	0	0	0
b7	0	0	0	0	0	0	0	0
b8	0	0	0	0	0	0	0	0
b9	0	0	0	0	0	0	0	0
b10	0	0	0	0	0	−0.00839	−0.01831	−0.01585
b11	0.009057	0.014487	0.012373	0.018814	0.021142	0.016951	0.014405	0.037687
b12	0.0063	0.016982	0.016704	0.016669	0.014986	0.014537	0.009484	0
b13	0.021537	0.035708	0.024975	0.016109	0.004506	−0.00454	0	0.016351
b14	0	0	0	0	0	0	0.007653	0.024701
b15	0	0	0	0	0	0	0	0
b16	0	0	0	0	0	0	0	0
b17	0	0	0	−0.00585	−0.01213	−0.01539	−0.02448	−0.03109
b18	0	0	0	0	0.010251	0.011794	0	−0.03996
b19	−0.01066	−0.01427	−0.0097	−0.00777	0	0	−0.00778	−0.02575
b20	0	0	0	0	−0.00928	−0.02265	−0.0239	0
b21	0	0	0	0	0	0	0	0
b22	0	0	0	0	0	0	0	0
b23	0	0.004174	0.00535	0.007986	0.011154	0.011167	0	−0.04083
b24	0	0	0	0	0	0	0	0
b25	0	0	0	0	0	0	0	0
b26	0	0	0	0	0	0	0	0

표 A3.20 Radojcic: 계열 62 활주선: 트림 회귀계수

계열 62				트림 데이터				
				Fr_∇				
계수	1.0	1.25	1.5	1.75	2.0	2.5	3.0	3.5
a0	1.33336	2.75105	3.20994	3.463689	3.933821	4.339123	3.840853	4.02473
a1	−1.03703	−1.86276	−1.79649	−2.26844	−2.7588	−2.48144	−1.9728	−1.38826
a2	−1.83433	−1.53407	−1.55056	−1.72094	−1.84238	−1.53977	−0.9005	−0.83942
a3	−1.15781	−2.57566	−2.73104	−2.87897	−2.67157	−1.63892	−0.75973	1.021179
a4	−0.44248	−0.36603	−0.38527	−0.48195	−0.42807	−0.73198	−0.74778	0
a5	0	0	0	0	0	0	0	0
a6	0.48222	1.149628	1.323168	1.300026	1.135659	0.30212	−0.45416	−0.41309
a7	0	0	0	0	0	0	0	0
a8	1.560221	0.783089	0.771597	0.744954	0.606753	0	−0.48899	0
a9	0	0	0	0	0	−0.53871	−0.65202	−1.02696
a10	2.5	0	0	0	0	0	0	0
a11	0.231295	0.72789	0.781132	1.087874	1.485322	0.835769	0.815711	0.570996
a12	0.817052	0.990262	0.933988	0.891951	0.820895	0.673848	0.508176	−0.53188
a13	0.777217	1.637322	1.661001	1.45161	0.619359	−0.73224	−0.6305	−0.24371
a14	0.420958	0.480769	0.611616	0.722073	0.773467	0.329024	0	0
a15	0	0	0	0	0	0	0	0
a16	0	−0.76619	−1.02118	−0.45775	0	0.460668	0	0
a17	0	0	0	0	0	0	0	0
a18	0	0	0	0	0	0	0	−1.01829
a19	−1.31998	−1.06647	−0.75931	−0.46489	0	0.748834	0.686297	0
a20	0	0	0	0	0	0	0	0
a21	0	0	0	0	0	0	0	0
a22	0	0	0	0	0	0	0	0
a23	0	0	0	0	0	0.242369	0.778294	−1.01221
a24	0	0	0	0	0	0	0	0
a25	1.776541	0.985106	0.827274	0.700908	0.315896	1.059782	0.898469	0
a26	0	0	0	0	0	0	0	0

표 A3.21 Radojcic: 계열 62 활주선: 침수표면적 회귀계수

계열 62					**침수표면적**			
				Fr_∇				
계수	1.0	1.25	1.5	1.75	2.0	2.5	3.0	3.5
c0	7.359729	7.282876	7.208292	7.15098	7.018296	5.95292	5.432009	5.362447
c1	1.67294	1.903142	1.88377	1.971286	2.035661	2.115156	2.009723	2.02278
c2	−0.07193	−0.17774	−0.17757	0.014623	0.160293	0.628621	0.83802	1.347096
c3	0.428002	0.725644	0.994301	1.292172	1.47999	1.477329	1.269205	0.722797
c4	−0.06056	−0.11251	−0.02734	0.130288	0.298054	0.728084	0.858963	1.619465
c5	0	0	0	0	0	0	0	0
c6	0	0	0	0	0	0	0	0
c7	0	0	0	0	0	0	0	0
c8	0	0	0	0	0	0	0	0
c9	0	0	0	0	0	0	0	0
c10	0	0	0	0	0	0	0	0
c11	0	0	0	0	0	0	0	0
c12	0.274736	−0.03968	−0.22836	−0.58284	−0.81368	−0.63394	−0.53871	−0.16625
c13	−0.38915	−0.49279	−0.60403	−0.63793	−0.71262	0.098037	−0.00353	−0.46934
c14	0	0	0	0	0	0	0	0
c15	0	0	0	0	0	0	0	0
c16	0	0	0	0	0	0	0	0
c17	0	0	0	0	0	0	0	0
c18	0	0	0	0	0	0	0	0
c19	0.449769	0.584691	0.545012	0.286942	0.247044	−0.26484	−0.38301	0.295878
c20	0	0	0	0	0	0	0	0
c21	0	0	0	0	0	0	0	0
c22	0	0	0	0	0	0	0	0
c23	0	0	0	0	0	0	0	0
c24	0	0	0	0	0	0	0	0
c25	0	0	0	0	0	0	0	0
c26	0	0	0	0	0	0	0	0

표 A3.22 Radojcic: 계열 62 활주선: 침수길이 회귀계수

계열 62				**침수 길이**				
				Fr▽				
계수	1.0	1.25	1.5	1.75	2.0	2.5	3.0	3.5
d0	0.77418	0.765015	0.752199	0.736158	0.701285	0.612134	0.562071	0.535208
d1	−0.12184	−0.10418	−0.09482	−0.07337	−0.05133	−0.01425	0	0
d2	0.184347	0.131686	0.103753	0.109122	0.117522	0.146182	0.154206	0.158171
d3	0.023393	0.047758	0.072623	0.097962	0.116865	0.116218	0.092023	0.0546
d4	−0.2557	−0.1944	−0.14539	−0.10503	−0.05034	0	0.023845	0.034613
d5	0	0	0	0	0	0	0	0
d6	0	0	0	0	0	0	0	0
d7	−0.01291	−0.09672	−0.11006	−0.11534	−0.11284	−0.07581	−0.03929	−0.03873
d8	0	0	0	0	0	0	0	0
d9	0	0	0	0	0	0	0	0
d10	0	0	0	0	0	0	0	0
d11	0	0	0	0	0	0	0	0
d12	0	0	0	0	0	0	0	0
d13	0	−0.02083	−0.04265	−0.0649	−0.05404	0	0	0
d14	0	0	0	0	0	0	0	0
d15	0	0	0	0	0	0	0	0
d16	0	0	0	0	0	0	0	0
d17	0	0	0	0	0	0	0	0
d18	0	0	0	0	0	0	0	0
d19	0	0	0	0	0	0	0	0
d20	−0.36473	−0.239	−0.15159	−0.12144	−0.06682	−0.04427	−0.01844	−0.02929
d21	0	0	0	0	0	0	0	0
d22	0	0	0	0	0	0	0	0
d23	0	0	0	0	0	0	0	0
d24	0	0	0	0	0	0	0	0
d25	0	0	0	0	0	0	0	0
d26	0	0	0	0	0	0	0	0

표 A3.23 Oortsmerssen: 소형 선박: 저항 회귀계수

Oortmerssen: 저항 회귀계수				
i =	1	2	3	4
di, 0	79.32134	6714.88397	−908.44371	3012.14549
di, 1	−0.09287	19.83000	2.52704	2.71437
di, 2	−0.00209	2.66997	−0.35794	0.25521
di, 3	−246.45896	−19662.02400	755.18660	−9198.80840
di, 4	187.13664	14099.90400	−48.93952	6886.60416
di, 5	−1.42893	137.33613	9.86873	−159.92694
di, 6	0.11898	−13.36938	−0.77652	16.23621
di, 7	0.15727	−4.49852	3.79020	−0.82014
di, 8	−0.00064	0.02100	−0.01879	0.00225
di, 9	−2.52862	216.44923	−9.24399	236.37970
di, 10	0.50619	−35.07602	1.28571	−44.17820
di, 11	1.62851	−128.72535	250.64910	207.25580

표 A3.24 WUMTIA C–factor용 저항 회귀계수: 둥근 빌지

WUMTIA 저항 회귀계수: 둥근 빌지											
매개변수	Fr_{∇}	0.50	0.75	1.00	1.25	1.50	1.75	2.00	2.25	2.50	2.75
	a_0	1136.829	−4276.159	−921.0902	−449.8701	−605.9794	−437.3817	351.1909	813.1732	−622.9426	−1219.095
$(L/\nabla^{1/3})$	a_1	−54.50337	859.2251	460.6681	243.5577	3.073361	40.51505	−183.7483	−194.1047	200.5628	346.1326
(L/B)	a_2	−261.8232	98.15745	2.604913	59.9026	−32.77933	−87.85154	−101.2289	−63.92188	−138.7268	−139.0729
$(S/L^2)^{0.5}$	a_3	−2695.885	16369.41	737.8893	−223.2636	4097.999	3101.983	956.9388	−1884.341	2745.177	4659.579
$(L/\nabla^{1/3})^2$	a_4	5.365086	−153.5496	−75.42524	−40.36861	−1.682758	−4.308722	35.62357	36.56844	−31.93601	−56.785
$(L/B^2$	a_5	59.31649	−24.77183	−0.706952	−12.58654	6.486023	20.96359	25.14769	17.01779	36.50832	36.71361
(S/L^2)	a_6	5300.271	−32787.07	−2325.398	7.616481	−7823.835	−6339.599	−2061.44	3417.534	−5770.126	−9650.592
$(L/\nabla^{1/3})^3$	a_7	−0.136343	9.031855	4.114508	2.222081	0.200794	0.104035	−2.254183	−2.264704	1.682685	3.096224
$(L/B)^3$	a_8	−4.207338	1.970939	0.112712	0.901679	−0.341222	−1.586765	−2.004468	−1.429349	−3.082187	−3.124286
$(S/L^2)^{3/2}$	a_9	−3592.034	21484.47	2095.625	274.9351	4961.028	4302.659	1473.702	−2022.774	4046.07	6655.716

표 A3.25 WUMTIA C–factor용 저항 회귀계수: 차인 선형

WUMTIA 저항 회귀계수: 차인 선형											
매개변수	Fr_∇	0.50	0.75	1.00	1.25	1.50	1.75	2.00	2.25	2.50	2.75
	a_0	89.22488	−113.6004	45.69113	17.73174	73.06773	113.3937	158.9419	214.5219	237.5662	298.0709
$(L/\nabla^{1/3})$	a_1	−121.3817	83.82636	−27.37823	−16.27857	−30.75841	−29.30795	−36.04947	−62.45653	−83.58921	−104.4391
(L/B)	a_2	201.9296	10.56977	32.59633	32.93866	18.25139	−12.03086	−31.44896	−28.86708	−10.46636	−16.86174
$(L/\nabla^{1/3})^2$	a_3	19.60451	−12.83540	5.164941	3.565837	5.486712	5.134334	5.980537	10.57904	14.01806	16.13167
$(L/B)^2$	a_4	−49.30790	−2.686623	−5.827831	−6.978205	−3.283823	4.229486	8.982328	7.123322	2.163294	5.264803
$(L/\nabla^{1/3})^3$	a_5	−1.058321	0.630652	−0.285075	−0.186828	−0.273739	−0.257980	−0.298946	−0.566186	−0.753518	−0.791785
$(L/B)^3$	a_6	4.033562	0.348702	0.399769	0.504987	0.196993	−0.395147	−0.771390	−0.528270	−0.099098	−0.524063

표 A3.26 Molland 등: Southampton 쌍동선 계열 저항 데이터 $C_R \times 1000$

	모델 3b 잉여저항($C_T - C_{FITTC}$)						모델 5a 잉여저항($C_T - C_{FITTC}$)				
Fr	단동선체	$S/L = 0.2$	$S/L = 0.3$	$S/L = 0.4$	$S/L = 0.5$	Fr	단동선체	$S/L = 0.2$	$S/L = 0.3$	$S/L = 0.4$	$S/L = 0.5$
0.200	2.971	3.192	3.214	2.642	2.555	0.200	1.862	2.565	2.565	2.381	2.592
0.250	3.510	4.540	3.726	4.019	3.299	0.250	2.485	3.074	2.991	3.031	3.123
0.300	3.808	5.303	4.750	4.464	3.938	0.300	3.009	3.959	3.589	3.686	3.473
0.350	4.800	6.771	5.943	5.472	4.803	0.350	3.260	4.018	3.756	3.589	3.716
0.400	5.621	8.972	7.648	7.085	6.589	0.400	3.677	4.472	4.604	4.616	4.403
0.450	8.036	12.393	12.569	10.934	9.064	0.450	4.103	6.068	5.563	5.099	4.929
0.500	9.038	14.874	14.237	12.027	10.112	0.500	3.884	5.805	4.950	4.581	4.501
0.550	8.543	15.417	12.275	10.538	9.394	0.550	3.442	4.914	4.221	4.015	3.966
0.600	7.626	12.818	10.089	8.962	8.361	0.600	3.063	4.065	3.596	3.516	3.499
0.650	6.736	8.371	8.123	7.592	7.488	0.650	2.736	3.429	3.138	3.126	3.140
0.700	5.954		6.852	6.642	6.726	0.700	2.461	3.004	2.827	2.845	2.882
0.750	5.383		5.934	5.921	6.078	0.750	2.278	2.705	2.615	2.658	2.699
0.800	4.911		5.289	5.373	5.537	0.800	2.138	2.494	2.465	2.519	2.559
0.850	4.484		4.814	4.949	5.046	0.850	2.038	2.342	2.351	2.406	2.453
0.900	4.102		4.452	4.543	4.624	0.900	1.931	2.231	2.260	2.308	2.354
0.950	3.785		4.172	4.236	4.335	0.950	1.871	2.153	2.183	2.238	2.272
1.000	3.579		3.936	3.996	4.099	1.000	1.818	2.100	2.124	2.179	2.201

(계속)

표 A3.26 Molland 등: Southampton 쌍동선 계열 저항 데이터 (계속) $C_R \times 1000$

	모델 4a 잉여저항($C_T - C_{FITTC}$)						모델 5b 잉여저항($C_T - C_{FITTC}$)				
Fr	단동선체	$S/L = 0.2$	$S/L = 0.3$	$S/L = 0.4$	$S/L = 0.5$	Fr	단동선체	$S/L = 0.2$	$S/L = 0.3$	$S/L = 0.4$	$S/L = 0.5$
0.200	1.909	2.327	2.564	2.495	2.719	0.200	1.406	2.288	2.849	2.538	3.006
0.250	2.465	3.148	3.315	2.937	3.484	0.250	2.362	2.843	3.200	3.260	3.093
0.300	3.273	3.954	4.283	4.396	3.875	0.300	2.632	3.643	3.539	3.693	3.330
0.350	3.585	5.073	4.576	4.064	4.173	0.350	2.890	4.194	3.952	3.711	3.437
0.400	4.100	4.874	5.871	5.900	5.109	0.400	3.514	4.520	4.687	4.622	4.303
0.450	5.305	8.111	7.953	7.220	6.299	0.450	3.691	5.506	5.218	4.960	4.648
0.500	5.526	8.365	7.150	6.650	6.140	0.500	3.518	5.581	4.903	4.632	4.324
0.550	5.086	7.138	5.990	5.692	5.615	0.550	3.125	4.927	4.323	4.057	3.804
0.600	4.431	5.878	5.090	4.880	4.981	0.600	2.851	4.177	3.783	3.504	3.286
0.650	3.924	4.815	4.392	4.269	4.387	0.650	2.599	3.555	3.302	3.090	2.872
0.700	3.477	4.047	3.949	3.834	3.911	0.700	2.285	3.051	2.989	2.759	2.576
0.750	3.128	3.556	3.594	3.512	3.570	0.750	2.155	2.744	2.752	2.515	2.396
0.800	2.904	3.224	3.187	3.252	3.296	0.800	2.010	2.529	2.584	2.327	2.310
0.850	2.706	2.923	2.966	3.054	3.070	0.850	1.938	2.383	2.462	2.163	2.322
0.900	2.544	2.729	2.839	2.881	2.873	0.900	1.830	2.298	2.375	2.111	2.382
0.950	2.398	2.550	2.657	2.767	2.707	0.950	1.852	2.221	2.324	2.128	1.852
1.000	2.272	2.433	2.437	2.687	2.558	1.000	1.803	2.186	2.279	2.145	1.803

표 A3.26 Molland 등: Southampton 쌍동선 계열 저항 데이터 (계속) $C_R \times 1000$

	모델 4b 잉여저항 ($C_T - C_{FITTC}$)						모델 5c 잉여저항($C_T - C_{FITTC}$)				
Fr	단동선체	$S/L = 0.2$	$S/L = 0.3$	$S/L = 0.4$	$S/L = 0.5$	Fr	단동선체	$S/L = 0.2$	$S/L = 0.3$	$S/L = 0.4$	$S/L = 0.5$
0.200	2.613	2.929	2.841	2.721	2.820	0.200	2.517	2.731	2.801	2.718	2.983
0.250	2.629	3.686	3.374	3.365	3.396	0.250	2.756	3.256	3.199	3.203	3.290
0.300	3.532	4.311	4.113	4.150	3.902	0.300	3.010	3.445	3.599	3.386	3.371
0.350	3.763	5.483	4.816	4.557	4.329	0.350	3.273	3.937	3.779	3.623	3.625
0.400	4.520	5.897	5.934	5.940	5.716	0.400	3.687	4.635	4.813	4.731	4.519
0.450	5.402	7.748	7.777	7.078	6.741	0.450	3.891	5.908	5.543	4.969	4.644
0.500	5.389	8.420	7.669	6.922	6.581	0.500	3.621	5.864	5.016	4.513	4.340
0.550	4.865	8.099	6.639	6.145	5.921	0.550	3.232	5.095	4.274	3.945	3.855
0.600	4.276	7.159	5.471	5.315	5.209	0.600	3.048	4.231	3.703	3.495	3.512
0.650	3.787	6.008	4.620	4.605	4.593	0.650	2.685	3.576	3.267	3.183	3.187
0.700	3.394	4.769	4.061	4.098	4.125	0.700	2.417	3.074	2.930	2.920	2.936
0.750	3.098	4.041	3.641	3.718	3.786	0.750	2.205	2.771	2.741	2.717	2.779
0.800	2.848	3.605	3.326	3.440	3.520	0.800	2.076	2.558	2.632	2.564	2.594
0.850	2.647		3.153	3.247	3.319	0.850	1.903	2.434	2.607	2.476	2.514
0.900	2.476		2.917	3.078	3.131	0.900	1.863	2.346	2.599	2.404	2.454
0.950	2.361		2.834	2.968	2.988	0.950	1.915	2.259	2.550	2.341	2.358
1.000	2.347			2.882	2.870	1.000	1.785	2.213	2.481	2.256	2.281

표 A3.26 Molland 등: Southampton 쌍동선 계열 저항 데이터 (계속) $C_R \times 1000$

	모델 4c 잉여저항($C_T - C_{FITTC}$)						**모델 6a 잉여저항($C_T - C_{FITTC}$)**				
Fr	단동선체	$S/L = 0.2$	$S/L = 0.3$	$S/L = 0.4$	$S/L = 0.5$	Fr	단동선체	$S/L = 0.2$	$S/L = 0.3$	$S/L = 0.4$	$S/L = 0.5$
0.200	2.169	2.983	2.830	2.801	2.690	0.200	1.916	2.727	2.660	2.807	2.484
0.250	2.506	3.718	3.459	3.412	3.336	0.250	2.257	3.379	3.244	3.595	3.515
0.300	2.987	4.401	4.110	4.067	3.960	0.300	2.443	3.792	3.548	3.761	3.665
0.350	3.349	5.336	4.777	4.321	4.275	0.350	2.527	3.665	3.381	3.754	3.566
0.400	4.371	5.905	5.850	5.919	5.722	0.400	2.723	4.377	4.403	4.257	4.009
0.450	5.525	8.567	8.454	7.605	7.061	0.450	2.796	4.703	4.593	4.339	3.998
0.500	5.512	9.474	7.892	7.013	6.633	0.500	2.658	4.592	3.974	3.855	3.635
0.550	5.021	8.316	6.625	6.087	5.907	0.550	2.434	3.799	3.382	3.338	3.243
0.600	4.473	6.845	5.522	5.249	5.204	0.600	2.246	3.193	2.994	2.955	2.916
0.650	3.995	5.584	4.720	4.617	4.637	0.650	2.111	2.812	2.703	2.689	2.651
0.700	3.632	4.718	4.167	4.165	4.203	0.700	1.917	2.534	2.496	2.505	2.475
0.750	3.360	4.216	3.785	3.845	3.871	0.750	1.781	2.367	2.348	2.379	2.336
0.800	3.119	3.784	3.503	3.587	3.608	0.800	1.633	2.253	2.261	2.304	2.243
0.850	2.922	3.459	3.276	3.364	3.387	0.850	1.544	2.176	2.194	2.230	2.171
0.900	2.743	3.276	3.089	3.165	3.190	0.900	1.478	2.110	2.155	2.146	2.093
0.950	2.603	3.076	2.934	3.003	3.017	0.950	1.528	2.062	2.110	2.047	2.021
1.000	2.481	2.904	2.821	2.875	2.875	1.000	1.521	2.027	2.064	1.976	1.962

표 A3.26 Molland 등: Southampton 쌍동선 계열 저항 데이터 (계속) $C_R \times 1000$

	모델 6b 잉여저항($C_T - C_{FITTC}$)						모델 6c 잉여저항($C_T - C_{FITTC}$)				
Fr	단동선체	$S/L = 0.2$	$S/L = 0.3$	$S/L = 0.4$	$S/L = 0.5$	Fr	단동선체	$S/L = 0.2$	$S/L = 0.3$	$S/L = 0.4$	$S/L = 0.5$
0.200	1.755	2.864	2.297	2.933	2.353	0.200	1.882	2.979	1.909	2.608	2.515
0.250	2.136	3.217	3.235	3.203	2.335	0.250	2.395	3.169	3.328	3.056	2.911
0.300	2.255	3.769	3.162	3.251	2.833	0.300	2.581	3.539	3.401	3.252	3.191
0.350	2.150	3.667	3.299	3.502	3.158	0.350	2.666	3.531	3.309	3.385	3.366
0.400	2.639	4.007	3.721	3.913	3.479	0.400	2.785	3.684	3.774	3.813	3.629
0.450	2.696	4.534	4.092	3.950	3.570	0.450	2.816	4.229	3.932	3.813	3.676
0.500	2.510	4.379	3.771	3.592	3.393	0.500	2.626	4.154	3.719	3.527	3.446
0.550	2.338	3.734	3.202	3.196	3.085	0.550	2.394	3.573	3.256	3.187	3.145
0.600	2.084	3.144	2.762	2.866	2.662	0.600	2.177	3.080	2.855	2.866	2.851
0.650	1.900	2.738	2.507	2.635	2.565	0.650	2.006	2.809	2.595	2.609	2.608
0.700	1.747	2.477	2.355	2.468	2.378	0.700	1.866	2.504	2.437	2.432	2.487
0.750	1.656	2.311	2.249	2.339	2.268	0.750	1.754	2.305	2.331	2.345	2.358
0.800	1.575	2.184	2.158	2.241	2.214	0.800	1.682	2.165	2.199	2.232	2.297
0.850	1.527	2.093	2.068	2.172	2.112	0.850	1.633	2.138	2.167	2.210	2.249
0.900	1.523	2.052	2.056	2.129	2.064	0.900	1.568	2.108	2.120	2.174	2.227
0.950	1.482	2.020	2.046	2.089	2.048	0.950	1.628	2.078	2.121	2.149	2.227
1.000	1.426	2.001	2.001	2.063	2.036	1.000	1.672	2.067	2.134	2.157	2.193

표 A3.27 Müller-Graf 및 Zips: VWS 쌍동선 계열 저항 회귀계수

VWS 쌍동선 계열 저항계수 $R_R/\Delta = \Sigma(XRi \times CRi)/100$

	CRi							
매개변수 *XRi* Fr_{∇}	1.0	1.25	1.50	1.75	2.00	2.50	3.0	3.5
X0 = 1	2.348312	4.629531	5.635988	5.627470	5.690865	6.209794	7.243674	7.555179
X1 = $f(L/b)$	−0.706875	−2.708625	−2.371713	−2.266895	−2.500808	−2.900769	−3.246017	−2.647421
X2 = $f(\beta_M)$	−0.272668	−0.447266	−0.328047	−0.428999	−0.422339	−0.391296	0	0.453125
X3 = $f(\delta_W)$	0.558673	0	0	0	−0.288437	−0.447655	0	0
X4 = $X1^2$	0.256967	0.701719	0.349687	0.416250	0.571875	0.832031	0.554213	0.332042
X5 = $X1^3$	0	0	0.165938	0.342187	0.496875	0.658719	1.196250	1.884844
X6 = $X2^2$	0	0.148359	0	0	0	0	0	−0.276875
X7 = $X3^{1/2}$	0	0	0	0	0	0	−1.87743	0
X8 = $X3^{1/3}$	−0.152163	0	−0.251026	−0.429128	−0.450245	−0.866917	0	0
X9 = $X3^{1/4}$	0	0	0	0	0	0	0	−1.036289
X10 = X1 × X2	0	0.149062	0.090188	0.089625	0.076125	0	−0.332250	−0.767250
X11 = X1 × X6	−0.151312	−0.090188	−0.135563	−0.194250	−0.190125	−0.225938	−0.211125	0
X12 = X4 × X6	−0.0592	−0.322734	0	0	0	0	0	0
X13 = X4 × X2	0	−0.148359	−0.096328	0	0	0	0	0
X14 = X1 × X3	0	0.409500	0.484800	0	0.817200	1.189350	1.007700	0
X15 = X4 × X7	0	0	0	0	0	0	0.588758	0.683505
X16 = X1 × X9	0	0	0	0	0	0	0	−0.241426
X17 = X1 × $X7^3$	0	0	0	0.704463	0	0	0	0
X18 = X2 × X8	−0.083789	0	0	0.120516	0.137585	0.257507	0	0

APPENDIX

A4

표 형식의 추진기 설계 데이터

Wageningen 계열, Gawn 계열, 덕트 프로펠러, 초월공동 프로펠러 및 표면관통 프로펠러에 대한 설계 도표와 같은 일부 데이터는 16장의 본문 내에 완전히 포함되어 있음에 유념하라.

표 A4.1 Wageningen 프로펠러 계열 다항식 계수

Wageningen 프로펠러 계열 다항식 계수											
추력 K_T						토크 K_Q					
n	C_n	s	t	u	v	n	C_n	s	t	u	v
1	0.00880496	0	0	0	0	1	0.00379368	0	0	0	0
2	−0.20455400	1	0	0	0	2	0.00886523	2	0	0	0
3	0.16635100	0	1	0	0	3	−0.032241	1	1	0	0
4	0.15811400	0	2	0	0	4	0.00344778	0	2	0	0
5	−0.14758100	2	0	1	0	5	−0.0408811	0	1	1	0
6	−0.48149700	1	1	1	0	6	−0.108009	1	1	1	0
7	0.41543700	0	2	1	0	7	−0.0885381	2	1	1	0
8	0.01440430	0	0	0	1	8	0.188561	0	2	1	0
9	−0.05300540	2	0	0	1	9	−0.00370871	1	0	0	1
10	0.01434810	0	1	0	1	10	0.00513696	0	1	0	1
11	0.06068260	1	1	0	1	11	0.0209449	1	1	0	1
12	−0.01258940	0	0	1	1	12	0.00474319	2	1	0	1
13	0.01096890	1	0	1	1	13	−0.00723408	2	0	1	1
14	−0.13369800	0	3	0	0	14	0.00438388	1	1	1	1
15	0.00638407	0	6	0	0	15	−0.0269403	0	2	1	1
16	−0.00132718	2	6	0	0	16	0.0558082	3	0	1	0
17	0.16849600	3	0	1	0	17	0.0161886	0	3	1	0
18	−0.05072140	0	0	2	0	18	0.00318086	1	3	1	0
19	0.08545590	2	0	2	0	19	0.015896	0	0	2	0
20	−0.05044750	3	0	2	0	20	0.0471729	1	0	2	0
21	0.01046500	1	6	2	0	21	0.0196283	3	0	2	0
22	−0.00648272	2	6	2	0	22	−0.0502782	0	1	2	0
23	−0.00841728	0	3	0	1	23	−0.030055	3	1	2	0
24	0.01684240	1	3	0	1	24	0.0417122	2	2	2	0
25	−0.00102296	3	3	0	1	25	−0.0397722	0	3	2	0
26	−0.03177910	0	3	1	1	26	−0.00350024	0	6	2	0
27	0.01860400	1	0	2	1	27	−0.0106854	3	0	0	1
28	−0.00410798	0	2	2	1	28	0.00110903	3	3	0	1
29	−0.000606848	0	0	0	2	29	−0.000313912	0	6	0	1
30	−0.004981900	1	0	0	2	30	0.0035985	3	0	1	1
31	0.002598300	2	0	0	2	31	−0.00142121	0	6	1	1
32	−0.000560528	3	0	0	2	32	−0.00383637	1	0	2	1
33	−0.001636520	1	2	0	2	33	0.0126803	0	2	2	1
34	−0.000328787	1	6	0	2	34	−0.00318278	2	3	2	1
35	0.000116502	2	6	0	2	35	0.00334268	0	6	2	1
36	0.000690904	0	0	1	2	36	−0.00183491	1	1	0	2
37	0.004217490	0	3	1	2	37	0.000112451	3	2	0	2
38	0.0000565229	3	6	1	2	38	−0.0000297228	3	6	0	2
39	−0.001465640	0	3	2	2	39	0.000269551	1	0	1	2
						40	0.00083265	2	0	1	2
						41	0.00155334	0	2	1	2
						42	0.000302683	0	6	1	2
						43	−0.0001843	0	0	2	2
						44	−0.000425399	0	3	2	2
						45	0.0000869243	3	3	2	2
						46	−0.0004659	0	6	2	2
						47	0.0000554194	1	6	2	2

A4.2 Wageningen 프로펠러 계열 다항식 계수: *Re*의 영향

Wageningen 프로펠러 계열 다항식 계수: *Re*의 영향

$\Delta K_T = \Sigma ai \cdot Pi$		$\Delta K_Q = \Sigma bi \cdot Pi$	
Pi	*ai*	*Pi*	*bi*
1	0.0003534850	1	−0.00059141200
$(A_E/A_0)J_2$	−0.0033375800	(P/D)	0.00696898000
$(A_E/A_0)(P/D)J$	−0.0047812500	$Z \cdot (P/D)^6$	−0.00006666540
$(\log Re - 0.301)^2 \cdot (A_E/A_0) \cdot J^2$	0.0002577920	$(A_E/A_0)^2$	0.01608180000
$(\log Re - 0.301)\ (P/D)^6 J^2$	0.0000643192	$(\log Re - 0.301) \cdot (P/D)$	−0.00093809000
$(\log Re - 0.301)^2 \cdot (P/D)^6 \cdot J^2$	−0.0000110636	$(\log Re - 0.301) \cdot (P/D)^2$	−0.00059593000
$(\log Re - 0.301)^2 \cdot Z \cdot (A_E/A_0) \cdot J^2$	−0.0000276305	$(\log Re - 0.301)^2 \cdot (P/D)^2$	0.00007820990
$(\log Re - 0.301) \cdot Z \cdot (A_E/A_0) \cdot (P/D) \cdot J$	0.0000954000	$(\log Re - 0.301) \cdot Z \cdot (A_E/A_0) \cdot J^2$	0.00000521990
$(\log Re - 0.301) \cdot Z^2 \cdot (A_E/A_0)\ (P/D)^3 \cdot J$	0.0000032049	$(\log Re - 0.301)^2 \cdot Z \cdot (A_E/A_0) \cdot (P/D) \cdot J$	−0.00000088528
		$(\log Re - 0.301) \cdot Z \cdot (P/D)^6$	0.00002301710
		$(\log Re - 0.301)^2 \cdot Z \cdot (P/D)^6$	−0.00000184341
		$(\log Re - 0.301)\ (A_E/A_0)^2$	−0.00400252000
		$(\log Re - 0.301)^2 (A_E/A_0)^2$	0.00022091500

표 A4.3 Gawn 프로펠러 계열 다항식 계수

Gawn 프로펠러 계열 다항식 계수											
추력 K_T						토크 K_Q					
n	C_n	s	t	u	v	n	C_n	s	t	u	v
1	−0.0558636300	0	0	0	0	1	0.0051589800	0	0	0	0
2	−0.2173010900	1	0	0	0	2	0.0160666800	2	0	0	0
3	0.260531400	0	1	0	0	3	−0.044115300	1	1	0	0
4	0.158114000	0	2	0	0	4	0.0068222300	0	2	0	0
5	−0.147581000	2	0	1	0	5	−0.040881100	0	1	1	0
6	−0.481497000	1	1	1	0	6	−0.077329670	1	1	1	0
7	0.3781227800	0	2	1	0	7	−0.088538100	2	1	1	0
8	0.0144043000	0	0	0	1	8	0.1693750200	0	2	1	0
9	−0.0530054000	2	0	0	1	9	−0.003708710	1	0	0	1
10	0.0143481000	0	1	0	1	10	0.0051369600	0	1	0	1
11	0.0606826000	1	1	0	1	11	0.0209449000	1	1	0	1
12	−0.0125894000	0	0	1	1	12	0.0047431900	2	1	0	1
13	0.0109689000	1	0	1	1	13	−0.007234080	2	0	1	1
14	−0.1336980000	0	3	0	0	14	0.0043838800	1	1	1	1
15	0.0024115700	0	6	0	0	15	−0.026940300	0	2	1	1
16	−0.0005300200	2	6	0	0	16	0.0558082000	3	0	1	0
17	0.1684960000	3	0	1	0	17	0.0161886000	0	3	1	0
18	0.0263454200	0	0	2	0	18	0.0031808600	1	3	1	0
19	0.0436013600	2	0	2	0	19	0.0129043500	0	0	2	0
20	−0.0311849300	3	0	2	0	20	0.024450840	1	0	2	0
21	0.0124921500	1	6	2	0	21	0.0070064300	3	0	2	0
22	−0.0064827200	2	6	2	0	22	−0.027190460	0	1	2	0
23	−0.0084172800	0	3	0	1	23	−0.016645860	3	1	2	0
24	0.0168424000	1	3	0	1	24	0.0300449000	2	2	2	0
25	−0.0010229600	3	3	0	1	25	−0.033697490	0	3	2	0
26	−0.0317791000	0	3	1	1	26	−0.003500240	0	6	2	0
27	0.018604000	1	0	2	1	27	−0.010685400	3	0	0	1
28	−0.0041079800	0	2	2	1	28	0.0011090300	3	3	0	1
29	−0.0006068480	0	0	0	2	29	−0.000313912	0	6	0	1
30	−0.0049819000	1	0	0	2	30	0.0035895000	3	0	1	1
31	0.0025963000	2	0	0	2	31	−0.001421210	0	6	1	1
32	−0.0005605280	3	0	0	2	32	−0.003836370	1	0	2	1
33	−0.0016365200	1	2	0	2	33	0.0126803000	0	2	2	1
34	−0.0003287870	1	6	0	2	34	−0.003182780	2	3	2	1
35	0.0001165020	2	6	0	2	35	0.0033426800	0	6	2	1
36	0.0006909040	0	0	1	2	36	−0.001834910	1	1	0	2
37	0.0042174900	0	3	1	2	37	0.0001124510	3	2	0	2
38	0.0000565229	3	6	1	2	38	−0.0000297228	3	6	0	2
39	−0.0014656400	0	3	2	2	39	0.000269551	1	0	1	2
						40	0.0008326500	2	0	1	2
						41	0.0015533400	0	2	1	2
						42	0.0003026830	0	6	1	2
						43	−0.000184300	0	0	2	2
						44	−0.000425399	0	3	2	2
						45	0.0000869243	3	3	2	2
						46	−0.0004659000	0	6	2	2
						47	0.0000554194	1	6	2	2

표 A4.4 KCA 프로펠러 계열 다항식 계수

KCA 프로펠러 계열 다항식 계수										
	C_t	e	x	y	z	C_q	e	x	y	z
1	0.1193852	0	0	0	0	1.5411660	−3	0	0	0
2	−0.6574682	0	0	0	1	0.1091688	0	0	0	1
3	0.3493294	0	0	1	0	−0.3102420	0	0	0	2
4	0.4119366	0	0	1	1	0.1547428	0	0	0	3
5	−0.1991927	0	0	2	1	−4.3706150	−2	0	1	0
6	5.8630510	−2	0	2	2	0.2490295	0	0	1	2
7	−1.1077350	−2	0	2	3	−0.1594602	0	0	1	3
8	−0.1341679	0	1	0	0	8.5367470	−2	0	2	0
9	0.2628839	0	1	0	1	−9.5121630	−2	0	2	1
10	−0.5217023	0	1	1	1	−9.3203070	−3	0	2	2
11	0.2970728	0	1	2	0	3.2878050	−2	0	2	3
12	6.1525800	−2	2	1	3	5.4960340	−2	1	0	1
13	−2.4708400	−2	2	2	3	−4.8650630	−2	1	1	0
14	−4.0801660	−3	1	6	0	−0.1062500	0	1	1	1
15	4.1542010	−3	1	6	1	8.5299550	−2	1	2	0
16	−1.1364520	−3	2	6	0	1.1010230	−2	2	0	3
17	–	–	–	–	–	−3.1517560	−3	2	2	2

표 A4.5 KCA 프로펠러 계열 다항식 계수: 캐비테이션의 영향

KCA 프로펠러 계열 다항식 계수: 캐비테이션의 영향											
	d_t	e	s	t	u	v	d_q	e	s	t	u	v
1	6.688144	−2	0	0	0	0	4.024475	−3	0	0	0	0
2	3.579195	0	0	0	2	0	1.202447	−1	0	0	2	0
3	−5.700350	0	0	0	3	0	−9.836070	−2	1	1	0	0
4	−1.359994	0	1	1	0	0	−8.318840	−1	1	1	1	0
5	−8.111903	0	1	1	1	0	5.098177	0	1	1	3	0
6	4.770548	1	1	1	3	0	−5.192839	−1	2	1	1	0
7	−2.313208	−1	2	1	0	0	2.641109	0	2	2	0	0
8	−1.387858	1	2	1	2	0	−1.688934	1	2	2	3	0
9	4.992201	1	2	1	3	0	4.928417	−2	0	0	1	1
10	−7.161204	1	2	1	4	0	1.024274	−2	0	0	0	2
11	1.721436	1	2	2	0	0	−1.194521	−1	0	1	1	1
12	2.322218	1	2	2	1	0	5.498736	−2	1	0	1	1
13	−1.156897	2	2	2	2	0	−2.488235	−1	1	1	0	1
14	5.014178	−2	0	0	0	2	−5.832879	−1	0	0	5	0
15	−6.555364	−2	0	0	1	2	1.503955	−1	0	3	0	0
16	2.852867	−1	1	0	1	1	−3.316121	0	3	3	0	0
17	−8.081759	−1	1	1	0	1	3.890792	0	3	3	1	0
18	8.671852	1	3	2	5	0	1.682032	1	3	3	3	0
19	−3.727835	1	3	3	0	0	–	–	–	–	–	–
20	8.043970	1	3	3	1	0	–	–	–	–	–	–

표 A4.6 계열 60 상대회전 효율 회귀계수

계열 60 상대회전 효율 회귀계수, 만재흘수 조건									
$V_K/\sqrt{L_f}$	0.50	0.55	0.60	0.65	0.70	0.75	0.80	0.85	0.90
d1	0.1825	0.2300	0.2734	0.3271	0.3661	0.3748	0.3533	0.3356	−0.4972
d2	−0.2491	−0.2721	−0.2895	−0.3076	−0.2667	−0.2155	−0.2139	−0.1158	−1.3337
d3	−0.1100	−0.1046	−0.1061	−0.1006	−0.0884	−0.0582	−0.0616	0.0056	−0.5433
d4	0.5135	0.4472	−0.3708	0.2956	0.1927	0.1226	0.1211	0.1683	−1.3800
d5	−0.4949	−0.4104	−0.3446	−0.3111	−0.2275	−0.1495	−0.2094	−0.1753	−0.5107
d6	0.1810	0.1604	0.1147	0.0382	0.0376	0.0935	0.1504	0.1477	0.0631
d7	−0.0579	−0.0631	−0.0879	−0.1190	−0.1130	−0.0921	−0.0954	−0.0966	−0.0752
d8	−0.0242	0.0237	0.0518	0.0405	−0.0591	−0.1327	−0.0936	0.0029	−1.1904
d9	−0.2544	−0.2958	−0.2720	−0.2688	−0.3438	−0.3352	−0.2724	−0.1821	−0.3510
d10	0.1006	0.0513	0.0101	−0.0310	−0.0279	−0.0006	0.0215	−0.0150	−0.0601
d11	0.2174	0.2904	0.2999	0.2666	0.1486	0.1591	0.2869	0.3187	0.2347
d12	0.0571	−0.0811	−0.2046	−0.3065	−0.1286	−0.0518	−0.1748	−0.1018	−1.9488
d13	0.4328	0.3663	0.2863	0.1974	0.1296	0.0855	0.2038	0.2525	0.3341
d14	−0.4880	−0.4161	−0.3420	−0.2699	−0.1713	−0.0513	−0.1365	−0.0933	−1.0238
d15	0.1961	0.1269	0.0683	0.0334	0.1639	0.2359	0.1411	0.0616	0.5313

■ 찾아보기

ㅇ

ㅎ

A

B

C

D

E

F

G

H

I

K

L

M

N

O

P

R

S

T

U

V

W

Z

기호

역자 약력

전호환

- 1977~1983 부산대학교 조선해양공학과(학사)
- 1983~1985 부산대학교 조선해양공학과(석사)
- 1985~1988 University of Glasgow 조선해양공학(박사)
- 1991~1994 현대중공업 선박해양연구소
- 1996~현재 부산대학교 조선해양공학과 교수

김문찬

- 1980~1984 서울대학교 조선해양공학과(학사)
- 1984~1986 서울대학교 조선해양공학과(석사)
- 1986~1995 선박해양플랜트 연구소(KRISO)
- 1995~1998 Hiroshima 대학교 선박해양공학과(박사)
- 1991~2001 대우조선해양
- 2001~현재 부산대학교 조선해양공학과 교수

이인원

- 1988~1992 KAIST 기계공학과(학사)
- 1992~1994 KAIST 기계공학과(석사)
- 1994~2000 KAIST 기계공학과(박사)
- 2001~2003 LG 전자
- 2003~현재 부산대학교 조선해양플랜트 글로벌핵심연구센터 교수